蔬菜作物卷（上）

朱德蔚　王德槟　李锡香　主编

中国作物
及其野生近缘植物

董玉琛　刘　旭　总主编

中国农业出版社

图书在版编目（CIP）数据

中国作物及其野生近缘植物. 蔬菜作物卷/董玉琛,刘旭主编；朱德蔚,王德槟,李锡香分册主编.—北京：中国农业出版社，2008.5
ISBN 978-7-109-12588-9

Ⅰ．中… Ⅱ．①董…②刘…③朱…④王…⑤李… Ⅲ．①作物-种质资源-简介-中国②蔬菜-种质资源-简介-中国 Ⅳ．S329.2 S630.24

中国版本图书馆 CIP 数据核字（2008）第 046444 号

责任设计：王家璜
责任校对：陈晓红　周丽芳
责任印制：叶京标　石新丹

中国农业出版社出版
（北京市朝阳区农展馆北路2号）
（邮政编码　100125）
责任编辑　孟令洋　赵立山

中国农业出版社印刷厂印刷　　新华书店北京发行所发行
2008年7月第1版　　2008年7月北京第1次印刷

开本：787mm×1092mm　1/16　印张：86　插页：10
字数：2000千字　印数：1~2 000册
定价：290.00元（上、下册）
（凡本版图书出现印刷、装订错误，请向出版社发行部调换）

Vol. VEGETABLE CROPS (Part 1)

Editors: Zhu Dewei　Wang Debin　Li Xixiang

CROPS AND THEIR WILD RELATIVES IN CHINA

Editors in chief: Dong Yuchen　Liu Xu

■ China Agriculture Press

内 容 提 要

　　本书是《中国作物及其野生近缘植物》系列专著之一，分为导论和各论两大部分。导论部分论述了作物的种类、植物学、细胞学和农艺学分类，以及起源演化的理论。各论部分共五十一章，第一章概述了蔬菜作物在国民经济中的重要地位，世界和中国的生产与供应概况，蔬菜的种类以及中国蔬菜种质资源的特点等。第二章至第五十一章分别叙述了萝卜、大白菜、芥菜、结球甘蓝、花椰菜、番茄、茄子、辣椒、黄瓜、冬瓜、南瓜、西瓜、甜瓜、菜豆、豇豆、姜、山药、韭菜、大蒜、洋葱、菠菜、莴苣、芹菜、莲、茭白、黄花菜、竹笋、食用蕈菌等50种主要或常用蔬菜作物的生产意义和生产概况，植物学特征与生物学特性及其多样性，起源、传播和分布，植物学和栽培学分类以及包括野生近缘种在内的自交不亲和、雄性不育、抗病虫、抗逆、优质、特异、适宜加工或其他用途的各种类型种质资源，并择要地介绍了各章蔬菜作物种质资源的细胞学、分子生物学等有关方面的研究与种质资源的创新利用。

　　本书具有较强的科学性、理论性、新颖性、实用性和前瞻性，既较系统地总结了前人的实践经验和研究成果，也吸收了近年现代生物技术快速发展所取得的研究进展；它既为蔬菜作物的起源、分类与各种类型的种质资源研究提供了丰富的资料，也为蔬菜种质的改良和创新提供了理论依据和实践经验。它既是一部基础理论性较强的专著，也是一部较为实用的工具书。

　　本书适合蔬菜种质资源、遗传育种、生物技术和生物多样性工作者，以及有关大专院校师生阅读与参考。

Abstract

　　This book is one of the series of monograph entitled *Chinese Crops and Their Wild Relatives*. It was divided into introduction and contents. The introduction described the plant species, botany, cytology, agronomic classification, origin and evolution. The content was subdivided into fifty-one chapters. The first chapter outlines the important position of vegetable crops in national economy in China, vegetable production and supply in both China and the world, vegetable species, and characteristics of vegetable germplasm etc., in China. And the chapters from the second to the fifty first stated the production significance and production status of fifty species of vegetable crops of radish, Chinese cabbage, musturd, cabbage, cauliflower, tomato, eggplant, pepper, cucumber, wax gourd, pumpkin, water melon, melon, kidney bean, asparagus bean, ginger, yam, Chinese chive, Walsh onion, onion, spinach, asparagus lettuce, celery, lotus water bamboo, day lily, bamboo shoot, edible fungi etc., their botanical and biological characteristics, origin, dissemination and distribution, botanical taxonomy and cultivation classification, self-incompatibility, male sterility, disease and insect pest resistance, stress tolerance in elite and special germplasm and their wild relatives suitable for processing and other uses. It also introduced cytology, tissue culture, molecular biology, germplasm enhancement and utilization and the related research.

　　This book provided scientific, theoretic, novel, practical and perspective information and systematically summarized the experiences and achievements accumulated by our predecessors and simultaneously absorbed biological progresses made rapidly in recent years. It not only provided rich information on origin, taxonomy, research on various germplasms but also furnished the information about theoretical foundation and practical experiences for vegetable germplasm improvement and enhancement. It is a theoretical monograph and also a practical reference book. The book fits for the scientific workers specialized in the research on vegetable germplasm, genetics and breeding, biotechnology and also for college teachers and students as reference material.

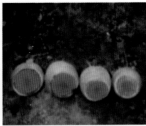

萝卜肉质根皮色、肉色的多样性

北京翘心黄

橘红心

玉田包尖

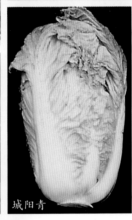

城阳青

半塌地类型乌塌菜（吴肇志）

叶用莴苣种质资源类型

皱叶莴苣

软叶结球莴苣

脆叶结球莴苣

直立莴苣

芹菜种质资源类型

绿色叶柄品种

白色叶柄品种

紫色叶柄品种

黄色叶柄品种

短叶柄品种

苋菜种质资源类型

尖叶绿苋菜

白圆叶苋菜

上海红圆叶苋菜

花红柳叶苋菜

全红叶苋菜

一点红苋菜

大头芥 　　　　茎瘤芥 　　　　笋子芥

抱子芥 　　　　大叶芥 　　　　小叶芥

白花芥 　　　　花叶芥 　　　　长柄芥

凤尾芥 　　　　叶瘤芥 　　　　宽柄芥

卷心芥 　　　　结球芥 　　　　分蘖芥

青花菜种质资源类型

扁平球型

塔型(尖型)

半圆球型

扁圆球型

结球甘蓝种质资源类型

普通甘蓝（尖球型）

普通甘蓝（扁圆球型）

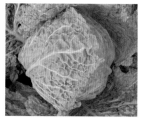
皱叶甘蓝

紫甘蓝

球茎甘蓝种质资源类型

绿茎蓝高桩类型

紫茎蓝

绿茎蓝扁圆类型

冬瓜种质资源类型（张建军）

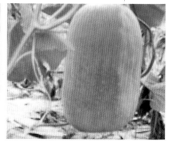

中国南瓜种质资源类型

贵州小青瓜

增棚南瓜

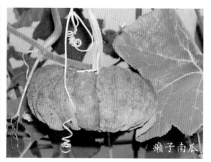
癞子南瓜

香炉瓜　　巨型南瓜　　京绿栗　　东升南瓜　　白玉瓜　　京欣砧3号　　白皮笋瓜

西葫芦种质资源类型（北京市农林科学院蔬菜研究中心提供）

黄瓜种质资源类型

西双版纳黄瓜

油皮黄瓜

菏泽线瓜

辽宁水黄瓜

两性花黄瓜

丝瓜种质资源类型

普通丝瓜

蛇形丝瓜

有棱丝瓜

观赏葫芦　　　　　　　　　　大葫芦　　　　　　　　　　长圆柱型瓠子

小型西瓜　　　　　　　　药西瓜　　　　　　　　郑州籽瓜

马铃瓜（胡文勤提供）

短蔓西瓜（尹文山提供）　　　　　皋兰籽瓜（李全玉提供）

甜瓜种质资源类型

白沙蜜（中国农业科学院
郑州果树研究所）

网纹香（《新疆西瓜甜瓜志》，1985）

红心脆（《新疆西瓜甜瓜志》，1985）

辣椒种质资源类型

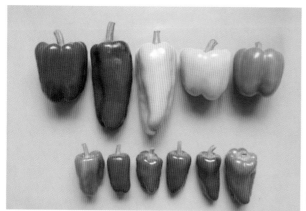

辣椒不同果型与颜色

茄子种质资源类型

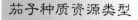

长卵圆型

短棒型

长棒型

长条型

卵圆形

高圆型

圆型

契斯曼尼番茄
（*L.cheesmanii*
Riley.）（尖叶型）

秘鲁番茄 （*L. peruvianum* Mill.）

智利番茄 （*L. chilense* Dun.）

多毛番茄 （*L. hirsutum* Humb.et Bonpl.）

小花番茄 （*L. parviflorum* Rick,
Kesicki,Fobes and Holle）

多腺番茄 （*L. glandulosum* Mull.）

醋栗番茄 ［*L. pimpinellifolium*
（Jusl）Mill.]

克梅留斯基番茄 （*L. chmielewskii* Rick,
Kesicki,Fobes and Holle）

栽培番茄 （*L.esculentum* Mill.）

潘那利番茄 ［*Solanum pennellii*
Correll 或 *L. pennellii* （Corr.）
D'Arcy]

类番茄番茄 （*Solanum lycopersicoides*
Dun.）

葡萄穗型番茄 （微型番茄）

菜豆种质资源类型

紫豆角

吉林紫花皮

吉林大马掌

将军油豆

广州双青玉豆

超长四季豆

葱、洋葱、姜种质资源类型

(张启沛、魏佑营，1993)

姜的植株形态（张振贤等，2005）

黄皮洋葱

白皮洋葱

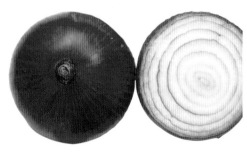

紫皮洋葱

完全抽薹品种二水早　　　　　　不完全抽薹品种　　　　　　不抽薹品种澳引 8 号

硬秸品种嘉定蒜　　　　　　　　软秸品种徐州蒜

白皮品种金乡白皮蒜　　　　　　红皮品种定江红皮

成都软叶子（紫皮）　　　大瓣白皮品种苍山蒲棵　　　　小瓣品种

菱种质资源类型

水红菱

邵伯菱

孝感红菱

和尚菱

芋种质资源类型

球茎用芋——多头芋（武汉市蔬菜科学研究所，柯卫东）

叶柄用芋

花用芋（武汉市蔬菜科学研究所，柯卫东）

魔芋种质资源类型

枸杞种质资源

Crops and Their Wild Relatives in China

Editorial Commission:

Editors in chief: Dong Yuchen   Liu Xu

Editors of Deputy: Zhu Dewei   Zheng Diansheng

Fang Jiahe   Gu Wanchun

Editorial Members: Wan Jianmin   Wang Shumin   Wang Debin

Fang Jiahe   Ren Qingmian   Zhu Dewei

Liu Xu   Liu Hong   Liu Qinglin   Yang Qingwen

Li Xianen   Li Xixiang   Chen Yingge   Wu Baoguo

Zheng Diansheng   Fei Yanliang   Jia Dingxian

Jia Jingxian   Gu Wanchun   Chang Ruzhen   Ge Hong

Jiang Youquan   Dong Yuchen   Li Yu

Advisers: Fang Zhiyuan   Wu Mingzhu

Chief Editors of Vol. Vegetable Crops: Zhu Dewei   Wang Debin Li Xixiang

General Supervisor: Wang Debin

蔬菜作物卷各章编著者

The Authors for Each Chapter of Vol. Vegetable Crops

作物即栽培植物。众所周知，中国作物种类极多。瓦维洛夫在他的《主要栽培植物的世界起源中心》中指出，中国起源的作物有 136 种（包括一些类型）。卜慕华在《我国栽培作物来源的探讨》一文中列举了我国的 350 种作物，其中史前或土生栽培植物 237 种，张骞在公元前 100 年前后由中亚、印度一带引入的主要作物有 15 种，公元以后自亚、非、欧各洲陆续引入的主要作物有 71 种，自美洲引入的主要作物有 27 种。中国农学会遗传资源学会编著的《中国作物遗传资源》一书中，列出了粮食作物 32 种，经济作物 69 种，蔬菜作物 119 种，果树作物 140 种，花卉（观赏植物）139 种，牧草和绿肥 83 种，药用植物 61 种，共计 643 种（作物间有重复）。中国的作物究竟有多少种？众说纷纭。多年以来我们就想写一部详细介绍中国作物多样性的专著。本书的主要目的首先是对中国作物种类进行阐述，并对作物及其野生近缘植物的遗传多样性进行论述。

中国不仅作物种类繁多，而且品种数量大，种质资源丰富。目前，我国在作物长期种质库中保存的种质资源达 33 万余份，国家种质圃中保存的无性繁殖作物种质资源共 4 万余份（不包括林木、观赏植物和药用植物），其中 80% 为国内材料。我们日益深切地感到，对于如此数目庞大的种质资源，在妥善保存的同时，如何科学地研究、评价和管理，是作物种质资源工作者面临的艰巨任务。本书着重阐述了各种作物特征特性的多样性。

在种类繁多的种质资源面前，科学的分类极为重要。掌握作物分类，便可了解所从事作物的植物学地位及其与其他作物的内在关系。掌握作物内品种的分类，可以了解该作物在形态上、生态上、生理上、生化上，或其他方面的多样性情况，以便有效地加以研究和利用。作物的起源和进化对于种质资源研究同样重要。因为一切作物都是由野生近缘植物经人类长期栽培驯化而来的。了解所研究的作物是在何时、何地、由何种野生植物驯化而来，又是如何演化的，对于收集种质资源，制定品种改良策略具有重要意义。因此，本书对每种作物的起源、演化和分类都进行了详细阐述。

在过去 55 年中，我国作物育种取得了巨大成绩。以粮食作物为例，1949 年我国粮食作物单产 $1\,029kg/hm^2$，至 2004 年提高到 $4\,620kg/hm^2$，55 年间增长了 3.5 倍。大宗作物大都经历了 5～6 次品种更换，每次都使产量显著提高。各个时期起重要作用的品种也常常是品种改良的优异种质资源。为了记录这些重要品种的历史功绩，本书中对每种作物的品种演变历史都做了简要叙述。

我国农业上举世公认的辉煌成绩是，以全世界 10％的耕地养活了全世界 22％的人口。今后，我国耕地面积难以再增加，但人口还要不断增长。为了选育出更加高产、优质、高抗的品种，有必要拓宽作物的遗传基础，开拓更加广阔的基因资源。为此，本书中详细介绍了各个作物的野生近缘植物，以供育种家根据各种作物的不同情况，选育遗传基础更加广阔的品种。

本书分为粮食作物、经济作物、果树、蔬菜、牧草和绿肥、花卉、药用植物、林木、名录等 9 卷，每卷独立成册，出版时间略有不同。各作物卷首为共同的"导论"，阐述了作物分类、起源和遗传多样性的基本理论和主要观点。

全书设编辑委员会，总主编和副主编；各卷均另设主编。全书是由全国 100 多人执笔，历经 5 年努力，数易其稿完成的。著者大都是长期工作在作物种质资源学科领域的优秀科学家，具有丰富的工作经验，掌握大量科学资料，为本书的写作尽心竭力。在此我们向所有编著人员致以诚挚的谢意！向所有关心和支持本书出版的专家和领导表示衷心的感谢！

本书集科学性、知识性、实用性于一体，是作物种质资源学专著。希望本书的出版对中国作物种质资源学科的发展起到促进作用。由于我们的学术水平和写作能力有限，书中的错误和缺点在所难免，希望广大读者提出宝贵意见。

编辑委员会

2005 年 6 月于北京

蔬菜作物卷

Contents

Preface

蔬菜作物卷

第一节　中国作物的多样性

作物是指对人类有价值并为人类有目的地种植栽培并收获利用的植物。从这个意义上说，作物就是栽培植物。狭义的作物概念指粮食作物、经济作物和园艺作物；广义的作物概念泛指粮食、经济、园艺、牧草、绿肥、林木、药材、花草等一切人类栽培的植物。在农林生产中，作物生产是根本。作物生产为人类生命活动提供能量和其他物质基础，也为以植物为食的动物和微生物的生命活动提供能量。所以说，作物生产是第一性生产，畜牧生产是第二性生产。作物能为人类提供多种生活必需品，例如蛋白质、淀粉、糖、油、纤维、燃料、调味品、兴奋剂、维生素、药、毒药、木材等，还可以保护和美化环境。从数千年的历史看，粮食安全是保障人类生活、社会安定的头等大事，食物生产是其他任何生产不能取代的。从现代化的生活看，环境净化、美化是人类生活不可缺少的，所有这些需求均有赖于多种多样的栽培植物提供。

一、中国历代的作物

我国作为世界四大文明发源地之一，作物生产历史非常悠久，从最先开始驯化野生植物发展到现代作物生产已近万年。在新石器时代，人们根据漫长的植物采集活动中积累的经验，开始把一些可供食用的植物驯化成栽培植物。例如，在至少 8 000 年前，谷子就已经在黄河流域得到广泛种植，黍稷也同时被北方居民所驯化。以关中、晋南和豫西为中心的仰韶文化和以山东为中心的北辛—大汶口文化均以种植粟黍为特征，北部辽燕地区的红山文化也属粟作农业区。在南方，水稻最早被驯化，在浙江余姚河姆渡发现了距今近 7 000 年的稻作遗存，而在湖南彭头山也发现了距今 9 000 年的稻作遗存。刀耕火种农业和迁徙式农业是这个时期农业的典型特征。一直到新石器时代晚期，随着犁耕工具的出现，以牛耕和铁耕为标志的古代传统农业才开始逐渐成形。

从典籍中可以比较清晰地看到在新石器时代之后我国古代作物生产发展演变的脉络。例如，在《诗经》（公元前 11—前 5 世纪）中频繁地出现黍的诗，说明当时黍已经成为我国最主要的粮食作物，其他粮食作物如谷子、水稻、大豆、大麦等也被提及。同时，《诗经》还提到了韭菜、冬葵、菜瓜、蔓菁、萝卜、葫芦、莼菜、竹笋等蔬菜作物，榛、栗、桃、李、梅、杏、枣等果树作物，桑、花椒、大麻等纤维、染料、药材、林木等作物。此外，在《诗经》中还对黍稷和大麦有品种分类的记载。《诗经》和另一本同时期著作《夏小正》还对植物的生长发育如开花结实等的生理生态特点有比较详细的记录，并且这些知识被广泛用于指导当时的农事活动。

在春秋战国时期（公元前 770—前 221），由于人们之间的交流越来越频繁，人们对植物与环境之间的关系认识逐渐加深，对适宜特定地区栽培的作物和适宜特定作物生长的地区有了更多了解。因此，在这个时期，不少作物的种植面积在不断扩大。

在秦汉至魏晋南北朝时期（公元前 221—公元 580），古代农业得到进一步发展。尤其是公元前 138 年西汉张骞出使西域，在打通了东西交流的通道后，很多西方的作物引入了我国。据《博物志》记载，在这个时期，至少胡麻、蚕豆、苜蓿、胡瓜、石榴、胡桃和葡萄等从西域引到了中国。另一方面，由于秦始皇和汉武帝大举南征，我国南方和越南特产的作物的种植区域迅速向北延伸，这些作物包括甘蔗、龙眼、荔枝、槟榔、橄榄、柑橘、薏苡等。北魏贾思勰所著的《齐民要术》是我国现存最早的一部完整农书，书中提到的栽培植物有 70 多种，分为四类，即谷物（卷二）、蔬菜（卷三）、果树（卷四）和林木（卷五）。《齐民要术》中对栽培植物的变异即品种资源给予了充分的重视，并且对引种和人工选种做了比较详尽的描述，例如大蒜从河南引种到山西就变成了百子蒜、芜菁引种到山西后根也变大、谷子选种时需选"穗纯色者"等等。

在隋唐宋时期（公元 581—1278），人们对栽培植物（尤其是园林植物和药用植物）的兴趣日益增长，不仅引种驯化的水平在不断提高，生物学认识也日趋深入。约成书于 7 世纪或 8 世纪初的《食疗本草》记述了 160 多种粮油蔬果植物，从这本书中可以发现这个时期的一些作物变化特点，如一些原属粮食的作物已向蔬菜转化、还在不断驯化新的作物（如牛蒡子、苋菜等）。同时，在隋唐宋时期还不断引入新的作物种类，如莴苣、菠菜、小茴香、龙胆香、安息香、波斯枣、巴旦杏、油橄榄、水仙花、木波罗、金钱花等。在这个时期，园林植物包括花卉的驯化与栽培得到了空前的发展，人们对花木的引种、栽培和嫁接进行了大量研究和实践。

在元明清时期（公元 1279—1911），人们对药用植物和救荒食用植物的研究大大提高了农艺学知识水平。19 世纪初的植物学名著《植物名实图考》记载了 1 714 种植物，其中谷类作物有 52 种、蔬菜 176 种、果树 102 种。明末清初，随着中外交流的增多，一些重要的粮食作物和经济作物开始传入中国，其中包括甘薯、玉米、马铃薯、番茄、辣椒、菊芋、甘蓝、花椰菜、烟草、花生、向日葵、大丽花等，这些作物的引进对我国人民的生产和生活影响很大。明清时期是我国人口增长快而灾荒频繁的时代，寻找新的适应性广、抗逆性强、产量高的粮食作物成为了摆在当时社会面前的重要问题。16 世纪后半叶甘薯和玉米的引进在很大程度上解决了当时的粮食问题。在 18 世纪中叶和 19 世纪初，玉米已在我国大规模推广，成为仅次于水稻和小麦的重要粮食作物。另外，明末传入我国的烟草也对当时甚至今天的人民生活带来了巨大影响。

二、中国当代作物的多样性

近百年来中国栽培的主要作物有 600 多种（林木未计在内），其中粮食作物 30 多种，经济作物约 70 种，果树作物约 140 种，蔬菜作物 110 多种，饲用植物（牧草）约 50 种，观赏植物（花卉）130 余种，绿肥作物约 20 种，药用作物 50 余种（郑殿升，2000）。林木中主要造林树种约 210 种（刘旭，2003）。

　　总体来看，50 多年来，我国的主要作物种类没有发生重大变化。我国种植的作物长期以粮食作物为主。20 世纪 80 年代以后，实行农业结构调整，经济作物和园艺作物种植面积和产量才有所增加。我国最重要的粮食作物曾是水稻、小麦、玉米、谷子、高粱和甘薯。现在谷子和高粱的生产已明显减少。高粱在 20 世纪 50 年代以前是我国东北地区的主要粮食作物，也是华北地区的重要粮食作物之一，但现今面积已大大缩减。谷子（粟），虽然在其他国家种植很少，但在我国一直是北方的重要粮食作物之一。民间常说，小米加步枪打败了日本帝国主义，可见 20 世纪 50 年代以前粟在我国北方粮食作物中的地位十分重要，现今面积虽有所减少，但仍不失为北方比较重要的粮食作物。玉米兼作饲料作物，近年来发展很快，已成为我国粮饲兼用的重要作物，其总产量在我国已超过小麦而居第二位。我国历来重视豆类作物生产。自古以来，大豆就是我国粮油兼用的重要作物。我国豆类作物之多为任何国家所不及，豌豆、蚕豆、绿豆、小豆种植历史悠久，分布很广；菜豆、豇豆、小扁豆、饭豆种植历史也在千年以上；木豆、刀豆等引入我国后都有一定种植面积。荞麦在我国分布很广，由于生育期短，多作为备荒、填闲作物。在薯类作物中，甘薯多年来在我国部分农村充当粮食；而马铃薯始终主要作蔬菜；木薯近年来在海南和两广发展较快。

　　我国最重要的纤维作物仍然是棉花。各种麻类作物中，苎麻历来是衣着和布匹原料；黄麻、红麻、青麻、大麻是绳索和袋类原料。我国最重要的糖料作物仍然是南方的甘蔗和北方的甜菜，甜菊自 20 世纪 80 年代引入我国后至今仍有少量种植。茶和桑是我国的古老作物，前者是饮料，后者是家蚕饲料。作为饮料的咖啡是海南省的重要作物。

　　我国最重要的蔬菜作物，白菜、萝卜和芥菜种类极多，遍及全国各地。近数十年来番茄、茄子、辣椒、甘蓝、花椰菜等也成为头等重要的蔬菜。我国的蔬菜中瓜类很多，如黄瓜、冬瓜、南瓜、丝瓜、瓠瓜、苦瓜、西葫芦等。葱、姜、蒜、韭是我国人民离不开的菜类。绚丽多彩的水生蔬菜，如莲藕、茭白、荸荠、慈姑、菱、芡实、莼菜等更是独具特色。近 10 余年来引进多种新型蔬菜，城市的餐桌正在发生变化。

　　我国最重要的果树作物，在北方梨、桃、杏的种类极多；山楂、枣、猕猴桃在我国分布很广，野生种多；苹果、草莓、葡萄、柿、李、石榴也是常见水果。在南方柑橘类十分丰富，有柑、橘、橙、柚、金橘、柠檬及其他多种；香蕉种类多，生产量大；荔枝、龙眼、枇杷、梅、杨梅为我国原产；椰子、菠萝、木瓜、芒果等在我国海南、台湾等地普遍种植。干果中核桃、板栗、榛、榧、巴旦杏也是受欢迎的果品。

　　在作物中，种类的变化最大的是林木、药用作物和观赏作物。林木方面，我国有乔木、灌木、竹、藤等树种约 9 300 多种，用材林、生态林、经济林、固沙林等主要造林树种约 210 种，最多的是杨、松、柏、杉、槐、柳、榆，以及枫、桦、栎、桉、桐、白蜡、皂角、银杏等。中国的药用植物过去种植较少，以采摘野生为主，现主要来自栽培。现药用作物约有 250 种，甚至广西药用植物园已引种栽培药用植物近 3 000 种，分属菊科、豆科等 80 余科，其中既有大量的草本植物，又有众多的木本植物、藤本植物和蕨类植物等，而且种植方式和利用部位各不相同。观赏作物包括人工栽培的花卉、园林植物和绿化植物，其中部分观赏作物也是林木的一部分。据统计，中国原产的观赏作物有 150 多科、554 属、1 595 种（薛达元，2005）。牡丹、月季、杜鹃、百合、梅、兰、菊、桂种类繁多，荷花、茶花、茉莉、水仙品种名贵。

第二节　作物的起源与进化

一切作物都是由野生植物经栽培、驯化而来。作物的起源与进化就是研究某种作物是在何时、何地、由什么野生植物驯化而来的，怎样演化成现在这样的作物的。研究作物的起源与进化对收集作物种质资源、改良作物品种具有重要意义。

大约在中石器时代晚期或新石器时代早期，人类开始驯化植物，距今约 10 000 年。被栽培驯化的野生植物物种是何时形成的也很重要。一般说来，最早的有花植物出现在距今 1 亿多年前的中生代白垩纪，并逐渐在陆地上占有了优势。到距今 6 500 万年的新生代第三纪草本植物的种数大量增加。到距今 200 万年的第四纪植物的种继续增加。以至到现在仍有些新的植物种出现，同时有些植物种在消亡。

一、作物起源的几种学说

作物的起源地是指这一作物最早由野生变成栽培的地方。一般说来，在作物的起源地，该作物的基因较丰富，并且那里有它的野生祖先。所以了解作物的起源地对收集种质资源有重要意义。因而，100 多年来不少学者研究作物的起源地，形成了不少理论和学说。各个学说的共同点是植物驯化发生于世界上不同地方，这一点是科学界的普遍认识。

（一）康德尔作物起源学说的要点

瑞士植物学家康德尔（Alphonse de Candolle，1806—1893）在 19 世纪 50 年代之前还一直是一个物种的神创论者，但后来他逐渐改变了观点。他是最早的作物起源研究奠基人，他研究了很多作物的野生近缘种、历史、名称、语言、考古证据、变异类型等等资料，认为判断作物起源的主要标准是看栽培植物分布地区是否有形成这种作物的野生种存在。他的名著《栽培植物的起源》（1882）涉及到 247 种栽培植物，给后人研究作物起源提供了典范，尽管从现在看来，书中引用的资料不全、甚至有些资料是错误的，但他在作物起源研究上的贡献是不可磨灭的。康德尔的另一大贡献是 1867 年首次起草了国际植物学命名规则。这个规则一直沿用至今。

（二）达尔文进化论的要点

英国博物学家达尔文（Charles Darwin，1809—1882）在对世界各地进行考察后，于 1859 年出版了名著《物种起源》。在这本书中，他提出了以下几方面与起源和进化有关的理论：①进化肯定存在；②进化是渐进的，需要几千年到上百万年；③进化的主要机制是自然选择；④现存的物种来自同一个原始的生命体。他还提出在物种内的变异是随机发生的，每种生物的生存与消亡是由它适应环境的能力来决定的，适者生存。

（三）瓦维洛夫作物起源学说的要点

俄国（苏联）遗传学家瓦维洛夫（N. I. Vavilov, 1887—1943）不仅是研究作物起源的著名学者，同时也是植物种质资源学科的奠基人。在 20 世纪 20~30 年代，他组织了若干次遍及四大洲的考察活动，对各地的农作系统、作物的利用情况、民族植物学甚至环境情况进行了仔细的分析研究，收集了多种作物的种质资源 15 万份，包括一部分野生近缘种，对它们进行了表型多样性研究。最后，瓦维洛夫提出了一整套关于作物起源的理论。

在瓦维洛夫的作物起源理论中，最重要的学说是作物起源中心理论。在他于 1926 年撰写的《栽培植物的起源中心》一文中，提出研究变异类型就可以确定作物的起源中心，具有最大遗传多样性的地区就是该作物的起源地。进入 20 世纪 30 年代以后，瓦维洛夫对自己的学说不断修正，又提出确定作物起源中心，不仅要根据该作物的遗传多样性的情况，而且还要考虑该作物野生近缘种的遗传多样性，并且还要参考考古学、人文学等资料。瓦维洛夫经过多年增订，于 1935 年分析了 600 多个物种（包括一部分野生近缘种）的表型遗传多样性的地理分布，发表了"主要栽培植物的世界起源中心"[Мировые очаги（центры происхождения）важнейших культурных растений]。在这篇著名的论文中指出，主要作物有八个起源中心，外加 3 个亚中心（图 0-1）。这些中心在地理上往往被沙漠或

图 0-1 瓦维洛夫的栽培植物起源中心

1. 中国　2. 印度　2a. 印度—马来亚　3. 中亚　4. 近东

5. 地中海地区　6. 埃塞俄比亚　7. 墨西哥南部和中美

8. 南美（秘鲁、厄瓜多尔、玻利维亚）　8a. 智利　8b. 巴西和巴拉圭

（来自 Harlan, 1971）

高山所隔离。它们被称为"原生起源中心（primary centers of origin）"。作物野生近缘种和显性基因常常存在于这类中心之内。瓦维洛夫又发现在远离这类原生起源中心的地方，有时也会产生很丰富的遗传多样性，并且那里还可能产生一些变异是在其原生起源中心没有的。瓦维洛夫把这样的地区称为"次生起源中心（secondary centers of origin）"。在次生起源中心内常有许多隐性基因。瓦维洛夫认为，次生起源中心的遗传多样性是由于作物自其原生起源中心引到这里后，在长期地理隔离的条件下，经自然选择和人工选择而形成的。

瓦维洛夫把非洲北部地中海沿岸和环绕地中海地区划作地中海中心；把非洲的阿比西尼亚（今埃塞俄比亚）作为世界作物起源中心之一；把中亚作为独立于前亚（近东）之外的另一个起源中心；中美和南美各自是一个独立的起源中心；再加上中国和印度（印度—马来亚）两个中心，就是瓦维洛夫主张的世界八大主要作物起源中心。

"变异的同源系列法则"（the Law of Homologous Series in Variation）也是瓦维洛夫的作物起源理论体系中的重要组成部分。该理论认为，在同一个地理区域，在不同的作物中可以发现相似的变异。也就是说，在某一地区，如果在一种作物中发现存在某一特定性状或表型，那么也就可以在该地区的另一种作物中发现同一种性状或表型。Hawkes（1983）认为这种现象应更准确地描述为"类似（analogous）系列法则"，因为可能不同的基因位点与此有关。Kupzov（1959）则把这种现象看作是在不同种中可能在同一位点发生了相似的突变，或是不同的适应性基因体系经过进化产生了相似的表型。基因组学的研究成果也支持了该理论。

此外，瓦维洛夫还提出了"原生作物"和"次生作物"的概念。"原生作物"是指那些很早就进行了栽培的古老作物，如小麦、大麦、水稻、大豆、亚麻和棉花等；"次生作物"指那些开始是田间的杂草，然后较晚才慢慢被拿来栽培的作物，如黑麦、燕麦、番茄等。瓦维洛夫对于地方品种的意义、外国和外地材料的意义、引种的理论等方面都有重要论断。

瓦维洛夫的"作物八大起源中心"提出之后，其他研究人员对该理论又进行了修订。在这些研究人员中，最有影响的是瓦维洛夫的学生茹科夫斯基（Zhukovsky），他在1975年提出了"栽培植物基因大中心（megacenter）理论"，认为有12个大中心，这些大中心几乎覆盖了整个世界，仅仅不包括巴西、阿根廷南部，加拿大、西伯利亚北部和一些地处边缘的国家。茹科夫斯基还提出了与栽培种在遗传上相近的野生种的小中心（microcenter）概念。他指出野生种和栽培种在分布上有差别，野生种的分布很窄，而栽培种分布广泛且变异丰富。他还提出了"原生基因大中心"的概念，认为瓦维洛夫的原生起源中心地区狭窄，而把栽培种传播到的地区称为"次生基因大中心"。

（四）哈兰作物起源理论的要点

美国遗传学家哈兰（Harlan）指出，瓦维洛夫所说的作物起源中心就是农业发展史很长，并且存在本地文明的地域，其基础是认为作物变异的地理区域与人类历史的地理区域密切相关。但是，后来研究人员在对不同作物逐个进行分析时，却发现很多作物并没有起源于瓦维洛夫所指的起源中心之内，甚至有的作物还没有多样性中心存在。

以近东为例，在那里确实有一个小的区域曾有大量动植物被驯化，可以认为是作物起源中心之一；但在非洲情况却不一样，撒哈拉以南地区和赤道以北地区到处都存在植物驯化活动，这样大的区域难以称为"中心"，因此哈兰把这种地区称为"泛区（non-center)"。他认为在其他地区也有类似情形，如中国北部肯定是一个中心，而东南亚和南太平洋地区可称为"泛区"；中美洲肯定是一个中心，而南美洲可称为"泛区"。基于以上考虑，哈兰（1971）提出了他的"作物起源的中心与泛区理论"。然而，后来的一些研究对该理论又提出了挑战。例如，研究发现近东中心的侧翼地区包括高加索地区、巴尔干地区和埃塞俄比亚也存在植物驯化活动；在中国，由于新石器时代的不同文化在全国不同地方形成，哈兰所说的中国北部中心实际上应该大得多；中美洲中心以外的一些地区（包括密西西比流域、亚利桑那和墨西哥东北部）也有植物的独立驯化。因此，哈兰（1992）最后又抛弃了以前他本人提出的理论，并且认为已没有必要谈起源中心问题。

哈兰（Harlan，1992）根据作物进化的时空因素，把作物的进化类型分为以下几类：

1. 土著（endemic）作物　指那些在一个地区被驯化栽培，并且以后也很少传播的作物。例如起源于几内亚的臂形草属植物（*Brachiaria deflexa*）、埃塞俄比亚的树头芭蕉（*Ensete ventricosa*）、西非的黑马唐（*Digitaria iburua*）、墨西哥古代的莠狗尾草（*Setaria geniculata*）、墨西哥的美洲稷（*Panicum sonorum*）等。

2. 半土著（semiendemic）作物　指那些起源于一个地区但有适度传播的作物。例如起源于埃塞俄比亚的苔夫（*Eragrostic tef*）和 *Guizotia abyssinica*（它们还在印度的某些地区种植）、尼日尔中部的非洲稻（*Oryza glaberrima*）等。

3. 单中心（monocentric）作物　指那些起源于一个地区但传播广泛且无次生多样性中心的作物。例如咖啡、橡胶等。这类作物往往是新工业原料作物。

4. 寡中心（oligocentric）作物　指那些起源于一个地区但传播广泛且有一个或多个次生多样性中心的作物。例如所有近东起源的作物（包括大麦、小麦、燕麦、亚麻、豌豆、小扁豆、鹰嘴豆等）。

5. 泛区（noncentric）作物　指那些在广阔地域均有驯化的作物，至少其中心不明显或不规则。例如高粱、普通菜豆、油菜（*Brassica campestris*）等。

1992 年，哈兰在他的名著《作物和人类》（第二版）一书中继续坚持他多年前就提出的"作物扩散起源理论"（diffuse origins）。其意思是说，作物起源在时间和空间上可以是扩散的，即使一种作物在一个有限的区域被驯化，在它从起源中心向外传播的过程中，这种作物会发生变化，而且不同地区的人们可能会给这种作物迥然不同的选择压力，这样到达某一特定地区后形成的作物与其原先的野生祖先在生态上和形态上会完全不同。他举了一个玉米的例子，玉米最先在墨西哥南部被驯化，然后从起源中心向各个方向传播。欧洲人到达美洲时，玉米已经在从加拿大南部至阿根廷南部的广泛地区种植，并且在每个栽培地区都形成了具有各自特点的玉米种族。有意思的是，在一些比较大的地区，如北美，只有少数种族，并且类型相对单一；而在一些小得多的地区，包括墨西哥南部、危地马拉、哥伦比亚部分地区和秘鲁，却有很多种族，有些种族的变异非常丰富，在秘鲁还发现很多与其起源中心截然不同的种族。

（五）郝克斯作物起源理论的要点

郝克斯（Hawkes，1983）认为作物起源中心应该与农业的起源地区别开来，从而提出了一套新的作物起源中心理论，在该理论中把农业起源的地方称为核心中心，而把作物从核心中心传播出来，又形成类型丰富的地区称为多样性地区（表0-1）。同时，郝克斯用"小中心"（minor centers）来描述那些只有少数几种作物起源的地方。

表0-1   栽培植物的核心中心和多样性地区

（Hawkes，1983）

核心中心 Nuclear center	多样性地区 Region of diversity	外围小中心 Outlying minor centers
A 中国北部（黄河以北的黄土高原地区）	Ⅰ 中国	1 日本
	Ⅱ 印度	2 新几内亚
	Ⅲ 东南亚	3 所罗门群岛、斐济、南太平洋
B 近东（新月沃地）	Ⅳ 中亚	4 欧洲西北部
	Ⅴ 近东	
	Ⅵ 地中海地区	
	Ⅶ 埃塞俄比亚	
	Ⅷ 西非	
C 墨西哥南部（Tehuacan 以南）	Ⅸ 中美洲	5 美国、加拿大
		6 加勒比海地区
D 秘鲁中部至南部（安第斯地区、安第斯坡地东部、海岸带）	Ⅹ 安第斯地区北部（委内瑞拉至玻利维亚）	7 智利南部
		8 巴西

（六）确定作物起源中心的基本方法

如何确定某一种特定栽培植物的起源地，是作物起源研究的中心课题。康德尔最先提出只要找到这种栽培植物的野生祖先的生长地，就可以认为这里是它最初被驯化的地方。但问题是：①往往难以确定在某一特定地区的植物是否是真的野生类型，因为可能是从栽培类型逃逸出去的类型；②有些作物（如蚕豆）在自然界没有发现存在其野生祖先；③野生类型生长地也并非就一定是栽培植物的起源地，例如在秘鲁存在多个番茄野生种，但其他证据表明栽培番茄可能起源于墨西哥；④随着科学技术的发展，发现以前认定的野生祖先其实与栽培植物并没有关系，例如在历史上曾认为生长在智利、乌拉圭和墨西哥的野生马铃薯是栽培马铃薯的野生祖先，但后来发现它们与栽培马铃薯亲缘并不近。因此，在研究过程中必须谨慎。

此外，在研究作物起源时，还需要谨慎对待历史记录的证据和语言学证据。由于绝大多数作物的驯化出现在文字出现之前，后来的历史记录往往源于民间传说或神话，并且在很多情况下以讹传讹地流传下来。例如，罗马人认为桃来自波斯，因为他们在波斯发现了桃，故而把桃的拉丁文学名定为 *Prunus persica*，而事实上桃最先在中国驯化，然后在罗马时代时传到波斯。谷子的拉丁文定名为 *Setaria italica* 也有类似情况。

因此，在研究作物起源时，应该把植物学、遗传学和考古学证据作为主要的依据，亦即要特别重视作物本身的多样性，其野生祖先的多样性，以及考古学的证据。历史学和语言学证据只是一个补充和辅助性依据。

二、几个重要的世界作物起源中心

（一）中国作物起源中心

在瓦维洛夫的《主要栽培植物的世界起源中心》中涉及到 666 种栽培植物，他认为其中有 136 种起源于中国，占 20.4%，因此中国成了世界栽培植物八大起源中心的第一起源中心。以后作物起源学说不断得到补充和发展，但中国作为世界作物起源中心的地位始终为科学界所公认。卜慕华（1981）列举了我国史前或土生栽培植物 237 种。据估计，我国的栽培植物中，有近 300 种起源于本国，占主要栽培植物的 50% 左右（郑殿升，2000）。由于新石器时期发展起来的文化在全国各地均有发现，作物没有一个比较集中的起源地。因此，把整个中国作为了一个作物起源中心。有趣的是，在 19 世纪以前中国本土起源的作物向外传播得非常慢，而引进栽培植物却很早，且传播得快。例如在 3 000 多年前引进的作物就有大麦、小麦、高粱、冬瓜、茄子等，而蚕豆、豌豆、绿豆、苜蓿、葡萄、石榴、核桃、黄瓜、胡萝卜、葱、蒜、红花和芝麻等引进我国至少也有 2 000 多年了（卜慕华，1981）。

1. 中国北方起源的作物　中国出现人类的历史已有 150 万～170 万年。在我国北方尤其是黄河流域，新石器时期早期出现的磁山—裴李岗文化大约在距今 7 000 年到 8 500 年之间，在这段时间里人们驯化了猪、狗和鸡等动物，同时开始种植谷子、黍稷、胡桃、榛、橡树、枣等作物，其驯化中心在河南、河北和山西一带（黄其煦，1983）。总的来看，北方的古代农业以谷子和黍稷为根本。

在中国北方起源的作物主要是谷子、黍稷、大豆、小豆等；果树和蔬菜主要的有萝卜、芜菁、荸荠、韭菜、土种甜瓜等，驯化的温带果树主要有中国苹果（沙果）、梨、李、栗、樱桃、桃、杏、山楂、柿、枣、黑枣（君迁子）等；还有纤维作物大麻、青麻等；油料作物紫苏；药用作物人参、杜仲、当归、甘草等，还有银杏、山核桃、榛子等。

2. 中国南方起源的作物　在我国南方，新石器时期的文化得到独立发展。在长江流域尤其是下游地区，人们很早就驯化植物，其中最重要的就是水稻（*Oryza sativa*），其开始驯化的时间至少在 7 000 年以前（严文明，1982）。竹的种类极为丰富。在中国南方被驯化的木本植物还有茶树、桑树、油桐、漆树（*Rhus vernicifera*）、蜡树（*Rhus succedanea*）、樟树（*Cinnamomum camphora*）、榧等；蔬菜作物主要有芸薹属的一些种、莲藕、百合、茭白（菰）、水菱、慈姑、芋类、甘露子、莴笋、丝瓜、茼蒿等，白菜和芥菜可能也起源于南方；果树中主要有柑橘类的多个物种，如枸橼类、檬类、柚类、柑类、橘类、金橘类、枳类等，还有枇杷、梅、杨梅、海棠等；粮食作物有食用稗、芡实、菜豆、玉米的蜡质种等；纤维作物有苎麻、葛等；绿肥作物有紫云英等。华南及沿海地区最早驯化栽培的作物可能是荔枝、龙眼等果树，以及一些块茎类作物和辛香作物，如花椒、桂（*Cinnamomum cassia*）、八角等，还有甘蔗的本地种（*Sacharum sinense*）及一些水生植物和竹类等。

（二）近东作物起源中心

近东包括亚洲西南部的阿拉伯半岛、土耳其、伊拉克、叙利亚、约旦、黎巴嫩、巴勒斯坦地区及非洲东北部的埃及和苏丹。这里的现代人大约在两万多年前产生，而农业开始于 12 000 年至 11 000 年前。众所周知，在美索不达米亚和埃及等地区，高度发达的古代文明出现很早，这些文明成了农业发达的基石。研究表明，在古代近东地区，人们的主要食物是小麦、大麦、绵羊和山羊。小麦和大麦种植的历史均超过万年。以色列、约旦地区可能是大麦的起源地（Badr et al.，2000）。在美索不达米亚流域大麦一度是古代的主要作物，尤其是在南方。4 300 年前大麦几乎一度完全代替了小麦，其原因主要是因为灌溉水盐化程度越来越高，小麦的耐盐性不如大麦。在埃及，二粒小麦曾经种植较多。

近东是一个非常重要的作物起源中心，瓦维洛夫把这里称为前亚起源中心，指的主要是小亚细亚全部，还包括外高加索和伊朗。瓦维洛夫在他的《主要栽培植物的世界起源中心》中提出 84 个种起源于近东。在该地区，广泛分布着野生大麦、野生一粒小麦、野生二粒小麦、硬粒小麦、圆锥小麦、东方小麦、波斯小麦（亚美尼亚和格鲁吉亚）、提莫菲维小麦，还有普通小麦的本地无芒类群，以及小麦的祖先山羊草属的许多物种。已经公认小麦和大麦这两种重要的粮食作物起源于近东地区。黑麦、燕麦、鹰嘴豆、小扁豆、羽扇豆、蚕豆、豌豆、箭筈豌豆、甜菜也起源在这里。果树中有无花果、石榴、葡萄、欧洲甜樱桃、巴旦杏，以及苹果和梨的一些物种。起源于这里的蔬菜有胡萝卜、甘蓝、莴苣等。还有重要的牧草苜蓿和波斯三叶草，重要的油料作物胡麻、芝麻（本地特殊类型），以及甜瓜、南瓜、罂粟、芜菁等也起源在这里。

（三）中南美起源中心

美洲早在 1 万年以前就开始了作物的驯化。但无论其早晚，每个地区均是先驯化豆类、瓜类和椒类（Capsicum spp.）。从地域上讲，自美国中西部至少到阿根廷北部都有驯化活动；从时间上讲，作物的驯化和进化至少跨了几千年。在瓦维洛夫的《主要栽培植物的世界起源中心》中把中美和南美作为两个独立的起源中心对待，他提出起源于墨西哥南部和中美的作物有 45 种，起源于南美的作物有 62 种。

玉米是起源于美洲的最重要的作物。尽管目前对玉米的来源还存在争论，但已经比较肯定的是玉米驯化于墨西哥西南部，其栽培历史至少超过 7 000 年（Benz，2001）。最重要的块根作物之一甘薯的起源地可能在南美北部，驯化历史已超过 10 000 年。另外，包括 25 种块根块茎作物也起源于美洲，其中包括世界性作物马铃薯和木薯，马铃薯的种类十分丰富。一年生食用豆类的驯化比玉米还早，这些豆类包括普通菜豆、利马豆、红花菜豆和花生等。普通菜豆的祖先分布很广（从墨西哥到阿根廷均有分布），它和利马豆一样可能断断续续驯化了多次。世界上最重要的纤维作物陆地棉（Gossypium hirsutum）和海岛棉（G. barbadense）均起源于美洲厄瓜多尔和秘鲁、巴西东北部的西海岸地区，驯化历史至少有 5 500 年。烟草有 10 个左右的种被驯化栽培过，这些种都起源于美洲，其中最重要的普通烟草（Nicotiana tabaccum）起源于南美和中美。美洲还驯化了一些高价值水果，包括菠萝、番木瓜、鳄梨、番石榴、草莓等等。许多重要蔬菜起源在这个中心，如番茄、辣椒等。番茄的野生种分布在厄瓜多尔和秘鲁海岸沿线，类型丰富。南瓜类型也很多，如西葫芦（Cucurbita pepo）是起源于美洲最早的作物之一，至少有 10 000 年的种植历史（Smith，1997）。重要工业原料作物橡胶（*Hevea brasiliensis*）起源于亚马孙地区南部。可可是巧克力的重要原料，它也起源于美洲中心。另外，美洲还是许多优良牧草的起源地。

在北美洲起源的作物为数不多，向日葵是其中之一，它大约是 3 000 年前在密西西比到俄亥俄流域被驯化的。

（四）南亚起源中心

南亚起源中心包括印度的阿萨姆和缅甸的主中心和印度—马来亚地区，在瓦维洛夫的《主要栽培植物的世界起源中心》中提出起源于主中心的有 117 种作物，起源于印度—马来亚地区的有 55 种作物。其中的主要作物包括水稻、绿豆、饭豆、豇豆、黄瓜、苦瓜、茄子、木豆、甘蔗、芝麻、中棉、山药、圆果黄麻、红麻、印度麻（*Crotalaria juncea*）等。薯蓣（*Dioscorea esculenta*，*D. altata*）、薏苡起源于马来半岛，芒果起源于马来半岛和印度，柠檬、柑橘类起源于印度东北部至缅甸西部再至中国南部，椰子起源于南太平洋岛屿，香蕉起源于马来半岛和一些太平洋岛屿，甘蔗起源于新几内亚，等等。

（五）非洲起源中心

地球上最古老的人类出现在约 200 万年前的非洲。当地农业出现至少在 6 000 多年以前（Harlan，1992）。但长期以来，人们对非洲的作物起源情况了解很少。事实上，非洲与其他地方一样也是相当重要的作物起源中心。大量的作物在非洲被首先驯化，其中最重要的世界性作物包括咖啡、高粱、珍珠粟、油棕、西瓜、豇豆和龙爪稷等，另外还有许多主要对非洲人相当重要的作物，包括非洲稻、薯蓣、葫芦等。但与近东地区不同的是，起源于非洲的绝大多数作物的分布范围比较窄（其原因主要来自部落和文化的分布而不是生态适应性），植物驯化没有明显的中心，驯化活动从南到北、从东至西广泛存在。

不过，从古至今，生活在撒哈拉及其周边地区的非洲人一直把采集收获野生植物种子作为一项重要生活内容，甚至把这些种子商业化。在撒哈拉地区北部主要收获三芒草属的一个种（*Aristida pungens* Desf.），在中部主要收获圆锥黍（*Panicum turgidum* Forssk.），在南部主要收获蒺藜草属的 *Cenchrus biflorus* Roxb.。他们收获的野生植物还包括埃塞俄比亚最重要的禾谷类作物苔麸（*Eragrostic tef*）的祖先种画眉草（*E. pilosa*）和一年生巴蒂野生稻（*Oryza glaberrima* spp. *barthii*）等。

三、与作物进化相关的基本理论

作物的进化就是一个作物的基因源（gene pool，或译为基因库）在时间上的变化。一个作物的基因源是该作物中的全部基因。随着时间的发展，作物基因源内含有的基因会发生变化，由此带来作物的进化。自然界中作物的进化不是在短时间内形成的，而是在漫长的历史时期进行的。作物进化的机制是突变、自然选择、人工选择、重组、遗传漂移（genetic drift）和基因流动（gene flow）。一般说来，突变、重组和基因流动可以使基因源中的基因增加，遗传漂移、人工选择和自然选择常常使基因源中的基因减少。自然界中，在这些机制的共同作用下，植物群体中遗传变异的总量是保持平衡的。

（一）突变在作物进化中的作用

突变是生命过程中 DNA 复制时核苷酸序列发生错误造成的。突变产生新基因，为选择创造材料，是生物进化的重要源泉。自然界生物中突变是经常发生的（详见第四节）。自花授粉作物很少发生突变，杂种或杂合植物发生突变的几率相对较高。自然界发生的突变多数是有害的，中性突变和有益突变的比例各占多少不得而知，可能与环境及性状的详情有关。绝大多数新基因常常在刚出现时便被自然选择所淘汰，到下一代便丢失。但是，由于突变有重复性，有些基因会多次出现，每个新基因的结局因环境和基因本身的性质而不同。对生物本身有害的基因，通常一出现就被自然选择所淘汰，难以进入下一代。但有时它不是致命的害处，又与某个有益基因紧密连锁，或因突变与选择之间保持着平衡，有害基因也可能低频率地被保留下来。中性基因，大多数在它们出现后很早便丢失。其保留的情况与群体大小和出现频率有关。有利基因，大多数出现以后也会丢失，但它会重复出现，经过若干世代，丢失几次后，在群体中的比例逐渐增加，以至保留下来。基因源中基因的变化带来物种进化。

（二）自然选择在作物进化中的作用

达尔文是第一个提出自然选择是物种起源主要动力的科学家。他提出，"适者生存"就是自然选择的过程。自然选择在作物进化中的作用是消除突变中产生的不利性状，保留适应性状，从而导致物种的进化。环境的变化是生物进化的外因，遗传和变异是生物进化的内因。定向的自然选择决定了生物进化的方向。亦即，在内因和外因的共同作用下，后代中一些基因型的频率逐代增高，另一些基因型的频率逐代降低，从而导致性状变化。例如稻种的自然演化，就是稻种在不同环境条件下，受自然界不同的选择压力，而导致了各种类型的水稻产生。

（三）人工选择在作物进化中的作用

人工选择是指在人为的干预下，按人类的要求对作物加以选择的过程，结果是把合乎人类要求的性状保留下来，使控制这些性状的基因频率逐代增大，从而使作物的基因源（gene pool）朝着一定方向改变。人工选择自古以来就是推动作物生产发展的重要因素。古代，人们对作物（主要指禾谷类作物）的选择主要在以下两方面：第一是与收获有关的性状，结果是种子落粒性减弱、强化了有限生长、穗变大或穗变多、花的育性增加等，总的趋势是提高种子生产能力；第二是与幼苗竞争有关的性状，结果是通过种子变大、种子中蛋白质含量变低且碳水化合物含量变高，使幼苗活力提高，另外通过去除休眠、减少颖片和其他种子附属物使发芽更快。现代，人们还对产品的颜色、风味、质地及储藏品质等进行选择，这样就形成了不同用途的或不同类型的品种。由于在传统农业时期人们偏爱种植混合了多个穗的种子，所以形成的"农家品种"（地方品种）具有较高的遗传多样性。近代育种着重选择纯系，所以近代育成品种的遗传多样性较低。

(四) 人类迁移和栽培方式在作物进化中的作用

农民的定居使他们种植的作物品种产生对其居住地区的适应性。但农民有时也有迁移活动，他们往往把种植的品种或其他材料带到一个新地区。这些品种或材料在新区直接种植，并常与当地品种天然杂交，产生新的变异类型。这样，就使原先有地理隔离和生态分化的两个群体融合在一起了（重组）。例如，美国玉米带的玉米就是北方硬粒类型和南方马齿类型由人们不经意间带到一起演化而来。

栽培方式也对作物的驯化和进化有影响。例如，在西非一些地区，高粱是育苗移栽的，这和亚洲的水稻栽培相似，其结果是形成了高粱的移栽种族；另外，当地人们还在雨季种植成熟期要比移栽品种长近 1 倍的雨养种族。这两个种族也有相互杂交的情况，这样又产生了新的高粱类型。

(五) 重组在进化中的作用

重组可以把父母本的基因重新组合到一个后代中。它可以把不同时间、不同地点出现的基因聚到一起。重组是遵循一定遗传规律发生的，它基于同源染色体间的交换。基因在染色体上作线性排列，同源染色体间交换便带来基因重组。重组不仅能发生在基因之间，而且还能发生在基因之内。一个基因内的重组可以形成一个新的等位基因。重组在进化中有重要意义。在作物育种工作中，杂交育种就是利用重组和选择的机制促进作物进化，达到人类要求的目的。

(六) 基因流动与杂草型植物在作物进化中的作用

当一个新群体（物种）迁入另一个群体中时，它们之间发生交配，新群体能给原有群体带来新基因，这就是基因流动。当野生种侵入栽培作物的生境后，经过长期的进化，形成了作物的杂草类型。杂草类型的形态学特征和适应性介于栽培类型和野生类型之间，它们适应了那种经常受干扰的环境，但又保留了野生类型的易落粒习性、休眠性和种子往往有附属物存留的特点。已有大量证据表明杂草类型在作物驯化和进化中起着重要作用。尽管杂草类型和栽培类型之间存在相当强的基因流动屏障，这样彼此之间不可能发生大规模的杂交，但研究发现，当杂草类型和栽培类型生活在一起时，确实偶尔也会发生杂交事件，杂交的结果就是使下代群体有了更大的变异。正如 Harlan（1992）所说，该系统在进化上是相当完美的，因为如果杂草类型和栽培类型之间发生了太多的基因流动，就会损害作物，甚至两者可能会融为一个群体，从而导致作物被抛弃；另一方面，如果基因流动太少，在进化上也就起不到多大作用。这就意味着基因流动屏障要相当强但又不能滴水不漏，这样才能使该系统起到作用。

四、与作物进化有关的性状演化

与作物驯化有关的性状是指那些在作物和它的野生祖先之间存在显著差异的性状。总的来说，与野生祖先比较，作物有以下特点：①与其他种的竞争力降低；②收获器官及相关部分变大；③收获器官有丰富的形态变异；④往往有广泛的生理和环境适应性；⑤落粒性降低或丧失；⑥自我保护机制削弱或丧失；⑦营养繁殖作物的不育性提高；⑧生长习性改变，如多年生变成一年生；⑨发芽迅速且均匀，休眠期缩短或消失；⑩在很多作物中产生了耐近交机制。

（一）种子繁殖作物

1. 落粒性　落粒性的进化主要是与收获有关的选择有关。研究表明，落粒性一般是由1对或2对基因控制。在自然界可以发现半落粒性的情况，但这种类型并不常见。不过在有的情况下，半落粒性也有其优势，如半落粒的埃塞俄比亚杂草燕麦和杂草黑麦就一直保留下来。落粒性和穗的易折断程度往往还与收获的方法有关。例如，北美的印第安人在收获草本植物种子时是用木棒把种子打到篮子中，这样易折断的穗反而变成了一种优势。这可能也是为什么在美洲有多种草本植物被收获或种植，但驯化的禾谷类作物却很少的原因之一。

2. 生长习性　生长习性的总进化方向是有限生长更加明显。禾谷类作物中生长习性可以分为两大类：一类是以玉米、高粱、珍珠粟和薏苡等为代表，其野生类型有多个侧分枝，驯化和进化的结果是因侧分枝减少而穗更少了、穗更大了、种子更大了、对光照的敏感性更强了、成熟期更整齐了；另一类以小麦、大麦、水稻等为代表，主茎没有分枝，驯化和进化的结果是各个分蘖的成熟期变得更整齐，这样有利于全株收获。对前者来说，从很多小穗到少数大穗的演化常常伴随着种子变大的过程，产量的提高主要来自穗变大和粒变大两个因素。这些演化过程的结果造成了栽培类型的形态学与野生类型的形态学有极大的差异。而对小粒作物来说，它们主茎没有分枝，成熟整齐度的提高主要靠在较短时间内进行分蘖，过了某一阶段则停止分蘖。小粒禾谷类作物的产量提高主要来自分蘖增加，大穗和大粒对产量提高也有贡献，但与玉米、高粱等作物相比就不那么突出了。

3. 休眠性　大多数野生草本植物的种子都具有休眠性，这种特性对野生植物的适应性是很有利的。野生燕麦、野生一粒小麦和野生二粒小麦对近东地区的异常降雨有很好的适应性，其原因就是每个穗上都有两种种子，一种没有休眠性，另一种有休眠性，前者的数量约是后者的两倍。无论降雨的情况如何，野生植物均能保证后代的繁衍。然而对栽培类型来说，种子的休眠一般来说没有好处。因此，栽培类型的种子往往休眠期很短或没有休眠期。

（二）无性繁殖作物

营养繁殖作物的驯化过程和种子作物有较大差别。总的来看，营养繁殖作物的驯化比较容易，而且野生群体中蕴藏着较大的遗传多样性。以木薯（*Manihot* spp.）为例，由于可以用插条来繁殖，只需要剪断枝条，在雨季插入地中，然后就会结薯。营养繁殖作物对选择的效应是直接的，并且可以马上体现出来。如果发现有一个克隆的风味更好或有其他期望性状，就可以立即繁殖它，并培育出品种。在诸如薯蓣和木薯等的大量营养繁殖作物中，很多克隆已失去有性繁殖能力（不开花和花不育），它们被完全驯化，其生存完全依赖于人类。有性繁殖能力的丧失对其他无性繁殖作物如香蕉等是一个期望性状，因为二倍体的香蕉种子多，对食用不利，因此不育的二倍体香蕉突变体被营养繁殖，育成的三倍体和四倍体香蕉（无种子）已被广泛推广。

第三节　作物的分类

作物的分类系统有很多种。例如，按生长年限划分有一年生、二年生（或称越年生）和多年生作物。按生长条件划分有旱地作物和水田作物。按用途可分为粮食作物、经济作物、果树、蔬菜、饲料与绿肥作物、林木、花卉、药用作物等。但是最根本的和各种作物都离不开的是植物学分类。

一、作物的植物学分类及学名

（一）植物学分类的沿革和要点

植物界下常用的分类单位有：门（division）、纲（class）、目（order）、科（family）、属（genus）、种（species）。在各级分类单位之间，有时因范围过大，不能完全包括其特征或系统关系，而有必要再增设一级时，在各级前加"亚"（sub）字，如亚科（subfamily）、亚属（subgenus）、亚种（subspecies）等。科以下除分亚科外，有时还把相近的属合为一族（tribe）；在属下除亚属外，有时还把相近的种合并为组（section）或系（series）。种以下的分类，在植物学上，常分为变种（variety）、变型（form）或种族（race）。

经典的植物分类可以说从 18 世纪开始。林奈（C. Linnaeus, 1735）提出以性器官的差异来分类，他在《自然系统》（Systerma Naturae）一书中，根据雄蕊数目、特征及其与雌蕊的关系将植物界分为 24 纲。随后他又在《植物的纲》（Classes Plantarum, 1738）中列出了 63 个目。到了 19 世纪，堪德尔（de Candolle）父子又根据植物相似性程度将植物分为 135 目（科），后发展到 213 科。自 1859 年达尔文的《物种起源》一书发表后，植物分类逐渐由自然分类走向了系统发育分类。达尔文理论产生的影响有三：① "种"不是特创的，而是在生命长河中由另一个种演化来的，并且是永远演化着的；②真正的自然分类必须是建立在系谱上的，即任何种均出自一个共同祖先；③ "种"不是由"模式"显示的，而是由变动着的居群（population）所组成的（吴征镒等，2003）。科学的植物学分类系统是系统发育分类系统，即应客观地反映自然界生物的亲缘关系和演化发展，所以现在广义的分类学又称为系统学。近几十年来，植物分类学应用了各种现代科学技术，衍生出了诸如实验分类学、化学分类学、细胞分类学和数值分类学等研究领域，特别是生物化学和分子生物学的发展大大推动了经典分类学不再停留在描述阶段而向着客观的实验科学发展。

（二）现代常用的被子植物分类系统

现代被子植物的分类系统常用的有四大体系。

1. 德国学者恩格勒（A. Engler）和普兰特（K. Prantl）合著的 23 卷巨著《自然植

物科志，1887—1895》在国际植物学界有很大影响。Engler 系统将被子植物门分为单子叶植物纲（Monocotyledoneae）和双子叶植物纲（Dicotyledoneae），认为花单性、无花被或具一层花被、风媒传粉为原始类群，因此按花的结构由简单到复杂的方向来表明各类群间的演化关系，认为单子叶植物和双子叶植物分别起源于未知的已灭绝的裸子植物，并把"柔荑花序类"作为原始的有花植物。但是这些观点已被后来的研究所否定，因为多数植物学家认为单子叶植物作为独立演化支起源于原始的双子叶植物；同时，木材解剖学和孢粉学研究已经否认了"柔荑花序类"作为原始的类群。

2. 英国植物学家哈钦松（J. Hutchinson）在 1926—1934 年发表了《有花植物科志》，创立了 Hutchinson 系统，以后 40 年内经过两次修订。该系统将被子植物分为单子叶植物（Monocotyledones）和双子叶植物（Dicotyledones），共描述了被子植物 111 目 411 科。他提出两性花比单性花原始；花各部分分离、多数比联合和定数原始；木本比草本原始；认为木兰科是现存被子植物中最原始的科；被子植物起源于 Bennettitales 类植物，分别按木本和草本两支不同的方向演化，单子叶植物起源于双子叶植物的草本支（毛茛目），并按照花部的结构不同，分化为三个进化支，即萼花、冠花和颖花。但由于他坚持把木本和草本作为第一级系统发育的区别，导致了亲缘关系很近的类群被分开，因此该分类系统也存在很大的争议。

3. 前苏联学者 A. Takhtajan 在 1954 年提出了 Takhtajan 系统，1964 和 1966 年又得到修订。该系统仍把被子植物分为双子叶植物纲（Magnoliopsida）和单子叶植物纲（Liliopsida），共包括 12 亚纲、53 超目（superorder）、166 目和 533 科。Takhtajan 认为被子植物的祖先应该是种子蕨（Pteridospermae），花各部分分离、螺旋状排列，花蕊向心发育、未分化成花丝和花药，常具三条纵脉，花粉二核，有一萌发孔，外壁未分化，心皮未分化等性状为原始性状。

4. 美国学者 A. Cronquist 在 1958 年创立了 Cronquist 系统，该系统与 Takhtajan 系统相近，但取消了超目这一级分类单元。Cronquist 也认为被子植物可能起源于种子蕨，木兰亚纲是现存的最原始的被子植物。在 1981 年的修订版中，共分 11 亚纲、83 目、383 科。这两个系统目前得到了更多学者的支持，但他们在属、科、目等分类群的范围上仍然有较大差异，而且在各类群间的演化关系上仍有不同看法。

Engler 系统和 Hutchinson 系统目前仍被国内外广泛采用。近年来我国当代著名植物分类学家吴征镒等发表了《中国被子植物科属综论》，提出了被子植物的八纲分类系统。他们提出建立被子植物门之下一级分类的原则是：①要反映类群间的系谱关系；②要反映被子植物早期（指早白垩世）分化的主传代线，每一条主传代线可为一个纲；③各主传代线分化以后，依靠各方面资料并以多系、多期、多域的观点来推断它们的古老性和它们之间的系统关系；④采用 Linnaeus 阶层体系的命名方法（吴征镒等，2003）。该书中描述了全世界的 8 纲（class），40 个亚纲（subclass），202 个目（order），572 个科（family）中在中国分布的 157 目，346 科。

（三）作物的植物学分类

"种"是生物分类的基本单位。"种"一般是指具有一定的自然分布区和一定的形态特征和生理特性的生物类群。18 世纪植物分类学家林奈提出，同一物种的个体之间性状相似，彼此之间可以进行杂交并产生能生育的后代，而不同物种之间则不能进行杂交，或即使杂交了也不能产生能生育的后代。这是经典植物学分类最重要的原则之一。但是，在后来针对不同的研究对象时，这个原则并没有始终得到遵守，因为有时不是很适宜，例如，栽培大豆（*Glycine max*）和野生大豆（*Glycine soja*）就能够相互杂交并产生可育的后代；亚洲栽培稻（*Oryza sativa*）和普通野生稻（*Glycin rufipogon*）的关系也是这样。但是，它们一个是野生的，一个是栽培的，一定要把它们划为一个种是不很适宜的。因此，尽管作物的植物学分类非常重要，但是具体到属和种的划分又常常出现争论。回顾各种作物及其野生近缘种的分类历史，可以发现多种作物都面临过分类争议和摇摆不定的情形。例如，各种小麦曾被分类成 2 个种、3 个种、5 个种，甚至 24 个种；有些人把山羊草当作单独的一个属（*Aegilops*），另外一些人又把它划到小麦属（*Triticum*），因为普通小麦三个基因组之中两个来自山羊草。正因这种例子不胜枚举，故科学家们往往根据自己的经验进行独立的、非正式的人为分类，结果甚至造成了同一作物也存在不同分类系统的局面。因此，当前的植物学分类应遵循"约定俗成"和"国际通用"两个原则，在研究中可以根据科学的发展进行适当修正，尽量贯彻以上提到的"林奈原则"。

作物具有很丰富的物种多样性，因为这些作物来自多个植物科，但大多数作物来自豆科（Leguminoseae）和禾本科（Gramineae）。如果只考虑到食用作物，禾本科有 30 种左右的作物，豆科有 40 余种作物。另外，茄科（Solanaceae）有近 20 种作物，十字花科（Cruciferae）有 15 种左右作物，葫芦科（Cucurbitaceae）有 15 种左右作物，蔷薇科（Rosaceae）有 10 余种作物，百合科（Liliaceae）有 10 余种作物，伞形科（Umbelliferae）有 10 种左右作物，天南星科（Araceae）有近 10 种作物。

（四）作物的学名及其重要性

正因为植物学分类能反映有关物种在植物系统发育中的地位，所以作物的学名按植物分类学系统确定。国际通用的物种学名采用的是林奈的植物"双名法"，即规定每个植物种的学名由两个拉丁词组成，第一个词是"属"名，第二个词是"种"名，最后还附定名人的姓名缩写。学名一般用斜体拉丁字母，属名第一字母要大写，种名全部字母要小写。对种以下的分类单位，往往采用"三名法"，即在双名后再加亚种（或变种、变型、种族)名。

应用作物的学名是非常重要的。因为在不同国家或地区，在不同时代，同一种作物有不同名称。例如，甘薯［*Ipomoea batatas*（L.）Lam.］在我国有多种名称，如红薯、白薯、番薯、红苕、地瓜等。同时，同名异物的现象也大量存在，如地瓜在四川不仅指甘薯，又指豆薯（*Pachyrhizus erosus* Urban），两者其实分别属于旋花科和豆科。这种名称上的混乱不仅对品种改良和开发利用是非常不利的，而且给国际国内的学术交流带来了很大的麻烦。这种情况，如果普遍采用拉丁文学名，就能得到根本解决。也就是说，在文章中，不管出现的是什么植物和材料名称，要求必须附其植物学分类上的拉丁文学名，这样，就可以避免因不同语言（包括方言）所带来的名称混乱问题。

（五）作物的细胞学分类

从 20 世纪 30 年代初期开始，细胞有丝分裂时的染色体数目和形态就得到了大量研究。到目前为止，约 40% 的显花植物已经做过染色体数目统计，利用这些资料已修正了某些作物在植物分类学上的一些错误。因此，染色体核型（指一个个体或种的全部染色体的形态结构，包括染色体数目、大小、形状、主缢痕、次缢痕等）的差异在细胞分类学发展的 60 多年里，被广泛地用作确定植物间分类差别的依据（徐炳声等，1996）。

此外，根据染色体组（又称基因组）进行的细胞学分类也是十分重要的。例如，在芸薹属中，分别把染色体基数为 10、8 和 9 的染色体组命名为 AA 组、BB 组和 CC 组，它们成为区分物种的重要依据之一。染色体倍性同样是分类学上常用的指标。

二、作物的用途分类

按用途分类是农业中最常用的分类。本丛书就是按此系统分类的，即包括粮食作物、经济作物、果树、蔬菜、饲料作物、林木、观赏作物（花卉）、药用作物等八篇。

但需要注意到，这里的分类系统也具有不确定性，其原因在于基于用途的分类肯定随着其用途的变化而有所变化。例如，玉米在几十年前几乎是作为粮食作物，而现在却大部分作为饲料，因此在很多情况下已把玉米称为粮饲兼用作物。高粱、大麦、燕麦、黑麦甚至大豆也有与此相似的情形。另外，一些作物同时具有多种用途，例如用作水果的葡萄又大量用作酿酒原料，在中国用作粮食的高粱也用作酿酒原料，大豆既是食物油的来源又可作为粮食，亚麻和棉花可提供纤维和油，花生和向日葵可提供蛋白质和油，因此很难把它们截然划在哪一类作物中。同时，这种分类方法与地理区域也存在很大关系，例如，籽粒苋（*Amaranthus*）在美洲认为是一种拟禾谷类作物（pseudocereal），但在亚洲一些地区却当作一种药用作物。独行菜（*Lepidium*）在近东地区作为一种蔬菜，但在安第斯地区却是一种粮用的块根作物。

三、作物的生理学、生态学分类

按照作物生理及生态特性，对作物有如下几种分类方式：

（一）按照作物通过光照发育期需要日照长短分为长日照作物、短日照作物和中性作物

小麦、大麦、油菜等适宜昼长夜短方式通过其光照发育阶段的为长日照作物，水稻、玉米、棉花、花生和芝麻等适宜昼短夜长方式通过其光照发育阶段的为短日照作物，豌豆和荞麦等为对光照长短没有严格要求的作物。

（二）C_3 和 C_4 作物

以 C_3 途径进行光合作用的作物称为 C_3 作物，如小麦、水稻、棉花、大豆等；以 C_4 途径进行光合作用的作物称为 C_4 作物，如高粱、玉米、甘蔗等。后者往往比前者的光合作用能力更强，光呼吸作用更弱。

（三）喜温作物和耐寒作物

喜温作物在全生育期中所需温度及积温都较高，如棉花、水稻、玉米和烟草等；耐寒作物则在全生育期中所需温度及积温都较低，如小麦、大麦、油菜和蚕豆等。果树分为温带果树、热带果树等。

（四）根据利用的植物部位分类

如蔬菜分为根菜类、叶菜类、果菜类、花菜类、茎菜类、芽菜类等。

四、作物品种的分类

在作物种质资源的研究和利用中，各种作物品种的数量都很多。对品种进行科学的分类是十分重要的。作物品种分类的系统很多，需要根据研究和利用的内容和目的而确定。

（一）依据播种时间对作物品种分类

如玉米可分成春玉米、夏玉米和秋玉米，小麦可分成冬小麦和春小麦，水稻可分成早稻、中稻和晚稻，大豆可分成春大豆、夏大豆、秋大豆和冬大豆等。这种分类还与品种的光照长短反应有关。

（二）依据品种的来源分类

如分为国内品种和国外品种，国外品种还可按原产国家分类，国内品种还可按原产省份分类。

（三）依据品种的生态区（生态型）分类

在一个国家或省范围内，根据该作物分布区气候、土壤、栽培条件等地理生态条件的不同，划分为若干栽培区，或称生态区。同一生态区的品种，尽管形态上相差很大，但它们的生态特性基本一致，故为一种生态型。如我国小麦分为十大麦区，即十大生态类型。

（四）依据产品的用途分类

如小麦品种分强筋型、中筋型、弱筋型，玉米品种分粮用型、饲用型、油用型，高粱品种分食用型、糖用型、帚用型等等。

（五）以穗部形态为主要依据分类

如我国高粱品种分为紧穗型、散穗型、侧散型，我国北方冬麦区小麦品种分为通常型、圆颖多花型、拟密穗型等等。

（六）结合生理、生态、生化和农艺性状综合分类

以水稻为例，我国科学家丁颖提出，程侃声、王象坤等修订的我国水稻4级分类系统：第一级分籼、粳；第二级分水、陆；第三级分早、中、晚；第四级分黏、糯。

第四节　作物的遗传多样性

遗传多样性是指物种以内基因丰富的状况，故又称基因多样性。作物的基因蕴藏在作物种质资源中。作物种质资源一般分为地方品种、选育品种、引进品种、特殊遗传材料、野生近缘植物（种）等种类。各类种质资源的特点和价值不同。地方品种又称农家品种，它们大都是在初生或次生起源中心经多年种植而形成的古老品种，适应了当地的生态条件和耕作条件，并对当地常发生的病虫害产生了抗性或耐性。一般来说，地方品种常常是包括有多个基因型的群体，蕴含有较高的遗传多样性。因此，地方品种不仅是传统农业的重要组成部分，而且也是现代作物育种中重要的基因来源。选育品种是经过人工改良的品种，一般说来，丰产性、抗病性等综合性状较好，常常被育种家首选作进一步改良品种的亲本。但是，选育品种大都是纯系，遗传多样性低，品种的亲本过于单一会带来遗传脆弱性。那些过时的，已被生产上淘汰的选育品种，也常含有独特基因，同样应予以收集和注意。从国外或外地引进的品种常常具备本地品种缺少的优良基因，几乎是改良品种不可缺少的材料。我国水稻、小麦、玉米等主要作物 50 年育种的成功经验都离不开利用国外优良品种。特殊遗传材料包括细胞学研究用的遗传材料，如单体、三体、缺体、缺四体等一切非整倍体；和基因组研究用的遗传材料，如重组近交系、近等基因系、DH 群体、突变体、基因标记材料等；属间和种间杂种及细胞质源；还有鉴定病菌用的鉴定寄主和病毒指示植物。野生近缘植物是与栽培作物遗传关系相近，能向栽培作物转移基因的野生植物。野生近缘植物的范围因作物而异，普通小麦的野生近缘植物包括整个小麦族，亚洲栽培稻的野生近缘植物包括稻属，而大豆的野生近缘植物只是黄豆亚属（*Glycine* subgenus *Soja*）。一般说来，一个作物的野生近缘植物常常是与该作物同一个属的野生植物。野生近缘植物的遗传多样性最高。

一、作物遗传多样性的形成与发展

（一）作物遗传多样性形成的影响因素

作物遗传多样性类型的形成是下面五个重要因素相互作用的结果：基因突变、迁移、重组、选择和遗传漂移。前三个因素会使群体的变异增加，而后两个因素则往往使变异减少，它们在特定环境下的相对重要性就决定了遗传多样性变化的方向与特点。

1. 基因突变　基因突变对群体遗传组成的改变主要有两个作用，一是通过改变基因频率来改变群体遗传结构；二是导致新的等位基因的出现，从而导致群体内遗传变异的增加。因此，基因突变过程会导致新变异的产生，从而可能导致新性状的出现。突变分自然突变和人工突变。自然突变在每个生物体中甚至每个位点上都有发生，其突变频率在 $10^{-3} \sim 10^{-6}$ 之间（另一资料在 $10^{-10} \sim 10^{-12}$ 之间）。到目前为止还没有证明在野生居群中的突变率与栽培群体中的突变率有什么差异，但当突变和选择的方向一致时，基因频率改变的速度就变得更快。虽然大多数突变是有害的，但也有一些突变对育种是有利的。

2. 迁移　尽管还没有实验证据来证明迁移可以提高变异程度，但它确实在作物的进化中起了重要作用，因为当人类把作物带到一个新地方之后，作物必须要适应新的环境，从而增加了地理变异。当这些作物与近缘种杂交并进行染色体多倍化时，会给后代增加变异并提高其适应能力。迁移在驯化上的重要性，可以用小麦来作为一个很好的例子，小麦在近东被驯化后传播到世界各个地方，形成了丰富多彩的生态类型，以至于中国变成了世界小麦的多样性中心之一。

3. 重组　重组是增加变易的重要因素（详见第二节）。作物的生殖生物学特点是影响重组的重要因素之一。一般来说，异花授粉作物由于在不同位点均存在杂合性，重组几率高，因而变异程度较高；相反自花授粉作物由于位点的纯合性很高，重组几率相对较少，故变异程度相对较低。还有必要注意到，有一些作物是自花授粉的，而它们的野生祖先却是异花授粉的，其原因可能与选择有关。例如，番茄的野生祖先多样性中心在南美洲，在那里野生番茄通过蜜蜂传粉，是异花授粉的。但它是在墨西哥被驯化的，在墨西哥由于没有蜜蜂，在人工选择时就需要选择自交方式的植株，栽培番茄就成了自花授粉作物。

4. 选择　选择分自然选择和人工选择，二者均是改变基因频率的重要因素。选择在作物的驯化中至关重要，尤其是人工选择。但是，选择对野生居群和栽培群体的作用是显然有巨大差别的。例如，选择没有种子传播能力和整齐的发芽能力对栽培作物来说非常重要，而对野生植物来说却是不利的。人工选择是作物品种改良的重要手段，但在人工选择自己需要的性状时常常无意中把很多基因丢掉，使遗传多样性更加狭窄。

5. 遗传漂移　遗传漂移常常在居群（群体）过小的情况下发生。存在两种情况：一种是在植物居群中遗传平衡的随机变化，这是指由于个体间不能充分的随机交配和基因交流，从而导致群体的基因频率发生改变；另一个称为"奠基者原则（founder principle）"，指由少数个体建立的一种新居群，它不能代表祖先种群的全部遗传特性。后一个概念对作物进化十分重要，如当在禾谷类作物中发现一个穗轴不易折断的突变体时，对驯化很重要，但对野生种来说是失去了种子传播机制。由于在小群体中遗传漂移会使纯合个体增加，从而减少遗传变异，同时还由于群体繁殖逐代近交化而导致杂种优势和群体适应性降低。在自然进化过程中，遗传漂移的作用可能会将一些中性或对栽培不利的性状保留下来，而在大群体中不利于生存和中性性状会被自然选择所淘汰。在栽培条件下，作物引种、选留种、分群建立品系、近交，特别是在种质资源繁殖时，如果群体过小，很有可能造成遗传漂移，致使等位基因频率发生改变。

（二）遗传多样性的丧失与遗传脆弱性

现代农业的发展带来的一个严重后果是品种的单一化，这在发达国家尤其明显，如美国的硬红冬小麦品种大多数有来自波兰和俄罗斯的两个品系的血缘，我国也有类似情况。例如，目前生产上种植的水稻有 50％是杂交水稻，而这些杂交水稻的不育系绝大部分是"野败型"，而恢复系大部分为从国际水稻所引进的 IR 系统；全国推广的小麦品种大约一半有南大 2419、阿夫、阿勃、欧柔 4 个品种或其派生品种的血统，而其抗病源乃是以携带黑麦血统的洛夫林系统占主导地位；1995 年，全国 53％的玉米面积种植掖单 13、丹玉 13、中单 2 号、掖单 2 号和掖单 12 这五个品种；全国 61％的玉米面积严重依赖 Mo17、掖 478、黄早四、丹 340 和 E28 这五个自交系。这就使得原来的遗传多样性大大丧失，遗传基础变得很狭窄，其潜在危险就是这些作物极易受到病虫害袭击。一旦一种病原菌的生理种族成灾而作物又没有抗性，整个作物在很短时间内会受到毁灭性打击，从而带来巨大的经济损失。这样的例子不少，最经典的当数 19 世纪 40 年代爱尔兰的马铃薯饥荒。19 世纪欧洲的马铃薯品种都来自两个最初引进的材料，导致 40 年代晚疫病的大流行，使数百万人流浪他乡。美国在 1954 年爆发的小麦秆锈病事件、在 1970 年爆发的雄性不育杂交玉米小斑病事件、前苏联在 1972 年小麦产量的巨大损失（当时的著名小麦品种"无芒 1号"种植了 1 500 万 hm^2，大部因冻害而死）等都令人触目惊心。品种单一化是造成遗传脆弱性的主要原因。

二、遗传多样性的度量

（一）度量作物遗传多样性的指标

1. 形态学标记　有多态性的、高度遗传的形态学性状是最早用于多样性研究的遗传标记类型。这些性状的多样性也称为表型多样性。形态学性状的鉴定一般不需要复杂的设备和技术，少数基因控制的形态学性状记录简单、快速和经济，因此长期以来表型多样性是研究作物起源和进化的重要度量指标。尤其是在把数量化分析技术如多变量分析和多样性指数等引入之后，表型多样性分析成为了作物起源和进化研究的重要手段。例如，Jain等（1975）对 3 000 多份硬粒小麦材料进行了表型多样性分析，发现来自埃塞俄比亚和葡萄牙的材料多样性最丰富，次之是来自意大利、匈牙利、希腊、波兰、塞浦路斯、印度、突尼斯和埃及的材料，总的来看，硬粒小麦在地中海地区和埃塞俄比亚的多样性最高，这与其起源中心相一致。Tolbert 等（1979）对 17 000 多份大麦材料进行了多样性分析，发现埃塞俄比亚并不是多样性中心，大麦也没有明显的多样性中心。但是，表型多样性分析存在一些缺点，如少数基因控制的形态学标记少，而多基因控制的形态学标记常常遗传力低、存在基因型与环境互作，这些缺点限制了形态学标记的广泛利用。

2. 次生代谢产物标记　色素和其他次生代谢产物也是最早利用的遗传标记类型之一。色素是花青素和类黄酮化合物，一般是高度遗传的，在种内和种间水平上具有多态性，在20 世纪 60 年代和 70 年代作为遗传标记被广泛利用。例如，Frost 等（1975）研究了大麦材料中的类黄酮类型的多样性，发现类型 A 和 B 分布广泛，而类型 C 只分布于埃塞俄比亚，其多样性分布与同工酶研究的结果非常一致。然而，与很多其他性状一样，色素在不同组织和器官上存在差异，基因型与环境互作也会影响到其数量上的表达，在选择上不是中性的，不能用位点/等位基因模型来解释，这些都限制了它的广泛利用。在 20 世纪 70至 80 年代，同工酶技术代替了这类标记，被广泛用于研究作物的遗传多样性和起源问题。

3. 蛋白质和同工酶标记　蛋白质标记和同工酶标记比前两种标记数目多得多，可以认为它是分子标记的一种。蛋白质标记中主要有两种类型：血清学标记和种子蛋白标记。同工酶标记有的也被认为是一种蛋白质标记。

　　血清学标记一般来说是高度遗传的，基因型与环境互作小，但迄今还不太清楚其遗传特点，难以确定同源性，或用位点/等位基因模型来解释。由于动物试验难度较大，这些年来利用血清学标记的例子越来越少，不过与此有关的酶联免疫检测技术（ELISA）在系统发育研究（Esen and Hilu, 1989）、玉米种族多样性研究（Yakoleff et al., 1982）和玉米自交系多样性研究（Esen et al., 1989）中得到了很好的应用。

　　种子蛋白（如醇溶蛋白、谷蛋白、球蛋白等）标记多态性较高，并且高度遗传，是一种良好的标记类型。所用的检测技术包括高效液相色谱、SDS - PAGE、双向电泳等。种子蛋白的多态性可以用位点/等位基因（共显性）来解释，但与同工酶标记相比，种子蛋白检测速度较慢，并且种子蛋白基因往往是一些紧密连锁的基因，因此难以在进化角度对其进行诠释（Stegemann and Pietsch, 1983）。

　　同工酶标记是 DNA 分子标记出现前应用最为广泛的遗传标记类型。其优点包括：多态性高、共显性、单基因遗传特点、基因型与环境互作非常小、检测快速简单、分布广泛等，因此在多样性研究中得到了广泛应用（Soltis and Soltis, 1989）。例如，Nevo 等（1979）用等位酶研究了来自以色列不同生态区的 28 个野生大麦居群的 1 179 个个体，发现野生大麦具有丰富的等位酶变异，其变异类型与气候和土壤密切相关，说明自然选择在野生大麦的进化中非常重要。Nakagahra 等（1978）用酯酶同工酶研究了 776 份亚洲稻材料，发现不同国家的材料每种同工酶的发生频率不同，存在地理类型，越往北或越往南类型越简单，而在包括尼泊尔、不丹、印度 Assam、缅甸、越南和中国云南等地区的材料酶谱类型十分丰富，这个区域也被认定为水稻的起源中心。然而，也需要注意到存在一些特点上的例外，如在番茄、小麦和玉米上发现过无效同工酶、在玉米和高粱上发现过显性同工酶、在玉米和番茄上发现过上位性同工酶，在某些情况下也存在基因型与环境互作。

　　然而，蛋白质标记也存在一些缺点，这包括：①蛋白质表型受到基因型、取样组织类型、生育期、环境和翻译后修饰等共同作用；②标记数目少，覆盖的基因组区域很小，因为蛋白质标记只涉及到编码区域，同时也并不是所有蛋白质都能检测到；③在很多情况下，蛋白质标记在选择上都不是中性的；④有些蛋白质具有物种特异性；⑤用标准的蛋白质分析技术可能检测不到有些基因突变。这些缺点使蛋白质标记在 20 世纪 80 年代后慢慢让位于 DNA 分子标记。

　　4. 细胞学标记　细胞学标记需要特殊的显微镜设备来检测，但相对来说检测程序简单、经济。在研究多样性时，主要利用的两种细胞遗传学标记是染色体数目和染色体形态特征，除此之外，DNA 含量也有利用价值（Price, 1988）。染色体数目是高度遗传的，但在一些特殊组织中会发生变化；染色体形态特征包括染色体大小、着丝粒位置、减数分裂构型、随体、次缢痕和 B 染色体等都是体现多样性的良好标记（Dyer, 1979）。在特殊的染色技术（如 C 带和 G 带技术等）和 DNA 探针的原位杂交技术得到广泛应用后，细胞遗传学标记比原先更为稳定和可靠。但由于染色体数目和形态特征的变化有时有随机性，并且这种变异也不能用位点/等位基因模型来解释，在多样性研究中实际应用不多。迄今为止，细胞学标记在变异研究中，最多的例子是在检测离体培养后出现的染色体数目和结构变化。

　　5. DNA 分子标记　20 世纪 80 年代以来，DNA 分子标记技术被广泛用于植物的遗传多样性和遗传关系研究。相对其他标记类型来说，DNA 分子标记是一种较为理想的遗传标记类型，其原因包括：①核苷酸序列变异一般在选择上是中性的，至少对非编码区域是这样；②由于直接检测的是 DNA 序列，标记本身不存在基因型与环境互作；③植物细胞中存在 3 种基因组类型（核基因组、叶绿体基因组和线粒体基因组），用 DNA 分子标记可以分别对它们进行分析。目前，DNA 分子标记主要可以分为以下几大类，即限制性片段长度多态性（RFLP）、随机扩增多态性 DNA（RAPD）、扩增片段长度多态性（AFLP）、微卫星或称为简单序列重复（SSR）、单核苷酸多态性（SNP）。每种 DNA 分子标记均有其内在的优缺点，它们的应用随不同的具体情形而异。在遗传多样性研究方面，应用 DNA 分子标记技术的报道已不胜枚举。

（二）遗传多样性分析

关于遗传多样性的统计分析可以参见 Mohammadi 等（2003）进行的详细评述。在遗传多样性分析过程中需要注意到以下几个重要问题。

1. 取样策略　遗传多样性分析可以在基因型（如自交系、纯系和无性繁殖系）、群体、种质材料和种等不同水平上进行，不同水平的遗传多样性分析取样策略不同。这里着重提到的是群体（杂合的地方品种也可看作群体），因为在一个群体中的基因型可能并不处于 Hardy-Weinberg 平衡状态（在一个大群体内，不论起始群体的基因频率和基因型频率是多少，在经过一代随机交配之后，基因频率和基因型频率在世代间保持恒定，群体处于遗传平衡状态，这种群体叫做遗传平衡群体，它所处的状态叫做哈迪—温伯格平衡）。遗传多样性估算的取样方差与每个群体中取样的个体数量、取样的位点数目、群体的等位基因组成、繁育系统和有效群体大小有关。现在没有一个推荐的标准取样方案，但基本原则是在财力允许的情况下，取样的个体越多、取样的位点越多、取样的群体越多越好。

2. 遗传距离的估算　遗传距离指个体、群体或种之间用 DNA 序列或等位基因频率来估计的遗传差异大小。衡量遗传距离的指标包括用于数量性状分析的欧式距离（D_E），可用于质量性状和数量性状的 Gower 距离（DG）和 Roger 距离（RD），用于二元数据的改良 Roger 距离（GD_{MR}）、Nei & Li 距离（GD_{NL}）、Jaccard 距离（GD_J）和简单匹配距离（GD_{SM}）等：

$D_E = [(x_1 - y_1)^2 + (x_2 - y_2)^2 + \cdots (x_p - y_p)^2]^{1/2}$，这里 x_1，x_2，$\cdots$，x_p 和 y_1，y_2，$\cdots$，y_p 分别为两个个体（或基因型、群体）i 和 j 形态学性状 p 的值。

两个自交系之间的遗传距离 $D_{smith} = \sum [(x_{i(p)} - y_{j(p)})^2 / \text{var}x_{(p)}]^{1/2}$，这里 $x_{i(p)}$ 和 $y_{j(p)}$ 分别为自交系 i 和 j 第 p 个性状的值，$\text{var}x_{(p)}$ 为第 p 个数量性状在所有自交系中的方差。

$DG = 1/p \sum w_k d_{ijk}$，这里 p 为性状数目，d_{ijk} 为第 k 个性状对两个个体 i 和 j 间总距离的贡献，$d_{ijk} = |d_{ik} - x_{jk}|$，$d_{ik}$ 和 d_{jk} 分别为 i 和 j 的第 k 个性状的值，$w_k = 1/R_k$，R_k 为第 k 个性状的范围（range）。

当用分子标记作遗传多样性分析时，可用下式：$d_{(i,j)} = constant (\sum |X_{ai} - X_{aj}|^r)^{1/r}$，这里 X_{ai} 为等位基因 a 在个体 i 中的频率，n 为每个位点等位基因数目，r 为常数。当 $r = 2$ 时，则该公式变为 Roger 距离，即 $RD = 1/2 [\sum (X_{ai} - X_{aj})^2]^{1/2}$。

当分子标记数据用二元数据表示时，可用下列距离来表示：

$GD_{NL} = 1 - [2N_{11} / (2N_{11} + N_{10} + N_{01})]$

$GD_J = 1 - [N_{11} / (N_{11} + N_{10} + N_{01})]$

$$GD_{SM} = 1 - [(N_{11} + N_{00}) / (N_{11} + N_{10} + N_{01} + N_{00})]$$

$$GD_{MR} = [(N_{10} + N_{01}) / 2N]^{0.5}$$

这里 N_{11} 为两个个体均出现的等位基因的数目，N_{00} 为两个个体均未出现的等位基因数目，N_{10} 为只在个体 i 中出现的等位基因数目，N_{01} 为只在个体 j 中出现的等位基因数目，N 为总的等位基因数目。谱带在分析时可看成等位基因。

在实际操作过程中，选择合适的遗传距离指标相当重要。一般来说，GD_{NL} 和 GD_J 在处理显性标记和共显性标记时是不同的，用这两个指标分析自交系时排序结果相同，但分析杂交种中的杂合位点和分析杂合基因型出现频率很高的群体时其遗传距离就会产生差异。根据以前的研究结果，建议在分析共显性标记（如 RFLP 和 SSR）时用 GD_{NL}，而在分析显性标记（如 AFLP 和 RAPD）时用 GD_{SM} 或 GD_J。GD_{SM} 和 GD_{MR}，前者可用于巢式聚类分析和分子方差分析（AMOVA），但后者由于有其重要的遗传学和统计学意义而更受青睐。

在衡量群体（居群）的遗传分化时，主要有 3 种统计学方法：一是 χ^2 测验，适用于等位基因多样性较低时的情形，二是 F 统计（Wright，1951），三是 G_{ST} 统计（Nei，1973）。在研究中涉及到的材料很多时，还可以用到一些多变量分析技术，如聚类分析和主成分分析等等。

三、作物遗传多样性研究的实际应用

（一）作物的分类和遗传关系分析

禾本科（Gramineae）包括了所有主要的禾谷类作物如小麦、玉米、水稻、谷子、高粱、大麦和燕麦等，还包括了一些影响较小的谷物如黑麦、黍稷、龙爪稷等，此外，该科还包括一些重要的牧草和经济作物如甘蔗。禾本科是开花植物中的第四大科，包括 765 个属，8 000～10 000 个种（Watson and Dallwitz，1992）。19 世纪和 20 世纪科学家们（Watson and Dallwitz，1992；Kellogg，1998 等）曾把禾本科划分为若干亚科。

由于禾本科在经济上的重要性，其系统发生关系一直是国际上多年来的研究热点之一。构建禾本科系统发生树的基础数据主要来自以下几方面：解剖学特征、形态学特征、叶绿体基因组特征（如限制性酶切图谱或 RFLP）、叶绿体基因（$rbcL$，$ndhF$，$rpoC2$ 和 $rps4$）的序列、核基因（rRNA，$waxy$ 和控制细胞色素 B 的基因）的序列等。尽管在不同研究中用到了不同的物种，但却得到了一些共同的研究结果，例如禾本科的系统发生是单一的（monophyletic）而不是多元的。研究表明，在禾本科的演化过程中，最先出现的是 Pooideae、Bambusoideae 和 Oryzoideae 亚科（约在 7 000 万年前分化），稍后出现的是 Panicoideae、Chloridoideae 和 Arundinoideae 亚科及一个小的亚科 Centothecoideae。

图 0 - 2 是种子植物的系统发生简化图，其中重点突出了禾本科植物的系统发生情况。在了解不同作物的系统发生关系和与其他作物的遗传关系时，需要先知道该作物的高级分类情况，再对照该图进行大致的判断。但更准确的方法是应用现代的各种研究技术进行实验室分析。

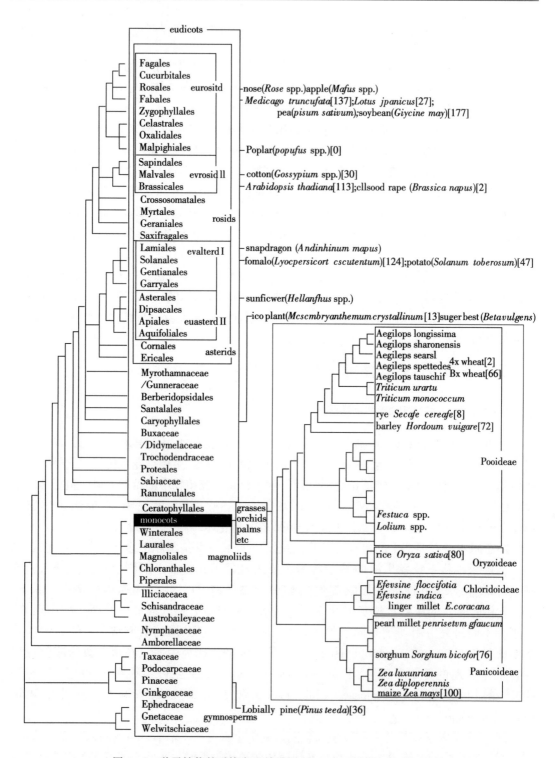

图 0-2　种子植物的系统发生关系图（Laurie and Devos，2002）

　　左边的总体系统发生树依据 Soltis et al.（1999），右边的禾本科系统发生树依据 Kellogg（1998）。在各分支点之间的水平线长度并不代表时间尺度。

（二）比较遗传学研究

在过去的十年中，比较遗传学得到了飞速发展。Bennetzen 和 Freeling（1993）最先提出了可以把禾本科植物当作一个遗传系统来研究。后来，通过利用分子标记技术的比较作图和基于序列分析技术，已发现和证实在不同的禾谷类作物之间基因的含量和顺序具有相当高的保守性（Devos and Gale，1997）。这些研究成果给在各种不同的禾谷类作物中进行基因发掘和育种改良提供了新的思路。RFLP 连锁图还揭示了禾本科基因组的保守性，即已发现水稻、小麦、玉米、高粱、谷子、甘蔗等不同作物染色体间存在部分同源关系。比较遗传作图不仅在起源演化研究上具有重要意义，而且在种质资源评价、分子标记辅助育种及基因克隆等方面也有重要作用。

（三）核心种质构建

Frankel 等人在 1984 年提出构建核心种质的思想。核心种质是在一种作物的种质资源中，以最小的材料数量代表全部种质的最大遗传多样性。在种质资源数量庞大时，通过遗传多样性分析，构建核心种质是从中发掘新基因的有效途径。在中国已初步构建了水稻、小麦、大豆、玉米等作物的核心种质。

四、用野生近缘植物拓展作物的遗传多样性

（一）作物野生近缘植物常常具有多种优良基因

野生种中蕴藏着许多栽培种不具备的优良基因，如抗病虫性、抗逆性、优良品质、细胞雄性不育及丰产性等。无论是常规育种还是分子育种，目前来说比较好改良的性状仍是那些遗传上比较简单的性状，利用的基因多为单基因或寡基因。而对于产量、品质、抗逆性等复杂性状，育种改良的进展相对较慢。造成这种现象的原因之一是在现代品种中针对目标性状的遗传基础狭窄。在 70 多年前，瓦维洛夫就预测野生近缘种将会在农业发展中起到重要作用；而事实上也确实如此，因为野生近缘种在数百万年的长期进化过程中，积累了各种不同的遗传变异。作物的野生近缘种在与病原菌的长期共进化过程中，积累了广泛的抗性基因，这是育种家非常感兴趣的。尽管在一般情况下野生近缘种的产量表现较差，但也包含一些对产量有很大贡献的等位基因。例如，当用高代回交—数量性状位点（QTL）作图方法，在普通野生稻（*Oryza rufipogon*）中发现存在两个数量性状位点，每个位点都可以提高产量 17% 左右，并且这两个基因还没有多大的负向效应，在美国、中国、韩国和哥伦比亚的独立实验均证明了这一点（Tanksley and McCouch，1997）。此外，在番茄的野生近缘种中也发现了大量有益等位基因。

（二）大力从野生种中发掘新基因

由野生种向栽培种转移抗病虫性的例子很多，如水稻的草丛矮缩病是由褐飞虱传染的，20 世纪 70 年代在东南亚各国发病 11.6 万多 hm²，仅 1974—1977 年这种病便使印度尼西亚的水稻减产 300 万 t 以上，损失 5 亿美元。国际水稻研究所对种质库中的 5 000 多

份材料进行抗病筛选，只发现一份尼瓦拉野生稻（*Oryza nivara*）抗这种病，随即利用这个野生种育成了抗褐飞虱的栽培品种，防止了这种病的危害。小麦中已命名的抗条锈病、叶锈病、秆锈病和白粉病的基因，来自野生种的相应占 28.6％、38.6％、46.7％ 和 56.0％（根据第 9 届国际小麦遗传大会论文集附录统计，1999）；马铃薯已有 20 多个野生种的抗病虫基因（如 X 病毒、Y 病毒、晚疫病、蠕虫等）被转移到栽培品种中来。又如甘蔗的赤霉病抗性、烟草的青霉病和跳甲抗性、番茄的螨虫和温室白粉虱抗性的基因都是从野生种转移过来的。在抗逆性方面，葡萄、草莓、小麦、洋葱等作物野生种的抗寒性都曾成功地转移到栽培品种中，野生番茄的耐盐性也转移到了栽培番茄中。许多作物野生种的品质优于栽培种，如我国的野生大豆蛋白质含量有的达 54％～55％，而栽培种通常为 40％左右，最高不过 45％左右。Rick（1976）把一种小果野番茄（*Lycopersicon pimp-inellifolium*）含复合维生素的基因转移到栽培种中。野生种细胞质雄性不育基因利用，最好的例子当属我国杂交稻的育成和推广，它被誉为第二次绿色革命。关于野生种具有高产基因的例子，如第一节中所述。

尤其值得重视的是，野生种的遗传多样性十分丰富，而现代栽培品种的遗传多样性却非常贫乏，这一点可以在 DNA 水平上直观地看到（Tanksly 和 McCouch，1997）。

21 世纪分子生物技术的飞速发展，必然使种质资源的评价鉴定将不只是根据外在表现，而是根据基因型对种质资源进行分子评价，这将大大促进野生近缘植物的利用。

主要参考文献

黄其煦.1983.黄河流域新石器时代农耕文化中的作物——关于农业起源问题探索三.农业考古（2）

刘旭.2003.中国生物种质资源科学报告.北京：科学出版社，p.118

卜慕华.1981.我国栽培作物来源的探讨.中国农业科学.（4）：86～96

吴征镒，路安民，汤彦承，陈之端，李德铢.2003.中国被子植物科属综论.北京：科学出版社

严文明.1982.中国稻作农业的起源.农业考古（1）

郑殿升.2000.中国作物遗传资源的多样性.中国农业科技导报.2（2）：45～49

Badr A. K. Muller, R. Schafer-Pregl, H. El Rabey, S. Effgen, H. H. Ibrahim. 2000. On the origin and domestication history of barley (*Hordeum vulgare*). Mol. Biol. & Evol. 17：499～510

Bennetzen J. L., M. Freeling, 1993. Grasses as a single genetic system：genome composition, colinearity and compati - bility. Trends Genet 9：259～261

Benz B. F., 2001. Archaeological evidence of teosinte domestication from Guila Naquitz, Oaxaca. Proc. Ntal. Acad. Sci. USA 98

Devos K. M., M. D. Gale, 1997. Comparative genetics in the grasses. Plant Molecular Biology 35：3～15

Dyer A. F., 1979. Investigating Chromosomes. Wiley, New York

Esen A., K. W. Hilu, 1989. Immunological affinities among subfamilies of the Poaceae. Am. J. Bot. 76：196～203

Esen A. , K. Mohammed, G. G. Schurig, H. S. Aycock, 1989. Monoclonal antibodies to zein discriminate certain maize inbreds and gentotypes. J. Hered. 80: 17~23

Frankel O. H. , A. H. D. Brown, 1984, Current plant genetic resources - a critical appraisal. In Genetics, New Frontiers (vol Ⅳ), New Delhi, Oxford and IBH Publishing

Frost S. , G. Holm, S. Asker, 1975. Flavonoid patterns and the phylogeny of barley. Hereditas 79 (1): 133~142

Harlan J. R. , 1971. Agricultural origins: centers and noncenters. Science 174: 468~474

Harlan J. R. , 1992. Crops & Man (2nd edition) . ASA, CSS A, Madison, Wisconsin, USA

Hawkes J. W. , 1983. The Diversity of Crop Plants. Harvard University Press, Cambridge, Massachusetts, London, England

Jain, S. K. , 1975. Population structure and the effects of breeding system. In Crop Genetic Resources for Today and Tomorrow. In , OH Frankel, JG Hawkes, eds. Cambridge University Press. , pp 15~36

Kellogg, E. A. , 1998. Relationships of cereal crops and other grasses. Proc. Natl. Acad. Sci. USA 95: 2005~2010

Mohammadi S. A. , B. M. Prasanna, 2003. Analysis of genetic diversity in crop plants - salient statistical tools and consideration. Crop Sci. 43: 1235~1248

Nakagahra M. , 1978. The differentiation, classification and center of genetic diversity of cultivated rice (*Orgza sativa* L.) by isozyme analysis. Tropical Agriculture Research Series, No. 11, Japan

Nei, M. , 1973. Analysis of gene diversity in subdivided populations. Proc. Natl. Acad. Sci. USA 70: 3321~3323

Nevo E. , D. Zohary, A. H. D. Brown, M. Haber. 1979. Genetic diversity and environmental associations of wild barley, *Hordeum spontaneum*, in Israel. Evolution. 33: 815~833

Price H. J. , 1988. DNA content variation among higher plants. Ann. Mo. Bot. Gard. 75: 1248~1257

Rick, C. M. , 1976. Tomato *Lycopersicon esculentum* (Solanaceae) . In Evolution of crop plants. Edited by N. W. Simmonds. Longman, London. pp. 268~273

Smith B. D. , 1997. The initial domestication of *Cucurbita pepo* in the Americas 10 000 years ago. Science 276: 5314

Soltis D. , C. H. Soltis, 1989. Isozymes in Plant Biology. Advances in plant science series, 4, Series ed: T. Dudley, Dioscorides Press, Portland, OR

Stegemann H. , G. Pietsch, 1983. Methods for quantitative and qualitative characterization of seed proteins of cereals and legumes. P. 45~75. In W Gottschalk and HP Muller (eds.) Seed Proteins: Biochemistry, Gentics, Nutritive Value. Martius Nijhoff/Dr. W. Junk, The Hague, The Netherlands

Tanksley S. D. , S. R. McCouch, 1997. Seed banks and molecular maps: unlocking genetic potential form the wild. Science 277: 1063~1066

Tolbert D. M. , C. D. Qualset, S. K. Jain, JC Craddock, 1979. Diversity analysis of a world collection of barley. Crop Sci. 19: 784~794

Vavilov N. I. , 1926. Studies on the Origin of Cultivated Plants. Inst. Appl. Bot. Plant Breed. , Leningrad

Watson L, M. J. Dallwitz, 1992. The Grass Genera of the World. CAB International, Wallingford, Oxon, UK

Wright S. , 1951. The general structure of populations. Ann. Eugen. 15: 323~354

Yakoleff G. , V. E. Hernandez, X. C. Rojkind de Cuadra, C. Larralde, 1982. Electrophoretic and immunological characterization of pollen protein of *Zea mays* races. Econ. Bot. 36: 113~123

Zeven A. C. , PM Zhukovsky, 1975. Dictionary of Cultivated Plants and their Centers of Diversity. PU-DOC, Wageningen, the Netherelands

Вавилов Н. И. , 1935. Мировые очаги (центры происхождения) важнейших культурных растений, в «Теоретических основах селекций», т. 1

蔬菜作物卷

第 一 章

蔬菜作物概论

中国幅员辽阔，地跨温带、亚热带、热带，尤其是西南横断山区，由于其地貌高度的多样性而形成多种类型气候条件，是世界上生物多样性最丰富的地区之一，也为中国种类繁多的蔬菜——各具特色的种、变种、变型的形成、生长和繁衍提供了各种相应的自然生态环境。

中国蔬菜种植历史悠久，栽培方法多种多样，栽培技术精细而富有特色，蔬菜种植者致力于良种的长期优选，这些均为中国蔬菜丰富多样的地方品种和种质资源遗传多样性的形成创造了极其有利的条件。

蔬菜作物及其产业与中国百姓的日常生活息息相关，对农村经济发展、农民增收致富具有举足轻重的作用。

第一节　蔬菜在国民经济中的地位

一、蔬菜的定义

蔬菜是可供佐餐的草本植物的总称。早在 1800 多年前的中国第一部字书《说文解字》（许慎撰）中，就将"菜"字解释为"草之可食者"。然而，蔬菜中有少数木本的嫩茎嫩芽（如竹笋、香椿、枸杞的嫩茎叶等）、部分真菌、藻类植物也可作为蔬菜食用。蔬菜的食用器官有根、茎、叶和幼嫩的花、果和种子等。在蔬菜生长和繁衍的过程中，经过人们长期的耕耘和选择，形成了丰富多样的变态器官，如肉质根、块根、根茎、块茎、球茎、鳞茎、叶球、花球等，供人们食用（《中国农业百科全书·蔬菜卷》，1990）。

世界上蔬菜的种类（包括野生的及半野生的）约 200 多种，普遍栽培的只有五六十种（《中国农业百科全书·蔬菜卷》，1990）。又据资料报道，现今中国栽培蔬菜的种类涉及 45 个科 158 个种（或变种）（《中国蔬菜品种志》，2001）。近年来由于人们生活水平的提高，膳食结构的拓宽，已使栽培蔬菜的种类明显增加，据新版的《中国蔬菜栽培学》（2008）统计，中国目前栽培的蔬菜至少有 298 种（亚种、变种）分属 50 科。赵培洁、肖建中在总结前人成果的基础上，认为目前正在研究和开发利用的野菜有 574 种，野生食用菌 293 种（《中国野菜资源学》，2006）。中国丰富的蔬菜种质资源为人们进一步的研究和利用创造了极为优越的条件。

二、蔬菜与人民生活和健康

众所周知，碳水化合物、蛋白质、脂肪、矿物质和维生素是维持人们营养和生命的五大营养物质，有了这些营养元素，才能构成人体必需物质，维持身体正常生理代谢活动，调节血液酸碱平衡，促进正常生长发育，提高免疫能力，保持充沛的精力和健康。蔬菜中尤以碳水化合物、矿物质和维生素最为丰富。

由于大多数维生素不能在人体内合成，故人体所需的维生素 C 等主要来源于蔬菜和果品。当维生素缺乏时，就会影响人体正常生理功能的进行。蔬菜中含有对人体极为重要的多种维生素，如辣椒、甜瓜、蒜苗、菠菜、韭菜、芹菜、大白菜、青花菜、花椰菜、番茄等含较多的维生素 C；胡萝卜、辣椒、普通白菜等含较多的胡萝卜素；豌豆、菜豆、香椿、毛豆、黄花菜等含较多的维生素 B_1；此外如黄豆、蚕豆、等含较多的维生素 B_2；莴笋、番茄、胡萝卜等含较多的维生素 E；莴笋、番茄、胡萝卜等，含较多的维生素 K。

蔬菜也是矿物质营养的主要来源，包括微量元素在内的无机盐也是人体的重要组成部分，蔬菜中主要含有钙、铁、钾、镁、磷、铜、锰等矿物元素，如含钙较多的蔬菜有：豇豆、菠菜、蕹菜、苋菜、芫荽等十余种；含铁较多的有：青花菜、芥菜、芹菜、荸荠及其他绿叶蔬菜等；含钾较多的有：豆类蔬菜、辣椒等……（顾智章、陈瑛，1989）。

蔬菜中还含有一定数量的碳水化合物，其主要形态是糖和淀粉，是人体能量的来源之一。如马铃薯、山药、芋头、莲藕、慈姑等蔬菜中含有大量的淀粉，西瓜、甜瓜、南瓜、番茄等瓜果蔬菜中含有较高的糖分（各种蔬菜营养成分见本卷附表 1 各种蔬菜每 100g 食用部分所含营养成分表）。

此外，除了蔬菜对于人体的营养功能外，还具有多种保健功能。中医历来认为"药食同源"，如唐代著名医学家孟诜所著的《食疗本草》记载有植物性药物 162 味，其中 69 种是现在常见的蔬菜。李时珍《本草纲目》（1578）中专设菜部三卷，记载药用蔬菜 105 种。近代医学研究认为蔬菜具有营养保健作用的例子也有很多。例如蔬菜中含有丰富的纤维素，虽不被人体吸收，但能刺激肠胃蠕动，帮助食物消化，及时排除废弃物，减轻有毒物质对人体的危害。纤维素还可以在肠道内与食物中的胆固醇结合成不能被吸收的衍生复合物，以减少体内胆固醇的积累。研究还表明，有些蔬菜的保健作用十分明显，例如，枸杞是一种药材，但人们也采其嫩茎叶作为保健蔬菜食用，广东等地历来有较大面积的栽培，宁夏自治区农业科学院枸杞研究所已选育出蔬菜专用的枸杞品种。此外，植物中所含有的称之为植物化学素（至今尚未完全研究清楚）的一种物质，对人体的健康具有促进作用；十字花科植物如抱子甘蓝、结球甘蓝、花椰菜中所含的吲哚，摄入后能增加人体的免疫能力，并使机体排出毒素；菜豆、毛豆中所含的皂甙能防止肿瘤细胞的繁殖；番茄中番茄红素所含的肉桂酸和氯原酸，能干扰食物中产生致癌因子的物质；结球甘蓝和萝卜中的苯乙异硫氰酸酯能抑制肺癌细胞的生长，还能保护肺细胞的脱氧核糖核酸免受香烟尼古丁致癌因子的侵袭（陈仁惇，2000）……等等。

三、蔬菜与农业、园艺业

蔬菜由于其独特的营养价值作为人们日常生活中不可替代的副食品，其经济价值在种植业中处于农作物的前列，而且在经济效益较高的园艺业中由于蔬菜生长期短、复种指数高等原因，其效益在园艺作物中也是名列前茅。如 $1hm^2$ 蔬菜的效益通常是同等面积粮食作物的 5 倍以上，$1hm^2$ 保护地蔬菜的效益一般在同等面积粮食作物的 10 倍以上。据农业部统计，2003 年全国蔬菜种植面积约占农作物播种面积的 14.74%，而产值却占种植业总产值的 37% 以上；蔬菜的播种面积不足粮食的 22%，而总产值却比粮食高 85%；粮食的净产值为 3 040 多亿元，而蔬菜的净产值为 3 380 多亿元，约比粮食高 340 亿元。蔬菜对全国 9 亿农民人均年纯收入的贡献额为 375.56 元（张真和，2005）。

四、蔬菜与食品加工

蔬菜加工在中国有悠久的历史。如豆酱的生产始于西汉时期，五代以前就已有多种酱菜，像北京的"六必居"酱园就已有 500 余年的历史，说明中国有传统的蔬菜加工习惯。传统蔬菜加工分为：盐渍菜和干制菜两类。盐渍菜如榨菜、冬菜、梅干菜、泡菜、酱菜等。干制菜又可分为自然干制菜和人工干制菜。自然干制菜：几乎绝大部分蔬菜种类均可进行，多在太阳光下晒干或在阴凉处风干，方法简便，民间广为应用。近代兴起的利用现代技术进行人工干制的脱水菜，在发达国家已广为应用，近年来国内也迅速发展，主要用于出口外销，已占世界脱水蔬菜生产总量的 2/3。目前，中国主要的脱水蔬菜有洋葱、大蒜、胡萝卜、蘑菇、生姜、结球甘蓝、花椰菜、青刀豆等，已在国际市场上享有很好的声誉。此外，罐藏加工蔬菜发展也十分迅速，主要有番茄酱、整形番茄、清水笋、菜豆、蘑菇、豌豆、芦笋等。其中，中国新疆维吾尔自治区生产的罐藏番茄制品，其生产量已接近美国、意大利，位列世界第三。此外还有蔬菜汁、蔬菜饼干等食品也有发展的趋势（周光召，2001）。

五、蔬菜与对外贸易

改革开放以来，中国蔬菜的出口呈上升发展趋势，近 20 年来蔬菜外贸的发展更显迅速，蔬菜已成为中国最主要的出口农产品之一。据联合国粮食与农业组织（FAO）统计，中国蔬菜的出口量，1990 年为 142 万 t，在世界出口量超过 100 万 t 的 8 个国家中国列第六位；2000 年出口量为 388 万 t，在世界蔬菜出口量超过 100 万 t 的 9 个国家中，列第四位；2001 年出口量为 511 万 t，比 1990 年增长 2.6 倍，在世界蔬菜出口量超过 100 万 t 的 9 个国家中，位居第一；2003 年达到 602 万 t，出口额 37.96 亿美元，分别比 1995 年增长了 1.87 倍和 81.28%。出口的主要市场：亚洲为日本、印度尼西亚、马来西亚、韩国、越南，欧洲为俄罗斯、意大利、荷兰、德国，美洲为美国。从 20 世纪 80 年代以来，一些发达国家的蔬菜自给率呈下降趋势，如英国、日本、瑞士等国的蔬菜自给率分别下降了 76%、50% 和 42%。加入世界贸易组织后，中国由于蔬菜生产成本低，竞争优势显著，这就为中国今后的蔬菜出口提供了很好的市场空间和机遇（张真和，2005）。

第二节 蔬菜生产概况

一、世界蔬菜生产概况

据联合国粮食与农业组织（FAO）统计，2003 年世界蔬菜播种面积为 4 958.69 万 hm²，总产量 83 882.64 万 t。除中国列世界第一位以外，从第二至第十位的 9 个蔬菜生产国家依次为：印度、尼日利亚、美国、土耳其、俄罗斯、印度尼西亚、越南、菲律宾、意大利（表 1 - 1、表 1 - 2）。

表 1 - 1 2003 年中国蔬菜及瓜类种植面积与世界主产国比较

（张真和，2005）

国 家	播种面积（万 hm²）	国 家	播种面积（万 hm²）
世界	4 958.69	日本	43.24
中国（大陆）	2 026.49	巴西	42.52
印度	634.90	韩国	38.63
尼日利亚	140.45	泰国	36.48
美国	136.70	西班牙	36.43
土耳其	107.02	巴基斯坦	36.12
俄罗斯	102.84	喀麦隆	31.86
印度尼西亚	82.24	朝鲜	31.81
越南	63.83	孟加拉国	31.16
菲律宾	59.38	罗马尼亚	30.21
意大利	58.90	缅甸	29.75
墨西哥	55.63	古巴	27.24
埃及	55.59	阿尔及利亚	23.91
伊朗	54.55	波兰	21.15
乌克兰	54.26	摩洛哥	21.10
法国	46.98		

表 1 - 2 2003 年中国蔬菜及瓜类总产量与世界主产国比较

（张真和，2005）

国 家	总产量（万 t）	国 家	总产量（万 t）
世界	83 882.64	巴西	797.63
中国	68 526.89	印度尼西亚	607.00
印度	8 189.05	乌克兰	573.52
美国	3 704.31	菲律宾	503.57
土耳其	2 567.15	波兰	489.55
俄罗斯	1 531.26	巴基斯坦	484.93
意大利	1 515.04	罗马尼亚	426.70
埃及	1 411.50	摩洛哥	407.75
日本	1 209.80	朝鲜	393.81
西班牙	1 184.56	古巴	389.56
伊朗	1 179.70	希腊	386.15
韩国	1 115.76	缅甸	377.00
墨西哥	960.35	荷兰	361.60

（续）

国　家	总产量（万 t）	国　家	总产量（万 t）
法国	864.13	德国	348.16
尼日利亚	828.50	乌兹别克斯坦	
越南	827.49		

从上述列表中可以看出，世界上蔬菜播种面积最大的前 10 个国家顺序为：中国、印度、尼日利亚、美国、土耳其、俄罗斯、印度尼西亚、越南、菲律宾、意大利；总产量最多的 10 个国家是：中国、印度、美国、土耳其、俄罗斯、意大利、埃及、日本、西班牙、伊朗。而反映生产状况的另一个指标是单位面积产量（表 1 - 3）。

表 1 - 3　2003 年中国蔬菜及瓜类单产与世界主要国家的比较

（张真和，2005）

国　家	平均单产（t/hm²）	国　家	平均单产（t/hm²）
阿拉伯联合酋长国	49.88	日本	27.98
冰岛	48.52	美国	27.10
荷兰	47.95	德国	26.65
科威特	44.30	葡萄牙	26.63
奥地利	39.30	圭亚那	26.62
爱尔兰	35.51	芬兰	26.01
约旦	33.77	意大利	25.72
瑞士	33.70	智利	25.57
西班牙	32.51	哥斯达黎加	25.54
塞浦路斯	31.61	埃及	25.39
巴勒斯坦	30.50	关岛	25.23
黎巴嫩	30.48	亚美尼亚	25.15
比利时	30.45	挪威	25.03
韩国	28.88	中国	19.16
以色列	28.71		
希腊	28.33		

从上述列表中可看出总面积和总产量列第二位的印度，在单产排名中没有列上（处于第 30 位以后），而像阿拉伯联合酋长国、冰岛、荷兰等国则名列世界蔬菜单产的前三位，这些国家的蔬菜单产比较高的原因是，国土面积小，人口少，相应的蔬菜生产面积也小，而且保护地栽培的面积所占比例高，多行集约化栽培，其中又以番茄、黄瓜、甜椒等高产果菜类蔬菜为主进行生产，因此蔬菜单位面积产量高。蔬菜栽培面积较大，且露地栽培面积也较大的美国、日本、韩国等国家的蔬菜单产水平则是代表了当今世界蔬菜生产的先进水平。这些国家的蔬菜单位面积产量保持在 27～28t/ hm² 的水平。其蔬菜生产特点是农田基本建设条件好，注意保持较好的蔬菜生产的生态环境，生产过程中的机械化程度较高，实现了蔬菜种子的良种化，在蔬菜采后的冷链贮运以及加工、包装等环节均实现了机械化、自动化，从而使蔬菜产品达到安全、卫生和优质，这些特点也体现了当今蔬菜产业的发展方向。此外，发达国家蔬菜产品的深加工产业比较发达，加工产品占整个蔬菜产品的 30% 左右，如速冻菜、脱水菜、盐渍菜、泡菜、蔬菜汁以及蔬菜罐制食品和饮料等。

二、中国蔬菜的生产与供应

自改革开放以来，中国蔬菜的产销方针、产销体制和生产基地布局发生了根本性变化。新中国建国后至改革开放前，国家一直采取在城市郊区生产蔬菜，基地布局则采取以近郊为主，远郊为辅；就地生产，就地供应；以自给为主，外地调剂为辅的方针。国家确定长江以南地区，城市郊区应保证的菜地面积每城市人口为 $13.34 \sim 20.01 m^2$；长江以北地区为 $26.68 \sim 40.02 m^2$；东北、蒙新、青藏等地区为 $46.69 \sim 66.7 m^2$。1979 年国家提出改革开放政策以后，农村实行了农民联产承包责任制，大大解放了生产力，促进了农业的发展，蔬菜生产也开始进入快速发展的阶段。至 90 年代初，国家提出：抓好"米袋子"、丰富"菜篮子"，确保农副产品的有效供给，稳定物价、保持社会稳定、保证国民经济快速发展的方针。根据上述方针，除了在城市郊区发展蔬菜外，为了保障蔬菜供应，有关部门还在农区规划、建立了一批蔬菜生产供应基地，此后蔬菜生产加速向农区转移，并完成了以城市郊区为主向农区为主的转变，同时蔬菜生产也进入了区域化、专业化、规模化发展的新阶段。另一方面，在 20 世纪 80 年代，蔬菜行业开始进行营销体制改革，打破计划经济体制，首先在武汉试行主要蔬菜产品的放开销售，此后改革不断深化，蔬菜批发市场陆续建立，蔬菜运输专业户、蔬菜配送中心等产品流通形式应运而生，市场机制逐步完善，进而在全国范围内全面实行了蔬菜产销体制的改革，至今全国各大中城市已建立了一大批蔬菜批发市场（约 5 000 多个，每省、自治区、直辖市都有几个大型或特大型市场），充满生机的市场经济机制大大拉动了蔬菜产业的发展，也为加入世贸组织后面向国际市场创造了有利的条件。

总之，随着改革开放的不断深入，农业种植业结构的进一步调整，市场机制的逐步完善，蔬菜、瓜类等园艺产业也发生了跨越式的发展，主要表现为：

（一）蔬菜播种面积、总产量增加

据农业部统计，2003 年全国蔬菜和瓜类的种植面积为 2 030.77 万 hm^2，总产量 60 998.21 万 t，其中蔬菜面积 1 795.37 hm^2，产量达 54 032.32t，人均年占有量 415kg，而在改革开放初的 1980 年种植面积仅为 316.18 万 hm^2，总产量为 8 300 万 t，人均年占有量 84.1kg，分别增长了 4.6 倍、5.5 倍、3.9 倍。另据联合国粮食与农业组织（FAO）统计，该年中国蔬菜和瓜类的收获面积和产量分别占世界蔬菜播种总面积和总产量的42.9% 和 48.8%，比位居第二的印度高出 2.4 倍和 4 倍（张真和，2005）。

（二）蔬菜产业在农村经济发展中的地位和作用日益突出

如前所述，2003 年中国蔬菜的净产值为 3 380 亿元，比粮食 3 040 亿元高出 340 亿元，蔬菜对全国 9 亿农民年人均纯收入的贡献额为 375.56 元，为振兴农村经济和农民增收、致富发挥了重要作用。蔬菜产业作为劳动和技术密集型产业，它的发展有助于农村劳动力的就地转移（提供约 9 100 万人就业）和农民专业技术素质的提高。由于蔬菜和瓜类的单位面积产值高于粮食作物和其他经济作物数倍，因此发展蔬菜和瓜类种植已成为种植业结构调整的重要内容之一。

（三）蔬菜产品在中国农产品对外贸易中出口优势明显

据中国农业信息网数据，2003年中国蔬菜出口量602万t，蔬菜出口额37.96亿美元。2003年中国蔬菜已出口到五大洲的170个国家和地区。中国蔬菜产业发展自然资源优势明显、生产成本低、种类多样，这些特点很有利于增强中国蔬菜国际贸易的地位。

（四）蔬菜供应水平大幅度提高

中国在计划经济的年代，蔬菜供应上最突出的问题是周年供应不均衡，往往是旺季烂菜，淡季供应紧张。自从国家实行改革开放政策以后，由计划经济向市场经济转变，农村实行联产承包经营制，此后又进行了种植业结构的调整，农民种菜的积极性大为提高，也使科学技术和自然资源优势得到进一步应用和发挥，并促使全国不同生态地区逐步形成为有统一布局的各种类型蔬菜生产基地和地区间能进行淡旺互补的蔬菜销售市场。这样从根本上改变了淡季缺菜的局面。过去常年供应的蔬菜种类一般在20～30种，品种类型也比较少，目前已增加到60多种，加上稀有、特产蔬菜50余种，约有100多种蔬菜在市场上经常供应。经过多年的努力，目前中国蔬菜的供应已基本做到种类、品种多样，市场供应均衡，质量逐步提高。

（五）形成了区域间互补的大生产、大市场、大流通的蔬菜产销布局

经过长期的生产实践和调查研究，按照不同地区的自然气候类型，结合蔬菜的适应性及其在各地所形成的蔬菜耕作制度等，蔬菜学者将中国蔬菜的栽培区域大致划分为：东北单主作区、华北双主作区、长江中下游三主作区、华南多主作区、西北双主作区、西南三主作区、青藏高原单主作区、蒙新单主作区共8个大区。但是，蔬菜生产基地的具体布局，自建国以后，随着社会经济的不断进步，蔬菜产业的逐步发展也随之不断发生变化，到目前为止大体上可分为三个阶段。第一阶段是1984年以前，蔬菜生产主要分布在大中城市郊区，农区只有少量的自食性、季节性菜地。第二阶段是20世纪80年代中期到90年代初，随着蔬菜购销体制的改革，除大中城市郊区生产蔬菜外，还在农区建成了五大片具有一定生产规模的商品蔬菜调运基地，即河北、山东片秋菜基地，广东、广西、海南的华南片南菜北运基地，河南、山东、安徽片黄淮春淡蔬菜基地，冀北、晋北片秋淡蔬菜基地，甘肃河西走廊片西菜东运基地等。这些基地每年向全国提供2 000万t商品蔬菜，约占城市消费量的30%。第三阶段是自20世纪90年代以来，由于城市建设用地需要和城市近郊劳动力成本上升以及广大农区种植结构的进一步调整，蔬菜生产基地也加速从城市郊区向各地的农区转移，全国蔬菜生产已由以农区为辅转变为以农区为主。目前农区蔬菜的播种面积估计约占全国总播种面积的80%，蔬菜生产基地的规模更大、专业化程度更高，并开始向生产区域化方向发展；各区域生产基地都在最大限度地发挥各自的区位优势、交通优势、技术优势，以市场为导向，突出区域特色，因地制宜地发展当地的蔬菜生产，并建立相应的蔬菜批发市场，扩大市场份额，从而形成了全国范围内区域间互补的蔬菜大生产、大市场、大流通的蔬菜产销布局。

（六）名特、稀有蔬菜丰富多样

中国土地辽阔，气候类型复杂多样，蔬菜种质资源丰富，蔬菜栽培历史悠久，各地在长期的生产发展中逐渐形成了众多的名特产蔬菜。如东北单主作区：黑龙江省的油豆（菜豆）、黑木耳，吉林省的白羊角菜豆，辽宁省的大矬菜白菜等；蒙新单主作区：内蒙古自治区的马蔺韭、线韭、蒙古韭（沙葱）、一点红大葱、野生黄花菜、蕨菜，新疆自治区的哈密瓜、野生大蒜等；华北双主作区：北京市的心里美萝卜，山东省的胶州大白菜、章丘大葱、潍坊青萝卜、莱芜生姜、苍山大蒜、益都银瓜等；西北双主作区：陕西省的大荔黄花菜、耀县辣椒等，甘肃省的兰州百合、白兰瓜、镇远黄花菜，宁夏自治区的银川羊角椒、吴忠苤蓝、平罗红瓜子、银川枸杞等；长江中下游三主作区：上海市的塌棵菜，江苏省的南京矮脚黄小白菜、太湖莼菜、无锡茭白、宜兴百合，安徽省的贡藕、太和香椿，湖南省的湘莲、黄花菜，湖北省的武汉红菜薹等；华南多主作区：广东省的四九菜心、芥蓝、澄海早花花椰菜、宁青黄瓜、七星仔节瓜，广西自治区的淮山山药，台湾省的苦瓜、丝瓜、洋香瓜等；西南三主作区：重庆市的涪陵榨菜，四川省的成都圆根萝卜，云南省的红芋、大头菜、根韭，陕西省的汉中冬韭、汉中木耳等。上述众多的名特产蔬菜种质资源中，有的作为地方品种，经良种繁育，优中选优，继续在生产上应用；有的利用其优良种性，作为育种材料，选育出了新的品种。

此外，近年来随着人们生活水平的不断提高，消费者对蔬菜产品的需求也逐渐发生了变化，过去较少食用的一些"细菜"、"小菜"，如落葵、油荬菜、紫背天葵、番杏、荠菜、香椿芽、枸杞头等也开始在市场走俏；在绿色无公害理念的引导下，人们也开始开发山野蔬菜，如轮叶党参、菊花脑、马兰头、鱼腥草等；过去少有或没有的一些国外稀有蔬菜，经过引种试种也陆续进入国内市场，如结球生菜、球茎茴香、抱子甘蓝、苦苣、芦笋、根芹菜、菊苣等。上述各种蔬菜的开发应用，进一步丰富了市场的蔬菜供应，有助于改善人们的膳食结构。

第三节　蔬菜的起源、分类及中国蔬菜的传播

一、蔬菜的起源及起源中心

目前栽培的蔬菜大多数属于高等植物中的被子植物，都是由野生种类演化而来，了解和研究蔬菜的演化过程和历史，确定其起源中心和栽培驯化的地区，对了解和掌握蔬菜生物学特性的形成，优化栽培管理技术，发掘和利用其优异种质资源，开展遗传育种和生物技术研究等具有重要意义。

蔬菜种质资源的发生和演化与人类的产生和进化密切相关。尤其在人类定居后，一些野生蔬菜逐步被移植到园圃进行驯化栽培并开始自然及人为的选择，此后渐渐地形成了蔬菜的栽培种和品种。瑞士学者德·康道尔（A. De Candolle）在《栽培植物的起源》（1885）一书中认为，15世纪末以前，东半球陆地栽培蔬菜有4 000年以上的历史，最早栽培的蔬菜有：芜菁、甘蓝、洋葱、黄瓜、茄子、西瓜、蚕豆等。中国在新石器时代除采

集野菜外，已种植芥菜、大豆、葫芦等。周秦至汉初，中国黄河下游地区已采食和栽培的蔬菜有：芜菁、萝卜、紫苏、冬寒菜、大葱、韭菜、薤、甜瓜、姜、百合、萱草、莲藕、菱、水芹、蒲菜、茭白、竹笋、蒿、藜、堇、荇、藻、薇、蓼、卷耳、泽蒜、芋等（《中国农业百科全书·蔬菜卷》，1990）。

植物学家在广泛调查并通过对古典植物学、生物考古学、古生物学、语言学、生态学等进行研究的基础上，先后总结并提出了关于蔬菜等栽培植物的起源中心理论。最初，德·康道尔（A. De Candolle，《栽培植物的起源》，1885）认为发现美洲以前原产东半球陆地的栽培蔬菜有 74 种，原产美洲的栽培蔬菜有 15 种。双孢蘑菇起源于北半球。1935年苏联瓦维洛夫（Н. И. Вавилов）在《育种的植物地理学基础》一书中确立了主要栽培植物的 8 个起源地，每个起源地为一部分蔬菜种的起源中心。1945 年英国达林顿（C. D. Darlington）和阿玛尔（Janaki Ammal）在《栽培植物染色体图集》一书中提出了栽培植物的 12 个中心，提及的蔬菜种类近 50 种。1951 年英国的伯基尔（I. H. Burkil）列举了世界上早期栽培的 20 多种蔬菜（包括莴苣、芸薹、白菜、菠菜、叶荟菜、豌豆、苦苣、芥菜、芜菁、芜菁甘蓝、甘蓝、萝卜、洋葱、韭菜、芫荽、茴香、芦笋、芋、茄子、大豆、豇豆、茼蒿、枸杞、葫芦等）的起源、驯化及种内不同生态型和多型性产生的原因等见解。列举了罗马人、日耳曼人、中国人、日本人种植和食用的部分蔬菜种类。强调了中国对蔬菜起源的贡献。1970 年苏联的茹可夫斯基（Л. М. Жуковский）在《育种的世界植物基因资源》一书中提出了"栽培植物的大基因中心和小基因中心"学说。他认为必须扩大和补充瓦维洛夫关于地理基因中心起源的概念，确定增加了澳大利亚、非洲（包括埃塞俄比亚）、欧洲—西伯利亚和北美等 4 个新的起源中心，成为 12 个栽培植物的大起源中心，并要求注意与栽培种有亲缘关系的种，这些种多有狭隘而特有的地理小中心，可提供有价值的种质材料。同时他还指出主要栽培植物的自然多倍体多数为异源多倍体。1975 年荷兰的泽文（A. C. Zeven）和苏联的茹科夫斯基（Л. М. Жуковский）在对前人工作和栽培植物种质资源进一步研究的基础上，共同著述了《栽培植物及其多样化中心辞典》，书中就 12 个起源中心补充了栽培的蔬菜植物及其野生近缘植物，又将不能归入任何一个起源中心的驯化植物归入一个"未识别"中心。他们的工作对此后全世界植物种质（包括蔬菜种质）的考察搜集、研究鉴定及保存等工作的进一步开展具有一定的指导意义。

按照瓦维洛夫（Н. И. Вавилов）的原著，认为世界的栽培植物有 8 个起源中心，后来其中第 2 及第 8 中心又分别分出一、两个中心，总计为 11 个中心。以后达林顿（C. D. Darlington）又加了一个北美中心。现将上述各中心起源的蔬菜分列如下〔其中有一部分蔬菜起源取自近代一些学者如茹科夫斯基（Л. М. Жуковский）、伯基尔（I. H. Burkil）等的有关起源学说和以后的研究结果〕：

1. 中国中心 包括中国的中部和西部山区及低地，是许多温带、亚热带作物的起源地。主要有大豆、竹笋、山药、甘露子、东亚大型萝卜、根芥菜、牛蒡、荸荠、莲藕、茭白、蒲菜、慈姑、菱、芋、百合、白菜、大白菜、芥蓝、乌塌菜、芥菜、黄花菜、苋菜、韭、葱、薤、莴笋、茼蒿、食用菊花、紫苏等。本中心还是豇豆、甜瓜、南瓜等蔬菜的次生起源中心。

2. 印度—缅甸中心 包括印度斯坦及其东部的阿萨姆和缅甸（不包括其西北旁遮普

及山区各省），是许多重要蔬菜的起源地。起源的蔬菜主要有茄子、黄瓜、苦瓜、葫芦、有棱丝瓜、蛇瓜、芋、田薯、刀豆、矮豇豆、四棱豆、扁豆、绿豆、胡卢巴、长角萝卜、莳萝、木豆、双花扁豆等。该中心还是芥菜、印度芸薹、黑芥等蔬菜的次生起源中心。

3. 印度—马来亚中心 包括印度支那、马来半岛、爪哇、加里曼丹、苏门答腊及菲律宾等地，是印度中心的补充。起源的蔬菜有姜、冬瓜、黄秋葵、田薯、五叶薯、印度藜豆、巨竹笋等。

4. 中亚西亚中心 包括印度西北旁遮普和西北边界，克什米尔、阿富汗和塔吉克、乌兹别克，以及天山西部等地，也是蔬菜的重要起源地。起源的蔬菜有：豌豆、蚕豆、绿豆、芥菜、芜菁（起源地之一）、胡萝卜、亚洲芜菁、四季萝卜、洋葱、大蒜、菠菜、罗勒、马齿苋（起源地之一）、芝麻菜（起源地之一），该中心还是独行菜、甜瓜、葫芦等蔬菜的次生起源中心。

5. 近东中心 包括小亚细亚内陆、外高加索、伊朗和土库曼山地。起源蔬菜有：甜瓜、胡萝卜、芜菁（起源地之一）、小茴芹、阿纳托利亚甘蓝、莴苣、韭葱、马齿苋、蛇甜瓜、阿纳托利亚黄瓜（特殊小种）等。本中心还是豌豆、芸薹、芥菜、芜菁、恭菜、洋葱、香芹菜、独行菜、胡卢巴等蔬菜的次生起源中心。

6. 地中海中心 包括欧洲和非洲北部地中海沿岸地带，它与中国中心同为世界重要的蔬菜起源地。起源的蔬菜有：芸薹（起源地之一），甘蓝（包括结球甘蓝及甘蓝的野生种）、球茎甘蓝、花椰菜、皱叶甘蓝、青花菜、芜菁、黑芥、白芥、芝麻菜（主要起源地）、恭菜、香芹菜、菜蓟、冬油菜、马齿苋、韭葱、细香葱、莴苣、芦笋、芹菜、菊苣、防风、婆罗门参、菊牛蒡、莳萝、食用大黄、酸模、茴香、洋茴香和豌豆（大粒）等，该中心还是洋葱（大型）、大蒜（大型）、独行菜等蔬菜的次生起源中心。

7. 阿比细尼亚中心（又称非洲中心） 包括埃塞俄比亚和索马里等。起源的蔬菜有：豇豆、豌豆（起源地之一）、扁豆、西瓜、葫芦、芜菁（起源地之一）、甜瓜、胡葱、独行菜（主要起源地）、黄秋葵等。

8. 中美中心 包括墨西哥（主要是墨西哥南部）及安德烈群岛等。起源的蔬菜有：菜豆、多花菜豆、莱豆、刀豆、黑子南瓜、灰子南瓜、南瓜、佛手瓜、甘薯、大豆薯、竹芋、辣椒、树辣椒、番木瓜、樱桃番茄等。

9. 南美中心 包括秘鲁、厄瓜多尔、玻利维亚等。起源的蔬菜有：马铃薯、秘鲁番茄、树番茄、普通多心室番茄、笋瓜、浆果状辣椒、多毛辣椒、箭头芋、蕉芋等。该中心还是菜豆、莱豆的次生起源中心。

10. 智利中心 为普通马铃薯和智利草莓的起源中心。

11. 巴西—巴拉圭中心 为木薯、花生的起源中心。

12. 北美中心 为菊芋的起源中心（《中国农业百科全书·蔬菜卷》，1990）。

二、中国蔬菜的来源

中国古代蔬菜来自野生植物的采集，以后随着农业生产的发展，蔬菜栽培逐步兴起，野生蔬菜逐步向栽培种变化，种类不断增加；同时，随着内外交往的增加，也促进了蔬菜的引入。中国最早比较详细地记载蔬菜的数据是在 2 500 年前的《诗经》中，列出的蔬菜种类有蒲、荇菜、芹（水芹）、茉苢（车前草）、卷耳、蘩（白蒿）、蕨、薇、苹（田字草）、藻、瓟（葫芦）、葑（芜菁等）、菲（萝卜）、荼（苦菜类）、荠、荷（莲藕）、蒿、瓜（甜瓜、菜瓜）、苹（扫帚草）、杞（枸杞）、莱（藜）、菽（豆类）或荏菽（大豆）、莪（抱娘蒿）、堇、笋（竹笋）、茆（莼菜）葵（冬寒菜）、蓼等。此后的古籍如：《山海经》（战国时期）、《论语》（公元前5世纪到前4世纪）、《吕氏春秋》（公元前3世纪）、《尔雅》（公元前2世纪）等记载，先秦时期的蔬菜还有葱、薤、小蒜（泽蒜）、芸、芋、薯蓣（山药）、姜、襄荷等。以上蔬菜大多处于野生状态，栽培的蔬菜仅有韭菜、冬寒菜、瓟、瓜、大豆等几种；其他如葑、菲、莲藕、水芹、竹笋等可能还处于半野生状态；有些蔬菜如荠菜、莼菜等直到现在也只有局部地区有少量栽培；有些则一直处于野生状态。记载华南蔬菜植物较为详尽的文献是《南方草木状》（晋嵇含撰，公元314年）此书记载当地栽培的蔬菜种类有赤小豆、刀豆、越瓜、冬寒菜、白菜、芥菜、芜菁、荠菜、苋菜、蕹菜、茼蒿、紫苏、甘露子、芋、襄荷、薯蓣、姜、萱草、百合、黄花菜、丝葱、韭菜、薤、莼菜、菱、莲藕、慈姑、荸荠、水芹、茭白、竹笋、食用菌等，这些蔬菜多属于中国原产。

北魏时期贾思勰撰写的《齐民要术》（533—544）中，记述了1 500年前在黄河流域栽培的蔬菜只有32种，包括种及变种，有瓜（甜瓜）、冬瓜、越瓜、胡瓜、茄子、瓟、芋、蔓菁、菘、芦菔、泽蒜、薤、葱、韭、蜀芥、芸薹、芥子、胡荽、兰香（罗勒）、荏、蓼、襄荷、芹、白蘧、马芹、姜、堇、胡葸子（即枲耳）、苜蓿、葵、蒜及大豆等。

此后，中国经“丝绸之路”沟通了与阿富汗、伊朗、非洲、欧洲的交往，从而使中亚西亚、近东、埃塞俄比亚和地中海4个栽培植物起源中心的蔬菜传入中国。继丝绸之路开通以后，于汉、晋、唐、宋各代，又先后开辟了与越南、缅甸、泰国、印度、南洋群岛等国家和地区的海路及陆路交通，从而使印度、缅甸、马来西亚中心起源的蔬菜传入中国。美洲大陆被发现后（1492），通过海路又间接地经欧洲引入了北美中心和中、南美中心起源的蔬菜。因此，从汉代以来，中国蔬菜的来源越来越丰富。

由中亚西亚经“丝绸之路”传入中国的蔬菜，在秦汉时期有大蒜、芫荽、黄瓜、苜蓿、甜瓜、豌豆、蚕豆；菠菜于唐代传入。莴苣在唐代以前无文献记载，宋（960—1297）时始见于《东京梦华录》（南宋孟元老撰）和《梦粱录》（吴自牧撰），两书记述当时河南开封及浙江杭州市场中已有莴苣销售；由《经史证类备急本草》（宋代绍兴年间校定）的名录推断，胡萝卜传入年代应在宋代或宋代以前。

由东南亚经陆路或经海路传入中国的蔬菜，从汉晋至明清前后有茄子、丝瓜、冬瓜、苦瓜、矮生菜豆、扁豆、小豆、绿豆、饭豆、龙爪豆等。茄子在北魏（386—534）之前，不具重要地位。如在《齐民要术》中茄子无专篇而附于《种瓜》篇之后。晋嵇含撰《南方草木状》提到“茄树。交、广草木，经冬不衰，故蔬圃之中种茄”；唐代段成式撰《酉阳杂俎》（803—863）记载：“有新罗种者，色稍白，形如鸡卵”，“只有西明寺僧造玄中，有其种。”说明茄子来自越南、泰国，南方栽培较早而普遍。但到了宋代，已成为南北重要蔬菜。扁豆始见于梁代（502—551）陶弘景着《名医别录》写作藊豆，其传入当更早。丝瓜的传入在南宋之前，陆游著《老学庵笔记》（1125—1210）提到用丝瓜瓤“涤砚磨洗，余渍皆尽，而不损砚”。豇豆的传入，是在东汉或三国之际，在张揖撰《广雅》（227）中称为：（䍃䍲）。

明清两代（1368—1911）由海路传入的蔬菜很多，计有菜豆、红花菜豆、西葫芦、南瓜、笋瓜、佛手瓜、豆薯、辣椒、番茄、菊芋、甘薯、马铃薯、结球甘蓝、芜菁甘蓝、香芹、豆瓣菜、四季萝卜、菜蓟、洋葱、根荼菜、芦笋等。20世纪以来又传入结球莴苣、花椰菜、青花菜、球茎甘蓝、菜用豌豆、软荚豌豆、莱豆、甜玉米、西芹、蛇丝瓜、硬皮甜瓜、甜椒、韭葱、黄秋葵、草莓、双孢蘑菇、番杏（洋菠菜）等。

由国外引进的蔬菜，自汉唐至宋元时期经"丝绸之路"引进的其名称一般都冠以胡字，如胡萝卜、胡豆（蚕豆）、胡瓜（黄瓜）、胡荽（芫荽）等；明清以后引进的除少数从陆路引入者外，绝大多数从海外传入，其名称大多分冠以"番"字，或"洋"字，或"倭"字，如番椒（辣椒）、倭瓜（南瓜）、洋芋（马铃薯）、洋葱、洋白菜（结球甘蓝）等。

中国地域辽阔，跨越寒带、温带、亚热带和热带，地形多种多样，自然条件复杂，这些因素加速了蔬菜种质资源的繁衍和变异，逐渐形成了蔬菜植物种类和类型的多样性。如葱分化出了分蘖性强的分葱，以及分蘖性弱、葱白发达的大葱。山药地下部根状块茎在南方形成脚板状、短筒状；在北方形成长柱状。菱的果形经过演化，发生少角和无角的变异。茭白在汉代以前食其籽粒，即"雕胡"，汉以后逐渐演变成花茎肥大柔嫩的茭白。

另外，从国外引入的许多蔬菜，在驯化栽培过程中发生变异，从而形成了不同于原产地的独特的亚种、变种和类型，甚至成为第二起源中心。如芸薹属的芸薹（*Brassica campestris* L.）在欧洲和其他国家一直作为油料作物，而传到中国后在南方演变成白菜亚种〔ssp. *chinesesis*（L.）Makino〕，进而形成普通白菜、乌塌菜、菜薹等变种，以及适应于不同季节的许多生态类型；在北方则演变成大白菜亚种〔ssp. *pekinensis*（Lour.）Olsson〕，进而形成散叶、半结球、花心、结球等变种，其中结球变种又形成了卵圆、平头和直筒等生态型。再如芥菜，染色体 $x=8$ 的黑芥（原产小亚细亚、伊朗）和染色体 $x=10$ 的芸薹或芜菁等（原产地中海及近东中心）在中亚、喜马拉雅山脉地区杂交而形成的异源四倍体〔$2n=2（8+10）=36$〕，成为油料及香料作物；其后朝三个方向即印度、高加索和中国传播，在前两个地区始终作为油料作物、香料作物栽培，但在中国则演变成茎用、根用、叶用、薹用等变种。原产地中海地区的莴苣在中国则演变成茎部肥大的莴笋。另外，还有茄子、萝卜、黄瓜、冬瓜、大蒜、长豇豆等蔬菜，在中国自然环境和栽培条件的影响下，发生各种特性的相应变化，形成了适应于不同地区和季节生长的各种生态类型和品种（《中国蔬菜栽培学》，1987；《中国农业百科全书·蔬菜卷》，1990）。

三、中国蔬菜的传播

起源于中国的蔬菜对丰富世界蔬菜种类有着极大的贡献，如芸薹作物是榨油和菜食两用作物，早在汉代已传到日本，16世纪传到欧洲。由其演化出的白菜和大白菜，现今为世界很多国家栽培。据记载，白菜在明治初年（1868）由中国传至日本，形成了目前日本栽培的形形色色的结球白菜。欧美栽培结球白菜的记录见于1800年。

中国与日本交往久远，据日本学者统计，中国传入日本的蔬菜有16种之多。芜菁古代就已传入，毛竹1736年经流球传入，慈姑、大蒜、紫苏在10世纪传入，莴笋在明治初期传入，毛豆在18世纪初传入，长刺黄瓜在1943年传入，此外还有山药、茄子等。

另外，中国的大豆约于 18 世纪传入欧洲，19 世纪初引入美国。中国也有许多蔬菜传入东南亚地区，如蒲菜、韭菜、芹菜、枸杞等，约于公元 600 年前后引入马来西亚。中国还有很多在世界上享有盛誉的独特蔬菜品种，如香菇、黄花菜、章丘大葱、莴笋、长山药、线丝瓜、茭白、竹笋等等，也先后被世界各地所引种。

此外，具有优良种性的中国蔬菜种质资源，有一些已在国外被利用，如具有抗病性和抗逆性的刺黄瓜，在美国被用作抗枯萎病的亲本，而其单性结实性、结瓜的节成性和花芽分化对短日照的不敏感等特性，为日本、原苏联等国家的温室栽培和早熟栽培所欢迎（《中国蔬菜栽培学》，1987）。近年来，中国在种质资源的对外交流上更为频繁。据统计，从 20 世纪 80 年代中至上世纪末，仅中国农业科学院蔬菜花卉研究所国家农作物种质资源中期库就向国外 124 个单位提供或交换种质达 35 种蔬菜 722 份次。

四、蔬菜的分类

1883 年瑞士德·康道尔（A. De. Candolle）基于对古典植物学、古生物学和语言学等的研究，以事实追溯和论证了植物的起源。1928 年苏联瓦维洛夫（Н. И. Вавилов）依照植物地理学区分法，将从世界各地广泛获得的栽培植物和近缘植物，利用形态分类学、遗传学、细胞学和植物免疫学等手段，确定了世界上 8 个栽培植物起源中心，后来增加到 12 个中心。此后，各国学者在其研究基础上，陆续对本国各种蔬菜的起源、分布与传播做了大量考察与研究。而正是这些研究为明确各种蔬菜的演变及其亲缘关系以及蔬菜的植物学分类提供了科学的依据。除了蔬菜的植物学分类以外，学者还提出了一些其他分类方法。16 世纪中国李时珍撰写的《本草纲目》中曾将蔬菜分为荤辛菜、蓏菜、柔滑、芝栭和水菜 5 类。20 世纪初叶世界各国的学者根据蔬菜的食用部位、抗寒力强弱、耐光程度等特点又提出多种分类法。如美国的赫德里克（U. P. Hedrick, 1919）和贝利（L. H. Bailey, 1924）按植物学形态和特性把蔬菜分为一年生蔬菜和多年生蔬菜两大类。一年生蔬菜中又分为地下根茎类、叶菜类、果菜类、杂类、调味蔬菜 5 类。日本雄泽三郎（1952）综合栽培、利用和植物学特性将蔬菜分为豆类、瓜类、茄果类和杂果类、块根类、直根类、叶菜类、生菜和香辛类、柔类、葱类、菌类等 10 类。中国吴耕民（1939）将蔬菜分为：根菜、茎菜、花菜、果菜及杂菜等 5 类。目前中国蔬菜园艺学者依照农业生物学分类法将蔬菜分为：根菜类、绿叶菜类、白菜类、甘蓝类、芥菜类、薯芋类、葱蒜类、茄果类、瓜类、豆类、水生蔬菜、多年生及杂类蔬菜、食用菌类等共 13 类《中国蔬菜栽培学》，1987）。在上述 13 类蔬菜外，还增加了野生蔬菜类（《中国农业百科全书·蔬菜卷》，1990）。后来又增加一类芽苗菜（《中国蔬菜栽培学·修订版》，2008），共 15 类。综上所述，目前蔬菜的分类，主要有植物学分类、按食用器官分类、农业生物学分类三种方法。

（一）植物学分类

蔬菜植物学分类主要根据其形态特征、系统发育中的亲缘关系进行分类（曹寿椿，《中国农业百科全书·蔬菜卷》，1990）。目前中国栽培食用的蔬菜涉及红藻门、褐藻门、蓝藻门（统称藻类植物）、真菌门（菌类植物）、蕨类植物门、被子植物门（统称高等植物）等 6 个门。其中，属于藻类植物的 9 个种，属菌类植物的近 350 个种，其中大部分为野生种，人工栽培的仅 20 种左右（近年有所增加——笔者注），属于蕨类植物门的有 10 种左右，均为野生；大量的是被子植物门的高等植物，在中国栽培的约涉及 36 个科，200 多种。植物学分类的优点是蔬菜植物不同科、属、种间，在形态、生理、遗传，尤其是系统发生上的亲缘十分明确；而且双名命名的学名世界通用，不易混淆，是明确蔬菜植物亲缘关系的重要依据（见附表 2 中国常用蔬菜的名称及学名）。

（二）按食用器官分类

对属于被子植物门的蔬菜，按照其食用器官的不同可分为根、茎、叶、花、果 5 类。

1. 根菜类　分为：肉质根直根类蔬菜，有萝卜、胡萝卜、根芥菜、芜菁、芜菁甘蓝、根甜菜、辣根、防风等；块根类蔬菜，有豆薯、葛等。

2. 茎菜类　分为：地下茎类蔬菜，有马铃薯、菊芋、山药等；根状茎类蔬菜，有莲藕、姜等；球茎类蔬菜，有荸荠、慈姑、芋等；嫩茎类的有茭白、芦笋、笋用竹等；肉质茎类蔬菜，有莴笋、球茎甘蓝、茎芥菜等。

3. 叶菜类　分为：普通叶菜类，有白菜、叶芥菜、菠菜、芹菜、苋菜、叶甜菜等；结球叶菜类，有大白菜、结球甘蓝、结球莴苣等；叶变态的鳞茎类，有洋葱、大蒜、百合等；香辛类叶菜，有韭菜、大葱、细香葱、分葱、芫荽、茴香等。

4. 花菜类　有黄花菜、花椰菜、菜蓟等。

5. 果菜类　分为瓠果类蔬菜，有黄瓜、南瓜、瓠瓜、冬瓜、西瓜、甜瓜、丝瓜、苦瓜等；浆果类蔬菜，有番茄、茄子、辣椒等；荚果类蔬菜，有菜豆、豇豆等。

按食用器官分类在根据食用和加工的需要安排蔬菜生产方面有实用意义。多数食用器官相同的蔬菜，其生物学特性及栽培方法也大体相同，如根菜类中的萝卜和胡萝卜虽分别属于十字花科和伞形花科，但对栽培环境条件和栽培技术的要求却非常相似。不过按食用器官分类也有一定的局限性，即不能反映同类蔬菜在系统发育上的亲缘关系，部分同类的蔬菜，如根状茎类的莲藕和姜，不论在亲缘关系上还是生物学特性及栽培技术上，均有较大的差异（曹寿椿，1990）。

（三）农业生物学分类

参照蔬菜的植物学分类和按食用器官分类，根据各种蔬菜的主要生物学特性、食用器官的不同，并结合其栽培技术特点，将藻类和蕨类植物以外的蔬菜共分为 15 类。

1. 根菜类　包括萝卜、胡萝卜等蔬菜，以膨大肉质直根为食用器官，其生长后期，食用器官膨大时，要求冷凉的气候条件和疏松的土壤。

2. 白菜类　包括大白菜、白菜等。以柔软的叶丛、叶球、花球或花薹为食用器官。其生长要求冷凉、湿润的气候和氮肥充足的肥沃土壤。

3. 甘蓝类　包括结球甘蓝、花椰菜、球茎甘蓝、抱子甘蓝、青花菜、芥蓝等。以柔嫩的叶丛、叶球、侧芽形成的小叶球、膨大的肉质茎、花球或花茎为食用器官。要求温和、湿润的气候，适应性强；具有由种子发芽后长成一定大小的植株时才能接受温度感应而进入生长发育的特点。

4. 芥菜类　有根芥菜、叶芥菜、茎芥菜、薹芥菜等。以膨大的肉质根、嫩茎、花茎、侧芽、柔嫩的叶丛、叶球等为食用器官。要求冷凉、湿润的气候。易受病毒病的危害。这类蔬菜具有含硫的葡萄糖甙，经水解后产生有挥发性的芥子油，具有特殊的辛辣味。

5. 绿叶菜类　包括要求冷凉气候的菠菜、芹菜、莴苣、芫荽、茴香、茼蒿等和要求温暖气候的苋菜、蕹菜、落葵等。以嫩叶、叶柄和嫩茎为食用器官。

6. 葱蒜类　包括洋葱、大蒜、大葱、韭菜等。以鳞茎或假茎、叶为食用器官，耐寒性、适应性强。用种子或鳞茎繁殖。

7. 茄果类　包括番茄、茄子、辣椒等。均为茄科植物，以果实为食用器官。生长、结果要求温暖的气候和肥沃的土壤。

8. 瓜类　包括黄瓜、南瓜、冬瓜、瓠瓜、西瓜、甜瓜、丝瓜、苦瓜等。茎蔓生，雌雄同株异花。均为葫芦科植物，以果实为食用器官。要求温暖的气候，需进行严格的植株调整。

9. 豆类　包括菜豆、豇豆、蚕豆、豌豆、刀豆、菜用大豆等。均为豆科植物，以荚果或种子为食用器官。蚕豆、豌豆要求冷凉的气候，其他豆类蔬菜都要求温暖的环境。

10. 薯芋类　包括马铃薯、山药、芋、豆薯、姜、葛等，以肉质地下茎（或根）为产品器官。均较耐热（只有马铃薯不耐热），且生长期较长。

11. 水生蔬菜　包括莲藕、茭白、慈姑、荸荠、菱、芡等。要求在浅水中生长和温暖的气候，多采用营养繁殖（菱和芡除外）。

12. 多年生与杂类蔬菜　包括香椿、笋用竹、黄花菜、芦笋、草莓、食用大黄以及黄秋葵等，大多一次种植，可连续采收数年。

13. 芽苗类蔬菜　包括黄豆芽、绿豆芽、黑豆芽、蚕豆芽，豌豆苗、萝卜苗、荞麦苗以及香椿芽、花椒芽等，以幼芽或幼苗供食。

14. 食用蕈菌　包括双孢蘑菇、草菇、香菇、木耳等，人工栽培的 20 种，还有大量的野生种。

15. 野生蔬菜　包括蕨菜、薇菜、野苋菜、马齿苋、地肤、芝麻菜、蒌蒿、沙芥、诸葛菜、费菜、土人参、藤三七、菊芹、少花龙葵、酸模叶蓼等野生或半野生（开始少量人工栽培）状态的种类。

另外，也可按蔬菜对温度的适应性进行分类，根据各种蔬菜对温度条件的不同要求及其对高温和低温的耐受程度，将蔬菜植物分为 5 类（不包括藻类、菌类和蕨类植物），这一分类是安排蔬菜栽培季节的重要参考依据。①耐寒的多年生宿根蔬菜：包括韭菜、黄花菜、芦笋等。在生长季节，地上部能耐高温；冬季地上部枯死，以地下宿根（或茎）越冬，能耐 $-10℃$ 以下的低温。②耐寒的蔬菜：包括菠菜、芫荽、大蒜、洋葱、大葱等。在 $15\sim20℃$ 时同化作用最旺盛，能耐 $-1\sim-2℃$ 的低温和短期的 $-5\sim-10℃$ 的低温。③半耐寒的蔬菜：包括大白菜、白菜、萝卜、胡萝卜、结球甘蓝、豌豆等。在 $17\sim20℃$ 时同化作用最旺盛，能耐短期的 $-1\sim-3℃$ 的低温。④喜温蔬菜：包括黄瓜、番茄、辣椒、菜豆、茄子等。适宜同化温度为 $20\sim30℃$，不耐霜冻，温度 $10\sim15℃$ 以下授粉不良，易引起落花，$35℃$ 以上则生长和结实不良。⑤耐热蔬菜：包括冬瓜、南瓜、西瓜、豇豆、刀豆、苋菜、蕹菜等，温度在30℃左右时同化作用旺盛，35～40℃时仍能正常生长、结实。

除上述分类方法以外，还有根据蔬菜植物对光照强度的不同反应分为：强光照、中光照和较弱光照蔬菜；根据蔬菜植物生长发育对光周期的不同反应分为：长旋光性、短旋光性和中旋光性蔬菜；根据蔬菜植物对水分吸收和消耗的差异分为：消耗水分很多但对水分吸收力弱的蔬菜，消耗水分不很多而吸收力强的蔬菜，消耗水分少但吸收力弱的蔬菜，水分消耗量中等、吸收力也中等的蔬菜，消耗水分很快、需在水中生长的蔬菜等5类；根据蔬菜植物对土壤pH值的不同要求分为：耐微弱酸性（pH6.0～6.8）的蔬菜，耐中等酸性（pH5.5～6.8）和耐强酸pH（5.0～6.8）的蔬菜3类。此外，还有根据根系的深浅、对肥料的不同要求，吸收土壤营养量的多少以及对生态环境的不同要求……而进行的各种不同的分类（《中国蔬菜栽培学》，1987；《中国农业百科全书·蔬菜卷》，1990）。

第四节　中国蔬菜种质资源的特点及收集保存与更新

蔬菜"种质"即亲代通过生殖细胞或体细胞传递给后代的遗传物质，蔬菜种质资源是携带各种不同种质的蔬菜植物的统称。蔬菜种质资源包括栽培种、野生种、野生近缘和半野生种，以及人工创造的新种质材料。蔬菜种质的主要材料是种子，也包括块根、块茎、球茎、鳞茎等无性繁殖器官和根、茎、叶、芽等营养器官，以及愈伤组织、分生组织、花粉、合子、细胞、原生质体，甚至染色体和核酸片断等。蔬菜种质资源是蔬菜遗传育种、生物技术等科学研究和蔬菜生产发展的物质基础，得到很多国家的普遍重视（《中国农业百科全书·蔬菜卷》，1990）。

一、中国蔬菜种质资源的特点

中国幅员辽阔，地跨温带、亚热带、热带，地形复杂多样，具不同的海拔高度，形成了平原、丘陵和高原；由于不同温、光、水、气条件和各种地形的交互，形成了多种多样的气候类型，再通过长期的历史进程中各种蔬菜作物的滋生、繁衍，劳动者的辛勤耕耘以及自然和人为的选择，逐渐形成了中国蔬菜种质资源的特点：一是种类繁多。在目前征集进入国家农作物种质资源长期库（圃）的30 727份蔬菜种质资源中，以种子繁殖的种质29 189份，以无性繁殖的水生蔬菜种质资源1 538份，上述蔬菜的种类涉及21科67属132个种或变种（方智远、李锡香，2004）。尽管这一组资料没包括尚未收集的许多边远地区的蔬菜品种及蔬菜野生种和野生近缘种，但已可以看出中国蔬菜种质资源的种类之多在世界上是屈指可数的。二是起源于中国的蔬菜种质资源多。正如瓦维洛夫（Н. И. Вавилов）在其《主要栽培植物的世界起源中心》（1928）一书中将"中国起源中心"列为世界上植物种类最多，范围最广的一个独立的世界农业发源地和栽培植物的起源中心。中国中心包括中国的中部和西部山区及低地，是许多温带、亚热带作物的起源地。主要有大豆、竹子、山药、甘露子、东亚大型萝卜、根芥菜、牛蒡、荸荠、莲藕、茭白、慈姑、菱、百合、白菜、大白菜、芥蓝、乌塌菜、芥菜、黄花菜、苋菜、韭、葱、薤、莴笋、茼蒿、食用菊花、紫苏等。本中心还是豇豆、甜瓜、南瓜等蔬菜的次生中心（刘红，1990）。三是种质资源的品种和类型多。如上所述由于中国气候类型多样和栽培历史悠久，形成了多种多样的种质资源类型。在中国现已收集到并已入库的 3 万余份蔬菜种质资源中，90％为地方品种。其中，有许多是世界上独一无二的变种和类型，如仅芥菜就有大头芥、笋子芥、茎瘤芥、抱子芥、大叶芥、小叶芥、白花芥、花叶芥、长柄芥、凤尾芥、叶瘤芥、宽柄芥、卷心芥、结球芥、分蘖芥、薹芥 16 个变种，莴苣中的茎用莴苣、豇豆的长豇豆均为中国特有；许多是具有优良性状的种质，如抗霜霉病、枯萎病等的黄瓜种质，耐抽薹、抗病虫的白菜种质，抗青枯病、单性结实的茄子种质等等。这些种质有助于进行各种目的的新品种选育以及细胞学和分子生物学的研究。

二、蔬菜种质资源的收集与保存

蔬菜种质资源搜集与保存是整个蔬菜种质资源工作的基础，只有通过广泛的收集与科学的保存，拥有相当数量的种质资源，才能更好地开展种质资源的评价和利用。

蔬菜种质资源的搜集方式主要有：一是通过国家行政部门或主管科研单位组织相对应的地方部门或种质资源研究单位，采用行政的（政府部门有组织的）手段对各地的蔬菜主产区、育种中心地区，进行广泛的收集；二是通过科研协作的形式，根据征集的目的和要求，进行经常性的征集；三是有关部门或单位组织人员对蔬菜作物起源中心地区、沙漠和沿海等边远地区，进行野生、野生近缘种质资源的考察和搜集；四是通过各种方式的国际交流，进行国外引种工作。在上述种质资源的征集过程中，对征集工作有统一的要求，对征集来的种质资源填写统一的表格，并将征集到的种子（苗）上交主管单位（方智远、李锡香，2004）。

世界各国都十分重视蔬菜种质资源的考察搜集工作。1920 年始，苏联植物分类家瓦维洛夫（Н. И. Вавилов）组织考察队到 60 多个国家，进行了近 200 次考察，搜集到包括蔬菜在内的各种栽培植物 15 万份。由他创建的全苏植物栽培研究所到 1985 年共搜集保存农作物种质材料 35 万份左右，其中蔬菜（包括瓜、豆、块根类）种质材料 6 万份以上。美国从建国开始，至今已有 200 多年的历史，已经建立了一套完善的种质资源收集、研究、保存、利用的体制、机构和管理制度。美国原有的农作物种质资源贫乏，19 世纪中叶开始组织出国考察搜集栽培植物种质材料，现已拥有世界各地栽培植物种质材料 43 万份以上，其中包括马铃薯、菜豆、豌豆等多种蔬菜作物。日本原有的蔬菜资源有限，许多蔬菜从古代起陆续由中国等国家和地区传入，近代则进一步搜集了世界各蔬菜起源地区的种质材料。除上述国家外，1974 年成立的国际植物遗传资源委员会在促进世界各国考察搜集和保存栽培植物种质材料等方面做了许多工作。1974—1984 年 10 年间建立并推动世界栽培植物种质搜集网搜集了各种栽培植物种质材料 10 万份以上（刘红，1990）。

目前，美国、俄罗斯、日本等国家投入大量人力、物力和财力进行蔬菜种质资源的收集和保存。表 1-4 列出了世界各国代表性蔬菜种质资源搜集份数（含重复），包括长期保存和未获长期保存的种质。表 1-5 列出了美国种质信息网络（GRIN）中常见的蔬菜种质份数（方智远、李锡香，2004）。表 1-6 列出俄罗斯的情况。

表 1-4　全世界代表性蔬菜的种资源质搜集份数

作　物	份　数	作　物	份　数	作　物	份　数
菜　豆	268 500	薯　蓣	11 500	西　瓜	4 500
豇　豆	85 500	芸薹属	109 000	南　瓜	17 500
四棱豆	5 000	番　茄	78 000	秋　葵	6 500
豌　豆	72 000	辣　椒	53 500	胡萝卜	6 000
马铃薯	31 000	洋葱/大蒜	25 500	萝　卜	5 500
芋　头	6 000				

注：数据引自 FAO, 1997. THE STATE OF THE WORLD'S PLANT GENETIC RESOURCES FOR FOOD AND AGRICULTURE. Viale delle Terme di Caracalla, 00100 Rome, Italy.

表 1-5　美国 GRIN 数据库中主要蔬菜种质份数

作　物	份　数	作　物	份　数	作　物	份　数
菜豆属	14 955	茄　属	6 779	黄瓜属	5 250
豇豆属	13 140	番茄属	10 343	芸薹属	4 522
莴苣属	1 458	西瓜属	1 852	胡萝卜属	1 214
葱蒜类	2 291	南瓜属	3 356	萝卜属	748
辣椒属	4 722				

注：数据引自 GRIN：美国种质资源信息网络。

表 1-6　俄罗斯 VIR 收集保存的蔬菜种质资源

作　物	份　数	作　物	份　数	作　物	份　数
菜　豆	10 500	辣　椒	3 784	稀有甜瓜近缘种	735
豇　豆	1 951	洋葱/大蒜	3 613	甜　瓜	4 579
豌　豆	7 983	甘　蓝	3 947	南　瓜	2 889
甜　菜	2 880	芜菁甘蓝/芜菁	666	莴　苣	2 821
马铃薯等块根类	9 977	黄　瓜	3 788	胡萝卜/萝卜	6 591
番　茄	7 246	西　瓜	3 007	其他稀有蔬菜	4 240

注：数据引自 FAO, 1997. THE STATE OF THE WORLD'S PLANT GENETIC RESOURCES FOR FOOD AND AGRICULTURE. Viale delle Terme di Caracalla, 00100 Rome, Italy.

　　总的来说，俄罗斯收集和保存的豆类作物种质资源约有 42 000 余份，包括 15 个属，160 种。蔬菜和瓜类作物种质资源 49 000 余份，包括 282 种。

　　中国对蔬菜种质资源的搜集保存工作十分重视。20 世纪 50 年代中期至 60 年代初，开展了全国各省（直辖市、自治区）蔬菜地方品种的调查搜集工作。据 1965 年的不完全统计，共搜集到 88 种蔬菜 1.73 万份种子，但因"文化大革命"而几乎全部丢失。1979 年，农业部和国家科委联合发出《关于开展农作物品种资源补充征集的通知》，1980 年开始再次进行补充调查征集，至 1985 年底，全国已征集蔬菜地方品种 125 种，16 187 份。并从 1982 年开始，由当时的中国农业科学院蔬菜研究所牵头，组织全国各省（直辖市、自治区）编写《全国蔬菜地方品种资源目录》。在全国蔬菜品种资源调查、征集基础上，吉林、天津、安徽、山东、江苏、四川、河南、陕西等省（市）先后编制了本省（市）蔬菜品种资源目录。甘肃、吉林、江西、四川、湖南等省编写出本省蔬菜品种志。1986 年开始，国家把种质资源工作列入国家重点科研计划，由中国农业科学院蔬菜花卉研究所组织全国各省（直辖市、自治区）蔬菜科研单位进一步进行了蔬菜种质资源的全面搜集、整理。并对云南省、西藏自治区、湖北神农架地区和海南省等地进行了蔬菜种质资源考察搜集，首次发现了一些有开发利用价值的蔬菜植物新变种、新类型和野生近缘种。如 1979—1980 年对云南省 13 个地（州、市）的 31 个市、县进行了考察，共收集种质材料 400 余份，制蜡叶标本 100 余份。鉴定出国内外尚无报道的苦茄、西双版纳黄瓜、涮辣、大树辣、辣椒瓜和红茄等。考察查明了云南省辣椒、黄瓜和瓜类的种类、类型、品种及其分布地区、不同海拔高度和生态环境。1981—1984 年，中国农业科学院蔬菜花卉研究所参加了由该院品种资源研究所和西藏自治区农牧科学院主持组织的西藏作物品种考察队蔬菜考察组。共考察访问了 39 个县、市，搜集蔬菜种质材料 655 份，蔬菜种子 285 份（含根茎类），分属栽培蔬菜 20 个科 60 多个种，野生蔬菜种质资源 23 个科 32 个种，基本摸清了西藏自治区蔬菜种质资源的家底。其后，又于 1986—1990 年进行了神农架地区蔬菜种质资源考察，涉及鄂西和川东地区 22 个县（市、林区），收集蔬菜种质资源 3 497 份，分属 38 个科 159 个种、亚种或变种。并对葱、蒜、菜豆、胡萝卜、辣椒、菠菜等蔬菜进行了重点考察，尤其对多种野生蔬菜进行了收集和研究（杜武峰、刘富中等，1991）。此后，在"九五"期间，四川、重庆等省（市）的蔬菜科研单位，还进行了三峡库区的蔬菜种质资源考察，收集到蔬菜种质资源 959 份，鉴定编目 710 份，初步筛选出 25 份优异种质资源（滕有德等，2002）。在此期间中国农业科学院蔬菜花卉研究所继续组织全国有关科研单位收集保存主要蔬菜地方品种、国外种质和野生蔬菜种质，共计达 2005 份。"十五"期间，依托国家基础性工作项目"蔬菜种质资源的收集和保存"，国家基础性工作项目"无性繁殖蔬菜种质资源的收集整理与利用"等，繁殖入库有性繁殖蔬菜种质 538 份，无性繁殖和多年生蔬菜种质资源计 70 种 776 份。

国外引种也是搜集种质资源的一种重要途径。随着对外开放政策的落实和国际交往的日益频繁，通过多种途径由国外引进了大批蔬菜种质资源，据不完全统计迄今总计已引入 20 000 余份。在引入的种质资源中，如芦笋、青花菜、结球莴苣、黄秋葵、菜蓟、辣根等，作为新、特、稀蔬菜已在生产上推广应用，有效地丰富了国内栽培的蔬菜种类。又如番茄品种强力米寿、特罗皮克，西芹品种冬芹、夏芹，菜豆品种供给者、优胜者等从国外引入试种后表现优良，已直接用于生产；在直接引入的种质资源中，有的则是重要的育种材料，如抗烟草花叶病毒的番茄材料玛纳佩尔 $Tm-2^{nv}$，已用作亲本并育成了中蔬 4 号、西粉 3 号、苏抗 9 号等多个番茄优良新品种或一代杂种，成为生产上的主栽品种之一（尚庆茂等，1999）。

到目前为止，中国已收集的蔬菜种质资源共 35 580 份，涉及 214 个种（包括变种，除去库圃重复收集的种类）。进入国家农作物种质资源库保存的计 31 417 份，涉及 21 个科 70 属 132 个种（变种）。其中以菜豆、豇豆、辣椒、番茄、茄子、萝卜、大白菜、白菜、叶用芥菜、黄瓜、南瓜居多。无性繁殖的水生蔬菜计 1 538 份，分属 11 个科 12 个属 28 个种和 3 个变种。其他以营养器官繁殖的蔬菜如葱蒜类、薯芋类和多年生蔬菜种质资源 776 份，分属 70 个种（李锡香，2006）。

表 1-7　中国入库保存的蔬菜种类和种质份数

（李锡香，2006）

蔬菜种类	学　名	份　数
萝卜	*Raphanus sativus* L.	2 074
胡萝卜	*Daucus carota* var. *sativa* DC.	427
芜菁	*Brassica campetris* L. ssp. *rapifera* Matzg	94
芜菁甘蓝	*Brassica napobrassica* Mill.	21
根用莙菜	*Beta vulgaris* L. var. *rapacea* Koch.	13
牛蒡	*Arctium lappa* L.	12
大白菜	*Bracssica capestris* L. ssp. *pekinensis*（Lour）Olsson	1 691
白菜	*B. capestris* L. ssp. *chinesis*（L.）Makino	1 392
薹菜	*B. campestris* L. ssp. *chinesis*（L.）Makino var. *tai - tsai* Hort	15
菜薹	*B. capestris* L. ssp. *chinesis*（L.）Makino var. *utilis* Tsen et Lee	229
叶用芥菜	*B. juncea* Coss var. *foliaosa*（L.）Bailey etc.	1 031
茎用芥菜	*B. juncea* Coss. var. *tsatsai*. Mao	196
根用芥菜（大头菜）	*B. juncea* Coss. var. *megarrhiza* Tsen et Lee	274
薹用芥菜	*B. juicea* Coss. var. *utilis* Li.	6
籽用芥菜	*B. juncea* Coss. var. *gracilis* Tsen et Lee	8
结球甘蓝	*B. oleracea* L. var. *capitata* L. *B. oleracea*	223
球茎甘蓝	L. var. *caulorapa* DC.	104
花椰菜	*B. oleracea* L. var. *botrytis* L.	128
嫩茎花椰菜（青花菜）	*B. oleracea* L. var. *italica* Planch.	4
芥蓝	*B. allboglabra* Bailey	90
黄瓜	*Cucumis sativus* L.	1 521
美洲南瓜	*Cucurbita pepo* L.	403
中国南瓜	*C. moschata* Duch.	1 114
印度南瓜	*C. maxima* Duch.	371
冬瓜	*Benicasa hispida* Cogn.	299
节瓜	*B. hispida* Cogn. var. *chieh - qua* How.	69
苦瓜	*Momordica charantia* L.	202
丝瓜	*Luffa cylindrica* Roem.	524
瓠瓜	*Lagenaria siceraria* Standl.	255
蛇瓜	*Trichosanthes anguina* L.	8
菜瓜	*Cucumis melo* L. var. *flexuosus* Naud.	112
越瓜	*C. melo* L. var. *conomon* Makino.	10
黑籽南瓜	*Cucubita ficifolia* Bouche.	3
西瓜	*Citrullus vulgaris* Schard.［*Citrullus lanatus*（Thunb.）Matsum et Nakai］	1 112（含西甜瓜库 920）
甜瓜	*Cucumis melo* L.	1 244（含西甜瓜库 860）
其他瓜类		3
番茄	*Lycopersicom esculentum* Mill.	2 257
茄子	*Solanum melongena* L.	1 601
辣椒	*Capsicum frutescens* L.［*Capsicum annuum* L.］	2 194
酸浆	*Physalis pubesens* L.	37
菜豆	*Phaseolus vulgaris* L.	3 504
小菜豆	*P. lunatus* L.	32
多花菜豆	*P. multiflorus* Willd.	68
刀豆	*Canavalia gladiata* DC.	22
豇豆	*Vigna sinensis* Endl.［*Vigna unguiculata*（L.）Walp.］	1 708
毛豆	*Glycine max* Merr.	462

（续）

蔬菜种类	学　名	份　数
豌豆	*Pisum sativum* L.	385
蚕豆	*Vicia faba* L.	86
扁豆	*Dolichos lablab* L.	379
其他豆类		37
韭菜	*Allum tuberosum* Roggl ex Spr.	274
大葱	*A. fistulosum* L. var. *giganteum* Makino.	236
分葱	*A. fistulosum* L. var. *caespitosum* Makino.	36
洋葱	*A. cepa* L.	99
韭葱	*A. porrum* L.	8
南欧蒜	*A. ampeloprasum* L.	2
菠菜	*Spinacia olerucea* L.	333
芹菜	*Apium graveolens* L.	342
苋菜	*Amaranthus mangostanus* L.	452
蕹菜	*Ipomoea aquatica* Forsk.	73
莴苣	*Lactuca sativa* L.	208
莴笋	*L. sativa* L. var. *angustana* Irish.	532
茴香	*Foeniculum vulgare* Mill.	35
芫荽	*Coriandrum sativum* L.	104
叶用恭菜	*Beta vulgaris* L. var. *cicla* Koch.	187
落葵	*Basella* L.	17
茼蒿	*Chrysanthemum coronarium* L. var. *spatiosum* Bailey	135
荠菜	*Capsella bursa - pastoris* L.	9
冬寒菜	*Malva verticillata* L.	47
罗勒	*Ocimum basilicum* L. var. *pilosum*（Will）Benth.	36
黄花苜蓿	*Medicago hispida* Gaertn.	4
其他绿叶菜		53
紫苏	*Perilla frulescens* L.	10
豆薯	*Pachyrhizas erosus* Urban.	25
莲藕	*Nelumbo nucifera* Gaertn.	11
豆瓣菜	*Nasturtium officinale* R. Br.	1
香椿	*Toona sinensis* Roem	3
黄秋葵	*Hibiscus esculentus* L.　［*Abelmoschus esculentus*（L.）Moench］	36
黄花菜	*Hemerocallis flava* L.	1
芦笋	*Asparagus officinalis* L.	7
枸杞	*Lycium Chinese* Miller.	24
其他蔬菜		23
入库小计		31 417

（入圃水生蔬菜）

蔬菜种类	学　名	份　数
莲藕	*Nelumba nucifera* Gaertn.	526
茭白	*Zizania caduciflora*（Turcz.）Hand. - Mazz.	179
菱角	*Trapa bicornis* Osbeck	101
慈姑	*Sagittaria sagittifolia* L.　［*Sagittaria trifolia* Linn. var. *sinensis*（Sims）Makino］	95
芋	*Colocasia esculenta* L. Schott	242
豆瓣菜	*Nasturium officinale* A. Br.	5

（续）

蔬菜种类	学　名	份　数
莼菜	*Brasenia schreberi* J. F. Gmel.	4
蒲菜	*Typha latifolia* L.	38
芡实	*Euryale ferox* Salisb.	6
蕹菜	*Ipomoea aquatica* Forsk.	92
水芹	*Oenanthe stolonifera* (Roxb) Wall.	146
荸荠	*Eleocharis tuberosa* (Roxb.) Roem. et Schult.	104
入圃种质小计		1 538
总计		30 727

　　如上所述，经过广大蔬菜种质资源工作者几十年的努力，基本上已把全国各地现存的较易收集保存的蔬菜种质进行了整理、繁殖入库和入圃。

　　关于种质资源的保护工作，国内外都十分重视。目前，国际上植物种质资源保护的方式有以下几种：一是原地保存，就是在自然生态环境下，就地保存野生植物群落或农田中的栽培植物居群，任其自我繁殖更新，如森林、草原、荒漠、湿地等各种类型的自然保护区。世界上第一个自然保护区是美国建立的黄石公园。近年来，自然保护区的发展很快，日本天然公园和自然保护区有700多个，总面积560万 hm² 以上，占国土面积的15％以上，为亚洲第一；美国的天然公园和自然保护区占国土面积的10％左右；中国至1982年底已建立自然保护区106个，面积390万 hm²，占国土面积的0.4％，保护了大量的野生动植物资源（李锡香，2004）。二是异地保存，是指将种子或植物体保存于该植物原产地以外的地方，主要形式有植物园、种质圃、种质库及试管苗库，还有超低温保存的营养体、花粉、细胞等等形式。

　　中国对蔬菜种质资源的保存主要有以下几种方式，一是低温种子库保存。国家在中国农业科学院原品种资源研究所建立了温度在－18℃的国家低温长期种子保存库和青海省的复份库，进行种子的长期保存，蔬菜种子也入库保存；在国家级的中国农业科学院蔬菜花卉研究所建立了温度在0℃左右的中期库，进行蔬菜种子的中期保存，并供国内外交流应用，在北京、上海、广东等地有条件的蔬菜（园艺）研究所（中心）也建有中期库。二是种质圃。主要保存不能用种子繁殖方式保存的水生蔬菜、营养繁殖蔬菜等。在水生蔬菜的保存方面，中国"国家种质武汉水生蔬菜资源圃"在湖北省武汉市蔬菜研究所建成，保存了来自全国二十多个省（市、区）百余县的水生蔬菜种质资源1 700余份（含重复），它们分属于14个科30个种或变种（孔庆东，2005）。在河北省廊坊市中国农业科学院国际农业高新技术产业园建立了保存葱蒜类蔬菜、薯蓣类蔬菜、野生蔬菜和多年生蔬菜种质的"无性繁殖蔬菜种质资源圃"已保存了70余种蔬菜700余份种质。三是离体保存。中国农业科学院蔬菜花卉研究所新建了一个25m²的组培操作间及培养室，2个约30m³的离体保存库，库温分别为1～3℃和16～18℃。对收集的大蒜、生姜、百合等种质进行了复份保存。还探讨了大蒜和百合种质资源的超低温保存技术，并获得了成功。大蒜茎尖液氮冻存后最高成活率可达100％，再生植株遗传性稳定。不同基因型大蒜种质茎尖的冻存后成活率有一定差异。大蒜分化芽冻存后最高成活率为50％。百合组培苗茎尖液氮冻存后最高成活率可达52.6％。相关技术已经用于有关种质的保存实践（张玉芹等，2004；王艳军等，2005；李锡香等，2006）。

三、蔬菜种质资源的更新

种质资源在种质资源库（圃）保存若干年后，尤其是贮存于中期库的种子，由于其贮存寿命较短以及开展经常性的种子交换等原因，需要进行种子的更新和补充。因此，种质资源的更新是种质资源库（圃）不得不面对的一项重要任务。在种质资源的繁种更新过程中，保持种质的遗传稳定性和完整性是技术关键。为此，对特性各异的各类蔬菜作物更新的群体大小、隔离措施和授粉方式、采种技术的优化等技术措施的考虑是十分重要的。

（一）严格掌握繁种群体的大小

在种质资源更新过程中，要注意到一个品种群体除了应在一些主要经济性状基因型保持纯一的状态外，其他性状则应保持适当的"多样性"，因为任何高纯度的品种，其群体的基因型都不是绝对"纯"的，正由于品种群体的遗传基础比较丰富，从而表现出较高的生活力和适应性。如果在种质资源繁种更新过程中，留种植株过少，特别是异花授粉植物的近亲繁殖，会造成基因的飘移和遗传基础的贫乏（谭其猛等，《蔬菜育种学》，1982）。一般来说，每个繁殖群体不应少于 60 株，通常以 60～100 株为宜。采收时要严格掌握从繁种的每一个植株上收取果实、果荚等，经过脱粒、清选、晾晒（符合入库种子的含水量要求）的种子，按科学的取样方法选取具代表性的种子、并按规定的数量入库保存。以无性繁殖方式为主的水生蔬菜，入圃的每份种质，在更新时也必须保持一定的数量群体，以最大限度保持同一份种质资源的遗传多样性和安全性。不同种质应根据不同生态习性，分类管理（《国家种质武汉水生蔬菜圃管理细则》，2003）。对于以无性繁殖方式进行繁殖的薯芋类、葱蒜类、多年生类蔬菜和以组织培养方式更新繁殖的蔬菜，均要根据其特性，分别确定其繁殖的数量群体，以确保该份种质资源的遗传多样性和安全性。

（二）防止混杂

1. 机械混杂 在种子收获、脱粒、清选、晾晒、贮藏、包装和运输过程中的每一个环节都要仔细操作，使同一种蔬菜的不同品种（系）都不发生机械混杂，并达到保质保量地完成更新。

2. 天然杂交引起的生物学混杂 许多异花授粉的蔬菜作物由于隔离不当而发生不同变种、品种或类型之间的天然杂交，从而造成非本品种的配子参与受精过程，产生一些杂合的个体，这些杂合体在继续繁殖过程中就会产生许多重组合的类型，使原品种群体的遗传结构发生很大变化，因此造成品种的混杂并丧失原有的种性。所以，防止异花授粉蔬菜作物的天然杂交十分重要。常用的隔离方法有采用温室、网纱、套袋等的机械隔离，采用分期播种、春化、光照等技术的花期隔离以及将容易发生天然杂交的品种、变种、类型之间隔开适当距离的空间隔离。其中，尤以空间隔离最为常用。根据蔬菜作物授粉方式的不同和发生天然杂交后的影响大小，以及留种地间屏障的有无等，可将主要蔬菜隔离留种的距离归为以下 4 类：一是不同物种变种之间极易杂交，杂交后杂种几乎完全丧失经济价值的。如甘蓝类的各个变种之间，各种荞菜之间等。这类蔬菜在开阔地的隔离距离为

2 000m左右，在有屏障的地方为 1 000m。二是异花授粉的各种蔬菜不同品种间极易杂交，杂交后虽未完全丧失经济价值，但失去了品种的典型性和一致性。这类蔬菜如十字花科的白菜类蔬菜、葫芦科、伞形科、藜科、百合科、苋科蔬菜以及常异交的蚕豆品种间，在开阔地的隔离距离为 2 000m左右，在有屏障的地方隔离距离为 1 000m。三是莴苣的不同变种（散叶、结球、茎用）之间，茄科蔬菜辣椒、茄子的不同品种，虽然以自交为主，但仍有较低的异交率，为了保证品种的纯度，变种间和品种间隔离距离一般为 50～100m。四是豆科蔬菜中的菜豆、豌豆品种间，番茄的品种间，其天然杂交率相当低，因此不同品种间只需隔离 10～20m 即可。对于这些蔬菜主要应注意防止机械混杂（谭其猛等，1982）。

　　近年来，在蔬菜繁种技术的研究方面，也有一些报道。徐重益等（2004）对菜薹种质内不同大小群体的遗传多样性鉴定和比较认为，大于 30 株的群体能反映其种质的遗传特征，为保证更新过程中群体内部各单株之间能随机交配，进而确保更新后种质的遗传完整性，认为以 60 株的群体进行更新为宜。以 60 株为适宜的繁种群体进行 3 种不同目数的防虫网（20 目、40 目、60 目）、3 种授粉方式（不授粉、人工授粉、熊蜂授粉和敞开授粉）的田间试验。结果表明：采用 40 目防虫网隔离、熊蜂授粉对菜薹等白菜类蔬菜种质进行更新，不仅能提高种子产量和质量，而且能保证后代的表型纯度和遗传多样性，是比较适宜的方法。

　　与此同时，还选取栽培密度、施氮量、施磷量、施钾量 4 因子为研究对象，建立了以菜豆种子产量为目标函数的数学模型。单因子对菜豆种子产量的影响均符合二次曲线关系，密度、氮和钾对产量有极显著影响，而磷对产量影响相对较小，各栽培因子对菜豆种子产量作用大小顺序为：密度＞氮＞钾＞磷。栽培密度与氮、磷和钾的交互作用相对较大。经计算机模拟分析，确定了菜豆种子产量为 2 805.00kg/hm^2 以上的栽培因子优化组合方案：密度，19.508 万 ～ 21.313 万株/hm^2；氮，292.664 ～ 324.12kg/hm^2；磷，93.938～144.023kg/hm^2，钾，93.938～144.023kg/hm^2。

　　"十五"期间，国家蔬菜种质资源中期库制定了 24 种蔬菜的更新技术规程。繁殖更新 24 种蔬菜种质资源 11 608 份。完成了 3 万多个样品的种子活力检测，更新合格种质总份数为 10 365 份。在全生育期间，对混杂严重的种质进行了去杂或单株采收分类处理；对每份种质的主要植物学和农业生物学性状进行了观测和核准，采集了每份更新种质的图片数据；并建立了更新数据库（李锡香等，2006）。

第五节　蔬菜种质资源的研究、创新与利用

一、蔬菜种质资源的鉴定、评价与利用

　　在广泛收集保存种质资源的基础上，各有关研究单位陆续开展了蔬菜种质资源的评价和利用工作。"七五"（1986—1990）、"八五"（1991—1995）期间，"农作物品种资源研究"被正式列入国家科技重点攻关项目，其中包括蔬菜种质资源的收集、整理、繁种、入库、编目和几种主要蔬菜的抗病性鉴定及品质分析，这 10 年对蔬菜种质资源开始了系统的评价和利用工作（戚春章等，1995）。

　　对蔬菜种质资源的评价主要内容有植物学和农艺性状的鉴定，包括根、茎、叶、花、果、种子等的形状、大小、颜色、有无刺或茸毛等植物学特征和熟性、产量、抗病性、产品品质等农艺性状。由中国农业科学院蔬菜花卉研究所组织全国 28 个省（区、市）（西藏自治区、台湾省未包括在内）的专家共同制定了《蔬菜品种调查观察记载项目及描述标准说明》和 81 种以种子繁殖为主要方式的《主要蔬菜地方品种目录调查表》。由此，蔬菜种质资源的系统评价工作开始起步。"七五"期间，对菜豆、大白菜、黄瓜、辣椒 4 种蔬菜共 5 000 余份种质资源的 11 种病害（如炭疽、枯萎、病毒、霜霉、白粉等）和 7 种营养成分（如粗纤维、粗蛋白、醣、辣椒素、维生素 C、茄红素等）进行了鉴定。并在鉴定的基础上进行了系统的评价。与此同时，还编辑出版了中国第一部《中国蔬菜品种资源目录》。"八五"期间，又增加了茄子、豇豆、萝卜等蔬菜的鉴定（李佩华等，1998）。

　　"九五"（1996—2000）期间，继续开展了"蔬菜优良种质评价与利用"、"蔬菜优良种质评价与利用数据库"和"蔬菜种质资源繁种入库"等研究项目，完成了 1 000 份普通白菜种质对 TuMV 的抗性、1 174 份豇豆种质对豇豆病的抗性和 1 059 份菜豆种质对菜豆锈病的抗性鉴定；完成了 514 份大白菜种质的田间自然和室内控温耐热性鉴定；完成了 556 份普通白菜种质的耐抽薹性鉴定；完成了 230 份胡萝卜的耐贮性鉴定。总计完成各类鉴定 6 535 份次。完成了 305 份胡萝卜种质的干物质、总糖、胡萝卜素、维生素 C 的测定；完成了 542 份长豇豆种质的干物质、粗蛋白、可溶性糖和粗纤维含量的分析。为了确保各项鉴定数据的可靠性、可比性和有效性，在进行各项鉴定之前，研究确立了相应的统一、规范的鉴定方法、指标和标准。同时，对"八五"初评的 35 份菜豆、70 份大白菜、70 份辣椒、120 份萝卜、70 份豇豆和 35 份水生蔬菜种质进行了多年多点综合评价，提出了 300 份有特点的优良种质资源。获得遗传性稳定、有利用价值和效果的优异种质资源 16 份，其中大白菜抗病的 3 份，菜豆抗病的 2 份，辣椒抗病毒的 3 份，萝卜抗病毒的 3 份，豇豆抗病的 3 份，水生蔬菜优质种质 2 份。

　　"十五"（2001—2005）期间，在国家基础性工作项目、国家自然科技资源共享平台项目、国家科技攻关项目、农业部资源保护项目、省市自然科学基金项目等的大力支持下，开展了蔬菜作物种质资源描述标准和规范的制定研究、标准化整理整合与共享试点建设，无性繁殖及多年生蔬菜作物种质资源标准化整理、整合及共享试点等工作。有力地促进了蔬菜种质资源评价工作向更加深入、更加规范的方向持续发展。已制定了 30 余种蔬菜种质资源的描述规范和数据标准。鉴定了 225 份白菜种质发芽期耐盐性和 122 份白菜种质苗期耐盐性。鉴定了 189 份萝卜种质和 300 份白菜种质的耐抽薹性。完成了对 106 份番茄种质苗期抗细菌性斑点病，冬瓜、南瓜、瓠瓜、丝瓜等 7 种瓜类蔬菜 124 份种质抗根结线虫，112 份黄瓜种质抗灰霉病和菌核病，120 份黄瓜种质抗南方根结线虫，107 份莴笋种质抗菌核病和 160 份莴笋种质抗霜霉病等的鉴定。同时，对 268 份白菜种质种质进行了对小菜蛾的抗性鉴定。

　　20 年多来，累计对 18 种蔬菜进行了 45 204 份次种质资源的抗病（虫）、抗逆鉴定和质量分析，共筛选出各种优良和优异种质 2 500 多份。

　　在全国性蔬菜种质资源的繁种更新和鉴定评价的基础上，仅国家蔬菜种质资源中期库和无性繁殖蔬菜种质资源圃，作为一个集资源保护、科学研究、社会教育与社会服务于一体的"国家蔬菜多样性保护、研究与示范推广中心"，每年接待国内外参观访问者数百人次。在满足种质资源更新和研究用种需要之外，自初建以来，累计向国内外科研和生产单位分发蔬菜种质资源 377 批次，涉及 75 种（变种）蔬菜，16 591 份次。仅"十五"期间就向种质资源协作单位提供更新用种 11 608 份，向国内外 118 个研究和生产单位分发 46 种蔬菜种质资源 154 批次，计 5 806 份。促使优异基因渗透到全国各地育成的主要蔬菜新品种中，并推动了全国蔬菜产业的发展。目前，还有不少优异的种质材料被直接在生产上推广应用。其中茄果类蔬菜中以辣椒的地方品种利用最多。如河南省永城辣椒、云南省邱北小辣椒、河北省望都大羊角椒、福建省宁化牛角椒等干制的优良品种。其特点是色泽鲜艳、水分少、油性大、味芳香，其加工产品不仅内销，还外销到东南亚各地。瓜类中利用最多的是黄瓜，如长春密刺，因其具有早熟、丰产的特点，在保护地栽培中被广泛应用。加工黄瓜品种如扬州乳黄瓜、锦州小黄瓜等则已成为加工的良种。中国豆类蔬菜的品种数量位居蔬菜种质资源中的首位，其中尤以东北的菜豆种质资源最为丰富，被推广利用的品种也较多，如家雀蛋、大花皮、白羊角等品种，其品质优良，适于炒食或速冻加工。此外，还有江西省上饶菜豆，云南省大理、保山的荷包豆等名优品种。根菜类的萝卜，生食品种心里美因其味甜、质脆、色美而著称国内外，在华北、东北有栽培外，并被引至欧美各国。加工品种有浙江省萧山萝卜、江苏省如皋 60 天萝卜、如皋小圆萝卜等，用其加工而成的萧山萝卜干、如皋萝卜条等在国内享有盛誉，还远销海外。中国是世界上唯一利用茎用芥菜生产榨菜的国家，其中又以四川省栽培历史最为悠久，浙江省生产量最多。芥菜类中的茎用芥菜品种如四川省涪陵的枇杷叶、鹅公包、三转子以及浙江省海宁的半碎叶、全碎叶等都是加工榨菜的优良品种，已在生产上广泛推广利用。姜和葱蒜类蔬菜中的大葱是中国特有的调味品，其中山东省莱芜片姜和大姜两个类型是山东省的主要特产蔬菜；大葱又以山东省章丘大葱最为有名，主要品种有大梧桐葱、气煞风等，这些品种已被有关产区大量引种。被各地引种的优良品种还有大蒜中的山东省苍山大蒜、蒲棵蒜、糙蒜、高脚子以及江苏省太仓白蒜、徐州丰县白蒜等；韭菜中的汉中冬韭、寿光马蔺韭等。水生蔬菜中的莲、菱、茭白、水芹、蒲菜、水蕹菜等，均原产于中国。其中藕莲品种中，著名的有江苏省宝应贡藕，明朝以藕粉进贡而得名，目前仍被广为栽培。另外还有浙江省江湖州的双塘雷藕，其孔眼小、肉质细腻。湖南省湘潭的寸三莲，是白莲中的优良品种。茭白又以江苏太湖的鲜茭最为有名，其加工品远销日本等地，它们都已成为当地的主栽品种。多年生蔬菜中被广泛推广应用的，黄花菜有山西省大同黄花菜、湖南省祁东的长咀子、河南省淮阳金针、江苏省宿迁大鸟嘴等优质名产品种；百合有甘肃省兰州百合、江苏省宜兴百合、浙江省湖州百合、江西省万载百合等优良名产品种，不仅内销，还远销东南亚和我国港澳等地（王素、胡是林，1995）。

　　此外，在进行全国性的蔬菜良种的搜集过程中，使一些已经丢失的地方良种失而复得，为进一步利用创造了条件，如在新疆自治区找到了已丢失的早熟、丰产的江苏省南京市地方品种苜蓿园黄瓜和极早熟徐州叶儿三南瓜；又如重新发现了上海市杨行黄瓜、盘香豇豆、安徽省的泥里埋四叶椒等等。同时，还进一步发现了一批地方良种和特产品种，可直接扩大栽培或供有关省（区）市间引种利用。如四川省发现有坐果率很高，嫩荚重达 20g 的重庆乌荚菜豆；单株重达 2.5kg 的达县双尖莴笋；可于 11 月份收获的南江冬豇豆；

高抗病毒病且高产的珙县 90 天和 110 天白萝卜；以在短缩茎上丛生的膨大侧芽供鲜食、深受当地群众喜爱的芥菜新变种抱儿菜以及以叶柄供食的涪陵榨菜等。还有江西省吉安产长苦瓜，单瓜长可达 1m，重 750～1 250g，肉厚、质佳、丰产，是其他地区所少见的品种。此外，还发现一些野生蔬菜和稀有蔬菜，可供进一步开发，如皖南山区特有野菜朱藤花，用其花蕾作汤用，味道鲜美；云南省北部山区栽培的小雀瓜，采食其嫩瓜作蔬菜用；云南省腾冲的野生红茄，抗枯萎病，是茄子砧木的好材料；云南省北部山区栽培的黑籽南瓜是黄瓜砧木最好材料，这一发现完全改变了由日本进口黑籽南瓜的局面（戚春章，1985）。

二、国外蔬菜种质资源的引进与利用

新中国成立以后，尤其是改革开放以来，国家把科技工作放到一个十分重要的地位，大大加强了对外的科技交流，促进了蔬菜种质资源的引进工作。据不完全统计，从国外引进的蔬菜中，已有好些品种在生产上被直接推广利用，还有一些品种作为优良亲本材料被育种工作者应用。如国外引进的菜豆供给者，番茄强力米寿、卡罗索、圣女等品种，已在生产上广为应用；荷兰彩色甜椒品种白玉、紫贵人、加西亚等在大型温室和不少科技示范园中被采用种植；少刺小黄瓜品种 MK160、戴多星等也正在生产上推广应用。除了上述主要蔬菜外，还有不少新引进的过去很少种植的蔬菜，如羽衣甘蓝、抱子甘蓝、根芹、球茎茴香、京水菜、苦苣、鸭儿芹等等。上述国外蔬菜种质资源的引进，大大丰富了国内市场蔬菜供应的种类和品种，同时也进一步推动了国内蔬菜育种工作者对上述各种蔬菜的研究和开发，缩小了与国外蔬菜种质资源和遗传育种科研水平的差距。

三、蔬菜核心种质的研究

随着各国收集保存的种质资源数量的急剧增加，种质资源管理者和育种家正共同面临着：如何对收集保存的种质资源进行有效地保存、更新和评价鉴定；如何快速、准确地挖掘新的优异基因源；如何提高现有种质资源的利用率等问题。

为了解决这些问题，澳大利亚科学家 Frankel（1984）首次提出了核心种质（core collection）的概念，并与 Brown（1989）对其作了进一步发展和完善。所谓核心种质，是指用最小的种质资源样品量、最大程度的代表种质资源的遗传多样性。IBPGR（国际植物遗传资源委员会）（1990）认为，核心种质库是能以最少的重复代表一个种及野生近缘种的形态特征、地理分布、基因与基因型的最大范围的遗传多样性。可作为有利基因发掘、新技术应用和资源深入研究的优先样品集，能够提高种质资源的利用效率。近来，核心种质概念有所发展，已开始延伸到无性繁殖作物（clonal core collection）、DNA 种质库（DNA genebank）及种质资源的原位保存研究领域（Brown，1999）。

构建核心种质有助于鉴别收集品中的空白，为新种质的收集提供宝贵信息；在保证收集品具有最大的遗传多样性的同时，有利于种质库为种质的管理、种子生活力监测和种质更新作出合理的选择以及采取紧急措施；节省鉴定和评价工作所需的人力、财力和物力，并进一步促进核心种质的研究；使育种家和其他研究人员能更有效地利用精选后的保存资源挖掘和利用其中的优异基因资源。

自 Frankel（1984）最早提出核心种质概念以来，在短短的 20 多年时间中，至今在世界范围内已在 51 个作物种上构建了 63 个核心种质（董玉琛等，2003），涉及大田作物、园艺、牧草等作物，分布于 15 个国家，其中 2/3 的核心种质库都建立在美国。核心种质应具有异质性、多样性、代表性、实用性和动态性等特性，才能在组成上表现和包括当前多样性的主要和大部分类型。针对核心种质应具备的这些特征，研究人员在核心种质的构建程序、数据的选择、数据的分析方法、种质的分组、取样比例和策略以及核心种质有效性的验证等方面进行了广泛的探讨。

在蔬菜作物中的核心种质研究相对较少。CIAT（Centro Internacional de Agricultura Tropical，Cali，Colombia）对 41 500 份菜豆种质进行了核心种质的研究，构建了由 1 441 份种质构建的核心种质（Tohme 等，1995；Amirul Islam 等）。在十字花科作物中，仅欧洲芸薹属种质资源协作网构建了甘蓝的核心种质（Boukema 等，1997）。S. R. Ramalho Ramos 等（2007）以巴西的 559 份南瓜（*Cucurbita moschata*）收集品为基础，采用 AFLP 技术构建了 112 份能代表整个收集品遗传多样性的核心种质。

在中国，目前主要在黄瓜、萝卜和胡萝卜中进行了初步的研究。张广平、李锡香等（2006）以 90 份代表性黄瓜种质的 RAPD 数据探讨了黄瓜核心种质的构建方法，认为 25％是构建黄瓜核心种质较为理想的取样比例，最大遗传距离法是用 RAPD 数据构建黄瓜核心种质较为合适的方法。进一步的验证表明，按上述方法构建的核心种质能比较好地代表初始群体，同时也不能忽视保留种质的作用。

李建春等（2006）利用数据齐全、具有特性和来源代表性的 441 份萝卜种质，以不同的聚类分析方法和抽样比例，进行了构建核心种质方法的探讨。在不同抽样比例下，比较了马氏距离和欧式距离在构建核心种质中的优劣，认为马氏距离更适合于构建萝卜核心种质；采用最短距离法、最长距离法、可变类平均法和离差平方和法聚类，结果表明 4 种方法构建的核心种质都能极显著地增加性状的方差和变异系数。四种聚类方法中，以最小距离法为最好。经过分析比较确认在构建中小规模萝卜核心种质时 15％的比例是合适的。在此基础上，以 1 281 份萝卜种质为试材，基于主要表型性状，初步构建了由 192 份种质组成的核心种质。构建的萝卜核心种质既代表了原有群体的遗传变异，又有广泛的地域代表性。

庄飞云等（2006）通过对 340 份胡萝卜地方品种的 4 个数量性状和 9 个质量性状的评价，进行聚类分组，设定适宜的阈值，以靠近阈值最近的材料作为候选样品，分别按 10％、15％和 20％比例初步构建了胡萝卜 3 种核心种质。通过对 3 种核心样品的 13 个性状的基本参数与总体种质资源比较，结果表明尽管 3 种核心样品的 β-胡萝卜素含量、干物质含量及维生素 C 含量的平均值均与总体种质资源存在显著差异，但核心样品的 4 个数量性状与总体种质资源符合度（表型保留比例）比较好；核心样品的 9 个质量性状表现型频率与总体无显著差异，符合度均达到了 100％。但随着取样比例的减少，核心样品的地域分布迅速减少，10％的核心样品分布省（市）比总体种质资源减少了 8 个，而且其种质资源主要来源省（市）所占比例由原来的 50％降到了 35％。综合比较认为，15％～20％可作为小规模胡萝卜种质资源构建核心样品的适宜比例。

四、蔬菜种质资源的创新与利用

种质资源创新的主要目的是增加种质资源的遗传多样性和获得生产和育种所需的优异种质。按其目标的不同可分为两大类：一类是以遗传学工具材料为主要目标的种质资源创新，例如非整倍体材料、近等基因系、双单倍体系等的创建；另一类是以育种亲本材料为主要目标的种质创新（方智远、李锡香，2004）。近代以来，尤其是达尔文对物种遗传、变异的解释和自然选择、人工选择的进化理论；孟德尔的后代分离和独立分配规律；摩尔根的染色体、基因及连锁遗传理论创立以及从20世纪70年代兴起的分子遗传学，使种质资源的改良创新以及通过作物遗传育种改变其性状方面有了更多的自由（朱军，2004），也使蔬菜种质资源的改良创新及其遗传育种取得了较快进步。中国，特别是在"九五"、"十五"期间，"蔬菜种质资源的创新和利用研究"已成为蔬菜种质资源研究的重点，其进步也颇为显著。

中国从20世纪50年代开始研究甘蓝的自交不亲和系，并于60年代初由原中国农业科学院江苏分院、上海市农业科学院园艺研究所，分别在晨光大平头、黑叶小平头等甘蓝品种中进行自交不亲和系的选育，并初步获得103和105两份自交不亲和系。70年代初，中国农业科学院蔬菜花卉研究所等单位系统地开展了甘蓝自交不亲和系和杂种优势利用研究，通过连续自交、分离鉴定、定向选择的方法，先后选育成7224-5-3等具有不同熟性、不同类型的10个自交不亲和系及其配制的"京丰1号"等7个甘蓝杂交种，使中国蔬菜杂种一代利用研究取得突破性进展。此外，甘蓝显性核基因不育系的研究也取得了重要进展，它为中国所特有，已在2001年获得发明专利，并已育成01-216MS等5个具有不同熟性、不同类型的可实用的显性雄性不育系，为甘蓝一代杂种制种开辟了一条新途径；利用这些不育系作母本，已配制出中甘16、17、18、19、21等5个杂交种，经过审定已开始在生产上推广应用（方智远，2002）。大白菜和白菜原产于中国，种质资源十分丰富，经过长期改良，形成了各种不同熟性、不同类型的种类和变种。近20多年来，大白菜已育成一大批具有整齐、抗病、丰产特性的新组合，制种途径主要采用选育自交不亲和系、高代自交系、雄性不育系等。在已育成的200多个组合中，有自交系55个，自交不亲合系212个，雄性不育系21个。雄性不育系的选育，已分别育成雄性不育两用系（单基因雄性不育）、核基因互作雄性不育系、甘蓝型油菜雄性不育系等，这些不育系进一步丰富了亲本的种质资源类型（徐家炳、张凤兰，2002）。在白菜的亲本改良上，南京农业大学，上海、广东等省（市）农业科学院主要在当地的优良地方品种中，选育出一批自交系或雄性不育两用系，已配制出一代杂种矮杂系列、矮抗系列、黑叶白菜17号、夏冬青等品种，并广泛在生产上应用。中国辣椒种质资源丰富，类型多样，很有利于种质资源的改良创新。张继仁（1980）从湖南地方品种中筛选出衡阳伏地尖辣椒等7个优良地方品种及道县早泡椒等10个在某一或若干个性状上比较突出的品种。江苏农业科学院蔬菜研究所从地方品种中筛选出如南京黑壳等优良地方品种，进而选育出一批新的亲本材料。中国农业科学院蔬菜花卉研究所引用对TMV和CMV抗性较强的辣椒品种二斧头、灯笼椒、栾川椒与易感病但经济性状好的茄门、同丰37号甜椒作亲本，通过杂交分离、多代回交、抗病性鉴定等方法，筛选出90-109、90-111、90-138、91-126、90-136等系列优良亲本。其他如北京、沈阳、天津市等地有关研究单位也各选育出一批优良亲本材料。进而形成了中椒、湘研、苏椒、甜杂、沈椒、辽椒、哈椒、津椒、海花等在国内生产上颇具影响力的系列优良品种。与辣椒相似，中国黄瓜种质资源也相当丰富，一大批各种类型的地方良种经过育种工作者的改良创新已成为生产上广泛应用的杂交种的重要亲本材料。如天津黄瓜研究所以抗性较好的地方品种天津棒槌瓜和唐山秋瓜为材料，杂交选育出津研系统黄瓜。又如华北刺瓜类型的北京大刺、长春密刺、新泰密刺、宁阳大刺等地方品种及华南类型的安徽小白条、成都二早子、广州青皮吊瓜、广州大青黄瓜等等，对育成现有各种系列的杂交种提供了丰富的种质资源（侯锋，1999）。目前如天津黄瓜所的津绿、津春、津优系列，中国农业科学院蔬菜花卉研究所的中农系列，北京市农林科学院蔬菜研究中心的北京系列和迷你系列，广东省农业科学院的粤秀黄瓜等等均包含了华北、华南类型以及国外温室黄瓜的亲缘关系。

应用国外种质材料经过改良并用于中国蔬菜新品种选育的例子很多，在番茄和辣（甜）椒的新品种选育上更为突出，20 世纪 70 年代由日本引进的番茄品种强力米寿除在生产上直接大面积推广应用外，还被选育成自交系，在中国农业科学院蔬菜花卉研究所育成的中蔬系列番茄品种中作为亲本材料利用。70 年代由美国引进的番茄种质材料玛纳佩尔 Tm - 2^{nv} 是番茄抗烟草花叶病毒（TMV）的抗源，含抗病基因 Tm - 2^{nv}，该品种表现特别，具有苗期生长缓慢、叶片黄化、开花迟、结果少、果实小等特点。经中国农业科学院蔬菜花卉研究所、江苏、西安、北京等蔬菜科研单位根据育种目标进行转育，已先后选育成如粉果、有限生长、大果等不同类型含抗病基因 Tm - 2^{nv} 的材料，并以此为亲本育成了中蔬、中杂、红杂、苏抗、佳粉、佳红、西粉、浦红、浙红、浙粉、东农、渝杂等系列品种。据不完全统计，以上单位所培育出的含 Tm - 2^{nv} 基因的一代杂种，每年制种量约逾 10 万 kg，占全国番茄商品用种量的 50% 左右，累计推广面积约 66.7 万 hm^2，且大大降低了烟草花叶病毒（TMV）在全国的危害程度，改善了市场供应，社会经济效益显著。又如由美国引进的组合力强的 Ohio - MR9、含抗叶霉病的 Cf 系列基因，经过改良转育成抗病材料，并育成了一大批露地和保护地番茄良种。此外，由日本引进的，用英国温室作物研究所筛选出的 6 个不同基因番茄品种组成的 GCR 系统番茄，作为番茄上 TMV 株系的鉴别寄主谱，对摸清中国番茄烟草花叶病毒（TMV）危害情况具重要作用（李树德、冯兰香，1995）。在辣（甜）椒国外优良种质资源的引进上，如中国农业科学院蔬菜花卉研究所从法国引进的优良抗病材料，有抗白粉病的 H3、CIARA、PRIMOR 等材料，以及 2 个抗疫病的商业品种，通过系谱选择法选出了 6 个优于茄门、对疫病达到抗病和高抗水平的株系，其中 4 株系兼中抗黄瓜花叶病毒（CMV）和烟草花叶病毒（TMV），对进一步开展甜椒抗疫病育种具有积极作用（张宝玺等，2005）。中国农业科学院蔬菜花卉研究所创新的黄瓜新种质"G5224"，结合了北京小刺、欧洲品种和美国品种的优点，表现全雌性、极早熟、耐低温、高抗角斑病、枯萎病，抗黑星病、白粉病和霜霉病，实现了具有不同血缘的抗病基因源的聚合。新种质"1613"源于欧洲型温室黄瓜与华北型刺瓜杂交选系，该材料表现强雌性、极早熟、耐低温、高抗角斑病、枯萎病，抗黑星病、白粉病和霜霉病。另外，利用具有野生血缘的优良加工抗病品系 S452 和优良炸片加工品种 Atlantic 的优点创造出马铃薯新种质"中蔬 9408 - 1"，其炸片颜色为 2.5 级（美国快餐食品协会标准 1~10 级，以 1 级为最优），相对密度（比重）为 1.092，平均干物质含量为 22.19%，产量比对照品种大西洋增产 13.65%。室内接种鉴定，抗马铃薯 X 病毒，高抗马铃薯 Y 病毒；田间鉴定抗马铃薯晚疫病。这将在改变国内马铃薯市场加工品种为国外品种所独占的局面中发挥重要作用。上述研究结果表明，通过常规杂交、分离、回交、选择等方法进行蔬菜种质资源的改良创新仍是目前采用的主要方法，而且效果显著。

　　除采用上述方法外，近年还利用花药和游离小孢子培养技术，选育优良的亲本材料。花药和花粉培养是快速获得优良纯系的有效方法，与常规多代自交获得纯系相比，具有周期短、效率高、纯系稳定等特点。而游离小孢子培养还具有花药培养所不具备的单细胞单倍体、群体数量多、自然分散性好、不受体细胞干扰、便于遗传操作等优点，而且能够快速获得双单倍体高纯度材料。河南省生物技术研究所在近 10 多年的时间里采用该项技术成功地培育、繁殖了大白菜品种 8 个，推广面积 20 万 hm²。这是小孢子培养技术在蔬菜种质资源创新和遗传育种上的成功例子。此外，在芸薹属植物中先后对油菜、芥菜、大白菜的、白菜、甘蓝和芜菁等进行了游离小孢子培养，并获得了再生植株（蒋武生等，2002）。北京市海淀区植物组织培养技术实验室利用从日本引进的平安荣光品种，经花药培养和选育，1982 年育成了中国首个花培甜椒品种海花 3 号；利用保加利亚辣椒经花培育成了海花 1 号辣椒，并进一步育成用花培品系作亲本的海丰系列杂交种 10 余个，在生产上大面积推广。此外，张家口市蔬菜研究所经多年研究也育成了以塞花命名的花培品种，并在生产上推广应用（邹学校、蒋钟仁，2002）。游离小孢子培养和花药培养技术，在细胞水平上为蔬菜种质资源的改良、创新和遗传育种开拓了一条新的途径。

　　近年，原生质体培养和体细胞杂交技术也已用于蔬菜种质资源的改良与创新研究。胡萝卜原生质体融合在 7 个融合组合中获得再生植株，在 1 个融合组合中成功地实现了胡萝卜瓣花性雄性不育性的转育。原生质体融合获得 6 个优良茄子品种与两个茄子野生远缘种的体细胞杂种植株，并将野生茄子（S. torvum）中的抗病基因转到普通茄子中（李锡香等，2006）。

　　此外，植物基因工程在蔬菜种质的改良与创新方面也取得了一些新进展，例如在控制蔬菜果实成熟基因的利用上取得了成功。叶志彪等利用番茄乙烯形成酶（EFE）cDNA 克隆，构建反义载体，通过农杆菌 Ti 质粒介导，转化子叶外植体，感染的外植体与农杆菌共培养，再生出完整的番茄植株。经检测，导入的标记基因能在后代中遗传传递。所获得两个转基因株系的 EFE 活性和乙烯的生成均受到明显的抑制，不及对照的 10%。贮藏试验表明，转基因植株果实的好果率在贮藏 88~92d 后仍在 80% 以上，比对照贮藏期延长 8~10 倍，而其他特性与原亲本相似（叶志彪等，1995）。

五、生物技术与蔬菜种质资源的发展

　　现代生物技术的进步对于种质资源的保存、评价和创新起到了开拓性的作用。生物技术主要包括组培（花药培养、胚培养等）、快繁、脱毒技术和原生质体培养、细胞融合、游离小孢子培养、染色体工程技术、分子标记及应用等等。

　　首先在组培技术方面，通过研究组培的培养条件如培养基的成分、激素诱导的机理以及培养环境（温度、光照等）等，进而提高其诱导率，形成了不同种和不同基因型作物组织培养的综合技术。如前所述，除了在辣（甜）椒、白菜等作物通过花药培养技术，成功地进行亲本材料的改良，选育出优良品种和杂交种外，成熟的组培技术，还为种质资源的保存提供了新的途径。有不少蔬菜是用块茎和块根等器官进行无性繁殖的，如马铃薯、生姜、大蒜、芋、莲藕等，通常需要在种质资源保存圃中保存，而组织培养技术的成熟，即可通过组培方法保存种质资源。目前国家已建立了甘薯、马铃薯两个试管苗库（董玉琛，2001）。组织培养技术在优异种质资源和特殊亲本的繁殖上也发挥了重要作用，如中国农业科学院蔬菜花卉研究所方智远主持的甘蓝课题组，在世界上首次发现并育成不育性稳定、配合力优良的显性雄性不育系，在实际应用中，采用组织培养方法繁殖纯合显性不育株；再用纯合显性不育株作母本，与原回交亲本作父本配制制利用的雄性不育系。采用组织培养方法，就可以保护具有特殊性状的优异种质和亲本材料。关于采用游离小孢子培养技术，进行种质资源的创新和提高育种效率，前面已有叙述，在此不再赘述。

从 20 世纪 80 年代兴起的分子生物技术，使种质资源的鉴定、评价和创新提高到一个崭新的水平。以分子标记技术来说，它可以构建分子标记连锁图；通过 DNA 指纹分析，进行种质资源的起源分类研究；利用分子标记进行早期辅助选择可以大大加速育种进程，而且育种过程中可以把优良的农艺性状聚合在一起；对许多数量性状的基因如产量、抗逆性等，可通过 QTL 的定位进一步进行辅助选择；还可进行品种种子的纯度鉴定和品种特异的数位指纹识别等等。国外从 20 世纪 80 年代以来，已陆续在马铃薯、芜菁、甘蓝、菜豆、豇豆、莴苣、黄瓜、番茄、菊苣等蔬菜上进行分子标记连锁图的研究报道（陆维忠、郑企成、王斌，2003）。国内已开始了白菜、甘蓝、黄瓜、西瓜、甜椒等作物的分子图谱的构建研究，并有了很好的进展。此外，还开展了甘蓝、白菜雄性不育基因表达谱研究，获得多个与雄性不育基因有关的基因（方智远、侯喜林，2004）。总之，分子生物技术的迅猛发展使种质资源的鉴定、评价和创新进入了大发展的阶段，应用高新技术千方百计在种质资源中发掘新基因将是 21 世纪作物种质资源学科发展的热点（董玉琛，2001）。

第六节　中国蔬菜种质资源研究对生产的贡献及展望

一、对中国蔬菜产业发展的贡献

如前所说，中国丰富的蔬菜种质资源，包含了蔬菜的种、变种、类型和适合不同生态条件下生长繁衍的品种、名优蔬菜以及从国外引进的蔬菜种类和品种，它们在不同的历史阶段，为中国蔬菜产业的发展提供了强有力的物质基础。尤其是近年来，中国蔬菜产业有了跨越式的发展，蔬菜产业的迅速发展，对于城乡市场供应的繁荣、农村种植业结构的调整、农民的增收致富、产区农村劳动力的就地转移等方面发挥了重要作用，而蔬菜产业发展过程中蔬菜种质资源改良和创新、良种选育、种子产业的发展发挥了关键性的作用。

同时，丰富多样的蔬菜种质资源也是蔬菜遗传育种和生物技术发展的基础。近数十年来，通过各种途径育成各种蔬菜新品种 2 000 余个，其中 20 世纪 80 年代中期以来通过国家或省级鉴（认）定的蔬菜新品种 1 000 余个，它们之中通过杂种优势育种育成一代杂种的蔬菜作物有 27 种。大白菜、甘蓝、辣（甜）椒、黄瓜、番茄、西瓜、甜瓜等主要蔬菜和瓜类的主栽品种大部分已为一代杂种，一代杂种覆盖率达 30％～90％，其中大白菜、甘蓝、西瓜达 80％～90％。在一代杂种制种技术方面，十字花科蔬菜自交不亲和系选育技术日益完善，各种类型雄性不育系的研究，尤其是甘蓝雄性不育系的选育成功，使中国十字花科蔬菜雄性不育系的选育及利用达到了国际先进水平。蔬菜抗病育种成绩显著，质量育种也取得了很大的进展。在育种技术上，利用花药培养技术育成了一批优良甜椒品种，大白菜、花椰菜、青花菜等蔬菜游离小孢子培养也获得成功，并已育成了大白菜新品种；利用基因工程育成了耐贮藏、抗病毒的番茄品种（《蔬菜学》，2004）。上述蔬菜育种成果的取得，育种技术的进步，是与蔬菜种质资源的鉴定、评价、改良和创新的发展密不可分，也是与国外优异种质资源的引进和利用分不开的。

二、对世界蔬菜产业发展的贡献

中国是世界上蔬菜的重要起源中心之一，中国起源中心是许多温带和亚热带作物的起源地。主要有大豆、笋用竹、山药、甘露子、东亚大型萝卜、根芥菜、牛蒡、荸荠、莲、茭白、蒲菜、慈姑、菱、芋、百合、白菜、大白菜、芥蓝、乌塌菜、黄花菜、苋菜、韭、葱、蕹菜、莴苣、茼蒿、食用菊花、紫苏等。同时还是豇豆、甜瓜、南瓜等蔬菜的次生起源中心。有如此多的起源于中国的蔬菜，大大丰富了世界蔬菜种质资源宝库中的蔬菜种类及其性状的遗传多样性，这一事实本身就说明了中国丰富多样的蔬菜种质资源对世界蔬菜产业发展的贡献。正如德国人柏勒启奈德（Bretschneider，1892）所指出的：世界各民族所种蔬菜及豆类，种类之多，未有逾于中国农民者。中国蔬菜业者不仅发掘、驯化和改进了起源于中国的蔬菜植物，也先后把其他起源中心传入中国的蔬菜植物进行了驯化和改良（刘红，1990）。

中国蔬菜中的芸薹属白菜类蔬菜对丰富世界蔬菜种类的贡献尤为明显。芸薹（*Brassica capestris* L.）是榨油和菜食两用植物，自汉代已传到日本，16 世纪传到欧洲。由它演化的白菜［ssp. *chinesis*（L.）Makino］和大白菜［ssp. *pekinensis*（Lour.）Olsson］，现今已为世界很多国家引种栽培，日本和韩国所培育和栽培的不同类型大白菜都源自中国。欧美栽培大白菜的记录见于 1800 年。据日本学者研究，自唐代开始，陆续传入日本的蔬菜种类有 16 种之多，除白菜类蔬菜外，还有芜菁、大蒜、苦瓜、大豆、黄瓜、茄子等蔬菜。中国对东南亚蔬菜的开发，早在公元 600 年左右开始从中国传入韭菜、芹菜等蔬菜（蒋先明，1987）。

自新中国建国以后，尤其是改革开放以来，国际的蔬菜科技交流大大加强。仅中国农业科学院蔬菜花卉研究所蔬菜种质资源中期库，1986—1998 年向国外 124 个单位提供或交换种质就有 722 份次，为生产和科研的需要，进行了有效的交流（李锡香，2002）。

近年，尤其是在加入世界贸易组织后，不少国外种子公司进入中国，除开展种子营销业务外，还在中国购置土地，招聘蔬菜专业技术人员，就地开展育种和良种繁育工作，客观上也起到推动和加速中国蔬菜种质资源的进一步开发和利用。

三、蔬菜种质资源研究展望

中国蔬菜种质资源因其得天独厚的自然条件和悠久的人文历史而极其丰富，这使中国成为世界上栽培植物重要的起源中心和次生起源中心之一。在新中国成立以来的 50 多年中，中国的蔬菜种质资源工作，虽然历经了风风雨雨，但在收集、保存和评价、利用等方面取得了显著的成绩，并为进一步深入研究和利用打下了比较坚实的基础。但是与发达国家相比，还存在相当大的差距，还跟不上国民经济和科技发展以及人们生活水平日益增长对蔬菜消费需求所提出的越来越高的要求。因此，进一步加强蔬菜种质资源的基础性工作和研究利用是十分必要的，也是一项关系到蔬菜学长远发展的系统工程。

（一）进一步加强有关蔬菜种质资源的基础性工作，搭建种质资源共享平台

发达国家的种质资源收集更注重种及种以上水平的多样性，如美国收集的 4 522 份芸薹属种质资源就有 85 种之多。而中国收集的种质资源则以栽培种的地方品种为主，以芸薹属为例，包括变种仅 30 余种。因此，今后应以现有国家蔬菜种质资源保护体系为基础，重点开展蔬菜野生种质资源、稀特种质资源和国外种质资源的考察收集，进一步拓宽现有基因库；继续进行和完善蔬菜种质资源中期库配套设施建设，加强无性繁殖蔬菜种质资源圃的建设，保障保存种质资源的安全性；大力加强种质资源的规范化整理和鉴定评价，提高种质资源及其相关信息的有效性；建立并完善蔬菜种质资源信息和实物共享体系，促进种质资源更为广泛的分发和交换。

（二）进一步开展种质资源的保存研究

中国种质资源库（圃）保存的蔬菜种质资源无论是国家长期库（圃）还是中期库，都是 1979 年农业部和国家科委联合发出《关于开展农作物品种资源补充征集的通知》后进行的，而此前从新中国建国后至 1965 年征集的 88 种蔬菜 1.7 万份种质资源，均因"文化大革命"而全部丢失，有些特异种质资源丢失后已经难于再次收集到了。种质资源是人类共同的财富，它与人类的生存息息相关，因此，保护种质资源尤其是对已收集到的种质资源的妥善保存，其重要意义是不言而喻的。其中，用中期库保存的蔬菜种子一般 10～20 年需要种植更新一次，低温长期库保存的种子 50～100 年更新一次，还有如水生蔬菜、葱蒜类蔬菜、薯芋类蔬菜和多年生蔬菜是种植在自然条件下进行保存的，需要根据上述不同情况，有计划地更新和妥善保管。同时，要广泛开展低成本、低能耗的种质保存技术研究，如种质的原生境保护技术、种子的超干燥、超低温保存技术、DNA 库保存技术等，并在此基础上逐步建立和完善中国的蔬菜种质资源保护体系（李锡香，2002）。

（三）深入开展蔬菜种质资源的评价、优异基因源的挖掘和利用研究

过去中国蔬菜种质资源工作的重点主要集中在收集和保存，蔬菜遗传育种研究在国家重点科技项目上也是集中在大白菜、甘蓝等几种作物上，加上国家和地方支持的其他项目，研究所及的也不过只有 10 余种蔬菜作物。而对人们的生活而言，则需要种类、品种供应的多样性。加之，起源于中国的蔬菜就有数十种，同时又是多种重要蔬菜如甜瓜、黄瓜、豇豆等的次生起源中心。为此，对进一步开展种质资源的全面评价、优异基因源的挖掘和利用研究，将会是今后蔬菜种质资源工作的重点之一。在鉴定方法上，常规的方法如植物学性状、农艺性状中的一些主要性状鉴定——产量比较、组合力测定、抗病性和抗逆

性鉴定、质量检测等比较实用的方面，尤其是以显性单基因控制的质量性状的检测方面将会继续得到深入的研究和应用。近年来由于分子标记技术的发展，对许多重要的数量性状如产量、品质、抗逆性等，采用分子标记方法，可以使复杂的数量性状分解，找出主效基因，然后像研究质量性状的基因一样，分别进行研究。同时，以分子标记为基础的连锁图为人们提供了在分子水平上鉴定种质资源的有力工具（董玉琛，2001），因此与蔬菜种质资源工作有关的分子标记技术的研究将进一步受到人们的重视。从种质资源的鉴定评价和遗传多样性的分析入手，开展可共享基础研究材料的构建和优异基因源的挖掘；研究有效的构建核心种质的策略与方法，整合分散在育种家手中的种质资源，构建主要蔬菜核心种质；通过对核心种质的遗传多样性分析，全面掌握主要蔬菜种质资源的遗传背景，明确其遗传多样性的分布规律及特点；基于核心种质通过自交或小孢子培养，构建遗传多样性固定基础群体，解决因种质群体内杂合态或单株杂合态给种质资源的研究和利用带来的巨大困难，构建可共享的各种遗传研究工具群体；基于基因组学和功能基因组学技术开展原创性研究，从已有自然变异中发现具有自主知识产权的新的抗病虫、抗逆境和优质基因。

（四）全面开展蔬菜种质资源的创新利用研究

随着蔬菜产业的不断发展，今后需要有更多优异性状聚合的蔬菜种质不断投放生产，以满足生产和市场日益增长的需求。目前，未经"加工"的原始种质资源大多不可能达到育种可利用的程度，加之种质创新不够，具有自主知识产权和国际竞争力的"骨干"基因或优异种质缺乏。因此，以常规技术为基础，综合利用远缘杂交、细胞工程、分子标记技术、转基因技术等，利用挖掘出的重要优异基因源，针对当前育种和生产中的重大问题和需求，有重点地开展种质资源的创新研究，创制优异性状突出或优异性状聚合的、可利用程度不同的中间种质或优异种质，将成为今后蔬菜种质资源研究的重中之重。

（五）加强国际合作交流，积极开展引种工作

众所周知人们日常生活中食用的不少蔬菜是由国外引进、逐步驯化而推广应用的，如甘蓝、花椰菜、青花菜、马铃薯、番茄、辣椒、胡萝卜、西葫芦、芹菜、菠菜等等；近代引进的还有许多过去较少种植的稀有蔬菜如芦笋、结球莴苣、球茎茴香、菊苣等等。上述蔬菜的引进，大大丰富了国内的市场供应。近年来还引进了一大批良种如樱桃番茄、彩色甜椒、少刺黄瓜以及保护地专用品种和加工番茄等生食、加工专用型品种，大大提高了国内市场蔬菜供应的质量；而科研上急需的抗源材料、雄性不育系、耐热、耐低温、耐弱光材料以及抗病性鉴定的鉴别材料、具有特殊性状的近等基因系等珍贵材料的引进，对于提高中国蔬菜种质资源创新和遗传育种的科研水平具有重要意义。可以说现代蔬菜遗传育种的发展过程，与引进、消化、吸收国外的方法、技术、种质材料密不可分，而目前中国与先进国家相比，无论是在蔬菜产业发展水平，还是科研创新能力方面，都还存在不小的差距。因此，今后进一步加强国际科技合作，更广泛地、更系统地引进蔬菜种质资源十分必要。在引进蔬菜种质资源时，既要注意从西欧、北美等发达国家引进优良的品种、优良的一代杂种及其亲本材料、不育系、近等基因系等遗传育种和分子研究材料，也要注意从中东地区、地中海沿岸、中南美洲等国家、重要的起源中心引进地方良种、野生近缘种、野

生种等资源材料。在有条件时，应针对某些重要蔬菜种类的起源地有目的地进行考察与收集。

（朱德蔚　王德槟　李锡香）

主要参考文献

中国农业百科全书 • 蔬菜卷编委会 . 1990. 中国农业百科全书 • 蔬菜卷 . 北京：中国农业出版社

中国农业科学院蔬菜花卉研究所主编 . 2001. 中国蔬菜品种志 . 北京：中国农业科技出版社

顾智章等 . 1989. 蔬菜的食疗 . 北京：中国农业科技出版社

周光召 . 2001. 21 世纪学科发展丛书 . 济南：山东友谊出版社

张真和 . 2005. 当代中国蔬菜产业的回顾与展望 . 长江蔬菜 . （5）：2～5

张真和 . 2005. 当代中国蔬菜产业的回顾与展望 . 长江蔬菜 . （6）：1～5

中国农业科学院蔬菜花卉研究所主编 . 1987. 中国蔬菜栽培学 . 北京：农业出版社

李锡香 . 2004. 蔬菜种质资源 . 见方智远、侯喜林主编 . 蔬菜学 . 南京：江苏出版社

戚春章等 . 1995. 蔬菜种质资源研究论文集 . 北京：中国农业科学院蔬菜花卉研究所

朱军 . 2004. 遗传学 . 北京：中国农业出版社

王德槟、张德纯 . 2003. 新兴蔬菜图册 . 郑州：中原农民出版社

方智远等 . 2002. 全国蔬菜育种论文集 . 北京：中国农业科学院蔬菜花卉研究所

侯锋 . 1999. 黄瓜 . 天津：天津科学技术出版社

张宝玺等 . 2005. 植物遗传资源学报 . （3）：295～299

陆维忠，郑企成，王斌 . 2003. 植物细胞工程与分子育种技术研究 . 北京：中国农业科技出版社

董玉琛 . 2001. 作物种质资源学科的发展与展望 . 中国工程科学 . （3）：1

庄飞云，赵志伟，李锡香等 . 2006. 中国地方胡萝卜品种资源的核心样品构建 . 园艺学报 . 33（1）：46～51

张广平，李锡香，向长萍等 . 2006. 黄瓜核心样本构建方法初探 . 园艺学报 . 33（2）260～265

庄飞云，赵志伟，李锡香等 . 2006. 中国地方胡萝卜品种资源的核心样品构建 . 园艺学报 . 33（1）：46～51

徐重宜，李锡香等 . 2004. 菜薹种质内不同大小群体遗传多样性的 RAPD 鉴定和比较 . 植物遗传资源学报 . 5（1）：43～46

张玉芹，李锡香等 . 2004. 食用百合种质的玻璃化法超低温保存技术初探 . 中国蔬菜 . （4）：11～13

王艳军，李锡香（通讯作者）等 . 2005. 大蒜茎尖玻璃化法超低温保存技术研究 . 园艺学报 . 32（3）：507～509

李锡香，胡鸿 . 2005. 蔬菜和薯类种质资源创新与利用研究取得重要突破 . 中国蔬菜 . （8）：1～2

赵培洁，肖建中 . 2006. 中国野菜资源学 . 北京：中国环境科学出版社

I. W. Boukema, Th. J. L. van Hintum and D. Astley. 1997. The creation and composition of the *Brassica oleracea* core collection. Plant Genetic Resources Newsletter 111：29～32

Tohme J., Jones P., Beebe SE., Iwanaga M.. 1995. The combined use of agroecological and characterisation data to establish the CIAT *Phaseolus vulgaris* core collection. In：Hodgkin T，Brown AHD，van Hintum ThJL，Morales EAV，editors. Core Collections of Plant Genetic Resources. IPGRI and Wiley‐Sayce，J. Wiley & Sons，Chichester. UK. pp. 95~107

F. M. Amirul Islam，K. E. Basford，R. J. Redden，S. Beebe. 2007. Preliminary evaluation of the common bean core collection at CIAT. Bioversity International‐FAO. No. 145：29~ 37

S. R. Ramalho Ramos. 2007. Genetic diversity based on AFLP molecular markers and indicators for the establishment of a core collection for pumpkin (Cucurbita moschata) for north‐east Brazil Bioversity International‐FAO. No. 145：66~67

第 二 章

萝　卜

第一节　概　述

萝卜（*Raphanus sativus* L.），别名莱菔、芦菔，属十字花科（Cruciferae）、萝卜属（*Raphanus*）能形成肥大肉质根的二年生草本植物，以肉质根为产品器官，染色体数$2n=2x=18$。肉质根由短缩茎、子叶下轴（下胚轴）和主根上部三部分共同膨大形成，因而它不是简单的根，而是一种复合器官。蔬菜栽培学一般将萝卜的肉质根分为根头（即短缩茎）、根颈（下胚轴发育的部分，没有侧根）和真根（由胚根上部发育而来，其上着生两列侧根）三部分。不同的类型和品种，这三部分所占比例有一定差异。

萝卜营养丰富，食用方法多样，可以生食、炒食、煮食、腌渍、制干，还可以作水果食用。每100g肉质根鲜重中，含维生素C16.5～43.2mg，还原糖2.07～4.00g，干物质5～13g，淀粉酶200～600个酶活单位，还含有其他维生素和磷、铁、硫、锰、硼等元素（《中国作物遗传资源》，1994）。萝卜因含有芥辣油［(C_3H_5) - S - C≡N］而具有特殊的风味；还含有杀菌物质，称为莱菔子素（$C_6H_{11}ON$ - S_3）。萝卜有一定的药用价值，是传统的中药材和保健食品。唐代苏恭著《唐本草》（7世纪50年代）中记载有萝卜："根辛甘，叶辛苦，温无毒，散服及泡煮服食，大下气，消谷和中……。"古今中医学上常用其根、叶、种子及采种后的种根（地骷髅）作药材，有祛痰、消积、利尿、止泻等功效。近代医学研究证明，经常食用萝卜有一定的防癌效果。萝卜中的维生素C含量较高，维生素C是促进人体细胞间基质结构完整的必需物质，可阻挡癌细胞扩散；萝卜中含有一种能分解亚硝酸酶的物质，可减少亚硝胺的致癌力；萝卜中的木质素可促进人体内巨噬细胞活力的提高，增强人体对癌症的免疫力；萝卜中还含有一种干扰素诱发剂，有抑制肿瘤发展的作用（汪隆植、何启伟，2005）。此外，经常食用萝卜还可以降低人体血液中的胆固醇，从而减少高血压和冠心病的发生。

萝卜是世界上古老的栽培作物之一，远在4500年前，萝卜已成为埃及的重要食品之一。目前，世界各地都有种植，欧洲、美洲国家以栽培小型萝卜（四季萝卜）为主；亚洲国家则以栽培大型萝卜为主，尤其中国、日本、韩国、朝鲜等国家栽培普遍，并成为这些国家的主要蔬菜。萝卜在气候条件适宜的国家和地区，选择相应的品种，四季皆可种植，而多数地区以秋季种植为主，因而成为秋、冬季供应的主要蔬菜之一。

目前，中国萝卜的年种植面积 2004 年为 117.09hm^2（《中国农业统计资料·2004》，2005），居各种蔬菜种植面积的前列。在中国北方广大地区秋季蔬菜中，其种植面积仅次于大白菜，是秋、冬季市场供应的主要蔬菜之一；而且，春季和夏季也多有种植。在中国南方，一年中可多茬栽培，其中冬春萝卜用来渡春淡季，夏萝卜用来堵伏缺。据（《中国农业统计资料·2004》，2005）统计，全国萝卜栽培面积最大的省、自治区主要在河南、湖北、四川、湖南、山东、广西、江苏等地，2004 年上述 7 省份的萝卜栽培面积，约占全国萝卜栽培面积总面积的 53.86%，萝卜产量占总产量的 56.68% 以上。其中，山东省萝卜 2004 年产量约达 374.1 万 t，约占全国总产量的近 10.0%，平均每公顷产量约 49.95t；全国萝卜平均每公顷产量为 32.73t 左右。

中国萝卜的种质资源极为丰富，各地的地方品种收录在《中国蔬菜品种资源目录》（第一册，1992；第二册，1998）的总数约有近 2 000 个，编入《中国蔬菜品种志》（上册，2001）的萝卜品种为 289 个，是中国蔬菜种质资源中最丰富的蔬菜之一。

第二节　萝卜的起源与分布

一、萝卜的起源

有关萝卜的起源问题，学者仍意见不一。德·康道尔（De Candolle，1886）认为，萝卜的起源地为西亚细亚，而由此传到世界各国。据瓦维洛夫（Н. И. Вавилов，1923—1931）、达林顿（Darlington，1945、1955）的调查，认为萝卜起源于中亚细亚中心和中国中心。现今，多数学者认为，萝卜的原始种起源于欧、亚温暖海岸的野萝卜（*Raphanus raphanistrum* L.）。Bailey（1923）认为，中国、日本的萝卜是由原产中国的 *R. sativus* 演变而来；欧洲的萝卜是由原产地中海沿岸的 *R. sativus* 演变而来。据文献记载，古埃及在 4500 年前已经栽培萝卜。中国栽培萝卜历史悠久，在《尔雅释草》（公元前 1 世纪）中指出"芜菁紫花者谓之芦菔"，后魏贾思勰的《齐民要术》（公元 630 年）中，已有萝卜栽培方法的记载。唐代苏恭著《唐本草》（7 世纪 50 年代）中，记述了萝卜味辛、甘、温、无毒的药性，以及消谷、下气、祛痰等药用价值。宋代苏颂著《图经本草》（1061）称："莱菔南北通有，北土尤多"，可见宋代时中国栽培萝卜已较普遍。明代李时珍的《本草纲目》（1578）中说："莱菔天下通有之"，说明萝卜在当时已成为中国的大众化蔬菜。需要说明的是，中国明代还有关于野生萝卜的记载，徐光启撰《农政全书》（1628）收录的《野菜谱》中曾描述"野萝卜，生平陆，非蔓菁，若芦菔，求之不难烹易熟，饥来获之胜粮肉。"但近代，中国再也没有关于野生萝卜的进一步报道，可能已在进化过程中消失，不过也不排除被发现的可能。

中国的萝卜究竟缘起于何地，历史上未见考证。近几年来，中国学者周长久（1991）运用植物地理学、生态学及酯酶同工酶分析等方法，依据瓦维洛夫（Н. И. Вавилов）的"分布集中而形态学变异最丰富的地区往往是该作物的起源地"、"初生中心经常包含有大量遗传显性性状"等理论，认为中国萝卜起源于山东、江苏、安徽和河南等省，也就是黄淮海平原及山东丘陵地区。

二、萝卜的分布

萝卜在世界各地都有栽培。欧洲、美洲国家主要栽培四季萝卜。亚洲，尤其是东亚国家，如中国、日本、韩国、朝鲜等，主要栽培大型萝卜；日本、韩国等国家，多为白皮类型，有适于春、夏、秋不同季节栽培的品种，也是露地栽培的主要蔬菜。

中国各地普遍种植萝卜，北起黑龙江省漠河，南至海南岛，东起东海之滨，西至新疆自治区乌恰；高至海拔 4 400m 的青藏高原，低至海平面以下的吐鲁番盆地；无论在城镇郊区，还是偏远的山村，都有萝卜的分布。

第三节　萝卜的分类

一、植物学分类

有关萝卜的植物学分类，仍众说纷纭，命名也尚难统一。

目前，普遍认为，萝卜属（*Raphanus*）分为 3 个种：普通萝卜 *Raphanus sativus* L.，长角萝卜 *Raphanus caudatus* L. 和野萝卜 *Raphanus raphanistrum* L.。

K. Linne（1753）首先描述了 *Raphanus sativus* L. 定名为萝卜属普通种，该种包括 3 个变种：*R. sativus* L. var. *minor oblongus*（短细萝卜），*R. sativus* L. var. *niger*（黑萝卜）和 *R. sativus* L. var. *chinensis annuus oleiferas*（中国一年生油料萝卜）。

后人又据萝卜栽培区域和性状的显著差异，将萝卜的主要栽培类型，划分成以下两个主要变种：*R. sativus* L. var. *longipinnatus* Bailey 称为中国萝卜；*R. sativus* L. var. *radiculus* Pers. 称为四季萝卜。

中国萝卜植株叶丛大，肉质根大型，生态类型丰富，有适于不同季节和不同地区栽培的众多品种，生长期差异显著。肉质根形状及大小各异，皮色有白、红、绿及众多的中间类型。

四季萝卜植株叶丛小，肉质根较小而早熟，对环境适应性较强，适于多季栽培。肉质根以圆形为主，皮色多为红色。

二、中国萝卜分类情况概述

据考证，中国萝卜最早的分类记载见于元代，王祯《农书》（1313）引述有"老圃云：萝卜一种而四名，春曰破地锥，夏曰夏生，秋曰萝卜，冬曰土酥"。明代李时珍在《本草纲目》（1578）中，以根形和根色分类，即以根色分为红、白两种，以根形分长、圆两类。在长期的栽培过程中，中国萝卜已形成了众多的类型和品种，在中国原产的蔬菜中，是品种最为丰富的蔬菜之一。据《中国蔬菜品种资源目录》（第一册，1992；第二册，1998）所录，目前所收集到的品种绝大多数是中国原产的大中型萝卜，极少数为欧洲原产的四季萝卜。但不论是中国萝卜，还是四季萝卜，从细胞学分析，它们均是二倍体，染色体组型相同，同为 RR 染色体组型，它们之间能进行有性杂交，故同为一个种。目前在中国萝卜的分类上，除采用前述植物学分类外，主要采用栽培学分类：如以栽培季节分类、以冬性强弱分类、以园艺性状分类等。

三、按栽培季节与园艺性状分类

（一）秋冬萝卜

夏末或秋初播种，秋末、初冬收获，生长季节主要在秋季和初冬，并主要于冬季供应市场，故称为秋冬萝卜。该类型是中国萝卜的主要类型，其品种众多，栽培广泛，产品质量最佳，且耐贮、耐运，市场供应期长。据调查，在东北、西北及华北北部高纬度、高海拔地区，其播种期为6月下旬至7月中旬，收获期为9月下旬至10月中旬。在黄淮海地区，其播种期为7月下旬至8月下旬，收获期为10月中旬至11月中旬。在长江中、下游地区，播种期为8月上旬至9月上旬，收获期为11月上旬至12月上旬。在四川、重庆、贵州等省、直辖市，播种期为8~9月，收获期为11~12月。在华南及云南省等地，播种期为8~10月，收获期为11至翌年1月。

秋冬萝卜品种，按其叶形，可分为板叶和裂叶两种主要类型。板叶型的代表品种如北京大红袍、石家庄白萝卜、广东火车头、北京心里美、济南裴家营小叶等。裂叶型的代表品种如潍县青、卫青、浙大长、沂南红萝卜、济南心里美、露八分等。

在萝卜的生产和市场供应中，其肉质根皮色和形状是极为重要的园艺学性状，对皮色和形状各异的萝卜品种的需求与各地消费习惯以及对食用品质的不同要求等有密切关系。按秋冬萝卜品种皮色和根形的不同又可分为：

1. 红皮品种类型

（1）圆球形或扁圆形　肉质根圆球形或扁圆形，皮色红或粉红、紫红色，肉质白色。代表品种有：王兆红、吉林磨盘、辽阳大红袍、农大红、天津红灯笼、济宁大红袍、武都红圆萝卜、江油红灯笼等。

（2）卵圆形或纺锤形　肉质根卵圆形或纺锤形，皮色红或粉红色，肉质白色。代表品种有：向阳红、夏邑大红袍、宿县大红袍、五河红萝卜、徐州大红袍、新闸红、吉安胭脂萝卜、福州芙蓉萝卜等。

（3）长圆锥形或倒锥形　肉质根长圆锥形或倒锥形，皮色红或紫红色，肉质白色，个别肉质淡绿色。代表品种有：枣庄小顶窝心、枣庄大红袍、安徽牛桩红等。

（4）圆柱形　肉质根圆柱形，皮色红或紫红色，部分品种肉质根入土部分皮白色；肉质白色，个别淡绿色。代表品种有：夏县罐儿萝卜、固原冬萝卜、酒泉红皮冬萝卜、垫江半截红萝卜、贵州胭脂红萝卜等。

（5）长圆柱形　肉质根长圆柱形，皮色红或淡紫、紫红色，肉质白色，紫色品种肉质淡绿色。代表品种有：南京穿心红、安康大红袍、林县紫皮萝卜、临夏冬萝卜、太湖早萝卜、西藏红皮冬萝卜等。

2. 绿皮品种类型

（1）圆球形或扁圆形　肉质根圆球形或扁圆形，出土部分皮绿色或淡绿色，入土部分皮白色或黄白色，肉质淡绿色或白绿色。代表品种有：林西青皮脆、阜阳练丝萝卜、新泰青到根、成都春不老、乐山黑叶圆根、民勤白圆蛋等。

（2）短圆柱形或卵圆形　肉质根短圆柱形，部分品种为卵圆形，出土部分皮多为深绿色或绿色，个别品种淡绿色或黄绿色，肉质根入土部分多为黄白色或白色，肉质淡绿色或白绿色。代表品种有：金良青、葛沽青、青圆脆、裴家营小叶、邯郸青萝卜、合肥长丰青、淄博大青皮、南通鸭蛋萝卜等。

（3）圆柱形　肉质根圆柱形，出土部分皮深绿色、绿色或淡绿（黄绿）色，入土部分白色或黄白色，肉质绿色、淡绿色或白绿色。代表品种有：卫青、高密堤东萝卜、乌市青头萝卜、系马桩萝卜、运城露八分、银川大青皮、海原大青皮、兰州绿萝卜、格尔木青萝卜、霍邱青皮笨、界首青、扬州羊角青、淮阳紫芽青、南京大青萝卜、云南冬萝卜等。

（4）长圆柱形　肉质根长圆柱形，出土部分皮深绿色、绿色或黄绿色，入土部分白色或黄白色，肉质绿色、淡绿色或白绿色。代表品种有：潍县青、左云青、大连翘头青、新绛绿头、崂山大青皮、洛阳露头青、焦作黄地缨、昌地青萝卜等。

（5）长圆锥形　肉质根长圆锥形，出土部分皮深绿色、绿色或淡绿色，入土部分皮白色或黄白色，肉质淡绿色或白绿色。代表品种有：丹东青、赤峰大青萝卜、紫芽青、新郑扎地橛、云南四季萝卜等。

3. 白皮品种类型

（1）圆球形或扁圆形　肉质根圆球形或扁圆形，皮白色，肉质白色。代表品种有：晏种萝卜、芝凰萝卜、屯溪白皮梨、泾县细颈萝卜、南通百日子、南通蜜饯儿萝卜、如皋萝卜、三堡萝卜、宁波圆萝卜、乐山黑夆儿、成都春不老圆根、内江雪萝卜、自贡鸡蛋壳、江津草墩、重庆酒罐萝卜、綦江赶水萝卜、贵州团白萝卜等。

（2）卵圆形或长卵圆形　肉质根卵圆形或长卵圆形，皮白色，肉质白色。代表品种有：晋城白萝卜、枞阳蛋形萝卜、南通捏颈洋萝卜、如皋60天、杭州大钩白、舟山小菜萝卜、信丰圆萝卜、乐平萝卜、卢州砂锅底、江津砂罐萝卜等。

（3）圆柱形或短圆柱形　肉质根圆柱形或短圆柱形，皮白色，肉质白色。代表品种有：石家庄齐头白、邯试1号、河津牛角白、太原通身白、常熟中期白萝卜、象山黄泥萝卜、海宁丰长萝卜、涪陵中坝萝卜、宁波60日板叶、时叶萝卜、信丰长萝卜等。

（4）长圆柱形　肉质根长圆柱形，皮白色，肉质白色。代表品种有：石家庄白萝卜、丹东象牙白、河北三尺白、临清拴牛橛、惠民八寸白、月浦晚长白萝卜、上海60日萝卜、太湖早萝卜、浙大长、大谢萝卜、火车头萝卜等。

（5）圆锥形或长圆锥形　肉质根圆锥形或长圆锥形，皮白色，肉质白色。代表品种有：象山酒坛萝卜、绍兴驼背白萝卜、涂州萝卜、龙岩酒瓢底萝卜、长沙升筒萝卜、赤峰长白萝卜、上海筒子萝卜等。

4. 绿皮红肉（心里美）品种类型

（1）扁圆或圆球形　肉质根扁圆形或圆球形，出土部分皮绿色，入土部分白色或黄白色，肉质紫红色。代表品种有：泰安心里美、怀远青皮穿心红等。

（2）短圆柱形　肉质根短圆柱形，出土部分皮绿色或深绿色，入土部分白色或黄白色，肉质紫红色。代表品种有：北京心里美、满堂红、济南心里美等。

（3）圆柱形　肉质根圆柱形，出土部分皮绿色，入土部分黄白色，肉质紫红色。代表品种有：曲阜心里美等。

（二）冬春萝卜

晚秋或初冬播种，露地越冬，翌年2～3月收获，故称为冬春萝卜。该类型品种的特点是较耐寒，冬性强，抽薹迟，肉质根不易糠心，在早春蔬菜供应中有一定地位。在长江中下游的江南地带，如浙江省杭州市、江西省南昌市、湖北省武汉市、湖南省长沙市、贵州省贵阳市等地，一般于9月上旬至10月上旬播种，12月至翌年2～3月收获；在重庆市、四川省成都市、广西自治区南宁市、福建省福州市等地，一般于10月下旬至11月中旬播种，翌年1～3月收获；在广东省广州市、云南省昆明市等地，多于10～12月播种，翌年1～3月收获。该类型品种虽于江南温暖地区种植，但时为冬季，故该类型品种的耐寒性和冬性是各类型品种中最强的，是中国萝卜种质资源中宝贵的优异种质。按其皮色和根形又可分为：

1. 红皮品种类型

（1）圆球形　肉质根圆球形，皮红色，肉质白色。代表品种：杭州洋红萝卜等。

（2）圆柱形　肉质根圆柱形，皮全红色或出土部分红色，肉质白色。代表品种：雪梨迟萝卜（肉质根全部入土，有细颈）、汉中笑头热萝卜等。

2. 白皮品种类型

（1）圆球形　肉质根圆球形，全部入土，皮、肉皆白色。代表品种：杭州迟花萝卜等。

（2）长圆锥形　肉质根长圆锥形，皮肉皆白色。代表品种：太湖迟萝卜、成都热萝卜、南昌春福萝卜等。

3. 绿皮品种类型

（1）圆柱形　肉质根圆柱形，出土部分皮淡绿色，入土部分白色，肉质白色。代表品种：成都青头萝卜等。

（2）长圆柱形　肉质根长圆柱形，出土部分皮淡绿色，入土部分皮白色，肉白色。代表品种：德昌果园萝卜、云南三月萝卜等。

（三）春夏萝卜

又称春萝卜或春水萝卜。早春播种，初夏（或夏季）收获，生长期一般40～60d。该类型品种的特点是生长期较短，生长速度较快，冬性较强，但多数品种耐贮性较差。在中国长江以北广大地区栽培较为普遍。在长江中、下游的上海市、江苏省南京市、湖北省武汉市等地，2～3月播种，4～6月上旬收获。在黄淮海地区，3～4月播种，5月上旬至6月收获。东北、西北和华北北部等高纬度、高海拔地区，4～5月播种，6～7月收获。

春夏萝卜叶片全缘叶（枇杷叶）品种较多，裂叶品种较少。肉质根以红皮类型品种较多，次为白皮品种；有少部分品种肉质根出土部分为红色、紫红色或淡绿色，入土部分为白色。在红皮类型中，有少数品种肉质根尾部为白色。在白皮类型中，有少数品种根头部稍带淡绿色。

1. 红皮品种类型

（1）圆球形或扁圆形　肉质根圆球形、近圆球形或扁圆形，皮色红、紫红，肉质白色。代表品种有：兰州红蛋子、固原红蛋蛋、甘谷圆萝卜、酒泉天鹅蛋、张掖紫萝卜、临夏红斑鸠嘴、青海大叶红蛋蛋、吉木萨尔板叶红蛋子等。

（2）短圆柱或圆柱形　肉质根短圆柱形或圆柱形，皮红色，肉质白色。代表品种有：南京泡里红萝卜、扬州红鸡心萝卜、碌碡脐春水萝卜、包头小籽水萝卜等。

（3）长圆柱形　肉质根长圆柱形，皮红色、粉红色或紫红色，肉质白色。代表品种有：蓬莱春萝卜、莱阳五缨春萝卜、南京五月红、兴县小日期、成都小缨子枇杷缨、青岗粉皮水萝卜、黑龙江五缨水萝卜、银川红棒子水萝卜、西宁洋红萝卜、乌市板叶半春子、乌兰浩特水萝卜、承德大五叶、和顺红皮脆、山西早红水萝卜等。

（4）长圆锥形或圆锥形　肉质根长圆锥形或圆锥形，皮红色或紫红色、粉红色，个别品种肉质根尾部白色，肉质白色。代表品种有：大连小五缨、武威热把吊、哈密红长棒子、绥德大红水萝卜、宝鸡野鸡红、包头二大籽水萝卜、呼市鞭杆红、呼市大梢白尖、北京四缨水萝卜、天津娃娃脸水萝卜、阳高南徐水萝卜、临汾西关水萝卜、和顺红皮脆、汾阳水萝卜、翼城水萝卜等。

2. 白皮品种类型

（1）圆球形或扁圆形　肉质根圆球形或扁圆形，皮白色，肉质白色，个别品种根顶淡绿色。代表品种有：固原白蛋蛋、甘肃水萝卜、临夏白斑鸠嘴、青海大叶白蛋蛋、喀什大白蛋子、乌市板叶白蛋子、扬州白鸡心萝卜等。

（2）长圆锥形　肉质根长圆锥形，皮白色，肉质白色。代表品种有：白城白水萝卜、高台白衣子、乌兰浩特白水萝卜等。

3. 红白皮品种类型

（1）长圆柱形　肉质根长圆柱形，出土部分皮红色或紫红色、粉红色，入土部分白色，肉质白色。代表品种有：长春粉白水萝卜、浑江白腚水萝卜、黑龙江白皮水萝卜等。

（2）长圆锥形　肉质根长圆锥形，出土部分皮红色或紫红色、粉红色，入土部分白色，肉质白色。代表品种有：成县红头萝卜、天水半春子、兰州花缨子、青海水萝卜、青海花缨子萝卜、呼市稍白皮、乌海花叶水萝卜、孝义兑镇水萝卜、临沂水萝卜等。

4. 淡绿皮品种类型

春夏萝卜中有少数肉质根出土部分皮淡绿色，入土部分白色的品种。长圆柱形的品种有陇南白热萝卜、晋城白皮等；圆柱形的品种有汉中鸡蛋皮等；短圆柱形的品种有扬州五缨等。

（四）夏秋萝卜

俗称伏萝卜。夏季播种，秋季收获，生长期50～70d。该类型品种的特点是生长期较短、耐热，或较耐湿，较抗病毒病等病害。该类型品种主要分布于三北地区（东北、西北、华北北部及高纬度、高海拔地区）以南，在夏季炎热多雨地区栽培较为普遍。由于夏季和早秋的炎热多雨或炎热干旱，在栽培上需防雨涝或防高温干旱，并需及时防治虫害、草害。此类型品种以白皮品种为多，次之为红皮品种，少量品种出土部分皮红色，入土部分白色，或出土部分皮绿色，入土部分白色。叶有全缘叶（枇杷叶）或裂叶。夏秋萝卜在黄淮海地区，多于6～7月播种，8～9月收获；在长江中、下游地区，一般于7月上旬至

8月上旬播种，8月下旬至10月中旬收获；在华南地区，一般于6～8月上旬播种，8月至10月收获；在云、贵地区，多于5～7月播种，7～9月收获。

1. 白皮品种类型

（1）圆球形或卵圆形 肉质根圆球形或卵圆形，皮肉皆白色；叶为板叶（枇杷叶）。代表品种有海安三十子、长沙枇杷叶等。

（2）长圆锥形或纺锤形 肉质根长圆锥形或纺锤形，皮肉皆白色；叶形有裂叶、板叶。代表品种有杭州小钩白、宿仙萝卜、宜夏萝卜、乐山60日早等品种。

（3）圆柱形或长圆柱形 肉质根圆柱形或长圆柱形，皮肉皆白色，叶形为板叶。代表品种有澄海马耳早萝卜、鹤山耙齿萝卜、短叶13号等品种。

2. 红皮品种类型

（1）圆锥形或纺锤形 肉质根圆锥形或纺锤形，皮紫红色或暗红色，肉白色；叶为板叶或浅裂叶。代表品种有六安五月红、宜宾缺叶透身红等。

（2）圆柱形 肉质根圆柱形，皮红色或浅紫红色，肉白色；叶为裂叶或板叶。代表品种有南农伏抗萝卜、成都枇杷缨满身红、云南全身红萝卜等。

（3）长圆柱形 肉质根长圆柱形，皮深红色，肉质根尾部白色，肉白色；板叶。代表品种有成都大缨、枇杷缨萝卜等。

3. 红白皮品种类型

（1）圆柱形 肉质根圆柱形，出土部分皮桃红色或粉红色，入土部分皮白色，肉白色；叶为羽状裂叶。代表品种有成都半头红花缨子、云南半截红萝卜等。

（2）长圆锥形 肉质根长圆锥形，出土部分皮紫红色，入土部分皮白色，肉白色；浅裂叶。代表品种有中卫半春萝卜等。

4. 绿皮品种类型 在夏秋萝卜中，绿皮品种较少。《中国蔬菜品种志》（上册，2001）中只介绍了长圆锥形的安徽省濉县弯腰青萝卜，其肉质根为弯长圆柱形，出土部分皮肉均绿色，入土部分皮肉均白色；叶为羽状裂叶或板叶。

四、按春化阶段（或冬性强弱）分类

根据李鸿渐、汪隆植等（1981）对萝卜品种的春化和春播试验结果，按不同品种对春化反应的不同，将萝卜品种分为4种类型。

（一）春性品种类型

未经春化处理的种子，播种出苗后在12.2～24.6℃的自然温度条件下就能通过春化阶段而抽薹开花。在南京地区春播（3月28日播未处理的种子，以下同）"定桩"（第一叶环的叶片展开）前即现蕾。春性品种主要分布在华南地区及西南的部分地区，代表品种如广东的火车头萝卜、云南半截红萝卜、成都半头红花缨子等。

（二）弱冬性品种类型

萌动的种子在2～4℃低温条件下处理10d，播种后24～35d即现蕾；南京地区春播后，定桩（第一叶环的叶片展开）至"露肩"（第二叶环的叶片展开）之间现蕾。弱冬性品种主要是分布在华北及长江流域的部分秋冬萝卜、冬春萝卜及夏秋萝卜品种，代表品种如四川的白圆根萝卜、杭州的浙大长萝卜、大缨洋红及钩白萝卜等。

（三）冬性品种类型

萌动的种子，在2～4℃的低温条件下处理10d，播种后35d以上现蕾；南京地区春播后露肩前后现蕾。冬性品种主要是分布在华北及长江流域的部分秋冬萝卜及春夏萝卜品种，代表品种如北京心里美萝卜、南京五月红萝卜等。

（四）强冬性品种类型

萌动的种子，在2～4℃的低温条件下处理40d，播种后60d左右才现蕾。南京地区春播后，肉质根长成后有部分植株现蕾。强冬性品种主要是分布在长江下游地区的部分冬春萝卜、青藏高原的秋冬萝卜，代表品种如武汉的春不老萝卜、拉萨的冬萝卜等。

第四节　萝卜的形态特征与生物学特性

一、形态特征

（一）根

萝卜为直根系，根系发达。据调查，一般小型萝卜的主根入土深度60～150cm，大型萝卜的主根可深达180cm；而其主要根群则分布在20～45cm的土壤耕层中，有较强的吸收能力。

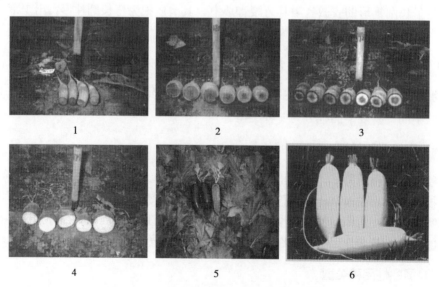

图2-1　萝卜几种不同的肉质根皮色和肉色
1. 绿皮绿肉　2. 绿皮红肉　3. 绿皮紫心　4. 红皮白肉　5. 紫皮紫肉　6. 白皮白肉

萝卜的食用器官称为肉质根。肉质根形状有圆形、扁圆形、短圆柱形、圆柱形、长圆柱形、圆锥形、长圆锥形、卵圆形、倒卵圆形等；皮色有白皮、绿皮、红皮、紫皮、黑皮，以及上绿下白、上红下白等。不同的类型和品种，根头、根颈和真根的膨大程度和在肉质根构成中的所占比例有显著差异。一般露身型品种，即肉质根 2/3 以上露出地面的品种，肉质根根颈部分发达，且多为绿皮绿肉的品种，生食品质优良，如山东的潍县青萝卜、天津的卫青萝卜等。一般隐身型品种，即肉质根全部在土中，肉质根真根部分发达，但有细颈，表现耐寒，如江苏的晏种萝卜、南通蜜饯儿萝卜等。而多数品种为半隐身型品种，其根颈部和真根部所占比例较为协调，有红皮、白皮、绿皮（出土部分绿皮，入土部分为白皮）等不同类型的品种。

(二) 茎、叶

萝卜的茎在营养生长期内短缩，即根头部，其上着生莲座叶。通过阶段发育后，在适宜的温度、光照条件下抽生花茎。

萝卜有两枚子叶，肾形。第一对真叶匙形，称初生叶。尔后在营养生长期内长出的叶子统称莲座叶。莲座叶叶形有板叶、浅裂叶和羽状裂叶，叶色有深绿、绿、淡绿之别，叶柄也有绿、红、紫等色。叶片和叶柄上多茸毛。小型品种一般为 2/5 叶序，大型品种多为 3/8 叶序。莲座叶丛有直立、半直立、平展、塌地等不同状态。叶丛直立的品种，适于密植；叶丛塌地的品种，肉质根多为露身型，且大多不耐寒。

(三) 花、果实、种子

萝卜为复总状花序，由主枝，一、二级及三级侧枝组成。其开花顺序是：主枝上的花由下而上开放；侧枝则为上部的一级侧枝先开花，渐及下部的侧枝。花为完全花，有萼片 4 枚，绿色；花瓣 4 枚，白色、淡紫色或粉红色，排列呈十字形。雄蕊 6 枚，4 长 2 短，基部有蜜腺；雌蕊 1 枚，位于花的中央。

果实为长角果，偏短，喙也短，内含种子 3～8 粒。种子呈不规则的圆球形，种皮浅黄至暗褐色，千粒重 7～15g。

二、生长发育周期

(一) 营养生长期

1. 发芽期 从种子萌动到第一片真叶显露，即破心，为发芽期。在适宜的条件下，此期约需 5～6d。

2. 幼苗期 从第一片真叶显露，即破心，到第一个叶环的叶片全部展开，根部完成了大破肚，为幼苗期。叶序为 3/8 的品种，在适宜的条件下需 20d 左右；叶序为 2/5 的品种，此期约需 15d 左右。期间肉质根因次生生长而使中柱部分开始膨大，但初生皮层和根表皮不能相应膨大，随之从子叶下轴部位破裂，俗称为破肚，从破肚开始到结束，需 7d 左右。

3. 肉质根膨大前期 从肉质根大破肚到露肩，第二个叶环的叶片展开，为肉质根膨大前期。在适宜条件下，大型品种此期需 15～20d。小型品种，如四季萝卜、春夏萝卜，此期即可完成肉质根膨大。

4. 肉质根膨大盛期 从肉质根露肩到肉质根形成，为肉质根膨大盛期。在适宜条件下，此期需 15～50d。此期内叶面积缓慢增长直到停止，肉质根则迅速膨大。肉质根膨大期的长短，品种间有很大的差异。

（二）生殖生长期

1. 抽薹期 从种株定植，抽生花茎至始花前。春季一般于 10cm 地温稳定在 5℃ 以上时定植种株。此期需 20～30d。

2. 开花结实期 从始花到种子成熟。每朵花开放的时间，在日均温 12.5℃ 时，开放 4～5d；在 20℃ 左右时，开放 2～3d。从谢花到种子成熟需 35～50d。

不同类型、不同熟期的品种，其生育周期所需时间的长短有较大差异。例如，四季萝卜和春夏萝卜均为 2/5 叶序，其发芽期与大型品种大致相近，而其幼苗期只展出 5 片叶，需时缩短；其第二叶环的叶片展出与肉质根膨大相伴进行，从而缩短了需时，且肉质根迅速膨大期所需时间也短。因此，四季萝卜和春夏萝卜在春季栽培条件下，从种子萌动到肉质根形成一般只需 35～50d，远比大型品种要短。同一类型、不同熟期的品种，如秋冬萝卜不同熟期的品种，从种子萌动到肉质根形成所需时间的长短则主要取决于肉质根膨大期的长短。

三、对环境条件的要求

（一）温度

在影响萝卜生长发育，尤其是影响萝卜优质、丰产的环境因素中，温度是重要的因素之一。根据何启伟等（1997）对潍县青萝卜的研究，其种子发芽适温为 25℃ 左右，叶器官形成适宜温度为 20～24℃，肉质根膨大最适温度为 15～18℃。潍县青萝卜种株根系 5℃ 以上即可以生长，抽薹期适温为 10～12℃，开花结荚期适温为 15～21℃。

（二）光照

萝卜是需中等强度光照的蔬菜。据研究，萝卜的光补偿点为 600～800lx，光饱和点为 18 000～25 000lx，品种间有一定差异。潍县青萝卜种植密度试验的结果表明，其合理的群体结构，中层叶片（指地面以上 15～25cm 叶层处）的光照强度应在光饱和点以上；其下层叶片（指地面以上 5～15cm 叶层处）的光照强度应在 4 000lx 以上，这是实现优质、丰产的必要条件。萝卜花茎抽生和开花结实需要长日照条件，但多数品种对长日照要求并不严格。

（三）水分

萝卜发芽期、幼苗期需水不多，但夏秋及秋季栽培，适时浇水不仅有利于出苗整齐，而且可降低地表温度，避免高温灼伤芽苗而感病毒病。肉质根膨大前期需水量增加，可适当浇水。第二叶环的叶片大部展出时，应适当控制浇水，以防叶部徒长。肉质根膨大盛期是需水最多的时期，应及时供水。据何启伟等（1981）试验，在肉质根膨大盛期，使土壤含水量（指绝对含水量）保持在20％左右，有利于提高产量和质量。如果过量供水、土壤含水量长期偏高，则土壤通气不良，将使肉质根的皮孔和根痕增大，从而影响其商品品质。若土壤水分长期不足，则肉质根生长缓慢，肉质粗，味辣，早熟品种易糠心。此外，在肉质根膨大盛期，如土壤干、湿骤变，则易造成肉质根开裂。从品种差异看，一般露身型品种耐旱性较差，隐身型品种较耐旱，但不耐涝。

（四）土壤与营养

萝卜适合在沙质壤土、壤土、轻黏质壤土栽培。根据对潍县青萝卜的研究，营养生长期各阶段对氮、磷、钾的吸收比率，除发芽期之外，在其他各生长阶段均是钾的吸收量占第一位，其次是氮，而磷最少。相对而言，吸收氮、磷、钾的数量，在肉质根膨大盛期最多，所吸收的氮、磷、钾的比例是 $2.0 : 1.0 : 2.3$。

四、主要生理特性

（一）光合特性

根据何启伟等在肉质根膨大盛期对不同萝卜品种光合强度的测定（1990），认为在肉质根膨大期品种间的光合强度有较大差异，功能叶片光合强度的范围为 $CO_2 10.65 \sim 26.00 mg/(dm^2 \cdot h)$。尽管光合强度这个生理指标易受多个条件的制约，其数值并不稳定。但是，毋庸置疑，凡丰产、优质的品种一定会具有较强的光合同化能力。据观察，叶丛较小，叶色偏深绿，根/叶比值高的品种光合能力较强。

（二）蒸腾强度

刘光文等（1990）在萝卜肉质根膨大盛期测定了潍县青萝卜的蒸腾强度，结果是：潍县青萝卜的蒸腾强度为水 $2190.0 mg/(dm^2 \cdot h)$。在日均温18℃左右，微风，有光的条件下，潍县青萝卜白天每公顷约蒸腾散失37.5t水，一昼夜散失 $60 \sim 75t$ 水。

（三）同化产物运输与积累特性

源、库关系的协调是萝卜丰产、优质的重要生理特性。何启伟等（1982）利用 $^{14}CO_2$ 示踪法，测定了萝卜叶片同化产物运输与肉质根积累同化产物的状况。测定结果表明，$^{14}CO_2$ 喂饲24h后，叶片中还存留较多的同化产物，叶柄中较少，根头部积累较多，根颈部和真根部同化产物的积累情况则因品种不同而存在一定差异。在供试的潍县青萝卜、卫青、北京大红袍、枣庄大红袍、青圆脆等品种中，潍县青萝卜和北京大红袍，其同化产物从叶片的运出速度和肉质根对同化产物的积累值，明显高于其他品种。

（四）贮藏期间肉质根的呼吸消耗速率和失水速率

不同类型的品种，其肉质根的耐贮性或货架期长短有较大差异。何启伟等（1982）以秋冬萝卜中的潍县青、北京白（即象牙白）、紫芽青、青圆脆等品种和潍县青高代自交系40-21212 等为试材，在温度 10～14.5℃，空气相对湿度 50%～60% 的条件下，存放21d。试验结果表明，各品种在贮存期间的呼吸消耗速率为 25～44mg/（kg·h），失水速率为 392.5～617.0mg/（kg·h）。凡是在贮存期呼吸消耗速率低的品种或自交系，如潍县青及其高代自交系、青圆脆等，其耐贮性较好，货架期较长，不易发生糠心。潍县青及其高代自交系在贮存期间虽有较高的失水速率，萝卜皮甚至发生皱缩，但由于其呼吸消耗速率低，仍表现良好的耐贮性。

第五节　中国的萝卜种质资源

一、概况

在萝卜种质资源收集、整理和性状观察的基础上，采用植物地理学方法，按照中国自然地理和气候条件特点，可将萝卜划分为 7 个栽培区，各栽培区都有其适宜的栽培品种。

第一区：包括东北三省（含内蒙古自治区东北部），为寒温带气候栽培区。

第二区：包括北京、天津、河北、山西、内蒙古等省（自治区、直辖市），为温带、半干旱栽培区。

第三区：包括山东、江苏（北部）、安徽、河南等省，为暖温带半湿润季风气候栽培区。

第四区：包括甘肃、青海、宁夏、新疆、西藏等省（自治区），为干燥或高寒气候栽培区。

第五区：包括上海、江苏（南部——种质资源统计入第三区）、浙江、江西、福建、湖南、湖北等省（直辖市），为暖温带和亚热带季风性湿润气候栽培区。

第六区：包括广东、广西、海南、台湾等省（自治区），为亚热带、热带气候栽培区。

第七区：包括四川、云南、贵州、重庆等省（直辖市），多为不同海拔高度地区、气候差异呈垂直分布的多类型品种栽培区。

表 2-1 列出了各栽培区的品种数量分布。从表中可以看出，种质资源最丰富的是第三区，第七区次之，第五区和第二区居三、四位。

表 2-1　萝卜品种在各栽培区的数量分布

项　　目	第一区	第二区	第三区	第四区	第五区	第六区	第七区	总　和
品种数	78	130	620	89	145	25	274	1 361
占全国的比例（%）	5.73	9.55	45.55	6.54	10.65	1.84	20.13	

按照肉质根皮色划分萝卜品种类型，主要有绿皮、红皮、白皮三种基本类型，不同皮色品种数量的地区分布状况列入表 2-2。从表 2-2 可以看出，第三区绿皮品种占全国绿皮品种总数的 82.85%，红皮品种占全国红皮品种的 45.92%。根据红、绿皮两个不完全显性性状的地理分布频率，可认为第三区也是中国萝卜种质资源皮色性状变异最丰富的地区。

表 2-2　绿皮、红皮、白皮萝卜品种的地理分布

皮　色	第一区	第二区	第三区	第四区	第五区	第六区	第七区	总　和
绿皮品种	11	29	285	7	3	0	9	344
占同类品种（%）	3.20	8.43	82.85	2.03	0.87	0	2.62	
红皮品种	44	47	180	21	24	0	76	392
占同类品种（%）	11.22	11.99	45.92	5.36	6.12	0	29.39	
白皮品种	9	12	88	12	78	22	59	280
占同类品种（%）	3.20	4.27	31.32	4.27	28.11	7.83	21.00	

自 20 世纪 90 年代以后，山东省农业科学院蔬菜研究所、中国农业科学院蔬菜花卉研究所等单位密切合作，开展了萝卜品种资源抗性鉴定研究，已经筛选出了抗 TuMV、抗黑腐病、抗霜霉病及多抗性种质资源。根据对品种的栽培和食用情况调查，筛选、提出了适于生食的绿皮红肉和绿皮绿肉，以及白皮白肉的优质品种，其特点是生食脆甜，多汁，可作水果食用。还有适于做酱萝卜、萝卜干等加工用的质种资源，其特点是皮薄光滑、肉质致密、含水分中等。在抗逆种质资源中，有表现耐寒或耐热的品种。

二、抗病种质资源

（一）抗芜菁花叶病毒（TuMV）种质资源

山东省农业科学院蔬菜研究所对 1 080 份萝卜品种进行了苗期人工接种抗病性鉴定和田间自然诱发鉴定。其中，相对抗性指数大于 3.0，大田抗性表现强的品种有：甘肃翘头青、山东邹平水萝卜、河北邢优 1 号、辽宁翘头青、甘肃青圆脆、山西晋城白、山西壶关白、秦菜 2 号、河南渑池露头青、内蒙古当地萝卜、河南 791 萝卜、河北十里铺萝卜等品种。抗 TuMV 萝卜品种的地区分布，主要在山西、河北、河南、甘肃、宁夏等省（自治区）。

（二）抗黑腐病［*Xanthomonas campestris* pv. *Campestris*（Pammel）Dowson］种质资源

山东省农业科学院蔬菜研究所对 970 份萝卜品种进行了苗期黑腐病抗性鉴定，根据病情指数和相对抗性指数，初步筛选出了相对抗性指数大于 1.0 的萝卜品种材料 22 份，其中红皮品种 10 份，绿皮品种 3 份，白皮品种 9 份。

在 22 个品种中抗性最好的如：金良青，为绿皮短圆柱形；秦菜 2 号，为绿皮长圆柱形品种。

（三）抗霜霉病［*Peronospora parasitica*（Pers.）Fr.］种质资源

南京农业大学等单位的李寿田等（2001），曾对 9 个萝卜品种的霜霉病抗性进行了苗期人工接种鉴定和成株期田间自然诱发鉴定。结果认为，苗期人工接种抗病性鉴定与成株期自然诱发鉴定存在着高度的相关性。同时，鉴定结果表明，白玉春、秋魁青和四季红 II 号对霜霉病的抗性较强，可以作为抗性品种在萝卜抗霜霉病育种或生产上应用。

（四）多抗性种质资源

山东省农业科学院蔬菜研究所对前述萝卜种质资源经过抗病性鉴定和综合评定筛选，认为能抗病毒病（TuMV）、黑腐病、霜霉病3种病害的品种有：

1. 向阳红萝卜　辽宁省锦州市地方品种。叶丛较平展，裂叶。肉质根近圆形，皮粉红色，肉白色，含水较少，肉质较硬，稍辣。生长期90d左右，单株根重900～1 000g。秋季栽培，田间表现高抗病毒病、霜霉病和黑腐病，病毒病病情指数为7.80～9.44，霜霉病病情指数为29.8～33.1，黑腐病病情指数为2.9～25.0。

2. 玉田早　天津市塘沽区地方品种。叶丛直立，裂叶。肉质根短圆柱形，皮红色，肉白色，肉质水多、味甜、耐贮。生长期90d左右，单株根重540～665g。秋季栽培，田间表现高抗病毒病、霜霉病和黑腐病。病毒病平均病情指数为5.1，霜霉病平均病情指数为30.2，黑腐病平均病情指数为5.2。

3. 秦菜1号　陕西省西安市地方品种。叶丛直立，裂叶。肉质根长圆柱形，出土部分皮深绿色，入土部分皮白色，肉质淡绿色，水多、质脆、味甜、品质好，耐贮。生长期90d，单株根重1 800～2 000g。秋季栽培，田间表现高抗病毒病、霜霉病和黑腐病。病毒病平均病情指数10.9，霜霉病平均病情指数20.2，黑腐病平均病情指数4.1。

此外，经3年、多次的种植观察，认为西农萝卜（绿皮型）、安徽白山萝卜（绿皮型），焦作地黄缨（白皮型）、潍县青（绿皮型）、内蒙古向阳白萝卜（白皮型）、四川砂锅底白萝卜（白皮型），以及秦菜2号、陕西国光萝卜等品种，均为抗病、丰产的优良种质。

三、优质生食和优质加工用种质资源

（一）优质生食用种质资源

在中国北方地区，有适于生食、脆甜多汁的水果萝卜种质资源，其皮色多为绿色或深绿色，肉质多为淡绿色或紫红色，主要属秋冬萝卜类型，在秋季光照充足和昼夜温差较大的气候条件下，肥沃、疏松的土壤和合理的肥水管理，有利于其优质产品的形成。

1. 北京心里美　北京市地方品种。叶丛半直立或较平展，叶色深绿，叶形有裂叶、板叶，板叶型叶丛直立性较强。肉质根短圆柱形，约1/3露出地面，皮浅灰绿色，入土部分黄白色。肉质有"血红瓤"（紫红色）和"草白瓤"（紫红与白绿相间）之分。生长期75～80d，单株根重700～800g。肉质爽脆，味甜，水多，较耐藏。

2. 曲阜心里美　山东省曲阜、兖州等市县地方品种。叶丛半直立，裂叶，叶色深绿。肉质根圆柱形，2/3露出地面，皮绿色，入土部分黄白色。肉质紫红色，色泽鲜艳。生长期80～85d，单株根重400～600g。肉质致密，味甜，脆硬，水分中等，耐贮藏。

3. 泰安心里美　山东省泰安市地方品种。叶丛半直立，板叶，叶绿色。肉质根扁圆形，2/3露出地面，皮绿色，入土部分白色。肉质紫红色，较致密。生长期80d左右，单株根重400g左右。肉质含水中等，较耐贮藏。

4. 卫青　又名沙窝青萝卜，天津市西郊地方品种。叶丛偏平展，裂叶，叶绿色。肉质根圆柱形，4/5露出地面，皮绿色，入土部分白色。肉质绿色，致密。生长期80d左右，单株根重 600～700g。耐热性弱，易感病毒病，但生食品质优良。

5. 葛沽青萝卜　天津市南郊地方品种。叶丛较直立，叶绿色。肉质根短圆柱形，3/4露出地面，皮绿色，入土部分黄白色。生长期 75～80d，单株根重 500～800g。肉质淡绿色，致密，味甜。耐热性中等，较抗病毒病。

6. 潍县青　山东省潍坊市地方品种。潍县青萝卜原有大缨、小缨、二大缨 3 个品种，目前多栽培二大缨品种。叶丛半直立，裂叶，叶色深绿。肉质根长圆柱形，4/5 露出地面，皮深绿色，具白锈，入土部分白色或黄白色。肉质淡绿色到绿色，致密，脆甜，微辣，品质优良。生长期 80～90d，单株根重 500～750g。较抗病毒病、霜霉病，适应性较强。

7. 高密堤东萝卜　山东省高密市地方品种。叶丛平展，裂叶，叶色深绿。肉质根圆柱形，5/6 露出地面，皮深绿色，入土部分白色。肉质绿色，致密，脆嫩，味甜，生食品质优良。生长期 80d 左右，单株根重 300～400g。抗病性一般，适应性不强。

8. 界首青　安徽省界首地区地方品种。叶丛半直立，裂叶，叶绿色。肉质根圆柱形，3/5 露出地面，皮深绿色，入土部分黄白色或白色。肉质淡绿色，细密脆嫩，微甜，水分多，适于生食或熟食。生长期 90d 左右，单株根重 800～1 000g。抗病，晚熟，适应性强。

9. 屯溪白皮梨　安徽省屯溪市地方品种。叶丛直立，裂叶，叶色深绿。肉质根近圆球形，2/3 露出地面，皮、肉均为白色。皮肉细嫩，汁多，味甜，品质优良，故名白皮梨。生长期 50～60d，单株根重 100～150g。抗性一般，耐寒性较强。

10. 江津砂罐　重庆市江津县地方品种。叶丛较直立，板叶，浅绿色。肉质根砂罐形，纵径约 16cm，横径约 14cm。肉质根露出地面 2/5，皮、肉皆白色。肉质致密，细嫩，微甜，多汁，品质好。生长期 100d 左右，单株根重 1 500～1 700g。

（二）优质加工用种质资源

在中国的江、浙一带，有适合做加工酱萝卜头、萝卜干、萝卜块及腌渍等产品的优质专用品种。

1. 晏种萝卜　江苏省扬州市地方品种。叶丛半直立，裂叶，叶绿色。肉质根近圆球形，顶部有细颈，肉质根全部入土，皮、肉皆白色。肉质致密，脆嫩，含水分中等，耐贮，是加工酱萝卜头的优良品种。生长期 80～90d，单株根重 100～150g。抗病性中等，耐寒性较强。

2. 如皋 60 天萝卜　江苏省南通市地方品种。叶丛半直立，裂叶，叶色黄绿。肉质根椭圆形，皮、肉皆白色。肉质致密，脆嫩，含水分中等，是加工腌制的专用品种。生长期 60d 左右，单株根重 100～150g。抗病性较强，不耐寒。

3. 南通蜜饯儿萝卜　江苏省南通市地方品种。叶丛半直立，裂叶，淡绿色。肉质根扁球形，有细颈，肉质根全部入土，皮、肉皆白色。肉质根皮薄，肉质致密，脆嫩，微甜，耐贮藏，是腌制加工的优良品种。生长期 110～120d，单株根重 100～150g。耐寒，抗病毒病。

4. 萧山一刀种　浙江省萧山市地方品种。叶丛直立，板叶，叶青绿色。肉质根圆柱形，1/2 露出地面，皮、肉皆白色。皮较厚，宜加工成萝卜干，为萧山特产名菜。生长期

90d 左右，单株根重 150～200g。肉质根纵径 13～17cm，横径 4～5cm，加工时便于一刀切成两半，故名一刀种。耐热，抗病，适应性强。

5. 如皋萝卜　又名小圆萝卜，20 世纪 70 年代从江苏省如皋引入浙江省萧山市。叶丛直立，裂叶，叶绿色。肉质根卵圆形，2/3 露出地面，皮淡绿色，入土部分白色，肉白色。肉质根皮薄光滑，肉质脆嫩，味甜不辣，纤维少，食之无渣，最适于加工成甜萝卜块，产品质地松脆，品质优良。生长期 70d 左右，单株根重 150～200g。耐热，抗病，不耐寒。

四、抗逆种质资源

（一）耐寒种质资源

在中国东北、西北等气候较严寒的地区，由于长期自然选择和人工选择的结果，形成了适于春播夏收，耐寒性较强的春夏类型品种。在浙江、江西等地，由于晚秋或初冬播种，冬季或翌春收获，则形成了耐寒性较强的冬春类型品种。

1. 黑龙江五缨萝卜　黑龙江省各地普遍栽培。叶丛直立，板叶，叶绿色。肉质根长圆柱形，皮红色，肉质白色。生长期 50d 左右，单株根重 50g 左右。适于春播，耐寒，抗病。肉质味微甜，品质好，适于生食。

2. 黑龙江白皮水萝卜　黑龙江省青冈县地方品种。叶丛直立，裂叶，绿色。肉质根长圆柱形，出土部分皮粉红色，入土部分白色，肉质白色。生长期 55d，单株根重 80～90g。适于春播，耐寒、耐旱，不耐热。肉质味微甜，水多脆嫩，适于生食或腌渍。

3. 白城白水萝卜　吉林省白城市地方品种。叶丛半直立，近板叶，浅裂，绿色。肉质根长圆锥形，皮、肉皆白色。生长期 55～60d，单株根重 120g。适于春播，耐寒，抗病毒病。肉质味微辣，脆嫩，适于生食。

4. 甘谷圆萝卜　甘肃省甘谷县地方品种。叶丛半直立，有板叶和裂叶，叶绿色，叶主脉紫红色。肉质根近圆球形，皮红色，肉质白色。生长期 60d，单株根重 80g 左右。适于春播，耐寒，较耐旱。肉质质地致密，微甜，稍辣，较耐贮藏，适于生、熟食。

5. 酒泉天鹅蛋　甘肃省酒泉市地方品种。叶丛半直立，有板叶和裂叶，绿色，叶主脉紫红色。肉质根扁球形，皮红色，肉质白色。生长期 70d，单株根重 85g 左右。春、秋皆可种植，耐寒，抗病。肉质致密细嫩，味甜，稍辣，耐贮藏，适于生、熟食及腌渍。

6. 乌兰浩特红水萝卜　内蒙古自治区地方品种。叶丛直立，板叶，绿色。肉质根长圆柱形，皮粉红色，肉白色。生长期 45～50d，单株根重 75g 左右。适于春播，耐寒，较抗病毒病。肉质味甜，水多，品质好，适于生食。

7. 晋城白皮　山西省晋城市地方品种。叶丛半直立，板叶，绿色。肉质根长圆锥形，皮、肉白色，根头部黄绿色。生长期 50d 左右，单株根重 75g。适于春播，耐寒，耐旱。

8. 杭州迟花萝卜　浙江省杭州市地方品种。叶丛半直立，裂叶，绿色。肉质根圆球形，全部入土，皮、肉白色。生长期 90d 左右，单株根重 200～300g。适于秋、冬栽培，耐寒，不耐热，抗病。肉质质地致密，味甜，耐贮藏，适于生食和熟食。

9. 太湖迟萝卜　浙江省湖州市地方品种。叶丛直立，裂叶，绿色。肉质根长圆锥形，全部入土，皮、肉白色。生长期80d，单株根重600g左右。适于晚秋播种，12月至翌年3月份分期收获。耐寒，较耐旱，耐湿，不耐热，抗病。肉质质地松脆，微辣，耐贮藏，适于熟食和腌渍。

10. 雪梨迟萝卜 浙江省桐乡县地方品种。叶丛偏直立，裂叶，绿色。肉质根圆柱形，全部入土，皮红色，肉质白色。生长期90d，单株根重200~250g。适于秋播，12月至翌年3月收获。耐寒，耐贮藏。肉质细而致密，水多，味甜，品质优良，可代水果食用。

11. 南昌春福萝卜 从日本引入，已栽培50多年。叶丛半直立，裂叶，叶色深绿。肉质根长圆锥形，少许露出地面，皮、肉白色。生长期160d，单株根重500g左右。当地于秋末冬初播种，翌年3月中旬至5月上旬收获。耐寒，冬性强，抽薹迟，不耐热，不耐湿，但抗病，耐贮藏。肉质致密，味淡，微辣，品质一般。

（二）耐热种质资源

在中国淮河和秦岭以南夏季炎热的地区，有适于晚春和早秋播种的品种，这些品种表现了较强的耐热特性。

1. 杨梅萝卜 浙江省宁波市地方品种。叶丛直立，板叶，淡绿色。肉质根短圆柱形，3/4入土，皮、肉皆白色。生长期50~60d，单株根重75~150g。适于春播，5~6月收获。耐热，抗病，耐贮藏。肉质致密，含水分较少，稍辣，品质中等，适于熟食和加工。

2. 成都小缨子枇杷缨 四川省成都市地方品种。叶丛直立，板叶，叶色深绿。肉质根长圆柱形，皮深红色，肉质白色。生长期50d，单株根重70~80g。在成都市郊区一年可四季播种，而于3月下旬播种，5月中旬收获；或7月初播种，8月中旬收获尤为适宜。耐热，抗病，春播不易抽薹。肉质紧密，细嫩，味甜，主供腌渍。

3. 汉中鸡蛋皮 陕西省汉中市地方品种。叶丛半开展，板叶，嫩绿色。肉质根圆柱形，1/4露出地面，皮淡绿色，入土部分白色，肉质白色。生长期60d左右，单株根重250g左右。当地3月中、下旬播种，5月中旬至6月上旬收获。耐热。肉质较脆，味淡，适于熟食。

4. 长沙枇杷叶萝卜 湖南省长沙市地方品种。叶丛半直立，板叶，绿色。肉质根短卵圆，皮、肉皆白色。生长期60d左右，单株根重200~250g。适于夏播，表现早熟、耐热、抗病，适应性强。肉质细嫩，品质好，宜熟食。

5. 濉县弯腰青 安徽省濉县地方品种。叶丛半直立，裂叶或板叶，叶色深绿。肉质根弯长圆柱形，1/6入土，出土部分皮、肉均绿色，入土部分皮、肉白色。生长期70~80d，单株根重600~750g。适于晚春或早秋播种，表现耐热、抗病、不耐寒。肉质松脆，水多，微甜，微辣，适于生食或熟食。

6. 南农伏抗萝卜 南京农业大学于1989年育成。叶丛直立，裂叶，叶色深绿。肉质根圆柱形，皮红色，肉质白色。生长期60~65d，单株根重350g左右。适于夏秋播种，表现耐热，抗病毒病。肉质水分多，糖和维生素C含量较高，适于熟食。

7. 海安三十子 江苏省海安县地方品种。叶丛半直立，板叶，有浅裂刻。肉质根近圆球形，皮、肉皆白色。生长期30~40d，单株根重50g左右。适于夏季播种，早熟，耐热，较抗病毒病，不耐贮藏。肉质味稍辣，可生食或熟食。

8. 杭州小钩白　浙江省杭州市地方品种。叶丛直立，裂叶，绿色。肉质根近倒长圆锥形，上小下大，上部稍弯、驼背形，3/4 露出地面，皮、肉皆白色。生长期 60d，单株根重 200～300g。当地 4～9 月播种，尤以 8 月中旬播种最佳，耐热、耐旱、抗病，不耐寒。肉质白而致密，水分少，味稍辣，适于熟食或腌渍。

9. 宜夏萝卜　福建省福州市蔬菜研究所于 20 世纪 70 年代育成。叶丛直立，板叶，绿色。肉质根长纺锤形，出土部分约 1/3，皮、肉皆白色。生长期 45d 左右，单株根重 200g 左右。适于夏季栽培，耐热、耐旱、耐涝性中等，不耐寒。肉质松脆，含水分多，味辣，适于熟食。

10. 成都枇杷缨满身红　四川省成都市地方品种。叶丛半直立，板叶，浅绿色。肉质根圆柱形，约 1/2 入土，皮红色，肉质白色。生长期 80d 左右，单株根重 500g 左右。适于夏秋播种，耐热，抗病。肉质致密，水分较多，味甜，适于熟食或腌渍。

11. 乐山 60 早　四川省乐山市地方品种。叶丛直立，板叶，绿色。肉质根长卵圆形，2/3 入土，皮、肉皆白色。生长期 60～70d，单株根重 500g 左右。适于夏播，耐热、耐涝，抗病毒病。肉质地致密，脆甜，适于生食。

12. 澄海马耳早萝卜　广东省澄海县地方品种。叶丛半直立，板叶，绿色。肉质根长圆柱形，2/3 入土，皮、肉皆白色。生长期约 65d 左右，单株根重 500g 左右。适于夏秋播种，耐热、耐湿。肉质较致密，微甜，稍辣，适于熟食和腌渍。

13. 长沙枇杷叶萝卜　湖南省长沙市地方品种。叶丛半直立，板叶，绿色。肉质根短卵圆形，根头部小，真根部底部平整，皮、肉皆白色。生长期 60d 左右，单株根重 200～250g。适于夏季播种，早熟、耐热、抗病，适应性广。肉质细嫩，品质好，宜熟食。

第六节　萝卜种质资源研究与创新

一、萝卜雄性不育种质资源研究与利用

（一）萝卜雄性不育种质资源的发现

萝卜的一代杂种虽然可以通过选育和利用自交不亲和系杂交制种，但由于萝卜单荚结籽远比大白菜、结球甘蓝等少。这样，自交不亲和系靠人工蕾期授粉等方法繁殖成本太高。日本等国家采用四元杂交配制双交种，提高了种子产量，降低了制种成本。但一个双交种需要选育 4 个基因型不同的自交不亲和系，程序复杂。选育具有 100% 不育株率的雄性不育系作母本进行杂交制种，不但可以确保杂种一代有近 100% 的杂交率，而且雄性不育系的繁殖不会发生生活力退化，有利于一代杂种种性的稳定，故选育和利用雄性不育系已成为萝卜杂优利用的关键技术措施。

20 世纪 50 年代，Tokumaso（1951）和 Nishi（1958）曾先后在日本发现萝卜雄性不育株，并证明受隐性基因控制。Ogura（1968）在日本发现了新的雄性不育性，并初步证明由细胞质基因 S 和一对同质结合的不育核隐性基因 msms 相互作用控制，但由于不育株

早期花蕾黄化等原因，使利用受到了限制。

据报道，胡朝柱（1971）在东北四季萝卜×赛梨的 F₂ 中，首先发现 1 株雄性不育株，尔后筛选出了保持系，并配制了杂交组合。李才法等（1972）在郑州金花薹萝卜采种田发现了 1 株雄性不育株，并于 1978 年育成了 48A 不育系和 48B 保持系，以及 48A×炮弹萝卜等一代杂种在生产上推广。何启伟等（1975）在青圆脆萝卜采种田内发现了 3 株雄性不育株，1979 年育成了性状稳定的萝卜雄性不育系 77-01A、保持系 67-4-2B，以及 64A、01-11A 等多个雄性不育系和保持系，并育成和推广了新济杂 2 号、鲁萝卜 3 号等多个一代杂种。张书芳（1976）在唐山红萝卜采种田中发现 22 株雄性不育株，育成了性状稳定的雄性不育系 262A 及保持系 262B，并选配了红丰 1 号、红丰 2 号两个一代杂种在生产上推广。郭素英等（1977）在晋丰萝卜采种田中发现了雄性不育株，进而育成了雄性不育系 4-01A 及保持系 4-01B，育成并推广了丰光一代、丰新一代、丰翘一代等一代杂种。顿宝祥（1978）在春夏萝卜的五缨萝卜采种田中发现了雄性不育株，育成了春夏萝卜雄性不育系青 A、保持系青 B 及鲁春萝卜 1 号一代杂种。林欣立（1979）在北京大红袍萝卜采种田中发现了雄性不育株，1982 年育成了雄性不育系 7969A-30，及其保持系 7969B-16，并选配出优良一代杂种京红 1 号在生产上推广。此外，李鸿渐、汪隆植、周长久、韦顺恋、张雪清等，也先后开展了萝卜雄性不育性的研究工作。

由上述可见，中国萝卜中有丰富的雄性不育种质资源，涉及秋冬萝卜中的绿皮、红皮、白皮不同类型的品种，以及春夏萝卜等，都发现了雄性不育株，从而为萝卜雄性不育性的研究和雄性不育系的选育、利用奠定了良好的基础。

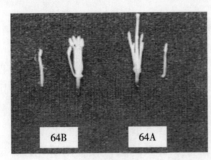

图 2-2　萝卜雄性不育花和可育花的形态

左图：64B 为可育花的花蕊，64A 为雄性不育花的花蕊

右图：左为保持系可育花，右为雄性不育花

（二）萝卜雄性不育性的遗传研究

顿宝祥（1978）的研究认为，五缨萝卜的雄性不育性是由细胞质雄性不育基因 S 和一对纯合隐性核不育基因 msms 共同控制的，雄性不育系的基因型为 Smsms，保持系的基因型为 Nmsms，与 Ogura 的研究结果相一致。

何启伟、李才法等（1975、1972），以雄性不育株为母本，先后配制了 673 个测交组合，这些测交组合出现了全不育、全恢复和有育性分离三种情况。根据测交组合后代育性分离的规律，说明中国萝卜的雄性不育性不属于核基因单独控制，也不是细胞质基因单独控制，应属于核不育基因与细胞质不育基因共同控制的核—胞质不育类型。同时还看到，在有育性分离的组合中，通过父本株自交和连续回交，可使回交组合的不育株率有规律的递增。而且，测交、回交父本在自交过程中并未出现雄性不育株。以上结果进一步说明中国萝卜雄性不育性属于核—胞质共同控制的不育类型。

何启伟（1975）等采用测交组合中恢复育性植株（即可育株）自交，有育性分离组合中不育株与可育株兄妹交，以及有育性分离组合中的可育株为母本与遗传性稳定的保持系植株为父本进行交配等，观察和分析了各自的育性表现，出现了符合由核内 1 对 ms 基因控制和由两对 ms 基因控制遗传的两种结果，通过综合分析，认为把核内的 ms 基因认定两对为妥。因为，凡核内表现为 1 对 ms 基因控制的育性分离材料，可用交配亲本核内的 ms 基因有 1 对为隐性纯合来解释。据此，可确认中国萝卜雄性不育系的基因型为 Sms1ms1ms2ms2，保持系的基因型为 Nms1ms1ms2ms2，即雄性不育系有不育细胞质 S 基因，核内有 2 对纯合的隐性不育基因（ms），保持系为可育细胞质 N 基因，核内也为 2 对纯合的隐性不育基因（ms）。

为了判断中国国内育成的萝卜雄性不育系基因型是否相同，何启伟等曾将 48A、48B、4 - 01A、4 - 01B、青 A、青 B，7416A、7416B 共 4 对雄性不育系及保持系，配制了 12 个轮配组合。结果表明，各不育系基本上可用其他保持系来保持，证明 4 个雄性不育系虽来自不同的雄性不育源，而其不育基因型是相同的。在部分轮配组合中出现少数半不育株，可能与存在修饰基因有关。

（三）萝卜雄性不育种质资源在萝卜优势育种上的应用

20 世纪 70 年代以来，山东省农业科学院蔬菜研究所、河南省郑州市蔬菜研究所、山西省农业科学院蔬菜研究所、辽宁省沈阳市农业科学院，以及北京市农林科学院蔬菜研究中心、山东省青岛市农业科学研究所等单位，充分利用各自发现的萝卜雄性不育源，到 80 年代末，已先后育成了 10 多个不同类型的雄性不育系和保持系，其遗传性稳定，不育度和不育株率均达到 100％；同时，建立了雄性不育系繁育和杂交制种的技术规程，从而突破了国外萝卜雄性不育系选育停滞不前的局面。浙江省农业科学院园艺研究所、湖北省武汉市蔬菜研究所等单位，也先后开展了萝卜雄性不育系的选育和利用研究，并取得了显著进展。

目前，应用雄性不育系作母本，优良的自交系作父本进行杂交制种，大面积推广的优良萝卜一代杂种主要有鲁萝卜 3 号、红丰 1 号、红丰 2 号、丰光一代、京红 1 号等品种，年种植面积约 20 000hm²。萝卜作为一个在中国各地普遍栽培的蔬菜，其新品种选育工作相对薄弱，新品种覆盖面积相对较小，因此萝卜育种研究工作亟待加强。只有如此，萝卜雄性不育种质资源才会进一步得到充分的利用。

（四）萝卜雄性不育种质资源在其他十字花科蔬菜上的应用

萝卜雄性不育性被发现和利用以来，不少十字花科蔬菜育种工作者，根据细胞遗传学的核置换原理，试图将萝卜的雄性不育胞质转移到其他十字花科蔬菜上，以期获得新的雄性不育源。中国农业科学院蔬菜花卉研究所等单位，先后利用 48A、77 - 01A、262A 等萝卜雄性不育源，开展了向结球甘蓝、大白菜上的转育研究。如，赵德培（1980）开展了萝卜雄性不育系与大白菜的属间杂交工作，采用子房培养、胚珠培养、幼胚培养技术，结果由 7602 - 26 - 1A×大白菜混合花粉的胚珠培养中获得了 9 株属间杂种，经花粉母细胞染色体检查，证实获得的属间杂种为双单倍体，2n＝19；同时进行了回交转育工作，并获得了回交后代。

1978—1980 年，山东农学院、江苏省南京市蔬菜研究所等单位，先后引进具有 Ogura 不育胞质的大白菜（RjAA）、甘蓝（RjCC）不育材料，这些材料的不育性稳定，但存在苗期黄化，花的蜜腺不发达等问题。同期，方智远等利用 RjCC 为母本，进行了向甘蓝的转育工作，并配制了夏秋甘蓝一代杂种，在夏秋高温季节，RjCC 转育材料的幼苗，只表现了轻度黄化；后来虽配制了 20 多个杂交组合，部分组合也表现了一定的杂种优势，但并未推广应用。江苏省南京市蔬菜研究所等用郑州早黑叶、小石两用系可育株、5 号白菜 253 - 8 自交不亲和系为父本，以 RjAA 为母本进行了多次回交转育，其中用小石两用系可育株作回交父本的回交后代性状稳定，用其作母本配制的 RP 小石×中青 2 号、RP 小石×福山等组合的 F₁ 表现了较好的杂种优势。

朱玉英等（2002）利用由萝卜不育胞质转育而成的甘蓝雄性不育系 92 - 08 向青花菜上转育，该甘蓝不育系苗期在低温下叶色稍浅但不黄化，且生长正常，不育性稳定，不育率和不育度均达 100%；花的蜜腺虽小但健全，雌蕊正常，结籽良好。所转育成的青花菜雄性不育系 BC7 - 19，表现不育性稳定，不育率和不育度均达 100%；不育系的蜜腺大小与其转育父本相近，能吸引昆虫传粉；雌蕊正常，结实能力强；同时，不育系园艺性状与其保持系相近，基本无苗期低温黄化现象，具有实际利用价值。

二、萝卜的细胞学研究

何启伟（1990）等，曾以潍县青和青圆脆两个品种为试材，研究了肉质根解剖结构的特点，认为其特征之一是次生木质部发达，木质部薄壁细胞丰富，而导管数量较少，并且被木射线细胞分隔呈辐射线状。特征之二是三生构造比较发达，其发生情况是：在次生木质部导管附近的部分薄壁细胞首先分化成为"木质部内韧皮部"，然后在其周围分化出"额外形成层"。环状的额外形成层向圈内分生三生韧皮部，向圈外分生大量的三生薄壁细胞和少量的导管，使整个构造近似同心圆状。三生构造出现后，次生构造仍保持正常的结构形式，未被打乱。次生构造与三生构造按比例的协调生长，使萝卜肉质根的外形保持均匀、规整。观察肉质根的纵剖面，可见三生构造系自上而下的连续束状结构，具有输送和贮藏同化产物的作用。潍县青的品质优于青圆脆，潍县青肉质根解剖结构表现了以下特点：其一，从剖面看，次生木质部薄壁细胞多为长方形，排列整齐，细胞间隙也小，这是潍县青肉质较紧实和耐贮藏的解剖学依据。其二，三生构造比较发达，在其肉质根横切面上，在次生木质部可明显看到分布较密集同心圆状的三生构造，这是潍县青品质优良的解剖学依据。生食萝卜品种的食用品质与肉质根的结构状况关系密切；同样，加工用品种的加工品质与肉质根的结构关系也十分密切，研究探讨萝卜肉质根的解剖结构特点及其遗传规律，对于创新萝卜种质，开展优质育种有重要意义。

孟振农、何启伟等（2000）以色素种类和色素分布明显不同的 5 个品种为试材，研究了萝卜不同品种肉质根中的色素分布及发育变化，发现色素在播种后 3～5d 的籽苗中初现；同一品种肉质根的初生结构和次生结构中红色素的分布格局大致相同，红色素在红皮品种肉质根的表皮、周皮和其内部的局部细胞中以镶嵌型分布为主；在绿皮红肉品种中则呈弥散型分布，在肉质根的韧皮部、初生木质部周围和三生结构中分布较多。萝卜的红色素过去一般认为是花青素，分散在液泡中，该实验观察与其吻合。但实验所发现的红色颗粒可能是液泡中富集了色素的脂滴，而非细胞器；与此同时又发现红色素分布区有大量发出类似质体荧光的颗粒。另外，还发现紫皮紫肉品种的色素在切口处变蓝，颜色和性质与红色品种的红色素明显不同，可见萝卜不只含由天竺葵素形成的花色苷，可能还会有其他花色素或非花色素类物质。绿色色素一般集中在叶绿体中。萝卜的绿色素在肉质根中均呈弥散型分布，集中于次生皮层、韧皮部；但次生木质部中绿色较淡，呈均匀分布；而三生结构中缺乏绿色素故呈白色。皮部细胞中叶绿体大而圆，呈明亮的朱红色自发荧光；肉质部分的叶绿体较小，荧光较弱。绿色素的含量与叶绿体大小呈正相关，分布区域与叶绿体分布一致。研究萝卜的色素种类和分布，可为创新不同皮色、肉质色的新种质以及开展色素的提取和利用提供依据。

三、萝卜的分子生物学研究

孔秋生、李锡香（2004，2005）利用筛选出的 8 对引物对 56 份来源于不同国家和地区的栽培萝卜种质的亲缘关系进行了 AFLP 分析，共扩增出 327 条带，其中多态性带 128 条，多态性位点百分率 39.1%，显示出栽培萝卜种质之间存在着较丰富的遗传多样性。系统聚类分析将供试材料分为 5 类 9 组，主坐标分析将其分为 4 类 7 组。两种分类方法所显示的种质间的亲缘关系基本一致。但是，主坐标分析能从不同方向、不同层面更加直观地显示各种质或群体的关系。亚洲与欧洲栽培萝卜种质之间表现出较远的亲缘关系。大多数欧洲萝卜种质的关系较近，但黑皮萝卜和小型四季萝卜之间的亲缘关系相对较远。中国萝卜种质的多样性丰富，其分类表现出与根皮颜色相关的特征，来自陕西的国光，北京的心里美和新疆的当地水 3 份种质与国内其他种质存在较远的亲缘关系。来自日本和韩国的萝卜种质虽与中国种质的关系较近，但也各自成组。

张燕君等（1999）以山东省农业科学院蔬菜研究所育成的萝卜雄性不育系 8418A 和保持系 8418B 为试材，经不连续 Percoll 梯度分离，分离出完整的叶绿体，以 ^{35}s -甲硫氨酸标记离体叶绿体合成的蛋白质，对类囊体膜蛋白和基质蛋白分别经 SDS - PAGE 分离和放射自显影，发现由叶绿体基因编码的类囊体膜蛋白和基质蛋白在不育系和保持系间有明显差异。由此初步推测，萝卜的雄性不育性可能与叶绿体基因组的表达有关。

熊玉梅等（1997）用改进的高离子强度法分离的叶绿体（ct）经 SDS 60℃裂解，抽提的 ctDNA 只需简单纯化即可用于酶切分析。采用此方法，对萝卜叶绿体 DNA 进行了限制性酶切分析，将 Rubisco 大亚基基因（rbcL）定位在 E11 片断上，并构建了 ctDNA EcoRI 基因文库，以便进一步研究 rbcL 的表达和筛选其他的目的基因。基因文库的构建为叶绿体各基因的定位、基因的分离和表达调控提供了物质基础。

李文君等（2001）采用 3′- RACE - PCR 和 RT - PCR 相结合的方法，首次克隆到了萝卜叶绿体 ATP 酶 β 亚基的含完整编码区及 3′- UTR 的 cDNA，它全长 1 961bp，3′-端非编码区长 464bp，拥有 1 个 1 497bp 的开放阅读框架，共编码 498 个氨基酸。其氨基酸与已报道的其他植物中该亚基的序列高度同源，这种极高的同源性反映了叶绿体 ATP 酶在植物光合作用中的重要性。

人们已发现萝卜是高抗线虫的作物。潘大仁等（1999）开展了将萝卜抗线虫基因导入油菜的研究。他们利用甘蓝型油菜与萝卜的杂种后代植株为试材，在幼苗期用秋水仙素溶液处理，认为 0.1% 秋水仙素溶液是较适合的浓度，获得了 31% 的染色体加倍率；应用胚拯救（Embryo rescue）技术克服胚胎发育早期败育或后期不正常萌发障碍，在转移抗线虫基因的研究中，获得了 133 株油菜与萝卜杂交的 BC_1 杂种株，并证实杂种株中已导入了抗线虫基因。

萝卜抗真菌蛋白（*Raphanus sativus*-antifungal proteins，*Rs*-AFPs）是 Terras 等萝卜分离的一类 5.5kD 富含半胱氨酸的抗真菌蛋白质。邓晓东等（2001）通过基因工程手段，将萝卜抗真菌蛋白基因 $Rs-AFP_{1(2)}$ 插入大肠杆菌表达载体 pTrxFus 中，进行诱导表达。抑菌活性证明，$Rs-AFP_2$ 抑菌活性强。同时构建了 $Rs-AFP_2$ 基因的植物表达载体 $pBLAFP_2$，并利用农杆菌介导法将 $pBLAFP_2$ 导入了番茄中。

四、萝卜种质资源的创新

何启伟、赵双宜等（1996）以不同皮色的萝卜品种为试材，通过杂交和 F_1 自交，观察了后代的皮色遗传表现。初步结果表明，皮部绿色（即绿皮）依不同杂交组合，可能有不同的遗传模式，即可能由 1 对基因控制，也可能由 2 对连锁的基因或独立分配的基因控制；若为连锁的 2 对基因控制时，还会受到细胞质基因组（可能主要是质体基因组）的互作，表现出明显的偏母遗传现象。皮部红色（即红皮）似有 3 对独立遗传的基因控制，其中 1 对可能与绿色控制基因连锁。这样，红皮与绿皮品种杂交时，参与皮色遗传的控制基因可达 4~5 对，它们之间复杂的相互作用，而使 F_2 出现暗紫、洋红、紫绿、绿等众多不同的颜色。其中有的基因可能影响肉质颜色的遗传，如使暗紫色 F_2 代株自交，F_3 代分离出少数紫皮红肉株，将紫皮红肉株自交，则能分离出绿皮红肉株，从而在试验过程中，证实和重演了绿皮红肉，即心里美萝卜的起源。目前，何启伟、王淑芬等，已经得到了红皮红肉、绿皮红肉、白皮红肉、紫皮红肉等新种质。

（何启伟）

主要参考文献

陈启伟等 . 1981. 萝卜杂种优势形成的生理基础研究初报 . 园艺学报 . 8（1）：37~43

何启伟等 . 1982. 优质型萝卜杂种一代的选育及选育方法的探讨 . 中国农业科学 .（6）：31~38

何启伟等 . 1987. 萝卜雄性不育系选育及遗传机制的研究 . 中国农业科学 . 20（2）：26~33

何启伟等 . 1993. 十字花科蔬菜优势育种 . 北京：农业出版社

中国农学会遗传资源学会编 . 1994 . 中国作物遗传资源 . 北京：中国农业出版社

何启伟等 . 1997 . 山东蔬菜 . 上海：上海科技出版社

何启伟等 . 1997 . 中国萝卜皮色遗传的初步研究 . 山东农业科学 . （2）：4～9

熊玉梅等 . 1997 . 萝卜叶绿体 rbcL 基因定位及 ctDNA 基因文库的构建 . 武汉大学学报（自然科学版）.
　　43（4）：532～536

周光华等 . 1999 . 蔬菜优质高产栽培的理论基础 . 济南：山东科技出版社

张燕君等 . 1999 . 萝卜雄性不育系与保持系叶绿体基因组离体翻译产物的比较 . 园艺学报 . 26（2）：
　　123～124

潘大仁等 . 1999 . 萝卜抗根结线虫基因导入油菜的研究 . 中国油料作物学报 . 21（3）：6～9

孟振农等 . 2000 . 萝卜（*Raphanus sativus* L.）不同品种中色素分布的发育变化 . 山东大学学报（自然科
　　学版）. 35（2）：224～229

宋健荣等 . 2000 . 应用酯酶同工酶进行萝卜品种分类的研究 . 南京农专学报 . 16（1）：30～33

中国农业科学院蔬菜研究所主编 . 2001 . 中国蔬菜品种志 . 北京：中国农业科技出版社

李寿田等 . 2001 . 萝卜霜霉病抗性鉴定及抗性品种筛选 . 南京农专学报 . 17（1）：9～12

李文君等 . 2001 . 萝卜叶绿体 ATP 酶 β 亚基的 cDNA 克隆及序列特征 . 清华大学学报（自然科学版）. 41
　　（4/5）：36～40

邓晓东等 . 2001 . 萝卜抗真菌蛋白基因 Rs‑AFPS 在大肠杆菌中的表达及其转化番茄的研究 . 园艺学报 .
　　28（4）：361～363

朱玉英等 . 2002 . 萝卜细胞质青花菜雄性不育系 BC7‑19 的选育及其特性 . 上海农业学报 . 18（1）：
　　35～38

汪隆植，何启伟 . 2005 . 中国萝卜 . 北京：科技文献出版社

第三章

胡萝卜

第一节 概 述

胡萝卜是伞形科（Umbelliferae）胡萝卜属（*Daucus*）野胡萝卜种的一个变种，能形成肥大的肉质根，为二年生草本植物。学名 *Daucus carota* L. var. *sativa* DC.［*Daucus carota* L. ssp. *sativus*（Hoffm.）Arcangeli］，别名红萝卜、黄萝卜、番萝卜、丁香萝卜、葫芦菔金、赤珊瑚、黄根等。染色体数为 $2n=2x=18$。胡萝卜以肉质根供食，肉质根的次生韧皮部发达，是主要食用部分，木质部占比例较小。

胡萝卜是人们喜爱的蔬菜，生食、熟食、加工俱佳，被列为一种健康功能食品。其肉质根含有丰富的蔗糖、葡萄糖、淀粉、脂肪、纤维素、多种维生素以及多种矿质元素。一般蔗糖和葡萄糖的总含量为 6％左右，维生素 C 含量每 100g 为 1.0～15.0mg。不同胡萝卜品种含有的 β-胡萝卜素差异较大，橘红类型含量较高，每 100g 可达到 5.0～17.0mg，而白色、黄色、紫色等类型含量极少。β-胡萝卜素是维生素 A 源，水解后形成维生素 A，是人体不可缺少的一种维生素，可促进生长发育，维持正常视觉，防治夜盲症、干眼病、上呼吸道疾病，又能保证上皮组织细胞的健康，防治多种类型上皮肿瘤的发生和发展。而且其他类型的胡萝卜素和类胡萝卜素作为天然的有机大分子，可以清除血液及肠道的氧自由基，达到排毒、防癌、防治心血管疾病的功效。

随着人们生活水平的不断改善，国外除传统的食用蔬菜外还流行喝蔬菜汁，在各种饮品中大量添加天然蔬菜汁。从 20 世纪 90 年代到现在，世界蔬菜汁的市场销售每年增长 10％以上，发达国家人均年消费菜汁 30～60kg，其中浓缩胡萝卜汁是世界果蔬饮品中的主要产品之一。近年来，中国胡萝卜汁加工生产发展迅速，已在二十来个省（区、市）先后设立了胡萝卜汁加工项目，主要分布在西北、东北、华北地区，目前已有十多家公司正在运营，如北京汇源、牵手、新疆神内等。胡萝卜也是医药加工业的重要原料，高含 β-胡萝卜素的浓缩汁可用于合成维生素 A。

胡萝卜是全球性十大蔬菜作物之一，适应性强，易栽培，病虫害少，种植十分普遍。胡萝卜在亚洲、欧洲和美洲分布最多。根据联合国粮食与农业组织（FAO）统计，2004 年全世界胡萝卜的栽培总面积为 107.7 万 hm²，其中亚洲为 59.9 万 hm²，欧洲为 28.2 万

hm², 北美洲为7.0万hm²，南美洲为4.6万hm²，非洲为7.64万hm²，大洋洲为0.9万hm²；近几年除了亚洲栽培面积增幅较大之外，其他洲变化较小；2004年中国胡萝卜栽培面积达到45.3万hm²，比1991年增加了近4倍，约占全世界栽培面积的42.0%，已成为世界第一胡萝卜生产国。

目前全世界收集保存的胡萝卜种质资源共有6 000份〔联合国粮食及农业组织(FAO)，1996〕，其中中国收集编目保存的地方品种有389份，来自于27个省（区、市)，其种子保存在中国农业科学院蔬菜花卉研究所国家蔬菜种质资源中期库中。大量胡萝卜种质资源，包括栽培、半栽培和野生胡萝卜被收集、保存在美国的佛罗里达研究教育中心（CFREC，Sanford，Florida）、美国农业部农业研究局（USDA-ARS，Madison Wisconsin）、英国的国际园艺研究所（HRI，Wellesbourne，England）、荷兰的植物育种与繁殖研究中心（CPRO，Wageningen）、法国的法国农业研究所（INRI，Rennes）、俄国的瓦维洛夫全俄植物科学研究所（VIR，St Petersburg）和德国的植物遗传研究所(IPK，Gatersleben) 等国家和单位。

第二节　胡萝卜的起源、传播与分布

一、胡萝卜的起源

瑞士 De candolle（《栽培植物的起源》，1886）认为胡萝卜原产亚洲西部。"在瑞士湖边居民遗迹中发现化石状态的胡萝卜根，因而认为栽培胡萝卜的起源很古老……"，估计栽培历史在2 000年以上（谭其猛，1978）。

苏联 Н. И. Вавилов（《栽培植物的起源中心》，1926）把世界上主要栽培植物分成8个起源中心，他认为亚洲品种的胡萝卜发源地在中亚细亚，这个地区包括印度西北部，整个阿富汗，塔吉克和乌兹别克共和国，以及天山西部。另外在阿纳托利亚也有特别丰富的栽培类型。苏联 Жуковский（杜比宁主编，《植物育种的遗传学原理》，1974）在其基础上进一步阐述了胡萝卜有3个起源地，而在每个起源地的胡萝卜染色体数、根的颜色各有不同。即：

①中亚细亚起源地：主要在阿富汗，这里是二年生块根胡萝卜的初生基因中心，其染色体数 $2n=2x=22$。含有花青素的胡萝卜为最早的原始类型，它向东方和西方传播，进入前亚地区。在流传过程中，由于颜色突变，产生了黄色胡萝卜，渐渐成为饲料。由黄色胡萝卜颜色突变，又产生了白色胡萝卜，白色胡萝卜除用作饲料外尚作食用。因此，在中亚细亚起源地是紫色的、黄色的和白色的二年生胡萝卜的初生基因中心。

②前亚细亚起源地：主要包括土库曼、伊朗、外高加索、小亚细亚和阿拉伯地区。这里是紫色胡萝卜的次生基因中心，其染色体数 $2n=2x=18$。很少遇到黄色胡萝卜。

③地中海起源地：这是紫色胡萝卜和野生亚种 ssp. *maximus* 自然杂交产生的含有胡萝卜素的胡萝卜起源地，被看做是原始杂种的初生基因中心，属于欧洲含有胡萝卜素的原始类型，其染色体 $2n=2x=18$。

1975年荷兰 Zeven 和苏联 Жуковский 在《栽培作物及其变异中心词典》一书中，也有类似的表述："胡萝卜包括许多野生的和栽培的，出现在欧洲、北非、西南亚和中亚，最古老的栽培种形成中心在阿富汗，它们的特征是含有花青素，块根呈紫色……"。

美国 Mark J. Bassett（1986）在《蔬菜作物育种》（Breeding Vegetable Crops）一书中也阐述："包括胡萝卜的 Daucus 属有许多野生形态，这些野生的 Daucus 属植物大都生长在地中海地区和西南亚，少数在非洲、大洋洲和北非洲。人们普遍认为阿富汗是 Daucus 属胡萝卜的主要遗传变异中心。"

日本星川清亲（《栽培植物的起源与传播》，1981）认为，胡萝卜的初生起源中心在阿富汗的喜马拉雅山、兴都库什山地区，约在 10 世纪传到近东地区，小亚细亚的安纳托利亚一带，从而形成了次生起源中心。

英国 Simmonds（1976）在《作物进化》（Evolution of Crop Plants）一书中提到："西方含胡萝卜素的胡萝卜起源于东方含花青素的胡萝卜，而东方含花青素的胡萝卜可能是由阿富汗含花青素的 D. carota 种的亚种 ssp. carota 演变发展而来的，人们选择肉质多、皮光滑、根的分叉少，颜色可能是紫红色或紫罗兰色，从浅到深不等……"，书中又提到："据 Mackevic（1929）的研究，阿富汗是含花青素胡萝卜的繁衍中心。"

从上述各国学者的研究可见，最原始的胡萝卜是含有花青素的紫色胡萝卜，源于 D. carota 中的亚种 ssp. carota，起源中心在阿富汗；而欧洲含有胡萝卜素的胡萝卜类型是由紫色胡萝卜和地中海地区的 ssp. maximus 自然杂交而产生的。目前人们食用的紫色胡萝卜、含有叶黄素及杂色素的黄色胡萝卜、含番茄红素的红胡萝卜及含有胡萝卜素的橘色胡萝卜，均属二年生作物，肉质根发达，并含有丰富的营养物质，其祖先均来自含有花青素的 ssp. carota（《中国作物遗传资源》，1994）。

二、胡萝卜的传播

关于胡萝卜的传播各国学者意见不一。星川清亲（《栽培植物的起源与传播》，1981）认为胡萝卜在 12 世纪由阿拉伯人传到西班牙，13 世纪从小亚细亚经海路传入意大利的威尼斯，14 世纪传到法国、荷兰、德国，15 世纪传到了英国，当时欧洲种植的以紫色长根形为主。橘色胡萝卜首先在荷兰育成，19 世纪传到美国。

荷兰学者 Banga（1976）认为，栽培的紫色胡萝卜及其颜色突变体黄胡萝卜是从阿富汗同时向东方和西方传播的，在 10～11 世纪先到小亚细亚，12 世纪传到西班牙，14 世纪传到西北欧大陆，15 世纪传到英格兰；14 世纪向东传到了中国，17 世纪早期传到日本。16 世纪及其以前，西北欧种植的大都是紫色和黄色的胡萝卜。在 17 世纪，首先由荷兰人选择培育出橘色胡萝卜，最初的叫长橘（Long Orange），以后又选出根形较小的，名为角（Horn）。大约在 1763 年依据早熟性和根形大小，从角品种中又选育出晚熟半长（Late Half Long），早熟半长（Early Half Long）和早熟鲜红角（Early Scarlet Horn）3 个品种。Banga（1976）认为西方所有的橘色胡萝卜都是上述 4 个品种通过系统选育及杂交育种繁殖起来的。

关于栽培胡萝卜究竟何时传入中国，学者们意见不一。明代李时珍在《本草纲目》（1578）中记载："元时（1280—1367）始自胡地来，气味微似萝卜，故名……"。但也有学者认为是西汉武帝时（公元前 140 至前 88），由张骞出使西域，通过丝绸之路，经中亚西亚传至中国的，故名胡萝卜，其历史距今已有 2 000 多年，不过这与国外诸多学者认为胡萝卜在原产地的栽培历史大约有 2 000 年左右似乎有矛盾。又据查阅石声汉校注的《农政全书》（1628）中关于张骞引入的植物部分，也未见到胡萝卜。另据清代吴其濬《植物名实图考》（19 世纪中期）所载，胡萝卜是从伊朗首先引至云南省的。因此，胡萝卜是由张骞出使西域引入一说，尚需进一步查证（《中国作物遗传资源》，1994）。

据张凤芬查证（1994），中国保留至今的有关胡萝卜的最早著作，是南宋绍兴 29 年（1159）由医官王继先等人所著医书《绍兴校定经史证类备急本草》。书中记载了："胡萝卜味甘平无度，主下气，调理肠胃，乃世之常食菜品矣，处处产之，本经不载，当今收附菜部。"此书著录年代比李时珍的《本草纲目》早 400 余年，比"元时始自胡地来"种植年代早 120 年。由此可以推断，胡萝卜引入中国的年代要早于 1159 年。

中国台湾省于 1895 年从日本引入了金时、长崎五寸等品种。在 20 世纪 40 年代，中国内地已引入了橘色胡萝卜品种，如东京大长胡萝卜、丹佛斯半长（Danvers Half Long）、美国早熟鲜红角、法国早熟等等。

三、胡萝卜的分布

目前世界上栽培胡萝卜生态型主要有阿姆斯特丹型（Amsterdamer）、博力克姆型（Berlicumer）、南特斯型（Nantaise）、丹佛斯型（Danvers）、寇玛型（de Colmar）、钱特内型（Chantenay）、樱桃胡萝卜（Pariser Market）、皇帝型（Imperator）及黑田型（Kuroda）等 9 种（Stein and Nothnagel，1995）（图 3 - 1）。其中南特斯和黑田型是世界上栽

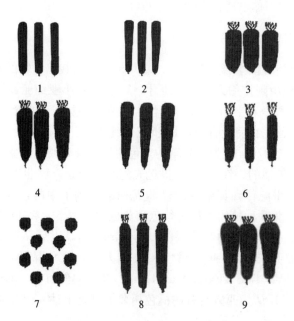

图 3 - 1　胡萝卜不同基因型根型模式图（IPGRI，1998）

1. 阿姆斯特丹型（Amsterdamer）　2. 博力克姆型（Berlicumer）
3. 钱特内型（Chantenay）　4. 丹佛斯型（Danvers）　5. 寇玛型
（de Colmar）　6. 南特斯型（Nantaise）　7. 樱桃胡萝卜
（Pariser Market）　8. 皇帝型（Imperator）　9. 黑田型（Kuroda）

培最为广泛的胡萝卜类型。南特斯是一种中长柱形的胡萝卜类型，主要分布在欧洲和亚洲，大约占世界栽培面积的 2/3。黑田型是一种中短钝锥的胡萝卜类型，在较温暖的地区产量高、适应性好，主要分布在亚洲、南美洲以及非洲。皇帝型的胡萝卜主要分布在北美洲以及澳洲地区。

胡萝卜在中国广泛栽培，经过各地长期的驯化和栽培，形成了大量不同生态类型的地方品种，如江苏长红、陕西透心红、河津细心黄等。据现有收集、保存的地方品种资源表明，其中尤以河南、湖北、陕西、贵州和山东等省居多，约占总份数的 50%。近年，中国生产上应用的品种主要是从日本和韩国等引进的黑田类型（Kuroda），还有南特斯（Nantes），钱特内（Chantenay）等类型及其经长期驯化栽培形成的地方品种，如郑州红，陕西透心红等。目前育种单位还推出了一些新的胡萝卜品种，如中加 1 号、橘红 1 号、金红 1 号、红芯 1 号等。

从出口数量和金额看，胡萝卜在中国各种出口蔬菜中已上升到第五位。据《中国农业年鉴》（2002，2003）数据表明，出口数量和金额较大的省份为山东、广东、福建、黑龙江、江苏和内蒙古。自 2003 年至 2004 年，中国还逐步发展并形成了福建省的厦门翔安，山东省的寿光、莱西，河北省的围场和内蒙古自治区的集宁乌素图四大胡萝卜出口加工基地，已实现一年四季都有胡萝卜出口。

第三节　胡萝卜的分类

一、植物学分类

胡萝卜属（Daucus）包含 22 个种，其中多数种的染色体基数为 n=11 或 10，而野胡萝卜种（Daucus carota L.）的染色体基数为 n=9。胡萝卜属（Daucus）中多数种为二倍体，但也有多倍体种的报道，如 D. glochidiatus Labill. 为四倍体（2n = 4x = 44）、D. montanus Humb. & Bonpl. 为六倍体（2n=6x=66）。

野胡萝卜种（Daucus carota L.）的分类系统较为复杂。Banga（1976）根据细胞学分类研究，认为野胡萝卜种（Daucus carota L.）野生类型大部分生长在西南亚和地中海地区，少数则生长在非洲、澳大利亚及美洲。对生长在小亚细亚、日本和美国等地的大量野生胡萝卜进行染色体分析，发现这些地区的野胡萝卜和欧洲的野胡萝卜具有相同的染色体数，因而它们有共同的亲缘关系。

依据染色体结构及在地理上的分布，Banga（1976）认为 ssp. carota 是生长在欧洲和西南亚的最普遍的野生亚种，另外在地中海沿岸和由此向东至伊朗的广大地区，分布着 ssp. maximus（Desf.）Ball、ssp. maritimus（Lam.）Batt、ssp. hispanicus（Goüan）Thell.，在地中海东部地区有 ssp. gummifer Hooker fil.，在地中海中部地区有 ssp. fontanesii 和 ssp. bocconei，而在巴尔干地区则有 ssp. major（Vis.）Arcangeli。栽培胡萝卜是野胡萝卜 Daucus carota 的一个变种，源于野生亚种 ssp. carota，它们相互间能够自由杂交，且未发现不育性。

苏联 C. Ачапов 和 Б. И. Сежкарев 把野胡萝卜种（Daucus carota L.）分成

ssp. *orientalis*（其野生种生长在喜马拉雅山地区）和 ssp. *occidentalis*（其野生种分布在地中海沿岸）两个亚种。在亚种下又分 5 个变种，前者有 4 个变种，分别是 var. *siaaticus*、var. *cilicicus*、var. *syriacus*、var. *japonicus*，后者有 1 个变种 var. *mediterraneus*。

此后，Small（1978）基于前人的研究结果，对野胡萝卜种（*Daucus carota* L.）437 份材料进行形态学系统研究，提出了新的分类观点，具体如下：

1. 植株至少具有下述 10 个特征中的 5 个特征：（a）上部果序的伞辐朝轴线弯曲不明显，不能形成明显的巢式果序；（b）开花植株高度低于 30cm；（c）次生果棱上刺毛长度小于双悬果宽度的一半；（d）次生果棱上刺毛呈弯曲形；（e）花梗明显曲折，常呈之字形；（f）叶末回裂片为卵形或披针形（不是线性披针形），以及肉质根为白色或黄白色；（g）复叶和茎明显有软毛，以及肉质根为白色或黄白色；（h）茎生叶和基生叶分裂不明显，总苞的苞片宽度大于 1mm；（i）新鲜叶片有光泽，受伤时产生或不产生分泌液；（j）东半球的植株具有野生习性 ……………… ssp. agg. *gingidium*（非正规命名）

1. 植株至少不具有上述 10 个特征中的 5 个特征 ………………………………… ssp. agg. *carota*（非正规命名）

　　2. 鲜根柔软，纤维质地，白色到白黄色，味道差；贮藏器官和茎的转化表现模糊；复叶经常倒伏；花序中部常有紫色花朵；常一年生 ………………………………………… 野生型（有不同亚种）

　　2. 鲜根质脆，肉质状，常有色素（或极少白色），味道好；茎是由贮藏器官伸长形成的，转变非常明显；复叶通常直立；花序中部很少有紫色花朵；常二年生 ……………… 栽培类型：ssp. *sativus*

　　　3. 叶片灰绿色；末回裂片为披针形到卵圆形，倒数第二裂片的裂缝小于中脉的 2/3；离轴的叶柄或小叶片的茸毛多于 50 根/mm²；根通常是黄色，表面常带有紫色，为细胞质可用水虑去的色素；通常发现在亚洲 ………………………………………… 东方型变种：var. *atrorubens*

　　　3. 叶片亮绿色，常有轻微的黄色；末回裂片为线性披针形，倒数第二裂片的裂缝大于中脉的 2/3；离轴的叶柄或小叶片的茸毛少于 50 根/mm²；根通常是橘红色或黄色（偶尔有白色），含有质体束缚的色素，不能用水虑去；为广泛存在的栽培种 ……… 西方型变种：var. *sativus*

其中 ssp. agg. *gingidium* 包括 ssp. *gummifer* Hooker fil.、ssp. *commutatus*（Paol.）Thell.、ssp. *hispanicus*（Goüan）Thell.、ssp. *hispidus*（Arcangeli）Heywood、ssp. *gadecaei*（Rouy & Camus）Heywood、ssp. *drepanensis*（Arcangeli）Heywood 和 ssp. *rupestris*（Guss.）Heywood 等 7 个亚种。在 ssp. agg. *carota* 中包括 1 个栽培亚种和 4 个野生型亚种，分别是 ssp. *sativus*（Hoffm.）和 Arcangeli、ssp. *carota*、ssp. *maritimus*（Lam.）Batt.、ssp. *major*（Vis.）Arcangeli 和 ssp. *maximus*（Desf.）Ball 等（Small，1978）。另外还报道过 3 个野生亚种：ssp. *dentatus* Bertol.（Bonnet，1983）、ssp. *azoricus* Franco（Kraus，1992）和 ssp. *libanotifolia* Wiinst.（Nothnagel，2000），但关于它们的系统分类还未见报道。

栽培类型中的东方型变种 var. *atrorubens* Alef. 长期生长在较温暖的地方，夏播栽培留种，因此较耐高温，但容易抽薹，花薹主茎粗壮，主轴花序大，侧枝较弱；而西方型变种 var. *sativus*（Hoffm.）Arcangeli 则长期生长在冷凉的地区，用春播越冬方式留种，因此耐寒性强，不易抽薹。黑田型（Kuroda）就是由东方型变种 var. *atrorubens* 和西方型变种 var. *sativus* 杂交获得的。核型分析发现栽培胡萝卜有 5 个近端染色体，1 个随体染色体和 4 个中间染色体，染色体大小为 1.8～3.8μm（Peterson and Simon，1986），但不同学者报道的结果也有区别。

中国的胡萝卜种质资源较为丰富，拥有黄色、红色、紫色和橘色多种类型，在许多地区还生长着野胡萝卜 ssp. *carota*，其染色体数为 2n＝2x＝18，大都是二年生草本。在河北省坝上草原及内蒙古、甘肃等省、自治区还生长着一种野胡萝卜，当地群众称之"山胡萝卜"或"山萝卜"，为二年生草本，其种子光滑无毛，紫红色，肉质根黄白色，但其染色体数为 2n＝2x＝20，不同于上述所报道的野胡萝卜种，尚待进一步研究（《中国作物遗传资源》，1994）。在中国本土长期生长的黄色、紫色、红色胡萝卜，特别是生长在西北、东北地区的品种，植株高大，主茎粗壮，主轴花序大，侧枝较弱，春播容易抽薹，一般属于东方型变种 var. *atrorubens*。

二、栽培学分类

中国栽培胡萝卜种质资源较为丰富，但尚未对其进行系统研究，现就其园艺学性状、栽培季节及用途等进行以下分类：

（一）依据肉质根形态分类

1. 根据肉质根的颜色　可分为黄色、橘红色、红色和紫色 4 种类型。

（1）黄色类型　肉质根呈黄色，含有大量叶黄素和杂色素。主要生长在内蒙古、新疆自治区及陕西省北部，一般品质中等，产量较高，除作菜用外还用作饲料。代表品种有：陕西省榆林黄胡萝卜、绥德露八分，内蒙古自治区的扎地黄、齐头黄、山西省的河津细心黄、太古胡萝卜等。

（2）橘红色类型　肉质根呈橘红色，含有大量的 β-胡萝卜素。依据含有 β-胡萝卜素、叶黄素和番茄红素成分多少，又可细分为橘黄色、橙色和橘红色类型。主要分布在东部沿海各大城市近郊及附近地区。近 10 年栽培面积迅速扩大，橘红色类型品种已成为生产上的主栽品种，其他类型品种种植面积已大范围缩小。代表品种有：日本黑田五寸、红映 2 号、橘红 1 号、中加 1 号、金红 1 号，阿姆斯特丹型（Amsterdamer）、南特斯型（Nantaise）、钱特内型（Chantenay）、博力克姆型（Berlicumer）品种以及天津江米条、山东省烟台三寸、烟台五寸、河北省新城细油瓶等。

（3）红色类型　肉质根呈红色，含有大量番茄红素。主要生长在西北地区，栽培历史悠久，种植面积较大，是当地春冬季主要贮藏蔬菜。有些品种引入到其他地区种植，容易产生未熟抽薹。代表品种有：陕西省榆林红胡萝卜、西安齐头红、耀县红萝卜、大荔野鸡红、咸阳透心红，甘肃省临发尖头红、齐头红等。

（4）紫色类型　肉质根呈紫红色，含有大量花青素。该类型品种不很多，且分散于各地种植，一般用于加工腌渍。代表品种有：河南省杞县胡萝卜、三门峡紫皮胡萝卜、上海红甘胡萝卜、吉林省紫胡萝卜、山西省新绛紫红等。

2. 根据肉质根长短不同　可分为长根类型、中根类型和短根类型；又因其形状不同，可分为圆锥形和圆柱形两种类型。

（1）长根类型　肉质根长 25cm 以上，一般生长期较长，在 120d 以上，属中晚熟品种。长圆柱形的品种有：江苏省南京长红胡萝卜、上海本地黄胡萝卜、湖北省麻城棒槌胡萝卜，SK 316。长圆锥形的品种有：福建省汕头红胡萝卜，北京市气死牛倌胡萝卜、北京鞭竿红等。

(2) 中根类型 肉质根长 15～25cm。中国大部分品种属此类型，分布地区广，种植面积大，一般生育期为 120d 左右，属中熟种。属圆柱形的品种有：红映 2 号、橘红 1 号、中加 1 号、黑田五寸、山西省河津细心黄、陕西省汉中大叶、榆林红胡萝卜等。属圆锥形的品种有：太阳红心、北京黄胡萝卜、山西省平定胡萝卜等。

(3) 短根类型 肉质根长 6～15cm，一般生育期较短，约 70～100d，产量低，较适应低洼地种植，耐寒又耐热，适宜促成栽培。属短圆柱的品种有麦村金笋、美国的小指形 (Little Finger) 等。短圆锥形的品种有山东省烟台三寸、上海红甘胡萝卜等。圆球形的品种有樱桃胡萝卜等。

（二）根据栽培季节分类

1. 春播类型品种 一般冬性较强，生育期较短，耐寒又耐热，春播不易抽薹，耐贮藏，肉质根多为橘红色和橘黄色。如红映 2 号、极早南特斯型、山东省烟台三寸、四川省的胭脂红、四川小缨等。由于中国南北方温差大，因此播种时期各地不同，华北地区一般于 3 月下旬至 4 月上旬播种，6 月下旬至 7 月上中旬收获。长江中下游地区则以 2 月上旬至 3 月下旬播种，6 月中旬至 7 月上旬收获。

2. 夏秋播类型品种 适宜在气候凉爽的条件下生长发育，一般产量高，中国的胡萝卜种质资源以此类居多。一般于 7 月中旬播种，11 月上旬收获。由于南北方温差大，北方播种期较早，收获期也偏早，南方播种期和收获期稍迟。中国秋播胡萝卜面积大，产量高，品种较为丰富。目前多用于速冻出口、加工，或者用于贮藏，供应冬春季蔬菜市场。代表品种有：黑田五寸、红映 2 号、橘红 1 号、中加 1 号、北京鞭竿红、黑龙江省的克山一支蜡等。

3. 越冬类型品种 多用于越冬栽培，生育期长，冬性较强，不易抽薹，表皮光滑，多为长圆柱形，表皮、韧皮部和心柱都为橘红色。主要在广东省、福建省等南方地区栽培，可满足春夏季速冻出口或加工等需要，一般在 10 月中下旬播种，翌年 3～5 月份采收。市场看好的品种有 SK 316 等。

（三）根据用途分类

1. 生熟食兼用类型 肉质根表皮光滑，根形为柱形或柱锥形，无绿肩，质甜脆，口感好，较细嫩。目前使用较多的品种有黑田五寸、红映 2 号、橘红 1 号、金红 1 号等。

2. 用于速冻出口的品种 肉质根具备三红，即表皮、韧皮部和中心柱均为橘红色，心柱细，根形为长柱形，表皮光滑，无绿肩，口感好。主要品种有红映 2 号、SK 316、改良黑田五寸等。

3. 用于脱水或腌渍加工的品种 肉质根具备三红，无绿肩，干物质含量高，产量高，代表品种有黑田五寸、中加 1 号等。目前国内腌渍加工仍为小作坊式，基本上是就地取材，选用当地品种，如河南省杞县胡萝卜、江苏省扬州三红、上海长红、北京鞭竿红等。

4. 用于胡萝卜汁加工的品种　肉质根要求具备三红，口感好，无异味，高产，特别是胡萝卜素含量要高，用于医药原料的则要求其含量更高。国内胡萝卜汁加工专用品种较少，大部分仍使用黑田系列品种，其胡萝卜素含量一般每100g在5.0～8.0mg。中国农业科学院蔬菜花卉研究所推出的新品种橘红1号、中加1号能达到10.0～13.0mg，在东北和西北地区种植可达到15.0～18.0mg。

5. 饲料用型　一般产量高，品质欠佳，水分多，地上部叶丛繁茂，西北地区多有栽培。多数采用当地品种，如河南省安阳胡萝卜，山西省榆林胡萝卜、海林饲用胡萝卜，内蒙古自治区扎地黄、齐头黄等。

第四节　胡萝卜的形态特征与生物学特性

一、形态特征

（一）根

胡萝卜的根分为肉质根和吸收根。其肉质根与萝卜相似，分为根头、根颈和真根三部分（图3-2）。胡萝卜真根占肉质根的绝大部分，根头、根颈两部分所占比例很小。胡萝卜肉质根的次生韧皮部肥厚发达，绝大部分营养物质贮存其中，是主要的食用部分。肉质根的"心柱"是次生木质部，含水分较少，且质地粗硬（图3-3）。因此，肥厚的韧皮部、较小的心柱，是胡萝卜肉质根品质优良与否的重要特征。肉质根长短一般在10～22cm之间，但有的品种，如樱桃胡萝卜只有6cm，而上海长红、汕头红可达30cm以上。肉质根粗细品种间差异也较大，一般在2～6cm之间（图3-4）。

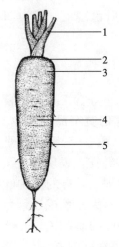

图3-2　胡萝卜肉质根形态
1. 叶柄　2. 根颈　3. 根头
4. 真根　5. 须根

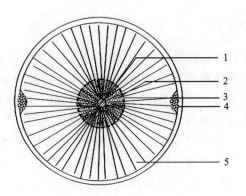

图3-3　胡萝卜肉质根的横断面
1. 初生木质部　2. 次生木质部　3. 形成层
4. 初生韧皮部　5. 次生韧皮部

胡萝卜肉质根表面相对的 4 个方向上生有纵向四列须根，它们与肉质根尾部的主根构成胡萝卜的吸收根，用来吸收土壤的水分和养分。胡萝卜根系发达，为深根性蔬菜。播种后 40～50d 主根可深达 60～70cm；收获时，生长在土质疏松土壤中的胡萝卜，主根可深达 2m 左右。胡萝卜根系的扩展度可达 60cm 左右，因此其耐旱性较强。胡萝卜根表面有凹沟或小突起状的气孔，以便于根内部与土壤中的气体进行交换。

图 3-4　不同类型的胡萝卜肉质根

若栽培在黏重土壤里，由于通气性差，则易引起气孔扩大，致使根皮粗糙，甚至形成瘤状畸形根。

（二）茎

胡萝卜在营养生长期间具短缩茎，着生在肉质根的顶端。短缩茎上着生丛生叶。胡萝卜在生殖生长阶段则在肉质根顶端抽生出繁茂的花茎，主花茎可达 1.5m 以上。其粗度自下而上渐细，下部横茎可达 2cm 以上。茎的分枝能力很强，地上部各节均能抽生出一级侧枝，一级侧枝上又可抽生出二级侧枝，二级侧枝上可再分生出三级侧枝。茎多为绿色，并有深绿色条纹，形成棱状突起。有的品种下部几节或茎节处带紫色纵向条纹。茎的横断面为圆形，外围有细棱，幼嫩茎或茎上部节间的棱沟不明显，但随株龄增加棱沟也随之逐渐明显。茎的棱状突起的纵条上密生白色刚毛，但沟凹处几乎无毛。

（三）叶

营养生长阶段，叶丛着生于短缩茎上，一般有 15～22 片叶，为三回羽状复叶。叶裂深浅因品种而异，以全裂叶居多，裂片呈狭披针形，裂片的宽窄品种间也有差异。山西地方品种细心黄的叶裂浅，裂叶较宽，类似于芹菜叶型（图 3-5-1），一些从日本引进的黑田系列品种的裂叶相对较细（图 3-5-3），如东方红秀，表现出较强的耐旱性。叶片大小还受栽培和自然环境的影响。胡萝卜一般叶柄细长，有的品种叶柄着生茸毛，其多少因品种而异。叶柄多为绿色，少数品种叶柄基部为紫色或浅紫色。叶片多为浓绿色，但有些品种为黄绿色或浅绿色，也有的品种外叶为暗绿色，心叶为黄绿色。叶片大小因品种而异，一般早熟品种小于晚熟品种，通常叶片长 40～60cm，宽 15～25cm，叶片外形轮廓呈高等腰三角形。第二年抽生的花茎，叶片轮生，无托叶。胡萝卜叶展度虽较大，但分裂细，叶面积相对较小，多数品种叶面或叶背生有茸毛，因而较其他作物耐旱。

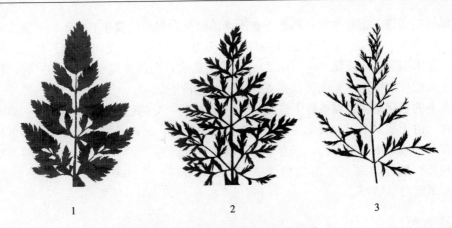

图 3-5　胡萝卜不同品种叶片差异
1. 芹菜叶型　2. 正常叶型　3. 防风叶型

(四) 花

胡萝卜为复伞形花序，着生于花枝的顶端，所有的花朵均分布在小伞形花序中，小花伞又排列成大的伞形花序。通常每一植株可抽出几十个花薹，采种时一般只保留一个主花序和几个二级花序。同一株的主花序先于侧枝上的花序开放，逐级而晚。主伞形花序成熟时可包含 1 000 多朵花，二级、三级花序所含花朵数目依次减少，一株上常有小花几千朵到上万朵。每朵花的雄蕊、花瓣和花萼同时发育，随后才完成心皮的发育，因此，胡萝卜的雄蕊早于雌蕊 2~3d 成熟，每朵花的花粉不能给同一朵的柱头授粉，只能给先于其开放的花朵的雌蕊柱头授粉。每一朵正常花有 5 枚雄蕊、5 个花瓣、5 个花萼和 1 枚具有两个柱头的雌蕊（每一雌蕊由两个心皮组成）。瓣化型雄性不育系的雄蕊则形成花瓣或萼片。每一花序的花是由外向内开放，每一花序花期约持续 5d，整株花期约在 30~50d。

(五) 果实与种子

胡萝卜为双悬果，成熟时分裂为二，成为独立的半果实，生产上即以此作为"种子"，但真正的种子包含在果皮内。每个胡萝卜的半果实呈长椭圆形，扁平，长约 3mm，宽 1.5mm，厚 0.4~1mm。两个半果相对的一面较平，背面呈弧形，并有 4~5 条小棱，棱上着生刺毛。果皮革质，含有挥发油，有一种特殊的香气，不利于吸水。胡萝卜种子成熟期不一致，常造成种胚发育不良，因此种子发芽率较低，仅在 70% 左右。胡萝卜种子无胚乳，千粒重约 1.1~1.5g。

二、对环境条件的要求

(一) 温度

胡萝卜原产于中亚西亚干燥地区，为半耐寒性蔬菜，对温度的要求与萝卜相似，但耐热性和耐寒性比萝卜强。4~6℃ 时种子即可萌动，8℃ 时开始生长，在 18~20℃ 的条件下，经 10d 左右即可出苗。胡萝卜幼苗能忍耐短时间 -3~-4℃ 的低温，也能在 27℃ 以上的高温气候条件下正常生长。胡萝卜在不同的时期对温度的要求有所不同，其发芽最适温度是 20～25℃；叶部生长期的适宜温度，白天为 20～25℃，夜间为 15～18℃；肉质根肥大期，要求温度逐渐降低，一般以 20～22℃为适宜，当温度降低到 6～8℃时，根部虽能继续生长但比较缓慢，温度降低到 3℃以下就停止生长。

胡萝卜的春化是在低温条件下进行的，一般在 2～6℃的低温下，需经 60～100d 才能通过春化。由于胡萝卜通过春化要求的温度低，时间长，故未熟抽薹的发生比萝卜相对要少。胡萝卜一般采用母根采种，当春季在土壤温度达到 8～10℃时种株即可定植。胡萝卜开花、授粉、结籽的适宜气温以白天 22～28℃，夜间 15～20℃为宜。白天气温超过 35℃，即不能授粉结籽。

（二）光照

胡萝卜为长日照作物。通过春化后的植株，只有在 14h 以上的长日照条件下才能抽薹、开花；未通过春化的植株，在长日照条件下，虽然叶片和肉质根比在短日照条件下生长更迅速，产量也高，但不能抽薹、开花。

胡萝卜对光照强度要求也很高，胡萝卜生长需要中等强度的光照。如光照不足，则叶片狭小，叶柄伸长，下部叶片因营养不足提前枯黄、脱落。因此，保证充足的光照，是提高胡萝卜产量的重要措施之一。

（三）水分

胡萝卜主根长而入土深，侧根多，叶面积小，耐干旱能力比萝卜强，为根菜类中耐旱性强的蔬菜。但是，为了使胡萝卜生长良好和获得高产优质产品，还必须满足其对水分的需要。胡萝卜对水分的要求，依生长阶段的不同而有所变化。播种时要注意灌溉，使土壤湿度保持在 70%～80%，才能使种子迅速发芽和保证出苗整齐。幼苗期和叶部生长旺盛期，应适当减少灌溉，加强中耕，使土壤保持疏松，以便于透气，促使直根发育良好。当肉质根生长到手指粗时（生长到十几片叶），是胡萝卜整个生长期中需水量最多的时期，应增加灌溉次数和灌溉量，使土壤湿度经常保持在 70%～80%，以满足肉质根迅速膨大的需要。采收前半个月应停止浇水，以减少肉质根开裂。

（四）土壤与营养

胡萝卜对土壤的要求与萝卜相似，喜好土层深厚、土质疏松、排水良好、孔隙度高的沙壤土和壤土。若将胡萝卜栽培在透气不良的黏重土壤中，则肉质根的颜色发淡，须根多，易生瘤，品质低劣；若栽培在低洼排水不良的地方，则其肉质根易破裂，易引起腐烂，并使叉根增多。胡萝卜生殖生长期对土壤的要求与营养生长期基本相同，疏松的土壤有利于提高地温，促进发根。胡萝卜对土壤酸碱度的适应范围较广，在 pH 为 5～8 的土壤中均能良好生长，在 pH 为 5 以下的土壤中则生长不良。

胡萝卜在整个生长发育过程中吸收钾最多，氮和钙次之，磷、镁较少，氮、磷、钾、钙、镁的吸收比例为 100∶40～50∶150～250∶50～70∶7～10。氮是构成植物体和产品的基本物质，但不宜过多，否则会使叶片徒长，肉质根细小，降低产量。钾能促进根部形成层的分生活动，增产效果十分显著。据试验，每生产 1 000kg 胡萝卜产品，约吸收氮3.2kg、磷1.3kg、钾5.0kg。

胡萝卜生长需要较多的肥料，施肥应以基肥为主，追肥为辅。基肥应使用腐熟的有机肥，以免损伤幼苗根系，产生叉根。胡萝卜施肥应掌握氮、磷、钾配合使用，比例均衡。胡萝卜不同时期对肥料的要求有所不同。在胡萝卜叶部旺盛生长期，对氮肥的需求多，追肥时，应掌握以氮肥为主，但也要防止氮肥过多，以免引起地上部徒长。肉质根肥大期，以钾肥需求为主，应施用钾肥含量高的复合肥。生殖生长期，则以施用磷钾肥为主，防止使用过多氮肥，造成徒长，使花期延后。花期叶面施用钼肥有利于结籽。

第五节　中国的胡萝卜种质资源

一、概况

自从胡萝卜引入中国以来，经过长期的演化和栽培，适应了不同的气候及土壤环境，形成了大量的不同生态类型，包括野生的和栽培的。另外，通过与国外胡萝卜种质资源的交流，还先后引进了不少新的胡萝卜种质资源，有些已成为国内的主栽品种。在20世纪80年代，中国农业科技工作者跋涉全国各地，收集并整理了大量的胡萝卜野生种质和地方品种资源。目前，保存于国家蔬菜种质资源中期库中的胡萝卜种质资源就有400余份，其中389份来源于中国29个省（区、市）（表3-1），尤以河南、湖北、陕西、贵州和山东等省收集的种质资源居多，约占到389份的50%，另17份从日本、韩国、俄罗斯等9个国家引入（《中国蔬菜品种资源目录》第一册，1992；第二册，1998）。

表3-1　中国胡萝卜种质资源的收集数量和分布状况

省份	数量（份）	省份	数量（份）	省份	数量（份）
北京	2	浙江	3	四川	19
天津	6	安徽	7	贵州	31
河北	11	福建	3	云南	2
山西	23	江西	6	陕西	30
内蒙古	16	山东	30	甘肃	10
辽宁	13	河南	60	青海	2
吉林	4	湖北	46	宁夏	7
黑龙江	1	湖南	12	新疆	15
上海	5	广东	5	台湾	2
江苏	9	重庆	9	由国外引入	17

尽管中国胡萝卜种质资源较为丰富，但中国胡萝卜种子资源的研究仅处在收集、更新水平上，对其有用基因资源的开发研究较少。在20世纪90年代，中国农业科学院蔬菜花卉研究所张凤芬等人对胡萝卜地方品种资源的基本农艺性状和主要营养品质指标（β-胡萝卜素含量、总糖含量、干物质含量及维生素C含量）进行了鉴定，结果表明胡萝卜种质资源材料存在广泛的多样性。其中黄色胡萝卜占总数的18.1%，橘红色的胡萝卜占30.9%，红色胡萝卜占12.8%，其他材料兼有不同颜色或为中间过渡色。同时还筛选出总胡萝卜素含量每100g超过9.0mg的种质资源13份，主要有江苏省扬州三

红（18.2mg）、南京长红（10.3mg），贵州省安顺胡萝卜（11.3mg）、安徽省铜陵胡萝卜（10.0mg）、浙江省杭州丁香红（10.5mg）、湖南省会同胡萝卜（10.9mg）等。大多数种质资源总糖含量在5.0%～8.0%之间，其中有12份含量高于8.0g，主要有河南省邓县红胡萝卜（9.4%）、四川省汉源胡萝卜（9.1%）、辽宁省盖县蜡竿（8.2%）、内蒙古自治区多伦县红胡萝卜（8.2%）、陕西省三原鲁桥胡萝卜（8.4%）、陕西省透心红胡萝卜（8.4%）、吉林省紫胡萝卜（8.4%）等。大部分胡萝卜种质资源的干物质含量在11%～15%之间，其中有29份干物质含量高于15%，主要有江苏省泰州胡萝卜（18%）、内蒙古自治区多伦县红胡萝卜（17.9%）、江苏省吴江胡萝卜（16.9%），陕西省汉中乌缨子（16.9%）、黄龙胡萝卜（16.4%），江西省新建圆头胡萝卜（16.4%）等。

　　庄飞云等（2005）通过对上述4个主要数量品质指标进行分级，统计各材料的频率分布，总糖含量的频率分布呈现为正态分布，而其他3个数量性状的分布均表现为非正态分布。基于其他9个农艺性状的观察，初步构建了15%～20%的核心种质资源样品，不同取样比例的核心样品分布与总体分布趋势基本一致（图3-6）。

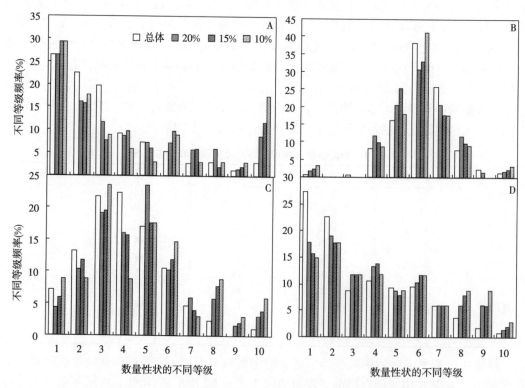

图3-6　核心样品与总体种质资源数量性状各等级频率分布
A. β-胡萝卜素含量　B. 总糖含量　C. 干物质含量　D. 维生素C含量

二、抗病虫害、抗逆种质资源

　　胡萝卜是所有蔬菜作物中抗病虫害能力较强的一种，在实际生产中一般使用农药极少，在防治方面也最不为人们所关注，但在发达国家则长期为育种者所关注。这是因为在欧美各国，由于栽培方式等种种原因，胡萝卜的病虫害发生较为严重。目前主要有 2 种病毒、4 种细菌、7 种真菌、1 种线虫和 1 种害虫对胡萝卜造成较大危害。目前中国记载的侵染胡萝卜的病害至少有 8 种以上，害虫至少有 6 种以上（吕佩珂等，1996；郑建秋，2004），近年已有黑斑病和斑点病大面积发生的例子。随着橘红色胡萝卜品种栽培区域不断向不太适宜种植的地区扩展以及品种单一性程度的增加，也给病虫害的侵袭提供了有利的条件。目前由于化学农药的使用受到了一定范围的限制，因此进行抗病育种的研究，提高植株本身的抗性或耐性就显得十分必要。

在欧洲 12 个地点试验中，Ellis 和 Hardman（1981）发现品种间受胡萝卜茎蝇（*Psila rosae* L.）伤害的程度存在差异，开放性授粉品种（Open-pollinated varieties，op 品种）Sytan 伤害程度最低，而丹佛斯（Danvers）伤害严重。对野生胡萝卜种 *D. capillifolius* 的抗性进行评价，认为其具有较高抗性（Cole，1985；Ellis et al.，1993）。通过选择，6 代之后获得的株系抗性虽不如其野生亲本高，但比从 Sytan 选择的株系明显要好。

北方根结线虫（*Meloidogyne hapla* Chitwood）在胡萝卜和马铃薯相邻种植、轮作期短的地区具有较高的危害性。Frese（1983）在野生胡萝卜 *D. c. hispanicus* 中发现了相关抗性，Kraus（1992）报道了在 *D. c. azoricus* 中发现的具有较好耐性的种质资源。Vieira 等人（2003）通过评价胡萝卜对多种根结线虫的田间抗性表现，基本都被 *Meloidogyne incognita* race 1 和 *M. javanica* 侵染。通过对多种胡萝卜基因型的筛选，表明栽培种 Brasília 是最有希望抗根结线虫的种质资源。

Alternaria dauci ［Kühn］Grov. et Skolko 是引起胡萝卜叶部黑斑病和晚疫病的最重要真菌病原物。Fedorenko（1983）分析了大量胡萝卜种质资源对 *Alternaria dauci* 的抗性，发现在栽培品种内和野生种内都存在抗性的差异。op 品种 Brasilia 对 *Alternaria dauci* 的耐性具有中等水平的遗传力（$h^2 = 0.40$），其抗性水平可以通过轮回选择进行提高（Boiteux et al.，1993）。

造成叶部病害的病原菌还有白粉病（*Erisyphe umbelliferarum* De Bary）、胡萝卜叶斑病［*Cercospora carotae*（Pass.）Kazn. Et Siem］和胡萝卜根腐病［*Stemphylium radicinum*（M.，Dr. et E.）Neerg.］。白粉病在欧洲正日趋严重，尤其是在潮湿温暖的夏季，白粉病毁坏叶片，造成减产，并给现代收获技术的使用带来困难。胡萝卜在中国的栽培季节大多为夏秋播种，冬季采收，白粉病主要表现在胡萝卜采种期。大量实验表明 op 品种 Berlanda 特别敏感，可以在试验中用作对照。在 *Daucus* 属中发现一些亚种具有较好的抗性，并已经开始用于育种。Bonnet（1983）认为 *D. carota* ssp. *dentatus* Bertol. 可作为一个抗源，其抗性是由单个显性基因 Eh 控制的。

中国对于胡萝卜病虫害早已有报道，但是对种质资源的抗病虫害、抗逆性的系统研究还未见报道。因此，关于中国胡萝卜种质资源抗病虫、抗逆性的研究亟待开展。

三、优异种质资源

胡萝卜优异种质资源大多具有下列一些共同特征：肉质根根型美观，表皮光滑，色泽鲜艳；心柱（木质部）较细、韧皮部较肥厚，肉质致密、脆嫩，纤维少，品质好；抗病、耐寒，抗热或耐旱，耐瘠薄，耐贮藏；适于各种不同用途等。

（一）陕西省榆林红胡萝卜

栽培历史悠久，中早熟，从播种至收获 100d 左右。叶簇半直立，株高 34～38cm。有大叶 10～24 片，绿色，叶长 54～57cm，宽 30cm，叶柄基部微带红色。肉质根圆柱形，表皮光滑，根头微露地面，根长 15～19cm，横径 4cm，单根重 300～450g。根表皮鲜红色，韧皮部粉红色，木质部黄色。肉质脆，水分多，纤维少，品质好，宜生熟食或腌渍。

（二）陕西省榆林黄胡萝卜

已有百年栽培历史，晚熟，从播种至收获 180d。叶簇半直立，株高 30～36cm，开展度 58～70cm。有大叶 18～29 片，深绿色，叶长 35～42cm，宽 16～20cm。肉质根肥大，多呈圆锥形，根长 21～26cm，横径 7.5～11cm，单根重 750～1 000g，最重达 1.3～1.5kg。根表皮为黄色，韧皮部和木质部均为淡黄色。生长旺盛，抗病力强，耐寒，耐瘠薄，耐贮藏。肉质根肉质致密，水分较少，味甜，宜作煮食或腌渍。

（三）西安齐头红胡萝卜

已有百年栽培历史，晚熟，从播种至收获 150～160d。叶簇半直立，株高 50cm，有大叶 11～12 片，绿色，叶长 45～60cm，宽 14～20cm。肉质根圆柱形，尾部钝圆，根长 18～23cm，横径 3.3～4cm，单根重 200g 左右。根表皮和韧皮部均为鲜红色，木质部小，呈黄色。耐热、耐寒、耐贮藏、抗病力强。肉质根质脆，水分中等，味甜，品质好，生、熟食或腌渍均可。

（四）河南省杞县胡萝卜

亦称为杞县酱胡萝卜，其原种引自四川省，在河南经过 400 多年驯化培育形成了独特类型。中晚熟，从播种至收获 130d。叶簇半直立，叶片绿色，叶柄绿色微紫，叶长 33cm，宽 10cm。肉质根圆柱形，上下匀称，表皮光滑，根长 16cm，横径 4cm，小顶。根表皮紫红色，肉浅紫色，木质部较小，黄绿色，单根重 100～150g。质脆、味甜、品质佳，适宜盐渍，是杞县腌渍酱胡萝卜的专用品种，其产品曾在 1933 年全国铁路沿线货品展览会上荣获嘉奖。

（五）日本黑田五寸

20 世纪 80 年代引自日本，是目前中国的主栽品种之一。中熟，从播种至收获 110～120d。植株紧凑，叶簇直立，叶柄长，绿色。肉质根圆柱形，根头部较大，根长 17～20cm，横径约为 4cm，单根重 160～200g。根表皮光滑，肉质橘红色，木质部略淡。耐寒性较强。肉质根脆嫩、水分多、味甜、品质佳，生熟食俱佳，是目前主要速冻出口品种。

(六) 南京长红胡萝卜 (蜡烛红)

中晚熟，从播种至收获 120～180d。植株半直立，株高 50cm，开展度 50cm 左右。叶片深绿色，叶柄绿色，基部带紫色，叶数 20 片左右。肉质根长圆柱形，根长 18cm，横径 4cm，单根重 150～200g。根表皮橘红色，肉红色，木质部带黄色，尾部钝尖。较耐热、耐旱、抗病。水分少，肉质致密，宜熟食或腌渍。

(七) 上海红胡萝卜

已有 80 余年栽培历史，早中熟，从播种至收获 100d 左右。叶簇直立，株高 34cm，叶长 30cm，宽 25cm，叶片黄绿色，叶柄浅绿色。肉质根长圆锥形，根长 24cm，横径 4cm，根肩部大，根表皮和韧皮部为橘红色，木质部小，呈橘黄色，单根重约 150g。耐寒、耐旱、抗病性强、耐贮藏。肉质致密，脆嫩，水分中等，味甜，风味浓，品质佳，适于熟食。

(八) 常州胡萝卜

为晚熟品种，从播种至收获 150d 以上。叶绿色，生长势较强。根长圆柱形，根长 40cm，大者可达 60cm 以上，横径约 4cm，单根重 0.7kg。根表皮有金黄和橘红两种颜色，表面光滑，肉质细致，味甜，品质佳，生熟食及腌渍均适宜。

(九) 扬州红干 (淮干、红大片)

栽培历史悠久，是江苏省主要加工品种。中晚熟，从播种至收获 120d 左右。叶簇半直立，株高 41cm，开展度 22cm 左右。叶片绿色，叶数 14 片左右。肉质根呈短圆锥形，表皮光滑，根长 10～15cm，横径 4～6cm。根表皮和韧皮部为紫红色，木质部大，呈多角形，单根重 100g 左右。较耐热耐旱。肉质紧脆，水分少，适宜盐渍。

(十) 北京鞭竿红

属中晚熟品种。叶簇直立，叶片深绿色，叶柄基部带紫色。肉质根为长圆锥形，根长 24～30cm，粗 4cm，单根重 150g 左右。根表皮为紫红色，韧皮部为粉红色，木质部橘黄色。肉质较硬、脆，水分少，品质佳，耐贮藏。适宜熟食或加工。

(十一) 山西省新绛紫红

栽培历史悠久，早中熟，从播种至收获 90～100d。叶簇半直立，叶片绿色，叶柄及基部紫带绿。肉质根呈圆柱形，表皮光滑，根长 12cm，横径 5cm。根表皮为紫红色，韧皮部橘黄色，木质部黄色，单根重 225g 左右。耐热、耐旱，抗病性强。肉质致密，含水量较少，味稍甜，品质较好，耐贮藏，适于熟食及加工。

(十二) 山西省河津细心黄

栽培历史悠久，早中熟，从播种至收获 90～100d。植株半直立，叶片绿色，叶重

65g。肉质根圆柱形，上部稍细，底部大而平，根长 16cm，横径 5.3cm。根表皮黄色，韧皮部和木质部黄白色。单根重 275g 左右，单产高。耐热、耐旱、耐寒，适应性强，耐贮藏。肉质细嫩脆甜，风味好，水分适中，品质优良，生食、熟食及加工均可。

（十三）广州麦村金笋

在广东省广州市鹤洞乡已种植百余年。中熟，从播种到收获 90～120d。株高 42cm，开展度 40cm 左右。叶绿色，长 43cm，宽 16cm，叶柄浅绿色。肉质根呈长圆柱形，尾部较钝，长 14cm，横径 4cm。根表皮光滑，橘红色。稍耐热、耐旱，易抽薹。适宜加工。

（十四）辽阳小顶金红

属早中熟品种，从播种到收获 100d 左右。叶簇直立，叶色深绿色。肉质根为长圆锥形，根长 30～40cm，横径 3～4cm，根肩部有个细脖子。根表皮、韧皮部均为深红色，木质部小。单根重 150～200g。抗病，耐贮藏。肉质致密，味浓，脆甜，含水量中等，适宜生、熟食或腌渍。

除上述经长期驯化形成的大量优异种质资源外，自 20 世纪 70 年代末改革开放以来，通过频繁的国际交流，先后从欧美、日本、韩国、新西兰等地引进了一批橘红色优异胡萝卜种质资源。这些种质胡萝卜素含量相对较高，适应性广，已陆续成为中国胡萝卜栽培中的重要品种，如改良黑田五寸、美国的丹佛斯、南特斯，荷兰的阿姆斯特丹等品种。这些品种不仅丰富了中国胡萝卜种质资源库，而且也为国内胡萝卜新品种的选育提供了新的遗传材料。

四、野生胡萝卜种质资源

在各种类型胡萝卜中，橘红色胡萝卜基因库显得十分狭窄，因此研究并丰富其遗传多样性，对于胡萝卜的育种至关重要；而野生胡萝卜是获得更大变异的种质资源，许多重要的遗传基因存在于野生胡萝卜种质资源中，如抗病虫、抗逆基因等。

中国野生胡萝卜种质资源较为丰富，明代的《农政全书》（徐光启，1628）中曾详细记载："野胡萝卜生荒野中，苗叶似农家胡萝卜，俱细小，叶间撺生茎叉，梢头开小白花，众花攒开如伞盖状，比蛇床子花头又大，结子比蛇床子亦大。其根比家胡萝卜优细小，味甘"。其食用方法为："采根洗净去皮，生食亦可。"当时的野生胡萝卜已被用来"渡饥救荒"。

当今，中国野生胡萝卜分布仍十分广泛，在长江流域它是一种常见的杂草，在山坡、路旁、竹林，或田埂上均可见到，且易与栽培的胡萝卜杂交。另外，在河北、河南、湖北、云南、内蒙古、新疆、宁夏等地均生长有野生胡萝卜。野生胡萝卜一般为二年生草本，第一年由种子长成具有黄色和黄白色肉质根的营养株，第二年从肉质根长出花薹，开花结实。植株的生长势因生长条件优劣而有差异。一般开 5 瓣白色小花，雄蕊 5 枚，雌蕊有两个花柱，子房二室，结具有种毛的褐色种子。其伞形花序比栽培品种小。肉质根瘦小且分叉多，木质化程度较强，染色体数为 $2n=2x=18$。

据中国农业科学院原品种资源研究所考察（1981—1984），生长在西藏自治区的野胡萝卜，株高仅 30～40cm，茎、叶绿色，开小白花，也有茎秆紫红色的，常以小群落状态分布。生长在湖北省的野胡萝卜，株型高大，高约 1.6m。茎叶绿色，非常繁茂，开小白花，肉质根黄白色或黄色，瘦小，种子有毛，其染色体数为 2n＝2x＝18。

　　生长在河北省坝上草原及内蒙古自治区、甘肃省等地的野胡萝卜，当地群众称之为山胡萝卜或山萝卜（图 3-7），为二年生草本，其染色体数为 2n＝2x＝20。第一年 5 月中旬后种子破土萌发，生长高 30～45cm 的植株。叶子绿色，三回羽状复叶，叶柄有紫色和绿紫色两种。肉质根黄白色，瘦小，有分叉，含水分少。9 月霜冻后，叶片萎蔫枯死，地下肉质根在田野越冬，可抵抗－30℃低温。翌年 5 月，肉质根复苏，顶端生出绿紫色或绿色茎叶，然后抽薹，开 5 瓣白色小花。花瓣分离（较栽培品种小），雄蕊 5 枚，花丝较短，花药黄色，雄蕊有二个花柱，子房二室，结双悬果，果柄较长，种子有 5 个纵脊，4 道沟，种皮紫红色有光泽。种子休眠期长，在当年极不易萌发，必须经长期低温后才能发芽。这里的野生胡萝卜不同于其他地区的野胡萝卜，生活力极强，能在非常贫瘠的林地旁、石缝中生长，也能在非常干旱的道路旁繁衍生息，如在土质肥沃的田间生长，也许能够长成肥硕的肉质根（《中国作物遗传资源》，1994）。

图 3-7　坝上野胡萝卜

（引自《中国作物遗传资源》，图版 4.5-1、4.5-3）

第六节　胡萝卜种质资源研究与创新

一、胡萝卜雄性不育种质资源的研究及利用

（一）胡萝卜雄性不育种质资源

中国胡萝卜雄性不育种质资源总体上分为两种类型（图 3-8）：一种是瓣化型雄性不育（Petaloid type），另一种是褐药型雄性不育（Brown anther type），均为细胞质雄性不

育（Cytoplamic male sterility，CMS）。张夙芬（1994）在丹佛斯等国外品种中发现了瓣化型雄性不育株，通过成对杂交、测交等手段选育出了 100％瓣化型不育系。吴光远等早在 20 世纪 60 年代就已在胡萝卜品种老魁中发现了胡萝卜褐药型雄性不育株，并进行了雄性不育系的选育工作。瓣化型不育最早是在野生胡萝卜中发现的，经过回交，转移到栽培胡萝卜中。瓣化型雄性不育的特点是其雄蕊的花丝和花药变态为花瓣，花变成了重瓣花，因而，不能产生花粉。瓣化型不育花，根据其颜色总体上分为 3 种类型：白色瓣化型、绿色瓣化型和粉色瓣化型。根据花瓣的形状又可分为勺子形、舌形和心皮形。褐药型不育在橘红色胡萝卜品种中广泛存在，不同品种不育程度有所差异，最高可达到 40％以上。其基本表型特征为花药褐色、变形。由于其绒毡层和小孢子发生细胞异常，提前衰败，减数分裂过程未能发生，或者虽然减数分裂正常，但由于绒毡层细胞在四分体时期膨大，随后破裂，形成原质体，因此花药不能产生功能花粉。

图 3-8　胡萝卜正常花和不育类型花比较
A. 正常可育花　B. 瓣化型不育，雄蕊和花瓣全部转变成叶片状，颜色为绿色，兼有白边
C. 褐药型不育，雄蕊褐色，败育，无花粉　D. 褐药型不育，雄蕊为粉红色，花药不开
裂，充满愈伤类型的组织或水，花粉不可育

（二）胡萝卜雄性不育性遗传研究

胡萝卜雄性不育性的遗传机制十分复杂，国外早在 20 世纪 60 年代就开始了研究。由于所用材料的不同，研究的结论也不完全相同。

根据 Banga（1964）的研究，褐药型雄性不育是由褐药型不育细胞质（Sa）和两对独立遗传的核基因（纯合隐性基因 aa 和显性基因 B）互作控制的，两对显性互补核基因（E

和 D）控制育性的恢复。Frese（1982）、Mehring-Lemper（1987）等研究结果与 Banga 的假设基本一致，但 Timin（1986），Park 和 Pyo（1988）报道的遗传机制则与其不同。Timin（1986）研究认为褐药型雄性不育是由两对隐性核基因（ms_1ms_1，ms_2ms_2）和细胞质因子共同控制的，两对显性互补核基因控制育性恢复；Park 和 Pyo（1988）研究认为褐药型雄性不育是由两对显性基因和细胞质因子共同控制的，两对显性互补基因控制育性恢复。另外还有学者报道过由几对核基因控制的遗传模型（Struckmeyer and Simon，1986），这表明褐药型雄性不育遗传机制较为复杂。

Morelock（1974）研究认为瓣化型雄性不育是细胞质因子（Sp）和两对相互独立的显性基因（M_1，M_2）互作的结果。而 Mehring-Lemper（1987）则作出不同的假设，瓣化型雄性不育是由细胞质（Sp）和 3 对独立遗传基因互作的结果，其中 1 对为显性基因（M），2 对为隐性基因（ll，tt）。杂合状态（Mm）表现对温度敏感，在特殊条件下产生部分不育。但这种假设不能解释所有的分离结果。Timin 的研究结论则与上述所有结果不同，认为瓣化型雄性不育是由细胞质（Sp）和 3 对隐性基因（ms_3ms_3，ms_4ms_4，ms_5ms_5）互作控制的，两对附加的显性互补基因控制育性的恢复。

一些学者借助分子生物学技术手段对胡萝卜雄性不育机理进行了深入研究。Scheike et al.（1992）采用 RFLP 标记对两种类型的不育系和保持系的线粒体及叶绿体 DNA 进行了研究，结果表明叶绿体 DNA 的杂交图谱表现一致，而线粒体 DNA 则不同，并且不育系线粒体中存在独特的重组和翻译过程。Robison and Wolyn（2002）利用多种基因探针构建了瓣化型雄性不育系的线粒体基因组物理图谱，长度约 255kb，含有 3 对重复序列，由于这些重复序列的重组可能导致整个线粒体基因组不是呈单一循环进行复制，而是呈多循环复制模式，形成较为复杂的基因组织表达系统，但并没发现线粒体中与雄性不育形态特征直接相关的基因，这也暗示决定胡萝卜雄性不育性的关键基因可能存在于核染色体上，而线粒体 DNA 上影响育性的基因可能属于 MADS 基因族，其蛋白产物均为转录因子，具有控制核上雄性不育基因的转录表达能力（Yanofsky et al.，1990）。

在拟南芥（Arabidopsis）和金鱼草（Antirrhinum）突变体中学者已深入研究了花相似同源器官的转变，主要是由于 MADS 基因族转录因子控制了花的发育（Bowman et al.，1989；Schwarz-Sommer et al.，1990），大多数编码 MADS 基因族转录因子的基因都有一个保守的 58 氨基酸的 DNA 结合区域（Schwarz-Sommer et al.，1990）。Linke 等人（2003）通过对胡萝卜花特异文库的筛选，获得了 5 个编码 MADS 基因族蛋白的 cD-NAs（$DcMADS_{1-5}$）。通过原位杂交发现在胡萝卜瓣化型花中，$DcMADS_2$ 和 $DcMADS_3$ 的表达显著减少，这两个与金鱼草（Antirrhinum）的 GLOBOSA 和 DEFICIENG 基因是完全同源的。这进一步说明胡萝卜瓣化型不育是由于细胞质（主要是线粒体）因子影响了 MADS 基因族蛋白的表达，而这些因子是控制胡萝卜花 2、3 轮器官发育的。

Nakajima 等（1999）采用 RAPD 和 STS 标记对 13 份不育系和可育系材料的线粒体 DNA 进行了定性研究，获得了可区分不育系和可育系的两个特异标记 STS_1 和 STS_4，其中 STS_1 标记含有一段与 orfB 基因同源序列，而 STS_4 标记结构较为复杂，含有一段类反转录转座子序列和小片段叶绿体 DNA 序列。司家钢等（2001）利用 STS 标记成功鉴定了原生质体非对称融合获得的再生植株后代的细胞质基因的基因型，筛选出雄性不育的再生植株。Szklarczyk 等（2000）从瓣化型不育系中分离出了不同于可育植株和褐药型不育系的 F_0-F_1 ATPase 亚基 9 基因（atp_{9-1}），与 rrn_5 基因共同转录编码 5S rRNA，可能是产生瓣化型不育性的主要诱导因子。Chahal 等（1998）在由野生不育源转育获得的新型不育系后代中，出现了可育的回复突变体（Fertile revertant），研究认为可能是线粒体基因组发生重组产生的。但这种突变体也可能是不育诱导因子的突变体或者是不育诱导序列发生丢失引起的，如同 T－玉米不育系（Szklarczyk et al.，2000）。

上述不同的雄性不育类型以及雄性不育性的不同遗传表现和分子基础，一方面说明了胡萝卜雄性不育遗传背景的复杂性，但另一方面也暗示了胡萝卜雄性不育基因源的多样性。

（三）胡萝卜雄性不育种质资源的利用

目前中国胡萝卜育种及生产中使用较多的是瓣化型雄性不育类型，这种类型有易辨识、对温度不敏感、较为稳定等优点，容易在杂交一代的制种中使用。除 20 世纪 80 年代中期，山东省莱阳蔬菜技术服务公司有过初步利用褐药型雄性不育进行杂交育种的报道外，目前国内育成的胡萝卜一代杂种均是利用瓣化型雄性不育性育成的。如中国农业科学院蔬菜花卉研究所 1998 年以来，利用雄性不育性先后育成的橘红 1 号、橘红 2 号、橘红 3 号和中加 1 号等胡萝卜一代杂种；1997 年 4 月，内蒙古自治区农业科学院蔬菜研究所利用从中国农业科学院蔬菜花卉研究所引进的瓣化型不育材料，经过转育、杂交、筛选，育成的胡萝卜一代杂种金红 1 号、金红 2 号；近年北京市农林科学院蔬菜研究中心，利用瓣化型雄性不育材料育成的红芯系列品种等等。据笔者多年的观察，由国外引进的胡萝卜一代杂种主要也是利用瓣化型雄性不育材料育成的。

虽然胡萝卜雄性不育性已经在胡萝卜一代杂种选育和生产中得到了充分的应用，但胡萝卜雄性不育材料在使用中也常常出现一定的问题。如褐药型不育，有时对温度敏感；瓣化型不育的形态特征受到核基因和细胞质基因的共同控制，在某些条件下由于双方基因的互作，造成如花柱孪生、多花柱缠绕、蜜腺萎缩、蜜腺孔关闭不严等情况。另外，瓣化型不育株上的种子往往成熟较晚，三级花序上的种子质量和产量较低。

二、胡萝卜种质资源创新

种质资源创新的途径较多，如突变体筛选、单倍体培养、种间杂交、原生质体融合、优异基因聚合、转基因等。这些方面已在胡萝卜研究中取得了一定的进展。

（一）体细胞无性系突变体筛选

早在 20 世纪 40 年代前，人们就已发现植物在细胞或组织培养过程中会产生遗传退化，形态改变，染色体数及倍性发生变化等。1981 年，Larkin 和 Scowcroft 首次提出体细胞无性系变异（Somaclonal variation）这一术语，激起了众多学者的研究兴趣。胡萝卜是最早作为组织培养研究的模式作物之一，特别是在体胚发生途径方面取得了重大进展。同时不少学者在此研究过程中也发现了不少突变体，这对特异基因表达、定位及生理研究提供了重要研究材料。

Koyama 等人（1990）通过筛选获得一个胡萝卜突变系（Insoluble phosphate grower，IPG），可以释放出大量的柠檬酸到含有磷酸铝培养基中，而且其生长速度比野生型快。通过深入研究表明突变系中 NADP 专一异草酸脱氢酶（NADP-specific isocitrate dehydrogenase，NADP- ICDH）的活性比野生型低一半，降低了异柠檬酸向酮戊二酸的转化，进一步影响了柠檬酸向异柠檬酸的转化，从而引起胡萝卜突变系中柠檬酸大量积累。Nothnagell and Straka（2003）获得了一个黄色叶片的突变株系，通过杂交后代 F_2 和 F_3 的观察，表明黄色叶片是由单个隐性基因（yel）控制的，并筛选到了 10 个与其紧密连锁的 AFLP 标记。Lo Schiavo（1988）等人在大量胡萝卜细胞突变体中获得了一个温度敏感型的胚胎发生株系 ts59，表现在球形胚时期就停止发育，外源 IAA 也不能激活，在其发育过程中产生大量的热激蛋白（Heat-shock proteins）。

（二）单倍体培养

自从 Guha and Maheshwari（1964，1966）首先获得曼陀罗单倍体植株（Haploid plant）以来，单倍体研究快速发展，目前已在几百种植物中获得了成功。中国在小麦、大白菜、甘蓝、辣（甜）椒等作物中取得了很大成功，并培育出了新的优良品种。有关胡萝卜单倍体培养的研究报道较少。Matsubara 等（1995）将胡萝卜未成熟花药按不同时期（四分期、早期单核期、后期单核期）分别接种到含有不同浓度激素的 MS 和 B5 培养基上，三个时期的花药都获得了愈伤组织，但只有四分期的花药获得了不定胚，比例也很低（1.8%～4.3%）。将游离小孢子接种到 NLN 和 1/2MS 培养基上获得了小愈伤组织，但未能进一步分化。

（三）原生质体非对称融合

胡萝卜原生质体非对称融合研究最早开始于 20 世纪 80 年代。Dudits 等人（1980）利用 X 射线辐射欧芹叶片原生质体，和从白化变异的胡萝卜细胞悬浮系分离的原生质体进行融合，结果获得了染色体数为 2n＝19，叶片绿色的非对称杂种植株。Ichikawa 等人（1987）实现了野生种 *Daucus capilli folius* 与栽培胡萝卜的融合，获得了胞质杂种。对其提取线粒体 DNA 进行限制性酶切，发现再生植株的线粒体带型出现了不同于双亲的特异带。

Dudits 等人（1987）利用 γ 射线辐射处理胡萝卜悬浮细胞系，与烟草的叶片原生质体进行融合，获得了远缘体细胞非对称杂种。杂种后代具有烟草的形态特征，同时又具有胡萝卜的一些抗性。通过对其线粒体 DNA 和叶绿体 DNA 的限制性酶切图谱分析，杂种的叶绿体 DNA 图谱与烟草高度一致，而线粒体 DNA 出现了特异带，表明胡萝卜线粒体基因组和烟草的基因组发生了重组（Smith et al.，1989）。

Kisaka 等人（1994）通过非对称融合实现了单子叶植物水稻（*Oryza sativa* L.）与胡萝卜间的融合。再生杂种植株具有胡萝卜的形态特征，同时又具有水稻 5 - MT（5 - methyltryptophon）的抗性，其染色体数为 20～22，远小于双亲的染色体数之和。通过分析线粒体 DNA 和叶绿体 DNA 的限制性酶切图谱，发现杂种叶绿体基因组与胡萝卜高度一致，线粒体基因组间发生了重组。通过染色体鉴定和同工酶进一步分析，尽管对胡萝卜进行辐射处理，但杂种中胡萝卜的核物质占多数，水稻的核物质占少数，出现了受体染色体大量丢失现象。

Tanno-Suenaga 等人（1988）利用 X 射线辐射胡萝卜褐药型不育材料 28A1 的原生质体，与可育材料 K5 进行融合，成功获得了新的不育材料。对再生植株的线粒体 DNA 进行限制性酶切分析，同样发现了线粒体基因组间的重组现象。随后，Tanno-Suenaga 等人（1991）又用瓣化型不育材料 31A 的原生质体通过 PEG 介导与可育材料 K5 进行融合。一次融合后获得再生植株均为胞质杂种，不过未表现出瓣化不育特征，但通过两步融合法实现了瓣化型不育性在种内的转移，他们认为这可能与融合双亲的基因型有关。

司家钢等（2002）利用紫外线辐射处理胡萝卜瓣化型不育材料 7-0-8 的原生质体，与可育材料 66-3 进行电融合，获得了 33 株再生植株，通过 RAPD 标记鉴定，均为胞质杂种。通过对其中 4 个再生植株进行花期形态学鉴定，全部表现为雄蕊瓣化型。

（四）种间杂交

目前已有许多研究成果表明胡萝卜种间杂交不存在交配障碍（McCollum，1975；Nothnagel，1992；Nothnagel and Straka，1994），其中橘红色胡萝卜可能就是由紫色胡萝卜与野生种 ssp. *maximus* 杂交演变而来的。另外，胡萝卜商品种子在繁种过程中经常会受到野生种花粉的污染，从而产生一些杂种种子（Small，1984）。使用最多的瓣化型雄性不育系也是来自于胡萝卜属 *Daucus carota* L. 野生种（McCollum，1966）。

野生胡萝卜 *D. carota* ssp. *gummifer* Hook. fil. 和栽培胡萝卜杂交产生了一种异源胞质的橘色胡萝卜，在这种胡萝卜中发现了一种新的 CMS 类型，称作 GUM 类型，其特征是花药和花瓣的总量减少（Nothnagel，1992）。最近的研究结果表明其遗传机制是 gummifer 细胞质和细胞核中的一个隐性基因位点（gugu）相互作用控制这种类型雄性不育性的表达（Linke et al.，1994）。由于其遗传模式较为简单，因此这种不育类型可能会成为胡萝卜育种的一种新的 CMS 资源（Linke et al.，1994）。

Nothnagel et al.（2000）在此基础上又进行了多种野生胡萝卜种或亚种与栽培胡萝卜间的杂交和回交研究，并获得了其他两种具有应用潜力的新型不育资源 MAR 和 GAD。MAR 类型来源于 *D. carrot* ssp. *maritimus*，属瓣化类型，花瓣白绿色，雄蕊变成"勺子"结构，而其回交后代的雄蕊也呈现出瓣化类型。GAD 来自于 *D. carrot* ssp. *gadecaei*，雄蕊只有花丝结构表达，其他器官发育正常。遗传研究表明这两种类型控制雄性不育性表达的核上基因可能不至一个。

Cole（1985）、Ellis 等人（1993）对野生胡萝卜种 *D. capillifolius* 的抗性进行评价，认为其对胡萝卜茎蝇（*Psila rosae* L.）具有较高抗性，通过 6 代选择之后，获得的株系抗性不如其野生亲本高，但比从较抗的 Sytan 选择的株系明显要好。

（五）优异基因聚合

虽然种间杂交、原生质体融合及转基因等手段可跨越种或属间的杂交障碍，但是杂交后代为生产所利用往往需要经过漫长的过程。目前许多学者又专注于地方品种资源的有效利用，由于地方品种种类多，存在不同抗性，而且通过对不同种质资源的广泛杂交、筛选，可获得新型的种质，并可直接为育种者所利用。

目前生产使用最多的黑田五寸，是由日本学者将日本本地红色类型与欧洲引进的橘红色类型杂交筛选获得的。在 20 世纪 50 年代，国外学者就开始进行胡萝卜种内杂交的研究，并筛选出了大量抗性株系。中国在 20 世纪 80 年代开始相关工作，但主要集中在瓣化型雄性不育的转育，通过多代回交获得新的雄性不育系和保持系，再进行配组培育一代杂种。但是由于缺乏良好的杂交技术，国内关于胡萝卜可育系之间的杂交研究一直未开展，因此也难以实现地方资源优异基因的聚合，故有必要深入开展此方面的研究工作。

（庄飞云 司家刚）

主要参考文献

杜比宁 H. II. . 1974. 植物育种的遗传学远离. 北京：科学出版社

吕佩珂，刘文珍，段半锁等. 1996. 中国蔬菜病虫原色图谱续集. 呼和浩特：远方出版社，324～326

司家钢，朱德蔚，杜永臣，赵志伟. 2002. 利用原生质体非对称融合获得种内胞质杂种. 园艺学报. 29（2）：128～132

星川清亲著. 段传德，丁法元译. 1981. 栽培植物的起源与传播. 郑州：河南科学技术出版社

谭其猛. 1978. 蔬菜育种. 北京：农业出版社

郑建秋. 2004. 现代蔬菜病虫鉴别与防治手册. 北京：中国农业出版社，467～474

中国农学会遗传资源学会编. 1994. 中国作物遗传资源. 北京：中国农业出版社，636～646

中国农业科学院蔬菜花卉研究所主编. 2001. 中国蔬菜品种志（上卷）. 北京：中国农业科技出版社，147～189

中国农业科学院蔬菜花卉研究所主编. 1998. 中国蔬菜品种资源目录（第二册）. 北京：气象出版社，38～44

中国农业科学院蔬菜花卉研究所主编. 1992. 中国蔬菜品种资源目录（第一册）. 北京：万国学术出版社，60～71

中国农业科学院蔬菜花卉研究所主编. 1987. 中国蔬菜栽培学. 北京：农业出版社，275～283

Banga O. , Petiet J. , Van Bennekem J. L. . 1964. Genetical analysis of male sterility in carrots (*Daucus carota* L.). Euphytica. 19：263～269

Banga O. . 1976. *Daucus carota* (Umbelliferae). In：Simmonds（eds）. Evolution of crop plants. London：Longman Group Limited，291～293

Boiteux L. S. , Della vecchia P. T. and Reifschneider F. J. B. . 1993. Heritability estimate for resistance to *Alternaria dauci* in carrot. Plant Breeding. 110：165～167

Bonnet A. . 1983. *Daucus carota* L. ssp. *dentatus* Bertol. a source of resistance to powdery mildew for breeding of the cultivated carrots. Agronomie. 3：33～38

Bonnet A. . 1983. *Daucus carota* L. ssp. *dentatus* Bertol. a source of resistance to powdery mildew for breeding of the cultivated carrots. Agronomie. 3：33～38

Bowes C. E. and D. J. Wolyn. 1998. Phylogenetic relationships among fertile and petaloid male sterile accessions of carrot. Theor. Appl. Genet. . 96: 928～932

Bowman J. L. , Smyth D. R. and Meyerowitz E. M. . 1989. Genes directing flower development in *Arabidopsis*. Plant Cell. 1: 37～52

Chahal A. , H. S. Sidhu and D. J. Wolyn. 1998. A fertile revertant from petaloid cytoplasmic male-sterile carrot has a rearranged mitochondrial genome. Theor Appl Genet. 97: 450～455

Cole R. A. . 1985. Relationship between the concentration of chlorogenic acid in carrot roots and the incidence off carrot fly larval damage. Ann. Appl. Biol. . 106: 211～217

Dudits D. , Fejer O. , Hadlaczky G. et al. . 1980. Intergenetic gene transfer mediated by plant protoplast fusion. Mol. Gen. Genet. . 179: 283～288

Dudits D. , Maroy E. et al. . 1987. Transfer of resistance traits from carrot into tobacco by asymmetric somatic hybridization : regeneration of fertile plants. Proc. Natl. Acad. Sci. USA, 84: 8434～8438

Ellis P. R. and Hardman J. A. . 1981. The consistency of the resistance of eight carrot cultivars to carrot fly attack at Seasonal centers in Europe. Ann. Appl. Biol. . 98: 491～497

Ellis P. R. , Hardman J. A. and Crowther T. C. and Saw P. L. 1993. Exploitation of the resistance to carrot fly in the wild carrot species *Daucus capillifolius*. Ann. Appl. Biol. . 122: 79～91

F. Lo Schiavo, G. Giuliano and Z. R. Sung. 1988. Characterization of a temperature-sensitive carrot cell mutant impaired in somatic embryogenesis. Plant Science. 54: 157～164

Fedorenko E. I. 1983. Promicing material for breeding carrot for resistance to fungal diseases. Nauchnotekhn. Byull. Vir. 128: 66～67

Ferse L. . 1982. Investigation on the inheritance of the petaloid type of male sterility in carrots. X XI st internat. Hortic. Congr. . vol I. Netherlands: the Hague, 1513

Frese L. 1983. Resistenz der Wildmöhre *Daucus carota* ssp. *hispanicus* gegen den Wurzelgallennematoden Meloidogyne hapla. Gartenbauwiss. 48: 259～269

Ichikawa H. , Tanno Suenaga L. et al. . 1987. Selection of *Daucus* cybrids based on metabolic complementation between X-irradiated *D. capillifolius* and iodoacetamide treated *D. carota* by somatic fusion. Theor. Appl. Genet. 74: 746～752

Kihara T. , Ohno T. , Koyama H. , Sawafuji T. &. Hara T. . 2003. Characterization of NADP-isocitrate dehydrogenase expression in a carrot mutant cell line with enhanced citrate excretion. Plant and Soil . 248: 145～153

Kisaka H. , Lee H. , Kisaka M. et al. . 1994. Production and analysis of asymmetric hybrid plants between monocotyledon (*Oryza sativa* L.) and dicotyledon (*Daucus carota* L.) . Theor. Appl. Genet. 89: 365～371

Kitagawa J. , Posluszny U. , Gerrath J. M. , Wolyn D. J. . 1994. Developmental and morphological analyses of homeotic cytoplasmic male sterile and fertile carrot flowers. Sex Plant Reprod. 7: 41～50

Koyama H. , Ojima K. and Yamaya T. . 1990. Utilization of anhydrous aluminum phosphate as a sole source of phosphate by a selected carrot cell line. Plant Cell Physiol. 31: 173～177

Kraus C. . 1992. Untersuchungen zur Vererbung von Resistenz und Toleranz gegen Meloidogyne hapla bei Möhren, unter besonderer Berücksichtigung von *Daucus carota* ssp. *azoricus* Franco. Diss. Univ. Hannover. Germany

Linke B. , T. Nothnagel and T Borner. 1999. Morphological characterization of modified flower morphology of three novel alloplasmic male sterile carrot sources. Plant Breeding . 118: 543～548

Matsubara S. , Dohya N. , Murakami K. . 1995. Callus formation and regeneration of adventitious embryos from carrot, fennel and mitsuba microspores by anther and isolated microspore cultures. Acta Horticulturae. 392: 129~137

Morelock T. E. . 1996. Wisconsin wild: another petaloid male-sterile cytoplasm for carrot. Hort Sci. . 31: 887~888

Nakajima Y. , T. Yamamoto, T. Muranaka and K. Oeda. . 1999. Genetic variation of petaloid male-sterile cytoplasm of carrots revealed by sequence-tagged sites (STS) . Theor. Appl. Genet. 99: 837~843

Nothnagel T. , P. Straka and Linke B. . 2000. Male sterility in populations of *Daucus* and the development of alloplasmic male-sterile lines of carrot. Plant Breeding . 119: 145~152

Park Y. and Pyo H. K. . 1988. Genetic study of male sterility in carrots, *Daucus carota* L. . I. Inheritance of male sterility. Journal of the Korean Society for Horticultural Science. 29 (3) 178~190

Robison M. M. and D. J. Wolyn. . 2002. Complex organization of the mitochondrial genome of petaloid CMS carrot. Mol. Genet. Genomics. 268: 232~239

Ronfort J. , P. Saumitou-Laprade, J. Cuguen and D. Couvet. . 1995, Mitochondrial DNA diversity and male sterility in natural populations of *Daucus carota* ssp. *carota*. Theor. Appl. Genet. 91: 150~159

Scheike R. , E. Gerold, A. Brennicke et al. . 1992, Unique patterns of mitochondrial genes, transcripts and proteins in different male-sterile cytoplasms of *Daucus carota*. Theor. Appl. Genet. 83: 419~427

Schwarz-Sommer Z. , Huijser P. , Nacker W. , Saedler H. and Sommer H. . 1990. Genetic control of flower development by *Homeotic* Genes in *Antirrhinum majus*. Science. 250: 931~936

Small E. . 1984. Hybridization in the domesticated-weed-wild complex. In: Grant W. F (ed.) . Plant Biosystematics. Toronto: Academic Press, 195~210

Smith M. A. , Pay A. and Dudits D. . 1989. Analysis of chloroplast and mitochondrial DNAs in asymmetric somatic hybrids between tobacco and carrot. Theor Appl Genet. 77: 641~644

Stein M. and Th. Nothnagel. 1995. Some remarks on carrot breeding (*Daucus carota sativus* Hoffm.) . Plant breeding . 114: 1~11

Struckmeyer E. and Simon P. W. . 1986. Anatomy of fertile and male-sterile carrot flowers from different genetic sources. J. Amer. Soc. Hort. Sci. . 111: 965~968

Szklarczyk M. , M. Oczkowski, H. Augustyniak et al. . 2000. Organization and expression of mitochondrial atp-9 genes from CMS and fertile carrots. Theor Appl Genet. 100: 263~270

Tanno Suenaga L. , Ichikawa H. and Imamura J. . 1988. Transfer of the CMS trait in *Daucus carota* L. by donor-recipient protoplast fusion. Theor Appl Genet. 76: 855~860

Tanno Suenaga L, Nagao E. and Imamura J. . 1991. Transfer of the petaloid-type CMS in carrot by donor-recipient protoplast fusion. Japan, J. Breed. 41: 25~33

Tanno Suenaga L. , Imamura J. . 1991. DNA hybridization analysis of mitochondrial genomes of carrot cybrids produced by donor-recipient protoplast fusion. Plant Science. 73 (1) 79~86

Vieira J. V. , Charchar J. M. , Aragão F. A. S. , Boiteux L. S. . 2003. Heritability and gain from selection for field resistance against multiple root-knot nematode species (*Meloidogyne incognita* race 1 and *M. javanica*) in carrot. Euphytica. 130: 11~16

蔬菜作物卷

第四章

大白菜

第一节 概 述

大白菜又名结球白菜、黄芽菜、包心白菜。属于十字花科（Cruciferae）芸薹属（Brassica）芸薹种（Brassica rapa L.）大白菜亚种（Brassica rapa ssp. pekinensis），染色体组为 AA，n=10。

大白菜原产中国，是中国特产蔬菜，也是东亚最重要的蔬菜作物之一。大白菜主要以叶球供食，品质柔嫩、易熟、口味淡雅，可供炒食、煮食、凉拌、作汤、作馅和加工腌制。以大白菜为原料的菜肴可做出 150 种之多，因而深受消费者的欢迎。

大白菜含有多种营养物质，据测定（表4-1），其食用部分含有丰富的钙，通常要比番茄高 5 倍，比黄瓜高 1 倍。其抗坏血酸（维生素 C）也比黄瓜高 3.4 倍、比番茄高 1.6 倍。它还含有较高的胡萝卜素，一般要比黄瓜高 30%。此外，还含有较丰富的纤维素等。

大白菜具有很好的药用价值。其性味甘，可解热除烦，通利肠胃，有补中消食、利尿通便、清肺热止痰咳、解渴除瘴气等作用。此外，大白菜亦可和其他食物配合制成食疗菜。

表4-1 大白菜及其加工制品的营养成分（每100g 可食部分）

	大白菜（白口）	大白菜（青口）	酸白菜	脱水白菜
可食部分（%）	85	83	100	100
水分（g）	95.6	95.6	94.9	10
能量（kJ）	52	36	20	1 197
蛋白质（g）	1.0	1.1	0.7	6.2
脂肪（g）	0.1	0.1	0.2	0.8
膳食纤维（g）	1	1.8	2.6	9.4
碳水化合物（g）	2.9	2.6	2.6	72.9
灰分（g）	0.4	0.6	1.6	10.1
胡萝卜素（μg）	10	31	——	
硫胺素（mg）	0.02	0.02	0.01	0.24
核黄素（mg）	0.01	0.02	0.01	——
维生素 B_6（mg）	——	0.08	——	

（续）

	大白菜（白口）	大白菜（青口）	酸白菜	脱水白菜
叶酸（μg）	14.8	5.3	3.9	—
烟酸（mg）	0.32	—	Tr	4.8
维生素C（mg）	8.0	11.0	—	187
维生素E（mg）	0.06	Tr	—	—
钾（mg）	1.9	156	104	2 269
钠（mg）	39.9	38.2	43.1	492.5
钙（mg）	29	66	48	908
镁（mg）	12	14	21	219
铁（mg）	0.3	0.2	0.3	13.8
锰（mg）	0.08	0.07	0.01	2.65
锌（mg）	0.15	0.23	0.03	4.68
铜（mg）	0.01	0.01	Tr	0.87
磷（mg）	21	12	38	485
硒（μg）	0.04	0.29	0.16	6.33
碘（μg）	0.6	0.4	Tr	—

资料来源：杨月欣，《中国食物成分表》，2002，2004。

大白菜在中国各类蔬菜中栽培面积最大，供应量最多，一年中销售时间最长。据统计，2000年全国大白菜播种面积为185万 hm²，总产量为 7 156.4 万 t，分别占全国蔬菜种植面积和总产量的 12.14％和 16.88％。大白菜在全国各地都有较大面积的种植，播种面积达 10 万 hm² 以上的省（自治区）依次为：河南、山东、广西、河北；播种面积达 5 万～10 万 hm² 的省份依次为安徽、黑龙江、四川、湖北、云南、福建、湖南、江苏、山西、陕西、吉林（表4-2）。

表4-2 全国大白菜种植面积及产量（2000）

省份	面积（万 hm²）	产量（万 t）	省份	面积（万 hm²）	产量（万 t）
河　南	31.5	1 614	重庆	3.4	85
山　东	17.3	13.5	内蒙古	2.8	240
广　西	16.4	404	广东	2.68	77.3
河　北	15.5	978	浙江	2.3	96
安　徽	9.73	288.4	天津	1.58	116.8
黑龙江	9.29	417.6	北京	1.5	86
四　川	8.1	270	新疆	1.5	140
湖　北	8.02	221.6	甘肃	1.4	67
云　南	7.1	125	海南	1.0	15
福　建	6.47	131.2	江西	0.43	13
湖　南	6.14	211.5	宁夏	0.4	21.6
江　苏	6.0	276	上海	0.25	10.8
山　西	5.8	151	青海	0.2	9
陕　西	5.5	156	西藏	0.12	1.4
吉　林	5.2	249	大白菜总计	184.99	7 156.4
辽　宁	3.8	584	全国蔬菜	1 523.57	42 397.9
贵　州	3.7	86.7	占全国蔬菜％	12.14	16.88

资料来源：中华人民共和国农业部，《中国蔬菜专业统计资料》，2001。

大白菜是中国最重要的蔬菜之一。过去，尤其是在冬季严寒的北方，大白菜曾被誉为

"当家菜"，民间也有"种一季，吃半年"之说。早在 20 世纪 50 年代，各省（区、市）在大白菜品种资源调查整理的基础上，开始对当地优良品种进行选纯复壮和示范推广，并扩大了生产面积。但是，由于品种抗病性差、田间病害逐年加重，致使大白菜大幅度减产甚至绝产，因而各地栽培面积有所下降。鉴于这一情况，60 年代初期，许多地方如西南、西北、东北等地都从北京、天津、山东、河北等著名产区引进良种和栽培技术，经过几年的努力，终于使大白菜生产逐渐得到稳步发展。此后直至 80 年代是中国大白菜发展最快的一个时期，全国各地都非常重视大白菜生产，先后组织了科技协作网，进一步加速了优良品种和丰产栽培技术的推广，加之 80 年代中期开始，高产、抗病大白菜一代杂种及其配套的规范化栽培技术在生产上的应用，促使大白菜产量和品质得到进一步提高，不但实现了高产稳产，而且基本解决了大中城市和工矿区的大白菜自给问题，减少了调运损失，缓和了供需矛盾。从 20 世纪 80 年代后期开始，随着蔬菜生产结构的调整，保护地蔬菜的迅速发展以及南菜北运、西菜东调等全国性蔬菜流通网络的形成，使各地居民的冬春季蔬菜消费需求从以大白菜、萝卜、马铃薯等耐贮藏蔬菜为主逐步转向多种类、多品种的消费，因而人均大白菜的消费量明显下降。但是直至今日，大白菜作为秋、冬、春三季供应的常用蔬菜，其重要地位仍未改变。

大白菜除中国普遍栽培外，也被引种到邻近的日本、韩国、朝鲜、越南等国，并大面积栽培。在日本，大白菜的消费仅次于萝卜和结球甘蓝，排位第三；大白菜也是韩国的最重要蔬菜之一，其产量的 90% 以上用来做泡菜，且周年供应。此外，美国、加拿大、德国、英国、荷兰、意大利以及东南亚各国多有引种，近年其栽培面积也有所增加。

中国的大白菜种质资源极其丰富，据笔者了解目前保存在国家农作物种质资源长期库的大白菜种质资源有 1 691 份（见第一章表 1-7）。

第二节　大白菜的起源、传播与分布

白菜的祖先在中国古代称为葑菜，是一种根和叶都可食用的蔬菜，可以说是现今的大白菜、小白菜（普通白菜）和芜菁（蔓菁）的共同祖先。

西周时代的《诗经·邶风·谷风》中的"采葑采菲，无以下体"，大意是：采收芜菁和萝卜时，不要因为根不好连可食的叶子也一起弃去。说明那时葑菜和萝卜都是根叶兼食的蔬菜。"邶风"是指诗产生的地点，在今河南与河北两省交界处。另外还有两首诗也提到葑菜，《诗经·鄘风·桑中》："爰采葑矣，沬之东矣"。《诗经·唐风·采苓》："采葑采葑，首阳之东"。诗中"鄘风"、"唐风"分别指今山东和山西的一个地区。三首诗都提到葑菜。表明在 2000 多年前的今河南、河北、山东和山西省等北方地区都已普遍栽培葑菜。

葑菜在北方较干旱气候条件下，原来可食的根部再经人工选择，逐渐成为肉质根的根菜类芜菁；而在南方湿润条件下，葑菜经过长期的自然选择和人工选择的双重作用下，进化成为叶菜类的菘菜。

菘菜进一步分化，形成牛肚菘、紫菘和白菘三种类型。8 世纪唐苏敬等著《新修本草》（731）记载："菘有三种，有牛肚菘，菘叶最大厚、味甘；紫菘叶薄细，味小苦；白菘似蔓菁"。由上所述可知牛肚菘以其叶片大而皱，区别于紫菘和白菘，与大白菜叶片极相似，而被公认为大白菜的原始种。表明此时牛肚菘已从菘菜分化出来成为散叶大白菜变种。

南宋吴自牧《梦粱录》的菜之品项中记载："薹心、矮菜、大白头、小白头、夏菘"等，并专门介绍了"黄芽菜"，"冬至取巨菜，覆以草，即久而去，以黄白纤莹者，故名之"。黄芽菜虽然还不是叶球而只是心芽，却已引起人们的极大的注意，并具有极高的经济价值。黄芽菜的出现将向"黄芽"增大方向选择。只有更大的"巨菜"才能产出大的"黄芽"，所以此后黄芽菜的人工选择向"巨菜"和"黄芽"双方向进化。

13 世纪元陶宗仪《辍耕录》已载："扬州（元）至正丙申，丁酉（1356—1357）间，兵燹之余，城中屋址偏生白菜，大者重十五斤，小者亦不下八、九斤。有膂力人所负才四五窠耳"。无疑文中所提是大白菜，已不是小白菜了。根据古籍记载可以推测，菘约出现在公元 2 世纪前后，形成结球类型的初级形态约在 11 世纪前后，再经过 800~900 年的演变，最终在中国形成了类型多样的地方品种。

白菜在韩国的首次记载可以追溯到 13 世纪。但是，直到 19 世纪大白菜才成为韩国的最重要蔬菜之一（Pyo，1981）。1866 年大白菜被首次引种到日本，但至 1920 年才开始品种的选育（Watanabe，1981）。小白菜于 15 世纪引种到马六甲海峡周边国家。现在马来西亚、印度尼西亚和印度西部非常普遍。但是，大白菜引种到东南亚却很晚。亚热带低洼地区通常只是在凉爽、干燥的季节种植，热带高原地区可以周年种植。

早在 1840 年，法国的 Pepin 就描述了大白菜的栽培和特色。他说"这种植物在植物园被了解已有 20 年，可是作为烹饪用的蔬菜只是三年前的事"（Bailey，1928）。大白菜于 1887 年首次引种到英格兰。1883 年大白菜在美国开始受到关注，并于 1893 年首次由 L. H. Bailey 用来自英格兰的种子进行种植。

大白菜原产于中国。但有关起源问题尚无定论，目前关于大白菜的起源有两种主要假说，即杂交起源假说与分化起源假说。

1. 杂交起源说 李家文（1981）提出"据观察，小白菜和芜菁的杂种性状极似散叶大白菜。根据各种理由推论大白菜可能是由小白菜和芜菁通过自然杂交产生的杂种。"并认为："大白菜和小白菜虽然有许多共同的特征和特性，但有相当大的差异。因此大白菜不可能是由小白菜发生变异而直接产生的新种。"

2. 分化起源说 谭其猛（1979）认为："大白菜可能是由不结球的小白菜，在南方向北方传播栽培中逐渐产生的。"并在以后发表的"试论大白菜品种起源、分布和演化"一文中作了进一步阐述："我认为大白菜起源于芜菁与小白菜或小白菜原始类型的杂交后代，是很有可能的。但另外还至少有一种可能，即 *B. campestris* 的种内变异在栽培前早已存在，叶柄扁圆至扁平……大白菜的原始栽培类型可能就起源于具有相似性状的野生或半栽培类型"。"还能有一种解释，就是认为它们是较后期由小白菜的杂交后代起源的。"并指明："前一说可称为杂交起源说，后一说可称为分化起源说"。至于大白菜的起源中心，"很可能是冀鲁二省"。

近年来，曹家树（1995）等从种皮饰纹、杂交实验、叶部性状观察、染色体带型研究、RAPD 分子标记分析、分支分析等方面对大白菜的起源演化进行了一系列的研究，提出了大白菜的"多元杂交起源学说"。他认为大白菜是小白菜进化到一定程度分化出不同生态型以后，与塌菜、芜菁杂交后在北方不同生态条件下产生的，并且认为小白菜的分化在前，大白菜的杂交起源在后，这实际上综合了大白菜的杂交起源和分化起源两种假说。Song 等人（1988b）的 RFLP 研究结果也支持了杂交起源假说。郭晶心等人（2002）研究结果则更支持"分化起源"假说，即大白菜可能起源于已经高度分化了的小白菜，认为芜菁和白菜类蔬菜的亲缘关系较远，而大白菜与小白菜的亲缘关系密切。并且大白菜一类中还包括了薹菜，暗示了大白菜起源于薹菜的可能性。

目前，中国大白菜种质资源主要分布于华北、东北、西北地区，其中山东省是其主要分布区，种质资源数量居全国首位，其次是河北省、河南省；再次是辽宁省和四川省。大白菜有直筒形白菜，卵圆形白菜和平头形白菜等三个基本类型。它们是在不同的生态地区向不同方向培养和选择所产生的。直筒形白菜产于天津市及冀东一带，如天津青麻叶品种的各品系，玉田包尖的各品系及唐山和丰润等市、县的品种皆是。该地基本上是海洋性气候，但又受到北部大陆性气候影响，是海洋性与大陆性气候交汇的地带，温度和湿度变化剧烈，从而形成了具有适应性强、抗热、抗寒、耐湿、耐旱、抗病力强等特点。卵圆形白菜产于山东省的胶东半岛各县，如胶县白菜，福心包头等品种皆是。该地属于海洋性气候，气候温和，空气湿润，昼夜温差不大，雨水均匀，从而形成了需要充足肥水，品质好等特点，但不耐热、不耐旱，生长期长，适应性较差。平头形白菜分布最广。在陕西、山西、河北三省的南部，河南省以及山东省的西南部都栽培这一类型，如洛阳抱头、太原二抱头等品种皆是。据历代文献记载，尤以河南省洛阳市栽培大白菜最早，可能这一类型是先在该地育成，然后传布于上述各地。该地属大陆性气候，气候干燥，昼夜温差大，阳光充足，从而形成了具有能适应较高温度，耐干旱，对肥力要求较严格，生长期长，产量高等特点。

第三节　大白菜的分类

一、植物学分类

大白菜属于十字花科（Cruciferae）芸薹属（Brassica）白菜（或云薹）种（Brassica rapa L. 或 Brassica campestris L.）的大白菜亚种（Brassica rapa ssp. pekinensis）。大白菜的近缘植物包括小白菜、芜菁、菜薹、乌塌菜、分蘖菜、薹菜和白菜型油菜等，通称为白菜类蔬菜。白菜类蔬菜是非常复杂的杂合群体，是天然异花授粉作物，种内各类型间的杂交毫无障碍，从而造成其品种繁多。其不同品种长期在不同生态环境下栽培，经过杂交选择，使现有品种无论在形态、生长发育习性、生态适应性上都有很复杂的变异。这就给白菜类作物种质资源的调查收集和系统整理工作带来了困难。因此，白菜类作物的分类和命名一直比较混乱。

瑞典植物学家林奈（Sp. Pl. 2：666.1753）最早命名了与白菜植物有关的 2 个种，即芜菁 Brassica rapa L. 和野油菜（芸薹）Brassica campestris L.。Johann Metzger

（1833）首次将这两个种合并为一个种，采用 *B. rapa* 作为种名，因此，*B. rapa* 这个种名有优先权（St. Louis Code，Art. 11.5），并且越来越流行。

在中国，芸薹用于描述野油菜，一种一年生的野生植物，起源于欧亚交界地区，可以在路边及野外见到。中国部分地区曾作为油料植物栽培，嫩茎叶可作蔬菜。中国的白菜类植物包括白菜类蔬菜和白菜型油菜等，因此，将 *Brassica rapa* 称作白菜种更容易理解和记忆。

芜菁是欧、亚大陆普遍栽培的蔬菜作物，欧洲斯堪的纳维亚半岛各国大量栽培饲用芜菁，美洲栽培的芜菁由欧洲引入。De Candolle（1886）报道芜菁在公元前 2500～2000 年前开始栽培，公元前 1000 年后传入亚洲。据记载，芜菁是白菜类作物中最古老的栽培种类型（Siemonsma 和 Piluek，1993）。普遍认为芜菁的起源中心在地中海沿岸及阿富汗、巴基斯坦、外高加索等地。

自日本学者盛永（Noringa，T.，1929—1934）和禹长春（U. Nagahara，1935）等人，通过对芸薹属植物不同的种间杂交及其杂种染色体数目研究，并总结前人试验结果，提出把芸薹属近缘植物分为基本种和复合种两大类，并把它们的种间亲缘关系用三角形表示（图 4-1），大白菜即属于 3 个基本种中的白菜（或芸薹）（*B. rapa* L.，n＝10），染色体组 AA。另外 2 个基本种是黑芥（*B. nigra* Roch.，n＝8），染色体组 BB；甘蓝（*B. oleracea* L.，n＝9），染色体组 CC。

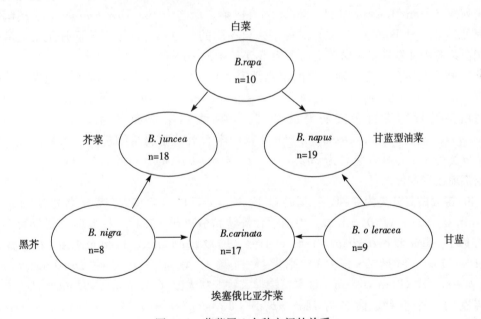

图 4-1　芸薹属 6 个种之间的关系

鉴于大白菜、小白菜、芜菁、菜薹、白菜型油菜等植物的亲缘关系很近，主要特征和特性相似，杂交率可达 100%，而且杂种可以正常生长和繁殖。同时从细胞学的综合研究中也可看出染色体数全都为 2n＝20，并属于同一染色体组。因此，这些植物应该属于同一种。1986 年德国学者对芸薹属植物进行了系统研究，将白菜类植物分类为 8 个亚种（表 4-3）。

表 4 - 3 白菜种的亚种

学 名	中文名称	英文名称
Brassica rapa L.	白菜	Colbaga, tyfon
Brassica rapa ssp. *campestris*（L.）A. R. Clapham	芸薹	Wild turnip
Brassica rapa ssp. *chinensis*（L.）Hanelt（1986）	小白菜（此处指不结球白菜）	Pak - choi
Brassica rapa ssp. *dichotoma*（Roxb.）Hanelt（1986）	棕沙逊油菜	Indian rape, brown sarson, toria
Brassica rapa ssp. *nipposinica*（L. H. Bailey）Hanelt（1986）	分蘖白菜	Mizuna, spinach mustard, tendergreen
Brassica rapa ssp. *oleifera*（DC.）Metzg.（1833）	芜菁油菜	Turnip rape
Brassica rapa ssp. *pekinensis*（Lour.）Hanelt（1986）	大白菜	Chinese cabbage
Brassica rapa ssp. *rapa*	芜菁	Vegetable turnip
Brassica rapa ssp. *trilocularis*（Roxb.）Hanelt	黄沙逊油菜	Indian colza, yellow sarson

大白菜在植物学分类中的地位经历了很多的演变，不同时期和不同国家的植物分类学家的命名颇不一致，分别命名为种、亚种或者变种。根据现代研究，大白菜应该列为白菜（云薹）种的一个亚种，拉丁名为 *Brassica rapa* ssp. *pekinensis*（Lour.）Hanelt（1986）。

1. 将大白菜分类为单独的种 最早给大白菜命名的是葡萄牙人 Loureiro（1790），在 Flora Cochinchinensis 中将大白菜命名为一个独立的种 *Sinapis pekinensis*。俄国植物学家庐甫列彻（Franz J. Ruprecht，1860）将大白菜定命名为 *Brassica pekinensis*。美国植物学家贝利（L. H. Bailey，1994）对种子来自中国的大白菜进行了系统而仔细的研究，甚至用白菜的中文发音将大白菜定命名为 *Brassica pe - tsai*。

2. 将大白菜分类为亚种 俄国植物学家季托夫（M. Titov，1891）则把大白菜列为 *B. chinensis* 的两个亚种之一，大白菜定为 ssp. *laminata* Titov。瑞典的 G. Olsson（1954）在对白菜类植物进行杂交研究的基础上，将大白菜定命名为 *Brassica campestris* ssp. *pekinensis*（Lour.）Olsson。1986 年德国学者对芸薹属植物进行了系统研究，将大白菜分类为一个亚种，定名为 *Brassica rapa* ssp. *pekinensis*（Lour.）Hanelt，现已被越来越多地接受和使用。

3. 将大白菜分类为变种 德国的 O. E. Schulz 于 1919 年将大白菜定名为 *Brassica napus* var. *chinensis*（L.）Schulz。中国学者曾勉和李曙轩（1942）将大白菜划分为 3 个类型的变种，直筒形 *cylindrical* Tsen et Lee，头球型 *cephalate* Tsen et Lee，花心型 *laxa* Tsen et Lee。孙逢吉（1946）则将大白菜分类为一个变种 *Brassica chinensis* var. *pekinensis*（Lour.）Sun。日本植物学家牧野富太郎（Tomitaro Makino）认为大白菜是芸薹的一个变种，命名为 *B. campestris* L. ssp. *chinensis* Makino var. *amplexicaulis* Makino。

二、栽培学分类

（一）按园艺性状及生态类型分类

由于大白菜品种长期在不同生态环境下栽培，再经过杂交选择，使现有品种无论在形态上、生长发育习性上、生态适应性上都有了很复杂的变异。而各种性状在繁多品种间的变异几乎都是连续的。这对于从园艺学和栽培学角度将大白菜亚种以下明确地区分为几个变种和类型增加了困难。李家文曾根据 20 世纪 50 年代各地调查地方品种的资料，于 1963 年提出过对中国大白菜亚种以下分类的初步意见，并在 1984 年出版的《中国的白菜》中正式将其划分为 4 个变种，同时在结球大白菜变种中由于栽培的中心地区和生态条件的不同又产生了 3 个基本生态型，此外还有由这 3 个基本类型杂交而产生的若干派生类型。

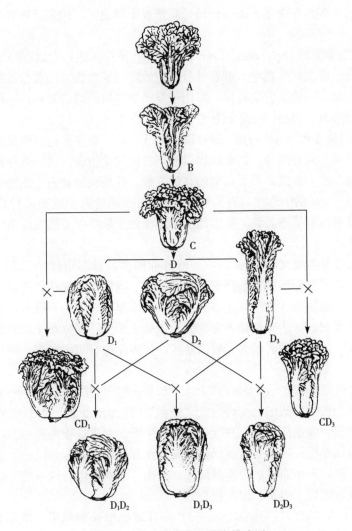

图 4-2　大白菜进化与分类模式图

A. 散叶大白菜变种　B. 半结球大白菜变种　C. 花心大白菜变种

D. 结球大白菜变种　D_1. 卵圆大白菜类型　D_2. 平头大白菜类型

D_3. 直筒大白菜类型　CD_1. 花心卵圆形　CD_3. 花心直筒形

D_1D_2. 平头卵圆形　D_1D_3. 圆筒形　D_2D_3. 平头直筒形

(李家文，1984)

上述图4-2中的各项图例为：

A. 散叶大白菜变种（var. *dissoluta* Li）　这一变种是大白菜的原始类型。顶芽不发达，不形成叶球。莲座叶倒披针形，植株一般较直立。通常在春季和夏季种植，多作绿叶菜用，如北京的仙鹤白、济南的青芽子、黄芽子。在偏远地区也还保留着一些秋冬栽培的散叶大白菜，如雁北地区的神木马腿菜等。

B. 半结球大白菜变种（var. *infarcta* Li）　植株顶芽之外叶发达，抱合成球，但因内层心叶不发达，球中空虚，球顶完全开放呈半结球状态。常以莲座叶及球叶同为产品。对气候适应性强。多分布在生长季节较短，高寒或干旱地区。代表品种有山西大毛边，辽宁大锉菜等。

C. 花心大白菜变种（var. *laxa* Tsen et Lee）　顶芽发达，形成颇坚实的叶球。球叶以裥褶方式抱合。叶尖向外翻卷，翻卷部分颜色较浅，呈白色、浅黄色或黄色。球顶部形成所谓"花心"状。一般生育期较短，多用于夏秋季早熟栽培或春种；一般不耐贮藏。代表品种有北京翻心黄、翻心白、肥城卷心、济南小白心等。

D. 结球大白菜变种（var. *cephalata* Tsen et Lee）　顶芽发达，形成坚实的叶球。球叶全部抱合，叶尖不向外翻卷，因此球顶近于闭合或完全闭合。这一变种是由花心变种进一步加强顶芽抱合性而形成，是大白菜的高级变种，栽培也最普遍。熟性包括有45d成熟的极早熟种；70～80d 的中熟种，直到需120d 方可成熟的典型晚熟品种。对温度的适应性，既有耐热品种也有耐寒品种。该类型由于起源地及栽培中心的气候条件的不同又产生了3个基本生态型。

D₁. 卵圆大白菜类型（f. *ovata* Li）　叶球卵圆形，球形指数约1.5，球顶尖锐或钝圆，近于闭合。球叶倒卵形或宽倒卵形，抱合方式"裥褶"呈莲花状抱合。起源地及栽培中心在山东半岛，故为海洋性气候生态型。要求气候温和而变化不剧烈，昼夜温差小，雨水较均匀，空气湿润。该生态型品种除在胶东半岛生长外，多分布于江浙沿海，四川、贵州、云南及辽宁、黑龙江等省的温和湿润地区，代表品种有福山包头、胶县白菜、旅大小根等。

D₂. 平头大白菜类型（f. *depressa* Li）　叶球呈倒圆锥形。球形指数约1。球顶平坦，完全闭合。球叶为横倒卵圆形，抱合方式"叠褶"。起源地及栽培中心在河南省中部，为大陆性气候生态型。能适应气候剧烈变化和空气干燥。要求昼夜温差较大，日照充足的环境，分布于陇海铁路沿线陕西省东南部到山东省南部及江苏省北部以及沿京广线由河南省南部到河北省中部以及山西省的中南部地区。湖南、江西省也有这一类型品种栽培。代表品种有洛阳包头、太原二包头、冠县包头等。

D₃. 直筒大白菜类型（f. *cylindrica* Li）　叶球呈细长圆筒形，球形指数＞3。球顶锐，近于闭合。球叶为倒披针形，抱合方式"旋拧"。起源地及栽培中心在冀东一带。当地近渤海湾，基本属海洋性气候。但因接近内蒙古地区因此又常受大陆性气候的影响，故为海洋性与大陆性气候交叉的生态型。这一生态型对气候的适应性很强。代表品种有天津青麻叶、玉田包尖、河头等。

两个变种之间或两个生态型之间的杂交组合表现如表4-4。由表4-4的结果可以看出：

表 4-4　变种间和生态型间的二源杂交

	A 散叶变种	B 半结球变种	C 花心球变种	D₁ 卵圆形	D₂ 平头形
B 半结球变种	AB 散叶				
C 花心球变种	AC 散叶	BC 半结球			
D₁ 卵圆形	AD₁ 散叶	BD₁ 半结球	CD₁ 花心卵圆		
D₂ 平头形	AD₂ 散叶	BD₂ 半结球	CD₂ 平头	D₁D₂ 平头卵圆	
D₃ 直筒形	AD₃ 散叶	BD₃ 半结球	CD₃ 花心直筒	D₁D₃ 圆筒	D₂D₃ 平头直筒

①低级品种的特性有较强的遗传力。②结球变种之间的杂交组合的叶球性状综合表现为双亲的特性，因此出现圆筒、直筒平头、卵圆平头等新的球形。③叶球抱合方式以"叠褶"的遗传力最强，它对叠褶和旋拧皆为显性。

通过天然杂交和混合选择，在中国形成了下列优良的品种类型：

①花心卵圆形（CD₁）：叶球卵圆形，球形指数 1～1.5，球顶花心。分布于山东省沿津浦线南段。代表性品种如肥城花心、滕县狮子头等，东北的通化白菜、桦川白菜也属于这一类型。

②花心直筒形（CD₃）：叶球直筒形，球形指数＞3，球顶花心。分布于山东省沿津浦线北段。代表性品种如德州香把子、泰安青芽和黄芽等。

③平头卵圆形（D₁D₂）：叶球短圆筒形，球形指数近于 1。代表性品种如城阳青等。

④圆筒形（D₁D₃）：叶球粗圆筒形，球形指数接近 2。分布于山东省北部与河北省东部各县。代表性品种如沾化白菜、黄县（现为龙口）包头，掖县（现为莱州市）猪嘴等。

⑤平头直筒形（D₂D₃）：叶球上部膨大，下部细小，球形指数接近或大于 2。分布北京市郊。代表性品种如北京大青口、小青口、拧心青、铁皮青等。

（二）按叶球性状分类

1. 根据球叶的数量及其重量分类　大白菜叶球的重量主要是由球叶的数量和各叶片的重量构成的。根据球叶的数量以及各单叶重量在叶球重中所占比例的不同，又可分为 3 种类型：

（1）叶重型　每一叶球内叶片长度在 1cm 以上的叶片数为 45 片左右，但靠近叶球的外部球叶的单叶重量与球叶内部的叶片重量相差悬殊，对叶球重起决定性作用的叶片主要是第 1～15 片球叶的重量，再向内的叶片数虽然数量多，但对球叶重量影响不大。

（2）叶数型　每一叶球内叶片长度大于 1cm 以上的叶片数 60 片左右，而且在较大范围内（第 1～30 片），单叶之间重量的差异较小，决定叶球重量的因素，主要与具有一定重量的叶片数目有关。

（3）中间型　对叶球产量形成起重要作用的叶数界于前两者之间，单叶的重量比叶重型小，比叶数型又大些。

这些分类是相对而言的，有的叶重型品种的球叶数目不一定少，而叶数型品种的球叶数目不一定很多。

2. 根据叶球的包心形式分类

（1）闭心 球心不露，球叶上部折曲超过叶球的中轴线，外叶包盖内叶的先端。从球顶看不见内叶的先端。

（2）花心或翻心 球心不露或稍露，球叶上部折曲稍超过或未达中轴线，在球顶部分外叶稍短于内叶，从球顶能看到多层叶片的先端部分，有时中央露一空洞，有时不露。

（3）竖心 球心外露，球叶上部不向内卷曲。

（4）半闭心 为竖心到闭心的过渡类型。

3. 根据球顶类型分类

（1）平头 球叶折曲的角度近于或小于 $90°$，球顶弧的弦高小于球径的 $1/4$。竖心品种的球顶也属平头型。

（2）圆头 球叶折曲角度大于 $90°$，球顶弧的弦高大于球径的 $1/4$，球顶不尖。

（3）尖头 与圆头不同点是球顶尖。

4. 根据球内叶片抱合方式分类

（1）叠抱 指叶片的上部向下弯折与下部叠合，或叶片叠在叶柄上。据此，凡球叶上部有向内向下折曲趋势的类型均可称为叠抱。如大青口、冠县包头、济南大根、正定二桩等品种。

（2）摺抱 指叶片纵向沿几条叶脉像扇子那样褶合。如鹌鹑囤、介休平头、福山包头等品种。

（3）拧抱 植物学的原意是指叶片沿中肋卷合，一侧卷在内，另一侧卷在外，实际上在大白菜中没有很典型的拧抱。如拧心青、天津青麻叶等品种只是一种形似而已。拧抱可以单独成一类，也可以并入叠抱或合抱类中。

（4）合抱 指叶片两侧纵向沿中肋向内褶合。如胶县白菜等品种，有这种褶合趋势。

5. 根据叶球性状的综合分类 球形与球形指数（叶球高度/直径）及最大直径出现的位置和球顶的形状有关，对它们的综合描述表现出叶球的形状（图 4 - 3）。

（1）球形指数 3.0 以上，上下近等粗，或最大径在近基部

尖头 ………………………………………………………… 炮弹形（如青麻叶部分品种、玉田包尖等品种）

圆头至平头 ………………………………………………… 长筒形（如河头、大绿白、大头黄等品种）

（2）球形指数 1.5～3.0

上下近等粗、圆头或平头 ………………………………… 高筒形（如林水白、大锉菜等品种）

最大径偏上部

尖头 ………………………………………………………… 高坛形（如拧心青等品种）

圆头至平头 ………………………………………………… 倒卵形（如包头青、大青口等品种）

最大径近中部

尖头 ………………………………………………………… 橄榄形（如赣州黄芽白、福州白菜等品种）

（3）球形指数 1.5 以下，上下近等粗

尖头 ………………………………………………………… 矮桩形（如胶县白菜 福山包头等品种）

圆头至平头 ………………………………………… 短筒形（如诸城白菜、夏县大青帮等品种）

最大径偏上部、圆头至平头 ……………………… 倒圆锥形（如正定二庄、济南大根等品种）

最大径近中部、圆头 …………………………… 近球形（如定县包头、甘谷白菜等品种）

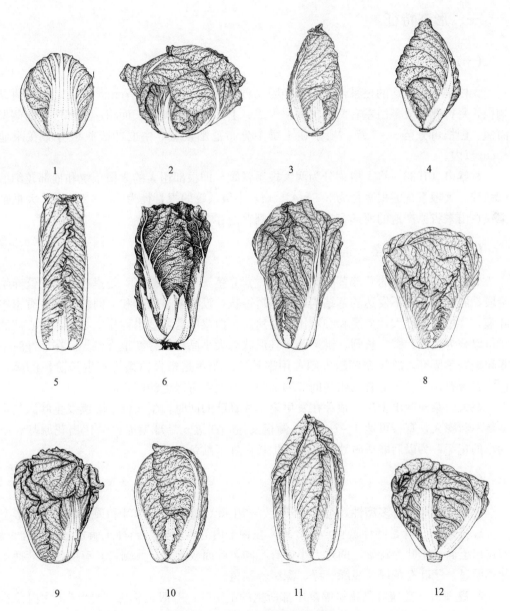

图 4 - 3 大白菜叶球形状模式图

1. 圆球 2. 扁球形 3. 炮弹形 4. 橄榄形 5. 长筒形 6. 高筒形

7. 高坛形 8. 倒卵圆形 9. 矮桩形 10. 卵圆形 11. 短筒形 12. 倒锥形

（仿《中国蔬菜品种志》上卷，2001）

此外，生产上还根据叶球叶帮的颜色分为青口菜和白口菜；根据生长期的长短分为早熟、中熟和晚熟品种；根据收获后是否贮藏分为现销菜和窖菜……。

第四节　大白菜的形态特征与生物学特性

一、形态特征

(一) 根

大白菜有较发达的根系，主根直径因品种而异，一般约 3～7cm。主根上生有两纵行侧根，每行侧根又是由左右两排次侧根组成。上部产生的侧根长而粗，下部产生的侧根细而短。侧根可分至 5～7 级。根系在土壤中分布范围较宽，主要的吸收根分布在距地表40cm 以内。

林维申 (1988) 将大白菜分为两大根系系统，即根部粗大的大根系统和根部较细的小根系统。大根系统的根直径为 3.5～4.5cm，小根系统的根直径为 1.5～2.5cm。大根系白菜只在山东省原产地的西部存在，小根系则普遍存在。

(二) 营养茎和花茎

大白菜的茎可分为营养茎和花茎两种。营养茎，又称短缩茎，是指在大白菜营养生长阶段，居间生长很不发达的茎结构，它呈短锥状，没有明显的节和节间的区别，有密集的叶痕，茎短缩、肥大，皮层和心髓比较发达。大白菜的营养茎也称作中心柱，中心柱的形状可以分为扁圆、圆、长圆、锥形等，其形状与大小品种间存在很大差异。在烹饪时一般需将短缩茎废弃，故短缩茎越大则食用率越低。花茎是指大白菜生殖生长阶段的茎，绿色，并覆有蜡粉。茎上有较明显的节和节间，节上生有绿色的同化叶。

在大白菜子叶出土后，顶芽在发生第 1 片真叶的同时，生长锥上陆续发生叶原基，短缩茎不断膨大，直径可达 4～7cm，心髓很发达。在进入结球期时已分化出花原基和一些幼小的花芽，为以后能适时地转入生殖生长做好了准备。

(三) 叶

大白菜的叶具有多型性，可分为子叶、初生叶、莲座叶、球叶和顶生叶等 5 种形态。

1. 子叶　子叶是胚性器官，共 2 片，在种子内为卷叠状，当种子萌发、胚轴伸长后，即送出土面。子叶为肾形，两片大小略有不同，叶面较光滑，无锯齿，有明显的叶柄，叶脉不明显。子叶有黄绿、浅绿、绿、深绿等颜色。

2. 莲座叶　莲座叶是指短缩茎中部所生的中生叶，一般也称为"外叶"。大白菜达到成熟时，其下层叶（即幼苗期所生的叶片）多已枯落，只剩莲座期所生的叶片，因为同一植株上各个叶片不但大小有差别，而且形态也有差别。到成熟时尚未衰老的叶片是结球期进行光合作用的主要同化器官，因此也称为"功能叶"。这些功能叶最为重要，也最能表现品种应具有的形态。

莲座叶向外平展或向上直立生长的姿态称为株型。一个植株上各层叶片的姿态有所不同，一般以植株基部的叶片为标准。株型可以分为下列几种：

　　平展——叶片与地面所成的角度在 30°以下，几与地面平行伸展。一般平头类型和一些卵圆类型的品种均为这一株型。散叶大白菜和花心白菜的一些品种也是如此。

　　半直立——叶片与地面所成的角度在 30°～60°之间。多数卵圆类型，花心类型及少数半结球类型的品种皆为这一株型。

　　直立——叶片向上直立，叶片与地面所成的角度大于 60°。直筒类型及半结球白菜品种皆为这一株型。

　　株型与栽培关系密切。叶片平展的品种莲座直径较大，故受光面积较大，一般单株重和叶球重也都较大，所以需肥性强。此外，由于莲座叶平展，植株基部空气流通不良，故易发生软腐病和霜霉病。而直立和半直立性品种则与此相反。

　　叶色：叶色分深绿（如天津青麻叶品种）、绿（如福山大包头品种）、淡绿（如洛阳大包头品种）、黄绿（如杭州黄芽菜品种）。一般高寒地区及北方品种的叶色常较深，南方品种多较淡。

　　3. 球叶　球叶是大白菜的产品器官。球叶叶片硕大柔嫩，叶柄肥大，皮层厚。外层球叶叶片能见到阳光，呈绿色；内部叶片呈白色或淡黄色。球叶以多种折叠方式在叶球中生长。

　　（1）叶形　大白菜的叶形多种多样（图 4-4），根据叶形指数（叶最大长度/叶最大宽度之比）和形状可以分为：

　　圆形，包括圆形及阔倒卵形。卵圆及平头卵圆类型的品种多属之。

　　阔形，包括横卵圆形及肾形。平头类型的品种多属之。

　　长形，包括阔披针形，卵圆形，倒卵形。直筒类型及平头直筒类型和其他叶球较长的品种均属之。

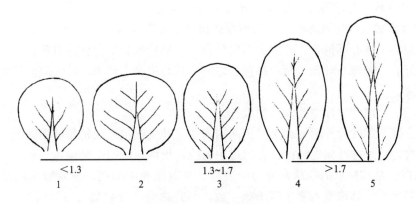

图 4-4　大白菜叶形

1. 近圆形　2. 广倒卵形　3. 倒卵形　4. 长倒卵形　5. 长圆形

（1 和 2 叶形指数<1.3；3 为 1.3～1.7；4 和 5 为>1.7）

　　（2）叶缘　大白菜叶片的边缘存在全缘——叶缘无明显缺刻，波状——叶沿有波状缺刻，皱褶——边沿有小皱褶，伞褶——叶缘有很大的皱褶。

　　（3）叶面　叶片的表面表现为微皱——略有皱纹，皱缩——有明显的皱缩，多皱——有如核桃仁凸凹的"核桃纹"。这一性状虽为品种特征，但亦与栽培条件有关。在气候和栽培条件良好时多发生皱缩和核桃纹。

（4）叶脉　按叶脉的粗细和分布的稀密分为细密、细稀、粗；有的叶脉看起来非常鲜亮、明显，有的叶脉灰暗不明显。

（5）刺毛　叶片背面的刺毛，分为多毛、少毛、无毛。

（6）叶翅　大白菜中脉基部有叶翅，叶翅的边沿与叶片不同，它有尖锐的缺刻，而叶片边沿为全缘或波状。叶片与叶翅相接处由波状逐渐过渡到尖锐缺刻。叶翅边沿按缺刻深度分为浅裂——缺刻深度不及叶翅宽度的一半；中裂——缺刻深度约为叶翅宽度的一半；深裂——缺刻深度超过叶翅宽度的一半。凡外叶叶翅短的品种，其叶片较为发达，叶球内部的软叶多而叶帮少，品质较好。

（7）叶柄　大白菜的叶柄发达，又称为叶帮或者中肋。叶柄的宽度、厚度、形状和颜色表现出很大的变异。叶柄横切面分为微凹、凹、深凹，也就是一般所称"平帮"和"凹帮"。通常薄帮品种宜煮食及作馅料，厚帮品种宜炒食及作冬菜的加工原料。颜色表现从白色到深绿，即一般所称"青帮"、"二白帮"、"白帮"。帮色与叶色有关；青帮品种叶色深绿；二白帮叶色绿，白帮叶色淡。一般说来青帮品种抗逆性较强；白帮品种品质较好。

4. 顶生叶　在花茎上生长的绿色同化叶称为顶生叶，一般叶数较少，先端尖，基部宽，呈三角形，叶片抱茎而生，无叶柄。表面光滑，叶缘锯齿少。

（四）球形特征

大白菜叶片按照一定的规律在短缩茎上排列，最终由球叶形成叶球。

1. 球形指数　叶球纵径与横径的比值为球形指数，按球形指数可以将叶球分为直筒形——球形指数大于 3，高桩形——大于 2；矮桩形——接近 1.5，近圆头形——接近 1。

2. 球顶形状　叶球顶端的形状，分为尖锐、半圆、微圆、平头。

3. 抱合方式　叶球顶部叶片顶端抱合的情况，可以分为

（1）翻心　球心不抱合，叶尖大部向外翻卷，翻卷部分呈白色或黄色。

（2）舒心　叶球心叶介于翻心和包心之间，球心抱合不严密，叶尖微向外翻、翻卷部分颜色略淡。

（3）拧抱　球叶叶片中肋向一侧旋拧。

（4）合抱　球叶叶片两侧和上部稍向内弯曲，叶尖端接近或稍超过中轴线。

（5）叠抱　外球叶向内扣抱，远超过中轴线，把内球叶完全掩盖。

4. 球型　结球白菜的叶球常分为叶数型、叶重型和中间型。球叶数多的品种常叶薄帮细，叶翅比小，其球重主要决定于球叶数，因此称为"叶数型"。球叶数少的品种常叶厚帮粗，叶翅比大，其球重主要决定于每一球叶的重量，因此称为"叶重型"。

（五）花

大白菜为总状花序，在主枝的叶腋生出一级分枝，一级分枝的叶腋再生二级分枝，依此类推，一般可有四级分枝。高次分枝上的花朵较小，种子质量也较差。

大白菜开花初期开放的主要是各花序主枝上的花朵，盛花期开放的大部分是一级侧枝上的花朵和部分主枝顶梢的花朵，以及少数二级侧枝下部的花朵。一个花枝一般每天可以

开 3～5 朵花，一株大白菜开花期约 20～30d。越晚开放的花，授粉、受精率越低，结荚率和结籽率也越低。后期结的角果，不能充分生长，常成为无效角果。

大白菜的花由花梗、花托、花萼、花冠、雄蕊群和雌蕊组成（图 4-5）。花萼呈绿色，共 4 片，排列成内外 2 轮。花冠位于花萼内侧，由 4 个离生的花瓣组成，呈一轮，与花萼相同排列。排叠式为覆瓦状。花瓣一般为黄色，属十字形花冠。雄蕊群着生于花冠内方，由 6 枚雄蕊组成，排列成 2 轮，外轮雄蕊 2 枚，间瓣对萼，花丝较短；内轮雄蕊 4 枚，也是间瓣对萼，花丝较长。花药长形着生于花丝顶上，向着雌蕊开裂，为内向药。雌蕊位于花的中心，是由 2 个合生心皮构成的复雌蕊。子房上位，2 室，有假隔膜。弯生胚珠多数。雌蕊的柱头，外形为圆盘状，由 2 个柱头愈合而成，中央凹陷。柱头表面有一层发达的乳头状突起的绒毛，细胞壁薄，细胞核大而清楚。绒毛下方有一些纵向伸长的薄壁细胞，细胞较小，排列紧密，与花柱的引导组织相接。在子房的基部，花丝两侧，生有 6 个蜜腺，呈绿色圆形小突起。生于长花丝之间的蜜腺较大，其余则较小。

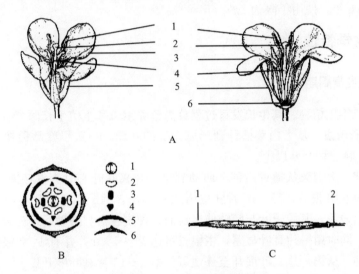

图 4-5 大白菜花与果实
A. 花及花横切面 1. 花药 2. 柱头 3. 花瓣 4. 花柱 5. 花萼 6. 蜜腺
B. 花模式图 1. 雌蕊 2. 雄蕊 3. 内蜜腺 4. 外蜜腺 5. 花瓣 6. 花萼
C. 长角果 1. 果喙 2. 果柄

大白菜的柱头和花粉的生活力一般以开花当天最强。柱头在开花前 4d 和开花后 2～3d 都可接受花粉进行受精，雌蕊有效期可达 6～7d。开花前 2d 和开花后 1d 的花粉都有一定的生活力。授粉后 30～60min 花粉管进入柱头，18～24h 完成受精过程并形成合子。受精 7d 后胚珠开始膨大，10d 后子房明显长大。受精时的最适温度一般为 15～20℃，在低于 10℃情况下花粉萌发较慢，而高于 30℃时也影响受精作用的正常进行。一天内授粉最佳时间，上午 8～10 时、下午 2～4 时。阴天授粉效果不好。一般授粉后 35～45d 种子成熟。通常一个植株有效种荚为 600～1 500 个，正常授粉受精每荚粒数 20 粒左右，千粒重按 3.0g 计算，单株产量约 27～90g。

大白菜的单株花数通常在 1 000～2 000 朵之间，但因受生长条件、定植时期和密度等的影响，往往变化很大。主枝上的花先开，然后是一级侧枝和二级侧枝顺序开放。全株花数的多少主要决定于花序数和分枝数。就一个植株上各级花枝的花数分布来讲，主干花枝约占 30% 左右，一级侧枝约占 50% 左右，二级侧枝约占 15% 左右。从这个比例趋势可以看出，主枝与一级侧枝花数决定种子产量的高低。一般顶花序与基部花序的始花期相差 5～10d。单株的花期约 20～30d，每天每一分枝上开 2～4 朵花。一个品种的花期约可延长到 30～40d。愈早开放的花结荚率愈高，种子愈充实饱满。

（六）种子与果实

大白菜为长角果，果形细长，长 3～6cm，一个果荚中可着生种子 20 粒左右，从授粉到种子成熟需 30～40d，成熟后果皮纵裂，多数成熟的种子由纤细的种柄连接在胎座上，成熟的荚果易纵裂而使种子散落。种子为圆球形，微扁，红褐色至褐色，少数为黄色。千粒重 2.5～3.5g，高者可达 4g 以上。种子直径为 1.5～2mm。在一般贮藏条件下，大白菜种子寿命为 5～6 年，使用年限为 1～2 年。

二、生物学特性

（一）生长发育周期

大白菜为二年生植物。其生长发育过程分为营养生长和生殖生长两个阶段。

1. 营养生长阶段　从大白菜播种到形成充实的叶球，一般早熟品种在 70d 以下，中熟种 75～85d，晚熟种 90d 以上。

（1）发芽期　大白菜从播种后种子萌动到第一片真叶吐心时为发芽期，约需 5～6d。当大白菜种子吸水膨胀后，经 16h 后胚根由珠孔伸出，24h 后种皮开裂，子叶及胚轴外露，胚根上长出根毛，其后子叶与胚轴伸出地面，种皮脱落。播种后第三天子叶展开，第五天子叶放大，同时第一片真叶显露，主根长可达 11～15cm，并有 1、2 级侧根出现。

（2）幼苗期　从第一片真叶展开至外观可见第 8～10 片真叶展开扩大。此时叶片长度大于 1cm 以上叶片共有 14～15 片，小于 1cm 以下的叶片约有 5～6 片。生长时期约 16～18d。在幼苗期，叶片数目分化较快，而叶面积扩展和根系的发育速度缓慢。

（3）莲座期　从幼苗期结束至外叶全部展开、心叶刚开始抱合时为莲座期，约需 23～28d，早熟品种可缩短 6～8d。外叶数早熟品种可达 16～20 片，中、晚熟品种叶片数达 22～26 片。此时球叶的第 1～15 片心叶已开始分化、发育。此期主根可达 1m 以上，根系分布直径可达 60cm 左右，主要根群分布在距地面 5～30cm 处。

（4）结球期　从植株个体看，由心叶开始抱合至叶球膨大充实，并达到采收状态时为结球期，约需 40～60d、早熟品种为 25～30d。结球又可分为前期、中期和末期。结球前期外层球叶生长迅速，较快地构成了叶球的轮廓，根系分布直径可达 80～120cm，主要根系分布在地表至 30cm 的土层中。结球中期是叶球内部球叶充实最快的生长时期。此期叶片停止分化，开始花芽分化。当叶球膨大到一定大小，其体积不再增长时，即进入结球后期，此期叶球继续充实，但生长量增加趋缓，生理活动减弱，逐渐转入休眠准备，根系也开始衰老。

（5）越冬贮藏休眠期　收获后，大白菜即进入贮藏休眠期。在休眠期间植株不进行光合作用，只有微弱的呼吸作用，但外叶的养分仍向球叶部分输送，生殖顶端缓慢地进行着花芽的分化。其贮藏期的长短，与品种特性及贮藏期温度和湿度有关。

2. 生殖生长阶段

（1）返青期　次年春季，从种株栽植于采种田至植株抽薹为返青期，约需8～12d。此期种株叶片逐渐转青，开始发生新根，花薹亦有明显的增长。

（2）抽薹期　从植株开始抽薹到开始开花为抽薹期，约需15d左右。此期根系垂直向下生长；地上部则抽生花薹，形成花蕾。

（3）开花期　由植株始花到基本谢花为开花期，一般在30d左右。此期内蕾和侧枝迅速生长，逐渐进入开花盛期，并不断抽生花枝，分枝越多，种子结实越多。成株采种，早熟品种每个种株有12～20个花枝，中、晚熟品种每株有15～25个花枝。主枝和一级分枝上花数占全株的90%，结实率也高。

（4）结荚期　从谢花后，果荚开始生长，至种子发育、充实为结荚期。此期约需20～25d。此期花枝生长基本停止，果荚和种子迅速发育，至种子成熟、果荚开始枯黄，待大部分果荚变成黄绿色时即可收获。

以上所述的大白菜生育期，是对完整的生长发育过程而言的。为某些目的栽培的大白菜（如小株采种）就不一定需要经历全部的生育时期。

（二）春化作用与光周期

大白菜属于种子春化型作物，即萌动的种子就可对低温发生感应。所以它可以在春季通过人工处理或自然低温进行春化后，不经过结球阶段，即可进入抽薹、开花、结实。

大白菜属于低温、长日照植物，从营养生长转向生殖生长需要经过明显的低温阶段。对低温的敏感程度不同，品种之间差异明显。通常大白菜从种子萌动开始，在2～10℃条件下，15d左右就能完成春化；10～15℃时通过春化过程缓慢。春化天数愈多，花茎抽出愈快。春化处理的最佳温度范围为2～5℃。低温的影响可以累积，并不要求连续的低温。各种大白菜的冬性强弱有差异，一般南方品种较弱，北方品种次之，高寒地区品种最强。

大白菜植株完成春化后，在12h左右的长日照和18～20℃的温度条件下，有利于花薹生长、开花及结荚。人工控制条件下，连续24h光照、15～25℃的处理即可使其抽薹。

大白菜的结球性也受到温度和光照等外界环境条件的影响。秋播大白菜，通常使其莲座叶的生长期安排在温度18～22℃，结球期在12～20℃，并有10℃左右的昼夜温差，便可形成良好的叶球。但如果将此品种的种子，在10℃以下的低温经过10～30d的春化，在较高的温度及长日照条件下就形不成叶球而提前抽薹开花。或者播种期掌握不适（春播过早），花芽分化时球叶数目少，则会影响到叶球的充实，甚至出现未熟抽薹的现象。这一问题在春播大白菜生产中尤为突出。

（三）对环境条件的要求

1. 对气候条件的要求　大白菜原产中国的温带地区，喜欢冷凉、干燥的气候。它们都有很大的叶面积和蒸腾量，但根系又较浅，利用土壤深层水分的能力不强，因此栽培时要求合理灌溉，保持较高的土壤湿度。但大白菜也不耐渍，在浇水过多或雨后田间积水时，由于土壤通气不良，常影响根系的吸收，致使植株生长不良或容易感染病害，甚至全株枯死。因此，为了促进根系的发展以加强吸收能力，必须精细整地和及时中耕。

大白菜苗期的最适温度为 22℃，结球期最适温度为 16～20℃。昼温较高和较低夜温有利于叶球的形成。

光照强度也影响白菜的生长和结球，高光照强度有利于形成宽叶和结球。日照长度不影响叶球的形成，但是影响叶片的生长速度和重量。

2. 对土壤与营养的要求　大白菜植株生长量很大，需要吸收较多的矿质养分。栽培时要求肥沃且保肥力强的土壤，并要求施用较多的基肥和追肥。它们的叶丛很大，特别需要较多的氮肥促进叶的生长。叶球形成需要较多的钾肥，抽薹结荚期需要较多的磷肥。若氮肥充足且磷、钾肥配合适当，则净菜率高。缺钙易导致发生生理病害"干烧心"。土壤酸碱度以中性或微酸性为好。

第五节　大白菜的种质资源

一、概况

中国大白菜种质资源极为丰富，目前，中国已收集保存大白菜种质资源 1 691 份（见第一章，表 1 - 7），其分布比较集中于华北、东北、西北地区，其中山东省是大白菜的主要产区，种质资源数量居全国首位，其次是河北省、河南省，再次是辽宁省和四川省。

中国已经建立了大白菜种质资源数据库，记录了有关品种的性状描述数据。这些数据主要是在产地的鉴定结果。根据现有的可取数据，下面对中国已经收集的大白菜种质资源的主要性状作一个简要分析，以便对大白菜种质资源有一个概括的了解。

1. 生长期　大白菜品种生长期的长短决定品种所适宜栽培的地区和栽培季节，也决定其产量和贮藏性。从所收集的品种在当地的生长期可以看出，生长期范围 40～150d，多数品种在 80～100d（图 4 - 6）。

2. 叶球重　叶球的重量是大白菜最重要的性状，也是收获的产品器官。叶球重最小的只有几百克，最大的可达十几千克。大多数品种的叶球重为 2～4kg（图 4 - 7）。

3. 株高　植株的高度变化，反映着大白菜生长过程中体形的变化，

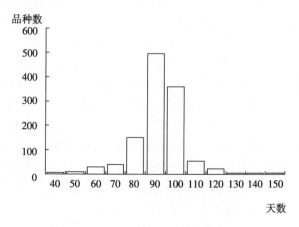

图 4 - 6　大白菜种质资源生长期分布图

也可作为由外叶发育转变为球叶发育的形态指标。从莲座期到结球中期，是株高增长速度最快的时期，当进入结球期后，株高的增长明显缓慢。当大白菜从以外叶生长为主的时期

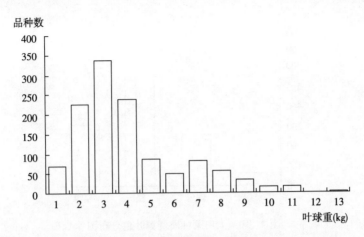

图 4-7 大白菜种质资源叶球重分布图

进入以球叶生长为主的阶段时，大白菜的株高停止发展。株高的变化范围为 20～90cm，大多数品种在40～60cm 之间（图 4-8）。

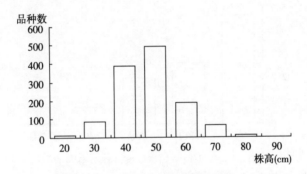

图 4-8 大白菜种质资源株高分布图

4. 叶球抱合方式 大白菜的叶球是由众多的叶片通过不同的抱合方式而形成的。在中国的大白菜种质资源中，合抱类型最多。叠抱类型数量次之。拧抱品种约占种质资源总数的 10％。花心或者翻心类型最少（图 4-9）。

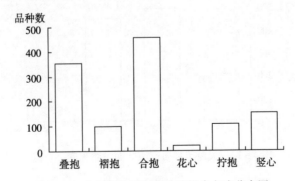

图 4-9 大白菜种质资源叶球抱合方式分布图

5. 叶色 大白菜品种之间的叶片颜色差异很大。一般高寒地区及北方品种的叶色常较深，南方品种多较淡。大多数品种为绿色和深绿，浅绿次之，浅色的黄绿最少（图 4-10）。

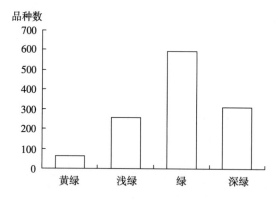

图 4-10   大白菜种质资源叶色分布图

6. 叶柄色   大白菜的叶柄颜色大多数为白色。从白色到深绿，品种数量依次递减，最少的为深绿（图 4-11）。

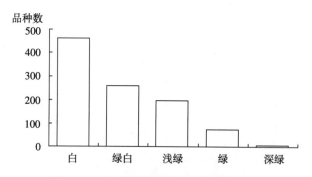

图 4-11   大白菜种质资源叶柄色分布图

7. 叶面   大白菜外叶表面的皱缩程度是品种的重要特征。多数品种表现为稍皱或中皱，平叶面次之，多皱叶面较少（图 4-12）。

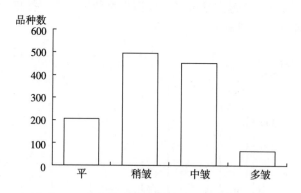

图 4-12   大白菜种质资源叶面皱缩程度分布图

二、抗病种质资源

多年来，大白菜病害发生日趋严重，对生产造成巨大危害。日本是开展大白菜抗病育种较早的国家，致力于根肿病（*Plasmodiophora brassicae*）、病毒病〔TuMV（芜菁花叶病毒）等〕、霜霉病（*Peronospora parasitica*）等病害的抗病育种工作，并相继育成了抗多种病害的一代杂种。中国早在 20 世纪 70 年代初，一些科研单位就已开始着手于大白菜抗病育种工作，但进展比较缓慢。1983 年国家科委和农业部组织了 10 个科研单位和院校，成立了"白菜抗病新品种选育协作攻关组"，经过十几年的研究，使中国大白菜抗病育种得到了很大的发展。

据中国农业科学院蔬菜花卉研究所《蔬菜优良种质资源评价和利用数据库》资料，中国农业科学院蔬菜花卉研究所等单位在 1986—2000 年期间分别对大白菜芜菁花叶病毒（TuMV）、霜霉病、黑腐病（*Xanthomonas campestris* pv. *campestris*）的抗病性进行了鉴定，被鉴定的 1 062 份大白菜，对 TuMV 相对抗病指数 RRI＞2.05 的优良种质有 15 份，占鉴定总份数的 1.4%；鉴定 1 062 份大白菜，对大白菜霜霉病相对抗病指数 RRI＞1.2 的优良种质有 176 份，占鉴定总份数的 16.6%；鉴定 1 002 份大白菜，对黑腐病达到抗病的病情指数 DI 的优良种质有 100 份，占鉴定总份数的 22.7%。在 1983—1995 年期间（"六五"至"九五"）国家白菜育种攻关专题组，从 3 000 多份（包括育种高代材料）大白菜种质资源中筛选出 28 个抗病品种，其中高抗 TuMV 有 8 个，已在育种中广泛应用。

与此同时，还育成并推广了一批抗病力强、经济性状优良的大白菜新品种，如由北京市农林科学院蔬菜研究中心育成的北京小杂 56 和陕西省蔬菜研究所育成的秦白 2 号等良种。

此外，利用生物技术进行抗性育种也取得了进展。如目前已获得导入了抗虫基因或抗病基因（多菌肽）的大白菜转基因植株等。

三、抗逆种质资源

大白菜的抗逆性主要包括抗寒、耐热、耐抽薹、抗旱、抗涝以及耐盐碱性等。抗逆性往往是在冬、夏不适宜大白菜生长的季节或不良环境条件下栽培所需要的特性。抗逆性育种需要有良好的逆境鉴定技术条件及特殊的种质资源，一般难度较大。近几年，国内一些育种单位加强了抗逆性品种选育的研究和新品种选育工作，目前已经育成了耐寒性良好的大白菜品种黄芽 14-1、具有耐热性的淮白 1 号和强冬性耐抽薹新品种黄点心 2 号等。

四、优异种质资源

在中国数以千计的大白菜地方品种中，不仅在园艺性状上存在着明显的不同，而且在抗病力、营养成分的含量等方面也有很大的差异。有的地方品种不仅是育种的好材料，而且可直接提供给生产利用。

1. 早皇白 广东省潮安县地方品种，当地可全年种植。外叶近圆形，叶柄白色，叶球倒圆锥形，心叶互相抱合，黄白色，结球紧实，单球重约 0.5kg。早皇白早年引入福建省，也称黄金白或皇京白。据福州市蔬菜研究所介绍，该品种抗御台风的能力强，台风过后生长恢复快，故较稳产。

2. 漳浦蕾 福建省漳浦县地方品种。叶球叠抱，球状，绿白色，是叠抱类型白菜中的最小型品种。植株外叶叶面皱缩，淡绿色，最大外叶长 40cm，宽 25cm，耐热，纤维多，味淡，抗软腐病差。同安 40 天、泉州拳头包皆属同一类型。

3. 北京翻心黄　北京市地方品种。叶球直筒形，球叶先端向外微翻，黄白色，单株重 1.5～2kg。球叶稚嫩，稍有纤维。耐热，但不耐贮。早熟，生长期 60d 左右。较抗病毒病（图 4 - 13）。

4. 北京小白口　又称管庄小白口，北京市地方品种。叶球短圆筒形，球叶黄绿色，球顶部稍大。单株重 2kg 左右。球叶稚嫩，味甜，纤维少，品质好。抗逆性较强，不耐贮藏。早熟，生长期 60d 左右。

图 4 - 13　北京翻心黄

5. 天津小青麻叶　天津市地方品种。叶球直筒形，在莲座叶未充分长大时，球叶已开始结球。由于莲座叶与球叶同时生长，故又名连心壮。该品种球叶纤维少，易煮烂，味甜，品质好。较耐热，抗病。偏早熟，生长期 70d 左右。

6. 天津中青麻叶　又名天津绿或天津核桃纹，天津市地方品种。叶球直筒形，球顶略尖，单株重 2.5～3.0kg。球叶绿色或黄绿色，纤维少，煮食易烂，味甜、柔嫩，品质好。适应性强，抗病，耐贮藏。中熟，生长期 80～85d。

7. 曲阳青麻叶　原产河北省曲阳县，属平头类型。叶片深绿色，叶缘皱褶，叶面皱缩，叶脉粗稀，刺毛少，叶球平头形，球顶微圆，球心严闭，球叶叠抱，球形指数 1.34，为叶重型，短缩茎大。耐贮藏，抗热性中等，抗寒性强，抗旱涝性中等。抗病毒病及软腐病能力强，抗蚜性弱，抗猿叶虫和菜青虫能力中等。生长期 95d 左右。

8. 北京小青口核桃纹　北京市地方品种。抗病性强，对病毒病的抵抗能力尤为突出，所以其产量比较稳定。但抗黑腐病的能力稍差。植株较矮，株高仅 42cm 左右，开展度 80cm，单株重 3～4kg。外叶深绿色，椭圆形，成株外叶 15 片左右，最大外叶长 55cm，宽 34cm，叶柄长 41cm，叶柄宽 6.5cm，叶缘凸波形，叶面有皱褶，刺毛较少，叶背刺毛较多。叶球短筒状头球形，叠抱、纵径 40cm，横径 17cm，叶球顶部微圆，单球重 2～3kg。品质好，味甜，耐贮藏。

9. 北京大青口　原产于北京市，属平头直筒类型。叶片绿色，叶缘波状，叶面皱缩，叶脉粗稀，刺毛少。叶球高桩形，上部较大，球顶圆，球心严闭，球叶叠抱，球形指数 2.05，属叶重型，短缩茎大小中等。抗热性及抗寒性强，抗旱性弱，抗涝性中等，极耐贮藏。抗病毒病、霜霉病能力强，抗蚜性强，抗猿叶虫和菜青虫能力中等。生长期 90～95d。

10. 大白口　原产北京市。属平头直筒类型。叶片淡绿色，叶缘波状，叶面微皱，叶脉粗稀，刺毛少。叶球高桩形、上部较大，球顶圆，球心严闭，球形指数 2.0，叶数型，短缩茎中等大小。抗热性中等，抗寒性弱，抗旱、涝及病虫性弱，耐贮藏。生长期 90d 左右。

11. 开封小青帮　河南省开封市地方品种。植株高度 30cm，开展度 80cm，外叶绿色，叶柄白绿，叶球叠抱，矮桩平头形，叶面较平，叶缘凸波形，叶面及叶背刺毛少。抗黑斑病能力强，比开封二包头白菜耐冻。生育期80d左右。

12. 二牛心　黑龙江省哈尔滨、齐齐哈尔市等地栽培较多，早年由山东省昌邑县引入。叶球圆锥形，顶部尖，单株重2kg左右。莲座叶少，净菜率高，品质好。适应性强，耐病，较耐贮藏。偏早熟，生长期70d左右。

13. 肥城卷心　山东省肥城县地方品种。植株矮小，叶球短圆筒形，球叶乳黄色，心叶顶端向外翻卷。抗病，耐热。早熟，生长期55～60d。

14. 成都白　云南省多有栽培，最初由四川省引入。叶球有高桩和矮桩两种类型，高桩的叶球倒卵形，矮桩的短倒卵形，单株重2kg左右。结球期短，冬性强，春季栽培抽薹率低，也较耐热，适于春季栽培。

15. 玉田包尖　原产河北省玉田县，直筒类型。叶片绿色，叶缘波状，叶面微皱，叶脉细密，刺毛少。叶球直筒形，上部显著小于下部，球顶尖锐，球心闭合，球叶拧抱，球形指数3.2，为叶重型与叶数型的中间型，短缩茎小。抗寒、抗旱、涝性均强，抗病毒病能力中等，抗霜霉病和软腐病能力强，抗蚜性中等，抗猿叶虫和菜青虫能力强。生长期90d左右（图4-14）。

16. 胶州白菜　原产山东省胶县，著名特产品种，卵圆类型，有大叶菜、二叶菜、小叶菜三个品系。叶片淡绿色，叶缘波状，叶面微皱，叶

图4-14　玉田包尖

脉细稀，刺毛少。叶球卵圆形，球顶尖锐，球心闭合，球叶褶抱，球形指数1.4～1.6，为叶数型，短缩茎中等大小。抗寒、抗热、抗旱涝、抗病虫性均弱，但耐贮藏。适宜于温和湿润的海洋性气候条件下种植。生长期80～100d。

17. 福山包头（见本节五、特殊种质资源）

18. 大矬菜　原产于辽宁省兴城及其邻近地区。属半结球变种。叶片深绿色，叶缘波状，叶面皱缩，叶脉粗稀，刺毛极少。叶翅长度为叶长的1/2，中裂、中肋宽厚、凹，淡绿色。叶球直筒形，球顶微圆，半结球，球叶褶抱。球形指数3.25，软叶率35%，属叶重型。抗热性中等，抗寒性强，抗病毒病能力中等，抗霜霉病及软腐病能力强，抗蚜性中等，抗猿叶虫及菜青虫能力强。极耐贮藏，多用于冬贮，以供冬季长期食用。生长期85～90d。

19. 筒子白　原产于山西省清徐县，属半结球变种。叶片淡绿色，叶缘伞褶，叶面微皱，叶脉粗稀，无刺毛。叶翅长度为叶长的1/2，边沿深裂。中肋宽厚，深凹，白色。叶球直筒形，球顶尖锐，半结球。球叶褶抱，属叶重型，短缩茎小。抗热性中等，抗寒性强，抗旱性中等，抗软腐病能力强，耐贮藏。生长期85～90d。

20. 大毛边　原产于山西省阳城县，属半结球变种。莲座直径78cm，直立。莲座叶阔披针形，长68cm，宽37cm，叶形指数1.83，叶片淡绿色；叶缘伞褶，叶面皱缩，叶脉粗稀，刺毛多。叶球直筒形，球顶微圆，半结球，球叶褶抱，属叶重型，短缩茎大小中

等。抗热性中等，抗寒性、抗旱涝性强。抗病毒病、霜霉病，软腐病能力均强。耐贮藏，多用于冬贮。生长期95d左右。

21. 黄芽菜　原产浙江省杭州市郊区，属花心白菜变种。莲座直径52cn，平展。叶片黄绿色，叶缘皱褶，叶面微皱，叶脉细稀，刺毛少。叶翅长度为叶长的1/3，中裂。中肋宽薄、微凹，白色。叶球卵圆形，球顶尖锐，翻心，翻卷部分黄色，球叶褶抱。球形指数1.57，为叶数型，短缩茎小。不耐贮藏。抗热性及抗寒性中等，抗病虫能力弱。生长期80~90d。

22. 济南小根　原产山东省济南市郊及历城县，为卵圆类型。叶片淡绿色，叶缘波状，叶面微皱，叶脉细稀，刺毛少。叶翅长度为叶长的1/2，浅裂。中肋宽薄、微凹，白色。叶球矮桩形，球顶微圆，球心闭合，球叶褶抱，球形指数1.67，为叶数型，短缩茎小。生长期95~100d。

23. 洛阳包头　原产于河南洛阳市郊，属平头类型，有大包头和二包头两个品系。叶片淡绿色，边沿波状，叶面皱缩，叶脉粗稀，刺毛少。叶球平头形，球顶微圆，球心严闭，球叶叠抱，球形指数1.1，为叶重型，短缩茎大。抗热性中等，抗寒性及抗旱、抗涝性弱，抗各种病虫能力弱，极耐贮藏。生长期110d。大包头产量较高，抗病力较差，叶脉较粗；二包头产量较低，抗病力稍强，叶脉较细。

24. 包头白　原产山西省太原市郊，属平头类型。叶片绿色，叶缘皱褶，叶面皱缩，叶脉细密，刺毛多。叶球平头形，球顶微圆，球心严闭，球叶叠抱，球形指数1.5，为叶重型，短缩茎中等大小。抗热性及抗寒性弱，抗旱性、抗涝性中等，抗病毒病能力弱，抗其他病虫能力中等，耐贮藏。生长期90d左右。

25. 城阳青　又名青包头，原产山东省即墨县城阳镇。属平头卵圆类型。叶片绿色，叶缘波状，叶面微皱，叶脉粗稀，刺毛少。叶球矮桩形，上下大小均等，球顶微圆，球心严闭，球叶叠抱，球形指数1.55，叶数型，短缩茎小。抗热、抗寒性强，抗旱、抗涝性强，极耐贮藏。生长期100d左右（图4-15）。

图4-15　城阳青

26. 林水白　原产河北省徐水县。属结花心直筒类型。叶片淡绿色，叶面皱缩，叶缘皱褶，叶脉粗稀，无毛。叶球上部较小，球顶尖锐，球心舒心，球叶拧抱，球形指数1.5，叶数型，短缩茎小。不耐贮藏。抗热、抗寒性弱，抗旱、抗涝能力弱，抗病性也弱。生长期90~95d。

27. 香把子　原产山东省德州市郊。为花心直筒类型。叶片淡绿色，叶缘波状，叶面皱缩，叶脉细密，刺毛少。叶球高桩形，球顶微圆，球心翻心，翻出部分淡黄色，球叶拧抱，球形指数1.55，属叶数型，短缩茎小。抗热、抗寒性强，抗旱、抗涝性强，抗各种病虫能力也强，耐贮藏。生长期95d左右。

28. 大高桩　原产河北省山海关地区。属半结球直筒类型。叶片绿色，叶缘皱褶，叶脉细密，无刺毛。叶球高桩形，球顶尖锐，球心舒心，球叶褶抱，球形指数2.26，属叶重型，短缩茎小。抗热性中等，抗寒性、抗旱性、抗涝性、抗病虫性均强，极耐贮藏。生长期85～90d。

五、特殊种质资源

(一) 橘红心大白菜

北京橘红心是北京市农林科学院蔬菜研究中心培育的晚熟大白菜一代杂种。株型半直立，株高37.3cm，开展度61.7cm。外叶和叶柄绿色，叶球中桩叠抱，球高27.8cm，球宽15.4cm，球形指数1.8。结球紧实，单株重2.2kg，净菜率82%，品质优良。抗病毒病、霜霉病和软腐病。生长期85d左右。

北京橘红心的最大特点是球叶橘黄色，叶球切开在阳光下晒几分钟颜色会变深，呈橘红色。经该中心对45份大白菜材料测定结果表明，北京橘红心含水量、中性洗涤纤维含量较低，分别为92.51%和0.44%，有机和无机营养元素含量绝大多数超过平均值，其中维生素C和β胡萝卜素含量排第一位，每100g分别为30.6和0.26mg，钾、磷、铁、锰等含量也排第一位。其球叶色泽艳丽、口感脆嫩，特别适合于生食凉拌，可生熟兼用。采收后经贮藏可以一直供应到次年2～3月份（图4-16）。

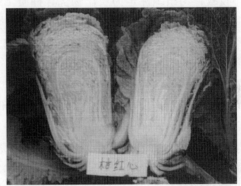

图4-16　橘红心

(二) 黄心大白菜

黄心大白菜新品系02-61和02-64由西北农林科技大学选育。叶球呈现鲜黄色和橙黄色，色泽和外观漂亮，质地脆嫩，粗纤维较少，适口性极佳，可生熟兼用，特别适宜于生食和凉拌。新品系还富含胡萝卜素、维生素C、维生素B和钙、锰、铁等微量元素，具有很好的营养保健功能。

(三) 四倍体大白菜

河北省农林科学院蔬菜花卉研究所利用秋水仙素处理，获得了大白菜四倍体材料，通过二倍体材料同诱变四倍体材料进行杂交，培育了新四倍体大白菜：翠绿、翠宝、多育2号等。它们克服了一般同源四倍体稔性低、生度速度慢的缺点，而且抗多种病害，品质优良（内含物及口感均优于一般的二倍体大白菜）。四倍体大白菜品种的显著特点是：口感清新，质地脆嫩，蛋白质、维生素 C 等各项营养指标均高于其他对照品种 10～17 个百分点。

山东省农业科学院蔬菜研究所王志峰等（1998）通过大白菜 2n 配子材料 1053 和四倍体 94-78 杂交，以 053 为母本连续回交，选育成四倍体大白菜 T-6，并最终育成四倍体大白菜新品种翠白 1 号。其性状观察结果表明，开花期 T-6 较 053 抽薹晚，花茎粗，植株高大；结球期叶片宽大、肥厚，株高、单球重小于 1 053，但外叶数少，净叶率高，叶球充心快，较 1 053 早熟。

（四）综合性状特优大白菜

根据"九五"国家攻关子专题"蔬菜优良种质评价和利用研究"的要求，从国家种子库中提取经"八五"初评的优良大白菜品种材料 78 份，自 1997 年开始，于每年秋季进行田间种植；调查各品种的农艺性状、抗逆性、抗病性（主要是霜霉病、病毒病的抗病力），1998 年评选出优良大白菜品种 46 份。1999 年对评选出的大白菜优良品种进行更新、繁种，并进行再次田间种植，调查其农艺性状、抗逆性、抗病性，最后筛选出 3 份综合性状特优大白菜种质——李楼中纹、河北石特 1 号、山东福山包头，其中河北石特 1 号由农业部科技教育司组织评定为农作物优异种质 1 级。

1. 河北石特 1 号白菜　由中国农业科学院蔬菜花卉研究所和山东省农业科学院蔬菜研究所在"七五"和"八五"期间鉴定筛选。

株高 33～37cm，开展度 70cm 左右。外叶深绿色，10～11 片，长 40cm 左右，叶柄长 25cm，宽 70cm，叶面皱缩，浅绿色。叶球倒圆形，叠抱，球心包心，横径 30cm 左右，高 28～30cm，单球重 2～3.5kg，球叶数 30～40 片。抗病性强，品质好。品质分析：含干物质 8%，粗纤维 0.66%，维生素 C 34.54mg/hg，可溶性糖 3.53%。高抗病毒病，病毒病病情指数 6.95%～13.87%，平均 10.4%；抗霜霉病，霜霉病病情指数 15.28%～50.90%，平均 33.09%；无不良农艺性状，可在生产中直接利用或用作育种亲本材料（图 4-17）。

图 4-17　石特 1 号

2. 李楼中纹白菜　由中国农业科学院蔬菜花卉研究所和山东省农业科学院蔬菜研究所在"七五"和"八五"期间鉴定筛选。

株高 65～70cm，开展度 65～70cm。外叶深绿色，12 片，宽 25～33cm，叶面皱缩。叶球长筒形、拧抱，球心拧心，叶球高 55～60cm，横径 13～17cm，球叶数平均 35 片左右，单球重 2.6～4.2kg。田间表现高抗病毒病和霜霉病。在陕西省杨凌种植，1997—1998 年有的重复发病率为 0%，病情指数 3.67%～13.33%。无不良园艺性状，品质较好。品质分析：含干物质 7%，粗纤维 0.58%，维生素 C 27.42mg/hg，可溶性糖

3.13%，可在生产中直接利用。在山东各地推广，表现高抗三大病害，单产 11.25 万～15 万 kg/hm²。

3. 福山大包头白菜 经中国农业科学院蔬菜花卉研究所和山东省农业科学院蔬菜研究所在"七五"和"八五"期间鉴定筛选。

图 4-18　福山大包头

株高 43～35cm，开展度 95.8cm。外叶绿色，外叶数 8～9 片，长 41cm，宽 25cm，叶面皱缩，幼叶有刺毛；叶柄长 25cm，宽 7cm，浅绿色。叶球短筒形，合抱，球心舒心，叶球横径 15～20cm，高 30～35cm，球叶数 30 片左右，单球重 4 500～5 000g。较抗霜霉病，品质好。品质分析：含干物质 5.5%，粗纤维含量 0.47%，维生素 C 含量 21.64mg/hg，可溶性糖含量 3.12%。霜霉病病情指数 29.99%～33.78%，病毒病病情指数 28.33%～31.39%。由于该品种结球性好，品质优良，又属合抱型品种，颇受日本、韩国、荷兰等亚、欧国家的欢迎。国内外一些生产和育种单位，有的已直接用于生产，有的则用作亲本材料进行新品种培育（图 4-18）。

第六节　大白菜种质资源研究利用与创新

一、大白菜雄性不育种质资源研究及利用

（一）雄性不育遗传类型

到目前为止发现并已利用的大白菜雄性不育性，共有 3 种遗传类型。

1. 细胞质雄性不育 不育性完全由细胞质控制，其遗传特征是所有大白菜品系与不育系授粉，均能保持不育株的不育性，在大白菜中至今未找到相应的恢复系。Ogura 萝卜不育细胞质的大白菜雄性不育系即属于这种遗传类型。

2. 细胞核雄性不育 不育性受细胞核基因控制。不育基因有隐性的，也有显性的；不育基因的数目有一对的，也可能有多对的；还可能有复等位基因控制不育性状的表达。因此，大白菜核不育类型雄性不育性的遗传比较复杂。到目前为止，国内已发现的遗传类型有：核隐性不育基因（ms）控制的不育性，由沈阳、北京、郑州等地的科研单位，于1974 年后陆续发现，还有核显性不育基因（Sp 与 Ms）互作控制的不育性（张书芳，1988），并且育成了核基因互作雄性不育系，已成功地利用于大白菜一代杂种的生产。

3. 核质互作雄性不育 不育性由核不育基因和细胞质内的不育因子互作控制，只有核不育基因与细胞质不育因子共同存在时，才能引起雄性不育。这种类型的不育性既可筛选到保持系，又能找到恢复系，可以实现"三系"配套，这是以果实或种子为产品的农作

物较理想的不育类型。由于大白菜的产品器官是营养体，所以无需筛选保持系。柯桂兰等（1992）采用远缘杂交法育成的具有甘蓝型油菜波里马（Polima）不育胞质的大白菜雄性不育系 CMS3411-7，即属于这种类型。但该不育系目前仍存在不育度难达 100％的问题。因核质互作型雄性不育性的表达有一定的环境敏感性，所以也称为环境敏感型雄性不育性。

（二）雄性不育种质资源

1. 细胞核雄性不育 辽宁省农业科学院（1974，1978）报道了在小青口、二青帮、青帮河头等品种中发现核不育材料。陶国华、徐家炳等（1978）和钮心恪等（1980）早在1965 年就从小青口自交系中发现了"127"不育株，随后从抱头青、玉田包尖等品种中选育出多个核不育系，并用于一代杂种种子生产。韦顺恋等（1981）于 1975 年用从中国农业科学院蔬菜研究所引入的"小青口 72053"不育系转育成城阳青雄性不育两用系，并表现出优良的配合力。上述不育系都是单隐性基因控制的核不育系。

张书芳（1990）从大白菜品种万泉青帮中发现了显性核不育系统，并获得了 100％不育株率的群体，由此提出了由两对核基因控制的基因互作雄性不育遗传模式。

2. 来自萝卜的胞质不育 萝卜胞质不育源 Ogura 是日本的 Ogura（1968）在一个日本萝卜品种中发现的。Bannerot et（1974）用甘蓝型油菜授粉杂交，F_1 代用秋水仙素加倍获得双三倍体，再用甘蓝型油菜连续回交，育成了具有萝卜不育胞质的甘蓝型油菜。Williams 和 Heyn（1980）从 1975 年开始，以 Bannerot 育成的萝卜不育胞质甘蓝型油菜为不育源，用白菜型沙逊油菜连续回交，育成了萝卜不育胞质白菜型油菜。再以萝卜不育胞质白菜型油菜为不育源，用大白菜连续回交，育成了萝卜不育胞质大白菜不育系。用萝卜不育源转育而成的大白菜不育系，不育性既完全又稳定，雄蕊严重退化，无花粉，没有育性恢复基因。但是，它们存在植株黄化、生长迟缓和蜜腺退化的缺陷，所以至今未能在生产上得到利用。

李光池等（1987，1995）自 1980 年开始，以王兆红萝卜雄性不育株为不育源，用大白菜为父本连续回交，后代表现稳定的 100％不育度和不育率，但同样表现植株黄化和蜜腺退化。经过十几代的回交选择，黄化和蜜腺有所改良，但还不能用于生产。

3. 来自甘蓝型油菜的胞质不育 柯桂兰等（1992）自 1980 年起，以甘蓝型油菜 Polima 不育源为母本与大白菜杂交，再以 F_1 为母本与甘蓝杂交，其后代用大白菜自交系 3411-7 连续回交，获得了具有 Polima 不育胞质的大白菜雄性不育系。该不育系（CMS3411-7）不育株率 100％，不育度 95％以上，不黄化，蜜腺发育正常，结籽正常，但有轻度败蕾和温度敏感。该不育系已用于配制一代杂种，并在生产上推广应用。

黄裕蜀等（1995）从 1972 年开始，以甘蓝型油菜"三天系"不育细胞质为不育源，用大白菜品种二平桩连续回交，于 1977 年育成二平桩雄性不育系，不育率达 90％。又利用二平桩不育系，经回交转育成了早黄白不育系（不育率 90％），正定大桩不育系（不育率 50％～60％）和一些不育率低于 50％的不育系。不育率达不到 100％的原因是对温度敏感，高温下发生育性恢复。用这些不育系配制的六十天早和杂交 3 号等一代杂种已在生产上得到了应用。

4. 来自芥菜的胞质不育　1990 年亚洲蔬菜研究发展中心（AVRDC）将由印度引入的芥菜细胞质雄性不育系转育到大白菜，由此得到的大白菜不育系好于用萝卜不育胞质转育的不育系，表现蜜腺正常，缺绿较轻，植株生长势较好。

二、大白菜自交不亲和种质资源研究及利用

目前学者普遍认为：自交不亲和性由 S 基因控制，当雌雄性器官具有相同的 S 基因时，交配不亲和，雌雄双方的 S 基因不同时则交配亲和。

芸薹属植物亲和与否取决于产生花粉的父本孢子体基因型，而非花粉本身是否具有与雌蕊相同的 S 基因。其自交不亲和性在遗传上由具有复等位基因的单基因位点 S 位点（S 代表不亲和性）控制。

（一）自交不亲和性的表现

一般而言，植物自交不亲和性有 4 种表现形式：①花粉在柱头上不能正常萌发；②花粉萌发后花粉管不能进入柱头；③花粉管进入柱头后，在花柱中不能继续延伸；④花粉管到达胚囊后精卵不能结合。

配子体型自交不亲和性具有双核花粉和湿性柱头，自体花粉经过萌发和初期生长后，在花柱组织中被抑制。而芸薹属植物是孢子体型自交不亲和性，故与配子体型不同，它具有三核花粉和干性柱头，花粉的抑制作用发生在花粉与柱头作用的初期，自交抑制并非花器形态学上或时间上的障碍，而是花粉与柱头相互作用后，花粉管生长受到抑制而发生。受抑制的部位是柱头表面的胼胝质。其中白菜等自交不亲和是花粉在柱头上能萌发，但不能穿透柱头乳突细胞；而甘蓝花粉在柱头上不能正常萌发，花粉与柱头接触后，花粉和乳突细胞胼胝质不断积累。因此有人认为：胼胝质的多少是芸薹属植物亲和与否的标志之一。不亲和时，乳突细胞沉积大量的胼胝质，亲和时没有或很少有胼胝质的积累，自交不亲和性对花粉而言，控制自交不亲和的 S 基因在花药中表现，然后基因产物再转移到花粉上；对于柱头而言，S 基因产物在花前 2d 左右迅速积累，表现自交不亲和性，因此开花前 2d 或更早的柱头不能区分自体或异体花粉，能实现自体受精。

（二）自交不亲和性的 S 复等位基因

芸薹属植物自交不亲和性受 S 复等位基因控制，属孢子体不亲和型。复等位基因之间存在复杂的相互关系，使 SI 型有独特的遗传规律。目前已发现芸薹属中至少有 60 多个等位基因，仅在甘蓝中就有 50 多个（Ockendon，1974，1982）。Thompson（1957）发现 SI 型杂合 S 基因间在雌蕊和雄蕊上均有两种关系，即独立和显隐关系，此后在芸薹属植物中如抱子甘蓝（Thompson 等，1965）、花椰菜（Thompson，1966）等多种植物上证实了这一观点。独立是指杂合的两个不同等位基因分别独立起作用，互不干扰，只要亲本孢子体细胞中具有一个或两个相同的 S 基因，就会引起 SI 反应。显隐就是两个不同等位基因中只有一个有活性，另一个基因完全或部分沉默。但是不同芸薹属植物其复等位基因的数量差异较大，在花茎甘蓝上估计有 7 个（Odland，1962），而在羽衣甘蓝上至少有 40 个（Thompson 等，1966）。进一步研究表明，杂合的 S 基因间还存在着显性颠倒和竞争减弱

现象。显性颠倒是指在花粉中，Sx 对 Sy 为显性，但在花柱中，Sx 对 Sy 为隐性；竞争减弱是指两基因的作用相互干扰而使不亲和性减弱或甚至变为亲和。S 复等位基因复杂的相互关系，使亲代之间，亲代与子代之间有着特殊的亲和关系，例如，由于双亲（母本和父本）有显性颠倒，因此，存在正反交亲和差异。一般将 S 等位基因纯合体分成两类：Ⅰ类为 S 等位基因纯合体（显性 S 等位基因纯合体）和Ⅱ类为 S 等位基因纯合体（隐性 S 等位基因纯合体）。前者 SI 表型较强，如甘蓝纯合系中 S_6、S_{14}、S_{22} 等，每个自花授粉的柱头花粉萌发数为 0～10 个；后者 SI 表型较弱，如甘蓝纯合系中 S_2、S_5 和 S_{15} 等，每个自花授粉的柱头上花粉管萌发数为 10～30 个。

大白菜的自交不亲和性是由一复等位基因系列 S_1、S_2、S_3……S_n 控制的，两性具有相同的 S 基因则表现不亲和。S 基因的作用属于孢子体型，即亲和与否不取决于花粉本身所带的 S 基因，而决定于生产花粉的父本是否具有与母本不亲和的基因型。在孢子体的 1 对杂合基因之间又有 3 种基因互作关系，即独立、显隐和竞争减弱。独立就是 2 个基因间彼此不干扰，各自发挥自己的作用；显隐就是 1 个基因有压倒另 1 个基因的作用能力，显性可能是完全的，也可能是不完全的；竞争减弱就是 2 个基因相互影响而减弱了原来的不亲和作用，减弱也有不同的程度。这样，根据 2 个具有不同 S 基因的纯合体杂交所得及其与双亲回交时的亲和性，可以分为 9 种遗传型。

另外，配制大白菜一代杂种的技术，近年有新的突破。过去大白菜一代杂种理想的制种技术是利用自交不亲和系或雄性不育系，这样不仅育种难度加大，而且延长了育种年限。张焕家等（1990），根据大白菜具有选择受精的特性，经过多年的育种实践，摸索出一套利用自交系配制一代杂种的成功技术。利用该项技术生产的一代杂种平均杂交率在 97% 以上，获得了与利用自交不亲和系和雄性不育系制种的同样效果，而且杂交种质量较高。这项技术已在山东省大白菜优势育种中广泛应用，大大缩短了大白菜育种年限，并加速了大白菜一代杂种的选育和推广速度。

三、大白菜的细胞学与分子生物学研究

（一）大白菜的细胞学研究

在国内，冯午（1951）曾将芸薹属中 12 个种的植物作了形态学和细胞学的综合研究，也证明了大白菜的染色体数为 20 条。周林（1987）对大白菜、小白菜、芜菁的核型进行了分析。利容千（1989），对大青口、新河、竹筒、小青口等 4 个大白菜品种的染色体形态和核型进行了深入研究。其核型分析结果：

1. 大青口　核型公式为 $2n=2x=20=14m+6sm$（2SAT）。第 2、7、8 对为近中部着丝染色体，其余各对为中部着丝染色体；第 2 对染色体短臂上带有随体；染色体绝对长度变化范围 3.82～1.76μm，长度比为 2.17，染色体相对长度变异范围在 14.59%～6.72% 之间；核型为 2B 型。

2. 新河　核型公式为 $2n=2x=20=16m+4sm$（2SAT）。第 4、8 对为近中部着丝点染色体，其余各对为中部着丝点染色体；第 4 对染色体短臂上带有随体；染色体的绝对长度变化范围为 3.03～1.45μm，长度比为 2.09，染色体相对长度变异范围在 14.66%～

7.04%之间；核型为 2B 型。

3. 竹筒　核型公式为 $2n=2x=20=16m+2sm+2st$（SAT）。第 2 对为近中部着丝点染色体，第 4 对为近端部着丝点染色体并在短臂上带有随体，其余为中部着丝点染色体；染色体绝对长度变化范围为 $3.58\sim1.58\mu m$，长度比为 2.27，相对长度变异范围在 14.50%～6.39%之间；核型为 2B 型。

4. 小青口　核型公式为 $2n=2x=20=16m+4sm$（2SAT）。第 2、4 对为近中部着丝点染色体；染色体的绝对长度变化范围为 $3.88\sim1.52\mu m$，长度比为 2.55，染色体相对长度变异范围在 17.07%～6.67%之间；核型为 2B 型。

以上 4 个品种中，仅竹筒品种增多近端部着丝点染色体一种类型；大青口品种的一对随体移到第 2 对染色体上。核型的其他组成部分基本相似。

国外对芸薹属染色体也进行了广泛的研究，但是核型分析仍然没有完全确定（Maluszynska and Heslop‐Harrison，1993；Schrader et al.，2000；Hasterok et al.，2001；Kulak et al.，2002；Snowdon et al.，2002）。目前对白菜染色体基本上还是按照染色体的长度顺序命名（Fukui et al.，1998；Snowdon et al.，2002）。由于较宽的着丝粒区域被着丝粒重复体占据，而这些着丝粒重复体常常改变染色体的密度和结构，因此，导致染色体形态模糊，不能在全部染色体上看到初级溢痕。所以，对白菜染色体的命名除了形态和长度外还附加了像 rDNA 这样的标记（Fukui et al.，1998；Snowdon et al.，2002）。10 条染色体中的 6 条可以利用这种方法清楚地加以区分（Snowdon et al.，2002）。

（二）大白菜的分子生物学研究

1. 白菜基因组大小　目前，基因组大小只能通过有关的方法进行估算，常用的方法是孚尔根显微密度测试法和流动细胞仪测定法。一般认为，白菜的单倍体基因组大小为 550Mbp。

2. 特异性状分子标记　Williams（1995）利用大白菜的一个快繁群体构建了一些形态学性状的分子标记，如控制开花早晚、叶色、花色等基因的分子标记。不过这些性状均属质量性状。随着分子标记图谱的构建，人们陆续获得了一些数量性状的分子标记，如叶和茎的植物学性状的 QTL、与开花有关的 QTL、根肿病抗性的 RAPD 标记、黑胫病抗性的 QTL 等。

郑晓鹰等（2002）采用单粒传的方法从大白菜耐热品种 177 和热敏感品种 276 杂交后代获得遗传性稳定的重组自交系群体，并以此为材料用同工酶以及 RAPD 和 AFLP 分子标记技术鉴定了与大白菜耐热性数量性状相关的遗传标记，共 9 个与耐热性 QTL 紧密连锁的分子标记，包括 5 个 AFLP 标记，3 个 RAPD 标记和 1 个 PGM 同工酶标记，这些标记对耐热性遗传的贡献率为 46.7%。9 个标记中有 5 个分布在同一连锁群上，其他 4 个标记与任何一个标记无连锁关系，表明上述 9 个标记分布在大白菜的 5 个连锁群上。

张凤兰等（2003）运用 RAPD 标记，在大白菜的小孢子培养 DH 系群体中采用 BSA 法进行了分子标记研究，找到了一个与橘红心球色基因连锁的分子标记 OPB01‐845，其遗传距离为 3.8cM。

孙日飞等（2004）以抗病自交系 Brp0058 和感病自交系 Brp0181 杂交后代的 F_2 分离群体为试材，采用分离群体分组分析法（BSA），筛选 2 个与 TuMV 感病基因紧密连锁的 AFLP 分子标记，利用 MAPMAKER/EXP 作图软件统计，其遗传距离分别为 7.5 和 8.4cM。

3. 分子标记连锁图谱　分子标记连锁图谱为进行植物基因组的结构分析和比较提供了有力工具。较高密度的分子图谱已有效地应用于数量性状的基因定位、比较基因组学研究和分子标记辅助育种等研究中。Song 等（1991）以结球白菜 Michili 和 Spring broccoli 杂交的 F_2 群体为材料构建了第一张 RFLP 图谱。Ajisaka 等（1995）用白菜品种间的组合，开展了白菜 RAPD 分子图谱的研究，该图谱包括 115 个 RAPD 标记和 2 个同工酶标记，覆盖基因组长度 860cM。Matsumoto 等（1998）构建了结球白菜的遗传图谱，该图谱包括 63 个 RFLP 标记，覆盖基因组长度 735cM。张鲁刚等（2000）等报告，以芜菁和结球白菜杂交获得的 F_2 群体，构建中国第一张白菜 RAPD 分子图谱。于拴仓等（2003）利用不同生态型的大白菜栽培种高代自交系 177 和 276 杂交获得的 102 份 F_6 重组自交系，其中 177 来自早熟、耐热、圆球形品种白阳，276 为晚熟、热敏中高桩叠包类型。通过对 AFLP 和 RAPD 两种分子标记进行遗传分析，构建了包含 17 个连锁群，由 352 个遗传标记组成的大白菜连锁图谱，其中包括 265 个 AFLP 标记和 87 个 RAPD 标记。该图谱覆盖基因长度 2 665.7cM，平均图距 7.6cM。

张凤兰等（2005）以大白菜高抗 TuMV 白心株系 912112 和高感 TuMV 橘红心株系 T12219 为亲本建立的小孢子培养 DH 系作为图谱构建群体，构建了包含 10 个连锁群、406 个标记位点的分子连锁图谱，图谱总长度 82 613cM，标记间的平均图距为 210cM，连锁群数目和染色体数相等。每个连锁群上的标记数在 7～111 个之间，连锁群的长度在 2 614～15 611cM 的范围内，平均图距在 110～318cM 之间。该连锁图谱包括 246 个 AFLP 标记、135 个 RAPD 标记、11 个 SSR 标记和 12 个同工酶标记、1 个 SCAR 标记和 1 个形态标记。

王晓武（2005）等以大白菜汁早- 26 和光 90E16 的 F_1 代进行游离小孢子培养所获得的含有 59 个株系的 DH 群体为试材，利用 AFLP 技术通过 63 对引物筛选共获得 346 个 AFLP 多态性标记，运用 JoinMap 310 软件构建大白菜遗传连锁图谱。该图谱主要包括 10 个连锁群，总图距为 708cM，平均图距 210cM。

4. 遗传多样性和物种亲缘关系　遗传多样性的研究有利于种质资源的鉴定和保存、蔬菜起源与进化的深入研究以及杂交亲本的选择。漆小泉等（1995）进行了大白菜和紫菜薹自交系染色体组 DNA 的 RAPD 研究，探讨了该技术应用于蔬菜遗传多样性研究的可行性。陈云鹏等（1999）对芸薹属蔬菜基因组进行了 RAPD 初步分析，并就 RAPD - PCR 反应条件进行了探讨，结果表明，各个亚种或变种的品种之间存在丰富的遗传多样性，利用 37 个随机引物将芸薹类（2n＝20）蔬菜作物的 33 个品种分成 8 个类群，印证了形态分类的正确性，并对形态分类作了进一步完善。宋顺华等（2000）采用 RAPD 技术分析了 21 个大白菜主栽品种，用 13 个引物共扩增出 87 个可重复的 DNA 片段，其中 39 条带具多态性。引物 OPE01 可区分 15 个大白菜品种，再与引物 POH03、OPH12 配合可将 21 个大白菜品种区分开。

四、大白菜种质资源创新

(一) 杂交与远缘杂交

1. 离体胚、胚珠和子房培养 离体胚、胚珠和子房培养是克服芸薹属植物远缘杂交障碍的常用方法。Inomata (1978) 首次成功地将子房培养应用于白菜与甘蓝的种间杂种胚挽救。巩振辉 (1995) 通过子房培养成功地获得白菜与白芥的属间杂种。

2. 原生质体融合 细胞融合避开了有性交配过程，因此不存在受精不亲和的问题。近年来，在高等植物上，体细胞杂交已有相当进展。在有性杂交不能进行时，可采用体细胞杂交获得种、属间杂种。Takeshita et al. (1980) 通过甘蓝与白菜的原生质体融合，人工合成了甘蓝型油菜。体细胞融合为从亲缘关系较远或受精亲和性极低的杂交组合中获得新材料、新品种开辟了一条新途径。

3. 多代连续回交 多代连续回交法对种间或属间远缘杂交克服杂种不育具有一定的效果。在回交中，至于利用哪一原亲本回交，这取决于要回交出的后代保留哪一亲本的优异遗传性状，如果回交一次不够，可连续进行第二次或第三次回交。据大白菜的有关研究，值得说明的是，回交的结实力与杂种一代和双亲类型有关。

4. 诱导二倍体 由于某些远缘杂交杂种中没有同源染色体组或完整的染色体组存在，杂种完全不育。通过人工处理诱导双二倍体可以成功地克服不育性。如用秋水仙碱处理杂种幼苗可以产生双二倍体而成功地克服不育性。应该指出的是，并非所有远缘杂交 F_1 的不育性都可以通过染色体加倍而克服，只有在 F_1 的减数分裂由于来自父母本的染色体不存在同源性而不能配对，仅有极少数能配对的情况下，加倍杂种染色体数才会使杂种的育性提高。

白菜种曾进行了广泛的种间和属间杂交，Warwick，SI 和 A. Francis (1994) 在 Guide to the Wild Germplasm of Brassica and Allied Crops 中列出了大量的远缘杂交实例。

(二) 细胞工程技术

从本世纪初以来，单倍体一直是植物育种工作者们所努力追索的目标，游离小孢子培养与花药培养均可以得到单倍体，进而形成 DH 植株，但与花药培养相比，用于游离小孢子培养的是分离纯净的小孢子群体，产生的胚和再生植株都来自于小孢子细胞，排除了花药壁和绒毡层组织的干扰；另一方面，利用游离小孢子培养技术能够在较宽的基因型范围内以较高的胚状体发生率获得小孢子胚和再生植株，而小孢子植株又具有自然加倍成为二倍体的特点，因此，游离小孢子培养在遗传和育种研究方面具有十分诱人的应用前景。

20 世纪 70 年代初，Nitsch 等 (1973) 在进行曼陀罗 (*Datura stramonium* L.) 花药培养研究的同时，建立了游离小孢子培养技术，Lichter (1982) 率先在芸薹属的甘蓝型油菜 (*Brassica napus* L.) 游离小孢子培养过程中获得胚状体以及再生植株，并发现小孢子胚胎及其再生植株发生率远高于花药培养。近 20 年来，这项技术在大白菜育种中的应用已日趋成熟。20 世纪 80 年代末，Sato 等 (1989) 首先进行了大白菜游离小孢子培养。90年代初，曹鸣庆等（1992）率先在国内开展了大白菜小孢子培养。目前国内已有数家单位开展了这方面的研究工作，并且已成功应用于育种实践。栗根义等（1999；2000）应用游离小孢子培养技术育成了优良新品种豫白菜11号、豫白菜7号等。曹鸣庆等（1993）应用游离小孢子培养技术获得了抗除草剂大白菜植株等。目前，大白菜小孢子培养技术已经成为创新种质资源的常规技术，并发挥着越来越大的作用。

游离小孢子培养技术还可以用于各种抗性突变体的筛选。Ahmad等（1991）通过紫外辐射诱变处理早熟油菜小孢子，得到了少量对 *Alternaria brassicicola* 抗性增强和对除草剂"CleanR"具有抗性的后代。曹鸣庆研究组曾将大白菜黑斑病（*Alternaria brassicae*）毒素加入培养基，结果从诱导得到的小孢子胚中筛选出了对黑斑病表现一定程度抗性的大白菜小孢子植株。

（三）基因工程技术

随着组织培养和 DNA 重组技术的建立和不断完善，现代生物技术在许多作物的种质创新和新品种选育中日益得到广泛应用。但是，由于大白菜组织培养难度较大，再生体系较难建立，一定程度上制约了转基因技术在大白菜育种中的应用。进入20世纪80年代之后，大白菜组织培养与高频植株再生体系逐步建立，在此基础上进行的转基因研究也取得了一定突破。

杨广东等（2002）以大白菜 3d 苗龄带柄子叶为外植体，经根癌农杆菌介导，将修饰的豇豆胰蛋白酶抑制基因（sck）导入大白菜自交系 GP-11 和杂交种中白4号，并获得了卡那霉素抗性植株。PCR 检测和 Southern blot 杂交证实，sck 基因已整合进入大白菜基因组中。豇豆胰蛋白酶抑制剂活性检测表明，大部分转基因植株都对牛胰蛋白酶有一定的抑制活性，对照未转化植株抑制活性很低。室内离体叶片饲虫和田间自然抗虫性鉴定进一步证明：转基因植株对菜青虫（*Pieris rapae* L.）具有一定的抗性。

朱常像等（2001）以大白菜品种福山大包头的子叶柄为供试材料，对影响大白菜植株再生和基因转化频率的因素进行了研究。在此基础上，建立了大白菜高效再生体系和有效的基因转化体系，并将芜菁花叶病毒的 CP 基因导入大白菜中，获得转化植株。PCR 检测和 Southern 杂交分析证明 TuMV-CP 基因已整合于大白菜的基因组中；Nothern 杂交分析及 ELISA 检测表明 TuMV-CP 在转录和翻译水平上进行了有效表达。转基因植株 T_1 代的遗传分析表明，外源基因在转基因植株后代遵循3：1的分离规律。抗病性测定显示，转基因植株具有明显的抗病毒侵染能力。

刘公社等（1998）利用大白菜小孢子胚状体获得抗除草剂转基因植株。用大白菜小孢子培养获得的子叶期胚状体，经粉碎的玻璃碴摩擦后，与农杆菌共培养，在加筛选剂 Basta 的培养基上，再生出数株绿苗，自交留种后，对其后代进行的 Basta 抗性鉴定显示，抗性植株的基因组中各有一个 bar 基因插入点，对转化株的小孢子进行再培养，后代小孢子植株对 Basta 抗性的分离比显示此转基因为杂合体。

（孙日飞）

主要参考文献

曹家树，曹寿椿，易清明.1995.白菜及其相邻类群基因组 DNA 的 RAPD 分析.园艺学报.22（1）：47～52

曹家树，曹寿椿.1995.大白菜起源的杂交验证初报.园艺学报.22（2）：93～94

曹家树.1996.中国白菜起源、演化和分类研究进展.见园艺学年评.北京：科学出版社，145：159

曹家树，曹寿椿.1997.中国白菜各类群的分支分析和演化关系研究.园艺学报.24（1）：35～42

曹家树，曹寿椿.1994.中国白菜起源、演化和分类的研究进展与评述.浙江大学学报（自然科学版）.28（增）：278～286

曹家树，曹寿椿.1994.中国白菜与同属其他类群种皮形态的比较和分类.浙江农业大学学报.（20）：393～399

曹鸣庆，李岩，蒋涛.1992.大白菜和小白菜游离小孢子培养试验简报.华北农学报.7（2）：119～120

曹鸣庆，李岩，刘凡.1993.基因型和供体植株生长环境对大白菜游离小孢子胚胎产生的影响.华北农学报.8（4）：1～6

曹永生，张贤珍，龚高法，李莉.1995.中国主要农作物种质资源地理分布图集.北京：中国农业出版社

陈机等著.1984.大白菜形态学.北京：科学出版社

陈云鹏，曹家树，缪颖，叶纨芝.2000.芸薹类蔬菜基因组 DNA 遗传多样性的 RAPD 分析.浙江大学学报.26（2）：131～136

冯午，陈耀华.1981.甘蓝与白菜种间杂交的双二倍体后代.园艺学报.8（2）：37～40

郭晶心，周乃元，马荣才，曹鸣庆.2002.白菜类蔬菜遗传多样性的 AFLP 分子标记研究.农业生物技术学报.（10）：138～143

韩和平，孙日飞，张淑江，李菲，章世蕃，钮心恪.2004.大白菜中与芜菁花叶病毒（TuMV）感病基因连锁的 AFLP 标记.中国农业科学.37（4）：539～544

何余堂，陈宝元，傅廷栋，李殿荣，涂金星.2003.白菜型油菜在中国的起源与进化.遗传学报.30（11）：1 003～1 012

柯桂兰等.1992.大白菜异源胞质雄性不育系 CMS3411-7 的选育及应用.园艺学报.19（4）：333～340

李家文.1962.白菜起源和演化问题的探讨.园艺学报.（2）：297～304

李家文.1980.大白菜的分类学与杂交育种.天津农业科学.（2）：1～9

李家文.1981.中国蔬菜作物的来历与变异.中国农业科学.14（1）：90～95

栗根义，高睦枪，赵秀山.1993.大白菜游离小孢子培养.园艺学报.20（2）：167～170

栗根义，高睦枪，赵秀山.1993.高温预处理对大白菜游离小孢子培养的效果.实验生物学报.26（2）：165～167

何启伟主编.1993.十字花科蔬菜优势育种.北京：农业出版社

林维申.1980.中国白菜分类的探讨.园艺学报.7（2）：21～26

刘凡，莫东发，姚磊，张月云，张凤兰，曹鸣庆.2001.遗传背景及活性炭对白菜小孢子胚胎发生能力的影响.农业生物技术学报.9（3）：297～300

刘公社，李岩，刘凡，曹鸣庆.1995.高温对大白菜小孢子培养的影响.植物学报.（37）：140～146

刘后利 . 1984. 几种芸薹属油菜的起源与进化 . 作物学报 . 10 (1)：9～18

刘宜生编著 . 1998. 中国大白菜 . 北京：中国农业出版社

孟金陵等编著 . 1995. 植物生殖遗传学 . 北京：科学出版社

孙德岭，赵前程，宋文芹，陈瑞阳 . 2001. 白菜类蔬菜亲缘关系的 AFLP 分析 . 园艺学报 . 28 (4)：
331～335

孙日飞等 . 1995. 大白菜雄性不育两用系小孢子发生的细胞学研究 . 园艺学报 . 22 (2)：153～156

孙日飞，钮心恪，司家钢等 . 1997. 新型萝卜胞质雄性不育系研究初报 . 中国蔬菜 . 1997 (4)：32～33

谭俊杰 . 1980. 试论芥（芸薹）属蔬菜的起源与分类 . 河北农业大学学报 . 4 (1)：104～114

谭其猛 . 1979. 试论大白菜品种的起源、分布和演化 . 中国农业科学 . (4)：68～75

王景义 . 1994. 大白菜 . 见中国作物遗传资源 . 北京：中国农业出版社，597～610

王晓佳，裴炎，杨光伟等 . 1991. 甘蓝自交不亲和系、自交系花粉、柱头蛋白的等点聚焦电泳和游离氨
基的分析 . 园艺学报 . 18 (1)：81～93

杨月欣等主编 . 中国食物成分表 . 2002. 北京：北京大学医学出版社

杨月欣主编 . 中国食物成分表 . 2004. 北京：北京大学医学出版社

叶静渊 . 1991. 明清时期白菜的演化和发展 . 中国农史 . 1991 (1)：33～60

叶静渊 . 1989. 我国油菜的名实考订及其栽培起源 . 自然科学史研究 . 8 (2)：158～165

于拴仓，王永健，郑晓鹰 . 2003. 大白菜分子遗传图谱的构建与分析 . 中国农业科学 . 36 (2)：190～195

张鲁刚，王鸣，陈杭，刘玲 . 2000. 中国白菜 RAPD 分子遗传图谱的构建 . 植物学报 . 42 (5)：485～489

张书芳，宋兆华，赵雪云 . 1990. 大白菜细胞核基因互作雄性不育系选育及应用模式 . 园艺学报 . 17
(2)：117～125

周太炎，郭荣麟，蓝永珍 . 1987. 中国植物志（33 卷）. 北京：科学出版社，14～16

郑晓鹰，王永健，宋顺华 . 2002. 大白菜耐热性分子标记的研究 . 中国农业科学 . 35 (3)：309～313

中国农业科学院蔬菜花卉研究所主编 . 2001. 中国蔬菜品种志 . 北京：中国农业出版社

Bailey LH. I. I. . 1922. The cultivated Brassica. Gentes Herbarum

Bailey LH. I. I. . 1933. The cultivated Brassica second paper. Gentes Herbarum

Bateman A. J. . 1955. Self - incompability systems in angiosperms . Cruciferea Heredity 9：52～68

Chevre A. M. , Delourme R. , Eber F. , Margale E. , Quiros C. F. , Arus P. . 1995. Genetic analysis and
nomenclature for seven isozyme systems in *Brassica nigra*, *B. oleracea* and *B. campestris*. Plant Breed-
ing. 114：473～480

Chyi Y. S. , Hoenecke M. E. , Sernyk J. L. . 1992. A genetic map of restriction fragment length polymorism
loci for *Brassica rapa*（syn. *campestris*）. Genome. 25 (5)：746～757

Hu J. , Quiros C. F. . 1991. Molecular and cytological evidence of deletions in alien chromosomes for two
monosomic addition lines of *Brassica campestris - oleracea*. Theor Appl Genet. 81：221～226

Olsson G. . 1954. Crosses within the campestris group of the genus Brassica. Hereditas 40：398～418

Opena R. T. , C. G. Kuo and J. Y. Yoon. 1988. Breeding and seed production of Chinese cabbage in the trop-
ics and subtropics. AVRDC

Song K. , Slocum M. K. , Osborn T. C. . 1995. Molecular marker analysis of genes encoding morphological
variation in *Brassica rapa*（syn. *campestris*）. Theor. Appl. Genet. . 90：1～10

Song K. M. , Osborn T. C. , Williams P. H. . 1988a. *Brassica taxonomy* based on nuclear restriction frag-
ment length polymorphism（RFLPs）. 1. Genome evolution of diploid and amphidiploid
species. Theor. Appl. Genet. 75：784～794

Song K. M. , Osborn T. C. , Williams P. H. . 1988b. *Brassica taxonomy* based on nuclear restriction fragment length polymorphism (RFLPs) . 2. Preliminary analysis of sub - species within *B. rapa* (syn *campestris*) *and B. oleracea.* Theor Appl Genet. 76: 593~600

Song K. M. , Osborn T. C. , Williams P. H. . 1990. *Brassica taxonomy* based on nuclear restriction fragment length polymorphisms (RFLPs) 3. Genome relationships in *Brassica* and related genera and the origin of *B. oleracea* and *B. rapa* (syn. *campestris*) . Theor. Appl. Genet. 76: 497~506

Song K. M. , Suzuki J. Y. , Slocum M. K. , Williams P. H. , Osborn T. C. . 1991. A linkage map of *Brassica rapa* base on restriction fragment length polymorphism loci. Theor. Appl. Genet. 82: 296~304

Sun V. G. . 1946. The evalution of taxonomic characters of cultivated brassica with a key to species and varieties. I. The characters. Bull. Torrey Bot. Cl. 73: 244~281

Talekar N. S. and T. D. Griggs (eds) . 1981. Chinese Cabbage. Proc. First Intl Symp. AVRDC, Shanhua, Tainan

Warwick S. I. and A. Francis. 1994. Guide to the Wild Germplasm of Brassica and Allied Crops

普通白菜

第一节 概 述

普通白菜 [*Brassica campestris* ssp. *chinensis*（L.） Makino var. *communis* Tesn et Lee] 又名小白菜、青菜、油菜等，是十字花科芸薹属芸薹种不结球白菜（白菜）亚种 [*Brassica campestris* ssp. *chinensis*（L.）Makino] 的变种之一。染色体数 $2n=2x=20$，染色体组 AA。为一、二年生草本植物，以叶片为产品，在中国有悠久的栽培历史。

普通白菜营养价值高，每 100g 鲜食部分含蛋白质 1.1g、脂肪 0.1g、碳水化合物 2.0g、粗纤维 0.4g、灰分 0.8g、钙 86mg、磷 27mg、铁 1.2mg、胡萝卜素 1.03mg、硫胺素 0.03mg、核黄素 0.08mg、尼克酸 0.6mg、抗坏血酸 36mg（《中国传统饮食宜忌全书》修订本，2002）。其风味鲜美，可清炒、煮汤或与其他食品混炒，也可盐渍食用。

普通白菜还具有一定的保健功效，其性平，味甘，可通利肠胃，解热除烦，下气消食；适于慢性习惯性便秘、伤风感冒、肺热咳嗽以及发热患者食用；也适于咽喉发炎，腹胀，醉酒者食用。

普通白菜在中国的栽培十分普遍，纬度较低的南方及西北、东北等高纬度地区都有种植。据统计，2005 年全国播种面积 53.41 万 hm^2，产量 1 254.9 万 t。近年来，东南亚、日、美及欧洲一些国家也广泛引种，已逐渐成为世界性蔬菜。普通白菜因其生长快、营养丰富、成本低、效益高、风味独特而备受消费者青睐，民谚："三天不吃青，肚里冒火星"就是其在人们生活中重要性的真实写照。普通白菜以长江以南为主要产区，在长江中下游各大中城市中占蔬菜上市总量的 30%～40%，江南地区普通白菜种植面积占秋、冬、春菜播种面积的 40%～60%，可见其在中国南方蔬菜生产和周年供应中所占有的重要地位；北方地区于 20 世纪 70 年代后，栽培面积也迅速扩大，已成为北方保护地春季早熟栽培和越冬栽培的主要蔬菜之一。此外，有些地区还陆续发展成为出口创汇的重要蔬菜之一。

中国普通白菜种质资源极为丰富。据 20 世纪 50 年代农作物品种普查统计，全国约有 200 多个普通白菜品种；曹寿椿等（1980）于 1954—1965、1972—1976 年，先后调查、征集、整理与研究了江南地区为主的 150 余份普通白菜地方品种；目前保存在国家农作物种质资源长期库的普通白菜种质资源已增至近 1 400 份（含乌塌菜等，见第一章，表 1-

7)。此外，据国外文献报道，普通白菜品种欧洲共保存 146 个，东南亚 96 个，日本近 90 个，亚洲蔬菜研究发展中心（AVRDC）及美国保存较少。

第二节　普通白菜的起源与分布

普通白菜起源于中国，由芸薹（*Brassica campestris*）演化而来。在中国江淮以南和东南亚地区，有野生种和半栽培种的芸薹（以嫩茎叶和总花梗作蔬菜，种子用于榨油），很可能是普通白菜的祖先，这为国内外多数学者所认可（《蔬菜种质资源概论》，1995）。在中国不同地理分布条件下，其性状变异极为多样，经各地长期自然和人工定向选择，最终形成了一批形态、性状各具特色的地方品种。

据文字考证，普通白菜古名"菘"。中国早在公元 3 世纪三国时期的《吴录》中就有记载。此后在两晋、南北朝文献中也均有记录。据叶静渊（1987）考证，初步认为普通白菜起源中心是在长江下游太湖地区一带。

普通白菜在中国各地均有栽培，深受消费者的喜爱。据统计资料显示，2005 年全国 31 个省、直辖市、自治区都栽培生产了普通白菜（农业部，2005）。栽培面积最大的广东省，为 10.52 万 hm^2；总产量最多的是浙江省，为 227.9 万 t（表 5-1）。

表 5-1　2005 年全国各地普通白菜播种面积和产量

地　区	播种面积（万 hm^2）	总产量（万 t）
北　京	0.41	11.6
天　津	0.22	7.0
河　北	1.31	65.0
山　西	0.23	8.3
内蒙古	0.18	5.4
辽　宁	0.27	8.5
吉　林	0.20	4.4
黑龙江	0.25	4.3
上　海	2.54	77.0
江　苏	2.99	58.8
浙　江	9.24	227.9
安　徽	0.88	14.6
福　建	0.61	12.9
江　西	1.48	23.8
山　东	3.18	118.5
河　南	2.25	62.3
湖　北	2.23	59.3
湖　南	3.07	73.2
广　东	10.52	205.9
广　西	6.69	118.6
海　南	0.22	3.2
重　庆	0.22	3.0
四　川	1.54	32.2
贵　州	0.55	5.7
云　南	0.40	3.6

（续）

地　区	播种面积（万 hm²）	总产量（万 t）
西　藏	0.12	3.8
陕　西	0.52	9.6
甘　肃	0.59	12.2
青　海	0.18	4.7
宁　夏	0.13	3.0
新　疆	0.19	6.6
全国总计	53.41	1 254.9

注：缺台湾省资料。

第三节　普通白菜的分类

一、普通白菜在植物学分类中的地位

对白菜类蔬菜的植物学分类，国内外学者意见不很一致。林奈（1755）将中国南方的不结球白菜定名为 *Brassica chinensis* L，已为举世所公认。此后一些植物学家将大白菜、不结球白菜（白菜）、菜薹、白菜型油菜和芜菁分别定为不同的种名：*Brassica pekinensis*，*B. chinensis*，*B. parachinensis*，*B. campestris*，*B. rapa*。但在生产实践中人们发现它们都能相互杂交，按植物学种的定义，这些种类应属于 1 个种。以后，曾勉和李曙轩（1942）、毛宗良（1942）将不结球白菜 *B. chinensis* 分为 4 个变种：即普通白菜 var. *communis*（var. *erecta*），塌菜 var. *rosularis*（var. *atrovirens*），油菜 var. *utilis*（var. *oleifera* Makino），菜花（即菜薹）var. *parachinensis*（Bailey）。1978 年李家文把大白菜、不结球白菜、乌塌菜和菜薹并为 1 个种，将大白菜和不结球白菜分属为 2 个亚种，而将乌塌菜和菜薹列为不结球白菜亚种的 2 个变种。1980 年林维申建议将不结球白菜分为 6 个变种，即保留曾勉、毛宗良的 4 个变种外，增加了薹菜 var. *tai - tsai* 和马耳黑 var. *nipponsinica*。

此后，曹寿椿、李式军（1982）的研究结果与上述观点基本一致，认为不结球白菜在植物学分类上应属于芸薹的亚种之一（*Brassica campestris* ssp. *chinensis*）。根据不结球白菜的形态特征，将不结球白菜（白菜）亚种分成如下 6 个变种：

1. 普通白菜（小白菜）〔var. *communis* Tsen et Lee（var. *erecta* Mao）〕　这是在中国

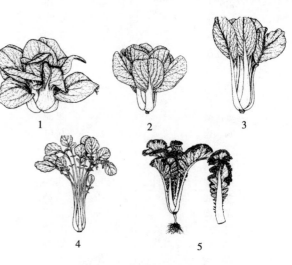

图 5 - 1　各种普通白菜
1. 矮抗青　2. 南京矮脚黄　3. 北京青帮油菜
4. 泰州青梗油菜　5. 南通鸡冠菜
（仿《中国蔬菜品种资源》上卷）

广泛栽培的主要蔬菜之一。植株直立或半开张（叶柄与地面的夹角在 45°～70°间）、高矮不一。叶片形态变异繁多，叶柄有长梗、短梗，白梗、青梗，圆梗、扁梗等；叶形有板叶、花叶，近圆形、长椭圆形、卵圆形、长卵形、倒卵形等；叶面有光滑，不同程度皱缩；叶色有淡绿、绿、深绿和不同程度的紫红色等；叶缘有不同形式的翻转等（图 5-1）。从所适应的栽培季节来说，有适宜冬春季栽培、春季栽培、夏季栽培……的各种不同生态型品种。

2. 乌塌菜〔var. *rosularism* Tesn et Lee（var. *atrovirens* Mao）〕 这类蔬菜栽培面积不大，大致可分为塌地型和半塌地型两类。塌地型：植株外叶紧贴地面，植株高度为 5～15cm 左右，如江苏省的常州乌塌菜，上海市的上海小八叶、中八叶和大八叶等。半塌地型：植株不完全塌地，叶柄与地面成 30°～45°夹角，株高 15～25cm。如江苏省的南京瓢儿菜，安徽省的合肥黄心乌、黑心乌，江西省的乌白菜和四川省的成都乌脚白菜等（图 5-2）。这类蔬菜抗寒性强，多于秋冬播种，春季供应市场。

1   2

图 5-2 乌塌菜
1. 上海小八叶 2. 上海黑叶油塌菜
（仿《中国蔬菜品种资源》上卷）

3. 菜薹〔var. *tsai-tai* Hort.（var. *purpurea* Mao）〕 菜薹亦称"菜心"，主要食用花薹及部分叶片。植株开展或半直立。叶片较小，绿色或紫红色，叶形卵圆或近圆形，叶缘多为波状或有不规则钝锯齿，基部深裂或有少数裂片；叶柄较长，具有狭叶翼；花茎叶为卵圆至披针形，具有短柄或无柄；叶柄、叶脉和花薹为绿色或紫红色。又可分为绿菜薹和紫菜薹两种（也有学者将其分归为两个变种，即：var. *parachinensis* Bailey 和 var. *purpurea* Bailey）。

图 5-3 四九菜心
（仿《中国蔬菜品种资源》上卷）

（1）绿菜薹 花茎、叶片均为绿色或黄绿色。腋芽萌发力因品种和栽培季节不同而异，一般都具有不同程度的萌发力。中国长江以南普遍栽培，依成熟期不同分为早、中、晚熟品种。早熟种如广东省的广州四九菜心，广西自治区的桂林、柳州早菜心等。中熟种如广东省的广州青柳叶菜心，广西自治区的桂林、柳州中菜花等；晚熟种如广东省的广州三月青菜心、大花球菜心、广西自治区的柳叶晚菜花等。

（2）紫菜薹 花茎、叶柄与叶脉均为紫红色，叶片浓绿或稍带紫红色。腋芽萌发力强，可连续多次收获。按成熟期不同分为早、中、晚熟品种。早熟品种如湖北省的武昌十月红、四川省的成都尖子红油菜薹、江苏省的南京紫菜薹等；中熟品种如四川省的成都二早子红油菜薹等；晚熟品种如湖北省的武昌胭脂红、四川省的成都阴花油菜薹等。另外，湖北省的武昌洪山紫菜薹也是著名特产，其品种分化较大，有不少类型。

4. 薹菜（var. *tai-tsai* Hort） 植株冬前塌地，立春后直立生长，株型半开张。叶片长卵形或倒卵形，叶缘全缘或基部深裂，叶色多深绿、黑绿，亦有黄绿，花茎叶为抱茎。根系发达，秋冬播种，春季形成肥大圆锥形根。薹菜耐寒和耐碱能力较强，是很有发展潜力的越冬菜类之一（图 5-4）。依据生育期的不同可将其分为早中熟和晚熟两种类型。早中熟类型一般早秋播种，秋末冬初收获，3 月上中旬抽薹；晚熟类型多在晚秋播种，次年初春收获，3 月下旬至 4 月上旬抽薹开花。早中熟品种如江苏省的徐州燥薹菜、山东省的济南花叶薹菜等；晚熟品种如江苏省的徐州笨薹菜（黑狮子头）、山东省的泰安圆叶薹菜等。

图 5-4 枣庄麻叶薹菜
（仿《中国蔬菜品种资源》上卷）

5. 多头菜 〔var. *multiceps* Hort.（var. *nipponsinica* Hort.）〕植株初生塌地，其后斜展，株高 30～40cm。初期由短缩茎环生塌地叶数十片，以后由叶腋间又可生出腋生叶数十片。初生叶较大，多为板状或花叶，叶片较厚，叶色绿、深绿或黑绿，叶柄多为半圆梗；腋生叶大小不一，性状同初生叶相似，每株数十至数百片以上。根据抽薹早晚可将其分为：

（1）早春种 一般晚秋播种，翌春 3 月抽薹，早春采收供应，如江苏省的南通马耳黑菜等（表 5-5）。

（2）晚春种 多在晚秋播种，翌春 4 月抽薹，如江苏省的南通四月不老等。

图 5-5 南通马耳菜
（仿《中国蔬菜品种资源》上卷）

6. 油菜 〔var. *utilis* Tsen et Lee（var. *oleifera* Makino）〕 这一类是以种子榨油为主，或为菜油兼用种。如江苏省兴化县的瓢儿白油菜等。

二、普通白菜的栽培学分类

普通白菜品种繁多。曹寿椿（1982）等根据其植株的形态特征、生物学特性、栽培特点，并按其成熟期、抽薹期的早晚和栽培季节特点，将普通白菜品种分为三类：

（一）秋冬白菜

秋播，翌春抽薹早，长江中下游多在 2 月抽薹，故又称二月白或早白菜，依叶柄色泽的不同又可分为：

1. 白梗类型 株高 20～60cm，叶片绿或深绿色，叶柄白色。如浙江省杭州市的瓢羹白菜；江苏省常州市的长白梗、无锡市的矮箕大叶黄、扬州市的花叶大菜；江苏省南京市、湖北省武汉市的矮脚黄；广东省的中脚黑叶、矮脚黑叶、奶白菜等。

2. 青梗类型 株型多为矮桩型，少数为高桩型。叶柄绿白色至浅绿色，品质柔嫩，有特殊风味。如山东省的杓子头，浙江省的矮脚青大头、杭州早油冬，江苏省的泰州青梗腌菜、无锡小圆菜、苏州青、扬州大头矮、徐州青梗菜等。

（二）春白菜

冬春种植，长江中下游地区多在 3～4 月抽薹，故又称慢菜或迟白菜。具有耐寒性强、高产、晚抽薹等特点，但品质较差。按其抽薹早晚和供应期的不同又可分为：

1. 早春菜类　为中熟种，冬春栽培，在长江中下游地区多于 3 月份抽薹，主要供应期为 3 月份，故又称三月白。如江苏省的无锡三月白、扬州梨花白、南京亮白叶，浙江省的杭州半早儿、晚油冬，上海市的二月慢、三月慢等。

2. 晚春菜类　为晚熟种，冬春栽培，在长江中下游地区多于 4 月上、中旬抽薹，主要供应期在 4 月（少数品种可延至 5 月初），故又称四月白菜。如江苏省的南京四月白、无锡四月白，浙江省的杭州蚕白菜，湖南省的长沙迟白菜、白四月齐（又名湖南白），上海市的四月慢、五月慢，安徽省的合肥四月青、湖北省的武汉光叶黑白菜（又名黑四月齐）等。

华南地区的春白菜品种，在广东省广州市一般于 11 月至翌年 3 月种植，1～5 月供应，冬性较强，抽薹较迟，但较长江中下游地区的春白菜抽薹要早。如水白菜、赤慢白菜及春水白菜等，而上海市的四月慢在广东省广州市自然条件下是很难抽薹开花的。

（三）夏白菜

为 6～9 月夏秋高温季节栽培与供应品种，又称火白菜、汤菜、伏菜秧，以幼嫩秧苗或成株供食。这类白菜具有生长快、抗高温和雷暴雨、抗病虫害等抗逆性强的特点。如上海市的火白菜、浙江省的杭州火白菜、广东省的广州马耳白菜、江苏省的南京矮杂 1 号等。但一般生产上亦用秋冬大白菜中生长快速、适应性强的品种作为夏白菜栽培。如江苏省的南京高桩、二白，浙江省的杭州荷叶白菜，广东省的广州矮脚黑叶和黄叶白菜、湛江坡头白菜，广西自治区的北海白菜等。

第四节　普通白菜的形态特征与生物学特性

一、形态特征

普通白菜形态特征的遗传变异丰富多样，现分述如下（曹寿椿等，1980）：

（一）株型（株态）

普通白菜株型可分为直立、开展两大类型。

1. 直立型　株态直立，叶柄与地面交角近于垂直。

（1）直立型　植株基部由叶柄抱合呈圆筒状，与叶身交界处不呈细颈状，株高 30～90cm，如南京高桩、二白、合肥小叶菜、武汉箭杆白等。

（2）束腰型　植株基部叶柄肥厚，形成明显"菜头"，与叶片交界处抱合紧密呈细颈状，即尻大腰细，俗称"束腰"，株高一般为 25～45cm，如江苏省的南京矮脚黄、上海市的矮箕白菜等（图 5 - 6）。

2. 开展型　株态开展，叶柄与地面交角在 45°～70°间，株高 30～60cm。又可分为：

（1）开展不呈分蘖状　如南京四月白（图 5 - 6）。

（2）开展呈分蘖状　植株分蘖性强，如南通马耳头等。

株态与普通白菜的耐寒性、丰产性等有密切关系，如直立型品种，一般生长速度快，丰产性好。

（二）基生叶

普通白菜基生叶柔嫩多汁，为主要供食部分，其形态特征受品种特性与环境条件的影响而有很大的变异。

1. 叶柄　俗称"菜梗"，一般占成株普通白菜叶总重的 60%～80%，它是作为衡量普通白菜食用品质的重要标志。

（1）形状　依叶柄形状的不同又可分为：

①圆梗型。叶柄厚度（沿叶柄腹面两侧作一连线，在中点引一垂直线至叶柄背面，此垂直线长即为厚度）与叶柄宽度之比在 0.7 以上者为圆梗。如江苏省的扬州花叶大菜等。

②半圆梗型。叶柄厚度与宽度之比在 0.4～0.7 者，如江苏省的常州白梗菜、扬州大头矮等。

③扁梗类型。叶柄厚度与宽度之比小于 0.4 者，如浙江省的杭州早油冬、江苏省的南京矮脚黄、上海市的矮箕白菜等。

扁梗品种较圆梗品种对肥水条件要求严格，品质柔嫩。而圆梗种较耐旱、耐瘠。

（2）叶柄长短　依叶柄长短的不同又可分为：

①短梗种。株高 30cm 左右或以下，叶柄与叶身长度之比等于或小于 1。多数普通白菜品种属此类型。如安徽省的合肥大头矮、江苏省的南京矮脚黄和上海市的矮箕白菜等。

②长梗种。株高 45～60cm 或以上，叶柄与叶身长度之比大于 1。如江苏省的扬州、镇江花叶大菜，南京高桩等。

③二桩种。株高介于以上两者之间，叶身与叶柄长度之比等于或近于 1。如上海市的中箕白菜、江苏省的南京二白、常州中白梗等。

普通白菜叶柄的长短与株高呈正相关，且与食用方式有密切关系，长梗种叶柄发达，宜于腌渍加工，短梗种叶身较发达，宜鲜食，二桩种则可鲜食、腌渍兼用。

（3）叶柄色泽　依叶柄色泽的不同又可分为：

图 5-6　不同株态和叶柄颜色的普通白菜（徐家柄）

1. 直立束腰青帮　2. 开展不分蘖白帮

①白梗种。柄色洁白，如浙江省的杭州蚕白菜、火白菜，江苏省南京市的各种普通白菜品种均为白梗种（图 5 - 6）。

②青梗种。又依梗色的深浅分为绿、淡绿、绿白等。绿色者如浙江省的杭州早油冬，淡绿者如江苏省的白叶苏州青，绿白者如上海市的矮箕白菜等（图 5 - 6）。

2. 叶片（叶身）　普通白菜叶片的大小、形状、色泽和着生状态等依品种不同而异。

（1）大小　最小的叶片长、宽仅 5～6cm，大的如江苏省的南京四月白等，叶身长、宽达 25～80cm，变异幅度较大。

（2）叶形与叶缘　叶形有近圆、扁圆、长椭圆，广椭圆、椭圆，长卵圆、卵圆、长倒卵圆、倒卵圆等。叶缘多数品种为全缘，亦有一些品种具不同程度的锯齿与裂刻。如江苏省南京四月白等呈不规则锯齿状；扬州、镇江花叶大菜的叶身中下部呈羽状深裂；扬州乌油子，在叶身基部呈羽状深裂；赣榆鸡冠菜则呈不规则细锯齿状深裂，每一裂片边缘又呈不规则的皱褶，如鸡冠状。生产上一般把叶身具全缘或细锯齿而无裂刻的品种称"板叶型"，而把具有深裂刻者称为"花叶型"，并认为花叶型较板叶型抗逆性强、耐旱、耐贫瘠。

（3）叶翼　多数品种无叶翼，但也有少数品种具明显的叶翼，如江苏省的南通矮楷子、鸡冠菜，云南省的蒜头白等。

（4）叶面　多数叶面光滑，亦有的叶面皱缩，如江苏省的无锡黑麻菜等，还有少数品种叶面具毛茸，如江苏省的南通毛菜等。

（5）叶色　有绿、浅绿、深绿、墨绿和紫红色等，有的具明显光泽。

（6）叶态　有平展，如江苏省的南京四月白；有边缘内卷呈匙状的，如浙江省的杭州瓢羹白；有边缘向外反卷的，叶片两侧反摺呈翘曲状的，如上海市的黑叶四月慢等。

3. 多头性　普通白菜有少数品种呈分蘖状，如江苏省的如皋菜蕻子等。分蘖型普通白菜的单株重决定于单株分蘖数和每分蘖平均重，即每分蘖的叶片数与叶片平重。而不分蘖的单株重主要决定于平均叶片数与叶片重。

4. 叶数型与叶重型　叶数与叶重是构成普通白菜产量的主要因素。据观察，单株成叶数多的达 50～100 片，甚至超过百片，如江苏省的东台百合头等；有的品种成长叶仅 10～15 枚，如江苏省的常州短白梗等。前一类品种不同叶位的叶重差异不大，叶数的多少与产量呈正相关，即"叶数型"。后一类品种不同叶位的叶重差异较大，特别是外围几张叶片重量的大小，对产量的影响很大，即"叶重型"，但多数品种介于两类之间为"中间型"。

（三）茎、花茎叶与根

着生在短缩茎上的基生叶，在营养生长期绝大多数品种呈莲座状，一般茎节不伸长；当花芽分化后，并遇温暖气候条件，茎节即伸长，称为"抽薹"，并形成花薹（花茎）；一般情况下，抽薹后则品质下降而丧失商品价值。花茎在叶腋中抽生侧枝，于第一次侧枝上抽生第二次侧枝，并继续不断分枝，上部呈总状花序。据观察，依普通白菜花茎的分枝习性不同，又可分为：扇形，如浙江省的杭州蚕白菜、早油冬等；筒形，如四川省的成都乌鸡白；带形，如上海市的矮箕白菜等 3 种类型。不同分枝类型与种子产量、质量、花期等均有密切关系。

普通白菜的花茎叶与基生叶在形态上差异很大，同一花茎上基部和中上部的花茎叶形状、大小亦不同。一般基部大，愈往上部愈小，基部花茎叶的形状与基生叶相似，中上部的叶片形状有卵圆、长卵圆、披针形、心脏形和花叶形等。花茎叶的色泽同基生叶，叶面多被蜡粉，一般不具叶柄，呈耳状抱茎，抱茎的程度因品种类型不同而有全抱与半抱之分。

普通白菜的花为总状花序，花冠黄色。花的色泽深浅、大小、花瓣形状均因品种类型不同而异。花的萼片多直立。角果成熟时自然开裂。种子近圆形，褐色或黄褐色。

普通白菜的主根有膨大趋势，系次生木质部肥大，两列侧根与子叶方向一致，为二原型（原生木质部），根粗 1.5～3.0cm。

二、对环境条件的要求

（一）种子的萌发及其条件

普通白菜种子成熟后有较短的休眠期。种子寿命依采种状况、种子充实度和贮藏条件不同而异，一般为 5～6 年，实用年限 3 年。种子在 15～30℃下，经 1～3d 发芽，发芽适温为 20～25℃，最低为 4～8℃，最高为 40℃。

（二）对春化与光周期的反应

普通白菜在种子萌动及绿体植株阶段，均可接受低温感应而完成春化。长日照及较高的温度条件有利于抽薹、开花。根据不结球白菜（白菜）分期播种与春化处理的试验结果（曹寿椿、李式军，1981），按其对低温感应的不同，可归纳为以下 4 类：

1. 春性品种 萌动种子或成株在 0～12℃温度范围内处理不到 10d 即可通过春化，或不经过低温处理，于江南地区自然条件下，几乎全年都能抽薹开花，主要是菜薹类中的南京紫菜薹、广东菜心等，属于对春化要求最不严格的一类。

2. 冬性弱品种 在 0～12℃温度下，经 10～20d 才能通过春化。如江苏省的南京矮脚黄、苏州青，上海市的矮箕白菜等，属于对春化要求较严格的一类。

3. 冬性品种 在 0～9℃温度下，经 20～30d 才能通过春化。如上海市的三月慢，浙江省的杭州晚油冬和半早儿等，属于对春化要求严格的一类。

4. 冬性强的品种 在 0～5℃温度下，经 40d 以上才能通过春化。如江苏省的南京四月白、镇江迟长梢、常州三月白，上海市的四月慢，浙江省的杭州蚕白菜等，属于对春化要求最严格的一类。

由此可见，低温感应是 4 类冬性品种发育所必需的条件，如不进行一定的低温感应，均不能现蕾抽薹开花。根据曹寿椿（1957）对南京不结球白菜（白菜）不同类型与品种进行光照处理（自然光照 13～14h，长光照 16h，短光照 10h）表明，对春化要求严格的品种，对长光照的要求也严格。

普通白菜大多数品种，一般于 8～9 月份播种，当年 11～12 月间花芽开始分化，其中冬性弱的品种，甚至当年就抽薹开花。但多数品种则要到翌年 2～4 月气温升高、日照延长时才会抽薹开花。对冬性强的四月慢试验表明，光照条件相同，增加温度，可以显著地促进抽薹开花，而在同样温度下，虽然长光照比短光照提早抽薹开花，但没有温度的影响大。因此在栽培春白菜时，除应选择冬性强的品种外，还要选择那些已经花芽分化，但在较高温度下抽薹缓慢的品种，并配合增施氮肥，才能获得较大的叶簇和延长其供应期。

普通白菜花芽分化的早迟决定于品种的遗传性，而抽薹的速度则取决于气温对花茎器官发育的满足程度。因此，掌握普通白菜不同类型与品种的特性是进行周年生产与均衡供应的重要依据。

（三）温度

普通白菜喜冷凉，在平均气温 18～20℃的条件下生长良好，在－2～－3℃能安全越冬。25℃以上的高温及干燥条件易引起生长衰弱和病毒病流行，且产品品质明显下降。普通白菜叶的分化与生长速度因气温下降而延缓。气温下降到 15℃以下，经一定天数后，茎端开始花芽分化，叶数因而停止增加。其幼根的生长适温是 26℃，最高为 36℃，最低为 4℃。不同类型品种的耐寒性、耐热性有很大不同。

（四）光照

光质对普通白菜生育有明显的影响，须永等（1969）发现红光促进生育，并使干物质重增加，但绿光使生育受抑。普通白菜对光强也有较高的要求，阴雨弱光易引起植株徒长，茎节伸长，且产品品质下降。

（五）水分

土壤含水量对普通白菜产品品质影响很大，水分不足，生长缓慢，组织硬化粗糙，易罹病害；水分过多，则根系易窒息，并影响养分的吸收，严重时会因为沤根而萎蔫死苗。

（六）土壤与营养

普通白菜对土壤的适应性较强，但以富含有机质，保水、保肥力强的黏土或冲积土最为适宜。一般较耐酸性土壤。由于以叶片为产品，且生长期短而迅速，所以氮肥，尤其在生长盛期对产量和品质影响很大，其中硝态氮较氨态氮，尿素又较硝态氮对生育、产量、品质有更好的作用。对钾肥吸收量较多，但磷肥的增产效果不显著。微量元素硼的不足会引起硼的营养缺乏症。

第五节　普通白菜的种质资源

一、概况

中国已搜集、保存了大量普通白菜种质资源，目前国家农作物种质资源长期库已拥有普通白菜种质资源 1 392 份（含乌塌菜等，见第一章，表 1-7）。同时还开始进行了性状鉴定研究，其中对耐抽薹（天数）性状已鉴定了 556 份次，明确抗抽薹＞80d 的有 3 份；

对抗 TuMV 性状鉴定了 1 000 份次，鉴定出高抗和抗病种质 58 份，占鉴定数的 5.8%。另外，据国家蔬菜种质资源中期库统计，在 1986—1998 年间累计向国内外分发提供利用普通白菜种质资源 296 份，其中国外 63 份，国内 233 份；共涉及 23 个批次，17 个单位（国内 9 个单位，国外 8 个单位），这也从另一个侧面反映了人们对普通白菜及其种质资源的重视（《全国蔬菜遗传育种学术讨论会论文集》，2002）。

二、抗病种质资源

"九五"国家科技攻关项目（1996—2000）执行期间，采用多抗性鉴定方法，筛选、创新出抗芜菁花叶病毒（TuMV）、霜霉病（*Peronospora parasitica*）、黑斑病（*Alternaria brassicae*）的普通白菜育种材料 3 份。1999 年秋经国家科技项目攻关组统一进行的室内人工接种鉴定及田间鉴定，结果均达抗或高抗水平，且综合性状优良，配合力强的 3 份抗病材料是：

1. 98 秋 - 10　白梗，株型直立、叶色淡绿。耐寒，抗病，配合力好。用其配制的杂交组合，F_1 表现抗病、优质、丰产，是"九五"期间育成的耐寒新组合的亲本之一。

2. 98H 秋 - 30　青梗，株型直立，叶色深绿。耐热，抗病，配合力好。用其配制的多个杂交组合，F_1 比对照增产 11.6% 以上。

3. 98H 秋 - 13　青梗，株型直立，束腰，叶色翠绿。优质，抗病，配合力好。用其配制的杂交组合，F_1 表现抗热、优质、抗病，是"九五"期间育成的耐热新组合的亲本之一。

三、抗逆种质资源

普通白菜中耐寒性极强的有：江苏省的南京白叶，无锡黑麻菜，镇江白叶暗、黑叶暗、黑菜，扬州二青子；上海市的黑叶四月慢等。

耐寒性强的有：江苏省的南京矮脚黄、四月白，无锡三月白，常州三月白、晚色菜，苏州上海菜，镇江条棵菜、迟长梢、锯子口老菜、四月白，扬州大头青、高脚白，南通青菜，徐州青梗菜；上海市的大青菜、二月慢、三月慢、毛叶白油菜；浙江省的杭州蚕白菜；安徽省的合肥四月青，慢菜；西藏自治区的拉萨青菜等。

耐寒性中等的有：江苏省的南京二白、高桩，无锡矮箕大叶黄、青大头、小圆菜、黑油菜，常州白梗菜、青梗菜、大头黄、大叶白，镇江花叶大菜、大头矮；上海市的火白菜、矮箕白菜、白叶三月慢、五月慢；浙江省的杭州半早儿，晚油冬；安徽省的合肥大叶菜等。

抗高温、高湿，适于夏秋高温季节栽培的优良普通白菜有：江苏省的南京高桩、二白，常州白梗菜，镇江及扬州花叶大菜，苏州白叶、苏州青；上海市的火白菜；浙江省的杭州火白菜、荷叶白；安徽省的合肥高杆白；广东省的克叶白菜、坡头、奶白菜、佛山乌白菜、黑叶高脚白菜等。这些品种一般均属于普通白菜的极早熟和早熟类型。中晚熟普通白菜一般都不耐热。

另外，南京农业大学园艺学院白菜育种课题组，筛选出耐热普通白菜育种材料 2 份。1999 年夏季经国家科技项目攻关组统一鉴定，均表现耐热，并对 TuMV 和炭疽病（*Col-*

letotrichum higginsianum）有较强抗性，综合性状优良。选配了抗热、耐寒新组合各1个。

98K-28：白梗，株型直立，叶片灰绿。耐热，抗炭疽病，该材料是矮抗5号F₁亲本之一，已在生产上大面积推广利用。

98K秋-20：从泰国引入材料中经多代自交分离选出。青梗，株型直立，叶墨绿色，耐热性强，高抗炭疽病，已用其试配杂交组合，F_1的抗热性极强。

四、优质种质资源

优质普通白菜种质资源除具有良好的产品商品性外，还含有较高的营养和较少的嫌弃成分。

经过鉴定筛选，南京农业大学已拥有16份普通白菜优质种质，如矮脚黄、苏州青、短白梗、南农矮脚黄、四倍体苏州青自交系等。

邵贵荣等（2006）研究表明，同一季节不同小白菜（普通白菜）品种和不同季节种植同一品种小白菜的硝酸盐含量均差异明显（表5-2）。

表5-2　不同栽培季节不同小白菜品种硝酸盐含量比较

（邵贵荣等，2006）

品种名称	冬季		夏季	
	硝酸盐含量（mg/kg）	等级	硝酸盐含量（mg/kg）	等级
早生华京	451.4	2	1 814.5	4
平成5号	538.2	2	1 364.4	3
绿元帅	564.1	2	2 044.1	4
正大抗热青	609.7	2	1 145.8	3
抗热605青菜	676.5	2	1 406.6	3
绿冠	680.6	2	889.7	3
台湾清江白菜	684.8	2	1 716.1	4
沪青1号	740.7	2	1 575.4	4
京冠王	757.8	2	1 448.9	4
华冠	796.1	3	1 491.0	4
日本四季青菜	804.6	3	1 294.1	3
夏王	825.8	3	1 336.3	3
华皇	901.6	3	1 209.7	3

注：表中"等级"是沈明珠等据世界卫生组织和联合国粮食与农业组织规定的ADI值，提出的蔬菜可食部分硝酸盐含量的分级评价标准，即1级≤432mg/kg，2级≤785mg/kg，3级≤1 440mg/kg，4级≤3 100mg/kg（汪李平，2004）。

汪李平（2002）通过46个小白菜（普通白菜）品种春、夏、秋、冬4个不同季节硝酸盐含量的品比与筛选，结果表明，小白菜品种间硝酸盐含量的差异极其显著，最高与最低差异可达2 000~4 000mg/kg（鲜重）。冬季试验表明，小白菜各品种间硝酸盐含量以江苏矮脚黄、虹桥矮青菜、黑油白菜、湘潭矮脚白等较高，而上海青、热优2号、矮脚奶白菜、虹明青、勺白菜等含量较低。春季试验的结果进一步证实小白菜品种间硝酸盐含量存在显著差异，各品种硝酸盐含量高低的排列顺序仍以江苏矮脚黄、湘潭矮脚白、虹桥矮青菜、黑油白菜的硝酸盐含量较高，而上海青、矮脚奶白菜、热优2号、矮抗青、虹明青等含量较低。夏季试验结果表明，其中以江苏矮脚黄、湘潭矮脚白、矮脚黑叶、黑油白菜、日本青梗白菜、虹桥矮青菜等含量较高，尤以江苏矮脚黄最高，而上海青、矮脚奶白菜、矮抗青、热优 2 号、上海夏冬青等含量较低。秋季试验结果同样表明小白菜不同品种间硝酸盐含量差异显著，其中以湘潭矮脚白、江苏矮脚黄、白沙 1 号白菜、虹桥矮青菜等含量较高，而上海青、矮脚奶白菜、虹明青、热优 2 号等较低。

由以上结果可知，硝酸盐含量较低的普通白菜种质资源为：上海青、热优 2 号、矮脚奶白菜（在春、夏、秋、冬四季栽培中含量均较低），虹明青（在冬、春、秋季栽培中含量较低），矮抗青、上海夏冬青（在春、夏季栽培中含量较低）和勺白菜（在冬季栽培中含量较低）。

五、特殊种质资源

1. 雄性不育种质资源 普通白菜核雄性不育种质有：普通白菜 Pol 雄性不育，普通白菜非对称细胞融合胞质不育，同源四倍体胞质雄性不育等雄性不育系。

2. 多倍体种质资源 四倍体普通白菜新种质（2n＝4x＝40）有：矮脚黄、扬州青、黑菜、中白梗、南通白、苏州青、早油冬、短白梗、亮叶白等。

3. 耐抽薹种质资源 近年，中国农业科学院蔬菜花卉研究所已从 556 份普通白菜种质资源中筛选出耐抽薹天数大于 80d 的种质材料 3 份。

第六节 普通白菜种质资源研究利用与创新

一、普通白菜雄性不育种质资源研究及其应用

杨晓云（1996）等研究普通白菜 PolCMS 花药发现，败育发生在孢原细胞分化期，无孢原细胞分化出现，不形成药室，属配子体败育型。而对温度敏感的出现——从细胞发生角度看，是在花药发育早期，由一定强度的低温诱导了部分孢原细胞分化发育的结果。

不育系花器官（除雌蕊外）有随不育度提高而变小的趋势，花器官中雄蕊长和雄雌比值与育性关系密切，可作为判断育性变化的形态指标。由温度敏感引发的微量花粉大部分具有生活力，但微量花粉含量、活力百分率和散粉能力不同，其育性级别间差异也较大；通常是随着微量花粉含量、活力百分率和散粉能力下降，其不育度也随之提高。

对育性的影响发生在雄性孢原细胞分化前，6℃左右的日均温是不育材料 A3 和 A11 发生育转换的临界低温。温度作用与育性表达的时间间隔，随花蕾发育所处时期的温度条件而不同，生长适温 20℃左右，其时间差为 12～16d，而晚秋播种、经历了自然低温的早期花蕾，其时间差可长达 60～70d。开花期微量花粉的发生与播种期和开花日期关系密切，同一天所开的花，其育性与所处分枝的部位关系不大。

供试普通白菜不育材料，其育性温度敏感的生理变化表现为低温（8℃/4℃）处理不育系过氧化物酶活性升高，酯酶同工酶出现保持系特有的控制育性基因表达的酶带（E11），并且内源 IAA、GA_{1+3} 量与保持系趋于一致，ABA 含量升高，开花期表现为具有微量花粉，花药同工酶及可溶性蛋白组成与保持系趋于一致。不育系与保持系之间除育性

差异外，还存在胞质自身的差异。

与此同时，已用普通白菜 PolCMS 系配制了 21 个杂交组合，其中有两个组合已在生产上应用。

二、普通白菜自交不亲和种质资源研究及其应用

研究表明十字花科蔬菜杂种优势显著。中国自 20 世纪 70 年代初至今，在大白菜、普通白菜、甘蓝等蔬菜上，利用雄性不育两用系和自交不亲和系解决了杂交制种的技术问题，曹寿椿等成功选育出普通白菜自交不亲和系，以该自交不亲和系为母本配制的矮抗 5 号、6 号新一代杂种已在全国各适宜地区大面积推广。

为解决自交不亲和系繁育中人工授粉费工、费时、成本高的问题，国内外学者进行了大量探索，提出电助授粉、热助授粉及利用 CO_2、氨基酸、维生素、植物激素、酚等处理方法，但仍存在结实率提高不理想或成本较高的问题。南京农业大学园艺学院白菜育种课题组选用成本低、操作简便、便于推广的 NaCl 溶液处理自交不亲和系材料，取得了明显的效果。用 50g/L NaCl 溶液处理 30min 后授粉，比蕾期人工授粉提高工效 15～20 倍，这一结果与 NaCl 对甘蓝、大白菜的处理自交不亲和系材料的效果相近。NaCl 溶液之所以能克服普通白菜的不亲和性，是因为 Na^+ 和 Cl^- 都是酶的激活剂，故能改变柱头上的识别蛋白，从而提高亲和指数。

国内在普通白菜自交不亲和系选育方面做了很多的工作，但对其遗传、形态和生理生化方面尚缺乏研究。史公军等（2001）采用亲和指数法和荧光显微镜观测法研究普通白菜自交不亲和性，发现自交不亲和性的反应部位是在柱头上——在其授粉后的柱头表面产生了明显的胼胝质反应。用上述两种方法观测，其结果完全吻合，但认为荧光显微镜观测法更为简便、准确，可实际应用于检测普通白菜的自交不亲和性。

三、普通白菜的细胞学、组织培养与分子生物学研究

（一）细胞学和组织培养研究

1. 核型分析　王业进、曹寿椿（1988）对不结球白菜的核型进行了初步研究，以矮脚黄-17、矮杂 2 号为试验材料。观察了大量的有丝分裂中期染色体相对长度以及着丝点位置，确定染色体数为 2n＝20；其臂的比值在 1.0～1.7 者，为中部着丝点染色体（m）；1.71～3.0 者为近中着丝点染色体（sm）；3.01～7.0 者为近端着丝点染色体（st）；7.01 以上者为端部着丝点染色体（T）。

（1）矮脚黄-17　核型公式为 2n＝20＝8m＋8sm＋2st＋2T（2SAT）。单倍染色体组中有 4 条 m（2，6，7，8），4 条 sm（1，3，4，10），1 条 st（5），1 条 T（9），染色体组总长度为 33.84μ。染色体长度变异范围为 1.58～5.54μ，长度变化率为 3.51，平均臂比值为 1.99（以 9 条计）。染色体相对长度变异在 4.67%～16.37% 之间。第 10 条染色体带有随体。

（2）矮杂 2 号（F_1）　核型公式为 2n＝20＝14m＋2sm＋2st＋2T（2SAT）。单倍体染色体组中有 7 条 m（1，2，3，4，5，6，10），1 条 st（7），1 条 T（9），染色体组总长

度为 29.9μ。染色体长度变异范围为 $1.19\sim4.36\mu$，长度变化率为 3.16，平均臂比值为 1.57（以 9 条计）。染色体相对长度变异在 $3.98\%\sim14.58\%$ 之间。第 10 条染色体上带有随体。

由此可见，普通白菜品种间在染色体水平上存在着较大的变异。

2. 小孢子培养　耿建峰、侯喜林等（2007）对影响不结球白菜游离小孢子培养的关键因素进行了单因素和多因素分析研究。单因素研究结果表明：54 个基因型之间的小孢子胚诱导率差异显著；对供体材料的花蕾进行低温处理，在 $0\sim5d$ 范围内小孢子胚诱导率差异不大，超过 5d 则明显降低；高温诱导在 $12\sim60h$ 范围内差异不大，超过此范围则小孢子胚诱导率明显降低；NLN 培养基中 NAA 和 6-BA 的添加对小孢子胚诱导率影响不大，浓度过大时小孢子胚诱导率反而降低；活性炭的有无和浓度大小对小孢子胚诱导率影响极大。通过基因型、NAA、6-BA、活性炭四因素分析结果表明：基因型之间差异显著，活性炭不同浓度之间差异显著；不同基因型与活性炭不同浓度之间的互作差异显著；其他互作差异均不显著。

3. 原生质体培养及非对称细胞融合

（1）Ogu CMS 下胚轴原生质体核失活研究　为了利用非对称细胞融合改良普通白菜 Ogu CMS 系统的苗期低温黄化和蜜腺发育不良缺陷，在 Ogu CMS 原生质体培养再生植株的基础上，侯喜林等（2001）对不结球白菜 Ogu CMS 下胚轴原生质体 Co^{60} 核失活技术进行了研究。结果表明，下胚轴原生质体适宜的核失活剂量（LD_{50}）为 140 Gy，致死剂量（LD_{80}）为 240 Gy，故在非对称细胞融合中，Ogu CMS 下胚轴原生质体可用 LD_{50} 剂量照射后再进行融合。

（2）子叶原生质体线粒体失活研究　在子叶原生质体培养再生植株的基础上，侯喜林（2002）对不结球白菜子叶原生质体的线粒体失活技术进行了研究。实验以 91H 秋-21（矮脚黄）普通白菜为试材，研究了碘乙酰胺（IOA）和罗丹明（R-6G）对子叶原生质体线粒体失活效果的影响。结果表明，0.5mmol/L 的 IOA，在 25℃ 条件下处理 20min，就能将植板率从 15.0% 降到 6.6%；1.0mmol/L 的 IOA，在 25℃ 条件下处理 10min 可使普通白菜叶原生质体中的线粒体失活。$40\mu g/ml$ 的 R-6G，在 25℃ 条件下处理 30min，可有效地抑制普通白菜子叶原生质体的分裂和愈伤组织的形成。利用 R-6G 使原生体线粒体失活，更有利于非对称细胞融合的进行。

（3）利用原生质体非对称电融合获得普通白菜胞质杂种　芸薹属的 CMS 特性均与线粒体有关，而线粒体基因组控制的 CMS 性的产生，使叶绿体 DNA 发生了相应的变化，因此异源胞质植株上最常见的异常现象就是叶绿素缺乏症和雄性不育，这些异常可能是核与叶绿体之间功能性不亲和的结果。国内外众多研究者试图通过常规手段从芸薹属作物品种中筛选"缺绿"的"校正基因"和 CMS 性状的恢复基因以改变胞质遗传背景，结果均告失败。这是因为通过有性杂交，杂种的细胞质几乎全由母本提供，其结果必然是要么后代的胞质得不到改变，要么完全改变，从而导致不育性的丧失。因此，必须采用既能保持线粒体不育胞质，又能使叶绿体基因组与核基因组亲和的特殊手段，而利用非对称细胞融合获得的"胞质杂种"是有希望的手段之一。通过胞质基因组的转移，与相应的保持系形成"胞质杂种"，便能向萝卜胞质掺入正常的不结球白菜胞质，以改善胞质与核的协调性，从而使其既保持 CMS 特性，又克服原有苗期低温黄化缺陷，经过严格的鉴定筛选，便有希望获得无黄化、有蜜腺的 CMS 系。为此，侯喜林（2001）以普通白菜 Ogu CMS "91H 秋-100"（不育系）和 "91H 秋-21"（保持系）为试材，研究了不同交流场强、交流频率、直流脉冲场强、直流幅宽及脉冲次数对非对称细胞融合效果的影响。结果表明，普通白菜电融合的最适电场条件为交流场强 20V/cm、交流频率 1 500kHz、直流场强 200V/cm、直流脉冲幅宽 $40\mu s$、直流脉冲次数 3 次。融合产物用 KM8P$_1$ 培养基进行包埋培养，获得了 383 块小愈伤组织，其中 32 块分化出芽，形成 20 株完整植株，驯化栽培成活 8 株，其中有 ZS$_2$、ZS$_6$、ZS$_8$ 等 3 株不育，后用保持系花粉授粉，分别收获了种子。

（二）分子生物学研究

1. 分子遗传图谱研究 芸薹属遗传图谱研究包括 3 个基本种：[*Brassica oleracea* (2n=2x=18，CC)、*B. campestris* (2n=2x=20，AA)、*B. nigra* (2n=2x=16，BB)] 和 3 个复合种 [*B. napus* (2n=4x=38，AACC)、*B. carinata* (2n=4x=34，BBCC)、*B. juncea* (2n=4x=36，AABB)]。由于形态标记研究不足，芸薹属作物的经典遗传学研究普遍滞后，缺乏经典的遗传图谱。近代分子标记技术的发展，促进了芸薹属作物分子标记连锁图谱的构建。在芸薹属 6 个种中，已发表了包括甘蓝（*B. oleracea* L.）、甘蓝型油菜（*B. napus* L.）、黑芥（*B. nigra* Koch.）、白菜型油菜（云薹）（*B. campestris* L.）、芥菜（*B. juncea* Coss）等 5 个种的 30 多幅分子图谱，其中甘蓝、甘蓝型油菜等作物图谱已趋于饱和。中国芸薹属蔬菜种质资源最为丰富，近年，张鲁刚等用大白菜与芜菁的 F$_2$ 代材料构建了中国白菜 RAPD 连锁图。王美等（2004）以大白菜高抗 TuMV 白心株系和高感 TuMV 橘红心系为亲本建立的小孢子 DH 系为图谱构建群体，以 AFLP 标记构建了一张含 255 个标记位点，10 个连锁群，覆盖长度为 883.7cM 的连锁图。而于拴仓等（2003）利用不同生态型的大白菜 F$_6$ 重组自交系，构建了包含 17 个连锁群，有 265 个 AFLP 标记和 87 个 RAPD 标记组成的连锁图谱，该图谱覆盖基因组长度 2 665.7cM，平均图距 7.6cM。

耿建峰、侯喜林等人（2007）利用普通白菜 "暑绿" 得到的 112 个双单倍体（doubled haploid，DH）株系构成的群体作为作图群体，应用 SRAP、SSR、RAPD 和 ISSR4 种分子标记来构建不结球白菜遗传连锁图谱，通过 Mapmaker3.0/EXP 软件分析，得到 1 张不结球白菜分子遗传图谱，图谱总长度 1 116.9 cM，共包括 14 个连锁群，186 个多态性分子标记，其中包括 114 个 SRAP、33 个 SSR、24 个 RAPD 和 15 个 ISSR 标记，其中偏分离标记 44 个，占 23.6%。每个连锁群上的标记数在 4～27 个之间，连锁群的长度在 30.3～165.8cM 的范围内，平均图距在 3.4～11.1cM 之间，总平均距离 6.0cM。

2. 种质资源的遗传多样性评价 种质资源的遗传多样性表现在形态、染色体、蛋白质和 DNA 等多个水平上。评价的方法和指标也多种多样。

赵建军和王晓武（2004）利用荧光 AFLP 技术，采用 4 对 AFLP 引物组合对国内外 161 份白菜类作物（*Brassica rapa*）和 2 份甘蓝型油菜（*Brassica napus*）进行了总基因组 DNA 水平上的多态性检测，获得了 524 个标记，其中多态性标记为 476 个，平均每对引物组合可以扩增出 119 个多态性带。UPGMA 聚类分析结果表明，白菜类作物分为由不同亚类群聚类组成的两大类群——类群Ⅰ、类群Ⅱ。低的 bootstrap 值说明各个亚类群内与亚类群间的遗传变异幅度相当。材料起源与聚合分类结果基本一致，亚洲和欧洲来源材料分别归属于类群Ⅰ和类群Ⅱ。Ⅰ类群包括中国结球白菜（CC1，CC2）和中国不结球白菜（PC1，PC2）两个亚类群。中国菜心（菜薹）和白菜型油菜均聚类于 PC 亚类群，揭示出二者的起源与不结球白菜相关；Ⅱ类群包括芜菁（T1，T2）、意大利菜心 Broccol-leto（Bro）、油用欧洲类型和印度 Sarson（Oil1，Oil2）以及日本水菜 Mizuna（Miz）。

郭晶晶等（2002）对白菜（*Brassica rapa*）类蔬菜的遗传多样性和分类进行了 AFLP 分子标记研究。共采用了 137 份材料，从 64 对引物组合中选择了 4 对扩增条带、多态检出率高的 3＋3 引物组合，检测了 210 个位点，并对 AFLP 数据进行了聚类分析。结果表明，芜菁和白菜类蔬菜各自单独聚为一类，它们的亲缘关系较远。在白菜类蔬菜当中，所有大白菜和薹菜聚为一类，它们是比较特殊的类群，且亲缘关系密切。小白菜的聚类结果与其园艺学分类差别较大。小白菜各类型间的相似性程度较低，说明小白菜的起源较大白菜要早。大白菜的聚类表明，大白菜现有品种的遗传多样性较为狭窄。

孙德岭等（2001）利用 AFLP 分子标记技术对白菜类蔬菜间的亲缘关系进行研究，结果表明：芜菁与大白菜和普通白菜亲缘关系远；而大白菜与鸡冠菜和毛白菜亲缘关系较近，与其他不结球白菜亲缘关系也较近。

3. 重要性状的分子标记 卢刚等（2002）利用普通白菜×芜菁杂交建立的 F_2 分离群体，构建了含 131 个遗传标记，覆盖 1 810.9cM 的遗传图谱。采用区间作图法对地上部主要园艺性状进行了 QTLs 分析，发现与叶型、叶柄形状、株高等 8 个重要园艺性状连锁的 24 个 QTLs 位点，各性状 QTLs 的数目在 1～5 个之间，各位点间存在着一定的相关关系。

耿建峰等（2007）利用已构建的包括 186 个分子标记的普通白菜分子遗传图谱，采用复合区间作图法（CIM）对包括叶片维生素 C、可溶性糖、可溶性蛋白、粗纤维和干物质含量以及叶片、叶柄重比在内的 6 个品质性状进行了 QTL 定位和遗传效应分析，共得到控制可溶性蛋白的 QTL 2 个，得到控制干物质的 QTL 3 个，得到控制叶片、叶柄重比的 QTL 4 个，但未检测到控制维生素 C、可溶性糖和粗纤维的 QTL。

对从 F_1 代杂交种"暑绿"中得到的 112 个 DH 系进行了室内相对电导率测量及田间冷害指数鉴定，采用复合区间作图法（CIM），对这 2 个耐寒相关性状进行了 QTL 分析。结果在第 1 连锁群上检测到 4 个控制电导率的 QTL；在第 1、第 2 和第 7 连锁群上得到控制冷害指数的 7 个 QTL。同时对两种方法的 QTL 定位结果进行了比较分析，并对 QTL 的变异百分率及加性效应进行了分析。

还分 8 个时期对株高、开展度和最大叶叶型指数等形态学性状进行了动态 QTL 分析。检测到控制株高的非条件 QTL 8 个，这些 QTL 分别分布于第 2、3、4 和 8 共 4 个连锁群上。其中有 1 个 QTL 在各个时期均被检测到，另有 1 个 QTL 在 5 个不同时期被检测到，2 个 QTL 分别在 4 个时期被检测到，2 个 QTL 在 3 个时期被检测到，2 个 QTL 只在 1 个时期被检测到，这些 QTL 解释变异百分率全部大于 10%；除第 1 期外（因为第 1 期条件与非条件 QTL 相同），分别在 6 个时期检测到控制株高条件 QTL 共 12 个，这些 QTL 分别分布于 6 个连锁群上，这些 QTL 都是非条件 QTL 检测时未检测到的，这些 QTL 的解释变异百分率大于 10% 的有 8 个。在 8 个时期分别检测到控制开展度的非条件

QTL 共计 17 个；在这些非条件 QTL 中，没有 1 个在 8 个时期都被检测到，但是有 1 个在 6 个时期都被检测到，1 个在 5 个时期被检测到，2 个在 3 个时期被检测到，4 个在 2 个时期被检测到，另外 9 个只在某个时期被检测到，这些控制开展度的非条件 QTL 分别分布于 8 个连锁群上；这 17 个控制开展度的非条件 QTL 解释变异百分率只有 1 个小于 10%的；除第 1 期外，分别在第 5、6、7 和 8 期检测到控制开展度的条件 QTL 10 个，这些条件 QTL 分别分布于 5 个连锁群上，其解释变异百分率有 6 个大于 10%。在 8 个不同时期分别检测到控制叶型指数的非条件 QTL 共 21 个，分别分布于 7 个连锁群上；其中有 1 个非条件 QTL 在 8 个时期均被检测到，1 个在 7 个时期被检测到，1 个在 6 个时期被检测到，4 个在 4 个时期被检测到，4 个在 3 个时期被检测到，4 个在 2 个时期被检测到，还有 6 个只在某个时期被检测到，这些控制叶型指数的非条件 QTL 解释变异百分率只有 7 个小于 10%；除了第 1 期以外，分别在 4 个时期新检测到控制叶型指数的条件 QTL 总共 5 个，这些 QTL 分别分布于 5 个连锁群上，这 5 个条件 QTL 有 4 个解释变异百分率大于 10%。

四、普通白菜种质资源创新

(一) 利用非对称细胞融合技术创建雄性不育新种质

侯喜林等 (2001) 对非对称细胞融合获得的再生植株后代 ZS_6 $(A)_{10}$ 的植株进行田间和实验室鉴定表明，该材料的不育率、不育度均为 100%，低温下苗期叶片不黄化，并有 4 个较发达的蜜腺，在自然条件下结实率与保持系相同，并极显著高于原不育材料；细胞核染色体为 $2n=2x=20$，与保持系相同；胚根和子叶的 POD 同工酶与保持系和原不育系有显著差异，EST 同工酶在下胚轴中差异较大；叶绿体 DNA 和线粒体 DNA 总量介于保持系和原不育材料二者之间，经 PCR 扩增 cpDNA 和 mtDNA 的电泳证实 ZS_6 $(A)_{10}$ 为体细胞杂种，其后代 98H 秋-45 为不结球白菜胞质雄性不育新种质 (X. L. Hou、S. C. Cao、Y. K. He，2004)。

(二) 同源四倍体新材料的获得

自然栽培的普通白菜为二倍体，即 $2n=2x=20$。刘惠吉等 (2002) 用秋水仙素处理不结球白菜生长点，在国内外首次创制了四倍体白菜新种质 ($2n=4x=40$)，获得 10 份四倍体新材料，并选育出南农矮脚黄、热优 2 号、寒优 1 号等四倍体新品种 6 个及四倍体雄性不育系。这些品种已在全国 23 个省份大面积推广。

（侯喜林）

主要参考文献

王焕华，倪慧珠．2002．中国传统饮食宜忌全书（修订本）．南京：江苏科学技术出版社，194

周长久主编. 1995. 蔬菜种质资源概论. 北京：北京农业大学出版社，73

农业部. 2007. 2005 年全国各地蔬菜播种面积和产量. 中国蔬菜. (1)：40～41

曹寿椿，李式军. 1982. 白菜地方品种的初步研究Ⅲ. 不结球白菜品种的园艺学分类. 南京农学院学报. 5 (2)：1～8

曹寿椿，李式军. 1980. 白菜地方品种的初步研究Ⅰ. 形态学的观察与研究. 南京农学院学报. 3 (2)：1～7

曹寿椿，李式军. 1981. 白菜地方品种的初步研究Ⅱ. 主要生物学特性的研究. 南京农学院学报. 4 (1)：1～11

李锡香. 2002. 中国蔬菜种质资源的保护和研究利用现状与展望. 北京：全国蔬菜遗传育种学术讨论会论文集

杨晓云. 1996. 不结球白菜 Pol 胞质雄性不育花药发育及温度对其育性影响的研究［博士论文］. 南京：南京农业大学

史公军，侯喜林. 2004. 白菜自交不亲和性的荧光测定. 武汉植物学研究. 22 (3)：197～200

王业进，曹寿椿. 1988. 不结球白菜核型的初步研究. 南京农业大学学报. 11 (3)：133～135

耿建峰，侯喜林，张晓伟，等. 2007. 影响白菜游离小孢子培养关键因素分析. 园艺学报. 34 (1)：111～116

侯喜林，曹寿椿，余建明，等. 2001. 不结球白菜 OguCMS 下胚轴原生质体的核失活研究. 南京农业大学学报. 24 (3)：116～117

侯喜林，曹寿椿，余建明，等. 2002. 碘乙酰胺和罗丹明对不结球白菜子叶原生质体线粒体失活效果的影响. 中国蔬菜. (4)：18～19

侯喜林，曹寿椿，余建明，等. 2001. 原生质体非对称电融合获得不结球白菜胞质杂种. 园艺学报. 28 (6)：532～537

耿建峰，侯喜林，张晓伟，等. 2007. 利用 DH 群体构建不结球白菜遗传连锁图谱. 南京农业大学学报. 30 (2)：44～49

韩健明. 2007. 不结球白菜种质资源遗传多样性和遗传模型分析及 bcDREB2 基因片段克隆［博士论文］. 南京：南京农业大学

孙德岭，赵前程，宋文芹，等. 2001. 白菜类蔬菜亲缘关系的 AFLP 分析. 园艺学报. 28 (4)：331～335

卢刚. 2002. 白菜分子遗传图谱构建及其重要农艺性状的基因定位研究［博士论文］. 杭州：浙江大学

耿建峰. 2007. 利用 DH 群体构建不结球白菜遗传连锁图谱及重要农艺性状的 QTL 定位［博士论文］. 南京：南京农业大学

刘惠吉，张蜀宁，王华. 2002. 青梗、优质、抗热同源四倍体白菜杂交新品种暑优 1 号的选育. 南京农业大学学报. 25 (3)：22～26

邵贵荣，陈文辉，方淑桂，等. 2006. 不同小白菜品种硝酸盐含量比较试验初报. 福建农业科技. (1)：56～57

汪李平，向长萍，王运华. 2004. 白菜不同基因型硝酸盐含量差异的研究. 园艺学报. 31 (1)：43～46

赵建军，王晓武. 2004. 白菜类作物（Brassica rapa）遗传多样性的 AFLP 分析. 北京：蔬菜分子育种研讨会论文集

郭晶晶，周乃元，马荣才，等. 2002. 白菜类蔬菜遗传多样性的 AFLP 分子标记研究. 农业生物技术学报. 10 (2)：138～143

X. L. Hou, S. C. Cao, Y. K. He. 2004. Creation of a new germplasm of CMS non-heading Chinese cabbage. Acta Horticulturea. 637 (1)：75～81

第六章

乌 塌 菜

第一节 概 述

乌塌菜 [*Brassica campestris* ssp. *chinensis*（L.）Makino var. *rosularism* Tsen et Lee]，在植物学分类中属于十字花科芸薹属芸薹种不结球白菜亚种的一个变种，别名塌地菘、太古菜、塌棵菜、黑菜等，为二年生草本植物。较耐寒，以墨绿色叶片为产品器官。因叶片中富含维生素 C，被称为"维他命"菜而受到消费者的青睐。

乌塌菜叶色浓绿，叶片含有丰富的叶绿素，并富含钙等矿质营养元素及维生素，可食率高达 95%，营养价值较高。每 100g 鲜菜中含水分 92g、蛋白质 3.0g、碳水化合物 3.1g、脂肪 0.4g、纤维素 0.8g；矿质营养元素中含钙高达 160～241mg、磷 51～68mg、铁 3.3～4.4g、铜 0.111mg、硒 2.39mg、锌 0.306mg；维生素物质中含胡萝卜素 2.63～3.50mg、维生素 C 75mg、尼克酸 0.9mg；此外，每 100g 鲜菜还可提供 100 千焦的热量（《白菜类精品蔬菜》，2004）。乌塌菜叶片肥厚，柔软脆嫩，特别是经低温和霜雪之后，可溶性糖类增加，口味更加清甜鲜美，深受消费者欢迎。

乌塌菜还具有一定的药用价值，常吃乌塌菜可防止便秘，增强人体防病抗病能力，泽肤健美。在食用方法上，既可炒食、做汤，也可凉拌、腌渍，又是烹调各种肉类的上等配菜，色香味均佳。

乌塌菜在中国南方栽培较多。可周年生产供应；多于秋季种植，能在春节前后收获上市。近年来，北方地区也开始引进种植，栽培面积有所扩大。乌塌菜适应性广，耐寒力强，生长期短，产量高，容易种植，用工少，是一种很有发展前途的优质蔬菜。

中国乌塌菜的种质资源较为丰富，但对其研究较少，尚有待进行全面搜集、系统分类、鉴定和利用。

第二节 乌塌菜的起源、分布与分类

一、乌塌菜的起源与分布

乌塌菜起源于中国，已有近千年的栽培历史，宋代、明代的有关文献中都有记载（参见第五章普通白菜第二节）。在长江中下游的安徽省、江苏省、上海市等地栽培较为普遍，在北方，仅在大城市附近有零星栽培，仍属稀特蔬菜之列。

二、植物学分类

乌塌菜属于不结球白菜（白菜），不结球白菜在植物学分类上属于十字花科芸薹属芸薹种的一个亚种［*Brassica campestris* ssp. *chinensis*（L.）Makino］。根据其形态特征的差异，不结球白菜（白菜）亚种又分为6个变种（普通白菜、乌塌菜、菜薹、薹菜、多头菜和油菜），乌塌菜（var. *rosularism* Tsen et Lee）则是其中的一个变种（曹寿椿等，1982）。

三、栽培学分类

乌塌菜的种类较多，一般可按不同叶形、颜色或植株塌地的程度进行分类。

按叶形和颜色可分为乌塌类和油塌类。乌塌类叶片小，叶色深绿，叶面多皱缩。油塌类系乌塌菜与油菜的天然杂种，其叶片较大，绿色，叶面平滑。但生产上多按植株的塌地程度进行分类，可分成以下两种类型：

图6-1　塌地类型乌塌菜（王德槟提供）

1. 塌地类型　又称矮桩型。叶丛塌地，植株与地面紧贴，平展生长，8片叶为一轮，开展度20～30cm。中部叶片排列紧密，隆起，中心如菊花心。叶椭圆形或倒卵形，墨绿色。叶面微皱，有光泽，全缘，四周向外翻卷。叶柄浅绿色，扁平。生长期较长，单株重0.2～0.4kg（图6-1）。代表性品种有：京绿乌塌菜，上海小八叶、中八叶、大八叶，常州乌塌菜、黑叶油塌菜。

2. 半塌地类型　也称高桩型。植株不完全塌地，叶丛半直立。叶片圆形，墨绿色，叶面皱褶、叶脉细稀，全缘；叶柄扁平微凹，光滑，白色。生长期80～120d，单株重0.15～0.38kg

图6-2　半塌地类型乌塌菜（吴肇志提供）

（图6-2）。代表品种有南京飘儿菜、黑心乌、成都乌脚白菜等。半塌地类型中，有的品种半结球、叶尖外翻、翻卷部分黄色，有菊花心塌菜之称，如合肥黄心乌、南京瓢儿菜等。

第三节　乌塌菜的形态特征与生物学特性

一、形态特征

乌塌菜为二年生草本植物，直根肉质，须根较发达，但分布较浅，再生能力强，适于育苗移栽。茎短缩，植株矮，花芽分化后抽薹伸长。莲座叶着生于短缩茎上，叶簇紧密，塌地或半塌地生长。叶柄宽而短、扁平，直立或半直立、白色或淡青色，约占全叶长的1/2~2/3；叶片厚，圆形、椭圆形或倒卵圆形，叶面有光泽，平滑或皱缩、有皱泡及刺毛，叶缘全缘、羽状深裂或浅裂，叶色浓绿至墨绿，心叶有不同程度卷心倾向和色泽变化。总状花序，花序可分枝1~3次并形成复总状花序，花黄色。果实长角形，成熟时易开裂。种子圆形，红色或黄褐色，千粒重1.5~2.2g。

二、生物学特性

乌塌菜喜冷凉，种子在15~30℃温度下经1~3d发芽，发芽适温为20~25℃，最低4~8℃，最高40℃；乌塌菜生长最适宜温度为18~20℃，能耐-8~-10℃低温，在25℃以上的高温及干燥条件下生长衰弱，易受病毒病危害，产品品质明显下降。乌塌菜在种子萌动及绿体植株阶段，均可接受低温感应而完成春化。

乌塌菜要求较强的光照，红光促进植株生育，干物质增加，绿光则生育受抑；阴雨、弱光易引起徒长，茎节伸长、产品品质下降。长日照可促进花芽分化及发育。

若土壤水分不足，常引起生长缓慢、组织硬化粗糙，如又恰遇高温天气，则易发生病毒病；反之，水分过多，易影响根系发育，若土壤长期积水，则将发生沤根，甚至导致植株萎蔫死亡。

乌塌菜虽对土壤有较强适应性，但仍以富含有机质、保水保肥力强的黏土或冲积土栽培为佳。土壤pH以中性偏酸为宜。由于以叶片为产品，且生长期短而生长迅速，故要求施肥以氮肥为主，钾肥次之，生育期还要求施入适量的微量元素硼（舒英杰等，2005）。

第四节　乌塌菜的种质资源

一、概况

乌塌菜种质资源的地域分布主要在安徽省、江苏省和上海市（《蔬菜种质资源概论》，1995；《中国蔬菜品种志》上卷，2001）。乌塌菜在上海市已有上百年栽培历史，"乌塌棵"是当地著名的春节吉祥蔬菜。上海乌塌棵又可依植株大小及外形的不同将其分为小八叶、中八叶、大八叶3个品系，其中尤以小八叶菊花心为最优，其品质柔嫩，菜心菊黄色，每年春节除满足内地市场需要外，还远销香港等地。江苏省南京市也有著名的"瓢儿菜"类型地方品种，其耐寒力较强，能耐-8~-10℃的低温，经霜雪后味更鲜美，株型更美观，商品性更好。其代表品种有菊花心瓢儿菜等。菊花心瓢儿菜又可依外叶颜色的不同将其分为两种类型：一种外叶深绿，心叶黄色，可长成大株、抱心，株型多较高大，产量较高，较抗病，品种有六合菊花心；另一种外叶绿，心叶黄色，可长成大株、抱心，生长速度较快，产量较高，但抗病性较差，如徐州菊花菜。此外，还有黑心瓢儿菜，普通瓢儿菜、高淳瓢儿菜等品种。安徽省也有遍布全省各地的"乌菜"类型地方品种。该类型品种繁多，其总体特性为：全株暗绿色，外叶塌地生长，心叶有不同程度的卷心倾向，非常耐寒，在江淮之间，无论大株或小株，皆能露地越冬。其代表品种有：黄心乌，黑心乌。此外，还有宝塔乌、柴乌、白乌、麻乌等品种。

二、名优种质资源

1. 上海小八叶乌塌菜　上海市地方品种，栽培历史悠久。近年来，逐渐被中八叶取代，目前，栽培面积较少。植株紧贴地面生长，开展度 15～20cm。叶片近圆形，长 4～5cm，宽 4～5cm，叶面多皱，叶色墨绿，有光泽，全缘，叶尖略向叶背翻卷。叶柄绿色，扁平，长 5～6cm，宽 1.5cm。叶片排列紧密。成熟后植株中心叶片稍隆起，单株重 0.15kg 左右。早熟，生长期 70～90d。抗寒力强，质地柔嫩，纤维少，经霜、雪后味更浓、品质更佳。供熟食用。产量 22 500kg/hm²。

2. 上海中八叶乌塌菜　上海市地方品种，栽培历史悠久。植株塌地生长，株高 5～8cm，开展度 25～30cm。叶片近圆形，长 7cm 左右，宽 7cm 左右，叶面皱，叶色深绿，有光泽，全缘。叶柄绿色、扁平，长 7cm 左右，宽 1.5～2cm。单株重约 0.35kg。生长期 80～100d。抗寒力强，纤维少，品质好。供熟食用。产量 20 000kg/hm²。

3. 上海黑叶油塌菜　上海市地方品种。栽培历史悠久。植株塌地生长，开展度 30cm 左右。叶片排列紧密，绿色，近圆形，叶面平滑，全缘。叶柄浅绿色，扁平，长 7cm，宽 2～2.5cm。单株重约为 0.30kg。生长期 120～130d。抗寒力强，产量高，品质较差，味淡，纤维多。供熟食用。产量 50 000kg/hm²。

4. 上海大八叶乌塌菜　上海市地方品种，栽培历史悠久。植株塌地生长。株高 6cm 左右。开展度 30～35cm。叶片近圆形，长 7cm，宽 8cm，叶面微皱，叶色深绿，有光泽，全缘。叶柄浅绿色，扁平较宽，长 9cm，宽 2cm。中、外部叶片排列较稀，叶簇中心凹陷。单株重约 0.4～0.5kg。生长期 80～100d。抗寒力强，味较淡，纤维中等，供熟食用。产量 20 000～23 000kg/hm²。

5. 常州乌塌菜　江苏省常州市地方品种。叶簇塌地生长，株高 10～15cm，开展度 60cm。叶片椭圆或倒卵圆形，墨绿色，长 16cm，宽 12cm，叶面微皱，全缘，四周向外翻卷。叶柄浅绿色，扁平较薄，长 20cm、宽 3cm。收获时有叶 30～40 片，分 4～5 层排列，呈菊花状。单株重 0.2kg。中熟，生长期 90d。抗病，耐寒性极强，在 −5～−6℃ 条件下不受冻害。生长慢，产量低，水分少，纤维多，品质佳。宜炒食。产量 10 995～15 000kg/hm²。

6. 南京瓢儿菜　江苏省南京市地方品种。栽培历史悠久。植株半直立。株高 20cm 左右，开展度 30cm 左右。叶片近圆形，长 16～18cm，宽 14cm，叶面皱褶有光泽，外叶墨绿色，心叶黄色或墨绿色，叶缘波状。叶柄绿白色，扁平，长 4～6cm，宽 3.8cm，厚 0.5cm。收获时，单株叶片数 16 片左右，单株重 0.25～0.4kg。晚熟。生长期 125d 左右。

耐寒、抗病、品质好，经霜后风味更好。适于熟食。产量 30 000～37 000kg/hm²。

7. 合肥黄心乌　安徽省合肥地区地方品种，栽培历史悠久。植株半直立，株高 28cm，开展度 52cm。叶片倒卵圆形，最大叶片长 36cm，宽 23cm，叶面有泡状皱褶，外叶浓绿色，心叶中后期为黄色。叶柄白色，长 18cm，宽 5cm，厚 0.5cm。单株重 1.0kg。中熟。从播种到收获 110d。耐寒性强，耐热性弱，耐旱性、耐涝性中等，抗病虫力强。纤维少，质地柔嫩、风味佳，霜雪之后，品质更好。宜熟食。产量 45 000kg/hm²。

8. 合肥黑心乌　安徽省合肥地区地方品种，栽培历史悠久。植株半直立，株高 25cm，开展度 50cm。叶片倒卵圆形，最大叶片长 34cm，宽 20cm，叶面有泡状皱褶，叶色浓绿，全缘。叶柄白色，长 12cm，宽 5cm，厚 0.3cm。单株重 1.0kg。晚熟。从播种到收获 110～150d。耐寒性强，耐热性弱，耐旱性、耐涝性一般，抗病虫力强。含纤维量较少，品质优良，宜熟食。产量 45 000～52 500 kg/hm²。

9. 柴乌　安徽省合肥地区地方品种，栽培历史悠久。植株半直立，株高 38cm，开展度 40cm。叶片卵圆形，最大叶片长 41cm，宽 18cm，叶面多泡状皱褶，叶色墨绿，全缘，有刺毛。叶柄白色，长 21cm，宽 4.5cm，厚 0.3cm。单株重 0.3kg。晚熟。从播种到收获 160d。耐寒性强，耐热性弱，耐涝性中等，抗病虫力强。质地脆，纤维少，品质中等。宜熟食。产量 45 000 kg/hm²。

10. 五河菊花心　安徽省五河县地方品种。早在清代就广为种植。植株半塌地，高 20cm，开展度 34～36cm。叶片卵圆形，最大叶片长 22cm，宽 18cm，叶面多皱，无刺毛，外叶浅绿色，心叶嫩黄色，叶缘波状，无刺毛。叶柄白色，长 13cm，宽 2.5cm，厚 0.5cm。单株重 0.5～0.6kg。早熟。从播种到收获 55～60d。耐旱性中等，不耐热，耐旱、不耐涝，抗病虫力强。纤维少，品质好。供熟食用。产量 52 500～60 000 kg/hm²。

（侯喜林）

主要参考文献

侯喜林，史公军．2004．白菜类精品蔬菜．南京：江苏科学技术出版社，101

舒英杰，周玉丽．2005．我国的乌塌菜研究．安徽技术师范学院学报．19（1）：15～18

周长久主编．1995．蔬菜种质资源概论．北京：北京农业大学出版社

中国农业科学院蔬菜花卉研究所主编．2001．中国蔬菜品种志（上卷）．北京：中国农业科技出版社

蔬菜作物卷

第 七 章

菜 薹

第一节 概 述

菜薹是十字花科（Cruciferae）芸薹属（*Brassica*）芸薹种（*campestris*）白菜亚种中以花薹及其嫩叶供食的一个变种，为一、二年生草本植物。学名 *Brassica campestris* L. ssp. *chinensis* Makino var. *tsai-tai* Hort.（或 var. *purpurea* Mao），别名菜心。染色体组 AA，染色体数 2n＝2x＝20。菜薹原产中国，且为中国特产蔬菜。

菜薹分为绿菜薹和紫菜薹两种类型。菜薹花茎柔嫩，营养丰富。据中国疾病预防控制中心营养与食品安全研究所分析（《中国食物成分表》，2002），每 100g 绿菜薹食用部分，含水分 91.3g、不溶性纤维 1.7g、蛋白质 2.8g、脂肪 0.5g、碳水化合物 4.0g、胡萝卜素 960μg、核黄素 0.08mg、尼克酸 1.2mg、维生素 C 44.0mg，还含有钾 236.0mg、磷 54.0mg、钙 96.0mg、镁 19.0mg、钠 26.0mg、铁 2.8mg、锌 0.80mg。每 100g 紫菜薹可食用部分，含水分 91.1g、不溶性纤维 0.9g、蛋白质 2.9g、脂肪 2.5g、碳水化合物 2.7g、胡萝卜素 80μg、核黄素 0.04mg、尼克酸 0.9mg、维生素 C 57.0mg，还含有钾 221.0mg、磷 60.0mg、钙 26.0mg、镁 15.0mg、钠 1.5mg、铁 2.5mg、锌 0.90mg。菜薹的食用方法很多，无论是素炒、荤爆，或用开水烫后做凉拌菜，风味皆鲜美。

绿菜薹主要分布在中国的华南地区，一年四季可以栽培，尤以广东省和广西自治区栽培最盛。目前，绿菜薹在江南地区也为普遍食用的大众蔬菜，在东南亚一带亦有广泛栽培。

紫菜薹主要分布在长江流域地区，多作为秋冬蔬菜栽培。在中国其他地区，紫菜薹的生产面积较小，消费量也较少。不过，近年来作为稀有蔬菜在上海、北京等地已有少量栽培，并有逐年增加的趋势。

中国菜薹种质资源虽比较丰富，但搜集和保存工作还不够深入，目前全国已收集和保存的菜薹种质资源仅约 200 余份。

第二节 菜薹的起源与分布

菜薹起源于中国南部，是由白菜易抽薹材料经长期选择和栽培驯化而来，并形成了不同的类型和品种。绿菜薹主要分布在广东、广西、台湾、香港、澳门等地，在广东和广西两地有悠久的栽培历史，种质资源丰富。尤其是在广东省，1983 年上市量 9 500 万 kg，占蔬菜总上市量的 20%，居各种蔬菜之冠，产值 1 100 万元（《广州年鉴》，1983）。现在，绿菜薹在华南地区仍是栽培面积最大的蔬菜之一，仅广东省广州市年栽培面积就在 11 000 hm² 以上（张衍荣，1997），已占广州市全年蔬菜栽培总面积的 35%～40%（晏儒来，2004），同时还大量销往我国港澳、东南亚市场以及部分欧美市场。目前，在闽、滇、沪、川、湘、鄂等地均有栽培，并成为食用范围极广的大众蔬菜，在东南亚一带亦有栽培。

紫菜薹主要分布中国长江流域，以湖北武汉、四川成都和湖南长沙等地栽培较多。武汉红菜薹作为中国的特产蔬菜，在长江流域地区，具有悠久的栽培历史。尤其是"洪山菜薹"——洪山宝塔附近所产的菜薹，更享盛名，与武昌鱼并称为楚天两大名菜。清同治八年（1869）《江夏县志》载："蕓菜薹，俗名油菜薹，与城东宝通寺相近者，其味尤佳。"因其食用部分是幼嫩的花茎，味甜脆嫩爽口，为当年向皇帝进贡的湖北特产，被封为"金殿玉菜"。后种植面积不限于洪山一带。20 世纪 50 年代初，湖北省红菜薹的种植面积还不到 66.7hm²，60 年代扩大到 333.3～400hm²，70 年代超过 666.7hm²，1980 年达到 0.113 万余 hm²。随着品种的更新换代和推广，现已扩展到湖北省内外，种植面积已达数万公顷。近年，紫菜薹作为优质高档蔬菜也被引种到北京、上海、浙江杭州、江苏南京、山东济南、新疆等地，多被列为稀特蔬菜，并有逐年增加的趋势。20 世纪后叶，日本引种成功，以后又引种到美国、荷兰等国家。

第三节　菜薹的分类

一、植物学分类

在植物学分类上，菜薹属于十字花科（Cruciferae）芸薹属（Brassica）芸薹种（campestris）白菜亚种。按照曾勉和李曙轩（1942）、毛宗良（1942）的分类，菜薹为不结球白菜的一个变种：即 Brassica campestris L. ssp. chinensis var. utilis Tsen. et. Lee，其染色体数 $2n=2x=20$。

曹寿椿、李式军（1982）根据不结球白菜的形态特征，将不结球白菜亚种分成 6 个变种（varieties），菜薹是其中之一，var. tsai-tai Hort.（var. purpurea Mao 亦并入其中）。菜薹植株开展或半直立；叶片绿色或紫红色，叶卵圆或近圆形，叶缘多为波状或有不规则钝锯齿，基部全缘或深裂；叶柄较长，有的具有狭叶翼；花茎叶为卵圆至披针形，具有短柄或无柄；叶柄、叶脉和花薹为绿色或紫红色，故分为绿菜薹和紫菜薹两种类型。

紫菜薹叶柄和花薹基部多为紫色或淡紫色，此类代表品种多集中在湖北和四川省两地，如成都尖叶红油菜薹、宜宾摩登红、自贡二衣子和武汉紫菜薹等；绿菜薹的叶色和花薹色主要为绿色或绿白色，此类代表性品种多集中在广东、广西和上海等地。其代表品种有番禺黄叶早心、60 天特青、全年心、70 天特青、青柳叶菜心、青梗中心、桂林扭叶早菜心和桂林晚熟扭叶菜心等。

二、按熟性分类

（一）绿菜薹

菜薹中的绿菜薹俗称"菜心"，其花茎、叶片均为绿色或黄绿色。腋芽萌发力因品种和栽培季节而异，一般均具有一定程度的萌发力。总的来说绿菜薹的生育期较短，依成熟期不同分为早、中、晚熟品种。在中国南方地区已实现品种配套，周年生产供应。张衍荣（1997）按熟性将绿菜薹品种分为三类。

1. 早熟类型 夏季或夏秋栽培，生长期 28～50d，植株直立，基生叶 4～6 片，菜薹较小，腋芽萌发力弱，以收主薹为主，植株耐热，对低温敏感，温度稍低就容易提早抽薹。品种有广州四九菜心，桂林、柳州早菜心，四九心-19 号，全年心，及近年选育成的油青四九、黄叶早心、青柳叶早心、石牌油叶早心、早优 1 号、早优 2 号、20 号菜心、50 天特青等。

2. 中熟类型 秋季或春末栽培，生长期 50～60d，植株半直立，基生叶 6～8 片，菜薹较大，腋芽有一定的萌发力，主、侧薹兼收，以收主薹为主，菜薹质量好，植株对温度适应性广，耐热性与早熟种相近，遇低温易抽薹。品种有广州青柳叶菜心、柳州中菜花、60 天、新选 60 天、中花杂交菜心、黄叶中心、青梗中心、青柳叶中心、宝青 60 天、60天特青等。

3. 晚熟类型 冬春栽培，生长期 60～90d，植株直立或半直立，基生叶 10～16 片，薹粗大，腋芽萌发力强，主、侧薹兼收，采收期较长，菜薹产量较高，植株耐寒不耐热。品种有广州三月青菜心、大花球菜心、广西柳叶晚菜花、迟心 2 号、迟心 29 号，油青迟心、70 天特青等。

（二）紫菜薹

紫菜薹的花茎、叶柄与叶脉均为紫红色，叶片浓绿或稍带紫红色。腋芽萌发力强，可连续多次收获。按成熟期亦可分为早、中、晚熟三类品种。

1. 早熟类型 这类品种冬性弱，抽薹早而快，生育期短，从播种到开始采收天数45～70d，薹多而细，采收期相对集中。植株相对耐热，不耐寒，抗病性强。在长江流域，可以作夏秋栽培和早秋栽培。一般在立秋前后播种，处暑前后定植，10 月至 11 月采收。代表性品种有南京紫菜薹、成都尖叶子红油菜薹、长沙阉鸡尾、武汉十月红 1 号、华红 1 号、华红 2 号、红杂 50、红杂 60 等。

2. 中熟—中晚熟类型 此类品种植株表现较耐寒，冬性强，从播种到采收 80～120d，菜薹肥嫩，品质好，产量高。一般在 8 月下旬到 9 月上旬播种，9 月下旬到 10 月下旬定植，11 月中下旬到第二年 2 月采收。这种类型的种质资源较多，如，武汉市的胭脂红、十月红 2 号、武昌大股子，四川的成都二早子红油菜，湖南的湘红 2 号、湘潭大叶红菜、阴花红油菜等。

3. 晚熟类型 此类品种耐热性较差，耐寒性强，冬性强，抽薹迟。长江流域在冬季到来之前播种并定植、露地越冬直至第二年 2 月以后气温开始回升时抽薹、采收，熟性在

120d 以上。这类品种腋芽萌发力较弱，侧薹少，品质较差，产量较低，现在少有栽培。代表性品种有武汉迟不醒、信阳红菜薹、长沙迟红菜等。

三、按食用器官分类

菜薹以主薹和侧薹供食。大部紫菜薹品种主薹退化或占产量很少一部分，主要以侧薹组成产量；少数紫菜薹品种和大多数绿菜薹品种主薹肥大，主薹为主要的产量组成部分，侧薹则很少。

（一）主薹类

此类品种主薹肥大、明显粗于侧薹，薹粗 2.5cm 以上，占产量主要部分，腋芽发生少，即侧薹少，一般 2～4 根，如四川阴花红油菜薹。

（二）侧薹类

植株主薹退化或不退化，不退化者主薹直径与侧薹差不多，主薹腋芽发达，侧薹发生多，一般有 8～20 根薹，薹粗在 1.0～2.5cm 之间。根据薹生叶在菜薹总鲜重占的比重不同又可分为多薹叶类型和少薹叶类型，如湖南品种薹生叶重占菜薹鲜重的 50% 左右，薹生叶幼嫩，和薹茎同为主要食用部分；少薹叶类型的薹生叶细少，以菜薹茎为主要食用部分，薹生叶仅起点缀作用，如武汉十月红等。

四、紫菜薹按地方品种的原产地分类

由于自然气候、各地消费习惯的差异和当地种植者长期的选择，紫菜薹品种有了明显的地区分化。吴朝林等（1997）将紫菜薹分为三大品种群，而其他品种多从这三大品种群衍生而来，并认为紫菜薹种质资源有武汉、长沙、成都 3 个原产中心。

（一）四川品种群

四川紫菜薹主要分布于四川盆地西部，那里冬季温和（1 月平均气温 5℃ 以上），春季少雨，夏季较凉，最热月平均气温仅 25～26℃，比长沙、武汉低 3～4℃。因此，四川品种群与湖北、湖南品种比较既不耐热，也不耐寒，喜温和气候。该品种群植株开展度较小，叶全缘，叶片暗绿色，叶柄和薹外皮暗紫色，菜薹肉质白色、疏松、有苦味，侧薹发生集中，薹生叶较小但叶数多（5～8 片）。四川品种群品种多，类型丰富。代表品种有：早熟品种尖叶子红油菜薹，中晚熟品种二早子、阴花红油菜薹、宜宾摩登红等。

（二）湖南品种群

湖南品种群主要集中在长沙和湘潭两地。两地属中亚热带江南丘陵气候区，冬冷夏热，春季多雨；最冷月平均气温 4℃，冷空气易聚集，极端最低气温低；7 月平均气温高达 29℃，且酷暑期长。因此，本品种群中有耐热、耐湿和耐寒的特点，抗逆性普遍比四川品种群强。植株生长旺盛，开展度较大，叶片绿色带红，叶裂片少，叶面光滑，叶柄和薹外皮为红色，无蜡粉或有少量蜡粉。菜薹肉质浅绿色或白色，无苦味，薹生叶占菜薹鲜重的50%左右，薹生叶大而窄长、质嫩，叶柄短。代表品种有阉鸡尾、长沙中红菜、长沙迟红菜和湘潭大叶红菜等。

（三）湖北品种群

湖北菜薹起始于武昌洪山，其他地方的品种均由洪山菜薹衍生而来。武汉处于北亚热带、长江中下游区，在紫菜薹三大产区中冬季气温最低，1月平均气温仅2.9℃，1月平均最低气温为−0.9℃。本品种群的品种耐寒性强，植株开展度大，叶紫绿色，叶片基部裂刻多，大部分品种菜薹主茎退化，侧茎发生不集中，采收时间长。菜薹肉质致密，浅绿色，味甜、品质佳，薹生叶小而少，薹叶在薹鲜重中占比例小。代表品种有大股子、胭脂红和20世纪70年代选育出的十月红等。

第四节 菜薹的形态特征与生物学特性

一、形态特征

菜薹植株形态特征见图7-1。

图7-1 绿菜薹和紫菜薹

1～2. 绿菜薹 3. 紫菜薹无蜡粉 4. 紫菜薹有蜡粉

菜薹根为浅根系，主根不发达，主要根群分布在深 3～10cm，直径 10～20cm 的土层中。须根多，根再生能力较强。茎在抽薹前短缩，绿色、紫色或浅紫色。茎上生基叶，基叶卵圆、宽卵圆或椭圆形。叶片黄绿、绿或紫绿色，叶缘波状，基部全缘或深裂或少有裂片，或叶翼延伸。叶脉明显。叶柄狭长，有浅沟，横切面为半月形，浅绿色、浅紫色、紫或红色。抽生的花薹近圆形，绿菜薹薹高 20～30cm、紫菜薹薹高 30～60cm；薹横径 1.0～2.5cm。薹色黄绿、绿色或紫色。花薹上的叶片较小，卵形、倒卵或近披针形，薹叶基部抱茎成为耳状，薹下部的叶柄短，上部无叶柄。紫菜薹的腋芽萌发能力强，侧薹数量因品种而异，一般每株可采收侧薹 7～8 根，多达 30 多根。花为总状花序，完全花，具分枝，花冠黄色，花瓣 4，十字形，4 强雄蕊，雌蕊 1。果为长角果，长 5～7cm，两室，成熟时黄褐色。种子细小，近圆形，褐色至黑褐色，细小，千粒重 1.3～1.9g。

二、生长发育周期及对环境条件的要求

(一) 生长发育周期

菜薹的生长发育周期又可分为种子发芽期、幼苗期、叶片生长期、菜薹形成期和开花结荚期五个时期。菜薹一生经历的时间因品种、气候条件、栽培条件不同而异。

1. 发芽期　自种子萌动至子叶展开为发芽期，一般约需 5～7d。土壤细碎，水分充足是齐苗的保证。

2. 幼苗期　自第 1 真叶开始生长至第 5 真叶展开为幼苗期。绿菜薹的幼苗期一般历时 14～18d；紫菜薹幼苗期历时 15～20d。

3. 叶片生长期　从第 6 真叶开始生长至植株现蕾。绿菜薹的叶片生长期一般为 7～21d；紫菜薹的叶片生长期为 15～25d。此时期主要表现为叶片数和叶面积的增长，而植株重量和叶面积大小与花茎重量呈显著的正相关。叶数和生长时间长短因品种和栽培条件而异。早熟品种，如四九心-19 号菜薹，在较高的温度（25～30℃）和充足的肥水条件下生长快，有 8 片叶左右就开始抽薹开花，生长量大，产量高，但它对低温敏感，在 15℃ 以下播种，25d 左右，有 6 片叶就可以抽薹开花、花茎细小，商品价值差。过密和干旱亦促进上述现象的发生。迟熟品种，如迟心 2 号，要求有一定时间的低温条件，才能正常抽薹开花，高温（25～30℃）下，只长叶而迟迟不能开花，迟菜心发育慢，一般要有 10 片叶以上才能现蕾抽薹，生长期长，株型大，产量高。

4. 菜薹形成期　从现蕾到菜薹采收为菜薹形成期。一般绿菜薹历时 14～18d，紫菜薹历时 40～60d。植株在幼苗期或叶片生长期分化花芽，花芽分化早晚因品种与播种期不同而异。花芽分化对温度要求不很严格，光照长短也无明显影响。如武昌早熟品种于 8 月 14 日播种（气温在 25℃ 左右），播后 30d，大部分植株已分化花芽。种子经 0～12℃ 春化处理 5d 以上能提早现蕾。花芽分化是菜薹发育的开始，过早或过迟花芽分化对菜薹形成不利。现蕾以前以叶片生长为主，菜薹发育缓慢；现蕾后，菜薹加速生长，节间迅速伸长和增粗。菜薹形成期的长短因品种和气候条件而异。在适宜条件下，有些品种主薹采收后还能抽生侧薹，侧薹采收多少因品种、栽培季节及栽培条件而异。

5. 开花结果期　初花至种子成熟，约需 50～60d。菜薹种子的质量直接影响下一代植

株的生长发育，从而影响产品的产量和质量。

李锡香等（1995）就紫菜薹种子大小和种皮颜色对种子发芽势、发芽率、简化活力指数以及紫菜薹植株的熟性、株平均薹数、单株薹重、单位面积薹产量的影响进行了研究，结果表明：大粒种子的简化活力指数、植株平均薹数、薹重及单位面积的薹产量均显著或极显著高于小粒种子，而且，大粒种子植株现蕾比小粒种子早 4～5d，但种子大小对发芽势、发芽率无影响；深褐色种子的发芽势、发芽率、简化活力指数。均显著或极显著高于深红色和灰褐色种子，但种皮颜色对植株熟性，每株平均薹数、薹重，单位面积薹产量没有影响。

（二）对环境条件的要求

1. 温度　菜薹不同生长期对温度的要求不同，种子发芽的适温为 25～30℃，叶片生长的温度稍低，约 20～25℃，在此温度范围内，菜薹发育较快，只需 10～15d 便可收获，但菜薹细小，质量不佳。菜薹形成期以 15～20℃左右（日温 15～20℃，夜温 10～15℃）最适宜。菜薹对温度的适应范围很广，在月均温 3～28℃条件下都可栽培，在昼温为 20℃，夜温为 15℃，菜薹发育良好，约 20～30d 可形成质量好、产量高的菜薹。但温度在 20℃以上时生长缓慢，30℃以上则生长较困难，在 25℃以上发育的菜薹质量低劣。菜薹冬性较弱，很容易满足春化低温需要而抽薹开花，气温过高严重影响花粉发育和受粉，采种量减少。温度影响抽薹快慢，低温促进现蕾开花，但是最适宜的温度为 15～25℃。

2. 光照　菜薹属长日照植物，多数品种对光周期的要求不严格，其长短对菜薹的抽薹开花影响不大。但整个生长发育过程都需要较充足的阳光，光照不足，影响光合作用，菜薹生长细弱，产量降低，品质差。

3. 土壤　菜薹对土壤要求不很严格，只要肥水解决了就能获得高产，一般以保水保肥能力强、有机质丰富的壤土或沙壤土较好，同时也要注意到菜薹的生长速度较快，每次浇完水后，要进行松土增加土壤的通透性，防止土壤板结，以利于植株生长。

4. 水分　菜薹根系浅，主要分布在深 3～10cm 土层中，吸水力弱，但植株耗水多，需经常浇水，保持土壤湿润。水分与菜薹的形成有着密切的关系，尤其是早熟品种更需保证前期肥水的供给，如此期长时间干旱，则将导致提早抽薹，并使菜薹品质下降；而水分过多，田间积水，植株虽较耐湿，也易引起烂根。

5. 养分　菜薹对矿质营养的吸收量，以氮最多，钾次之，磷最少。吸收氮、磷、钾之比为 3.5∶1∶3.4。每生产 1 000kg 菜薹需吸收氮 2.2～3.6kg、磷 0.6～1.0kg、钾 1.1～3.8kg。追肥时一般多以氮肥为主，但磷、钾肥后期需求明显，也可酌情加施磷钾肥。菜薹是需氮量高的作物，氮素对菜薹的生长发育起着十分重要的作用。但氮肥的效果和增产效应与肥料品种和用量有关。徐跃进等（1997）对不同氮素水平和密度条件下 3 个紫菜薹品种（系）的光合速率进行了研究，结果表明，光合速率日变化为"午休型"，叶绿素含量、叶面积指数以及比叶重与光合速率成正相关，增施氮肥和降低密度有助于提高光合速率。吴朝林等（1993）研究了紫菜薹对磷的吸收与利用，试验结果表明，紫菜薹在莲座叶生长期磷吸收量较少，进入主薹生长期后磷吸收量较大幅度增加。但以子薹生长期磷吸收量最多。全植株含磷量平均为植株干物重的 0.18%，在植株各部分中，以薹含磷量较多，叶和根含磷量较少，主薹单位干重含磷量比叶、根高 70％以上，而子薹含磷量比叶、根高 80％以上。菜薹生长期短，生长量大，需肥多，但对高浓度的土壤溶液忍耐力弱，因此，基肥需充分腐熟，追肥要勤施、薄施。姚建武等（2002）的研究发现，不同基因型绿菜薹的硝酸盐积累存在较大差异，在鉴定的品种中，四九油青、迟花 29 号和 2 号迟菜心硝酸盐积累的总体水平较低。

第五节　菜薹的种质资源

一、概况

《中国蔬菜品种资源目录》（第一册，1991；第二册，1998）收录了 211 份菜薹品种，其主要来源地见表 7-1。

表 7-1　国家农作物种质资源库保存的菜薹种质资源

来源地	份数	来源地	份数
广　东	109	上　海	3
海　南	16	江　苏	3
广　西	14	江　西	1
四　川	36	北　京	3
湖　南	19	宁　夏	2
湖　北	17		

《中国蔬菜品种志》（上卷）（2001）录入了菜薹全国各地代表性的地方品种 36 份，就来源地而言，可分为广东 13 份、广西 8 份、湖北 2 份、湖南 3 份、福建 1 份、江西 1 份、江苏 1 份、四川 5 份、浙江 1 份、上海 3 份。

目前，征集保存的菜薹种质资源包括紫菜薹和绿菜薹类型。绿菜薹种质资源主要分布在华南和华东地区。紫菜薹种质资源主要集中在华中地区，尤其是湘、鄂、川三省；湖南省的地方品种主要分布于长沙、湘潭以及湘中、湘西部分县市。在湖北省，绝大部分为武汉市地方品种，其他地方都从武汉引种。四川省主要集中于四川盆地的西半部，如成都、宜宾、自贡市等地。江西，河南、北京、上海等省（市）的紫菜薹品种都是从湘、鄂、川三省引种，其中个别地方通过引种和多年的选择，已形成对当地环境条件适应的品种，例如，河南省信阳紫菜薹虽来源于武汉，但经过 20 多年选择形成了能在 3～4 月上市的春紫菜薹品种，可以适应冬季气温低的条件生长。

总体来看，中国菜薹种质资源的征集保存范围尚很窄。菜薹种质资源评价工作主要在广东和湖北两省进行，评价内容主要为植物学特征特性、农艺学性状、营养品质性状等。

二、抗病种质资源

炭疽病（*Colletotrichum higginsianum* Sacc.）是菜薹生长过程中的主要病害之一，广东高温、高湿的气候条件特别适宜该病的发生，每年 4～9 月该病发生比较普遍，既影响菜薹的外观及品质，又造成减产，严重者损失达 30％～40％。张华等（2000）对目前生产上的主要菜薹品种和一些育种材料进行了室内人工接种及田间观察鉴定，结果表明，尚未发现有对菜薹炭疽病免疫和高抗的品种，但不同品种间的抗病性存在较大的差异，一般早熟菜薹品种的抗病性较强，中熟品种次之，迟熟品种较弱，这与田间自然发病观察结果相一致。表现为抗的材料有 4 份，主要为早熟黄叶类型材料，它们是省种四九、四九-19、黄叶四九、四九-19-1-19-3；表现为中抗的材料有 18 份，主要为早熟油青菜心和中熟菜心材料。

三、优异种质资源

（一）绿菜薹优异种质资源

1. 四九菜心　广东省广州市地方品种，早熟类型。植株直立。叶片长椭圆形，黄绿色，叶柄浅绿色。主薹高约 22cm，横径 1.5～2cm，黄绿色，侧薹少，抽薹早。品质中等。耐热、耐湿、抗病，适宜高温多雨季节栽培。播种至初收需 28～38d，可连续收获 10d 左右。

2. 萧岗菜心　广东省广州市地方品种，早熟类型。植株直立。叶片长卵形，黄绿色。抽薹早，主薹高约 25cm，横径 1.3～2cm，薹叶狭卵形，易抽侧薹。品质优良，耐热性较弱。播种至收获需 35～40d，可连续收获 10～15d。

3. 一刀齐菜心　上海市宝山区品种。植株高约 48cm，叶片呈卵圆形，绿色，叶面平滑，无茸毛，全缘。叶柄细长，浅绿色。主薹绿色，只收主薹。抗寒力中等，侧枝生长势极弱。品质佳，味鲜美，纤维少，质地嫩脆。

4. 青柳叶菜心　广东省广州市品种，中熟类型。植株直立，叶片长卵形，青绿色，叶柄浅绿色。主薹高 32cm，横径 2cm，青绿色。薹叶卵形，易抽侧薹。品质优良。适宜秋天生长，不耐高温多雨。播种至初收需 50d，可连续收获 30～35d。

5. 大花球菜心　广东省广州市地方品种，晚熟类型。株型较大，叶片长卵形或宽卵形，绿色或黄绿色，叶柄浅绿色。抽薹较慢，主薹高 36～40cm，横径 2～2.4cm，黄绿色。易抽侧薹，品质较好。可连续收获 30d 左右。

6. 三月青菜心　广东省广州市地方品种。晚熟品种。植株直立，叶片宽卵形，青绿色，叶柄绿白色。抽薹慢，主薹高 30cm，横径 1.2～1.5cm，侧薹少。品质中等。冬性强，不耐热。播种至初收需 50～55d，可延续收获 10～15d。产量 11 200～15 000kg/hm^2。

7. 四九-19 号菜心　原广东省广州市农业科学研究所从四九菜心系选育成。植株中等大小，半直立生长。基生叶 6 片，长椭圆形，淡绿色，叶柄短，长约 9cm。商品薹高约 20cm，横径 1.5～2.0cm，淡绿色有光泽，节间疏，侧薹弱，薹叶 4～6 片，长卵形，品质优良。生长期短，播种至初收 33d，采收期 7～10d。根群发达，耐热、耐湿力强，适应性广，经台风暴雨后，受害轻，恢复生长快，耐病力强。适播期 4 月下旬至 10 月，宜直播，产量稳定，为 15 000～22 500 kg/hm^2。

8. 60 天菜心　广东省地方品种，从香港 60 天中系选育成。植株中等大小，半直立生长。基生叶 7～8 片，卵形，青绿色，叶柄较短。商品薹高约 24～25cm，横径约 2cm，有光泽，侧芽较弱，薹叶狭长，6～7 片，质脆嫩，品质优。播种至初收 45d，采收期 10～

15d，适播期 3～4 月及 9～10 月，是菜薹出口的主要品种。以直播为主，产量约 15 000 kg/hm²。

9. 迟心 2 号 广东省广州市蔬菜科学研究所从地方品种黄村三月青中经系选育成。株型矮壮，半直立生长，略具短缩茎。基叶 12～14 片，宽卵形，叶缘呈波浪状，叶柄长 7～8cm，半圆形，叶色油绿。薹高 25cm，横径约 2cm，柳叶，有光泽，花球大，质脆嫩，纤维少，不易空心，风味好，品质优。冬性中等强，适播期 11～12 月及翌年 2 月下旬至 3 月上旬，生长期较长，从播种至初收约 55～60d。根系发达，适应性强，耐肥，可收侧薹。可直播或育苗移栽，产量 15 000～18 750 kg/hm²。

10. 迟心 29 号 广东省广州市蔬菜科学研究所育成。株型较大。基生叶 14～16 片，长卵形，深绿色。薹高约 28cm，横径约 2cm，薹叶细小，剑叶形，深绿色富光泽，纤维少，肉质紧实，不易空心，耐贮运，品质优。冬性强，适播期 12 月至翌年 2 月，生长期长，从播种至初收约 60d，根系发达，对华南地区 2～4 月连续低温阴雨有较强的适应性，耐肥，侧薹强壮。可直播或育苗移栽，产量约 15 000 kg/hm²。

11. 油绿 701 广东省广州市农业科学研究所从迟心 2 号与 80 天油青菜心杂交后代中经系选育成。生长势强，株型较矮壮，株高 30.4cm，株幅 26.7cm。基叶稍柳叶形，薹叶柳叶形，薹叶少，节疏，菜薹紧实匀称，不易空心，耐贮运，有光泽，主薹高 23～25cm，横径 1.5～2.0cm，薹重 45～50g。中晚熟，播种至初收 37～43d，可延续采收 7～10d。抽薹整齐，商品性状好，品质佳。耐病毒病、霜霉病，适应性广，抗逆性强。产量 15 000～22 500kg/hm²。

12. 油绿 70 天 广东省广州市农业科学研究所从江村菜心中系选育成。植株生势强、株型直立紧凑。叶片长椭圆形、绿色，长 23.0cm，宽 8.6cm，叶柄长 8.0cm。薹叶少、椭圆形、有光泽。中熟，播种至初收 35～38d，可延续采收 7～10d。抽薹整齐，齐口花，抽薹性能好，花球较大，味甜，纤维少，品质优。耐病毒病、霜霉病，抗逆性强。产量 15 000～19 500 kg/hm²。

13. 油青 12 号早菜心 广东省广州市蔬菜科学研究所从引进的 94-5 材料中经系选育成。早熟，播种至初收 28～30d，可延续采收 6～7d，以收主薹为主。有光泽，条状（大小）适中，高 20～26cm，横径 1.3～1.5cm，薹重约 30g。植株生势壮旺，耐热，较耐湿，耐炭疽病和软腐病。纤维少，薹质脆嫩，齐口花、净菜率高，品质优。产量为 12 000～15 000 kg/hm²。

14. 油绿 50 天菜心 广东省广州市蔬菜科学研究所以四九菜心与 50 天菜心杂交选育的 151 菜心为母本，以 60 天菜心为父本，杂交后经过连续 8 代自交选育而成。该品种植株生长势强、株型紧凑，株高 28.4cm，株幅 23.9cm。基叶椭圆形、深油绿色，叶长 21.1cm，宽 9.8cm，叶柄短，约 6.4cm。菜薹有光泽，主薹高 19.50cm，横径 1.45cm，薹重 35～40g。早熟，播种至初收 33～35d。抽薹整齐，齐口花，味甜，纤维少，品质优。产量 15 000 kg/hm² 左右。

15. 早优 3 号 广东省广州市农业科学研究所利用自交系 A-50-4 与 B45 配制而成的一代杂种。植株生长势强，植株半直立。株高 29.6cm，开展度 25.4cm。基叶长椭圆形，长 19.4cm，宽 10.2cm，深油绿色，叶柄长 7.4cm，薹叶狭卵形。菜薹条匀、大小适中，油绿有光泽，主薹高 19.0cm，横径 1.41cm，单薹重约 40g。早熟，播种至初收 33～35d，抽薹整齐，采收期集中，以采收主薹为主。纤维少，薹质脆嫩，齐口花，净菜率高。产量 10 500kg/hm² 左右。

（二）紫菜薹优异种质资源

1. 长沙阉鸡尾红菜　湖南省长沙市地方品种。植株叶片绿带红色，卵圆形，叶面微皱，叶柄及薹外皮紫红色；薹生叶窄长，一般菜薹基部第一片薹生叶长度超过菜薹长，呈剑形。主薹不退化或基本退化，侧薹发生快。植株耐热、生长快，冬性弱，抽薹早，在长沙 7 月底、8 月初播种，10 月上中旬始收，11 月盛收。

2. 武昌红叶大股子　植株高大，开展度大。基叶椭圆，叶柄和叶脉均为紫红色。主薹高约 50cm，横径 2cm，皮紫红色，肉白色，腋芽萌发力强，每株侧薹 20 多根，单株薹重约 0.5kg。从定植至初收约 40～50d。产量 22 500kg/hm²，品质好。

3. 十月红 1 号　华中农业大学从胭脂红品种进行单株选择而成的常规品种。比红叶大股子的植株略矮小和早熟，腋芽萌发力强，侧花薹多。品质好，细嫩，甜脆。株高 45～50cm，开展度 50～60cm。叶绿色，叶柄、叶脉及菜薹均为紫色，被蜡粉多。早中熟，生育期短，播种后 60d 左右抽生主薹，但主薹细小退化，难以食用；侧薹较细，连续发生，一般 7 根左右，长 30～35cm，横径 1.8cm，薹生叶少而小，共 3～4 片，披针形，单薹重 35g 左右。播种后 70～80d 始收，采收期长。耐寒，不耐热。

4. 十月红 2 号　华中农业大学选育。中早熟。株高 50cm，开展度 60cm 左右。叶绿色，叶柄、叶主脉及主、侧薹鲜紫红色，无蜡粉。侧薹 6～7 根，薹长 30～35cm，横径 2cm，薹叶 3～4 片，披针形。菜薹商品性极好，品质优良。耐热、耐寒性比十月红 1 号强。

5. 成都尖叶子红油菜薹　四川省成都市地方品种。植株矮生，腋芽萌发力较强，叶片暗绿色。侧薹集中长出，且多而细，薹生叶小而较多，叶柄及叶脉暗紫红色。早熟，当地 8 月上旬播种，10 月下旬开始采收。

6. 阴花红油菜薹　四川省成都市地方品种。基叶半直立。叶片大、近圆形，暗绿色，表面有皱纹。主薹粗壮，紫红色，单株薹重约 0.75kg。中晚熟，从定植到始采收 90d 左右。不耐热，较耐寒。

7. 宜宾摩登红　四川省宜宾市地方品种。叶色鲜艳，紫绿色，叶柄、叶脉和薹外皮为紫色，无蜡粉或少蜡粉。腋芽萌芽力强，侧薹多而壮，薹生叶多而大，叶柄长，稍有苦味。

8. 长沙迟红菜　湖南省长沙市地方品种。冬性强，抽薹迟，晚熟，当地 9 月中下旬播种，翌年 3 月上旬始收菜薹，3 月中下旬盛收。主薹肥壮，薹叶较大；侧薹发生快，含水分和纤维多，易老化。

9. 独秀红　秋播品种。株高 40～45cm，开展度 45～50cm；莲座期叶色深绿，叶长椭圆形，全缘，有叶耳，茎及叶柄、叶脉为紫红色，具功能叶 6 片左右，叶长 40～45cm，叶柄长 18cm 左右，叶宽 12cm 左右，薹粗 16mm 左右。商品生育期 40d 左右，产量 15 000～22 500 kg/hm²。

10. 华红 2 号 早熟一代杂种。株高 48cm，开展度 55～65cm。叶色紫绿，叶柄、叶脉及主、侧薹暗紫色，蜡粉多。主薹生长慢，侧薹 8 根左右，长 28cm，横径 1.8cm，薹叶 3～4 片，长椭圆形。播种后 55d 左右开始采收。

11. 红杂 50 由华中农业大学育成，极早熟一代杂种，为目前主栽品种之一。株高 45～50cm，开展度 50～60cm，叶绿色，叶柄、叶主脉为紫红色，无蜡粉。一般有基生莲座叶 6～8 片，上部几片叶尖形、稍小，薹叶尖小。侧薹 4～6 根，孙薹 10～15 根，薹长 20～30cm，横径 1cm 左右，薹色为胭脂红，表面无蜡粉，色泽鲜艳，商品性好。植株生长势较弱，播种后 50d 左右开始采收，元旦节前采收完。具有较强的耐热性和抗病性，无明显的低温春化要求，在长江流域任何季节栽培，都可抽薹。

12. 红杂 60 早熟一代杂种，为目前主栽品种之一。株高 50cm，开展度 60～70cm。叶色绿，叶柄、叶主脉均为紫色，基生叶 7～9 片，上部几片渐尖，薹叶尖小。侧薹 6～8 根，孙薹、曾孙薹各 15 根左右，薹长 25～30cm，横径 1～1.5cm 左右，薹色为胭脂红，无蜡粉，色泽鲜艳，品质好。

13. 五彩红薹 1 号 由雄性不育系 M‐103A 和自交系 94‐ST‐24 配制育成的一代杂种，极早熟，从播种到始收仅需 45d。菜薹粗 1.7cm 左右，紫红色，有蜡粉，单根菜薹重 40g 左右。耐热、抗逆性强，在高温季节生产的菜薹无苦味，品质好。对软腐病的抗性强于红杂 50，抗霜霉病能力与红杂 50 相当，产量 22 500 kg/hm² 左右，适宜在长江中下游地区作极早熟栽培。已在湖南、湖北和广东省等地推广种植 10 000 hm²。

14. 9801 株型中等大小，叶丛开展度 60cm 左右，株高 55cm 左右。基生叶绿色，卵圆形，由下自上逐渐变为披针形。叶缘、叶面光滑，叶脉、叶柄为紫绿色。最大薹长 57cm，最大薹下部粗 2.2cm，薹紫色，无蜡粉，食口性佳；侧薹萌发快，且集中，大小较均匀，平均主薹重 50g，单株产薹 0.55kg，产量 24 000 kg/hm² 左右，播种至抽薹 50d。

第六节 菜薹种质资源的研究

一、重要性状的遗传规律研究

目前关于菜薹遗传学方面的研究还较少，近年来对菜薹重要性状遗传规律的研究，大致有以下几个方面：

（一）性状间的相关研究

对性状间的相互关系的阐明有利于有目的和调控各种性状。徐跃进等（1994）用遗传相关、遗传通经分析等方法，通过对 32 个早熟紫菜薹品种（系）的 5 个性状的研究，表明单株产量受多因素影响，其中孙薹数、主薹重、侧薹重对单株产量的直接影响显著，且为正值，而孙薹重对单株产量的直接影响力为负值。因此提出在紫菜薹育种中，早期应进行主薹重的选择，中后期分别对单株侧薹重，孙薹数进行定向的选择，同时还应考虑各性状间的遗传相关，以选出高产的紫菜薹新品种。

刘乐承等（1998）进行了紫菜薹产量构成因素的通径系数和决定系数分析。结果表明：侧薹数、侧薹重和孙薹数等三个性状对单株产量的直接效应为正作用，三者之间的间接效应又能加强这种正作用，它们的决定系数均较大；孙薹重对单株产量的直接效应同它与单株产量的相关性存在正负不一的矛盾，它的决定系数也较小；现蕾期对单株产量只有很微弱的负作用，其决定系数也较小。因此，在育种实践中，侧薹数、侧薹重和孙薹数可作为紫菜薹丰产育种选择的副性状，而孙薹重和现蕾期则不宜作为紫菜薹丰产育种选择的副性状。

曾国平等（1999）选用 14 个菜薹品种研究了 11 个农艺性状的表型相关、遗传相关和产量的通径分析。结果表明，农艺性状间的遗传相关一般大于表型相关。单株菜薹重与菜薹粗、叶数、叶片重、叶柄重和株高等具有显著正相关，遗传相关系数分别为：r＝0.994、0.982、0.965、0.913 和 0.632，达到极显著或显著水平，单株菜薹重与其他农艺性状相关不显著。遗传通径分析表明，菜薹粗、叶片重对单株菜薹重的直接作用最大，其次为叶数。菜薹粗、叶片重和叶数可作为选育菜薹丰产品种的选择性状。

（二）重要性状的遗传规律

赵建锋等（2006）采用蜡粉稳定遗传和无蜡粉稳定遗传的两个品种进行正反交，初步研究了菜薹蜡粉性状的遗传规律，结果表明：有蜡粉与无蜡粉材料杂交，无论正交或者反交 F_1 的叶和薹均表现有蜡粉，说明供试材料叶薹的蜡粉遗传是受核基因控制的，有蜡粉性状为完全显性；在 F_2 和 BC_1 世代均出现有蜡粉和无蜡粉的分离，F_2 世代分离比例为 3：1，BC_1 世代分离比例为 1：1，各分离世代符合理论比例的概率达 0.95以上。从上述遗传表现可见，商品成熟菜薹的叶薹有蜡粉对无蜡粉是由 1 对完全显性基因控制。

菜薹花色一般是黄色，吴朝林（2003）偶然在紫菜薹自交后代中发现了开白花的突变株，并对白花花色进行了遗传分析，发现开白花和黄花的单株自交后不分离，两种花色杂交后显示黄色，杂交后代 F_1 自交后黄花与白花比例是 3：1，进而得出白花和黄花性状由一对等位基因控制，白花性状为单基因隐性性状。若以白花性状的亲本作为母本，可在幼苗期通过花色鉴定杂交种纯度。

二、菜薹细胞遗传学及其细胞工程研究

（一）细胞遗传学研究

染色体是遗传物质的载体，菜薹的染色体组为 AA，染色体数 $2n＝2x＝20$。据利容千（1989）的分析，不同品种菜薹染色体及核型公式不同："春骨大花"，$2n＝2x＝20＝6m＋14sm$（2SAT）；"特青中花"，$2n＝2x＝20＝14m＋6sm$（2SAT）；"300 中花"$2n＝2x＝20＝16m＋4sm$（2SAT）；"四九菜心"，$2n＝2x＝20＝12m＋8sm$（2SAT）。不同紫菜薹品种染色体及核型："洪山菜薹"$2n＝2x＝20＝14m＋6sm$（2SAT）；"十月红"$2n＝2x＝20＝8m＋10sm＋2st$（2SAT）。

三倍体菜薹在遗传学研究和种质改良中是重要的遗传材料。王东平（2002）的研究发

现，三倍体菜薹的染色体核型为基本对称性核型。核型公式为 $2n=2x=20=12m+6sm+2st$（SAT），在核型进化上属于 2B 型。其减数分裂复杂，能产生染色体数为 $9\sim20$ 的各类小孢子，各类小孢子的发生频率在 $0.27\%\sim23.5\%$ 之间。三倍体菜薹的雌雄胚子均具有较高的遗传传递能力，分别为 44.68% 和 33.62%。三倍体菜薹在授粉受精和胚胎发育过程中均存在助细胞不退化、受精延迟、单受精和胚胎退化等异常现象。在与二倍体的正反交子代中，均以 $2n=20$、21 或 22 的植株居多；在 7 个三倍体与二倍体的杂交的试管株系中，三体、双三体和混倍体共存，前二者能正常生长发育并结实，但彼此之间存在形态差异。

小孢子或花粉作为遗传物质载体存在的最小细胞单位，在菜薹的生育周期和世代繁衍中起着重要作用。在扫描电子显微镜下，菜薹花粉为长椭圆形，具三沟，沟长几乎达两极。倍性间花粉大小差异明显，随倍性提高，花粉变大。花粉外壁均为典型的网状雕纹，网眼密度具品种特征，紫菜薹显著高于绿菜薹，但两者均以四倍体的密度最低，二倍体和八倍体间无明显差异。花粉活力以四倍体最高，但花粉的整齐度随倍性的提高而显著降低（张成合等，1999）。

董庆华等（1997）对菜薹雄性不育系小孢子发生的细胞形态学观察表明，孢原细胞分化期之前败育的花占 59.6%，不形成花粉囊；有花粉囊发育的花占 40.4%，其中绝大多数花中只有一个雄蕊能形成一个体积很小的花粉囊，雄性不育系小孢子发育在小孢子母细胞期、四分体及单核小孢子期均有败育，败育方式有绒毡层细胞异常肥大，挤压小孢子母细胞；减数分裂异常，无胞质分裂而形成巨细胞；单核小孢子粘连成花粉块，异常膨大等。还有雄蕊雌蕊化等花器异常现象。这些细胞学特征为揭示菜薹雄性不育机理和鉴定雄性不育材料提供了重要的佐证。

（二）细胞工程

组织培养是细胞工程的基础，要进行菜薹的组织培养，必须首先建立菜薹的快繁体系。陈卓斌等（1998）以菜薹雄性不育株的幼嫩叶片作为外植体，建立了菜薹的快繁体系，可以短期内获得大量试管苗。何晓明等（1997）对菜薹茎尖培养的快速繁殖进行了研究，发现以 MS+BA 2mg/L 为播种培养基时，茎尖繁殖系数明显高于 MS 无激素培养基，说明无菌苗播种培养基中的激素种类和含量可影响菜薹的茎尖繁殖速率。但在实际应用中，菜薹的离体培养难度较大，针对这一问题，张广辉等（2003）对菜薹子叶离体芽进行诱导，当 BA 为 2mg/L 和 KT 为 1mg/L 时，菜薹子叶愈伤组织分化频率是 70%。苗龄为 5d 和 6d 时，芽最高分化频率为 55% 和 10%。采用 4d 苗龄的外植体，$AgNO_3$ 浓度为 $1\sim6mg/L$ 时芽分化频率均达 70% 以上，以 4mg/L 时为最高达 85%，且每个植体产生芽数增多。

廖飞雄等（2003）研究了激素组合和热激处理等对茎尖培养的影响，研究发现 BA、NAA 不同浓度组合对茎尖增殖苗的生长产生很大的影响。通过二因子正交组合设计，拟合了回归方程：$y=1.89+0.218x_1-0.377x_2+0.168x_1^2-0.138x_2^2-0.325x_1x_2$（$R=0.857\ 6^*$）。在该试验的各个组合中，综合增殖率和苗的质量，当 BA 浓度大于 0.8mg/L，NAA 浓度小于 0.5mg/L 时可有较满意的培养和增殖效果。外植体放置方式影响茎尖增殖，斜插增殖比高达 3.58，形成簇芽的比例高；平放次之，倒插出现严重的玻璃化，不能正常增殖；正插的玻璃化程度最低。热激处理可促进愈伤组织的诱导和胚状体的形成，45℃ 2h 的热激处理可以促进茎尖的增殖；处理 2h 会引起少量茎尖死亡，但茎尖总的增殖明显高于对照，并且不同耐热性品种对热激处理时间和强度的反应也不一样。

（三）花药培养和小孢子培养

花药培养和花粉培养是获得单倍体的主要途径。吴慧娟等（1998）进行紫菜薹的花药培养，认为紫菜薹的花药培养仍然存在着基因型差异，附加外源激素并没有提高培养效率，适宜的低温预处理对于有的基因型可以提高培养效率，而通过愈伤组织途径可以在短时间内得到大量的植株。

通过游离小孢子培养的方法获得双单倍体植株，能加快育种进程，提高选择效率，从而受到各国育种者的青睐。自 Litcher 等首次从甘蓝型油菜小孢子培养中获得胚状体后，大白菜、白菜、甘蓝、芥菜等芸薹属蔬菜小孢子培养也已获得成功。李光淘等（1996）用紫菜薹游离小孢子培养再生植株，但出胚率极低。

顾宏辉等（2003）以早熟菜薹品种油青四九为供体材料，研究了更新培养液和秋水仙碱分别直接处理分离的菜薹小孢子对胚发生频率的影响。分离小孢子先用 NLN-17 培养液 32℃ 热激培养 2d，再换成 NLN-10 培养液后在 24℃ 继续培养，比不换培养液直接用 NLN-10 培养液处理的胚状体产量明显提高，而更新培养液还能改善胚状体质量。用秋水仙碱 0.8mg/L 直接处理分离小孢子能明显增加胚状体产量，秋水仙碱浓度过高不利于出胚和胚状体萌发。用流式细胞仪（FCM）鉴定菜薹小孢子再生植株的染色体倍性表明，有较高的自发二倍体率（70%）和四倍体率（8%），而其他多倍体和混倍体比率相对较少。

朱允华等（2003）对菜薹进行小孢子培养，研究结果表明，以下几个主要因素影响游离小孢子培养：菜薹基因型间的差异显著影响游离小孢子培养；小孢子分离前对其花序进行低温 4℃ 处理 1～2d，明显提高小孢子的分离频率；蔗糖浓度达到 13% 时，即培养基具有一定的渗透压就会促进胚状体的诱导和发育。

王涛涛等（2004）以 5 个紫菜薹基因型为试材，探讨了基因型和活性炭对产胚量的影响。结果表明：产胚量最高的是基因型 8902，达到 42 个/皿，最少的为零；加适量活性炭可以使产胚量提高近 3 倍。同时，对胚状体进一步再生成苗因素也进行了研究：在培养基中添加 1.2% 的琼脂时再生率最高，达到 50.1%；4℃ 下处理 10d 可使再生成苗率从 45% 提高到 65%；随胚状体年龄的延长，其再生成株率明显降低，最适的胚龄是 20～24d；而培养基 B5 和 MS 对小孢子再生率的影响不大。

对菜薹而言，无论是花药培养还是花粉培养，接种前的花序低温预处理（4℃下 1～2d）和接种后的高温预处理（33℃下 1～2d）均能促进胚的形成，提高诱导频率。花粉培养的胚状体诱导率比花药培养的高。培养基中的蔗糖浓度和有效因子的加入均能影响花药和花粉培养中胚状体的诱导率，两种培养基中的蔗糖浓度均为 13%，最适的 AC 添加量为 0.5g/L。花药培养中，在培养基中添加 100～120mg/L 的 $AgNO_3$ 能促进胚的产生。植株喷洒 MET 200mg/L 或 MH 40mg/L，用 1.0mg/L 或 0.6mg/LMET 浸花，培养基中添加 0.5mg/L MET 或 0.3mg/L MH 对胚状体的发生均有促进作用。不同基因型之间胚状体的诱导频率差异很大（朱允华，2003）。

（四）原生质体培养

红菜薹属白菜类，其原生质体培养成功可供外源基因的直接转化和细胞质杂种合成雄性不育系和其他各种优异种质之用。

白菜类是十字花科中最难由原生质体再生出植株的种类之一，1984 年 Glimelius 培育出大白菜的再生植株。叶志彪等（1993）对紫菜薹进行了原生质体培养，结果紫菜薹下胚轴原生质体产率为 1.5×10^5/g，培养 2d 后，发现原生质体开始分裂，以 0.12％琼脂糖软包埋的具有最高的细胞分裂频率，在培养 4d 和 2 周后，原生质体分裂频率为 53.9％和 37.2％。培养 2 周后的细胞团在 LS 固体培养基上有 23.1％形成愈伤组织。愈伤组织在培养基 MS＋1mg/L NAA＋2mg/L BA 上，4 周后的芽分化率达到 70％左右，生根的植株再生率达到 6％。

张兰英等（1994）以萌发 3～4d（长约 4cm）的菜薹（*Brassica campestris* var. *parachinesis*）无菌苗下胚轴为材料，酶解分离原生质体。经纯化的原生质体，在含 0.5mg/L ZT、0.5mg/L 2,4 - D、1.0mg/L NAA 和 0.4 mol/L 葡萄糖的 K8p 培养基中，进行微滴培养。在起始培养 14～18h，原生质体再生新的细胞壁。36h 再生细胞开始第一次分裂。第三天分裂细胞频率可达 35％。培养第 8～9 天，可见含 8～16 个细胞的小细胞团，植板率为 15％～18％。3 周后将发育成直径为 2 mm 的白色小愈伤组织，并 转到含 0.3mg/L 2,4 - D 并用 gelrite 半固化的培养基上，增殖成 4～5mm 直径的愈伤组织。在 MS＋ 3.2 （或 1.6）mg/L BA＋1.6 （或 0.8）mg/L ZT＋0.01mg/L NAA＋0.1mg/L GA 3 和 0.2％ 蔗糖的分化培养基上，获得芽的分化。再切下约 2cm 长的芽苗，转移到含 0.2mg/L IAA 和 2％ 蔗糖的培养基上，生根形成完整植株。

三、分子标记在菜薹中的应用

分子标记技术能直接反映 DNA 水平上的差异，而且不受季节条件的限制，已在越来越多的物种上应用。王丽等（2006）对菜薹基因组的 DNA 提取以及 RAPD 反应体系进行了优化，筛选出最佳的扩增反映条件，为进一步开展菜薹分子生物学研究打下了基础。漆小泉等（1995）8 个随机引物对 2 个紫菜薹自交系的 3 个单株和 4 个大白菜自交系的 4 个单株的染色体组 DNA 进行 PCR 扩增，共有 40 条带分离清晰、明亮，其中 31 条带在 7 个单株中表现出差异，可作为遗传标记。

徐重益等（2004）以菜薹为试材，通过 RAPD 技术在 DNA 水平上分析了种质内不同大小群体的遗传多样性特征，表明在不考虑群体内完全随机交配对后代的影响的情况下，大于 30 株的群体能代表供试菜薹种质的遗传多样性。认为采用不小于 60 株作为菜薹种质的田间繁种群体，将能满足 30 株的有效群体完成随机交配参与后代的基因组成，避免基因漂移。选择这样一个合适的群体，既有利于保持菜薹种质后代的遗传多样性在可接受的水平，又便于田间进行种质的更新操作，并节省种质的更新成本。

第七节 菜薹种质资源创新

菜薹是白菜亚种的一个变种，其遗传基础很狭窄，针对这一问题，许多研究者通过采用常规方法和现代生物技术方法，开展了菜薹种质创新利用的研究，并取得了一定的成效。

一、传统方法在菜薹种质创新中的应用

现有菜薹种质资源主要来源于常规途径，常规技术中应用最多的方法是系统选育法，即根据育种目标对原始材料中的不同株系进行多次选择、比较鉴定，筛选出优良的种质。利用这种方法，广东省广州市蔬菜科学研究所选育出四九心-19号，四九心-20号，其中四九心-19号产量比四九心增产1 950～3 900kg/ hm²，叶色较深绿，主薹高度增加6～8cm，除耐热、耐湿外，还较耐霜霉病和菌核病，是目前菜薹常规品种中种植面积最大的早熟品种之一。十月红菜薹则是由胭脂红中发现的优良单株经过系谱选育而得，曾是湖北省的主栽品种，且被推广到长江流域各省。

华南农业大学植保系筛选出抗病毒病品种60天特青，然后对60天特青经单株选择的20多个不同株系进行田间比较，选出代号为8722的中花菜心品种，后来又对8722菜心进行优质、丰产、耐病毒病的系统选育，筛选出8722选菜心新品种。

油绿50天菜心则是利用四九菜心与50天菜心杂交选育的151菜心为母本，以60天菜心为父本，杂交后经过连续8代自交选育而成（张华等，2005）。

张华等（2005）于1999年利用迟心2号与60天油青菜心杂交，经连续6代自交系选出叶薹油绿、商品性较理想的油绿701品种。

雄性不育是高等植物中普遍存在的一种现象，十字花科芸薹属作物杂种优势明显，采用雄性不育系制种是此属作物利用杂种优势的主要途径之一。回交转育是获得优良雄性不育系的最常用的方法。李大忠（2002）从福州市地方菜薹品种七叶心自交后代中发现不育株。经过一代测交，三代回交后，不育株率稳定在50％左右，获得雄性不育两用系66A。用66A与小白菜杂交，杂种一代的一般性状偏向小白菜，表现出较强的生长优势，尤其是可食用部分较父母本增长了1～2倍；品质却偏向菜薹，略带甜味，柔软可口。赵利民等（2005）以大白菜CM S341127为不育胞质供体，以柳州早菜薹为受体，通过杂交、连续回交方法育成菜薹胞质雄性不育系TC12321。TC12321植株生长发育正常，不育性稳定，雌蕊功能正常，蜜腺发育健全，自然授粉结实良好，经济性状优良，配合力高，综合抗病性强。许明等（2003）利用大白菜核不育系9810721作为不育源，以紫菜薹ZB3为目标亲本，经过杂交、自交、兄妹交等转育手段，将雄性不育基因转育到紫菜薹中，获得紫菜薹"甲型"两用系、临时保持系和雄性不育系。而且笔者采用同样的方法，将核不育基因向菜薹品种转育，得到了含有早-49遗传基因的新甲型两用系、临时保持系和雄性不育系（许明等，2006）。王玉刚等（2005）亦通过杂交、自交等方法，将白菜雄性核不育性向菜薹可育品系03S001（翡翠油青菜心）中转育，获得了新的菜薹100％核不育系及其相应的甲型两用系和临时保持系。

二、远缘杂交在菜薹种质创新中的应用

菜薹和油菜的 AA 组染色体相同，且其种间杂交有低度育性，为将油菜雄性不育基因转育到菜薹上提供了条件。刘胜洪等（2006）的试验表明：杂交后代的花药不育率为 F_1 代＜BC_1 代＜BC_3 代，在 BC_3 代群体植株中，不育率为 94.60%，接近 BC_2 代植株不育率水平，说明在不断的回交过程中，植株的不育率越来越高并相对稳定。

晏儒来、向长萍等（2000）于 1988 年开始向紫菜薹转育波里马油菜雄性不育系，以甘蓝型油菜和紫菜薹的杂种作母本，最初用大股子作转育亲本，经过 4 年 6 代的转育选择，于 1992 年秋从 240 个测交种中获得不育率达 100% 且性状相对稳定的材料 3 份，即 0-1、0-2-2、28-9 及其相应的保持系 5-1-4、5-1-3 和 29-4-2。为了改良上述不育系的综合性状，1995 年以抗病、早熟、耐热和菜薹无苦味为主要改良目标性状，选用了 OF 系（十月红 2 号×四九菜心）的一些早熟株系和十月红 2 号的一些株系为转育亲本。选用 9405 的 F_2 中 19 个不育株作母本杂交，在后代中坚持选不育率高的测交种，再从中选不育性彻底，生长势较强，早、中熟，抗病性强，且无苦味的不育株。经过 3 年 6 代的选择，于 1997 年秋育成不育率达 100% 且综合性状较好的不育系 9617、9630、9631 及其相应的保持系。其中 9617 自播种至开始采收为 40~45d，9630 为 50d，9631 为 55d 左右。

刘自珠（1996）利用甘蓝型油菜雄性不育株为不育源、菜薹为转育父本，通过种间杂交、连续回交，选育出菜薹胞质雄性不育系 002-8-20A 及相应的保持系 049-20B。该不育系结实正常，不育株率和不育度达到 93% 以上，已用于杂种一代组合的配制。

张成合等（2003）将菜薹同源三倍体与二倍体相互杂交，3x×2x 的结籽率为 34.78%，2x×3x 的结籽率为 26.17%。经染色体检查，杂交子代植株绝大多数为非整倍体，其中三体植株占 33.3%（3x×2x）和 40.70%（2x×3x）。经细胞学鉴定和核型分析，从三体植株中初步鉴定出三体 3、三体 7、三体 8 和三体 9 等 4 种初级三体。这些都是难得的遗传材料。

黄邦全等（1999）通过种间杂交将 Ogura 萝卜雄性不育细胞质导入了紫菜薹，通过连续回交获得了叶色正常、蜜腺正常的紫菜薹 Ogura 细胞质雄性不育系。黄邦全（2002）以 Ogura 细胞质雄性不育紫菜薹（AA，2n＝20）为母本，以不同萝卜品种（RR，2n＝18）为父本进行杂交，获得了大量的属间杂种。杂种 F_1 幼苗在低温下子叶及真叶均不缺绿，以红萝卜为父本获得的杂种 F_1 植株叶柄、叶脉呈紫红色；以白萝卜为父本获得的杂种 F_1 植株叶柄和叶脉不呈紫红色。所有的杂种 F_1 植株都开白花，蜜腺正常。雄配子高度不育，但是雌配子具有部分育性。杂种 F_1 花粉母细胞的染色体数目为预期的 2n＝19，染色体平均配对构型为 $15.53 \text{I} + 1.34 \text{II} + 0.25 \text{III} + 0.01 \text{IV}$，多数染色体以单价体的形式存在，但也有一些二价体、三价体甚至四价体，最多达到 $6\text{I} + 3\text{II} + 1\text{IV}$，参加配对的染色体数达 13 条，表明 A 染色体组和 R 染色体组具有一定的同源性，萝卜染色体上的有利基因可以通过部分同源重组或者代换进入到紫菜薹中。同时，在 F_1 中发现了 2 株染色体自然加倍的双二倍体。双二倍体与未加倍的杂种 F_1 都表现为父本萝卜的白花性状，蜜腺正常，低温下子叶不黄化。虽然双二倍体在减数分裂过程中能形成具有 19 条染色体的配子，双二倍体的花药比未加倍的杂种 F_1 发育要好得多，但是双二倍体的育性还是低于未加倍

的杂种 F_1。尽管未加倍的杂种 F_1 在减数分裂时多数染色体以单价体的形式存在，同时也有二价体、三价体甚至四价体的形成，并且存在落后染色体和染色体桥。

黄邦全（2002）以 OguraCMS 紫菜薹×萝卜杂种 F_1（AR，2n＝19）为母本，以甘蓝型油菜（AACC，2n＝38）为父本进行杂交，获得了 8 株杂种植株。其中 1 株（PRN-1）的花色为嵌合体，该植株上的花多为黄色，但是也有乳白色花，另外还有 1 朵花甚至 1 个花瓣上同时具有黄色和白色区域，其余 3 株（PRN-2、PRN-3、PRN-4）都开白花。PRN-4 的花药开花前退化，其余 3 株都可以看到 3～6 枚花药，能够产生部分花粉，但是 PRN-2 的花粉不能被 I_2-KI 溶液染色。PRN-2 具有 4 个蜜腺，PRN-1 和 PRN-3 具有 2 个蜜腺，PRN-4 无可见蜜腺。在低温下，PRN-2 叶色正常，其余 3 株幼叶表现不同程度缺绿。PRN-1 的染色体数目为 2n＝38，PNR-2 的染色体数目为 2n＝35，PRN-3 的染色体数目为 33，PRN-4 的染色体数目未能确定。它们的染色体平均配对构型各不相同。与甘蓝型油菜回交后，PRN-1、PRN-2、PRN-3 植株各自产生了一定数量的种子，而 PRN-4 则未产生种子。

梁红等（1994）用杂种胚离体培养的方法获得了菜薹与甘蓝的正反交 F_1 代。杂种一代的一般性状介于两亲本之间，偏向父本，并表现出强烈的生长优势。其蛋白质含量普遍超亲，游离氨基酸含量和还原糖含量介于两亲本之间，或超过高亲亲本。

郑岩松等（2003）研究了芥蓝以及芥蓝×菜薹种间杂种后代对芜菁花叶病毒（TuMV）油菜株系的抗性。结果表明，芥蓝对广东省广州地区 TuMV 油菜株系具有近于免疫的抗性。芥蓝×菜薹种间杂种回交后代抗 TuMV 油菜株系的选择效应受回交亲本影响很大：用抗病品种与杂种回交的后代，经两次系统选择后，已获得 16 个经济性状较好的抗病品系；但用感病品种与杂种回交两代之后，抗病性明显下降。

三、物理化学诱变在菜薹种质创新中的应用

诱变育种是利用理化因素诱发植物发生变异，通过选择育成新品种的方法。

尚爱芹等（1999）利用不同浓度的秋水仙素对二倍体菜薹种子和幼苗生长点进行不同时间长度的浸泡，结果表明，用 0.1％秋水仙素水溶液处理幼苗生长点 48h 的诱变效果最好，诱变率可达 26.67％，浸泡种子效果不佳，最高诱变率仅为 4.0％。四倍体植株结籽率较二倍体明显降低，平均达 42.3％，而八倍体植株几乎是完全不育的。随着染色体组的增加，花粉粒大小和叶片保卫细胞中的叶绿体数均显著增加，与二倍体（CK）比较，四倍体植株生长旺盛，花薹的产量和品质均有所提高。

廖飞雄等（2001）利用 ^{60}Co-γ 射线辐射菜薹种子，发现对预先浸泡 1h 的菜薹种子来说，适宜的处理剂量为 200～300Gy。廖飞雄等（2003）对 ^{60}Co-γ 射线辐射后的菜薹器官进行离体培养时，发现对菜薹种子的适宜辐射剂量是 200Gy 左右，经过催芽的种子适宜剂量为 50～100Gy，离体培养茎尖可用 40～70Gy。

四、生物技术在菜薹种质创新中的应用

(一)体细胞变异体离体筛选

组织培养得到的再生植株以一定频率发生变异是一种普遍的现象，这便是利用植物体

细胞变异体离体选择法对作物现有品种进行有限的修饰与改良的基础。通过这种方法，已成功地筛选出耐盐水稻、抗稻瘟病细胞突变体、抗除草剂大豆等一系列有价值的突变体，在作物遗传改良方面发挥了重要作用。在植物耐热性筛选研究中与传统的耐热性选择方法相比，离体筛选方法具有不受季节和气候条件限制、变异范围广、选择群体大、节省土地和人力等特点，可显著提高种质资源创新的效率。

何晓明等（1999）进行了菜薹耐热性离体筛选的研究，结果表明，耐热性不同的菜薹品种对离体培养中的热胁迫反应亦有所差异，35℃培养30d的无菌苗存活率可以作为菜薹耐热离体筛选的选择指标。通过热胁迫交替选择，从热敏菜薹品种中，初步筛选出3个耐热无性系 A-2、B-1、B-8。这些无性系耐热品系在热胁迫中的茎尖存活率基本保持在60%～80%，而未经筛选的无性系茎尖的存活率平均仅为20.83%，因此经过筛选的无性系的耐热性有了明显改善。同时还发现，经9代培养和4次热胁迫筛选，这3个无性系的耐热性均表现比较稳定，表明这种耐热性可以在无性繁殖过程中传递下去。通过热胁迫选出的无性系其茎尖繁殖系数也较原群体有所提高。

廖飞雄等（2003）在离体筛选耐羟脯氨酸变异的研究中，发现对菜薹茎尖和愈伤组织来说，经0.3mg/ml的羟脯氨酸3～4个周期筛选后，可获稳定抗性株系。菜薹种子萌发后的幼苗在1.0mg/ml浓度上，经4个世代连续筛选可获抗性株系。3mg/ml浓度可用于幼苗的前期淘汰。入选系耐羟脯氨酸的能力和耐热性提高。廖飞雄等（2004）利用"六十天特青，离体筛选出的一个菜薹耐羟脯氨酸选择系 Hypr01，发现在人工气候箱模拟栽培高温逆境下，Hypr01和未经选择的六十天特青相比，有较强的耐热性。

（二）基因工程

徐秉芳等（1996）研究报道紫菜薹的花粉经低温水合、热激、渗激三步程序，分离出大量具萌发能力的脱外壁花粉，脱外壁率可高达60%以上。在含有碳源与氮源及 Roberts 培养基盐成分的碱性 PEG 培养基中，首次使芸薹属脱外壁花粉萌发，萌发率可达41%。这使得利用花粉作为外源基因的媒介进行植物遗传的转化有了重要的突破。

施华中（1995）以花粉特异启动子 Zm13-260 控制的 Gus 基因作为报告基因，用电激法分别转化紫菜薹花粉原生质体和花粉粒，通过瞬间表达检测，比较了二者的转化效果。结果表明，花粉原生质体的电激导入效果比花粉粒高，前者的 Gus 基因瞬间表达水平远远高于后者，Gus 基因活性是后者的10倍。并探讨了 Gus 基因在不同发育时期花粉原生质体中的时序表达特性，花粉愈幼嫩，Zm13 的启动活性愈低。

张国裕等（2006）以建立的菜薹高频再生体系为基础，利用 GUS 染色组织分析法研究了根癌农杆菌菌株、乙酰丁香酮（AS）、预培养时间、浸染时间和共培养时间等因素对菜薹（Brassica campestris L. var. parachinesis）子叶遗传转化的影响，探讨了适宜菜薹转化的卡那霉素与抑菌抗生素使用浓度。结果表明，农杆菌菌株 AGL0 对菜薹的浸染能力最强，添加100Lmo löL 的乙酰丁香酮有利于菜薹转化；子叶外植体预培养2d后浸染（菌液浓度 OD600 值为0.8）15min，共培养2d，然后转移到含15mg/L 卡那霉素和100mg/L Ticarcillin 的筛选培养基上，进行转化植株的再生，植株再生率及外植体 GUS 阳性率均较高，是较优的转化条件；该试验共获得8株转化植株，转化率达2.44%，经

PCR 分析和 Southern 杂交检测表明，Gus 基因已整合进入菜薹基因组。

　　张扬勇等（2003）通过对农杆菌介导法将韧皮部特异表达启动子 RSs‑1（Rice sucrose synthase‑1，水稻蔗糖合成酶）与雪花莲凝集素（Galanthus nivalid agglutinin，GNA）基因构成的嵌合基因转化菜薹，获得转基因植株。该试验目的是利用雪花莲凝集素对刺吸式昆虫有较好的抗虫效果，采用延迟筛选抗生芽的方式，最终得到了抗生植株，并通过了分子检测。

　　通过基因工程的手段进行菜薹种质的创新还刚刚起步，随着菜薹转基因体系的逐步完善以及克隆的有用基因越来越多，该技术在菜薹种质改良中的应用将越来越广泛。

（李锡香）

主要参考文献

曹寿椿，李式军．1982．白菜地方品种的初步研究Ⅲ．不结球白菜品种的园艺学分类．南京农学院学报．（2）：1～7

长沙蔬菜局．1988．长沙市蔬菜品种志．长沙：湖南科学技术出版社

陈卓斌，梅珍．1998．菜心叶片离体培养初探．广东农业科学．（6）：13～15

董庆华，利容千，王建波．1997．菜薹细胞质不育系小孢子发生的细胞形态学研究．园艺学报．24（2）：150～154

龚成柄．1982．红菜薹的历史与栽培技术．武汉蔬菜科技．（1）：26～28

何晓明，潘瑞炽，廖飞雄，等．1997．菜心茎尖培养及快速繁殖的研究．中山大学学报论丛．（5）：73～76

何晓明，潘瑞炽，廖飞雄．1999．菜心耐热变异体离体筛选研究．广东农业科学．（5）：17～18

黄邦全，常玲，居超民等．2001．Ogura CMS 细胞质雄性不育紫菜薹×萝卜属间杂种的获得及细胞遗传学研究．遗传学报．28（6）：556～561

黄邦全，李薇，居超民，周勇．1999．Ogura 雄性不育细胞质导入紫菜薹及杂种优势利用初报．种子．（3）：57

黄邦全，刘幼琪，吴文华等．2002．Ogura CMS 紫菜薹×萝卜×甘蓝型油菜杂种的获得及细胞遗传学研究．遗传学报．29（5）：467～470

黄邦全，汪伟，刘又琪等．2002．Ogura CMS 紫菜薹与萝卜双二倍体的获得及细胞遗传学研究．湖北大学学报（自然科学版）．24（3）：267～271

李大忠，李永平，温庆放，康建坂，薛珠政．2002．菜心雄性不育两用系 66A 的选育与利用初报．江西农业大学学报（自然科学版）．24（3）：368～372

利容千．1989．中国蔬菜植物核型分析．武汉：武汉大学出版社

梁红，覃广全，何丽贞．1994．菜心与甘蓝种间 F₁ 代的杂种优势观察（初报）．中国蔬菜．（1）：1～3

廖飞雄，潘瑞炽，何晓明．2003．菜薹茎尖培养中的激素与热激调控．园艺学报．30（2）：224～226

廖飞雄，潘瑞炽．2001．⁶⁰Co‑γ 辐射对菜心种子萌发和幼苗生长的效应．核农学报．15（1）：6～10

廖飞雄，潘瑞炽．2003．菜心耐羟脯氨酸变异筛选方法的研究．江西农业大学学报（自然科学版）．25

(6)：875～878

廖飞雄，潘瑞炽．2004．菜心耐羟脯氨酸初选系的耐热性．热带亚热带植物学报．12（4）：359～362

廖飞雄，余让才，潘瑞炽．2003．^{60}Co-γ辐射对菜心离体培养的影响．核农学报．17（4）：264～268

刘乐承，晏儒来．1998．红菜薹产量构成因素的研究．湖北农学院学报．18（1）：25～28

刘胜洪，梁红，曾慕衡，陈晓玲．2006．油菜不育系与菜心种间杂交后代花粉育性观察．农村经济与科技．（8）：80～81

刘自珠，张华，刘艳辉，孙怀志，彭谦．1996．菜心胞质雄性不育系的选育及利用．广东农业科学．（5）：13～15

马三梅，王永飞．2006．菜心育种的研究进展．北方园艺，（3）：40～41

漆小泉，朱德蔚．1995．大白菜和紫菜薹自交系染色体组 DNA 的 RAPD 分析．园艺学报．22（3）：256～262

邱正明，姚明华，陆秀英，汪红胜．2005．杂交红菜薹新组合鄂红 2 号的选育．湖北农业科学．（1）：64～66

尚爱芹，张成合，刘世雄，申书兴，王彦华．1999．菜心多倍体诱变及其细胞学观察．河南科学．17（专辑）：6～9

施华中，徐秉芳，杨弘远等．1995．紫菜薹花粉原生质体的电激转化及 Zm13-260-GUS-NOS 融合基因的时序表达．科学通报．401（18）：1704～1706

四川省农牧厅．1987．四川蔬菜品种志．成都：四川科学技术出版社

汪李平．2005．红菜薹栽培与育种研究进展（上）．长江蔬菜．（4）：37～40

汪李平．2005．红菜薹栽培与育种研究进展（下）．长江蔬菜．（5）：33～35

王东平．2002．菜薹二、三倍体间杂交的细胞学和胚胎学研究．河北农业大学硕士学位论文

王素霞．2005．菜心．农业科技与信息．（4）：12

王涛涛，李汉霞，张继红，卢永恩，叶志彪．2004．红菜薹游离小孢子培养与植株再生．武汉植物学研究．22（6）：569～571

王玉刚，岳艳玲，冯辉，林桂荣，覃兴，徐巍．2006，菜心核基因雄性不育系转育研究．华北农学报．21（6）：19～21

吴朝林，陈文超．1997．中国紫菜薹地方品种初步研究．作物品种资源．（3）：7～9

吴朝林，丁苗黄，郑明福，徐忠．2006．极早熟红菜薹新品种五彩红薹 1 号的选育．中国蔬菜．（8）：31～32

吴朝林，彭选明．1993．红菜薹对磷的吸收与利用．中国蔬菜．（2）：26～27

吴朝林．2003．红菜薹白花花色遗传的初步研究．中国蔬菜．（1）：35

向长萍，晏儒来，李锡香，徐跃进，傅庭栋．2000．紫菜薹雄性不育系的选育和应用．中国蔬菜．（5）：28

晏儒来，邱孝育，熊本福，王汉舟，周清华．2002．红菜薹系列品种栽培要点．长江蔬菜．（7）：27～28

徐跃进，王杏元，洪小平．1997．不同氮素水平和密度条件下红菜薹的光合速率．湖北农业科学．（6）：46～48

徐跃进，晏儒来，向长萍，李锡香．1994．早熟红菜薹产量构成性状的研究．湖北农业科学．（6）：53～54

徐重益，李锡香，王海平，程智慧，沈镝．2004．菜薹种质内不同大小群体间遗传多样性的 RAPD 鉴定和比较．植物遗传资源学报．5（1）：43～46

许明，魏毓棠，白明义，朱彤，任喜波，戴希尧．2003．大白菜显性核基因雄性不育性向紫菜薹的转育初报．园艺学报．30（1）：98～100

许明，魏毓棠．2006．白菜细胞核雄性不育基因向菜心品种早- 49 的转育研究．沈阳农业大学学报．37
　　（2）：165 ～168

晏儒来，傅庭栋，向长萍，徐跃进，李锡香，许士琴．2000．红菜薹雄性不育系的选育．长江蔬菜．
　　（9）：33～35

晏儒来．2004．广东菜心引种试验初报．长江蔬菜．（9）：45

杨暹，郭巨先，刘玉涛．2002．华南特产蔬菜菜心的营养成分及营养评价．食品科技．（9）：74～76

姚建武，艾绍英，柯玉诗，黄小红，凌德全，黄庆．2002．几个菜薹品种硝酸盐积累差异的研究．土壤
　　与环境．13（3）：255～257

叶志彪，李汉霞．1993．红菜薹原生质体培养再生植株．园艺学报．20（4）：405～406

曾国平，章崇玲．1999．菜心主要农艺性状遗传相关与通径分析．中国蔬菜．（5）：10～12

张成合，尚爱芹，张书玲．1999．二、四、八倍体菜薹的花粉大小及形态比较研究．河南科学．17（专
　　辑）：1～5

张成合，王东平，申书兴，陈雪平，轩淑欣．2003．菜薹部分初级三体的选育与细胞学鉴定．中国农业
　　科学．36（6）：681 ～684

张广辉，巩振辉．2003．菜心子叶离体高频芽诱导的研究．吉林农业科学．28（4）：3～4

张国裕，王岩，程智慧，王晓武．2006．农杆菌介导的菜心遗传转化体系的建立．西北农林科技大学学
　　报（自然科学版）．34（9）：60～64

张华，黄红弟，郑岩松，刘自珠，刘艳辉．2005．菜薹（心）新品种油绿 50 天菜心的选育．中国蔬菜．
　　（10 /11）：25 ～ 26

张华，黄红弟，郑岩松，刘自珠，刘艳辉．2005．出口型菜心新品种油绿 701 的选育．长江蔬菜．（9）：
　　49～50

张华，黄红弟，郑岩松，刘自珠，刘艳辉．2004．优质菜心新品种油绿 70 天的选育初报．广东农业科
　　学．（6）：46～47

张华，刘自珠，刘艳辉，黄红弟，郑岩松．2006．菜薹（菜心）新品种早优 3 号的选育．中国蔬菜．
　　（11）：29～30

张华，刘自珠，刘艳辉，孙怀志，郑岩松，黄红弟．2001．耐热优质丰产早菜心新品种油青 12 号的选
　　育．广东农业科学．（4）：19～21

张华，刘自珠，郑岩松，黄红弟，周而勋，杨媚．2000．菜心品种资源炭疽病抗性鉴定．广东农业科学．
　　（3）：47～49

张兰英，李耿光，陈如珠，李开莲．1994．菜心下胚轴原生质体培养和植株再生．植物学报．36（2）：
　　105～110

张衍荣．1997，菜心育种现状与展望．广东农业科学．（3）：15～16

张扬勇，李汉霞，叶志彪，卢永恩，陆芽春．2003．农杆菌介导 GNA 基因转化菜薹．园艺学报．30
　　（4）：473～475

赵建锋，沈向群，张海楼，刘镜，蒋守义，刘同．2006．菜薹无蜡粉性状遗传规律初探．园艺学报．33
　　（3）：538

赵利民，柯桂兰，宋胭脂．2005．菜薹胞质雄性不育系 TC1 - 3 - 1 的选育及应用．西北农林科技大学学
　　报（自然科学版）．33（3）

浙江农业大学主编．1979．蔬菜栽培学（南方本）．北京：农业出版社

郑岩松，方木壬，张曙光．2003．芥蓝与菜薹杂种后代对 TuMV 的抗性．中国蔬菜．（5）：18～20

中国农业科学院蔬菜花卉研究所主编．2003．中国蔬菜品种志（上册）．北京：中国农业科技出版社

中国农业科学院蔬菜花卉研究所主编．1998．中国蔬菜品种资源目录（第二册）．北京：气象出版社

中国农业科学院蔬菜花卉研究所主编．1992．中国蔬菜品种资源目录（第一册）．北京：万国学术出版社

朱允华，刘明月，吴朝林．2003．影响菜心游离小孢子培养的因素．长江蔬菜．（9）：46～47

朱允华．2003．菜心花药和花粉培养诱导胚状体的研究．湖南农业大学硕士学位论文

蔬菜作物卷

第八章

芜　菁

第一节　概　述

芜菁（*Brassica campestris* L. ssp. *rapifera* Matzg 或 *Brassica* syn. *rapa* L. ssp. *rapifera*），染色体数 2n＝2x＝20，又名蔓菁、圆根、卡马古、盘菜等，为十字花科芸薹属二年生草本植物。以肥硕的肉质根、脆嫩的幼叶及肥厚的花薹作蔬菜食用，也是良好的备荒食物和牲畜饲料。

芜菁肉质根脆甜、多汁，营养丰富。每 100g 芜菁含有碳水化合物 6.3g、蛋白质 1.4g、脂肪 0.1g、粗纤维 0.9g、维生素 C 35mg、核黄素 0.04mg、硫胺素 0.07mg、尼克酸 0.3mg、钙 41mg、铁 0.5mg、磷 31mg（《食物成分表》，1981）。据陶月良（2002）等检测，芜菁肉质根（温州盘菜）的可溶性糖、游离氨基酸、可溶性固形物、蛋白质、维生素 C、粗纤维、胡萝卜素、核黄素、钙和铁的含量分别是萝卜的 1.30 倍、1.20 倍、1.61 倍、2.14 倍、1.93 倍、0.68 倍、1.24 倍、3.43 倍、2.09 倍和 0.97 倍。

芜菁还具有良好的保健功能。新疆塔什库尔干塔吉克自治县的农牧民一直把芜菁称作"小人参"。其肉质根具有滋补元气、明目增视、清肺止咳、轻便利尿、减轻孕吐等功效。此外，芜菁汁液还对辐射损伤有明显的防护和修复功能，并能明显抑制癌细胞的生长（钱晓薇，2003）。

中国早在 2 600 年前就已采食芜菁，在秦汉时期已被人工驯化、栽培，到了南北朝时期已发展成为北方最主要的根菜类作物。但到了唐代，随着萝卜的崛起，这种格局有了变化；至明代，萝卜已形成多种类型，渐次取代芜菁，成为南、北方最主要的根菜类作物。相反，芜菁却渐渐减少，以至退居山野（叶静渊，1995）。

目前，芜菁在中国各地的栽培面积已很少，主要分布在西北及西南半农半牧的高寒地带、华北部分山区及丘陵地带、浙南地区及闽东北地区。令人欣慰的是，近年来，浙江温州的盘菜（芜菁）又开始受人青睐，并出口东南亚，成为当地出口创汇的当家蔬菜之一。另外，从日本进口的小芜菁也因熟性早（生长期 35～60d）、外形美（或圆或扁、或红或白、表皮光洁、尾根细小）、肉质细嫩而被国内各地纷纷引种，其肉质根多以切丝凉拌、作色拉、炒食或腌渍食用。

中国芜菁种质资源比较丰富，据《中国蔬菜品种资源目录》（1991，1998）登录，共有 92 份。

第二节　芜菁的起源与分布

芜菁的起源中心目前尚难确定。日本学者 Sinskaja E. N.（1928）认为早在史前时期，中亚、阿富汗及地中海沿岸的先民们就开始驯化、栽培芜菁，这些地方应是芜菁的起源中心。然后，由这些起源中心传至中东及小亚细亚、俄罗斯及欧洲、中国与日本；再由欧洲在 16 世纪中至 17 世纪初传至美洲；日本是芜菁的次生起源中心（Suteki Shinohara，1984）。也有学者认为欧洲芜菁起源于地中海沿岸，法国是欧洲大多数食用芜菁品种的原产地，而斯堪的纳维亚各国则广泛栽种饲用芜菁；亚洲芜菁起源于喜马拉雅山以西地区，东亚及小亚细亚是芜菁的次生起源中心。另有学者认为芜菁起源于地中海沿岸、欧洲北方及西伯利亚（《蔬菜》，1986）。中国学者叶静渊（1995）依据在中国历史的早期芜菁就曾是被采集食用的对象，认为中国应是芜菁的原产地之一。如《诗经》（公元前 6 世纪中期）的《邶风·谷风》："采葑采菲，无以下体"；《唐风·采苓》："采葑采葑，首阳之东"等多首诗篇中都曾提到采集芜菁的诗句（"葑"亦写作"蔓"，是芜菁的古名）。

目前，芜菁主要分布在欧洲的法国、英国、德国和俄罗斯；亚洲的中国、印度、日本和马来西亚以及美洲的加拿大、美国、墨西哥等地。

中国、日本等亚洲国家主要栽培食用芜菁，欧、美国家既栽培食用芜菁，又栽培饲用芜菁。

中国芜菁主要分布在新疆自治区南疆一带，如喀什的塔什库尔干塔吉克（该县 2006年芜菁种植面积达近 1 000hm²）、和田的墨玉等县；长城沿线一带，如内蒙古自治区的准格尔旗、托克托、呼和浩特、包头、巴盟，山西省的天镇、河曲、神池、保德及宁夏自治区的盐池、石嘴山、银川、中卫等市、县；川西山区、半山区的高寒地带，如凉山、甘孜及阿坝等自治州；华北太行山脉及其他山区、丘陵地带，如河北省的平山、井陉及河南省的济源、焦作、博爱等县，以及山东省的宁阳、新泰等县；陕北及商洛地区；陇南地区；浙江省南部沿海地区，如平阳、乐清、玉环等县；福建省东北地区，如宁德、福安、福鼎等市、县。此外，青海、西藏、江西、安徽、云南、贵州及辽宁等各省（自治区）也有少量分布。

第三节　芜菁的分类

一、植物学分类

十字花科芸薹属植物共有 100 多个种，其中芸薹（*B. campestris* L.）与芜菁（*B. rapa* L.）二个种的形态非常接近，又能够相互杂交并产生正常的后代，染色体数目都是 n＝10，因此，有些学者把芜菁归到芸薹种中，成了芸薹种的一个亚种，即 *B. campestris* L. ssp. *rapifera* Matzg.

二、栽培学分类

芜菁在漫长的历史演化过程中，经自然选择及人工驯化、定向培育，在各地形成了适应当地气候与土壤、符合当地消费习惯的品种类型。芜菁的品种类型非常丰富。如株型：或直立、或平展；叶形：或全缘、或羽裂；叶面：或光洁、或茸毛；叶缘：或波状、或锯齿；肉质根皮色：或红、或白、或淡黄，或上部绿、紫、红，下部白、或淡黄；肉质根形状：或圆、或扁、或卵状、或圆锥状；肉质根肉色：或乳白、或淡黄等等。

中国至今还没有学者对芜菁作过系统的栽培学（或园艺学）分类。日本学者 Sinskaja（1928）曾依据芜菁的叶片形态及叶面茸毛将芜菁分为二大类、八小类（地理类型）：

二大类是指远东类型与欧洲类型。远东类型通常以叶形全缘、叶面光洁无毛的为主；欧洲类型通常以叶形羽裂、叶面布满茸毛的为主。日本学者 Shibutani（1954）等还发现：远东类型通常种子大、卵圆形，种子吸水膨胀后种皮与内部组织分离；而欧洲类型通常种子小、圆形或扁圆形，种子吸水膨胀后种皮仍紧紧黏附在内部组织上。

八小类分别为：（ⅰ）原始西欧类型；（ⅱ）叶形羽裂西欧类型；（ⅲ）小亚细亚及巴勒斯坦类型；（ⅳ）Petrosky 俄罗斯类型；（ⅴ）叶形羽裂阿富汗类型亚洲类型；（ⅵ）叶形全缘阿富汗类型亚洲类型；（ⅶ）叶面无毛、叶形全缘日本类型；（ⅷ）叶面有毛、叶形全缘欧洲类型。其中，（ⅰ）、（ⅴ）、（ⅵ）是原始类型，其他类型均由这 3 个原始类型杂交演化而来（Suteki Shinohara，1984）。

第四节　芜菁的形态特征与生物学特性

一、形态特征

（一）根

直根系，主根上部与下胚轴之间膨大成肥硕的肉质根。通常肉质根有 1/2～2/3 部分裸露在地面上。肉质根皮色为全红、全白、全淡黄，或上部绿色、紫色、或红色，下部白色，或淡黄色；肉质根形状为扁圆、圆、卵圆或长圆锥形（图 8-1）；肉质根肉色为乳白色或淡黄色。在主根（包括肉质根下部）上着生侧根（较细），通常上部侧根粗而长，下部侧根短而细，侧根上再分生次级侧根（与萝卜根系相似）。

（二）茎

茎分为营养茎与花茎。营养茎短缩；花茎在春季植株抽薹后始现，有明显的节及节间，绿色，并覆有少量蜡粉，节上着生绿色同化叶。

（三）叶

叶分为基生叶与茎生叶。基生叶着生在短缩茎上，叶序不规则，叶片数 12～36 片不等。叶形为全缘、羽裂或中间类型，叶柄有叶翼，叶面有毛或无毛、粗糙或光洁、浅绿或深绿，叶缘为波状或锯齿（图 8-1）。茎生叶着生在已抽出花茎的节上，下部茎生叶有些像基生叶，绿色，常带有少量蜡粉，基部抱茎或有叶柄；上部茎生叶无叶柄，矩圆形或披针形，不裂叶，叶缘有锯齿。

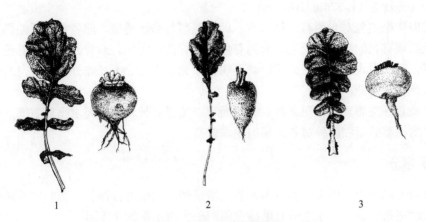

图 8-1　不同类型的芜菁
1. 河套蔓菁　2. 河北金黄蔓菁　3. 乐清中缨盘菜
（仿《中国蔬菜品种志》上卷）

（四）花

总状花序、完全花。花萼长圆形，长 4～6 mm；花瓣倒披针形，并有短爪，花瓣长4～8mm。花萼、花瓣各 4 个，花瓣呈十字形、黄色；雄蕊 6 枚（4 个长 2 个短）；雌蕊 1枚。花梗 10～15 mm，花径 4～5mm。

（五）果实与种子

长角果，长 3.5～8cm，果荚的荚瓣上有一明显的中脉，喙长 10～20mm，果梗长达3cm，内含种子 6 粒。种子卵圆、圆或扁圆形，种皮浅褐色至深褐色，千粒重普通品种2.9～4.6g，小型早熟品种 1.1～2g。

二、对环境条件的要求

（一）温度

芜菁为耐寒或半耐寒蔬菜作物，喜在温和、冷凉的气候条件下生长，能耐轻霜。种子萌发的最适温度为 15～20℃，种子萌发所需时间与温度间的关系为：5d/10℃、3d/15℃、2d/20℃、1d/25℃。在 30℃ 以上时，种子发芽率明显降低。植株生长的适宜温度为 12～22℃，肉质根膨大生长的最适温度为 15～18℃，并要求有一定的昼夜温差。温度过高会影响肉质根的产量及质量；温度过低（＜10℃）又会诱发植株未熟抽薹。

芜菁抽薹开花需要低温春化诱导。相对而言，芜菁春化对低温的要求比萝卜要高。一般品种在 2～6℃条件下经 20～25d 就可顺利通过春化阶段。欧洲类型及一些耐抽薹的亚洲品种对低温要求更严格些。

(二) 光照

芜菁对光照强度要求较高，光补偿点为 4 000lx，光饱和点为 20 000lx，肉质根膨大期间的光合强度为 11.82mg/(dm² • h)。

芜菁肉质根皮色对光照有二种反应，即敏感型与非敏感型。前者如津田芜菁，其块根表皮着色必须有光的存在，受光一面先着色，且着色程度深，而背光一侧不着色；后者如赤丸芜菁，其块根表皮着色受光照影响不明显，无论有光、无光或处于何种空间朝向，都能均匀着色（许志茹，2005）。

芜菁抽薹开花需要长日照条件。相对而言，芜菁对长日照的要求比萝卜低，但欧洲类型及一些耐抽薹的亚洲品种对长日照的要求较高。

(三) 水分

芜菁对土壤的水分要求较高，干燥的土壤易使肉质根过分伸长，影响肉质根的形态美观。在肉质根膨大期，土壤水分宜维持在田间最大持水量的 70%±5%。

(四) 土壤与营养

芜菁对土壤的适应性较广，但最适宜团粒结构良好的沙壤土或壤土。黏重的土壤在其湿度较高时，土粒黏重，在起挖时易黏附在肉质根上，影响肉质根表面的光洁。土壤 pH 值以 6~6.5 为宜。芜菁生长对氮肥的需求量较大，同时也需要较多的磷肥及钾肥，并对有机肥有良好的反应。一般每公顷需施纯氮 180kg、纯磷 130.5kg、纯钾 160.5kg（Suteki Shinohara，1984）。在缺硼的地区还需增施硼肥。

第五节　中国的芜菁种质资源

中国芜菁的种质资源比较丰富。总体而言是：花叶的多，板叶的少〔这与日本学者 Sinskaja E. N.（1928）认为"远东芜菁类型以叶形全缘、叶面光洁无毛的为主"的观点不同，其中的原因有待于今后去进一步研究〕；肉质根根形圆或圆锥的多，扁圆的少；皮色浅绿的多，全紫、全红、全白或全黄的少；肉色白的多，黄或浅黄的少；用于熟食或腌制的多，生食的少。浙江、福建、四川、及江西等南方省份及甘肃省武都等地扁圆芜菁较多〔《中国蔬菜品种资源目录》（上册）1991，（下册）1998〕。

据《中国蔬菜品种资源目录》记载，当时所收集编目的芜菁种质资源共有 92 份，主要来自河南（14 份）、四川（13 份）、河北（11 份）、内蒙古（8 份）、山西（7 份）、新疆（6 份）、浙江（5 份）、山东（5 份）等省份。目前，芜菁种质资源的抗病性、抗逆性、品质评价等鉴定工作还未开始。但从各地的蔬菜品种志及品种资源目录来看，有一些比较抗病、优质或耐抽薹的品种。

一、抗病种质资源

芜菁的主要病害有病毒病〔TuMV（芜菁花叶病毒）等〕、黑腐病〔*Xanthomonas*

campestris pv. *campestris*（pammel）Dowson]、霜霉病［*Peronospora parasitica*（Pers.）Fr.］等。据《中国蔬菜品种志》（上册，2001）及各地方品种志的有关记载，抗病毒病的芜菁种质有：内蒙古自治区的河套蔓菁、紫皮蔓菁，山西省的天镇小缨紫蔓菁、小缨花叶紫蔓菁等；抗黑腐病的种质有：宁夏自治区的盐池大紫皮蔓菁；抗霜霉病的种质有：宁夏自治区银川市的内苎蔓菁，河北省的衡水蔓菁、金黄蔓菁等；综合抗性较好的种质有：山东省的乐陵蔓菁等。此外，陕西省的洛南红蔓菁、商县白蔓菁、商洛黄蔓菁，宁夏自治区的石嘴山蔓菁，新疆自治区和田县的白皮卡马古等种质抗病性也不错。

（一）抗病毒病种质资源

1. 河套蔓菁　内蒙古自治区地方品种，生长期 90d，耐热（苗期）、耐寒、耐旱，较抗病毒病。叶簇半直立。叶片大头羽裂、绿色，叶面有茸毛，叶长 22～25cm、叶宽 9～10cm，叶柄深绿色。肉质根圆球形、上表皮白绿或紫红色、下表皮白色，肉色白，纵径 8～10cm（其中 7～8cm 露在地面）、横径 6～8cm，单根重 350g 左右。肉质根组织致密、口感脆嫩、水分较多、味甜，品质好。适宜腌制及饲用。

2. 内蒙古紫皮蔓菁　内蒙古自治区地方品种。生长期 90d，耐寒、耐旱，较抗病毒病。叶簇半直立。叶片大头羽裂、深绿色，叶面无茸毛，叶长 20～22cm、叶宽 8～9cm，叶柄浅绿色。肉质根圆球形、上表皮紫红、下表皮浅紫色，肉色白，纵径 6～7cm（其中 4～5cm 露在地面）、横径 7～8cm，单根重 220g 左右。肉质根组织疏松、口感脆嫩、水分较少、微甜，品质好。适宜腌制及饲用。

3. 天镇小缨紫蔓菁　山西省天镇县地方品种。生长期 70d，较耐寒，较抗病毒病。叶簇半直立，株高 61cm，开展度 97cm。叶片大头羽裂、深绿色，裂片 2～3 对，叶长 52cm、叶宽 22cm，叶柄白绿色、长 20cm。肉质根近圆球形、上表皮深紫色、下表皮紫红色，肉色白，纵径 10cm（其中 2.5cm 露在地面）、横径 10cm，单根重 500g 左右。肉质根组织致密、口感脆嫩，品质较好。

（二）抗黑腐病种质资源

盐池大紫皮蔓菁　宁夏回族自治区盐池县地方品种。生长期 80～90d，较耐热（苗期）、耐寒、耐旱涝，抗黑腐病。叶簇半直立。叶片大头羽裂，叶面茸毛少，叶长 32cm、叶宽 14cm，叶柄淡绿色。肉质根短圆锥形、上表皮深紫色、下表皮紫色，肉色黄白，纵径 6.7cm、横径 7.2cm，单根重 230～250g。肉质根不糠心，味稍辣，适宜腌渍。

（三）抗霜霉病种质资源

衡水蔓菁（紫蔓菁）　河北省衡水地区地方品种。生长期 70～75d，耐寒、耐旱，抗霜霉病性强。叶簇直立。叶片大头羽裂、绿色，裂片 3～4 对，叶面茸毛少，叶长 47cm、叶宽 16cm，叶柄浅绿色。肉质根长圆锥形、上表皮紫红色、下表皮浅紫色，肉色浅黄，纵径 17cm、横径 8cm，单根重 500g 左右。肉质根组织致密、口感艮硬、水分中等、味甜，品质较好。适宜熟食、干制及饲用。

（四）综合抗性较好种质资源

乐陵蔓菁 山东省乐陵市地方品种。生长期 90d 以上，适应性及抗病性均较强。叶簇直立。叶片大头羽裂、深绿色，裂片少而小，叶面茸毛中量，叶长 52cm、叶宽 14cm，叶柄绿色。肉质根卵圆球形，上表皮暗紫色、下表皮紫红色，肉色米黄，纵径 7.2cm（其中 3cm 露在地面）、横径 6.5cm，单根重 150g 左右。肉质根口感脆硬（熟食细面）、水分少、味甜、风味浓，品质较佳。适宜熟食及腌制。但叶的比重大，肉质根产量低。

二、优质种质资源

对菜用芜菁而言，主要是指具有良好园艺性状、肉质根组织致密、水分适中或多汁、口感脆嫩或细面（熟食）、味甜、辣味轻的种质。具有上述特性的种质有：浙江省温州市的大缨盘菜、中缨盘菜、细缨盘菜，台州市的玉环盘菜；福建省闽东北地区的福鼎盘菜；四川省川西的凉山白圆根及西昌红圆根；江西省的永丰芜菁；山西省的天镇花叶红皮蔓菁、河曲红皮蔓菁、柳林一条根蔓菁；陕西省的商县蔓菁及河北省井陉县的北张村蔓菁等。

（一）温州大缨盘菜

浙江省温州地区地方品种。生长期 120d，口感脆嫩爽口（熟食细嫩）、水分多、味甜、辣味轻，品质优。叶簇平展，株高 25cm。叶片大头羽裂、黄绿色，裂片 3～5 对，叶缘波状，叶长 45cm、叶宽 17cm。肉质根扁圆球形（肉质根露出土面），表皮黄白色，肉色白，纵径 8cm、横径 18cm，单根重 1.2kg。植株生长势旺，苗期较耐高温，较耐病毒病，耐肥、但不耐旱涝。适宜生、熟食及加工用。

（二）凉山白圆根

四川省凉山州昭觉县地方品种，生长期 70d 左右，肉质根组织致密、口感脆嫩、水分多、味甜。叶簇半直立。叶片大头羽裂、绿色，裂片 3 对，叶柄浅绿色、横断面近圆形。肉质根扁圆球形（肉质根有 2/3 露在地面），表皮白色，肉色白，纵径 10～15cm、横径 15～25cm，单根重 400～500g。耐寒、耐旱、耐肥，抗病性强。适宜生熟食及干制。

（三）天镇花叶红皮蔓菁

山西省天镇县地方品种，生长期 75d，肉质根口感脆嫩、味甜、品质好。叶簇半直立，株高 40cm。叶片大头不规则羽状全裂、深绿色，叶面平滑，叶缘鸡啄状，裂片 5～6 对，叶长 49cm、叶宽 16cm，叶柄绿白色。肉质根近圆球形，表皮紫红色，肉色白，纵径 8.8cm、横径 8.7cm，单根重 350g。耐寒、耐旱，适应性强。适宜生、熟食及腌制。

三、耐抽薹种质资源

芜菁耐抽薹种质通常是指在低温长日照条件下仍能正常生长、并能形成正常肉质根（却不易抽薹开花）的种质。这些种质能在春季或在高寒地带的春末夏初种植。具有上述特性的种质有：青海省玉树县的红圆根、甘肃省农业科学院引自挪威的 Foll、西藏自治区的白芜菁及新疆自治区的墨玉黄卡马古等。

西藏白芜菁（圆根、钮玛）　西藏自治区农区及半农区均有分布。晚熟，抗寒性较强（在西藏东北部与那曲地区全年无霜期仅 28d 的高寒地带仍能生长）。叶簇较直立，株幅 20cm。叶片大头羽裂，叶长 15～40cm，叶缘波状，叶柄上有蜡粉，叶片数 16～20 片。肉质根扁圆球形，纵径 7～12cm、横径 8～15cm，单根重 150g 左右（大者 500～1 500g）。抗旱性强，适应性广。

四、特殊种质资源

主要是指某种特征或特性比较突出或稀有的种质。如芜菁肉质根表皮、肉色皆为金黄的种质。

金黄蔓菁　河北省束鹿县地方品种。生长期 75d 左右。叶簇直立，株高 64 cm。叶片大头羽裂、绿色，叶面茸毛少，裂片 2～3 对，叶长 31cm、叶宽 12cm，叶柄浅绿色，叶片数 7 片。肉质根圆锥形（扎根深），表皮及肉质均为金黄色，纵径 8.7cm、横径 5～6cm，单根重 280g 左右。肉质根组织致密、水分适中、味甜美，熟食甜面，品质好。耐旱，耐贮藏，但抗逆性差。

第六节　芜菁种质资源研究与创新

一、芜菁种质资源研究

(一) 细胞学研究

Lagercranz（1998）通过对拟南芥与黑芥连锁作图分析发现：芸薹属植物的二倍体种起源于一个原始六倍体种。Warwick（1999）用同工酶分析发现：在染色体基数大的种群中非整倍体及其细胞内染色体间的融合与分离比其多倍体在进化过程中所起的作用大。依据芸薹属植物在细胞减数分裂粗线期染色体间联会时所发生的优先配对现象的核型及系统发育分析发现：芸薹属芜菁种的染色体组成为 AABCDDEFFF（即 3 个二体、2 个四体、1 个六体）。Habib Ahmad（2004）通过秋水仙素处理芜菁形成多倍体后发现：46.7％多倍体后代有回复变成二倍体的现象，它们在减数分裂形成配子时，染色体发生不均衡分离，形成活力不同的非正常配子，这些非正常配子的联合作用在当今芸薹属种的进化过程中起着很重要的作用。

(二) 分子生物学研究

在分子生物学研究方面，姚祥坦（2004）用抗 TuMV 的芜菁自交系耐病 98 - 1 与对 TuMV 极其敏感的芜菁品种温州盘菜为试材构建 F_2 抗性分离群体，最后得到了一些与抗 TuMV 基因相关的 AFLP 条带。许志茹（2005）用光敏感型津田芜菁与光非敏感型赤丸芜菁为试材构建了 2 个 cDNA 文库，同时结合遮光处理与光照处理构建了 4 个消减文库，从中筛选出 PAL、CHS、F3H、DFR、ANS 等 5 个花青素生物合成途程所需的酶的结构基因，bHLH、WD40、MYB 和 bZIP 等 4 个与花青素生物合成相关的调控因子的编码序列。并发现光敏感型津田芜菁在光照下所表达的基因数量多于在黑暗下所表达的基因数量，而赤丸芜菁在黑暗下所表达的基因数量多于津田芜菁在黑暗下所表达的基因数量；光敏感型津田芜菁块根根皮中花青素含量与光照时间呈正相关关系，而非光敏感型赤丸芜菁块根根皮中花青素的含量与光照时间没有明显的相关关系。

许志茹等（2006）以"津田"芜菁红色块根和白色块根为材料，利用 SSH 技术成功构建了消减 cDNA 文库并富集相关基因片段。通过对消减文库的筛选、鉴定、克隆测序和同源性比较，获得了特异基因片段 302 个；其中与数据库中的序列具有相似区域且功能已知的序列为 99 个，与数据库中序列没有显著同源性且功能未知的序列为 203 个。许志茹等（2006）又利用 UV‑A 处理 48h 后津田芜菁块根变红，以黑暗处理条件下的白色块根为对照，与削减文库特异基因片段制备的 cDNA 微阵列进行杂交。UV‑A 处理条件下津田芜菁中表达上调的基因为 81 个，表达下调的基因为 47 个，表达上调的基因中包括与花青素生物合成直接相关的基因片段 cytochromeP450、PAL、F3H、ANS、CHS、DFR 和 GST 等。Northern 杂交结果显示，UV‑A 处理 48h 的津田芜菁试材中，PAL、CHS、F3H、DFR 和 ANS 基因的表达量明显高于黑暗条件下白色块根中这些基因的表达量，这进一步验证了芯片杂交结果的可靠性。

二、芜菁种质资源创新

目前，在芜菁种质资源创新方面国内还很少有人研究。仅有的报道：姚祥坦（2004）等已把甘蓝型油菜的 Ogura 胞质雄不育成功地转育到了芜菁耐病自交系 98‑1 及白蔓菁上，并得到了 3 个性状优良、抗病、不育性稳定的芜菁 Ogura 雄性不育系及其相应的保持系。孙继等（2006）利用含日本芜菁抗病毒病基因的种间杂交材料与优质的温州盘菜自交系回交，获得了抗病毒病的优质温州盘菜新种质。

（孙日飞 章时藩）

主要参考文献

山西省农业科学院蔬菜研究所 . 1998. 山西蔬菜品种志 . 太原：山西科学技术出版社，13～16
山东省农业科学院蔬菜研究所 . 1984. 山东省品种资源目录 . 56
山东农业大学主编 . 1999. 蔬菜栽培学各论（北方本）. 北京：中国农业出版社，63～64
马爱群等 . 1987. 内蒙古蔬菜品种志 . 呼和浩特：内蒙古人民出版社，22～24
中国科学院中国植物志编辑委员会 . 1987. 中国植物志第 33 卷 . 北京：科学出版社，21
中国科学院植物研究所主编 . 1972. 中国高等植物图鉴，科学出版社，（TomusⅡ）32
中国农业科学院蔬菜研究所主编，1987. 中国蔬菜栽培学 . 北京：农业出版社，284～288
中国传统蔬菜图谱编委会 . 1996. 中国传统蔬菜图谱 . 杭州：浙江科学技术出版社，15

中国农业科学院蔬菜花卉研究所主编．1991．中国蔬菜品种资源目录．第一册．北京：万国学术出版社，72～75

中国农业科学院蔬菜花卉研究所主编．1998．中国蔬菜品种资源目录·第二册．北京：气象出版社，46～48

中国医学科学院卫生研究所．1981．食物成分表．北京：人民卫生出版社，42

王德槟等．2003．新兴蔬菜图册．郑州：中原农民出版社，20～21

天津市蔬菜研究所．1986．天津市蔬菜品种志．18

四川省农牧厅．1987．四川蔬菜品种志．成都：四川科学技术出版社，36～38

甘肃农业科学院蔬菜研究所．1981．甘肃蔬菜品种志．21

叶静渊．1995．我国根菜类栽培史略．古今农业．（3）：45～50

江西省农牧渔业厅．1986．江西蔬菜品种志．南昌：江西科学技术出版社，28

许志茹等．2005．芜菁花青素合成过程中相关基因的筛选及表达研究．东北林业大学博士学位论文

刘千枝．1998．芜菁饲用价值及影响其产量和质量的环境因素．国外畜牧学——草原与牧草．（4）：12～15

张振贤主编．2003．蔬菜栽培学．北京：中国农业大学出版社，331

李家文．1984．中国的白菜．北京：农业出版社

周廷光．1966．蔬菜．台北：淑馨出版社，45

武汉市蔬菜畜牧科学研究所．1963．武汉市主要蔬菜品种志．15

河北省农林科学院蔬菜研究所．1990．河北蔬菜品种志．37～42

姚祥坦．2004．芜菁抗病种质创新的相关技术研究．浙江大学硕士学位论文

浙江农业大学主编．1987．蔬菜栽培学各论（南方本）．北京：农业出版社，30～31

浙江省农业科学院园艺研究所等．1994．浙江蔬菜品种志．杭州：浙江大学出版社，33～37

陶月良等．2002．芜菁、萝卜和大头菜块根品质及营养价值比较研究．特产研究．（1）：37～39

钱晓薇．2003．芜菁汁对正常肝细胞及肝癌细胞株的影响．营养学报．25（2）：222～224

贾思勰．2001．齐民要术．南京：江苏古籍出版社，95～98

福州市蔬菜科学研究所．1988．福建蔬菜品种资源．14～15

新疆维吾尔自治区农业科学院园艺所．1994．新疆蔬菜品种志．10～12

Habib Ahmad et al.．2004．芜菁的诱导同源四倍体减数分裂分析．云南植物研究．26（3）：321～328

孙继，叶利勇，陶月良．2006．利用芜菁资源筛选优质抗病温州盘菜新种质的研究．浙江农业学报．18（5）：373～377

许志茹，李玉花．2006．利用 cDNA 微阵列分离津田芜菁花青素生物合成相关基因［J］．遗传．（09）：19

Lagercrantz U.．1998．Comparative mapping between Arabidopsis thaliana and Brassic nigra indicates that Brassic genomes have evolved through extensive genome replication accompanied by chrosome fusions and frequent rearrangements［J］．Genetics. 150：1217～1228

ShuttuckV. I. et al.．Turnip production in california，Vegetable research and information center（Vegetable production series）

Suteki Shinohara. 1984. Vegetable seed production technology of japan elucidated with respective variety development histories. particulars. Japan. 239～268

Warwick S. I.．1999. Chrosome number evolution in the tribe Brassiceae（Brassiceae）：evidence from isozyme number［J］．Plant Syst Evol. 215：255～285

www. essential garden guide. com

第 九 章

芥 菜

第一节 概 述

芥菜 ［*Brassica juncea* (L.) Czern et Coss.］属于十字花科（Cruciferae）芸薹属芥菜种，是芸薹属中 A 基因组（黑芥 *Brassica nigra* L.）与 B 基因组（云薹 *Brassica rapa* L.）天然杂交后形成的双二倍体复合种，染色体基数 x＝18。芥菜的类型较多，除了油用芥菜外，菜用芥菜包括根芥、茎芥、叶芥和薹芥四大类，其中茎芥又有分茎瘤芥、笋子芥和儿芥三个类型。叶芥的变异类型更多。芥菜是十字花科作物中，变异类型最多的一种蔬菜作物。有些类型只适合加工后食用，如根芥；有些类型既可鲜食，也可加工后食用，如茎芥、叶芥和薹芥。笋子芥和儿芥一般适合鲜食，少数品种也可用来加工；茎瘤芥一般适合加工，少数品种只适鲜食，个别品种，既可鲜食，也可加工。世界三大名腌菜之一的榨菜就是用茎瘤芥加工而成的。菜用芥菜是中国特有的一种蔬菜。

芥菜的营养成分丰富，以茎瘤芥为例：据中华医学会资料，每 100g 鲜重的瘤茎含维生素 C 40～80mg、硫胺素 60～70μg、核黄素 60～180μg、尼克酸 700～800μg、钙 210mg、磷 390mg、铁 30mg，蛋白质和糖含量也较丰富。

芥菜的栽培历史悠久，早在公元前 6 世纪就已栽培，2 世纪时已有文字记载。叶芥和油用芥菜在中国的分布很广，根芥在西南地区和北方都有大面积栽培，结球芥主要在广东省的东部沿海地区和台湾省栽培。茎瘤芥主要在重庆市、四川和浙江省栽培，儿芥和笋子芥主要在四川省和重庆市栽培。近年来，笋子芥已经引到北方栽培。

中国幅员辽阔，地形多变，气候类型复杂多样，有各种气候带，有平原和山地高原气候，有海洋和大陆性气候，因此中国的芥菜与其他蔬菜一样，在长期的自然和人工选择作用下，形成了极其丰富多样的种质资源。从 1986 年起，全国 30 个科研、院校单位参加了蔬菜种质资源的收集、整理、繁种更新、编目和保存的国家科技攻关项目。至 2006 年底，全国进入国家农作物种质资源长期库保存的有叶用芥菜种质资源 1 031 份，茎用芥菜 196 份，根用芥菜 274 份，薹芥 6 份，籽芥 8 份（参见表 1-7）。

第二节　芥菜的起源、进化与分布

一、芥菜的起源

芥菜的起源至今未得到一个公认的结论。之所以如此，就是因为芥菜的遗传学起源与地理起源和多样性中心的结论不完全一致。

（一）芥菜的遗传学起源

关于芥菜的遗传学起源研究是从细胞遗传学研究开始的。Morinaga 和 Sasaoka 对芸薹属种间杂种减数分裂中染色体配对行为进行了深入研究，认为几个物种之间染色体组有着密切的亲缘关系。芥菜（n=18）与芸薹（*B. rapa*，n=10，中国学者一般认为应该写成 *B. campestris*，但在最近几年的国际十字花科会议上，没有一个学者写成 *B. campes-tris* 的）杂交时，F_1 减数分裂中期染色体配对情况为 10 Ⅱ（10 个二价体）＋8 Ⅰ（8 个单价体），而芥菜与黑芥（*B. nigra*，n=8）杂交时，F_1 减数分裂中期染色体配对情况为 8 Ⅱ＋10 Ⅰ。从而推知，芥菜是芸薹与黑芥杂交后合成的异源四倍体或双二倍体。提出芸薹的染色体组为 A，黑芥的染色体组为 B，甘蓝（*Brassica oleracea*）为 C。芥菜的染色体组为 AB。U. Nagahara（1953）提出了芸薹属 6 个物种的细胞遗传关系假说并建立了著名的禹氏三角模式图（图 9-1）。

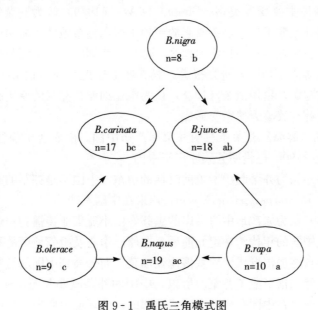

图 9-1　禹氏三角模式图

(U. Nagahara，1953)

后来通过人工杂交重新合成了 3 个复合种芥菜、欧洲油菜（*B. napus*）和阿比西尼亚芥（*B. carinata*），其特性与天然存在的上述 3 个复合种具有形态特征的一致性和细胞学结构的同一性，人工合成的材料与天然存在的该物种植株之间也不存在生殖隔离，从而有力地证明了芥菜的遗传学起源，它是来自黑芥与芸薹的杂交所形成的复合种。这个观点得到了学术界的普遍认同。

（二）芥菜的地理起源

关于芥菜的地理起源，主要依据于4个方面证据，一是权威专家的观点；二是考古发现；三是古文献记载；四是野生种和原始亲本的分布。当四者统一时，则容易下结论，否则，难以获得一致的结论。芥菜的地理起源不仅是三者不一致，就是三者内部的细节也不一致。

1. 权威学者的观点　迄今为止已有众多学者对此问题进行了潜心研究，但由于研究区域、掌握材料和研究方法的不同，得出了不同观点：

瓦维洛夫（Vavilov）在1926年认为中亚细亚、印度西北部及巴基斯坦和克什米尔为芥菜的原生起源中心，而中国中部和西部、印度东部和缅甸、小亚细亚和伊朗是3个次生起源中心，而在1935年正式发表的《育种的理论基础》一书中，瓦维洛夫又认为中国中部和西部山区及其毗邻低地、中亚即印度西北部、整个阿富汗和原苏联的塔吉克和乌兹别克共和国以及天山西部是芥菜的原产地，其中中国是芥菜的东方发源地。而西亚（小亚细亚西部、外高加索全部、伊朗和山地土库曼）和印度起源中心（包括印度东部的阿萨姆省和缅甸）为芥菜的次生起源中心。

Burkitl I. H.（1930）认为芥菜原产于非洲北部和中部干旱地区，由此传入西印度群岛；也可能原产于中国内陆，由此传入马来西亚。Sinskaia（1928）认为芥菜起源于亚洲，在中国具有多种主要变异类型。Simons N. W.（1979）认为芥菜起源于印度北部，而其原始亲本种黑芥起源于近东，芸薹起源于地中海和近东地区。海明威（1976）认为芥菜的原始起源中心在中亚至喜马拉雅山地区，然后迁移到印度、中国和高加索3个次生起源中心。Vaughan等人（1963）研究报道，黑芥在上述地区与当地n＝10的种或亚种分别独立杂交而多次起源。星川清亲（1978）认为中亚细亚是芥菜的原生起源中心，是由原产地中海沿岸的黑芥与芸薹天然杂交形成。

1979年出版的《辞海》芥菜条写明芥菜原产于中国。由农业出版社出版的《农业百科全书•蔬菜卷》（1990）也指明芥菜原产于中国。

孙逢吉（1970）认为芥菜起源于史前时期的中东，中国不是芥菜的起源地。因为芥菜的两个亲本原始种 *B. campestris* 和 *B. nigra* 均未在中国发现。

谭俊杰（1980）认为原产地中海沿岸的黑芥，由小亚细亚传播到中亚，由中亚传播到印度和中国。传入中国的年代约在纪元前后。在原产中心及毗邻地区的黑芥与 *B. oleracea* 远缘杂交染色体再自然加倍形成了埃塞俄比亚油菜；而传播到中国的黑芥则与芸薹或芜菁发生远缘杂交再自然加倍形成了芥菜。所以，中国的芥菜既非起源于所谓"野芥"，也非黑芥的演变新种，而是在中国东部、南部或西部的自然环境中所产生的后生新种。

李家文（1981）根据古代文献记载，认为在今陕西、河南、河北、山东以及湖北省范围内，公元前已普遍栽培芜菁、芥菜、萝卜等18种蔬菜，而当时中国又处于与外界隔绝的条件下，因此这些蔬菜（包括芥菜）应该都是起源于中国的。

卜慕华（1981）在"我国栽培作物来源的探讨"一文中，通过大量历史典籍的分析和近代中外文献的比较，列出的中国史前或土生栽培植物 237 种中包括芥菜，而在公元前及以后的几次大规模由外域引入栽培植物共 113 种作物中没有芥菜的记载，因此，他认为芥菜是中国史前或土生蔬菜作物。

李曙轩（1982）认为中国是芥菜的原产地之一，中国的四川盆地是芥菜分化的小基因中心或次生分化中心。

陈世儒（1982）在"The origin and differentiation of mustard varieties in China"一文中写道："芥菜作为油料作物广泛分布于中国、印度、埃及、前苏联的南部、西南部及欧洲，而有趣的是作为蔬菜作物最初则局限于中国，根据芥菜的众多变种在中国发现的事实，很清楚，中国是菜用芥菜的起源及演化中心"。

据《中国古代农业科技》称："芥，十字花科芸薹属植物，原产中国并为中国的特产蔬菜之一，有用根、茎、叶的不同变种"。

刘后利（1984）在对比中外学者的多种见解后，也认为中国西北部是黑芥和芥菜的原产地之一。

宋克明等（1988）认为：根据试验获得的 RFLP 数据结合 $B. rapa$ 和 $B. juncea$ 的系统发育证据和自然分布的特点分析的结果，支持了芥菜至少有两个起源中心，一个在中东及印度，另一个在中国的观点。

归纳起来，对芥菜的起源问题有如下的见解或观点：①起源于中东或地中海沿岸；②起源于非洲北部和中部；③起源于中亚细亚；④起源于中国的东部、华南或西部。

不难看出，多数外国学者持前三种观点。之所以如此，就是因为芥菜的遗传学起源与地理起源和多样性中心的结论不完全一致，芥菜的遗传多样性中心与芥菜的原始野生种的分布不一致。中国西南地区的重庆市和四川省是芥菜的多样性中心，除个别的变异类型如结球芥等没有外，其他类型几乎都有。但在这些地区，却没有芥菜复合种形成所需要的野生黑芥和芸薹，加之对芥菜起源研究起步较晚及历史资料的残缺不全，从而使得对芥菜的起源地的阐明变得复杂。

2. 考古发现　在考古发现中，一是半坡遗址考证，一是马王堆一号汉墓考证。

1954 年，中国的考古学者在陕西省的西安市郊区半坡（仰韶文化）考古中，发掘出了距今 6800 多年以前新石器时代原始社会文化遗址中原始人类存放于陶罐中的碳化菜种，经放射性同位素 ^{14}C 测定，其年代为距今 6 000～7 000 年；经中国科学院植物研究所鉴定，确认为属于芥菜或白菜一类种子。部落群居的原始人类不可能长距离引种栽培植物，只可能随水草而居，在栖息地附近由采集野生植物逐渐发展为自觉地留存种子进行栽培。因此，也就没有理由认为上述在半坡遗址中发现的白菜或芥菜不是中国古老的史前植物。

马王堆一号汉墓考证。湖南省长沙马王堆一号汉墓存在异常丰富的出土文物，其中农产品数量大、种类多，在这些文物中，既有实物，也有竹简文字记载。在 312 片竹简中，记载蔬菜名称的有 7 片，记有芥菜、葵菜、姜、藕、竹笋、芋。同时还有上述植物的果实和种子。西汉时期张骞于公元前 100 年前后出使西域从中亚、印度一带引入的 18 种重要栽培作物和公元后由亚、非、欧各洲陆续引入的 71 种主要栽培作物在长沙马王堆一号汉墓中既找不到实物，也找不到竹简文字记载，说明墓葬中的作物均是中国土生土长的作物，而不是引入种。

3. 古文献记载 距今 2 500 多年以前成书的《诗经·谷风》中已有"采葑采菲，物以下体"的诗句。"葑"，《尔雅疏》中写明"蔓与葑字虽异，音实同，则葑也，须也，芜菁也，蔓菁也，蕦芜也，荛也，芥也，七者一物也。"1978 年出版的《辞海》称"葑，蔓菁"。历代专家多把葑诠释为芸薹、芜菁、芥菜一类蔬菜。说明早在公元前 5～7 世纪，在今陕西、河南，河北、山东及湖北省一带的广大区域内已有芥菜的种植和利用。

孟子（约公元前 372 至公元前 289）在《告于·上》中论述了君臣关系："君之视臣如手足，则臣视君如腹心；君之视臣如犬马，则臣视君如国人；君之视臣如草芥，则臣视君如寇仇"。从上文中可以看出当年的齐鲁大地（今山东河北一带）上芥如同草一样普遍而不足为奇，或者是说芥如同小草一样仅有简单的叶簇，而设有形态上的复杂分化。

西汉时期（公元前 206 至公元 24）的《礼记·内则》中有"鱼脍芥酱"的记载，表明当时的芥子主要做成酱作调味品，同时代的《尹都尉书》有种芥篇，记载"……赵魏之郊谓之大芥，其小者谓之辛芥，或谓之幽芥。"表明当时芥菜也有植株大小方面的变异，这无疑是自然和人工选择的结果。《说苑》中记载公元前 100 年左右，瓜、芥菜、葵、蓼、薤、葱等在中国已普遍栽培。到公元 1 世纪，在"中原地区，要七、八月种芥，次年大暑中伏后收菜籽。"从所记载的栽培时间看，当时的芥菜比现在的芥菜生育期长，这或许是当时的芥菜更为古老，后经人工选择及自身的进化生育期缩短，也有可能与当时的气候条件有关。《四月民令》（约 166）中记述公元 2 世纪在中原地区广大范围内，"七月种芜菁及芥，……四月收芜菁及芥"。此时已能把芥菜与芜菁区分开，而在利用方面，已由原来利用种子作调味品，发展到食用营养器官，"谷以养民，菜以佐食"，正式成为一类蔬菜。此外，在梁代周兴嗣著《千家文》中有"菜重姜芥"，李璠对此解释为："这是由于当时农民每天劳作辛苦，风吹雨淋，难免不感受风邪，如果经常吃一点芥菜、生姜之类的蔬菜，就可以兼收驱寒散风减少疾病的功效，"说明当时不仅了解芥菜的菜用价值，而且认识了其药用效果。在北魏（386—534）出版的《齐民要术》的"种芥篇""芸薹、芥子第二十三"一节中写道："蜀芥、芸薹取叶者，皆七月半种，地欲粪熟。蜀芥一亩，用子一升，芸薹一亩，用于四升。种法与芜菁同。既生，亦不锄之。十月收芜菁讫时，收蜀芥。芸薹，足霜乃收"。另以小字标记"中为咸淡二菹，亦任为干菜。""种芥子及蜀芥、芸薹收子者，皆二三月好雨泽时种。旱则畦种水浇。五月熟而收子。"另加小字注释"三物种不耐寒，经冬则死，故须春种"。上述记叙表明至少在公元 6 世纪上半叶以前四川盆地的芥菜已由籽芥分化出叶芥。栽培技术更为成熟，在认识上已能够把芜菁、芸薹、蜀芥，芥子分开。利用上除调味品及鲜食外，已有较为原始的加工技术产生。陈世儒认为所谓"蜀芥"有可能是由四川引种到北方的芥菜栽培品种。《岭表异录》中"南土芥、巨芥"的记载表明，公元 6～7 世纪芥菜在岭南地区变异强烈，植株显著增高变大而成为"巨芥"。北宋时代出版的《图经本草》（1061）中有"芥处处有之，有青芥似菘而有毛，味极辣；紫芥，茎叶纯紫可爱，作菹最美"的记载，说明到公元 11 世纪，中国已广泛栽培芥菜，其中有叶色较浅似白菜（菘）的类型，还出现了味极辣及紫色叶的变异。

明代《学圃杂书》中有"芥多种，……芥之有根者想即蔓菁，……携于归种之城北而能生"的记载。说明当时（公元 16 世纪）已分化出根芥，但被当时的人们误与蔓菁混为一谈。李时珍的《本草纲目》（1578）中"四月食之谓夏芥，芥心嫩薹，谓之芥兰，瀹食脆美。"说明当时人们未能认识芥菜中已分化出薹芥，而非芥菜中变异产生了芥兰（*B. alboglobra* Bailey）。

明代的《农政全书》的荒政篇记载了作为救荒充饥的野生芥菜："水芥菜，水边多生，苗高尺许。叶似家芥叶极小，色微淡绿，叶多花叉，茎叉亦细，开小黄花，结细短小角儿，味辣微辛。救饥，采苗叶煠熟，水漫去辣气，淘洗过，油盐调食"。"山芥菜，生密县山坡及冈野中。苗高一二尺，叶似家芥菜叶，瘦短微尖而多花。叉开小黄花结小短角儿。味辣，微甜，救饥，采苗叶拣干净，煠熟，油盐调食。"可见，野生芥菜因具有度饥、救生等有效功用而见之于明代的《农政全书》，只是由于人口的增长，垦殖拓荒的加剧，致使野生芥菜如同古老的芸薹一样在人烟稠密的农耕区泯灭了。

《涪陵县续修涪州志》（清朝乾隆51年）中有"青菜有苞有薹盐腌名五香榨菜"的记载。说明公元18世纪中叶以前在四川盆地东部的长江沿岸地区，芥菜又分化出茎芥。所谓"苞"，指茎瘤芥（*B. juncea* var. *tumida*）的瘤状凸起。且茎瘤芥经加工成产品腌渍菜的过程中有"压榨"的工艺过程，故称加工产品为"榨菜"。

4. 原始亲本和野生种的分布　1988年，陈材林等对西北地区的芥菜野生资源进行了考察，在新疆自治区的特克斯、新源、霍城、阜康等市县以及巩留的野核桃沟自然保护区，青海省的湟中、西宁，甘肃省的酒泉等地，均发现当地人称为野油菜 或野芥菜的分布，并收集了部分种子。1989—1990年进行了鉴定，证明确实是芥菜。上述地区的野油菜、野芥菜均系野生芥菜。中国西北地区既有野生类型的黑芥（*B. nigra*）和芸薹（*B. rapa*）的分布，又有黑芥与芸薹天然杂交后形成的双二倍体野生芥菜（*B. juncea*）的存在，也就是说，西北地区是野生芥菜及其原始亲本种的共存区。

二、芥菜的进化

进化是一个漫长的过程。达尔文（Charles Robert Darwin，1809—1882）自然选择学说揭示了生物有机体的竞争进化机制，生物之间为了争夺食物、空间和资源以实现最大生殖成功率进行你死我活的斗争。最近也有人提出，进化并非完全是进行你争我夺的斗争，也有共生互利的进化。

生物的进化大体上可以分成两个水平，一是物种内部的进化，叫做种内进化，即小进化；一种是物种基础上的进化，这是大进化。两个进化过程是相互联系，相互促进的。通过小进化，物种内部可以积累下许多有价值的变异，由此可以形成不同的亚种或变种。当小进化达到一定程度时，就会产生大进化。

人们对进化问题的认识，在分子生物学出现以前，主要是依据古生物学、胚胎学、细胞遗传学、比较解剖学、生物地理学的成果。其中比较直接的证据来自古生物学对化石的研究。但是，这类学科的成果证实生物进化还存在一定的局限性。例如，由于生物进化是一个连续与间断相结合的历史过程，而化石的积累往往是不完全的，有时甚至全然缺失。又如，如何把起因于共同祖先的相似性，同由于相同的生活方式、共同的生活环境等原因造成的相似性区分开来等，都存在一定的困难。近年来，随着分子生物学的兴起，出现了从分子水平开展对生物进化的研究工作。例如，有关研究表明，核酸（DNA 和 RNA ）和蛋白质分子组成单体的排列顺序中，将保留着大量的进化信息，由于分子水平的进化是通过核苷酸（或氨基酸）的相互取代进行的，所以在两个物种中相应的核酸和蛋白质的差异数目，可以提供表示它们祖先亲缘关系的某种指标。其结构越相似，亲缘关系越近，其结构差异越大，亲缘关系越远。但是芥菜的进化研究目前仍局限于常规方法，利用分子生物学方法研究的报道很少。重庆市农业科学研究所和涪陵地区农业科学研究所对芥菜各变异类型进行了形态学比较分析、细胞染色体数目鉴定和生物化学分析，提出了芥菜种以下16个变种的分类系统，即根芥、茎芥、叶芥、薹芥4大类，下属大头芥、大叶芥、小叶芥、分蘖芥、叶庙芥、长柄芥、凤尾芥、白花芥、花叶芥、宽柄芥、卷心芥、结球芥、笋子芥、茎瘤芥、抱子芥、薹芥等16个变种。研究芥菜的进化，主要是从历史资料的考证、形态学比较和生物化学分析等方面探讨芥菜种内16个变种的形成和它们相互间的亲缘关系。

（一）历史资料的考证

在芥菜的起源中，依据古代文化遗址的考察、出土文物的佐证和大量历史典籍的查阅，证实了如下事实：

1. 公元前6世纪至公元5世纪，人们只是利用芥菜的种子作调味品，那时的芥菜并不是作蔬菜食用。

2. 公元6世纪至公元15世纪，人们开始利用芥菜的叶作蔬菜食用。叶的大小、色泽等方面出现了多种变异类型。

3. 公元16世纪，出现了根芥和薹芥。在随后的几个世纪中根芥与薹芥继续分化，根芥中产生了圆柱、圆锥、近圆球形的类型，而薹芥也产生了单薹与多薹型。

4. 公元18世纪，出现了茎芥。在以后的年代中，茎芥分化出棒状肉质茎、瘤状肉质茎和主茎与腋芽同时膨大的类型。

由此可见，从历史的角度看，首先产生的是叶芥，其次产生的是根芥和薹芥，最后进化的是茎芥。在4个类群内部也同样在多方向上发生强烈的变异分化，从而形成了今天所见的16个变种。

（二）比较形态学研究

除了从历史资料的考证中可以获得一些芥菜种内进化的直接证据外，运用形态学的方法对芥菜现有的各种变异类型之间的相似性和差异性进行比较研究，再根据达尔文的进化观点以及"从简单到复杂，从低级到高级"的进化原则，也可以得到芥菜种内进化的大致趋势。

陈学群（1994）根据形态特征出现的早晚和地理分布的特点分析，提出了各类芥菜的进化过程。

1. 叶芥类各变种的产生　野生芥菜在栽培条件下，植株逐渐增大，叶片逐渐增长、增宽，叶柄逐渐增宽、增厚。其中一部分向叶柄变短，横切面变扁平的方向发展，形成大叶芥变种，另一部分向叶柄变长、横切面成半圆形的方向发展，形成小叶芥变种（图9-2）。

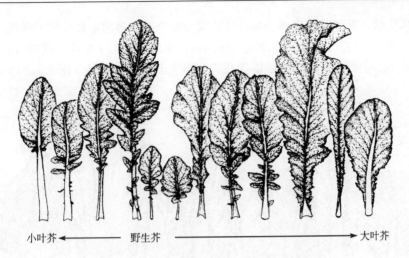

图9-2　野生芥菜向大叶芥和小叶芥的分化

(引自刘佩瑛，1996)

　　这两个变种是基本变异类型，其他变种都是在这两个变种的基础上直接或间接演化而来。

　　大叶芥在不同的栽培条件下，产生了新的变异。其短缩茎上的多个腋芽萌发，抽生多

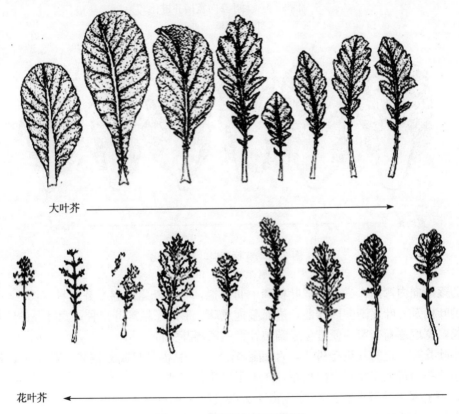

图9-3　大叶芥向花叶芥进化

(引自刘佩瑛，1996)

个分枝成丛生状，形成了分蘖芥变种；叶片深裂或全裂成多回重叠的细羽丝状，产生了花叶芥变种（图9-3）；叶柄和中肋增宽、增厚成肉质状，产生了宽柄芥变种（图9-4）；宽柄芥叶柄或中肋中部逐渐隆起形成瘤状凸起，产生了叶瘤芥变种（图9-5）；宽柄芥叶柄

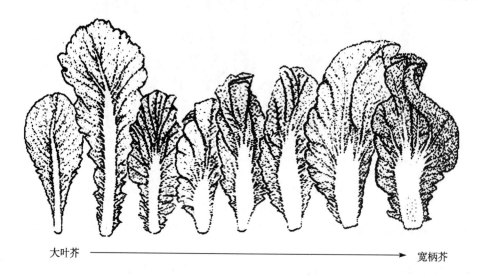

大叶芥 ──────────────────────→ 宽柄芥

图9-4　大叶芥向宽柄芥进化
（引自刘佩瑛，1996）

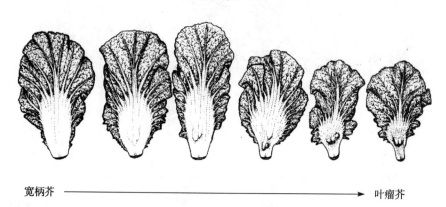

宽柄芥 ──────────────────────→ 叶瘤芥

图9-5　宽柄芥向叶瘤芥进化
（引自刘佩瑛，1996）

和中肋逐渐向内弯曲，进而形成叶柄和中肋合抱，心叶外露的卷心芥变种（图9-6）；宽柄芥的叶柄及心叶逐渐向内卷曲，进而叠抱成球，形成了结球芥变种；大叶芥的叶片进一步变长，宽度逐渐变窄，便进化成阔披针形的凤尾芥变种。

小叶芥在一定的栽培条件下，叶柄逐渐增长，中肋裂变成分枝状，产生了长柄芥变种，小叶芥的黄色花突变成白色花，产生了白花芥变种。

2. 根芥类大头芥变种的产生　由于大头芥变种的叶柄长短既有类似大叶芥的类型，又有类似小叶芥的类型，对于主根膨大这一变异性状而言，叶柄长短并非人工选择的目标性状。这种差异只是人为选择主根膨大时伴随的结果。由此认为，大头芥可能是由大叶芥

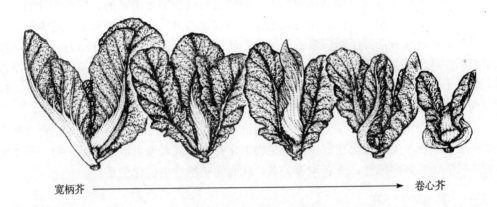

宽柄芥 ⟶ 卷心芥

图 9-6　宽柄芥向卷心芥进化

(引自刘佩瑛，1996)

和小叶芥两个变种双向演化而来。

3. 茎芥类各变种的产生　大叶芥变种的短缩茎逐渐伸长、膨大，出现了一过渡类型。这一过渡类型的基部继续膨大、伸长就产生了笋子芥变种（图 9-7）。从图 9-7可以看到由大叶芥向笋子芥演变的系列过渡类型。过渡类型的肉质茎不再继续伸长而是横向膨大，同时出现瘤状凸起，就产生了茎瘤芥变种。过渡类型横向膨大的同时，茎上的侧芽也伸长膨大成肉质，形成抱子芥变种。

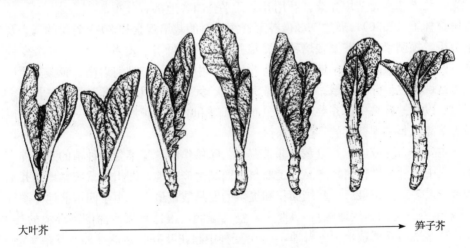

大叶芥 ⟶ 笋子芥

图 9-7　大叶芥向笋子芥进化

(引自刘佩瑛，1996)

4. 薹芥类中薹芥变种的产生　薹芥在叶柄的长短和叶片的形态上更接近大叶芥，结合薹芥分布在中国南方和历史上出现年代晚于叶芥的事实，说明薹芥可能由原始的大叶芥（叶片较现在的大叶芥窄）演化而来。但薹芥中属多薹型的品种则表现植株矮小、叶片较短窄、抽薹早、结籽多、阶段发育对环境条件要求不严格。这种生殖器官特异强化和营养器官相对原始的现象似乎比叶芥更古老，是否也有可能薹芥是直接由野生芥菜发展形成，对此问题尚有待进一步研究。

　　上述芥菜的进化过程是根据从简单到复杂的进化过程推导出来的。在人们开始农业生产后，进化的压力发生了变化，不再局限在"增加繁殖力"上了。更重要的是为了有利于被人类消费，进化方向除了适应自然条件外，还要适应人类对它的选择压力。例如茎瘤芥的繁殖不如叶用芥菜的繁殖，因为茎瘤芥在开花期遇到雨水容易腐烂，一旦腐烂就难以获得大量种子，但人类需要它，一旦有了这样的变异，便千方百计地保护它、繁殖它。这样便完成了从叶芥到茎瘤芥的进化过程。

　　单独的分子生物学手段是无法确定种内进化过程的，至今没有一个分子生物学标准能够准确地说明哪个生物进化在前，哪个生物进化在后，或者谁由谁进化而来的。分子生物学方法只能证明其同源性，或者亲缘关系，从而间接推导出进化关系。

三、芥菜的分布

（一）地域分布

　　戚春章等（1997）报道，从1986年起，全国30个科研、院校单位参加了蔬菜种质资源的收集、整理、繁种更新、编目和保存的国家科技攻关。至1995年底，全国进入农作物种质资源长期库保存的叶用芥菜种质资源967份，茎用芥菜177份，根用芥菜262份，薹芥6份，籽芥8份。茎用芥菜种质资源，集中分布在四川省，有136份，占茎用芥菜入库总数的80.0%；浙江省有11份，占6.4%；湖南省有9份，占5.2%；南方其他各省很少栽培，北方基本无茎用芥菜。叶用芥菜几乎全国各地都有分布。

　　陈材林等（1990），通过993份芥菜资源材料的栽培观察和20个省份的调查及有关资料的分析，探明了中国芥菜栽培种分属根芥、茎芥、叶芥、薹芥4大类16个变种，全国各省（区、市）除高寒干旱地区外均有栽培。其中以秦岭、淮河以南，青藏高原以东至东南沿海区域为主要分布区域。秦岭、淮河以北、大兴安岭以南，呼和浩特—长城—兰州一线以南、以东地区是中国芥菜的次要分布区。呼和浩特—长城—兰州一线以北、以西地区以及青藏高原是中国芥菜的零星分布区。

　　在主要分布区域内，芥菜栽培非常普遍，除供作鲜食蔬菜分散种植的芥菜外，还有大量的、集中成片的供作名特产品加工原料的商品生产基地。四川和重庆盆地的芥菜类型和品种数量最多，分布最广，栽培面积和提供的商品数量最大。由于四川盆地冬季气温较高（高于盆地外任何同纬度地区），日照少，空气湿润，很适宜喜冷凉潮湿环境的芥菜生长，因此，在盆地内芥菜栽培十分普通，16个变种中除花叶芥、结球芥外，其余14个变种都有分布，现拥有地方品种400余份，栽培总面积8万～10万 hm^2。在四川省和重庆市，芥菜不仅是一种大众化鲜食蔬菜，同时还普遍进行加工，每年2～3月，几乎家家户户都要制备一定数量的腌菜、酸菜或菜干，这已成为民间的传统习惯。除分散种植的芥菜外，还有集中成片种植的茎瘤芥、大头芥、大叶芥、小叶芥等商品生产基地，每年为榨菜、大头菜、冬菜、芽菜等四大名特产品提供大量的加工原料，常年加工产品20万～25万 t，其中15%左右在国外市场销售，85%左右在国内市场销售。浙江省的芥菜栽培也较普通，现有10个变种分布，集中成片种植的有茎瘤芥、大头芥、分蘖芥等，每年为浙江榨菜、五香大头菜、霉干菜等名特产品提供大量的加工原料。其中，茎瘤芥商品生产基地形成的时间较四川省晚，但发展很快，仅次于重庆市，但单位面积产量和加工产品已超过四川省。

在次要分布区域，芥菜栽培较为普遍，主要供作鲜食蔬菜和民间腌制家常咸菜，很少有集中成片种植供作名特产品加工原料的商品生产基地。该区域内有8个变种分布，有地方品种材料150余份。

在零星分布区域，芥菜栽培较少，均为分散种植，供作鲜食蔬菜和民间腌制咸菜。该区域内，有4个变种分布，有地方品种材料30余份。

（二）类群分布

除了叶用和根用芥菜外，其他类型芥菜的分布表现出严格的区域性。

1. 根芥　根芥的适应性很强，在中国各地均有分布，但不同地区，种植的规模不一样。较大规模种植供作名特产品加工原料的商品生产基地，主要在西南和长江中下游的四川、云南、贵州、湖南、湖北、江苏、浙江省等地。北方也有少量加工原料基地。

2. 茎芥　茎芥的适应性比较弱，对生态条件的要求比较严格，能够满足要求的主要有重庆市、四川盆地及长江中下游地区。

（1）茎瘤芥　18世纪至20世纪初期，茎瘤芥仅局限于重庆市（当时重庆归四川管辖）和四川省境内栽培。20世纪30年代引入浙江省，在浙江省经过不断的品种筛选，培育出了适合当地自然条件的另一生态型品种。与此同时，在栽培技术、加工工艺方面，吸取重庆市的传统经验结合浙江省的具体条件进行了改进和提高，摸索出了适合在浙江地区的高产优质栽培经验，使茎瘤芥在浙江地区迅速发展起来，并由浙江省又扩散到江苏省。目前，茎瘤芥在浙江省的种植规模和浙式榨菜的商品数量已与重庆市相当。

继浙江省之后，陕西、湖北、湖南、贵州、云南、福建、台湾、江西、广东、广西、河南、山东、安徽、黑龙江、新疆、内蒙古等省（自治区）的部分地区也先后直接或间接地引进四川的茎瘤芥进行栽培，虽然多数地区试种获得成功，但因瘤茎的经济性状和商品质量较差，至今仍没有能形成较大规模的商品生产基地。

（2）笋子芥　笋子芥肥大的肉质茎主要供作鲜食蔬菜，四川盆地大中城市近郊普遍种植，湖南、湖北、浙江、陕西、江西等省部分城市郊区也有栽培，但肉质茎的经济性状和商品质量始终不及四川盆地种植的好。此变种引至中国的南方和北方栽培，一般条件下肉质茎均不能充分膨大。

（3）抱子芥　抱子芥肥大的肉质侧芽和肉质茎主要供作鲜食蔬菜，四川省和重庆市境内分布较为普遍。近年来，贵州、湖北、湖南、安徽、陕西等省已引种栽培。此变种对外界条件要求很严格，即使是在四川省，如果播种期过早或过晚，都会影响侧芽的膨大。

3. 叶芥　叶芥是一个庞大的群体，有11个变种，它们之间对生态条件的适应性差异较大，分布的广泛性和区域性也十分明显。

（1）大叶芥　大叶芥的适应性很强，中国各省（区）市均有分布，特别是海拔较高、较为寒冷的地区，栽培芥菜以此变种为主。但是，较大规模集中栽培供作名特产品加工原料的商品生产基地，目前还只限于福建、四川、重庆、贵州、广东等省（自治区）境内。

（2）小叶芥　小叶芥的分布较为广泛，除西藏、青海、新疆、内蒙古、宁夏、北京、天津、上海等省（自治区、直辖市）外，其他地区均有栽培，但以四川、重庆、陕西、福建、云南、贵州、河南等省（市）种植较多。目前，较大规模集中栽培供作名特产品加工原料的商品生产基地，还只限于四川境内。

（3）分蘖芥　分蘖芥的分布也较为广泛，除云南、贵州、广西、西藏等省（自治区）外，其余各省份均有种植，而以江苏、浙江两省种植较多。目前，较大规模集中栽培供作名特产品加工原料的商品生产基地，还只限于江苏、浙江、湖南等省境内。

（4）花叶芥　花叶芥主要分布于浙江、江苏、上海等省（市），福建、台湾、江西、安徽、湖南、贵州、云南、陕西、山西、河南、河北、甘肃、黑龙江、青海、内蒙古等省（自治区）有少量栽培。

（5）叶瘤芥　叶瘤芥主要分布于四川、江苏、湖南、广西等省（自治区），浙江、广东、上海、福建、台湾、江西、安徽、湖北、云南等省（市）也有少量栽培。

（6）宽柄芥　宽柄芥主要分布于四川省和重庆市。陕西、浙江、河北、贵州、云南、湖北、湖南、江西、江苏、上海、福建、广西、广东等省（自治区）市也有少量栽培。

（7）结球芥　结球芥主要分布于广东、福建、广西、台湾、湖南等省（自治区），而以广东省栽培较多。目前，较大规模集中栽培供作名特产品加工原料的商品生产基地，还只限于广东省境内。结球芥在很适合茎瘤芥生长的重庆市和四川省如果不采取特殊的措施，不能结球。

（8）卷心芥　卷心芥主要分布于四川、湖南、贵州、云南等省，而以四川省栽培较普遍。

（9）长柄芥　长柄芥只在重庆市及四川省的东部、北部和南部的个别市、县有分布，其他省份目前尚无此变种栽培。

（10）凤尾芥　凤尾芥只在重庆市及四川省的中部、东部和西南部的个别市、县有分布，中国的其他省份目前尚无此变种栽培。

（11）白花芥　白花芥只在四川省南部的个别市、县有分布，其他省份目前尚无此变种栽培。

4. 薹芥　薹芥类只有薹芥 1 个变种，此变种分单薹和多薹两个基本类型。多薹型主要分布在四川省东部；单薹型主要分布在江苏、浙江、河南等省，广东、广西、福建、江西、安徽、湖北、陕西等省、自治区也有少量栽培。

第三节　芥菜的分类

芥菜种以下的分类比较复杂，前期由于资料和材料的限制以及各学者的观点不一，导致了不同的分类结果。最近的一次分类结果，把芥菜分为 16 个变种，基本上得到了同行的认可。

一、植物学分类

芥菜［*Brassica juncea*（L.）Czern et Coss.］属于十字花科（Cruciferae）芸薹属芥菜种，是芸薹属中 A 基因组（黑芥 *Brassica nigra* L.）与 B 基因组（芸薹 *Brassica rapa* L.，也有人认为 *Brassica campestris*）天然杂交后形成的双二倍体复合种，含有 A、B 两

套染色体组，染色体基数 x＝10（A 染色体组的基数）＋8（B 染色体组的基数）＝18。
2n＝2x＝36。

芥菜的分类有过不少研究报道，由于受当时当地条件的限制，看法不一，得出的结论
多种多样。最近的分类研究报道来自于杨以耕、陈材林（1989），这是他们在系统总结前
人研究的基础上，对中国现有芥菜种质资源进行全面收集、观察后的研究结果，也是目前
对芥菜的变异类型包括得最全面的一个分类结果，已被中国同行认可和接受。在此以前的
分类情况在刘佩瑛编著的《中国芥菜》（1996）中已有详细介绍，在这里不再赘述，现将
杨以耕、陈材林的分类研究结果介绍如下。

在这个分类系统中，将芥菜分为 16 个变种。

（一）大头芥（var. *megarrhiza* Tsen et Lee）

株高 30～70cm。叶浅绿、绿、深绿或酱红色；长椭圆形或大头羽状浅裂或深裂，叶
长 30～45cm，宽 15～20cm，叶柄长 6～15cm，宽约 0.8～1.0cm，厚约 0.9cm；叶面平
滑，无刺毛，蜡粉少，叶缘细锯齿。肉质根圆球、圆柱、圆锥形；长约 15cm，横径约5～
10cm，入土 1/2～1/3，表皮地下部白色，地上部浅绿色，表面光滑，肉白色，单根鲜重
0.45～0.60kg（图 9 - 8）。

（二）茎瘤芥（var. *tumida* Tsen et Lee）

株高 40～70cm，开展度 50～70cm。叶色浅绿、绿、深绿或酱红；叶椭圆形或长椭圆
形或倒卵形，长约 50～70cm，宽约 25～30cm，叶缘浅裂、细锯齿或大头羽状深裂，裂片
2～4 对，叶面微皱，刺毛稀疏或无刺毛，少被蜡粉或无蜡粉。瘤茎纺锤形或近圆球形或
扁圆球形或羊角形，长 10～16cm，横径 10～15cm，皮色浅绿或绿色，肉质茎单个鲜重
0.5～0.7kg（图 9 - 9）。

（三）笋子芥（var. *crassicaulis* Chen et Yang）

株高 50～70cm，开展度 60～70cm。叶绿或浅绿色，椭圆形或长椭圆形或倒卵形，叶长
50～60cm，宽 25～30cm；叶缘浅裂或锯齿状，叶面微皱或中皱，叶背有刺毛，无蜡粉；叶
柄长 4.0～4.5cm，宽 5.6～6.0cm，厚 0.8～1.1cm，横断面呈弧形；叶上无刺毛或刺毛稀
疏，少被蜡粉。茎肥大肉质，茎上无明显凸起物，皮色浅绿，无刺毛或少刺毛，无蜡粉或少
被蜡粉，茎长 25～40cm，直径 6～10cm，形似莴笋，单茎鲜重 0.5～1.5kg（图 9 - 10）。

（四）抱子芥（var. *gemmifera* Lee et Lin）

株高 50～70cm，开展度 60～80cm。叶浅绿或绿色，椭圆或卵圆形，长 30～50cm，
宽约 30cm，叶面微皱或平滑，刺毛多或无刺毛，无蜡粉，叶缘细锯齿或波状；叶柄长
0.5～5.0cm，宽 6～7cm，厚 1.3～1.6cm。肉质侧芽呈扁角形、长扁圆形或圆锥形，每
株 20～30 个，鲜重 1.0～2.0kg，最大侧芽长 15～18cm，宽 4～7cm，厚 3～4.5cm。肉质
茎呈圆锥形或棍棒形，纵长 20～25cm，横径 9.0～15cm，鲜重 0.6～1.0kg，全株鲜重
2～2.5kg（图 9 - 11）。

图 9-8 大头芥

图 9-9 茎瘤芥

图 9-10 笋子芥

图 9-11 抱子芥

图 9-12 大叶芥

图 9-13 小叶芥

图 9-14 白花芥

图 9-15 花叶芥

图 9-16 长柄芥

图 9-17 凤尾芥

图 9-18 叶瘤芥

图 9-19 宽柄芥

（五）大叶芥（var. *rugosa* Bailey）

株高 55～80cm，开展度 60～70cm。叶片椭圆形、长椭圆形或倒卵形，长 55～80cm，宽 22～30cm；绿色或深绿色，叶面平滑，无刺毛，无蜡粉，叶缘细锯齿。叶柄长 2～6cm，宽 3.3～4.9cm，厚约 1.0cm，横断面呈弧形。叶片长宽比约 2.5：1，叶柄长不到叶长的 1/10，中肋宽度小于或等于叶柄宽度。单株重 1.2～1.4kg（图 9-12）。

（六）小叶芥（var. *foliosa* Bailey）

株高 60～75cm，开展度 55～60cm。叶片椭圆形、长椭圆形或倒卵圆形，长 50～74cm，宽 20～27cm，叶色浅绿或绿，叶面中皱，无刺毛，被蜡粉，叶片上部全缘，下部羽状全裂，裂片小而密；叶柄长 18～34cm，宽 2.2～3.0cm，横断面呈半圆形，叶片长宽比约1.8：1，叶柄长接近叶长的 4/10，中肋宽度小于叶柄宽度。单株重约 1.5kg（图 9-13）。

（七）白花芥（var. *leucanthus* Chen et Yang）

株高 65～70cm，开展度 85～90cm。叶浅绿色，长椭圆形，长 74～81cm，宽 25～29cm，叶缘波状，叶面中等皱缩，两面无刺毛；叶柄长 27～33cm，宽 2.6～3.7cm，厚 1.1～1.4cm，横断面呈半圆形，柄上无刺毛，被蜡粉；叶片长宽比约 1.8：1，叶柄长接近叶长的 4/10，中肋宽度小于叶柄宽度。开白花，花柄长 1.8～2.2cm，萼片长 0.8cm，花冠开放直径 2.1～2.2cm，平展部分长 0.8～0.9cm，宽 0.7cm。角果着生密度为 1.1 个/cm，果柄长 1.7～2.0cm，果身长 3.5～4.3cm，喙长 0.7～0.8cm。花期 3～4 月，角果成熟期 4～5 月。单株重 1.8～2.0kg（图 9-14）。

（八）花叶芥（var. *multisecta* Bailey）

株高 30～58cm，开展度 34～80cm。叶片椭圆形或长椭圆形，长 74～81cm，宽 25～29cm；绿色或深绿色，叶缘深裂成细丝状或全裂成多回重叠的细羽丝状。叶柄长 7～9cm，宽 1.1～2.3cm，厚 1.1～1.3cm，横断面近圆形。叶片长宽比约 2.5：1，叶柄长度为叶长的 2/10 左右，中肋宽度小于叶柄宽度。单株鲜重约 0.8kg（图 9-15）。

（九）长柄芥（var. *longepetiolata* Yang et Chen）

株高 44～53cm，开展度 50～70cm。叶绿色或浅绿色，叶片阔卵圆形或扇形，叶长 42～50cm，宽 18～26cm；叶缘呈细锯齿状，深裂或全裂，且多褶皱，叶面微皱，两面无毛，两侧略向内卷，掌状网脉，中肋裂变成 3～5 个分枝，分枝上着生阔卵圆形或圆扇形裂片，呈假复叶状；叶柄长 26～29cm，宽 1.8～3.0cm，厚 0.5～0.8cm，横断面呈半圆形，柄长无刺毛，被蜡粉。叶片长宽比约 0.8：1，叶柄长为叶长的 6/10 左右。单株鲜重 0.7～1.0kg（图 9-16）。

（十）凤尾芥（var. *linearifolia* Sun）

株高 63～68cm，开展度 84～89cm。叶披针形或阔披针形，长 76～85cm，宽 12～

14cm；叶深绿色，叶面微皱，无刺毛，无蜡粉，叶缘全缘或深裂；叶柄长 8～10cm，宽 3.2～4.1cm，横断面近圆形。叶片长宽比约 6：1，叶柄长为叶长的 1/10 左右，中肋宽度小于叶柄宽度。单株鲜重 1.3～1.5kg（图 9-17）。

（十一）叶瘤芥（var. *strumata* Tsen et Lee）

株高 40～60cm，开展度 55～70cm。叶片椭圆形或长椭圆形，长 44～69cm，宽 27～35cm；叶绿色或深绿色，叶面中皱或多皱，无刺毛或刺毛稀疏，无蜡粉，叶缘上部细锯齿，下部羽状浅裂或深裂或二回羽状深裂或浅裂；叶柄长 5～8cm，宽 3.5～5cm，中肋宽 5.5～9.0cm。叶柄或中肋上正面着生一个卵形或奶头状凸起肉瘤，肉瘤纵长 4～6cm，横径 4～5cm。单株鲜重 1.2～1.5kg（图 9-18）。

（十二）宽柄芥（var. *latipa* Li）

株高 50～70cm，开展度 60～100cm。叶片椭圆形，卵圆形或倒卵形，长 52～68cm，宽 30～43cm；叶色绿、深绿或黄绿色，叶面中皱或多皱，无刺毛或刺毛稀疏，被蜡粉，叶缘细锯齿、浅裂或深裂；叶柄长 3.2～5.5cm，宽 4.6～6.5cm，横断面呈扁弧形。中肋宽 13.5～17.0cm，叶片长宽比约 1.5：1，叶柄长不到叶长的 1/10，中肋宽与叶宽之比约 2.5：1。单株鲜重 1.2～2.0kg（图 9-19）。

（十三）卷心芥（var. *involuta* Yang et Chen）

株高 36～50cm，开展度 55～70cm。叶绿色、浅绿色或紫色，叶片椭圆或阔卵圆形，长 45～60cm，宽 30～38cm；叶缘锯齿或浅裂，叶面中皱或多皱，两面均有稀疏的刺舌，被蜡粉；中肋特别发达，其宽度为叶柄宽度的 2.5～2.8 倍；叶柄长 3～6cm，宽 5～8cm，厚 1.2～14cm，横断面呈扁弧形，柄上刺毛稀疏，被蜡粉。叶柄和中肋抱合，心叶外露，呈卷心状态。单株鲜重 1.0～1.2kg（图 9-20）。

（十四）结球芥（var. *capitata* Hort et Li）

株高 30～35cm，开展度 35～50cm。叶片阔卵形，长 34～55cm，宽 30～52cm，叶缘全缘或细锯齿，叶面微皱，无蜡粉、刺毛；叶柄长 5～7cm，宽 5～7cm，横断面呈扁弧形，中肋宽 12～15cm，为叶柄宽的 9 倍以上。心叶叠抱成球状，叶球高 14～20cm，横径 16～19cm。单球鲜重 0.7～1.0kg 左右（图 9-21）。

（十五）分蘖芥（var. *multiceps* Tsen et Lee）

株高 30～35cm，开展度 53～58cm。叶片多，叶形多样，以披针形、倒披针形或倒卵形为主，叶色浅绿、绿或深绿；叶面平滑，无刺毛，被蜡粉，叶缘呈不规则锯齿或浅裂、中裂、深裂；叶柄长 30～40cm，宽约 5.0～9.0cm，叶柄长 2～4cm，宽 1.0～1.3cm，厚约 0.6cm，横断面近圆形。叶片长宽比约 3：1，叶柄长为叶长的 1/10 左右。单株短缩茎上的侧芽在营养生长期萌发 15～30 个分枝而形成大的叶丛。单株鲜重 1.0～2.0kg（图9-22）。

图 9-20 卷心芥　　　　　　　　　图 9-21 结球芥

图 9-22 分蘖芥　　　　　　　　　图 9-23 薹芥

（十六）薹芥（var. *utilis* Li）

株高 45~50cm，开展度 60~70cm。叶倒披针形、披针形或倒卵形，叶长 36~60cm，宽 4~27cm；绿色或深绿色，叶面平滑，无刺毛，无蜡粉，叶缘具不等的锯齿；叶柄长 0.5~4.0cm，宽 1.0~4.0cm，横断面近圆形或扁圆形，叶片长宽比约 2~8：1。薹芥又分为顶芽生长快、侧薹不发达的单薹型和顶芽、侧芽生长均较快，侧薹发达的多薹型两种类型。单株分枝 1~9 个。单株鲜重 0.8~1.0kg（图 9-23）。

其中 11 个是在此以前命名的，5 个是这次新增加的。新增加的包括白花芥、笋子芥、卷心芥、长柄芥、抱子芥。其中前 4 个变种由重庆市农业科学研究所的杨以耕和涪陵农业科学研究所的陈材林等人发现、鉴定和命名。后一个变种由四川农学院（现在的四川农业大学）林艺和浙江农业大学（现在的浙江大学）李曙轩发现、鉴定和命名。

16 个变种，可以用以下检索表区别：

1. 主根肥大肉质 ·· 大头芥（var. *megarrhiza* Tsen et Lee）
1. 主根不肥大肉质
  2. 茎肥大肉质
    3. 茎上侧芽肥大肉质 ································ 抱子芥（var. *gemmifera* Lee et Lin）
    3. 茎上侧芽不肥大肉质
      4. 茎膨大呈棒状，茎上无明显的凸起物，形似莴笋 ······ 笋子芥（var. *crassicaulis* Chen et Yang）
      4. 茎膨大呈瘤状，茎上叶基外侧有明显的瘤状凸起 3~5 个·····························

　　　　　　　　　　　　　　　　………………………………………………… 茎瘤芥（var. *tumida* Tsen et Lee）
　2. 茎不肥大肉质
　　5. 顶芽和侧芽抽薹早，花茎肥大肉质 ……………………………………… 薹芥（var. *utilis* Li）
　　5. 顶芽和侧芽抽薹迟，花茎不肥大肉质
　　　6. 营养生长期短缩茎上侧芽萌发成多数分蘖 ……………… 分蘖芥（var. *multiceps* Tsen et Lee）
　　　6. 营养生长期短缩茎上侧芽不萌发成分蘖
　　　　7. 叶宽大，叶柄短而阔
　　　　　8. 叶柄或中肋上有瘤状凸起物 …………………………… 叶瘤芥（var. *strumata* Tsen et Lee）
　　　　　8. 叶柄和中肋上无瘤状凸起物
　　　　　　9. 叶柄和中肋宽大，叶柄横断面呈扁弧形
　　　　　　　10. 心叶叠抱成球状 …………………………………… 结球芥（var. *capitata* Hort et Li）
　　　　　　　10. 心叶不叠抱成球状
　　　　　　　　11. 叶柄和中肋合抱，心叶外露 ………………… 卷心芥（var. *involuta* Yang et Chen）
　　　　　　　　11. 叶柄和中肋不合抱 ………………………………… 宽柄芥（var. *latipa* Li）
　　　　　　9. 叶柄较阔，中肋不宽大，叶柄横断面呈弧形 ……… 大叶芥（var. *rugosa* Bailey）
　　　　7. 叶较小，叶柄长而窄
　　　　　12. 叶片狭长，叶柄横断面近圆形
　　　　　　13. 叶缘深裂或全裂成多回重叠的细羽丝，状如花朵…………………………………
　　　　　　　………………………………………………… 花叶芥（var. *multisecta* Bailey）
　　　　　　13. 叶缘全缘 ……………………………………… 凤尾芥（var. *linearifolia* Sun）
　　　　　12. 叶片较短圆，叶柄横断面呈半圆形
　　　　　　14. 叶柄较叶片长，叶片呈阔卵形或扇形，掌状网脉……………………………………
　　　　　　　……………………………………… 长柄芥（var. *longepetiolata* Yang et Chen）
　　　　　　14. 叶柄较叶片短，叶片呈椭圆形或倒卵形，羽状网脉
　　　　　　　15. 花较小，花瓣呈黄色 …………………………… 小叶芥（var. *foliosa* Bailey）
　　　　　　　15. 花较大，花瓣呈乳白色 ……………… 白花芥（var. *leucanthus* Chen et yang）

二、栽培学分类

　　根据芥菜的栽培学特性，可以将其分为根芥、茎芥、叶芥和薹芥四大类。根芥只有 1 个类型，即大头芥。茎芥中有 3 个类型，薹芥有 2 个类型，叶芥的类型最多，有 11 个类型。

（一）根芥

　　根膨大成肉质，是主要的产品器官。肉质根可分为圆锥根、圆柱根和近圆球根 3 类。
1. 圆锥形　肉质根上大下小，类似圆锥，根长 12～17cm。
2. 圆柱形　肉质根上下大小基本接近，肉质根长 16～18cm，粗 7～9cm。
3. 近圆球形　肉质根长 9～11cm，粗 8～12cm，纵横径基本接近。

（二）茎芥

　　茎膨大成为主要产品器官。茎芥包括茎瘤芥、笋子芥和抱子芥 3 类。
　　茎瘤芥也叫榨菜（主要指其加工产品），青菜头。它的主要特点是茎膨大呈瘤状，茎上叶

基外侧有明显的瘤状突起 3～5 个。根据瘤茎和肉瘤的形状，茎瘤芥可分为 4 个基本类型。

1. 纺锤形　瘤茎纵径 13～16cm，横径 10～13cm，两头小，中间大。

2. 近圆球形　瘤茎纵径 10～12cm，横径 9～13cm，纵横径基本接近。

3. 扁圆球形　肉瘤大而钝圆，间沟很浅，瘤茎纵径 8～12cm，横径 12～15cm，横径/纵径大于 1。

4. 羊角形　肉瘤尖或长而弯曲，似羊角，只宜鲜食，不宜加工。

（三）叶芥

在芥菜中，叶芥的类型最丰富，共有 11 个类型：大叶芥、小叶芥、白花芥、花叶芥、长柄芥、凤尾芥、叶瘤芥、宽柄芥、卷心芥、结球芥和分蘖芥等。11 个类型正好对应于 11 个变种。

1. 大叶芥　叶宽大、叶柄短而阔、叶柄横断面呈弧形、中肋不宽大。

2. 小叶芥　叶较小，叶柄长而窄，叶片较短圆，叶柄横断面呈半圆形，花较小。

3. 白花芥　与小叶芥相比，花较大，花瓣呈乳白色，其他性状与小叶芥相似。

4. 花叶芥　叶较小，叶缘深裂或全裂成多回重叠的细羽丝，状如花朵，叶柄长而窄，横断面近圆形。

5. 长柄芥　叶较小，叶柄长而窄，叶片较短圆，呈阔卵形或扇形，掌状网脉，叶柄横断面呈半圆形。

6. 凤尾芥　叶较小，叶片长而窄，叶柄横断面近圆形，叶缘全缘。

7. 叶瘤芥　叶宽大，叶柄短而阔，叶柄或中肋上有瘤状凸起。

8. 宽柄芥　叶宽大，叶柄短而阔，中肋宽大，叶柄横断面呈弧形，叶柄和中肋不合抱。

9. 卷心芥　叶柄和中肋合抱，心叶外露，其他性状与宽柄芥相似。

10. 结球芥　心叶叠抱成球状。

11. 分蘖芥　营养生长期短缩茎上侧芽萌发成多数分蘖。

（四）薹芥

主花薹或主花薹和侧花薹发达，抽生早，柔嫩多汁，以薹作为主要产品，叶也可以食用和加工，根据薹的多少，可分为以下 2 类。

1. 单薹芥　顶芽生长快，侧薹基本上不发育。

2. 多薹芥　顶芽和侧芽生长均较快，侧薹也发达。

第四节　芥菜的形态特征与生物学特性

一、形态特征

（一）根

芥菜的根分为两大类，一类是根用芥菜的肉质根及其上面的须根；一类是非根用芥菜的根。这两类根在植物学形态上，差别很大。根用芥菜的根分为两部分，一部分是肉质根，一部分为吸收根——须根。其中肉质根的形态有圆柱形、圆锥形和近圆球形之分。肉质根分为根头部、根颈部和真根部，其中根头部和根颈部都在地面上，只有真根位于地下。真根部分的下半部分周围着生须根，以吸收水分和营养物质。

（二）茎

芥菜的茎在营养生长阶段分为 5 类，即瘤茎（茎瘤芥）、儿茎（儿芥）、笋茎（笋子芥）、薹茎（薹芥）和短缩茎（叶芥和根芥类）。生殖生长阶段，所有类型芥菜的茎都伸长，形成花茎，并产生多级侧枝。

（三）叶

芥菜的叶片形态差别很大，叶片有椭圆、卵圆、倒卵圆、披针等形状，叶色有绿、深绿、浅绿、绿色间血丝状条纹及紫红色等；叶面有平滑、皱缩之分；叶缘锯齿状或波状，全缘或基部浅裂或深裂，或全叶具有不同大小深浅的裂片；叶片中肋或叶柄有的扩大成扁平状，有的伸长（长柄芥），或伸长呈箭杆状，有的形成不同形状的突起，或曲折、包心结球（结球芥）。

（四）花

芥菜的花序为总状花序，花器由花萼、花冠、雄蕊、雌蕊和蜜腺等部分组成。花萼 4 片，完全分离，蕾期呈绿色，随后逐渐转变成黄绿色。花冠由 4 个花瓣组成，蕾期及始花期各花瓣互相旋叠，花朵盛开时，花瓣完全分离平展呈十字状，花瓣的颜色，大部分为黄色或鲜黄色，但白花芥的花瓣为白色。雄蕊包括 6 个小蕊，四长两短，称四强雄蕊。雌蕊单生，子房上位，有 4 个蜜腺。

（五）果实与种子

芥菜的果实为长角果。由果喙、果身和果柄组成。果喙长 0.4～1cm，果身长约 3～4cm，果柄长 1.2～2.5cm。嫩果绿色，以后逐渐转黄，果瓣有强棱。每角果内有种子约 10～20 粒，种子干燥后略收缩，而稍呈念珠状。

芥菜种子呈圆形或椭圆形。色泽有红褐、暗褐等。正常无病种株的种子千粒重为 1g 左右。种子色泽受收获时间的影响比较大，收获较早者，种子偏红，收获过迟者，种子偏暗褐色。种子千粒重受品种、留种方式、收获时间、着生部位以及生长环境条件的影响。大株留种的种子产量最高，中株留种的次之，小株留种的最低。

二、对环境条件的要求

（一）温度

芥菜喜温和的气候条件，生长适温一般在 12～22℃。不同的生长发育阶段对温度的要求不一样，总体说，前期要求较高的温度，器官形成期要求较低的温度。发芽出土期，适温为 25℃左右，幼苗期为 22℃左右，莲座期为 15～20℃，产品器官形成期对温度的要求，变种之间有较大的差异。茎瘤芥的茎膨大最适温度约为 15℃以下的温度，无论营养生长有多么旺盛，如果温度高于最适温度太多，茎也不会膨大。瘤茎开始膨大后，最适于肉质茎发育的温度为旬均温 6～10℃。关于笋子芥与抱子芥产品器官生长发育的最适温度，很少有专门的研究报道，但从主产区的分布来看，笋子芥和抱子芥对温度的要求基本上与茎瘤芥一致。叶芥产品形成期适宜温度为 10～15℃，其中结球芥、卷心芥、对温度要求比较严格，其他叶芥对温度的要求不如结球芥和卷心芥的严格，且较耐高温，故雪里蕻、南风芥、歪尾大芥菜等可周年栽培（生长期也较短）。根芥产品形成期适宜温度为 10～18℃。结球芥品种之间对温度的要求有很大的差异。如结球芥中的哥劳大芥菜只有在 10～15℃温度条件下才良好结球，而鸡心芥的适应性强，在 19℃以下的温度条件下均结球良好。重庆市和四川省是绝大部分芥菜的最适生产区，但结球芥在这里却很难结球。只有在冬季温度较高的广东、福建和台湾省结球良好，可见结球芥产品形成期所要求的最适温度比较高。芥菜的生殖生长对温度的要求与其他十字花科蔬菜不一样。芥菜不需要低温春化。在 25℃左右恒温的人工气候生长箱内，一年可繁殖 4～5 代。

（二）光照

光对芥菜的影响的研究报道很少。郭得平（刘佩瑛等，1996）以浙桐 1 号茎瘤芥为材料在杭州于 8 月中旬播种，苗龄 1 个月，移栽成活后，即给以光照长短不同的 3 个处理，即长日照，每天以日光灯增长为 16h，短日照，每天缩短光照至 8h，对照为自然光照，每天约 12h。结果表明，茎瘤芥植株鲜重的增加以对照为最快，重量最大，植株生长健壮；短日照下植株鲜重增加缓慢，长势不良；长日照下，植株鲜重增加居上述两者之间。从总的生长来看，长日照下，茎重增加最快，但偏向于伸长生长，粗度几无增加，且于 11 月中旬即抽薹开花。对照在 10 月底开始形成瘤茎，瘤茎的增重较快、较大，且以增粗为主，特别是后期。而短日照下，虽在 11 月中旬即有瘤茎膨大迹象，但茎的增重缓慢，后期的增长以增粗为主。

（三）水分

芥菜喜湿，但不耐涝。要求土壤有充足的水分，并经常保持湿润。一般适宜土壤湿度为田间最大持水量的 80%～90%，适宜空气相对湿度为 60%～70%。芥菜有一定的抗旱能力，但土壤水分不足，不仅会影响产量，而且产品质量也会变劣。

（四）土壤与营养

芥菜对土壤有较强的适应性，但以土壤肥沃、土层深厚、有机质丰富、保水保肥力强的土壤为好。芥菜在 pH 为 6～7.2 的微酸性土壤中生长良好。据研究（周建民，1993）每生产 500kg 鲜茎瘤芥，需吸收纯氮 2.74kg，纯磷 0.27kg，纯钾 2.68kg。养分吸收的高峰期为茎瘤膨大初期，这个时期氮的吸收占总吸收量的 53.5%，磷占 48.3%，钾占 52.1%。适量施氮，可以显著增加茎瘤氨基酸总量、必需氨基酸和鲜味氨基酸含量。施磷能增加必需氨基酸的含量。施钾能降低苦味氨基酸的含量。

第五节 中国的芥菜种质资源

一、概况

菜用芥菜起源于中国，其他国家的芥菜种质资源很少，也较少栽培，很少研究，只有亚洲少数国家有些零星报道，而中国芥菜种质资源的研究相对比较多。1953 年原西南农业部组织有关单位深入产区进行调查，收集地方品种资源，之后，西南农学院（现西南大学）、重庆市农业科学研究所、涪陵地区农业科学研究所（现涪陵农业科学研究所）于 1963 年、1965 年、1973—1974 年、1976 年在重庆市长江两岸产区开展了品种资源的调查和鉴定。发现当地的三层楼、枇杷叶、鹅公包、三转子、潞酒壶和蔺市草腰子等品种比较优良，在当地大面积栽培。1980—1984 年，重庆市农业科学研究所和涪陵农业科学研究所与农、商部门配合，对分布在四川省和重庆市的茎用芥菜品种资源进行了全面的调查、收集，收集了茎瘤芥品种 100 余份（余贤强，1993），为茎用芥菜育种工作提供了丰富的种质资源。

"七五"期间，由涪陵农业科学研究所和重庆市农业科学研究所共同承担了科技部立项的芥菜种质资源调查项目，在全国范围内开展了芥菜种质资源的调查收集工作，共收集整理出了 1 000 多份材料。陈材林和杨以耕通过种质资源的调查，发现了 4 个新变种：白花芥、笋子芥、卷心芥和长柄芥。

二、抗病种质资源

对通过人工接种来鉴定芥菜品种抗病性的研究报道不多，目前只有对芜菁花叶病毒（TuMV）的抗病性进行过人工接种鉴定。总的来看，茎芥的病毒病特别严重，现有的品种中，高抗的材料很少。李予新等（1988）对根芥、茎芥、叶芥地方品种 175 个，品系 187 份进行苗期人工接种鉴定，结果只有大叶芥品种弥度绿杆一份材料是抗病的。该品种叶大微皱，倒卵形，叶柄短，半直立，生长势旺，历年病情指数低且相对稳定。大流行的 1979 年蔺市草腰子自然感病病情指数达 97.0，而弥度绿杆仅 3.0。李予新（1992）对从全国各地收集来的 658 份芥菜材料再次进行抗病性鉴定，结果只有 2 份抗病材料，一是来自重庆大足的冬菜（单薹芥品种），一是来自浙江温州的中信芥早。

何道根（2005）对来自浙江、四川、云南的 13 个笋子芥品种对病毒病的田间抗性进行了调查，结果表明没有完全免疫的材料，但抗病的材料有温岭白皮笋菜、温岭青皮笋菜和临海芥菜株。一般茎皮部浅绿色的品种发病较轻，绿色和深绿色的品种则病情最轻，随着皮色加深，发病越轻，对病毒病的抗性越好。结球芥中，抗病毒病的品种有三棱婆、赤叶大雷、秋月、南研、白沙抗病等品种（李辉等，2004）。晚芥菜、乌短叶、白沙抗病晚芥菜、白沙杂交 8 号晚芥菜、包心晚芥菜、赤叶哥劳晚包心芥菜等品种的抗病性也较强。

从笔者的田间种植经验来看，红叶类型的茎瘤芥对病毒病的抗性较强，但瘤茎特性不太好。

三、抗逆种质资源

郑木深等（2006）用南研包心芥菜、坝（2）晚芥菜、坝（1）晚芥菜、新杂半乌赤、乌短叶、白沙迟花晚芥（对照）、白沙抗病晚芥菜、白沙三棱婆包心芥菜、白沙杂交8号晚芥菜、包心晚芥菜、赤叶大雷、赤叶哥劳晚包心芥菜、秋月包心芥菜等13个品种作材料，进行了田间抗逆性鉴定，结果表明：

1. 抗热性 参试的13个品种耐热性均较强，试验中未观察到因抗热性差而引起的一般品种易发生的花叶病、烂根病、红叶等症状。

2. 抗寒性 参试各品种耐寒性较强，在2004年12月受极端低温（0～3℃）影响下，除坝（2）晚芥菜受冻后生长恢复较慢外，其他品种均迅速恢复正常生长。

王松华（2005）用4个芥菜品种进行耐铜性试验，结果表明：光头芥菜为抗铜品种。

四、优异种质资源

（一）根用芥

1. 缺叶大头菜 四川省内江市地方品种。株高49～53cm，开展度72～78cm。叶长椭圆形，最大叶长61cm，宽16cm，深绿色，叶面平滑，无刺毛，蜡粉少，大头羽状全裂，头部叶缘重锯齿，叶柄长17cm。肉质根圆柱形，纵径15cm，横径9.0cm，入土约3.0cm，皮色浅绿，地下部皮色灰白，表面较光滑，单根鲜重450～500g。肉质根产量37 500kg/hm² 左右。

2. 小叶大头菜 重庆市大足县地方品种。株高30～35cm，开展度42～48cm。叶椭圆形，最大叶长34cm，宽10cm，绿色，叶面平滑，无刺毛，蜡粉少；叶片上部边缘具细锯齿，下部羽状全裂，裂片3～4对，叶柄长7.0cm。肉质根圆柱形，纵径16cm，横径8.0cm，入土约5.0cm，皮色浅绿，地下部皮色灰白，表面光滑，单根鲜重450～500g，叶丛较小，经济产量高。肉质根质地致密，含水量低，芥辣味浓，品质好。耐肥，耐寒。肉质根产量30 000～37 500kg/hm²。

3. 大五缨大头菜 江苏省淮安市地方品种，在淮安等地已栽培多年。株高35cm左右，开展度35～40cm。叶长椭圆形，最大叶长33cm，宽12cm，深绿色，叶面微皱，叶缘具浅缺刻。肉质根圆锥形，纵径12cm，横径10cm，入土约3.0cm，皮色浅绿，地下部皮色灰白，表面光滑，单根鲜重350g左右。肉质根质地嫩脆，芥辣味浓，皮较薄。耐寒，耐病毒病。肉质根产量34 500kg/hm² 左右。

4. 花叶大头菜 云南省昆明市地方品种。株高38～40cm，开展度45～48cm。叶椭圆形，最大叶长38cm，宽13cm，绿色，叶缘全裂。肉质根短圆柱形，纵径10.5cm，横径8.0cm，单根鲜重350～400g，入土3.5cm，皮色浅绿，地下部皮色灰白，表面粗糙易裂口。肉质根产量37 500kg/hm² 左右。

5. 科丰1号 华北、华东和华中地区栽培品种。肉质根钝圆锥形，皮青白光滑润泽，商品性佳，单个肉质根重1～1.5kg。植株生长势旺，抗病虫、抗逆性强、耐高温、抗霜冻。肉质根产量112 500kg/hm² 左右。

作为加工原料的根用芥菜主栽品种和优异品种很多，如上面提到的缺叶大头菜，以及马尾丝大头菜、马脚杆大头菜等均为加工品"内江大头菜"的原料主栽品种；加工品"成都大头菜"则主要以荷包大头菜、青叶大头菜等品种为原料；津市凤尾菜的腌渍加工品亦称"津市凤尾菜"，为湖南省的出口土特产品；狮子头芥菜则是湖北省特产"襄樊大头菜"的主要原料品种。此外，还有江苏省南部太湖流域的小五缨大头菜、大五缨大头菜，云南昆明市郊的花叶大头菜等。

（二）茎用芥

茎用芥菜包括 3 个变种，既可以鲜食，又可以加工，但鲜食和加工的品质要求不一样。

1. 笋子芥　笋子芥（*Brassica juncea* var. *crassicaulis* Chen et Yang）又名棒菜、笋子青菜，在江西、湖北省亦称芥菜头、青菜，以其棒状的肥大肉质茎为主要产品器官。茎上无明显凸起物，茎长 25～40cm，直径 6～10cm，形似莴笋。

（1）竹壳子棒菜　四川省成都市地方品种。株高 72cm，开展度 76～84cm。叶长椭圆形，绿色，叶面微皱，叶缘浅缺具细锯齿，最大叶长 58cm，宽 19cm，叶柄长 2.5cm。肉质茎长棒状，纵径 24cm，横径 4.0cm，表皮浅绿色，单肉质茎鲜重 450～500g。肉质茎产量 37 500～45 000kg/hm²。

（2）白甲菜头　四川省自贡市地方品种。株高 65～70cm，开展度 67～72cm。叶倒卵形，绿色，最大叶长 65cm，宽 40cm，叶面微皱，无刺毛，少被蜡粉，叶缘波状具细锯齿，叶柄长 6.0cm。肉质茎长棒状，上有棱，纵径 30cm，横径约 4.0cm，皮色浅绿，单肉质茎鲜重 400g 左右，熟食略带甜味。肉质茎产量 45 000kg/hm² 左右。

（3）迟芥菜头　又名猪脚包菜头，江西省吉安市地方品种，在吉安、吉水、新干、泰和等县普遍栽培。株型高大，株高 85～100cm，开展度 65～75cm。叶长倒卵圆形，长 85cm，宽 38cm，绿色，叶面皱褶，有光泽，叶缘波状具粗锯齿，叶柄长 5.0cm，较扁平。肉质茎棒状，上有棱，纵径 36cm，横径 8.0cm，表皮浅绿色，单肉质茎鲜重 750～1 200g。肉质茎肥嫩，汁多味甜，品质好。耐肥，耐寒。在吉安市近郊 8 月下旬至 9 月上旬播种，12 月下旬至翌年 2 月上、中旬采收，肉质茎产量 37 500～45 000kg/hm²。

此类芥菜在四川盆地及长江中下游地区有较为丰富的种质资源，除上述品种外，四川省自贡市的齐头黄菜薹、黄骨头菜薹，泸州市的稀节子棒菜、密节子棒菜，成都市的大狮头、二狮头，天全县的白叶笋包菜，湖北省宜昌、武汉等地的春菜，江西省吉安、上饶一带栽培的早熟芥菜头、中熟芥菜头等，都是产量较高、品质优良的种质资源。

2. 茎瘤芥　茎瘤芥（*Brassica juncea* var. *tumida* Tsen et Lee），又称青菜头、菱角菜、包包菜，其膨大的肉质茎上每一叶基外侧均有明显的瘤状突起物 3～4 个。该肉质茎称为瘤茎，是主要的产品器官，瘤茎上的突起物则称肉瘤，肉瘤间的缝隙称间沟。茎瘤芥主作加工，亦可鲜食。以瘤茎作为原料的加工成品即是世界三大名腌菜之一的"榨菜"。

茎瘤芥原产于重庆市，在四川全省也有栽培，尤以重庆市长江沿岸的渝北、长寿、涪陵、丰都、万州等区、县栽培最为集中。1992 年，仅涪陵地区 5 县、市的茎瘤芥栽培面积就接近 3 万 hm²。浙江省自 20 世纪 30 年代从四川引种茎瘤芥，并经长期选择培育，已形成了一大批适应于当地生态条件的另一生态类型的地方品种。

按瘤茎和肉瘤的形状，茎瘤芥可分为 4 个基本类型：

纺锤形：瘤茎纵径 13～16cm，横径 1.0～13cm，两头小，中间大。如重庆市的蔺市草腰子、细匙草腰子等品种。

近圆球形：瘤茎纵径 10～12cm，横径 9～13cm，纵横径基本接近。如重庆市的小花叶、枇杷叶等品种。

扁圆球形：肉瘤大而钝圆，间沟很浅，瘤茎纵径 8～12cm，横径 12～15cm，纵径/横径小于 1。如重庆市的柿饼菜等品种。

羊角形：肉瘤尖或长而弯曲，似羊角，只宜鲜食，不宜加工榨菜。如重庆市的皱叶羊角菜、矮禾楞青菜等品种。

(1) 蔺市草腰子 重庆市涪陵区地方品种。株型较紧凑，株高 45～50cm，开展度 55～60cm。叶倒卵形，绿色，叶面微皱，叶缘具细锯齿，最大叶长 53cm，宽 25～30cm，叶柄长 3.0～5.0cm，上生 2～3 对小裂片。瘤茎纺锤形，纵径 12.3cm，横径 10.8cm，皮色浅绿，肉瘤较大而钝圆，间沟较浅，单瘤茎鲜重 300g 左右。瘤茎质地致密，品质佳，含水量较低，为 93.5%，脱水速度快，加工成菜率高，是当前加工榨菜的优良品种，也是目前生产传统风脱水"涪陵榨菜"的原料主栽品种。但该品种早播易发生未熟抽薹，且抗病毒病能力弱。肉质瘤茎产量 30 000kg/hm² 左右。

(2) 三转子 重庆市涪陵区李渡镇地方品种。株高 66～70cm，开展度 65～70cm。叶长椭圆形，深绿色，大头琴状裂叶，头部边缘波状具细锯齿，叶面中等皱缩，最大叶长 69cm，宽 31cm，具 3～5 对裂片，裂片部分占叶长的近 1/2，叶柄长 4.0～6.0cm。瘤茎扁圆球形，纵径 10.3cm，横径 12.2cm，表皮绿色，肉瘤较大而钝圆，间沟较深，单瘤茎鲜重 250～300g。耐肥，耐病毒病，加工适应性与蔺市草腰子接近。肉质瘤茎产量 25 500kg/hm² 左右。

(3) 三层楼 重庆市涪陵区地方品种，已栽培 40 余年，该市各榨菜产区均有分布。株高 50～55cm，开展度 55～60cm。叶倒卵形，浅绿色，叶面微皱，叶缘具细锯齿，最大叶长 55cm，宽 28cm，叶柄长 3.0～4.0cm，裂片 3～4 对。瘤茎纺锤形，纵径 13.3cm，横径 11.1cm，皮色浅绿，肉瘤小而圆，间沟较深，单瘤茎鲜重 250g 左右。瘤茎皮薄筋少，易脱水，品质较好，加工成菜率稍次于蔺市草腰子，是加工榨菜的良好资源。耐瘠薄，适应性强。肉质瘤茎产量 22 500～25 500kg/hm²。

(4) 柿饼菜 重庆市涪陵区地方品种。株高 60～65cm，开展度 65～70cm。叶片较大，深绿色，阔卵圆形，成熟后叶上端自然向外披垂，最大叶长 70cm，宽 31cm，叶柄长 3.0cm，裂片 1～2 对，叶面微皱，叶缘具齿。瘤茎扁圆形，上下扁平，纵径 9.5cm，横径 13.2cm，皮色浅绿，肉瘤大而钝圆，间沟浅，单瘤茎鲜重 300～350g。瘤茎形状美观，皮较厚，含水量较高，脱水速度慢，宜鲜食，亦可加工。耐肥，较耐病毒病，抽薹较晚，丰产性好。肉质瘤茎产量 37 500～45 000kg/hm²。

(5) 涪丰 14 涪陵农业科学研究所由涪陵市地方品种柿饼菜经系统选育育成。株高 55～60cm，开展度 65～70cm。叶倒卵形，深绿色，叶面微皱，叶缘具细锯齿，裂片 1～2 对，叶柄长 2.5～3.5cm，中肋上无蜡粉，刺毛稀疏。瘤茎呈扁圆形，纵径 9.0～10cm，横径 12～13cm，皮色浅绿，肉瘤大而钝圆，间沟浅，单瘤茎鲜重 350g 左右。皮薄，瘤茎含水量较低，脱水速度较快，加工成菜率和成品品质接近蔺市草腰子。极少有未熟抽薹现象发生，丰产性好，较柿饼菜更耐病毒病。肉质瘤茎产量 34 500kg/hm² 左右，高产栽培可达 45 000kg/hm² 以上，在同等条件下较蔺市草腰子增产 20％以上。

（6）半碎叶　浙江省海宁县地方品种，20 世纪 30 年代从四川省引种驯化栽培，是目前海宁、桐乡、余姚等市县的主栽品种。株高约 50cm，开展度 55～60cm。叶长椭圆形，深绿色，叶面微皱，叶缘深裂，最大叶长 58cm，宽 25cm，叶柄长 3.5～4.5cm。瘤茎近圆球形，纵径 13cm，横径 10cm，表皮浅绿色，上被较厚的蜡粉，间沟较浅，单瘤茎鲜重 300g 左右。加工性能好，耐肥、耐寒。肉质瘤茎产量 45 000kg/hm² 左右。

（7）涪杂 1 号　一代杂种。株高 52cm，开展度 58cm，叶长椭圆形，叶色绿，叶面中皱，蜡粉中等，无刺毛，叶缘波状，裂片 2～3 对，叶片长 3.5cm。瘤茎近圆形，皮色浅绿。瘤茎上每一叶基外侧着生肉瘤 3 个，中瘤稍大于侧瘤，肉瘤钝圆，间沟浅。从出苗至现蕾需要 145～150d，抽薹较晚，丰产性好，产量 37 500～42 000kg/hm²。

此外还有鹅公包、立耳朵、绣球菜、皱叶菜、白大叶、潞酒壶等。茎瘤芥引入浙江省后，经驯化培育形成适应当地环境和栽培条件的优异品种，除半碎叶外，还有全碎叶、半大叶、琵琶叶、断凹细叶、葡萄种、浙桐 1 号等。

3. 抱子芥　抱子芥（*Brassica juncea* var. *gemmifera* Lee et Lin）又称儿菜、娃娃菜，主要以肥大的肉质茎及其侧芽供鲜食。其肉质茎及侧芽与笋子芥的棒状肉质茎一样，含水量很高，质地柔嫩，因此连同肥厚的叶柄一起可用于加工泡菜，但不宜用于加工半干态的腌渍品。近年亦有将肉质侧芽脱水后进行腌制加工的。抱子芥主要在重庆市及川东、川中、川南一带栽培，近十多年来也在向邻近地区扩展。

按肉质侧芽的形状和大小，可将抱子芥分为两个基本类型：

胖芽型：每株密生肥大肉质侧芽 15～20 个，侧芽呈不正的圆锥形，纵径 10～15cm，横径 5～7cm，纵横径比值 2.5 以下，单个侧芽平均重 50g 以上。如四川省的大儿菜、妹儿菜等品种。

瘦芽型：每株密生肥大肉质侧芽 25～30 个，侧芽呈不正的纺锤形，纵径 11～14cm，横径 3～4cm，纵横径比值 3.5 以上，单个侧芽平均重 35g 以下。如四川省的下儿菜、抱子青菜等。

（1）大儿菜　四川省南充地区地方品种。株高 52～57cm，开展度 63～68cm。叶长椭圆形，绿色，叶面微皱，无刺毛，无蜡粉，叶缘具细锯齿，最大叶长 53cm，宽 28cm，叶柄长 5.0cm。肉质侧芽长扁圆形，每株 18～20 个，鲜重约 900g，最大侧芽长 13cm，宽约 6.2cm，厚 4.1cm。肉质茎短圆锥形，纵径 20cm，横径 8.0cm，鲜重 600g。全株肉质茎及侧芽群合计鲜重 1 500g 左右。肉质侧芽柔嫩多汁，味微甜，无苦味，皮厚，易空心，只宜鲜食。耐肥，耐寒。产量 75 000kg/hm² 左右。

（2）抱儿菜　四川省南充地区地方品种。株高 62～67cm，开展度 74～79cm。叶卵圆形，浅绿色，叶面微皱，刺毛较多，无蜡粉，叶缘浅波状，最大叶长 51cm，宽 30cm，叶柄长 2.5～3.0cm。肉质侧芽长扁圆形，每株 26～29 个，鲜重 1 100g；最大侧芽长 13cm，宽 4.3cm，厚 2.9cm。肉质茎棍棒状，纵径 25cm，横径 9.0cm，鲜重 750g。全株肉质茎及侧芽群合计鲜重 1 500g 左右。该品种特性与大儿菜近似。产量 67 500～75 000kg/hm²。

此外，还有四川渠县角儿菜，仪陇县的紫缨子儿菜、花叶儿菜，阆中县的抱鸡婆菜、川农 1 号儿菜、临江儿菜等。

（三）叶用芥

叶用芥菜亦称青菜、辣菜、苦菜等。叶用芥菜的变种最多。

1. 大叶芥 大叶芥（*Brassica juncea* var. *rugosa* Bailey）的特点是叶宽大，叶柄短而阔，中肋不宽大，叶柄横断面呈弧形。

（1）鸡叶子青菜 四川省南充市地方品种。株高 72～77cm，开展度 62～72cm。叶倒卵圆形，绿色，叶面平滑，叶缘具细锯齿，最大叶长 71cm，宽 28cm，叶柄长 4.0cm，扁平，横断面弧形。单株重 1 500g 左右。芥辣味较浓，质地柔嫩，是加工冬菜和家常腌菜的主栽品种。耐肥，较耐病毒病。产量 75 000～82 500kg/hm²。

（2）圆梗芥菜 别名宽叶芥菜，江西省萍乡市地方品种。株高 82cm，开展度 90cm。叶长倒卵圆形，绿色，叶面中等皱缩，叶缘波状具细锯齿，最大叶长 85cm，宽 40cm，叶柄长 6.2cm，中肋窄而内卷。单株鲜重 2 500g 左右。芥辣味浓，品质较好，主作腌渍加工。抗逆性较强，抽薹晚，丰产性好。产量 60 000～75 000kg/hm²。

此外，还有二宽壳冬菜、箭杆冬菜、宽叶箭杆青菜、独山大叶芥（为贵州省独山、都匀"盐酸菜"的主要原料栽培品种）以及福建省的建阳春不老、宁德满街拖、福州阔枇芥菜，广东省的三月青芥菜、南风芥、高脚芥，江西省的红筋芥菜，云南省的澄江苦菜、粉杆青菜等。

2. 小叶芥 小叶芥（*Brassica juncea* var. *foliosa* Bailey）的叶较小，叶柄长而窄，叶片较短圆，叶柄横断面呈半圆形，叶柄较叶片短，叶片呈椭圆形或倒卵形。

（1）二平桩 四川省宜宾市地方品种。株高 68～73cm，开展度 55～60cm，株型紧凑。叶长椭圆形，绿色，叶面中等皱缩，无刺毛，叶片上部全缘，下部羽状全裂，裂片小而密，最大叶长 77cm，宽 23cm，叶柄肥厚，长 15cm，侧边钝圆，横断面半圆形。单株重 1 500g 左右。芥辣味较浓。耐肥、耐寒、耐病毒病。产量 90 000～97 500kg/hm²。

（2）白秆甜青菜 四川省泸州市地方品种。株高 74～79cm，开展度 78～83cm。叶倒卵形，黄绿色，叶面皱缩，叶缘波状，最大叶长 75cm，宽 28cm，叶柄长 37cm，侧边钝圆，横断面半圆形。单株鲜重 1 200～1 500g。熟食略带甜味，品质好，主作鲜食，也可加工。耐肥。产量 75 000～82 500kg/hm²。

这类芥菜在四川省及云南、贵州等省有较为丰富的种质资源，栽培利用上除加工、鲜食外，还可作饲料。被誉为四川"四大名菜"之一的加工品"宜宾芽菜"，其原料品种除上面提到的二平桩外，还有二月青菜、四月青菜等。此外，重庆市涪陵区的圆叶甜青菜、蓝筋青菜，垫江县的红筋青菜，万源县的鸡血青菜，云南省的圆杆青菜等，均是可用于鲜食或加工的优良品种。

3. 白花芥 白花芥（*Brassica juncea* var. *leucanthus* Chen et Yang）的营养器官与小叶芥相似，不同之处是花较大，花瓣呈乳白色。

白花青菜：四川省泸州市地方品种。株高 51cm，开展度 65cm，株型较紧凑。叶椭圆形，浅绿色，略显白色，叶面中等皱缩，无刺毛，被蜡粉，叶缘波状，最大叶长 54cm，宽 21cm，叶柄肥厚，长 23cm，侧边钝圆，横断面半圆形。花瓣乳白色。单株鲜重 2 000g 左右。叶柄和叶片柔嫩多汁，芥辣味淡，主作鲜食，亦可加工腌渍，或作饲料。耐肥，耐寒。产量 90 000kg/hm² 左右。

4. 花叶芥 花叶芥（*Brassica juncea* var. *multisecta* Bailey）的叶较小，叶柄长而窄，叶片狭长，叶柄横断面近圆形，叶缘深裂或全裂成多回重叠的细羽丝，状如花朵。

金丝芥：上海市郊区地方品种。株高 25～30cm，开展度 36cm。叶椭圆形，嫩绿色，有光泽，叶片羽状全裂，裂片小而细碎，呈多回重叠的细羽丝状，立体感强，最大叶长 42cm，宽 6.9cm，叶柄长 3.5cm。单株鲜重 300～500g。叶片柔软，炒食清香味浓郁。分枝性强，耐寒力强。产量 30 000kg/hm² 左右。

此外，还有上海市的银丝芥，甘肃省的花叶芥菜，江苏省的木樨芥，陕西省的腊辣菜等。

5. 长柄芥 长柄芥（*Brassica juncea* var. *longepetiolata* Sun）的叶较小，叶柄长而窄，叶片角短圆，叶柄横断面呈半圆形，叶柄较叶片长，叶片呈阔卵形或扇形，掌状网脉。

叉叉叶香菜：重庆市垫江县地方品种。株高 50～55cm，开展度 60～65cm，株型松散。叶扇形，浅绿色，叶面微皱，无刺毛，被蜡粉，叶缘皱褶，呈不等锯齿状，中肋裂成 3～5 个分叉，形成假复叶状，最大叶长 53cm，宽 32cm，叶柄长 27cm，侧边钝圆，横断面半圆形。单株鲜重 2 000g 左右。质地柔嫩，芥辣味淡，煮食或炒食具浓郁的清香味。耐肥，耐寒。产量 90 000～120 000kg/hm²。

长柄芥目前仅在四川省境内泸州、南江、梁平和重庆市的丰都、垫江等地栽培，品种较稀少。除叉叉叶香菜外，还有梭罗菜、烂叶子香菜、长梗香菜等（均主作鲜食）。

6. 凤尾芥 凤尾芥（*Brassica juncea* var. *linearifolia* Sun）的叶较小，披针形或阔披针形，全缘，叶柄长而窄，叶片狭长，叶柄横断面近圆形。

凤尾青菜：四川省自贡市地方品种。株高 63～68cm，开展度 84～89cm。叶长披针形，深绿色，叶面平滑，全缘，最大叶长 86cm，宽 14cm，叶柄长 10cm，横断面近圆形。单株重 1 500g 左右。叶片柔嫩，芥辣味较浓，以腌制加工为主，亦可鲜食。耐肥，耐寒，耐病毒病。产量 75 000kg/hm² 左右。

凤尾芥目前仅在四川省境内部分地区栽培，品种稀少，除凤尾青菜外，迄今发现的还有西昌市的阉鸡尾辣菜，均为零星栽培。

7. 叶瘤芥 叶瘤芥（*Brassica juncea* var. *strumata* Tsen et Lee）的叶宽大，叶柄短而阔，叶柄或中肋上有瘤状凸起。

（1）白叶弥陀芥 上海市地方品种，江苏省常州、无锡等地亦有栽培。株高 28～35cm，开展度 52～57cm。叶倒卵圆形，浅绿色，叶面中等皱缩，刺毛稀疏，无蜡粉，叶缘具细锯齿，最大叶长 49cm，宽 34cm，叶柄长 6.5cm，中肋宽 16cm，叶柄与中肋交界处内侧着生一椭圆形肉瘤，肉瘤高 6.3cm，横径 3.5cm。单株鲜重 1 500g 左右。质地柔嫩，芥辣味较浓，品质好，主作腌制加工，亦可鲜食。产量 75 000kg/hm² 左右。

（2）窄板奶奶菜 四川省泸州市地方品种。株高 40～45cm，开展度 58～63cm。叶椭圆形，绿色，叶面皱缩，叶片上部边缘具细锯齿，下部全裂，最大叶长 46cm，宽 27cm，叶柄长 9.0cm，中肋宽 8.0cm，肋上内侧生有一奶头状肉瘤，肉瘤长 5.6cm，横径 3.6cm。单株鲜重 1 200～1 500g。芥辣味较浓，质地嫩脆，品质好，主作鲜食和泡菜。耐肥，耐寒。产量 60 000～75 000kg/hm^2。

叶瘤芥品种主要分布在长江流域的部分省份，而以四川省品种较多。除上述的两个品种外，另有四川省的宽板奶奶菜、花叶奶奶菜、鹅嘴菜，上海市的黑叶弥陀芥，江苏省常州市的弥陀芥，浙江省湖州市的瘤子芥等。

8. 宽柄芥 宽柄芥（*Brassica juncea* var. *latipa* Li）的叶宽大，叶柄短而阔，叶柄和中肋宽大，叶柄横断面呈扁弧形。

（1）宽帮青菜 四川省万源县地方品种。株高 57～60cm，开展度 72～76cm。叶椭圆形，绿色，叶面中等皱缩，叶缘不等锯齿状；最大叶长 62cm，宽 33cm，叶柄扁平，长 6cm，宽 4cm，厚 1.2cm，横断面扁弧形，中肋宽 9cm。叶柄和中肋鲜重 105g，单株鲜重 1 400g。芥辣味淡，质地较柔嫩，主作鲜食。耐肥，耐寒。产量 67 500～75 000kg/hm^2。

（2）花叶宽帮青菜 四川省成都市地方品种。株高 50～55cm，开展度 77～82cm。叶椭圆形，深绿色，叶面多皱，被蜡粉，叶缘深裂；最大叶长 50cm，宽 28cm，叶柄扁平，长 1.0cm，宽 8cm，厚 1.4cm，横断面扁弧形，中肋宽 13cm。叶柄和中肋鲜重 170g，单株鲜重 1 800～2 000g。芥辣味较淡，质地柔嫩，主作鲜食。耐肥、耐寒。产量 82 500～97 500kg/hm^2。

此外，还有四川省的大片片青菜、宽帮皱叶青菜、白叶青菜，上海市的粉皮芥，湖南省的面叶青菜，江苏省的黄芽芥菜，贵州省的皮皮青菜等。

9. 卷心芥 卷心芥（*Brassica juncea* var. *involuta* Yang et Chen）的叶柄和中肋宽大，叶柄横断面呈扁弧形，叶柄和中肋合抱，心叶外露。

抱鸡婆青菜：重庆市垫江县地方品种。株高 28～32cm，开展度 64～68cm。叶椭圆形，浅绿色，叶面较平滑，叶缘细锯齿；最大叶长 40cm，宽 27cm，叶柄长 3cm，宽 5cm，厚 1.1cm，横断面扁弧形，中肋宽 15cm；叶柄和中肋合抱，心叶外露，合抱体极紧实，扁圆形，纵径长 19cm，横径 23cm。单株鲜重 1 200～1 500g。芥辣味淡，质地嫩脆，熟食略带甜味，品质好，主作鲜食和泡菜。产量 67 500～75 000kg/hm^2。

四川省还有很多卷心芥的优良品种，如成都市的砂锅青菜、重庆市的罐罐菜、自贡市的香炉菜和包包青菜、万州区的米汤青菜等。

10. 结球芥 结球芥（*Brassica juncea* var. *capitata* Hart et Li）的叶宽大，叶柄短而阔，叶柄和中肋宽大，叶柄横断面呈扁弧形，心叶叠抱成球状。

（1）番苹种包心芥菜 广东省汕头市地方品种。株高 29cm，开展度 48～53cm。叶阔卵圆形，黄绿色，叶面多皱，叶缘具锯齿，最大叶长 38.8cm，宽 35.1cm，叶柄长 4.7cm，宽 4.4cm，中肋宽 14.3cm；叶片叠抱呈牛心状的叶球，纵径 21.0cm，横径 17.7cm，重 1 350g。芥辣味淡，熟食略带甜味。产量 75 000kg/hm^2 左右。

（2）白沙短叶 6 号晚包心芥菜 中晚熟，播种至初收约 95d，可延续采收期约 15d；植株生长势强，株型矮壮，株高 32～35cm，开展度 70～75cm。叶球近圆形，横径 18～20cm，球高 19～20cm，球重 1.2～1.5kg；绿白色，结球紧实，品质好，适于腌制及炒食。田间表现耐涝性强，耐霜霉病、软腐病、根肿病。产量 45 000～52 500kg/hm² 。

结球芥主要分布在中国华南沿海，尤以广东省的澄海、汕头和福建省厦门等地优良品种较多，如广东省的短叶鸡心芥、晚包心芥、哥劳大芥菜，福建省的厦门包心芥菜、霞浦包心芥菜等。

此外，泰国清迈大学以美国威斯康星大学引进的叶用芥菜胞质雄性不育系材料为母本，以 8 个优良结球芥品种为父本，杂交后连续回交 4 代，再将 BC₄ 与优良结球芥品种 40R2 - 3 - 4 配制 8 个杂交组合，其中有 2 个组合的结球率为 100％、性状优异，其产量比对照分别高 34％和 13％，比亲本分别高 25％和 5％。

11. 分蘖芥　分蘖芥（*Brassica juncea* var. *multiceps* Tsen et Lee）营养生长期短缩茎上侧芽萌发，长出很多分蘖。

九头雪里蕻：江苏省无锡市地方品种。株高 49cm，开展度 58～63cm。叶狭倒卵形，绿色，叶面平滑，叶缘具粗锯齿；最大叶长 53cm，宽 12.5cm，叶柄细窄，长 9cm。分蘖性强，单株分蘖个数 23 个，单株鲜重 1 500g。芥辣味较浓，主作腌渍加工。耐寒，耐病毒病。春季产量 52 500kg/hm² 左右；秋冬产量 90 000kg/hm² 以上。

分蘖芥在长江中下游地区及北方各省广泛栽培，种质资源极为丰富。除九头雪里蕻外，还有上海市的黄叶雪里蕻、黑叶雪里蕻，浙江省的细叶雪里蕻、青种千头芥，江苏省的九头鸟、银丝雪里蕻，江西省的细花叶雪菜，湖南省的大叶排、细叶排、鸡爪排等。

（四）薹用芥

薹用芥菜的主要特征是花茎或侧薹发达，抽生早，柔嫩多汁，目前只有薹芥（*Brassica juncea* var. *utilis* Li）一个变种。按花茎和侧薹的多少及肥大程度，可分为两个基本类型：

多薹型：顶芽和侧芽均抽生较快，侧薹发达，呈多薹状。如重庆市的小叶冲辣菜，贵州省的贵阳辣菜、枇杷叶辣菜等。

单薹型：顶芽抽生快，形成肥大的肉质花茎，侧薹不发达，呈单薹状。如浙江省的天菜，广东省的梅菜等。

小叶冲辣菜　重庆市地方品种。株高 45～50cm，开展度 65～70cm。叶倒披针形，绿色，叶面平滑，叶缘不等锯齿状。最大叶长 41cm，宽 5cm，叶柄细窄，长 1cm，宽约 1.3cm。单株肉质侧薹 7～9 个，单株鲜重 1 600g。芥辣味特浓。耐肥，耐病毒病。产量 60 000kg/hm² 左右。

第六节　芥菜种质资源研究与创新

芥菜的细胞学和分子生物学研究较多，现简要介绍如下。

一、芥菜的细胞学研究

根据 Levitsky 提出的核型对称性与不对称性的概念可以分析物种的进化趋势，一般来说，对称的核型是原始的，但核型的不对称性的增加却不总是与外部形态的进化同步。童南奎等（1991）对芥菜的 6 个变种进行了染色体核型分析，从核型的进化趋势来看，芥菜的核型有可能是由不对称向对称进化，这与 Levitsky 的核型进化趋势的观点不一致。王建波等（1992）对芥菜的 12 个变种进行了核型分析，结果表明：在核型水平上，芥菜各变种的外部形态的差异与染色体的倍性和数目没有直接关系，而与染色体结构改变、随体数目差异和位置排列的不同有关。

二、芥菜的分子标记和基因工程研究

芥菜的分子标记和基因工程研究始于 20 世纪 90 年代。乔爱民、雷建军等（1998）利用 RAPD 分子标记对芥菜 16 个变种进行了分析。付杰等（2005）借助 RAPDs 标记和微卫星标记对 29 份中国芥菜材料的遗传多样性以及亲缘关系进行了分析和评价，RAPD 标记检测出 73.8% 的多态性，而微卫星标记检测出 82.1% 的多态性。曹必好、雷建军等（2001）利用 RAPD 找到了芥菜红叶性状的分子标记。Mahmood T. 等（2005）利用双单倍体 DH 群体和 RFLP 技术对芥菜种子颜色进行了分子标记。Prabhu（1998）等利用抗、感白锈病［*Albugo candida*（Pers.）Kuntze］的材料构建的 DH 群体和 RAPD 标记获得了两个与白锈病紧密连锁的标记 WR2 和 WR3。

黄菊辉等（1994）利用发根农杆菌（*Agrobacterium rhizogenes*）进行芥菜遗传转化方法的初探，建立了芥菜的遗传转化体系。杨朝辉、雷建军等（2003）用农杆菌介导将豇豆胰蛋白酶抑制剂（CpTI）基因导入芥菜，获得了抗虫性明显高于对照的转基因植株。曹必好、雷建军等（2007）将从甘蓝中分离出来的抗 TuMV（芜菁花叶病毒，turnip mosaic virus）基因导入到芥菜中，使芥菜的对 TuMV 的抗性有所增强。骞宇等（2004）将水稻几丁质酶基因导入到了芥菜中。西北农林科技大学金万梅、巩振辉等（2003）将 CaMVBari - 1 基因Ⅵ导入雪里蕻和圆叶芥。李学宝等（1999）将苏云金杆菌晶体毒蛋白基因（Bt）导入叶用芥菜中，获得了抗虫性增强的株系。1995 年新加坡大学利用编码 1 - 氨基环丙烷 - 1 - 羧酸盐（ACC）氧化酶的反义基因转化芥菜，结果发现，与未转化的对照相比，转基因植株的乙烯生成量降低，离体培养物再生能力显著增加。Prasad K. V. S. K. 等（2004）将胆碱氧化酶基因（codA）导入到芥菜的叶绿体，使芥菜对光抑制的耐性增强。印度学者 Eapen S.（2003）利用发根农杆菌转化产生的芥菜根毛来吸附重金属铀，从而用于消除土壤或营养液中的重金属污染。美国科学家用转基因芥菜吸附环境中过量的硒。Kanrar 等（2002）将橡胶凝集素基因导入到油用芥菜中，使转基因芥菜对 Alternaria blight（芥菜黑斑病，*Alternaria brassicae*）的抗性有所增强。Yao 等（2003）将拟南芥的 ADS1 基因导入到油用芥菜中，使饱和脂肪酸含量降低了。

印度的 Das S.（2002）从芥菜中分离了脂肪酸延长酶基因。新加坡学者 Gong H.（2004）从芥菜中分离一些与植株再生有关的候选基因。Veena 等（1999）从芥菜中分离了乙二醛酶基因（Gly I），并转化到烟草进行功能鉴定，结果表明转基因烟草对甲基乙二醛和高盐的耐性增强。杨景华、张明方等（2005）根据欧洲油菜（*Brassica napus*）型细胞质雄性不育相关基因"orf222"设计简并引物，利用 PCR 方法，获得了与芥菜雄性不育相关的基因"orf220"。Hu 等（2005）从油用芥菜中克隆了 4 个与多胺合成有关的候选 S

-腺苷甲硫氨酸脱羧酶基因。

三、芥菜种质资源创新

（一）利用远缘杂交创新芥菜种质

芥菜的远缘杂交研究报道不多，相对来说，油用芥菜的远缘杂交报道比菜用芥菜的多。曾令和、周长久等（1986）报道了芥菜与滨萝卜（*Raphanus sativus* var. *raphanistroides*）的远缘杂交研究结果。他们以萝卜为母本，芥菜为父本进行杂交。方法为：杂交前1～2d预先套上纸袋，选开花前3～4d的花蕾，用消毒镊子去掉6个雄蕊，再去掉茎尖和多余的花蕾，套袋。1d后授粉。授粉完毕套袋并挂牌标记。整个过程都在网室内进行。授粉170朵花，得到了9个果实，3粒种子。杂种 F_1 的鉴定表明：其中有1株（RSjF1-1）是不育株，其部分器官表现出双亲的中间性状，花粉母细胞减数分裂紊乱，无论是染色体的数目还是染色体的行为，都表现出远缘杂种的特征。F_1 自交120朵花，得到了3个角果，3粒种子。用萝卜与 F_1 回交50朵花，得到2个角果，2粒种子。与芥菜回交得到1个角果，1粒种子。自由授粉得到10个角果，5粒种子。

徐书法等（2004）研究了芥菜与白菜雄性不育材料之间的远缘杂交，期望将白菜的雄性不育性转育到芥菜中。结果表明基因型之间、正反交之间都有显著差异。根用芥菜和甘蓝型油菜与大白菜和白菜之间的杂交亲和性较强，而叶用芥菜与白菜间杂交亲和性较弱。根用芥菜与大白菜正交组合亲和指数为10.34，反交组合为1.03；根用芥菜与白菜的正交组合亲和指数为0.11，反交组合为0，说明以复合种为母本的正交组合的亲和指数大于以基本种作母本的反交组合。同样，叶用芥菜及甘蓝型油菜与大白菜和白菜的杂交组合，也大部分表现为复合种作母本时的亲和指数高。种间杂交父本基因型相同而母本基因型不同，杂交亲和性有较大差异。根用芥菜与大白菜杂交，当父本为M106时，以X7为母本亲和指数为10.34；而以X1为母本的亲和指数为0。当父本为M112B时，以X7为母本亲和指数是以X1为母本的51.5倍。同样的结果也表现在叶用芥菜、甘蓝型油菜与大白菜和白菜的杂交组合上。

王爱云等（2006）报道了油用芥菜与诸葛菜（*Orychophragmus violaceus*，2n＝24）远缘杂交的研究结果。他们在盛花期采用人工剥蕾去雄重复授粉的方法，在授粉的前1d于母本植株上选取约2d后才能开花的花蕾进行人工去雄，并立即套袋。授粉后7d左右，去掉纸袋。芥菜型油菜×诸葛菜共杂交4 276朵花。其中3 574朵在杂交后7d左右取其子房进行离体培养，大约1个月后，收获到角果129个，饱满种子186粒，半饱满种子141粒，干瘪种子72粒，平均结角率为3.6％，结籽率为5.2％，平均每角果种子数为1.4粒；另外的702朵花留田间，直到种子成熟，收获到20个角果，15粒饱满种子，31粒半饱满种子，30粒干瘪种子，其平均结角率为2.8％，结籽率为2.1％，平均每角0.8粒种子。在两个正交组合中，离体培养均获得了杂交角果，结角率分别为0.5％、5.2％；结籽率为0.3％、7.6％；每角果结籽数分别为0.7、1.5，其中红叶芥菜×诸葛菜杂交组合的结角率、结籽率和每角果种子数较高。但从得到的试管苗来看，大多数为偏母植株。两个正交组合的田间对照中，红叶芥菜和诸葛菜杂交得到了杂交角果，并且其结角率、结籽率都较高。在两个反交组合中，共杂交 239 朵花，其中，诸葛菜×四川黄籽，离体培养和田间对照分别授粉 98 和 36 个花蕾，诸葛菜×红叶芥菜则分别为 69 和 36 个花蕾。由此看来，在芥菜型油菜与诸葛菜杂交中，其亲和性大小为红叶用芥菜＞四川黄籽。

（二）利用生物技术创新芥菜种质

1. 细胞工程　华南农业大学雷建军等在这方面作了比较多的研究。早在 20 世纪 90 年代初，率先获得了茎用芥菜（茎瘤芥和儿芥）的原生质体再生植株，之后通过突变体离体筛选技术，获得了茎瘤芥抗氨基酸类似物 S-2-（氨乙基）-L-半胱氨酸（AEC）的变异体等。茎瘤芥的空心和裂心是经常发生的，而且是一个可以遗传的性状，用常规方法难以选择，因为必须将瘤茎剖开后才能知道是否空心或裂心，一旦将瘤茎剖开，就难以像萝卜那样重新定植到田间，让它开花结果。陈利萍等（2005）利用组织培养技术辅助选择取得了较好的效果，他们取剖开的茎瘤芥茎尖进行组织培养，得到再生植株后，第二年 3 月定植到田间，可以得到种子，经过多代选择使空心率从原始材料的 35.1% 降至 15.1%，裂心率从 18.6% 降至 9.0%。刘冬等（1997）获得了大头菜（根芥）花药培养的再生植株。1988 年印度的 Chatterjee 等人首次报道芥菜与二行芥（Diplotaxis muralis）的原生质体融合并获得再生植株。形态学、细胞学和同工酶分析结果证明它们是真正的体细胞杂种。

1989 年，瑞典的 Sjödin 等人报道：将抗茎点霉（Phoma lingam）的芥菜叶肉原生质体用 X 射线照射处理后与油菜的下胚轴原生质体融合，将融合体在加有选择压（P. lingam 的毒素）的培养基中培养，得到了对称的和不对称的再生植株。通过同工酶分析和 DNA 探针分析，证明再生植株是体细胞杂种，并且在加有选择压的培养基中再生的植株，绝大多数都抗茎点霉。Kirti 等人（1991）用 PEG 将芥菜下胚轴原生质体与 Brassica spinescens 叶肉原生质体融合，获得了抗白粉病的体细胞杂种再生植株。之后，他们又进行了芥菜与 Tracaystoma ballii 的属间原生质体融合研究，获得了抗斑点病的体细胞杂种。

2. 基因工程　芥菜的基因工程和分子标记辅助育种始于 20 世纪 90 年代。乔爱民、雷建军等（1998）最先报道利用 RAPD 分子标记对芥菜 16 个变种进行了聚类分析，并同时利用 RAPD 标记鉴定芥菜品种。曹必好、雷建军等（2001）利用 RAPD 找到了芥菜红叶性状的分子标记。Mahmood T 等（2005）利用双单倍体作材料，用 RFLP 技术对芥菜种子颜色进行了分子标记。

杨朝辉、雷建军等（2003）用农杆菌介导将豇豆胰蛋白酶抑制剂（CpTI）基因导入芥菜，获得了 Kan 抗性植株，经 PCR 扩增、PCR-Southern 印迹和 Northern 印迹分析，转化再生植株大部分呈阳性，而非转化的再生植株均为阴性，证明 CpTI 基因已存在于芥菜基因组中。在室内进行了喂虫试验，结果表明转基因芥菜抗虫性明显高于对照，转基因植株之间存在抗虫性差异。曹必好、雷建军等（2007）将从甘蓝中分离出来的抗 TuMV（芜菁花叶病毒，turnip mosaic virus）基因导入到芥菜中，使芥菜的对 TuMV 的抗性有所增强。李学宝等（1999）将苏云金杆菌晶体毒蛋白基因（Bt）导入叶用芥菜中，获得了抗虫性增强的株系。1995 年新加坡大学利用编码 1 -氨基环丙烷- 1 -羧酸盐（ACC）氧化酶的反义基因转化芥菜，结果发现，与未转化的对照相比，转基因植株的乙烯生产量降低，离体培养物再生能力显著增加。高效再生转基因植株始终保持 ACC 氧化酶活性和乙烯产量降低。Prasad K. V. S. K. 等（2004）将胆碱氧化酶基因（codA）导入到芥菜的叶绿体，使芥菜对光抑制的耐性增强。印度学者 Eapen S.（2003）利用发根农杆菌转化产生的根毛来吸附重金属铀，从而用于消除土壤或营养液中的重金属污染。美国科学家用转基因芥菜吸附环境中过量的硒，少量的硒对人、畜都有利，但过量则会产生毒害。吸附较多硒的芥菜可以作为饲料添加剂，用于缺硒地区的畜牧业和养殖业。Kanrar 等（2002）将橡胶凝集素基因导入到油用芥菜中，使转基因芥菜对 Alternaria blight（芥菜黑斑病，*Alternaria brassicae*）的抗性有所增强。Yao 等（2003）将拟南芥的 ADS1 基因导入到油用芥菜中，使饱和脂肪酸含量降低。

Veena 等（1999）从芥菜中分离了乙二醛酶基因（Gly I），并转化到烟草进行功能鉴定，结果表明转基因烟草对甲基乙二醛和高盐的耐性增强。

（雷建军　刘佩瑛）

主要参考文献

曹必好，雷建军，宋洪元等 .2001. 芥菜的红叶的 RAPD 标记筛选研究 . 农业生物技术学报 .9（3）：238～239

陈材林，周光凡，范永红等 .2003. 茎瘤芥新品种涪杂 1 号的选育 . 中国蔬菜 .（1）：23～24

陈利萍，李春顺，戈加欣 .2005. 利用组织培养技术辅助茎用芥菜育种 . 中国蔬菜 .（3）：22～23

陈玉萍，田志宏，陈爱武等 .1998. 包心芥菜游离小孢子培养的初步研究 . 华中农业大学学报 .17（1）：93～95

陈竹君，孙卫国，汪炳良等 .1992. 优质高产春茎用芥菜新品种浙桐一号的选育 . 中国蔬菜 .（4）：15～16

陈竹君，高其康，吴根良等 .1993. 榨菜胞质雄性不育系花器形态结构及遗传变异 . 浙江农业学报 .（3）

寸守铣，万萌，邱仕芳等 .1994. 芥菜型油菜花药培养诱导花粉胚状体的研究 . 西南农业学报 .7（3）：32～35

范永红，周光凡，陈材林 .2001. 茎瘤芥孢质雄性不育系的选育及其主要性状调查 . 中国蔬菜 .（5）：4～7

戈加欣 .2004. 杂交榨菜制种蜜蜂授粉技术研究 . 种子 .23（10）：56～57

何道根，何贤彪，刘守坎 .2005. 笋子芥品种对病毒病抗性的初步鉴定 . 长江蔬菜 .（10）：43～44

金海霞，冯辉，徐书法 .2006. 通过大白菜胞质不育与芥菜远缘杂交选育新的芥菜胞质不育系 . 园艺学报 .33（4）：737～740

金万梅，巩振辉，宋正旭等 .2003. 通过植株原位真空渗入遗传转化获得转基因芥菜 . 西北农林科技大学学报（自然科学版）.31（5）：39～42

雷建军，曹必好，郭余龙等 .1995. 用茎瘤芥再生芽离体筛选抗 S-（2 -氨乙基）- L -半胱氨酸变异体研

究．西南农业大学学报．17（2）：95～100

李辉，李歆华．2004．结球芥菜病毒病综防技术．上海蔬菜．（2）：56

李娟，朱祝军，王萍．2006．氮硫对腌制叶用芥菜营养品质的影响．核农学报．20（2）：135～139

李石开，刘其宁，吴学英等．2002．芥菜型油菜光温敏核不育系 K121S 的选育．中国油料作物学报．24
　　（3）：1～5

李新予，余家兰．1988．芥菜品种（系）对芜菁花叶病毒（TuMV）抗病性鉴定初报．植物病理学报．18
　　（1）：6

李新予，王彬，余家兰．1992．芥菜品种资源对芜菁花叶病毒抗病性鉴定研究．植物保护．（2）：6～8

李学宝，秦明辉，施荣华等．1999．芥菜型油菜抗虫转基因植株及其后代株系的研究．生物工程学报．15
　　（4）：482～489

林家宝，吴仲可，林观捷等．1994．控制芥菜、苋菜硝酸盐含量遗传的初步研究．上海农学院学报．12
　　（2）：125～130

刘冬，郭平仲，刘凡等．1997．芥菜（*Brassica juncea*）小孢子胚发生和植株再生．首都师范大学学报
　　（自然科学版）．18（1）：76～81

刘佩瑛主编．1996．中国芥菜．北京：中国农业出版社

骞宇，王健美，游大慧等．2004．水稻几丁质酶基因导入芥菜型油菜的研究．广西植物．24（2）：
　　139～143

栾兆水，慕桂兰．1996．榨菜种子的休眠特性及解除方法．中国农学通报．12（5）：31

Qiao Aimin, Liu Peiying, Lei Jianjun et al.. 1998. Identification of mustard (*Brassica juncea* Coss.) culti-
　　var with RAPD markers. 中山大学学报（自然科学版）．34（2）：73～76

乔爱民，刘佩瑛，雷建军等．1998．芥菜 16 个变种的 RAPD 研究．植物学报．40（10）：915～921

童南奎，陈世儒，郭余龙．1991．芥菜氨基酸含量及成分的遗传分析．西南农业大学学报．13（2）：
　　161～164

童南奎，陈世儒．1992．芥菜几个品种主要经济性状的遗传规律研究．园艺学报．19（2）：151～l56

王松华．2005．不同品种芥菜对 Cu 胁迫响应的差异．细胞生物学杂志．22（1）：30～32

王旭祎，范永红，刘义华等．2005．播期和密度对杂交茎瘤芥"涪杂 2 号"产量影响研究．耕作与栽培．
　　（5）：19～20

王永清，曾志红，陈学群等．1999．芥菜雄性不育系小孢子败育细胞学观察．西南农业学报．12（4）：
　　1～4

魏安荣．1994．北移茎用芥菜种子休眠问题初探．中国蔬菜．（5）：41～42

徐书法，轩正英，冯辉．2004．芸薹属农作物种间杂交的亲和性．中国蔬菜．（3）：28～29

杨连勇，王日勇，管锋等．2005．茎用芥菜（榨菜）夏季北繁制种技术．湖南农业科学．（4）：15～16

杨以耕，陈材林，刘念慈等．1989．芥菜分类研究．园艺学报．16（2）：114～121

余贤强．1993．涪陵地区茎用芥菜选育概述．中国蔬菜．（3）：45～47

曾令和，周长久．1986．萝卜与芥菜属间杂交的研究，园艺学报．13（3）：193～196

张明方，陈竹君，汪炳良等．1997．榨菜胞质雄性不育系和保持系花器内源激素变化．浙江农业大学学
　　报．23（2）：154～157

张煜仁．2002．中国北方生态型笋形茎用芥"鲁笋芥 1 号"的育成及其利用价值．蔬菜．（8）：33

赵洪朝，杜德志，刘青元等．2003．芥菜型油菜多室性状的遗传研究．西北农林科技大学学报（自然科
　　学版）．31（6）：62～90

郑汉藩，林奕韩，陈捷凯等．2002．白沙短叶 6 号晚包心芥菜的选育．广东农业科学．（5）：18～20

张智明，周黎丽．2004．南京地区榨菜品种筛选及生产技术．长江蔬菜．（6）：51

郑木深，贝耀林，刘世明等.2006.大芥菜品种比较试验.当代蔬菜.（9）：39

周建民，董爱平，俞国桢.1993.榨菜需肥规律研究.土壤肥料.（5）：30～32

付杰.2005.中国芥菜遗传多样性与亲缘关系研究.浙江大学硕士学位论文

Nikornpun M.，Senapa M..2004.细胞质雄性不育系在叶用芥菜上的利用.中国蔬菜.（1）：10～11

Bhat M. A.，Gupta M. L.，Banga S. K. et al..2002. Erucic acid heredity in Brassica junceasome additional information. Plant Breeding. 121：456～458

Bhat S. R.，Prakash S.，Kirti P. B..2005. A unique introgression from Moricandia arvensis confers male fertility upon two different cytoplasmic male - sterile lines of Brassica juncea. Plant Breeding. 124：117～120

Das S.，Roscoe T. J.，Delseny M. b.，Srivastava P. S.，Lakshmikumaran M..2002. Cloning and molecular characterization of the *Fatty Acid Elongase*1 (*FAE* 1) gene from high and low erucic acid lines of *Brassicacampestris* and *Brassica oleracea*. Plant Science. 162：245～250

Eapen S.，Suseelan K. N.，Tivarekar S.，Kotwal S. A.，Mitra R..2003. Potential for rhizo. ltration of uranium using hairy root cultures of *Brassica juncea* and *Chenopodium amaranticolor*. Environmental Research. 91：127～133

Ebrahimi，A. G.，Delwiche P. A.，Williams P. H..1976. Resistance to *Brassica juncea* to *Peronospora parasitica* and *Albugo candida* race 2. Proc. Am. Phytopathol. Soc. 3：273 (Abstr.)

Gong H.，Pua E. C..2004. Identification and expression of genes associated with shoot regeneration from leaf disc explants of mustard (*Brassica juncea*) in vitro. Plant Science. 167：1191～120

Hu W. W.，Gong H.，Pua E. C..2005. Molecular cloning and characterization of S～adenosyl methionine decarboxylase genes from mustard (*Brassica juncea*). Physiologia Plantarum. 124：25～40

Kanrar S.，Venkateswari J. C.，Kirti P. B. et al..2002. Transgenic expression of hevein，the rubber tree lectin，in Indian mustard confers protection against *Alternaria brassicae*. Plant Science. 162：441～448

Keller W. A.，Armstrong K. C..1977. Embryogenes' s and plant regeneration in Brassica napus anther culture. Can J Bot. 55：1384～1388

Kirti P. B.，Mohapatra T.，Baldev A. et al..1995. A stable cytoplasmic male-sterile line of *Brassica juncea* carrying restructured organelle genomes from the somatic hybrid *Trachystoma ballii* + *B. juncea*. Plant breeding. 114 (5)：434～438

Kirti P. B.，Baldev A.，Gaikwad K. et al..1997. Introgression of a gene restoring fertility to CMS (Trachystoma) *Brassica juncea* and the genetics of restoration. Plant Breeding. 116 (3)：259～262

Mahmood T.，Rahman M. H.，Stringam R. G. et al..2005. Molecular markers for seed colour in *Brassica juncea*. Genome. 48 (4)：755～759

Mukherjee A. K.，Mohapatra T.，Varshney A. et al..2001. Molecular mapping of a locus controlling resistance to *Albugo candida* in Indian mustard. Plant Breeding. 120：483～487

Prakash S.，Ahuja I.，Upreti H. C..2001. Expression of male sterility in alloplasmic *Brassica juncea* with *Erucastrum canariense* cytoplasm and the development of a fertility restoration system. Plant Breeding. 120：479～482

Prasad K. V. S. K.，Saradhi P. P..2004. Enhanced tolerance to photoinhibition in transgenic plants through targeting of glycinebetaine biosynthesis into the chloroplasts. Plant Science. 166：1197～1212

Qiao Aimin，Liu Peiying，Lei Jianjun et al..1998. Identificationof Mustard (BrassicajunceaCoss.) Cultivars with RAPD Markers. Acta scientiarum naturalium universitatis sunyatseni. 37 (2)：73～76

Rao G. U.，Batra-Sarup V.，Prakash S. et al..1994. Development of a new cytoplasmic male-sterility system in Brassica juncea through wide hybridization. Plant breeding. 112 (2): 171~174

Sodhi Y. S. , Mukhopadhyay A. , Arumugam N. et al .. 2002. Genetic analysis of total glucosinolate in crosses involving a high glucosinolate Indian variety and a low glucosinolate line of Brassica juncea. Plant Breeding. 121: 508~511

Veena, Reddy V. S. , Sopory S. K.. 1999. Glyoxalase I from *Brassica juncea*: molecuar cloning, regulation and its over-expressionconfer tolerance in transgenic tobacco under stress. The Plant Journal. 17 (4): 385~395

Yang J. H. , Zhang M. F. , Yu J. Q. et al.. 2005. Molecular Identification of Cytoplasmic Male Sterili Associated Gene orf220 in Leaf Mustard (*Brassica juncea* var. *multiceps* Tsen et Lee) . Acta Genetica Sinica. 32 (6): 594~595

Yao K. , Bacchetto R. G. , Lockhart K. M. et al.. 2003. Expression of the *Arabidopsis ADS*1 gene in *Brassica juncea* results in a decreased level of total saturated fatty acids. Plant Biotechnology Journal. 1 (3): 221~229

Prabh K. V. , Somers D. J, Rakow G and Gugel R. K.. 1998. Molecular markers linked to white rust resistance in mustard *Brassica juncea*. Theoretical and Applied Genetics. (97): 5~6

Malik Ashiq Rabbani, Aki Iwabuchi, Yoshie Murakami, Tohru Suzuki & Kenji Takayanagi 1998. Phenotypic variation and the relationships among mustard (*Brassica juncea* L.) germplasm from Pakistan Euphytica 101: 357~366, 357

蔬菜作物卷

第十章

结球甘蓝

第一节 概　　述

结球甘蓝（*Brassica oleracea* L. var. *capitata* L.）为十字花科（Cruciferae）芸薹属（*Brassica*）甘蓝种中能形成叶球的二年生草本植物。染色体数 $2n=2x=18$。别名甘蓝、洋白菜、包菜、卷心菜、莲花白等。结球甘蓝的食用部分为叶球，其质地脆嫩，营养丰富，富含维生素 C、磷和钙。每 100g 食用部分含水分 93.2g、碳水化合物 4.6g、蛋白质1.5g、不溶性纤维 1.0g、维生素 C 40mg、脂肪 0.2g、胡萝卜素 0.07mg、硫胺素（VB_1）0.03mg、核黄素（VB_2）0.03mg、尼克酸 0.4mg、钙 49mg、磷 26mg、铁 0.6mg（《中国食物成分表》，2002）。此外，结球甘蓝还含有葡萄糖、芸薹素、吲哚-3-乙酸和丰富的维生素 U，有较好的和胃健脾作用，还有一定的防癌、抗癌作用。结球甘蓝可炒食、煮食、凉拌，也可加工腌渍或制干菜。

结球甘蓝在世界各地普遍种植，是亚洲、欧洲和美洲等地的主要蔬菜之一。据联合国粮食与农业组织（FAO）统计，2005 年全球甘蓝类蔬菜（Cabbages）种植面积约为322.3 万 hm^2，总产量达 6 948 万 t，其中欧洲面积最大，其次是亚洲，再次为北美洲、非洲和南美洲，最少为大洋洲。中国甘蓝类蔬菜种植面积为 171.945 万 hm^2，总产量为3 410万 t（FAO，2005）。中国结球甘蓝（Cabbage）的播种面积和总产量分别为89.83万 hm^2 和 2 985.8 万 t（《中国农业统计资料》，2005；与 FAO 数据略有差异）。结球甘蓝在中国东北、西北、华北等较冷凉地区，是春、夏、秋季的主要蔬菜。在南方各地的秋、冬、春季也大面积栽培。各地选用适宜的品种，实行排开播种，分期收获，可做到四季供应，故在蔬菜周年均衡供应中占有重要地位。

结球甘蓝的种质资源丰富。美国、英国、日本、荷兰、法国、韩国等国家十分重视结球甘蓝种质资源的收集、保存和研究工作。据笔者了解，美国已收集、保存的甘蓝类资源1 907 份，其中结球甘蓝 1 000 多份。在中国，结球甘蓝种质资源的收集、保存和研究受到科技部、农业部和相关科研院、所、高校的高度重视。目前，全国已搜集整理、并进入国家种质资源库保存的甘蓝类种质资源有近 700 份，其中结球甘蓝种质资源有 200 多份（见表 1-7）。

第二节 结球甘蓝的起源与分布

一、结球甘蓝的起源

结球甘蓝起源于地中海至北海沿岸，是由不结球的野生甘蓝演化而来。早在 4 000 多年以前，野生甘蓝的一些类型就被古罗马和希腊人所利用。后来逐渐传至欧洲各国，并经长期人工栽培和选择，逐渐演化出甘蓝类蔬菜的各个变种，包括结球甘蓝、花椰菜、青花菜、球茎甘蓝、羽衣甘蓝、抱子甘蓝等（图 10-1）。13 世纪欧洲开始出现结球甘蓝类型，16 世纪传入加拿大，17 世纪传入美国，18 世纪传入日本。

结球甘蓝何时传入中国，存在着一些不同的看法。蒋名川、叶静渊等根据中国古籍和地方志的记载，认为结球甘蓝是从 16 世纪开始通过几个途径逐渐传入中国。第一条途径是由东南亚传入云南。明代，中国云南与缅甸之间存在着十分频繁的商业往来，明嘉靖四十二年（1563），云南《大理府志》中就有关于"莲花菜"的记载。第二条途径是由俄罗斯传入黑龙江和新疆。清康熙庚午年（1690）间出版的《小方壶斋舆地丛钞》一书中在"北激方物考"一章中记载："……老枪菜，即俄罗斯菘也，抽薹如茼苣，高二尺余，叶出层层……割球烹之，似安肃冬菘……"。又同时期的《钦定皇朝通考》记载，"俄罗斯菘，一名老枪菜，抽薹如茼苣，高二尺许，略似安菘……"。1804 年《回疆通志》记载，"莲花白菜……，种出克什米尔，回部移来种之"。第三条途径是通过海路传入中国东南沿海地区。1690 年，《台湾府志》就有关于"番甘蓝"的记

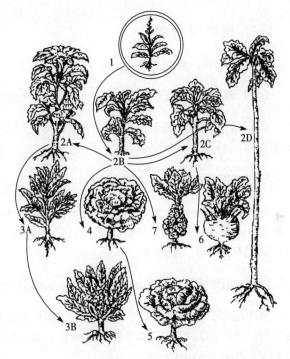

图 10-1　在人工选择和培育下野生甘蓝的变异
1. 一年生野甘蓝　2. 羽衣甘蓝（2A. 分枝者　2B. 不分枝者
2C. 髓状者　2D. 饲用高茎者）
3. 花椰菜［3A. 二年生者（木立花椰菜）
3B. 一年生者（花椰菜）］　4. 甘蓝　5. 皱叶甘蓝
6. 球茎甘蓝　7. 抱子甘蓝
（引自马尔柯夫，1953）

载。1848 年，《植物名实图考》中有把甘蓝称为"葵花白菜"的记载，并附有中国历史文献中有关结球甘蓝最早的插图（《中国作物遗传资源》，1994）。

二、结球甘蓝的分布

由于结球甘蓝具有较广泛的适应性和较高的经济和食用价值，在世界各地广泛栽培。

据联合国粮食与农业组织（FAO）2005 年生产年鉴统计，全球种植的 322.3 万 hm² 甘蓝类蔬菜主要分布在 133 个国家，其主产国依次为中国、印度、俄罗斯、韩国、美国、乌干达、印度尼西亚、日本。

甘蓝也是中国各地普遍种植的一种重要蔬菜。据《中国农业统计资料》统计，2005 年全国播种的 89.83 万 hm² 结球甘蓝分布在全国 31 个省（自治区、直辖市）。其中以广东省播种面积最大，其次为河北省，再次依次为湖北、湖南、福建、山东、河南、四川、广西、江西、江苏、安徽、云南、贵州、山西和浙江省，播种面积最少的是西藏自治区以及青海省。

第三节　结球甘蓝的分类

一、植物学分类

结球甘蓝有：普通甘蓝、紫甘蓝、皱叶甘蓝 3 个变种（图 10 - 2 至 10 - 7）。

（一）普通甘蓝（*B. oleracea* L. var. *capitata* L.）

其叶面平滑，无显著皱折，叶中肋稍突出，叶色绿至深绿。为中国和世界各地栽培最普遍，面积最大的一个变种。

（二）紫甘蓝（*B. oleracea* L. var. *rabra* DC.）

叶面和普通甘蓝一样，平滑而无显著皱折，但其外叶及球叶均为紫红色。炒食时转为黑紫色，一般宜凉拌生食。栽培面积远不如普通甘蓝，中国一些地区常将其作为特菜栽培，面积有逐年扩大的趋势。

（三）皱叶甘蓝（*B. oleracea* L. var. *bullata* DC.）

其叶色似普通甘蓝，绿色至深绿色，但叶片因叶脉间叶肉很发达，形成凹凸不平的叶面皱折。球叶质地柔软，风味好，可炒食。在中国部分地区也常作为特菜栽培，但栽培面积不大。在欧洲种植较广泛。

二、按叶球形状分类

可分为扁圆球形、圆球形、尖球形 3 种类型（图 10 - 4 至 10 - 7）。

（一）扁圆球形

叶球扁圆、较大，多数为中晚熟品种。冬性较强，作春甘蓝种植时不易发生未熟抽薹，其中一部分品种冬性极强。抗病、耐热、耐寒性较强。完成阶段发育对光照长短要求不敏感。采种种株开花早，花期 30～40d，种株高度一般介于圆球形与尖球形之间。中国各地春夏季栽培的中晚熟甘蓝及秋冬甘蓝多为这种类型。在日本该类型栽培较为广泛。

图 10-2　皱叶甘蓝

图 10-3　紫甘蓝

图 10-4　普通甘蓝（圆球形）

图 10-5　普通甘蓝（扁圆球形）

图 10-6　普通甘蓝（尖球形-1）

图 10-7　普通甘蓝（尖球形-2）

（二）圆球类形

叶球圆球形或近圆形，多为早熟或中熟品种。叶球紧实，球叶脆嫩，品质较好。但此类型中部分品种冬性较弱，作春甘蓝种植时，如播种过早或栽培管理不当易发生未熟抽薹。抗病、耐热，耐寒性均较差。完成阶段发育须有较长时间的光照。采种种株开花晚，花期 40～50d，花薹高度 150cm 以上。在中国北方作早熟春甘蓝栽培的多为这类品种。目前，在美国、英国、荷兰、法国、丹麦、印度等国栽培的也多为这类品种。

（三）尖球类型

也称牛心形，叶球顶部为尖形，多为早熟品种。冬性较强，作为春甘蓝种植不易未熟抽薹，抗病、耐热性差，但耐寒性强。完成阶段发育对光照长短不敏感。采种种株开花早，花薹高度 120cm 左右，花期 30d 左右。这类品种一般在中国南北各地作春季早熟栽培，特别是在长江流域广泛用作越冬栽培。在英国、荷兰、法国、俄罗斯等国也有较多栽培。

三、按栽培季节及熟性分类

一般可分为春甘蓝、夏甘蓝、秋冬甘蓝及一年一熟大型晚熟甘蓝 4 种类型。有的类型还可以按成熟期早晚分为早、中和晚熟三类。

（一）春甘蓝

适宜冬季播种育苗，春季栽培的类型。一般品质较好，但抗病、耐热性较差。按其成熟期又可分为早熟春甘蓝和中、晚熟春甘蓝。早熟春甘蓝定植后 40～60d 可收获，叶球多为圆球形或尖球形。中晚熟品种春甘蓝定植后 70～90d 收获，叶球多为扁圆形。

（二）夏甘蓝

一般指在二季作地区，4～5 月播种，8～9 月收获上市的品种类型。一般较耐热，且抗病性较好。叶色较深，叶面蜡粉较多，多为扁圆形的中熟品种；但近年，适宜在高海拔或高纬度冷凉地区、夏季种植的早熟圆球类型品种的栽培面积，有逐年增加的趋势。

（三）秋冬甘蓝

适宜在 7～8 月播种，秋冬季收获上市的品种类型。一般较抗病，且耐热性较好。按成熟期早晚还可分为早、中、晚熟三类。早熟品种多为近圆球形，定植后 60d 左右收获；中晚熟品种一般为扁圆球形，定植后 70～90d 收获。

（四）一年一熟大型晚熟类型

该类型主要分布于中国长城以北及青藏高原等高寒地区。由于这些地区无霜期短，无明显的夏季，而这一类型品种生育期又较长，因而多为一年一熟。一般 3～4 月份播种，10 月份收获，它们是这些地区的主要冬贮蔬菜之一。

四、按植物学特征和熟性综合性状分类

汤姆逊（Tomson，1949）按植物学性状和熟性两种性状的综合表现把结球甘蓝分为 8 个类型，即威克菲、展翼群，哥本哈根群，荷兰平头、鼓头群，皱叶甘蓝群，丹麦球头群，A 群，伏尔加群，红甘蓝群等。每一个类型在植物学性状和熟性上都有其相似的特点（表 10 - 1）。

表 10-1　结球甘蓝按植物学特征和熟性的综合性状分类

(Tomson, 1949)

种　群	特　性
威克菲、展翼群（Wakefied, Winning stadt）	尖球，早熟
哥本哈根群（Copenhagen Market）	圆球，早熟，外叶少而致密，茎短小
荷兰平头、鼓头群（Flat Dutch, Drumhead）	扁圆球形，中等大小，外叶大，向内卷包成叶球；淡绿色，此群品种成熟期不一致
皱叶甘蓝群（Saroy）	以叶片皱缩为其特征，叶色深绿，品质优良，但栽培不多
丹麦球头群（Danish ballhead）	外叶大而少，淡绿色，蜡粉稍多，中晚熟，球叶致密，叶球紧实，耐贮藏
A 群（Alpha）	极早熟，圆球形，球紧实
伏尔加群（Volga）	晚熟，外叶少、向内翻卷，叶大而厚、深绿色
红甘蓝群（Red cabbage）	叶深紫红色，叶球紧实

五、按幼苗春化型分类

结球甘蓝为绿体春化型植物，即要求长成一定大小的植株后才能感受低温而通过阶段发育。但品种类型不同，完成阶段发育要求的营养生长时期的长短、植株大小以及感受低温、光照时间的长短存在着差异。彼原（1959）按幼苗春化型分类，即按完成阶段发育要求条件的特点，将结球甘蓝分为春播晚熟型、秋播型、夏播型、北方春播型、热带型等 5 个生态类型。

第四节　结球甘蓝的形态特征与生物学特性

一、形态特征

（一）根

结球甘蓝的根为圆锥根系。主根基部肥大，尖端向地下生长，主根基部分生出许多侧根，在主、侧根上又发生许多须根，形成极密的吸收根网。其根入土不深，主要根群分布在地下 60cm 以内的土层中，以 30cm 的耕作层中最密集；根群横向伸展半径在 80cm 范围内，当叶球成熟时可达 100cm 的范围。因此，结球甘蓝的抗干旱能力不强。但断根后再生能力很强，移栽时主根、侧根断伤后容易发生新的不定根，因此，结球甘蓝适宜育苗移植。

（二）茎

茎分短缩茎和花茎。短缩茎虽在莲座期或结球期稍有伸长，但在整个营养生长阶段基本上是短缩的，短缩茎又分外短缩茎和内短缩茎。外短缩茎在叶球外，着生莲座叶，内短缩茎着生球叶，也即叶球的中心柱。一般内短缩茎越短，叶球越紧密，品质也较好，这是鉴别结球甘蓝品质优劣的重要依据之一（图 10-8）。结球甘蓝进入生殖生长阶段后抽出的花薹称为花茎，花茎可分枝生叶，形成花序。花茎的长短、粗细与叶球类型、品种及营养状况有关，营养供应充分，花茎粗壮，分枝多。一般圆球形品种，主花茎明显，而牛心形和扁圆形品种的侧枝较发达。

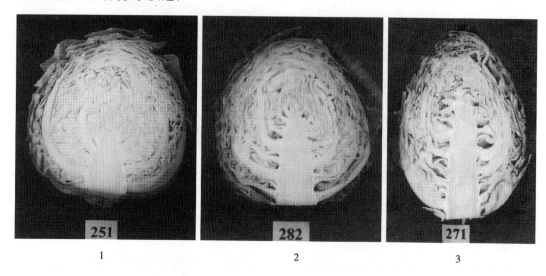

图 10 - 8 　结球甘蓝中心柱与叶球内结构
1. 中心柱短、叶球紧密　2. 中心柱中等长、叶球紧密中等紧密　3. 中心柱长、叶球疏松

（三）叶

结球甘蓝的叶可分为子叶、基生叶、幼苗叶、莲座叶、球叶和茎生叶。除球叶为贮藏器官外，其余均为同化器官，不同时期的叶形态差异很大。子叶呈肾形对生。第一对真叶即基生叶对生，与子叶垂直，无叶翅，叶柄较长。随后发生的幼苗叶，呈卵圆或椭圆形，网状叶脉，具有明显的叶柄，互生在短缩茎上。继而逐渐长出强大的莲座叶，也叫外叶。甘蓝的外叶数在 10～30 片之间。早熟品种的外叶一般较少，中、晚熟品种外叶一般较多。莲座期后期发生的外叶叶片愈加宽大，叶柄逐渐变短，以至叶缘直达叶柄基部，形成无柄叶。据此，可以判断特性不同的品种和预测结球始期到来。外叶叶色有黄绿、绿、灰绿、蓝绿等，紫甘蓝外叶为红色或紫红色（图 10 - 9）。外叶形状因品种而异，一般有竖椭圆、卵圆、圆、横椭圆、椭圆、倒卵圆等。叶尖形状一般分为凸、平、凹（图 10 - 10）。多数品种叶面光滑无毛，皱叶甘蓝叶面皱缩。叶面覆盖白色蜡粉，一般蜡粉越多，越耐旱、耐热。进入结球期再发生的叶片中肋向内弯曲，包被顶芽。此后随着新叶的继续分生，包被顶芽的各个叶片也随之增大，并最终形成紧实的叶球。构成叶球的球叶为无柄叶，呈黄白色。叶球形状一般分为圆球形、尖球形和扁圆形（图 10 - 3 至 10 - 7）。叶球颜色各异，有黄绿、绿、灰绿色、蓝绿等，紫甘蓝外叶为红色或紫红色（图 10 - 11）。叶球内球叶颜色也各异，有白、浅黄、黄、浅绿、紫等（图 10 - 12）。花茎上的叶称为茎生叶，互生，叶片较小，先端尖，基部阔，无叶柄或叶柄很短。结球甘蓝的叶序为 2/5 和 3/8，有左旋和右旋两种。

（四）花

结球甘蓝花序为复总状，在中央主花茎上的叶腋间发生一级分枝。在一级分枝的叶腋

图 10-9 结球甘蓝外叶颜色
1. 黄绿色 2. 绿色 3. 灰绿色 4. 蓝绿色 5. 紫色

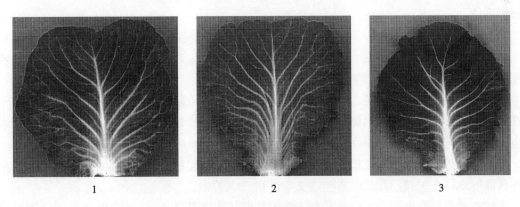

图 10-10 结球甘蓝外叶叶尖形状
1. 凹 2. 平 3. 凸

间发生二级分枝，若养分充足，管理条件好，还可发生三、四级分枝。

生态类型不同的结球甘蓝采种植株，分枝习性差异很大。一般来说，圆球形品种的种株，主茎生长势很强。而尖球形和扁圆形品种，主茎生长势没有圆球形品种那样强，但一、二级，甚至三级分枝比较发达。每个健壮的种株开花数量，因品种和栽培管理条件而异，通常有 800～2 000 朵。开花顺序，一般是主枝先开花，然后是一级分枝开花，再后是二、三、四级分枝逐渐依次开花。从一个花枝来说，不论主枝或分枝，花蕾均由下而上

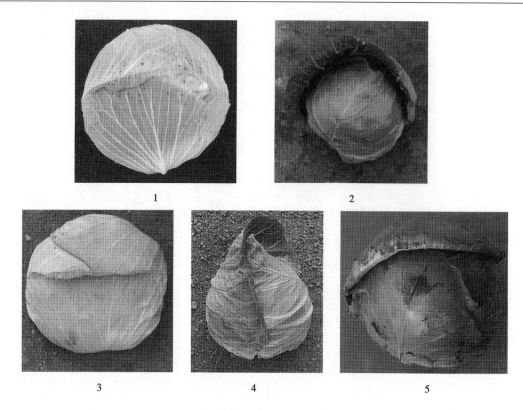

图 10-11 结球甘蓝叶球颜色
1. 黄绿色 2. 绿色 3. 灰绿色 4. 蓝绿色 5. 紫色

逐渐开放。

结球甘蓝开花期通常为 30～50d，而春季开花时间早晚与开花期长短，不同品种类型之间有一定差异。一般来说，在同样栽培管理条件下，尖球形和扁圆形的品种开花时间要比圆球形品种早 7d 左右，但开花期要短 5d 左右。

结球甘蓝的花为完全花，包括花萼、花冠、雌蕊、雄蕊、蜜腺几个部分。开花时 4 个花瓣呈十字形排列，花瓣内侧着生 6 个雄蕊，其中两个较短，4 个较长，每个雄蕊顶端着生花药，花药成熟后自然裂开，散出花粉。

结球甘蓝为典型的异花授粉作物，在自然条件下，授粉靠昆虫作媒介。两个不同品种种株隔行栽植在一起，开花时自然杂交率可达 70% 左右。

柱头和花粉的生活力，以开花当天最强。但柱头在开花前 6d 和开花后 2～3d 都可接受花粉进行受精。花粉在开花前 2d 和开花后 1d 都有一定的生活力。如果将花药取下贮存于干燥器内，在干燥、室温条件下，花粉生活力可保持 7d 以上，在 0℃ 以下的低温干燥条件下可保持更长的时间。

从授粉开始到受精过程完成所需的时间：在异花授粉及 15～20℃ 温度条件下，2～4h 后花粉管开始生长，经过 6～8h，它们穿过花柱组织，经过 36～48h 完成受精。授粉时的最适温度为 15～20℃，低于 10℃ 花粉萌发较慢，而高于 30℃ 则影响受精活动正常进行。

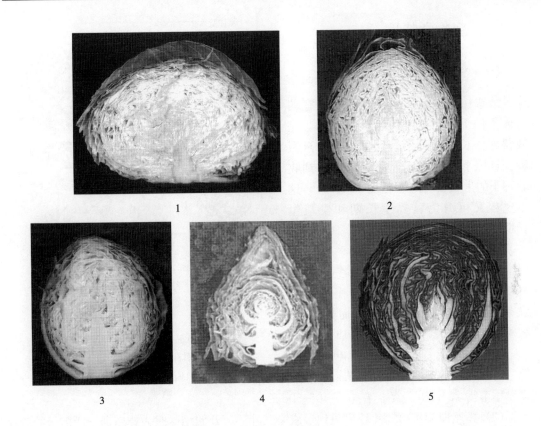

图 10-12 结球甘蓝叶球内球叶颜色
1. 白 2. 浅黄 3. 黄 4. 浅绿 5. 紫

(五) 果实与种子

结球甘蓝的果实为长角果，圆柱形，表面光滑略似念珠状，成熟时细胞壁增厚硬化，种子排列在隔膜两侧。每株一般有有效角果 700～1 500 个。角果的多少因栽培管理条件的不同差异很大。在一个植株上，大部分有效角果集中在一级分枝上，其次是二级分枝和主枝上。每个角果约有 20 粒种子，在一个枝条上，上部角果和下部角果内种子较少，而中部角果种子最多。种子为红褐色或黑褐色，千粒重为 3.3～4.5g，一株生长良好的种株可收种子 50g 左右。

结球甘蓝的种子一般在授粉后 40d 左右成熟，但成熟所需要的时间常因温度条件而异。一般在高温条件下种子成熟快一些，温度较低时成熟慢一些。在华北地区，一般 6 月下旬收获种子。因此，5 月中旬以后开的花，即使完成受精也往往不能形成完全成熟的种子，即使形成少量种子，其发芽率也很低。结球甘蓝种子宜在低温干燥的条件下保存。北方干燥地区，充分成熟的种子在一般室内条件下可保存 2～3 年，而在潮湿的南方只可保存 1～2 年，但在干燥器或密封罐内保存 8～10 年的种子仍有相当高的发芽率。

二、生物学特性

(一) 生育周期

结球甘蓝是二年生植物，在适宜的气候条件下，它于第一年形成叶球，完成营养生长。经过冬季低温春化，至翌春长日照下开花结实，完成从播种到收获种子的生长发育过程（图 10 - 13），这个过程又可分为营养生长期和生殖生长期。

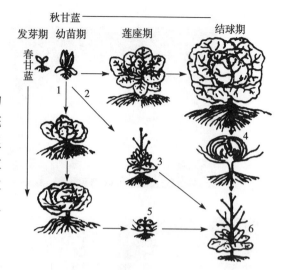

图 10 - 13 结球甘蓝生长周期示意图
1. 小苗越冬 2. 大苗越冬（低温花芽分化）
3. 未熟抽薹（高温长日照） 4. 球内抽薹
5. 侧芽结球（低温越冬） 6. 开花（高温长日照）
（引自岩间诚造，1976）

1. 营养生长期

（1）发芽期 从播种到第一对基生真叶展开，与子叶垂直形成十字形时为发芽期。发芽期的长短因季节而异，夏、秋季节需 8～10d，冬、春季节 15～20d。

（2）幼苗期 从第一片真叶展开到第一叶环形成达到团棵时为幼苗期。一般早熟品种生长 5 片叶，中晚熟品种生长 8 片叶，夏秋季节需 25～30d，冬、春季节 40～60d。

（3）莲座期 从第二叶环出现到形成第三叶环，开始结球时为莲座期。所需天数依品种不同而异，早熟品种一般需 25d，中晚熟品种需 35～40d。

（4）结球期 从心叶开始包心到叶球形成为结球期。依品种不同而异，早熟品种需 25～30d，中、晚熟品种需 35～45d。

2. 生殖生长期

（1）抽薹期 从种株定植到花茎长出为抽薹期，北方约 20～25d。

（2）开花期 从始花到终花时为开花期。依品种的不同，花期长短不一，通常为 25～50d。

（3）结荚期 从谢花到角果黄熟时为结荚期，约 40～50d。

(二) 对环境条件的要求

1. 温度 结球甘蓝喜温和冷凉的气候，但对寒冷和高温有一定的忍耐能力。一般在 15～25℃的条件下最适宜生长。在各个生长时期对温度的要求也有一定差异。如种子在 2～3℃条件下能缓慢发芽，但发芽适温为 18～20℃，莲座叶可在 7～25℃下生长，5～10℃低温时，叶球仍能缓慢生长，结球期以 15～20℃为适。

幼苗耐寒能力随苗龄的增加而提高，刚出土的幼苗抗寒能力弱，具有 6～8 片叶的健壮幼苗能忍耐较长时期－1～－2℃及较短期的－3～－5℃低温，经低温锻炼的幼苗能忍耐极短期－8℃甚至－12℃的严寒。成熟的叶球耐寒能力因品种而异，早熟品种可耐短期－3～－5℃的低温，中晚熟品种可耐短期－5～－8℃的低温。抽薹开花期，抗寒力很弱，

10℃以下的低温影响正常授粉结实，花薹遇-1～-3℃低温即受冻害。

对高温的适应力在不同生长期有所不同，在幼苗和莲座叶形成期，对25～30℃的高温有较强的适应力。进入结球期，要求温和冷凉的气候。高温会阻碍结球过程，如高温加干旱，会造成外叶焦边，叶球松散，产量下降，品质变劣，甚至使叶球散开。开花时如遇连续几天30℃以上高温，则会对开花、受粉、结实造成不良影响。

2. 水分 结球甘蓝根系分布较浅，且外叶大，水分蒸发量多。因此，要求在湿润的栽培条件下生长，一般在80%～90%的空气湿度和70%～80%的土壤湿度下生长良好。其中，尤其对土壤湿度要求严格，如空气干燥，土壤水分不足，则将造成生长缓慢，包心延迟。结球甘蓝也不耐涝，如果雨水过多，土壤排水不良，往往使根系泡水受渍而变褐死亡。

3. 光照 结球甘蓝喜光，在未通过春化阶段前，充足的日照有利于生长，对光照强度的适应范围较广，光饱和点为 $1\ 441.0\mu mol/(m^2 \cdot s)$，光补偿点 $47.0\mu mol/(m^2 \cdot s)$。因此，在阴雨天多、光照较弱的南方和光照较强的北方都能正常生长。在适当的温度下，长日照对完成春化后的种株抽薹、开花有促进作用。

4. 土壤与营养 甘蓝对土壤适应性较强，从沙壤土到黏壤土都能种植。在中性到微酸性（pH5.5～5.6）的土壤中生长良好。但在酸性过度的土壤中表现不好，且易发生根肿病等病害。甘蓝能忍耐一定的盐碱性，据山西农业科学院调查，在含盐量0.75%～1.2%的盐渍土上也能正常生长与结球。结球甘蓝为喜肥、耐肥作物，苗期和莲座期需要较多的氮，磷、钾次之。在结球开始之后需磷、钾量相对增加。莲座期需氮量达到高峰，结球期需磷量达到高峰。结球甘蓝整个生长期吸收氮、磷、钾的比例为3:1:4。除了氮、磷、钾外，还需要其他无机元素，缺钙或不能吸收钙时，特别在生长点附近的叶片就会引起叶缘枯萎或叶球干烧心病。对镁、硼、锰、钼、铁等微量元素需要量不多，但一旦缺乏也会引起各种不良反应。

第五节 结球甘蓝的种质资源

一、概况

世界各国十分重视结球甘蓝种质资源的收集、保存和研究工作。据笔者了解，美国收集、保存的甘蓝类资源1 907份，其中结球甘蓝1 000多份。前苏联的瓦维洛夫（Н. И. Вавилов）研究所从70多个国家收集3 240份甘蓝资源。据欧洲芸薹属数据库（The ECP/GR *Brassica* Database，2007）的资料显示，欧洲收集、保存的甘蓝类资源10 414份，其中结球甘蓝4 437份。

中国自20世纪50年代中后期到60年代中期，通过开展结球甘蓝种质资源调查、收集、整理工作，全国主要农业科研、教学单位保存的结球甘蓝种质资源达434份（《中国作物遗传资源》，1994）。近20余年来，中国农业科学院蔬菜花卉研究所主持科技部、农业部的种质资源研究项目，组织全国各地有关单位进行了蔬菜种质资源的搜集、鉴定、保存工作，据统计，被列入《中国蔬菜品种资源目录》（第一册，1992；第二册，1998）的各种不同类型甘蓝种质资源共有 522 份，其中有 102 份作为主要或重要种质资源被列入《中国蔬菜品种志》（2001）。到 2006 年，已搜集整理、入库保存到国家农作物种质资源库的甘蓝类蔬菜种质资源 680 份，其中结球甘蓝种质资源 223 份（见表 1-7）。并发现了一批优良的地方品种资源，有的直接在生产中推广应用，有的用作育种的原始材料。此外，中国农业科学院蔬菜花卉研究所甘蓝育种课题组在 1965—1987 年期间，先后引种、鉴定了国内外结球甘蓝遗传资源 1 080 份。其中，国内 395 份，其余 685 份引自欧洲、亚洲、北美洲、大洋洲、非洲的 34 个国家。1988—2007 年期间该所品种资源室与甘蓝育种课题组又从国内外不同地区引进结球甘蓝种质资源 934 份，其中 1988—1990 年间 177 份，1991—2000 年间 324 份。2001—2007 年间 433 份。中国各有关研究和教学单位在甘蓝种质资源引进的同时，还开展了种质资源创新研究，"六五"至"十五"期间通过科技部国家攻关、"863"等重大课题的实施，已选育和创制出一批优质、抗病、抗逆的结球甘蓝新种质，为结球甘蓝优质、多抗、丰产新品种选育提供了重要的基因资源。

二、抗病虫种质资源

（一）抗病种质资源

芜菁花叶病毒（TuMV）、黄瓜花叶病毒（CMV）、花椰菜花叶病毒（CaMV）、黑腐病（*Xanthomonas campestris* pv. *campestris*）和根肿病（*Plasmodiophora brassicae*）是危害秋甘蓝的主要病害。从 1983 年起，国内科研和教学单位在广泛收集、引进大量原始材料的基础上，采用苗期人工接种多抗性鉴定和田间鉴定相结合的方法，鉴定和筛选抗源材料，筛选出 22 个抗多种病害的抗病种质资源材料。其中"六五"至"七五"期间育成 20-2-5-2、8726、8901 等抗 TuMV 兼抗黑腐病抗源 7 个，"八五"期间育成抗 TuMV、兼抗 CMV 和黑腐病的抗源 8020-1、陕 8501、东农 103-1、黑 3-3-1-1、K9221 等 9 个，育成一个抗根肿病抗源 84067-4-1-31。"九五"期间育成抗 TuMV、兼抗 CMV 和黑腐或根肿病三种病害的抗源 6 个（表 10-2），其中部分抗源材料已用于配制并育成优良的抗病新品种，在生产中得到大面积推广应用（刘玉梅，2005）。

"六五"至"十五"期间育成了一批可抗芜菁花叶病毒（TuMV）、黄瓜花叶病毒（CMV）、花椰菜花叶病毒（CaMV）、黑腐病和根肿病等 1～3 种病害的夏秋甘蓝一代杂种，在中国夏秋甘蓝生产中发挥了重要作用。不但提高了结球甘蓝的抗病育种水平，而且也大大丰富了中国结球甘蓝的抗病品种。

1. 秦菜 3 号 陕西省农业科学院蔬菜研究所"六五"期间育成的抗芜菁花叶病毒病秋甘蓝一代杂种。1989 年通过陕西省农作物品种审定委员会审定。株高 28cm，开展度 60cm 左右，外叶 9～10 片，叶色灰绿。叶球扁圆形，纵径 19cm，横径 27cm，单球重 2～2.5kg。产量 60 000～75 000kg/hm²。

2. 西园 2 号 西南农业大学园艺系"六五"期间育成的抗芜菁花叶病毒病秋甘蓝一代杂种。1986 年通过四川省农作物品种审定委员会审定。株高 59cm，开展度 59cm。叶球扁圆形，纵径 13cm，横径 22cm，外叶 15～18 片，叶色深绿，单球重 1.5～2.0kg，产量 45 000kg/hm² 左右。

表10-2 甘蓝抗病材料人工接种病（毒）源鉴定结果

（全国甘蓝育种攻关课题组）

材料名称	育成单位	育成时间	TuMV			CMV			黑腐病			根肿病		
			病情指数	表型	毒源	病情指数	表型	毒源	病情指数	表型	病源	病情指数	表型	病源
20-2-5-2	中国农业科学院蔬菜花卉研究所	"六五"至"七五"	0.5	HR	中蔬				14.7	R	中蔬			
23202-1	中国农业科学院蔬菜花卉研究所		0	HR	中蔬				5.9	HR	中蔬			
8726	西南农业大学园艺系		3.2	R	中熟				23.6	R	西农			
8702	西南农业大学园艺系		6.0	R	中蔬				22.2	R	西农			
606	东北农业大学园艺系		1.8	HR	中蔬				24.5	R	中蔬			
302	东北农业大学园艺系		1.8	HR	中蔬				26.7	R	中蔬			
8901	陕西省农业科学院蔬菜花卉研究所		0.5	HR	中蔬				21.6	R	中蔬			
北京早熟(ck)	中国农业科学院蔬菜花卉研究所		53.2	S	中蔬				61.4	S	中蔬			
8020-1	中国农业科学院蔬菜花卉研究所	"八五期间"	2.5	R	中蔬	2.9	R	中蔬	2.2	R	中蔬			
陕8501	陕西省农业科学院蔬菜花卉研究所		7.8	R	中蔬	5.2	R	中蔬	11.5	R	中蔬			
陕8502	陕西省农业科学院蔬菜花卉研究所		6.6	R	中熟	4.8	R	中熟	14.5	R	中熟			
东农103-1	东北农业大学园艺系		7.4	R	中蔬	7.4	R	中蔬	4.3	R	中蔬			
B2-2	东北农业大学园艺系		8.1	R	中蔬	7.0	R	中蔬	7.8	R	中蔬			
东农A202-2	东北农业大学园艺系		8.2	R	中蔬	3.7	R	中蔬	2.6	R	中蔬			
黑3-3-1-1	江苏省农业科学院蔬菜研究所		7.8	R	中蔬	3.3	R	中蔬	4.8	R	中蔬			
K9221	上海市农业科学院园艺研究所		7.4	R	中蔬	5.2	R	中蔬	12.9	R	中蔬			
K9229	上海市农业科学院园艺研究所		10.0	R	中蔬	5.0	R	中蔬	10.0	R	中蔬			
84067-4-1-3		"九五期间"	0	HR	江苏	3.3	HR	中蔬	13.5	R	中蔬	21.4	R	西农
970110	江苏省农业科学研究院蔬菜所		0	HR	东农	3.3	HR	中蔬	10.7	R	东农			
99-103-1	东北农业大学园艺系		3.7	HR	西农				13.8	R	西农	18.7	R	西农
9722	西南农业大学园艺系		2.4	HR	西农				12.0	R	西农	17.3	R	西农
9799	西南农业大学园艺系								9.4	R	中蔬			
98-249	中国农业科学院蔬菜花卉研究所		4.0	HR	中蔬	2.9	HR	中蔬	12.3	R	中蔬			
96-109	中国农业科学院蔬菜花卉研究所		4.1	HR	中蔬	2.9	HR	中蔬	12.6	R	中蔬			
20-2(抗ck)	中国农业科学院蔬菜花卉研究所		0	HR	中蔬	0	HR	中蔬						
01-16-5-7(感ck1)	中国农业科学院蔬菜花卉研究所		60.2	HS	中蔬	3.5	HS	中蔬	46.0	S	中蔬			
98-356(感ck2)	陕西省农业科学院蔬菜研究所		61.5	HS	中蔬	43.5	S	中蔬	55.6	HS	中蔬			

注：HR:高抗；R:抗病；MR:中抗（耐病）；S:感病；HS:高感。中蔬——指中国农业科学院蔬菜花卉研究所；西农——指西南农业大学。

3. 中甘 9 号 中国农业科学院蔬菜花卉研究所"七五"期间育成的抗 TuMV 病毒病和黑腐病秋甘蓝一代杂种，1995 年通过北京市农作物品种审定委员会审定。株高 28～32cm，开展度 60～70cm，外叶 15～17 片，深绿色，叶面蜡粉中等。叶球纵径 15cm，横径宽 24cm，中心柱长 6.5～7.3cm，单球重 3kg。叶质脆嫩，品质优良，较耐贮藏。产量 82 500～90 000kg/hm²。

4. 西园 3 号 西南农业大学园艺系"七五"期间育成的抗芜菁花叶病毒兼抗黑腐病秋甘蓝一代杂种。1986 年通过四川省农作物品种审定委员会审定。植株开展度 63～65cm，外叶约 10 片，叶色灰绿。叶球扁圆形，纵径 10～13cm，横径 21～24cm，中心柱长 6.0～6.5cm，单球重 3kg，叶球紧实度 0.52。

5. 西园 4 号 西南农业大学园艺系"七五"期间育成的抗芜菁花叶病毒兼抗黑腐病秋甘蓝一代杂种。1991 年通过四川省农作物品种审定委员会审定。植株开展度 69cm 左右，外叶 12～14 片，叶色浅灰绿，蜡粉较多。叶球扁圆形，纵径 10～13cm，横径 21～24cm，中心柱长 6cm 左右，单球重 1.7～2kg，叶球紧实度 0.52～0.55。

6. 秦菜 13 号 陕西省农业科学院蔬菜研究所"七五"期间育成的抗芜菁花叶病毒病兼抗黑腐病秋甘蓝一代杂种。植株开展度 64cm 左右，外叶 13～15 片，叶色灰蓝。叶球扁圆形，单球重 2.3kg。产量 60 000～75 000kg/hm²。

7. 西园 6 号 西南农业大学园艺系"八五"期间育成的抗芜菁花叶病毒病、兼抗黑腐病、耐根肿病秋甘蓝一代杂种。1994 年通过四川省农作物品种审定委员会审定。植株开展度 62～65cm，外叶 12 片。叶球扁圆形，纵径 13cm，横径 24cm，中心柱长约 6.0cm，单球重 1.6kg，叶球紧实度 0.5 以上，产量 60 000kg/hm² 左右。

8. 东农 609 东北农业大学园艺系育成的抗芜菁花叶病毒兼抗 CMV 和黑腐病的秋甘蓝一代杂种。1994 年通过黑龙江省农作物品种审定委员会审定。株高 30cm，开展度 68.70cm，外叶 8～10 片。叶球扁圆形，鲜绿色，纵径 15～17cm，单球重 2.7kg，中心柱长 5.8cm。叶球紧实度 0.65，产量 105 000kg/hm² 左右。

9. 秋抗 陕西省农业科学院蔬菜研究所育成的抗芜菁花叶病毒和黑腐病秋甘蓝一代杂种。1991 年通过陕西省农作物品种审定委员会审定。植株开展度 65～70cm，外叶 12～14 片，叶色深灰色，蜡粉中等。叶球扁圆形，紧实，单球重约 3kg。耐寒，晚熟。产量约 75 000kg/hm²。

10. 西园 8 号 西南农业大学园艺系育成的抗 TuMV、黑腐病，耐根肿病的秋甘蓝一代杂种。2000 年 1 月通过重庆市农作物品种审定委员会审定。植株开展度约 50cm，外叶 12～14 片。叶球扁圆形，纵径 10～11.5cm，横径 17.3～19.8cm，中心柱长 6.6～7.6cm，叶球紧实度 0.5 以上，帮叶比 31.5%。从定植到收获约 75～80d，产量 37 500kg/hm² 左右。

11. 中甘 18 号 中国农业科学院蔬菜花卉研究所育成的抗病毒病和黑腐病，可春秋兼用的早熟甘蓝一代杂种。2002 年通过国家审定。植株开展度 43～44cm，叶片深绿色，蜡粉中等。叶球圆球形，极紧实，不易裂球，耐贮运。叶质脆嫩，中心柱长 6.0cm 左右，单球重 1kg 左右。产量 51 000kg/hm² 左右。

12. 中甘 19 中国农业科学院蔬菜花卉研究所育成的抗芜菁花叶病毒，兼抗 CMV、黑腐病的中熟秋甘蓝一代杂种。2002 年通过国家审定。植株开展度 68cm，外叶 15～18 片，叶色深绿，蜡粉多。叶球扁圆形，紧实，单球重 3kg 左右。抗逆性好，适应性广。产量 97 500kg/hm² 左右。

13. 中甘 20 中国农业科学院蔬菜花卉研究所育成的抗病毒病兼抗黑腐病的中熟秋甘蓝一代杂种。2002 年通过国家审定。植株开展度 60cm，外叶深绿，蜡粉多。叶球扁圆形，紧实，单球重 2.5～3kg。抗逆性好，适应性广。产量 90 000kg/hm² 左右。

14. 秦甘 70 陕西省农业科学院蔬菜研究所育成的抗病毒、霜霉病和黑腐病秋甘蓝一代杂种。2000 年通过陕西省农作物品种审定委员会审定。植株开展度 61cm，外叶 10～11 片，叶色灰绿，蜡粉较多。叶球扁圆形，紧实，单球重约 1.85kg。产量 60 000～67 500kg/hm²。

15. 惠丰 3 号 山西省农业科学院蔬菜研究所育成的抗病毒和黑腐病秋甘蓝一代杂种。2001 年通过国家审定。植株开展度 50～60cm，外叶 11～14 片，叶色深绿，蜡粉中等。叶球扁圆形，紧实，单球重 2.3～2.8kg。产量约 105 000kg/hm²。

（二）抗虫种质资源

菜青虫和小菜蛾是危害甘蓝的主要害虫。"九五"期间，由中国农业科学院蔬菜花卉研究所主持，组织全国甘蓝攻关课题组，开展了抗菜青虫材料的选育工作。由中国农业科学院蔬菜花卉研究所对参加单位提供的抗虫材料在田间自然条件下（全生长期不打任何农药）进行了抗性鉴定，鉴定结果，有 5 份材料在田间对菜青虫表现不同程度的抗性，其中 8020 抗虫性最好，970104 表现抗虫，其余材料对菜青虫表现抗或耐（表 10-3）。

表 10-3 田间自然条件下甘蓝材料的抗虫性表现

（1999）

材料名称	心 叶				外 叶				育成单位
	虫害指数	抗性	比 CK$_1$ ±%	比 CK$_2$ ±%	虫害指数	抗性	比 CK$_1$ ±%	比 CK$_2$ ±%	
8025	21.7	T	−39.27	−33.36	23.42	T	−16.92	−3.85	中国农业科学院蔬菜花卉研究所
8020	12.73	RH	−63.48	−59.93	17.47	R	−38.02	−28.28	中国农业科学院蔬菜花卉研究所
970104	16.12	R	−53.75	−49.26	19.48	R	−30.89	−20.03	江苏省农业科学院蔬菜研究所
970309	16.63	R	−52.29	−47.65	21.22	T	−24.72	−12.88	江苏省农业科学院蔬菜研究所
96045-48	27.55	T	−20.96	−13.28	26.05	T	−7.59	+6.93	西南农业大学园艺系
96062-12	17.26	R	−50.48	−45.76	20.82	T	−26.14	−14.53	西南农业大学园艺系
99Q38（CK$_1$）	34.86	S			28.19	T			
99Q39（CK$_2$）	31.77	S			24.36	T			

注：RH：高抗； R：抗； T：耐； S：感。

三、抗逆种质资源

甘蓝抗逆性主要包括甘蓝种质对寒、热、旱、盐、碱等逆境以及未熟抽薹的抗、耐能力。在中国原有的地方品种中，有一部分尖球形品种如大鸡心、小鸡心、牛心等表现出较强的耐寒、耐未熟抽薹能力，而部分扁球形品种如黑叶大平头、黑叶小平头等表现出较强的耐热能力。优良的抗逆材料是育成抗逆甘蓝新品种的重要基础和基本保证。近 10 多年来，中国农业科学院蔬菜花卉研究所、西南农业大学、陕西省农业科学院、东北农业大学、江苏省农业科学院、上海市农业科学院等单位承担了国家"九五"至"十五"期间科技攻关课题，先后育成了 20 - 2、02 - 12、24 - 5 等一批耐热、耐寒性强、耐先期抽薹性好的育种材料，为甘蓝抗逆新品种的育成提供了良好的基因资源。

（一）早熟及中早熟耐寒、耐未熟抽薹种质资源

"九五"期间，全国甘蓝攻关课题组育成耐未熟抽薹材料 3 份。表现耐未熟抽薹能力强，比正常播种期早播 15d 后未发生未熟抽薹，8～9 片幼叶经 4℃处理 45d 后，未熟抽薹率不超过 3%（表 10 - 4）。

表 10 - 4　耐先期抽薹甘蓝材料室内低温处理（4℃）后田间抽薹率

（2000 年春）

材料名称	抽　薹　率（%）						育成单位
	4℃20d	常温对照	4℃30d	常温对照	4℃45d	常温对照	
24 - 5	0	0	0	0	0	0	中国农业科学院蔬菜花卉研究所
96113	0	0	0	0	0	0	江苏省农业科学院蔬菜研究所
96115	0	0	0	0	2.4	0	江苏省农业科学院蔬菜研究所
小金黄（CK$_1$）	2.4	0	19.1	0	90.5	0	
9966（CK$_2$）	0	0	19.0	0	81.0	0	

此外，在中国各地方品种和育成的新品种中，有一部分表现出较强的耐寒、耐未熟抽薹能力，该类型多数品种的共同特点是叶球尖球形，熟性较早，耐寒性强，适宜春季栽培而不易未熟抽薹。其代表品种有：

1. 金早生　原辽宁省蔬菜试验站于 1953 年由旅大金县地方品种中选出。株高约 30cm，开展度 40～50cm，外叶数少，11 片左右，深绿色，叶柄短。叶球牛心形或近圆形，叶球重 0.5kg 左右。早熟，耐寒性及冬性强，不易未熟抽薹，适宜早春栽培。极早熟。产量 30 000kg/hm² 左右。

2. 鸡心种（别名：小鸡心）　上海市春甘蓝地方品种。植株开展度 40cm，外叶少。叶呈卵形，长 30cm，宽 25cm，叶尖钝圆，深绿色，叶面蜡粉多，中肋绿白色。叶球尖头形，纵径 20～23cm，横径 15cm，浅绿色，叶球重 0.5kg 左右。耐寒性及冬性强，不易未熟抽薹。

3. 绍兴鸡心包　浙江省绍兴市地方品种，栽培历史悠久。主要分布在绍兴县斗门镇和越北区海涂地。株高 35cm，开展度 55～60cm。外叶倒卵形，灰绿色，全缘，长 33～35cm，宽 22～25cm，叶面蜡粉中等，有外叶 9～10 片。叶球鸡心形，顶端较钝，绿白色，纵径 15～30cm，横径 14.5cm，叶球紧实，叶球重 0.4～0.5kg，中心柱高 8～9cm，粗 2cm。品质较佳。早熟，可春秋两季栽培。抗性强，适应性广，不易未熟抽薹。

4. 牛心种（别名：大鸡心）　上海市春甘蓝地方品种。植株开展度 50cm，外叶较多。叶呈卵形，长 45cm，宽 35cm，叶尖钝圆，绿色，叶面蜡粉少，中肋绿白色。叶球尖头形，高 26cm，横径 18cm，浅绿色，叶球重 1.0kg 左右。结球略松，品质中等。宜春季栽培，抗寒力及冬性强，不易未熟抽薹。

5. 顺城牛心　河南省开封市地方品种。植株开展度 40～50cm，外叶 12～16 片，深

绿色。叶球牛心形，单球重约 0.7kg。叶质较硬，品质一般。叶球内中心柱极短，仅 3cm 左右。耐寒性及冬性强。头年 10 月下旬播种，露地越冬后，翌年春季收获前也很少发生未熟抽薹。

6. 牛心甘蓝　长江中下游地区春甘蓝地方品种。植株开展度 60～65cm，外叶 15～20 片，较直立，深绿色。叶球牛心形，球重 1.5kg 左右。冬性强，不易未热抽薹。长江流域一般在头年 10 月中下旬播种，幼苗露地越冬，翌年 5 月上、中旬采收，产量 37 500kg/hm² 左右。

7. 郑州大牛心　河南省郑州市地方品种，栽培历史悠久。主要分布在郑州市郊区。株高 40～45cm，开展度 60～65cm。叶片近圆形，叶长 41cm，宽 40cm，灰绿色，表面皱缩，蜡粉多。叶球长圆锥形，纵径 32cm，横径 18cm，球顶较疏松。叶球重 1.5kg。冬性较强，春季不易抽薹，适宜越冬栽培。

8. 郑州小牛心　河南省郑州市地方品种，栽培历史悠久。主要分布在郑州市郊区。株高 26～30cm，开展度 40～50cm。叶片近圆形，灰绿色，叶面较皱，蜡粉多，叶长 31cm，宽 30cm。叶球牛心形，纵径 17cm，横径 13cm，球顶较疏松。叶球重 0.65kg。冬性强，不易抽薹，适宜越冬栽培。

9. 开封牛心　河南省开封市地方品种，栽培历史悠久。株高 26～30cm，开展度 50～55cm。叶片近圆形，叶长 29cm，宽 26cm，叶面平滑，全缘，叶色灰绿，蜡粉少。叶球牛心形，纵径 18cm，横径 14cm。叶球坚实，球内中心柱短。叶球重 0.8kg。冬性较强，较耐寒。

10. 春丰甘蓝　江苏省农业科学院蔬菜研究所于 1983 年育成的一代杂种。1986 年起先后通过江苏、安徽及全国农作物品种审定委员会审定。植株开展度 70cm 左右，株型稍直立。叶色灰绿，蜡粉中等，外叶数 12 片左右。叶球桃形，球形指数 1.2，叶球重 1.2～1.5kg。适宜长江中下游地区越冬栽培。耐寒性强，冬性强，不易发生未熟抽薹现象。产量 45 000kg/hm² 左右。

11. 春蕾　江苏省农业科学院蔬菜研究所育成的一代杂种，已通过四川省农作物品种审定委员会审定。植株开展度 65cm，株高 28cm，叶色绿，蜡粉较少，叶缘平，叶微皱。叶球圆形，肉质脆嫩，味甘甜，叶球重 1.5kg，产量 45 000～52 500kg/hm²。耐寒，冬性强，露地越冬不易抽薹，适宜全国大多数地区栽培。

12. 春风 007　江苏省农业科学院蔬菜研究所育成的一代杂种。2006 年获植物新品种权。植株开展度 58cm 左右，叶色绿，蜡粉中等，外叶数 9 片左右。叶球矮尖形，球形指数 1.18，叶球重 1.2kg 左右。产量 45 000kg/hm²。极早熟，耐寒性强，冬性强，不易发生未熟抽薹。适宜长江中下游地区越冬栽培。

13. 争春　上海市农业科学院园艺研究所育成的一代杂种。叶球紧实，优质高产。叶球圆球形，球重 1.4kg 左右，早熟，冬性强，不易先期抽薹。上海地区 10 月 5 日至 10 日播种，翌年 4 月下旬至 5 月收获，产量 30 000～40 000kg/hm²。

（二）中熟及中晚熟不易未熟抽薹种质资源

该类型的主要特点是叶球扁圆，冬性强，春季栽培不易未熟抽薹。其代表品种有：

1. 大平头 原名成功甘蓝，1926 由年原金陵大学从国外引进栽培，然后传播到华东、华中等地。植株开展度 70～80cm，外叶 18～20 片，绿色。叶球扁圆，球重 1.5～2.5kg。不易未熟抽薹，中晚熟。产量 60 000kg/hm² 左右。

2. 大乌叶 四川省成都市地方品种。株高 30～35cm，开展度 70～80cm，外叶 18～24 片，浓绿色，蜡粉少，叶脉粗，叶片阔卵圆形，长 38cm，宽 36cm，深绿色，叶缘微波状，叶面平滑，叶脉粗，蜡粉多。叶球扁圆形、平顶，纵径 20cm，横径 31cm，绿白色，叶球重 3.5～4kg。叶球紧实，质细嫩，味甜，品质优良。中晚熟。耐寒和耐热性较强，抗病性也较强，冬性强，不易未熟抽薹。产量 75 000kg/hm² 左右。

3. 襄垣 65 天茴子白 山西省襄垣县城关镇地方品种，栽培历史悠久。株高 19～22cm，开展度 50～55cm，外叶 15～20 片，叶呈卵圆形，叶缘有浅缺刻，叶色深绿，叶面较平，蜡粉少。叶球浅绿色，近圆球形，纵径 15cm，横径 17cm，叶球紧实，球内中心柱高 6.4cm，叶球品质较好，球重 1.2kg。早中熟。春季定植较耐寒，冬性较强，不易发生未熟抽薹现象。耐热性较强，对病毒病、黑腐病的抗性也较强，耐藏性也较强。

4. 四月慢甘蓝 上海市农业科学院园艺研究所育成。株高 30cm，开展度约 54cm，外叶 12 片，叶呈卵圆形，全缘，叶色深绿，叶面平，蜡粉较多。叶球近圆形，纵径 16cm，横径 18cm，叶球较松，中心柱高 5～6cm，叶球质地柔软，品质较好，球重 1.2kg 左右。中熟，耐寒性强，抽薹晚。

5. 河北二平顶（平顶二桩） 开展度 40～50cm，株高 25～30cm，外叶 16 片左右，叶色灰绿，叶面较平滑，蜡粉较多。叶球浅绿色，扁圆形，纵径 13cm，横径 25cm，叶球较紧实，中心柱高 4cm，叶球重 1.5kg。包心较坚实，味微甜，品质较好。中熟，适宜春秋栽培。耐寒性强，较耐热，也较耐贮藏，抗黑腐病和病毒病中等。冬性较强，不易未熟抽薹。

6. 壶关 75 天茴子白 山西省壶关县城关镇地方品种，栽培历史悠久。株高 25～30cm，开展度 68～73cm，外叶 11～15 片，叶呈倒卵圆形，叶缘较齐，叶色绿，叶面平，蜡粉少。叶球浅绿色，扁圆球形，纵径 15cm，横径 21cm，叶球紧实，中心柱高 9cm，品质较好，叶球重 1.8kg。中熟。较耐寒，冬性较强，不易发生未熟抽薹现象。耐热性较强，对病毒病、黑腐病的抗性也较强，耐藏。

7. 榆次 75 天茴子白 山西省榆次市小东关地方品种，栽培历史悠久。株高 35～38cm，开展度 74～78cm，外叶 14～18 片，叶呈倒卵圆形，叶缘齐，叶色绿，叶面平，蜡粉少。叶球浅黄绿色，扁圆球形，纵径 18cm，横径 26cm，结球较紧，中心柱高 9.2cm，品质好，叶球重 2.7kg。中晚熟。较耐寒，冬性较强，不易发生未熟抽薹现象。较耐热，对病毒病、黑腐病的抗性较强。较耐贮藏。

8. 六月黄甘蓝 青海省地方品种。植株开展度 65～70cm，外叶 15～20 片，绿色，蜡粉少。叶球扁圆形，球重 1.5kg 左右。中熟。产量 45 000～52 500kg/hm²。冬性较强，不易发生未熟抽薹现象。

9. 京丰 1 号 中国农业科学院蔬菜花卉研究所和北京市农林科学院蔬菜研究所合作，于 1973 年育成的国内第一个甘蓝一代杂种。20 世纪 70 年代中以后逐渐在全国各地推广。80 年代以来，全国各地均有大面积栽培，是目前中国各地种植最普遍、栽培面积最大的甘蓝品种。株高 30～35cm，开展度 70～75cm，外叶 12～15 片，叶片近圆形，全缘，深绿色，叶面平滑，蜡粉较多。叶球浅绿色，扁圆形，纵径约 14cm，横径约 28cm，较紧实，中心柱高约 6.5cm，品质较好，叶球重约 3kg。抗寒性较强。对病毒病、黑腐病的抗性中等。春季栽培冬性较强，不易发生未熟抽薹。

10. 西安灰叶　陕西省西安市地方品种。植株开展度 48～53cm，外叶 12～13 片，外叶灰绿色，叶面平滑，蜡粉较多。球叶浅绿色，叶球近圆形，纵径 16cm，横径 20cm，叶球紧实，中心柱 11cm，品质较好，叶球重 1.8kg。中早熟，适宜作春甘蓝栽培。耐寒性强，耐热性较差，贮藏性较强，抗黑腐病较差，冬性强。

(三) 耐热、抗病种质资源

"九五"期间，全国甘蓝攻关课题组育成耐热育种材料 3 份，表现耐热性强，在 35℃ 高温条件下能正常生长，田间抗病毒病，主要经济性状优良，具有良好的配合力（表 10 - 5）。

表 10 - 5　耐热甘蓝材料鉴定结果

(1999)

材料名称	田间鉴定						室内鉴定		育成单位
	病毒病指数	表型	叶片干边级别	干边株率%	叶片卷叶级别	卷叶株率%	耐热指数	耐热性	
99Q08	1.42	HR	1	2.6	0	0	13.46	强	中国农业科学院蔬菜花卉研究所
96233 - 01 - 08	3.04	HR	1	1.3	0	0	26.23	强	江苏省农业科学院蔬菜研究所
9856	13.9	R	3	24.5	3	25.8	68.26	中	西南农业大学园艺系

注：HR 为高抗；R 为抗。

此外，在中国地方品种和育成的新品种中，有一部分表现出较强的耐热、抗病能力，该类型品种的共同特点是叶球扁圆形，抗病、抗热性强，主要作夏秋甘蓝种植，其代表品种有：

1. 南京小平头包菜　20 世纪 50 年代前引自原中央农业实验所。在江苏省南京市和安徽省合肥市郊区有种植。株高 33cm，开展度 66cm，外叶 12 片，叶片深绿色，卵圆形，叶面微皱，有少量蜡粉。叶球浅绿色，扁圆平顶，纵径 14cm，横径 26cm，结球紧实，叶球重 1.6kg。中早熟。抗热，耐寒，中抗病虫害。

2. 青种小平头　上海市地方品种。植株开展度 50cm，外叶少。叶近圆形，长 33cm，宽 33cm，深绿色，叶面白粉中等，中肋绿白色。叶球扁圆形，纵径 12cm，横径 20cm，绿白色，叶球重 1～1.5kg。

3. 大平头　湖北省武汉市地方品种，栽培历史悠久。株高 30cm 左右，开展度 70～80cm。外叶近圆形，长 41cm，宽 40cm，稍向内翻，叶绿，缺刻浅，灰绿色，叶面有蜡粉，中肋绿白色，外叶 15～20 片。叶球扁圆形，纵径 20cm，横径 36cm，心叶黄白色，叶球紧实，质地脆嫩，品质优良。叶球重 2.5kg，大者有达 5kg。晚熟。生长健壮，需肥量大，成熟期一致，产量高。

4. 重庆黑叶大平头　重庆市地方品种。植株生长势强，株高 40～45cm，开展度约

80cm。叶片近圆形，深绿色，叶缘微波状，叶面平滑，蜡粉少。叶球扁圆形，纵径 20～22cm，横径 26～28cm，浅绿白色，叶球紧实，品质中等，球重1.5～2.0kg。晚熟。耐热性较强，较抗病。

5. 二乌叶 四川省成都市地方品种。株高 30～32cm。开展度 68cm。叶片近圆形，绿色，长 37cm，宽 40cm，全缘微波状，叶面平滑，蜡粉较少，叶脉较细。叶球扁圆形，纵径 14～15cm，横径 22～25cm，绿白色，叶球紧实，品质优良，球重 1.5～2.0kg。中熟。耐热和耐寒性较强，抗病性强。

6. 小楠木叶 重庆市地方品种，栽培历史 50 余年。株高 35cm，开展度 66cm。叶近圆形，尖端凹下，绿色，叶缘微波状，叶面平滑，蜡粉多。叶球扁圆形，纵径 14cm，横径 26cm，绿白色，叶球紧实，品质中等，球重 1.5kg。中熟。耐热、抗病。

7. 大楠木叶 重庆市地方品种，栽培历史 50 余年，是新品种西园、渝丰一代杂种系列的亲本之一。株高 40～45cm，开展度 100cm。叶片近圆形，先端微凹，绿色，叶背面灰绿色，叶缘波状，叶面微皱，蜡粉多。叶球扁圆形，纵径 16cm，横径 39cm，绿白色，结球紧实，品质中等，叶球重 3.5kg。晚熟。耐热、抗病。

8. 二叶子 四川省自贡市地方品种，栽培历史 50 余年。株高 35cm，开展度 50cm。叶片近卵圆形，深绿色，叶缘波状，叶面皱缩，蜡粉较多。叶球扁圆形，纵径 20cm，横径 25cm，绿白色，结球紧实，品质优良，叶球重 1.4kg，中晚熟。耐热、耐寒，较抗病。

9. 乌市冬甘蓝 新疆自治区乌鲁木齐市地方品种，栽培历史悠久。现在乌鲁木齐县仍有栽培。植株开展度 56～72cm，外叶数 25 片左右。叶浅灰绿色，叶面微皱、蜡粉较多。叶球浅绿色，扁圆形，纵径 20～24cm，横径 25～32cm，叶球紧实，中心柱高 10cm，品质较好，球重 3.2～3.6kg。晚熟，适宜春夏栽培。耐寒、抗热、抗病，适应性强。

10. 成功 2 号 原引自日本，20 世纪 60 年代引入内蒙古自治区，60 年代后期至 80 年代初期，曾是全自治区的主栽品种之一，现在仍有少量种植。植株高 33～37cm，开展度 68～78cm，外叶 16～22 片，叶倒卵圆形，全缘，叶浅灰绿色，叶面微皱，蜡粉较少。叶球扁圆形，纵径 18～21cm，横径 27cm，中心柱高 10.3cm，叶球紧实，质地柔嫩，品质好，球重 3.5kg。中熟。较耐热和耐寒，对病毒病的抗性较强。

11. 冼村早椰菜 广东省广州市地方品种，已栽培多年，广州郊区花县等地有栽培。株高 30～40cm，开展度 70～80cm。叶黄绿色，叶长 40cm，宽 38cm，节较密。叶球扁平，纵径 12～15cm，横径 20～28cm，结球紧实，品质好，叶球重 1.0～1.5kg。早熟。耐热，较耐贮藏。

12. 中甘 8 号 中国农业科学院蔬菜花卉研究所育成的早熟抗芜菁花叶病毒秋甘蓝一代杂种，1989 年通过全国农作物品种审定委员会审定。植株开展度 60～70cm，外叶 16～18 片，叶片灰绿色，叶面蜡粉较多。叶球扁圆形，纵径 12cm，横径 24cm，中心柱长 5～6cm，叶球紧实度 0.43～0.53，球重 2～3kg。早熟，耐热性较强，产量60 000～ 75 000kg/hm^2。

13. 夏光甘蓝 上海市农业科学院园艺研究所育成的一代杂种。株高 30～35cm，开展度约 50cm，外叶 14～15 片，叶卵圆形，全缘，叶色深绿，叶面平，蜡粉中等。叶球近圆形，纵径 12cm，横径 14～16cm，叶球紧实，中心柱高度约 6cm，品质中等，球重 1.0～1.5kg。早熟，耐热性强，叶球质地柔软。

14. 西园 7 号　西南农业大学园艺系育成的抗病毒病、黑腐病和根肿病秋甘蓝一代杂种，2000 年 1 月通过重庆市农作物品种审定委员会审定。植株开展度约 50cm，外叶 11 片左右。叶球扁圆形稍偏高，纵径约 12cm，横径 17～20cm，球内中心柱长 6.35cm，叶球紧实度 0.5 以上，帮叶比 27.2%。耐热能力较强，产量 34 500～37 500kg/hm²。

15. 早夏 16　上海市农业科学院园艺研究所育成的耐热甘蓝一代杂种。中心柱短，包心紧实，具有耐热、耐湿、抗病性强等特性。叶球扁圆形，球重 1.5kg，产量 25 000～50 000kg/hm²。

四、早熟优质种质资源

该类型品种共同的特点是叶球圆球形，早熟，叶质脆嫩，品质优良，但抗病、抗寒性较差，春季种植如播种过早易发生未熟抽薹。其代表品种有：

1. 丹京早熟　原名哥本哈根市场，20 世纪 50 年代由前华北农业科学研究所从丹麦引入。植株开展度 50～60cm，外叶 15～18 片，绿色，蜡粉中等。叶球圆球形，叶质脆嫩，品质较好，单球重 1～1.5kg。冬性较弱，播种早易未熟抽薹。产量 45 000～52 500kg/hm²。

2. 金亩　1965 年由丹麦引入。植株开展度 50～60cm，外叶 15～20 片，浅绿色，蜡粉少。叶球高圆球形，结球紧实，球重 1～1.5kg，叶质脆嫩，品质好。产量 45 000～52 500kg/hm²。

3. 小金黄　1969 年山东省青岛市农业学科研究所由国外引进。植株开展度 45～50cm，外叶 15～20 片，绿色，蜡粉较少。叶球圆球形，中心柱约占球高的 2/3，叶质脆嫩，品质好，叶球重 0.5～0.6kg。冬性弱，易未熟抽薹。早熟。产量 37 500kg/hm² 左右。

4. 狄特马尔斯克　20 世纪 50 年代由丹麦引入。株高约 30cm，开展度 45～50cm，外叶 18～20 片，绿色。叶球圆球形，中心柱约占球高的 2/3，叶质脆嫩，品质好，叶球重 0.5～0.6kg。早熟。产量 30 000～37 500kg/hm²。

5. 迎春　20 世纪 70 年代初辽宁省大连市农业科学研究所育成，辽宁、吉林等省有栽培。植株矮小、紧凑，株高 19.1cm，开展度 38.4cm。外叶 10 片左右，叶面深绿，平滑，蜡粉少，叶脉明显，中肋白绿色，叶近似全缘，微波状。叶球近圆形，纵径 13.5cm，横径 15cm，中心柱高 7cm，球心白黄色，品质好，叶球重 0.5kg 左右。极早熟。产量 37 500kg/hm²。

6. 中甘 11　中国农业科学院蔬菜花卉研究所育成的早熟春甘蓝一代杂种。华北、东北、西北及西南各省（市、区）均有大面积种植。植株开展度 45～50cm。外叶 14～17 片，倒卵形，全缘，深绿色，叶面平滑，蜡粉较少。叶球浅绿色，近圆形，纵径约 13cm，横径约 12cm，叶球紧实，中心柱高 5～6.5cm，质地脆嫩，品质好，叶球重 0.75～0.9kg。适宜北方地区春季栽培。早熟。春季种植耐寒性较强，冬性较强，不易未熟抽薹。

7. 中甘 15 号　中国农业科学院蔬菜花卉研究所育成的中早熟春甘蓝品种。1998 年通过北京市农作物品种审定委员会审定。植株开展度 42～45cm，外叶 14～16 片，叶色浅绿，叶面蜡粉较少。叶球圆球形，紧实度 0.6～0.62，中心柱高 5.7cm，叶质脆嫩，品质优良，帮叶比 18.1%，叶球重 1.3～1.5kg。不易未熟抽薹，抗干烧心病。产量 52 500～60 000kg/hm²。

8. 8398 中国农业科学院蔬菜花卉研究所育成的早熟春甘蓝一代杂种。1994 年通过北京市农作物品种审定委员会审定，还通过山东、山西、天津等省（市）农作物品种审定委员会审（认）定。植株开展度 40～50cm，外叶 12～16 片，长倒卵形，全缘，绿色，蜡粉较少。叶球浅绿色，圆球形，纵径约 13cm，横径约 13cm，中心柱高约 5.8cm，为球高的 43%，帮叶比 25%，叶球紧实度为 0.54～0.60，叶质脆嫩，风味品质优良，叶球重 0.8～1.0kg。从定植到收获约 50d，抗干烧心病，不易裂球。产量 52 500～57 000kg/hm²。

9. 中甘 21 中国农业科学院蔬菜花卉研究所用显性雄性不育系育成的早熟春甘蓝一代杂种。2005 年获植物新品种保护。株型直立、紧凑，株高约 25cm，开展度 43.5～43.8cm，外叶 15～16 片，倒卵圆形，叶面蜡粉少。叶球圆球形，色绿，纵径约 14.8cm，横径约 14.5cm，叶球紧实，球形美观，中心柱高约 6.3cm，叶质脆嫩，品质优良，叶球重约 1.0kg。早熟。耐裂球、耐未熟抽薹，抗干烧心病。产量 52 500kg/hm² 左右。

五、优异种质资源

该类型品种多具有熟性各异，品质优良，冬性强、不易未熟抽薹，抗寒或抗热、抗病、丰产等优异综合性状的特点，其代表品种有：

1. 鸡心甘蓝 上海市地方品种，曾在长江中下游地区广泛作早熟春甘蓝栽培，冬性特强，作为一个优异的耐未熟抽薹种质资源，从中选育出自交系并育成优良的耐未熟抽薹的越冬春甘蓝新品种。该品种植株开展度 55～60cm，较直立，外叶 15～18 片，深绿色。叶球鸡心形，球重 1～1.5kg。耐寒性及冬性强，不易未熟抽薹。产量 30 000kg/hm² 左右。

2. 北京早熟 中国农业科学院蔬菜研究所从 1966 年由加拿大引入的甘蓝品种（Vinking Early Strain）中经多代系选育成。20 世纪 60、70 年代曾为华北、西北、东北地区的早熟春甘蓝主栽品种之一。该品种作为重要的早熟、优质甘蓝育种的原始材料，育成了一批早熟、圆球、优质春甘蓝新品种。株高 25～28cm，开展度 40～50cm。外叶 17～20 片，呈卵圆形，全缘，绿色，叶面平滑，蜡粉较少。叶球浅绿色，圆球形，纵径约 13cm，横径约 13cm，叶球紧实，中心柱高约 7cm，质地较嫩，品质较好，叶球重 0.5～0.65kg。产量 30 000～37 500kg/hm²。

3. 黑叶小平头 上海市地方品种。适应性广，曾在全国许多地区种植。作为一个重要的耐热、抗病优异种质资源，从中选育出一批优良的自交系并育成耐热、抗病的夏秋甘蓝新品种。植株开展度 60～70cm。外叶 15～18 片，灰绿色，蜡粉多。叶球扁圆形，球重 1.5kg 左右。中熟。抗热、抗病性较强，适宜作夏秋甘蓝栽培，产量 45 000～52 500kg/hm²。

4. 黑平头 中晚熟秋甘蓝地方品种，华北、西北各省（市、区）均有种植。该品种作为一个重要的抗病优异种质资源，已从中选育出优良的自交系并育成一批抗病的夏秋甘蓝新品种。植株开展度 65～75cm，外叶 16～20 片，灰绿色，蜡粉多。叶球扁圆形，球重 1.5～2kg。抗病、抗热性强、耐贮性较好。产量 52 500～60 000kg/hm²。

5. 黄苗　最初由日本引进。冬性特强，是耐未熟抽薹的优异种质资源。广东，广西，福建等省（区）曾在 20 世纪 60～70 年代广泛栽培。现已利用该品种作为中熟、优质、耐未熟抽薹材料用于新品种选育。植株开展度 65～75cm，叶球脆嫩、品质好，球重 2～2.5kg。中晚熟。产量 60 000kg/hm² 左右。

6. 罗文皂圆白菜　山西省阳高县罗文皂镇地方品种，栽培历史悠久。以叶球特别紧实，品质好（味甜），耐贮运而出名，曾远销香港等地。植株开展度 70～75cm，外叶数 15～20 片，叶呈近圆形，叶缘有浅缺刻，叶色浅灰绿色，叶面皱缩，蜡粉中等。叶球浅绿色，扁圆球形，纵径 19cm，横径 26cm，中心柱高 12cm，叶球重 3.6kg。晚熟。较耐寒，冬性较强，不易发生未熟抽薹。耐热性中等，对病毒病、黑腐病抗性中等。

7. 宁夏大叶甘蓝　宁夏回族自治区地方品种。株高 35～39cm，开展度 85～100cm，外叶近圆形，灰绿色，叶柄极短或无，叶全缘，叶面蜡粉厚，微皱。叶球白绿色，扁圆球形，纵径 20～23cm，横径 31～34cm，结球紧实，中心柱高 8～9cm，品质好，叶球重 5～7kg。晚熟。适宜秋季栽培，耐寒、耐热、耐贮藏。抗黑腐病，冬性强。

8. 红旗磨盘　黑龙江省农业科学院园艺研究所与东北农学院育成，曾为黑龙江省的主栽品种之一。植株开展度 90～110cm，外叶数 24～26 片，叶浅灰绿色，叶面平滑，叶缘波状，蜡粉多。叶球色浅绿，扁平似磨盘，纵径 16～20cm，横径 25～35cm，球叶抱合，紧实，中心柱高 6～7cm，品质较好，叶球重 5kg 左右。晚熟，适宜夏秋季栽培。耐寒性、贮藏性强，耐热性较强，可抗黑腐病及病毒病，冬性强。

9. 固原大甘蓝　宁夏自治区地方品种。开展度 98～110cm，外叶 17～20 片，叶灰绿色，叶面皱，蜡粉多。叶球白绿色，扁圆形，球顶平，纵径 18cm，横径 34cm，结球紧实，中心柱高 8.4cm，质地细嫩，品质好，叶球重 6～11kg。晚熟，适宜秋季栽培。耐寒性强，较耐热，耐贮藏，抗黑腐病和病毒病力强，冬性强，适应性强。

10. 泾源大平头甘蓝　宁夏自治区泾源县地方品种。分布在泾源、西吉等地区。植株生长势强，株高 40～45cm，开展度 100～110cm。外叶 17～20 片，扇形，灰绿色，叶面皱，蜡粉较少。叶球白绿色，扁圆形，球顶平，纵径 17～19cm，横径 33～35cm，中心柱高 7～9cm，叶球质地细嫩，品质好，球重 6～11kg。晚熟，适宜秋季栽培。耐寒性强，较耐热，耐贮运，抗黑腐病和病毒病。冬性强，适应性广。

11. 巴盟大圆菜　内蒙古自治区巴彦淖尔盟地方品种。植株生长势强。株高 36cm，开展度 90cm。外叶 18～20 片，叶片椭圆形，灰绿色，叶面蜡粉较多，叶面平滑稍皱褶，叶缘呈浅波状，中肋白绿色。叶球扁圆形，球顶稍平，中心柱高约占纵径的 1/3，结球紧实、较整齐，品质中等，叶球重 8.3kg。晚熟。耐寒、耐热性强。抗病，耐盐碱，耐贮运，丰产。

12. 苏木沁二虎头　内蒙古自治区地方品种，已栽培多年，现在呼和浩特市及附近地区仍有种植。株高 38cm，开展度 56～59cm。外叶 18～22 片，叶倒卵圆形，叶缘有浅缺刻，叶片灰绿色，叶面微皱，蜡粉多。叶球扁圆形，白绿色，纵径 21cm，横径 30cm，中心柱高 6.3cm，结球紧实，质地较脆嫩，品质好，叶球重约 5.2kg。晚熟。耐寒，耐热，较耐旱，耐贮藏。较抗病毒病、黑腐病。

13. 大同大日圆　山西省大同市地方品种，栽培历史悠久。曾是大同市郊区及其周围各县的一年一茬栽培的晚熟甘蓝主栽品种。株高 45～48cm，开展度 82～88cm。外叶数

18～20片，叶呈倒卵圆形，叶缘较齐，叶色灰绿，叶面平，蜡粉多。叶球浅绿色，扁圆球形，纵径18cm，横径28cm，结球紧实，中心柱高9cm，品质较好，叶球重5.8kg，最大的可达10kg以上。晚熟，定植至收获120d左右。较耐寒，冬性较强，不易发生未熟抽薹。夏季较耐热，对病毒病、黑腐病的抗性较强。耐藏。

六、特殊种质资源

1. DGMS79-399-3 中国农业科学院蔬菜花卉研究所首次发现的甘蓝显性雄性不育材料（图10-14），该不育材料不育性稳定，不育株率及不育度可达100％；低温条件下叶片无黄化现象，植株及开花结实正常。以该材料为不育源，用优良的自交系进行回交转育，育成了10余个不育株率达到100％，不育度达到或接近100％并已进行实际应用的甘蓝显性雄性不育系。

图10-14 甘蓝显性雄性不育材料 CMSR₃629

2. CMSR₃629 中国农业科学院蔬菜花卉研究所1998年通过国际合作引进并经过改良的萝卜胞质甘蓝雄性不育源（图10-15），该不育源植株生长正常，低温条件下叶片无黄化现象，不育性稳定，花朵开放与结实表现正常，蜜腺较发达，有很好的应用前景。以该材料为不育源，育成了CMSR₃96-100（图10-16）、CMSR₃02-12、CMSR₃7014等10余个可实际应用的甘蓝胞质雄性不育系。

图10-15 甘蓝细胞质雄性不育材料 CMSR₃629　　图10-16 甘蓝细胞质雄性不育系 CMSR₃96-100

第六节　结球甘蓝自交不亲和种质资源的研究和利用

甘蓝杂种优势非常明显，F_1 代具有丰产、抗病、适应性强、性状整齐一致等特点，世界上许多国家把甘蓝杂优利用作为提高甘蓝生产水平的重要措施。早在 20 世纪 40 年代美国康乃尔（Cornell）大学就开始对甘蓝自交不亲和在杂种优势上的利用研究（Odland，1950；Attia，1950）并取得了显著进展。中国于 20 世纪 60 年代开始对自交不亲和系进行选育和利用，到目前为止，生产上所用的一代杂种主要是利用自交不亲和系育成。鉴于结球甘蓝自交不亲和系在育种中具有重要的应用价值，国内外相关研究人员对甘蓝自交不亲和性及其遗传机制、亲和性的测定方法、自交不亲和系的选育和利用及繁种技术等方面进行了深入的研究，并取得了重要进展。

一、结球甘蓝自交不亲和性的遗传机制研究

甘蓝是雌雄同花作物，属典型的孢子体型自交不亲和性（sporophytic，self‐incompatibilty，SSI）植物。研究表明，其种内 SSI 特性由亲本细胞中的具有多种复等位基因的单一孟德尔位点 S 位点所控制（Bateman，1955）。不同 S 等位基因（S‐allele）的株间授粉能正常结籽，但花期自交或相同 S 等位基因型的株间花期授粉不能结籽或结籽率极低。目前在甘蓝中的 S 位点已鉴定出 50 多个复等位基因。现已鉴定出 4 个与 S 位点连锁的基因：S 位点受体激酶（S‐locus receptor kinase，SRK）基因，它编码一种跨膜的具有丝氨酸/苏氨酸活性的蛋白激酶，是 SI 反应主要的受体；S 位点糖蛋白（S‐locus glycoprotein，SLG）基因，它编码一种分泌型糖蛋白，是 SI 反应的辅助受体；S 位点富含半胱氨酸蛋白（S‐locus cysteine rich，SCR）和 S 位点蛋白 II（S‐locus protein II，SP II）基因，它编码一种碱性蛋白，在花粉中特异表达。SRK、SLG 在柱头中表达，SCR/SP II 在雄蕊中表达。SLG 与 SRK 基因中编码 S 结构域的核苷酸序列相似程度高达 $85\% \sim 98\%$。根据 SLG 和 SRK 位点的多态性，已经在结球甘蓝的 S 位点鉴定出多个复等位基因，如 S^2、S^5、S^6、S^7、S^{14}、S^{15}、S^{28}、S^{33}、S^{35}、S^{45}、S^{50}、S^{51}、S^{57}、S^{63}，其中 S^2、S^5、S^{15} 属于第二类型的复等位基因，表现较弱的自交不亲和性，其余均属于第一类型的复等位基因，表现强的自交不亲和性（Sakamoto et al.，2000）。

二、结球甘蓝自交不亲和性测定方法的研究

选育和利用自交不亲和系是配制甘蓝一代杂种的重要途径。快速准确地鉴定甘蓝自交不亲和性是这一育种方式和亲本材料创新的基础性工作，对加快育种进程有其重要的实际意义。目前，在甘蓝上有 5 种自交不亲和性的测定方法。

（一）亲和指数法

亲和指数法是在常规育种中使用的一种原始方法，它通过在花期进行人工授粉，根据授粉数和结籽数的比值来测定结球甘蓝自交不亲和性。一般认为，在花期自交亲和指数小于 1 的品系为强自交不亲和系，大于 1 而小于 5 的为弱自交不亲和系；大于 5 的为自交亲

和系（self - compatible line，SC 系）。

亲和指数法要求在花期采取严格的隔离措施，如用密网阻隔飞行昆虫，用化学药剂防杀爬行虫类以阻断异花花粉通向柱头的途径。至于风媒的作用，有人认为在有足够隔离距离的条件下可略去不计。甘蓝虽是异花授粉作物，但其柱头及其外罩花冠干燥无水，不易附着偶尔吹来的微量异花花粉，套袋隔离是当前科研上常用的方法。

上述隔离条件如果控制不好，会影响亲和指数法的准确性。此外，结籽情况还受到授粉技术、植株营养状况以及结籽期的光照、温度和水分等环境因素的影响。自交不亲和性具有发育阶段特异性，从蕾期到花期的亲和指数变化很大。总之，要使亲和指数法的结果可靠，须控制好温度、授粉技术和植株生理状况等条件。由于该法测定的是直观性状，具有其他方法不可代替的可操作性，因此，它仍是许多育种专家长期采用的方法。但是亲和指数法的田间工作量较大、测定周期较长、测定效率不高等不足之处，也促使人们去发展和建立其他的自交不亲和性的测定方法。

（二）荧光显微法

许多学者对甘蓝自花授粉后，花粉的萌发过程进行了广泛而深入的细胞学研究，试图从中找出与 SI 特性密切相关的细胞学特征，以建立新的 SI 性的测定方法。Martin（1959）发现，水溶性苯胺蓝能显示花柱中花粉管的伸长情况。在荧光显微镜下，对于大部分附着于柱头上的 SSI 花粉，看不见它们的花粉管穿过乳突细胞，已经穿过乳突细胞的少数 SSI 花粉管，不会像配子体型自交不亲和性的花粉管的伸长、其大多数在花柱中被抑制那样，而是长驱直入，完成受精。因此，可根据穿越花柱的花粉管数量来测定自交不亲和性。Georgia（1982）提出了一个判断甘蓝自交不亲和性的标准：在花柱中能观测到 0～10 条花粉管的定为不亲和，10～25 条为部分亲和，25 以上者为亲和。不少育种者将此标准用于测定甘蓝的自交不亲和性，已获得了较好的结果。

杜慧芳等（1989）采用荧光显微法观察处理后的结球甘蓝自交不亲和系自花授粉雌蕊柱头，较准确快速地测定了其不亲和性：自交不亲和系只有少数花粉粒萌发，且花粉管形态不正常，不能穿透乳突细胞壁，花粉管只有 0～8 条伸长进入花柱。此法在甘蓝自交授粉 24h 后任何时间取样镜检，均可根据花粉粒在柱头上的萌发特征、花柱中的花粉管条数及延伸情况，准确、快速地测定自交单株的不亲和性。张桂玲等（2003）利用荧光显微镜观察经过处理的结球甘蓝自交不亲和系自花授粉花期柱头和蕾期柱头，发现自交不亲和系花期柱头有少量的花粉粒萌发，并在柱头表面发生严重的胼胝质反应且花粉管的形态不正常，要么弯曲、要么背向生长，不能穿越乳突细胞壁。

可见，利用荧光显微镜观察花柱中的花粉管数量可以省时、省工、直观快速地鉴定结球甘蓝的自交不亲和性。

（三）等电聚焦电泳法

与 SDS - PAGE 相比，等电聚焦电泳（isoelectric focusing electrophoresis，IEF）能在凝胶板上容易地展开存在于成熟柱头中的 SLG，探索其多态性与 S-单倍型之间的对应关系。Nishio 等（1977）首先发现了 SLG 的 IEF 电泳谱带与 S-单倍型在遗传上的连锁关系。Nasrallah 等（1984）明确了柱头发育时期和 S-单倍型杂合性对 IEF 电泳谱带的影响。王晓佳等（1991）对甘蓝的 2 个自交不亲和系（二乌叶 86057、北黑大 86035）和 1 个自交亲和系（虹桥 86047）的花粉和柱头蛋白同时进行了等电聚焦电泳分析，观测到不同材料在蛋白质谱带上有差异。之后，王晓佳等（1998）通过进一步改进 IEF 电泳条件，使其分辨率进一步提高，证实了在 10 个甘蓝自交不亲和系（84078-4、84079-3-1、76-6、111-1、128-3、93129-A-2、93130-2-3、93120-2-1、124-5、139-6）成熟柱头中明显存在着一条 pI8.3～8.5 的特异带，而在未成熟的自交不亲和系柱头和成熟的 5 个自交亲和系（85-4、86-1、126-3、119-A-12、12-B-6）柱头中无此特异蛋白。因此，IEF 电泳可望发展成为育种工作者测定自交不亲和系与自交系的简便可靠的生物化学方法。

（四）氨基酸测定法

王晓佳等（1998），在利用等电聚焦电泳法根据花粉和柱头蛋白质特性区分自交不亲和系与自交亲和系的基础上，又利用同样的自交不亲和系和自交亲和系材料对其柱头和花粉的氨基酸进行了分析，结果表明，自交不亲和系与亲和系的柱头和花粉氨基酸组分有显著差别，柱头中苏氨酸和酪氨酸含量以及花粉中甘氨酸和丙氨酸含量有可能作为评价自交不亲和性的指标。鉴定标准：自交不亲和系柱头中苏氨酸含量高于 0.223%，酪氨酸含量高于 0.385%；花粉中甘氨酸含量高于 1.593%，丙氨酸含量高于 1.464%。自交亲和系柱头中苏氨酸含量低于 0.185%，酪氨酸含量低于 0.164%；花粉中甘氨酸含量低于 1.470%，丙氨酸含量低于 1.006%。

（五）S 位点多态性测定法

根据 S 位点的多态性，朱利泉等（2000）采用切点为 4bp 的限制性内切酶和银染技术，对甘蓝 SLG 基因进行了 PCR-RFLP 分析，认为具 I 类 SLG 基因的材料是强自交不亲和系；具 II 类 SLG 基因的材料既包括强自交不亲和系，也包括弱自交不亲和系。II 类 SLG 基因的存在可以作为区别甘蓝自交不亲和系的分子标记。

三、结球甘蓝自交不亲和系的选育及应用

甘蓝具有明显的杂种优势，自交不亲和系的选育及利用是甘蓝杂种优势利用的主要途径之一。中国对甘蓝杂种优势的研究开始于 20 世纪 60 年代后期，当时的辽宁省旅大市农业科学研究所，陕西省西安市农业科学研究所等单位利用部分地方品种作亲本配制了一些品种间杂交组合。

20 世纪 60 年代初，原中国农业科学院江苏分院，上海市农业科学院园艺研究所分别在晨光大平头、黑叶小平头等甘蓝品种中进行自交不亲和性状选育，并初步获得两份（103 和 105）叶球扁圆形、蜡粉多、耐热性和抗病性好的自交不亲和材料。

70 年代初开始，全国许多农业科研单位和大专院校开展了甘蓝自交不亲和系选育和杂种优势利用研究，并取得了突破性进展。中国农业科学院蔬菜花卉研究所与北京市农业科学院蔬菜研究所合作，20 世纪 70 年代由北京当地的甘蓝品种和国内外引进的种质资源

中筛选出 10 余个优良自交不亲和系，利用从黑叶小平头中选育成的自交不亲和系 7221 - 3 和从黄苗中选育成的自交不亲和系 7224 - 5 作亲本，配制杂交组合，于 1973 年育成了中国第一个甘蓝一代杂种京丰 1 号（方智远，1973）。随后用筛选出的 10 余个优良自交不亲和系作亲本，又配制出报春、双金、圆春、庆丰、秋丰、晚丰等 6 个早中晚熟配套的甘蓝一代杂种。这些一代杂种已先后在生产上大面积推广应用，其中京丰 1 号从育成至今已 30 余年，但各地仍在应用、经久不衰。

自 20 世纪 80 年代以来，中国农业科学院蔬菜花卉研究所，通过对收集和引进的国内外种质资源材料的鉴定，在上千份园艺性状较好的种质资源中进行了自交不亲和材料的筛选，先后选育出花期自交不亲和性稳定、蕾期自交结实好、经济性状优良并整齐一致，配合力强的优良自交不亲和系 50 余个，并用于配制甘蓝一代杂种，又成功地育成了 10 余个优良的甘蓝新品种。例如，利用从秋甘蓝中筛选出高抗 TuMV 的优良自交不亲和系 23202 为母本，以从日本引进的杂交种经多代自交分离选育成的自交不亲和系 8282 为父本，配制出高抗 TuMV 的早熟秋甘蓝一代杂种中甘 8 号；利用从春甘蓝中筛选出的早熟自交不亲和系 01 - 88、02 - 12、86 - 397、79 - 156 作亲本，配制出早熟、优质、丰产的春甘蓝一代杂种中甘 11 号和 8398；这 3 个新的甘蓝一代杂种均已在生产上大面积推广应用。利用从早中熟春甘蓝地方品种中筛选出的早中熟自交不亲和系作亲本，配制出较早熟、优质、丰产的春甘蓝一代杂种中甘 15 号，目前在中国华北、西北、西南部分地区大面积推广种植，主要供应国内秋淡季蔬菜市场和部分国外市场。利用从秋甘蓝中筛选出高抗 TuMV 的优良自交不亲和系 23202 母本，以从日本引进的杂交种经多代自交分离选育成的自交不亲和系 84280 - 1 - 1 - 1 为父本，育成早熟秋甘蓝一代杂种中甘 9 号。该品种高抗 TuMV 兼抗黑腐病，叶球扁圆、中熟、优质、丰产、较耐贮藏，定植到收获约 85d，产量可达 82 500～90 000kg/hm^2（刘玉梅等，1996）。

与此同时，江苏省农业科学院蔬菜研究所、上海市农业科学院园艺研究所、陕西省农业科学院蔬菜研究所、西南农业大学园艺系、东北农业大学园艺系、山西省农业科学院蔬菜研究所等全国 20 余个科研和教学单位也先后育成一批优良的甘蓝自交不亲和系，并先后培育出一批适宜不同地区、不同季节种植的甘蓝一代杂种。例如上海市农业科学院园艺研究所利用从当地地方品种黑叶小平头、北杨中平头、鸡心甘蓝以及从泰国引进的六十天早椰菜，从保加利亚引进的郊赛等种质资源中筛选出的自交不亲和系作亲本，育成抗热性好的夏光、早夏 16 号，抗寒性好的寒光 1 号、寒光 2 号、耐先期抽薹性强的争春等甘蓝品种。其中，夏光甘蓝已在中国 12 个省份作为夏甘蓝广泛种植（任云英等，2003）。江苏省农业科学院蔬菜研究所利用从地方品种黑叶小平头、金早生、鸡心及从日本、美国引进的部分种质资源中筛选出的优良自交不亲和系作亲本，先后育成耐未熟抽薹性强的春丰、春蕾、春丰 007、耐热性较好的苏甘 8 号等甘蓝品种，并已在生产上推广种植，其中春丰在长江流域地区作为越冬春甘蓝而被广泛种植。唐祖君等（2005）从黄苗中选育出生长势强、结球好、较抗病、叶色深绿、平头、结球紧实、单球重 2.5kg 左右、口感好，品质优的自交不亲和系 53 号（897 - 5 - 4 - 1），以该自交不亲和系作母本与从一日本品种中选育出来的自交系 94 - 3 - 2 - 6 - 1 - 1 配制了一代杂种甘杂 6 号。沈素娥等（1998）为了选育适合贵州省栽培的冬性强的春甘蓝一代杂种，利用强冬性地方甘蓝品种小青秆及日本材料丰田新 1 号，选育出了亲和指数在 1 以下的强冬性自交不亲和系青早 1881、青早 1882 及丰田 211，并配制了冬性强的正反交组合青早 1882×丰田 211 及丰田 211×青早 1882，该组合具有冬性强、结球紧实、叶球淡绿色、叶肉厚、品质佳等特性，产量与对照种京丰 1 号相当，适合作春甘蓝栽培。此外，西南农业大学园艺系育成的甘蓝一代杂种西园 2 号、西园 3 号、西园 4 号、西园 6 号、西园 7 号、西园 8 号；陕西省农业科学院蔬菜研究所育成的秦菜 1 号、秦菜 2 号、秦甘 3 号、秦甘 50、秦甘 60、秦甘 70、秦甘 80；东北农业大学园艺系育成的东农 605、东农 606、东农 607、东农 609、东甘 60；山西省农业科学院蔬菜研究所育成的理想 1 号、晋早 2 号、秋锦、惠丰 1 号、惠丰 3 号，惠丰 4 号；浙江省农业科学院园艺研究所育成的浙丰 1 号；内蒙古自治区农业科学院蔬菜研究所育成的内配 1、2、3 号；山东省青岛市农业科学所育成的鲁甘 1、2 号；吉林省蔬菜研究所育成的吉春、夏甘蓝 1 号等结球甘蓝一代杂种，它们都是利用从当地的地方品种或国内外引进的种质资源中筛选出的优良自交不亲和系作亲本配制而成的。

由于自交不亲和系在甘蓝杂种优势中得到广泛应用，到 20 世纪 80 年代中期，甘蓝一代杂种种植面积已占中国甘蓝总栽培面积的 95％以上，1980—1990 年，通过国家及各省（市、区）审定的 52 个甘蓝品种中，有 36 个为一代杂种，占审定品种的 69.2％。1991—2001 年通过审定的甘蓝品种 51 个，其中一代杂种有 49 个，占 96.1％。2002—2007 年通过国家鉴定的甘蓝品种 20 个，全部为一代杂种。

四、结球甘蓝自交不亲和系繁育方法的研究

目前自交不亲和系亲本的繁育主要靠人工蕾期授粉，但采用这种方法存在工作量大、效率低、繁殖成本高等问题，为了解决这些问题，国内外育种者在克服甘蓝自交不亲和系的不亲和性方面做了大量的研究。

国外学者有采用在花期提高 CO_2 浓度若干小时的方法以提高结实（Nakanishi & Hinata，1975），但这要求一定的空间密闭性，实施起来有一定难度，且需找出适宜的 CO_2 浓度和施用时间。

张恩慧等（1996）试验在自交不亲和系北大 7220-2-5-2 和黑叶小平头 7221-1-3-1 的花期喷 5％食盐水加 0.3％硼砂溶液，不仅可提高其亲和指数，而且还能够改善种子生活力。曹必好等（1998）在结球甘蓝自交不亲和系 80-8-7 的花期，喷 5％和 8％食盐水溶液均可克服其不亲和性，同时在盐水中加入 0.3％硼砂，既可提高其亲和指数，又可增加种子的千粒重，并提高种子的生活力。徐文娟等（1999）在 4 个自交不亲和系：黑叶小平头 7221-3-4-2、黑叶 7321-4-2-2、黑叶 78-3-13-8 及 79-103 的花期，喷 5％～6％的盐水加 0.2％硼砂，能提高结球甘蓝自交不亲和系的结实指数。孟平红等（2003）以黔甘系列甘蓝的 3 个自交不亲和系 A2-13-1（亲和指数 0.11）、E4-2-f（亲和指数 0.78）和 G47-4（亲和指数 0.12）为试材，在其花期喷洒 5％的盐水加 0.3％的硼砂水溶液，不仅可以克服甘蓝自交不亲和性，提高甘蓝自交不亲和系的结实指数，而且还能改善种子活力，提高种子的发芽率。秦甘 80 甘蓝的两个自交不亲和系亲本分别为 B25-2-3-3-2 和 FT63-5-8-3-3，王妍妮等（2004）在花期以 4％盐水＋0.3％硼砂溶液喷 B25-2-3-3-2 系和以 5％盐水＋0.3％硼砂溶液处理 FT63-5-8-3-3 系，也显著提高了其亲

本的亲和指数及种子千粒重、发芽势和发芽率。

　　另外，朱利泉等（1997）、华志明（1999）、吕俊等（2001）采用蛋白激酶抑制剂（槲皮素）和蛋白激酶激活剂（佛波酯）化学调控法分别对甘蓝自交不亲和系（00‐62、00‐A）与甘蓝自交亲和系（00‐82）花蕾进行田间处理。结果表明，槲皮素处理后的自交不亲和系的自交亲和指数与对照相比有所提高，甚至转变为自交亲和系；相反，佛波酯处理后的自交亲和系的自交亲和指数与对照相比有所降低，甚至转变为自交不亲和系，差异显著性测验结果显示，处理与对照之间的结荚率和自交亲和指数均有显著差异。李成琼等（2005）对甘蓝自交不亲和系 02‐E1、02‐A1、02‐59 在开花前两周的花蕾进行 $1\,500\mu\mathrm{mol/L}$ 槲皮素处理，能显著提高 3 个自交不亲和系的亲和指数；并采集开花前 1d 的花蕾切取柱头进行活性测定，结果表明，槲皮素处理后可显著抑制甘蓝自交不亲和系柱头中 SRK 活性，从而阻止了自交不亲和性的信号传导，达到了克服甘蓝自交不亲和性的目的。吴能表等（2004）通过槲皮素处理，研究了自交不亲和甘蓝自花授粉和异花授粉与蛋白激酶的关系，结果表明，槲皮素能明显抑制自交不亲和甘蓝自花授粉引起的蛋白激酶活性，导致蛋白质磷酸化明显受阻，进而促进自花诱导的花粉萌发和花粉管生长，同时使 SOD、POD、CAT 活性升高，Ca^{2+} 含量下降，Ca^{2+} 在胞内的分布明显改变，而槲皮素对异花授粉抑制作用不甚明显。因此，自交不亲和甘蓝阻止自花花粉萌发的机制可能与授粉后提高蛋白激酶活性和蛋白质磷酸化有关。这为甘蓝自交不亲和系的繁殖提供了新的思路和方法。

第七节　结球甘蓝雄性不育种质资源的研究与利用

　　结球甘蓝一代杂种的生产可采用自交不亲和系和雄性不育系两种途径。但利用自交不亲和系生产一代杂种存在一定的缺陷，如，杂交率达不到 100%，亲本靠人工蕾期自交繁殖，费工、成本高，且长期自交生活力易发生退化等，而利用雄性不育系生产一代杂种则可解决上述问题。因此，育种工作者对结球甘蓝雄性不育源的发掘、回交转育与利用进行了大量的研究。

一、结球甘蓝雄性不育种质资源的类型

（一）细胞核雄性不育种质资源

　　细胞核雄性不育类型在植物中普遍存在，其不育性受细胞核基因控制。根据不育基因与可育基因之间的显隐性关系，又可分为隐性核不育和显性核不育。细胞核雄性不育株主要来源于自然突变。据公开报道，到目前为止，在结球甘蓝中发现的核不育种质资源材料有 4 份，其中 3 份是隐性基因控制的雄性不育（Nishi and Hiraoka，1958；Rundfeldt，1960；方智远等，1984），其余 1 份为显性基因控制的雄性不育（Fang et al.，1995）。这 4 份细胞核雄性不育材料都来源于自然突变，均为单基因位点控制的不育类型。其中，显性核不育突变为中国自主发现的特有的类型，目前已经成功地应用于甘蓝杂种优势利用（Fang et al.，1997；方智远等，1997）。

1. 单基因隐性核不育种质资源　由一对隐性基因控制的核不育材料，其基因型是 msms，可育株基因型是 MSms 或 MSMS。这两类基因型的可育株均是它的恢复系，但隐性核不育找不到典型的保持系，它只能从 F_1 代杂合可育株（MSms）的自交后代中获得 1/4 的不育株，或让 F_1 代杂合可育株与不育株回交，从后代中获得近 1/2 的不育株（msms）。通过回交筛选，获得不育株率稳定在 50% 左右的雄性不育"两用系"，又称为甲型两用系。方智远等（1983）从小平头甘蓝自然群体中发现了由隐性单基因控制的雄性不育材料 83121ms，其不育株在低温下叶色正常，不育花朵小但能正常开放，雄蕊退化无花粉，雌蕊正常，蜜腺发达，花蜜多，授粉后结实性良好，种荚正常，但由于其测交后代不育株率最多只能达到 50% 左右，如用该材料配制杂交种，必须拔去 50% 的可育株，费工费时，故实际应用困难（方智远等，2001）。

2. 单基因显性核不育种质资源　单基因控制的显性核不育通常是单基因突变的产物，由于显性单基因突变频率极低，所以这种材料很难发现，该种核不育材料既找不到完全的恢复系，也找不到完全的保持系。不育株基因型为 MSms 和 MSMS，但不育株基因型 MSMS 理论上存在，而一般情况下实际上没有办法获得。可育株基因型为 msms，可育株与不育株交配，后代不育株与可育株 1：1 分离。因此，测交筛选，也只能获得不育株率在 50% 左右的雄性不育"两用系"，又称为乙型两用系。方智远等，1979 年从甘蓝原始材料 79-399 的自然群体中获得雄性不育株 79-399-3，于 1993 年首次进行了公开报道，该材料的不育株经济性状良好，叶色正常，低温下不黄化，不育花正常开放，雄蕊退化，雌蕊完全正常，蜜腺发达，花蜜多，结实正常，具有很好的配合力。并通过对不育材料 79-399-3 从遗传学、细胞学、分子生物学及不育系的选育和利用等方面进行了系统的研究。通过研究已明确该材料控制不育性的主效基因为一对显性核基因，在一定基因背景与环境条件下表现为温度敏感，表明有修饰基因起作用（方智远等，1993）。该显性雄性不育材料的一部分雄性不育株存在着环境敏感性，即在一定的遗传背景和环境条件下，有些不育植株可出现有生活力的微量花粉，这种微量花粉不育植株的自交后代中，可分离出不育基因纯合的显性雄性不育株。目前已鉴定筛选出 70 多个显性不育纯合株和 10 余个配合力好、不育株率和不育度均达到 100% 的优良显性不育系，并已用于配制杂交种。

（二）细胞质雄性不育种质资源

在自然界自发突变的细胞质雄性不育源并不多见。细胞质雄性不育（CMS）一般认为是由细胞核不育基因与细胞质不育基因互作，共同控制的遗传性状。即只有核不育基因和细胞质不育基因共同存在时，才能引起雄性不育。这种类型的不育性既能筛选到保持系，又能找到恢复系，可以实现"三系"配套。自十字花科植物第一个细胞质雄性不育源 Ogu CMS 被 Ogura（Ogura，1968）在萝卜中发现以来，国内外在十字花科作物中发现和培育出多种不同来源的细胞质不育类型（刘玉梅等，2001），而研究最多、利用最广泛的是 Ogu CMS（萝卜细胞质雄性不育）和 Pol CMS（波里马细胞质雄性不育）。自 20 世纪 70 年代以来，在结球甘蓝细胞质不育种质资源上，中国主要以从国外引进为主，引进的材料主要有 Ogu CMS 和黑芥胞质甘蓝不育材料 CMS_N78091，其中又以 Ogu CMS 不育源的利用为主。中国农业科学院蔬菜花卉研究所甘蓝课题组先后 3 次引进了不同来源的 Ogu CMS，即萝卜胞质甘蓝不育材料 CMSR1、改良萝卜胞质甘蓝不育材料 CMSR2、改良萝卜胞质甘蓝不育材料 CMSR3（方智远等，2004）。

1. 胞质不育材料 CMS_N78091 CMS_N78091 是 1980 年由荷兰引进。中早熟、近圆球类型。低温条件下不育株生长正常，叶色不黄化。不育花雄蕊退化无花粉，雌蕊正常，人工授粉后结实中等，但多数不育花呈半开放状态，蜜腺小或无，影响昆虫授粉及自由授粉情况下的结实。不育材料的测交后代中，不育株率保持在 33.7%～60%之间，因此，该材料在甘蓝实际制种中很难被利用。

2. Ogu CMS（萝卜细胞质雄性不育） Ogu CMS 是 Ogura 于 1968 年在日本萝卜繁种田发现的。该材料为彻底不育，经大量试验证明，其不育性由细胞质基因和 2 对隐性细胞核基因共同控制，雄性败育彻底，不育度及不育株率均为 100%。不育性十分稳定，不受环境条件影响。将此不育源首次向结球甘蓝等十字花科芸薹属蔬菜上转育时，由于遗传上的远缘效应，细胞质遗传物质和细胞核遗传物质之间存在着不协调，导致转育后代存在低温下叶片黄化、蜜腺少、部分雌蕊不正常等缺陷（Bannerot，1977）。其中叶片黄化现象严重妨碍了光合作用，使植株生长缓慢，成熟期推迟，产量降低；同时由于蜜腺退化，雌蕊不正常，自然状态下授粉结实率低。因此该材料在甘蓝实际制种中也未能被利用。

3. 萝卜胞质甘蓝不育材料 $CMSR_1$ 中国农业科学院蔬菜花卉研究所 1978 年由美国威斯康星大学引进 3 份萝卜胞质甘蓝不育材料 $CMSR_1409$、$CMSR_1411$ 和 $CMSR_1413$。其中 $CMSR_1409$ 为早熟、圆球类型，其余两份为晚熟、平头类型。这 3 份材料的不育性十分稳定，而且所有甘蓝材料都可以是它们的保持系。但是，它们的植株叶色特别是心叶在低温条件下严重黄化，蜜腺不发达，雌蕊不正常，并影响其生长速度和正常结实。故该材料在甘蓝实际制种中也很难被利用。

4. 改良萝卜胞质甘蓝不育材料 $CMSR_2$ 美国、法国等国外学者通过原生质体融合的方法，获得了苗期低温不黄化的改良的 OugCMS。中国农业科学院蔬菜花卉研究所 1994 年由美国康奈尔大学引进改良萝卜胞质甘蓝不育材料 $CMSR_29511$ 和 $CMSR_29556$。它们均为晚熟类型，经济性状不整齐，但不育性非常稳定，且所有甘蓝材料都是它的保持系。这两份不育材料与 1978 年引进的 3 份萝卜胞质不育材料相比，最大的改进是在低温条件下植株叶色不黄化，但开花结实尚存在不少问题。多数花朵呈半开放状态，不少花朵雌蕊不正常，蜜腺不发达，且有相当一部分荚果畸形。

5. 改良的萝卜胞质不育材料 $CMSR_3$ 为中国农业科学院蔬菜花卉研究所 1998 年由美国引进的改良的萝卜胞质不育材料。其中，$CMSR_3625$ 为早熟、圆球形，$CMSR_3629$ 为晚熟甘蓝。这 2 份材料的不育性也都很稳定，且所有甘蓝材料都能保持它的不育性。与 1994 年的引进 2 份萝卜胞质不育材料相比，它们突出的优点除低温下叶色不黄化外，大多数不育花能正常开放，雌蕊几乎全部正常，两份材料开花前期死花蕾约为 20%，开花后期，死蕾逐渐减轻，经济性状及配合力较好，该材料具有较好的应用前景。在以它们作母本试配的杂交组合中，有几个组合在秋季表现早熟、抗病，但整齐度欠佳，表明该不育材料还需要经一步回交转育。

综上所述，目前研究和利用的甘蓝雄性不育材料主要有 6 种来源，它们的主要特性见表 10‐6。

表 10‐6 几种甘蓝雄性不育材料的来源及主要特点

雄性不育材料	来 源	国内研究单位	不育株率（%）	不育株的不育度（%）	植株生长状况及低温下叶色	开花结实性状	配合力
隐性核基因甘蓝不育材料83121ms	1983 年由小平头甘蓝中发现	中国农业科学院蔬菜花卉研究所	50	100	生长正常，低温下心叶不黄化	正常	较好
黑芥胞质甘蓝不育材料 CM‐S$_N$78091	1980 年由荷兰引进	中国农业科学院蔬菜花卉研究所，江苏省农业科学院蔬菜研究所	50	100	生长正常，低温下心叶不黄化	不正常，花朵只能半开放	较好
萝卜胞质甘蓝不育材料 CM‐SR1	1980 年前后由美国引进	中国农业科学院蔬菜花卉研究所，北京市、江苏省、上海市农业科学院及西南农业大学等	100	100	生长势弱，低温下心叶黄化	不正常，蜜腺退化，种荚畸形	不强
改良萝卜胞质甘蓝不育材料 CMSR2	1994 年后由美国引进	中国农业科学院蔬菜花卉研究所，上海市、陕西省、天津市农业科学院	100	100	生长势较弱，但低温下叶不黄化	生长势较弱，种荚部分畸形	不强
改良萝卜胞质甘蓝不育材料 CMSR3	1998 年由美国引进	中国农业科学院蔬菜花卉研究所、上海市农业科学院园艺所	100	100	生长正常，叶不黄化	结实较正常，20%左右花朵半开放	好
显性核基因甘蓝不育材料 DGMS79‐399‐3	1979 年在79‐399 甘蓝中发现	中国农业科学院蔬菜花卉研究所	100	100	生长正常，叶不黄化	正常	好

二、结球甘蓝雄性不育系的选育及利用

由表 10‐6 可以看出，隐性雄性不育材料，如 83 121ms，由于其测交后代不育株率最多达到 50%左右，若用该材料配制杂交种，则必须拔除约 50%的可育株，费工费时，故实际应用困难。黑芥胞质不育材料 CMSN78091，虽然不育株生长正常，低温条件下叶色也正常，但不育花雄蕊退化无花粉，雌蕊正常，人工授粉后结实中等，且多数不育花呈半开放状态，蜜腺小或无，而影响昆虫授粉及自由授粉情况下的结实，在不育材料的测交后代中，不育株率保持在 33.7%～60%之间。因此，该材料在实际应用中也有困难（方智远等，2001）。目前，在甘蓝中有两种来源的不育材料具有广阔的应用前景，一是来源于 79‐399‐3 甘蓝的显性核基因雄性不育材料；二是来源 Ogu CMS 经改良的萝卜甘蓝细胞质雄性不育材料 CMSR3（方智远等，2004）。

（一）细胞核雄性不育系的选育及利用

中国农业科学院蔬菜花卉研究所在结球甘蓝自然群体 79‐399 中首次发现甘蓝显性核

基因雄性不育源 DGMS79 - 399 - 3，并已在 2001 年获得国家发明专利。这一优异显性雄性不育源的发现和应用，使甘蓝一代杂种育种技术获得了重大突破，为甘蓝一代杂种选育与制种开辟了一条新途径。

中国农业科学院蔬菜花卉研究所以 79 - 399 - 3 为不育源，先后用 25 个不同类型甘蓝自交系作父本进行转育，在回交后代中鉴定出纯合显性不育株 70 余个。通过对用这些纯合显性不育株配制的显性雄性不育系的不育性、经济性状、配合力等方面进行全面考察，从中筛选出 DGMS01 - 216、DGMS01 - 425 等 10 余个可实际应用的优良显性雄性不育系，已用于配制不同类型的杂交组合（方智远等，1997）。目前利用甘蓝显性雄性不育系与优良的自交系杂交，育成了中甘 16、中甘 17、中甘 18、中甘 19、中甘 21、中甘 24、中甘 25 等 7 个甘蓝新品种，前 4 个已通过国家审定，中甘 21 于 2005 年获国家植物新品种权（方智远等，2004），中甘 24、中甘 25 于 2007 年通过国家农作物品种鉴定委员会鉴定。育成的显性雄性不育甘蓝新品种中甘 17、中甘 19、中甘 21 等已在生产中大面积推广种植，年推广面积达 1.5 万 hm² 以上。逐渐建立了一整套利用甘蓝显性雄性不育系配制杂交种的新方法，并获得了该不育基因连锁的 SSR、RFLP、SCAR、AFLP、EAPRD 等分子标记。1997—2001 年利用显性雄性不育系配制甘蓝杂交种的试验采种获得成功，2005—2007 利用甘蓝显性雄性不育系大面积生产甘蓝杂交种获得成功。2006 年和 2007 年各有近 30hm² 制种田，杂交种种子产量 750～120kg/hm²。

（二）细胞质雄性不育系的选育及利用

来源于 Ogu CMS 的甘蓝细胞质雄性不育系，不育性十分稳定，不受环境条件影响，易于找到保持系，尽管它存在一些缺陷，但仍不失为理想的雄性不育源。多年来一直受到芸薹属育种工作者的青睐，为了克服它的缺陷，国内外不少学者对此不育源进行了广泛的研究。中国农业学科院蔬菜花卉研究所甘蓝课题组 1998 年从美国引进改良萝卜胞质甘蓝不育系 CMSR₃，已用多个不同类型的甘蓝自交系与它们进行回交转育，回交后代在低温下叶色不黄化，大多数开花正常，雌蕊正常，虽存在个别植株死蕾现象，仍具有较好的应用前景（方智远等，2001），目前该课题组以改良萝卜胞质甘蓝不育系 CMSR₃ 为不育源，通过多代回交转育育成优良胞质不育系 10 余个，其中不育系 CMSR₃7014，不育性稳定，具有优良的经济性状，与自交系 8180 配制成秋甘蓝新品种中甘 22，在秋季种植表现早熟、优质、抗病、丰产，植株生长势及产量与用保持系（回交父本）配制的杂交组合基本一致（方智远等，2004），该品种 2007 年分别通过国家农作物品种鉴定委员会鉴定和山西省审定。朱玉英等（1998）利用改良的 Ogura 不育源，对上海地区不同类型的甘蓝材料进行转育，获得了两个 Ogura 细胞质甘蓝雄性不育系 94BC - 15、94BC - 12。这两个不育系的不育性稳定，克服了不育源存在的蜜腺退化及雌蕊畸形造成结实不良的生理缺陷，并基本克服了苗期低温黄化现象，具有利用价值。他们利用不育系 94BC - 15 与亲本 92 - B6 杂交育成了一代杂种沪甘 1 号，该一代杂种具有植株生长势强、耐热性好、抗霜霉病和 TuMV、综合园艺性状优良等特点，产量比夏光甘蓝增产 10％左右。

黄裕蜀等（1998）通过萝卜细胞质不育材料转育而得到甘蓝雄性不育系大 800382 和二 800382，其两个雄性不育系均表现全不育，且不育率不受环境条件的影响，植株性状与正常植株无明显差异，在甘蓝育种和生产上具有广阔的应用前景。张恩慧等（2006）通过转育获得的在低温条件下生长正常、性状稳定、配合力高的萝卜细胞质甘蓝雄性不育系 CMS03‐12‐58963，以此为母本，与父本自交系 MP01‐68‐53192 杂交配制成一代杂种绿球 66，表现为中早熟、抗病、优质高产。此外，戴忠良等（2006）利用品种比较试验中发现的青花菜雄性不育单株为不育源，与近圆球形甘蓝自交系进行回交转育，育成了综合性状优良，配合力强、不育株率和不育度均达 100％的甘蓝胞质雄性不育系 546A 及相应的保持系。并利用该不育系试配了几个杂种优势明显的杂交组合。

用雄性不育系生产一代杂种种子杂交率高，成本较低，已在水稻、油菜、高粱、洋葱、胡萝卜等许多农作物中广泛使用，但用于生产甘蓝一代杂种还刚刚开始，不少问题还需要继续研究、探讨和完善。

第八节　结球甘蓝细胞学与分子生物学研究

一、结球甘蓝细胞学研究

（一）结球甘蓝细胞形态学研究

到目前为止，在对结球甘蓝抗逆、抗病、雄性不育与自交不亲和材料及创新种质资源的细胞形态学方面，国内外都做了一些研究，取得了长足的进展，对于种质资源的利用和创新具有重要的意义。

王丽娟、秦智伟（1995）对甘蓝裂球性的解剖学进行了研究，找出甘蓝易裂球品种和抗裂球品种在叶片结构上的差异。认为抗裂球品种的叶表皮细胞壁比易裂球品种的叶表皮细胞壁厚，因而机械强度大，细胞壁机械强度大可能是抗裂球品种不裂的原因之一。易裂品种球叶的叶肉细胞间隙大，因而吸水力强，使其韧性大大降低，可能是易裂品种叶球易裂的原因之一。此项研究对于探讨甘蓝裂球机理提供了初步的理论依据。

在甘蓝的抗逆性研究中，向珣等（2001）研究了热胁迫下，不同抗热性甘蓝叶片细胞的细胞膜、叶绿体及线粒体结构。结果表明，抗热材料在细胞膜及叶绿体结构上较热敏材料更完整，可作为抗热性鉴定标准之一，材料间在线粒体结构上则未发现有明显差异。Ristic 等（1992）也研究认为，热胁迫下，叶绿体结构在材料间出现明显差异，而线粒体结构变化在材料间相似。同时，针对热敏材料本身，线粒体较叶绿体结构更为稳定。

在创新种质资源的细胞学研究中，满红、张成合等（2005）在进行结球甘蓝 4x×2x 和 2x×4x 的授粉受精及胚胎发育观察基础上，结合幼胚离体培养技术，成功地获得了结球甘蓝三倍体材料，并对其减数分裂行为、染色体在后期Ⅰ的分离及雌雄配子的传递率进行了观察研究，这为创建结球甘蓝"初级三体系"等珍贵材料及其遗传研究奠定了基础。葛亚明、陈利萍（2006）以榨菜（茎瘤芥）和甘蓝为材料，通过离体靠接法人工合成了两者的种间嵌合体，并分析了其细胞学特性，结果表明：不同类型嵌合体的叶片组织解剖结构不同。该研究为利用该嵌合体进行细胞互作、器官形态发生等基础理论研究提供了良好的试验体系，同时也为榨菜和甘蓝种质资源创新提供了一条新途径。

在甘蓝雄性不育材料的细胞学研究中取得了一些重要进展。刘玉梅（2003）以甘蓝显性雄性不育材料DGMS79-399-3为材料，从细胞形态、亚细胞水平对甘蓝显性细胞核雄性不育机理进行了研究，明确了该不育材料花药败育的时期和主要特征，探明了甘蓝显性细胞核雄性不育在细胞学方面的败育机理，为该不育材料在甘蓝类及其他十字花科作物中更有效、更合理的利用提供了理论基础。首次系统观察比较了甘蓝显性细胞核雄性不育材料中不育株、微量花粉株与可育株花药发育过程中细胞超微结构的变化（图10-17至图10-24）。发现甘蓝显性细胞核雄性不育株花药败育时期最早发生在花粉母细胞早期，败育高峰期在花粉母细胞至小孢子单核期，微量花粉株花药败育时期最早发生在花粉母细胞减数分裂前期，败育高峰在花粉母细胞减数分裂后期至小孢子单核期。从亚细胞水平上明确了甘蓝显性细胞核雄性不育基因表达的特征。与正常可育株相比，甘蓝显性细胞核雄性不育花药发育过程中的败育特征主要是：线粒体、内质网、细胞核、质体、液泡等细胞器结构破坏直至解体；花粉母细胞从发育早期至减数分裂后期，细胞形态和超微结构均出现异常现象，在花粉母细胞发育早期表现细胞壁特厚，细胞核、核仁较小，细胞间胼胝质厚（图10-17、图10-18），不育花药花粉母细胞减数分裂前超微结构细胞核出现异常现象，线粒体等细胞结构开始破坏（图10-19、图10-20）；部分花粉母细胞不能进行正常减数分裂或停止生长发育；绒毡层发育异常，提前解体；四分小孢子外被一层很厚的膜状物包被，四分小孢子不能正常生长发育，四分孢子间胼胝体不能正常分解，四分体不分开（图10-21、图10-22）；成熟不育花粉粒内部线粒体等细胞器及内含物全部降解（图10-23、图10-24），花粉粒成空壳状，花粉壁发育不全，扭曲变形；药壁细胞生长缓慢，其体积大小约为可育药壁的1/2。

刘玉梅（2003）研究并明确了不同育性甘蓝DGMS材料花粉细胞学形态特征。甘蓝显性细胞核雄性不育的花粉经醋酸洋红染色，在光学显微镜下观察，花粉外形为多种不规则形状，花粉染色浅或不被染色，花粉内含物和外壁完全破坏。扫描电镜下，败育花粉形态异常，花粉外壁凹陷、皱缩成毡帽状，多个花粉粘连成莲座状，花粉外壁纹饰不明显或不能形成纹饰，部分畸形花粉的外壁表面为锯齿状或瘤状突起，未发育好的早期花粉成棉花状和花椰菜状细胞团（图10-25）。

卞春松（1994）研究表明，Ogura甘蓝异源胞质不育系败育在幼嫩小孢子期，黑芥不育异源胞质败育在造孢细胞时期，甘蓝显性核不育材料79-399-3败育主要在四分体期，甘蓝隐性核不育97A败育发生在减数分裂前期。漆红艳等（2006）对500个自交不亲和性甘蓝纯合二倍体花粉母细胞减数分裂各时期染色体行为进行了观察。朱金鑫等（2004）对结球甘蓝花序发育过程中顶端结构的解剖学变化也进行了研究，结果表明，甘蓝顶端亚外套两侧细胞分裂分化形成顶生叶原基，在顶生叶原基内侧的细胞将进行分裂产生花序侧枝原基，进而形成侧生花序枝。

（二）原生质体培养与融合研究

远缘种属之间由于遗传或生理障碍的存在，很难杂交成功，但通过原生质体培养和体细胞融合技术，可克服生殖障碍，实现遗传物质之间的交流。

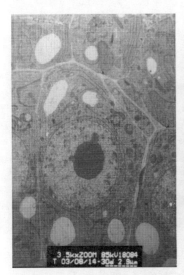

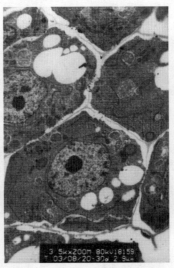

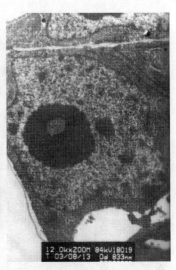

图 10-17 可育花药花粉母细胞
发育早期超微结构
（细胞核大、居中，核仁大）
（×3 500）

图 10-18 不育花药花粉母细胞
发育早期超微结构
（细胞核、核仁较小，细胞间胼胝质厚）
（×3 500）

图 10-19 可育花药花粉母细胞
减数分裂前超微结构
（花粉母细胞内细胞器十分丰富）
（×12 000）

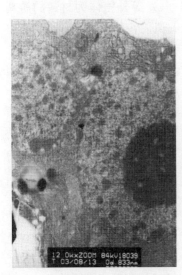

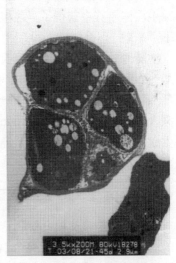

图 10-20 不育花药花粉母细胞
减数分裂前超微结构
（细胞核出现异常现象，线粒
体等细胞结构开始破坏）
（×12 000）

图 10-21 可育株四分孢子
形态超微结构
四分孢子间有许多胞间连丝，
四分孢子间胼胝质
基本溶解（×3 000）

图 10-22 不育株四分孢子
形态超微结构
形态异常的四分孢子不分开，
四分孢子间及孢子外
包被厚厚的胼胝质（×3 000）

　　结球甘蓝原生质体培养自 20 世纪 80 年代初期由 Lu 等（1982）以基因型 Greyhound 的子叶为材料对游离原生质体进行培养首次获得成功以来，至今已取得了较大的进展。已相继从 Market Prize 和报春的真叶（Bindney et al.，1983；傅幼英等，1985），Ladi、

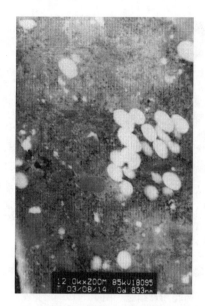
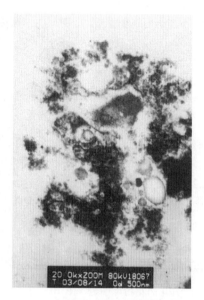

图 10-23　成熟可育花粉粒内部超微结构
线粒体等细胞器丰富（×20 000）

图 10-24　成熟不育花粉粒内部超微结构
线粒体等细胞器及内含物全部降解（×20 000）

Ladi×Golden 和 N101 的根（Lillo et al.，1986），秦菜 3 号的子叶（孙振久，1993），N101 和小鸡心的下胚轴（Lillo et al.，1986；钟仲贤等，1994）等外植体为材料的游离原生质体培养中获得了再生植株，为甘蓝在原生质体水平上的遗传转化及种质资源创新打下了基础。

随着甘蓝原生质体培养及植株再生技术的突破，原生质体融合也取得了很大进展。自从 Schenck 等（1982）首次利用原生质体融合获得 Early Spring、Savoy King、Stone Head 等结球甘蓝与 Tendergreen 等白菜体细胞杂种后，各国有关学者对这一技术进行了深入的研究。日本学者 Taguchi 等（1986）获得了结球甘蓝与白菜叶肉原生质体融合的再生植株。雷开荣等（1999）通过结球甘蓝 Toskama 与萝卜 NeoroRA12984 原生质体融合获得了再生植株。

（三）远缘杂交与胚培养研究

通过远缘杂交结合幼胚培养，已获得了白菜与甘蓝、萝卜与甘蓝、甘蓝型油菜与甘蓝的远缘杂种植株。满红、张成合等（2005）在对结球甘蓝 4x×2x 和 2x×4x 的授粉受精及胚胎发育观察的基础上，结合幼胚离体培养技术，成功地获得了结球甘蓝三倍体材料。

程雨贵等（2006）用基因组原位杂交方法（Genomicinsituhybridization，GISH）研究了萝卜（*Raphanus sativus*，2n＝18，RR）和甘蓝（*Brassica oleracea*，2n＝18，CC）属间杂种 F_1 减数分裂过程，结果表明杂种体细胞染色体组成为 RC，2n＝18，但花粉母细胞有 3 种类型：第一种类型为 RC，2n＝18，终变期染色体平均配对构型为 14.87＋1.20＋0.04＋0.06，染色体配对主要发生在萝卜和甘蓝染色体之间；后期 9 条萝卜染色体主要以 4/5 和 3/6 的分离比移向两极，所形成配子的染色体数目和组成均不平衡，配子败育。第二种类型是 RRCC，2n＝36，终变期染色体形成 18 个二价体；后期染色体均衡分离，

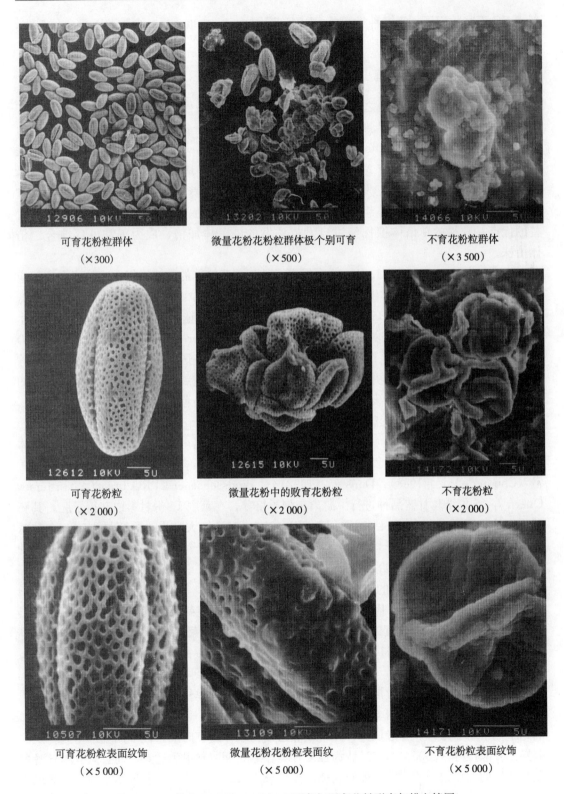

可育花粉粒群体
（×300）

微量花粉花粉粒群体极个别可育
（×500）

不育花粉粒群体
（×3 500）

可育花粉粒
（×2 000）

微量花粉中的败育花粉粒
（×2 000）

不育花粉粒
（×2 000）

可育花粉粒表面纹饰
（×5 000）

微量花粉花粉粒表面纹
（×5 000）

不育花粉粒表面纹饰
（×5 000）

图 10 - 25　甘蓝 DGMS79 - 399 - 3 可育与不育花粉形态扫描电镜图

形成 RC 不减数配子。第三种类型是 RRCC 亚倍体，2n＝30～34，少数萝卜染色体丢失，形成的配子具有全套的甘蓝染色体和部分萝卜染色体。

（四）花药、花粉（游离小孢子）培养研究

花粉母细胞经减数分裂之后形成的小孢子，在正常条件下发育成成熟的花粉粒，即配子体发育途径，若在外界胁迫的条件下，就会转向孢子体发育途径，形成小孢子胚，进而发育成单倍体植株（Nitsch and Norreel 1973；Touraev et al. , 1997）。这种通过雄核发育诱导单倍体的方法有 2 种，花药培养和游离小孢子培养。游离小孢子培养的技术是在花药培养技术的基础上发展而来的，但它比花药培养产生的单倍体频率高，而且不受花药壁、花药隔等母体组织的影响，因此，游离小孢子培养有着花药培养不可代替的优点。获得的单倍体植株经过自发或诱发的染色体加倍，成为正常可育纯合二倍体植株。

Keller & Armstrong（1981）首次报道了甘蓝花药培养的成功。但这一技术在实际应用中存在两大问题：一是产生植株的倍性具有不可预测性，二是很多基因型产胚率极低（Lelu and Bollon，1986）。1982 年 Lichter 等成功诱导出甘蓝型油菜游离小孢子胚及再生植株，为甘蓝游离小孢子培养奠定了坚实的基础。自 Lichter（1989）和 Takahata（1990）最早在结球甘蓝上成功得到了游离小孢子再生植株以来，各国学者对甘蓝游离小孢子培养技术进行了较深入的研究，并已在结球甘蓝上取得了一些进展。对结球甘蓝小孢子培养的研究主要集中在小孢子胚胎发生的影响因素、植株再生及染色体加倍方面。

1. 小孢子胚胎发生的影响因素

（1）供体植株的基因型　通过对不同基因型的甘蓝游离小孢子培养的研究表明，供体植株的基因型对小孢子胚胎发生的影响极为重要，它不仅影响产胚率，而且也影响胚的质量（Chuong et al. , 1988）。Duijs 等（1992）对 Bindsachsener-CPRO bra88045 和 Jersey Queen 等 15 份结球甘蓝品种进行了游离小孢子培养，在其中 14 份材料中获得了胚，其胚胎产生的频率为 0.1%～7.4%。张凤兰等（1994）对爱知大晚生、野崎早生等 8 个结球甘蓝品种进行了游离小孢子培养，结果只有其中 4 个品种产生了小孢子胚，且胚胎发生的频率均较低，研究表明胚胎发生能力主要受核基因控制，呈部分显性遗传。Kudolf 等（1999）通过用出胚率高的基因型（Hawke、R1、R2）与难出胚的基因型（Varaž dinsko）进行杂交，在其后代获得了较高的出胚率，认为控制胚胎发生的基因存在于高出胚基因型中，并呈现出高度的遗传力。中国农业科学院蔬菜花卉研究所甘蓝组袁素霞等 2005 年春对 5 份结球甘蓝材料进行了游离小孢子培养，在每份材料中均获得小孢子胚。其中中甘 11 的出胚率最高，每个蕾达 18.07，中甘 8 号最低，每个蕾为 0.03 个。

（2）小孢子培育取样时期　小孢子发育时期一般分为单核期、双核期和三核期，并非任何时期的小孢子都适于培养。小孢子发育时期、花蕾大小、取样位置和取样时期都会影响到小孢子培养效果。一般认为，在单核靠边期为取样适宜时期。但不同基因型有一定的差异。方淑桂等（2005，2006）认为强夏甘蓝在盛花期取材最为适宜，而且只有单核晚期至双核早期的小孢子才能发育成胚状体。汤青林等（2000）认为甘蓝游离小孢子培养取主花序上的花蕾效果较好。Takahata 等（1991）曾报道，只要所选取的小孢子的发育时期

合适，花序和植株年龄对胚胎发生都没有影响。

（3）预处理 对小孢子进行预处理是利用一种逆境（环境胁迫）来诱导胚胎的形成（Lichter，1982；Touraev et al.，1997）。预处理包括离心、低温、高温、射线、秋水仙素、饥饿等处理。目前在甘蓝上广泛应用的预处理为高温预处理。甘蓝小孢子培养一般在30～35℃下预处理24～48h可明显提高胚状体诱导率。中国农业科学院蔬菜花卉研究所甘蓝组袁素霞等研究表明，32.5℃高温预处理1～2d有利于胚胎的发生，但大多基因型以32.5℃处理1d的效果较好。

（4）培养基及其成分 目前在甘蓝游离小孢子培养中，广泛采用的冲洗基本培养基为B5培养基（Gamborg et al.，1968），最后用来游离小孢子培养的培养基为NLN培养基（Lichter，1982）。培养基的pH值也是诱导小孢子胚胎发生的一个关键因素（Ballie et al.，1992），pH可能充当着一个调节物，它调节小孢子与培养基之间的物质交换（Gland et al.，1988），在甘蓝游离小孢子培养中pH值通常调至5.8。培养基中加蔗糖不仅为小孢子培养提供碳源，而且还调节培养基的渗透压，在甘蓝游离小孢子培养中多采用13％蔗糖的培养基。方淑桂等（2005，2006）先用17％蔗糖浓度的培养液培养强夏的游离小孢子，4d后再添加8％蔗糖浓度的培养液可显著提高其胚产量。在甘蓝游离小孢子的培养过程中加入适量的活性炭（AC）可以加快离体培养进程，提高产胚率，一般认为，甘蓝类小孢子培养宜用0.5～1g/L的活性炭。朱至清等（1978）认为外源激素对花粉细胞去分化启动不是必需的，但它能防止多细胞花粉的败育，使较多细胞形成愈伤组织。田笑明等（1987）认为，初始培养液中加低浓度的激素有利于花粉小孢子启动，而到小孢子第二次有丝分裂间需要提高激素水平，所以小孢子早期分裂时不需要高激素水平，但不加是不利的，因为到了花粉小孢子第二次有丝分裂期间需要提高激素的水平，从而进一步说明在培养早期适时调整激素成分是必要的，可以明显促成多细胞花粉的形成。刘艳玲等（2006）通过对20个基因型的结球甘蓝材料（由北京市农林科学院蔬菜研究中心甘蓝课题组提供，G1-G20）进行游离小孢子培养，结果表明基因型、蔗糖浓度对胚发生能力影响最大，除个别基因型对蔗糖浓度有较高的要求外，蔗糖浓度在13％、激素组合NAA（0.05mg/mL）＋BA（0.1mg/mL）的培养基适合较多基因型的小孢子胚发生，在培养基中添加适量活性炭能明显地提高出胚率。袁素霞等研究结果表明，加入6-BA并不是对所有基因型都有促进作用，如，0.05mg/L 6-BA对8398有时起促进作用，而0～0.2mg/L 6-BA对中甘11具有抑制作用。培养温度和光照对甘蓝小孢子胚发生影响很大，甘蓝以32.5℃暗培养1～2d，然后再转入25℃条件下继续暗培养2～3周直至形成子叶形胚为宜。

2. 小孢子植株再生和染色体加倍 胚的直接成苗率与培养基、胚的质量以及供体植株的基因型都有关。在甘蓝上最常用的方法是，把胚直接接在不含任何激素的B5固体培养基（2％的蔗糖）或MS培养基上，25℃、16h的光照条件下培养3～4周即可发育成小植株。Hansen等（2000）曾报道，先用5mg/L ABA处理胚1h，然后再干燥处理12～90d，可使胚的萌发率达到100％，这一方法已经在甘蓝上得以应用。

小孢子培养得到的单倍体植株，通常表现为高度不育，为了能使之正常结籽，与育种实践相结合，必须诱导染色体加倍。染色体加倍的方式有两种，一是发生在游离小孢子培养时期，二是对成苗的小孢子后代植株进行人工加倍。Kasha（2005）报道，自然加倍与预处理有关，预处理可能会造成均等分裂后细胞壁形成的失败，从而导致核的融合。此外，还与预处理时的小孢子发育时期有关，单核期的小孢子可能产生较高频率的双单倍体，双核早期的小孢子可能会导致产生更多的三倍体或其他水平的多倍体。Rudolf 等（1999）报道，在小孢子培养中加入反细胞分裂剂，可提高自然加倍率。Kudolf 等（1999）还对小孢子植株再生及再生群体的染色体加倍进行了研究，结果表明，通过 ABA 干燥处理小孢子胚可以提高胚再生植株的频率，利用抗微管形成的化学物质对游离小孢子处理可以提高再生群体的自然加倍率。杨丽梅等（2003）研究表明，通过小孢子培养获得的组培苗大部分在培养过程中可自然加倍成双单倍体植株，她们从 8398 中获得的 5 个胚的组培苗，其中有 4 个胚（胚 1、2、4、5）的组培苗全部自然加倍，而来源于第 3 个胚的 9 株组培苗中，有 2 株未加倍，总自然加倍率达 84.6%。袁素霞等（2007）研究结果显示，小孢子后代群体的加倍率因基因型而异，如中甘 11 在获得的 245 个胚再生植株中，有 176 个发生了自然加倍，加倍率为 71.84%；而 8398 在获得的 393 个胚中，只有 188 个发生了自然加倍，加倍率为 47.84%。

二、结球甘蓝的分子生物学研究

分子标记是继形态标记、细胞标记和生化标记之后发展起来的一种较为理想的遗传标记形式，它以蛋白质、核酸分子的突变为基础，检测生物遗传结构及其变异。目前在植物遗传育种研究中应用较多的是 RFLP、RAPD、AFLP、SSR 及 SCAR 等标记。这些分子标记方法在甘蓝种质资源及育种研究中得到较广泛应用，包括分子遗传图谱的构建，与其他芸薹属作物及拟南芥基因组的比较作图，重要性状连锁的分子标记、基因定位，遗传资源的进化、亲缘关系与分类研究，核心种质的构建等。

（一）分子标记在结球甘蓝种质资源研究及辅助育种中的应用

1. 分子标记在结球甘蓝遗传多样性研究中的应用　　Phippen 等（1997）利用 RAPD 技术分析了 14 份来源不同但表型与"Golden Acre"相似的甘蓝品种，发现这些材料可以归为 4 类，如果选择每一类作为一个样品来保存，每一个再生循环（大约 20~25 年）只会损失绝对变异的 4.6%，而保存的费用却将减少 70%。

李志琪、刘玉梅等（2003）采用 AFLP 分子标记技术对中国农业科学院蔬菜花卉研究所甘蓝组多年育成的 52 份结球甘蓝骨干自交系的亲缘关系进行研究。根据品种间 DNA 片段的差异，应用 SPSS 软件计算出样品间的相似系数 SM。以欧氏距离作为类间距离，通过分层聚类的方法进行聚类分析，构建了聚类图（图 10-26）。由图 10-26 可以看出，52 份结球甘蓝自交系清楚地分为 4 个类群（A、B、C、D）。第一类群为春甘蓝自交系（A），包括 4 号（品种编号，下同）（084-73-3-1-1-4）、5 号（C88-9-1-1-2-1）和 44 号（2000 春根 88-3）等共 18 个自交系。这些自交系都为圆球、早熟型春甘蓝。第二类群为紫甘蓝自交系（B），包括 45 号（98241-6-1-5）、49 号（92850-3-1-10-3-1）、46 号（93362-7-3-1）、48 号（92440-4-1-1）及 47 号（98376-6-4-2）共 5 个自交系，均为圆球形紫甘蓝，其叶球紧实。第三类群为秋甘蓝自交系（C），包含 37 号

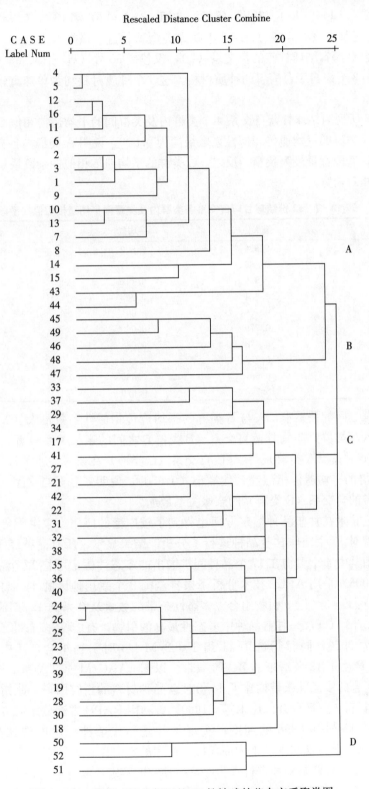

图 10-26 依据 AFLP 标记的 52 份结球甘蓝自交系聚类图

（84101-1-2-5-1-4-1-）、29 号（8498-2-1-2-1-1-）和 18 号（20-2-5-2-2）等
共有 26 个自交系，该类群多为扁球、中晚熟类型秋甘蓝，该类群又划分为 5 个亚群。第
四类群为来自台湾省结球甘蓝的自交系（D），仅包括 50 号（H2-2）、52 号（351）和 51
号（F01-4）3 个来自于台湾省的种质材料。这 3 个种质材料均为单球重较大、中熟、扁
球类型。

表 10-7 所列为结球甘蓝自交系 4 个类群内及类群间的平均遗传相似系数。在所分的
4 个类群中 A 类群的平均遗传相似性系数最高为 0.809，说明 A 类群内各自交系之间的遗
传距离最小，遗传背景最为狭窄。反之，C 类群的平均遗传相似性系数最小，说明该类群
的遗传背景相对较宽。

表 10-7　52 份结球甘蓝自交系各类群内及类群间平均遗传相似性系数

类别	最大值	平均值	最小值
A	0.926	0.809	0.724
B	0.860	0.794	0.755
C	0.920	0.732	0.762 6
D	0.834	0.767	0.648
AB	0.779	0.691	0.638
AC	0.779	0.683	0.589
AD	0.778	0.688	0.589
BC	0.778	0.684	0.607
BD	0.681	0.650	0.564
CD	0.778	0.670	0.564

在各类群之间的关系中，A 与 B 类群的平均遗传相似性系数最大（0.691），说明春
甘蓝自交系（A 类群）与紫甘蓝自交系（B 类群）之间的亲缘关系最近。紫甘蓝自交系
（B 类群）与春甘蓝（A 类群）、秋甘蓝自交系（C 类群）在亲缘关系的远近上几乎相同，
而 B 与 D 类群的平均遗传相似性系数最小（0.650），说明紫甘蓝自交系（B 类群）与来
自中国台湾省的自交系（D 类群）的亲缘关系最远。

分子标记技术在甘蓝品种鉴定方面也得到了较广泛的应用。宋洪元等（2002）利用
RAPD 标记曾对 17 个结球甘蓝品种进行了分析。结果显示，所有品种经 12 个引物扩增
后，发现利用其中 4 个引物在 17 个品种间扩增出的多态性标记可将 17 个品种鉴别开来。
宋顺华等（2006）采用 AFLP 技术分析了来自全国 9 个栽培地区的 44 个甘蓝主栽品种，
共筛选了 40 对 E+3/M+3 引物组合，多态性条带的数量从 0 条到 15 条不等。其中引物
组合 E-AAC/M-CTA 是甘蓝品种中多态性最高的引物，有 15 条多态性条带，多态性条
带的百分率为 30%，同时筛选了 11 组 E+2/M+3 对引物组合，其中引物组合 E-
AG/M-CTC 产生了 13 条清晰的多态性条带。以 E-AAC/M-CTA 和 E-AG/M-CTC
这两对引物组合的多态性条带构建了 44 份甘蓝品种材料的指纹图谱，此指纹图谱可以将
供试的 44 份材料一一区分开。庄木等（1999）曾利用 RAPD 方法鉴定北方地区的春甘蓝
主栽品种中甘 11 号和 8398 的纯度，实现了甘蓝一代杂种纯度的快速鉴定。田雷等
（2001）利用 AFLP 方法对生产上大面积推广使用的 5 个甘蓝杂交种及其 10 个亲本进行了
分析，对供试 5 个甘蓝杂交种进行真实性及品种纯度鉴定，取得了良好的效果。另外，刘
冲等（2006）还将 SRAP 与 ISSR 2 种分子标记技术应用于 8 种甘蓝类作物（*Brassica*

oleracea L.）的种子鉴别。

2. 甘蓝分子连锁遗传图谱的构建 到目前为止，已构建的甘蓝类蔬菜分子连锁遗传图谱有十几张（表10-8）。从已构建的分子连锁遗传图谱来看，用于构建图谱的标记绝大多数为 RFLP 标记，其次是 RAPD 标记，还有少量的 AFLP 和同工酶标记等。所用构建图谱的作图群体大多都是利用变种间杂交后代，缺乏甘蓝品种间杂交后代分离的作图群体，且所构建的图谱大多是利用非永久性的 F_2 群体构建，缺乏甘蓝品种间杂交后代分离的永久性作图群体。

表 10-8 甘蓝类（*B. oleracea*）蔬菜分子遗传图谱

作图群体	标记类型	标记数目	图距 cM	参考文献
变种间 F_2	RFLP	258	820	Slocum et al.，1990
变种间 F_2	RFLP	201	1 112	Landry et al.，1992
变种间 F_2	RFLP isozyme	108	747	Kianian et al.，1992
变种间 F_2	RFLP	112	1 002	Camargo，1994
变种间 DH	RFLP	303	875	Bohuon et al.，1996
变种间 BC_1 F_2	RFLP，RAPD，isozyme	138	747	Ramsay et al.，1996
变种间 F_2	RFLP RAPD	159	921	Camargo LEA et al.，1996
变种间 DH	RFLP，AFLP	92	615	Voorrips et al.，1997
变种间 F_2	RFLP	150	1 023	刘忠松等，1997
变种间 F_2	RFLP，RAPD，STS，SCARS，lsozyme	310	1 606	Cheeung WY et al.，1997
F_2	RFLP	167	1 738	Hu et al.，1998
F_2	RAPD RFLP isozyme	124	823.6	Moriguchi K et al.，1999
变种间 DH	RFLP，AFLP	547	893	Sebastion et al.，2000
变种间 F_2	RAPD	96	555.7	陈书霞等，2002
变种间 DH	AFLP	421	801.5	何杭军，2003
F_2	RFLP	199	1 226.3	Rocherieux et al.，2004
F_2	RA PD	125	1 023.7	胡学军等，2004
F_2	RFLP，SRAP，CAPS，SSR，AFLP	187	540	Okazaki，2006
DH	AFLP	682	689.3	缪体云，刘玉梅等，2007

甘蓝类最早构建的图谱是 Slocum 等（1990）利用普通甘蓝（*B. oleracea* L.）×花椰菜（*B. oleracea* L. var. *botrytis*）变种间 F_2 群体构建的连锁图，图中含 258 个 RFLP 标记，覆盖基因组长度 820cM。在此之后，甘蓝类蔬菜分子连锁图的绘制得到迅速发展。Landry 等（1992）建立了一个由分散在 9 个主要连锁群、覆盖基因组长度 1112cM 的 201 个 RFLP 标记组成的 *B. oleracea* 分子连锁遗传图谱。Kinian 等（1992）利用亚种间杂种 F_2 代构建了 *B. oleracea* 分子连锁遗传图谱，得到了 92 个 RFLP 标记，16 个同工酶标记，覆盖基因组长度 747cM；Camargo 等（1996）利用普通甘蓝（*B. oleracea* L.）×青花菜（*B. oleracea* L. var. *italica*）变种间 F_2 群体构建了含有 159 个 RFLP 标记，长度为 921cM 的连锁图；随后，Cheung 等（1997）利用变种间 F_2 代构建 *B. oleracea* 的连锁遗传图，长度达 1606cM，包含了 307 个 RFLP、RAPD、STS 等标记，平均标记间距只有 5cM。

在原有构建的分子连锁图的基础上，国外学者对 *B. oleracea* 的连锁图进行了整合。在 Hu 等（1998）的研究中整合了 4 张已发表的图谱，先将 Landry 等（1992）和

Camargo 等（1997）构建的图谱中的 RFLP 标记整合到了 Kianian 等（1992）构建的图谱中，并整合了 Ramsay 等（1996）发表的图谱中与 Camargo（1997）相同的标记，最后得到的连锁图图距有 1738cM，是目前为止覆盖基因组最全面的 *B. oleracea* 分子遗传连锁图；Sebastian（2000）将两个不同来源的 DH 群体的遗传图谱整合到一张图谱中，获得的连锁图包含的标记已达 547 个，覆盖基因组 893cM，是目前报道的密度最大的一张遗传图谱。

目前公开报道的用甘蓝品种间杂交后代分离群体建立的甘蓝分子连锁遗传图有 2 个。一是胡学军等（2004）以两个不同生态型甘蓝（*Brassica oleracea* var. *capitata*）品种杂交得到的 F_2 代作作图群体，从 520 个 RA PD 随机引物中选取 111 个引物对群体进行分析，建了一张含有 135 个标记位点，9 个连锁群，覆盖基因组长度为 1 023.7cM 的甘蓝分子连锁遗传图；另一个是缪体云、刘玉梅等（2007）以两个结球甘蓝高代纯合自交系 624 和 24-5 的 F_1 代进行游离小孢子培养所获得的含有 102 个株系的 DH 永久性群体为试材，通过 AFLP 技术构建了结球甘蓝较高密度的分子遗传连锁图谱。该图谱包括 8 个连锁群，覆盖总基因组长度为 689.3cM 含 681 个 AFLP 标记，平均图距为 1.01cM。连锁群的大小从 30.4cM（LG8）到 214.4cM（LG1），每个连锁群上的标记数目介于 4 个（LG6）到 291 个（LG1）之间，平均图距在 0.74cM 到 6.58cM 之间（表 10-9）。该图谱是目前用甘蓝品种间杂交后代获得的永久性群体（DH 群体构建）构建的第一张结球甘蓝分子遗传连锁图谱。

表 10-9 利用结球甘蓝 DH 群体构建的分子连锁图谱的基本特征

连锁群 (LG)	长度 (cM)	标记数	平均图距 (cM)	最大空隙 (cM)	偏 分 离		
					偏向 624 标记数（个）	偏向 24-标记数（个）	总比例（%）
LG1	214.4	291	0.74	12.4	51	150	69.1
LG2	94.4	58	1.63	8.6	1	22	39.7
LG3	96.8	75	1.29	9.9	9	5	18.7
LG4	68.3	106	0.64	8.2	10	11	19.8
LG5	90.8	74	1.23	29.7	6	62	91.9
LG6	26.3	4	6.58	14.9	1	0	25.0
LG7	67.9	68	1.00	4.1	56	9	95.6
LG8	30.4	5	6.08	9.1	0	5	100
总计	689.3	681	1.01		134	264	58.4

注：资料引自 Table1 Characteristic of Genetic Linkage Map of Cabbage。

3. 重要性状的分子标记及基因定位

（1）甘蓝显性雄性不育基因分子标记 中国农业科学院蔬菜花卉研究所甘蓝课题组对国内外首次发现的甘蓝显性雄性不育基因 DGMS79-399-3 的分子生物学进行了较系统的研究，先后找到了与显性核雄性不育基因连锁的 RAPD、RFLP、SSR、AFLP 等分子标记。王晓武等（1998，2000）在甘蓝中利用 BSA 法筛选到与显性细胞核雄性不育基因（Ms）连锁的 RAPD 标记 OT11$_{900}$，这个标记与甘蓝显性的连锁距离为 7.48cM，这一标记已转化成易于利用的新标记 EPT11$_{900}$，效果接近 SCAR 标记。EPT11$_{900}$ 在辅助两个甘蓝自交系回交三代及两个青花菜自交系回交一代的 Ms 基因转育中，预测的准确率超过 90%。刘玉梅等（2003）运用 RFLP、SSR 技术采用集群分析法（BSA）筛选与甘蓝显性细胞核雄性不育基因连锁的分子标记，获得了与该不育基因连锁的 RFLP 标记 pBN11（图 10 - 27）和 SSR 标记 C03$_{180}$（图 10 - 28），首次将该不育基因定位于第 1 和第 8 条染色体上。经两个回交分离群体的检测，RFLP 标记 pBN11 与甘蓝显性细胞核雄性不育基因的遗传距离为 1.787～5.189cM，SSR 标记 C03$_{180}$ 与该不育基因的遗传距离为 4.30～8.94cM。其中 pBN11 在两个回交群体中的 DNA 杂交带型均呈共显性，可用于甘蓝纯合基因型的鉴定。C03$_{180}$ 分别表现为共显性和显性，可用于部分甘蓝显性不育系统中纯合基因型的鉴定。用该标记对不同类型的甘蓝 DGMS 高代回交群体检测表明，该标记可准确区分部分甘蓝材料分离群体中的纯合基因型和杂合基因型。在辅助不同甘蓝类蔬菜高代回交转育群体的甘蓝 DGMS 基因转育中，检测的准确率达 93% 以上。结果表明，获得的 SSR 标记 C03$_{180}$ 可用于甘蓝 DGMS 基因在不同甘蓝类蔬菜中的辅助转育。用获得与甘蓝显性细胞核雄性不育基因连锁的 SSR 标记 C03$_{180}$ 分别对 44 份不同熟性、不同球形的结球甘蓝自交系 DNA 进行检测，结果表明在 22 份扁球型结球甘蓝自交系中，除一个自交系中有该标记外，其余均无该标记，而大多数圆球形甘蓝自交系中则均有该标记，但在所检测的所有圆球形紫甘蓝、尖球形甘蓝中则均无此标记。这一结果初步表明，获得的 SSR 标记可用于扁球形甘蓝、尖球形甘蓝和圆球形紫甘蓝的显性雄性不育辅助选择。

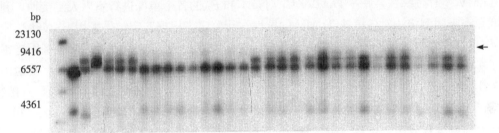

图 10 - 27　RFLP 探针/酶组合 pBN11/Bgl Ⅱ 在亲本和甘蓝显性雄性不育回交一代群体（301Y$_1$ - L$_{13}$×8020）×8020 部分单株之间的杂交结果（箭头所示为差异性片断）

M. 分子量标记（λDNA/HindⅢ＋ΦX 174 RF DNA/HaeⅢ）　1. 8020　2. F$_1$（301Y$_1$ - L$_{13}$×8020）　3. 301Y$_1$ - L$_{13}$　4～6 和 16～31 为回交群体中的不育单株　7～15 为回交群体中的可育单株

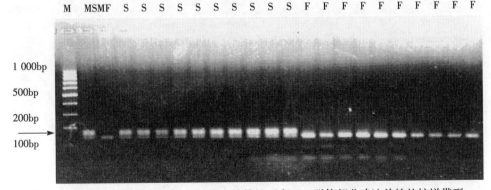

图 10 - 28　SSR 引物 0113C03 对甘蓝显性雄性不育 397 群体部分建池单株的扩增带型

M. 100bp Marker　MS. 397 不育池　MF. 397 可育池　S. 不育单株　F. 可育单株　箭头所示为差异性片段

　　黄和艳等（2006）以甘蓝显性雄性不育系 DGMS79239923 与优良品系 02212 回交自交系为材料，利用远红外荧光标记 AFLP 技术及 Li‐cor 基因测序仪对回交自交系不同基因型（MsMs、Msms 和 msms）材料进行 AFLP 连锁标记快速筛选，从 512 对引物组合中筛选出 17 个差异标记。

　　（2）抗病基因的分子标记　　目前报道的主要有甘蓝根肿病抗性的 QTL 和黑腐病抗性的 QTL 及抗芜菁花叶病毒基因的分子标记。在黑腐病的抗性研究中，Camargo 等（1995）通过甘蓝品种 BI‐16 和抗病青花菜品种 OSUCR‐7 杂交的 F_3 家系，找到了与甘蓝抗黑腐病有关的多个数量基因位点。前人对于根肿病也做了不少研究，Landry 等（1992）报道了与甘蓝根肿病小种 2 抗性基因连锁的 2 个 RFLP 标记 CR2A 和 CR2b，这 2 个位点解释的变异占总变异的 61%。Voorrips 等（1997）通过 RFLP 和 AFLP 分析，从甘蓝双单倍体（DH）群体中找到了根肿病抗病位点 pb‐6 和 pb‐42，这 2 个位点的加性效应可解释双亲 68% 的遗传变异和 DH 系间 60% 的遗传变异。

　　由于芜菁花叶病毒对十字花科经常造成严重威胁，因此，对抗病毒育种的研究受到了重视。王雪、刘玉梅等（2004）以中国农业科学院蔬菜花卉研究所甘蓝组的感病自交系 01‐16‐5‐7 和高抗自交系 20‐2‐5 及其构建的 F_2 代分离群体为试材。用侵染中国甘蓝的 TuMV 主导致病株系——TuMV‐C_4 对亲本和 F_2 的各个单株进行室内人工接种，利用酶联免疫吸附测定法对各植株 TuMV 的抗性进行鉴定。根据鉴定结果采用 BSA 法选取不同 F_2 单株构建两对抗感池，应用 AFLP 分子标记技术找到了与甘蓝抗 TuMV 基因连锁的分子标记 $E_{24}M_{61}$‐530（图 10‐29），经最大似然函数计算，Kosambi 函数校正，其遗传距离为 14.44cM。曹必好等（2002）以结球甘蓝高抗 TuMV 自交不亲和系 84075 为材料，构建了 cDNA 文库。对构建的 cDNA 文库进行筛选，得到一个阳性克隆（命名 TuR2）。测序及序列分析表明，该基因与已克隆的抗病基因有不同程度的同源性，初步确定 TuR2 是一个与结球甘蓝抗 TuMV 相关的基因。

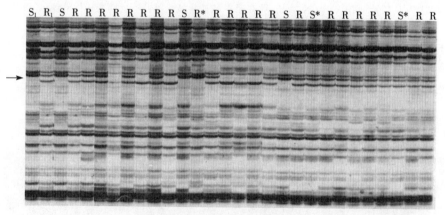

图 10‐29　引物组合 $E_{24}M_{61}$ 在甘蓝 F_2 群体部分单株上的扩增结果

S_1 为感病池　R_1 为抗病池　S. 感病单株　R. 抗病单株　S^*、R^*. 交换单株

左边箭头所示为 $E_{24}M_{61}$ 扩增出的差异带（530bp）

　　（3）与开花性状有关的 QTL　　Kennard 等（1994）利用甘蓝和青花菜的 F_2 群体构建的 RFLP 连锁图，鉴定出控制甘蓝开花位点的主效基因分别位于第 5 和第 7 连锁群上，而

同时还有 7 个相关性状的标记位点。控制从种植至现蕾天数的主效基因位于第 2 和第 7 连锁群上，同时还发现，从种植至现蕾的天数和现蕾至开花的天数两个性状的许多标记位点密切相关。Camargo 和 Osborn（1996）对甘蓝的开花性状进行了定位，他提出了两个指标用于评估开花时间：一年生植株比例（PF）和开花时间指数（FT）。分别找到一个 QTL 与 PF 有关，2 个 QTL 与 FT 有关，3 个 QTL 可以解释甘蓝 54.1% 开花时间的变异。陈书霞等（2003）利用芥蓝 C_{100-12} × 甘蓝秋$_{50-Y7}$ 杂交组合的 F_2 作图群体构建的 RAPD 标记连锁图进行 QTL 定位，在 9 个连锁群上共定位了 28 个 QTL 位点。其中控制抽薹期的 3 个，分别位于连锁群 LG1、LG3、LG8 上，均为主效基因，解释了该性状变异的 82.8%～85.3%。未检测到微效基因。LG1 上的 QTL 位点位于标记 A03 - 3530 和 A03 - 1375 之间，对抽薹时间的控制呈现负加性—负显性效应。在 LG3 上的 QTL 位点位于标记 P09 - 1000 和标记 Q01 - 0500 之间，解释了抽薹时间变异的 82.8%，该位点也呈现负加性—负显性效应。位于 LG8 连锁群上的 QTL 位点位于标记 U16 - 0300 和 Z20 - 0150 之间，距 U16 - 0300 6.0cM 处。联合解释了该性状变异的 86.5%。Okazaki 等（2007）用青花菜和甘蓝的 F_2 为群体作图，定位了 6 个控制开花的 QTL，并克隆了 4 个与 FLC 同源的基因 BoFLC1、BoFLC2、BoFLC3、BoFLC5，其中 BoFLC1、BoFLC3、BoFLC5 和控制开花的 QTLs 不连锁，BoFLC2 有助于开花时间的控制。

（4）自交不亲和基因　甘蓝自交不亲和基因（SSI）特性由亲本细胞中的具有多种复等位基因的单一孟德尔位点 S 位点所控制，根据 SLG 和 SRK 位点的多态性，现已鉴定出 4 个与 S 位点连锁的基因：S 位点受体激酶（S-locus receptor kinase，SRK）基因，S 位点糖蛋白（S-locus glycoprotein，SLG）基因，S 位点富含半胱氨酸蛋白（S-locus cysteine rich，SCR）和 S 位点蛋白 Ⅱ（S-locus protein Ⅱ，SPⅡ）基因。Nasrallah 等（1985）就获得了甘蓝编码 S-糖蛋白等位基因（SLG）cDNA 克隆，并对其遗传行为进行了研究，他们以一个具有高度活性的 SLG6 等位基因的 DNA 克隆作为探针定位 4 个甘蓝类的分离群体的同源 RFLP 位点，探明了 3 个连锁位点。Brace 等（1993）和 Nishio（1997）应用 PCR - RFLP 的方法对甘蓝的 SLG 位点，Nishio（1994）对甘蓝的 SPK 基因分别进行了多态性分析，结果表明，两个基因均是多态性很丰富的位点。Cheung（1997）利用 PCR - RFLP 技术对甘蓝自交不亲和基因进行了定位。Camargo 等（1997）通过对甘蓝×花椰菜分离群体内单个个体的自交不亲和性表现型分析，证实 SI 基因同第 2 连锁群上 1 个 RFLP 位点紧密连锁。

（5）形态性状分子标记　有关甘蓝的园艺性状的 QTL 研究较少。Kennard 等（1994）对一个由甘蓝和青花菜构建的 F_2 群体的园艺性状的分析表明，茎部性状集中分布在 3c、8c 上；叶片性状集中分布于 4c、5c 上，他们还发现，一些控制同一性状的不同 QTL 位点分布与不同连锁群重复的 RFLP 标记分布具有平行关系。Lan（2000）等对甘蓝的结球性状的数量位点进行了比较作图分析，发现 8 个位点与甘蓝的结球性状有关。此外，还有对下胚轴的有无，根的伸展性，以及叶毛等性状进行了标记。Sebastian 等（2002）利用花椰菜和抱子甘蓝的 DH 群体构建遗传图谱，在 9 个连锁群上检测到控制叶宽的 QTL 有 4 个，分别位于连锁群 LG6、LG7 和 LG8 上，控制叶柄长的 3 个 QTL 分别位于 LG3、LG6 和 LG7，控制叶耳长的 1 个 QTL 位于 LG1 上，控制中肋宽的 1 个 QTL 位于 LG2

上。胡学军（2004）利用已构建的甘蓝连锁图谱对甘蓝叶球紧实度和中心柱长进行了QTL 定位分析，检测到 3 个与叶球紧实度相关的 QTL，总贡献率为 59.1%。缪体云、刘玉梅等（2007）应用 AFLP 标记技术，用软件 Map QTL 4.0 和多 QTL 模型法对甘蓝 25 个主要园艺性状进行 QTL 定位和遗传效应分析，共检测到了 11 个与主要园艺性状相关的 QTL，分布于 6 个连锁群上。其中控制开展度、最大外叶长、外叶形状、株型、最大外叶柄长和外叶叶脉 6 个与叶片相关的性状的 QTL 各 1 个，其贡献率分别为 10.3%、9.9%、9.8%、9.3%、8.7%和 8.6%；控制叶球形状、叶球质地、外短缩茎长、叶球内颜色和叶球高这 5 个与叶球相关的性状的 QTL 各 1 个，其贡献率分别为 11.9%、8.8%、9.2%、9.9%和 8.4%。

（二）基因组学研究

植物的生长和发育是一个有机体或有机体的一部分的形态建成和功能按一定次序进行的一系列生化代谢反应的总和。植物功能基因组研究就是要利用植物全基因组序列的信息，通过发展和应用系统基因组水平的实验方法来研究和鉴别基因组序列的作用；研究基因组的结构、组织与细胞功能、植物进化的关系以及基因与基因间的调控关系；从表达时间、表达部位和表达水平 3 个方面对目的基因在植物中的精细调控进行系统研究等。

在甘蓝的基因组学研究中，娄平等（2003）利用 cDNA - AFLP 技术，比较分析了通过转育获得的甘蓝显性核基因雄性不育材料 23202 和青花菜雄性不育材料，与其对应可育亲本植株在花蕾发育过程中基因表达的差异。获得 11 条与显性核不育基因相关的序列。利用 NCBI 和拟南芥在线数据库对获得的与显性核不育相关的 11 条序列进行同源性分析，其中 7 条序列与已知基因具有较高的同源性，4 条未检索到显著同源性。在同源性较高的 7 条序列中，初步分成与细胞壁合成有关的基因及在花粉发育过程中特异表达的基因两大类。并对获得的显性核不育相关序列 MS1615300 和 MS1916128 进行了 RT-PCR 验证，结果表明，两显性核不育相关序列在 RT - PCR 和 cDNA - AFLP 表达图谱中具有相同的表现模式，即 MS1615300 为育性特异性片段而 MS1916128 通过不同循环数 RT - PCR 分析表现出量的差异。利用生物信息学手段，结合细胞学观察及相关文献，对获得的与雄性不育相关基因进行功能注释，结果表明：MS1124110 序列与果胶甲酯酶基因同源，其主要功能与小孢子发育中胼胝体的正常分解有关；MS1620200 序列与果胶裂解酶基因同源，其主要功能与小孢子发育过程小孢子细胞壁的粘连有关；它们共同参与调控小孢子的正常发育，并在此基础上提出了甘蓝显性核不育发生的可能模式及 MS1124110 序列与MS1620200 序列在花粉败育中的作用。对其他具有同源性的序列的分析表明，MS1615300 与硫氧环蛋白类基因同源，硫氧环蛋白与花粉外壳蛋白及 S 位点识别蛋白有关；MS1620200 为与快速碱化因子同源，属于信号肽类保守多肽，在植物蛋白信号跨膜传导方面起重要作用；MS1324200 则与雄性不育有关的花粉特异性脯氨酸富足蛋白 APG 前体具有较高同源性；MS1620200 与胚胎晚期发育蛋白具有高度同源性；MS1224200 与大白菜花蕾中一个特异表达 cDNA 一致性达 100%，目前关于此片段的功能尚未知晓，可能是在芸薹属内与显性核不育有关的一个新基因。

康俊根等（2006）通过 cDNA - AFLP 技术分别对黑芥胞质不育（NiCMS），隐性核不育（RGMS），萝卜胞质不育（OguCMS）和显性核不育（DGMS）4种甘蓝雄性不育类型和遗传背景一致的可育材料进行分析，研究了4种不育类型育性相关基因的时序表达特征。结果表明大部分（67.25%）雄性育性相关基因的表达具有典型的顺序发育特征，在花药发育过程中，多数基因表现为以线性模型在不同时期顺序表达。而E、F、G、H和I等5种表达模式为不符合顺序表达模式的育性相关基因，推测可能是各种孢子体组织独立或与小孢子协调表达的旁路基因。进一步对代表不同类型的23条TDFs（TDFs transcript derived fragments 转录差异片段）测序表明，其中16.7%基因参与细胞壁水解酶功能。芯片试验的结果表明，这4种雄性不育类型败育的根本原因都是由于绒毡层的异常干扰了小孢子的正常发育。对胞质不育类型特异下调的3种重叠关系的基因功能分析发现，NiCMS对细胞质内各种细胞器相关基因的干扰比OguCMS要高，两种胞质不育类型线粒体功能异常对甘蓝发育影响的分子机制近似于对生理刺激或环境胁迫的应激反应功能的下降或丧失。同时筛选出89个药壁组织中特异表达的基因（主要是绒毡层特异表达的基因）。进一步比较药壁组织特异表达的功能基因和花粉特异表达的功能基因，发现药壁组织中转录因子比例较高而激酶类基因比例则较低。

赵永斌等（2006）采用PCR、RT-PCR以及其他分子生物学方法，以甘蓝基因组DNA和柱头cDNA为模板对MLPK基因进行扩增克隆，首次得到长度分别为1 615bp和1 294bp的基因片段。序列分析表明，甘蓝MLPK与芜菁MLPK的cDNA序列相似性达98%，推测甘蓝MLPK的mRNA具有独特的剪切机制，这为甘蓝自交不亲和分子机理研究提供了新内容。

第九节　结球甘蓝种质资源创新

中国自20世纪50年代以来，就已经收集和保存了大量的国内结球甘蓝地方品种，与此同时，还从国外引进了很多结球甘蓝种质资源，这些种质资源在中国的结球甘蓝育种中已发挥了重要作用。随着甘蓝产业的不断发展，对甘蓝育种提出了越来越高的目标，尤其是进入21世纪，中国甘蓝的遗传育种目标更注重品质和抗逆性及品种的多样化，这就给甘蓝种质资源提出了更新和更高的要求，在充分利用现有种质资源的基础上，还需要挖掘和创造新的种质材料。此外，中国现有结球甘蓝品种的遗种基础比较狭窄，目前尚缺少耐寒、耐热、耐未熟抽薹、抗多种病害、耐盐碱的特异种质资源。因此，通过多种途径拓宽结球甘蓝的遗传背景，创造新的种质资源显得十分重要。目前，除了常规手段之外，细胞工程、基因工程及诱变等技术也已逐渐成为结球甘蓝种质创新的重要手段。

一、采用常规育种技术创新甘蓝种质资源

（一）自交系和自交不亲和系的培育

在国内，最早是上海农业科学院园艺研究所于20世纪60年代就开始进行具有抗病、耐热、耐寒、高产、优质或早熟等特性的自交不亲和系的选育，先后育成的自交不亲和系黑叶小平头（103、105）、60天早椰菜、北杨、郊赛等。其中103、105是由上海地方品

种黑叶小平头中选育成的自交不亲和系。北杨是从上海地方品种北杨中平头中选育成的自交不亲和系。60 天早椰菜原产泰国，由广东引进品种后经选育而成的自交不亲和系。黑叶郊赛和皱叶型郊赛原产保加利亚，引进后经选育而成的自交不亲和系。该单位利用这些自交不亲和系作亲本，先后育成了一批各具特色的优良一代杂种。中国农业科学院蔬菜花卉研究所与北京市农林科学院合作于 20 世纪 60 年代后期开展了甘蓝自交不亲和系的选育与利用，20 世纪 70 年代由北京地方品种和国内外引进的种质资源中筛选出 7221 - 3、7224 - 5、02 - 12、01 - 16 - 5 - 7、05 - 46 - 3 等 10 余个优良骨干自交不亲和系，利用自交不亲和系先后育成了京丰 1 号、庆丰、晚丰等 7 个系列新品种。20 世纪 80 年代以来，中国农业科学院蔬菜花卉研究所，先后选育 23202、84280 - 1 - 1 - 1、8282、86 - 397、91 - 276、87 - 534、96 - 100、96 - 109、99 - 198 等优良自交系或不亲和系 50 余个，并用于配制甘蓝一代杂种，成功地育成了中甘 11、中甘 8 号、8398、中甘 21、中甘 25 等 20 余个优良的甘蓝一代杂种。

武永慧（1996）从早熟结球甘蓝中甘 11 号中选育出了 3 个早熟且优良的自交不亲和株系，分别为 9106、9108 - 2 - 9、和 9110 - 1 - 1；殷玉华等（1982）通过连续自交选出 3 个优良的自交不亲和系杭州平头 5 - 5 - 1、杭州平头 6 - 6 - 3、早秋 7 - 2 - 6。其中，杭州平头 5 - 5 - 1 早熟，抗霜霉病；杭州平头 6 - 6 - 3 和早秋 7 - 2 - 6 分别为早熟和早中熟，其结球性均好。

国内其他各育种单位，如江苏省农业科学院蔬菜研究所、西南农业大学、东北农业大学、西北农林科技大学、山西省农业科学院蔬菜研究所、浙江省农业科学院蔬菜研究所等单位，通过常规育种技术也育成了一大批优良甘蓝自交系或自交不亲和系。

（二）雄性不育系的培育

中国农业科学院蔬菜花卉研究所甘蓝组利用首次发现的甘蓝细胞核显性雄性不育源 79 - 399 - 3 为母本，以 20 余份优良甘蓝自交系为父本进行多代回交转育，先后育成 DGMS 01 - 216、DGMS 01 - 425、DGMS 8180、DGMS 02 - 6 及 DGMS 23202 等 10 余个可实际应用的优良显性雄性不育系，其不育株率达 100%，不育度达 99% 以上，开花结实正常、经济性状优良、配合力好，已用于配制不同类型的杂交组合。

方智远等（2004）以改良萝卜胞质甘蓝不育系 $CMSR_3$ 为不育源，通过回交转育目前已育成了 10 余个较有应用前景的甘蓝细胞质雄性不育系，其回交转育所获得的 $CMSR_3 7014$ 具有优良的经济性状，且不育性稳定。朱玉英等（1998）利用 Ogura 不育源，用不同类型的甘蓝材料进行转育，获得了两个甘蓝雄性不育系 94BC - 15，94BC - 12，这两个不育系克服了不育源存在的蜜腺退化及雌蕊畸形造成结实不良的生理缺陷，并基本克服了苗期低温黄化现象。张恩慧等（2006）通过转育获得的在低温条件下生长正常、性状稳定、配合力高的萝卜细胞质甘蓝雄性不育系 CMS03 - 12 - 58963。

二、应用生物技术创新甘蓝种质资源

细胞工程、基因工程等现代生物技术和诱变技术与传统技术相结合，将在创造优异种质资源，培育结球甘蓝新品种中发挥越来越大的作用。

（一）细胞工程

1. 小孢子培养技术　20 世纪 90 年代以来，中国农业科学院蔬菜花卉研究所、河南省农业科学院生物技术研究所、北京市农林科学院蔬菜研究中心等单位通过游离小孢子培养获得了一批甘蓝 DH 纯系，部分优良 DH 纯系已用于配制甘蓝杂交组合。如河南省农业科学院生物技术研究所通过游离小孢子培养，分别从开封小牛心（地方品种）和中甘 11 号（杂交种）中获得了 DH 纯系 C95-16 和 C57-11，并利用 C95-16 和 C57-11 配制育成了早熟春甘蓝新品种豫生 1 号（张晓伟等，2001）。中国农业科学院蔬菜花卉研究所先后对来自国内外的 30 多个不同基因型的甘蓝一代杂种通过进行游离小孢子培养，已在 20 多份基因型材料中共获得了近 2 000 株再生植株，其中 DH 群体大于 150 个基因型的有 5 个，有 10 余份主要经济性状优良的 DH 系（DH277、DH278、DH279、DH280 等）已初步用于试配杂交组合（杨丽梅等，2003），用部分优良的 DH 系配制出的杂交组合，其中 DH277×根 280、DH277×284、DH280×根 280 等经田间鉴定，表现优良。具有一定的杂种优势，在早熟性及产量方面达到品种 8398 的水平。

2. 远缘杂交和原生质体培养　在甘蓝与其他种属的远缘杂交方面，获得再生植株的主要有萝卜×甘蓝和大白菜×甘蓝。中国农业科学院蔬菜花卉研究所在 20 世纪 80 年代初，通过用萝卜（金花薹萝卜不育系 48A、山东红 262A、318A、64-6-1A、19A）与甘蓝（北京早熟、金亩 84 等）进行远缘杂交结合幼胚培养，获得了萝卜与甘蓝远缘杂种植株和回交 2 代种子（方智远等，1983）。蒋立训等（1992）通过大白菜（早 4、851）与甘蓝（泰 60）的种间试管受精，获得了具有甘蓝抗逆性的远缘杂种。除了通过远缘杂交获得具有抗逆性的优良品种或物种外，Bannrot 等（1974）通过属间杂交把萝卜中的细胞质雄性不育系转移到了芸薹属的油菜和甘蓝中。祝朋芳等（2004）以改良萝卜胞质不育大白菜为母本，以甘蓝型油菜为桥梁种进行杂交，获得了较多的种间 CMS 杂种，又以此种间 CMS 杂种为母本，以 7 个羽衣甘蓝品种为父本进行第 2 次杂交，采用离体胚培养，使 14d 胚龄的第 2 次种间杂交幼胚发育成小植株。

孙振久（2006）也以甘蓝（金 100 号、紫甘蓝、冬王）和萝卜（心里美、守口大根）子叶为材料进行原生质体电融合研究，得到了甘蓝和萝卜的杂交种。Sigareva 等（1997）通过可育的结球甘蓝的叶片细胞质与青花菜耐低温的细胞质雄性不育系的叶片细胞质进行融合，获得了耐低温结球甘蓝细胞质雄性不育材料。

（二）基因工程

在中国，基因工程在甘蓝种质资源创新研究中的应用主要集中在甘蓝抗虫基因和雄性不育基因的遗传转化方面。据报道，目前已在 King Cole、青种大平头、黄苗、中甘 8 号、牛心、早秋、103、60 天早椰菜等甘蓝品种上获得了转 Bt 基因植株（Bai et al.，1993；Metz et al.，1995；毛慧珠等，1996；卫志明等，1998；杨广东，2002；蔡林等，1999；李汉霞，2006）。在鸡心甘蓝、黑叶平头、迎春、京丰、中甘 8 号、中甘 9 号、中甘 11 号、庆丰、晚丰等甘蓝品种上获得了转 CpTI（蛋白酶抑制剂）基因植株（佘建明等，1996；方宏筠等，1997；张七仙等，2001）。雷建军等（2002）已将水稻的半胱氨酸蛋白酶抑制剂基因转入甘蓝自交不亲和系，得到转基因抗虫甘蓝植株"192"。

沈革志等（2000）通过根癌农杆菌介导转化甘蓝92-6B的下胚轴，将TA29-barnase基因转化到结球甘蓝中，获得了转基因植株，经花器官观察，转基因植株中有雄蕊退化的雄性不育和半不育植株出现。Bhattacharya等（2004）通过农杆菌介导转化结球甘蓝下胚轴，将细菌的betA基因转化到结球甘蓝金亩中，获得了高耐盐转基因植株。He等（1994）将发根农杆菌pRi质粒上的生长素（auxin）合成酶基因转移到结球甘蓝Gansan的8个自交系中，转基因植株当代表现根系发达，早结球和生长迅速。李然红等（2007）通过农杆菌介导将白细胞介素-4基因转化到中甘11号甘蓝中，并获得了转基因植株。

（三）诱变技术

轩淑欣等（2005）以自交不亲和系8398-A和8398-B为试材，利用秋水仙素诱导获得了结球甘蓝同源四倍体，发现其亲和性高于二倍体。

（刘玉梅）

主要参考文献

程雨贵，吴江生，华玉伟等.2006.萝卜与甘蓝属间杂种基因组原位杂交分析.遗传.28（7）：858～864

陈书霞，王晓武，方智远等.2002.RAPD标记构建芥蓝×甘蓝分子标记连锁图.园艺学报.29（3）：229～232

陈书霞，王晓武，方智远等.2003.芥蓝×甘蓝的F_2群体抽薹期性状的QTLs的RAPD标记.园艺学报.30（4）：421～426

曹必好，宋洪元，雷建军等.2002.结球甘蓝抗TuMV相关基因的克隆.遗传学报.29（7）：646～652

曹维荣，王超.2003.分子标记在甘蓝遗传育种中的应用.分子植物育种.1（4）：547～550

蔡林，崔洪志，张友军等.1996.苏云金芽孢杆菌毒蛋白基因导入甘蓝获得抗虫转基因植株.中国蔬菜.（4）：31～32

戴忠良，潘跃平，金永庆等.2006.结球甘蓝胞质雄性不育系546A的选育.长江蔬菜.（9）：47～48

方宏筠，李大力，王关林等.1997.转豇豆胰蛋白酶抑制剂基因抗虫甘蓝植株的获得.植物学报.39（10）：940～945

方淑桂，陈文辉，曾小玲等.2006.结球甘蓝游离小孢子培养及植株再生.园艺学报.33（1）：158～160

方智远，刘玉梅，杨丽梅等.2004.甘蓝显性核基因雄性不育与胞质雄性不育系的选育及制种.中国农业科学.37（5）：717～723

方智远，孙培田.1973.甘蓝自交不亲和系的选育和利用.农业科技通讯.（6）：28

方智远，孙培田，刘玉梅.1983.萝卜与甘蓝远缘杂交研究初报.园艺学报.10（3）：187～191

方智远，孙培田，刘玉梅.1984.甘蓝胞质雄性不育系的选育简报.中国蔬菜.（4）：42～43

方智远，孙培田，刘玉梅等.1997.甘蓝显性雄性不育系的选育及其利用.园艺学报.24（3）：249～254

方智远，孙培田，刘玉梅等.2001.几种类型甘蓝雄性不育的研究与显性不育系的利用.中国蔬菜.（1）：6～10

方智远，刘玉梅，杨丽梅等．2003．以胞质雄性不育系配制的早熟秋甘蓝新品种中甘 22．园艺学报．30（6）：761

范丙友，刘玉梅，高水平．2002．RAPD 技术在我国主要蔬菜遗传育种中的应用．中国蔬菜．（3）：55～56

范丙友，刘玉梅，高水平．2004．AFLP 技术在蔬菜作物遗传育种研究上的应用．北方园艺．（2）：50～56

傅幼英，贾士荣，林云．1985．结球甘蓝叶肉原生质体培养再生植株．园艺学报．12（3）：171～175

桂明珠．1986．甘蓝雄性不育花器解剖构造的观察研究．中国蔬菜．（2）：1～3

胡胜武，赵惠贤，路明．2001．分子标记在芸薹属植物遗传育种中的应用．中国油料作物学报．23（4）：83～86

胡学军，邹国林．2004．甘蓝分子连锁图的构建与品质性状的 QTL 定位［J］．武汉植物学研究．22（6）：482～485

黄和艳，张延国，邓波等．2006．利用 AFLP 标记辅助甘蓝显性雄性不育高代回交系选择．园艺学报．33（3）：539～543

蒋立训，叶树茂，杨秀梅等．1992．大白菜（Brassica campestris ssp. pekinensis）与甘蓝（B. oleracea）的种间试管受精．实验生物学报．25（4）：369～375

康俊根，王晓武，张国裕等．2006．利用 cDNA2AFLP 检测甘蓝雄性不育相关基因的时序性表达．园艺学报．33（3）：544～548

康俊根．2006．四种类型甘蓝雄性不育系花药败育特征及基因表达谱分析．中国农业科学院研究生院博士学位论文

雷建军，杨文杰，宋洪元等．2002．水稻半胱氨酸蛋白酶抑制剂基因转化甘蓝的研究．加入 WTO 和中国科技与可持续发展——挑战与机遇、责任与对策．北京：科学出版社

雷开荣，Ryschka U，Klocke E，Schuman G．1999．不同供体原生质体前处理方法对甘蓝与萝卜属间原生质体融合植株再生的影响．西南农业学报．12（4）：6～11

李成琼，周庆红，宋洪元等．2005．槲皮素对甘蓝自交不亲和性及 SRK 活性的影响．园艺学报．32（5）：878～880

李汉霞，尹若贺，陆芽春，张俊红．2006．CryIA（c）转基因结球甘蓝的抗虫性研究．农业生物技术学报．14（4）：546～550

李然红，于丽杰，陶雷，王雷．2007．根癌农杆菌介导白细胞介素- 4 基因转化甘蓝（Brassica oleracea L.）研究．分子植物育种．5（1）：47～53

李志琪，2003．应用 AFLP 标记技术研究甘蓝类蔬菜遗传多样性及亲缘关系．中国农业科学院研究生院硕士学位论文

刘宝敬，宋明，李成琼，王小佳．1998．等电聚焦电泳测定甘蓝自交不亲和性研究．西南农业大学学报．20（2）：104～110

刘宝敬，宋明，李成琼，王小佳．1998．利用氨基酸分析快速测定甘蓝自交不亲和性．植物学报．40（11）：1028～1030

刘冲，葛才林，任云英等．2006．SRAP、ISSR 技术的优化及在甘蓝类植物种子鉴别中的应用．生物工程学报．22（4）：658～661

刘艳玲，简元才，李成琼等．2006．结球甘蓝游离小孢子培养胚发生能力的研究．西南农业大学学报（自然科学版）．28（3）：439～441

刘玉梅，方智远．2003．甘蓝显性细胞核雄性不育的细胞学特征生化基础及其分子标记的研究．中国农业科学院研究生院博士学位论文

刘玉梅，方智远，Michael D McMullen，庄木，杨丽梅，王晓武，张扬勇，孙培田 . 2003. 一个与甘蓝显性雄性不育基因连锁的 RFLP 标记 . 园艺学报 . 30（5）：549～553

刘玉梅，方智远，孙培田等 . 2001. 十字花科蔬菜作物雄性不育的类型和遗传 . 园艺学报 . 28（增刊）：716～722

刘玉梅，方智远，孙培田等 . 1996. 秋甘蓝新品种中甘 9 号的选育 . 中国蔬菜 .（4）：4～6

刘玉梅，方智远等 . 2004. 一个与甘蓝细胞核显性雄性不育基因连锁的 SSR 标记 . 北京：全国蔬菜分子育种研讨会论文集

刘玉梅，方智远，孙培田等 . 2002. 十字花科作物雄性不育性获得的主要途径及其利用 . 中国蔬菜 .（2）：52～55

刘玉梅，方智远，孙培田等 . 2002. 十字花科作物雄性不育分子生物学研究进展 . 农业生物技术学报 . 10（增刊）：183～186

刘玉梅等 . 2005. 中华人民共和国国家标准 . 植物新品种特异性、一致性和稳定性测试指南（甘蓝）

娄平，王晓武，Guusje. Bonnema，方智远 . 2003. 利用 cDNAC - AFLP 技术鉴定甘蓝显性核不育基因相关表达序列 . 园艺学报 . 30（6）：668～672

娄平，2003. 甘蓝显性细胞核雄性不育遗传定位及基因表达分析 . 中国农业科学院研究生院博士学位论文

陆朝福，朱立煌 . 1995. 植物育种中的分子标记辅助选择 . 生物工程进展 . 15（4）：11～17

卢钢，曹家树，陈杭 . 1999. 芸薹属植物分子标记技术和基因组研究进展 . 园艺学报 . 26（6）：384～390

吕俊，朱利泉，王小佳 . 2001. 利用蛋白激酶抑制剂和激活剂调控甘蓝自交不亲和性 . 园艺学报 . 28（3）：235～237

满红，张成合，柳霖坡等 . 2005. 结球甘蓝二、四倍体间杂交三倍体的获得及细胞学鉴定 . 植物遗传资源学报 . 6（4）：405～408

毛慧珠，唐惕，曹湘玲等 . 1996. 抗虫转基因甘蓝及其后代的研究 . 中国科学（C 辑）. 26（4）：339～347

孟平红，吴康云，罗克明 . 2003. 不同处理对克服甘蓝自交不亲和性的效果的探讨 . 种子 .（1）：69

缪体云 . 2007. 结球甘蓝遗传图谱的构建及主要农艺性状的 QTL 定位 . 中国农业科学院研究生院硕士学位论文

漆红艳，朱利泉，戴秀梅 . 甘蓝的染色体分析与 SRK 基因的染色体定位研究 . 中国农业科学院研究生院优秀硕士学位论文

佘建明，蔡小宁，朱卫民等 . 2001. 结球甘蓝抗虫转基因植株及其后代的抗性表现 . 江苏农业学报 . 17（2）：73～76

沈革志，李新其，朱玉英等 . 2000. TA292barnase 基因转化甘蓝产生雄性不育株 . 植物生理学报 . 27（1）：43～48

沈素娥，廖敏慧，龚静，肖红 . 1998. 结球甘蓝杂优利用研究 . 贵州农业科学 . 26（1）：11～14

孙振久 . 1993. 甘蓝子叶原生质体培养与植株再生的研究 . 西北农业大学学报 . 21（1）：100～102

孙振久，王松文，刘霞 . 1995. 电场条件对甘蓝与萝卜原生质体融合效果的影响 . 21 世纪作物科技与生产发展学术研讨会文集

宋洪元，雷建军，李成琼，曹必好 . 2002. 应用 RAPD 标记鉴定结球甘蓝品种 . 西南农业大学学报 . 24（1）：38～41

宋明，刘宝敬，李成琼，王小佳 . 1998. 等电聚焦电泳法测定甘蓝自交不亲和性 . 园艺学报 . 25（2）：194～196

宋顺华，郑晓鹰 . 2006. 甘蓝品种的 AFLP 指纹鉴别图谱分析 . 分子植物育种 . 4，3（S）：51～54

孙振久 . 1993. 甘蓝子叶原生质体培养与植株再生的研究 . 西北农业大学学报 . 21（1）：100～102

孙振久，刘莉莉，佟志强.2006.融合及培养条件对甘蓝和萝卜原生质体融合及细胞分裂的影响.天津农业科学.12（2）：5～7

田雷，曹鸣庆，王辉等.2001.AFLP标记技术在鉴定甘蓝种子真实性及品种纯度中的应用.生物技术通报.（3）：38～40

王超，张桂玲.2004.不同授粉条件对甘蓝亲和指数的影响.东北农业大学学报.35（5）：534～541

王晓佳，裴炎，杨光伟，刘丹丹.1991.甘蓝自交不亲和系，自交系花粉、柱头蛋白的等电聚焦电泳和游离氨基酸分析.园艺学报.18（1）：91～93

王晓佳，宋明，陈世儒等.1991.甘蓝CMS系的原生质体培养与植株再生.西南农业大学学报.（4）：399～404

王晓武，方智远，刘玉梅等.2000.一个用于甘蓝显性雄性不育基因转育辅助选择的SCAR标记.园艺学报.27（2）：143～144

王晓武，方智远，孙培田等.1998.一个与甘蓝显性雄性不育基因连锁的RAPD标记.园艺学报.25（2）：197～198

王晓武，方智远，孙培田等.1999.甘蓝显性雄性不育基因的延长随机引物扩增DNA（ERPAD）标记.园艺学报.26（1）：23～27

王雪，李汉霞，刘玉梅.2004.结球甘蓝抗TuMV基因的AFLP标记的研究.华中农业大学研究生学位论文

卫志明，黄健秋，徐淑平等.1998.甘蓝下胚轴的高效再生和农杆菌介导Bt基因转化甘蓝.上海农业学报.14（2）：11～18

吴能表，朱利泉，王小佳.2004.槲皮素对SI甘蓝授粉引起的PK活性及相关指标的影响.作物学报.30（10）：996～1001

向珣，宋洪元，李成琼.2001.热胁迫下甘蓝细胞膜叶绿体线粒体超微结构研究.西南农业大学学报.23（6）：542～543

薛红卫，卫志明，许智宏.1994.甘蓝下胚轴原生质体高效成株系统的建立.实验生物学报.27（2）：259～263

杨广东，朱祯，李燕娥，朱祝军.2002.利用根癌农杆菌基因枪法转化获得抗虫融合蛋白基因（Bt—CpTI）甘蓝植株.实验生物学报.35（2）：117～122

杨丽梅，方智远，刘玉梅等.2004.以显性不育系配制的早熟秋甘蓝新品种中甘18.园艺学报.31（6）：387

杨丽梅，方智远，刘玉梅等.2003.利用小孢子培养选育甘蓝自交系.中国蔬菜.（6）：31～32

殷玉华，张世祖，朱宗元.1982.结球甘蓝自交不亲和系的选育和杂交组合的选配.浙江农业科学.（4）：214～216

张恩惠，鲁玉妙.1996.食盐和硼对甘蓝自交不亲和性的影响.中国蔬菜.（5）：29

张恩慧，许忠民，程永安等.2006.利用细胞质雄性不育系选育的甘蓝新品种绿球66.园艺学报.33（4）：929

张凤兰，钉贯靖久.1994.不同甘蓝品种小孢子培养胚状体发生能力差异的探讨.北京农业科学.12（5）：26～30

张七仙，敖光明.2001.根癌农杆菌介导的甘蓝高效稳定的遗传转化系统的建立及对CpTI基因转化的研究.农业生物技术学报.9（1）：72～76

张晓伟，高睦枪，耿建峰等.2001.利用游离小孢子培养育成早熟春甘蓝新品种豫生1号.园艺学报.28（6）：577

张扬勇，方智远，刘玉梅等.2005.早熟春甘蓝新品种中甘21的选育.中国蔬菜.（10/11）：28～29

赵永斌，朱利泉，王小佳.2006.甘蓝MLPK基因的克隆与序列分析.作物学报.2（1）：46～50

钟仲贤，李贤. 1994. 青花菜和甘蓝下胚轴原生质体培养再生植株. 农业生物技术学报. 2（2）：76～80

朱金鑫，何明勋，李小方. 2004. 芸薹花序发生的细胞学和花球发生的分子机制. 中国农业科学院研究
　生院优秀硕士学位论文

朱利泉，王小佳. 2000. 利用S位点多态性快速测定甘蓝自交不亲和性及其S等位基因系. 植物学报. 42
　（6）：595～599

朱利泉，王小佳. 1997. 植物S基因家族表达成员研究进展. 西南师范大学学报. 22（4）：476～478

朱玉英，龚静，吴晓光等. 2001. 甘蓝转 TA292Barnase 基因植株的花器特征及育性分离的初步研究. 上
　海农业学报. 17（1）：79～82

朱玉英，姚文岳，张素琴等. 1998. Ogura 细胞质甘蓝雄性不育系选育及其利用. 上海农业学报. 14（2）：
　19～24

庄木，方智远，孙培田，刘玉梅等. 2001. 用显性不育系配制的甘蓝中甘16、中甘17. 园艺学报. 28
　（2）：183

庄木，王晓武，杨丽梅，刘玉梅等. 1999. 利用 RAPD 方法鉴定两个春甘蓝品种的纯度. 中国蔬菜.
　（5）：8～9

祝朋芳等，2004. 大白菜和羽衣甘蓝种间杂交研究. 中国蔬菜.（3）：9～11

Ahokas H.. 1978. Cytoplasmic male sterility Ⅱ. Physiology and cytology of msms Ⅰ. Hereditas Lund. 89：
　7～2

Attia M. S.. 1950. Self-incompatibility and the production of hybrid cabbage seed. Proc. Amer. Soc. Hort. Sci. 56：
　369～371

Bai Y. Y., Mao H. Z., Cao X. L., et al.. 1993. Transgenic cabbage plants with insect tolerance. Current
　Plant Science and Biotechnology in Agriculture. 15：156～159

Bannerot H., Boulidard L and Chupeau Y.. 1977. Unexpected difficultiesmet with radish cytoplasm in
　Brassica oleracea. Eucarpia Cruciferae Newslett. 2：16

Bannrot H., Boulidard L., Cauderon Y., et al.. 1974. Transfer of cytoplasmic male sterility from
　Raphanus sativus to *Brassica oleracea*. In：Eucarpia-cruciferae Conference. 52～54

Bateman A. J.. 1955. Self-incompatibility systems in angiosperms：Ⅲ Cruciferae, Heredity. 9：52～68

Bhattacharya R. C., Maheswari M., Dineshkumar V., Kirti P. B., Bhat S. R., Chopra V. L.. 2004

Transformation of *Brassica oleracea* var. *capitata* with bacterial *betA* gene enhances tolerance to salt
　stress. Scientia Horticulturae. 100：215～227

Bindney D. L., Shepard F. and Kaleikau E.. 1983. Regeneration of plants from mesophyll protoplasts of
　Brassica oleracea. Protoplasma. 117：89～92

Boyes D. C., Nasrallah J. B.. 1993. Physical linkage of SLG and SRK genes at the self-incompatibility locus
　of *Brassica oleracea*. Mol Gen Genet. 326：269～273

Camargo L. E. A., Osborn T. C.. 1996. Mapping loci controlling flowering time in *Brassica oleracea*. TAG. 92：
　610～616

Cheung W. Y., Champagne G., Hubert N., et al.. 1997. Comparison of the genetic maps of *Brassica
　napus* and *Brassica oleracea*. TAG. 94：569～582

Cheung W. Y., Friesen L., Ralow G. F. W., et al.. 1997. A RFLP2based linkage map of mustard
　〔*Brassica juncea*（L.）Czern. AndCoss.〕. TAG. 94：841～851

Da Silva Dias J. S.. 1999. Effect of Activated charcoal on *Brassica oleracea* microspore culture
　embryogenesis〔J〕. Euphytica. 108（1）：65～69

Duijs J. G., Voorrips R. E., Visser D. L. and Custers J. B. M.. 1992. Microspore culture is successful in most crop types of *Brassica oleracea* L. Euphytica. 60 : 45～55

Fang Z Y, Liu Y M, Lou P and Liu G S. 2004. Current trends in cabbage breeding. Journal of New Seeds. 6 (2/3): 75～107

Fang Z Y, Sun P T, Liu Y M, Yang L M, Hou A F, Wang X W, Bian C S. 1995. Preliminary study on the inheritance of male sterile in cabbage line 79‐399‐438. Ata Horticulturae (ISHS) . 402: 414～417

Fang Z Y, Sun P T, Liu Y M, Yang L M, Wang X W, Zhuang M.. 1997. A male-sterile line with dominant gene (Ms) in cabbage and its utilization for hybrid seed production. Euphytica. 97: 265～268

FAO. 2005. Production Yearbook

Georgia A. V. S. , Ockendon D .J. , Gabrielson R. L. , et al.. 1982. Self-incompatibility alleles in broccoli. Hort Science. 17 (5): 748～749

He Y K, Wang J Y, Gong Z H, Wei Z M, Xu Z H. 1994. Root development initiated by exogenous auxin synthesis genes in *Brassica* sp. crops. Plant Physiology and Biochemistry. 32 (4): 493～500

Keller W. A. and Armstrong K. C.. 1981. Production of anther derived dihaploid plants in autotetrapliod marraw stem kale (*Brassica oleracea* var. *acephala*) [J] . Can J Genet Cytol. 23: 25～26

Kinanian S. F. and Quiros C. F.. 1992. Generation of a Brassica oleracea composite RFLP map: likage arrangement amongvarious population and evolutionary implications . Theor Appl Genet. 84: 544～554

Kennard W. C. , Slocum M. K. , Figdoreet al.. 1994. Genetic analysis of morphological variation *Brassica oleracea* using molecular markers. Theor Appl Genet. 87: 721～732

Landry B. S. , Hubert N. , Crete R. , Chang M S, Lincoln S. E. and Etho T.. 1992. A genetic map of Brassica oleracea based on RFLP markers detected with expressed DNA sequences and mapping of resistance genes to race 2 of Plasmodiophora brassicae (Woronin) . Genome. 35: 409～420

Lelu M . A. and Bollon H.. 1986. Haploid production from anther culture of *Brassica oleracea* var. *capitata* and var. *gemmifera* [J] . CR Acaid Sci Paris. 300: 71～76

Lichter R.. 1989. Efficient yield of embryoids by culture of isolated microspores of different Brassicaceae species. Plant Breed. 103: 119～123

Lillo C. and Shahin E. A.. 1986. Rapid regeneration of plants from hypocotyl protoplasts and root segments of cabbage. Hort Science. 21 (2): 315～317

Lu D Y, Pental D. and Cocking E. C.. 1982. Plant regeneration from seedling cotyledon protoplasts. Z. Pflanzenphysiol. Bd. 107: 59～63

Martin F . W.. 1959. Staining and observing pollentubes in the style by means of fluorescence. Stain Technology. 34: 125～128

Mets T. D. , Dixit R. , Earle E. D.. 1995. Agrobacterium tumef aciens-mediated transformation of broccoli (*Brassica oleracea* var. *italica*) and cabbage (*B. oleracea* var. *capitata*) . Plant Cell Report. 15: 287～292

Nakanishi T. and Hinata K.. 1975. Self-seed production by CO_2 gas treatment in self-incompatible cabbage. Euphytica. 24: 117～120

Nasrallah J . B. , Kao T . H. , Goldberg M . L. , et al.. 1985. A cDNA clone encording an S‐locus specific glycoprotein from *Brassica oleracea*. Nature. 318: 263～267

Nasrallah J. B. , Nasrallah M. E.. 1984. Electrophoretic heterogeneity exhibited by the S‐allele specific glycoproteins of *Brassica*. Experimenta. 40: 279～281

Nishi S. and Hiraoka T.. 1958. Studies on F_1 hybrid vegetable crops. (1) Studies on the utilization of male sterility on F_1 seed production Ⅰ . Histological studies on the degenerative process of male sterility in some vegetable crops. Bull. Natl/Inst. Agric. Jpn. , ser. E. 6: 1~41

Nishio T. , Hinata K. . 1978. Analysis of S - specific proteins in stigma of *Brassica oleracea* L by isoelectric focusing. Heredity. 38 (3): 391~396

Nitsch C. and Norreel B. . 1973. Effet d' un choc thermique sur le pouvoir embryogene du pollen de *Datura innoxia* cultive dans Ⅰ' anthere ou isole de Ⅰ' anthere. C R Acad Sci. Paris. 276 (serie D): 303~306

Odland M. L. . 1950. The utilization of cross-compatibility and self-incompatibility in the production of F₁ hybrid cabbage. Proc. Amer. Soc. Hort. 55: 391~402

Ogura H. . 1968. Studies on the new male ~ sterility in Japanese radish with special reference to the utilization of this sterility towards the practical raising of hybrid seeds. Mem. Fac. Agric. , Kagoshima Univ. 6 (2): 39~78

Okazaki K. , Sakamato K. , Kikuchi R. , Saito A. , Togashi E. , Kuginuki Y. , Matsumoto S. , Hirai M. . 2007. Mapping and characterization of *FLC* homologs and QTL analysis of flowering time in *Brassica oleracea*. Theoretical and Applied Genetics. 114 (4): 595~608

Pearson O. H. . 1932. Incompatibility in broccoli and the production of seed under cages. Proc Am Soc Hort Sci. 29: 468~471

Ristic Z. . David D. C. . 1992. Chloroplast structure after water and high - temperature stress in two lines of maize that differ in endogenous levels of abscisic acid. Int J plant sci. (153): 186~196

Rundfeldt H. . 1960. Unterzuchungen zur ZOchtung des Kopfkohls (*B. oleracea* L. var. *capitata*). Z. Pflanzenzticht. 44: 30~62

Rudolf K. , Bohanec B. and Hansen M. . 1999. Microspore culture of white cabbage, *Brassica oleracea* var. *capitata* L. : Genetic improvement of non-responsive cultivars and effect of genome doubling agents. Plant Breeding. 118: 237~241

Sakamoto K. , Kusaba M. and Nishio T. . 2000. Single-seed PCR-RFLP analysis for the identification of S haplotypes in commercial F₁ hybrid cultivars of broccoli and cabbage. Plant Cell Reports. 19: 400~406

Schenck H. R. and Röbbelen G. . 1982. Somatic hybrids by fusion of protoplasts from *Brassica oleracea* and *B. campestris*. Z. Pflanzenzüchtg. 89: 278~288

Sigareva M . A. and Earle E. D. . 1997. Direct transfer of a cold-tolerant Ogura male-sterile cytoplasm into cabbage (*Brassica oleracea* ssp. *capitata*) via protoplast fusion. Theor Appl Genet. 94: 213~220

Stein J. C. , Howlett B. , Boyes D. C. . 1991. Molecular cloning of aputative receptor protein kinase gene encorded at the self-incompatibility locus of *Brassica oleracea*. Proc Natl Acad Sci USA. 88: 8816~8820

Sebastian R. L. . 2000. An integrated AFLP and RFLP Brassica oleracea linkage map from two morphologically distinct doubled-haploid mapping population. Theor. Appl. Genet. 100 (1): 75~81

Taguchi T . and Kameya T. . 1986. Production of somatic hybrid plants between cabbage and Chinese cabbage through protoplast fusion. Jpn. J. Breed. 36: 185~189

Takahata Y. and Keller W. A. . 1990. High frequency embryogenesis from microspore culture of *B. oleracea*. Jpn J breed. 40 (1): 134~135

Touraev A. , Vicente O. and Heberle-Bors E. . 1997. Initiation of microspore embryogenesis by stress. Trends in plant science. 2: 29~302

Voorrips R. E. , Jongerius M. C. , Kanne H . J. . 1997. Mapping of two genes for resistance to clubroot (*Plasmodiophora brassicae*) in a population of doubled haploid lines of *Brassica oleracea* by means of RFLP and AFLP markers. TAG. (94): 75~82

蔬菜作物卷

第十一章

花 椰 菜

第一节 概　　述

花椰菜（*Brassica oleracea* L. var. *botrytis* L. ）又名菜花、花菜，椰菜花、芥蓝花、花甘蓝、球花甘蓝，清代称为番芥蓝，是十字花科芸薹属甘蓝种中以花球为产品的一个变种。染色体数 $2n=2x=18$。

花椰菜食用器官为花球，其营养丰富、风味鲜美、外形美观深受广大消费者的喜爱。清末民初薛宝辰在《素食说略》记有："菜花，京师菜肆有卖者，众蕊攒簇如球，有大有小，名曰菜花。或炒、或燴无不脆美，菜中之上品"。花椰菜具有较高的营养价值，除含有钙、磷、钾等矿质营养外，还含有蛋白质、碳水化合物，尤其是维生素 C 的含量远远超过结球甘蓝。据《食物成分表》（中国医学科学院营养与食品卫生研究所，1991）报道，每 100g 鲜重含水分 92.4g、蛋白质 2.1g、脂肪 0.2g、碳水化合物 3.4g、粗纤维 1.2g、灰分 0.7g、钙 23mg、磷 47mg、铁 1.1mg、胡萝卜素 30μg、硫胺素 0.03mg、核黄素 0.08mg、尼克酸 0.6mg 和抗坏血酸 61mg。同时它还具有保健功能，性甘平，适宜中老年人、小孩和脾胃虚弱、消化功能不强者食用；炎夏口干口渴，尿呈金黄色或便秘，用花椰菜 30g 煎汤，频服，有清热解渴，利尿通便之效；此外，常食花椰菜有爽喉，开音、润肺、止咳之效。18 世纪轰动西欧专治咳嗽和肺结核的布哈尔夫糖浆，即为花椰菜茎叶榨出的汁液经煮沸后，调入蜂蜜制成的；花椰菜还能增强肝脏解毒能力，促进生长发育。据日本癌症预防研究所对 20 种蔬菜食品的抗癌成分分析及实验抑癌试验结果，花椰菜抗癌效果排名第五。

花椰菜的花球除可作为新鲜蔬菜炒食、凉拌外，还可以脱水加工或制成罐头食品，是出口创汇的蔬菜种类之一。近 20 年来，中国花椰菜栽培有较大的发展。据联合国粮食与农业组织（FAO）统计资料，2004 年世界花椰菜栽培面积达 89.4 万 hm^2 左右，中国花椰菜栽培面积达 35.5 万 hm^2，约占世界总种植面积的 39.7%。

中国花椰菜种质资源多由国外引入或在近几十年间育成，据统计，被列入《中国蔬菜品种资源目录》（第一册，1992；第二册，1998）的各种不同类型花椰菜种质资源共有 124 份，作为重要种质资源被列入《中国蔬菜品种志》（2001）的约有 56 份。

第二节 花椰菜的起源、传播与分布

一、花椰菜的起源与传播

花椰菜类蔬菜包括花椰菜（*B. oleracea* var.*botrytis* L.）、青花菜（*B. oleracea* var.*italica* P.）、紫花菜和黄花菜（*B. oleracea* var.*purpura italica* P.）。有关花椰菜类蔬菜形成和演化关系还不是很清楚，一般认为地中海东部的克里特（Kreta）岛是花椰菜类蔬菜的进化中心。它们起源于欧洲野生甘蓝（*B. oleracea* var.*sylvestris* L.），野生甘蓝经过长期人工定向选择，花茎肥大形成各种颜色的木立花椰菜（sprouting broccoli），然后逐渐分化选择形成现在的花椰菜类型，青花菜的栽培比花椰菜早，而且青花菜是甘蓝进化为花椰菜过程的中间产物（Robinson，1920）。最初在欧洲甘蓝的花梗开始被食用，后来经过长期的自然和人工选择，成为现在的青花菜，青花菜的名称 broccoli 拉丁语意即为"花梗"。有关花椰菜类的进化过程，Vilmorin（1883）认为：首先是由当年能抽薹的植株，选育成每节上发生少数花枝的木立花椰菜（white-sprouting broccoli）；然后选育成花球肥大密集成球的青花菜，青花菜为花椰菜的原始型，以后才逐渐改良为现在的花球紧实、白色的花椰菜。

据星川清亲（1981）编写的《栽培植物的起源与传播》记载：在公元前 540 年古希腊，把花椰菜称为 Cyma；到 12 世纪从叙利亚传入西班牙，同时土耳其、埃及也开始种植。1490 年热拉亚人将花椰菜从黎巴嫩或塞浦路斯引入意大利，在那不勒斯湾周围地区繁殖种子，1586 年从塞浦路斯引入英国，16～17 世纪普及到中、北欧地区，17 世纪初由意大利传到德国、法国。1720 年意大利将花椰菜称为 Sprout Cauliflower（发芽的花椰菜）或 Italian Asparagus（意大利的石刁柏），一直到 1829 年意大利的 Switzer 才将黄白色花球的称为 Cauliflower，紫色花球的称为 Purple Sproting，腋芽分生的叫 Broccoli。1806 年花椰菜由欧洲移民引入美国，但是只有来自意大利等国移民喜食，很长时间没有得到普及，直到第二次世界大战中采取奖励政策后才得以普及栽培。此后于 1822 年由英国传至印度，缅甸及东印度诸岛等地，并在 19 世纪中期逐渐推广。据《日本野菜园艺大事典》（1977）记载：日本于明治初期（1868 年为明治元年）引进花椰菜，当时三田育种场的《舶来谷（谷）菜要览》有关于 Early London、Half Early French、Vetech's Autumn Giant 等 7 个品种的记载，但尚未普及，仅在京滨地区、长野县等地作为西洋蔬菜进行特殊栽培，此后在房州、远州、三河、下关和天草等容易采种的地区进行栽培，一直到第二次世界大战以后，才被迅速普及成为大众化的蔬菜。

19 世纪中期花椰菜由英国传入中国福建省的厦门，据《闽产录异》记载"近有市番芥蓝者，其花如白鸡冠"，而书的作者郭柏苍自序时间是光绪丙戌年即 1886 年，随后花椰菜经推广在福州、汕头、漳州等地普遍栽培，台湾省约在 80 余年前由内地引进栽培。但星川清亲在《栽培植物的起源和传播》（1981）中提出有文献记载，花椰菜传入中国华南地区最早在 1680 年。

二、花椰菜的分布

花椰菜分布较为广泛，目前全世界约有 70 多个国家种植花椰菜，其中亚洲有 21 个国家种植，欧洲有 26 个国家种植，美洲有 15 个国家种植，大洋洲只有新西兰和澳大利亚两个国家种植，非洲有 10 个国家种植。全世界花椰菜种植面积最大的国家是中国，其次是印度，此外在法国、意大利、英国、西班牙、美国、墨西哥、澳大利亚、巴基斯坦、日本等国也有较多栽培。

中国自 19 世纪中期由英国传入福建省后，经过各地的驯化、人工定向选择和选育，形成了本地的一些种质资源，因此中国大部分花椰菜种质资源集中分布于福建。此外，浙江省温州花椰菜栽培历史也比较长，种质资源也较为丰富。花椰菜在中国虽然栽培历史不长，但发展非常迅速，20 世纪 70 年代前花椰菜栽培并不十分广泛，尤其是在北方，只有零星栽种，当时被归为"细菜"。而 80 年代后栽培面积持续扩大，至 90 年代发展更为迅速，花椰菜栽培几乎遍及南北各地。目前栽培面积较大的有山东、河南、甘肃、福建、广东、浙江、上海等地，花椰菜已成为中国的重要蔬菜之一。

第三节　花椰菜的分类

一、植物学分类

花椰菜类蔬菜包括花椰菜、青花菜、紫花菜及黄花菜，栽培历史悠久，其产品器官花球的形状、颜色都有明显差异。关于它们之间的演化问题，研究报道较少，而且进化关系还很模糊。早期研究主要是从形态上和历史资料上推测出其进化关系，但都缺乏充足的依据。Switzer（1729）认为黄白色和紫色的花蕾以及绿色花蕾为花椰菜的原型，此后逐渐进化为着生紧实白色花蕾的现代品种。Giles（1944）推测：花椰菜是青花菜的类型之一，它是从青花菜中没有色素的类型发育而来。Gray（1982）基于紫花菜和青花菜亲缘相近，认为青花菜是从紫花菜颜色发生突变而来。李家文（1962）认为野生甘蓝向花薹肥大而分枝多的方向培育，将能进化成为具有肥大花球的新类型，在甘蓝进化过程中也首先是由当年能抽薹植株，选育成每节上发生少数花枝的木立花椰菜，然后选育成花球肥大密集成球的青花菜，再进一步育成"花球自然软化"的花椰菜。

关于花椰菜类的分类问题，大多数文献把花椰菜类蔬菜定为甘蓝种中的两个变种，即花椰菜变种（*Brassica olerecea* var. *botrytis* L.）和青花菜变种（*Brassica olerecea* var. *Italia* P.），紫花菜也被归类于青花菜变种内。宋克明（1988）、Boyles（2000）把青花菜和花椰菜定为两个亚种（*Brassica olerecea* ssp. *italia*；*Brassica olerecea* ssp. *botrytis*）。笔者（2002）采用 AFLP 分子标记技术研究了花椰菜类蔬菜基因组亲缘关系，结果表明 4 种颜色花椰菜遗传同源性较高，单态性条带占总条带的 23%，它们亲缘关系较近。笔者基于对花椰菜类蔬菜亲缘关系的研究结果，认为可把花椰菜类蔬菜作为甘蓝种（*B. oleracea* L.）下的亚种，即花椰菜亚种（*B. oleracea* ssp. *botrytis* L.），包括 3 个变种：花椰菜变种（*B. oleracea* var. *botrytis* L.）、青花菜变种（*B. oleracea* var. *italica*

P.）、紫花菜变种（*B. oleracea* var. *purpura italica* P.）。尽管紫花菜与青花菜表现出较近的亲缘关系，但它们基因组各自独立聚为一个亚群，表明它们之间亲缘仍有一定的距离。从外形上看两者花球颜色不同，叶片形状也有很大的差别，青花菜为裂叶，而紫花菜叶片与花椰菜相同为全缘叶片。从分化时期上看，紫花菜进化较早，是一个古老的类型。因此紫花菜在分类地位上与青花菜和花椰菜一样，应把它列为独立的变种更为合理。

二、栽培学分类

（一）按花球的颜色分类

花椰菜类蔬菜，根据其花球的颜色可分为 4 个类型：花椰菜、青花菜、紫花菜、黄花菜。

1. 花椰菜（白花菜）　花椰菜（图 11 - 1）中国北方称之为菜花，南方称之为花菜，其花球是由肥大的主花茎和许多短缩的肉质花梗及绒球状花枝顶端集合而成，每一个肉质花梗上有若干个 5 级花枝组成的小花球体。小花球体致密，形成紧实的肉质花球，花球表面为白色、乳白色；花梗颜色有白色、浅绿色、紫色 3 种。花椰菜突出的特征为花球白色，植株生长势强，叶片宽大，叶缘全缘无缺刻。

2. 青花菜（绿菜花）　参见第十二章，第三节。

3. 紫花菜　紫花菜也称紫菜花（图 11 - 2），其花球是由肉质花茎、花梗及紫色花蕾所组成。花球表面颜色有紫红、紫色、灰紫色 3 种。紫菜花以主茎结球，叶片为长卵形，叶缘无缺刻。紫菜花主要植物学性状界于花椰菜和青花菜之间，其突出的特征为花球紫色，茎、叶脉也为紫色或浅紫色。

图 11 - 1　白花菜　　　　　　　　　　　　图 11 - 2　紫花菜

4. 黄花菜　黄花菜也称黄菜花，其花球是由肉质花茎、花梗及黄色肉质花蕾所组成。花球表面为黄色和橘黄色 2 种，所不同的是前者为花青素形成的色泽，后者为高含量胡萝卜素所致。从花球表面形状黄菜花还可分为螺旋状花球（宝塔状、珊瑚状）和光滑花球 2 种（图 11 - 3、图 11 - 4），前者为系统进化成，后者为花椰菜与青花菜杂交而成的中间类型。

图 11-3 黄花菜（光滑花球）

图 11-4 黄花菜（螺旋状花球）

（二）按栽培季节分类

花椰菜品种根据其栽培季节和对环境条件的适应性，又可分为春花椰菜类型、秋花椰菜类型、四季类型和越冬花椰菜类型。

1. 春花椰菜类型 指适宜春季栽培的花椰菜品种。其特点是冬性强、幼苗在较低温度条件下能正常生长，而在较高气温下形成花球。目前生产上应用的品种有瑞士雪球、雪峰、玛瑞亚、祁连白雪等。

2. 秋花椰菜类型 指适宜秋季栽培的花椰菜品种。其特点是这些品种幼苗在较高温度条件下能正常生长，而在较低气温下形成花球。目前生产上应用的品种有"丰花"系列、"龙峰"系列、"瑞雪特大"系列、秋王 70 天等。

3. 四季类型 指春、秋季均能栽培的品种，该类品种冬性较强、适应性广，如日本雪山、云山 1 号等。

在生产上春、秋季花椰菜品种不能混用，如将春花椰菜品种用作秋种，虽植株高大，叶片生长茂盛，但由于生育期延长，不能得到商品花球；反之，将秋花椰菜品种春种，则极易出现"先期现球"现象，也得不到正常的商品花球，只有四季类型品种春种或秋种均可获得优质的花球。

4. 越冬花椰菜类型 指在黄河以南地区用于越冬栽培的花椰菜品种，这类品种生长期在 150d 以上，抗寒性强，能耐短期－15℃以下的低温，如冬花 204、"傲雪"系列花椰菜等。

（三）按生育期分类

花椰菜品种依其生育期长短及花球发育对温度要求，还可分为极早熟种、早熟种、中熟种、晚熟种和极晚熟种 5 种类型。

1. 极早熟种 从定植到初收花球在 40～50d。植株较矮小，生长势弱，叶片狭长细薄，叶色浅绿，单球重 0.2～0.4kg。其特点是耐热性强，但冬性弱，对环境条件反应敏感，较易出现先期现球现象。在生产上常用的品种有：丰花 50（图 11-5）、龙峰 40、瑞雪特早 45 天、早生 50 等。

2. 早熟种　从定植到初收花球在 60～70d。植株较小，株高 40～50cm，开展度 50～60cm。单球重 0.3～0.5kg，植株较耐热、耐湿，但冬性差。在生产上常用的品种有：丰花 60（图 11-6）、秋王 70 天、利民 60 天、利民 70 天、龙峰 60 天、瑞雪特大 60 天等。

图 11-5　丰花 50　　　　　图 11-6　丰花 60

3. 中熟种　从定植到初收花球在 70～90d。植株中等大小，外叶较多，约 20～30 片。株高 60～70cm，开展度 70～80cm。花球较大，紧实肥厚，近圆形，单球重 0.5～1.0kg。较耐热，冬性较强，要求一定低温花球才能发育。在生产上常用的品种有：津雪 88（图11-7）、秋王 80 天、利民 80 天、瑞雪特大 80 天等。

4. 晚熟种　从定植到初收花球在 90d 以上。植株高大，外叶多，约 30～40 片。株高 60～70cm，开展度 80～90cm。花球大，紧实肥厚，近半圆形，单球重 1～1.5kg。冬性和耐寒性均较强，但耐热性差。这一类品种如云山 1 号、瑞雪 100 天、瑞雪 120 天、龙峰特大 100 天、椰丰 120 天、东海明珠 120 天（图 11-8）冬花系列等。

图 11-7　津雪 88

图 11-8　东海明珠 120 天　　　　　图 11-9　白马王子 140 天

5. 极晚熟种　从定植到初收花球在 140d 以上，有些品种达 260d，植株高大，生长势强，冬性和耐寒性均很强。株高 80～100cm，开展度 90～110cm。花球大，紧实肥厚，近半圆形，单球重 2～3kg。这类品种多分布于中国南方，如上海市以及湖北、四川省等地。代表品种如十堰 240 天、冬花 240 等。

第四节　花椰菜的形态特征与生物学特性

一、形态特征

(一) 根

花椰菜的根系发达，为主根、侧根及在主、侧根上发生的许多须根形成的网状结构，主要分布在 40cm 以内的土层中，又以 20cm 以内的根系最多；根系横向伸展半径在 40cm 以上，但也以 20cm 以内的根系最多。由于主根不发达，根系入土浅，易倒伏，抗旱、抗涝能力差，因此要求在地势较高且灌溉条件较好的土壤条件下栽培。花椰菜的根系再生能力强，断损后容易生新根，所以花椰菜适合育苗移栽。

(二) 茎

花椰菜营养生长期的茎是短缩茎，茎的下部细，直径 2～3cm，靠近花球部分变粗，直径 4～6cm，茎长因品种而异，一般 20～25cm，呈高脚花瓶状。茎上腋芽大多数品种不萌发，有少数品种会萌发而形成 1 个或数个侧枝，进而长成非商品小花球。这些侧枝应及早打掉，以免影响主花球的产量。由于腋芽萌发具有遗传性，故在选种过程中应淘汰有侧枝的植株。

生殖生长时期的茎为节间伸长的花茎（图 11-10），直径 0.5～1cm，茎上着生各级伸长的花枝。

图 11-10　花茎

(三) 叶

花椰菜的叶着生于短缩茎上，从第一片真叶起为 3 叶 1 层、5 叶 1 轮左旋形式排列，心叶合抱或拧合，心叶中间着生花球。从第一片真叶到最后一片心叶止，总叶片数约 30～40 多片，但近底层的叶片易脱落，只留下 20～30 多片叶作为营养叶簇，为花球的生长制造养分。

花椰菜外叶或直立或半开张，内叶向内合抱护球，叶柄不明显；叶片叶肉肥厚，幼龄叶片平滑，成熟叶叶面有的光滑、有的微皱、有的皱褶。叶柄长度因品种而异，且有的品种叶柄上带有叶翅，有的品种不带。不同品种叶片的形状差异很大，有披针形、宽披针形、长卵圆形，叶片顶部有尖形、有钝圆形，叶缘或全缘，或光滑或有极浅缺刻，或具微波浪状（图11-11）。

花椰菜叶色有浅绿、绿、灰绿和深绿四种颜色。叶面覆有一层灰白色蜡粉，蜡粉的多少因品种不同而异。蜡粉是叶表皮细胞的分泌物，有减少水分蒸发的作用，但它也不利于化学药剂在叶片上的吸附，易影响对病虫害的防治效果，因此在喷施药剂时一定要添加黏着剂，如中性洗衣粉等，以提高防治效果。

图 11-11　花椰菜的不同叶形

（四）花球

花球是营养贮藏器官，也是花椰菜食用器官，着生在短缩茎的顶端，由心叶包裹着。当植株长到一定大小感应一段时间低温后，花椰菜叶原基停止分化，花原基开始分化，最后形成花球。

花球是由肥大的主花茎和许多肉质花梗及绒球状花枝顶端集合而成，每一个肉质花梗由若干个5级花枝组成的小花球体组成，50～60个肉质花梗从中心经5轮左旋辐射轮状排列构成一个花球；各级分枝界限可从每个分枝基部着生的鳞片状小包叶辨认。花椰菜类蔬菜其花球多为白色（雪白色、乳白色）、绿色、紫色、橘黄色、黄绿色。花球形状或为高球形，或为半球形，或为扁圆形。如果栽培管理不当或遇不正常气候，常常会出现"小花球"、"毛花球"、"紫花球"、"夹叶花球"等异常现象，并影响花球的产量和质量。

（五）花

组成花球的各级花枝其顶端继续分化形成正常花蕾，此后各级花梗伸长，开始抽薹开花。各级花枝上的花由下而上陆续开放，花序呈复总状，整个花期约持续20～25d，完全花，花萼绿或黄绿色，花冠颜色有黄色、乳黄色、白色3种。花椰菜的花完全开放时，4个花瓣呈十字形排列，基部有4个分泌蜜汁的蜜腺，花瓣内侧着生6个雄蕊，4长2短，称为"4强雄蕊"，每个雄蕊顶端着生花药，花药2室，成熟后纵裂散发出黄色的花粉。雌蕊1个，子房上位，两心室，柱头为头状。花椰菜具有雌蕊先熟的特性，其雌蕊柱头在开花前4～5d已有接受花粉能力，其能力可延至花后2～3d，花粉在开花前2d和开花后1d均有较强的生活力，但雌蕊和花药的生活力都以开花当天最强，雄蕊开花6d后的花粉即丧失受精能力，但将花粉采集后在4℃左右温度下贮存1个月，花粉仍有生活力。

花椰菜为异花授粉作物，虫媒花，依靠蜜蜂等昆虫授粉。在繁殖种子（原种、生产种）时要与甘蓝类蔬菜采种田严格隔离，以免杂交串粉。花椰菜连续自交，容易发生自交退化现象。

（六）种子

花椰菜果实为长角果，扁圆筒形，长约 5～8cm，先端喙状，有柄，表面光滑，成熟时纵向爆裂为两瓣，两侧膜胚座上着生着种子，呈念珠状，种子圆形或微扁，红褐色至灰褐色。每个角果含种子 10 余粒，千粒重 3～3.5g，开花时骤然霜冻，能引起单性结实，形成无种子肥胖空荚。

花椰菜种子保存时间的长短与温度和湿度有密切的关系。在低温、干燥条件下存放时间长，正常种子在室温条件下，在凉爽、干燥的西北地区可保存 3～4 年，在华北、东北地区可保存 2～3 年，在温度高、湿度大的南方可保存 1～2 年。在良好保存条件下可保存 8～10 年。

二、生物学特性

（一）生育周期

花椰菜为二年生作物，其生育周期可分为营养生长和生殖生长两个时期。营养生长期依器官发育过程又可分为发芽期、幼苗期、莲座期和结球期，前三期主要进行营养器官的生长，后一期是营养生长和生殖器官生长同时进行；生殖生长期又可分为抽薹期、开花期、结荚期。各个时期发生的器官不同，生长速度不同，对环境条件要求也不同。因此在花椰菜栽培管理过程中，应根据品种特性及各发育时期对环境条件的要求采取合理的管理措施，才能达到优质丰产的目的。

由于花椰菜属于绿体春化作物，植株必须长到一定大小才能感受低温通过春化，花椰菜通过春化所需的低温条件因不同品种有较大的差异，极早熟种为 22～23℃，早熟种为 17～18℃，完成春化时间为 15～20d；中熟种为 12℃左右，完成春化时间为 20～25d；晚熟种 0～5℃，完成春化时间为 30d。在同一平均气温情况下，夜间最低温度对春化的影响较大，而且白天的高温对夜间的低温有抵消作用。另外，在一定的温度范围内，温度越低春化所需时间越短，反之温度越高则春化所需时间越长，也就是说诱导花芽分化所需时间就越长。花椰菜只有通过春化、完成花芽分化后才能形成花球，温度过高或过低，都会导致花芽分化出现异常现象。在花芽分化期如果连续遇到 30℃ 以上的高温，小花球之间就会出现叶片，俗称"花球夹叶"，而且花柄伸长，花球上出现花器，并产生绿色小苞片、萼片及小花蕾。如连续遇到 −5℃ 以下的低温，则花芽不能正常发育，就会形成"瞎花芽"，或将使花球由白变绿、变紫，称为"绿毛"，有时在花球表面还会着生许多茸毛和针状小叶而称为"毛花"。此外，由于花椰菜是绿体春化型作物，因此植株必须长到一定大小时，即早熟品种茎粗 5～6mm、展开叶 6～7 片，中熟品种茎粗 7～8mm、展开叶 11～12 片，晚熟品种茎粗 10mm、展开叶 15 片时，它们才能感应低温通过春化，进行花芽分化。

（二）对环境条件的要求

1. 温度 花椰菜喜冷凉温和气候，属半耐寒蔬菜，忌炎热干旱，也不耐霜冻，对外界环境条件的要求与结球甘蓝相似，不过，它的耐寒、耐热能力均不如结球甘蓝，是甘蓝类蔬菜中对温度要求较为严格的一个种类。其营养生长适温约为18～24℃，不同品种和不同生育期对温度的要求也不同。种子发芽适温18～25℃，在2～3℃低温下也能缓慢地发芽，在25℃以上发芽加速，在适温下一般3d出齐。幼苗期生长发育的适温是15～23℃，但花椰菜幼苗有较强的抗寒能力，可在12月或翌年1月寒冷的季节播种，能忍受较长时间-2～0℃的低温及短时间的-3～-5℃的低温。同时幼苗也能忍耐35℃以上的高温，但超过25℃光合能力降低，干物质合成减少，根系少，幼苗瘦弱，易形成徒长苗。莲座期生长适温15～20℃，并要求一定的昼夜温差。由于品种不同，其耐热性和耐寒性也有一定差异，早熟品种耐热能力强，而晚熟品种耐热性较差；相反，晚熟品种耐寒能力要远远强于早熟品种，在黄河以南，许多晚熟品种可以露地越冬称之为"越冬菜花"。结球期要求冷凉的气候，适温为14～18℃，在适温下，所形成花球组织致密，紧实，品质优良。花球在8℃以下时生长缓慢，遇0℃以下时易受冻害，平均气温在25℃以上时则花球质量变劣，粗糙老化、变黄，花球松散、表面"长毛"，产量下降，商品价值降低。北方地区春季栽培的花椰菜，如果成熟期过晚，延至6月份收获，则花球生长期正好处于高温下，就极易出现上述现象。因此在进行花椰菜栽培时，应根据品种特性及当地气候条件合理安排播种期和定植期。

2. 光照 花椰菜属长日照作物，喜充足光照，但也能耐稍阴的环境，因此花椰菜不论在阴雨多、光照弱的南方还是光照强的北方都能良好生长。一般，长日照能促进茎叶的生长，短日照则促进花球膨大，而在花球膨大过程中，长日照将促使形成夹叶花球，从而影响品质。

花球在日光直射下，其颜色由白变成浅黄色，进而变成绿紫色，使商品品质降低。因此在出现花球之后应及时采取折叶或用细绳扎束外叶以达到遮光的目的。在栽培上应选择株型直立、内叶向内合抱的品种如丰花60、鹭玉60、津雪88、雪宝、云山1号等，以达到自然护球、减少用工、提高花球质量的目的。

3. 水分 花椰菜根系较浅，植株叶丛大，蒸发量多，因此花椰菜不耐干旱，喜湿润的环境条件；同时它又是耐涝能力比较差的蔬菜，最适宜的土壤湿度为70%～80%，空气相对湿度为85%～90%，其中尤其对土壤湿度的要求更为严格，倘若保证了土壤水分的需求，即使空气湿度较低，也可较好地生长发育；反之若土壤水分不足，加上空气干燥，则很容易造成叶片失水，地上部生长受到抑制，植株生长发育不良，导致提前形成小花球即"先期现球"，不但失去商品价值，且影响产量。因此在花椰菜整个生长过程中，需要充足的水分，特别是早熟品种在莲座期和花球形成期充足的水分是获得高产的关键。但是水分过多，易使土壤中氧气含量下降，并影响根系生长，导致植株矮小，地上部表现为叶柄从基部下垂，下部叶片黄化脱落，植株出现凋萎，早熟品种苗期出现死苗，莲座期出现"早花"。晚熟品种在花球膨大期土壤和空气水分过多，易引起花球腐烂，也易发生霜霉病、黑腐病、软腐病等病害。在进行保护地栽培时，应特别注意通风，以降低空气湿度。

4. 土壤与营养 花椰菜喜肥、耐肥，适合在有机质丰富、疏松肥沃、土层较深、排水保水保肥能力较好的微酸性到中性的壤土或沙壤土栽培，在肥沃的轻度盐碱地上也能获得好收成。花椰菜最适合的土壤酸碱度为 pH6～6.7。

花椰菜在整个生长期内都要求供给氮素营养，氮素有利于促进花椰菜的生长发育，增加花球产量，提高花球品质，特别是在叶丛旺盛生长期，更要供给充足的氮素养料。幼苗期氮对幼叶的形成和生长影响特别明显，氮素充足，幼苗生长繁茂健壮；反之植株矮小，叶片数少而短，地上部重量轻，易出现提早现球、花球小而品质不良等现象。花芽分化前缺氮不仅影响茎叶生长，也会抑制花球的发育。

磷素可促进花椰菜的茎叶生长和花芽分化，特别是在幼苗期，磷对叶的分化和生长有显著作用，如果缺磷，叶片边缘出现微红色，植株叶数少，叶短而狭窄，地上部重量减轻，同时也会抑制花芽分化和发育；在花芽分化到现球期间（即莲座期）如缺磷，会造成提早现球，甚至影响花球的膨大而形成小花球。因此，在幼苗期及花芽分化前后，必须充分供应磷肥。

钾素也能影响叶的分化，这种影响虽没有氮、磷那样明显，但如果缺钾，植株下部叶片常因钾向上部叶片移动而首先黄化，叶缘与叶脉间呈褐色；同时缺钾不利于花芽分化及以后的花球膨大，并造成产量降低。所以在栽培过程中，不论是基肥或追肥都应有充足的钾肥。在整个花椰菜生长过程中，要求氮、磷、钾的比例大致为 23：7：20。

此外，微量元素钙对花椰菜的生长发育也有一定的影响。在莲座期，如果土壤过酸，会阻碍钙的吸收，出现弯形叶、鞭柄叶或畸形叶；叶缘，特别是叶尖附近部分变黄，出现缘腐。如果在前期缺钙，则植株顶端部的嫩叶呈黄化，最后发展成明显的缘腐；在多肥、多钾、多镁的情况下，钙的吸收也会受阻并表现出缺钙的症状；土壤干燥，更易阻碍钙的吸收。除钙以外，花椰菜对硼和钼的需求量也较高，在生产过程中如发现缺硼或缺钼症状（特别是在常年连作的地块容易引起缺钼），应及时进行叶面喷肥。

第五节　花椰菜的种质资源

一、概况

花椰菜在中国栽培历史较短，与其他十字花科蔬菜相比中国的花椰菜种质资源较为贫乏，同时由于栽培区域比较集中，也使得花椰菜遗传背景比较狭窄。目前中国已收集保存的花椰菜地方品种资源共 124 份（《中国蔬菜品种资源目录》第一、二册，1992、1998），主要分布在福建、浙江、广东省以及上海市等地，福建省是中国花椰菜种质资源最丰富的区域。福建省主要有福州和厦门两个类型，福州类型代表性品种有福建 30 天、40 天、50 天、60 天等品种，其特点是花球呈扁圆形、乳白色、球面光滑、花球较松散；厦门类型的代表性的品种有粉叶 60 天、粉叶 80 天、田边 80 天、夏花 80 天等品种，其特点：花球为半圆形、紧实、雪白、球面较粗。浙江省的温州类型花椰菜主要包括龙湾、瑞安、清江 3 个系列，代表品种有温州 80 天、登丰 100 天、清江 60 天、清江 120 天、龙峰 60 天、龙峰 80 天等品种。上海市的上海类型花椰菜代表品种有申花 1 号、申花 2 号、申花 3 号、早慢种、早旺心、晚旺心、慢慢种等品种。广东省的广东类型花椰菜主要分布在潮州、汕头、台山等地，代表品种有早花 6 号、澄海早花、都斛早花、都斛中花等品种。此外，香港特别行政区以及台湾、江西、四川、甘肃、云南省等地也有许多品种如农友早生、庆农、台宝、洪都、蘑菇菜花、祁连白雪等。近几十年来有关研究单位从国外引进了许多花椰菜品种如日本雪山、法国菜花、荷兰雪球、雪宝菜花、雪岭菜花、兴利菜花王等，并在育种过程中，分离和选育了许多宝贵的育种材料，大大丰富了中国花椰菜的种质资源。

二、抗病、抗逆种质资源

目前，生产上花椰菜的主要病害有黑腐病 [*Xanthomonas campestris*（Pam）Dowson]、病毒病 [花椰菜花叶病毒（CaMV）等]、霜霉病 [*Peronospora parasitica*（Pers）Fr.]、软腐病（*Erwinia aroideae*（Towsend）Holland）等，通过引种试种观察，福建类型的种质资源比较耐高温及高湿环境，且耐涝能力较强，较抗病毒病、霜霉病，但易感软腐病、黑腐病。浙江类型的种质资源则较抗软腐病、易感病毒病、霜霉病。近年来天津科润蔬菜研究所、福建省厦门市蔬菜研究所、北京市农林科学院蔬菜研究中心、河南省郑州市蔬菜研究所等单位，在引进国内外花椰菜种质资源的基础上，通过分离、纯化及田间和苗期抗病性鉴定，筛选出许多优良的抗病、抗逆性强的种质材料，并利用这些种质材料选育出一批抗病性、抗逆性强的花椰菜品种，如津雪 88、银冠、云山 1 号、丰花 60、夏雪 50、厦花 1 号、冬花系列品种等。

三、优异种质资源

1. 耐热极早熟花椰菜种质资源　这类花椰菜种质资源耐热、耐高湿能力强，花芽分化早。花芽分化要求温度高，通常在 20～30℃时花芽分化，从定植到收获只需 40～50d，但冬性弱、植株矮小，花球较松散。如白峰、夏雪 40、福州 40 天、夏花 40 天、矮脚 50 天等，适合在高温和雨水较多的热带和亚热带地区种植。

2. 冬性较强中熟花椰菜种质资源　这类花椰菜种质资源冬性较强，花芽分化要求温度较低，具有较强的抗寒性，花球紧实、致密，单球重 1～1.5kg，成熟期 70～90d，适合秋季栽培，但耐热性较差。如津雪 88、雪宝、雪山、福州 80 天、夏花 80 天、泉州粉叶80 天、田边 80 天、龙峰 80 天、温州 80 天、同安矮脚 80 天等。

3. 耐低温、晚熟花椰菜种质资源　这类花椰菜种质资源冬性强，花芽分化要求温度低，抗寒性强，花球紧实、致密，单球重在 1.5～2kg，成熟期 90d 以上，适合秋冬季栽培，有些还可春季栽培。但耐高温能力差，在高温条件下，容易出现"瞎花芽"、"花球莱叶"、"紫花球"等异常现象。如福州 100 天、同安 100 天、登丰 100 天、漳花 100 天、云山 1 号、雪岭、文兴 120 天、雪冠等。

4. 耐低温、冬性强越冬花椰菜种质资源　这类花椰菜种质资源的抗寒性、冬性极强，花球紧实，单球重达 2kg 左右，能耐－5℃的低温，在河南省以南区域可露地越冬。如冬花 220、冬花 240、傲雪 1 号等。

四、特殊种质资源

1. 不同花球色泽的花椰菜种质资源　花椰菜菜类蔬菜按其花球颜色可分为白色、绿色、黄色、橘黄色、紫色。其中白色花椰菜又可分为雪白色和乳白色，中国栽培的大多数品种属这种类型。紫花椰菜主要分布在意大利，近几年引入中国，其色泽可分紫色、灰紫色和紫红色3种，花蕾有粗花蕾和细花蕾两种类型，如紫云、Violetta。黄花椰菜球面外形有螺旋形（宝塔状、珊瑚状）和光滑形两种，螺旋形品种，如翡翠塔、黄玉、青宝塔等；光滑形品种，如 Broccoverde、Ro. cauliflower。橘黄色花椰菜富含胡萝卜素，花球呈橘黄色，如 Orange cauliflower，利用这类种质资源可选育出高胡萝卜素含量的花椰菜品种。

2. 不同花球紧实度的花椰菜种质资源 花椰菜按其花球紧实程度分为紧实、较紧实、松花类型。花球紧实类型的花椰菜，单球重较重，不易散球，肉质较硬，如津雪88、云山1号、厦花80天、龙峰系列等北方栽培的花椰菜。松花青梗类型的花椰菜，花球蓬松、肉质脆嫩，如庆农松花系列新品种等，近年来在广东省汕头、福建及台湾省等地有较大面积的栽培。

3. 生食类型的花椰菜种质资源 有些花椰菜品种口感脆嫩、口味甘甜、芥末味淡，适合凉拌生食，该类型的花椰菜种质资源的收集和品种的选育正在进行中。

第六节　花椰菜种质资源研究与创新

一、花椰菜自交不亲和种质资源研究

（一）自交不亲和系的选育

根据杂交优势育种的要求，一个优良的自交不亲和系，必须同时具有自交不亲和性稳定、经济性状优良且整齐一致、蕾期授粉结实性好、杂交配合力强等优良性状。同其他十字花科蔬菜一样，花椰菜自交不亲和系的选育也是通过自交分离，经选择而获得。但有些自交系即使多代定向选择也不能选育出自交不亲和系，这类材料可采取转育的方法获得自交不亲和系。此外，自交不亲和稳定的快慢，在株系之间存在着明显差异。不少株系的自交不亲和性在自交2代就能基本稳定，有些株系需3～4代或更多的自交代数才能稳定。根据自交不亲和性上述的遗传表现，自交不亲和性的选择应采取连续自交、分离和定向选择的方法进行。

首先，在配合力好的原始材料中，选择若干（一般10～30株）优良植株，开花时，在严格隔离条件下进行花期和蕾期人工自交授粉，从中选出亲和指数（结籽数/授粉花数）低于1的植株。如果所选的原始材料中没有发现亲和指数低于1的植株，可以选择亲和指数较低的植株，继续种植分离和选择，直到选出亲和指数低于1的株系。具体做法是：在每个中选植株上，选4～5个花枝进行人工蕾期授粉，选择直径3mm的花蕾剥开露出柱头，授上同株隔离花朵上的花粉，每个花枝应自交20～30朵花，并套袋隔离，以繁殖后代，并测定蕾期自交亲和指数。另选2个花枝，在开花前套袋隔离，开花时取同株事先套袋的花朵进行授粉，每个花枝应自交20～30朵花，以测定亲和指数。在自交、分离、选择过程中，淘汰花期授粉亲和指数大于1、蕾期自交亲和指数小于5的植株。在自交不亲和系选育过程中，必须同时重视经济性状的选择，约经 4～5 代的自交和选择，大部分系统的自交不亲和性和主要经济性状可以稳定下来。对于初步选出的自交不亲和株系还要进行系内授粉不亲和性的测定，其方法：在同一株系内选取 10 株，将其花粉充分混合，在每株分别选一个花枝授混合花粉，一般授 30 朵花，调查亲和指数，淘汰系内姊妹交亲和指数大于 2 的株系。

（二）自交不亲和系的转育

如前所述，有不少品种或自交系很难找到自交不亲和植株，因此也就难以育成自交不亲和系。为了使这些品种或自交系也能育成自交不亲和系，需要进行转育。具体做法是：将经济性状优良、配合力好、无自交不亲和株的品种或自交系与已育成的自交不亲和系杂交，然后对杂交后代进行自交不亲和株筛选和经济性状选择。选择目标是育成经济性状优良、配合力好的新的自交不亲和系。在转育新的自交不亲和系过程中，如果主要经济性状不符合要求时，可用原品种或自交系进行一次回交；如果自交不亲和性不符合要求时，则可用自交不亲和系回交，然后继续选择。魏迺荣等（1985）曾利用此法，将埃阿尔利白峰的自交不亲和性转育到 60 天菜花（亲和指数 6.2）上，在杂种 F_3 代，自交不亲和株已占 50％以上，进而育成了经济性状近于 60 天菜花的自交不亲和系。

二、花椰菜雄性不育种质资源研究与利用

中国十字花科蔬菜雄性不育育种研究始于 20 世纪 70 年代，并在大白菜、甘蓝、萝卜、油菜上的雄性不育育种研究取得令人瞩目的成就。比较而言花椰菜雄性不育育种研究起步晚，研究也不很深入，目前还没有不育系品种在生产上推广应用。国内花椰菜雄性不育源大多属萝卜细胞质 CMS（OguCMS），该不育系类型，1968 年由日本学者小仓发现；但 OguCMS 在应用中出现叶片黄化、蜜腺少、甚至无蜜腺、转育株生长弱、花期畸形等问题，影响了 OguCMS 不育类型的应用。美国康乃尔大学采用生物工程的方法对 OguCMS 不育材料基因进行修饰，在一定程度上克服了上述缺点，并在一些作物上转育获得成功。

（一）花椰菜雄性不育基因的获得途径

目前在花椰菜上获得雄性不育基因主要有两个途径，一是田间发现的自然突变株；二是直接从国外引进不育源。

1. 田间发现　Borchers 早在 1966 年报道在早熟的紫花椰菜品种的自交系里发现了不育株，其特征是花药正常开裂，但花粉彼此并合，形成胶黏粉带，花粉粒大小不同，不染色和败育；此不育性由一对隐性基因控制。Chatterjee 与 Swarup（1972 年）在印度花椰菜中发现了不育株，柱头外露，由隐性基因控制；刘奎彬等（1998）在试验田中发现雄性不育株，通过花器观察，雄性不育有 3 种类型，即①雄蕊退化型：花丝短缩在花柱基部，花药几乎完全退化，只存痕迹；②花药萎缩型：花丝变细变短，花药萎缩、瘦小，镜检无花粉或花粉粒异常无活力；③嵌合型：在同一株上有可育花枝和不可育花枝，或在同一枝上有正常花和不育花。经过兄妹交及相应的可育株自交后代育性分析，认为该材料不育性

由细胞核内一对隐性基因控制；李远甫等（2002）通过对在田间发现的不育株，经连续5～6代回交转育，育成 9070-28-2-6 和 9450-8-5-3 等 2 个雄性不育系，最终育成特早 50 和早花 45 等 2 个花椰菜新品种，但 9070-28-2-6 不育系蜜腺退化，需采用人工授粉制种，采种困难。

2. 直接引进 Ogura 不育源 Ogura 不育源是小仓（オヴヲ）于 1968 年在日本鹿儿岛一个萝卜品种留种田中发现的雄性不育个体（表现花蕾小、花柱弯曲、雄蕊正常），后经选育而成不育系（OguCMS）。姜平等（1992、1999）1987 年从美国引进了胞质型雄性不育系 NY7642A 和保持系 NY7642B，经过 3 年的回交提纯，获得了不育率达 98% 以上的稳定不育系。何承坤等（1999）采用以 Ogura 细胞质雄性不育源为母本，以福州 50 天花椰菜、福州 60 天花椰菜、福州 80 天花椰菜为父本，经过回交转育而获得了 3 个稳定的花椰菜异源细胞质雄性不育材料。天津科润蔬菜研究所（原天津市蔬菜研究所）1995 年从康乃尔大学引进修饰后的 OguCMS 不育材料 2 份，经过 7 代回交转育，育成花器、蜜腺、植株生长均正常，不育率达 100% 的不育系 10 个及其配套的保持系，并利用不育系育成了花椰菜新品种"津品 65"。

（二）花椰菜雄性不育株花器形态特征

从田间观察 Ogura 细胞质不育植株花器的生长状况，大体可分为以下几类：①花器正常，无雄蕊，花瓣鲜艳，蜜腺正常，植株生长正常；②花器小，花瓣浅黄，无柱头，植株生长较弱；③花器小，柱头膨大或柱头弯曲，花瓣不鲜艳，植株生长正常；④花器小，花瓣呈丝状，植株生长弱小。

不育材料与转育父本比较，花器形态差异明显。雄蕊数目为 0～6 枚不等，花药结构异常，依其外表形态可分为 6 类：①戟形花药：花药瘦瘪，先端尖细，基部较宽，形似戟形，具花丝，花药开口，白色，无花粉。②瓣状雄蕊：形似花瓣，其中、上端周缘着生与柱头相似形态的乳突，无花丝。③羽状雄蕊：形似羽毛，稍长于父本雄蕊，其中、上端周缘零星着生小圆球状乳突，无花丝。④丝状雄蕊：形如细丝，先端外突膨大呈囊状。⑤雄蕊心皮化：雄蕊的形态近似雌蕊结构，顶端具乳突，着生 3～7 个胚珠，这种外生胚珠能结实并形成种子；有的雄蕊与子房部分黏连，形成半开裂的"心皮"。⑥花粉粒形态变异：有 2 种类型，一是花药形态类似于戟形花药，有微量花粉；二是花药比轮回亲本瘦瘪，有4 个药室，能开裂散粉，花粉较多，无活力。

通过统计分析发现，戟形花药占不育株的 88.1%，瓣状和羽状雄蕊占 9.8%，在不育系选育过程中，应选择具有这 3 种类型花药的植株，其他均予以淘汰。

（三）花椰菜雄性不育细胞学及其生理生化研究

罗光霞等（1991）对花椰菜雄性不育株和可育株的细胞学比较研究，认为花椰菜雄性不育途径复杂，表现为造孢细胞分裂异常，小孢子母细胞部分解体，四分体数目少，单核孢子不正常发育，绒毡层提前解体，花粉囊扭曲，输导组织发育不良。进一步进行生理生化分析表明，过氧化物酶活性在花球期和单核后期不育株高于可育株，四分体时期和单核前期相反；细胞色素氧化酶活性在除单核后期外，不育株均高于可育株；游离氨基酸含量在四分体时期不育株和可育株中都很高，此后下降，可育株的下降幅度大于不育株。而赵前程等（2002）认为雄性不育系花粉母细胞的减数分裂行为正常，小孢子败育发生在四分体形成以后。导致小孢子败育的直接原因是绒毡层细胞的肥大生长和高度液泡化，致使绒毡层与小孢子正常发育的协调关系遭到了破坏。这可能是与不育源的来源或者雄性不育类型有关，还需进一步深入研究。

（四）花椰菜雄性不育株的转育及保持系的选育

为了使 Ogura 细胞质不育基因应用于育种，首先要克服其子叶褪色或变白、花器畸形等基因缺陷。所以在不育基因转育过程中，采取大群体、多组合严格淘汰的方法。从大量的群体中选择植株不黄化、生长正常而且花器正常、花冠大、花瓣鲜艳、蜜腺发达的不育株进行转育。

第一代胞质型不育系转育：选择优良的材料为父本，进行转育；父本自交留种。

第二代胞质型不育系转育：转育上代获得的不育株系，获得不育株和对应的保持系。从不育株中选出花器正常、无雄蕊、花瓣鲜艳、蜜腺正常、植株生长正常的进行第三代转育。

第三代至第七代胞质型不育系转育：转育上代获得的不育株系，获得不育株和对应的保持系。从不育株中选出花器正常、无雄蕊、花瓣鲜艳、蜜腺正常、植株生长正常的进行转育。严格淘汰花器畸形的不育株；同时注重经济性状的选择，以最终获得花器、植株生长均正常、不育率达100%的不育系及其配套的保持系。

（五）花椰菜雄性不育系的利用

在连续多代雄性不育性转育过程中，从第四代开始即进行组合配制，进行配合力测定，从中选择优良组合，最终育成以雄性不育系为母本的花椰菜新品种。

值得注意的是：应用 OguCMS 不育源转育获得的雄性不育系所配制的秋晚熟花椰菜组合，在其生长后期进入低温季节时，表现生长缓慢，生长期延长，产量较低，这是由于此不育系来自于萝卜的细胞质，而萝卜抗寒性低于花椰菜，因此导致不育系花椰菜品种抗寒性的降低。

三、花椰菜细胞学研究

夏法刚（2002）分析了"福州60天"花椰菜的核型，结果表明：花椰菜体细胞染色体数 2n=18，染色体绝对长度为 $2.05\sim3.90\mu m$，第 7 对染色体为随体染色体，其臂比值为 2.01；最长染色体与最短染色体相对长度变化范围为 $7.97\%\sim15.17\%$，大小之间相差 7.20%；最长与最短染色体的相对长度比为 1.90，平均臂比为 1.62；第 1、7 两对染色体臂比介于 $1.71\sim3.00$，为近中部着丝点染色体（sm），其余 7 对染色体臂比介于 $1.01\sim1.70$，为中部着丝点染色体（m）；核型公式为 2n=18=14m+4sm（2SAT），染色体属 2A 型，属对称性核型。在核型分析的基础上，对花椰菜具随体的单条染色体进行了识别，并成功地将具随体的第 7 号染色体和其他染色体中的任一条染色体进行了显微分离。为花椰菜染色体的微切割、微分离和微克隆奠定了基础。

四、花椰菜种质资源的创新

（一）广泛引进国外花椰菜杂交品种自交分离创新种质资源

鉴于目前国内花椰菜种质资源贫乏的现状，直接从国外引进优良一代杂种，通过自交分离、纯化，从中筛选出优良的种质资源，是最经济、有效的获得新种质的方法。目前国内花椰菜育种单位利用该方法已分离了大批新的种质资源和自交系，并利用这些种质资源选育出许多优良的花椰菜新品种，如白峰、津雪88、云山1号、丰花60、厦花6号等目前生产上推广的绝大多数品种。

（二）种内杂交创造新类型

甘蓝类蔬菜的不同亚种或变种间很容易杂交，因此可以通过种内杂交方法，创造优异的种质资源甚至创造新的物种。孙德岭等（2002）采用花椰菜（白菜花）与青菜菜、花椰菜与紫花菜、紫花菜与青花菜之间杂交。其后代花球的单球重大大提高，接近于花椰菜，色泽介于父本和母本之间，而维生素C的含量接近青菜菜，比花椰菜提高22%～60.6%，全糖含量比青花菜增加9.8%～33.1%（表11-1），口味甜脆，品质和口感都优于其父本和母本，通过进一步选育有望选育出新的花椰菜类型，为花椰菜家族增加新的成员。

表11-1 花椰菜新类型全糖、维生素C含量

（孙德岭，2002）

编号	类型	全糖（%）	维生素C（mg/100g）	维生素C（%）
1	青菜花	2.54	106.0	48.7
2	白×青	2.81	87.0	22
3	青×白	3.38	96.6	35.5
4	青×紫	2.79	96.2	34.9
5	紫×青	2.82	114.5	60.6
6	白×紫	2.79	95.4	33.8
7	白菜花	2.78	71.3	

（三）生物技术与花椰菜种质资源创新

常规育种在花椰菜种质资源创新方面起了很大的作用，但通常存在能稳定遗传的有益基因狭窄或缺乏；多数有益基因是由许多微效基因控制，且该类基因选择较困难以及基因型差异难以确定等问题。随着生物技术的发展，在传统育种工作的基础上，可以提高育种的针对性，克服常规育种中一些难于解决的问题，进一步拓宽有益种质资源的创新和利用。目前已经有越来越多的研究者注重应用生物技术进行种质资源的创新。

1. 细胞工程与花椰菜种质资源创新

（1）花药培养和游离小孢子培养技术 20世纪60年代初，Guha和Maheshwari开创了花药培养诱导单倍体的方法。此后花药培养成为诱导单倍体的重要途径之一，并且在作物育种中得到应用。在花椰菜上，王怀名（1992）对嫩茎花椰菜花药和花粉培养中的胚胎发生进行了研究，观察了花药中花粉粒发育成胚状体的过程和再生植株染色体倍性。张小玲（2002）等研究认为，磁场预处理可明显提高花药培养愈伤组织的诱导率。陈国菊（2004年）以5个花椰菜品种为材料进行花药培养，获得再生植株，并得到了种子。

由于花药培养的方法不能排除再生植株来自体细胞的可能性，多年来使花药培养获得再生植株的研究进展缓慢。而采用游离小孢子培养的方法可以很好地解决这一难题，因此，游离小孢子培养的方法获得再生植株越来越受到重视。目前该技术已陆续在芸薹属的大白菜、不结球白菜、结球甘蓝、芥蓝、抱子甘蓝、羽衣甘蓝、大头菜、叶芥、芜菁甘蓝和花椰菜等蔬菜上获得成功。北京农林科学院蔬菜研究工程中心、河南农业科学院园艺研究所、天津科润蔬菜研究所等单位先后开展了花椰菜游离小孢子培养工作，初步建立了花椰菜游离小孢子培养技术体系，在一些品种中获得了花椰菜DH株系，培育出花椰菜优良新品种。

通过游离小孢子培养可快速、有效地获得DH纯系。DH株系具有稳定的遗传特性，并能从亲本获得随机排列的配子，由于游离小孢子培养能快速纯合杂合亲本，因此对由多基因控制的特异性状的筛选能一步到位，明显提高了选择几率，加快育种进程。耿建峰等（2002）利用游离小孢子培养产生的两个自交不亲和系配制出具有早熟、耐热、花球洁白、品质好和抗病性强等综合性状优良的花椰菜DH杂交种"豫雪60"，孙德岭（2002）对引进的国内外育种资源材料461份，利用游离小孢子培养和常规技术相结合进行种质资源的创新和对DH株系材料进行评价及鉴定，选育出"津品50"。

游离小孢子培养技术也被应用于芸薹属远缘及种间杂交育种中。石淑稳等（1993）分别从甘蓝型油菜与诸葛菜的属间杂种，甘蓝型油菜与白菜型油菜、甘蓝型油菜和芥菜型油菜的种间杂种获得游离小孢子胚和再生植株，为芸薹属植物远缘及种间杂交育种建立了种质资源创新的途径。

（2）原生质体融合技术　原生质体融合也称体细胞融合，是两种原生质体的杂交，它不是雌雄配子间的结合，而是具有完整遗传物质的体细胞之间的融合，它可打破种间、属间存在的性隔离和杂交不亲和性，从而广泛地聚合各种优良的基因，使变异幅度显著增大，创造新的种质资源。因而此项技术越来越受到遗传育种学家的重视。自Carlson等在1972年获得第一株烟草体细胞杂种植株以来，该技术体系不断完善和发展，在许多物种上细胞融合获得成功。20世纪80年代中期已报道有15个种内组合，38个种间组合，13个属间组合获得体细胞杂种植株，到90年代，通过体细胞杂交技术又添加了再生植株的种内杂种14个，种间杂种62个，属间杂种47个，并有2个科间组合的胞质杂种分化获得再生植株。在十字花科芸薹属中已获得融合杂种植株有：拟南芥油菜、甘蓝油菜、甘蓝＋白菜型油菜、白菜型油菜＋花椰菜。

原生质体融合技术与常规有性杂交的差别在于：体细胞杂交中没有减数分裂，有两个二倍体的细胞原生质体融合产生出四倍体的杂种植株，而用同样的亲本有性杂交则只产生二倍体杂种。

原生质体融合可以获得细胞质杂种，为培育细胞质雄性不育、抗除草剂等花椰菜品种提供了一条育种新途径。目前，通过有性杂交、回交转育的花椰菜细胞质雄性不育类型主要是Ogura胞质雄性不育类型和Polima胞质雄性不育类型。而利用常规育种转育年限一般需要6～11年，利用原生质体融合技术转移细胞质雄性不育基因可以克服有性回交转育所带来的年限长或杂交不亲和等问题，为花椰菜杂种优势的有效利用开辟了新的途径。惠志明（2005）进行了利用原生质体融合技术向花椰菜转移 Ogura 萝卜胞质雄性不育的研究，获得了花椰菜与 Ogura 萝卜胞质甘蓝型油菜种间体细胞杂种植株。由此可见，原生质体融合技术已经应用于花椰菜不育性的研究领域，已获得了大量的雄性不育转育植株，是一条培育雄性不育新种质行之有效的途径。

通过原生质体融合可以克服远缘杂交不亲和性，转移野生品种的抗逆性。花椰菜生产中常常遭受病虫害的威胁，而现有育种材料中存在的抗病、抗逆基因，由于长期的人工培育定向选择已日益狭窄，远不能满足进一步提高品种对病害及逆境多抗性的需要。增强对野生材料优异抗性基因的利用，是进一步创新育种基础材料的有效途径。蔬菜野生类型在长期自然选择下形成了高度的抗病性，通过与野生类型进行远缘杂交，可以大幅度提高现有品种的抗病性和抗逆性，但是远缘杂种通常表现不亲和性，严重限制了其在品种改良中的应用。利用原生质体融合技术得到的不对称杂种可以克服远缘杂交不亲和性转移野生种抗性。姚星伟（2005）利用原生质体非对称融合技术向花椰菜中转移野生种抗逆性状（供体 *Brassica spinescens* 具有光合效率高，抗白锈病、蚜虫、黑斑病和耐盐等优良特性），试验共获得 17 株杂种，其抗逆性在进一步鉴定中。可以看出，育种工作者越来越重视野生资源的发掘利用，生物技术中的细胞工程与分子生物学手段相结合是现阶段利用野生资源的有效途径。

利用原生质体融合技术可以转移某些品种优良品质性状，为改良花椰菜的营养品质提供新的途径。蔬菜的高产、优质一直是人们所追求的目标。P. S. Jourdan（1989）利用花椰菜与具有除草剂抗性的 *Brassica napus* 进行原生质体融合试验，获得了具有高抗除草剂特性的杂种植株。B. Navratilove 等（1997）以花椰菜和抗根瘤病的 *Armoracia rusticana* 为试验材料，利用原生质体融合技术，获得了花椰菜与 *Armoracia rusticana* 体细胞杂种植株。Hu（2002）用 *Brassica napus* 和具有亚油酸和软脂酸含量高的 *Orychophragmus violaceus* 进行体细胞融合试验，通过原生质体融合试验得到的杂种植株不但亚油酸和软脂酸含量升高，而且芥子酸的含量明显下降，显著改善品种品质。

2. 分子标记技术与花椰菜种质资源创新　利用易于鉴定的遗传标记辅助选择是提高选择效率和降低育种盲目性的重要手段。近 20 年迅速发展起来的分子标记技术给作物育种提供了新的途径。运用 DNA 分子标记可以进行早期选择，提高选择的准确度和育种效率，有助于缩短育种周期。

（1）利用分子标记技术筛选自交不亲和系　自交不亲和性是高等植物为实现异花授粉受精和遗传重组而形成的一种重要的遗传特性，国内外学者对自交不亲和性的遗传机制做了大量研究。据 Lewis（1979）报道，已在 74 个科的被子植物中发现了自交不亲和性。国内利用分子标记技术筛选自交不亲和系的研究也有所报道，黄聪丽（2001）应用 RAPD 分析方法，得到了与花椰菜自交不亲和性相关的差异片段。宋丽娜（2005 年）运用 RAPD 和 ISSR 分子标记技术，分离到鉴别自交不亲和性的连锁标记。

（2）利用分子标记技术鉴定抗病种质资源　张峰（1999）利用 AFLP 技术在一对花椰菜抗、感黑腐病的近等基因系中筛选到 4 个与抗黑腐病基因紧密连锁的标记。刘松（2002）用天津科润蔬菜研究所抗黑腐病近等位基因系 C712 和 C731 作为材料，筛选出与花椰菜抗黑腐病基因 RXC 连锁的 RAPD 标记 OP224/1600，将其转化成更加稳定的 SCAR 标记，可快速准确筛选抗病材料。古瑜（2007 年）以花椰菜抗病和感病近等基因系为实验材料，对花椰菜抗病和感病近等基因系基因组进行了 ISSR 分析，得到 3 个与抗病基因有关的分子标记 ISSR1$_{1000}$、ISSR2$_{1500}$ 和 ISSR18$_{700}$，可进一步应用于分子标记辅助育种。此外，利用 cDNA-AFLP 技术对致病菌胁迫的花椰菜抗黑腐病系进行差异表达分析，初步得到一个与抗黑腐病相关的基因片段，并证实该片段是受诱导的与诱导系统抗性（ISR）信号传导有关的基因片段。此外，利用同源序列候选基因法和 NBS profiling 方法，在抗病系中得到 2 个抗病基因同源序列 RGA330-7 和 NBS5-100，序列分析表明这两个片段可能与花椰菜抗黑腐病基因有关。进一步将两个 RGA 推测的蛋白序列与 7 个已知植物抗病基因的蛋白序列进行比较，构建了分子进化树。聚类结果表明，本研究得到的两个 RGA 片段应属于 non-TIR-NBS-LRR 型。最后，利用表观遗传学的分析方法，对致病菌胁迫前后基因组中胞嘧啶甲基化水平和甲基化模式的变异进行分析，从基因表达调控的角度探讨了抗黑腐病的分子机制。

（3）利用分子标记技术检测遗传变异　突变既可以发生在整个基因组，也可以发生于特定的基因或基因簇、结构基因、调节基因，以及单个核苷酸等。突变既可以自发也可以人工诱变在不用诱变剂处理的培养植物细胞中，突变体频率一般为 $10^{-5} \sim 10^{-8}$，用诱变剂处理，可增至 10^{-3}，但诱变剂常会引起育性降低等副作用。Leroy（2000，2001）等利用花椰菜下胚轴进行组织培养，用 ISSR 方法检测了愈伤组织形成过程、胞增殖过程以及成苗后的再生植株等各阶段的植株间多态性，认为组织培养诱导的再生植株具有遗传多态性，证明组织培养可诱发与筛选遗传变异。

（4）利用分子标记技术筛选花椰菜雄性不育种质资源　植物雄性不育是一种不能产生有活力花粉的遗传现象，在植物界中广泛存在，目前已在 43 科 162 个属 320 个种的 617 个品种或种间杂种中发现了雄性不育现象，它在作物杂种优势利用上具有重要价值。

Chunguo Wang（2006）以花椰菜雄性不育品种 NKC-A 和恢复系 NKC-B 为材料，利用引物 P6＋/P6－进行 PCR 扩增，发现了一条 300bp 的差异片段，此片段可以作为鉴别雄性不育系的分子标记。王春国（2005）利用同源序列的候选基因法，通过检索 NCBI 核酸以及蛋白数据库，获得花椰菜 kndx612 细胞质雄性不育相关的基因或开放读码框，初步结果显示试验所用不育花椰菜胞质亦可能为 Ogura 型，为进一步从分子水平研究和利用花椰菜雄性不育基因提供了条件。

（5）花椰菜遗传连锁图谱的构建及在育种中的应用　遗传连锁图谱是指以染色体重组交换率为相对长度单位，以遗传标记为主体构成的染色体线状连锁图谱，分子标记遗传连锁图表示各标记所对应的 DNA 片段在染色体上的相对位置，是分子标记运用于作物遗传育种的基础，构建分子标记连锁图的理论基础是染色体的交换和重组。自 1986 年以来，主要农作物都已建立了以 RFLP 为主的分子遗传图谱，分子标记连锁图，是进行基因定位、基因克隆、辅助选择进行作物设计育种的技术平台。在遗传学理论、功能基因组学以及遗传育种等领域已显示出了十分重要的作用。

Li（2001 年）等利用 SRAP、AFLP 技术对 86 个羽衣甘蓝×花椰菜的 RI 作图，此图由 130 个 SRAP 标记和 120 个 AFLP 技术构成，这些标记非常平均地分布在 9 个连锁群，覆盖 2 165cM。古瑜（2007 年）利用 AFLP 和 NBS profiling 两种方法，以花椰菜品种间杂交 F_2 代为作图群体，构建了第一张花椰菜遗传连锁图谱。该图谱包括 9 个连锁群，连锁群的总长度为 668.4cM，相邻标记间的平均图距为 2.9cM，在所包含的 234 个 AFLP 标记和 21 个 NBS 标记中 NBS 标记分于 8 个连锁群且在基因组中成簇排列。该图谱通过提供可能的抗性基因位点，对进一步得到抗性基因很有帮助。同时研究 RGA 在整个花椰菜基因组中的分布与组成，也为了解抗性基因的分布与演化提供参考。进一步可用于分子标记辅助育种。

（6）花椰菜不同花色种质资源的创新　近年来，利用基因工程技术已经获得了许多传统园艺技术难以获得的新品种，如紫色、白色以及紫白相嵌的 3 种不同颜色的矮牵牛花。而这些技术通常要求对相关基因有所了解，以获得目的基因的 cDNA，然后将这些外源基因导入目标植物中，达到改变花色、花型等目的。Crisp 等利用遗传上一致的白色花球品种和绿色品种杂交，从杂交后代遗传表现提出一种模型：Wiwi 基因控制白色对黄色是显性，非独立共显性基因 gr1gr2 表现为绿色。Dickson 报道了在埃及引进的花椰菜品种 PI 183214，即便完全暴露于阳光下，花球也是纯白色的。并认为是由 2 或 3 对显性基因控制的。Singh 等报道了由两对基因控制的可以遮盖住花球的叶片，以防止阳光照射引起的花球变色。李凌等（2000）对花椰菜黄花和白花的近等基因系进行了研究，筛选到了一个白花株系的特异带，通过 Northern 点杂交初步鉴定其为白花株系所特有，同时利用 Smart cDNA-AFLP 银染技术对花椰菜黄花近等基因系的 mRNA 进行了分析，其中 2 对引物的 3 条带在 2 个表达基因文库之间存在多态性，其中一条与白花品系共分离；筛选到一条白花株系的差异片段，本研究为克隆与花色相关基因奠定了基础。

3. 转基因技术与花椰菜种质资源创新　转基因技术的发展对加速创新花椰菜种质资源具有重要意义。目前，已育成一大批雄性不育、抗病、抗虫、品质优良的花椰菜新品种，并产生了很大的社会和经济效益。

（1）花椰菜雄性不育种质资源创新　近年，花椰菜雄性不育研究取得了进展，已从中找出一些与不育相关的基因或者嵌合体。这对进一步阐明花椰菜雄性不育发生的分子机理，指导新不育系的培育打下了基础。Bhalla（1998）把与花粉相关的基因 Bcp1 整合到质粒 PBI101 中，通过根瘤农杆菌介导转入花椰菜子叶中，获得了 50% 花粉不育的花椰菜不育新种质。

（2）花椰菜抗病虫种质资源创新　在花椰菜抗病基因的克隆和转移方面也有报道，张桂华等（2001）以花椰菜栽培品种"春秋"为试验材料，在携带 CaMV Bari-1 基因Ⅵ的根瘤农杆菌菌种 GV3101 的介导下，获得了经筛选转化的花椰菜转基因幼苗，为培育抗花椰菜花叶病毒型品种提供可能。

花椰菜转基因抗虫研究中最常用的外源基因有两种：内毒素（Bt）基因和豇豆胰蛋白酶抑制剂（CpTI）基因，这两种基因已经成功转入花椰菜中，为利用转基因技术创新花椰菜种质资源提供了宝贵经验。

华学军（1992）、蔡荣旗（2000）、徐淑平（2002）、周焕斌（2003）等都利用农杆菌介导将 Bt 基因转入花椰菜中，成功获得了转基因植株。

CpTI 基因属于 Bowman-birk 型丝氨酸蛋白酶抑制剂，能抑制包括鳞翅目、鞘翅目、直翅目等多种害虫中肠中胰蛋白酶的活性，具有广谱抗虫性。吕玲玲（2004）通过根瘤农杆菌介导，将豇豆胰蛋白酶抑制剂（CpTI）基因整合到花椰菜植株的基因组中，对鳞翅目虫害青虫的生长发育有一定的抑制作用。徐淑平（2002）用根癌农杆菌介导的遗传转化法将 Bt 基因和豇豆胰蛋白酶抑制基因（CpTI）导入花椰菜，获得了转基因花椰菜植株。Ding（1998）等利用农杆菌介导，从当地甘薯中分离得到的抗虫基因 TI 转入花椰菜中，结果表明，转基因植株比对照植株抗虫效果明显。

（3）与花椰菜花球性状有关的突变基因的研究进展　Bowman（1993）等首先在拟南芥中发现了花球突变体 cauliflower。随后 Kempin SA（1995）等从拟南芥中分离得到两个与花的分生组织活性有关的 CAULIFLOWER 和 APETALA1 基因，研究表明：其功能为转录因子。同时对花椰菜栽培种中该基因的同源基因研究发现：花椰菜中其同源基因是无功能的。这暗示了花椰菜肉质花序形态的形成机理与该基因密切相关。Purugganan（2000）等研究了野生型和栽培型花椰菜中 CAL 基因的多态性，发现野生型和栽培型 CAL 基因存在差异，栽培型花椰菜中该基因的第五个外显子有一个等位基因位点发生了突变。Lee B. Smith（2000）以 BoCAL 和 BoAP1 两个隐性等位基因在特殊位点上的分离为切入点，研究了花椰菜花球的起源和进化过程，得到花球发育的遗传模式，认为：BoCAL-a 等位基因与离散花序的形态之间存在很强的相关性。以上的结果都表明：CAL 基因的突变抑制花分生组织发育，这是花椰菜花球形成的遗传基础。赵升等（2003）、曹文广（2003）、李小方（2000）通过把甘蓝 BoCAL 基因转入花椰菜中，转基因花椰菜不能形成花球，证实外源基因 BoCAL 能够部分补偿花椰菜 BobCAL 基因功能的丧失，部分恢复花椰菜的花球表型。因此可以通过控制 BoCAL 基因的突变程度和基因的表达水平，调节花球的发生时间和发育速度，从而为培育结球紧实度高的花椰菜新品种提供新的途径。

在生产实际中，花球采收后，其内源激素和营养成分的变化造成内在品质逐渐降低，严重的影响产品的商品性和食用的营养价值。花球的衰老首先出现在萼片的叶绿素丧失。乙烯的合成与叶绿素的丧失以及随后的黄化成因果关系。ACC 氧化酶（ACO）是乙烯合成的一个限速酶，并且 ACO 基因的表达调控着乙烯的生成速率。从基因上对 ACO 基因的表达进行调控，可延缓乙烯的生成，这已经在许多作物上获得成功。陈银华（2005 年）根据亲缘关系较近的几种作物 ACC 氧化酶氨基酸序列，设计一对简并引物，从花椰菜基因组中获得长 1 202bp 的候选片段，并获得花椰菜抗衰老的新材料。

（孙德岭　李素文　赵前程）

主要参考文献

中国科学院中国植物志编辑委员会 . 1980. 中国植物志 . 北京：科学出版社

星川清亲 . 段传德，丁法元译 . 1981. 栽培植物的起源与传播 . 郑州：河南科技出版社

日本农业渔村文化协会.1977.日本野菜园艺大事典

魏酉荣.1985.花椰菜栽培与良种繁育.天津：天津科学技术出版社

N.W.西蒙兹.赵伟钧等译.1987.作物进化.北京：农业出版社

中国农业科学院蔬菜花卉研究所.1987.中国蔬菜栽培学.北京：农业出版社

蒋先明.各种蔬菜.1989,北京：农业出版社

孙培田等.1991.花椰菜丰产栽培.北京：金盾出版社

中国农业百科全书蔬菜卷编辑委员会.1992.中国农业百科全书（蔬菜卷）.北京：农业出版社

何启伟主编.1993.十字花科蔬菜优势育种.北京：农业出版社

Mark.Bassett 主编.陈世儒主译.1994.蔬菜作物育种学.重庆：西南农业大学出版社

中国农学会遗传资源学会.1994.中国作物遗传资源.北京：中国农业出版社

周长久等.1995.现代蔬菜育种学.北京：科学技术文献出版社

山东省农业科学院.1997.山东蔬菜.上海：上海科学技术出版社

何忠华，孙杨保等.1998.蔬菜优新品种手册.北京：中国农业出版社

中国农业科学院蔬菜花卉研究所.2001.中国蔬菜品种志（下卷）.北京：中国农业科技出版社

J.E.Chauvin，曹鸣庆，杨清.1990.冬花椰菜的小孢子胚胎发生研究.华北农学报.5（3）：48～51

杨清，曹鸣庆.1991.通过花药漂浮培养提高花椰菜小孢子胚胎发生率.华北农学报.6（3）：65～69

罗光霞，李人圭.1991.花椰菜（*Brassica oleraces* L.）雄性不育株和可育株的细胞学及其生理生化研
　　究.华东师范大学学报（自然版）.（3）：91～97

何承坤，李家慎.1991.花椰菜花球发育的解剖学观察.福建农学院学报.20（1）：68～72

李家慎.1991.花椰菜的生长发育动态.长江蔬菜.（4）：4～7

姜平，陈继兵.1992.花椰菜杂种优势利用研究初报.福建农业科技.（5）：17

张振贤，梁书华.1995.食用花菜花球形成的生理基础.植物生理学通讯.31（2）：50～153

钟惠宏，郑向红.1998.国外引进不同花球颜色的花椰菜种质及其初步利用研究.作物品种资源.
　　（1）：41

刘奎彬，方文惠等.1998.花椰菜雄性不育株机制研究初报.天津农业科学.4（3）：1～3

何承坤，李维明.1999.花椰菜异源细胞质雄性不育材料的初步研究.园艺学报.26（2）：125～127

姜平，陈继兵.1999.中熟花椰菜新品种榕花1号的选育.福建农业科技.（6）：10

黄聪丽，朱凤林.1999.我国花椰菜品种资源的分析与类型.中国蔬菜.（3）：35～38

姜平，朱朝辉等.2001.花椰菜异源胞质雄性不育系 C50-2 选育研究.福建农业学报.16（3）：39～41

李远甫，李福等.2002.花椰菜雄性不育系的选育及利用.长江蔬菜.（3）：42～43

赵前程，耿宵等.2002.花椰菜雄性不育系小孢子发育过程及其 POD 活性.华北农学报.17（2）：
　　108～111

孙德岭，赵前程等.2002.花椰菜类蔬菜自交系基因组间亲缘关系的 AFLP 分析.园艺学报.29（1）：
　　72～74

赵升，曹文广等.2003.外源 BoCAL 基因对花椰菜花球形态发生的调节及其遗传.实验生物学报.36
　　（4）：259～263

惠志明，刘凡等.2005.原生质体非对称融合法获得花椰菜与 ogura CMS 甘蓝型油菜种间杂种.中国农
　　业科学.38（11）：2372

宋丽娜，张赛群等.2005.花椰菜自交不亲和性的分子标记研究.厦门大学学报（自然科学版）.
　　140～143

孙德岭.2002.花椰菜育种研究现状及进展探讨.北京：全国蔬菜遗传育种学术讨论会论文集

夏法刚.2002.花椰菜核型分析及单条染色体的显微分离.福建农林大学硕士学位论文

周焕斌.2003.Bt 基因转化花椰菜的研究.华中农业大学硕士学位论文

惠志明.2005.原生质体非对称融合向花椰菜转移 Ogura 萝卜胞质雄性不育性的研究.河北农业大学硕士学位论文

姚星伟.2005.非对称体细胞融合获得花椰菜（*Brassica oleracea* L. var. *botrytis*）与 *Brassica spinescens* 的种间杂种.内蒙古农业大学硕士学位论文

耿建峰,张晓伟,蒋武生.2001.花椰菜新品种豫雪 60 及栽培要点.河南农业科学.（5）：26

黄聪丽,李传勇,潘爱民.2001.花椰菜自交不亲和性的 RAPD 分析.福建农业学报.16（4）：58～61

刘松,宋文芹,赵前程.2002.与花椰菜抗黑腐病基因连锁的 RAPD 标记.南开大学学报（自然科学版）.29（1）：126～128

王春国,宋文芹.2005.花椰菜细胞质雄性不育基因特异 PCR 标记的筛选.遗传.27（2）：236～240

宋文芹.2003.RGA 标记技术在克隆花椰菜抗黑腐病基因中的应用研究.中国细胞生物学会第八届大会暨学术大会论文摘要集.19

张峰,孙德岭.1999.利用 AFLP-银染法筛选与抗甘蓝黑腐病性状连锁的分子标记.南开大学学报（自然版）.32（3）：177～181

张桂华,巩阵辉.2001.农杆菌介导的花椰菜遗传转化体系研究.西北农林科技大学学报（自然科学版）.29（5）：99～102

华学军,陈晓邦,范云六.1992.Bacillus thuringiensis 杀虫基因在花椰菜愈伤组织的整合与表达.中国农业科学.25（4）：82～87

蔡荣旗,孙德岭,赵前程.2000.根瘤农杆菌介导 Bt 杀虫基因对花椰菜的转化初报.天津农业科学.6（4）：9～12

徐淑平,钟仲贤.2002.根瘤农杆菌介导 Bt 基因和 CpTI 基因对花椰菜的转化.植物生理与分子生物学学报.28（3）：193～199

吕玲玲,雷建军,宋明.2004.豇豆胰蛋白酶抑制剂基因转化花椰菜的研究.华南农业大学学报.25（3）：78～82

赵升,曹文广,刘平林.2003.外源 BoCAL 基因对花椰菜花球形态发生的调节以及遗传.试验生物学报.36（4）：259～263

陈银华,张俊红,欧阳波,李汉霞.2005.花椰菜 ACC 氧化酶基因的克隆以及 RNAi 对内源基因表达的抑制作用.遗传学报.32（7）：764～769

A. Femenia1，P. Garosi，K. Roberts，K. W. Waldron，R. R. Selvendran1，J. A. Robertson1. 1998. Tissue-related changes in methyl-esterication of pectic polysaccharidesin cauliflower（*Brassica oleracea* L. var. *botrytis*）stems. Planta. 205；438～444

Bornet B. ，Mullerc，Paulus F. ，Branchard M. . 2002. Highly informative nature of inter simple sequence repeat（ISSR）sequences amplified using tri - and tetra-nucleotide primers from DNA of cauliflower（*Brassica oleracea* var. *botrytis* L. ）. Genome. 45（5）；890～6

Bowman J. L，Alvrez J. D. ，Weigle E. M. . 1993. Control of flower development in Arabidopsis thaliana by APETALAI and interacting genes. Development. 119；721～743

Chunguo Wang，Xiaoqiang Chen，Tianying Lan. 2006. Cloning and transcript analyses of the chimeric gene associated with cytoplasmic male sterility in cauliflower（*Brassica oleranea* var. *botrytis*）. Euphytica. 151；111～119

Kempin S. A. ，Savidge B . ，Yanofsky M. F. . 1995. Molecular basis of the cauliflower phenotype in Arabidopsis. Science. 27；267（5197）522～525

Kristian Thorup-Kristensen1，Riki van den Boogaard. 1998. Temporal and spatial root development of cauliflower

（*Brassica oleracea* L. var. *botrytis* L.）. Plant and Soil. 201：37～47

Ding L. C.，Hu C Y.，Yeh K W.，Wang P J.. 1998. Development of insect-resistant transgenic cauliflower plants expressing the trypsin inhibitor gene isolated from local sweet potato. Plant Cell Reports. 17：854～860

Lee B. Smith1 and Graham J. King. 2000. The distribution of BoCAL-a alleles in *Brassica oleracea* is consistent witha genetic model for curd development and domestication of the cauliflower. Molecular Breeding. 6：603～613

Muhammet Tonguc，Phillp D.，Griffiths. 2004. Genetic relationships of Brassica vegetables determined using database derived simple sequence repeats. Euphytica. 137：193～201

Nasrallah J. B.，Kao T. H.，Goldberg M. L.. 1985. A cDNA clone encoding an S-locus-speci"c glycoprotein from *Brassica oleracea*. Nature. 318：263～267

Nasrallah J. B.，Yu S. M.，Nasrallah M. E.. 1988. The self-incompatibility genes of *Brassica oleracea*: expression, isolation and structure. Proc Natl Acad Sci USA. 85：5551～5555

Prem L.，Bhalla.，Nicole Smith. 1998. Agrobacterium tumefaciens-mediated transformation of cauliflower, *Brassica oleracea* var. *botrytis*. Molecular Breeding. 4：531～541

Purugganan M. D.，Boyles A. L.，Suddith J. I.. 2000. Variation and selection at the CAULIFLOWER floral homeotic gene accompanying the evolution of domesticated *Brassica oleracea*. Genetics. 155（2）：855～862

P. S. Jourdan，E. D. Earle，M. A. Mutschler. 1989. Atrazine-resistant cauliflower obtained by somatic hybridization between *Brassica oleracea* and ATR-B. napus. Theor Appl Genet. 78：271～279

Song-K.，Osborn-T.，Williams-P. H.. 1988. *Brassica taxonomy* based on nuclear restriction fragment length polymorphisms（RFLPs）: 1. Genome evolution of diploid and amphidiploid species. Theor. Appl. Genet. 75：784～794

Song-K.，Osborn-T.，Williams-P. H.. 1988. *Brassica taxonomy* based on nuclear restriction fragment length polymorphisms（RFLPs）: 2. Preliminary analysis of subspecies with in *B. rapa* and *B. oleracea*. 76（4）：593～600

Volodymyr V.，Radchuk1，Ulrich Ryschka，Günter Schumann，Evelyn Klocke. 2002. Genetic transformation of cauliflower（*Brassica oleracea* var. *botrytis*）by direct DNA uptake into mesophyll protoplasts. Physiologia Plantarum. 114：429～438

X. J. Leroy，K. Leon，G. Charles，M. Branchard. 2000. Cauliflower somatic embryogenesis and analysis of regenerant stability by ISSRs. Plant Cell Reports. 19：1102～1107

X. J. Leroy，K. Leon et al.. 2001. Branchard. Detection of in vitroculture-induced instability through inter-simple sequence repeat analysis. Theor. Appl. Genet. 102：885～891

X. J. Leroy，K. Leon and M. Branchard. 2000. Characterisation of *Brassica oleracea* L. by microsatellite primers. Plant Systematics. 225：235～240

蔬菜作物卷

第十二章

青 花 菜

第一节 概 述

青花菜（*Brassica oleracea var. italice* Plenck）为十字花科（Cruciferae）芸薹属（*Brassica*）甘蓝种中以绿色或紫色花球为产品的一个变种，一、二年生草本植物。染色体数 $2n=2x=18$。又名茎椰菜、嫩茎花椰菜、绿花菜、西蓝花、绿菜花，意大利芥蓝，木立花椰菜等。古罗马人开始食用这种长小花球的甘蓝类蔬菜时不分花椰菜和青花椰菜，1829 年英国人 Switzer 才把长黄白色花球的植株叫花椰菜，把主茎和侧枝都能结花球的植株叫青花菜。青花菜的食用部分主要由肉质花茎、小花梗和绿色花蕾群所组成，上部茎秆脆嫩部分也可食用。其花球质地柔嫩、营养丰富，风味清香。据中国疾病预防控制中心营养与食品安全所测定（《中国食物成分表》，2002），每 100g 青花菜可食用花球鲜品含水分90.3g、蛋白质 4.1g、碳水化合物 4.3g、脂肪 0.6g、总维生素 A 1 202μg、胡萝卜素7 210μg、硫胺素 0.09mg、尼克酸 0.9mg、维生素 C 51.0mg、磷 72.0mg、钠 18.8mg、铁 1.0mg、钙 67.0mg、钾 17.0mg、锌 0.78mg、镁 17.0mg 和铜 0.03mg，此外，还含有丰富的叶酸等。青花菜除营养成分齐全、含量高以外，特别值得一提的是青花菜含有一种特殊物质——莱菔硫烷，它是目前公认的防癌和抗癌效果最好的天然产物之一。据梁浩等（2007）研究表明，莱菔硫烷对人肺腺癌细胞 A2 具有明显的抑制作用。青花菜还含有吲哚甲醇，可分解雌性激素，能防止乳腺肿瘤生长；另外，花球内二硫亚铜的含量也较高，该化合物对各种癌症也有较好的预防和治疗作用。目前，一些发达国家正在进行食用青花菜预防癌症的专题研究。此外，青花菜还具有较强的美容作用，可延缓皮肤衰老。青花菜可炒食、煮食、凉拌，也可加工成脱水菜，或用于速冻、罐藏和腌渍。

青花菜是欧美和亚洲许多国家的重要蔬菜，近 10 年来中国青花菜的种植面积也逐年增加，其中台湾省栽培较为普遍，内地其他各省（区、市）大中城市近郊均有种植。最近几年由于青花菜出口量渐增，浙江、云南、甘肃等省的蔬菜生产基地开始成片规模种植，故青花菜生产规模正在逐步扩大和发展。

美国、英国、日本、荷兰、法国、韩国等国家十分重视青花菜种质资源的收集、保存和研究。青花菜野生种主要分布于地中海沿岸，在欧洲和北美通过人工选择已形成了适应当地消费和具有地方特色的品种。目前，美国共已收集青花菜种质资源材料 60 份。据欧洲芸薹属数据库（The ECP/GR *Brassica* Database，2007）的资料显示，欧洲收集、保存的青花菜种质计有 488 份。

中国青花菜栽培历史短，种质资源收集整理及新品种育种研究起步晚，被列入《中国蔬菜品种资源目录》（第一册，1992；第二册，1998）的青花菜种质资源只有 4 份。

第二节　青花菜的起源与分布

一、青花菜的起源

前人的研究结果表明，青花菜起源于地中海东部沿岸地区，最初由罗马人将其传入意大利。一般认为，青花菜更接近于甘蓝的其他类型，由一种野生甘蓝 *B. cretica* 演化而来。关于青花菜最早的文字记载，始见于公元前的希腊和罗马文献，罗马人 Cato 提及的散花甘蓝（Sprouting form of cabbage）可能就是青花菜的原始类型，当时的 Pling 在"Natural History"一书中，首次提到了花球的类型。12 世纪和 13 世纪的西班牙藉阿拉伯人 Iban‑al‑Awan 和 Iban‑al‑Baithar 提到过散花与花球的区别，他们描述的 quarnabit 即相当于现代阿拉伯语中的花椰菜一词，他们还称此作物为叙利亚甘蓝（Syria cabbage）或摩塞尔甘蓝（Mosel cabbage）（Mosel 为伊拉克北部一城市），然而当时对青花菜与花椰菜的区分是不明确的（《中国作物遗传资源》，1994）。据米勒著《园艺学辞典》（1724）记载，1660 年已有"嫩茎花菜"和"意大利笋菜"等名称，与花椰菜名称相混淆。瑞典生物学家林奈（Carl von Linne，1701—1778）将青花菜归入花椰菜类。法国人 Lammark 也将青花菜视为花椰菜的亚变种，将其定名为 *B. oleracea* var. *botrytis* L. subvar. *cymosa* Lam. 直到1829 年英国人 Switzer 才把将青花菜从花椰菜中分出（《中国农业百科全书·蔬菜卷》，1990），把生长黄白色花球的植株叫花椰菜，把主茎和侧枝都能结花球的植株叫青花菜，定名为 *B. oleracea* L. var. *italica* Plenck。现在普遍认为青花菜是平行于花椰菜的变种。据记载，意大利率先盛行栽培青花菜，19 世纪初传入美国，并先后扩展到欧美一些国家和日本、韩国等亚洲国家。进入 20 世纪 50 年代后，青花菜在世界上渐受欢迎，其生产和销售发展有超过花椰菜的趋势。19 世纪末或 20 世纪初青花菜传入中国，当时仅在香港和广东、台湾省等地种植，直到 20 世纪 80 年代初开始在上海、福建、浙江、北京、云南等省、直辖市引种成功（《中国农业百科全书·蔬菜卷》，1990），当时还是作为一种特菜种植，后逐渐被人们广泛食用，近年来中国南、北方大中城市郊区栽培面积逐步扩大，发展前途非常广阔。

二、青花菜的分布

由于青花菜具有较广泛的适应性和较高的经济及食用价值，故其栽培历史虽短，但发展很快。目前英国、法国、意大利、荷兰、美国、日本、巴西、日本、韩国等都广泛种植。如近年来美国的青花菜种植面积不断增加，大大超过了花椰菜。中国的台湾、广东、云南、福建、浙江、甘肃、湖北、河北、山东、安徽、江苏、河南、辽宁、陕西、山西各省以及北京、上海、天津、深圳等大中城市都普遍种植。尤其是在台湾、浙江、云南、福建、甘肃、山东、北京、上海等地已形成了年种植规模达几百公顷乃至上万公顷的生产基地，如浙江省临海生产基地每年成片规模种植达 1 万 hm² 以上。

第三节　青花菜的分类

一、植物学分类

青花菜的植株形态和花球的颜色都有明显差异，按照植株形态和花球的颜色来分，青花菜有青花、紫花、黄绿花三种类型。Gray（1982）基于紫花菜和青花菜亲缘相近，认为青花菜是从紫花菜颜色发生突变而来。大多数文献把花椰菜类蔬菜定为甘蓝种中的两个变种，即花椰菜变种（*Brassica olerecea* var. *botrytis* L.）和青花菜变种（*Brassica olerecea* var. *Italia* P.），紫花菜也被归类于青花菜变种内。孙德岭等（2002）采用 AFLP 分子标记技术研究了花椰菜类蔬菜基因组亲缘关系，结果表明：白、绿、紫、黄四种颜色的花椰菜类蔬菜其遗传同源性较高，它们亲缘关系较近，而紫花菜与青花菜尽管表现出较近的亲缘关系，但它们基因组各自独立聚为一个亚群，故认为紫花菜在分类地位上与青花菜和花椰菜一样，应列为独立的变种更为合理。不过，关于青花、紫花、黄绿花三种类型之间进化关系的研究至今报道较少，还缺乏充足的依据，仍需要做进一步深入的研究和探讨。

（一）青花类型

叶缘多具缺刻，叶身下端的叶柄处多有下延的齿状裂叶，叶柄较长。主茎顶端的花球为分化完全的花蕾组成的青绿花蕾群、与肉质花茎和小花梗组合而成。叶腋的芽较活跃，主茎顶端的花球一经摘除，下面叶腋便生出侧枝，而侧枝顶端又生小花蕾群，因此，可多次采摘。花球颜色有浅绿、绿、深绿、灰绿等。为中国和世界各地栽培最普遍，面积最大的一种类型。

（二）紫花类型

该类型栽培面积较少（参见第十一章，第三节）。

（三）黄绿花类型

该类型栽培面积很少（参见第十一章，第三节）。

二、栽培学分类

（一）按花球形状分类

可分为半圆球型、扁圆球型、扁平球型和宝塔型（尖型）4 种类型（图 12-1）。

1. 半圆球类型　花球高圆球形或半圆形，花球紧实、圆整、表面平整，花蕾紧密，蕾粒细，主花球横径与纵径基本相近，茎秆粗，单球重，品质好。这类品种多表现为中

图 12-1 青花菜的花球类型

1. 半圆球型 2. 扁圆球型 3. 扁平球型 4. 塔型（尖型）

熟、中晚熟或晚熟。代表品种有优秀、蔓陀绿、中青 8 号、绿宝 2 号等。

2. 扁圆球类型 花球扁圆球形，花球紧实、较圆整、表面平整，花蕾较紧密，主花球横径中等，单球较重，品质较好。这类品种多表现为中早熟、中熟或中晚熟。代表品种有马拉松、玉皇、绿秀、中青 2 号、上海 2 号等。

3. 扁平球类型 花球扁平形，花球不紧实、不太圆整、表面较平整或不平整，花蕾不紧密，主花球横径较大，纵径小，球不厚，品质一般。这类品种多表现为早熟、中早熟或中熟。代表品种有里绿、万绿 320、玉冠西蓝花等。

4. 宝塔型类型（Romanesco） 花球呈宝塔形，花球紧实、表面为黄绿色，花球由许多尖形小球组成，花蕾紧密，肉质细嫩，主花球纵径一般大于横径，茎秆粗，单球重，品质好。代表品种有 Celio 和 Navona 等。

（二）按栽培季节分类

按适宜栽培的季节，一般可分为春青花菜、秋青花菜、春秋兼用类型、秋冬青花菜 4 种类型。

1. 春青花菜类型 指适宜在冬末初春播种育苗而在春季栽培的类型。其特点是冬性较强，幼苗在较低温度条件下能正常生长，而在较高气温下形成花球，但抗病抗热性较差。代表品种有绿宋、绿皇、优美、青绿等。

2. 秋青花菜类型 指适宜在夏末播种育苗而在秋季栽培的类型。其特点是抗病抗热性较强，幼苗在较高温度条件下能正常生长，而在较低气温下形成花球。代表品种有中青7号、青丰、上海2号、中青1号等。

3. 春秋兼用类型 指春、秋季均能栽培的品种。该类型品种适应性广，冬性较强，抗病、抗热性也较强、幼苗在较高或较低温度条件下能正常生长和结球，代表品种有优秀、中青8号、中青2号、绿秀、东方绿莹等。

4. 秋冬青花菜类型 指在浙江、云南省等地区用于越冬栽培的青花菜品种。该类型品种一般在8月或9月上旬播种，第二年2月前后收获。抗寒性强，能耐短期－1～3℃的低温。代表品种有绿带子、绿雄90、圣绿、马拉松、碧绿1号等。

（三）按生育期分类

依生育期长短及花球发育对温度的要求，又可将青花菜划分为早熟、中熟、晚熟种3种类型。

1. 早熟品种 定植后50d左右成熟的称为极早熟品种；定植后60d左右成熟的称为早熟品种。生产上推广应用的主要品种有：中青1号、中青2号、中青5号、中青7号、绿宝2号、碧松、碧杉、上海1号、上海2号、翠光、加斯达、早绿、万绿320、玉冠西兰花等。

2. 中熟品种 定植后75d左右成熟的称为中熟品种，又可分为中早熟、中熟和中晚熟3个类型。生产上推广应用的主要品种有：优秀、中青8号、圳青3号、青丰、绿公爵、詹姆、绿秀、斯力梅因、哈依姿、绿宇、佳绿等。

3. 晚熟品种 定植后85d以上成熟的定为晚熟品种。又可分为晚熟和极晚熟两个类型，生产上推广应用的主要品种有：绿宝3号、碧绿1号、马拉松、绿雄90、圣绿、玉皇、大力、神力等。

第四节　青花菜的形态特征与生物学特性

一、形态特征

（一）根

青花菜主根基部粗大，根系发达，为主根、侧根及在主、侧根上发生的许多须根形成的网状结构，主要根群分布在30cm耕作层内，尤以20cm以内最多，根系横向伸展半径在40cm左右。由于主根不发达，根系入土较浅，易倒伏，抗旱、抗涝能力较差，因此要求在地势较高且灌溉条件较好的土壤条件下栽培。青花菜的根系再生能力强，断损后容易出生新根，故适合育苗移栽。

（二）茎

青花菜的茎分为短缩茎和花茎（图12-2），营养生长期茎短缩，后期茎较粗、长，一

图 12-2 青花菜的茎

1. 短缩茎 2. 花茎

般粗 3～7cm，长 25～45cm（因品种而异）。阶段发育完成后抽生花茎。大多数品种茎上腋芽在生长发育中后期即可萌发并形成数个侧枝，主花球收获后，各侧枝顶部又能结出侧花球，因此可多次收获。侧枝的多少因品种而异，一般在 2～8 个之间。按腋花芽活动能力的强弱，可分为主枝型和侧枝型，主枝型品种只有主茎而无侧枝，侧枝型品种则除主茎外，还有侧枝，最多可达 20 余个（图 12-3）。青花菜的主茎有空心和实心两种，而主茎的空心程度因品种不同而差异较大（图 12-4）。生产上青花菜多采用主茎为实心的品种。

图 12-3 青花菜的侧枝

1. 无侧枝 2. 侧枝多

（三）叶

青花菜的外叶着生于主茎上，心叶中间着生花球。根据外叶生长的角度而形成不同的株型，一般有半开展、半直立、直立等（图 12-5）。植株高度因品种不同而异，一般为

图 12-4　青花菜的主茎空心程度

1　　　　　　　　　　2　　　　　　　　　　3

图 12-5　青花菜的株型
1. 半开展　2. 半直立　3. 直立

60～85cm，有的可高达 100cm 以上。植株开展度因品种不同也差异很大，一般为 55～80cm 之间，有的高达 95cm 以上。从第一片真叶到最后一片心叶，总叶片数约18～28 片，但近底层的叶片易脱落，只留下 15～20 片叶作为营养叶簇，为花球的生长制造养分。

青花菜的叶色和叶形因品种不同差异很大（图 12-6），叶色主要有浅绿、绿、蓝绿、灰绿、深灰绿等，叶形有细披针形、披针形、卵圆形、长卵圆形等。幼龄叶片一般平滑，成熟叶叶面或光滑、或微皱、或有皱褶（图 12-7）。叶柄明显，其断面形状因品种而异，有扁平、半圆或圆形等（图 12-8），叶柄上带有叶翅，或不带（图 12-6）。外叶长度和宽度品种间差异很大，一般最大叶长为 50～70cm，有的可达 90cm 以上，最大叶宽为 20～30cm，有的可达 35cm 以上。叶片顶部尖、钝圆、平或凹（图 12-7），叶缘有全缘、浅裂和深裂，或波浪状（图 12-7）。叶面覆盖白色蜡粉，一般蜡粉越多，越耐旱、耐热。

（四）花球

花球是青花菜的营养贮藏器官，也是食用器官。主花球着生在主茎顶端。花球由肥嫩的主轴和 40～50 个肉质花梗组成；一个肉质花梗具有若干个 3～4 级花枝组成的小花球体。正常花球呈半球形，表面呈颗粒状，平整、较平整或不平整。花球质地有粗、中、细等（图 12-9）。花球为浅绿、绿、深绿、灰绿、浅红、紫红、深紫、灰紫、紫色、浅黄、

图 12-6　青花菜的叶色和叶形

（上图为不同叶色，下图为不同叶形）

图 12-7　青花菜的叶面光滑程度和叶片顶部形状

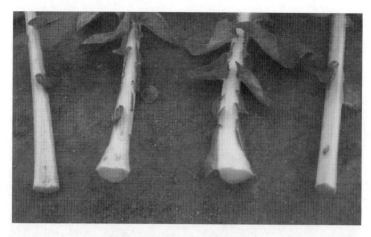

图 12-8　青花菜的叶柄形状

图 12-9　青花菜的花球质地

图 12-10　花球颜色

黄绿、黄等颜色（图 12-10）。花球形状多样，有半球形、扁圆球形、扁平球形等形状（图12-1）。花球内一般无莶叶，但有的品种有莶叶（图 12-11）。青花菜侧枝萌发力较强，主花球收获后，一般每个叶腋间均能生出多级侧枝，各侧枝顶部都能结出侧花球，因此可多次收获。但侧花球明显小于主花球。

图 12-11　花球莶叶

（五）花

青花菜的花球，其花枝顶端可继续分化形成正常花蕾，此后各级花枝伸长，开始抽薹开花（图12-12）。各级花枝上的花由下而上陆续开放，但只有部分花枝顶端能正常开花，多数花枝则逐渐干瘪或腐败。整个花期约持续 20～25d。青花菜为复总状花序，完全花，包括花萼、花冠、雌蕊、雄蕊、蜜腺几个部分，花萼绿或黄绿色，花冠黄或乳黄色，花色有白、淡黄和黄等。开花时 4 个花瓣呈十字形排列，花瓣内侧着生 6 个雄蕊，其中两个较短，4 个较长，每个雄蕊顶端着生花药，花药成熟后自然裂开，散出花粉。青花菜为典型的异花授粉作物，在自然条件下，靠昆虫作传媒。

柱头和花粉的生活力，以开花当天最强。但柱头在开花前 4～5d 和开花后 2～3d 都可受精。花粉在开花前 2d 和开花后 1d 都有一定的生活力。如果将花药取下贮存于干燥器内，在干燥、室温条件下，花粉生活力可保持 3d 以上，在 0℃以下的低温、干燥条件下可保持 30d 以上。授粉时的最适温度为 15～20℃，低于 10℃花粉萌发缓慢，高于 30℃则将影响

图 12-12　青花菜抽薹开花

正常受精。

（六）果实与种子

青花菜果实为长角果，扁圆筒形，表面光滑，长约 4～7cm，有柄，先端喙状，成熟时纵向爆裂为两瓣，在膜胚座两侧着生种子，呈念珠状，种子圆形，浅褐色至灰褐色。每个角果含种子 10 余粒，千粒重 3.5～4.0g。

青花菜种子在授粉后 45d 左右成熟，一般在高温条件下种子成熟快一些，温度较低时成熟慢一些。种子保存时间的长短与环境温度和湿度有密切关系。在室温条件下，北方干燥地区，充分成熟的种子一般可保存 2～3 年；在温度度高、湿度大的南方可保存 1～2 年。在良好保存条件下（干燥器或密封罐内）保存 8～10 年的种子仍可有相当高的发芽率。在低温、干燥、密封的条件下保存时间可达 15 年以上。

二、生物学特性

（一）生育周期

青花菜为一、二年生绿体春化型植物，其生育周期可分为营养生长和生殖生长两个时期，生长发育过程与结球甘蓝大体相同，但对发育条件不像结球甘蓝那样要求严格，在营养生长过程中，发芽期、幼苗期、莲座期与结球甘蓝相似，结球甘蓝在莲座期结束后进入结球期仍为营养生长，但青花菜在莲座期结束时主茎顶端发生花芽分化，继而出现花球即进入生殖生长期，青花菜的花芽发育程度高，一直分化到性器官形成期才停止，这时可供食用花球的花芽正处雄蕊形成期，花蕾已有米粒大小。

在适宜的气候条件下，青花菜于第一年形成叶球，完成营养生长，经过一定的低温完成春化阶段，当年或至翌春通过光照阶段，随即形成生殖器官而开花结实，并完成从播种到收获种子的生长发育过程。营养生长期又可分为发芽期、幼苗期、莲座期和结球期，前两期主要进行营养器官的生长，莲座期则同时进行营养生长和生殖器官生长；生殖生长期又可分为抽薹期、开花期、结荚期。

1. 营养生长期

（1）发芽期 从播种到第一对基生真叶展开，与子叶垂直形成十字形时为发芽期。发芽期的长短因季节而异，夏、秋季节 7～10d，冬、春季节 15～20d。

（2）幼苗期 从第一片真叶展开到第一叶环形成。此期需时间长短与不同品种的熟性、所处环境条件密切相关。冬、春季需 50～65d，而夏、秋季需 25～35d。

（3）莲座期 从第二叶环出现至莲座叶全部展开，开始结花球为莲座期。经历时间长短因品种和栽培季节而异，春季需 30～50d。秋季需 45～90d。

（4）结球期 从开始现花球至花球适宜商品采收时为结球期，经历时间长短因品种和栽培季节而异，春季需 15～20d，秋季需 20～35d。

2. 生殖生长期

（1）抽薹期 从花球边缘开始松散至花茎伸长为抽薹期，北方需 10～15d。

（2）开花期 从始花到终花时为开花期。依品种的不同，花期长短不一，群体花期一般 25～40d。

（3）结荚期 从谢花到角果黄熟时为结荚期，一般 45～55d。

（二）对环境条件的要求

1. 温度 青花菜喜温和冷凉的气候，但对寒冷和高温有一定的忍耐能力。一般在 15～25℃的条件下最适宜生长。但在各个生长时期对温度的要求也有一定差异。种子发芽温度范围为 10～30℃，在 3～5℃条件下能缓慢发芽，最适发芽温度为 20～25℃。幼苗期生长适温为 20～25℃，能忍耐短时间 0～-5℃的低温而不受冻害。莲座期生长适温为 15～20℃，高于 26℃造成植株徒长，推迟显球。花球发育适温为 15～18℃，温度低于 5℃以下，花球生长缓慢，能忍耐短时间的 0～-3℃低温，温度过高，则花球发育不良，花球大小不匀，品质变劣；炎热干旱时，花蕾易干枯或散球，或者抽枝开花。开花结荚期生长适温为 18～22℃。开花时如遇连续几天 30℃以上高温，则会对开花、受粉、结荚造成不良影响。根系生长所要求最低温度为 5℃，最适温度为 20℃，最高温度不超过 30℃。

青花菜属于低温长日照植物，对环境条件的要求比较严格，但它对春化作用所需温度条件并不严格。品种不同、苗龄不同则植株完成春化对外界温度的要求也不同。一般早熟品种茎粗达 3.5mm，在 10～17℃温度下，20d 左右完成春化；中熟品种茎粗达 10mm，5～0℃，20d 左右完成春化；晚熟品种茎粗达 15mm，2～5℃，30d 左右完成春化。

2. 光照 多数品种对日照长短要求不严格，但有些品种只能在长日照下形成花球，短日照下不形成花球。青花菜喜充足的光照，光照充足有利于植株形成强大的营养体，利于养分的积累，使花球紧实致密，颜色鲜绿，产品质量好。光照不足，则易使植株徒长、花茎伸长，花球颜色变淡发黄，品质降低，但光照过强也不利于青花菜的生长发育。

3. 水分 青花菜根系分布较浅，植株高大，外叶也大，水分蒸发量多，耐旱、耐涝能力都较弱，因此对水分要求比较严格，要求湿润的栽培条件，尤其以对土壤湿度要求严格，一般在 70%～80% 的土壤相对湿度下生长良好。如果空气干燥，土壤水分不足，则会造成生长缓慢，结球延迟。干旱时，花蕾易干枯或散球。但青花菜也不耐涝，如雨水过多，土壤排水不良，往往会使根系受渍而变褐死亡。结球期雨水过多，土壤长期过湿，花球易霉烂，也易发生霜霉病、黑腐病，故在遇暴雨后应及早排除积水。

4. 土壤与营养 青花菜喜肥、耐肥，适合在有机质丰富、疏松肥沃、土层深厚、保水保肥力强、排灌方便、pH5.5～6.5 的微酸性壤土地块栽培。土壤瘠薄，植株生长不良；土壤过肥，会使植株徒长，花茎空心。

青花菜对土壤养分要求较严格，生长过程中，需要充足的肥料，尤其需要充足的氮素营养，但施氮肥不要过多，过多的氮肥容易引起植株腐烂和推迟收获期。生长的中后期即花芽分化和花球形成和膨大阶段还需要大量的磷钾肥，一般主花球达到 10 500kg/hm²，需氮 16kg、磷 20kg、钾 16kg。另外，青花菜对硼、钼、镁等微量元素有特殊需求，在生长期间如果缺硼，常引起花茎中心开裂、空心或花球表面变褐、味苦等症状；如果缺钼或缺镁，则叶片会失去光泽变黄色，植株发育不良。

第五节　青花菜的种质资源

一、概况

青花菜野生种主要分布于地中海沿岸，在欧洲和北美通过人工选择已形成了适合当地消费和具地方特色的品种。目前，在美国共收集有青花菜种质资源材料 60 份，其中 25 份来自意大利，2 份来自日本，1 份来自中国台湾省，9 份来自英国，5 份来自美国当地。中国青花菜栽培历史短，种质资源收集整理及新品种育种研究起步晚，被列入《中国蔬菜品种资源目录》（第一册，1992；第二册，1998）的青花菜种质资源只有 4 份，在中国作物种质信息网中，尚未对青花菜收集材料作登记。中国开展青花菜品种资源的收集、引进、评价及新品种选育，始于 20 世纪 80 年代初。1986—1993 年"青花菜新品种选育及配套栽培技术"被列为农业部"七五"、"八五"重点科技研究项目，期间在中国农业科学院蔬菜花卉研究所的主持下，与福建省厦门市农业科学所、北京市农林科学院蔬菜研究中心、上海市农业科学院园艺所、广东省深圳市农业科学研究中心蔬菜研究所等单位联合攻关，从国外引进一批青花菜种质资源，但引进的种质资源主要是一代杂种。这些杂交种经过多代自交和定向选择，已获得了一批优良的自交系或自交不亲和系，并用于配制杂交组合，育成了 10 余个新品种。如中国农业科学院蔬菜花卉研究所 1985—2007 年，先后从国内外引进青花菜种质资源 1 000 余份，其中 1985—1995 年 417 份，已育成 8589 - 1 - 1、8590 - 1 - 1、8551 - 1 - 1、8588、8519、8554、86101、86104、90196、93213、93219 等 30 余份优良的青花菜自交不亲和系或自交系，并利用自交不亲和系选育出中青 1 号、中青 2 号等一代杂种。福建省厦门市农业科学研究所、北京市农林科学院蔬菜研究中心、上海市农业科学院园艺研究所、广东省深圳市农业科学研究中心蔬菜研究所、江苏省农业科学院蔬菜研究所也先后育成了一批优良的自交系或不亲和系，并育成绿宝 1 号、碧杉、碧松、上海 1 号、上海 2 号、圳青 1 号、青丰等 10 余个一代杂种。20 世纪 90 年代以来，细胞质雄性不育源（CMS）在青花菜育种上的应用成为研究重点，并成为青花菜杂交制种的主要方法。上述单位先后从美国、德国、荷兰等国引进细胞质雄性不育源（CMS），经多代回交转育，先后育成了一批优良的细胞质雄性不育系，并育成中青 5 号、中青 7 号、绿宝 2 号、碧绿 1 号等杂交新品种。

二、抗病种质资源

影响青花菜生产的主要病害为病毒病（TuMV 等）、黑腐病（*Xanthomonas campestris* pv. *campestris*）、霜霉病（*Peronospora parasitica*）、软腐病（*Erwinia carotovora* pv. *carotovora*）等，目前主要的抗病种质资源有：

1. 抗源材料 8551　由中国农业科学院蔬菜花卉研究所育成。抗兼抗黑腐病，外叶数 8～10 片，株高 52.9cm，开展度 60.4～60.9cm，主花球高 15.3cm，球重 0.25kg，花球质地较细、紧、浓绿。

2. 抗源材料 8519　由中国农业科学院蔬菜花卉研究所筛选而成。抗 TuMV 耐黑腐病，外叶数 12～14 片，株高 57.6cm，开展度 56.5～57.5cm，主花球高 14.9cm，球重 0.20kg，花球质地细、较紧、浅绿。

3. 自交不亲和系 86-9-①-2-2-3　天津市农业科学院蔬菜研究所从日本进口品种绿峰经自交分离、定向选择而成。植株长势强，成熟期 65d，中大花球、扁圆形，花蕾中等大小，深灰绿色，紧实，经苗期人工接种表现抗 TuMV 和黑腐病。

4. 自交不亲和系 91-1-①-2-1　天津市农业科学院蔬菜研究所从日本引进的中熟品种绿王经自交、分离、筛选而成。植株生长势旺盛，成熟期 70d，小花球，中大花蕾，较紧实，灰绿色，半圆形，抗 TuMV，轻感黑腐病。

此外，还有中青 5 号 F_1、中青 7 号、中青 8 号 F_1：田间表现高抗病毒病和黑腐病，苗期人工接种结果，高抗 TuMV（芜菁花叶病毒），抗 CMV（黄瓜花叶病毒）；碧绿 1 号（B1）、沪绿 2 号、绿宝 3 号、青峰、圳青 3 号、中青 1～3 号 F_1、绿宝 F_1：田间表现高抗病毒病和黑腐病；中青 6 号、上海 3 号：抗病毒病和黑腐病；玉冠 F_1、里绿、蔓陀绿 F_1：具有较强的抗病性；绿秀：抗黑腐病、霜霉病、软腐病能力强；克林珀（快马）F_1：耐霜霉病；绿莲 F_1、碧秋 F_1、上海 2 号 F_1：抗芜菁花叶病毒（TuMV），耐黑腐病；以及碧玉 F_1、马拉松、碧松 F_1、东方绿莹等。

三、抗逆种质资源

青花菜各种抗逆种质资源主要性状包括：根系发达，抗倒伏能力好；畸形花球少；耐寒性强，遇低温时，不出现紫球现象，花球能保持绿色，适宜于春、夏季露地栽培和冬季保护地栽培；耐热性强，耐渍能力也强，适宜于晚春、夏季露地栽培；适应性广，抗逆性强，广泛适于露地或保护地栽培等。

1. 抗热材料 Ky-29A　外叶数 18 片，株高 28.55cm，球高 14.4cm，球重 0.23kg，收获率 75%。

2. 自交系 B8989-2　由中国农业科学院蔬菜花卉研究所育成。田间表现较耐寒，抗病性较强，定植后 60d 左右可收获，花球紧密、蕾粒细，球重 0.5kg 左右。

3. 自交系 B8590-2　由中国农业科学院蔬菜花卉研究所育成。田间表现较耐热，抗病性较强，定植后 60d 左右可收获，花球较紧密、蕾粒较细，球重 0.5kg 左右。

此外，还有申绿 2 号：遇到低温时，不出现紫球现象；大丽绿菜花：耐低温；金针 1 号：耐寒性好，低温时花球保持绿色，根系发达，抗倒伏能力好；晚生圣绿（原名 N.180）、圣绿（原名 N-81）：抗寒性强；绿带子 F_1：侧枝发生多；碧杉 F_1：抗逆性强，适应性广，露地、保护地均可栽培；伴侣：为极优的高冷地夏季栽培品种，产品采收期田间保持力强；翠光 F_1：极早熟，花球浓绿不易变黄，耐热性强，可密植，适宜夏季栽培；斯力梅因：耐寒性强，适合春、秋露地和冬季保护地栽培，畸形花球少，商品率高；哈依姿：耐寒、耐热性均强，栽培适应性广，可晚春早夏露地栽培，又可秋冬保护地栽培；加斯达 F_1：极早熟，耐热、抗病力强，容易栽培，适宜于晚春、夏季露地种植；夏丽都 F_1：耐寒性强，适宜秋季栽培；斯力梅因：耐寒性强，适宜春、夏露地栽培和冬季保护地栽培；詹姆 F_1：花球整齐度好，适于机械化栽培，一次性收获，耐贮藏运输，抗逆性强，适宜露地和保护地栽培；绿皇 F_1：耐热性强，适应性广，可春、秋两季露地栽培；上海 1

号：耐寒性强，但不耐热，适于 7 月下旬以后播种栽培；早青 F₁：耐热性强；闽绿 1 号 F₁：耐寒、耐渍能力较强，在福建地区可于 9 月至翌年 3 月栽培。

四、优异种质资源

1. 优秀　日本坂田公司育成的春秋两用品种。具有早熟、植株长势旺、抗性强、花球品质优、出口合格率高等特点，是目前比较理想的早熟类型青花菜品种。植株直立、高大，高约 60cm，开展度 50cm，易倒伏。叶色深绿，叶数 18～20 片。花球圆头形、鲜绿、紧实，球重约 0.35kg，蕾粒细小。早熟，从定植到 50% 花球采收 65d 左右。耐寒性强；抗病性好，较抗霜霉病和黑腐病。对温度、湿度巨变不敏感，叶片不失绿发白，花茎不易中空。

2. 哈依姿　从日本引进。中早熟，生育期 105d 左右。株高 45～50cm，植株生长势强，侧花枝多。叶片长卵圆形，灰绿色，被覆蜡粉。主花球扁圆形，直径 15cm 左右，花球紧实度中等，花蕾小，绿色，球重 0.45kg，品质好。耐热、耐寒性均强，适应性广，除了可在春、夏季露地栽培和秋冬保护地栽培外，还可以在晚春和初夏露地栽培。产量约 15 000kg/hm²。

3. 捷保鲜 2 号　中熟，定植后 70d 左右可收获。花球高拱形，花蕾细腻，颜色青绿，单球重 0.40～0.50kg。抗霜霉病，抗连续阴雨，不易黄化，低温时蕾色能保持青绿。植株紧凑，可以密植。

4. 东京绿（宝冠）　由日本引进的一代杂种，生育期 95d 左右，从定植至初收约 65d。花球半圆形，直径 14cm 左右，花茎短，花蕾层厚，细密、紧实，花蕾中等大小，浓绿色，品质优良。主花球重 0.4kg 左右。抗病性、耐热性、耐寒性均强，适应性广。适宜鲜销或速冻加工。

5. 绿雄 90　从日本引进。中熟，株高 65～70cm，开展度 40～45cm，叶挺直而窄小，叶数 21～22 片。球圆整、蘑菇形、蕾中细、色深绿。作保鲜栽培小花球约 0.30kg；作普通栽培大花球可达 0.75kg，直径 15～18cm。产量约 15 000kg/hm²。耐寒性强，耐阴雨，连续 7～8d 阴雨花蕾不发黄。较抗霜霉病，高抗花球褐斑病，不抗黑腐病。适宜加工用。

6. 绿峰　从泰国引进。早熟、抗病、商品性好、耐热性强。植株生长势强，叶面蜡粉较多。主花球生长期间侧枝少，主花球采收后侧枝花球发生快，花蕾粒细密，球径16～22cm，球重 0.40～0.60kg，花球蓝绿色圆球形，商品性好。早熟，定植后 55～60d 可收获。耐热、抗病。早秋保护地栽培，产量 16 500～21 000kg/hm²。

7. 绿洋　从美国引进的一代杂种，是目前广西自治区主栽品种之一。株型矮，适宜密植，生长迅速。花球紧密而浓绿，球大、品质优、外观好，不易黄化，花球直径 15～25cm，重 0.40～0.60kg，再生芽大。商品性好。中早熟，从定植到采收约 60d 左右，从现蕾至采收一般为 13d。较耐热耐寒，适应性广，抗病。主花球产量 18 000～30 000 kg/hm²。

8. 绿岭　从日本引进的一代杂种，生育期为 105～110d，由定植至采收，春、秋露地栽培为 60～80d，冬、春保护地栽培为 45～60d。植株体较大，生长势强，株型紧凑，侧枝发生数量中等，可作为顶、侧花球兼用种。叶片浓绿肥厚，蜡粉多。花球半圆形，大而整齐，花蕾层厚，花蕾中等大小、排列紧密、不易散花，色泽艳绿，外形美观，球重0.5kg左右，品质优。耐霜霉病和黑腐病，耐寒，适应性广，可春、秋季露地栽培和冬季、早春保护地栽培。主花球产量 10 500～12 000kg/hm²。

9. 绿秀　适宜鲜食及冷冻加工的优良品种。株型直立，株高约50cm，少有侧枝，茎不空心。主花球直径 12～14cm，整齐，深绿色，蕾粒致密细嫩，球重 0.40～0.50kg。耐寒、耐湿、抗风、抗病、品质好。

10. 绿公爵　山东省烟台市农业科学研究所选育。植株生长势强，半开张形，较紧凑，叶色深绿有蜡质，花球紧密高圆。春秋季均可栽培，定植后 70d 左右即可采收，花球重 0.5kg。适应性强，耐寒、抗热及抗病能力强。

11. 黄冠　花蕾为黄色的青花菜品种。植株生长势强，株型直立，叶片绿色。花球为圆球形，花蕾坚实致密。

12. 绿丰　由韩国引进。中早熟，从定植到收获 60～65d。株型直立，侧枝极少，适宜密植。花蕾密集，呈绿色，球重 0.2～0.3kg，品质好，抗热性、抗病能力强。

13. 绿彗星　从日本引进。早熟，从播种到收获 90d 左右，从定植至初收约 50d。株型直立，生长势很强，花球紧密，浓绿色，整齐度好，直径约 17cm，花蕾中等大小，单球重 0.4kg。花球风味好，品质上等，耐贮藏。适宜春、秋季栽培。

五、特殊种质资源

1. 不育源 94175　由中国农业科学院蔬菜花卉研究所从美国引进的经二代改良的萝卜细胞质雄性不育源，其外叶绿色，苗期低温下叶色不黄化，且能正常生长。不育性稳定，不育率及不育度均达 100%。雌蕊结构正常，但蜜腺较小，结籽较差。目前未能用于育种实践。

2. 不育系 8554　中国农业科学院蔬菜花卉研究所育成的青花菜优良细胞质雄性不育系。其外叶深灰色，苗期低温下叶色不黄化，且能正常生长。不育性稳定，不育率及不育度均达 100%。蜜腺较大，雌蕊结构正常，结籽较好。具有良好的配合力，目前已用于品种选育。

3. 不育系 8590　中国农业科学院蔬菜花卉研究所育成的优良显性细胞核雄性不育系。其外叶深灰色，苗期低温下叶色不黄化，且能正常生长。不育性稳定，不育率及不育度均达 100%。蜜腺大，雌蕊结构正常，结籽好。具有良好的配合力，目前已用于育种。

4. 不育源 92-08　由华南农业大学引进的萝卜细胞质雄性不育性转育而成的青花菜细胞质雄性不育系，其外叶蓝绿色，苗期低温下叶色稍浅但不黄化，且能正常生长。不育性稳定，不育率及不育度均达 100%。蜜腺稍小但健全，雌蕊结构正常，结籽良好。

5. 不育系 BC7-19　由华南农业大学育成。具有稳定的不育性，在低温（12℃以下）下叶片不表现黄化，蜜腺绿色、雌蕊正常、结实率高。株高 41.0cm，最大叶长 23.8cm，花球绿色，球径 12.8cm，球重 0.22kg。

6. 绿宝塔　从荷兰、法国引进。花球呈塔尖形，经速冻或加热鲜食，颜色更加碧绿，是替代普通青花菜的高档特色良种。绿宝塔青花菜因品种不同，生育期各异，一般为90～120d。花芽分化时植株需具有 10～13 片叶，基茎粗 1cm 以上，其春化低温感应温度在

16～20℃时需 15～20d。植株定植后，只有营养体达到花芽分化标准时，花球形成才能大而早。春秋两季均可栽培。

7. 紫云　从日本引进。中晚熟。根系发达，植株生长势强，较直立，株高 60～70cm，生长比绿色青花菜缓慢。叶片呈长勺形，幼苗叶片带淡紫色，叶脉呈紫红色，成株后叶缘紫红色明显。定植后 55d 左右开始现蕾，幼蕾生长缓慢，当花蕾长至 6～7cm 时生长明显加快。花球呈圆头形，表面呈紫红色，蕾粒细。球径在 12～14cm 左右，重 0.4～0.5kg，大的可达 0.6kg 以上，很少抽生侧球。

第六节　青花菜雄性不育种质资源研究与利用

迄今，生产中实际使用的青花菜品种种子大部分是利用自交不亲和系生产的，而自交不亲和系的繁殖需人工蕾期授粉，成本较高。而利用雄性不育系生产一代杂种，则优势强、纯度高，而且还可大大降低成本。因此，育种工作者对青花菜雄性不育系的发掘、回交转育及利用进行了研究。

一、青花菜雄性不育源的类型

（一）细胞核雄性不育

细胞核雄性不育类型在植物中普遍存在，其不育性受细胞核基因控制。细胞核雄性不育株主要来源于自然突变。根据不育基因与可育基因之间的显隐性关系，又可分为隐性核不育和显性核不育。不育基因的数目有一对的，也可能有多对的；还可能有复等位基因控制不育性状的表达；除主效核基因外，还可能有修饰基因对不育基因的表达产生影响。因此，核不育类型雄性不育性的遗传比较复杂。刘玉梅等 1985 年发现的青花菜 8588ms，其不育性由两对独立遗传的隐性核基因共同控制（ms_1，ms_2），只有当两对核基因为纯合和隐性时才表现为不育（$ms_1 ms_1 ms_2 ms_2$）；有部分保持能力的保持系基因型有 3 种：$MS_1 ms_1 MS_2 ms_2$，$MS_1 ms_1 ms_2 ms_2$ 和 $ms_1 ms_1 MS_2 ms_2$。

（二）细胞质雄性不育

自然界自发突变的细胞质雄性不育并不多见。细胞质雄性不育（CMS）是由细胞核不育基因与细胞质不育基因互作，共同控制的遗传性状。由于这种类型的不育性既能筛选到保持系，又能找到恢复系，可以实现"三系"配套，因此，自十字花科作物第一个细胞质雄性不育源 Ogu CMS 被 Ogura 在萝卜中发现以来，国内外在十字花科作物中发现和培育出多种不同来源的细胞质不育类型（刘玉梅等，2001），而研究最多、利用最广泛的是 Ogu CMS（萝卜细胞质雄性不育）和 Pol CMS（波里马细胞质雄性不育）。在青花菜上，由于缺乏天然的细胞质雄性不育材料，因此，利用异源胞质雄性不育通过核置换是选育青花菜雄性不育系的一条有效途径。如，McCollum 等（1981）通过远缘杂交和核置换获得了具有萝卜胞质的青花菜雄性不育系。在实际应用中，主要以 Ogu CMS 不育源的利用为主。

Ogu CMS 是 Ogura 于 1968 年在日本萝卜繁种田发现的。该不育为彻底不育，经大量试验证明，其不育性由细胞质基因和 2 对隐性细胞核基因共同控制，雄性败育彻底，不育度及不育株率均为 100%。不育性十分稳定，也不受环境条件影响。将此不育源首次向甘蓝等十字花科芸薹属蔬菜上转育时，由于遗传上的远缘，细胞质遗传物质和细胞核遗传物质之间存在着不协调，导致转育后代存在低温黄化、蜜腺少、部分雌蕊不正常等缺陷（Bannerot，1977）。其中黄化性状严重妨碍了光合作用，使植株生长缓慢，成熟期推迟，产量降低；而蜜腺退化、雌蕊不正常，则造成自然状态下结实率低。因此，在育种实践中，对此不育源进行利用时需要克服上述缺陷。

中国农业科学院蔬菜花卉研究所、上海市农业科学院园艺研究所和福建省厦门市农业科学研究所与推广中心等单位先后从美国引进的经三代改良的萝卜甘蓝细胞质雄性不育源为母本，以优良青花菜自交系为回交父本，经多代回交转育，已育成一批青花菜优良的细胞质雄性不育系，苗期低温下叶色不黄化，且能正常生长；不育性稳定，不育率及不育度均达 100%；蜜腺较大，雌蕊结构正常。

二、青花菜雄性不育系的选育及利用

（一）细胞核雄性不育系的选育及利用

刘玉梅等以中国农业科学院蔬菜花卉研究所甘蓝课题组在国内外首次发现的甘蓝显性细胞核雄性不育源为母本，以 40 余个优良青花菜自交系为回交父本，经多代回交转育，目前已获得 60 余个青花菜显性细胞核雄性不育材料，其中回交转育 9 代以上的优良青花菜显性细胞核雄性不育材料 12 个。获得了 DGMSB8590、DGMSB8554 等 7 份显性细胞核雄性不育材料。其外叶深灰色，苗期低温下叶色不黄化，生长正常；不育性稳定，不育率及不育度均达 100%；蜜腺大，雌蕊结构正常，结籽好。具有良好的配合力，目前正用于育种研究。利用此不育系配制的杂交组合产量明显高于中青 1 号、中青 2 号等品种，有较好的应用前景。

（二）细胞质雄性不育系的选育及利用

到目前为止，中国已经在青花菜细胞质雄性不育系选育和利用上取得了较大的进展。

刘玉梅等以所在课题组 1998 年从美国引进的经三代改良的萝卜甘蓝细胞质雄性不育源为母本，以 40 余个优良青花菜自交系为回交父本，经多代回交转育，目前已获得 70 余个青花菜细胞质雄性不育回交转育材料，其中回交转育 9 代以上的优良的青花菜显性细胞质雄性不育系 15 个。这些不育系苗期低温下叶色不黄化，生长正常；不育性稳定，不育率及不育度均达 100%；部分蜜腺较大，雌蕊结构正常，结籽较好，具有良好的配合力，目前已与优良自交系配制出 10 余个较好的杂交组合，其中用优良的细胞质雄性不育系育成的青花菜新品种中青 8 号已于 2007 年通过国家农作物品种审定委员会鉴定。

朱玉英等（1999）以具有萝卜细胞质雄性不育性的甘蓝材料 92-08 为不育源，以 19 份来自于不同地理环境、具有不同遗传背景的青花菜材料为杂交父本，分别进行杂交和多代回交，在回交后代中观察到，父本遗传背景对回交后代花器结构和结实能力的影响作用很大，因此，在选育细胞质雄性不育系的青花菜育种过程中，选择适宜的转育父本有利于不育系的选育。朱玉英等（2001，2002）以萝卜细胞质甘蓝雄性不育系 92-08 为不育源，对自交系 A15-1-1 进行回交转育，育成了萝卜胞质青花菜雄性不育系 BC7-19。该不育系不育性稳定，不育株率及不育度均达 100%；基本克服了苗期低温黄化现象，花器结构正常，结实能力强。利用此不育系已培育出青花菜一代杂种沪青 1 号。

林荔仙等（2002）以从美国引进的青花菜细胞质雄性不育材料 CMS94008 为不育源，与青花菜自交系 92100、93-2、9905、95234 进行杂交和连续回交，已选育出不育度彻底、不育性稳定、经济性状良好的 4 个青花菜细胞质雄性不育系 CMS92100、CMS93-2、CMS9905、CMS95234。并于 2001 年秋季，对此不育材料及其对应的转育父本的形态特征及主要性状、生育期等进行系统的观察鉴定；结果表明，不育材料在叶形、株型、绿叶数、叶片形状及颜色、花茎高度及粗细以及主花球大小、形状、颜色、紧实度、小花蕾大小、侧花球数量等方面与保持系表现相同或相近，但在株高、开展度、叶片大小等方面与对应的转育父本有较大差异，整个生长期的长势均强于对应的转育父本，是一批可以利用的青花菜雄性不育材料。张克平等（2003）以从国外引进的 3 个青花菜胞质雄性不育材料 CMS92028、CMS94008 和 CMS93078 为胞质不育源，与不同类型、配合力较好自交系进行杂交和回交，从回交后代中选育出 1 个优良的胞质不育系 CMS9907（其回交父本为9907），同时以此不育系为母本，与 92101 自交系配制了早熟组合绿宝 2 号，并于 2007 年已通过国家农作物品种审定委员会鉴定。

林碧英等（1997）以从美国引进的花椰菜雄性不育系 MSA 为不育源，与青花菜自交系 5 号杂交和回交。通 4 代回交转育，初步选育出遗传性稳定，不育株率和不育度均为100%，园艺性状优良的青花菜胞质雄性不育系 5A。用此不育系与 844、848、849 配制了3 个组合，在大田同等条件下，3 个组合的产量均表现出很强的超亲优势。邵泰良等（2005）以从国外引进的青花菜胞质不育系 725 为母本，与优良自交系 724、718 及 891 分别杂交，配制了 3 个优良的杂交组合 725×724、725×718、725×891。组合 725×724 即绿冠西兰花 70 天，与 60 多个进口品种和国产品种相比，综合性状优良，生长快，花球深绿色，花蕾细，商品性佳，可作早熟栽培，供出口基地种植；组合 725×718，综合性状好，比父本 718 优良，抗病性强，商品性好，花蕾细，花球绿色，中早熟；组合 725×891，叶大，生长快，迟熟，耐寒，产量高，商品性佳。

用雄性不育系生产一代杂种种子杂交率高，成本较低，已在水稻、油菜、高粱、洋葱、胡萝卜等许多农作物中广泛使用，但用于生产青花菜一代杂种还刚刚开始，很多问题还需要继续研究、探讨和完善。

第七节　青花菜自交不亲和系种质资源研究与利用

青花菜的杂种优势十分明显，目前国内生产上推广的品种极大多数是由自交不亲和系配制的杂种一代。美国 Pearson 在 1932 年首先提出利用自交不亲和系（Self-Incompatible line，SI 系）配制青花菜一代杂种。中国于 20 世纪 80 年代初开始进行青花菜自交不亲和系选育和利用以及新品种的选育种工作，到目前为止，已取得了较大的进展。

一、青花菜自交不亲和遗传机制的研究

在青花菜中存在着广泛的自交不亲和性，由于它是甘蓝的一个变种，因此属典型的孢子体型自交不亲和性（Sporophytic，Self-incompatibilty，SSI）植物。其自交不亲和性是由亲本细胞中的具有多种复等位基因的单一孟德尔位点 S 位点所控制（Bateman，1955）：不同 S 等位基因（S-allele）的株间授粉能正常结籽，但花期自交或相同 S 等位基因型的株间授粉不能结籽或结籽率极低。目前在甘蓝类蔬菜中的 S 位点已鉴定出 50 多个复等位基因。现已在青花菜的 S 位点处鉴定出 2 个与自交不亲和性相关的基因：一是，S 位点糖蛋白（Slocus glycoprotein，SLG）基因，它编码一种分泌型糖蛋白，是 SI 反应的辅助受体；另一个是 S 位点受体激酶（Slocus receptor kinase，SRK）基因，它编码一种跨膜的具有丝氨酸/苏氨酸活性的蛋白激酶，是 SI 反应主要的受体；SRK、SLG 均在柱头中表达。

利用 SLG 抗体鉴定法、等电聚焦与免疫杂交相结合法以及 SLG 和 SRK 位点的 RFLP 多态性检测法（Chen et al.，1990；Ruffio-Châble，1999；Sakamoto et al.，2000），在青花菜的 S 位点已经检测出多个复等位基因，如：S^2、S^{13}、S^{15}、S^{16}、S^{18}、S^{36}、S^{39}、S^{64} 等。其中 S^2 和 S^{15} 属于第二类复等位基因，表现为较弱的自交不亲和性；其余的属于第一类复等位基因，表现强自交不亲和性。

二、青花菜自交不亲和系的选育及利用

尽管青花菜在中国的栽培历史较短，但育种者从 20 世纪 80 年代开始，已经连续不断地选育出了一批优良的自交不亲和系，并培育出了一系列优的品种，推动了中国青花菜育种研究及产业的发展。

中国农业科学院蔬菜花卉研究所于 20 世纪 70 年代末 80 年代初进行青花菜国外遗传资源引种、鉴定研究，在此基础上，1985 年开始青花菜杂种优势利用的研究。经过多代的自交和定向选择，已获得了一批优良的自交不亲和系，并育成了 6 个优良的杂交一代品种。已获得的优良青花菜自交不亲和系，如 B8590、8589、B8694、86104、90196、8519 等其花期自交亲和指数均在 1 以下，蕾期结实较好，抗病性较强，定植后 60d 左右即可收获，花球紧密、质细、单花球重 0.5kg 左右。1987 年初配制了杂交组合 8589-1-1×8551-1-1 和 8590-1-1×8551-1-1，分别命名为中青 1 号和中青 2 号（方智远等，1987），1990 年春这两个品种通过农业部组织的专家组验收，为中国首批利用自交不亲和系育成的青花菜新品种，1998 年通过了北京市农作物品种审定委员会审定。"八五"期间又相继选育出两个经济性状好、抗病毒病（TuMV）、耐黑腐病的青花菜新品种中青 3 号和中青 6 号。

北京市农林科学院蔬菜研究中心，分别于"七五"时期，育成了碧杉、碧松两个新品种，其花球性状优良、品质好、产量高。又于"八五"期间又相继续选育出两个经济性状好、抗病毒病（TuMV）、耐黑腐病的青花菜新品种 B27 和 B53。

上海市农业科学院园艺研究所于 1981 年以来，筛选出了一批优良的自交不亲和系，并配制了杂交组合。陈澎棠等（1993）筛选出自交不亲和系 82351 和 63521。二者的自交

不亲和株率均为 100%，花期授粉自交亲和指数分别为 0.04~0.9 和 0~0.4，蕾期自交亲和指数分别为 1.82~3.2 和 1.6~4.7。用其配制了杂交组合 82351×63521，命名为上海 1 号。之后，又育成了 2 个稳定的优良自交不亲和系：5-49-3-16-7-2 和 2-2-4-3-2，并用其配制了一代杂种上海 2 号（陈漪棠，1996）。

此外，国内的其他科研单位也相继对青花菜自交不亲和系进行了选育和利用，也培育了一些优良的新品种。林碧英等（1995）从 1984 年开始进行自交不亲和系的选育工作，于 1989 年已从引进的 18 份原始材中选育出 2 个优良的自交不亲和系 841-3-2-4-5 和 848-1-4-5-3。并用其配成了杂交组合闽绿 1 号。张克平等（1995，1997）从蓝球和翡翠中分别选育出了 2 个稳定的优良自交不亲和系：92100 和 92101，并用其配制的杂交组合 92100×92101 表现为杂种优势强，性状优良，产量均超过双亲，命名为绿宝。该品种田间表现抗病毒病和黑腐病，耐热性较强。此外，还选育了 92065 等另外 2 个优良的自交不亲和系；也配制了杂交组合 92100×92065，命名为绿岛。方文慧等（2001）从日本品种绿峰和绿王中分别选育出优良自交不亲和系 86-9-①-2-2-3 和 91-1-①-2-1。86-9-①-2-2-3 植株长势强，成熟期 65d，中大花球、扁圆，花蕾中等大小，深灰绿色，紧实，苗期人工接种表现抗 TuMV 和黑腐病；91-1-①-2-1 植株生长势旺盛，成熟期 70d，小花球，花蕾中等大小，较紧实，灰绿色，半圆，苗期人工接种表现抗 TuMV，轻感黑腐病。他们还以 86-9-①-2-2-3 为母本，91-1-①-2-1 为父本配制了杂交组合，并命名为绿莲。苏恩平等（2006）分别从日本和荷兰引进的杂交种经多代自交分离选择，育成了优良自交不亲和系 B58 和 B68。B58：其自交亲和指数 0.6~0.8；株高约 75cm，开展度 85cm 左右，叶片数 18~20 张，叶片蜡粉重，叶色深绿；晚熟、为主花球类型，秋季播种后 130d 左右开始现花球，主花球呈半球形，花球紧密，花蕾细密，平均单球重 0.45kg 左右；高抗黑腐病。B68：自交亲和指数 0.4~0.6；株高约 45cm，开展度 70cm 左右，叶片数 15~18 张，叶片蜡粉少，叶色深绿；中熟、为主花球类型，长江中下游地区秋季播种后 100d 左右开始现花球，主花球呈半球形，花球紧实，蕾粒细密，单球重 0.25kg 左右。他们还以 B58 为母本、B68 为父本，配制了杂交组合并命名为申绿 2 号。

第八节 青花菜细胞学与分子生物学研究

一、青花菜细胞学研究

青花菜是甘蓝类蔬菜，染色体数为 2n=2x=18，染色体组为 CC。中国在青花菜细胞学研究方面起步较晚，但也取得了一定的进展。

（一）青花菜细胞形态学研究

自然界中的青花菜都是二倍体。万双粉、张蜀宁等（2006）首次对青花菜细胞减数分裂及雄配子体发育进行了细胞学研究。研究发现：花粉母细胞减数分裂的细胞质分裂为同时型，四分体为正四面体型或十字交叉型；中期Ⅰ和中期Ⅱ，少数细胞可见赤道板外染色体；后期Ⅰ和后期Ⅱ部分细胞出现染色体桥及落后染色体；四分体时期可观察到二分体、三分体及含微核的异常四分体。雄配子体发育过程包括2次有丝分裂，成熟花粉为3细胞型，具3个萌发孔。减数分裂过程中染色体行为异常的花粉母细胞约占10.28%；雄配子体发育过程中异常频率约为3.2%，即约有3.2%的小孢子不能发育成正常花粉粒，而停止在雄配子体发育过程中的某一阶段。败育主要发生在单核期。该研究为开展青花菜细胞遗传、染色体工程、基因工程以及小孢子单倍体育种等方面的研究提供了理论依据。

随后万双粉、张蜀宁等（2007）又对二、四倍体青花菜花粉母细胞减数分裂过程进行观察，并对分裂各时期参数进行统计分析。结果表明，同源四倍体花粉母细胞减数分裂过程与二倍体相比，中期Ⅰ染色体构型复杂，有多价体、四价体、三价体、二价体和单价体；中期Ⅰ及中期Ⅱ有部分染色体没有排列在赤道板上；后期Ⅰ及后期Ⅱ出现落后染色体、染色体桥及断片；后期Ⅱ和末期Ⅱ有染色体不同步分离及不等分裂的现象；四分体时期还出现二分体、三分体、含微核的异常四分体及多分体。同源四倍体花粉母细胞减数分裂平均异常频率高达31.5%，二倍体则只有10.2%的细胞表现异常，说明同源四倍体遗传稳定性比二倍体差。Costa J Y，Forni - Martins E. R. 和 Habib. A，Shahada H. 等（2004）研究报道，减数分裂不正常是同源四倍体青花菜育性降低的细胞学原因。同时他们又定量分析比较了二倍体青花菜和四倍体青花菜减数分裂各时期的异常程度，以阐明同源四倍体青花菜的部分不育性及结实率明显下降的原因，为青花菜多倍体育种研究，亦为芸薹属其他植物的细胞遗传学研究及染色体进化研究提供了理论依据。

朱玉英、龚静等（2004）对经多年具有萝卜细胞质甘蓝雄性不育系转育及选育而成的青花菜雄性不育系及其保持系 A15 - 1 - 1 的花药发育分化的细胞学观察发现，不育系 BC7 - 9 花药的败育发生在小孢子母细胞分化过程，减数分裂也受到了影响，虽然有部分小孢子母细胞能进一步分化成四分体，但这些四分体是不完全的，且随即发生液泡化解体，而部分小孢子母细胞根本就不能形成四分体。保持系花粉母细胞能形成正常的四分体，进而形成小孢子，最终形成充满正常花粉粒的花药。青花菜雄性不育机理的研究对于更好的利用雄性不育系选育及创造优异种质资源，提供了细胞学方面的理论依据。

最近，刘玉梅、王志平等以耐贮性不同的 4 个青花菜品种为试材，对预冷后在常温（15±1℃）条件下不同贮藏期的叶绿体超微结构进行了观测。结果表明：刚采收的青花菜，细胞结构完整，叶绿体紧贴细胞壁，呈长椭圆形，基粒片层整齐有序。试材 8551 大多数叶绿体内含有两个以上较大的淀粉粒。中青 2 号和 9054 个别叶绿体内也含有一两个较大的淀粉粒，8554 的叶绿体内未看到较大的淀粉粒。图 12 - 13 中 5～11 表明常温（15±1）℃下不耐贮品种 8551 第 1 天到第 7 天叶绿体的超微结构变化进程：第 1 天到第 2 天，部分叶绿体逐渐离开细胞壁，其中较大的淀粉粒消失，叶绿体类囊体开始膨胀，发生弯曲（图 12 - 13，5～6）；第 3 天出现嗜锇颗粒，叶绿体和间质类囊体片层继续膨胀弯曲成"C"形（图 12 - 13，7）；到贮存第 4 天，细胞间隙增大，间质类囊体片层继续膨胀，发生断裂（图 12 - 13，8）；第 5 天到第 7 天，叶绿体双层膜逐渐遭到破坏，其中淀粉粒逐渐消失，基粒模糊消失，基质电子密度变低，嗜锇颗粒逐渐增多增大；以后，叶绿体明显收缩变小，呈球形，并充满嗜锇颗粒（图 12 - 13，9～11）。

常温下不耐贮品种 8554 在贮藏过程中的叶绿体超微结构变化进程与 8551 基本相似，

　　不同之处是 8554 在贮存第 6 天才见到叶绿体和间质类囊体片层膨胀弯曲成"C"形（图 12 - 13，12）。

　　图 12 - 13，13～17 表明常温下耐贮品种 9054 贮藏 1～10d 的叶绿体超微结构变化进程：第 1 天到第 4 天，部分叶绿体逐渐离开细胞壁（图 12 - 13，13～14）；到贮存第 8 天，

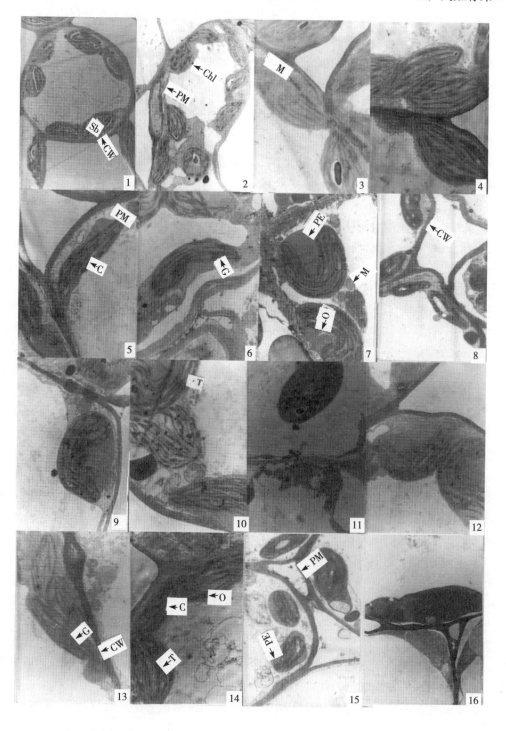

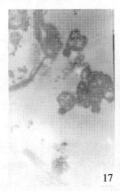

图 12-13　叶绿体超微结构

1～4. 分别为 8551、9054、中青 2 号和 8554 刚采收时的电镜照片。1、2. 为 3 500×　　3、4. 为 8 000×
CW. 细胞壁　PM. 细胞膜　C. 叶绿体　M. 线粒体　PE. 质体膜　Sb. 淀粉粒　G. 基粒　T. 类囊体片层
O. 嗜锇颗粒　5～11. 依次为 (15±1)℃下不耐贮品种 8551 贮存第 1 天到第 7 天的叶绿体超微结构，均为
8 000×　12. 为 15±1℃下不耐贮品种 8554 贮存第 6 天的超微结构，为 8 000×　13～17 依次为 15±1℃
下耐贮品种 9054 贮存第 1、4、8、10、12 天叶绿体的超微结构，均为 8 000×　18. 为 15±1℃下耐贮品
种中青 2 号贮存第 8 天叶绿体的超微结构，为 8 000×

出现嗜锇颗粒，细胞间隙增大，叶绿体双层膜逐渐遭到破化，间质类囊体片层膨胀，发生
变形（图 12-13，15）；第 9 天到第 12 天，叶绿体中淀粉粒和基粒模糊消失，细胞几乎变
为空洞，偶见叶绿体的基粒片层碎片（图 12-13，16～17）。常温下耐贮品种中青 2 号在
贮藏过程中叶绿体超微结构的变化进程与 9054 基本相似，也是到贮存第 8 天叶绿体类囊
体开始膨胀变形（图 12-13，18）。

　　以上观察结果表明：耐贮品种与不耐贮品种的叶绿体超微结构变化进程基本相似，都
在转色期发生弯曲变形，但耐贮品种的叶绿体间质类囊体弯曲幅度较小。不同品种叶绿体
和类囊体片层膨胀变形出现的时间也不同，8551 是第 3 天，8554 是第 6 天，9054 和中青
2 号则在第 8 天。

（二）原生质体培养与融合

　　游离的植物原生质体培养再生植株已成为作物遗传改良的重要实验系统。国内外已从
青花菜的下胚轴、真叶和子叶原生质体培养获得了再生植株。

　　Robertson 等（1985）首先对青花菜叶片游离原生质体培养植株进行了研究，试验表
明：由下胚轴再生植株的叶片比由种子形成植株的叶片游离原生质体的全能性要高，在培
养基 B 上，由下胚轴再生植株的叶片游离原生质体分裂频率高于 70％，1％的原生质体能
形成愈伤组织，77％的愈伤组织能再生芽，而由种子生成植株的叶片游离原生质体分裂频
率仅为 15％～22％，只有极少数愈伤组织出芽。Kao 等（1990）培养叶片和下胚轴的原
生质体获得了高效再生，从原生质体到再生成株需要 8～11 周；并指出，一种有效的下胚
轴培养系统能获得较高的原生质体产量，培养中更稳定、更适用于原生质体融合。钟仲贤
等（1994）为了建立以青花菜（*Brassica oleracea* var. *italica*）和甘蓝（*B. oleracea* var.

capitata）原生质体进行遗传操作的受体系统，进行了下胚轴原生质体培养及植株再生研究。在室温条件下将下胚轴游离的原生质体采用琼脂糖小块培养，分裂频率为35％，植板率为5％，分化率达20％。在融合方面，Yerrow等（1990）利用原生质体融合将Polima油菜CMS性状成功转入到青花菜品种中；Fan Liu等（2007）将青花菜花粉原生质体和白菜（*Brassica rapa*）叶肉原生质体成功融合获得杂种愈伤组织。Christey（1991）用含黑芥CMS的青花菜叶肉原生质体与抗除草剂阿特拉津的芜菁下胚轴原生质体融合获得了4株既表现CMS又抗阿特拉津的表型，又与青花菜相似的植株；此后，Conner等利用具有上述特性的不育株系作母本，把阿特拉津抗性作为遗传标记进行杂种种子生产以提高制种效率。Zhou等在油菜与青花菜原生质体融合后的再生植株中得到了抗黑腐病植株，抗病植株与青花菜回交2～4代或自交1～2代后，进行了抗病性鉴定，用RAPD分析找到5个与抗病基因连锁的标记，它们都属于同一连锁群。

（三）花药、小孢子培养

青花菜小孢子培养和结球甘蓝小孢子培养一样，都是利用细胞的全能性，通过雄核发育而诱导单倍体的形成。获得的单倍体植株经过自发或诱发的染色体加倍，成为正常可育纯合二倍体植株。Keller等（1983）首次在青花菜（Green Mountain）花药培养中获得成功，但胚胎发生频率很低。Arnison等（1990）以Green Mountain、Green Dwarf、Bravo、Improved Comet、Corsair 5个基因型为试材，对其花药培养的条件进行研究和改善，结果在100个花药中最多也只能获得275个胚。蒋武生等（1998）对22个青花菜基因型进行花药培养，只有在加州绿和美国1号上没有获得胚，在出胚的20个基因型中，虽然以全绿（CL-765）的产胚率最高，但平均100个花药也只获得31.1个胚。由于花药培养的出胚率较低，因此，在此基础上又发展了青花菜的游离小孢子培养。

青花菜的游离小孢子培养最早见于1991年Takahata等的报道。陈文辉等（2006）利用游离小孢子培养方法对10个结球甘蓝品种与易出胚的青花菜品种绿洲808配制成的杂种（简称甘青杂种）进行培养，并获得了45株小孢子再生植株。

为了获得耐热的青花菜材料，陆瑞菊等（2005）以青花菜品种上海4号和东村交配经小孢子培养后获得的单倍体茎尖为试材，利用平阳霉素对其进行诱变处理，并以高温作为选择压，筛选出了一批单倍体变异体。再经染色体加倍后获得了9份细胞膜的热稳定性比原始品种明显提高的变异体材料，此材料在田间具有很高的成活率，并且生长势良好。因此，此方法为筛选出稳定遗传、耐热的种质材料开辟了一条新途径。

Cogan等（2001）对3个青花菜基因型Marathon、Trixie、Corvet及它们通过花药培养获得的DH系进行遗传转化，发现DH系的转化效率高于其对应的F_1代。

二、青花菜分子生物学研究

以遗传标记作为基因型的易于识别的表现形式在植物种质资源的研究和育种工作中有着十分重要的地位。目前应用较为广泛的遗传标记有形态标记、细胞标记、生化标记和分子标记。而分子标记相对于其他的遗传标记，具有理论上标记数目无限、不受环境因素的影响、可在整个基因组范围内搜索数量性状基因座并可用于其遗传规律研究等优点。在青花菜遗传资源及分子辅助育种中，主要涉及分子遗传图谱的构建、重要基因的标记与定位、基因的图位克隆、种质资源的研究、比较基因组研究及物种进化关系的研究等领域。

(一) 分子标记在青花菜种质资源及辅助育种中的应用

1. 分子标记在青花菜种质资源遗传多样性研究中的应用　近年来，分子标记已用于青花菜的品种鉴定、遗传变异性和亲缘关系分析等方面的研究。李志琪、刘玉梅等（2003）采用 AFLP 分子标记技术对中国农业科学院蔬菜花卉研究所甘蓝、青花菜课题组多年育成的 24 份青花菜骨干自交系的亲缘关系进行研究。根据品种间 DNA 片段的差异，应用 SPSS 软件计算出样品间的相似性系数 SM。以欧氏距离作为类间距离，通过分层聚类的方法进行聚类分析，构建聚类图（图 12-14），将 24 份青花菜自交系清楚地分为 3 个类群（A、B、C、）。

A 类群：包含 1（G8590）、2（A8590）、4（8551）、3（8589）、5（8588）、15（90196）、16（94174）、19（99247）、20（99249）、18（99177）共 10 个自交系。在这个类群中如果以欧氏距离为 17.5 划分，又可将其分为两个亚群。第一亚群包括 1、2、4、3、5，5 个自交系。这些自交系都为中国农业科学院蔬菜花卉研究所甘蓝组于 20 世纪 80

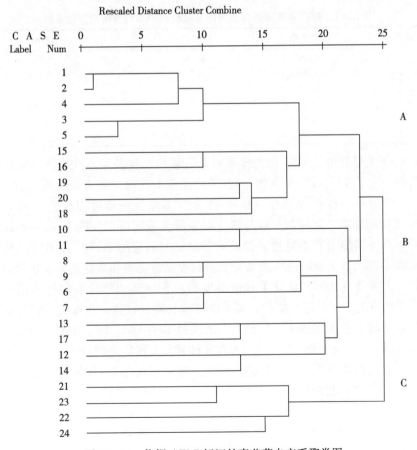

图 12-14　依据 AFLP 标记的青花菜自交系聚类图

年代育成的自交系或自交不亲和系。该亚群的自交系在植物学性状上均表现为外叶色深灰绿，花球绿色。第二亚群包括15、16、19、20、18，5个自交系。这些材料该组于上世纪90年代育成的自交系或自交不亲和系。

B类群：包含10（8519）、11（86106）、8（H93219）、9（Q93219）、6（A1951）、7（G1951）、13（94183）、17（94176）、12（94180）、14（93213）共10个自交系。B类群可进一步划分为3个亚群。第一亚群包括10和11两个自交系。该亚群球色为浅绿色，株型较高。第二亚群包括8、9、6、7，4个自交系。该亚群表现为分枝少，花球浅绿色。第三亚群包括13、17、12、14，4个自交系。该亚群主要表现为分枝多，花球绿色。

C类群：包含21（01476）、23（8554）、22（86104）和24（93239）4个自交系。该类群的主要特点是花球浓绿，秋季早熟，株型较矮。

表12-1表明了用AFLP技术将供试青花菜自交系所分的3个类群间及类群内自交系之间的平均遗传相似性系数。A与C类群的平均遗传相似性系数都为0.807，说明这两个类群内各自交系之间的亲缘关系都较近、遗传背景较狭窄。B类群的平均遗传相似性系数为0.767，说明该类群内各自交系之间遗传距离较远、遗传背景较宽。此外，该表还揭示出B与A类群之间的平均遗传相似性系数为0.738，高于B与C类群的平均遗传相似性系数（0.715），说明B类群与A类群的亲缘关系要近于B类群与C类群的亲缘关系。

表12-1　青花菜自交系各类群间及类群内的平均遗传相似性系数

类别	最大值	平均值	最小值
A	0.926	0.807	0.724
B	0.86	0.767	0.688
C	0.86	0.807	0.761
AB	0.828	0.738	0.638
AC	0.822	0.719	0.645
BC	0.785	0.715	0.645

近年，杨尧文等利用RAPD对花椰菜和青花菜F₁品种及亲本的遗传变异性进行了研究，9个引物产生了93个DNA条带，有17个条带为花椰菜和青花菜所共有，3个为青花菜所有，8个为单一样本所特有，其他65个为多型性条带可以分辨不同的样本，由RAPD标记求出的样本之间相似系数与建立的亲缘关系图可以反映F₁品种和其亲本之间的关系及不同样本遗传上的差异性。孙德岭等（2002）应用AFLP技术对花椰菜、青花菜、紫花菜和黄花菜自交系的遗传亲缘关系研究表明青花菜和紫花菜关系较近，与传统分类学相一致。刘冲等（2006）优化了甘蓝类植物的SRAP、ISSR两种分子标记技术的反应体系，并成功应用于白甘蓝、皱叶甘蓝、红甘蓝、羽衣甘蓝、花椰菜、青花菜、抱子甘蓝、球茎甘蓝8种甘蓝类作物DNA水平上的快速鉴别，M32E5、M42E5两个SRAP引物组合以及844、888两个ISSR引物均可在8种甘蓝类作物之间显示较高的多态性，特别是844引物单独应用即可把8种甘蓝类作物逐一鉴别出来，这一结果为解决生产中甘蓝类作物种子难以区分的问题提供了快速有效的方法，具有重要的实用价值。Hu等用4个10 bp随机引物对14个青花菜和12个花椰菜品种进行了RAPD检测，表明用其中2个引物足以区分14个青花菜品种，用3个引物可以区分12个花椰菜品种，说明RAPD标记提供了一条快速可靠鉴别青花菜和花椰菜品种的方法。

2. 重要性状的分子标记及基因定位 在园艺性状的分子标记方面，Camargo 等（1995）通过甘蓝品种 BI‑16 和抗病青花菜 OSUCR‑7 杂交的 F₃家系，找到了与甘蓝抗黑腐病有关的若干个数量基因座位。Kennard 等（1994）对一个青花菜群体的园艺性状分析表明：茎部性状集中分布在第 3 连锁群、第 8 连锁群；叶片性状集中分布于第 4 连锁群、第 5 连锁群。他们还发现一些控制同一性状的不同 QTL 位点分布与不同连锁群重复的 RFLP 标记分布具有平行关系。

3. 分子连锁遗传图谱的构建 王晓武等（2005）利用青花菜（*Brassica oleracea* var. *italica*）与芥蓝（*Brassica oleracea* var. *alboglabra*）杂交后代双单倍体（DH）群体为材料，通过 AFLP 技术构建了一个甘蓝类作物较高密度的遗传连锁图谱。该图谱包括 9 个主要连锁群及 2 个小连锁群，总图距 80 115 cM，含 337 个 AFLP 标记，标记间平均距离为 316 cM，为甘蓝类作物基因定位、比较基因组学及重要经济性状 QTL 分析提供了一个框架图谱。

（二）基因表达与克隆

个体发育的过程实质是不同基因被激活或是被阻遏的过程。在发育的某个阶段，某些基因被激活而得到表达，另一些基因则被阻遏或保持阻遏的状态。对高等动植物，基因的表达与否可通过他的表达产物——蛋白质或转录产物 mRNA 来推测。以前对植物目的基因的克隆主要是通过已知基因产物的分析和鉴定，通过遗传表型分析或是以图谱为基础的定位克隆。国外对青花菜的分子生物学研究比国内要多，研究重点是与青花菜某些基因相关的信号传导，基因克隆等方面。

Lee B. Smith 等利用与拟南芥突变体相关的同源基因对青花菜再生、花的分生组织等进行了研究。认为特殊的等位基因 BoCAL‑a 与花序形态的分离紧密相关，并认为对青花菜凝乳发育重要的两个位点进行 PCR 检测可用于标记选择。Nigel E. Gapper 等（2005 年）研究了 6‑BAP、ACC 和蔗糖对青花菜采摘后快速衰老的作用，发现在外源 6‑BAP 存在的情况下，在乙烯的生物合成过程中，与其相关的 BoACO 减少，而同时 BoACS 有所增加。采摘后在有外源 6‑BAP 的情况下，BoCP5 和 BoMT1 的量减少而 BoCAB 则保持稳定，另外编码蔗糖转运器的基因（BoSUC1 和 BoSUC2）以及编码碳水化合物代谢酶的基因（BoINV1 和 BoHK1）的表达量减少。结果表明，ACC 对 6‑BAP 诱导的 BoACS 表达的提高有抑制作用，而 6‑BAP 对 ACC 诱导的 BoACO 的表达的提高不起作用。最后的结果就是细胞分裂素在延迟衰老过程中起了重要的作用。细胞分裂素对青花菜采摘后衰老的调控是通过抑制乙烯作用或生物合成。这也为碳水化合物的转运和代谢以及衰老相关的基因的表达提供了一种思路和模型。

国内对于青花菜基因表达的研究主要集中于雄性不育的相关基因方面。张国裕等（2006）对青花菜快速碱化因子 RALF（Rapid Alkalinization Factors）基因进行了研究。他们以一个与甘蓝显性核不育相关的差异表达片段序列为信息探针，在 NCBI 与 TAIR 网站数据库中进行同源 EST 序列搜索，经人工拼接、RT‑PCR 克隆与序列分析验证，获得了青花菜快速碱化因子 RALF 基因的 cDNA 全长序列，并命名为 BoRALFL1（GenBank 序列登录号 DQ059310）。该 cDNA 全长 240 bp，编码 79 个氨基酸，与电子克隆获得的序列完全相同。序列分析表明，编码蛋白存在前导信号肽与多个磷酸化位点，与同源基因 RALFL8 核酸序列在 88bp 上有 82％的一致性，推导的氨基酸序列在 74 个氨基酸上存在 56％的一致性，不同植物间氨基酸序列 N-端差异大，C-端具有较高的保守性。研究表明，RALF 是一类多肽激素，不同植物间核酸序列的差异可能暗示了它们是整个 RALF 多基因家族中的不同成员，进化过程中形成的功能专化性可能造成了成员间的序列差异。然而，目前对 RALF 的试验研究还比较肤浅，据对拟南芥 RALFL8 的组织表达特异性的研究表明，它为花药高丰度表达，BoRALFL1 与 RALFL8 相似性很高，而且克隆探针来源于与核不育的基因相关。可以推测 BoRALFL1 与小孢子的发育有关，对 BoRALFL1 基因的克隆为进一步通过反义或技术研究其在小孢子发育中的具体功能，通过克隆其启动子调控序列融合 GFP 或 GUS 基因，研究其时空表达的特异性奠定了基础。

另外，张国裕等（2006）还对青花菜雄性不育相关基因 BoDHAR 进行了相关的研究，同样以一个与甘蓝显性核不育相关的差异表达片段的序列为信息探针，通过在 NCBI 与 TAIR 网站数据库中进行同源 EST 序列搜索，经人工拼接 RT-PCR 克隆与序列分析，获得了青花菜脱氢抗坏血酸还原酶 DHAR（dehydro ascorbate reductase）基因的 cDNA 与 DNA 全长序列，命名为 BoDHAR，并利用双链接头介导 PCR 的染色体步行技术（genomewalking）克隆了其上游 644bp 的 5c 端序列，所获的 BoDHAR 基因全长1 486bp，存在两个内含子，DNA 编码区序列 633bp，编码 210 个氨基酸；序列分析表明：BoDHAR 与同源基因 AT1G1957011cDNA 序列有 82.13％的一致性，推导的氨基酸序列有 79.16％的一致性；编码的水溶性蛋白存在多个磷酸化位点；5c 端上游区存在明显的转录调控序列，半定量 RT-PCR 结果表明：BoDHAR 在可育系花蕾中的表达量明显高于不育系花蕾，在花药中的表达明显高于其他部位。对 BoDHAR 基因的克隆为进一步通过反义 RNA 或 RNAi 技术来研究其具体的功能，通过启动子序列融合 GFP 或 GUS 基因确定其表达的部位与时期及阐明其在雄性不育小孢子发育中的作用提供了依据。

第九节　青花菜种质资源创新

虽然 20 世纪 80 年代初中国利用引进的青花菜材料开始育种工作，育出了一些品种，取得了一定进展，但由于中国的青花菜种质资源较为贫乏，遗传背景较为狭窄，使得青花菜育种工作及产业的快速发展受到了极大的限制。此外，随着 21 世纪人民生活水平的不断提高，对青花菜的营养品质和外观品质要求越来越高，这对育种工作也提出了新的目标和挑战。因此，除了不断地进行青花菜种质资源的收集和引进外，利用常规育种、细胞工程、基因工程及诱变育种等技术来创新和扩大青花菜种质也显得十分重要。

一、采用常规育种技术创新青花菜种质资源

1. 自交系和自交不亲和系培育　由于中国青花菜地方品种十分稀少，2000 年前生产上应用的品种几乎都是从国外引进的一代杂种。因此，通过连续自交、分离、定向选育的方法从国外引进的杂交种中选育优良的自交系和自交不亲和系是长期以来采用的有效方法。目前各地已培育出了一系列优良的自交系和自交不亲和系，并广泛应用于配制杂交一

代新品种。

近年，由中国农业科学院蔬菜花卉研究所、北京市农林科学院蔬菜研究中心、上海农业科学院园艺研究所、福建省厦门市农业科学研究所、广东省深圳市农业科学研究中心等单位联合攻关，共同开展了青花菜自交不亲和系的选育，先后育成了 B8589、B8590、82351、63521、92100 和 92101 等一大批优良自交系或自交不亲和系，同时进行了杂交组合试配和鉴定，并选育出了中青 1 号、中青 2 号、上海 1 号、上海 2 号、碧杉、碧松、绿宝等一批杂种一代新品种。

2. 雄性不育系的育成　细胞质雄性不育（CMS）在国内外青花菜育种上的应用已成为研究重点，并成为青花菜杂交制种的主要方法。中国农业科学院蔬菜花卉研究所甘蓝、青花菜课题组利用在国内外首次发现的甘蓝细胞核显性雄性不育源 79 - 399 - 3 为母本，以 30 余份优良青花菜自交系为父本进行多代回交转育，先后育成 DGMS8554、DGMS8590、DGMS8588、DGMS8589 和 DGMS90196 等可实际应用的优良显性雄性不育系，其不育株率达 100%，不育度达 99% 以上，开花结实正常、经济性状优良、配合力好，已用于配制不同类型的杂交组合。刘玉梅等（1996）选育出了蜜腺和雌蕊正常、雄蕊退化和花粉败育的细胞核雄性不育系，杂交分离试验表明不育性符合两对隐性核基因控制遗传模式，利用此不育系配制的杂交组合产量明显高于中青 1 号、中青 2 号和里绿等品种。近年，刘玉梅等还以改良萝卜胞质甘蓝不育系 $CMSR_3$ 为不育源，通过 30 余份优良青花菜自交系为父本进行多代回交转育，目前已育成了 CMS8554、CMS8590、CMS86104、CMS93213 等 10 余个较有应用前景的青花菜细胞质雄性不育系。

林荔仙等（2003）利用从美国引进的青花菜细胞质雄性不育材料为不育源，通过杂交和连续回交方法选育出不育性稳定，经济性状良好的 CMS92100、CMS93 - 2、CMS9905、CMS95234 等青花菜胞质雄性不育系。在缺乏天然的雄性不育材料时，利用异源胞质雄性不育通过核置换和原生质体融合是选育青花菜雄性不育系的一条有效途径。Pearson 通过杂交获得了具有黑芥胞质的青花菜雄性不育系，但缺少蜜腺。Dixon 等对该不育材料进行改良，使蜜腺恢复到中等大小。林碧英等（1997）和朱玉英等（2001，2002）通过杂交和连续回交的核置换方法分别育成了具有花椰菜胞质不育和萝卜 Ogura 胞质不育的青花菜异源胞质雄性不育系，不育系不育性稳定，不育株率和不育度达 100%，可以用来配制一代杂种。

二、利用细胞工程创新青花菜种质资源

1. 利用小孢子培养获得 DH 系　通过小孢子培养获得的 DH 系是理想的纯系，在青花菜优良自交系的创制和提高新品种选育的效率等方面具有重要作用。Keller 等（1983）和 Takahata 等（1991）分别首次在青花菜花药培养和游离小孢子培养上取得成功。之后，各国学者对这一技术进行了深入的研究，已取得了较大的成绩（Dias，2003），Cogan 等（2001）对通过花药培养获得的 3 个基因型 Marathon、Trixie、Corvet，并对这 3 个 DH 系进行遗传转化，发现 DH 系的转化效率高于其对应的这 3 个 F_1 代。

中国农业科学院蔬菜花卉研究所先后对来自国外的 30 多个不同基因型的青花菜一代杂种进行游离小孢子培养，已在 20 多份基因型材料中获得了近 3 000 株再生植株，其中

DH 群体大于 150 个基因型的有 5 个。2007 年秋田间鉴定了 173 个 DH 系，其中 DH04ZB136 - 5、DH04ZB728 - 34、DH04ZB743 - 79 等 20 余份 DH 系主要经济性状优良，部分已初步用于试配杂交组合。

陆瑞菊等（2005）对青花菜品种上海 4 号和东村交配进行游离小孢子培养，并将获得的单倍体的茎尖为试材，利用平阳霉素对其进行诱变处理，并以高温作为选择压，筛选出了一批单倍体耐热变异体。再经染色体加倍后获得了 9 份细胞膜的热稳定性比原始品种明显提高的变异体材料，这些材料在田间具有很高的成活率，并且生长势良好，为创新耐热新种质打下了基础。

2. 采用远缘杂交结合胚培养创新青花菜种质资源 近年来，由于青花菜育种对品质、抗性、雄性不育及一些特殊园艺性状不断提出新的要求，育种材料应用已不再囿于常规的种和近缘种，而逐渐转向利用远缘种，因此，远缘杂交作为一种导入新的遗传物质的方法，越来越受到育种家的重视。陈玉萍等（2000）利用胚和胚珠的离体培养获得了甘蓝型油菜与青花菜的种间杂种。唐征等（2006）利用子房离体培养方法获得了甘蓝型油菜细胞质雄性不育系与青花菜自交系 2004426B 的杂交后代，通过杂交后代和父母本性状的比较，发现杂交后代的性状介于双亲之间，偏向父本。Tonguc 等（2004）利用胚拯救的方法获得了抗黑腐病的芥菜（A19182，抗黑腐病）和青花菜（Captain、Titleist）的杂种后代。

由于远缘种属之间很难杂交成功，但通过原生质体培养和体细胞融合技术，可克服生殖障碍，实现遗传物质的交流。Robertson 等（1986）首先报道了利用青花菜叶肉原生质体进行培养的研究，到目前为止，已从青花菜的下胚轴、真叶和子叶原生质体培养中获得了再生植株。Kao 等（1990）和钟仲贤等（1994）分别从青花菜品种 Premium Crop、Green Hornet、Packman、上海 1 号的下胚轴原生质体培养中获得了再生植株。李国梁等（1999）利用上海 1 号的子叶和下胚轴原生质体培养建立了遗传转化体系，从子叶原生质体培养中获得了转基因植株。Robertson 等（1986，1988）分别从青花菜品种 Green Comet 及该品种部分自交系的子叶和真叶原生质体培养中获得了再生植株。

随着青花菜原生质体培养及植株再生技术的突破，原生质体融合也取得了很大进展。Yerrow 等（1990）利用原生质体融合，将 Polima 油菜（Karat）的细胞质雄性不育转入青花菜品种 Green Comet 中，获得了具有青花菜核基因组及 Polima 线粒体和叶绿体、植株形态与 Green Comet 相似、可育度低的杂种。Christey 等（1991）用含黑芥细胞质雄性不育的青花菜（Green Comet）叶肉原生质体与抗除草剂阿特拉津的芜菁下胚轴原生质体融合获得了 4 株既表现细胞质雄性不育又抗阿特拉津的表型与青花菜相似的植株。Liu 等（2007）用青花菜品种 Corvet、Medway 和 Calabrese 的花粉原生质体与芜菁的叶肉细胞原生质体融合，获得了杂种的愈伤组织。

三、利用基因工程创新青花菜种质资源

在青花菜抗虫、延熟保鲜、具有抗某些病害等特性的新品种选育上，常规育种较难取得突破。20 世纪 80 年代发展起来的植物基因工程为外源基因的导入、创新种质和培育优良品种提供了一条有效途径。目前已在青花菜上通过几种不同的转化方法获得了转基因植株，有的已选育出优良株系，为青花菜品种改良奠定了基础。

1. Bt 基因转化　Bt 基因是甘蓝类蔬菜遗传转化研究最多的一种目的基因。Metz 等 (1995) 转化青花菜和甘蓝得到数百株转基因植株；还用根癌农杆菌感染花梗、子叶和下胚轴，建立了青花菜和甘蓝良好的转化体系，外植体最高转化率为 10%。尤进钦等 (1996) 转化青花菜、花椰菜和白菜，其下一代植株杀虫率仍高达 95% 以上。Cao 等 (1999) 将该基因转化到青花菜，获得了成功，经抗虫（小菜蛾、菜青虫和粉纹夜蛾等）鉴定表明，其效果良好，最高致死率达 100%。

2. 延熟基因转化　Wagoner 等 (1992) 将 S-腺苷甲硫氨酸水解酶基因转入了青花菜和花椰菜。Henzi 等 (1998) 得到了转 ACC 氧化酶反义基因的青花菜，其乙烯的合成明显减少。李贤等 (2001) 用 ACC 解氨酶基因转化到青花菜品种上海 2，经 GUS 活性检测表明，其最高转化率达 5.5%。Chen 等 (2001) 利用催化细胞分裂素生物合成的异戊烯转移酶 (ipt) 基因转化到青花菜 Geen King，经离体叶和小花的叶绿素含量检测表明，其较高的叶绿素保持量与 ipt 基因的表达相一致，说明导入 ipt 基因可延迟采后青花菜的黄化。Gapper (2002) 和徐晓峰等 (2003) 利用根癌农杆菌介导 ACC 氧化酶反义基因转化青花菜，调控乙烯合成进而达到青花菜采后花球保鲜。Chen 等 (2004) 将乙烯应答元件突变体基因 (boers) 转入青花菜 Geen King 中，对获得的转基因植株进行检测，发现其种子的萌发、离体叶片及收获的小花蕾均对乙烯反应不敏感，黄化期延后 1~2d。Higgins 等 (2006) 将 ACC 氧化酶基因 1 和 2 及正义和反义 ACC 合成酶基因 1 转入青花菜双单倍体品系 GDDH33 中，对获得的转基因植株进行检测，发现其采后小花蕾中的乙烯合成量减少，叶绿素水平降低缓慢，可延迟采后青花菜的黄化 1~4d。

3. 不育性基因的转化　Torigama 等 (1991) 用自交不亲和性基因 S 位点糖蛋白 (SLG) 反义基因转入芥蓝和青花菜，转基因植株自交能亲和。

黄科等 (2005) 通过农杆菌介导，将反义 CYP86MF 转入青花菜品种新绿，获得雄性不育植株，为进一步进行青花菜雄性不育系的选育提供了基础。他们通过根癌农杆菌 LBA4404（含质粒反义 CYP86MF 基因片段）介导转化青花菜（*Brassica oleracea* L. var. *italica* Plenck）下胚轴，经卡那霉素选择压下连续选择、扩繁和生根培养，获得了青花菜转基因植株。经 PCR、Southern blot、Northern blot 检测证明，CYP86MF 基因已经整合至转基因植株染色体中。经花器官观察，转基因植株中有雄蕊发育不良、花粉不萌发的植株。转基因植株自交不能结实，用转基因植株花粉对正常植株进行人工授粉，不能正常结实，表明转基因植株花粉是不育的。用正常花粉对转基因不育植株进行人工授粉，转基因不育植株能正常结实，表明转基因不育植株的雌性器官发育正常，其不育性与 CYP86MF 基因在转基因植株中的表达有关。

此外，Mora 等 (2001) 报道了用几丁质酶基因转化青花菜，所获转化植株检测到预期几丁质酶带的出现，接种格链霉素菌 (*Alternaria brassicicola*) 后，试验的 15 个转基因株系发病症状明显较对照轻。陈淑惠等 (1998) 报道了利用镉结合蛋白基因转化青花菜的相关研究，经镉处理，转基因植株叶片变黄和皱缩比对照明显延缓，对镉表现出一定抗性。

四、利用诱变技术创新青花菜种质资源

Dunemann 等用 NMU 处理青花菜花序外植体，通过离体培养再生植株出现了形态和

育性上的变异，发现了一株雌蕊正常但雄性不育的植株，经鉴定不育性符合单基因显性遗传。

毕宏文等（1999）经卫星搭载处理的青花菜种子，种植的第 1 代植株有 43% 比对照提前开花，最早的比对照提前开花 25d，对照未收到种子，这种性状在后代中能遗传，1991 年继续种植，观察到花粉母细胞减数分裂行为的异常现象。

（刘玉梅）

主要参考文献

毕宏文，邓立平，张宏．1999．蔬菜空间诱变育种研究概述和展望．北方园艺．(1)：13～14

曹家树，秦岭等．2005．园艺植物种质资源学．北京：中国农业出版社

陈澎棠，朱根娣．1993．青花菜新品种——上海 1 号．中国蔬菜．(2)：53

陈澎棠，朱根娣，殷秀妹．1996．青花菜新品种上海 2 号育成．上海农业学报．12 (2)：96

陈文辉，方淑桂，曾小玲等．2006．甘蓝和青花菜杂种小孢子培养．热带亚热带植物学报．14 (4)：321～326

陈玉萍，Andrzej W..2000．利用胚和胚珠的离体培养获得甘蓝型油菜与青花菜的种间杂种．华中农业大学学报．19 (3)：274～278

邓俭英，方锋学，2005．分子标记及其在蔬菜研究中的应用．长江蔬菜．(8)：42～46

方淑桂，陈文辉，曾小玲等．2005．影响青花菜游离小孢子培养的若干因素．福建农林大学学报（自然科学版）．34 (1)：51～55

方文慧，孙德岭，李素文等．2001．青花菜新品种"绿莲"的选育．天津农业科学．(3)：42～44

方智远，孙培田，刘玉梅，杨丽梅．1987．青花菜自交不亲和系选育初报．中国蔬菜．(01)：27～29

方智远，孙培田，刘玉梅等．1997．青花菜新品种中青 1 号、中青 2 号．长江蔬菜．(6)：25～26

何启伟主编．1993．十字花科蔬菜优势育种．北京：农业出版社

黄科，曹家树，余小林等．2005．CYP86MF 反义基因转化获得青花菜雄性不育植株．中国农业科学．38 (1)：122～127

蒋武生，邓玉宝，粟根义等．1998．提高青花菜花粉胚状体诱导频率的研究．信阳农业高等专科学校学报．(3)：8～11

李国梁，钟仲贤，李贤．1999．青花菜子叶和下胚轴原生质体的遗传转化系统．上海农业学报．(1)：28～32

李金国，1999．蔬菜航天诱变育种．中国蔬菜．(1)：4～5

李贤，姚泉洪，庄静等．2001．ACC 解氨酶基因转入青花菜的研究．上海农业学报．17 (3)：5～8

李又华，杨暹，罗志刚等．2003．青花菜雄性不育系与保持系花蕾同工酶分析．华南农业大学学报．24 (1)：14～15

李志琪．2003．应用 AFLP 标记技术研究甘蓝类蔬菜遗传多样性及亲缘关系．中国农业科学院研究生院硕士学位论文

林碧英，魏文麟．1995．青花菜新品系"闽绿 1 号"的选育和丰产栽培技术研究．福建省农业科学院学

报．10（1）：20～22

林俊，李钧敏，2006．青花菜 RAPD 扩增条件的优化．浙江农业科学．（4）：364～366

林荔仙，张克平．2000．青花菜新品种绿宝．长江蔬菜．（4）：23

刘玉梅，孙培田，方智远等．1996．青花菜抗源材料的筛选和利用．中国蔬菜．（6）：23～26

陆瑞菊，王亦菲，孙月芳等．2005．利用青花菜单倍体茎尖筛选耐热变异体．见全国作物生物技术与诱变
　技术学术研讨会论文摘要集．116

密士军，郝再彬．2002．航天诱变育种研究的新进展．黑龙江农业科学．（4）：31～33

秦耀国，雷建军，曹必好．2004．青花菜遗传育种与生物技术应用研究进展．北方园艺．（2）：11～13

邵泰良，黄承贤，张以光，2005．利用雄性不育培育青花菜新品种初报．上海蔬菜．（3）：20～21

苏恩平，陈红辉，盛明峰等．2006．青花菜新品种申绿 2 号的选育与栽培要点．上海蔬菜．（3）：21～22

唐征，刘庆，张小玲等．2006．甘蓝型油菜与青花菜种间杂种子房离体培养研究．中国农学通报．22
　（10）：93～96

万双粉，张蜀宁，张杰．2006．青花菜花粉母细胞减数分裂及雄配子体发育．西北植物学报．26（5）：
　970～975

万双粉，张蜀宁，张伟等．2007．二、四倍体青花菜花粉母细胞减数分裂比较．南京农业大学学报．30
　（1）：34～38

王晓武，娄平，何杭军等．2005．利用芥蓝×青花菜 DH 群体构建 AFLP 连锁图谱．园艺学报．32（1）：
　30～34

王志平．1997．几个青花菜新品种的耐贮性及其贮藏过程中主要生理和品质性状的研究．中国农业科学
　院研究生院硕士论文

徐晓峰，黄学林，黄霞．2003．ACC 氧化酶反义基因转化青花菜的研究．中山大学学报（自然科学版）．
　42（4）：64～68

尤进钦，曾梦蛟，陈良筠．1996．苏力菌杀虫晶体蛋白基因转移到青花菜、花椰菜及小白菜．中国园艺
　（台湾）．42（4）：312～330

张克平，林荔仙．2003．利用青花菜胞质雄性不育系育成新品种绿宝 2 号．中国蔬菜．（3）：12～14

钟仲贤，李贤．1994．青花菜和甘蓝下胚轴原生质体培养再生植株．农业生物技术学报．2（2）：76～80

朱玉英，龚静，吴晓光等．2004．萝卜细胞质青花菜雄性不育系花药发育的细胞形态学研究．上海农业学
　报．20（3）：42～44

朱玉英，杨晓锋，侯瑞贤等．2006．青花菜细胞质雄性不育系线粒体 DNA 的提取与 RAPD 分析［J］．武
　汉植物学研究．24（6）：505～508

张德双，曹鸣庆，秦智伟．1998．绿菜花双核期小孢子比例对游离小孢子培养的影响．园艺学报．25
　（2）：201～202

张德双，曹鸣庆，秦智伟．1998．绿菜花游离小孢子培养．胚胎发生和植株再生．华北农学报．13（3）：
　102～106

张德双，曹鸣庆，秦智伟．1999．影响绿菜花游离小孢子培养的因素．华北农学报．14（1）：68～72

张国裕，康俊根，张延国等．2006．青花菜快速碱化因子 RALF 的克隆与序列分析．园艺学报．33（3）：
　561～565

张国裕，康俊根，张延国等．2006．青花菜雄性不育相关基因 BoDHAR 的克隆与表达分析．生物工程学
　报．22（5）：752～756

张国裕，康俊根等．2006．青花菜快速碱化因子 RALF 的克隆与序列分析．园艺学报．33（3）：561

张国裕，康俊根等．2006．青花菜雄性不育相关基因 BoDHAR 的克隆与表达分析，生物工程学报．（5）：
　751～756

张俊华，崔崇士，潘春情．2006．分子标记及其在芸薹属植物中的应用．东北农业大学学报．37（5）：700～705

张克平，林荔仙．1997．青花菜一代杂种"绿宝"的选育．中国蔬菜．（2）：36

张克平，林荔仙．2003．利用青花菜胞质雄性不育系育成新品种绿宝 2 号．中国蔬菜．（3）：12～14

张延国，王晓武．2005．小孢子培养技术在青花菜上的应用．中国蔬菜．（6）：7～8

Alison M. G. ，Elaine H. ．2005．The use of small interfering RNA to elucidate the activity and function of ion channel genes in an intact tissue. Journal of Pharmacological and Toxicological Methods. 51（3）：253～262

Anderson W. C. ，Carstens J. B. ．1977．Tissue culture propagation of broccoli，*Brassica oleracea*（*italica* group），for use in Fl hybrid seed production．J. Amer. Soc. Hort. Sci. 102：69～73

Arnison P. G. ，Donaldson P. ，Ho L. C. ，Keller W. A. ．1990．The influence of various physical parameters on anther culture of broccoli（*Brassica oleracea* var. *italica*）．Plant Cell，Tissue and Organ Culture. 20：147～155

Arnison P. G. ，Donaldson P. ，Jackson A. ，Semple C. and Keller W. ．1990．Genotype-specific response of cultured broccoli（*Brassica oleracea* vat. *italica*）anthers to cytokinins. Plant Cell，Tissue and Organ Culture. 20：217～222

Baggett J. R. ，Kean D. ，Kasimor K. ．1995．Inheritance of internode length and its relation to head exsertion and head size in broccoli. Journal of the American Society for Horticultural Science. 2：292～296

Biddington N. L. and Robinson H. T. ．1991．Ethylene production during anther culture of Brussels sprouts（*Brassica oleracea* var. *gemmifera*）and its relationship with factors that affect embryo production. Plant Cell，Tissue and Organ Culture. 25：169～177

Canaday C. H. ，Wyatt J. E. and Mullins J. A. ．1991．Resistance in broccoli to bac2terial soft rot caused by Pseudomonas maminalis and fluorescent Pseu2domonas species. Plant Disease. 7：715～720

Camargo L. E . A. and Osborn T. C. ．1996．Mapping loci controlling flowering time in *Brassica oleracea*. Theor Appl Genet. 92：610～616

Camargo L. E. A. ，Williams P. H. and Osborn T. C. ．1995．Mapping of quantitative trait loci controlling resistance of *Brassica oleracea* to Xanthomonas campestri pv1campestris. Phytopathology. 85（10）：1296～1300

Cao J. ，Tang J. D. ，Strizhov N. ，Shelton A. M. and Earle E. D. ．1999．Transgenic broccoli with high levels of *Bacillus thuringiensis* Cry1C protein control diamondback moth larvae resistant to Cry1A or Cry1C. Molecular Breeding. 5：131～141

Chen C. H . and Nasrallah J. B. ．1990．A new class of S sequences defined by a pollen recessive self-incompatibility allele of *Brassica oleracea*. Mol Gen Genet. 222：241～248

Chen L. F. O. ，Hwang J. Y. Charng Y. Y. ，Sun C. W. and Yang S. F. ．2001．Transformation of broccoli（*Brassica oleracea* var. *italica*）with isopentenyl transferase gene via Agrobac-terium tumefaciens for post-harvest yellowing retardation. Molecular Breeding. 7：243～257

Chen L. F. O. ，Huang J. Y. ，Wang Y. H. ，Chen Y. T. and Shaw J. F. ．2004．Ethylene insensitive and post-harvest yellowing retardation in mutant ethylene response sensor（*boers*）gene transformed broccoli（*Brassica olercea* var. *italica*）．Molecular Breeding. 14：199～213

Cho U. and Kasha K. L. ．1989．Ethylene production and embryogenesis from anther culture of barley（*Hordeum vulgare*）．Plant Cell Reports. 8：415～417

Christey M. C. ，Makaroff C. A. and Earle E. D. ．1991．Atrazine-resistant cytoplasmic male-sterile-*nigra* broccoli obtained by protoplast fusion between cytoplasmic male-sterile *Brassica oleracea* and atrazine-resistant *Brassica campestris*. Theor Appl Genet. 83: 201~208

Cogan N. , Harvey E. , Robinson H. , Lynn J. , Pink D. , Newbury H J and Puddephat I. . 2001. The effects of anther culture and plant genetic background on Agrobacterium rhizogenes-mediated transformation of commercial cultivars and derived doubled-haploid *Brassica oleracea*. Plant Cell Rep. 20: 755~762

Costa J. Y. and Forni-Martins E. R. . 2004. A triploid cytotype of Echinodorus tennellus. Aquatic Botany. 79: 325~332

Dias J. S. . 2003. Protocol for broccoli microspore culture. In: Doubled Haploid Production in Crop Plants. Eds. M. Maluszynski, K. J. Kasha, B. P. Forster and I. Szarejko. Kluwer Academic Publishers, the Netherlands. pp: 195~204

Dias, J. S. . 1999. Effect of Activated charcoal on *Brassica oleracea* microspore culture embryogenesis . Euphytica. 108 (1): 65~69

Dias J. S. . 2001. Effect of incubation temperature regimes and culture medium on broccoli microspore culture embryogenesis. Euphytica. 119: 389~394

Dias J. S. . 2003. Protocol for broccoli microspore culture. In: Doubled Haploid Production in Crop Plants. Eds. M. Maluszynski, K. J. Kasha, B. P. Forster and I. Szarejko. Kluwer Academic Publishers. the Netherlands. pp: 195~204

Dias J . S. . and Martinc M. G. . 1998. Effect of silver nitrate on anther culture embryo production of different *Brassica oleracea* morphotypes. SECH, Actas de Horticulture. 22: 189~197

Dickson M. H. and Kuo C. G. . 1993. Breeding for heat tolerance in green beans and broccoli. In: Adaptation of food crops to temperature and water stress. proceedings of an international symposium. Taiwan. pp: 296~302

Dickson M. H. and Petzoldt R. . 1993. Plant age and isolate source affect expression of downy mildew resistance in broccoli. Hort Science. 7: 730~731

Dui js J . G. , Voorrips R. E. , Visser D. L. and Custers J. B. M. . 1992. Microspore culture is successful in most crop types of *Brassica oleracea* L. Euphytica. 60 : 45~55

Robertson D. and Earle E. D. . 1986. Plant regeneration from leaf protoplasts of *Brassica oleracea* var. *italica* cv. Green Comet broccoli. Plant Cell Rep. . 5 (1): 61~64

Glimelius K. . 1984. High growth rate and regeneration capicity of hypocotyl protoplast in some Brassicaceae. Physiol plant. 61: 38~44

Gapper N. E. , McKenzie M . J. , Christey M. C. , Braun R. H. , Coupe S. A. , Lill1 R. E. and Jameson P. E. . 2002. *Agrobacterium tumefaciens*-mediated transformation to alter ethylene and cytokinin biosynthesis in broccoli. Plant Cell, Tissue and Organ Culture. 70: 41~50

Gamborg O. L. , Miller R. A. and Ojima K. . 1968. Nutrient requirements of suspension cultures of soybean root cells. Exp. Cell Res. 50: 151~158

Harris R. B. . 1989. Processing of p ro2hormone p recursor p roteins. Arch. Biochem. Biophys. 275: 315~338

Haruta M . and Constabel P. C. . 2003. Rapid alkalinization factors inpoplar cell cultures. peptide isolation, cDNA cloning, and differential exp ression in leaves and methyl jasmonatetreated cells. Plant Physiology. 131: 814~823

Higgins J. D. , Newbury H. J. , Barbara D. J. , Muthumeenakshi S. and Puddephat I. J. . 2006. The production of marker-free genetically engineered broccoli with sense and antisense ACC synthase 1 and ACC oxidases 1 and 2 to extend shelf-life. Molecular Breeding. 17: 7~20

Habib A. and Shahada H.. 2004. Meitotic analysis in the induced autotetraploids of *Brassica rapa*. Acta Botanica Yunnanica. 26 (30): 321~328

Jensen B. D. , Vaerbak S. , Munk L.. 1999. Characterization and inheritance of partial resistance to downy mildew, Peronospora parasitica, in breedingmaterial of broccoli, *Brassica oleracea* convar , botrytis var. *italica*. Plant Breeding. 6: 549~554

Kao H . M. , Keller W. A. , Gleddie S. and Brown G. G.. 1990. Efficient plant regeneration from hypocotyl protoplasts of broccoli (*Brassica oleracea* L. ssp. *italica* Plenck) . Plant Cell Reports. 9: 311~315

Kasha K. J.. 2005. Chromosome Doubling and Recovery of Doubled Haploid Plants. In: Haploids in Crop improvement Ⅱ-Biotechnology in Agriculture and Forestry. Eds. T. Nagata, H. Lorz and J. M. Widholm. Springer-verlag, Germany. 56: 123~152

Keller W. A. and Armstrong K. C.. 1983. Production of haploids via anther culture in *Brassica oleracea* var. italica. Euphytica. 32: 151~159

Keller B. and Heierli D.. 1994. Vascular expression of the GRP118 promoter iscontrolled by three specific regulatory elements and one unspecific activation sequence. Plant Molecular Biology . 26 (2) : 747~756

Kim H. U. , Park B. S. and Jin Y. M.. 1997. Promoter sequences of two homologous pectin esterase genes from Chinese cabbage (*Brassica campestris* L. ssp. *pekinensis*) and pollen specific expression of the *GUS* gene driven by a promoter in tobacco plants. Molecular Cell. 7 (1) : 21~27

Khattra A. S. , Gurmail Singh, ThakurJ C. , et al.. 2001. Genotypic and phenotypic correlations and path analysis studies in sprouting broccoli (*Brassica oleracea* var. *italica* L.) . Journal of Research, Punjjab Agricultural University. (3~4) : 195~201

Lichter R.. 1989. Efficient yield of embryoids by culture of isolated microspores of different Brassicaceue species. Plant Breeding. 103: 119~123

Lichter R.. 1982. Induction of haploid plants from isolated pollen of *Brassica napus* L. Z. Pflanzenphysiol. 105: 427~434

Liu F. , Ryschka U. , Marthe F. , Klockel E. , Schumann G. and Zhao H.. 2007. Culture and fusion of pollen protoplasts of *Brassica oleracea* L. var. *italica* with haploid mesophyll protoplasts of B. *rapa* L. ssp. *Pekinensis*. Protoplasma. 231: 89~97

Laser K . D. , Lersten N. R. . 1972. Anatomy and cytology of microsporogenesis in cytoplasmic male sterile angiosperms. Bot. Rev. , 38 (3): 425~454

Lender E. S.. 1989. Mappling mendelian factors underlying quantitative traits using RFLP Linkage map [J] . Genetics. 121: 185~199

Lee B. Smith1 and Graham J. King. 2000. The distribution of BoCAL-a alleles in *Brassica oleracea* is consistent witha genetic model for curd development and domestication of the cauliflower. Molecular Breeding. 6: 603~613

Mets T. D. , Dixit R. , Earle E. D.. 1995. Agrobacterium tumef aciens-mediated transformation of broccoli (*Brassica oleracea* var. *italica*) and cabbage (*B. oleracea* var. *capitata*) . Plant Cell Report. 15: 287~292

Nigel E. Gapper, Simon A. Coupe. 2005. Regulation of Harvest-induced Senescence in Broccoli (*Brassica oleracea* var. *italica*) by Cytokinin, Ethylene, and Sucrose. J.. Plant Growth Regul. 24: 153~165

Palmer E. E.. 1992. Enhanced shoot regeneration from *Brassica campestris* by silver nitrate. Plant Cell Reports. (11)：541~545

Pearson O. H.. 1932. Incompatibility in broccoli and the production of seed under cages. Proc Am Soc Hort Sci. 29：468~471

Pritam-Kalia, Shakuntla and Kalia P.. 2002. Genetic variability for horticultural characters in green sprouting broccoli. Indian Journal of Horticulture. 1：67~70

Robertson D. and Earle E. D.. 1986. Plant regeneration from leaf protoplasts of *Brassica oleracea* var. *italica* cv green comet broccoli. Plant Cell Reports. 5：61~64

Robertson D. , Earle E. D. , Mustschler N . A.. 1988. Increased totipotency of protoplasts from *Brassica oleracea* plants previously regenerated in tissue culture. Plant Cell, Tissue and Organ Culture. 14：15~24

Rudolf K. , Bohanec B. and Hansen M.. 1999. Microspore culture of white cabbage, *Brassica oleracea* var. *capitata* L. ：Genetic improvement of non-responsive cultivars and effect of genome doubling agents. Plant Breeding. 118：237~241

Ruffio-Châble V. , Le Saint J. P. and Gaude T.. 1999. Distribution of S-haplotypes and relationship with self-incompatibility in *Brassica oleracea*. 2. In varieties of broccoli and romanesco. Theor Appl Genet. 98：541~550

Slocum M . K.. 1990. Linkage arrangement of restriction fragment length polymorphism loci in *Brassi ca olerace*. Theor Appl Genet. 80：57~ 64

Takahata Y. and W. A. Keller. 1991. High frequency embryogenesis and plant regeneration in isolated microspore culture of *Brassica oleracea* L. Plant Sci. 74：235~242

Tonguc M . and Griffiths P. D.. 2004. Development of black rot resistant interspecific hybrids between *Brassica oleracea* L. cultivars and *Brassica* accession A 19182, using embryo rescue. Euphytica. 136：313~318

Sakamoto K. , Kusaba M. and Nishio T.. 2000. Single-seed PCR-RFLP analysis for the identification of S haplotypes in commercial F_1 hybrid cultivars of broccoli and cabbage. Plant Cell Reports. 19：400~406

Takahama U.. 1994. Regulation of peroxidase-dependent oxidation of phenolics by ascorbic acid ：Different effects of ascorbic acid on the oxidation of coniferylalcohol by the apoplastic soluble and cell wallbound peroxidases from epicotyls of Vigna angularis. Plant and Cell Physiology . 34 ：809~817

Takahata Y. and Keller W. A.. 1991. High frequency embryogenesis and plant regeneration in isolated microspore culture of *Brassica oleracea* L. Plant Sci. 74：235~242

Thomas C. E. and Jourdain E. L.. 1990. Evaluaion of broccoli and caulifowergermplasm for resistance to race 2 of *Peronospora parasitica*. Hort. Science. 11 ：1429~1431

Waugh R. , Bonar N. , Baird E. , et al.. 1992. Using RAPD markers for crop improvement. Trend Biotechnol. (10)：186~ 192

Yarrow S. A.. 1990. The transfer of Polima cytoplasmic male sterility from oil seed rape（*B. napus*）to broccoli（*B. oleracea*）by protoplast fusion. Plant Cell. 9（4)：185~188

第十三章

球茎甘蓝

第一节 概　述

球茎甘蓝为十字花科（Cruciferae）芸薹属甘蓝种中能形成肉质茎的变种，学名：*Brassica oleracea* L. var. *caulorapa* DC.，别名：茎蓝、擘蓝、松根、玉蔓菁、芥蓝头等，二年生草本植物，染色体数 2n＝2x＝18。

球茎甘蓝有相当高的营养价值，膨大的球茎可鲜食、熟食或腌制。每 100g 鲜重含水分 91～94g、碳水化合物 2.8～5.2g、粗蛋白 1.4～2.1g、维生素 C 34～64mg、纤维素 1.1～1.4g、灰分 0.9～1.2g，并富含钙、磷、铁等微量元素，其碳水化合物和含氮物质的含量比结球甘蓝多 1 倍，维生素多 0.5～1 倍，特别是它的维生素 C 含量不低于柑橘类水果（方智远，1990）。球茎甘蓝也有药用功效，中医认为球茎甘蓝性味甘平、无毒，益肾，填脑髓，利五脏六腑，利关节，通经络，中经气，明耳目，益心力，壮筋骨。球茎甘蓝所含的抗坏血酸、吲哚类物质、微量元素钼等具有增强人体免疫功能、防癌抗癌等作用。日本国家癌症研究中心也将球茎甘蓝列为 20 种抗癌蔬菜之一。此外，球茎甘蓝的嫩叶，尤其是紫色球茎甘蓝的嫩叶也可食用，可炒食、作汤菜等，是一种含钙质较高的蔬菜，并具有消食积、痰积等保健功效。

目前，世界上球茎甘蓝的栽培以德国最为普遍，东南亚地区也有一定的栽培面积，尤其是越南栽培面积较大。球茎甘蓝对气候的适应性比较广，能在春、秋两季进行栽培。中国北方及西南各地均有较大面积栽培，近二、三十年来中国北方逐渐推广早熟球茎甘蓝，对调剂冬春淡季蔬菜供应起到一定作用。从市场情况来看，尽管球茎甘蓝栽培面积远远低于其他主要蔬菜作物，但栽培范围广泛，几乎在中国的所有地区都有栽培，其加工用量相对稳定，鲜食用量呈上升趋势。近期市场上还出现了水果型球茎甘蓝，主要品种引自欧洲，以脆嫩、品质上好的肉质球茎和嫩叶供食，很受消费者欢迎。

中国拥有不少球茎甘蓝地方品种，据资料，截至 2006 年全国已收集保存球茎甘蓝种质资源共 104 份（见表 1-7）；其中有 30 份作为主要或重要种质资源被列入《中国蔬菜品种志》（2001），包括早熟种 10 份，中熟种 13 份，晚熟种 7 份。

第二节　球茎甘蓝的起源与分布

一、球茎甘蓝的起源

关于球茎甘蓝起源传播的相关资料非常匮乏。一般认为球茎甘蓝起源于地中海至北海沿岸国家。前苏联学者马尔科夫认为球茎甘蓝的进化途径为：一年生野生甘蓝 →不分枝羽衣甘蓝 →髓甘蓝（marrow cabbage）→球茎甘蓝（《蔬菜栽培学各论·北方本》，1987）。公元 9 世纪在欧洲一些国家开始种植球茎甘蓝，经过人工选择，形成了丰富的种质资源。明清两代（1368—1911）中国和外国的海运交通逐渐发达，通过海陆引入的蔬菜种类很多，其中有地中海沿岸起源的甘蓝类蔬菜（《中国蔬菜栽培学》，1987）。一般认为球茎甘蓝于 16 世纪传入中国（方智远，1990）。

二、球茎甘蓝的分布

球茎甘蓝在世界上主要分布在欧洲及亚洲地区，欧洲如捷克、德国等国家，亚洲如中国以及越南、老挝、泰国、印度、菲律宾、马来西亚等南亚及东南亚国家。

由于中国地域辽阔，气候差异大，球茎甘蓝自 16 世纪传入后，在各地经过自然选择，形成了多样的种质资源，东起山东、江浙沿海各省，西至甘肃、新疆，南自广东、海南，北到黑龙江、内蒙古等省（自治区），几乎到处都有球茎甘蓝的踪影。早熟类型以捷克白苤蓝品种为代表，主要分布在天津、北京、河北、江苏南京、四川成都和西昌、广西桂林等地。中熟类型以天津青苤蓝品种为代表，主要分布在天津、山东青岛和潍坊、内蒙古呼和浩特至临河、河北承德至邢台一带以及山西临汾、河南安阳、重庆、四川成都、云南、江西、福建、陕西汉中、广州等地。晚熟类型由于生长期长，分布范围较小，主要分布在山西大同、宁夏吴忠及银川、甘肃兰州和陇西、新疆、陕西定边、四川广汉，以及广州等地，代表品种有大同松根、新疆大苤蓝等。

第三节　球茎甘蓝的分类

一、植物学分类

球茎甘蓝为十字花科芸薹属甘蓝种的一个变种。

即：十字花科（Cruciferae），芸薹属（*Brassica* L.），甘蓝种 *Brassica oleracea* L.，球茎甘蓝 var. *caulorapa* DC.。

二、栽培学分类

球茎甘蓝的食用部位是膨大的球茎，栽培上主要以球茎的形态或生育期长短的不同进行分类。

（一）根据球茎外皮颜色分类

1. 白茎蓝 球茎外皮颜色为绿白色，如捷克白、北京白皮、成都白叶子等。

2. 绿茎蓝 外皮颜色为绿色或深绿色，如西昌二缨子、天津青茎蓝、云南东川茎蓝等。

3. 紫茎蓝 球茎外皮颜色为紫色，但内部颜色为绿白色。如已由国外引进多年的北京紫茎蓝等。

（二）根据生育期分类

1. 早熟品种 植株矮小，叶片少而小，叶柄细短，球茎重 0.5～1.0kg。生长迅速，定植后 50～60d 收获。为春、夏或秋、冬栽培的早熟品种。主要品种有早白（捷克茎蓝，又称捷克白）、天津小英子和小七星、二叶子、济南小叶子、山西小籽、云南团茎、成都金毛根等。

2. 中熟品种 植株生长势中等，植株、叶片中等大小，从定植到收获 80～100d。如天津青茎蓝、云南东川茎蓝、四川春秋青茎蓝等。

3. 晚熟品种 植株高大、生长势强，叶片多而且大，从定植到收获 120d 以上。如大同松根、甘肃茎蓝、新疆大茎蓝、定边大茎蓝等。

由于球茎甘蓝育种及品种开发相对落后，今后尚需加强北方冬春保护地、春季露地耐抽薹品种及南方秋季露地早熟品种等专用品种的选育研究。

第四节 球茎甘蓝的形态特征与生物学特征

一、形态特征

（一）根

球茎甘蓝主根不发达，须根多，较易发生不定根，耐水、耐肥能力较强。中国北方地区菜农常利用垄沟两旁栽培球茎甘蓝，栽在水道两旁的植株，几乎生长在水肥始终充足的环境里，故能结成数千克重的大球茎。

（二）茎

茎短缩、肥大为球状或扁圆状的球茎。当植株生长至一定时期，一般为长有 8 片叶时，在短缩茎离地面 2～4cm 处开始膨大，并逐渐形成球状或扁圆状的肉质球茎。球茎的外皮颜色一般为绿色、浅绿色或绿白色，少数品种为紫色，球茎的肉质部分一般为浅绿色或绿白色（图 13 - 1）。早熟种球茎横径一般在 9～15cm，中晚熟种在 14～26cm，有些大型种在 30cm 以上；纵径在 7～20cm 之间。紫茎蓝与青茎蓝杂交后球茎部皮色为紫色，表明紫色性状为显性，球茎上有蜡粉相对于无蜡粉为显性。

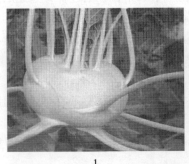

图 13-1　不同类型的球茎甘蓝
1. 绿茎蓝扁圆类型　2. 紫茎蓝　3. 绿茎蓝高桩类型

（三）叶

球茎甘蓝的叶丛生，叶片为椭圆形、倒卵圆形或近三角形，叶长 13~20cm，叶色绿、深绿或浅绿，叶面有蜡粉或无蜡粉、无毛，叶柄长 6.5~20cm，叶柄大小因品种而异。生长后期，短缩茎上部膨大成球茎，叶着生于球茎上。

（四）花

球茎甘蓝的花为总状花序，顶生，完全花，花长 1.5~2.5cm，花器构造与其他甘蓝类蔬菜相似，花萼、花瓣均 4 枚，交叉对生成十字状，并与萼片方向一致。花瓣上部宽大，花冠开展，花瓣浅黄至黄色，基部有蜜腺。雌蕊外围有 6 个雄蕊，为"四强雄蕊"。花药两室，成熟时纵裂。雌蕊一枚，子房上位，两心室，花柱一枚，柱头为头状。所有甘蓝类的变种和品种间都能互相杂交，为异花授粉植物，采种时应注意严格隔离。

（五）果

球茎甘蓝的果实为角果，扁圆柱状，表面光滑，成熟时颜色由绿变黄，细胞膜增厚而硬化，果荚成熟后不易自然开裂，荚果长度及着生种子数因品种及栽培条件不同而有所差异。一般荚果长 7~10cm，着生 10~20 粒种子。

（六）种子

球茎甘蓝的角果内着生两列种子，种子着生在隔膜上，呈不整齐的圆球形状，种皮红褐色或黑褐色，无光泽。种子直径为 1~2.3mm，千粒重为 4~5g。球茎甘蓝种子没有休眠期，在干燥阴凉的自然环境条件下可贮藏 3~5 年。

二、生物学特性

（一）生长发育周期

球茎甘蓝为二年生草本植物，在正常情况下，于第一年生长根、茎、叶等营养器官，并形成贮有大量养分的球茎，在冬季低温条件下完成春化，第二年春季通过长日照完成光周期，随即抽薹开花结籽。其生长周期可分为营养生长期和生殖生长期两个阶段，营养生长期又可分为发芽期、幼苗期、莲座期和球茎形成期，生殖生长期又可分为抽薹期、开花期和结籽期。

1. 营养生长期

（1）发芽期　从播种到第一对基生叶片展开与子叶"拉十字"时为发芽期。根据温度的不同，发芽期的长短也有所不同，一般夏、秋季为14～21d，冬、春季20～30d。

（2）幼苗期　从第一片真叶展开到第一叶环（约5～8片叶）形成，即达到"团棵"时为幼苗期。

（3）莲座期　从第二叶环开始到球茎开始膨大时称为莲座期。

（4）球茎形成期　从球茎开始膨大到收获时为球茎形成期。

（5）休眠期　球茎甘蓝在采种时，南方采用露地越冬方式；北方一般要经过90～180d的冬季贮藏，迫使其进行强制休眠。在此期间内，种株缓慢通过春化并进行花芽分化。

2. 生殖生长期

（1）抽薹期　从种株定植到花茎长出为抽薹期，约需20～40d。

（2）开花期　从始花到全株花落时为开花期，约需30～40d。

（3）结荚期　从花落到角果黄熟时为结荚期，约需30～45d。

（二）对环境条件的要求

球茎甘蓝对环境条件的要求基本上和结球甘蓝相似。北方可以在春、夏季节和夏、秋季节栽培两季，南方可在秋、冬季节和冬、春季节栽培两季。在高寒地区如内蒙古和新疆自治区等地则一年只能栽培一季。

1. 温度　球茎甘蓝喜温和湿润的气候，但对严寒和高温也有一定的耐性，所以能在北方和南方的不同季节栽培。其生长适宜温度为18～25℃，又以22℃最为适宜，能适应的温度为7～30℃。幼苗能短时间忍耐－15℃的低温和35℃的高温。发芽的最低温度为2～3℃，在此温度条件下约需要15d左右才能出苗，而20℃左右时仅需2～3d即可出苗。球茎膨大期如果气温超过30℃则同化减弱，呼吸加强，肉质易纤维化，品质和产量降低。

球茎甘蓝对低温比较敏感，其冬性比结球甘蓝弱，容易完成春化，一般在低于10℃的低温下1周左右即可完成春化。山西农业大学曾对球茎甘蓝春化所需的温度条件进行了研究，结果表明：在0～10℃低温条件下，当幼苗长到茎粗0.41cm以上，叶片在7.1片以上时才能感受低温并通过春化；对种子或过小的幼苗进行人工低温处理，均不能完成春化，说明球茎甘蓝为典型的绿体春化型作物。

2. 光照　球茎甘蓝为长日照作物，在其未完成春化前，长日照有利于生长。对光强度适应范围较宽。一般南方秋冬季和冬春季栽培，北方春、秋两季栽培都能满足其对光照的要求。

3. 湿度　球茎甘蓝本身含水量在90%以上。它在球茎膨大期尤其要求土壤水分多、空气湿润，但在幼苗期能忍耐一定的干旱气候。球茎甘蓝要求空气相对湿度为80%～

90％，土壤相对湿度为 70％～80％，空气相对湿度低对其生长发育影响不大，但若土壤水分不足，则将严重影响其球茎生长，并使产量降低。

4. 土壤与营养 球茎甘蓝对土壤的要求不很严格，腐殖质丰富的黏壤土或沙壤土都可以获得较高的单位面积产量。球茎甘蓝不同生长时期对各种养分的吸收量及比例不同，张淑霞等（1998）的研究结果显示，球茎甘蓝在苗期肥料吸收比例为 K：N：P＝1.5：1.0：0.5，球茎膨大期吸收比例为 N：K：P＝1.0：0.6：0.4，植株对氮、磷、钾吸收强度最大的时期在出苗后 60～90d，此时应注意追施肥料。

第五节　球茎甘蓝的种质资源

一、概况

球茎甘蓝在中国的分布较广，种质资源也比较丰富，国家农作物种质资源库收集、整理了全国的球茎甘蓝地方品种，截至 2006 年共收集保存了 104 份。从种质资源的来源看，球茎甘蓝的地方品种几乎分布于中国所有的省份，其中贵州、云南、安徽、广西、四川、河南、内蒙古、陕西及山西等省（自治区）的种质资源尤为丰富。

二、优异种质资源

球茎甘蓝的优异种质资源均为各地广为栽培的小型早熟种、中熟种和大型晚熟种中优质、高产，并具有不同生长期、不同球茎色泽、适合不同栽培目的的代表性品种。

（一）早熟类型

其共同特点为生长期短、早熟，品质优良或较抗黑腐病（*Xanthomonus campestris*）、病毒病（Tumv）等病害，但球茎一般较小，产量较低，大多适于鲜食。

1. 早白（捷克苤蓝） 中国农业科学院蔬菜研究所 1965 年从捷克斯洛伐克引进。植株矮小。叶片小而狭长，叶柄细长。球茎圆球形，外皮绿白色，单球重约 350g。早熟，定植后 45～50d 收获。品质好，主要用于凉拌或炒食。

2. 天津小缨子 天津市地方品种。叶片小、稍尖，叶柄细。球茎扁圆形，皮薄、肉细嫩，单球重 1kg 左右。早熟，从定植至始收约 60d，产量 45 000kg /hm² 左右。

3. 高密苤蓝 四川及云南、贵州等省栽培较多。植株小。叶片细长，叶数少，仅14～15 片叶。球茎扁圆形，单球重约 500g。早熟，能四季栽培，从定植到收获 60d 左右。产量 30 000kg/hm²。

4. 北京白苤蓝 北京栽培品种。植株生长势较强，一般 10 片叶左右。叶片大而厚，深绿色，叶柄短而较粗，绿色，叶痕较小。球茎光滑细腻，扁圆形，颜色淡绿，有白色蜡粉。品质较好。早熟，从定植至始收 60d 左右，产量约 45 000kg/hm²。

5. 青县苤蓝 河北省地方品种。株高 55cm，开展度 40cm。叶簇半直立，13～15 片叶，叶形长椭圆形，叶色灰绿，蜡粉较多。球茎扁圆形，皮色浅绿，球茎重约 700g。定植到收获 70d 左右，适宜秋季栽培。较抗黑腐病和病毒病。球茎含水分中等，适宜鲜食和加工。

6. 河间茎蓝 河北省地方品种。株型中等大小。叶形近三角形，叶面蜡粉较少。球茎扁圆形，浅绿色，单球重约 800g。从定植到收获 75d 左右。较抗黑腐病和病毒病。含水分中等，适宜鲜食和加工。产量 45 000kg/hm² 左右。

7. 成都白叶子 四川省成都市地方品种。株型中等大小。叶色灰绿，蜡粉多。球茎扁圆形，皮色白绿，单球重约 450g。从定植到收获 70d 左右，适宜春秋种植。肉质脆嫩，适宜鲜食。耐贮性中等。

8. 南京早白茎蓝 江苏省南京市地方品种。叶簇半直立。叶片椭圆形，绿色，叶面平滑，叶缘缺刻状。球茎扁圆形，皮色黄绿。从播种到收获 80～90d，耐寒、耐贮藏。肉质致密而脆嫩，水分多，品质好。可生食及加工腌制。

9. 西昌二缨子 四川省西昌市地方品种。株型中等大小，叶簇开展度中等。球茎扁圆形，皮色绿色，单球重 950g，生长期 80～90d，耐热。产量约 30 000kg/hm²。

10. 桂林球茎甘蓝 株型中等大小，叶簇开展中等。叶片长卵圆形，绿色，叶面蜡粉中等。球茎扁圆形，皮色浅绿，单球重 750g。从定植到始收 60d，适宜秋季栽培。耐寒性强，耐热性弱，抗病毒病。肉质致密，球茎水分少，品质较好，多用于鲜食。

11. 紫茎蓝 从国外引进。叶片、叶柄及球茎均呈紫红色，球茎肉质为白色，单球重 750g，产量 37 500kg/hm² 左右。

（二）中熟类型

其共同特点为生长期中，中熟，抗逆性、抗病性较早熟类型强，品质好、产量较高。

1. 秋串茎蓝 北京市地方品种。植株高大，生长势强。叶片较多而大。球茎大，扁圆形，但畸形较多，叶痕明显，皮色浅绿色，球茎及叶面有蜡粉，单球重 2～3kg。从定植到收获 80～90d。抗逆性、抗病性强。主要用于酱制加工，是八宝酱菜的主要原料。

2. 内蒙古扁玉头 内蒙古自治区地方品种。植株高大，叶簇半直立。叶片倒卵圆形，大约 20 片，叶面蜡粉较多，叶柄白绿色。球茎扁圆形，皮色浅绿，单球重 3kg。从定植到收获 110d。较耐寒，对病毒病和黑腐病抗性较强。肉质致密，水分少，适于加工腌制。

3. 巴彦茎蓝 内蒙古自治区巴彦淖尔盟地方品种。植株生长势强。叶色深绿，叶面平滑，间有皱缩，叶柄粗，少数叶片基部有叶耳，有白色蜡粉。球茎近圆形，顶部突出，表面粗糙，浅黄绿色，皮厚，肉质白色，单球重 2kg 左右。抗寒、耐热、抗病。品质较好。

4. 邢台青皮玉头 河北省邢台市地方品种。植株生长势强。叶片浅绿色，叶柄较粗，白绿色。球茎扁圆形，顶部向下凹，表皮光滑，皮色青绿色，叶面和球茎均有白色蜡粉，单球重 1.7kg 左右。耐热、耐盐碱，抗病性强。品质好。

5. 天津青茎蓝 河北省青县地方品种。植株高 42cm，叶簇较直立，叶片数 15 左右。球形扁圆，皮色青绿，有白色蜡粉，单球重 0.8kg 左右，较耐热。产量 30 000kg/hm² 以上。

6. 东川茎蓝 植株长势较强。叶片簇生，开展度大，叶柄细长。球茎扁圆形，皮色浅绿，表面有白色蜡粉，产量 30 000kg/hm² 以上。

（三）晚熟类型

该类型的共同特点为生长期较长，晚熟，品质好，球茎个体较大、产量高，除鲜食外大多用作加工原料。

1. 大同松根　山西省大同市地方品种。植株高大。叶片大，长椭圆形，深绿色，叶脉乳白色而凸起。球茎圆球形，淡绿色，高 30cm，直径 28cm，肉乳白色，味甜，单球重 5～10kg。晚熟，从定植到始收 90～120d。产量 52 500kg/hm² 以上。

2. 甘肃苤蓝　甘肃省地方品种，栽培历史悠久。植株高 41cm，开展度 65cm。叶长倒卵圆形，羽状深裂，叶色灰绿，蜡粉多。球茎扁圆形，纵径 10.2cm，横径 20cm 左右，肉质细嫩，单球重 1.0～3.2kg。从播种到始收 150d，产量 75 000kg/hm²。

3. 吴忠大苤蓝　宁夏自治区吴忠市地方品种。植株高 60～65cm，开展度 70cm。叶片数 45～55 片，叶长卵圆形，灰绿色，蜡粉多。球茎大、扁圆形，横径 20～24cm，高 18～22cm，外皮浅绿色，单球重 5kg，最大者达 8kg 以上。从播种至始收 180d。肉质细密而脆嫩，耐贮藏。适宜腌制加工。

4. 新疆大苤蓝　新疆自治区地方品种。株型高大，叶簇半直立。叶长卵圆形，深绿色，蜡粉较多。球茎扁圆形，皮色浅绿，单球重 1.4～2.2kg。从播种至始收 170d，适宜春秋种植。耐寒、耐热、耐旱、耐涝性较强。为加工专用品种。

5. 定边大苤蓝　陕西省定边县地方品种。株高 66cm，开展度 133cm，叶簇半直立。叶片卵圆形，灰绿色，蜡粉多，叶柄粗大，绿色。球茎扁圆形，皮色浅绿，单球重 7～8kg，最大可达 15kg 以上。从播种至始收 180d，适宜春季种植。品质好。耐寒，抗病毒病。适宜鲜食或加工。

6. 广汉土苤蓝　四川省广汉县地方品种。植株生长势强。叶心脏形，绿色，叶面平滑，蜡粉少，叶片短，叶柄粗、长。球茎近扁圆形，表面粗糙，灰绿色，单球重 1.0～1.5kg。从定植到收获 120d，适宜春季栽培。品质好。耐热、抗病。产量 52 500kg/hm²。

第六节　球茎甘蓝种质资源研究利用与创新

一、球茎甘蓝自交不亲和系、雄性不育系的选育利用

目前生产上应用的球茎甘蓝主要是常规品种，由于球茎甘蓝的栽培面积小，故育种方面的研究较少，目前少有球茎甘蓝自交不亲和系的选育及配制一代杂交种的有关报道。笔者 10 年前开始进行球茎甘蓝自交不亲和系选育及杂交组合选配研究，研究表明，球茎甘蓝常规品种及地方品种内出现不亲和株率是很高的，经 4～5 代就能分离出稳定的自交不亲和系。另外，不同类型的球茎甘蓝对自交的反应不同，一般早熟类型比较容易纯化，所需自交代数较少，而晚熟类型不易纯化，且自交退化明显。

在雄性不育性的研究方面，美国学者利用生物技术手段将萝卜的 Ogura 型胞质雄性不育基因转育到芸薹属的青花菜上。在此研究的基础上，利用有性杂交定向选育的方法，通过多代回交转育，成功地将青花菜的胞质雄性不育基因转育到球茎甘蓝上，育成球茎甘

蓝雄性不育系，并利用雄性不育系配制杂交组合，选育出球茎甘蓝一代杂交新品种——早冠。试验表明通过青花菜向球茎甘蓝转育雄性不育基因是可行的，球茎甘蓝的细胞核中不存在 Ogura 型不育系的育性恢复基因，育性转育比较容易，其他农艺性状一般通过 4～5 代的回交也可转育成功。这一改良的 Ogura 型不育源蜜腺正常、叶片不黄化，但花瓣比可育花的花瓣要小。一些不育系的花不能完全开放或子房畸形，常影响不育系的繁殖及杂交种的生产，但通过定向筛选，可以获得较为正常的系统（刘晓晖等，2001，2003）。

除来源于萝卜的 Ogura 型不育源外，十字花科作物中还广泛存在着如 Pol CMS、NapCMS 等众多的雄性不育源，但这些不育源尚未在球茎甘蓝中尝试应用。上述研究的成功为球茎甘蓝种质资源创新提供了新的途径，可以尝试利用类似的手段将十字花科作物中存在的众多不育源及其他有用的遗传基因转育到球茎甘蓝中，创造新的种质资源。

二、优异基因源的深入挖掘与远缘杂交

对地方品种资源进行自交纯化、定向筛选，可以获得具有各种优异性状的育种纯系，包括自交系及自交不亲和系等，并以此为基础选育新品种。一些种质资源经自交筛选，可分离出一些特殊性状的系统，如笔者在紫色球茎甘蓝种质资源中分离出叶面及球茎表面均无蜡粉的品系，并初步确认无蜡粉性状是一对隐性核基因控制的质量性状，这一材料对球茎甘蓝乃至其他甘蓝类作物的蜡粉性状遗传研究十分有用，是一个宝贵的种质资源。

来源不同的球茎甘蓝种质资源或品系间可通过杂交实现优良基因的聚集，再通过定向筛选及纯化，获得集多个优良性状于一体的优异种质。张斌等（2001，2002）利用胚珠培养获得了球茎甘蓝与红菜薹、菜薹的种间杂交双二倍体，以及种间杂交双二倍体与红菜薹、菜薹回交的二基三倍体，探讨了利用球茎甘蓝的茎肥大特性创造新型茎叶类蔬菜的可能性。这一研究也为利用远缘杂交法创新球茎甘蓝种质资源创造了条件，如能以种间杂交双二倍体为桥梁，采用有性杂交及必要的生物技术手段将其核型回复到球茎甘蓝的核型，则有望实现红菜薹、菜薹等的有用基因向球茎甘蓝导入，并创造有利用价值的新种质。

（张　斌　刘晓晖）

主要参考文献

林义章等．1996.水分胁迫对若干芸薹属蔬菜某些生理生化指标的影响．福建农业大学学报．25（4）：438～441

刘晓晖等．2001.苤蓝雄性不育系的研究利用．天津农业科学．(7)：37～38

刘晓晖等．2003.利用胞质雄性不育系培育球茎甘蓝新品种早冠．中国蔬菜（增刊）.15～16

闵凡臻等．2001.球茎甘蓝优质丰产栽培技术．山东蔬菜．(1)：24～25

戚春章等．1997.中国蔬菜种质资源的种类及分布．作物品种资源．(1)：1～5

山东农学院主编．1987.蔬菜栽培学各论（北方本）.北京：农业出版社

隋好林等．1996.紫苤蓝引种栽培试验．山东农业科学．(4)：24～25

杨瑞云．1997．上海市蔬菜品种资源研究（一）上海市栽培蔬菜的种类．上海农业学报．13（1）：54～62

张淑霞等．1998．球茎甘蓝鲜、干重变化及需肥规律的研究．河北农业技术师范学院学报．12（2）：26～29

郑伸坤等．1992．球茎甘蓝茎膨大过程及解剖学研究．长江蔬菜．（3）：47～48

中国农业百科全书蔬菜卷编委会．1990．中国农业百科全书·蔬菜卷．北京：农业出版社，176～177

中国农业科学院蔬菜研究所主编．1987．中国蔬菜栽培学．北京：农业出版社，41，468～472

M. M. Blanke，W. Bacher，R. J. Pring，E. A. Baker. 1996. Ammonium nutrition enhances chlorophyll and glaucousness in kohlrabi. Annals of Botany. 78（5）：599～604

G. Gianquinto，M. Borin. 1995. Yield response of crisphead lettuce and kohlrabi to mineral and organic fertilization in different soils. Advances in Horticultural Science. 9（4）：173～179

G. Gianquinto，M. Borin. 1996. Quality response of crisphead lettuce and kohlrabi to mineral and organic fertilization in different soils. Advances in Horticultural Science. 10（1）：20～28

H. P. Liebig. 1989. Temperature integration by kohlrabi growth. Acta Horticulturae. 248：277～284

H. J. Wiebe，H. P. Liebig. 1989. Temperature control to avoid bolting of kohlrabi using a model of vernalization. Acta Horticulturae. 248：349～354

H. J. Wiebe，R. Habegger, H. P. Liebig. 1992. Quantification of vernalization and devernalization effects for kohlrabi (*Brassica oleracea convar. acephala* var. *gongylodes* L.). Scientia Horticulturae. 50（1～2）：11～20

Yamaguchi M... 1983. World Vegetables. The Avi Publishing Company, Inc.

Zhang, B., K. Hondo, F. Kakihara and M. Kato. 2001, Production of amphidiploids between A and C genomic species in *Brassica*. 育种学研究．3（1）：31～41

Zhang B., F. Kakihara and M. Kato. 2002. Inheritance and commercial value of interspecific hybrids between *Brassica rapa* (AA) and *B. oleracea* (CC) for edible flower stem. 植物工场学会志．14（2）：92～99

蔬菜作物卷

第十四章

芥　蓝

第一节　概　述

芥蓝（*Brassica alboglabra* L. H. Bailey 或 *Brassica oleracea* var. *alboglabra* Bailey）又称白花芥蓝、隔蓝、盖蓝等，为十字花科芸薹属一年生或二年生草本植物。染色体 2n＝2x＝18。芥蓝主要以肥嫩的花薹及其嫩叶为食用部分，具有风味独特、营养丰富等特点，可炒食、作汤和腌渍。据分析（黄伟等，2000），每 100g 芥蓝食用部分含水分 92～93g、蛋白质 2.37g、脂肪 0.5g、还原糖 1.09g、粗纤维 0.64g、碳水化合物 3.5g、维生素 C 50～90mg、胡萝卜素 1.27mg、钙 176～229mg、磷 37～68 mg、钾 353mg、镁 52mg 等。

芥蓝在华南地区秋、冬、春三季均可栽培，供应期长达 7～8 个月，是当地秋冬季节的主要蔬菜，尤以广东省栽培最为普遍，据估计广东省每年种植面积约 3 333.4hm² 左右。主产区广州市可做到周年生产均衡供应，除在本地市场销售外，还有大宗产品销往香港、澳门以及北京等地，并出口日本和东南亚各国，已成为中国的优质创汇蔬菜之一。在长江流域，芥蓝多于夏、秋季播种，秋、冬季采收上市。从 20 世纪 90 年代初开始，北京、山东、河北、辽宁等北方省（市）也陆续从南方引进试种，但栽培面积较小。北方地区，一般于春、秋季在露地或保护地栽培，播种后 50～70d 即可收获供市。近年，在华北交通方便的地区还建立了芥蓝夏季生产出口基地，其销售量也在不断增加。由于芥蓝适应性强、栽培容易、抗性强、病虫害较少，产量较高、经济效益显著，加之生长期较短、可排开播种、供应期较长，其产品色泽翠绿、质地脆嫩、清甜爽口，故深受消费者和生产者的欢迎。

中国芥蓝的种质资源十分丰富，经过历代的引种、自然选择和育种等，目前各地栽培的品种据笔者了解已超过 400 个。

第二节　芥蓝的起源与分布

芥蓝原产于中国南部，相传公元 8 世纪广东省广州市已有栽培，并成为华南地区的特产蔬菜之一（《中国农业百科全书·蔬菜卷》，1990；《广州蔬菜品种志》，1993）。但也有著作记载为起源于亚洲，或称原产地不祥（《中国植物志》三十三卷，1987）。主要分布在广东、广西、海南、福建、台湾、香港、澳门及江西南部等省（区、或特区）。近年来逐渐向北扩展，已在昆明、成都、杭州、上海、南京、北京等大、中城市郊区引种栽培，其种植面积仍在不断扩大。目前，芥蓝已传到世界各地，东亚、东南亚各国，西欧与北美等欧美国家，大洋洲国家以及其他一些地区均有其分布。

第三节　芥蓝的分类

一、植物学分类

最早对芥蓝进行分类学研究的是 Bailey（1922）。他把芥蓝开白花作为主要特征之一，与开黄花的其他甘蓝类植物相区别而把芥蓝定为十字花科、芸薹属的一个种（*Brassica albo-glabra* Bailey）。后来的分类学者对芥蓝的认识和描述多以 Bailey（1922；1930）的研究为依据。此后，Sinskaia（1927）发现芥蓝与甘蓝杂交极为容易，于是提出芥蓝是甘蓝的一个变种，并得到一些学者的承认。1956 年，Yarnell 把芥蓝归属为十字花科、芸薹属、甘蓝种的一个变种（*Brassica oleracea* var. *alboglabra* Bailey），并得到了很多研究的支持。

1987 年出版的《中国植物志》认为芥蓝的植物学分类地位尚无定论。杨萍等（1988）发现，芥蓝与结球甘蓝等染色体核型存在一定的差异，芥蓝的花粉形态与羽衣甘蓝、白叶茎蓝的形态差异很大。刘海涛、关佩聪（1998）研究发现，芥蓝与原产中国的萝卜的属间杂交结实率（5.6%）高于原产欧洲的结球甘蓝与萝卜的属间杂交结实率（0），芥蓝为一年生或二年生，而甘蓝类其他蔬菜多属二年生；芥蓝开白花或黄花，而甘蓝类其他蔬菜开黄花；芥蓝种子的 3-丁烯基异硫氰酸盐与丙烯基异硫氰酸盐的相对比值与甘蓝类其他蔬菜有很大差异。并从形态地理学的角度提出：把芥蓝定为芸薹属的一个独立种比定为甘蓝的一个变种更为合理，并对甘蓝类蔬菜的检索表进行了修订。

甘蓝类蔬菜检索表

1. 花瓣黄色，形成或不形成特殊的营养贮藏器官，多属二年生，原产欧洲⋯⋯⋯ 甘蓝 *Brassica oleracea*
　2. 叶灰绿，多皱缩，常带有紫红色，不形成特殊的营养贮藏器官，以嫩叶为食用部分或供观赏
　　⋯⋯⋯⋯⋯⋯⋯⋯⋯⋯⋯⋯⋯⋯⋯⋯⋯⋯⋯⋯⋯⋯⋯⋯⋯⋯⋯⋯⋯⋯ 羽衣甘蓝 var. *acephala*
　2. 叶灰绿或紫红，形成特殊的营养贮藏器官，并以其为食用部分。
　　3. 叶灰绿或紫红，以叶球为营养贮藏器官。
　　　4. 叶灰绿或紫红，顶芽形成大的叶球。
　　　　5. 叶灰绿，叶球绿白。
　　　　　6. 叶面平滑 ⋯⋯⋯⋯⋯⋯⋯⋯⋯⋯⋯⋯⋯⋯⋯⋯⋯⋯⋯⋯⋯⋯ 普通甘蓝 var. *capitata*
　　　　　6. 叶面皱缩 ⋯⋯⋯⋯⋯⋯⋯⋯⋯⋯⋯⋯⋯⋯⋯⋯⋯⋯⋯⋯⋯⋯ 皱叶甘蓝 var. *bullata*
　　　　5. 叶片和叶球紫红色 ⋯⋯⋯⋯⋯⋯⋯⋯⋯⋯⋯⋯⋯⋯⋯⋯⋯⋯⋯⋯ 紫甘蓝 var. *rubra*
　　　4. 叶灰绿色，侧芽形成小叶球⋯⋯⋯⋯⋯⋯⋯⋯⋯⋯⋯⋯⋯⋯⋯ 抱子甘蓝 var. *gemmifera*
　　3. 叶灰绿色，以球茎为营养贮藏器官 ⋯⋯⋯⋯⋯⋯⋯⋯⋯⋯⋯⋯ 球茎甘蓝 var. *caulorapa*
　　3. 叶灰绿，以短缩肥厚的花球为营养贮藏器官。
　　　4. 由短缩肥厚的主轴和分枝组成花球，花球白色、紧密 ⋯⋯⋯⋯⋯⋯ 花椰菜 var. *botrytis*

　　4. 由短缩肥厚的主轴和分枝及其花蕾组成花球，花球绿色、不很紧密⋯⋯ 青花菜 var. *italica*

1. 花瓣白色或黄色，叶灰绿，叶面平滑或皱缩，以柔嫩肉质花薹及其嫩叶为食用部分，一年生
或二年生，原产中国 ⋯⋯⋯⋯⋯⋯⋯⋯⋯⋯⋯⋯⋯⋯⋯⋯⋯⋯⋯ 芥蓝 *Brassica alboglabra*

　　实际上，芥蓝不仅有开白花（称为白花芥蓝），还有开黄花的（称为黄花芥蓝），且都
是一年生或二年生（中国科学院华南植物研究所，1956；辞海编辑委员会，1980）。两者
的其他形态特征相同（刘海涛等，1997）。

　　刘海涛和关佩聪（1998）的研究一方面支持 Bailey 的分类，同时很多结果又支持
Yarnell 的分类。他们的研究表明，芥蓝干种子和幼苗茎的过氧化物酶同工酶酶谱上的酶
带在甘蓝类其他蔬菜的酶谱上都出现过，而且像芥蓝与结球甘蓝那样只是在酶带宽度和颜
色上有些不同。这些说明了芥蓝与甘蓝类其他蔬菜有着密切的亲缘关系。而且，芥蓝与结
球甘蓝、花椰菜、青花菜的杂交结果率达到 82.9%～97.2%。刘海涛等（1997）的另一
项研究结果表明，不论白花芥蓝还是黄花芥蓝，其花粉主要形态特征与甘蓝类其他蔬菜基
本相同。王晓蕙等（1987）的研究发现，芥蓝与结球甘蓝具有统一的染色体组型公式及十
分一致的显带类型，并据此支持芥蓝是甘蓝变种的观点。何丽烂等（2005）采用芥蓝 2 个
品种、甘蓝种下 9 个变种的栽培品种，共计 11 个品种的叶、根进行 POD 和 PPO 酶带比
较和聚类分析研究，结果说明，芥蓝归列为甘蓝种下 1 个变种是合理的。Phelan 等
（1976）对甘蓝类蔬菜种子蛋白质进行了研究，其结果不支持芥蓝是一个独立的种。由上
可见，有关芥蓝的植物学分类地位，仍有待进一步的深入研究。

二、栽培学分类

　　中国栽培的芥蓝品种很多，按照花的颜色可分为白花芥蓝和黄花芥蓝两种类型。

（一）黄花芥蓝

　　只有少量栽培，主要在福建省种植。茎秆肥大，不易抽薹，纤维较多，叶柄不太明显，
叶长椭圆形，叶身下延，叶缘绿色或略带紫色、裂刻较深，叶面较皱、有蜡粉，叶柄淡绿色
或淡紫色，香味浓郁。株高 30～40cm，单株重 50g 左右，多食用幼株。有些品种如台湾省
的黄金嫩叶，福建省的莆田黄花芥蓝、福州黄花芥蓝等，分枝性强，侧花薹数可达 12～15
根，花薹较细，叶色黄绿、有光泽，叶全缘，株型较矮，节间密，耐热，采收期长。

（二）白花芥蓝

　　栽培面积大，分布广，但主要在广东、广西等地种植。花薹肥嫩，叶柄较明显，具叶
耳，以采收菜薹为主。按其熟性可分为早熟种、中熟种和晚熟种。按叶面状况又分为平滑
叶和皱叶，大叶和小叶等类型。

　　1. 早熟种 耐热性较强，在较高温度（27～28℃）下花芽也可迅速分化和形成花薹，
分枝力强，基生叶较疏散。适宜春夏、夏秋露地栽培。从播种至采收 60d 多，可持续采收
35～45d，产量高，品质好。按叶面平滑与否又分为：

　　（1）滑叶早芥蓝　叶较小，卵形，浓绿色，叶面光滑，蜡粉多，叶基部深裂成耳状。
主薹高 25～30cm，横径 2～3cm，主薹重 100～150g。初花时花薹上的薹叶着生紧密，薹

叶卵形或狭长卵形。侧枝萌发能力强。品质优。主要品种有：柳叶早芥蓝、柯子岭芥蓝、台湾滑叶白花芥蓝、细叶早芥蓝等。

（2）皱叶早芥蓝 叶大且肥厚，椭圆形，浓绿色，叶面较皱，蜡粉多。主薹高 30～40cm，薹粗 3～3.5cm，主薹重 150～200g。初花时花薹上的薹叶较松散，薹叶较大。侧枝萌发力强。品质较好。代表品种有：早鸡冠、大花球鸡冠、九花球鸡冠、白花鸡冠、香港白花芥蓝等。

2. 中熟种 耐热性不如早芥蓝，耐寒性又弱于晚熟种。冬性较强，生长慢。基生叶稍密，分枝力中等。适宜春季保护地栽培和秋季露地、保护地栽培。一般来说，华南地区作秋冬栽培，长江流域作夏秋或秋冬栽培。播种至采收 60～70d，可连续采收 40～50d。以叶形大小又可分：

（1）大叶芥蓝 株高 30～50cm，叶宽大、近圆形，长 18cm、宽 16cm，绿色，叶柄肥大，叶面平滑，蜡粉较少，有叶翼。花薹粗壮，主薹高 33cm 左右，浅绿色，薹叶密，节间短，基部粗，皮稍厚，纤维少。抽薹较晚，分枝性中等。品质佳。代表品种有：宜山白花滑叶、昆明大叶、成都平叶等。

（2）小叶芥蓝 株高 40cm 左右，叶卵圆形至长椭圆形，长 16cm、宽 13cm，绿色或浓绿色，叶面平滑或微皱，蜡粉较少或中等，叶基部有裂片。花薹较细，主薹高 30～35cm、重 100～150g，薹叶卵形至长卵形、无柄或叶柄极短，节间较长，质地脆甜，皮薄，纤维少。侧薹萌发力中等。品质优良。主要品种有：荷塘芥蓝、登峰芥蓝、台湾中花芥蓝等。

3. 晚熟种 不耐热，耐寒性最强。较低的温度和较长的低温时间有利于花芽分化，冬性较强。基生叶较密，叶大，分枝力较弱，营养生长期长，花薹采收期晚，花薹粗壮、高产，品质好。适宜冬季保护地栽培。华南地区为冬春栽培，长江流域作秋冬栽培。播种至初收 70～80d，可连续采收 50～60d。主要品种有：皱叶迟芥蓝、迟花滑叶芥蓝、钢壳叶芥蓝等。

第四节 芥蓝的形态特征与生物学特性

一、形态特征

（一）根

根系浅，根深 20～30cm，根幅 20～30cm。主根不发达，侧根多，根系再生能力强，易发生不定根，根群主要分布在 15～20cm 耕层内。新根发生缓慢，移植后约需 3d 才能发出新根。

（二）茎

茎直立，节间短缩，绿色，光滑，有蜡粉，皮薄；肉质肥嫩，纤维少，绿白色。花茎（即花薹）肉质化，较粗大，呈圆柱形，基部粗 1.5～2.0cm，一般第 3～4 叶节较粗壮，横径可达 3～4cm，最粗可达 4.6cm（如泉塘迟芥蓝），向上渐细；花茎表皮绿色、表面有蜡粉，肉绿白色、脆嫩、纤维少；花茎分生能力较强，每一叶腋处的腋芽均可抽生成侧花薹，主薹收获后，基部腋芽能迅速生长，可多次采收。

（三）叶

单叶互生，叶形通常有长卵形、椭圆形、圆形或近圆形等（图 14-1）。叶长 22～28cm、宽 17～23cm，有大叶与小叶之分。叶面平滑或皱缩，叶色从绿到灰绿，有蜡粉，叶缘平直或波浪状，叶基部有不规则小裂片或叶耳。叶柄长，青绿色。基生叶多长卵形或近圆形，叶缘细锯齿状。最初的 5 片基生叶较小，抽薹后陆续脱落 2～3 片，占植株总生长量的 5%左右。从第一片真叶起，叶簇生长加快，叶片直立，当叶簇生长到一定叶数后一般也就完成了花芽分化，8～12 片叶时植株开始现蕾并进入花薹生长期。初期薹叶生长较快，后期生长速度变慢。薹叶多卵形或长卵形，小而稀疏，有短叶柄或无叶柄。少数品种还具有变态叶，如矮脚香菇芥蓝、中熟香菇芥蓝、迟香菇芥蓝等。

图 14-1　不同叶形的芥蓝

（四）花

初生花茎（花薹）肉质，节间较疏，绿色，脆嫩清香，也称菜薹（图 14-2）。花茎不断伸长和分枝，形成总状或复总状花序。花为完全花，雄蕊 6、雌蕊 1。花白色或黄色，以白色品种为多，花数较少，多密集枝顶，为异花授粉作物，虫媒花。

（五）果实与种子

果实为长角果，长 3～9cm，内含多粒种子。种子细小，近圆形，褐色至黑褐色，千粒重 3.5～4g。

二、对环境条件的要求

（一）温度

芥蓝性喜冷凉，整个生育期所需温度以 15～25℃为宜，在 10～30℃范围内均能良好生长，可短期忍耐零下 2℃低温或轻霜冻，忌高温炎热天气。不同生育时期对温度要求有所差异，种子发芽期和幼

图 14-2　芥蓝的花薹

苗期的生长适温为 25～30℃，20℃以下生长缓慢；叶丛生长期和花薹形成期适温为 15～20℃，喜较大昼夜温差，10℃以下花薹发育缓慢，30℃以上花薹发育不良、纤维木质化、品质粗劣，但少数耐热品种如官寮晚芥蓝、尖叶芥蓝、新研中花芥蓝等除外；开花结果期则需要稍高温度。因此，芥蓝的商品栽培以气温由高而渐低的夏秋季最为适宜。芥蓝对低温的感应是在种子萌动后即开始的，属绿体春化型作物。不同熟性的品种通过春化所要求的适温和持续时间不同，一般早熟品种 20～22℃，中、晚熟品种 18℃左右。

芥蓝冬性不强，适温下于幼苗期即开始花芽分化。温度高则花芽分化延迟，菜薹采收期也相应延迟。晚熟品种花芽分化时期受温度影响明显。当种子发芽期、幼苗期这两个阶段过早地处于 15～18℃低温下，则花芽分化快，叶片数少，叶片生长期缩短，不利于养分制造和累积，往往造成菜薹细小，产量较低；然而处于 25℃以上高温时，易形成徒长苗，不利于叶簇和花薹的生长，且花薹抽生晚，纤维化程度高，味苦，也会影响其产量和品质。

(二) 光照

芥蓝属长日照植物，但对光照要求不严。长日照有利于花薹的抽生。整个生长期间喜充足光照，光照条件好，则植株生长健壮，茎粗叶大，花薹发育好，但夏季强光会使花薹老化；光照不足，则植株易徒长，致使生长纤弱，菜薹质量差，产量低。

(三) 水分

芥蓝喜湿润，不耐干旱。生长期保持土壤湿度在最大持水量的 70％～90％和 80％的较高的空气湿度，才能形成品质优良的花薹和肥嫩的叶片。花薹形成期是需水分最多的时期，要求土壤相对湿度保持在 80％～90％，但不能渍水。芥蓝不耐涝，土壤过湿易影响根系生长，过分干旱则茎易硬化，品质差；不过生产上也有少数耐雨耐湿、适合多雨季节栽培的品种如塘阁迟芥蓝、白沙早熟芥蓝等。

(四) 土壤与营养

芥蓝对土壤的适应性较强，沙壤土、壤土、黏壤土均可种植。由于芥蓝根群分布浅，须根发达，故又以土质疏松、保水保肥能力强的壤土最为适宜。芥蓝较耐肥，但苗期不能忍受土壤中过高的肥料浓度，施肥量宜逐步提高，而花薹形成期则是需肥最多的时期。芥蓝对有机肥和化肥都能很好利用。对氮、磷、钾三要素的吸收比例为 5.2：1：5.4。苗期吸收氮肥占总吸收氮肥量的 12％左右；生长中后期即花薹形成期，对氮肥的吸收量最大，并要求氮、磷、钾配合施用，钾肥有利于花薹的形成和质量的提高。幼苗期以前其吸肥量约占吸收总量的 2.5％，叶丛生长期吸收量约占 10.3％，花薹形成期吸收量最大，约占 87.2％。

第五节 芥蓝的种质资源

一、概况

中国芥蓝的种质资源十分丰富，主要分布广东、广西、海南、福建、台湾、香港、澳门及江西南部等地，各地的地方品种很多。其中有 22 份已被载入《中国蔬菜品种志》（2002）。广东省生物种质资源调查记载表（1995）中有 56 份芥蓝，芥蓝种质资源对外交换已达到 83 份。广东省农业科学院蔬菜研究所开展芥蓝种质资源搜集工作已近 20 年，但仍以收集传统地方品种和引进品种为主。近几年共引进芥蓝新品种 55 个，并发现了一些优良种质材料（如耐热种质、红脚芥蓝等），同时利用这些优良种质材料正逐步开展新品种选育工作。据最新资料，迄今全国收集保存在国家农作物种质资源长期库的芥蓝种质资源已增至 403 份。

二、抗病种质资源

芥蓝生育期间常会发生猝倒病 [*Pythium aphanidermatum* (Edson) Fitz]、软腐病 [*Erwinia aroideae* (Towsend) Holland]、黑斑病 [*Alternaria brassicae* (Berk.) Sacc.]、霜霉病 [*Peronospora parasitica* (Pers) Fr.]、黑腐病 [*Xanthomonas campestris* (Pam) Dowson]、菌核病 [*Sclerotinic sclerotiorum* (Lib) de Bary] 等，但对这些病害的抗病种质资源尚缺乏研究。芥蓝对病毒病具有一定的抗性，如抗 TuMV（芜菁花叶病毒）的品种有荷塘芥蓝、柳叶芥蓝、东圃芥蓝、2 号芥蓝等。据郑岩松、方木壬（1996）研究结果表明：广东的芥蓝对 TuMV 有很高的抗性，田间基本无病毒病症，芥蓝对当地TuMV主导株系的抗性接近免疫，在芸薹属蔬菜抗病育种中，作为TuMV的抗源有着重要的利用价值。此外，还有一些地方品种如白沙中筷芥蓝、福州黄花芥蓝、梧州早芥蓝等对病毒病也具有较强的抗性。

三、抗逆种质资源

芥蓝喜冷凉，一般温度超过 30℃时花薹发育不良，纤维木质化，品质粗劣，但耐热品种不在此列。目前已知的耐热种质资源有官寮晚芥蓝、皱叶芥蓝、尖叶芥蓝、番禺出口芥蓝、石马中花芥蓝、中花芥蓝、车陂早花芥蓝、早芥蓝、大朗中迟芥蓝、大朗早芥蓝、皱时芥蓝、唐阁中迟芥蓝、新研 1 号、瑶台中花芥蓝、新研中花芥蓝、瑶台株选迟花芥蓝、尖叶早花芥蓝、早中芥蓝、早花芥蓝、白花芥蓝、中花尖叶芥蓝、早中花芥蓝、中早花尖叶芥蓝、大芥蓝等。此外，适应性强、一年四季均可栽培的品种有连城再生芥蓝等。

四、优异种质资源

具有不同熟性、品质优良、商品性状好的优异种质资源有：莆田黄花芥蓝、石马中花芥蓝、车陂早花芥蓝、大朗中迟芥蓝、早芥蓝、大朗早芥蓝、尖叶芥蓝、大芥蓝等属于早熟品种；唐阁中迟芥蓝、中熟芥蓝筷等属于中熟、优质品种；马耳芥蓝筷、迟花芥蓝、番禺出口芥蓝、石溪中花芥蓝、中花芥蓝、新研 1 号、瑶台中花芥蓝、瑶台株选迟花芥蓝、荷塘芥蓝等属于中、晚熟优质品种。

1. 尖叶芥蓝 也称东冲芥蓝，广东省番禺市地方品种。株高 40cm，开展度 35cm。叶片较厚，长卵圆形，长 25cm，宽 15cm，叶面蜡粉少，绿色。花白色。主薹高约 24cm，粗达 2cm 左右，单薹重约 110g，节间较长，光滑。薹叶细长，侧芽萌发力较弱。纤维少，质脆，品质优良。早熟，播种至初收约 60d，可延续采收 30～35d，适播期为 7～9 月，产量约 20 000kg/hm²。

2. 中花芥蓝　20 世纪 80 年代从香港引进，广东省广州市有栽培。株高 36cm，开展度 35cm。叶近圆形，长 18cm，宽 16cm，叶面微皱，深绿色，全缘，有叶耳。花白色。主薹高约 25cm，粗达 2cm 左右，单薹重约 60g。薹叶披针形，植株生长势强，适应性广，稍耐热。纤维中等，品质优。中熟，播种至初收约 60d，可延续采收 40d，适播期为 9～10 月，产量约 25 000kg/hm²。

3. 荷塘芥蓝　原为广东省新会县荷塘地方品种，1955 年以前引入广西自治区，现分布于广东、广西福建等地。株高 48～60cm，开展度 45cm。叶片肥厚而大，叶基成耳状裂片，叶面平滑，深灰绿色。花白色。主薹高 32cm，粗达 2.5cm，单薹重 120～180g，节疏，侧薹粗约 1.5～2cm；植株生长势强，分枝力中等。非常肥嫩，纤维少，味甜，品质优良。中熟，生长期 60～70d，适播期为 9～11 月，产量约 37 500kg/hm²。

五、特殊种质资源

具特殊性状如黄花、变态叶等稀有的芥蓝种质资源有：矮脚香菇芥蓝、中熟香菇芥蓝、迟香菇芥蓝、莆田黄花芥蓝、黄花芥蓝等。

1. 迟香菇芥蓝　原为广东省汕头市地方品种，现分布于华南地区。株高 41cm，有变态叶，基生大叶短椭圆形，叶缘微波状，叶色深绿，叶柄绿白色。花白色。主薹高 18.5cm，粗达 3.3cm，单株薹数 2 个。肉质脆嫩，味甜。晚熟，生长期 97d，适播期为 10 月至次年 2 月。

2. 黄花芥蓝　原为江西省赣南地区地方品种，现分布于赣南及华南部分地区。株高 85cm，开展度 50cm。叶椭圆形，全缘，青绿色，叶面平滑，蜡粉厚，叶柄长 8cm。花黄色。主薹粗 2cm，生长中后期薹茎呈淡紫色。以食用嫩叶为主，叶质脆嫩，纤维少，味清香，品质中等。晚熟，耐寒，冬性较强，抽薹迟。生长期 120d 左右，赣南地区适播期为 8～9 月，播种至初收 45d，可延续采收 75d，产量约 37 500kg/hm²。

第六节　芥蓝种质资源研究与创新

一、芥蓝细胞学研究

马德伟等（1999）借助电镜技术观察白花芥蓝的花粉，结果表明：芥蓝花粉呈长球形，极轴长 $34.21\mu m\pm0.94um$，赤道轴长 $19.12\mu m\pm0.74\mu m$，P/E 为 1.79。极面观 3 裂片状，赤道面观椭圆形，具 3 沟，沟较宽、长达两极。花粉外壁具清楚的网状雕纹。网眼分布均匀，大小不等，呈不规则形，网眼密度约 0.51 个/μm^2。网脊表面平滑连续，网脊内侧具模糊的疣状突起，见图 14-3。

据刘海涛、关佩聪（1997）研究结果，黄花芥蓝与白花芥蓝的花粉在形态特征上无差别，且与十字花科植物的花粉形态特征相似。二者的染色体数目均为 2n＝18。黄花芥蓝中期染色体的长度为 (1.18 ± 0.10) ～ (2.53 ± 0.48) μm，白花芥蓝的为

$(1.24\pm0.15)\sim(2.63\pm0.5)\,\mu m$；黄花芥蓝的单倍体染色体组染色体总长度为$(15.12\pm2.11)\,\mu m$，白花芥蓝的为$(15.89\pm1.71)\,\mu m$。二者各条相对应的染色体相对长度接近。

利容千等（1989）对芥蓝的染色体形态、核型研究表明：芥蓝核型公式为$2n=2x=18=8m+10sm$（2SAT）。第2、4、6、7对为中部着丝点染色体，其余各对为近中部着丝点染色体，第8对染色体短臂上带有随体；染色体绝对长度的变化范围为$4.41\sim2.55\mu m$，长度比为1.73，染色体相对长度的变化范围在$14.22\%\sim8.22\%$之间（表14-1）；核型为2A型。核型图、染色体形态图、核型模式图分别见图14-4所示。

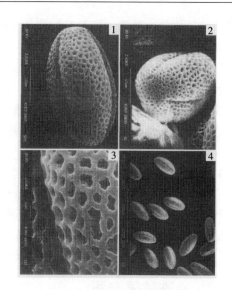

图14-3 白花芥蓝花粉形态

1. 赤道面观 2. 极面观 3. 局部放大 4. 花粉群体

（引自《中国蔬菜花粉扫描电镜图解》，1999）

表 14-1 芥蓝核型分析结果

（利容千等，1989）

染色体编号	相对长度（%） （长臂＋短臂＝总长）	臂比	类型
1	9.54＋4.68＝14.22	2.04	Sm
2	6.90＋5.96＝12.86	1.16	M
3	7.61＋4.41＝12.02	1.72	Sm
4	6.71＋4.83＝11.54	1.39	M
5	7.48＋3.71＝11.19	2.02	Sm
6	6.00＋4.38＝10.38	1.37	M
7	5.96＋4.03＝9.99	1.48	M
8	6.77＋2.80＝9.57	2.41	Sm
9	5.45＋2.77＝8.22	1.97	Sm

王晓蕙、罗鹏（1987）以尖叶早花芥蓝为材料研究了C-带带型，其各对染色体均具有稳定深染的着丝粒带，第1、5对染色体短臂上有一深染的端带，第2对染色体长臂有

图14-4 芥蓝的染色体

（引自《中国蔬菜植物核型研究》，1989）

一浅染的中间带（偶尔也有深染的带），第 7 对随体染色体上的随体显示深染的带。端带和中间带具杂合性和多态性。其带型公式为 $2n = 18 = CITS$ 型 $= 10C + 2CI_+ + 4CT^+ + 2CS$。结果见图 14-5。

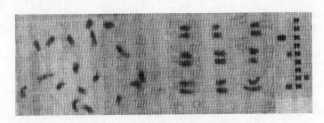

图 14-5 尖叶早花芥蓝染色体
(引自《植物学报》，1987)

二、芥蓝种质资源创新

方木壬等（1995）通过远缘杂交的途径已获得芥蓝与菜薹（菜心）的种间杂种。郑岩松、方木壬（1996）探讨了芥蓝与菜薹（菜心）的种间杂种后代对 TuMV 抗性的回交和选择效应。结果初步表明：芥蓝×菜薹（菜心）种间杂种后代对 TuMV 的抗性选择效应表现为加性遗传的特征，为远缘杂交育种提供了理论依据。

初莲香等（1998）采用香港白花芥蓝×无蜡粉亮叶结球甘蓝杂交并经多代回交转育，成功选育出无蜡粉亮叶芥蓝。它可作为芥蓝的一个新类型，其品质优于普通芥蓝，且产量高；同时，无蜡粉亮叶是由一对纯隐性基因控制的性状，在芥蓝一代杂种利用上可用它作为鉴别真假杂种的标志性状。

刘海涛、关佩聪（1998）用芥蓝分别与结球甘蓝、花椰菜、青花菜杂交，结果率都在 82.9% 以上，说明芥蓝与它们有很强的亲和性和密切的亲缘关系。而芥蓝与萝卜进行属间杂交有 5.6% 的结果率。殷家明等（1998）用子房培养和胚培养相结合的方法，获得了芥蓝×诸葛菜属间杂种，将诸葛菜的优良性状引入芸薹属蔬菜，丰富了芥蓝的遗传变异。

（赵秀娟 张衍荣）

主要参考文献

中国农业百科全书·蔬菜卷编委会.1990.中国农业百科全书·蔬菜卷.北京：中国农业出版社

初莲香，王秋艳，王英明等.1998.无蜡粉亮叶芥蓝的选育及利用.中国蔬菜.（4）：30～31

辞海编辑委员会编.1980.辞海·农业分册.上海：上海辞书出版社，195

方木壬等.1995.芥蓝与菜心种间杂交初步研究.中国园艺学会广东分会1995年会论文集.213～217

关佩聪等.1993.广州蔬菜品种志.广州：广东科技出版社，24

黄伟等.2000.甘蓝类蔬菜高产优质栽培技术.北京：中国林业出版社，127～143

利容千等.1989.中国蔬菜植物核型研究.武汉：武汉大学出版社，54～55

刘海涛，关佩聪.1997.黄花芥蓝与白花芥蓝的分类学关系.华南农业大学学报.18（2）：13～16

刘海涛，关佩聪.1998.芥蓝的分类学研究.华南农业大学学报.19（4）：82～86

马德伟等.1999.中国蔬菜花粉扫描电镜图解.北京：中国农业出版社，21

王晓蕙，罗鹏.1987.芥蓝和结球甘蓝染色体组型及C-带带型的研究.植物学报.29（2）：149～155

殷家明，罗鹏，蓝泽蘧等.1998.芥蓝×诸葛菜属间杂种的获得.园艺学报.25（3）：297～299

郑岩松，方木壬.1996.菜心和芥蓝远缘杂种后代 TuMV 抗源筛选及其抗性规律研究.华南农业大学硕士研究生论文

中国科学院华南植物研究所编.1956.广州植物志.北京：科学出版社，111

中国农业科学院.2002.中国蔬菜品种志.北京：中国农业科技出版社，716～727

Bailey L. H..1922. The cultivated *Brassica*.Gentes Herb. 1：69～82

Yarnell S. H..1956. Cytogenetics of the vegetable crop（Ⅱ）.Crucifers. Bot Rev. 22（2）：81～166

第十五章

黄　瓜

第一节　概　述

黄瓜是葫芦科（Cucurbitaceae）黄瓜属黄瓜亚属中的一个种，一年生攀缘性草本植物，学名 *Cucumis sativus* L.，别名胡瓜，染色体数 $2n=2x=14$。

黄瓜通常以嫩瓜供食用，或凉拌生食、或炒食、或加工食用。据中国疾病预防控制中心分析（《中国食物成分表》，2002）每 100g 鲜果含水分 95.8g、碳水化合物 2.9g、蛋白质 0.8g、钙 24mg、磷 24mg、铁 0.5mg、维生素 C 9mg。另据研究，黄瓜所含有的丙醇二酸在一定程度上能抑制糖类转化为脂肪，因而，有减肥健美的疗效。黄瓜所含有的黄瓜酶能促进机体的新陈代谢，有褪斑嫩肤的功效。因此，市面上也出现了黄瓜洗面奶、黄瓜浴液、黄瓜香波等。黄瓜藤还可入药，对降压和降低胆固醇有可观的疗效。

黄瓜起源于喜马拉雅山南麓的印度北部、锡金、尼泊尔和中国的云南地区。大约 3 000 年前，印度开始栽培黄瓜。到公元 1600 年前后，黄瓜已被传播到世界各地。在长期的自然演化和栽培选择过程中，形成了丰富多样的黄瓜栽培类型和品种，如，欧洲温室型黄瓜，欧美露地型黄瓜，中国华北型黄瓜，中国华南型黄瓜，加工型黄瓜等。

黄瓜已成为世界的主要蔬菜之一。2004 年全球年收获面积约 240 万 hm^2，总产量 4 019万 t，其中以亚洲栽培最多，面积 191 万 hm^2，总产量 3 303 万 t；欧洲次之，面积 20 万 hm^2，总产量 392 万 t；非洲栽培面积 14 万多 hm^2，总产量 107 万 t。发展中国家的栽培面积为 202 万 hm^2，总产量为 3 328 万 t，分别占全球栽培面积和总产量的 84.5% 和 82.8%。中国收获面积 150 万 hm^2，总产量 2 555 万 t，居世界首位。栽培面积居其后的是美国、俄罗斯等国家。美国栽培面积 7.2 万 hm^2，总产量 105 万 t；俄罗斯栽培面积 6.6 万 hm^2，总产量 71.5 万 t。全世界平均产量为 16 780kg/hm^2，发展中国家的平均产量只有 16 444kg/hm^2，而发达国家的平均产量高达 18 609kg /hm^2。产量最高的国家是荷兰，以温室生产为主，产量为 715 000kg/hm^2。中国的产量为 17 005kg/hm^2，介于发达国家和发展中国家的平均水平之间，尤其是在保护地生产方面，与荷兰、英国等国家之间还存在很大的差距（FAO，2004）。

中国黄瓜播种面积和总产量在蔬菜中均排位第三（《中国农业统计资料》，2005）。黄瓜的栽培遍及南北各地，因为不同类型和品种的生态适应性不同，其产品的特征特性也各异，所以各地都有适合当地气候和生态条件以及消费习惯的品种。

在中国，自古以来，黄瓜广泛栽培于露地。随着现代工业的发展和人民生活水平的提高，以及在保护地生产中的高效益使黄瓜的保护地栽培迅速发展，黄瓜保护地面积发展到占蔬菜保护地总面积的 50％左右（李怀智，2003）。由于黄瓜适宜各种保护地栽培，加之保护地设施条件和栽培技术的不断改善和进步，使黄瓜不仅能在适宜的栽培季节进行生产，而且能在严冬和酷暑进行栽培，从而延长了生长期，实现了黄瓜的周年生产和均衡供应，明显地提高了经济效益。

黄瓜种质资源是黄瓜遗传育种、生物技术研究的重要物质基础，也是黄瓜生产持续发展的基本保障。世界各国非常重视对蔬菜种质资源的收集保存和利用，尤其是资源贫乏的发达国家在黄瓜种质资源的保存方面是卓有成效的。俄罗斯是蔬菜种质资源大国，收集黄瓜种质 3 380 份。美国则从 100 多个国家收集甜瓜属种质 5 239 份，分属 32 种，其中黄瓜种质资源 1 568 份。荷兰收集甜瓜属种质 2 531 份，其中黄瓜种质 923 份。此外，保加利亚收集保存 521 份，德国收集保存 483 份，菲律宾收集保存 461 份。在此基础上，有关国家的研究者还在黄瓜种质的遗传多样性鉴定、系统演化关系、抗性和品质评价、优异基因的标记和克隆、种质创新和利用等方面开展了大量的研究工作。

中国已收集保存国内外黄瓜种质资源 1 521 份，其中 96.2％来自国内不同地区。经过 20 多年的研究，不仅将这些种质资源送交国家农作物种质资源库长期保存，并对所有种质的园艺性状进行了初步的鉴定，还就部分种质对霜霉病、白粉病、枯萎病和疫病等抗病性进行了鉴定和评价，筛选出一批丰产、优质及抗病的优良种质。在黄瓜种质的遗传多样性鉴定、系统演化关系、优异基因的标记、种质创新和利用等方面也进行了探讨。

第二节　黄瓜的起源、传播、演化与分布

19 世纪中，德·康道尔（De Candolle，1882）推论黄瓜原产于印度。后来，英国植物学家胡克（J. D. Hooker，1812—1911）于喜马拉雅山南麓的印度北部和锡金等地，首次发现了野生黄瓜，定名为 *Cucumis hardwickii*。该种（2n=2x=14）为一年生，雌雄同株异花植物。子叶较小，叶片也小，侧枝多，雌花分化少。短日照有利其雌花增加，如在长日照条件下，则主蔓 30 节以下均不分化雌花。果实短小，呈椭圆形（果长 7cm×果粗5cm），带黑刺，具苦味，不适宜食用，对白粉病与花叶病的抗病性比栽培品种弱，耐湿性也较差。与 *C. sativus* 杂交能正常结实，其后代可育，果实的大小、性状、颜色随杂交所用的黄瓜品种性状不同而有所变化。由于 *C. hardwickii* 与 *C. sativus* 完全亲和，因此，有人认为 *C. hardwickii* 是 *C. sativus* 的一个变种，而不是一个明显的种。德·康道尔指出，约翰·胡克在喜马拉雅山南麓收集的野生黄瓜标本的变异范围没有超出栽培黄瓜（*C. sativus*）的变异范围。因此得出结论，野生黄瓜（var. *hardwickii*）是栽培黄瓜

（*C. sativus*）的野生原种或祖先。苏联瓦维洛夫（Н. И. Вавилов）（1951）等也认为黄瓜起源于印度北部喜马拉雅山系地带。

日本学术探险队（1970）在同一地区已发现了一种野生黄瓜类型，这种黄瓜生长在当地沿河沙质地之类的地方，或在玉米地里与杂草丛生，一般在9月开花，12月成熟，果实带黑刺，味剧苦不能食用。今津的研究成果表明：其染色体数 n＝7 与栽培种（*Cucumis sativus* L.）一样，且两者能正常杂交。北村把它作为黄瓜的变种 *C. sativus* var. *hardwickii* Kitamura（图15-1）。

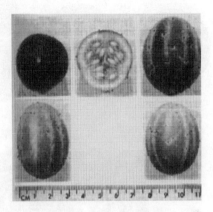

图15-1 黄瓜野生变种

日本京都大学学术探险队在尼泊尔附近地区，发现一种当地品种，耐低温性、抗病性较弱，其茎较粗，雌花节率受日照长短的影响而异。果实呈长椭圆形，短粗（果长27cm×果粗11cm）。苦味不太重，可以食用，他们把它命名为 *C. sativus* var. *sikkimensis*。同时，他们在巴基斯坦、阿富汗、伊朗也收集到了不少当地品种，这些品种之间变异也很大，且与栽培种亲缘关系较近，其染色体数 n＝7，与 *C. sativus* 完全亲和。

李璠（1984）报道，据中国科学院昆明植物研究所考察，在喜马拉雅山系和中国云南省景洪等地都发现有野生黄瓜的分布，它的茎叶和花都同普通栽培黄瓜相似，所结的瓜，表面光滑，形状椭圆，瓜肉有苦味，认为这种野生黄瓜应当是栽培黄瓜的原始植物。

中国农业科学院蔬菜研究所与云南省农业科学院园艺研究所组成的蔬菜品种资源考察组（1979—1980），在西双版纳地区，搜集到的一种野生黄瓜新类型，果实圆形、圆柱形或长椭圆形，果脐大、果肉橙色，类似甜瓜（*Cucumis melo*）的特征。经鉴定，其染色体数 n＝7，与普通黄瓜杂交可育，其过氧化物酶同工酶酶谱与普通黄瓜相近。戚春章等（1983）认为其为黄瓜的变种，并定名为 *Cucumis sativus* L. var. *xishuangbannanesis* Qi et Yuan。西双版纳黄瓜植株生长势强，侧蔓多，且较长。雌花节率较低，仅为10%～20%。在短日照条件下分化雌花，耐高温。按果形与皮色的不同，可分为多个类型，有短柱型和方圆型，果形指数为1.0～4.0。老熟瓜皮颜色有乳白、灰白、棕黄、橙黄等。外形与哈密瓜相似，果顶有一个很大的脐，表现出两性花的性状。老熟瓜果肉与胎座为橙色，单瓜种子数较多（图15-2）。与 *C. sativus* 杂交完全亲和。这一类型的发现，进一步扩大了黄瓜野生种的分布范围。

从印度西北部的喜马拉雅山南麓到锡金、尼泊尔、缅甸以及中国的云南、四川等省均处于相同的气候地带，这一地带西部有 *C. sativus* var. *hardwickii*，稍往东有 *C. sativus* var. *sikkimensis*，东端有 *C. sativus* var. *xishuangbannanesis*。每个变种又分化出多个品种类型。多个类型的野生种在同一气候地带出现，而且这个地区属于热带高原气候地带，野生黄瓜长期生长在这里的热带森林地区，这一地区的栽培黄瓜也仍保持着喜温、不耐干旱、根系浅等生物学特性。这就进一步确证了关于黄瓜起源地的某些

图 15-2 西双版纳黄瓜 (*Cucumis sativus* L. var. *xishuangbannanesis* Qi et Yuan)
1. 主要瓜形和瓜色 2. 瓜肉和瓜皮

推断。

上述在喜马拉雅山系地带和印度半岛发现的野生或半野生黄瓜,如果种植到高纬度的地区,由于其不适应环境,植株便不能正常开花和结果。另外,这些野生种在被驯化的过程中或许有着某些联系,通过不断地变异和变异的积累而形成各种栽培类型;或许是由不同类型的野生种在不同地区的分布而形成不连续的起源中心,在分别适应于各自的温带和热带气候的同时演化出适应于不同地区的栽培种。

大约 3 000 年前,在黄瓜的原产地,当地人们就以黄瓜原始类型进行栽培。此后,从喜马拉雅山南麓传到中东。据古书记载大约在公元前 200—前 300 年,黄瓜从印度传到罗马,据说,蒂比里阿斯王让人在冬春时用滑石板覆盖,进行黄瓜的促成栽培。公元前 1 世纪传到希腊和北非。传入欧洲的时间较晚,大约 9 世纪传入法国和俄罗斯。直至 1327 年,英国才有黄瓜的栽培记载,后来逐渐形成了温室栽培的专用生态型无刺黄瓜 (*C. sativus* var. *anglicus* Bailey)。黄瓜传入美洲是在发现新大陆之后,1494 年首先在西印度群岛种植,1535 年传到加拿大,1584 年传到美洲大陆 (Brothwell, et al., 1969;Whitaker et al., 1947,1962)。

中国黄瓜的来历,据《本草纲目》(1578) 记载,张骞出使西域得种,故名胡瓜。这说明中国从西汉开始即从国外引种黄瓜,隋代改名黄瓜。李家文 (1979) 认为黄瓜古代由印度分两路传入中国,一路是在公元前 122 年汉武帝时代,由张骞经由丝绸之路带入中国的北方地区,并经多年驯化,形成了华北系统的黄瓜;在公元前 6 世纪已广泛栽培,公元 740 年唐玄宗时代已有先进的黄瓜早熟栽培技术。另一路经由缅甸和印中边界传入华南,并在华南被驯化,形成中国华南系统的黄瓜 (山东农学院,1979)。在中国的华南、华中地区自然分布的华南型黄瓜品种可能由此经传播和演化而来。还有一种说法:黄瓜是由印度经东南亚等地，从海路传入华南成为现在的华南型黄瓜。许勇等（1995）认为华东沿海直到山东省的蓬莱、烟台、青岛，东北的大连、丹东、延边等地区也分布着华南类型，这可能与海上交流有关。在东北内陆地区普遍种植的"旱黄瓜"也属于华南类型，这可能由于古代战争将关内与关外隔离，人为造成了种质资源的地理隔离，阻止了华北类型向东北地区传入。戚春章（1983）所做的西双版纳黄瓜与华北黄瓜之间的杂交结果显示，其后代类似现在栽培的某些华南型黄瓜品种。所以，华南型黄瓜的另一始祖可能是分布在云南地区的西双版纳黄瓜。

公元 10 世纪以前，黄瓜由中国传入日本，在 19 世纪末，得以普遍栽培。在日本，华南与华北型品种的分布也存在一定的区域性，在日本南半部到西部，以华南型品种为主；从北陆起，到东北、北海道地区分布着带有华北血统的杂种型品种。

目前，黄瓜已成为全世界主要蔬菜之一，以亚洲栽培最多。栽培区主要分布在温带地区，而黄瓜原产地的热带地区生产面积较小，说明黄瓜从原产地传播到东方和欧洲以后，已形成适合各地区生产的品种类型，并逐渐成为各地区的主要蔬菜种类。

黄瓜种质资源在中国的分布广泛。在 20 世纪 80 年代以前，长江流域以南主要栽培华南型黄瓜，长江流域以北地区主要栽培华北型黄瓜。随着"津研"系列黄瓜的推广以及欧洲型黄瓜的引进，上述分区已经不太明显。目前，在黄瓜的生产分布中，以河南、河北、山东、湖南和湖北等省居多（表 15 - 1）。

表 15 - 1　中国各地区黄瓜播种面积和产量

地　区	播种面积 （万 hm²）	总产量 （万 t）	单产 （kg/hm²）
全国总计	96.32	3 817.1	39 629
北　京	0.66	33.7	51 024
天　津	1.43	65.3	45 647
河　北	10.97	727.2	66 285
山　西	1.18	51.5	43 656
内蒙古	1.01	56.4	55 854
辽　宁	5.09	277.3	54 480
吉　林	1.94	68.8	35 443
黑龙江	2.34	77.8	33 238
上　海	0.43	16.0	37 133
江　苏	5.08	160.5	31 585
浙　江	1.70	64.6	37 973
安　徽	3.89	119.0	30 599
福　建	2.40	58.0	24 153
江　西	2.45	53.5	21 825
山　东	12.33	653.0	52 960
河　南	12.02	498.5	41 472

（续）

地 区	播种面积 （万 hm²）	总产量 （万 t）	单产 （kg/hm²）
湖 北	6.06	176.4	29 102
湖 南	5.05	127.7	25 258
广 东	4.49	107.4	23 918
广 西	3.45	66.6	19 318
海 南	0.51	14.6	28 643
重 庆	1.05	25.3	24 110
四 川	4.67	124.4	26 629
贵 州	1.23	21.9	17 828
云 南	1.06	16.1	15 224
西 藏	0.02	0.5	25 305
陕 西	1.96	74.6	38 065
甘 肃	1.15	49.5	43 005
青 海	0.05	2.1	42 986
宁 夏	0.27	10.1	37 296
新 疆	0.38	19.1	50 221

注：引自中华人民共和国农业部，《农业生产统计资料》，2005。

第三节 黄瓜的分类

一、黄瓜属和黄瓜的分类

据《中国植物志》（1986）记载，黄瓜属约有 70 个种，分布于世界热带到温带地区，以非洲种类较多，中国有 4 个种、3 个变种。

分 种 检 索 表

1. 果皮平滑，无瘤状凸起。
  2. 花单性，雄花常数朵簇生于叶腋；果实大型 ………………………………… 1. 甜瓜 *C. melo* Linn.
  2. 花两性，单生或双生于叶腋；果实小，长仅 4cm ………………………………………………
    ……………………………… 2. 小马泡 *C. bisexualis* A. M. Lu et G. C. Wang ex Lu et Z. Y. Zhang
1. 果皮粗糙，通常具刺尖的瘤状凸起。
  3. 果实大型，长圆形或圆柱形，长超过 5cm ……………………………… 3. 黄瓜 *C. sativus* Linn.
  3. 果实小，长圆形，长不超过 5cm ……………………………………… 4. 野黄瓜 *C. hystrix*

    Chakr Jeffrey（1980）将甜瓜属（现称黄瓜属）分为甜瓜亚属和黄瓜亚属，其中包括 4 个组；并将甜瓜以及多数其他具有染色体基数 x=12 的种称为非洲组，而将具有染色体基数 x=7 的黄瓜及其野生种 *C. sativus* var. *hardwichii* 称为亚洲组。

    Kirkbride（1993）在 "Biosystematic Monograph of the Genus Cucumis" 一书中，将

黄瓜属分为 2 亚属、2 组（Sect.）、6 系（Ser.），32 种。认为甜瓜亚属 subgen. *melo*（2n＝20～72）有 30 个种，黄瓜亚属 subgen. *cucumis*（2n＝14）有 2 个种：

（1）黄瓜 *Cucumis sativus* L.（2n＝14）　主要分布于亚洲：缅甸、中国、印度、斯里兰卡、泰国，全球广泛引种栽培。

（2）野黄瓜 *Cucumis hystrix* Chakravarty　分布于亚洲：缅甸、中国（云南省）、印度（阿萨姆邦）和泰国。

黄瓜种在起源地从野生状态进入栽培状态，此后传播到世界各地。由于各栽培地区的自然条件、栽培条件、人文社会背景以及饮食习惯的差异，在栽培和选择利用的过程中，品种发生分化，形成了不同的生态类型。

二、黄瓜品种的分类

现有黄瓜的分类方法较多，有藤井健雄的系统生态综合分类法和琼斯、熊泽等分类法等（中国农业科学院蔬菜花卉研究所，1989；中国农学会遗传资源分会，1994；许勇等，1995；谭俊杰，1990）。

（一）藤井健雄分类法

1. A-a-1 西方系鲜用品种　露地栽培。果粗短，果面平滑，瘤低而少。

2. A-a-2 西方系酸渍用品种　前苏联栽培较多。果短卵形，无瘤。

3. A-a-3 西方系温室用品种　北欧温室栽培品种。果实大、肉厚、种子少；刺少，在幼果期即脱落，果面稍有棱褶，多粉。

4. B-a 东方系南亚型　果较粗短，瘤高大而多，在低温短日照下雌花多。

5. B-b 东方系北亚型　果细长，种子少，多白刺、低瘤，不耐干旱，抗病虫，长日照下能生雌花。

（二）琼斯分类法

琼斯将欧美黄瓜品种分为 3 类。

1. 英国温室型　北欧温室栽培的晚熟品种。果实长圆形，长 60cm 左右，黑刺，植株生长势较强，单性结实强，种子少，抗病性弱，不适合于露地栽培。

2. 薄片型　欧美露地栽培。分枝性强，非节成性，果长 20cm 左右，不抗病，果面平滑，肉厚，品质一般，多白刺。

3. 泡菜型　供加工用的小型品种群，在前苏联和美国栽培，种群分化明显。叶片小，节间长，分枝性强，多数非节成性，果实短卵形或圆筒形，长度 5cm 左右，不抗病，黑刺，作加工用。

（三）熊泽分类法

熊泽把东方的黄瓜分为两类。

1. 南亚型　主要分布在中国的华中、华南及东南亚、日本。叶片肥厚，枝蔓粗，根群密，有一定的耐旱性，对温度和日照的长度比较敏感，果实粗大、品质差，黑或白刺。

2. 华北型 节间与叶柄较长，叶片薄，耐热性、抗病性强。低温弱光下生长缓慢，对日照的长度不敏感。根系弱，分枝少，不耐干旱，不耐移植。果实大而细长，白刺，果绿，皮薄，肉质细嫩，品质较好。

(四) 谭其猛分类法

谭其猛在以上分类的基础上，根据品种的分布区域及生态学性状将黄瓜分为下列几类（谭其猛，1980）。

1. 华北系 主要分布于中国北部及朝鲜、日本等地。植株大多生长旺盛，喜土壤湿润，天气晴朗的自然条件，对日照长短的反应不敏感。嫩果棍棒状，绿色，果实长大，瓜形指数在 8 以上，大多非节成性，不同日照长度下雌花节率相差不大，成熟种瓜大多为黄色、淡黄色或黄白色，表面网纹少，大多有白色刺瘤，也有少刺瘤或无刺瘤者，大多有棱，第一雌花大多着生在 4～5 节以上，较晚熟，抗病性强，这一系统内大致又可分以下几类。

（1）早熟刺瓜类 耐热性及抗病性较弱。第一雌花节位较低，节成性强，以母蔓结瓜为主，瓜较短小。如叶儿三水黄瓜、长春密刺等。

（2）刺瓜类 多中晚熟。抗病性较弱，但也有较强者。非节成性，多数主要在母蔓上结瓜。果面刺瘤有棱。如宁阳大刺瓜、公主岭水黄瓜等。

（3）截头瓜类 多中晚熟。抗病性强。非节成性，分枝强，母蔓雌花少，子蔓花多或母蔓子蔓都结瓜。果面瘤刺较少而多毛刺。如北京截头瓜、大八杈、天津棒槌瓜等。

（4）鞭瓜类 多中晚熟。抗病性强，耐热性强，适于延后栽培或作秋瓜栽培。非节成性，分枝性中等，大多母蔓、子蔓都结瓜。果面平滑或只有少数刺瘤，果皮常稍厚，果肉较厚，品质较差。如北京大鞭瓜等。

（5）加工腌渍品种类 在长日照下有高度雌花性，同一节内常簇生 3～6 朵雌花。如九牌秋瓜、胜芳二快等。

（6）温室栽培用品种类 一般抗热性较弱，耐寒性和抗旱性弱，但耐阴性较强，在高温短日照下形成雌花能力强。叶片较大，单性结实率高，瓜内种子少，瓜条长大。大多是母蔓结瓜，非节成性。如北京大刺瓜、北京小刺瓜、山东小密刺等。

2. 华南型 主要分布于中国长江流域以南和印度，日本，南洋一带，但北方栽培的部分地黄瓜、旱黄瓜可能也属此系统。耐湿、热，为短日性植物。一般植株生长势弱，果实较短，瓜形指数在 4～6 之间，果实大多无棱且刺瘤稀少，刺瘤以黑色为多，果皮较厚，果肉较薄。有些品种稍有苦味，节成性品种较多，成熟种瓜多为褐色，表面多网纹，第一雌花着生部位较低，大多早熟，抗病性较弱，耐热性较强。这一系统可以分为以下几类：

（1）节成类 大多为早熟，以母蔓结瓜为主，黑刺。如上海杨巷黄瓜、南京茶亭早黄瓜、昆明早黄瓜、广州二青、武汉青鱼胆、日本的青长等。

（2）非节成类 大多中熟，分枝性强或弱，白刺或黑刺，有的品种瓜条长达 30cm 以上。

（3）加工酱制品种类 果肉致密，刺瘤少，雌花多，结果率高。

3. 南亚型　分布于南亚各地。茎叶粗大，易分枝，果实大，单果重 1～5kg，果短圆筒或长圆筒形，皮色浅，瘤稀，刺黑或白色，皮厚，味淡。喜湿热，严格要求短日照。地方品种种群很多，如锡金黄瓜、中国西双版纳黄瓜及昭通大黄瓜等。

4. 西方酸渍用型　前苏联品种大多属这一系统。瓜形短小，瓜形指数约 2～4，无刺瘤或极少，大多数分枝性强，主要在子蔓上结瓜，成熟果褐色有网纹。

5. 西方鲜用型　又分露地栽培用品和温室用品种。

（1）欧美型露地黄瓜　分布于欧洲及北美各地。茎叶繁茂，果实圆筒形，中等大小，瘤稀，白刺，味清淡，成熟果浅黄或黄褐色。有东欧、北欧、北美等品种群。

（2）北欧型温室黄瓜　分布于英国、荷兰。茎叶繁茂，耐低温弱光，果面光滑，浅绿色，果实达 50cm 以上。如英国温室黄瓜，荷兰温室黄瓜等。

除了根据品种分布的地理区域和生态学特性来分类以外，还可以根据品种适应的栽培方式分为冬春保护地型，春露地型和夏秋露地型等；根据品种耐冷性可分为冷敏型、中间型和耐冷型；根据品种性分化对日照长度敏感程度可分为短日照型、日照不敏感型和长日照型。

上述各种主要分类法，有的是针对某些地区的品种而言，有的是针对世界各地的品种而论。有的类群为某些地区独有，有的类群的分布范围较广。对少数类群也有分类归属不一致的情况。概而言之，以下几个类群的分法争议较少：

1. 欧洲温室型　在英国形成的适于温室栽培的品种，现主要分布在英国、荷兰、西班牙、罗马尼亚等东欧地区。较耐低温弱光，茎叶繁茂，但在露地栽培生长不良。果实光滑，鲜绿色，圆筒形，果长达 50～60cm 以上，肉质致密而富有香气。单性结实性强，种子少，抗病性弱，不适于露地栽培。

2. 欧美露地型　分布在欧洲及北美洲各地，适于露地栽培。植株生长旺盛，分枝多。果实长 20cm 左右，圆筒形，较粗，果面平滑，果肉厚而味道平淡。白刺品种多，也有黑刺品种。白刺品种成熟时，变为黄红色，黑刺品种呈黄褐色。抗病性中等。有东欧、北欧、北美等品种群。

3. 华北型　在中国的华北地区分化形成，并扩展到中亚细亚、中国的东北、朝鲜及日本。植株生长势中等，喜土壤湿润和天气晴朗的气候条件。根群分布浅，分枝少，不耐移植，不耐干燥。大部分品种耐热性强，较抗白粉病与霜霉病，对 CMV 免疫。雌花节率一般较高，对日照长度不十分敏感。果实细长，呈棍棒形，白刺绿色果，刺瘤密，皮薄，肉质脆嫩，品质好。成熟瓜变黄，无网纹。如华北地区许多地方品种：长春密刺、安阳刺瓜、唐山秋瓜、北京丝瓜青等。

4. 华南型　以中国华南为中心，分布在东南亚、中国的华中与日本。茎蔓粗，叶片厚而大，根群密而强，较耐旱，能适应低温弱光。雌花节位对温度和日照长度敏感，为短日照植物。果实短而粗，皮硬，味淡，肉质比华北型品种差。多为黑刺，但也有白刺的品种。果实颜色有绿色、白、黄白，种皮有网纹。如华南、华中地区许多地方品种：广州二青、上海杨巷、武汉青鱼胆、成都二早子、昆明早黄瓜、日本的青长、相模半白等。

5. 加工型　加工黄瓜有西方酸渍型和中国酱制型两类，主要指供加工用的小型果品种群，在美国、前苏联和中国均分化出各自的一类品种群，这些品种植株较矮小，叶片小，分枝性强，结果多，果实呈短卵形或圆筒形。一般果实长度达 5cm 即开始收获。大多为黑刺，但也有白刺品种。肉质致密而脆嫩，果肉厚，瘤小，刺稀易脱落。适于做咸菜和罐头。

关于"野生型"和"南亚型"黄瓜分类有些含混。分布在起源地附近地区，如在印度、尼泊尔、巴基斯坦、阿富汗和伊朗等地的 *C. sativus* var. *hardwickii* 和 *C. sativus* var. *sikkimensis*，大都被归为"野生型"。但是有的将 *C. sativus* var. *xishuangbannanesis* 归为"野生型"，有的归为"南亚型"。在中国云南地区分布着的西双版纳黄瓜，有多种类型，或半野生或逸生或为当地农民所栽培，并称之为"山黄瓜"。因为这类黄瓜品种仍处于自然原始的栽培状态，所以，归为"野生型"尚待探讨。

有的分类中以"南亚型"一类包括"南亚型"和"华南型"两类，有的则单独分为两类。这两类的关系也有待定论。

近几十年来，随着种群之间和品种间的天然或人工杂交，形成了一些新的变异类型或育成了许多新品种和一代杂种。现在的许多品种可能有多个类群的血统，有的明显地处于中间型，因此很难将其归入哪一类。

第四节　黄瓜的近缘种

黄瓜属包括甜瓜亚属和黄瓜亚属。甜瓜亚属主要有 30 个种，黄瓜亚属包括 2 个种，一个是黄瓜（*Cucumis sativus*），一个是野黄瓜或酸黄瓜（*Cucumis hystrix*）（Kirkbride，1993）。

黄瓜亚属与甜瓜亚属物种不同，黄瓜亚属物种一般含有 2n＝14 条染色体，而甜瓜亚属物种则含有 2n＝20～72 条染色体。黄瓜亚属物种还具有与黄瓜属其他物种不同的芳香味成分和叶柄肋形状。黄瓜亚属中的 2 个种与甜瓜亚属的所有种之间均杂交不育。由此可以推论，其他大多数甜瓜亚属野生种在遗传上更接近于具有 24 条染色体的甜瓜，而不是黄瓜（Kirkbride，1993）。

野黄瓜（*Cucumis hystrix* Chak）分布于亚洲的缅甸、中国（云南省）、印度（阿萨姆邦）和泰国。野黄瓜为草本植物，雌雄同株。茎匍匐，具沟槽，无刺，被向前弯曲的硬毛。茎毛长 0.3～1.2mm。节间长 6～12cm。叶柄长 2.5～12cm，具沟槽，无刺，被向后弯曲的软毛。叶由 5 片相连的小裂片构成。叶缘锯齿状。叶外形卵圆至阔卵圆。叶基部心形，具 1.5～4.0cm 的凹陷，叶尖锐尖。叶长宽 7.5～15cm×5.5～14cm（图 15 - 3）。

酸黄瓜被归为黄瓜亚属，主要是因为它的营养器官和花器官在形态特征上类似黄瓜，但果实不同于黄瓜（Kirkbride，1993），染色体数也不同于黄瓜，而与甜瓜亚属某些种相同（Chen，1997a）。

陈劲枫等（2001）采用胚胎拯救方法，首次成功实现了栽培黄瓜（*Cucumis sativus* L.，2n＝14）与同属野生种 *C. hystrix* Chakr.（2n＝24）间可重复的种间杂交。杂交 F_1 植株形态一致。其中多分枝、密被茸毛（尤其是在花瓣和雌蕊上）、橘黄色花冠及卵圆形果实这些特征与亲本 *C. hystrix* 相似，而第一雌花节位则与亲本黄瓜（*C. sativus*）相似。

图 15 - 3 野黄瓜（*Cucumis hystrix* Chakravarty，2n=24）
（陈劲枫提供）

其他性状如株径、节长、叶和花的形状和大小等都介于双亲之间而呈中间型。将杂种 F_1 植株自交并与两亲本进行回交，结果表明 F_1 杂种的雄蕊和雌蕊都是不育的。这可能是由于杂种染色体数目为奇数（2n=19，其中 7 条来自黄瓜，12 条来自野生黄瓜），缺乏同源性而导致减数分裂不正常。利用体细胞无性系突变方法，对杂种的染色体数进行了加倍。流动细胞计量仪测定表明，加倍的 F_1 植株（双二倍体）占再生植株的 7.3%，形态一致，其 DNA 含量为 2.35pg，而 F_1（二倍体）的含量为 1.17pg。新合成的双二倍体植株能释放花粉，并且能形成含种子的果实。通过不同杂交可形成两种类型的果实：一种为腌渍类型，该株系每株可着生 30 多个大约 10cm 长的果实，可一次性采收；另一种为耐弱光类型，果形细长，基本上无种子，适合于部分遮阴的环境，如温室栽培。营养分析表明，新物种果实的蛋白质含量为 0.78%，矿物质 0.35%，均分别高于普通黄瓜含量 0.62% 和 0.27%。

陈劲枫等（2002）在形态和分子两个水平上对栽培黄瓜（*Cucumis sativus* L.，2n=14）与酸黄瓜（*C. hystrix* Chakr.，2n=24）正反杂交而成的双单倍体（2n=19）、双二倍体（2n=38）植株的形态和育性差异进行了比较研究。结果表明，在形态上，植株的分枝数、第一朵雌花节位偏向于父性遗传，主蔓节间长则偏向于母性遗传，另外一些性状如主蔓直径呈中间型。在育性上，正反交植株的表现截然不同。当以黄瓜为母本时，杂种植株呈现雌雄高度不育；而以酸黄瓜为母本时，雌雄育性在染色体加倍后均得到恢复。可见，黄瓜与酸黄瓜的亲缘关系较其他 2n=24 的物种近。

罗向东等（2004）以黄瓜属种间杂种 F_1，即，华南型黄瓜"二早子×*Cucumis hystrix* 为试材对其形态学、细胞学和育性作了观察分析。结果表明该杂种无雌花，雄花不能正常开放，表现高度不育，该杂种 F_1 长势瘦弱，与笔者以前报道的种间杂种 F_1：*C. hystrix* 与华北型黄瓜北京截头正反交相比在育性和形态学性状上有明显差异，花粉母细胞减数分裂观察发现，杂种 F_1 的终变期和中期主要以 17 条单价体和 1 个二价体存在，整个花粉母细胞的减数分裂行为异常，经常可见染色体滞后和纺锤丝定向紊乱，形成多极染色体，末期后形成多分体，以至不能发育成正常的花粉粒，导致杂种 F_1 高度不育。

陈劲枫等（2001）鉴定了黄瓜属野生种酸黄瓜（*Cucumis hystrix* Chakr.）对南方根结线虫［*Meloidogyne incognit*（Kofoid & White）Chitzwood］的抗性，进而评估了抗性通过酸黄瓜与栽培黄瓜种间杂种向栽培黄瓜的转移。结果表明，酸黄瓜对南方根结线虫具有高度抗性，而4个栽培黄瓜材料均为高度敏感。酸黄瓜平均每株根系形成约3个根结，栽培黄瓜材料每株根系的根结数超过100个。酸黄瓜通过与栽培黄瓜的正反交，其抗性已被部分转移到杂种之中。当杂种作为供体亲本与栽培黄瓜进行回交时，抗性又被进一步转移到回交一代（BCF_1）中。

庄飞云等（2002）研究了黄瓜属种间杂交新种（*Cucumis hytivus* Chen & Kirkbride，2n＝38）及其后代幼苗对低温逆境的适应能力。结果表明：可能由于亲本染色体组间的功能不协调，在低温处理下新种幼苗出现代谢异常，丙二醛（MDA）、脯氨酸含量变化大，冷害指数达到315，表现对低温的适应性相对较弱。但新种与黄瓜的回交自交后代却表现出较强的抗性，超出了参试黄瓜品种。经4d变温处理后，其冷害指数仅为110，MDA含量为912μmol/g，在所有供试材料中为最低。这表明通过回交和自交，杂种代谢系统已基本恢复正常，具有进一步研究和应用的价值。

黄瓜属种间杂交新种 *Cucumis hytivus* Chen & Kirkbride 的光补偿点为 $11.25\mu E/(m^2 \cdot s)$，低于以往报道的耐弱光品种长春密刺。弱光处理2周后，新种的叶绿素 a 和叶绿素 b 含量增加，叶绿素 a/b 的值大幅度降低，形态学耐弱光隶属值高达0.946，说明杂交新种耐弱光能力很强（钱春桃等，2003）。

酸黄瓜作为栽培黄瓜的近缘种，其利用价值有待于进一步挖掘。

第五节　黄瓜的形态特征与生物学特性

一、形态特征

黄瓜是一年生草本、蔓生植物。其根、茎、叶、花、果实和种子因品种的不同而呈现丰富的多样性。

(一) 根

黄瓜原产于温暖潮湿的热带森林地区，由于原产地的土质疏松，水分和养分充足，便于根系吸收，因此其根系经不断演变，形成了浅根系的特点。黄瓜根系主要分布于表土下25cm内，10cm内更为密集，但主根可深达60～100cm。侧根横向伸展，主要集中于半径30cm内，远者可达50cm。黄瓜根系的浅生性特点决定了它的好气性、好湿性和喜肥而耐旱能力较差的特点。

黄瓜根系的另一个特点是木栓化发生的早而且快，导致根系的再生能力较差，老化和断根以后很难再发新根。胚根生长3～6d后发生侧根，以后还可继续发生第三次侧根。

黄瓜除了固有的根系外，幼苗胚轴或植株茎上有发生不定根的能力，不定根比原生根的生长还要旺盛。

（二）茎

黄瓜幼苗的下胚轴是植株茎的组成部分。幼苗一叶一心时，因品种不同其下胚轴的长度差异较大，变幅在 2.1～13.0cm 之间。

茎的长短和侧枝的多少等特征和习性因品种不同而不同。茎的粗细和节间的长短也受遗传因子的控制。

黄瓜茎色浅绿、黄绿或绿；茎四棱或五棱，匍匐，中空，上有刚毛，刚毛长 0.4～2mm，硬度和疏密不等。Robinson 等（1964）曾经通过辐射诱变发现了无毛类型黄瓜，该黄瓜叶片没有短刚毛，果实没有刺瘤，在高温条件下生长缓慢，叶片黄化。中国研究者也发现黄瓜植株的茎叶表面覆盖软毛（戚春章、胡建平，1989）。茎表面具纵向沟槽，茎的结构从横断面看，由表及里大致为厚角组织、皮层、环管纤维、筛管、维管束和髓腔。维管束又由外韧皮部、木质部和内韧皮部构成。茎皮薄，髓腔大，机械组织不发达，故不能自立，而易折损，但输导性能较好。黄瓜茎的粗细通常在 0.3～1.3cm 之间。黄瓜具有不同程度的顶端优势，多数品种为无限生长类型（或蔓生），也有半蔓生和矮生类型。在一定的栽培条件下，蔓的长度决定于类型和品种。通常早熟种茎较短，中、晚熟种茎较长。在一般条件下，主蔓高度多在 2m 以上，有的晚熟品种可长至 5m。而有些矮生品种的高度不到 50cm。在中国收集保存的黄瓜种质资源中，蔓生类型占 99.3%，矮生和半蔓生资源占 0.7%。

黄瓜主蔓节数一般在 8～38 节之间，中部节间长在 2.3～13.3cm。通常 1～4 节茎的节间较短，能直立，4 节以后节间较长，植株基本不能直立。主蔓上可以长出侧蔓，侧蔓上还可以再生侧蔓，形成孙蔓，又称第二分枝。侧蔓数目的多少主要与品种特性有关，多者 30 余条，少则 1～2 条，一般中晚熟品种的侧蔓要多于早熟品种。侧蔓长短差异很大，有的品种的侧蔓不足 5cm，有的品种的侧蔓长与主蔓相当。在黄瓜茎的每个节位，除了着生一片叶外，第三片叶后，大多数品种的每一叶腋均产生不分枝的卷须，也有少数品种不生卷须（戚春章、胡建平，1989）。

（三）叶

黄瓜的叶可分为子叶和真叶两种。子叶形状有卵圆、椭圆或长椭圆之别（图 15-4），颜色有黄绿、浅绿、绿和深绿之分。国际上报道的非致死颜色黄瓜幼苗突变体有 8 个：g，lg-1，lg-2，v，vvi，yc-1，yc-2，yp。其中 g 基因控制的黄瓜基部叶片为金黄色；lg-1基因控制的黄瓜子叶和真叶初期均为浅绿色，随着生长逐渐转变为深绿色，雄蕊发育不良；lg-2 基因控制的黄瓜子叶和真叶颜色变化与 lg-1 相同，但子叶颜色转变速度比lg-1 快，雄蕊发育正常；v 基因控制的黄瓜叶片颜色逐渐由黄转绿；vvi 基因控制的黄瓜子叶颜色与 v 相同，叶片花斑；yc-1 和 yc-2 基因控制的黄瓜子叶初期为黄色，随后转绿；yp 基因控制的黄瓜所有叶片均呈浅黄色（Wehner 等，1997）。中国也发现了 3 种非致死颜色黄瓜幼苗突变体（陈远良等，1990，1994；王玉怀等，1984）。一叶一心时，子叶长一般在 2.4～7.5cm，宽在 1.6～4.8cm；有的品种的子叶具苦味。第一片真叶叶片长为 3.0～9.3cm，叶片长 3.2～10.2cm，叶柄长 1.2～7.0cm。

图 15-4　子叶形状
1. 卵圆　2. 椭圆　3. 长椭圆

黄瓜的真叶多呈掌状或掌状五角形，还有心脏或心脏五角形，少有近圆形和近三角形（图 15-5）。据报道，叶片形状出现变化的突变体共有 15 种，均为隐性突变（Wehner，1997）。

图 15-5　叶　形
1. 近圆形　2. 近三角形　3. 心脏形　4. 心脏五角　5. 掌状　6. 掌状五角

叶互生，叶表面有密度不等的刺毛和气孔。叶正面的气孔少而且小，叶背面的则多而且大。叶色有黄绿、浅绿、绿和深绿。叶片先端边缘或全缘、或波状、或浅锯齿、或深锯齿（图 15-6）。黄瓜叶片长和宽一般在 8～25cm 和 11～29cm 之间，叶面积大，一般在 100～500cm² 。

黄瓜叶柄的长短和粗细亦因品种不同而差异明显，叶柄长一般在 6～30cm 之间。因叶柄与主蔓之间的夹角不同，使其呈直立、半直立和平展状态。

(四) 花

黄瓜基本上是退化型腋生单性花，偶尔也出现两性花。每朵花分化初期均有萼片、花

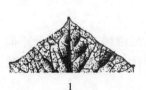

图 15-6　叶　缘
1. 全缘　2. 波状　3. 浅锯齿　4. 深锯齿

冠、蜜腺、雌雄蕊、初生突起。但在形成萼片与花冠之后，有的雌蕊退化，形成雄花，有的雄蕊退化，形成雌花；雄花常腋生、多花，雌花腋生、单花或多花；也有的雌雄蕊都有所发育，形成不同程度的两性花。黄瓜的花萼与花冠均为钟状、五裂，其大小因品种不同而异。花萼绿色有刺毛，花冠黄色。雄花有雄蕊 5 枚，其中 4 枚两两连生，另有一枚单生，雄蕊合抱在花柱的周围，组成三组并联成筒状，花药侧裂散出花粉。雌花子房下位，3 室，侧膜胎座，柱头较短，三裂。

黄瓜有雌花、雄花和两性花三种类型。按黄瓜植株上花的性别表现，主要分为下列 8 种性型：

①纯雌株：在主蔓和子蔓上仅生雌花。

②强雌株：植株上除雌花外，还有少量雄花。

③雌全同株：在主蔓上先有一段完全花节，其后是雌花和完全花间隔相生，能自行受精结果。

④雌雄全同株：主蔓上先有一段雄花节，其后是一段雄花、完全花、雌花相间，再后以是雌花为主。能自行受精结果。

⑤雌雄同株：是最常见的类型，主蔓上先有一段雄花节，其后一段雌花、雄花相间着生，有时后期有一段雌花。一般雄花数多于雌花。

⑥完全株：主蔓最初几节是雄花或两性花，其后为连续两性花，侧枝上只有两性花，每一两性花节的第二朵以后的花也可能是雄花，有时还有雄花和两性花之间的过渡型花。能自行受精结果。

⑦雄全同株：最初几节是雄花，继以一段完全花（或雌花）和雄花相间着生，其后都是完全花。它的第一完全花的节位通常较高于雌雄株的第一雌花节位，而且常在同一节内有完全花和雄花。因而也能自行受精结果。

⑧纯雄株：植株上全是雄花，没有生产价值。只有在特殊情况下才能出现。

就其一个品系而言，可能有一种或一种以上的性型株，故而分为雌雄同株系（雌、雄花均有，且雄多雌少），是最为常见的类型。雌性系（通常包含全部为纯雌株的纯雌系和全部或大部分为强雌株小部分为纯雌株的强雌株系）。雌全异株系（部分植株为纯雌株或强雌株，部分植株为纯全株或雌全同株）。完全花自交系通常又称"二性系"。雄全异株系（部分植株为纯雌株或雌雄同株，部分植株为纯全株或雄全同株）。

黄瓜生产中的大部分品种都是雌雄同株型，但也有些保护地品种是雌性系类型，即全株的花都是雌花。亦有少数品种属于复雌花型，即数朵雌花簇生于单个节位。黄瓜品种的雌花节率分布在 0%～100%之间。不同品种雌花节率的稳定性不同，这主要取决于品种性型分化对温度和光照的敏感性。

黄瓜为虫媒花，品种间自然杂交率为 53%～76%。因此在黄瓜留种时，为避免不同品种间杂交，保证品种纯度，隔离距离应大于 1 500m。如果不能达到这一要求，就必须增加一些设施，以防止昆虫传粉。

黄瓜主蔓上出现第一雌花的节位因品种不同差异很大，在同等条件下，有的品种在第 1～2 节位就开始出现雌花，有的在 25 节位之上着生第一雌花，少数则只生雄花。雌花出现的节位高低可以作为熟性鉴别的一个重要标志。

（五）果实

黄瓜的果实为假果，是由子房与花托合并形成的。表皮部分为花托的外皮，皮层由花托皮层和子房壁组成，花托部分较薄。黄瓜果实形状有长棒、短棒、长弯棒、短弯棒、长圆筒、短圆筒、蜂腰形、纺锤形、椭圆、卵圆、倒卵、球形、指形等，通常以棒形和圆筒形为多。果实长度分布一般为 6.5～46.8cm，果实横径为 2.2～7.2cm。瓜把有长有短，瓜把形状表现为瓶颈形、溜肩形、钝圆形（图 15-7）。

商品瓜颜色从乳白至深绿色深浅不一，主要表现有乳白、黄白、白绿、浅绿、绿、墨绿。结果盛期，正常商品瓜的肉色表现为白、黄白、白绿、浅绿和橙色。老瓜皮色从乳白、乳黄、橙黄至棕、黄褐、褐色，有的出现条状或网状裂纹。黄瓜果实的生长速度，以短果形品种较慢，长果形品种较快，通常于开花后 8～18d 可达商品成熟。

果面平滑或有棱并有稀、密不等的瘤状突起，瘤的上面还生有刺，刺又分白、黄、黄棕、褐、黑等不同颜色。

黄瓜能单性结实。单性结实能力受遗传影响较大，不同的品种单性结实能力不同。

黄瓜果实苦味的发生是由于瓜内含有一种苦味物质，叫做苦瓜素，一般存在部位以近果梗的肩部为多，先端较少。此种苦味有品种遗传特性，所以苦味的有无和轻重常因品种而不同。同时生态条件、植株的营养状况、生活力的强弱等均足以影响苦味的发生，所以虽同属一株，有时其根瓜发苦，而以后所结的瓜则不苦。

（六）种子

黄瓜种子扁平、近圆至长椭圆形，种皮黄白色。种皮由表及里，依次由表皮、皮下组织、厚膜细胞、星状柔细胞和海绵柔细胞，种皮内为外胚乳、内胚乳和子叶等构成；子叶包括表皮细胞和糊粉粒等，胚在子叶接近发芽孔的尖处。子叶上有中肋及若干侧脉，子叶内除充满糊粉粒外还有丰富的脂肪。一般每个果实内含有 100～300 粒种子，少数品种多达 300～400 粒。种子千粒重 22～42g。种子无生理休眠期，但需后熟，种子成熟度越差，后熟时间越长。所以，在黄瓜留种时，采收时间从开始授粉算起需要 40～50d，刚采收的种瓜不宜立即掏籽，应放在阴凉的地方后熟。黄瓜种子放在常温条件下可贮存 4～5 年，但以 1～2 年的种子生活力最高。发芽力还因贮藏条件而不同，干燥贮藏时 10 年后仍保有发芽力。

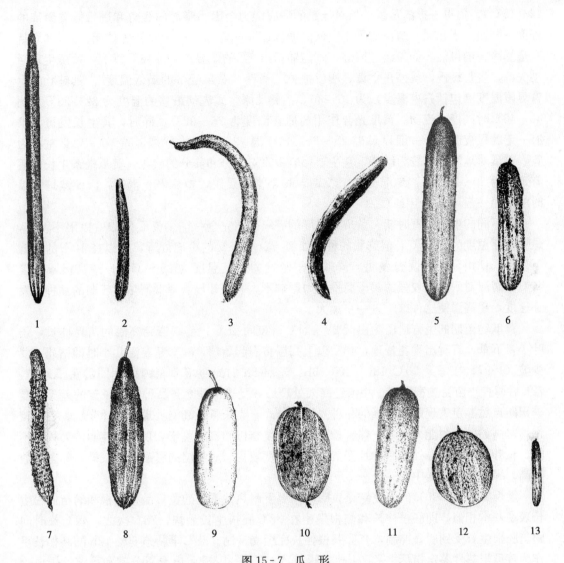

图 15-7　瓜　形

1. 长棒　2. 短棒　3. 长弯棒　4. 短弯棒　5. 长圆筒　6. 短圆筒　7. 蜂腰形　8. 纺锤形
9. 椭圆　10. 卵圆　11. 倒卵　12. 球形　13. 指形

二、对环境条件的要求

外界环境条件对黄瓜的生长发育起着十分重要的作用，主要包括温度、光照、空气、土壤和水肥等。黄瓜根系有避光、喜温、喜湿、好气、趋腐熟有机肥等特性，而枝叶则有喜光、喜温、喜湿、喜气流平和等特性。

（一）温度

黄瓜是典型的喜温作物，一般认为，在田间自然条件下栽培，黄瓜生长的适宜温度范围为 15～32℃，由播种到果实成熟需要的有效积温为 800～1 000℃（最低有效温度为

14～15℃）。值得一提的是，黄瓜对低温的适应能力会因为降温的缓急和进行低温锻炼的程度不同而大不相同。植株如果未经低温锻炼而骤然降温，2～3℃就要枯死，5～10℃就有遭受冷害的可能。如果经过锻炼，则能够忍耐3℃的低温。10～12℃以下，黄瓜生理活动失调，生长缓慢，或停止生育，所以把10℃称为"黄瓜经济的最低温度"。其健壮的生育界限温度（包括昼夜温度）为10～30℃。黄瓜原生质流动最盛的温度为32～33℃，到40～45℃时则停止流动。黄瓜光合作用的适宜温度为25～32℃。同时，其生长发育要求有一定的昼夜温差。一般以日温25～30℃，夜温13～15℃，昼夜温差10～12℃左右为宜。黄瓜对地温反应较为敏感，它主要影响根系对水分和养分的吸收。黄瓜根系生长的适宜地温为20～23℃，当地温低于12℃时，根毛活动受阻，植株停止生长，因此栽培黄瓜时的地温一般不应低于15℃。

在不同的生长发育时期，黄瓜对温度的需求也不完全一样。黄瓜在11℃以下不发芽，最低发芽温度为12.7℃，但膨胀的种子如经-2～-6℃的冷冻处理，可以在10℃的低温下发芽。稻川等人的调查表明，黄瓜种子萌发的适宜温度为25～35℃，最高极限温度40℃。高温对耐热性较强的种子萌发能力影响不大，但却显著降低耐热性较弱的品种的发芽速度，超高温使这种差距进一步加大。

黄瓜幼苗期的生育适温为白天22～24℃，夜间15℃，苗期遇到高温幼苗易徒长，子叶小，下垂，有时出现花打顶，40℃以上高温将引起萎蔫，50℃超高温几小时即枯死。罗少波（1997）在每天30℃ 18h、40℃ 6h、光照8h的光照培养箱内处理同龄黄瓜幼苗，72h后调查小苗受热害程度，小苗经高温处理后，受热害程度各品种间有一定的差异。夏季田间自然鉴定表现耐热性强的品种夏青2号、日支长青经高温处理后叶片变黄、萎蔫较慢，对高温的忍耐能力较强，热害指数较低；夏季田间自然鉴定表现耐热性弱的品种霜不知、长春密刺经高温处理后叶片变黄、萎蔫速度较快，对高温的忍耐能力较差，热害指数较高；绿宝的表现居中。

孟焕文等（2000）的研究结果表明，高温下耐热性不同的黄瓜品种胚根和幼苗侧根生长表现基本相似，即胚根伸长和侧根发生在38℃胚根生长最快，28℃次之，42℃长时间胁迫胚根生长受到明显抑制，45℃胚根伸长完全受抑制。38℃下胁迫60～72h的胚根长可作为黄瓜耐热性鉴定指标之一。4叶期幼苗经42℃胁迫36h，电导百分率和可溶性蛋白含量均能反映出品种间耐热性差异；38℃胁迫36h后的SOD单位酶活力和比活力也与品种耐热性一致，可作为黄瓜耐热性鉴定指标。马德华等（1999）研究和比较了不同黄瓜品种幼苗对温度逆境的抗性。发现耐低温能力较强的自交系耐高温能力亦较强；而耐低温能力较差的自交系耐高温能力也较差，说明部分品种的黄瓜幼苗对不同温度逆境抗性之间存在一定的相关性。高温和低温对黄瓜种子的发芽能力影响不同，低温对发芽率的影响不大，仅延缓了发芽的速度；高温显著降低抗性较弱品系的发芽率。进一步研究表明温度逆境胁迫使叶绿素含量明显降低，而且以叶绿素a下降为主。温度逆境胁迫后，Gs（叶片气孔导度）下降，Ls（光合作用气孔限制值）显著降低，AQE（表观量子效率）和CE（幼苗羧化效率）降低，Ci（细胞间隙二氧化碳浓度）上升，说明叶片的光合机制遭到了明显破坏，非气孔因素是Pn（净光合速率）降低的主要原因。姜亦巍等（1996）在黄瓜花粉培养基上，将8个不同品种的黄瓜花粉分别播在15％蔗糖浓度加100mg/L硼酸和300mg/L

Ca（NO$_3$）$_2$ 的最适宜的液体培养基上，于不同的低温下萌发。结果表明：9～18℃内，不同品种黄瓜花粉萌发率均有显著差异，但区分品种间差异最敏感的低温是 12～13℃。在此温度内，不同品种花粉萌发率差异档次最明显；而 9～10℃下萌发则可进一步区分耐低温品种。

黄瓜成株期，当白天气温超过 32℃时，植株的生长开始受到抑制，当温度高于 40℃时，光合作用减弱，代谢机能受阻，生长停止。如果出现连续 3h 的 45℃高温，则植株叶色变淡，花粉发育不良，出现畸形果。在短期内气温高达 50℃时，茎、叶就会发生坏死现象。衫山报道，对于 5 片真叶的植株，连续 5d 或 10d 每天 45℃高温的情况下，雄花落蕾，不能开花，开花数量显著减少（日本农山渔村文化协会，1985）。黄瓜花粉粒萌发的温度范围在 10～35℃之间，人工发芽床的最适合温度是 17～25℃，高温极限是 40℃。在夏季超过 30℃的高温下，由于花粉寿命短，引起受精障碍，落花多，结果畸形。以萌发率鉴定黄瓜各品种花粉耐热性适宜的区分温度在 40℃左右，以生长速度为指标适宜的区分温度是 35℃。黄瓜花柱失去受精能力的临界温度是 40～45℃，子房受伤害的临界温度为 45～50℃（缪旻珉等，2000，2001）。在一定温度范围内，如果环境条件相同，黄瓜植株对高温的耐受力与空气湿度成正相关。采收期的适宜温度为 24～30℃，一般采收盛期的适温要比初期偏高。气温超过 30℃，就会使果柄伸长，果长缩短，果色变淡，果肩干腐，果畸形。

孟令波（2002）选取不同生态类型黄瓜品种，分别在种子萌发期、苗期和成株期对其高温胁迫下外部形态、内部结构及生理生化上的变化进行研究，探讨黄瓜不同生育期耐热性的相关性，寻找早期筛选耐高温黄瓜种质资源的鉴定指标和方法，进行黄瓜耐热性种质资源筛选。试验结果表明：黄瓜种子萌发期高温表现为，发芽能力下降，MDA 值上升，SOD 酶活性降低，胚根生长受到抑制；苗期高温表现为，幼苗徒长及根系须根化趋势，叶绿素 a/b 值下降，叶绿体及类囊体膜系统的完整性遭到破坏；开花结果期高温表现为，前期徒长，后期早衰，产量下降，结果率降低，畸形果率上升，维生素 C 含量降低，品质变劣。42℃条件下种子发芽指数、38℃条件下处理 60h 胚根长比率及 38℃条件下处理 60h 胚根的 MDA 值可以作为黄瓜种子萌发期耐热性鉴定指标。50℃黄瓜叶片热致死时间，50℃、15min 黄瓜叶片的伤害度（IL）可以作为黄瓜各品种苗期耐热性鉴定指标，高温下黄瓜产量及产量的变化率可以作为成株期品种耐热性的鉴定指标。苗期和成株期耐热性有一定程度的相关性，50℃、15min 黄瓜叶片的伤害度（IL）与高温下产量接近显著相关；38℃条件下处理 60h 胚根长比率与高温下产量变化率存在显著正相关。黄瓜叶片 50℃热致死时间多数品种集中在 15～25min 的范围，最高为 26.4min，最低为 10.6min。

不同品种对温度的适应能力不同。宋述尧等（1992）通过试验明确了 15 个黄瓜品种耐冷力的强弱。秋瓜、九月青以及大黑刺、唐山秋瓜和延边旱黄瓜耐冷力较强；半夏、全青黄瓜、长春密刺、榆树大刺和丝瓜青耐冷力中等；水桶黄瓜、青皮八权、夏丰、吉丰和永安白头霜耐冷力较弱。

（二）光照

黄瓜是一种短日照蔬菜作物，但不同品种对日照长短的要求不完全相同。一般来说，中国南方品种需要在短日照条件下才能正常开花，而北方品种对光照的要求不太严格。但是因为 8～11h 的短日照可以促进雌花的形成，因此如果幼苗期的光量不足，适量补光不仅有利于培育壮苗，还有利于雌花的分化。

与其他瓜类作物相比，黄瓜是相对比较耐弱光的作物。据报道，光照强度是自然光照的 1/2 时，其同化量尚不致降低，但在光照强度仅为自然光照的 1/4 时，同化量将下降 13.7%，植株生育不良，从而引起"化瓜"现象。因为在一定范围内，增加光照可以提高产量，所以确定合理的株行距和进行合理的整枝摘心对黄瓜生产至关重要。在一天当中，早晨日出后光合作用开始迅速增强，午前的同化量约占一日同化总量的 60%～70%。总之，光合作用以上午最为旺盛，约占全天同化量的 70%～80%，因此，尽量在上午给以充足的光照是十分必要的。

黄瓜的田间光饱和点一般为 55 000lx，如其他生态条件充分，还可进一步提高。黄瓜的光补偿点为 10 000lx，最适光照强度为 40 000～60 000lx，在 20 000lx 以下，植株生育迟缓。600～700nm 的红光部分，400～500nm 的青光波长带对黄瓜光合成的效果高，同时与黄瓜的生长、形态建成和花的性型分化都有密切关系。

(三) 气体

对黄瓜生长发育影响较大的空气成分主要是氧气和二氧化碳。黄瓜根系的呼吸强度大，对氧气的要求高。二氧化碳和水是黄瓜进行光合作用的基本原料。在黄瓜的生育过程中，如果二氧化碳不足，会减弱光合作用，影响枝叶的生长发育及其生理活动，进而导致根系发育不良，吸收机能减退，同时还会大大降低黄瓜品质，削弱植株的抗病能力。

一些有毒气体在空气中的含量较高时，也会危害黄瓜的生长发育，特别是在保护地栽培的小环境中。例如施用未腐熟的畜禽粪或饼肥等，会产生大量氨气，不及时排出就会造成危害；土壤中施用了过量的氮肥，也容易发生亚硝酸气体危害；温室加温时的煤炭燃烧易产生 SO_2，浓度高时首先危害叶片，严重时会导致整个植株死亡。

黄瓜对空气湿度的要求较高。一般在 70%～80% 的空气相对湿度中，植株生长良好。如果空气干燥，再加上强光照射，叶片易失水萎蔫，影响光合作用。反之，空气相对湿度过高，叶面易结水膜水滴，从而引起多种病害的发生，导致减产甚至绝收。

(四) 土壤、水分与营养

黄瓜根系喜湿不耐涝，喜肥不耐肥。适宜栽培在透气性良好、富含有机质的疏松肥沃的沙壤土中。土壤以中性至弱酸性为好，适宜酸碱度为 pH5.5～7.2。黄瓜不耐盐碱，但是不同的品种表现不同。对黄瓜种子萌芽期的耐盐性研究表明，供试 14 个黄瓜品种的耐盐性依次为中农 12 号＞津春 5 号＞神农春 5 号＞霓虹春 5 号＞津春 3 号＞津育 1 号、津优 4 号＞津优 3 号、神农春 4 号＞津春 2 号、霓虹春 4 号＞优秀杂交＞津优 1 号＞新秀 2 号。其中耐盐品种有中农 12 号和津春 5 号，新秀 2 号和津优 1 号为不耐盐品种，其他为耐盐性中等品种（王广印等，2004）。

生产 10 000kg 黄瓜，植株需要吸收氮 28kg、磷 9kg、钾 99kg、氧化钙 31kg、氧化镁

7kg。黄瓜不同生育时期，对养分的需求程度和比率都有差异。在苗期，植株的耐肥力弱，对养分的吸收缓慢，要少施肥。从开始收获到收获最盛时期，吸收量急剧增加，尤其对氮素的吸收量都较多，即使到结瓜末期氮素肥料仍然要保持一定的量，任何时候缺氮都会影响产量，一旦缺氮，即使再供给氮素，也不容易恢复。黄瓜全生育期不可缺磷，特别是在播种后 20～40d 间磷的效果格外显著，这一时期绝不能忽视磷肥的施用。而钾的吸收旺盛时期恰好与磷相反，是在生育后期，故施肥时应注意不要使黄瓜在后期缺钾。另外，氮和钾之间有拮抗作用，即氮施用量多时，钾含量降低，钾施用量多时，氮素含量有降低的趋势。植株生长后期，由于黄瓜果实的相继采收，各种成分的元素也相继运出体外，这个时期必须适时进行追肥，才能使植株继续旺盛地生长，这时追肥应以尿素为主。

黄瓜的叶面积大，蒸腾量大，但根系浅，吸水能力弱，因此黄瓜喜湿而不耐旱。它要求的土壤湿度为 85%～95%，空气湿度白天为 80%，夜间 90%。但是如果土壤湿度大，空气湿度虽在 50% 左右，也无大影响，因为它对空气干燥的抵抗力是随土壤湿度的提高而增强的。黄瓜的永久萎蔫点为土壤水分 9%，比其他蔬菜耐旱性差。一般在强光、高温、干燥季节的自然环境下，植株难以维持自身的水分平衡，需要适当灌溉。同时，黄瓜根系的呼吸作用旺盛，需氧量较高，如果浇水过多或雨后排水不力，造成田间积水，会减少土壤中的空气含量，影响根系活动，再加上光照不足，植株会出现叶片发黄，节间细长，植株长势较弱的现象。如果温度又很低，就易造成沤根或发病，甚至导致植株萎蔫死亡。不过，不同黄瓜品种对根际低氧逆境的耐性不同。淹水处理形成的根际低氧逆境对津春 2 号、粤秀 1 号等品种整株干重、根系干重、根系活力、叶绿素含量影响较大，各项测定指标低氧处理均极显著低于对照；而绿霸春 4 号、墨王子等品种在低氧逆境下，植株生长受到的抑制相对较小，对低氧逆境表现出一定的耐性（马月花等，2004）。

黄瓜在各个生长发育阶段的需水量也不相同。在种子催芽时需要充足的水分，幼苗期要求水分相对较少，以后随着植株的生长，需水量逐渐增加。在结果期所需水量最多，如果在这个时期供水不足，会导致畸形瓜增多，商品瓜的品质下降，产量和产值降低。另外保持适宜的土壤湿度，也会影响土壤中的溶液浓度，对促进有机质的分解和土壤微生物的活动，提高根系的发育和生理活性等有重要作用。

三、黄瓜的品质特征

黄瓜品质特征包括多方面的内容，主要有：

(一) 感官品质

包括外观品质和内部品质。其中外观品质包括形状、颜色、大小、缺陷等。内部品质包括质地和风味，其中质地又包括硬度、坚韧度、紧密度及苦味等。风味一般指黄瓜特有的气味和滋味。对黄瓜风味的研究主要从芳香物质、呈味物质和质地方面进行。黄瓜芳香物质种类繁多，大部分为挥发性物质，作用复杂。黄瓜呈味物质包括可溶性糖、酸、维生素，苦味素等。质地主要与解剖结构、纤维素、果胶和含水量等有关。

刘春香（2003）对质地品质差异较大的 4 个品种果实的解剖结构，纤维素、果胶含量等的测定分析发现，黄瓜质地品质与解剖结构、纤维素和果胶含量等关系密切。果皮细胞厚度对质地品质影响较大，果皮厚，皮层细胞排列紧密则果实不脆；导管粗，细胞形状不规则不利于脆性提高。纤维素含量高，果实不脆；果胶含量高，果实较脆，果胶性质对脆性也有影响。

从 20 世纪 60 年代起，人们从黄瓜果实中分离鉴定出 30 多种芳香物质。在众多的风味物质中，含量较高的物质有：反，顺-2，6-壬二烯醛和反，顺-2，6-壬二烯醇；反-2-己烯醛，己醛，丙醛，乙醛，顺-6-壬烯醛等。其他许多物质含量极低。其中，顺-2，6-壬二烯醛被公认为是黄瓜的特征香气物质，对黄瓜风味有重要影响。其他的物质只起到辅助和调和作用。C_6 醛类多具有青草香气和绿色植物的气息，许多 3-顺结构的烯醛是 2-反结构的中间产物，含量一般都小于 2-反结构的烯醛。然而，顺式结构物质能增加清爽的气息，自然界中的大多数顺式结构的挥发物质都有令人愉快的气味。反-2-壬烯醛则具有令人不愉快的牛脂味，而反-2，6-壬二烯醛也有牛脂样的气味。反-2-己烯醛则有灰尘一样令人不愉快的气味（Fross 1962），同时还具有苹果味和绿色气息。Fross 认为黄瓜中不存在顺-2-壬烯醛，而 Schieberle（1990）却报道测得了顺-2-壬烯醛，且有脂肪味。刘春香（2003）研究认为特征芳香物质反，顺-2，6-壬二烯醛与感官检验值密切相关，并分别与香气、甜度、综合口味、感官总分等呈显著正相关关系；反式石竹烯与香气、甜度、综合口味等相关系数显著，而反-2-壬烯醛则与感官检验值无明显相关性；己醛与多项感官检验项目的得分都呈显著负相关，该物质对风味不利；反-2-己烯醛只与涩味得分呈负相关。可溶性糖与感官检验的甜度和综合口味分别呈显著正相关，而与有机酸、干物质等相关性不显著。

（二）营养品质

黄瓜的营养成分主要是可溶性固形物（糖）及维生素，另外就是矿物质。何晓明等（2002）对 3 种类型、4 个品种黄瓜的蛋白质、总糖、脂肪、维生素 B_2、维生素 C 及 Fe、Zn、Ca、Se、P 等矿物质含量进行了测定，结果表明，黄瓜中蛋白质、总糖、脂肪等营养成分的品种间变异较小，而维生素及矿物质含量的品种间变异较大；绿珍 1 号维生素 B_2 含量达 0.05mg/100g，粤秀 1 号维生素 C 含量达 14.60mg/100g，津春 4 号与绿珍 1 号则含有较高的 Se 元素。

（三）有毒物质的含量

黄瓜的主要有毒物质是硝酸盐、农药残留及汞、镉、砷、铅等重金属的含量。

（四）贮藏品质

黄瓜果实的含水量最高可达 98％以上，果实皮层薄，表面具刺瘤，很易受伤和失水萎蔫，因而易感染病菌腐烂。另外，若栽培措施不当，果实易出现中部和头部变大、瓜把部变糠，瓜皮褪绿变黄等现象，从而影响黄瓜的货架品质。吴肇志等（1993）研究了黄瓜不同品种和不同成熟度以及生理生化特性对黄瓜贮藏品质的影响。试验结果表明，黄瓜不同品种的耐贮藏性有显著差异，耐贮藏品种贮藏 30d 的商品率仍在 81％以上，不耐品种则在 44％以下。不同成熟度的耐贮藏性差异也很大，以开花后 11d 左右采收的瓜（适收期）贮藏效果较好。黄瓜的耐贮藏性与瓜皮上的刺瘤和瓜的抗病性、耐寒性显著相关，大多数刺瘤大且密的品种不耐贮藏，少瘤少刺和无瘤无刺的品种耐贮藏性好。

第六节　中国的黄瓜种质资源

一、中国黄瓜种质资源的来源

中国从 20 世纪 70 年代末期开始蔬菜种质资源的收集保存工作，到 2007 年，已收集入库的黄瓜种质资源 1 521 份（表 15 - 2），主要是国内的地方品种，占种质资源收集总量的 96.2％，对野生种和野生近缘植物的收集较少，对国外种质资源的引进亦很不够。

表 15 - 2　中国黄瓜种质资源的来源

来源地	北京	天津	河北	山西	内蒙古	辽宁	吉林	黑龙江	上海	江苏	浙江
份数	80	47	111	70	24	105	110	34	9	54	14
％	5.2	3.1	7.3	4.6	1.6	6.9	7.2	2.2	0.6	3.6	0.9

来源地	安徽	福建	江西	山东	河南	湖北	湖南	广东	广西	四川	贵州
份数	21	21	20	209	70	42	47	39	13	81	34
％	1.4	1.4	1.3	13.7	4.6	2.8	3.1	2.6	0.9	5.3	2.2

来源地	云南	陕西	甘肃	青海	宁夏	新疆	台湾	重庆	国外
份数	33	9	29	5	57	49	5	21	58
％	2.2	0.6	1.9	0.3	3.7	3.2	0.3	1.4	3.8

注：根据国家蔬菜种质资源中期库提供的数据整理（2007 年 3 月）。

二、黄瓜种质的抗病性鉴定与抗病种质的筛选

1986—1990 年，中国农业科学院蔬菜花卉研究所组织对 1 000 多份黄瓜种质的 4 种病害的抗病性进行了苗期人工接种鉴定，其抗病性分布见表 15 - 3。1 014 份种质对枯萎病（*Fusarium oxysporum* f. sp. *cucumerinum*）的相对抗性指数分布在 −10.76～+10.85 之间，抗病种质约占 27％。1 021 份种质对霜霉病（*Pseudoperonospora cubensis*）抗性的相对抗性指数分布在 −11.04～6.98 之间，抗病种质约占 14％。1 021 份种质对疫病（*Phytophthora meloni*）抗性表现的相对抗性指数分布在 −5.48～12.63 之间，抗病种质约占 17％。1 021 份种质对白粉病（*Sphaerotheca fuliginea*，*Erysiphe cichoracearum*）抗性表现的相对抗性指数分布在 −3.25～7.54 之间，抗病种质占 9.6％。"十五"期间，分别对黄瓜黑星病（*Cladosporium cucumerinum*）和菌核病［*Sclerotinia sclerotiorum*（Lib.）Debary］进行了鉴定，初步明确了部分种质的抗性分布。

表 15-3 黄瓜种质对几种病害的抗性分布

病害种类	鉴定指标分级	抗病级别	种质份数	占鉴定总份数的百分数（%）
枯萎病	RRI<0	高感	261	25.74
	0≤RRI<1.0	感	340	33.53
	1.0≤RRI<1.5	耐病	137	13.51
	1.5≤RRI<3.0	抗病	189	18.64
	RRI≥3.0	高抗	87	8.58
霜霉病	<0	高感	287	28.11
	0≤RRI<1.0	感	445	43.58
	1.0≤RRI<1.5	耐病	143	14.01
	1.5≤RRI<3.0	抗	119	11.66
	RRI≥3.0	高抗	27	2.64
白粉病	<0	高感	316	30.95
	0≤RRI<1.0	感	563	55.14
	1.0≤RRI<1.5	耐病	44	4.31
	1.5≤RRI<3.0	抗	40	3.92
	RRI≥3.0	高抗	58	5.68
疫 病	<0	高感	139	13.61
	0≤RRI<1.5	感	516	50.54
	1.5≤RRI<3.0	耐病	192	18.81
	3.0≤RRI<5.0	抗	104	10.19
	RRI≥5.0	高抗	70	6.86
黑星病	DI>75	高感	23	57.50
	55<DI≤75	感	10	25.00
	35<DI≤55	耐病	4	10.00
	15<DI≤35	抗	3	7.50
菌核病	平均病斑面积<20mm²	抗病	21	18.75
	平均病斑面积≥200mm²	感病	30	26.79
	50mm²≤平均病斑面积<200mm²	中抗	75	66.96
	平均病斑面积<50mm²	抗病	7	6.25

注：根据国家蔬菜种质资源中期库提供的数据整理（2007 年 7 月）。

朱建兰等（1998）通过苗期植株喷雾接种和离体子叶点滴法接种，对 28 个黄瓜品种进行了抗黑星病鉴定。从中筛选出的高抗品种有中农 9 号、津春 3 号，中抗品种有中农 11 号、中农 5 号、新泰密刺等，耐病品种有甘丰 3 号、828、津杂 3 号、山东密刺等。李淑菊等（2003）对国内外 280 份黄瓜材料进行人工接种抗病性鉴定，结果表明，黄瓜对黑星病的抗性在症状上主要有两种表现形式：抗病和感病。根据抗性表现将黄瓜材料分为高抗、高感、中抗和中感 4 种类型。鉴定发现国内大部分资源材料表现为高度感病，少数材料表现为中度感病，没有发现高抗或免疫的品种。中度抗病的品种的病斑表现为感病型病斑，但病斑扩展较慢，病程较长，为耐病型反应。国外引进的材料或表现为高抗或免疫，或表现为感病，未发现中间类型。

黄瓜主要抗病种质资源介绍见表 15-4。

表 15-4　黄瓜主要抗病种质资源

种质名称	抗病特性
青岛秋三叶	抗疫病、枯萎病和霜霉病
青皮大权，八权	抗疫病、霜霉病和白粉病
寿县早黄瓜，白黄瓜，大青皮秋瓜，西黄瓜，蓟县白瓜，小八权	抗枯萎病和霜霉病
榆树大刺，何早，黑刺，七寸子	抗疫病和枯萎病
黄皮三盏，九江黄瓜，友好刺瓜，蓬莱叶儿三，老来少，金乡春黄瓜，诸城一窝蜂，四平秋瓜，长春叶三，水桶黄瓜，早熟八权，桦甸叶三，北京小刺，秋黄瓜，北京截头瓜，莱阳黄瓜，莱阳八大权	抗疫病和霜霉病
爬地黄瓜	抗霜霉病和白粉病
青黄瓜，刺地黄瓜，椰梨早，旱黄瓜，八权早黄瓜	抗菌核病
四川白丝条，黑油条，山东刺瓜（宁 1），EF1613（高抗），G5224	抗黑星病
C. sativus var. *hardwickii* 株系 LJ 90430	抗根结线虫（*Meloidogyne Javanica*）
Wisconsin 2757	抗镰刀菌枯萎病小种 1 和小种 2
NC42，NC44，NC45，NC46	抗 *M. Javanica*，*M. arenaria* race 1 和 race 2
NC43	抗 *M. arenaria* race 2
TMG² （美国引自中国）	抗小西葫芦黄斑病毒（ZYFV）、小西葫芦黄化花叶病毒（ZYMV）、西瓜花叶病毒（WMV）、番木瓜环斑病毒西瓜小种（PRSV-W）、摩洛哥西瓜花叶病毒（MWMV）

三、黄瓜优异和特异种质资源

（一）耐低温弱光种质

秋冬温室、大棚内温度较低，空气湿度大，光线不足，因此要选择耐低温弱光性能好，生长速度快而前期产量高、生育期较长的品种。现将具有相关特性的典型黄瓜种质介绍如下。

1. 北京小刺　植株生长势中等，根系耐低温，对弱光反应不敏感，叶片较小，适合密植。早熟，主蔓于 3～4 节开始着瓜，以后每隔 1～3 节结 1～2 条瓜，有少数植株每节都有瓜，瓜条在低温下生长快。管理得当，回头瓜多。瓜淡绿色，瓜长 25～33cm，瓜把较短，瓜刺瘤较少，白刺，皮薄、肉厚、瓜腔小。

2. 长春密刺（小八权）　在保护地中植株生长势很强，分枝性中等。主蔓结瓜，节成性强，易结回头瓜。第一雌花着生于主蔓 3～5 节，瓜形长棒状，瓜条直，商品瓜纵径35～40cm，横径 3.5cm。瓜绿色，瓜把较细，瓜肉较厚，白绿色。瓜表有浅棱，瓜瘤大而密，瓜刺白色，刺多，蜡粉少，单瓜重约250g。熟性早，适宜保护地春冬季栽培，由于苗龄较长，一般 50～60d，从定植到采收需 20d 左右。植株耐低温、高温性均强。

3. 津优 31 号　植株生长势强。早熟、丰产，耐低温、弱光性强。瓜条顺直、瓜把短，皮色深绿，有光泽，刺密、瘤中等，品质佳，纵径 33cm，单瓜重 180g 左右。产量120 000kg/hm² 左右，适宜日光温室越冬茬及早春茬栽培。

4. 新34号 植株生长势强,叶深绿色。以主蔓结果为主,早熟性好,第一雌花着生在第4~5节,雌花节率40%左右。瓜条棒状,长28cm左右,单瓜重150g左右。瓜把短,瓜深绿色,密生白刺,瘤显著,果肉淡绿色,品质优,商品性好。在日光温室越冬栽培,耐低温、耐弱光能力强,采用黑籽南瓜嫁接,采收期可达180d,产量可达120 000kg/hm² 以上。

(二) 耐热种质

1. 中农118号 以耐热、优质、抗病自交系02343和273为亲本配制而成的一代杂种。腰瓜长35cm左右,瓜把长约3.5cm,瓜色深绿、有光泽,无黄色条纹,单瓜重约300g。高抗 ZYMV、WMV,抗霜霉病、白粉病、角斑病,中抗枯萎病、CMV。耐热,丰产,产量75 000kg/hm² 以上。适于春、夏、秋露地栽培。

2. 津优4号 为耐热型黄瓜杂交种,夏季在34~36℃高温下可正常发育。对枯萎病、霜霉病、白粉病的抗性强,适合华北地区春秋露地和越夏栽培。植株生长势强,春露地栽培产量可达75 000kg/hm²。瓜条棒状,长30cm左右,单瓜重150g左右。商品性好,瓜色深绿,有光泽;瘤显著,密生白刺;果肉浅绿色,质脆,味甜,品质优。

(三) 优质种质

Simon 等(1997)利用西双版纳黄瓜创新出高胡萝卜素新种质。其中,新种质 Early Orange Mass 400 和 Early Orange Mass 402 的胡萝卜素含量高达 2.5mg/100g;新种质 Late Orange Mass 404 的胡萝卜素含量为 1.5mg/100g。

四、黄瓜特殊种质资源

(一) 黄瓜野生变种

西双版纳黄瓜(*Cucumis sativus* L. var. *xishuangbannaensis* Qi et Yuan) 分布于中国云南省西双版纳热带雨林区,适宜在高温高湿环境下生长,生长期长达200d多。瓜大,单瓜重可达5kg,瓜形有方圆、长圆和短圆柱形,老熟后果肉和胎座变为橘红色,单瓜种子数可达1 000多粒。

(二) 单性结实种质

1. 以色列冬冠黄瓜 是山东省新泰市泰兴种苗有限公司与山东农业大学合作从以色列海泽拉种子有限公司引进的新品种。该品种的突出特点是高产,植株生长势强,无限生长型,以主蔓结瓜为主,主茎第3~4节开始坐瓜,单性结实好。

2. 山农1号 植株从第2节起节节有瓜,且整株雄花很少,几乎不能授粉授精,因而形成无籽黄瓜。单株结瓜重最高可达900g,最大瓜长48cm,瓜条顺直翠绿、无黄条、瘤刺中等;果肉厚,幼果脆嫩,风味清香。早春温室从播种到收获约需47d,根瓜着生在第2节或第3节,前期产量达85 500kg/hm²。植株生长势强,播种后50d植株的株高、节数、茎粗、叶面积分别比长春密刺高40%、20%、15%、40%。耐低温、耐弱光。

（三）全雌性和强雌性种质

20 世纪 70 年代中后期，中国农业科学院蔬菜花卉研究所首先在国内育成了黄瓜雌性系 7925、371，并用以配制出中农号黄瓜系列品种。广东省农业科学院经济作物研究所育成雌性系奥早 75、82 并用以育成夏青 2 号、夏青 4 号、早青 2 号等雌型杂种。至 80 年代，黑龙江省农业科学院园艺研究所，山东省农业科学院蔬菜研究所等单位也相继育成具有特色的雌性系和一批优良一代杂种在生产上推广应用。

1. 7925G 中国农业科学院蔬菜花卉研究所以日本雌型 F_1 与中国地方品种铁皮青进行杂交，经过 4 代回交和 4 代自交，于 1979 年育成。该株系中晚熟，植株生长势强。叶绿色，叶片大而厚，第一雌花节位于主蔓第 5～8 节，分枝性强。抗霜霉病和白粉病，耐高温，抗寒性强，对温度和光照反应不敏感，雌株率 100%，雌性稳定。果长 30cm，棒形，深绿，品质中等。

2. 371G 中国农业科学院蔬菜花卉研究所以日本雌型 F_1 与铁皮青杂交，将回交一代又与北京地方品种北京刺瓜杂交，回交一代后，自交纯化 4 代育成。植株早熟，生长势强。叶绿色，叶片中等大小，节间长，生长速度快，第一雌花始于 2～5 节。分枝弱，较耐低温，对温度和光照反应较为敏感，在温差小、弱光下易出现少量雄花。

3. 82 大雌性系 由广东省农业科学院经济作物研究所育成。该所继育成奥早 75、82 雌性系后，以奥早 82 雌性系作母本，大悟大吊瓜作回交亲本，进行杂交并回交一次，经过 7 代抗病性筛选育成。为优质、早熟、多抗雌性系。经人工苗期鉴定抗枯萎病、疫病、霜霉病、炭疽病、细菌性角斑病，中抗白粉病。第一雌花着生于 4～5 节，以后每节都有雌花。瓜短圆筒状，绿色，白刺，刺瘤不明显，较早熟。

4. G5224 中国农业科学院蔬菜花卉研究所育成。植株生长势强，全雌性，每节着生 1～2 朵雌花。瓜条长 28～30cm，横径 3.5cm，瓜条膨大快，结成率高；瓜条绿色，仅有稀疏白刺，瘤不明显，表面有光泽，商品性好。抗角斑病、枯萎病、黑星病、白粉病，耐霜霉病和灰霉病，耐低温，在 10℃和 3 000lx 的温光条件下幼苗成活率 92.2%，高于对照新泰密刺 16.4%。

5. 106BE 由中国农业科学院蔬菜花卉研究所创新的强雌黄瓜优异种质。强雌性，基部 1～3 节着生雄花，以上节节着生雌花。瓜条长 28～30cm，横径 3.5cm，膨大快，结成率高；瓜条绿色，仅有稀疏白刺，瘤不明显，表面有光泽，商品性好。抗角斑病、枯萎病、黑星病、白粉病，耐霜霉病和灰霉病，耐低温，在 10℃和 3 000lx 的温光条件下幼苗成活率 92.2%，高于对照新泰密刺 16.4%。

（四）复雌花种质

EF1613 由中国农业科学院蔬菜花卉研究所创新的复雌型黄瓜优异种质。植株生长势中等，通常 1～3 节位着生雌花，以后每隔 3～5 节着生一节雄花，单节雌花数 3～6 朵。瓜条长 26～28cm，横径 3.5cm，瓜条表面生白刺，刺瘤较密，稍显瓜棱。高抗黑星病，抗角斑病、枯萎病、白粉病，中抗根结线虫，耐霜霉病。

（五）两性花种质

两性花黄瓜新品系　为了配合雌性系的利用，中国农业科学院蔬菜花卉研究所育成了两性花系 7044。此后，尹彦等（1995）利用育成的铁青皮雌性系与雄花两性花系杂交和多次回交，育成了长果型的两性花黄瓜新品系（图 15-8），其瓜条长 20cm 左右。它可以用作全雌性黄瓜的保持系而用于雌性黄瓜的制种。

图 15-8　黄瓜两性花

（六）矮秧黄瓜

1. 斯玛矮黄瓜　苗期短，生长快，13～14 节停止生长。茎粗，节间短，无分枝，平均节间长 4.4cm，平均蔓长 56cm。叶片掌状五角形，浅裂，深绿色，叶长 20.8cm，叶宽 16.6cm，叶缘多皱褶，呈花边状。基部 1～3 节出现雄花，2～3 节发生雌花，中间生雄花，8～9 节以后每节都是雌花，全株雌花率达到 64%。具有单性结实习性。瓜条长圆筒形，皮深绿色，瘤小而稀，刺白色，老瓜无网纹。瓜条长 18.3cm，横径 4.6cm，单瓜重 256g（图 15-9）。

2. 矮生 1 号　邬树桐等（1995）于 1983 年在津研 1 号黄瓜高代自交系中发现自然突变的矮生型单株，经过多代自交，育成矮生 1 号。其植株自封顶，株高 30～80cm，茎蔓 10～15 节，节间长 6～10cm，无侧枝，第一雌花节位于主蔓 23 节上，雌性或强雌性，对温度和光照反应不敏感。果实棒形，长 20cm 左右，果皮青绿色，刺瘤较多，棱沟较明显，单瓜重 100g 以上。

图 15-9　矮秧黄瓜

（七）花粉不育突变体

花粉不育突变体 美国研究者获得了由单隐性基因控制的花粉不育突变体。该基因与雄性不育性（ms‑2）具有等位性，但是与无花瓣基因（ap）不具有等位性。但是该材料不能获得保持系，而且激素也改变不了其性型，故该材料实用价值不大。

第七节 黄瓜种质资源的研究与创新利用

一、黄瓜主要性状遗传基础的研究

（一）主要园艺性状

陈远良等（2000）在中农5号中发现了1株黄绿色叶片植株，遗传分析结果表明，正交和反交的F_1代植株叶色均为绿色，F_2代绿叶与黄绿叶植株的比例接近3∶1；F_1代与黄绿叶植株亲本测交后，绿叶与黄绿叶植株的比例接近1∶1。黄瓜蜡粉性状的遗传由一对主基因控制，有蜡粉表现显性或部分显性，并存在修饰基因（韩旭，1997）。孙小镭（1990）的研究表明，黄瓜株高是受核基因控制的，因为F_2代在株高分离方面没有明显的比例关系，而是在亲本范围内呈连续性变化；自封顶和非自封顶株数存在数量上的比例关系，因此认为黄瓜株高除受质量性状基因 dede（单基因体系）控制外，同时还受数量性状基因（多基因体系）控制。黄瓜株高和茎蔓节数的遗传均符合加性—显性—上位性模式，显性效应的方向是使杂交后代株高趋向较矮小的亲本。

刘进生（1995）为探索黄瓜野生变种与普通栽培种的杂交一代在分枝数、产量、早熟性等主要性状方面的遗传相关趋势，选用了13个黄瓜野生变种和2个栽培种为亲本进行试验，采用不完全。CDⅡ遗传设计，4次重复。结果表明，WI2870×hardwickii 和 WI2870×sikkimensis 分别是F_1代小区平均结果数最多和产量最高的杂交组合，它们的分枝数亦为最多。从遗传参数看，分枝数与始花日数、结果数、产量之间的遗传相关估计值都较高，分别为 r=0.774 1、0.729 9、0.858 0。分枝数与早熟性的遗传相关为极显著负相关，r=−0.754 2。遗传力估计值以产量性状为最低（60.5%），分枝数性状为最高（86.1%）。

黄瓜的花性主要由两个独立分离显性基因控制，对雌雄株为隐性的雌性基因控制，且该隐性基因与决定雌性化程度显性基因紧密连锁，该隐性基因控制的雌性株系属于强雌性系，与显性基因控制的雌性株系不同，植株全部开雌花（陈惠明，1999）。

陈学好等（1995）研究了雌花数、单性结实果数、平均单性结实果重和单性结实产量等4种性状的遗传相关和通径系数。结果表明：雌花数与单性结实果数、单性结实产量之间以及单性结实产量与单性结实果数、平均单果重之间均呈极显著正相关，遗传相关系数分别为0.838、0.680、0.925和0.612。而雌花数、单性结实果数与平均单性结实果重之间的相关未达显著水平。因此，黄瓜单性结实性能可以通过选择其雌性表现而进行间接选择。

曹碚生等（1994）的研究表明，雌花数和单性结果果数的遗传力较高，分别为98.47%、88.89%；而开花期与第 1 雌花数节位的遗传力较低，分别为 56.62%、31.03%。遗传变异系数以单性结果果重和雌花数较高，分别为 37.51%、37.38%，而第一雌花节位和开花期较低，分别为 11.57%、6.23%，表明对雌花数这一性状进行早世代单株选择会有较好的效果。而对第一雌花节位和开花期 2 个性状进行选择须在高世代进行单株选择才会有较好效果。黄瓜雌花数、单性结实果数和单性结实产量 3 个主要性状的基因效应均符合加性—显性模型，且均以加性效应为主，加性方差（即狭义遗传力）分别占总方差的 24.80%、34.75% 和 34.31%；显性方差均相对较小，显性势均为正向部分显性；控制这 3 个性状的最少基因对数分别为 3、3 和 4 对；选育黄瓜单性结实新品种宜采用杂交育种法，3 个性状适宜的选择世代分别在 F_2、F_3 和 F_4 代（曹碚生等，1997）。

（二）抗病虫性

关于黄瓜霜霉病的基因控制，多数研究认为是由多基因控制，Van Vliet 等（1974）则认为是由单基因控制。吕淑珍等（1995）研究结果表明黄瓜霜霉病的抗性至少受 3 对基因控制，其广义遗传力为 62.33%，狭义遗传力为 47.74%。而感病特性是由部分显性基因控制的。

对白粉病抗性的基因控制，前人亦有研究。Smith（1948）认为白粉病的抗性是由隐性多基因控制的。Warid 认为其抗性受两对重复基因控制。藤枝国光认为其抗性是由一对隐性基因控制的。吕淑珍等（1995）研究表明黄瓜白粉病的抗性至少受 3 对基因控制，其广义遗传力为 79.17%，狭义遗传力为 53.71%。感病特性也是由部分显性基因控制的。

黄瓜对枯萎病的抗性遗传比较复杂，刘殿林（2003）利用 10 份黄瓜自交系配制 9 份杂交一代，通过抗枯萎病苗期接种鉴定，探讨了黄瓜枯萎病抗性的遗传规律及表现形式。结果表明，黄瓜枯萎病抗性为数量性状遗传，抗性为显性基因控制，抗病与感病亲本的杂交一代的抗病性介于双亲抗病性均值与强抗病性亲本之间，抗病性表现出中亲优势与超亲优势。利光等人判断这种抗性是受 3 对同义基因控制的。

D. Netzer（1977）等人认为抗性是由单显性基因控制的。侯安福等（1995）的研究结果表明黄瓜枯萎病抗性是由显性基因控制的，F_1 抗性表现完全或部分显性。抗病和感病亲本杂交后代 F_2 抗性较 F_1 明显增加，F_1 代抗性受到部分抑制，基因效应分析表明抗性由 4 对基因控制，且受到细胞质因子的一定影响。其抗性的广义遗传力和狭义遗传力分别为 76.0% 和 96.1%。

黄瓜疫病抗性遗传效应的组成中以加性效应为主，也存在部分显性和上位性效应；控制抗性的最少基因数目为 3 对；抗性的狭义遗传力为 78%（林明宝，2000）。

Kabelka E. 和 Grumet R.（1997）以中国引进的黄瓜种质 Taichung Mou Gua（TMG）为材料研究表明其对摩洛哥西瓜花叶病毒（Moroccan watermelon mosaic virus，MWMV）的抗性是由一对隐性基因控制的，该基因与抗小西葫芦黄化花叶病毒（Zucchini yellow fleck virus，ZYMV）的基因相同或紧密连锁。

Walters 等（1997）的研究表明，来自黄瓜变种 *C. sativus* var. *hardwickii* 的株系

L 90430对根结线虫（*Meloidogyne javanica*）的抗性是由一对隐性基因控制的。

（三）抗逆性

纪颖彪等（1997）研究表明，黄瓜低温发芽能力的广义遗传力为87%，狭义遗传力为31%，说明该性状主要由非加性效应决定。顾兴芳等（2002）认为低温下黄瓜相对发芽势、相对发芽指数和相对胚根长度的遗传符合加性—显性模型，以显性效应为主，各性状的广义遗传力分别为98.1%、96.9%和98.6%，狭义遗传力分别为24.0%、28.6%和37.9%，控制各性状的显性基因可能为寡基因或寡基因组；而低温下相对发芽率的遗传不符合加性—显性模型，控制该性状显性基因的组数可能有两个，并存在上位作用。Cai等（1995）认为黄瓜幼苗时期耐冷性的广义遗传力为93.61%，狭义遗传力为70.33%，主要由加性基因控制。由此可见黄瓜低温发芽能力和幼苗的耐冷性可能是由不同的基因控制的，要准确鉴定黄瓜的耐冷性需要从两个方面综合进行。

（四）品质性状

赵殿国等（1991）研究认为黄瓜果长遗传相对稳定，以加性效应为主，显性效应较低。顾兴芳等（1994）发现黄瓜瓜把遗传以加性效应为主，加性方差占总遗传方差的97.9%，受环境条件的影响较小。曹辰兴等（2001）对黄瓜茎叶无毛性状与果实瘤刺性状的遗传关系做了研究，发现黄瓜茎叶表面皮毛性状由一对核基因控制，有毛为显性（Gl），无毛为隐性（gl）。皮毛基因参与果实表面性状的表达，与果瘤基因（Tu、tu）共同作用，使果实表面出现有瘤有刺、无瘤有刺、无瘤无刺三种类型，符合9：3：4比例。无毛基因对果瘤基因存在隐性上位作用。瓜条粗度和心室大小的特殊配合力在组合间表现出较大差异，瓜把长和平均单果重的狭义遗传力较低，而瓜条长度、瓜粗和心室直径的遗传力较高，选择较有效，也较易稳定（马德华等，1994）。杨显臣（1996）研究表明，果柄狭义遗传力为42.11%±21.76%，遗传比重占20.25%；果粗狭义遗传力为35.38%±22.88%，遗传比重占15.88%；果长狭义遗传力为44.34%±21.81%，遗传比重占14.19%。

黄瓜可溶性总蛋白质的含量与果肉厚度的遗传相关呈显著正相关。而果实干重与果实长度、果实厚度的遗传相关呈显著或极显著正相关，与果实直径的遗传相关也呈正相关。可溶性糖含量和可溶性总蛋白质含量之间存在着显著的负相关。黄瓜果实可溶性总糖含量、果实长度和果肉厚度的遗传力较高，对其进行早世代单株选择有较好的效果，遗传变异系数以可溶性总糖含量和果实鲜重较高，选择潜力较大（徐强等，2001；何晓明等，2001）。李伶俐（2004）对加工类黄瓜部分品质性状遗传规律的研究则表明，可溶性总蛋白质和可溶性糖含量、果实鲜重、长径比、果实干重的广义遗传力较高，狭义遗传力较低，在早期世代对这些性状进行选择效果不大。果肉厚度的狭义遗传力较高，可通过单株选择在早期世代进行选择固定。果肉厚度和果实干、鲜重的相对遗传进度较高，通过较少次的选择可得到有效的提高。可溶性总蛋白含量的狭义遗传力较低，对该性状的选择只能在高世代进行。肉径比的狭义遗传力较高，选择可在早期世代进行。根据果实长度对果实干、鲜重，根据果实直径对可溶性总糖含量的间接选择效果较好。根据果实直径对果肉厚度及果实干、鲜重也具有较好的间接选择效果，但会降低可溶性总蛋白质的含量。根据果肉厚度和肉径比对可溶性总蛋白质含量及干、鲜重的间接选择效果较好，但会引起可溶性总糖含量的降低。

荷兰育种家 Andeweg 等（1959）从美国改良长绿品种中筛选出植株完全无苦味的黄瓜品系，并报道其由 1 对隐性基因 bibi 控制（Lawrence 等，1990）。只要营养器官不苦，果实在任何条件下都不苦。到目前为止，国外报道的控制黄瓜营养器官苦味的基因除 Bi、bi 外，还有 Bi-2 和 bi-2（Barham 等，1953）；控制果实苦味基因有 Bt、bt（Wehner 等，1998）和 Bt-2 和 bt-2（Walters 等，2001）。顾兴芳等（2004）则以 3 种不同苦味类型（营养器官与果实均苦 BiBiBtBt，仅营养器官苦 BiBibtbt 及营养器官与果实均不苦 bibibtbt）的纯合黄瓜自交系为试材，通过对其后代 F_1、F_2、BC_1 表现型分离比例的分析得出结论：控制黄瓜植株营养器官苦与不苦的基因 Bi 和 bi 在后代表现为独立遗传，不受控制果实苦味基因 Bt 的影响，纯合基因型 bibi 对 Bt 存在隐性上位作用；当为杂合状态 Bibi 时，即使控制果实苦味的基因 Bt 不存在，果实也会出现苦味，但苦的程度较含 Bt 基因的轻，出现苦味瓜的比例也低。

刘春香（2006）通过 Griffing4 模型，对 7 个黄瓜亲本的可溶性糖、反，顺-2，6-壬二烯醛和反，顺-2，6-壬二烯醛/反-2-壬烯醛的比值的遗传参数分析，发现 3 个性状的狭义遗传力都不高，前两个性状广义遗传力较高；而反，顺-2，6-壬二烯醛/反-2-壬烯醛比值的广义遗传力为 64%，但狭义遗传力为 40%，基因的非加性作用影响小，环境因素影响较大。品种选育过程中，应尽可能排除环境条件对风味的影响。7 个品种在 3 个性状上的一般配合力差异较大，在亲本选育的早期，选择反，顺-2，6-壬二烯醛/反-2-壬烯醛比值一般配合力高的亲本，有利于基因型值的提高，从而提高亲本风味品质；在杂交配组时，应重点考虑可溶性糖和反，顺-2，6-壬二烯醛含量特殊配合力高的组合。

二、黄瓜细胞遗传学和分子生物学的研究

（一）黄瓜的细胞遗传学研究

戚春章等（1983）通过对西双版纳黄瓜的染色体数、与普通黄瓜杂交的可育性、一代杂种的表现和过氧化物酶酯酶同功酶的观察和鉴定，证明了西双版纳黄瓜是黄瓜的一个变种。

利容千（1989）的研究表明，西双版纳黄瓜的染色体数目与黄瓜相同，但染色体的绝对长度小于黄瓜，染色体长度比、核型类别与黄瓜有较大差异，而且未显示出 Giemsa 带。

Ramachandrau 等（1985）在分析黄瓜野生种和栽培种有丝分裂时期染色体 C-带时，发现其基因组上异染色质较为丰富。同时，野生种的异染色质远远高于栽培种，他们认为这种在栽培种中异染色质的减少与驯化有关。

Hoshi 等（1998）对二倍体和四倍体黄瓜染色体的分析发现，其体细胞染色体数分别为 2n=14 和 28。单倍体染色体由 5 条等臂染色体和 2 条亚中间着丝粒染色体组成。所有染色体均有清晰可见的 C 带。单倍体具有 C 带染色体的长度占染色体总长度的 44.9%。

染色体1、2、4、5和7具有稳定的C带。3条粗大的C带位于染色体1和2的最接近区域。染色体1上的C带长度占短臂长度的68.4%。染色体2上的C带位于着丝粒附近，占该染色体全长的57.6%，在早中期有伸长的主缢痕。在前中期，染色体2的长臂和短臂完全分离。在中期细胞中，不能观察次缢痕的数量。但是，在单倍体植株中，6条染色体似乎有次缢痕。在2条大染色体的主缢痕处可以观察到两条银染带。

陈劲枫等（2003）认为野黄瓜 *Cucumis hystrix*（2n＝24）是在亚洲发现的第一个染色体基数为12的黄瓜属物种。这一发现对现行的以染色体基数和地理分布为基础的黄瓜属分类系统提出了质疑。

曹清河等（2004）以南方型和北方型两个生态型黄瓜为材料，用改良的染色和制片方法，较为系统地研究了黄瓜花粉母细胞（PMC）减数分裂及其雄配子体的发育过程。结果表明：黄瓜减数分裂属于同时型胞质分裂，双线期染色体具有明显的交叉节并呈现出较易识别的棒状或环状形态，在末期Ⅰ和末期Ⅱ有多核仁和核仁融合现象；在四分体时期的小孢子成十字交叉形（decussate type），而非四边形（isobilateral type）；雄配子体发育过程中观察到两核居中期的特殊现象，在核居中期小孢子只有一层壁，而在核靠边期小孢子出现了两层壁；黄瓜的成熟花粉粒属于两核花粉粒。

（二）黄瓜分子水平的遗传多样性与分类研究

20世纪90年代中期前，关于黄瓜的分子遗传多样性分析主要以同工酶标记为主。但标记数量只有18个，且多态性很低，不能区分黄瓜各栽培品种。其后RFLP、AFLP、SSR等DNA标记技术陆续在黄瓜上开始应用。

Esquinas‐Alcazar（1977）、Staub等（1985c）都曾分别利用同工酶研究黄瓜的亲缘关系。尽管黄瓜同功酶的遗传变异较小，但Knerr等（1989）用代表74个生化位点的40种酶对美国收集保存的757份来源于45个国家的黄瓜种质的遗传多样性进行了评价，在18个位点观察到了多态性。Meglic等（1996a，1996b），Staub等（1997，1999）先后对美国国家种质库保存的黄瓜资源和后来从印度和中国收集或引入的资源进行了21个同功酶位点的多态性的比较分析，在明确不同来源黄瓜种质资源的特点和关系的同时，认为印度和中国的黄瓜种质互不相同，而且也不同于其他来源的黄瓜种质，中国和印度的黄瓜种质资源代表了美国黄瓜收集品中最多样的遗传变异。

Dijkhuizen等（1996）利用RFLP标记评价两组黄瓜种质的遗传多样性。在第一组16个品系中，RFLP标记反映了与同工酶分析一致的品种间的亲缘关系；在第二组35个栽培品种中，RFLP分析揭示了与形态（果形）及实际系谱关系相一致的品种间的亲缘关系，认为RFLP可用于黄瓜分类和遗传多样性分析。

张海英等（1998）对34份分别来自美国、日本、英国和中国的黄瓜材料作了遗传亲缘关系的RAPD分析。从200个10碱基的随机引物中筛选出20个用于PCR反应，共获得130条扩增带，其中51条表现多态性；每个生态型品种都具有其特有的扩增（或缺失）条带以区别于其他生态型品种，聚类分析成功地将供试材料分为三类：类群Ⅰ为华北类型；类群Ⅱ为华南类型与欧洲露地型；类群Ⅲ为欧洲温室型。其分析结果显示：黄瓜基因组中有大量相同的DNA序列，是一种遗传变异幅度较小的植物；尽管如此，RAPD技术仍然能够成功的对其进行聚类分析，验证了 RAPD 对黄瓜聚类的可能性，同时认为一些引物所产生的特有缺失和特异条带可作为某些类型的特异条带。

李锡香等（2004）利用 29 个引物对 66 份来源和类型不同的黄瓜种质基因组 DNA 的 RAPD 分析，共扩增出了 253 条带，其中 195 条为多态性带，比例为 77.08%。不同引物所揭示的种质多样性差异很大。供试种质间平均期望杂合度为 0.388。中国黄瓜种质的平均期望杂合度为 0.348，略高于国外引进种质。长江以南黄瓜种质的遗传多样性高于长江以北，华南型种质的遗传多样性高于华北型种质。长江流域以南可能是黄瓜的较早或主要的演化地。供试种质依 RAPD 标记被分为 8 个组群。西双版纳黄瓜明显地与其他栽培种质分开了，国外引入的绝大多数种质被聚到一起或分属单独组群。除西双版纳黄瓜外，其他中国黄瓜栽培种质的遗传关系与形态特征和地域分布虽然存在一定的相关性，但不总是一致，表明地区间的引种交流可能导致了某些基因在不同种质间的渗入。

Horejsi 和 Staub（1999）对 180 个黄瓜材料进行 RAPD 分析，得到的遗传距离在 0.01～0.58 之间，认为黄瓜的遗传背景较窄。RAPD 的聚类结果与 RFLP 的相似，同时，获得的 71 个多态性位点可把每个品种都区分开来，证明 RAPD 方法对黄瓜遗传多样性的分析和区分黄瓜不同的基因型是有效的。

庄飞云等（2003）从 220 个随机引物中筛选出 31 个对 23 份黄瓜属材料，包括黄瓜栽培种、黄瓜野生变种、近缘野生种、种间杂交种及其与黄瓜回交自交的后代以及甜瓜进行亲缘关系的分析。以遗传距离 0.37 为阈值，23 份材料被聚类为黄瓜栽培种、近缘野生种、种间杂交种和甜瓜亚属种 4 类。RAPD 的分析结果表明，野生种 *C. hystrix* 与黄瓜栽培种的遗传距离近于甜瓜，该结果与同工酶分析结果一致。

Truksa（1996）的研究证明 RAPD 的低多态性难以在验证杂交种子的杂交性上发挥作用。

Katzer 等（1996）用 SSR 研究了不同葫芦科蔬菜品系的多态性，7 个 SSR 中的 4 个可检测出 11 个黄瓜品系的多态性。证实了 SSR 在黄瓜中存在多态性。Danin-Poleg（2000）使用来自甜瓜的 48 个和来自黄瓜的 13 个共计 61 个 SSR 对甜瓜和黄瓜进行遗传多样性的研究，其中 53 个显示多态性。利用其中的 40 个 SSR（30 个来自甜瓜，10 个来自黄瓜）对 11 个供试黄瓜品种进行多态性分析，26 个 SSR 扩增出产物（10 个黄瓜 SSR，16 个甜瓜 SSR），其中 19 个 SSR（8 个黄瓜 SSR，11 个甜瓜 SSR）显示良好的多态性。11 个黄瓜供试品种被明显聚类为栽培黄瓜和野生黄瓜两类（遗传距离 0.999）。而 10 个栽培黄瓜品种内聚类距离小于 0.306，未能显示足够的多态性，因此进行黄瓜栽培品种内的遗传多态性分析还需结合其他分子标记及更多的 SSR 标记。

陈劲枫等（2002）通过 RAPD 标记分析表明，在所选的 21 个随机引物中，15 个引物（占 71%）显示出栽培黄瓜（*Cucumis sativus* L.，2n＝14）与酸黄瓜（*C. hystrix* Chakr.，2n＝24）正反交之间的差异；其中一些条带表现出父性遗传现象。陈劲枫等（2003）采用 SSR 和 RAPD 两种分子标记对黄瓜属 22 份不同类型材料的亲缘关系进行了研究。结果表明，野黄瓜 *C. hystrix* 与黄瓜 *C. sativus* var. *sativus*（2n＝14）间的遗传距离（SSR：0.59，RAPD：0.57）小于其与甜瓜 *C. melo* var. *melo*（2n＝24）间的距离（SSR：0.87，RAPD：0.70）。SSR 计算的各物种间遗传距离值高于 RAPD 的结果，线性

方程为 $y=0.859x+0.141$，但两者相关性较好，$r=0.94$。综合 109 个 SSR 位点和 398 个 RAPD 条带对 22 份材料进行聚类分析，共分为两群：CS 群（黄瓜、西南野黄瓜 *C. sativus* var. *hardwickii*、*C. hytivus* 及野黄瓜 *C. hystrix*）和 CM 群（甜瓜、菜瓜 *C. melo* var. *conomon*、野生小甜瓜 *C. melo* ssp. *agrestis* 及非洲角黄瓜 *C. metuliferus*）。

顾兴芳等（2000）对 AFLP 技术在黄瓜种质资源鉴定及分类上的应用进行了初步的探索。分析了国内外的 15 份品种，将它们分为两大类群和一个特殊类型：华北类型、欧美露地型和一个特殊的以色列 Kessem 品种。AFLP 在黄瓜上显示的多态性高于 RAPD。

李锡香等（2004）采用 AFLP 分子标记技术，对中国黄瓜种质资源遗传多样性及其与外来种质的关系进行了分析，结果表明，8 对 AFLP 引物在 70 份黄瓜种质中共扩增出 425 条带，多态性带的比例为 66%。供试黄瓜种质的平均期望杂合度为 0.376，中国种质的平均期望杂合度为 0.387，明显高于国外种质的 0.291。西双版纳黄瓜和印度野生黄瓜具有一些栽培种质没有的特异位点，中国栽培种质的特异位点多于外来栽培种质，后者也有一些中国栽培种质没有的特异位点。聚类分析将 70 份种质分为三大组群，即西双版纳黄瓜（*Cucumis sativus* L. var. *xishuangbannanesis* Qi et Yuan）组群，*C. sativus* var. *hardwickii* 野生黄瓜组群和栽培黄瓜组群。西双版纳黄瓜与栽培黄瓜的距离最远，与野生黄瓜次之。按一定的遗传距离可以将中国和外来栽培种质分开。大多数华南型和华北型种质归属于不同的亚组。这些结果有助于有目的地利用这些变异拓宽育种材料的遗传背景。

各种分子标记在栽培黄瓜上显示的多态性较低。如 RFLP 的多态性标记比率为 33%（Dijkhuizen 等，1996）。RAPD 的多态率为 64%（Kennerd 等，1994）。说明黄瓜栽培品种的遗传基础比较狭窄。野生黄瓜则具有栽培黄瓜所没有的性状和位点，在育种中具有较高的利用价值（李锡香，2002）。

（三）黄瓜连锁图谱的构建

Pierce 等（1990）对自 20 世纪 30 年代以来发现的黄瓜已知性状的基因进行了总结和分类，并根据相关文献数据又构建了一张含有 42 个黄瓜标记性状、6 个连锁群的经典遗传连锁图。显然 6 个连锁群并没有与黄瓜染色体一一对应，其中连锁群 I 最大，有 12 个基因；而连锁群 IV 最小，只有 2 个基因。还有一些基因没有被定位在这些连锁群中。该图谱来自之前的基因连锁研究数据分析整合，由于基因定位所依据的群体无法确定，使得图谱的精确度降低，一些基因位点的间距以及图谱总长度无法确定。

Ramachandran 等（1986）研究认为：黄瓜在减数分裂过程中每对染色体将有 2.12 次交换，每次交换约占基因组长度 50cM，黄瓜基因组长度大约为 742cM（2.12 交换/对染色体×7 对染色体×50cM/交换）。Staub（1993）认为黄瓜的基因组长度是 750～1 000 cM，因此一个饱和的黄瓜连锁图谱应包含至少 1 000 个左右的标记。

研究者们先后利用各种标记，构建了多张黄瓜遗传图谱，Lee 等（1995）利用 RAPD 在黄瓜的杂交 F_2 群体中发展分子标记，获得具有 28 个 RAPD 标记的黄瓜分子连锁图谱。

Fanourakis 等（1987）利用 F_2 和形态学标记构建了 4 个连锁群，图谱长度为 168cM，涉及 13 个形态标记，标记间平均间距 12.9cM。Vakalounakis（1992）发现了一个隐性叶型突变基因，并与其他的表型标记进行连锁分析，构建了具 4 个连锁群的遗传图谱，涉及 11 个标记，覆盖基因组长度 95cM。Knerr 等（1992）利用同工酶标记构建的图谱长度为 166cM，由 18 个同工酶标记组成，相互连锁组成 4 个连锁群。Kennard 等（1994）利用分子标记（RAPD、RFL P）、同工酶、抗病性和形态学标记在一个遗传背景宽和窄的群体中构建的图谱长度分别为 766cM 和 480cM，前者有 58 个位点，分属 10 个连锁群，该图谱标记间平均距离约为 21cM。后来，Meglic 等（1996c）又利用同工酶和形态学标记构建的图谱长度为 584cM，将同工酶的标记增加到 21 个。Serquen 等（1997）以栽培品种间杂交后代群体，使用 1 520 个 RAPD 引物和形态学标记进行了连锁图谱的构建，共产生 180 条多态性带，73 个引物标记出 80 个位点。在构建的 9 个连锁群中有 77 个 RAPD 标记、3 个农艺性状（F，de 和 ll）。标记间平均距离为 8.4 ± 9.4cM，覆盖了 600cM。Staub 等（2000）利用 JoinMap v 110 软件，将前 6 张黄瓜遗传图谱进行了图谱整合研究，最后整合成一个具有 134 个位点的连锁图谱，图谱长度 431cM，两个标记间平均间隔 3.2cM。随着 RAPD，RFLP，SSR，AFLP 等 DNA 标记的出现和使用，Staub 实验室构建的黄瓜标记连锁图谱有了很大发展。该小组完成的 Park 图谱所定位的 RFLP，RAPD，AFLP 的标记总数达到 353 个，覆盖了 815.8cM 的黄瓜基因组。与 Kenard 图谱相比，某些相同标记在两图谱上的位置存在差异（Park 等，2000）。与 Staub 实验室合作完成的 Danin-Poleg 图谱在 Kenard 图谱基础上新增 14 个 SSR 标记、39 个 RAPD 和同工酶标记，定位标记 121，其中 RFLP 标记 62 个、RAPD 标记 36 个、SSR 标记 14 个、同工酶标记 5 个及形态和抗性性状 4 个，覆盖基因组长度 780.2cM，标记平均间距 6.4cM（Danin-Poleg 等，2000）。Bradeen 等（2001）公布的最新连锁图谱由于 AFLP 标记的使用使得标记间的平均连锁距离缩短到 2.1cM。

李效尊等（2004）利用侧枝长势强、全雌性、欧洲温室型黄瓜自交系 S06 和侧枝长势极弱、强雄性自交系 S52 的栽培品种间杂交 F_2 代群体，构建了黄瓜的随机扩增多态性 DNA（RAPD）分子遗传框架图谱，并定位了侧枝性状基因（lb）和全雌基因（f）。图谱中共包括 79 个 RAPD 标记，分属 9 个连锁群，总长度 1 110.0cM，平均间距为 13.7cM。侧枝基因（lb）定位在一个大的连锁群上，其两侧标记是 OP2Q521 和 OP2M2222，与 lb 的间距分别是 9.3cM 和 15.9cM。全雌性基因（f）定位在一个小的连锁群上，其两侧标记是 OP2Q522 和 BC151，与 f 的间距分别是 13.8cM 和 13.6cM。

张海英等（2004a）以黄瓜栽培品种的重组自交系为材料，采用 AFLP、SSR、RAPD 分子标记，构建了包含 9 个连锁组群，由 234 个标记组成的连锁图谱，其中包括 141 个 AFLP 标记、4 个 SSR 标记和 89 个 RAPD 标记，覆盖基因组 727.5cM，平均图距 3.1cM。至此，构建的遗传图谱长度为 166~1 110.0cM，平均标记间隔为 3.1~1.37cM。

（四）黄瓜重要性状的分子标记和定位

目前已经发表的黄瓜各类形态学基因总数已经达到 132 个（Wehner，1997；Xie 等，2001），在图谱中被定位的基因有 52 个，与重要经济性状紧密连锁的标记尚少（张海英等，2004a）。

目前被标记的园艺性状基因有雌性系（F）、有限生长（de）、小叶片（ll）。被进行QTL分析的园艺性状包括性别表达、主干长度、侧蔓数量、花期、果数和果重、瓜长和瓜径、瓜长/瓜径的比值。

陈劲枫等（2003）利用RAPD技术对黄瓜性别特异基因进行分子标记连锁研究。共选用300个10碱基的随机引物，按BSA法对黄瓜性别表型分离群体进行PCR扩增，筛选出5个在全雌和弱雌株基因池（gene pool）中表现多态性的引物。单株检测表明，引物B11具有全雌特异性，在检测的大多数全雌性单株中均可扩增出一条约1 000bp的特征带。而在雌雄同株的单株中则未见。因此，将该全雌性特异的片段命名为B1121000。该标记的获得为黄瓜性别特异基因的分离和克隆奠定了基础。另外，以ACC合酶基因（CS2ACS1）特异引物检测分离群体单株，发现该酶基因存在于所有性型的单株中，不具有性别特异性。娄群峰等（2005）以F_2性型分离群体为材料，利用BSA法和AFLP引物EcoRI-TG＋MseI-CAC筛选出了一条分子量为234bp的特异带，该标记与全雌性位点的连锁距离为6.7cM。

张海英等（2004b）以叶面积增长量为鉴定指标，对黄瓜耐弱光性状进行了研究。在234个分子标记位点组成定位了5个叶面积增长量的QTL，每个QTL的贡献量在7.3%～20.2%之间，其中1个QTL显示正效加性效应，4个QTL显示负效加性效应。

Serquen等（1997）对黄瓜园艺性状进行了QTL分析。发现标记BC-551和BC-592与ll位点分别相距3.4和12.2cM；OP-L18-2与de相距16cM。在两个试验点鉴定出了5个与性别有关的QTLs，效应最大的QTL位于B连锁群上，与F位点相连，解释了该性状变异的67.5%。5个控制主茎长度的QTLs中，效应最大的QTL位于B连锁群上，解释了表型变异的39%～45%。3个与单株分枝数有关的QTLs中，1个两试验点共有的QTL位于B连锁群上，解释了表型变异的40%和37%。控制开花天数的3个QTL均位于B连锁群上，单个位点最大表型效应为12.9%。控制果数的4个QTL的单个位点最大效应为19.8%。与果重有关的4个QTL的单个位点解释的最大表型方差为39.7%。控制果长的1个QTL解释的表型方差为21.4%～31.0%。与果径有关的4个QTL中效应最大的QTL解释的表型方差为21.9%。

Serquen（1997）使用RAPD技术对黄瓜进行了园艺性状的QTL分析。在5个与性别表达有关的QTL中，贡献最大的一个QTL在连锁群B中与F位点相连〔Serquen和Staub（1997）〕。

被研究的抗病基因有番木瓜环斑病毒西瓜小种（PRSV-W）的抗性基因（Prsv-2）、小西葫芦黄化花叶病毒（ZYMV）的抗性基因（zym）和霜霉病的抗性基因（dm）。

Park（2000）对Prsv-2和zym两种抗性位点（分别抗PRSV-W和ZYMV）进行标记筛选，发现Prsv-2和zym相距2.2cM，找到了一个与zym共分离的AFLP标记，E15/M47-F-197；另有3个AFLP与zym以5.2cM连锁。标记dm的研究比较多见，但是，大多距离较远。在Horejsi（2000）所筛选到的几个RAPD标记中，BC519连锁最紧密，遗传距离是9.9cM；而Kennard（1994）也曾获得过一个连锁距离为9.5cM的RFLP标记。

张桂华等（2004）利用F_2群体和BSA法，通过P18M47引物获得了与黄瓜抗白粉病基因紧密连锁（5.56cM）的两个特异片断238bp/236bp。

三、黄瓜种质资源创新

(一) 通过远缘杂交创新种质

黄瓜 (*Cucumis sativus* L.) 与甜瓜 (*C. melo* L.) 的种间杂交长期以来很受人们重视，因为甜瓜具有黄瓜所缺乏的对某些病原体的抗性。如果杂交成功，将极大地丰富黄瓜的基因。但在栽培黄瓜与甜瓜及其野生种之间的杂交很难成功。Ondrej 等报道 (2001)，由于受精后的障碍，栽培甜瓜和黄瓜正反交杂种的胚只能发育到球形胚阶段。由于体细胞的不亲和性，甜瓜×黄瓜的体细胞杂种细胞在愈伤组织阶段就停止了分裂 (Jarl et al.，1995)。迄今为止，国内外研究者对黄瓜属两个栽培作物之间的种间杂交还未取得成功。关于黄瓜属栽培作物与野生种之间的种间杂交，大多数的杂交只进行到胚这一阶段。除了 Chen 等 (1997，1998) 的报道外，其他关于获得种间可育 F_1 的报道都难以重复。

Chen 等 (1997) 首次报道了采用胚胎拯救方法，利用野甜瓜 (*Cucumis hystrix* Chakr.) (2n＝2x＝24) 与栽培种黄瓜进行种间杂交获得成功，且得到了不育的后代 (2n＝19)。为了恢复育性，在正反交的基础上，应用体细胞无性系变异 (somaclonal variation) 通过进行染色体加倍，经过育性恢复筛选，获得了一种有商业开发前景的甜瓜属双二倍体新种质 (Chen et al.，1998)。新种质被定名为 *Cucumis hytivus* (Chen and Kirkbride，2000)，其基因组为 HHCC (H 和 C 分别代表 *C. hystrix* 和 *C. sativus* 的基因组)，染色体数为 2n＝4x＝38。新种质在露地和温室都表现出旺盛的结果能力，每株可结果 30 个左右，常常 2～3 个果结在同一节上，果型整齐，可一次采收，适用于腌制类型黄瓜品种的选育。果实细长，基本无种子，果重约 50～100g，果长约 10cm，果型指数 3.3；嫩果绿色，除黄瓜味外还稍有柠檬味，蛋白质和矿物质的含量分别为 0.78% 和 0.35%，均分别高于普通黄瓜含量 0.62% 和 0.27%。同时，新种质抗白粉病，对南方根结线虫的抗性介于野生种酸黄瓜和栽培黄瓜之间，当杂种作为供体亲本与栽培黄瓜进行回交时，抗性被进一步转移到回交一代中 (陈劲枫等，2001)。新物种的光补偿点为 $11.25\mu E/(m^2 \cdot s)$，低于以往报道的耐弱光品种长春密刺。弱光处理 2 周后，新种的叶绿素 a 和叶绿素 b 含量增加，叶绿素 a/b 的值大幅度降低，形态学耐弱光隶属值高达 0.946，说明杂交新种耐弱光能力很强 (钱春桃等，2002)。

表 15 - 5 甜瓜属栽培种和野生种的种间杂交

组合	结果	资料来源
C. sagittatus×*C. melo*	胚	Deakin et al.，1971
C. metuliferus×*C. melo*	胚	Fassuliotis，1997
C. metuliferus×*C. melo*	可育 F_1	Niemirowicz-Szezytt and Kubicki，1979
C. prophetarum×*C. melo*	无籽瓜	Norton and Granberry，1980；Singh and Yadava，1984b
C. zeyheri×*C. sativus*	无籽瓜	Custers and Den Ni js，1986
C. sativus×*C. metuliferus*	胚	Franken et al.，1988
C. melo×*C. metuliferus*	胚	Soria et al.，1990；Beharav and Cohen，1994
C. sativus×*C. hystrix*	不育植株	Chen et al.，1997
C. hystrix×*C. sativus*	可育植株	Chen et al.，1998

陈劲枫等（2003）将种间杂交获得的异源三倍体与栽培黄瓜北京截头杂交，经过胚挽救获得了两个 2n＝15（14C＋1H）的单体附加系 02-17 和 02-39。前者植株叶形为掌状形，后者为深陷的掌状形，并且果实均为白色，不同于异源单倍体的掌状心脏形和黑刺，果形比异源三倍体黄瓜更长接近普通黄瓜。细胞学和 RAPD 分析发现，上述附加系附加了野生种 *Cucumis hystris* 的染色体。

(二) 通过种内杂交创新种质

黄瓜属变种间的基因交流比种间容易得多。黄瓜的野生变种与普通栽培种相互杂交可育，因此，多年来国内外育种家一直致力将野生变种中的分枝性强、结果数多、高抗某些病虫害等优良基因转移到栽培品种中。

Deakin 等（1971），Staub 和 Kupper（1985a）都曾采用野生黄瓜（*C. sativus* var. *hardwickii*）与栽培黄瓜杂交的方式创造新的种质。野生黄瓜的一个株系 LJ90430 比栽培黄瓜植株大，侧枝多，种子小，具短日照习性，在北加州秋季气候条件下，LJ90430 株系通常每株能产约 80 个成熟果实（Horst and Lower，1978）。该株系被广泛运用在育种计划中，并且先后获得了一系列具有改良性状的优异种质（Staub，1985b，1992；Peterson，1986）。

Walters 等（1997）利用野生资源 LJ90430 与栽培种质杂交、回交和自交，创新出了抗北方根结线虫和爪洼根结线虫的系列种质 NC42～NC46。

Simon 等（1997）以美国种质 SMR18 为母本，西双版纳黄瓜为父本，进行回交，选择果肉颜色深的半姐妹系，通过 3 代的姐妹交和混合选择，获得后代材料 104，后继续姐妹交和选择，获得了新种质 LOM 404，其胡萝卜素含量最高可达 15 mg/kg。以美国种质 Addis 为母本，西双版纳黄瓜为父本，进行回交，通过 3 代的姐妹交和混合选择，获得后代材料 101，用 104 与 101 杂交后，经连续五代自交单株选择和一代混合选择获得新种质 EOM 400 和 EOM 402；其胡萝卜素含量高达 25 mg/kg（图 15-10、15-11）。

国内外黄瓜育种家，利用对各自掌握的种质资源，通过类型或品种间杂交，育成了大批抗病、抗逆、优质、高产、熟性各异的自交系和雌性系，促进了黄瓜品种的杂优化。例如，卓齐勇等（1988）于 1975 年从引进的早龙和黑龙第二代植株中发现全雌株、强雌株和普通株 3 种类型。早代利用强雌株的雄花授予全雌株的雌花上，晚世代结合赤霉素诱雄和自花授粉，选育出全雌株率达到 94.4%～100% 的雌性系奥早和黑龙选。之后，利用回交转育的方法，以奥早和全青为亲本，以优质抗霜霉病的全青为轮回亲本，连续回交 3～4 次获得全青的优良性状，然后在经过 2～3 代自交，获得一系列雌株率在 90% 以上的优良雌性和强雌性株系，其中奥早 75 和奥早 82 为优质、早熟、抗病的雌性系。1995 年，卓齐勇等又用 82 雌性系作母本，大悟大吊瓜作回交亲本，进行杂交并回交一次，经过 7 代的抗病性筛选，选育出抗疫病、霜霉病、炭疽病、细菌性角斑病等 5 种病害的 82 大雌性系。尹彦、李锡香等利用国内外不同类型的黄瓜种质通过杂交、添加杂交和系统选育创新出全雌性和复雌性黄瓜新种质 G5224 和 EF1613。G5224 是由国外品种 Branex（F_1）的自交分离群体所选单株与北京刺瓜的自交系（S5）杂交，经多代系统选择得到优良自交系后，又与引自美国的 5207 杂交，再经多代系统选择而育成。该自交系结合了北京小刺、

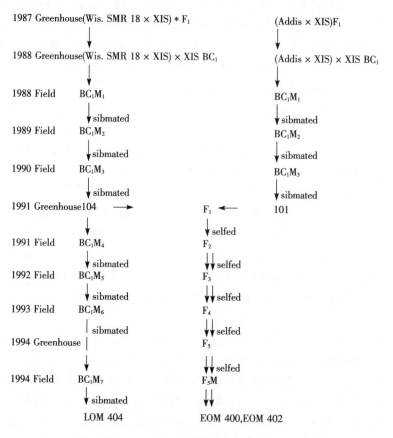

1987 Greenhouse(Wis. SMR 18 × XIS) * F_1 (Addis × XIS)F_1

1988 Greenhouse(Wis. SMR 18 × XIS) × XIS BC_1 (Addis × XIS) × XIS BC_1

1988 Field	BC_1M_1		BC_1M_1
	↓ sibmated		↓ sibmated
1989 Field	BC_1M_2		BC_1M_2
	↓ sibmated		↓ sibmated
1990 Field	BC_1M_3		BC_1M_3
	↓ sibmated		↓ sibmated
1991 Greenhouse104 →		F_1 ← 101	
	↓	↓ selfed	
1991 Field	BC_1M_4	F_2	
	↓ sibmated	↓↓ selfed	
1992 Field	BC_1M_5	F_3	
	↓ sibmated	↓↓ selfed	
1993 Field	BC_1M_6	F_4	
	↓ sibmated	↓↓ selfed	
1994 Greenhouse		F_5	
	↓	↓↓ selfed	
1994 Field	BC_1M_7	F_5M	
	↓ sibmated		
	LOM 404	EOM 400,EOM 402	

图 15-10 高胡萝卜素黄瓜种质的创新
(Philipp W. Simon and John P. Navazio，1997)

欧洲品种和美国品种的优点，表现全雌性、早熟、坐果率较高，果实商品性好，瓜长30cm 左右，瘤刺大小和稀密中等，瓜色深绿，有光泽，无黄色条纹，心室较小。植株耐低温，苗期在 10℃和 3 000lx 光照条件下处理 15d 后幼苗成活率为 92.2％，比对照新泰密刺高 16.4％，抗角斑病、枯萎病、黑星病、白粉病，耐霜霉病和灰霉病。EF1613 是以编号为 373/85 的国外黄瓜品种与北京刺瓜杂交，经 4 代纯化选择，得到优良株系后，又与来自东北地区的一个地方品种 8970 杂交，经过多代选择，最终形成 EF 1613 品系。该品系长势强健，雌花多，坐果率较高，以主蔓结瓜为主，侧蔓数量不多，果实商品性好，瓜长

图 15-11 高胡萝卜素黄瓜种质 LOM 404 的 4 个成熟果实的纵切面
（胡萝卜素含量 1.5～2.5 mg/100g）

30cm 左右，瘤刺大小和稀密中等，瓜色深绿，有光泽，无黄色条纹，心室较小。植株高抗黑星病，抗角斑病、枯萎病、白粉病，中抗根结线虫，耐霜霉病。利用上述优异种质，培育出雌性和强雌性黄瓜杂交一代系列中农 202、中农 203、中农 208 等。

利用常规方法进行种质改良的研究较多，在此不再赘述。

（三）通过诱变创新种质

诱变育种就是利用物理因素（如 X 射线、γ 射线、紫外线、激光等）或化学因素（亚硝酸、硫酸二乙酯等）来处理生物，使生物发生基因突变。从而在短时间内获得更多的优良变异类型的育种方法。

陈劲枫等（2004）利用 0.4％的秋水仙碱浸萌动的黄瓜种子，染色体加倍率可达 26.7％。与原二倍体相比，同源四倍体的侧枝数减少，叶柄变短，叶面积增大，花器变大，果型指数减小。四倍体花粉的可染率和萌发率均显著降低。

雷春等（2004）通过辐射剂量为 200 Gy 或 300 Gy 的 C 射线辐射花粉授粉并结合胚培养，从 3 个基因型黄瓜中获得了单倍体植株。与正常二倍体植株相比，单倍体植株生长缓慢，花器异常。研究同时发现辐射剂量、亲本基因型、授粉组合对坐果率和单倍体产率有一定影响。

李加旺等（1997）利用 23.22C/kg^{60}Co γ 射线辐射处理具有某些优良特性的黄瓜自交系种子，并在其变异后代群体中，筛选出两个综合性状优良的单株。经 3 代系选，从中分选出一个主要性状均能稳定遗传的株系辐 M-8。该株系集几种优异性状于一体，用其为亲本与另一高代自交系配制出适于日光温室栽培的耐低温、弱光杂交一代组合：93-黄瓜新品系。

陈劲枫等（2004）在室温条件下，用 0.2％、0.4％、0.8％的秋水仙素水溶液分别处

1　　　　　　　　2

图 15-12　黄瓜自交系 CHA03210 搭载前后植株叶片变异

1. CHA03210 搭载前后叶片大小　2. CHA03210 搭载后部分自封顶

（引自余纪柱等，2007）

理黄瓜津绿 4 号干种子和萌动种子。结果表明，0.4%的秋水仙素浸萌动种子 4h 的染色体加倍效果最好，加倍率可达 26.7%。与原二倍体相比，同源四倍体的侧枝数减少，叶柄变短，叶面积增大，花器变大，果型指数减小。四倍体花粉粒大小不一，每一朵花中平均有 2.3%的 4 孔花粉粒；四倍体花粉的可染率和萌发率均显著降低。

航天诱变是诱变的一种特殊形式，是利用卫星或高空气球携带、搭载植物种子等生物体样品，经特殊的空间环境条件（强宇宙射线、高真空、微重力等）作用，引起生物体的染色体畸变，进而诱发生物体遗传变异，经地面种植选育试验后，能快速而有效地育成作物的新品种（系），供生产

图 15 - 13　黄瓜自交系 CHA03210 搭载后变异株自交后代果实的变异

上推广利用，可广泛应用于各种植物的遗传改进。这种技术也为黄瓜种质创新开辟了新途径。余纪柱等（2007）利用卫星搭载黄瓜自交系材料，通过地面种植、观察，当代植株即发生了叶片大小和株型自封顶变异，经过自交分离，后代果实大小、果形指数、雌花节率和每节雌花数发生较大变异，经纯化获得特小型黄瓜自交系 CHA03 - 10 - 2 - 2。该自交系瓜长 8cm 左右，雌花节率达 99.5%，表现稳定，可直接用于培育特小型黄瓜新品种。

（四）利用细胞工程和基因工程创新种质

细胞工程是应用细胞生物学和分子生物学方法，借助工程学的试验方法或技术，在细胞水平上研究改造生物遗传特性和生物学特性，以获得特定的细胞、细胞产品或新生物体的有关理论和技术方法的学科。广义的细胞工程包括所有的生物组织、器官及细胞离体操作和培养技术，狭义的细胞工程则是指细胞融合和细胞培养技术。植物细胞工程包括：植物组织、器官培养技术，细胞培养技术，原生质体融合与培养技术，亚细胞水平的操作技术等。目前，细胞工程技术在黄瓜种质创新中的应用主要集中在大孢子培养、原生质体培养和体细胞融合等方面。

据杜胜利（2004）介绍，天津科润黄瓜研究所"利用分子标记和单倍体技术创造黄瓜育种新材料研究"项目通过了天津市科委组织的技术鉴定。该项目通过对黄瓜雌核发育机制研究、黄瓜离体雌核发育培养体系、黄瓜染色体倍性鉴定及加倍技术研究，建立了一套高效、稳定的黄瓜未受精子房培养的技术体系，再生频率达 25%。研究和建立了一套简单、快速而有效的倍性鉴定方法，筛选出诱导黄瓜单倍体、双单倍体染色体加倍的有效办法，加倍频率达 16.9%。据孙日飞（2005）的进一步介绍，黄瓜大孢子培养以开花前 2～3d 为接种的最佳时期，以 Miller 为基本培养基，以 AD 或 ADS 为细胞分裂素，以蔗糖为首选糖源。无菌材料经横切或纵切后，接种至诱导培养基三角瓶中，后转至培养室培养：并以 25℃黑暗条件培养 7d，然后移至等温度 14h/10h（光照/黑暗）条件下培养为最好。该技术已基本成熟，并已以此培育出了植株。

黄瓜由子叶、真叶和胚性悬浮培养细胞等材料的原生质体培养已成功（吕德扬等，

1984；刘少翔等，1991，贾士荣等，1985，1988；Punja 等，1990），但是再生植株相对困难。

为了获得再生植株，张兴国等（1998a）对黄瓜原生质体分离和再生条件的研究表明，7 日龄初展黄瓜子叶和 15～17d 的真叶，在 1% 纤维素酶、0.5% 离析酶和 0.25～0.30mol/L 甘露醇混合酶液中，均分离出大量原生质体，转入附加 1mg/L BA 和 0.5mg/L 2,4 - D 的改良 KM 培养基（去除 NH_4NO_3）中浅层液体培养，形成微愈伤组织。由成都二早子黄瓜真叶原生质体愈伤组织培养的胚状体和子叶原生质体愈伤组织诱导的不定芽，都培育出了小植株。

张兴国等（1998b）将黄瓜子叶原生质体来源的愈伤组织在 1.0mg/L BA 和 0.05mg/L NAA 的 MS 固体培养基上再生绿苗，经生根成为完整植株。10μg/ml 诺丹明 6G（R6G）处理 15min 或 1.5mmol/L 碘乙酸（IOA）处理 10min，均能有效地抑制黄瓜原生质体分裂。分别经 R6G 和 IOA 生理性失活的原生质体经 PEG 和高钙高 pH 法融合后可恢复分裂生长。由 4 个黄瓜种内组合得到了愈伤组织。部分愈伤组织分化了根，部分愈伤组织经酯酶同功酶分析确定为体细胞杂种。

基因工程技术在黄瓜种质创新中的应用也有了一些进展。国内报道了采用介导外源 DNA 的方法改良黄瓜种质的试验。邓立平等（1995）曾报道以抗霜霉病津研 4 号黄瓜为供体，丰产感病黄瓜长春密刺为受体，于人工辅助授粉后 12～24h，采用微注射法通过柱头将外源 DNA 注入受体子房，从而导入了外源基因，获得了稳定的突变新品系 CJ 90 -40。

邹长文（2004）将冷诱导基因 cor15a 基因和转录因子 CBF3 基因〔LBA4404（pRD29A - CBF3＋pAL4404）〕同时导入黄瓜基因组，并通过了植物基因组 DNA 的 PCR 检测和 Southern 杂交检测。PCR 检测结果表明有 4 株植株携有 cor15a 基因，有 3 株植株携有 CBF3 基因，其中只有 2 株携有双基因。转基因植株的 Southern 杂交结果证明两株携有双表达盒的转基因植株中，其中 1 株的目的基因拷贝数为 2，另一株为 1 个拷贝，证明目的基因已经导入黄瓜基因组中。

（李锡香）

主要参考文献

曹碚生，陈学好，徐强等 .1997. 黄瓜单性结实世代遗传效应的初步研究 . 园艺学报 .24（1）：53～56

曹碚生，陈学好，徐强等 .1994. 黄瓜主要性状的遗传力和遗传相关的初步研究 . 江苏农学院学报 .15（3）：15～18

曹辰兴，张松，郭红芸 .2001. 黄瓜茎叶无毛性状与果实瘤刺性状的遗传关系 . 园艺学报 .28（6）：565～566

曹清河，陈劲枫，钱春桃等 .2004. 黄瓜花粉母细胞减数分裂及其雄配子体发育的细胞学研究 . 西北植

物学报.24（9）：1 721～1 726

陈惠明，刘晓虹.1999.黄瓜性型遗传规律的研究.湖南农业大学学报.25（1）：40～43

陈劲枫，雷春，钱春桃等.2004.黄瓜多倍体育种中同源四倍体的合成和鉴定.植物生理学通讯.40
　（2）：149～152

陈劲枫，林茂松，钱春桃等，Stephen Lewis.2001.甜瓜属野生种及其与黄瓜种间杂交后代抗根结线虫初
　步研究.南京农业大学学报.24（1）：21～24

陈劲枫，娄群峰等.2003.黄瓜性别基因连锁的分子标记筛选.上海农业学报.19（4）：11～14

陈劲枫，罗向东等.2003.黄瓜单体异附加系的筛选与观察.园艺学报.30（6）：725～727

陈劲枫，钱春桃等.2004.甜瓜属植物种间杂交研究进展.植物学通报.21（1）：1～8

陈劲枫，庄飞云等.2003.采用 SSR 和 RAPD 标记研究黄瓜属（葫芦科）的系统发育关系.植物分类学
　报.41（5）：427～435

陈劲枫，庄飞云等.2003.采用 SSR 和 RAPD 标记研究黄瓜属（葫芦科）的系统发育关系.植物分类学
　报.41（5）：427～435

陈劲枫，庄飞云，钱春桃.2001.甜瓜属一新物种（双二倍体）合成及定性.武汉植物学研究.19（5）：
　357～362

陈学好，曹碚生，徐强.1995.黄瓜单性结实产量组成的遗传相关和通径分析.江苏农业学报.11（3）：
　32～35

陈学好，曹培生.2000.黄瓜基因及其连锁研究进展.园艺学报.27（增刊）：497～503

陈远良，刘新宇，李树贤.2000.黄瓜叶片黄绿色性状的遗传及其利用.中国蔬菜.（4）：35

陈远良，刘新宇，李树贤.2002.黄瓜"芽黄"突变体的发现及其遗传研究.中国蔬菜.（3）：36～35

陈远良，刘新宇，李树贤.2000.黄瓜黄绿色叶片颜色遗传规律研究.北方园艺.（5）：3～4

邓立平，郭亚华，杨晓辉.1995.外源基因导入黄瓜获得突变新品系.遗传.17（2）：33

顾兴芳，方秀娟，韩旭.1994.黄瓜瓜把长度遗传规律研究初报.中国蔬菜.（2）：33～34

顾兴芳，封林林等.2002.黄瓜低温发芽能力遗传分析.中国蔬菜.（3）：5～7

顾兴芳，张圣平等.2004.黄瓜苦味遗传分析.园艺学报.31（5）：613～616

韩旭.1997.黄瓜蜡粉性状遗传及少蜡粉砧木特性.中国蔬菜.（5）：51～53

何晓明，陈清华，林娥.2001.华南型黄瓜产量与果实性状的相关和通径分析.广东农业科学.（1）：
　17～18

何晓明，林毓娥，陈清华等.2002.不同类型黄瓜的营养成分分析及初步评价.广东农业科学.（4）：
　15～17

何新红，何莉莉，张娜.2006.自然低温对温室不同品种黄瓜耐寒生理及产量的影响.沈阳农业大学学
　报.37（3）：348～351

纪颖彪，蔡洙湖，朱其杰.1997.黄瓜种子低温发芽能力的配合力和遗传力分析.中国农业大学学报.2
　（5）：109～114

贾士荣，付幼英，林云.1985.黄瓜子叶原生质体培养获得体细胞胚发生和再生植株.生物工程学报.1
　（4）：54～58

贾士荣，罗美中，林云.1988.黄瓜胚性细胞悬浮培养及原生质体的植株再生.植物学报.30（5）：
　463～467

姜亦巍.1996.不同品种黄瓜花粉低温耐受性.北京农业科学.14（4）：43～44

康国斌，许勇等.2001.低温诱导的黄瓜 *CCR18* 基因的 cDNA 克隆及其表达特性分析.植物学报.43
　（9）：955～959

雷春，陈劲枫等.2004.辐射花粉授粉和胚培养诱导产生黄瓜单倍体植株.西北植物学报.24（9）：

1 739～1 743

李加旺，孙忠魁等．1997.^{60}Coγ射线在黄瓜诱变育种中的应用初报．中国蔬菜．22～24

李伶俐．2004.加工类型黄瓜部分品质性状遗传规律的研究．扬州大学硕士学位论文

李淑菊，马德华等．2003.黄瓜种质资源对黑星病的抗病性研究．天津农业科学．9（3）：1～4

李树德主编．1995.中国主要蔬菜抗病育种进展．北京：科学出版社

李锡香，沈镝，张春震等．1999.中国黄瓜遗传资源的来源及其遗传多样性表现．作物品种资源．（2）：
27～28

李锡香，尹彦等．2001.保护地专用黄瓜新品种——中农202.园艺学报．28（6）：580

李锡香，朱德蔚等．2004.黄瓜种质资源遗传多样性的RAPD鉴定与分类研究．植物遗传资源学报．5
（2）：147～152

李效尊，潘俊松，王刚．2004.黄瓜侧枝基因（lb）和全雌基因（f）的定位及RAPD遗传图谱的构建．
自然科学通报．14（11）：1 225～1 230

利容千．1989.中国蔬菜植物核型研究．武汉：武汉大学出版社

林明宝，方木壬．2000.黄瓜疫病抗性遗传研究．华南农业大学学报．21（1）：13～5

刘春香．2003.黄瓜风味品质构成因素及部分因素遗传参数的研究．山东农业大学博士学位论文

刘殿林，杨瑞环，哈玉洁．2003.黄瓜抗枯萎病遗传特性的研究．天津农业科学．（2）：34～36

刘桂军，王秀峰，尚涛，黄剑，张冬梅．2006.越冬温室黄瓜专用品种新34号．蔬菜．（10）：6～7

刘进生，Jack E.Staub.1999.黄瓜野生变种和栽培种的杂交一代几个主要性状的遗传相关分析．中国蔬
菜．（5）：16～19

刘少翔，周小梅等．1991.黄瓜子叶原生质体的培养与分化．山西大学学报．14（1）：75～80

娄群峰，陈劲枫，Molly Jahn.2005.黄瓜全雌性基因连锁的AFLP和SCAR分子标记．园艺学报．32
（2）：256～261

吕德扬，EC Cocking.1984.黄瓜子叶原生质体苗的再生．植物学报．（12）：916～922

吕淑珍，霍振荣，陈正武等．1995.黄瓜霜霉病、白粉病抗性遗传规律研究初报．李树德主编．中国主要
蔬菜抗病育种进展．北京：科学出版社，436～438

罗少波，周微波等．1997.黄瓜品种耐热性强度鉴定方法比较．广东农业科学．（6）：23～24

马德华，吕淑珍，沈文云等．1994.黄瓜主要品质性状配合力分析．华北农学报．9（4）：65～68

马德华，庞金安等．1999.黄瓜对不同温度逆境的抗性研究．中国农业科学．32（5）：28～35

马月花，郭世荣．2004.不同黄瓜品种根际低氧逆境耐性鉴定．江苏农业科学．（5）：69～70

孟焕文，张彦峰等．2000.黄瓜幼苗对热胁迫的生理反应及耐热鉴定指标筛选．西北农业学报．9（1）：
96～99

孟令波．2002.黄瓜（*Cucumis sativus* L.）耐高温种质资源筛选及耐高温特性的研究．东北农业大学硕
士论文

缪旻珉，李泉．2000.高温对黄瓜生殖生长及产量形成的影响．园艺学报．27（6）：412～417

缪旻珉，李式军．2001.黄瓜雌花和雄花发育过程中高温敏感期的初步研究．园艺学报．24（1）：
120～122

戚春章，袁珍珍．1983.矮秧黄瓜．中国蔬菜．（3）：14

戚春章，胡建平．1989.软毛无卷须黄瓜．园艺学报．16（2）：123～125

戚春章，胡建平．1989.软毛无卷须黄瓜突变株的性状研究．园艺学报．16（2）：123～126

戚春章，袁珍珍，李玉湘．1983.黄瓜新类型——西双版纳黄瓜．园艺学报．10（4）：259～264

钱春桃，陈劲枫，庄飞云．2002.弱光条件下甜瓜属种间杂交新种的某些光合特性．植物生理学通讯．38
（4）：336～338

日本农山渔村文化协会．北京大学译．1985．蔬菜生物生理学基础．北京：农业出版社

宋述尧．刘晓明，任锡仑．1992．黄瓜不同品种耐冷力的初步研究．吉林农业大学学报．14（1）：27～30

孙小镭，邹树桐，宋绪峨．1990．中国矮生刺黄瓜品系特性的研究初报．园艺学报．17（1）：59～64

王广印，周秀梅等．2004．不同黄瓜品种种子萌发期的耐盐性研究．植物遗传资源学报．5（3）：299～303

王玉怀．1990．黄瓜子叶颜色遗传规律的研究．东北农学院学报．21（2）：196～197

吴肇志，胡鸿等．1993．黄瓜的耐贮性与品种和采前因素的关系．中国蔬菜．（4）：21～24

徐强，陈学好，于杰等．2001．加工黄瓜品质性状遗传力和遗传相关的初步研究．江苏农业研究．22（4）：18～20

杨显臣．1996．黄瓜果实主要性状遗传分析．吉林蔬菜．（2）：1～3

尹彦，方秀娟，韩旭，顾兴芳．中国长果型两性花黄瓜的选育及其利用．见：李树德主编．中国主要蔬菜抗病育种进展．北京：科学出版社，436～438

张桂华，杜胜利，王鸣等．2004．与黄瓜抗白粉病相关基因连锁的 AFLP 标记的获得．园艺学报．31（2）：189～192

张海英，陈青君等．2004b．黄瓜耐弱光性状的 QTL 定位．分子植物育种．2（6）：795～799

张海英，葛风伟等．2004a．黄瓜分子遗传图谱的构建．园艺学报．31（5）：617～622

张建明．2001．高产无籽黄瓜——山农 1 号．现代农业．（8）：7～7

张兴国，陈劲枫，刘佩瑛．1998b．黄瓜原生质体培养与融合研究．园艺学进展（第二辑）．434～438

张兴国，刘佩瑛．1998a．黄瓜原生质体培养再生胚状体和植株研究．西南农业大学学报．20（4）：288～292

赵殿国，孙汉友，李志强．1991．黄瓜果长遗传力研究．中国蔬菜．（3）：14～16

中国农学会遗传资源学会．1994．中国作物遗传资源．北京：中国农业出版社

中国农业科学院蔬菜花卉研究所．1987．中国蔬菜栽培学．北京：农业出版社

中国农业科学院蔬菜花卉研究所．1998．中国蔬菜品种资源目录（第一册）．北京：万国学术出版社

中国农业科学院蔬菜花卉研究所主编．2001．中国蔬菜品种志（下卷）．北京：中国农业科技出版社

中华人民共和国农业部．2005．中国农业统计资料．北京：中国农业出版社

朱建兰，陈秀蓉．1998．黄瓜品种对黑星病的抗性鉴定．甘肃农业科技．（7）：32～34

朱建兰，陈秀蓉．1998．黄瓜品种对黑星病的抗性鉴定结果，甘肃农业科学与技术．1（7）：32～33

庄飞云，陈劲枫．2003．黄瓜栽培种、近缘野生种、种间杂种及其回交后代的分析．园艺学报．30（1）：47～50

邹长文．2004．抗寒相关基因导入黄瓜的研究．西南农业大学硕士学位论文

Andeweg J. M.，DeBruyn J. W.．1959. Breeding of non-bitter cucumbers. Euphytica．8：13～20

Barham W. S.．1953. The inheritance of a bitter principle in cucumbers. Proc. Amer. Soc. Hort．Sci.．62：441～442

Bradeen J. M.，Staub J. E.，Wye C.，et al.．2001. Towards an expanded and integrated linkage map of cucumber (*Cucumis sativus* L.) Genome. 44：111～119

Cai Z. H.，Zhu Q. J.，Xu Y.．1995. Studies on inheritance of chilling tolerance in cucumber seedling stage. Acta Hort. 402：206～213

Chen J. F.，Adelberg J. W.，Staub J. E.，et al.．1998. A new synthetic amphidiploid in *Cucumis* from a *C. sativus* × *C. hystrix* F$_1$ interspecific hybrid［A］．In：James McCreight ed. Cucurbitaceae'982Evaluation and Enhancement of Cucurbit Gemplasm［M］．Alexandria，Va：ASHS Press．336～339

Chen J. F.，Kirkbride J.．2000. A new synthetic species of *Cucumis* (Cucurbitaceae) by interspecific hybridization and chromosome doubling [J] . Brittonia. 52 (4): 315~319

Chen, J. F. , Staub, J. E. , Tashiro, Y. , Yosuke, T. , Isshiki S. , and Miyazaki S. . 1997. Sucessful inter-specific hybridization between *Cucumis sativus* L. and *C. hystrix* Chakr. Euphytica. 96: 413~419

Custers J. B. M. , Den Nijis A. P. M. . 1986. Effects of aminoethoxyvinylglycine (AVG), environment, and genotype in overcoming hybridization barriers between *Cucumis* species. Euphytica. 35 : 639~647

Danin-Poleg Y. , Reis N. , Staub J. E. . 2000. Simple sequence repeats in Cucumis mapping and map merging. Genome. 43: 963~974

Deakin J. R. , Bohn G. W. , Whitaker T. W. . 1971. Interspecific hybridization in *Cucumis*. Econ Bot. 25: 195~211

Dijkhuizen A. , Kennerd W. C. , Havey M. J. and Staub J. E. . 1996. RFLP variability and genetic relation-ship in cultivated cucumber. Euphytica. 90: 79~89

Esquinas-Alcazar J. T. . 1977. Alloenzyme variation and relationships in the genus *Cucumis*. Ph. D Dissw, University of California, Davis. 170

Fanourakis N. E. , Simon P. W. . 1987. Analysis of genetic linkage in cucumber. J . Hered . 78 : 238~242

Fassuliotis G. . 1977. Self-fertilization of *Cucumis metuliferus* Naud and its cross-comaatibility with *C. melo* L. J AmerSoc Hort Sci. 102: 336~339

Franken J. , Custers J. B. M. , Bino R. J. . 1988. Effects of temperature on pollen tube growth and fruit set in reciprocal crosses between *Cucumis sativus* and *C. metuliferus*. Plant Breeding. 100 : 150~153

Fross D. A. , Dunstone E. H. , et al. . 1961. The flavor of cucumbers. Food Sci. . 27: 90~93

Horejsi T. and Staub J. E. . 1999. Genetic variation in cucumber (*Cucumis sativus* L.) as assessed by random amplified polymorphic DNA. Genetic Resources and Crops Evolution. 46: 337~350

Horst E. K. and Lower R. L. . 1978. *Cucumis hardwickii*: a source of germplasm for the cucumber breed-er. Cucurbit Genet. Coop. Rpt. 1: 5

Hoshi Y. , Plader W. , Malepszy S. . 1998. New C-banding pattern for chromosome identification in cucum-ber (*Cucumis sativus* L.) . Plant Breeding. 117 (1): 77~82

Jarl C. I. , Bokelmann G. S. de Haas J. M. . 1995. Protoplast regeneration and fusion in *Cucumis*: melon × cucumber. PlantCell, Tissue and Organ Culture. 43 : 259~265

Jeffery C. . 1980. A review of the Cucurbitaceae. Bot J Linn Soc. 81: 233~247

Kabelka E. and Grumet R. . 1997. Inheritance of resistance to the Moroccan watermelon mosaic virus in cu-cumber line TMG‐1 and cosegration with zucchini yellow mosaic virus resiatnce. Euphitica. 95 (2): 237~242

Katzir N. , Danin-poleg Y. , Tzuri G. et al. . 1996. Length polymorphism and homologies of micro satellites in several Cucurbitaccae species. Theor Appl Genet. 93: 1282 ~1290

Kennard W. C. , Poetter K. , Dijkhuizen A. et al. . 1994. Linkages among RFLP , RAPD , isozyme , dis-ease resistance , and morphological markers in narrow and wide crosses of cucumber. Theor. Appl. Genet. 89 : 42~48

Kirkbride J. H. . 1993. Biosystematic Monograph of the Genus *Cucumis* (Cucurbitaceae): botanical identifi-cation of cucumbers and melons. Parkway Publishers, Boone, North Carolina

Knerr L. B. , Staub J. E. . 1992. Inheritance and linkage relationships of isozyme loci in cucumber (*Cucumis sativus* L.) . Theor. Appl. Genet . 84 : 217~224

Lawrence K. P. , Wehner T. C. . 1990. Review of genes and linkage groups in cucumber. Hortscience . 25 (6) : 605~615

Lee Y. H. et al.. 1995. Use of random amplified polymorphic DNAs for linkage group analysis in interspecific hybrid F_2 generation of cucurbita. Journal of the Korean Society for Horticultural Science. 36 (3): 323~330

Meglic, V. and Staub, J. E.. 1996a. Genetic diversity in cucumber (*Cucumis sativus* L.) Ⅰ: An reevaluation of the U. S. germpalsm collection. Genetic Resources Crop Evolution. 43: 533~546.

Meglic V., Staub J. E.. 1996b. Genetic diversity in cucumber (*Cucumis sativus* L.) Ⅱ. A evaluation of cultivars released between 1846 and 1978. Genetic Resources and Crop Evolution. 43 (6): 547~558

Megllc V., Staub J. E.. 1996c. Inheritance and linkage relationships of allozyme and morphological loci in cucumber (*Cucumis sativus* L.). Theor. Appl. Genet. 92: 865~872

Netzer D., Niego S. and Galun E.. 1977. A dominant gene conferringresistance to Fusarium wilt in cucumber. Phytopathology. 67: 525~527

Niemirowicz-Szczytt K., Kubiki B.. 1979. Crosser fertilization between cultivated species of genera *Cucumis* L. and Cucurbit L. Genetica Polonica. 20: 117~125

Norton J. D., Granberry D. M.. 1980. Characteristics of progeny from an interspecific cross of *Cucumis melo* with *C. metuliferus*. J Amer Soc Hort Sci. 105: 174~180

Ondrej V., Navratilova B., Lebeda A.. 2001. Determination of the crossing barriers in hybridization of *Cucumis sativus* and *Cucumis melo*. Cucurbit Genetics Cooperative. 24: 1~5

Park Y. H., Wye C., Antonise R. et al.. 2000. A genetic map of cucumber composed of RAPDs, RFLPs AFLPs, and loci conditioning resistance to papaya ringspot and zucchini yellow mosaic viruses. Genome. 43: 1003~1010

Philipp W. Simon and John P. Navazio. 1997. Early Orange Mass 400, Early Orange Mass 402, and Late Orange Mass 404: High-Carotene Cucumber Germplasm. HortScience. 32 (1): 144~145

Pierce L. K. et al.. 1990. Review of genes an linkage groups in cucumber. HortScience. 25 (6): 605

Pierce L. K. et al.. 1993. 黄瓜的基因和连锁群. 中国蔬菜. (4): 54~57

Punja Z. K., F. A. Tang and G. G. Sarmento. 1990. Isolation, culture and plantlet regeneration from cotyledon and mesophyll protoplasts of two pickling cucumber (*C. sativus* L.) genotypes. Plant Cell Rep. 9: 61~64

Ramachandran C., Seshadri V. S.. 1986. Cytological analysis of the genome of cucumber (*Cucumis sativus* L.) and muskmelon (*Cucumis melo* L.). Z. Pflanzenzuecht. 96: 25~38

Ramachandrau C.. 1985. Interspecific in C-banding karyotype and chiasma frequency in *Cucumis sativus*. Plant syst. Evol. 151: 31~34

Robinson R. W., Mishanec W.. 1964. A radiation-induced seedling marker gene for cucumber. Veg IPM Nwsl (6): 2

Schieberle A., Ofner S., Grosch W.. 1990. Evaluation of potent odorants in cucumber (*Cucumis sativus*) and muskmelons (*Cucumis melo*) by arom extract dilution analysis. J. Food Chen. 55 (1): 193~195

Schuman D. A., Staub J. E. and Struckmeyer B. E.. 1985. Morphological and anatomical comparisons between two *Cucumis sativus*, botanical varieties: *hardwickii* and *sativus*. Cucurbit Genet. Coop. Rpt. 8: 15~18

Serquen F. C., Bacher J., Staub J. E.. 1997. Mapping and QTL analysis of a narrow crosses in cucumber (*Cucumis sativus* L.) using random amplified polymorphic DNA marker. Mol. Breed. 3: 257~268

Simon P. W. and Navazio J. P.. 1997. Early Orange Mass 400, Early Orange Mass 402, and Late Orange Mass 404: High-Carotene Cucumber Germplasm. Hort Science. 32 (1): 144~145

Smith P. G. . 1948. Powdery mildew resistance in cucumber. Phytopathology. 39: 1027~1028

Soria C. , Gomez-Guillamon M. L. , Esteva J. , Nuez F. . 1990. Ten interspecific crosses in the genus *Cucumis*: a preparatory study to seek crosses resistant to melon yellowing diseases. Cucurbit Genet Coop Rpt. 13 : 31~33

Staub J. E. , Serquen F. C. . 2000. Towards an integrated linkage map of Cucumber : map merging. Israel : Proceedings of Cucurbitaceae . 357~366

Staub J. E. , Meglic V. . 1993. Molecular genetic markers and their legal relevance for cultivars discrimination: A case study in cucumber. Hort-Technology. 3: 291~300

Staub, J. E. . 1985a. Preliminary yield evaluation of inbred lines derived from *Cucumis sativus* var. *hardwickii* (Royle) Kitamura. Cucurbit Genetics Cooperative Report. 8: 18~21

Staub J. E. and Kupper R. S. . 1985b. Results of the use of *Cucumis sativus* var. *hardwickii* germplasm following backcross with *Cucumis sativus* var. *sativus*. Hort Science. 20: 436~438

Staub J. E. , Kupper R. S. , Schuman D. , Wehner T. C. and May B. . 1985c. Electrophoretic variation and enzyme storage stability in cucumber. J. Am. Soc. Hortic Sci. 10: 426~431

Staub J. E. , Peterson C. E. , Crubaugh L. K. and Palmer M. J. . 1992. Cucumber population WI 6383 and derived inbreds WI 5098 and WI 5551. Hort Science (Germplasm Release) . 27: 1340~1341

Staub J. E. , Serquen F. C. , Horejsi T. and Chen J. . 1999. Genetic diversity in cucumber (*Cucumis sativus* L.) Ⅳ: An evaluation of Chinese germplasm. Genetic Resources and Crop Evolution. 46: 297~310

Staub J. E. , Serqyen F. C. and Mccreight J. D. . 1997. Genetic diversity in cucumber (*Cucumis sativus* L.) Ⅲ: An evaluation of India germplasm. Genetic Resources and Crop Evolution. 44: 315~326

Truksa M. , Prochazka S. . 1996. Potential use of RAPD markers in verification of cucumber hybrids. Rostlinna-Vyroba. 42 (6): 241~244

Vakalounakis D. J . . 1992. Heart leaf : A recessive leaf shape marker in cucumber : Linkage with disease resistance and other traits. J Hered . 83 : 217

Walters S. A. , Shetty N. V. , Wehner T. C. . 2001. Segregation and linkage of several genes in cucumber. J. Amer. Soc. Hort . Sci. , 126 (4) : 442~450

Walters S. A. , T. C. Wehner and K. R. Barker. 1997. A single recessive gene for resistance to the root-knot nematode (*Meloidogyne javanica*) in *Cucumis sativus* var. *hardwickii*. J. Heredity. 88: 66~69

Walters S. A. , Wehner T. C. , Barker K. R. . 1996. NC-42 and NC-43: root-knot nematode-resistant cucumber germplasm. HortScience. 31: 1246~1247

Walters S. A. , Wehner T. C. . 1997. 'Lucia', 'Manteo', and 'Shelby' root-knot nematode-resistant cucumber inbred lines. HortScience. 32: 1301~1303

Wehner T. C. , Liu J. S. . 1998. Two gene interaction and linkage for bitterfree foliage in cucumber. J. Amer. Soc. Hort . Sci. 123 (3) : 401~403

Wehner T. C. , Staub J. E. . 1997. gene list for cucumber. Cucurbit Genet Coop Rpt, 20: 66~88

Xie J. H. , Wehner T. C. . 2001. Gene list for cucumber. Cucurbit Genetics Cooperative Report. 24: 110~136

蔬菜作物卷

第十六章

冬　瓜

第一节　概　述

冬瓜（*Benincasa hispida* Cogn.），古名东瓜、枕瓜、水芒、水芝、地芝、白瓜和蔬菰等，属于葫芦科（Cucurbitaceae）冬瓜属一年生蔓性植物。染色体数为 $2n=2x=24$。到目前为止，冬瓜属只发现有冬瓜一个种（*Benincasa hispida* Cogn.）和一个变种——节瓜（*Benincasa hispida* Cogn. var. *chief-qua* How.），别名毛瓜。冬瓜以嫩瓜或老瓜为主要食用器官，少部分地区也食用其花或嫩梢；节瓜则以食用嫩瓜为主。

冬瓜营养丰富，每 100g 鲜瓜中含蛋白质 0.4g、脂肪 0.2g、碳水化合物 1.9g、膳食纤维 0.7g、胡萝卜素 80μg、抗坏血酸 18mg、灰分 0.2g 以及多种矿质元素；节瓜抗坏血酸含量每 100g 鲜瓜达 39mg（中国预防医学科学院，《食物成分表》，1991）。冬瓜中除含有 17 种常见的氨基酸外，还含有鸟氨酸和 γ-氨基丁酸。冬瓜的营养质量指数表明，冬瓜是优质食品。冬瓜不仅可鲜食，还可被加工制成糖水冬瓜罐头、冬瓜饮料、冬瓜酱、低糖冬瓜果脯、低糖冬瓜翠丝、冬瓜添加剂等深加工产品。

冬瓜还有药用和保健价值。早在明代（《本草纲目》，1578）就有记载："冬瓜，味甘，微寒，无毒，主治小腹水胀，利小便，止渴。"冬瓜已成为流行的保健食品和美容佳品。冬瓜含低钠，不含脂肪，含有多种矿物质和维生素，对肾脏病、高血压、浮肿病人大有益处。冬瓜还含有丙醇二酸，能控制人体内的糖转化为脂肪，从而避免了脂肪的堆积，可防止人体发胖、增进健美。冬瓜外皮的粉末还可以用来治疗外伤。冬瓜果肉具有抗疟疾、壮阳、利尿、通便和滋补的功能，还可以用来治疗癫疯症、肺病、哮喘、咳嗽及一些神经错乱等疾病。最近的研究表明冬瓜中含有抗癌物质萜类。冬瓜子能诱生干扰素，冬瓜子中的油还是一种很好的驱虫剂。冬瓜的提取物被认为是一种天然的抗溃疡活性物质（Chung Sang-Min.，2003；Grover J. K.，2001；Yoshizumi Satoshi，1998）。

冬瓜在中国各地均有栽培，而以南方栽培较多，已有 2 000 多年的栽培历史。目前常年栽培面积大致在 20 万～25 万 hm^2，并且呈逐渐上升趋势。节瓜栽培主要集中于中国东南沿海地区。冬瓜喜温耐热，适应性强，栽培容易，是盛夏季节的重要蔬菜之一，对于调节蔬菜淡季供应有重要作用。近年来，由于交通运输越来越方便以及设施栽培、高山反季节栽培和储藏技术的迅速发展，国内蔬菜市场冬瓜已可完全做到周年供应。国外冬瓜生产主要集中于印度尼西亚、泰国和越南等东南亚地区以及印度等地，其他温带至热带地区也有少量栽培。

目前，国内外对冬瓜的研究主要集中在药用和保健功能方面，对冬瓜的种质资源研究较少报道。中国拥有大量的地方品种，国家农作物种质资源库已收集冬瓜种质资源近300份，节瓜种质资源近70份（见表1-7）。

第二节　冬瓜的起源与分布

一、冬瓜的起源

关于冬瓜（*Benincasa hispida* Cogn.）的起源问题有许多不同观点和看法。李璠（《中国栽培植物发展史》，1984）认为老熟上粉的粉皮白冬瓜为中国原产，老熟不上粉的青皮冬瓜可能为非洲原产。冬瓜属的变种——节瓜（*Benincasa hispida* Cogn. var *chief-qua* how.）为中国广东原产（Antwell M.，1996）。关佩聪（《中国农业百科全书·蔬菜卷》，1990）认为冬瓜起源于中国和东印度，广泛分布于亚洲的热带、亚热带和温带地区。中国西双版纳有野生冬瓜分布，瓜只有小碗大，味苦，傣族语为"麻巴闷哄"，思茅地区叫山墩、罗锅底。2200多年前中国的《神农本草经》就有关于冬瓜子作为药用的记载，这是目前关于冬瓜的最早记录。而《云南植物志》（1986）中则称冬瓜为热带亚洲栽培起源，主要分布于热带亚洲、澳大利亚东部和马达加斯加。1972年Herlot，1989年Walters和Dcekeer-Walters根据丰富的栽培品种及其多样性，认为冬瓜起源于东亚和东南亚。1974年英国的N. W. 西蒙兹认为冬瓜属是亚洲亚热带地区的乡土植物。1995年Bates等认为冬瓜为亚洲原产，而它的确切的起源地和起源环境并不清楚。但根据冬瓜和甜瓜、丝瓜属于同一亚科（Benincaseae）而认为冬瓜为印度原产，且冬瓜在印度分布广，有丰富多样具有地方特色的别名。1989年Pyramarn在泰国的一个山洞中发现全新世中期（5 000年多前）的冬瓜种子。1996年P. Mtthews在印度尼西亚的一个岛屿的海岸发现野生冬瓜。1994年4月John Muke在巴布亚新几内亚的卡拉考古点（在海边）挖掘出冬瓜种子和外果皮，经P. Mtthews（2003）用碳同位素测定，其年代大约在9 400多年前，但P. Mtthews依然不能肯定此冬瓜就是野生冬瓜，更不能断定巴布亚新几内亚的卡拉考古点是冬瓜的原产地。目前关于冬瓜原产地（起源地）的确切地点依然没有一致的看法。

二、冬瓜的分布

中国早在公元3世纪初已有关于冬瓜栽培的记载（张揖，《广雅·释草》）。目前，在所有省、市、自治区几乎均有冬瓜栽培，其中尤以广东省、广西壮族自治区以及湖南、海南和四川省栽培较多。世界其他国家，日本在9世纪已有关于冬瓜的记载，16世纪印度也有关于冬瓜的记载，欧洲于16世纪开始栽培，19世纪由法国传入美国。目前则以东南亚国家和印度栽培为多（《中国农业百科全书·蔬菜卷》，1990），但非洲、欧洲、美洲、大洋洲各地也均有栽培。

第三节　冬瓜的分类

一、植物学分类

冬瓜（*Benincasa hispida* Cogn. ）及其变种节瓜（*Benincasa hispida* Cogn. var. *chief-qua* how. ）属于葫芦科（Cucurbitaceae）冬瓜属。

在多语言描述的植物名称数据库——Multilingual Multiscript Plant Name Database（http://www.nre.vic.gov.au/trade/asiaveg/thes-34.htm〉Sorting Benincasa names）中将冬瓜分为如下六大类型：①长冬瓜或大长冬瓜 *Benincasa hispida*（Thunb.）Cogn.（Longa Group）；②细长大冬瓜 *Benincasa hispida*（Thunb.）Cogn.（Longa Group）'Xichangda'；③圆长冬瓜 *Benincasa hispida*（Thunb.）Cogn.（Oblongata Group）；④苍翠圆长冬瓜或圆长青黑冬瓜 *Benincasa hispida*（Thunb.）Cogn.（Oblongata Group）'Cangcui'；⑤灰皮圆长冬瓜 *Benincasa hispida*（Thunb.）Cogn.（Oblongata Group）'Huipi'；⑥圆冬瓜 *Benincasa hispida*（Thunb.）Cogn.（Rotundata Group）。此外，还有：节瓜或毛瓜 *Benincasa hispida*（Thunb.）Cogn. var. *chieh-qua* How. 。这种分类方法是一种以果形与果色为依据的复合分类方法，但另外还有一部分类型的冬瓜没有能包含进去。

二、栽培学分类

（一）根据果实的外观特征分类

1. 根据外果皮颜色和蜡粉有无划分　可分为青皮冬瓜（无粉冬瓜）和粉皮冬瓜（有粉冬瓜）。前者如广东青皮、广东黑皮等，后者如成都粉皮等。青皮冬瓜习惯上还包括黑皮冬瓜和黄皮冬瓜。

节瓜根据老熟瓜外果皮颜色和蜡粉有无，可分为青皮节瓜如七星仔节瓜和粉皮节瓜如江心节瓜等。

2. 根据果实大小划分　可分为小果型冬瓜（5kg 以下）和大果型冬瓜（5kg 以上）。前者如北京一串铃冬瓜、成都五叶子冬瓜、南京一窝蜂冬瓜等，后者如成都粉皮、车头冬瓜、湖南粉皮冬瓜、广东青皮、广东黑皮、后基冲青皮等。

根据节瓜商品瓜（嫩瓜）大小来划分，可分为小果型节瓜（200～500g）、中果型节瓜和大果型节瓜（大于1 000g）。前者如七星节瓜、江心4号节瓜，后者如桂林小子节瓜、大髻子节瓜等。

3. 根据果形外观划分　可分为圆柱形（包括长圆柱形、圆柱形、短圆柱形、长弯柱形）以及圆形（包括近圆形、扁圆形）冬瓜。前者如广东青皮、广东黑皮、后基冲青皮等，后者如成都粉皮、北京一串铃冬瓜等。

节瓜根据果形外观，可分为短圆柱形和长圆柱形，又以长圆柱形节瓜较多。前者如江心节瓜，后者如黑毛节瓜、柳州环江节瓜等。

（二）根据果实熟性早晚分类

根据冬瓜果实熟性的早晚可分为早熟、中熟和晚熟冬瓜三类。

1. 早熟冬瓜 植株生长势较弱。通常在主蔓 5～10 节发生第一雌花，以后每隔 2～5 节发生 1 朵雌花或连续 2 朵雌花。果实近圆形、短圆柱形或圆柱形，果色墨绿、青绿、浅绿或黄绿色，果面被有白蜡粉或无，单瓜重一般小于 5kg。从雌花开花到种子成熟需要 25～30d，一般不耐热，综合抗病性较差。主要品种有北京一串铃冬瓜、成都五叶子冬瓜、南京一窝蜂冬瓜等。

2. 中熟冬瓜 植株生长势较强。一般在主蔓 10～18 节发生第一雌花，以后每隔 5～7 节发生 1 朵雌花或连续 2 朵雌花。果实短圆柱形、圆柱形、长圆柱形，果色墨绿、青绿、浅绿或黄绿色，果面被有白蜡粉或无，单瓜重一般大于 5kg，最大可达到 60kg，纵径 30～130cm，横径 12～40cm，肉厚 2.5～7cm，部分品种没有空腔。从雌花开花到种子成熟需要 35～40d，一般较耐热，综合抗病性较强。如广东青皮冬瓜、灰皮冬瓜、牛脾冬瓜、湖南粉皮冬瓜、龙泉冬瓜、福建沙县冬瓜、麻沙冬瓜、龙岩冬瓜，云南大子冬瓜、细子冬瓜，内江大冬瓜，彭县粉皮，成都粉皮，上海白皮冬瓜，南京本冬瓜（白皮冬瓜），北京的地冬瓜，车头冬瓜等。

3. 晚熟冬瓜 植株生长势强。一般在主蔓 18～25 节发生第一雌花，以后每隔 5～7 节发生 1 朵雌花，很少连续发生雌花。果实短圆柱形、长圆柱形或长弯柱形，果色墨绿、青绿、浅绿或黄绿色，果面被有白蜡粉或无，单瓜重在 5kg 以上，最大可达到 64kg，纵径 30～130cm，横径 12～40cm，肉厚 3～7cm。通常生长期较长，耐热性也强。如广东大青皮、湖南粉皮冬瓜、福建白皮冬瓜、广西融安青皮冬瓜、扬子洲冬瓜等。

节瓜由于第一雌花发生节位都比较低，春播一般在 3～10 节，因此相对于冬瓜而言，一般都比较早熟。

第四节 冬瓜的形态特征与生物学特性

一、形态特征

（一）根

冬瓜属深根性蔓生攀缘作物，直播栽培主根可深入土层 1～1.5m。苗期主根受到损伤时，3～5 条一级侧根可同时长大变粗，承担主根功能。须根大量分布在 15～25cm 的耕作层内。根系主要伸展方向与瓜蔓伸展方向一致，范围可达 3m。伸蔓后到开花结果期，近地茎节易发生不定根。根系的生长量与品种、栽培条件、土壤和气候有关。早熟品种根系不如晚熟品种发达。

（二）茎

冬瓜茎属无限生长型，茎上有节，初生的茎节只有 1 个腋芽，抽蔓前的茎节与子叶节缩在一起，抽蔓开始后，茎节伸长，不同品种的茎节长度有差异。冬瓜每条蔓的每个叶节都潜伏着腋芽、花芽、卷须，抽蔓开始后逐渐发生，在营养供应充足条件下，节节腋芽都可萌发产生侧蔓，但不同品种的腋芽萌发侧蔓的能力和强度不尽相同。因有卷须，故攀缘性很强。茎中空，四棱形，茎表面着生白色或黄白色刺毛。黑皮和青皮冬瓜品种的茎颜色为绿色或深绿色，白皮和黄皮品种的茎为浅绿色。一般茎粗 0.8～3.5cm，茎节长 5～35cm，茎长 2.5～10m。茎粗、茎节长和茎长与品种、栽培条件、土壤和气候有关。

（三）叶

冬瓜的叶为单叶互生，无托叶。叶色浅绿、绿或深绿，5～7 浅裂，有时达中裂。裂片阔三角形或卵形，基部弯曲近圆形，张开，凹入 2.5～4.5cm，叶缘齿状。叶脉树丫形网状，从叶片基部发出 3～5 条主叶脉，中间一条最长，背部突起明显，叶片正反面密被茸毛。叶片长 10～35cm，宽 10～35cm，长∶宽＝0.9～1.1。叶片面积 A 可以通过测量叶片长 L 和宽 B 再乘以叶面积系数 0.82 得到（$A＝L×B×0.82$）。叶柄圆筒形，中空，长 5～30cm，密被长柔毛。

（四）花

冬瓜为雌雄同株、异花授粉的虫媒花。花多为单性花，单生于叶腋，有少量品种是两性花，如北京一串铃冬瓜，花柱上的雌蕊和雄蕊都有受、授粉的能力。雄花花梗长 5～15cm，密被黄褐色或白色长柔毛及短刚毛。基部具 1 苞片，苞片卵形或阔长圆形，长 6～15mm，宽 5～10mm，被柔毛；花萼筒钟形，密被长柔毛，5 裂，裂片披针形，具裂齿，长 8～12mm，宽 3～5mm，反折；花冠黄色，喇叭形，裂片倒卵形，长 3～6cm，宽 2～4cm，先端钝，具短尖头，两面被稀疏长柔毛，具 5 脉；雄蕊 3 枚，离生，花丝长 2～4mm，基部膨大，被毛，药室外线形，3 回折曲。雌花梗长 2～4cm，密被黄褐色长柔毛及短刚毛，花萼及花冠同雄花；子房球形、卵形或长圆柱形，长 2～5cm，密被黄褐色或白色长柔毛，花柱短，长约 3mm，柱头 3 枚，长约 0.8～15mm，2 裂。冬瓜一般是先发生雄花而后雌花。早熟品种一般在 3～5 节出现第一朵雌花，以后隔 1～5 节再连续出现 1～2 朵或更多的雌花。晚熟品种的第一朵雌花出现在 15～25 节，以后每隔 5～10 节再着生 1～2 朵雌花。

（五）果实

果实为瓠果，由下位子房发育而成，嫩瓜、老瓜都可食用。冬瓜果实的大小和形状因品种不同而有较大差异。果皮具墨绿、深绿、绿、黄绿等颜色，或具花斑，成熟瓜有蜡粉或无蜡粉，有白色或黄白色刺毛。一般早熟小果型品种单瓜重 2～3kg，而晚熟大果型品种的单瓜重可达 40～65kg。形状有扁圆形、近圆形、短圆柱形、圆柱形、长圆柱形和长弯柱形等（图 16 - 1）。果实纵径 15～130cm，横径 12～40cm，肉厚度 2～7cm。

图 16 - 1　冬瓜果实的主要类型
1. 扁圆形（江苏扬州早冬瓜）　2. 短圆柱形（山西长治车头冬瓜）
3. 圆柱形（四川彭县粉皮）　4. 长圆柱形（江苏常熟白冬瓜）
5. 青皮长圆柱形（湖南洪江白皮冬瓜）　6. 黑皮短圆柱形（广东黑皮冬瓜）

（六）种子

冬瓜种子的种皮较坚硬，种子内无胚乳，子叶内含脂肪、瓜氨酸、皂苷等物质，是造成发芽时吸水困难的主要原因。冬瓜种子千粒重 19～100g。种子有光边和圆子（毛边）两个类型。圆子（毛边）冬瓜易发芽。种子长 0.3～1cm，宽 0.18～0.7cm（表 16 - 1）。冬瓜种子贮藏的安全含水量是 1.79%～4.07%。一般第三年的发芽率只有第一年种子的 30%～40%，生产应使用 1～2 年的种子。刚成熟的种子有一定的休眠期，不同品种的休眠期长短有差异。冬瓜种子一般不易发芽，实验表明，浸种时间的长短会影响冬瓜种子的发芽率，其中以浸种时间 8h 左右的发芽率最高。浸种前低温处理有利于提高发芽率。有棱边种子采用 33.3mg/L GA＋33.3mg/L 6 - BA＋0.7%KNO$_3$ 处理的效果最好，可提高发芽率 50% 至 4 倍。冬瓜的主要形态见图 16 - 2。

表 16 - 1　冬瓜与节瓜种子的形态特征比较

	长 （mm）	宽 （mm）	厚 （mm）	千粒重 （g）	每克种子数 （粒）
粉皮冬瓜	12.21	8.2	2.2	30～59	22～47
青皮冬瓜	9.25	5.12	3.1	30～42	27～77
节 瓜	10.75	6.1	2.0	30～78	32～48

注：引自赵国余，《蔬菜种子学》。

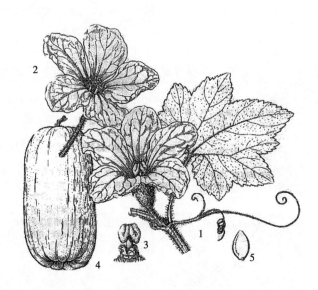

图16-2 冬瓜花和果实的形态
1. 雌花枝 2. 雄花 3. 柱头及退化雄蕊 4. 果实 5. 种子
(引自《云南植物志》,1986)

二、生物学特性

(一) 生育周期

冬瓜的生育周期可分为发芽期、幼苗期、伸蔓期、开花结果期和种子休眠期。

1. 发芽期 从种子萌动到子叶展开。发芽期约长4~15d。冬瓜种子发芽过程中吸水量大,光籽品种吸水速度慢,要求温度高,发芽时间长。种子有毛边的品种(圆子)吸水速度快,温度要求稍低,发芽快。种子发芽时吸水量为种子千粒重的180%~220%,发芽的适温为28~35℃。种子有毛边的品种一般2~3d即可出芽,光籽品种要晚2~5d。发芽期有效积温(15℃以上)需150~220℃。

2. 幼苗期 从子叶展开到发生6~7片真叶。温度条件决定幼苗期的长短。在20~25℃适温条件下,需25~30d;15~20℃时,可长达40d左右。幼苗期有效积温(15℃以上)需600~750℃。

3. 伸蔓期 当幼苗长到6~7片真叶,开始伸蔓、发生卷须,直到植株雌花现蕾。伸蔓期的长短与品种的熟性和温度条件有关。早熟品种雌花发生节位低,伸蔓期短,有效积温(15℃以上)需580~650℃;中晚熟品种的伸蔓期较长,一般为30d以上,有效积温(15℃以上)需650~850℃。

4. 开花结果期 从雌花现蕾到采瓜结束。从雌花现蕾到开花约需5~7d,早熟品种从开花到果实达到商品成熟约需20~25d左右,到种子成熟需26~35d,开花结果期有效积温(15℃以上)需900~1 050℃;晚熟品种一般采收老熟瓜,这时果实充分发育,果肉发达而致密,种子已成熟,从开花到采收约需40~50d,开花结果期有效积温(15℃以上)

需 1 350～1 600℃。

5. 种子休眠期　冬瓜种子采收后，不能马上发芽，需经一定时期的休眠才能发芽，少则数天，多则 2～3 个月。

(二) 对环境条件的要求

冬瓜要求较高的温度，喜光，喜水，怕涝。

1. 温度　冬瓜起源于热带和亚热带地区，喜温耐热，生长适温为 25～28℃，10℃ 以下易受冻害。幼苗期温度偏低，有利于雌花花芽分化；温度过高，易发生第一雌花"跳节"现象。开花结果期温度过低（低于 15℃）或过高（高于 40℃）时，开花、授粉不良，易影响坐瓜和瓜的发育。在保护地高温高湿环境下，冬瓜可以忍耐短时间 50℃ 高温。早春经过低温锻炼的幼苗，可忍耐短时间 2～3℃ 的低温。早熟品种如北京一串铃冬瓜、成都五叶子冬瓜等低温生长性好，但不耐高温；晚熟品种植株生长势强，如广东大青皮、湖南粉皮冬瓜等较耐高温。

2. 光照　冬瓜属短日照作物，但对光照长短的适应性较强。在适温条件下，一年四季都可开花结果。小果型的早熟品种在光照条件较差的保护地中栽培，也能正常开花结果。幼苗期低夜温和短日照有利于花芽分化，并有利于雌花的发生和第一雌花节位降低。冬瓜果实对高温烈日的适应能力因品种不同而异，一般晚熟大型有白蜡粉的品种适应能力较强，无蜡粉的青皮冬瓜适应能力较弱，易发生日灼。

3. 水分　冬瓜茎叶生长量大，蒸腾面积大，果实发育快，果实含水达 97%，生长发育消耗水分多，对水分的需求量较大。但幼苗期和伸蔓期水分过多，植株易徒长，进入开花期，水分过多，不易坐瓜，结果后必须保证水分供应。适宜的空气相对湿度为 80% 左右。晚熟品种对水分要求更高。

4. 土壤与营养　冬瓜对土壤的要求不太严格，但要求疏松透气。一般以有机质充足的肥沃沙壤土栽培最为适宜。冬瓜生长量大，对氮、磷、钾的需求量较大。在一定范围内，增施氮肥与植株的生长势呈正相关，开花结果期施氮肥不利于坐瓜。增施磷钾肥可延缓植株衰老，提高抗病、抗逆能力，提高产量。不同品种对土壤肥料的吸收利用有一定差异。

第五节　中国的冬瓜种质资源

一、概况

虽然到目前为止，冬瓜的原产地之争尚无定论，但是中国至少是冬瓜的次生起源地，而且中国从南到北，从东到西广泛分布着冬瓜种质资源。《中国蔬菜品种资源目录》（上册，1992；下册，1998）已收集登录冬瓜种质资源 295 份，到 2005 年 11 月止增至 299 份，另有节瓜种质资源 69 份（见表 1-7）。到目前为止还没有一个国家收集到野生种质资源。《中国蔬菜品种志》（2001）中较详细记录了 82 份冬瓜、22 份节瓜的品种特性和栽培要点。

在 295 份冬瓜种质资源中果面多蜡粉品种 196 份，占总数的 66.5%，中粉品种 29 份，占 9.8%，少粉品种 45 份，占 15.2%，无粉品种 19 份，占 6.5%。覆盖蜡粉情况不详有 6 份，占 2%。早熟资源 54 份，占总数的 18.31%，中熟品种 155 份，占 52.54%，晚熟品种 86 份，占 29.15%。第一雌花节位在 10 以内的有 27 份，占总数的 9.15%，11～19 节的有 158 份，占 53.56%，20 节以上有 106 份，占 35.93%，不详的有 4 份，占 1.3%。

对于中国冬瓜种质资源的研究报道目前还很少，远不如大白菜、番茄、黄瓜等蔬菜深入。目前正在系统研究冬瓜的研究所主要有四川省成都市第一农业科学研究所和广东省农业科学院蔬菜研究所。湖南省长沙市蔬菜研究所和广西自治区农业科学院园艺研究所等几家单位也在进行品种选育。除了张建军等在 2002 年中国园艺学会论文集中发表的《冬瓜资源的收集与早熟性研究和利用》以外，国内尚少有冬瓜种质资源方面的研究报道。

二、抗病种质资源

目前对冬瓜生产危害最大的病害依次为枯萎病（*Fusarium oxysporum* f. sp. *cucumerinum*）、疫病（*Phytophthora melonis*）、白粉病（*Sphaerotheca furiginea*）、病毒病（CMV 等）、炭疽病（*Collofotrichum lagenarium*）等。其中疫病和炭疽病在冬瓜贮存期也可发生。目前成都市第一农业科学研究所已利用不同地方冬瓜种质资源对成都地区枯萎病生理小种的抗病性差异，筛选出抗病材料 GQ9102。该材料接种枯萎病病原菌之后，平均发病率为 8.3%，对照当地主栽品种彭县粉皮为 55.5%。以该材料为亲本所育成的冬瓜一代杂种蓉抗 1 号、蓉抗 2 号，其枯萎病的发病率分别为 11.1% 和 12.9%。目前蓉抗 1 号已推广至全国 27 个省份。广东省农业科学院蔬菜研究所在节瓜研究方面做了大量的工作，筛选出耐炭疽病的节瓜材料江心 4 号以及高抗枯萎病、中抗炭疽病的节瓜强雌系 A4，并育成中抗枯萎病、中抗炭疽病的节瓜品种粤农节瓜。

三、抗逆种质资源

抗逆种质资源主要是指耐低温、弱光种质资源或耐高温、不怕水涝的冬瓜种质资源。前者如成都五叶子冬瓜，后者如广东黑皮冬瓜等。

（一）耐低温、弱光种质资源

1. 成都五叶子冬瓜　四川省成都市地方品种。植株生长势中等。主蔓第 5～7 节发生第一雌花。果实短圆柱形，长 17～20cm，横径 24～26cm，青绿色，有花斑，蜡粉中等，单果重 2～5kg，品质好。不耐热，易感枯萎病。是成都地区春季早熟栽培的主要品种。

2. 北京一串铃冬瓜　北京市地方品种。植株生长势中等。主蔓第 3～5 节发生第一雌花，以后能连续发生雌花，偶见全雌株，结果多。果实近圆形至扁圆形，高 18～20cm，横径 18～24cm，青绿色，被白蜡粉，肉厚 3～4cm，有空腔，单果重 1～3kg。早熟，纤维少，水分多，品质中上。不耐热，抗病能力较差。

3. 吉林小冬瓜 吉林省吉林市地方品种，植株生长势不强。第 10 节开始着生雌花。果实长圆柱形，长 28cm，横径 13cm，浅绿色，被白色茸毛，皮薄肉厚，单果重 1.5～2.0kg。

4. 一窝蜂冬瓜（南京早冬瓜） 江苏省南京市地方品种。植株自第 6 节开始发生雌花，以后每隔 5～6 节发生一朵雌花。果实短圆形，青绿色，无白蜡粉，单果重 1.5～2.5kg。

（二）耐高温、水涝种质资源

1. 广东黑皮冬瓜 广东省地方品种。植株生长势旺，茎深绿色，叶片厚、深绿，分枝性强，耐热性强。单果重 15～20kg，圆筒形，长 45～50cm，横径 25cm，肉厚。适秋种，产量 75 000kg/hm²，耐贮运。

2. 湖南粉皮冬瓜 湖南省株洲地区地方品种。植株蔓生，生长势强，雌雄同株，第一朵雌花发生于主蔓第 24～26 叶节，此后每隔 5～6 叶节又着生一雌花。植株耐热、耐肥、抗病，不耐涝，果实大，耐贮运。果实为长圆柱形，顶部略下凹，果长 80～90cm，横径 35～40cm。皮青绿色，满布点状条纹和白色花斑，有瘤状突起和棱状沟线，并有稀疏的白色刺毛。果肉厚 9cm 左右，白色，肉质致密，含水少，品质优良。单果重 20～40kg，最重者可达 80kg。

3. 福建白皮冬瓜 福建省南平市地方品种。植株生长势中等，分枝性中等，叶掌状，五角形。果实为长圆柱形，略呈三角状，果长 70～80cm，横径 25～30ccm。皮绿色、平滑，并具有深绿色斑点，被有稀疏刺毛和白色蜡粉。果肉白色，含水较多，味淡，肉质松软，品质中等。单果重 10～15kg。

4. 广西融安青皮冬瓜 广西自治区融安地区地方品种。植株分枝力强，生长势强，叶掌状、浅裂。第一朵雌花发生于主蔓第 12～18 叶节，以后每隔 4～5 叶节着生一雌花。果实长圆柱形，长 60～100cm，横径 25～30cm，皮青绿色，无蜡粉。果肉厚 6～8cm，白色，肉质较致密，品质中上。耐贮运。易患日灼病。单果重 20～25kg，最重者可达 40kg 左右。

5. 扬子洲冬瓜 江西省南昌地区地方品种。植株分枝力强，生长势中等，叶片心脏形，深绿色，叶缘浅裂。主蔓结瓜，一般行单蔓整枝，第一朵雌花发生于主蔓第 14～16 叶节。果实为长圆柱形，长 100cm 左右，横径 35～45cm，皮淡绿色，表皮被有较浓重的白色蜡粉。果肉白色，肉厚 7～9cm，含水分多，肉质较疏松，品质优良。植株耐热、耐肥，抗病能力强。单果重 25～50kg，最重者可达 102kg。

四、优异种质资源

优异种质资源都是在特定地方经长期自然选择的结果，一般都具有抗病、优质、高产、稳产、适应性强等特点，且多为中晚熟品种。

1. 广东三水黑皮 广东省三水市地方品种，植株长势旺，第一雌花节位 15～18 节。果实长圆柱形，长 50～60cm，横径 25cm，皮青黑色，肉厚 6.5cm，肉质致密。单果重 13～15kg，产量约 75 000kg/hm²，耐贮运，适合出口和南菜北运栽培。加工、鲜食均可。

2. 台湾黑皮 早熟。叶色浓绿，果实长 60cm，横径 25～30cm，果重 20～30kg，皮深黑色，肉厚、白色。播种后 70d 采收，结果期长。抗病，耐热性较强，适应性广，台湾地区可全年种植，耐贮运。

3. 玉林石（冬）瓜 广西玉林市地方品种，在该地区已有 200 多年的栽培历史，因瓜大、高产、优质而闻名。适宜在高湿、高温、短日照环境下生长发育。植株生长势旺盛，分枝力强，主蔓粗 1～1.3cm，茸毛密而坚硬，叶大、掌状、浓绿色，叶长 20～25cm，宽 25～30cm，叶缘略卷曲。主蔓上第 9 叶节开始出现雌花，以后每隔 5～7 叶节又出现雌花，侧蔓上在第 5 叶节出现雌花，一般在第 15～18 叶节处留果。果实幼嫩时白色，密布茸毛，成熟后茸毛脱落，有白色斑点，无蜡粉，果皮浓绿色。种子黄褐色，果肉白色，肉厚、味甘甜，适宜熟食，也适宜加工冬瓜糖，为优质原料。老熟果长 1m 左右，最长可达 1.3m 以上。单果重 10～15kg，最重者可达 25kg 以上。产量 60 000～75 000kg/hm²，最高的可达 112 500kg/hm²。

五、特殊种质资源

特殊种质资源比较复杂，但都有各自的特色，应用于不同的利用目的。

（一）适合加工的种质资源

内江大冬瓜 四川省内江地区地方品种。主蔓长约 10m，生长势中等，节间长约 12cm。叶片掌状，浅裂，深绿色。第一雌花生于主蔓第 15 节，间隔 6 节左右再生雌花。果实长圆筒形，皮绿色，有蜡粉，嫩瓜有条纹，果顶部和果脐部均浅凹，果肉厚 4cm，白色。单果重 5.0～8.0kg。定植至始收约 120d。较抗病。肉质酥松，微甜，无渣，除熟食外，宜制冬瓜蜜饯。是四川省内江地区的主栽品种。

（二）食用时不用削皮的种质资源

西小冬瓜 山东省莱州地方品种。早熟。植株生长势强，第一雌花出现节位为 8～10节，每隔 5～6 节着生 1～2 朵雌花。结果能力强。可同茎结 4～5 个果。果实长椭圆形，嫩果表面披有细刚毛，食用时可不用削皮。果肉属中厚型，厚达 5～6cm，单果重 5.5～6kg。抗病能力中等。

（三）可用作标记性状的种质资源

冬瓜种质资源中有的材料其某些性状可用来作标记性状。如彭县粉皮，其茎浅绿色，用作杂交母本可作为 F₁ 代鉴别假杂种的苗期标志。

彭县粉皮 植株生长势强，蔓长 7～15m，节间长 15～20m。叶片掌状，浅裂，深绿色。茎浅绿色，第一雌花生于主蔓第 12～18 节，第 5 节左右再生雌花。果实短圆筒形，皮浅绿色，有蜡粉，果顶部和果脐部均浅凹，果肉厚 4～5cm，白色。单果重 5.0～15kg。定植至始收约 100d。易感枯萎病。

第六节　冬瓜种质资源的研究与创新

一、细胞学研究

冬瓜的染色体较小，倍性变异也很小，结构变异不易辨别。1989年利容千对中国的瓜类蔬菜进行了较系统的研究。冬瓜的染色体大小为 $2\sim4\mu m$。冬瓜的核型公式为 $2n=2x=24=10\sim16m+6\sim14sm$（2SAT）$+0\sim2ST$，节瓜的核型公式 $2n=2x=24=14m+8sm$（2SAT）$+2st$（2SAT）。

表 16 - 2　冬瓜的核型参数表
（利容千，1989）

染色体序号	相对长度（%）	臂比值	着丝点类型
1	6.74+5.09=11.83	1.32	m
2	5.39+4.49=9.88	1.20	m
3	5.24+4.19=9.43	1.25	m
4	6.74+2.6=9.43	2.50	sm
5	6.29+2.25=8.54	2.80	sm*
6	5.99+2.25=8.24	2.67	sm
7	5.24+2.99=8.23	1.75	sm
8	5.24+2.69=7.93	1.94	sm
9	6.09+2.25=7.34	2.27	sm
10	4.49+2.25=6.74	2.00	sm
11	3.74+2.91=6.65	1.25	m
12	3.74+2.25=5.99	1.67	m

* 具随体染色体。

但印度的 Varghese 1973 年观测到染色体的次级联会，认为冬瓜表面上是二倍体，实际上是稳定的四倍体，是由染色体基数 x=6 的祖先衍变而来。

二、同功酶研究

朱传炳、沈明希（1998）等利用冬瓜幼苗期子叶酶提取液进行聚丙烯酰胺凝胶电泳，分析结果显示冬瓜杂种一代粉杂与其双亲的过氧化物酶同功酶差异显著。粉杂冬瓜过氧化物酶同功酶可分辨出 9 条酶带，分别为 Per1 - 9，父本没有 Per - 4 和 Per - 5，母本没有 Per - 3。过氧化物酶同工酶分析不仅可作为鉴别冬瓜假杂种的生化指标，也可用于冬瓜种质改良和创新的鉴定。

肖望（2001）等利用聚丙烯酰胺凝胶等电聚焦电泳方法对杂交节瓜子叶苗酶提取液进行同功酶分析。结果显示，所选的节瓜品种之间酸性磷酸酶同功酶没有显著差异，酯酶同功酶有一定差异，过氧化物酶同功酶差异显著，这与朱传炳等（1998）的结果相似。

三、组织培养研究

林娟、徐皓（1999）利用台湾冬瓜作材料，用无菌苗的茎尖和茎段进行培养，10d 后产生愈伤组织，30d后产生丛芽，诱导率为95％，繁殖系数为25.6，诱导生根后田间生长良好。2004年，Dennis和Thomas等利用冬瓜子叶作为外植体，诱导产生愈伤组织，并分化成苗。使用MS培养基加入6-BA和2,4-D产生愈伤组织，使用6-BA和NAA进行分化培养，生根培养只在浓度为一半的MS培养基中加入NAA即可。组织培养技术可用于珍稀种质资源的保存和有利用价值单株的快速繁殖。

李建宗、沈明希等（2002）研究了不同品种与环境对冬瓜创伤周皮形成的影响，认为冬瓜果实受到创伤后，能够形成创伤周皮，使伤口愈合。不同品种的愈合能力不同，杂交种比一般品种好。田间比室内好。其发生机理与正常周皮形成的机理基本一致，即在原有保护层被破坏后由内部的薄壁细胞恢复分裂形成，是植物的自我保护反应。不同冬瓜创伤周皮形成能力的鉴定有利于优质资源的利用。

四、分子生物学研究

核糖体失活蛋白是构建抗病毒转基因植物和单链免疫毒素的重要基因资源。林毅、陈国强等（2004）根据葫芦科核糖体失活蛋白上下游两段高度保守的氨基酸序列，设计简并引物对LY1/LY2，对基因组DNA进行PCR扩增，获得了冬瓜的核糖体失活蛋白基因：AF453777。

孟祥栋等（1996）利用RAPD技术用20条随机引物分析了2个冬瓜品种和1个节瓜品种，其中3条引物可同时扩增出多态性，其相似系数表明它们的相似性很高。

Shih和Chao-Yun T等（2001）从冬瓜种子中纯化一种几丁质酶，并克隆编码这一蛋白质的基因。

Ng T.B.和Parkash（2002）从节瓜种子中分离到一种N-末端序列新颖的核糖体失活蛋白，分子量大约为21kDa，并具有抗菌活性。

Sang-Min Chung等（2003）利用ccSSRs技术分析了包括冬瓜在内的葫芦科蔬菜间的相关性，结果和传统遗传学和生态学分类的结果一致。

分子生物学和生物化学技术在冬瓜研究中的应用，不仅可以提供新的研究手段和方法，而且可以将冬瓜种质资源的研究、创新和利用提高到一个新的水平。

五、种质资源创新

"十五"期间，四川省成都市第一农业科学研究所一方面利用成都市地方早熟品种五叶子，连续5年进行低温低雌花节位选择，使其第一雌花节位从一般的5～7节降到第3～5节，形成极早熟冬瓜材料；另一方面，利用抗枯萎病冬瓜品种蓉抗1号与抗枯萎病的父本GQ9102进行回交，连续选择青皮、抗病、优质、丰产的杂交后代，回交二代后经4代自交提纯，获得具有父本抗病特性和母本植株生长势旺盛的冬瓜新种质材料RF_2-4-1-1-1，并用于冬瓜新品种的选育。

广东省农业科学院蔬菜研究所利用雌性定向选育和化学诱变技术，选育出抗枯萎病、炭疽病的节瓜新种质材料全雌系A36，并用于育种。

（张建军）

主要参考文献

李璠.1984.中国栽培植物发展史.北京：科学出版社

蒋先明.1989.各种蔬菜（中国农业百科全书·蔬菜卷分册）.北京：农业出版社

中国科学院中国植物志编辑委员会编.1980.中国植物志·第十四卷.北京：科学出版社

董玉琛译.1982.主要栽培植物的世界起源中心.北京：农业出版社

中国农业科学院蔬菜花卉研究所.1987.中国蔬菜栽培学.北京：农业出版社

季志仙，郭长根.1996.几种瓜类种子超干贮藏的研究.浙江农业大学学报.8（1）：50

四川省农业厅.1990.四川省蔬菜品种志.重庆：四川省科学技术出版社

N.W 西蒙兹（英），赵伟钧等译.1987.作物起源.北京：农业出版社

利容千.1989.中国蔬菜植物核型研究.武汉大学出版社

中国科学院昆明植物研究所.1995.云南植物志.北京：科学出版社

魏佑营，王秀峰，魏秉培等.2003.节瓜纯雌系选育、利用及遗传机理的研究.山东农业大学学报.34
（4）：463～466

黎炎，李文嘉.2004.我国节瓜生产和育种研究进展.种子.23（12）：36～39

郭文忠，李程.2001.早熟冬瓜品种介绍.宁夏农业科技.2（18）

赵国余主编.1989.蔬菜种子学.北京：北京农业大学出版社

张建军，匡成兵等.2002.冬瓜资源的收集与早熟性研究和利用.全国蔬菜遗传育种学术讨论会论文集

孟祥栋，魏佑营，马红等.1996.RAPD技术在冬瓜和节瓜品种鉴定中的应用.上海农业学报.12（4）：
45～49

陈修源.1994.冬瓜最早见于何书.农业考古.233～234

林娟，徐皓.1999.高效诱导冬瓜再生植株的研究.西北植物学报.19（5）：001～004

李成伟，李卓杰，陈润政.1999.RAPD方法在节瓜种子纯度鉴定中的应用.种子.102（3）：13～14

肖望.2001.杂交节瓜种子的几种同工酶分析.广西教育学院学报.21（2）：71～73

李建宗，沈明希，周火强等.2002.不同品种与环境对冬瓜创伤周皮形成的影响.生命科学研究.6（2）：
163～166

朱传炳，沈明希，朱海泉.1998.冬瓜杂一代及其亲本的同工酶比较研究.生命科学研究.2（2）：
118～121

车双辉，杜琪珍.2004.冬瓜中活性成分的提取分离研究.食品研究与开发.25（1）：104～105

林毅，陈国强，吴祖建等.2004.快速获得葫芦科核糖体失活蛋白新基因.农业生物技术学报.12（1）：
8～12

中国农业科学院蔬菜花卉研究所.2001.中国蔬菜品种志.北京：中国农业科技出版社

Cantwell M., X. Nie, Ru J. Zong, M. Yamaguchi. 1996. Asian vegetables：Selected fruit and leafy
types. p. 488～495. In：J. Janick（ed.），Progress in new crops. ASHS Press, Arlington, VA

Radhakrishnan V. V., Kumar P. G. S., Oommen, A.. 1991. Non‐destructive method of leaf‐area de‐
termination in ash gourd（*Benincasa hispida*）. INDIAN JOURNAL OF AGRICULTURAL SCIENC‐
ES, v. 61（1）：59

John Muke, Herman Manui. 2003. In the shadow of Kuk：evidemce for prehistoric agriculture at Kana,

Wahgi Vally, Papua New Guinea. Archaeol. Oceania. 38：177～185

Peter J. , Mattews. 2003. Identification of *Benincasa hispida*（wax gourd）from the Kana archaeological site , Western Highlands Province, Papua New Guinea. Archaeol. Oceania. 38：186～191

Ng T. B. , Parkash A. , HispinA. . 2002. novel ribosome inactivating protein with antifungal activity from hairy melon seeds. Protein Expression & Purification. 26（2）. November, 211～217

T. Dennis , Thomas K. R. . 2004. Sreejesh Callus induction and plant regeneration from cotyledonary explants of ash gourd（*Benincasa hispida* L.）Scientia Horticulturae 100 359～367

Chung Sang-Min, Decker‐Walters, Deena S. , Staub Jack E. . 2003. Genetic relationships within the Cucurbitaceae as assessed by consensus chloroplast simple sequence repeats（ccSSR）marker and sequence analyses. Canadian Journal of Botany. 81（8）. August 814～832

Grover J. K. , Adiga G. , Vats V. , Rathi, S. S. . 2001. Extracts of Benincasa hispida prevent development of experimental ulcers, Journal of Ethnopharmacology. 78（2～3）. December 159～164

Yoshizumi Satoshi, Murakami Toshiyuki, Kadoya Masashi , Matsuda Hisashi, Yamahara Johj, Yoshikawa Masayuki . 1998. Medicinal foodstuffs. XI. Histamine release inhibitors from wax gourd, the fruits of *Benincasa hispida* Cogn. Yakugaku Zasshi. 118（5）. May 188～192

Grover J. K. , Rathi S. S. , Vats V.. 2000. Preliminary study of fresh juice of *Benincasa hispida* on morphine addiction in mice, Fitoterapia. 71（6）. December 707～709

Shih Chao-Yun T. , Wu Junlin, Jia Shifang , Khan Anwar A. , Ting Kai‐Li H. , Shih Ding S.. 2001. Purification of an osmotin-like protein from the seeds of *Benincasa hispida* and cloning of the gene encoding this protein, Plant Science (Shannon). 160（5）. April 817～826

http：//www. nre. vic. gov. au/trade/asiaveg/thes‐34. htm ＞Sorting Benincasa names , MULTILINGUAL MULTISCRIPT PLANT NAME DATABASE

南　瓜

第一节　概　述

南瓜属于葫芦科南瓜属（*Cucurbita*）一年生草本植物，是人类最早栽培的古老作物之一，也是中国栽培的重要蔬菜作物。据 Esquinas‐Alcazar J. T.，Gulick P. J.（1983）等报道，全世界的南瓜属植物，包括栽培及野生近缘种，共有 27 个。染色体 $2n=2x=40$。其中有经济意义的栽培种 5 个，即中国南瓜（*C. moschata* Duch.，别名，南瓜）、印度南瓜（*C. maxima* Duch.，别名，笋瓜）、美洲南瓜（*Cucurbita pepo* L.，别名，西葫芦）、黑籽南瓜（*C. ficifolia* B.）和灰籽南瓜（*C. argyrosperma* Huber）。其中前 3 个种，食用价值较高，在中国栽培面积较大，本章主要介绍前两个种，即中国南瓜和印度南瓜种，美洲南瓜将在下一章介绍，另外两种南瓜只作简单介绍。

中国南瓜和印度南瓜从植物学形态和栽培技术上看，它们有很多共同点。根据栽培学分类，它们都属于瓜类蔬菜，以嫩果或老熟果供食。它们的老熟瓜含淀粉和糖较多，所以也是粮菜兼用型园艺作物。同时，它们含有丰富的胡萝卜素、果胶等物质，对人体的保健功能优于美洲南瓜，所以在食用方法和加工方法上两者和美洲南瓜有较大差异。在栽培方式上，中国南瓜和印度南瓜目前多以长蔓性品种为主，除中国南瓜有部分是短蔓性品种、印度南瓜有部分是生长前期为短蔓、中后期为长蔓性品种外，这两者的栽培方式大致相同。鉴于上述原因，中国南瓜和印度南瓜在人们日常生活和栽培生产中，甚至在国内外的书刊中，经常将它们统称为南瓜。从广义上看，把它们叫做南瓜是没有错误的，但由于科学技术的进步和消费水平的提高，对这 2 个栽培种的研究越来越深入，种植面积也迅速扩大，研究、生产和消费领域都发生了不少变化，因此也有不少学者建议今后在编撰有关蔬菜专著时，还应将南瓜属的 3 个主要种分别叙述，独立成章，以便于学术界和生产流通领域进行更深入的交流。

中国南瓜和印度南瓜不仅形状千姿百态，而且营养丰富、用途多样。南瓜嫩果和成熟果均含有人体需要的维生素 A、维生素 C、蛋白质、糖、淀粉等多种营养物质，其中每 100g 可食部分中国南瓜和印度南瓜分别含蛋白质 0.7g 和 0.5g，脂肪 0.1g 和未检出，碳水化合物 5.3g 和 3.1g，膳食纤维 0.8g 和 0.7g，维生素 A 148μg 和 17μg，胡萝卜素

890μg 和 100μg，核黄素 0.04mg 和 0.02mg，维生素 C 和 E 分别为 8mg、0.36mg 和 5mg、0.29mg。此外还含有较丰富的无机盐，尤以铁的含量较为突出，分别为每 100g 鲜食部分含 0.4mg 和 0.6mg（《中国食物成分表》，2002）。南瓜除了含有常见的营养成分外，还含有一些调节人体代谢功能的物质，如南瓜果胶、戊聚糖、甘露醇、腺嘌呤、葫芦巴碱等成分，这些物质对多种疾病有疗效。日本科学家把 100g 含有 600μg 以上胡萝卜素的蔬菜称之为具有保健功能的"黄绿色蔬菜"。而每 100g 鲜南瓜中的胡萝卜素一般含量达 1.1mg，优良品种甚至可达 2.2mg，而且优质品种的维生素 C 含量可达 21.8mg，较一般南瓜高出很多。糖尿病是威胁人类健康的全球性疾病，现代科学证明，南瓜中的多糖、果胶、可溶性纤维素含量高，能和体内多余的胆固醇黏合，并有促进胰岛素分泌的作用，因而可控制餐后血糖上升。因此不少治疗糖尿病的药品、保健食品，都以南瓜粉作为其主要成分。由于南瓜中干物质含量高，其产品来源丰富，且具有较好加工适应性，故适宜于开发各种类型的加工食品，尤其是南瓜粉在国际市场有较好的销路。值得指出的是由于南瓜品种繁多，种植地生态条件差异又大，因此造成南瓜营养成分在不同品种间或同一品种的不同生态条件下产生很大的差异。

南瓜子又称南瓜仁、白瓜子、金瓜子，为葫芦科植物南瓜的成熟种子。南瓜子是一味药食两用的中药。祖国医学认为南瓜子味甘，性温，归脾、胃、大肠经，有驱虫、下乳、健脾、利水之功效。临床用于驱除寄生虫，治疗百日咳，产后缺乳，腹胀，产后手足浮肿，痔疮，血吸虫病，前列腺炎、前列腺增生，膀胱刺激征，尿道结石等症。现代医学发现其具有降低 LDL 胆固醇，抗炎，抗氧化，缓解高血压，降低膀胱和尿道压力等作用。

南瓜有多种食用方法，可炒食、蒸食、烘烤、做汤，还可腌渍、凉拌，做馅料、南瓜粥、南瓜饼等。南瓜还是适宜的加工制品原料，可以制作为南瓜粉、南瓜酱、南瓜晶、南瓜果脯、南瓜果冻、速溶南瓜茶、南瓜汁、南瓜饮料、南瓜挂面、南瓜糕点，也可制作成其他食品中的添加剂、配料等。籽用南瓜中的种子，可作为"炒货"的主要品种。南瓜种子还可生产高级食用油。裸仁南瓜子除方便炒食外，还可做糕点中的配料。南瓜的芽苗、花和卷须在中国南方及东南亚地区也作菜用。此外，还有一类南瓜品种，因其产量高，栽培管理粗放，适宜作家畜的饲料，这在欧、美等国家甚为普遍。

南瓜除了食用还具有很高的观赏价值，采用棚架栽培可做成装饰绿篱。还有一类"观赏南瓜"、"玩具南瓜"，其重量、形状与色泽各异，五光十色，多姿多彩，可作为艺术品陈列于居室、客厅或橱窗中，这类南瓜主要以美洲南瓜为主，在印度南瓜和中国南瓜中也有部分品种极具观赏价值。

由于南瓜中的黑籽南瓜及其他一些种间或种内杂交种，对瓜类枯萎病具有免疫性，并且在低温条件下生长良好，吸肥力也较强。因此，常被用作黄瓜、西瓜、甜瓜、苦瓜的砧木，培育嫁接苗，以避免瓜类作物感染土传病害，克服连茬栽培带来的危害。目前，已在生产中得到普遍应用。

中国的南瓜产业在 20 世纪 90 年代末期有了较大的发展。特别是由于一批早熟、菜用的西洋南瓜从中国台湾省和日本引入内地，因其品质优良，粉质度高，营养丰富，作为高品质特菜种植取得了良好的经济效益，因而被市场接受。同时，也引起了国内育种家们的关注，相继开展了引种和选育工作，陆续推出了一些新品种，推动了南瓜产业的快速发展。另外，由于科技工作者对南瓜的营养保健成分和功能有了更深入的研究和认识，广大消费者也对南瓜具有保健功能成分和作用更加关注，南瓜作物独特的医食同源，食药兼用、营养成分与药用价值兼具的特点被进一步挖掘，也有力地推动了南瓜作物的研究和生产。

由此可见，南瓜在中国的蔬菜作物中占有一个不可或缺的地位。据中国园艺学会南瓜分会（刘宜生，2007）对全国的南瓜种子销售量及典型调查估计，在 2004 年中国南瓜和印度南瓜的播种面积达 33 万 hm^2，总产约 1 650 万 t，约占当年中国蔬菜播种面积的 3%，占总产量的 2.5%。

中国南瓜种质资源比较丰富，据笔者了解，目前全国已收集保存的中国南瓜种质资源约有 1 100 多份，印度南瓜约 370 多份，广泛分布于中国南北各地。

第二节　南瓜的起源与分布

南瓜属蔬菜起源于美洲大陆。墨西哥和中南美洲是美洲南瓜（西葫芦）、中国南瓜、灰籽南瓜以及黑籽南瓜的初生起源中心。秘鲁的南部、玻利维亚、智利和阿根廷北部是印度南瓜（笋瓜）的初生起源中心，中国的笋瓜可能由印度传入。南瓜属大部分的野生种也是起源于墨西哥和危地马拉的南部地区。考古学证实，南瓜在公元前 3 000 年，传入哥伦比亚、秘鲁，在古代居民的遗迹中发现有南瓜的种子和果柄。7 世纪传入北美洲，16 世纪传入欧洲和亚洲。笋瓜在哥伦布时代（公元 1492）到达新大陆之前，赤道线以北地区均没有笋瓜的分布。由于欧洲气候凉爽，适宜南瓜生长，所以引种后迅速普及。19 世纪中叶，南瓜由美国引入日本。西葫芦的出现比中国南瓜、印度南瓜都早，它在公元前 8500 年就伴随着人类生活而存在，人类开始将其栽培则是在公元前 4050 年（《南瓜植物的起源和分类》，2000；《中国农业百科全书·蔬菜卷》，1990）。南瓜属是一个大族群，种质资源十分丰富多样。就其所含物种的数量而言，超过了蔬菜中的芸薹属（*Brassica*）和番茄属（*Lycopersion*），堪称瓜菜植物中多样性之最。研究发现南瓜属种间的形态学差异是由于基因的突变，而不是染色体数目或多倍性的差异所引起。就目前所知，染色体的易位、缺失和倒位对南瓜属的种间分化不起重要作用。

在中国，南瓜的称谓始见于元明之际贾铭的《饮食须知》一书，在其"菜类"篇中，有"南瓜、味甘、性温"的记述。李时珍在《本草纲目》（1578）中说："南瓜种，出南番"。这里的南番可能指中国的南方，也可能是南方的邻国。据《中国农业百科全书·蔬菜卷》（1990）记载，明、清两代，由于中国与亚洲邻国及西方国家频繁交流，南瓜大约是在这个时期从海路和陆路引入中国，所以南瓜又常被称为番瓜、倭瓜、番南瓜等，由此可知，现在植物学分类中所称的中国、印度和美国都不是南瓜植物的原始起源地，都不是南瓜属作物的初生起源中心。中国南瓜在中美洲有很长的栽培历史，现在世界各地都有栽培，亚洲栽培面积最大，其次为欧洲和南美洲。中国各地普遍栽培。印度南瓜在中国、日本、印度等亚洲国家及欧美国家普遍栽培和食用。中国的印度南瓜可能由印度引入。由于南瓜适应性强，对环境条件的要求不甚严格，引入中国后几乎在全国各地都有种植，分布范围十分广泛。由于长期的驯化和选择，许多地区均有适合本地种植的地方品种。从中国南瓜种质资源分布情况来看，以华北地区最多，约占 29.1%；其他依次是西南地区（占

20.6%)，西北地区（占 17.7%），华南（占 16.6%），华东（占 13.9%），东北（占 1.9%）。印度南瓜的分布也主要集中在华北，约占 55.4%，西北占 27.3%，其余分布在东北和南方地区，由此可见，华北地区是中国南瓜的主要分布地区，并由此为中心向其他地区扩展（郭文忠，2002）。

第三节 南瓜的分类

一、植物学分类

南瓜属包括栽培种南瓜及其野生近缘种共有 27 个，种名录见表 17 - 1。由此可见南瓜属在蔬菜中是一个大属。南瓜的每个种中又包含许多亚种和栽培品种。据 Lira Saade（1995）最新南瓜属分类名录，又将南瓜属分成 6 个组，共 20 个种或亚种，见表 17 - 2。

表 17 - 1　南瓜属的栽培种和野生近缘种

（林德佩，2000）

学　名	种　名	习　性	生态环境	染色体（2n）	产　地	用　途
Cucurbita maxima	印度南瓜	1 年生栽培	低地	40	全球	熟果、花、叶、种子可食
C. mixta（*C. argyrosperma*）	墨西哥南瓜	1 年生栽培	低地	40	全球	熟果、花、叶、种子可食
C. moschata	中国南瓜	1 年生栽培	低地	40	全球	熟果、花、叶、种子可食
C. pepo	美洲南瓜	1 年生栽培	低地	40	全球	熟果、花、叶、种子可食
C. andreana	安德烈南瓜（拟）	1 年生野生	湿地低地	40	阿根廷	杂草
C. californica	加利福尼亚南瓜（无）	多年生野生	旱生低地	40	美国南加州 亚利桑那州	杂草
C. cordata	心形南瓜（拟）	多年生野生	旱生、低地	40	墨西哥	杂草
C. cylindrata	柱形南瓜（拟）	多年生野生	旱生、低地	40	墨西哥	杂草
C. digitata	指形南瓜（拟）	多年生野生	旱生低地	40	美国、墨西哥	杂草
C. foetidissima	油瓜（拟）	多年生野生	旱生低地	40	美国、墨西哥	杂草
C. fraterna	胡拉特南瓜（拟）	1 年生野生	湿地低地	40	墨西哥	杂草、潜在油科
C. galeotti	加洛提南瓜（拟）	多年生野生	旱生低地	40	墨西哥	杂草
C. gracilor	纤细南瓜（拟）	多年生野生	湿地低地	40	墨西哥	
C. kellyana	凯利南瓜（拟）	1 年生野生	湿地低地	40	墨西哥	
C. lundelliana	龙德里南瓜（拟）	多年生野生	湿地低地	40	危地马拉、伯利兹	
C. martinezii	马提尼南瓜（拟）	1 年生野生	湿地低地	40	墨西哥	高抗白粉病
C. mooreii	穆勒南瓜（拟）	1 年生野生	湿地低地	40	墨西哥 Hidalgo	高抗白粉病、病毒病
C. okeechobensis	阿克丘宾南瓜（拟）	1 年生野生	湿地低地	40	美国佛罗里达州	
C. palmata	掌状南瓜（拟）	多年生野生	旱生低地	40	美国南加州	高抗白粉病

（续）

学　名	种　名	习　性	生态环境	染色体(2n)	产　地	用　途
C. palmeri	帕尔默南瓜（拟）	多年生野生	湿地低地	40	墨西哥 Culiacan	
C. pedatifolia	鸟足叶南瓜（拟）	多年生野生	湿地低地	40	墨西哥 Quaretarao	
C. radicans	生根南瓜（拟）	多年生野生	湿地低地	40	墨西哥 Mexeco	作瓜类砧木，抗病，耐低温高抗白粉病
C. scarbridifolia	糙叶南瓜（拟）	多年生野生	旱生低地	40	墨西哥东北部	
C. sororia	多果南瓜（拟）	1年生野生	湿地低地	40	墨西哥 Guerrero	
C. texana	德克萨斯南瓜（拟）	1年生野生	湿地低地	40	美国得克萨斯州	
C. ficifolia	黑籽南瓜	多年生栽培	高地种	40	墨西哥—智利	
C. ecuadorensis	厄瓜多尔南瓜（拟）	野生	低地	40	厄瓜多尔	

表 17-2　最新南瓜属分类（组、种、亚种）名录

（Lira Saade，1995，该表由林德佩提供）

组	种、亚种
灰籽南瓜组 *argyrosperma*	种 1. 灰籽南瓜 *C. argyrosperma* Huber 亚种 1. 灰籽南瓜 ssp. *argyrosperma* 亚种 2. 多果南瓜 ssp. *sororia*（L. H. Bailey）Merrick & Bates 种 2. 黑籽南瓜 *C. ficifolia* Huber
印度南瓜组 *maxima*	种 3. 印度南瓜 *C. maxima* Duch. ex Lam. 亚种 3. 印度南瓜 ssp. *maxima* 亚种 4. 安德列南瓜 ssp. *andreana*（Naudin）Filov 种 4. 中国南瓜 *C. moschata*（Duch. ex Lam.）Duch. ex Poir
美洲南瓜组 *pepo*	种 5. 美洲南瓜 *C. pepo* L. 亚种 5. 美洲南瓜 ssp. *pepo* 亚种 6. 胡拉特南瓜 ssp. *fraterna* Inedita 亚种 7. 得克萨斯南瓜 ssp. *texana*（Scheele）Filov 种 6. 厄瓜多尔南瓜 *C. ecuadorensis* Cutler & Whitaker
阿克丘宾南瓜组 *okeechobeensis*	种 7. 阿克丘宾南瓜 *C. okeechobeensis*（J. K. Small）L. H. Bailey 亚种 8. 阿克丘宾南瓜 ssp. *okeechobeensis* 亚种 9. 马提尼南瓜 ssp. *martinezii*（L. H. Bailey）Walters & Decker - Walters 种 8. 龙德里南瓜 *C. lundelliana* L. H. Bailey
指形南瓜组 *digitata*	种 9. 指形南瓜 *C. digitata* A. Gray 种 10. 心形南瓜 *C. cordata* S. Watson 种 11. 掌形南瓜 *C. palmata* S. Watson
油瓜组 *foetidissima*	种 12. 油瓜 *C. foetidissima* H. B. K. 种 13. 鸟足叶南瓜 *C. pedatifolia*. L. H. Bailey 种 14. 糙叶南瓜 *C. scabridifolia* L. H. Bailey 种 15. 生根南瓜 *C. radicans* Naudin

　　南瓜属中的 5 个栽培种在茎、叶、花、果和种子等植物学形态特征方面都有明显区别，如表 17-3。其中茎、叶、花、刺、果蒂、种子是南瓜种间区分的重要特征。

表17-3　五个南瓜栽培种的形态特征比较表

种名	中国南瓜	印度南瓜	美洲南瓜	黑籽南瓜	灰籽南瓜
学名	*Cucurbita moschata* D.	*Cucurbita maxima* D.	*Cucurbita peop* L.	*Cucurbita ficifolia* B.	*C. argyrosperma* Huber
别名	南瓜、倭瓜、饭瓜	笋瓜、玉瓜	西葫芦、角瓜		墨西哥南瓜
起源地	中美洲	南美洲的玻利维亚、智利、阿根廷	北美南部	中美洲的高原地区	墨西哥至美国南部
生长周期	一年生	一年生	一年生	多年生	一年生
生长类型	蔓生或丛生	蔓生, 罕见丛生	蔓生或丛生	蔓生	蔓生
茎	五棱形, 茎节易生须根, 硬	圆筒形, 粗毛茸, 软	茎有五棱角及沟, 硬	茎五棱形, 硬	茎五棱形, 硬
叶片	掌状, 3～5浅裂或全缘, 尖端尖锐, 叶面上多数有银白色斑点	近心脏形、圆形或肾形。叶片浅裂, 尖端圆钝, 叶缘全缘、叶面上无白色斑点	掌状, 3～7个深裂或浅裂, 裂片颇尖。叶梗及叶面均有小刺。部分品种叶面上有银白色斑	叶片3～5浅裂, 类似无花果叶, 叶面上有白斑	掌状, 叶大而多毛, 裂刻中等, 多数品种叶面有白斑
叶柄刺	软毛	软毛	硬刺	硬刺	硬刺
花	花蕾呈圆锥状, 花筒广平开杈, 花冠裂片大, 多网状脉, 花瓣尖端锐顶。柠檬黄色。雌花萼片大, 呈叶状	花蕾圆柱形, 花筒呈圆筒状, 花冠裂片柔软, 向下垂掉。花瓣圆形, 鲜黄色, 萼片小而狭长	花蕾圆锥状, 花筒呈漏斗状。花冠裂片狭长直立, 花瓣锐顶, 橙黄色。萼片狭而短	花蕾呈圆锥状, 花筒为小漏斗状。花瓣尖端钝角, 呈黄或淡黄色, 萼片短而细	花蕾圆锥状, 花筒漏斗状, 花冠橙黄色, 花瓣锐顶, 雄蕊细长
果梗	细长, 硬, 有木质条沟, 全五棱形, 与果实接触处显著扩大成五角形梗座	短, 软木质或海绵质, 圆筒形, 基部不膨大或稍膨大成圆弧状	较短而硬, 有沟, 五棱形。与果实接触处不扩大或略扩大	硬, 全五棱形, 基部稍扩大	果柄处硬的瘤状组织发达, 五棱形, 基部稍扩张
果实	果实脐部凹入, 成熟瓜表面具蜡状白霜。果皮乳白至深绿或有浅绿色网纹、条纹和斑纹。果肉有香气, 果肉质粗至密, 纤维质或胶状, 糖分和淀粉含量较高, 呈浅黄至橙色	果实脐部突出或平展, 鲜有凹入, 果面平滑少数有棱沟, 果皮色泽白、黄、红、绿、灰等或间有条状斑。成熟果无香气。果肉粗至密, 糖和淀粉含量少至多	果实小至大, 成熟果无白霜。果肉粗至密, 白色至暗橙黄, 含糖分和淀粉较少, 个别种成熟果糖和淀粉含量较高	果实小, 果肉粗, 强纤维性, 白色至淡黄。果皮白色至绿色网纹	果皮较硬, 大部分品种果面有绿色或白色纵条纹, 果肉薄, 纤维素多, 水分多, 果肉白至黄色
种子	边缘隆起而色泽较浓, 与本体有别, 种脐歪斜圆钝或平直, 外皮灰白至黄褐色。长16～20mm	边缘与种子本体的组织及色泽差异不大。种子较大, 种脐歪斜, 外皮乳白、褐色。长16～22mm	种皮周围有不明显的狭边, 种脐平直或圆钝, 外皮淡黄色。长10～18mm	周缘平滑, 种脐圆形, 外皮黑色、黄褐色。长17mm	灰白色或有花纹, 种脐钝, 边缘多银绿或灰绿色, 裸扇状, 周缘薄, 长17～40mm

注：本表由李海真据关佩聪表修正, 2007。

中国南瓜种内又分成圆南瓜（*Cucurbita moschata* var. *melonaeformis* Bailey）和长南瓜（*Cucurbita moschata* var. *toonas* Mak.）两个变种（《中国农业百科全书·蔬菜卷》, 1990）。圆南瓜：果实扁圆或圆形, 果面多有纵沟或瘤状突起, 果实深绿色, 有黄色斑纹。如甘肃省的磨盘南瓜、广东省的盒瓜、湖北省的柿饼南瓜、台湾省的木瓜形南瓜等。长南瓜：果实长，头部膨大，果皮绿色有黄色花纹。如浙江省的十姐妹、山东省的长南瓜、江苏省的牛腿番瓜等。

二、栽培学分类

（一）依果实的性状进行分类

除前述将中国南瓜按形状分为圆南瓜变种和长南瓜变种外，《中国蔬菜品种志》（2001）还将中国南瓜分为扁圆、短筒、长筒 3 种类型。扁圆类型果实的纵径小于横径，在民间将此类型中的小果实品种称为柿饼南瓜；中等大小的称为盒盘南瓜；大型果实的称为磨盘南瓜。短筒类型果实的纵径与横径之比为 1∶1～2∶1，瓜形呈圆球状的叫球形瓜；果梗和果蒂部尖呈橄榄形的叫橄榄瓜或腰鼓瓜；果梗部尖、果蒂部平的为梨形瓜或叫斗笠瓜；果梗部平、果蒂部尖的为锥形瓜；两端都平，果梗一端大于果蒂一端的叫酒坛瓜；果梗端小于果蒂端的称牛蹄瓜；两头一般粗的叫墩子瓜；中间稍细，呈束腰状的称葫芦瓜等。长筒类型的果实其纵径大于横径 2 倍以上，呈长筒形或长弯筒形，果蒂一端稍大，小果形的叫雁脖瓜；中果形叫狗伸腰、黄狼瓜、粗脖子；大果形的叫牛腿瓜、骆驼脖；中间束腰的叫枕头南瓜等（刘宜生，2007）。

印度南瓜品种间果实的大小、形状、皮色及品质差异很大。果实大者几百千克，小者不足 0.5kg。按形状分，可分为圆、扁圆、椭圆、纺锤及长柱形等。老熟瓜皮色有乳白、淡黄、赭黄、黄、金黄、橘黄、橘红、灰绿、墨绿等，有些品种瓜面上有颜色深浅不同的橘红色、绿色或灰绿色条斑。果面光滑或有深浅不同的棱沟，部分品种果面有许多瘤状突起，还有些品种近脐部膨大突起成三足或四足鼎立状，其瓜形酷如香炉。按果实皮色的不同常分为白皮、黄皮、红皮、灰皮、绿皮及花皮等几个类型，但需要注意的是，有些印度南瓜嫩果和老熟果的皮色不同，还有一些品种彼此间的皮色界限不很明显，有时不易区分。

日本学者根据果实形状、果面瘤状及花痕部等特征将印度南瓜分为 7 种类型（野菜园艺大百科，第 6 卷），分别为：①小鸟类型：果实形状为短纺锤形且瓜面带有瘤状突起，即瓜脐和瓜梗处均突出，根据果面瘤子状态及果面颜色又可分成许多种，中国的代表品种有哈尔滨洋窝瓜、沈阳甘栗等；②极美味类型：果实形状为短纺锤形，但瓜梗部较平，只是瓜脐部突出，中国的代表品种有黑龙江红窝瓜、延边鹰嘴南瓜等；③栗南瓜类型：果实形状也是短纺锤形，但瓜脐部较平，只是瓜梗部突出，中国代表品种有新土佐南瓜品种的母本，即日母灰皮南瓜等；④改良栗南瓜类型：即扁圆形，瓜梗和瓜脐部都较平坦，果皮颜色有橙红、绿色、灰绿色或乳白色，中国推广的商业品种大部分属于该类型，代表品种有京绿栗、栗晶南瓜等；⑤奶酪奖杯形类型：中国称其为香炉瓜类型，近脐部膨大呈三足或四足鼎立状，中国代表品种有偏关窝瓜、桓台无星彩瓜等；⑥香蕉类型：果实长柱形，两头稍微变细，果皮橙色、灰绿色或乳白色，中国代表品种有凉城吊瓜、侯马玉瓜等；⑦巨型南瓜类型：该类型南瓜果实大，果皮柔软，常作为饲料和观赏南瓜用。

（二）依茎蔓的长短进行分类

1. 矮生（丛生）类型　主要在中国南瓜类型中出现，印度南瓜中很少有丛生性类型。

该类型品种瓜蔓和节间较短，较早熟。蔓长 30～60cm，且有多个分枝。许多雌花着生于从根部分枝出的小侧枝上，这些侧枝一般会在着生 5～8 片叶后自然封顶。每株开放的雌花数从 3 个到 10 余个不等。主要品种有无蔓 1 号、无蔓 4 号等。

2. 半蔓生类型　一般指印度南瓜的一些半短蔓类型，其茎蔓表现为前期短、中后期逐渐变长，直到和长蔓品种接近。这些品种前 8～10 节的节间距离非常短，10 节后逐渐变长，接近正常长蔓植株的节间距。中国的代表品种有短蔓京红栗一代杂种，其短蔓亲本是从日本引进品种中经多代自交分离选育而成。蔓长在 80～120cm，主蔓第一雌花着生在第 8～11 节上，为早熟品种。半蔓生类型中国南瓜在自然资源里还没有发现，但在与丛生型中国南瓜杂交后代中已有这种类型的株系出现，育种工作者正在进行分离纯合。

3. 蔓生类型　是中国南瓜和印度南瓜种的最主要类型。该类型品种植株生长势强，节间距长，主蔓可达 200～500cm，甚至更长，主蔓第一雌花一般出现在第 10 节以后，早、中、晚熟品种都有。从播种至开花，不同品种差异很大。蔓生南瓜一般较矮生类型抗病、耐热、耐寒、耐旱性强。结果部位较分散，成熟期不集中，但长蔓品种多以采摘老熟瓜食用且每一单株可结 1～2 个瓜，所以其采收期相对集中。中国南瓜主要品种有黄狼南瓜、太谷南瓜、磨盘南瓜等。印度南瓜有白玉瓜、甘栗南瓜、香炉瓜等。

第四节　南瓜的形态特征与生物学特性

一、形态特征

（一）根

南瓜的根系非常发达，种子发芽长出直根后，以每天 2.5cm 的速度扎入土中，根深一般可达 60cm 左右，最深达 2m 左右。直根可分生出许多一级、二级和三级侧根，每天伸长 6cm，形成强大的根群，但主要分布在 10～40cm 的耕层中。由于南瓜具有强大的根系网，所以它在旱地或瘠薄的沙土地上也能正常的生长发育，并获得较高的产量。

（二）茎

中国南瓜的茎为五棱形有沟，其表面有粗刚毛或软毛，或有棱角；印度南瓜茎为圆筒形、无棱，其表面有软毛。茎分蔓生和矮生。蔓生种一般分主枝、侧枝及二次枝。茎中空，茎色有深绿色或淡绿色。一般主蔓长 3～5m，也有的品种蔓长可达 10m 以上，茎节上易生卷须，借以攀缘。在南瓜的匍匐茎节上，易产生不定根，可深入土中 20～30cm，起固定枝蔓并辅助吸收水分及营养的作用。中国南瓜的矮生种基本为丛生状，从茎基部常常分生出 3～5 条 30～50cm 的侧蔓，在每个侧蔓上生长 2～3 个瓜。印度南瓜的短蔓类型一般是前期为短蔓，生长中后期节间长短逐渐和长蔓品种接近，成为长蔓类型。

（三）叶

南瓜叶片甚大，互生，叶柄细长而中空，没有托叶，呈浓绿色或鲜绿色，叶腋处着生雌、雄花，侧枝及卷须。

中国南瓜有的品种沿叶脉呈现白斑。白斑多少、大小、叶色浓淡因品种不同而有所差异，叶片大多为掌状五裂，缺刻浅或为全缘。

印度南瓜的叶大部分为心脏形或圆形，极少量的品种叶片表面似有一层蜡质呈灰绿色，但不像中国南瓜叶片的白斑呈点、片状分布。叶面都有柔毛，粗糙。南瓜的叶片形状、叶面茸毛及斑纹的差异是种间的不同特征之一。

（四）花

中国南瓜的花蕾呈圆锥状，花筒广平开权，花冠裂片大，多网状脉，花瓣顶端锐尖。雌花萼片大，呈叶状，雄花萼筒下多紧缢，花冠多翻卷呈钟状。

印度南瓜的花蕾圆柱形，花筒呈圆筒状，花冠裂片柔软，向下垂吊，花瓣圆形，萼片小而狭长。

两个南瓜种的花型均较大，雌、雄花同株异花，雌花大于雄花，为异花授粉，虫媒花。花色鲜黄或橙黄色。雌花子房下位，柱头3裂，花梗粗，从子房的形态大致可以判断以后的瓜形。雄花比雌花数量多，有雄蕊5个，合生成柱状，花粉粒大，花梗细长。花冠5裂，花瓣合生成喇叭状或漏斗状。花的大小与色泽因品种及种类不同而异。南瓜花在夜间开放，早晨4～5时盛开，上午10时之前授粉效果最好。南瓜主蔓的雌花一般出现在5～30节，因品种熟性不同而有很大差异；侧蔓雌花的发生一般为主茎基部的侧蔓雌花着生节位高，主茎上部的侧蔓雌花着生节位低。研究表明，短日照和较大昼夜温差有利于雌花形成，并可降低其着生的节位，有利于商品瓜提早上市。

（五）果实

南瓜的果实是由花托和子房发育而成的，以中果皮和内果皮为主要食用部分。南瓜果形多种多样，有扁圆形、短柱形、球形、纺锤形、梨形、瓢形、长柱形等。南瓜果实大而多肉，分外果皮、内果皮、胎座3部分，单瓜重因品种差异甚大，老熟瓜从3～5kg直至100～200kg或更重。一般为3心室，有6行种子着生于胎座，也有的为4心室，着生8行种子。

中国南瓜嫩瓜果皮的底色多为绿、灰或乳白色，间有深绿、浅灰或赭红的斑纹或条纹。果面平滑或有明显棱线，或有瘤棱、纵沟。果皮硬，有的有木质条沟，成熟果赭黄色、黄色或橙红色，多蜡粉。果肉的颜色多为浅黄、黄、橘黄或黄绿色等；果肉致密或疏松，纤维质或胶状，肉厚一般为3～5cm，有的厚达9cm以上。中国南瓜的果梗细长、硬，有木质条沟，全五棱形，与果实接触处显著扩大成五角形梗座。

印度南瓜嫩果外皮白色、灰色、黄色、绿色等，成熟果外皮淡黄、金黄、橘红或绿色。果肉乳白至橙黄色，含淀粉较多，偏粉质。果实形状多为扁圆形、圆筒形或椭圆形，果面平滑，无蜡粉，果柄圆形、软、较小。

果柄长短及梗座形状是区别中国南瓜和印度南瓜种的重要依据（表 17 - 3）。

（六）种子

南瓜的种子着生于内果皮上，种瓜成熟后籽皮硬化，成熟的种子外形扁平，常温条件下种子的发芽年限为 4～6 年。

中国南瓜种子近椭圆形、白色至黄褐色，边缘厚而色深，珠柄痕水平、倾斜或圆形，千粒重 60～120g。印度南瓜种子白色或黄褐色，周缘有大边，色泽很浅或与种子颜色不同。珠柄痕斜生，千粒重 230～270g。南瓜种子的大小、形状和颜色，周缘部的有或无，在脐部上形成的环柄痕的形状等，也是鉴别不同南瓜种的重要依据。

二、生物学特性

（一）生长发育周期

南瓜从种子到种子的整个生长发育过程为 100～150d，个别晚熟品种生育期更长一些。南瓜的生长发育期分为发芽期、幼苗期、抽蔓期及开花结瓜期共 4 个时期。

1. 发芽期 从种子萌动至子叶展开，第一真叶显露为发芽期。在正常条件下，从播种至子叶展开需 4～5d，从子叶展开至第一片真叶显露需 3～4d。发芽期约需 7～10d，此期所需的营养绝大部分为种子自身贮藏的。

2. 幼苗期 自第一真叶开始抽出至具有 5 片真叶，但还未抽出卷须，此期主侧根生长迅速，每天可增加 4～5cm。此期真叶陆续展开，茎节开始伸长，早熟品种可出现雄花蕾，有的出现雌花蕾和分枝。这一时期植株直立生长，在 25℃左右的温度条件下，所需生长日期约 25～30d，如果温度低于 20℃，则生长减缓，约需要 40d 以上的时间。此时期要注意生长环境温度的管理，过低，生长缓慢，过高，易形成徒长苗，昼夜温度一般以保持在 25～28℃/15℃为最好。由于南瓜叶片宽大，蒸腾作用很强，故定植时不宜采用大苗移栽。

3. 抽蔓期 从第 5 片真叶展开至第一雌花开放，约需 10～15d。此期茎叶生长加快，植株由直立生长转向匍匐性生长，卷须和侧蔓抽出，雌、雄花陆续开放，进入营养生长旺盛的时期，茎节上的腋芽迅速活动，侧蔓开始出现，此时，花芽也迅速分化。这一时期要根据品种特性，注意调整营养生长与生殖生长的关系，同时注意压蔓、整枝和侧枝的清理，创造有利于不定根生长的条件，促进不定根的发育。

4. 开花结瓜期 从第一雌花开放至果实成熟，此期茎叶生长与开花结瓜同时进行，到种瓜生理成熟需 40～50d。一般情况下，早熟品种在主蔓第 5～10 叶节出现第一朵雌花，晚熟品种则推迟到第 24～30 叶节左右。通常，在第一朵雌花出现后，每隔数节或连续几节都能出现雌花。不论品种熟性早晚，第一雌花结成的瓜小，种子亦少，特别是早熟品种尤为明显。另外，不同南瓜品种从开花到果实成熟所需天数基本接近，约为40～50d。

（二）对环境条件的要求

1. 温度 中国南瓜种和印度南瓜均属于喜温蔬菜，需要温暖的气候，可耐较高的温度，不耐低温霜冻，但对温度的适应性有所不同。中国南瓜耐热力较强，适应温度较高，一般为 18~32℃。印度南瓜稍喜冷凉，耐热、耐寒力均介于中国南瓜和西葫芦之间，适应温度为 15~29℃。两种南瓜在温度 35℃ 以上时花器发育异常，40℃ 以上时即停止生长，另外，温度超过 35℃ 时，雄花易变为两性花。不同生育阶段需要的适温也不同，发芽期适温为 25~30℃，适温下萌芽出土最快，10℃ 以下或 40℃ 以上时不能发芽。幼苗期白天应掌握在 23~25℃，夜间 13~15℃，地温以 18~20℃ 为宜。这有利于提高秧苗质量和促进花芽分化。营养生长期适温为 20~25℃，开花结瓜盛期适温为 25~27℃，低于 15℃ 果实发育缓慢，高于 35℃ 花器官不能正常发育，同时会出现落花、落果或果实发育停滞等现象。根系生长的最低温度为 6~8℃，根毛生长的最适温度为 28~32℃。因此，要在各个阶段注意控制好温度，为其生长发育、高产优质提供良好的条件。

2. 光照 南瓜属于短日照作物，对日照强度的要求较高。在营养生长和生殖生长阶段都需要充足的光照，光饱和点 45 000lx，光补偿点 1 500lx。雌花出现的早晚与幼苗时期日照的长短及温度的高低有密切关系。低温、短日照环境能促进雌花分化早，数量增多。

南瓜在光照充足的条件下生长良好，果实生长发育快且品质好。反之，在阴雨多、光照弱的条件下，植株生长不良，叶色淡、叶片薄、节间加长，落花、落果严重。如将夏播的南瓜，在育苗期进行不同的遮光试验（刘宜生，2003），缩短光照时间，每天仅给 8h 的光照，处理 15d 的前期产量比对照高 60.2%，总产量高 53%；处理 30d 的分别比对照高 116.9% 和 110.8%。由于南瓜的叶片肥大，蒸腾作用强，过强的光照对其生长不利，容易引起日灼萎蔫，因此在高温季节栽培南瓜时，应适当增大种植密度，或适当套种高秆作物，以利于减轻直射光对南瓜造成的不良影响。但也应注意，由于南瓜叶片肥大，互相遮阴严重，田间消光系数较高，易影响光合产物的生产，所以种植密度也不能太大。

3. 水分 南瓜原产于热带干旱草原地带，具有发达的根系，吸收力强，且根的渗透压较高，所以抗旱力很强。南瓜生长期需要较干燥的气候环境条件，但是，由于植株茎叶繁茂，生长迅速，蒸腾量大，其蒸腾强度为 500g/（m² • h），故需水量也大，需保持一定的土壤湿度。南瓜根系发达，具有一定的耐旱能力，对土壤水分要求不很严格，但不耐涝。在第一雌花坐果前，土壤湿度过大，易造成徒长，落花、落果。开花期空气湿度过大，常不能正常授粉，易造成落花。但过度干旱，则易发生萎蔫现象，持续时间较长时，还易形成畸形果，甚至停止生长。

4. 土壤与营养 南瓜根系发达，吸收土壤营养能力强。所以，对土壤要求不很严格，即使在贫瘠的土壤上也能生长，并获得一定的产量。在肥沃的土壤上栽培南瓜，往往茎叶过分繁茂，常常引起落花、落果，产量反而不高。因此，在土壤肥力充足时，要适当密植，加强管理，进行摘顶、整枝，以充分利用肥力，提高单位面积产量。通常南瓜栽培以排水良好、肥沃疏松的中性或微酸性（pH 5.5~6.7）壤土为最适宜。

南瓜是吸肥量最多的蔬菜作物之一。一般情况下，南瓜所需的氮、磷、钾三要素比例为 3:2:6，以钾为最多，氮次之。即每生产 1 000kg 南瓜需氮 3~5kg、磷 1.3~2kg、钾 5~7kg、钙 2~3kg 和镁 0.7~1.3kg。南瓜种类、品种多，栽培条件各不相同，对矿质营养的吸收也有较大的差别，印度南瓜吸收能力要比中国南瓜强。在南瓜生长前期氮肥过多，容易引起茎叶徒长，第一朵雌花不易坐瓜，反之过晚施用氮肥，则易影响果实的膨大。南瓜苗期对营养元素的吸收比较缓慢，甩蔓以后吸收量明显增加，在第一瓜坐稳之后，是需肥量最大的时期，营养充足可促进茎叶和果实同步生长，有利于获得高产。南瓜对厩肥和堆肥等有机肥料反应良好，可作为基肥适当增施。

5. 气体　空气的成分、流动速度和湿度对南瓜的生育有重要影响。南瓜的光合作用，需要大量二氧化碳。但空气中二氧化碳的含量仅为 0.03%，每立方米空气中仅含二氧化碳 0.589g。所以在正常温度、湿度及光照强度条件下，在一定限度内增加空气中二氧化碳的浓度（不超过 0.2%），可以提高南瓜的光合强度。故生产上施用二氧化碳有一定的增产效果。南瓜光合作用二氧化碳的饱和浓度一般为 0.1%，在高温高湿强光环境中，二氧化碳的饱和度则高达 1% 左右。通常空气中二氧化碳浓度提高到 0.1% 时，南瓜可增产 10%～20%，二氧化碳浓度提高到 0.63% 时，可增产 50%。同时，南瓜光合作用强度，受叶片的生理活性和光、热、水、二氧化碳等综合因子所支配。如果在植株衰弱时或在低温弱光环境中单独提高二氧化碳浓度，则难以达到增产效果。

大气中氧的平均含量约为 20.97%，土壤中氧的含量随各种土壤理化性状不同而有所差异。通常状况下，浅层土壤中氧的含量要比深层土壤高，由于南瓜根系发达，呼吸作用旺盛，所以在土质疏松、富含有机质的土壤中栽培最为适宜。

另外，氨气、二氧化硫等有害气体积累到一定程度时，会破坏叶片的结构，影响其生理功能，因此，在施用易挥发有害气体的肥料，如氨水、碳酸氢铵等时，应注意及时覆土，减少有害气体的挥发量，防止叶片受损。

第五节　南瓜的种质资源

一、概况

前面已经提到，南瓜起源于中南美洲，中国大约从元、明两代开始引入种植，由于中国幅员辽阔，各种气候条件丰富，加之南瓜适应性强，引入后很快分布种植于全国各地，通过长期的自然和人工选择，形成了许多各具特色的地方品种和地方种质资源。但由于不是原产地，所以在南瓜类型上还不够丰富，特别是抗病的野生种质资源很缺乏。近年，南瓜生产在全世界有了较大的发展。南瓜种质资源的研究也越来越受到各国科学家的重视。中国科研单位、大专院校也开始在南瓜栽培、育种、生理等领域开展了一系列的应用基础研究工作，在充分挖掘优良地方品种及从国内外引种的基础上，育成了一批优良一代杂种并在生产中应用，取得了显著成绩。

中国南瓜和印度南瓜种都是多样性较为丰富的蔬菜种类，其多样性突出表现在物种的多样性、遗传的多样性和用途的多样性等方面。它包括的种类、品种繁多；果实形状、大小、颜色、品质各异，种子皮色和大小也分很多种。每个种又包括许多品种，根据中国农业科学院蔬菜花卉研究所国家蔬菜种质资源中期库的报道，中国的南瓜种质资源共有1 888份，其中中国南瓜 1 114 份，印度南瓜 371 份。以下将简要介绍一些优异的南瓜种质资源。

二、中国南瓜优异种质资源

中国南瓜主要优异品种有大磨盘、癞子南瓜、十姐妹南瓜、无蔓1号、黄狼南瓜、叶儿三南瓜、骆驼脖南瓜、雁脖南瓜、大粒裸仁南瓜等。近年，国内有关科研院所在裸仁南瓜和无蔓南瓜优良新品种的选育方面取得了一些成果。

1. 大磨盘　江苏省南京市栽培较多。瓜大，扁圆形，老熟瓜橘红色，满布白粉，瓜面有纵沟10条，脐部凹入。瓜肉亦为橘红色。近果柄及脐部较薄，腰部厚。肉质细，粉质，水分多，味较淡。以食用老熟瓜为主。单瓜重6～8kg，大者达15～20kg，产量高，耐贮性差。

2. 糖饼南瓜　浙江省杭州市地方品种。早熟，主蔓第7～8节着生雌花。瓜扁圆形，嫩瓜皮色青绿，老熟瓜橙黄色，瓜面具有瘤状突起。单瓜重2kg左右。瓜肉嫩，微甜。多食用嫩瓜。老熟瓜肉粗糙，常用做饲料。

3. 癞子南瓜　湖北省鄂州市地方品种。中熟。植株蔓生，长3.0m左右，叶片大。主蔓第18节左右开始着生雌花。瓜扁圆形，嫩瓜深绿色，成熟瓜暗黄色，表面密布瘤状突起，瓜纵径20cm，横径25cm，果肉厚3～4cm，棕黄色。单瓜重3～4kg。成熟瓜味极甜，品质佳。适宜于长江中游地区种植。

4. 十八棱北瓜　河北省石家庄市地方品种。植株蔓生，生长势强，抗逆性强，分枝多。叶为掌状形，长14cm，宽27cm。主蔓第12节处着生第一雌花。瓜为圆盘形，纵径10cm，横径22cm。瓜面有16～18条较深的纵沟。果梗向内凹陷。老熟瓜皮为褐色底带有黄色斑，瓜肉橘黄色，肉厚4.6cm，肉质致密，甘面，瓜瓤小，品质好。单瓜重2kg，生长期100d左右，产量30 000kg/hm^2。

5. 砘子南瓜　河南省地方品种。植株生长旺盛。瓜扁圆形，瓜面有10～18条纵向深沟，外皮色泽不一，有黑皮、黄皮和花皮等。瓜肉厚6cm，黄色，质面，味甜，品质好。耐旱性较弱，生长期150d。产量22 500 kg/hm^2，适宜华北地区栽培。

6. 早番瓜　原产贵州省湄潭。为早熟品种。瓜扁圆形，瓜面平滑。嫩瓜底色黄白，有黑绿放射状条纹，从果梗直达基部，两端色深，中部甚淡呈绿色网纹。嫩瓜瓜肉红白色，味美。老熟瓜长14cm，横径17cm，重2kg左右。皮色青绿并有黄白斑纹，微有白粉，脐大，微凹。皮薄，肉色淡黄，汁多。

7. 十姐妹南瓜　浙江省杭州市地方品种，因着生雌花多而得名。瓜长形而略带弯曲，先端膨大，近果梗一端细长，实心，嫩瓜由绿色转为墨绿色，成熟瓜为黄褐色，有果粉，肉橘红色，味甜。其中有大种和小种两个品系。大果单瓜重10kg左右，小果单重3～4kg，小果种品质好，成熟后肉质致密，水分少，味甜，早熟。大果种中熟。

8. 裸仁南瓜　山西省农业科学院蔬菜研究所育成，代号为6518号裸仁南瓜。裸仁南瓜种子只有种仁而无外种皮，是一种种子与瓜肉兼用型南瓜。中熟。种子、老瓜、嫩瓜均可食用。植株蔓长2.3～3m，主蔓第5～7节开始结瓜，以后每隔1～2节再现瓜。瓜扁圆形，嫩瓜绿色，老瓜赭黄色，瓜皮光滑。单株坐瓜2～3个，单瓜重3～4kg。瓜肉橙黄色，肉质致密，含水分少，每100g鲜瓜含可溶性固形物10～13g。种子脂肪含量占43.68％，蛋白质占37.11％。耐贮藏，耐贫瘠，适应性强，种子产量375kg/hm^2。老瓜可切条晒干制成罐头，亦可煮食。嫩瓜是营养价值较高的蔬菜。种子无外种皮，便于食用或做点心。

9. 贵州小青瓜 贵州省地方品种。早熟。植株生长势中等，茎蔓生，株型小，第一雌花节位在 5～7 节，雌花率高。露地栽培，春播 70d、秋播 40d 可采收嫩瓜。蔓长 2.0m，根瓜出现时，蔓长仅 20cm 左右，常连续 2～3 节着生雌花，主、侧蔓均可结瓜。瓜椭圆、圆形或扁圆形，瓜表面平滑无棱，有蜡粉。嫩瓜皮深绿或淡绿色，老熟瓜皮棕黄色。老熟瓜重 3kg 左右。瓜肉淡黄，品质较好。

10. 七叶南瓜 江西省地方品种。植株蔓生，茎粗，节间较短。叶心脏形，长 23cm，宽 29cm，深绿色。第一雌花着生于主蔓第 5～6 节。瓜扁圆形，嫩瓜高 9cm，横径 10cm，瓜皮绿白色。肉橙黄色，厚 3.5cm。单瓜重 3kg 左右。以采收嫩瓜为主，品质一般。适于长江下游地区种植。

11. 五月早南瓜 湖北省地方品种。植株蔓生，生长势强，蔓长 2m 以上，茎蔓较细，节多而节间短。叶片较小，呈心脏形，长 20cm，宽 25cm。主侧蔓均能坐瓜，第一雌花着生在第 4～5 节，雌花多 2 朵连生。单瓜重 4～5kg。肉质细密，味甜。老熟瓜耐贮藏，生育期 120d 左右。

12. 大粒裸仁南瓜 山西省农业科学院蔬菜研究所育成，肉籽兼用型品种。植株蔓生，茎长 3m 左右，茎节易生须根。叶片 3～5 个浅裂，尖端尖锐，叶面上具有白色斑点。瓜圆梯形状（苹果状），瓜面棱沟极浅，嫩瓜皮色浅绿色带网纹状，老熟瓜皮色为赭黄色。单瓜重 2～3kg，瓜纵径 12.5cm，横径 18.5m。瓜肉厚 4.0cm，深杏黄色，肉质紧密，可溶性固形物含量 15.0%，甘甜细面，品质极佳。种子无种皮，有深绿和乳白两种颜色，千粒重 245.3g，种子纵径 1.82±0.07cm，横径 0.97±0.05cm，厚 0.28±0.05cm。从播种到采收 110d，产量 60 000kg/hm² 以上。适应性极广，可在全国各地种植。

13. 无蔓 1 号 山西省农业科学院蔬菜研究所选育。植株无蔓、丛生，生长势强，高约 70cm，开展度 90cm。每株平均有 6 个分枝，叶着生于茎基部，约有 60 片，叶色绿，叶脉处有银灰色斑，最大叶片横径 26cm，纵径 27cm，叶柄长 39cm。瓜扁圆形，嫩瓜皮墨绿，老熟后呈赭黄色，瓜面光滑，有较深的纵沟。老熟瓜平均重 1.3kg，横径 18cm，纵径约 9cm。瓜肉厚 3cm，杏黄色，接近瓜皮部分有绿边，肉质甘面，含可溶性固形物 13.8%，淀粉 1.72%，平均一株结 3 个瓜。太原地区 4 月下旬直播大田，适宜株行距 80cm，经 55d 雌花开始开放，花后 15d 开始采摘重 0.5kg 的嫩瓜。8 月初成熟，老熟瓜产量 45 000～52 500kg/hm²。

14. 无蔓 4 号 山西省农业科学院蔬菜研究所选育。植株无蔓、丛生，株高 60～65cm，开展度 90～100cm。叶着生于茎基部，有 45～50 片，最大叶片横径 30cm，纵径 34cm，叶柄长 43～45cm，叶色绿，叶面有较多银灰色斑。瓜扁圆形，高 9cm，横径 18～19cm。嫩瓜皮色深绿，满布淡绿色斑纹，老熟瓜皮色赭黄，带有少量黑绿色花斑。瓜肉厚 2.5～3cm，杏黄色，近瓜梗部分有绿边，肉质致密，含可溶性固形物 12%，淀粉 0.5%。平均每株结瓜 3～4 个，老熟瓜产量 57 000kg/hm²。有采食嫩瓜习惯的地区，瓜长至适当大小及时采摘，产量还可增加。太原地区 4 月下旬直播大田，株距 80cm，行距 90cm，8 月初瓜老熟，全生长期 100d。

15. 蜜枣南瓜　广东省农业科学院作物研究所选育。蔓生，分枝性较强。主蔓第21～27节着生第一雌花，以后每隔5节着生雌花。瓜形似木瓜，有暗纵沟，外皮深绿色，有小块及小点状淡黄色斑，成熟瓜土黄色。瓜肉厚，近于实心，品质优。单瓜重1～1.5kg。产量为18 750～22 500kg/hm²。广州地区春秋两季均可栽培。

16. 黄狼南瓜　又称小闸南瓜，上海市地方品种。植株生长势强，分枝多，蔓粗，节间长。叶心脏形，深绿色。第一朵雌花着生于第15～16节，以后每隔1～3节出现雌花。瓜长棒槌形，纵径45cm左右，横径15cm左右，顶端膨大，种子少，果面平滑，瓜皮橙红色，成熟后有白粉。瓜肉厚，肉质细致，味甜，品质极佳，耐贮藏。生长期100～120d。单瓜重约1.5kg。产量15 000～19 500kg/hm²。适宜长江中下游地区种植。

17. 叶儿三南瓜　江苏省徐州市和安徽省宿县地方品种。早熟，以食嫩瓜为主。蔓浅绿色，叶较小。主蔓第7～8节开始产生雌花，以后每隔1～2节再生雌花。瓜长圆筒形，表皮光滑，有白绿条纹相间，嫩瓜皮色青绿，老瓜皮橙红色，肉质粉，水分少，单瓜重1. 5～2.5kg。

18. 牛腿番瓜　山东省地方品种。茎蔓生，分枝性强。早熟，雌花始节位第5～8节。瓜圆筒形，嫩瓜皮墨绿色，瓜表面平滑，有蜡粉。单瓜重2.5kg。生育期95～105d。较抗病毒病，不抗白粉病。

19. 骆驼脖南瓜　河北省秦皇岛市地方品种。中晚熟。植株匍匐生长，分枝多，生长旺盛。叶为掌状五角形，浅裂，深绿色，叶脉交叉处有白色斑点。茎蔓长9m左右，主蔓第15节以上结瓜。瓜棒槌形，似骆驼脖，长45～50cm，横径12～16cm。瓜皮墨绿色，具蜡粉，老熟瓜黑色，表面有10条浅绿色纵条纹。瓜肉橙黄色，瓤小，单瓜重2～3kg，肉厚，质致密，含水量少，味甜面，品质佳。耐寒、耐热、耐瘠薄、抗病能力强。产量37 500kg/hm²，适宜于华北地区种植。

20. 雁脖南瓜　河北省中部地方品种。植株生长势较强，分枝性中等。茎蔓匍匐，浅绿。叶为心脏形，浅裂，长22cm，宽26cm。主蔓第15～18节着生第一雌花。瓜头部较大，腹部细弯，形似雁脖。瓜长65cm，横茎10cm，表皮黄褐色带有深绿色纵条斑。瓜肉厚，呈黄色，味甜，较软面，品质好。仅瓜头部有少量种子，种子白色，甚大，千粒重约175g。单瓜重4kg以上。耐热、耐旱，抗病虫能力强。生长期130d左右。产量37 500kg/hm²，适宜于华北地区种植。

21. 桂林牛腿南瓜　广西自治区桂林市地方品种。中熟。蔓细，分枝力弱。叶较小，瓜牛腿形，长60cm，中间宽15cm，近果柄部实心，约占全瓜长3/4，瓜腔小。嫩瓜皮色深绿，粗糙，有瘤与隆起纵纹，似蛤蟆皮；老熟瓜红黄色，有白色蜡粉，单瓜重2.5～3.5kg。种子细长，千粒重121g。耐热，不抗白粉病，对肥水要求较高。

22. 增棚南瓜　陕西省农业科学院蔬菜研究所选育。晚熟。植株蔓生，生长势旺盛，分枝性强。叶片五角形，叶缘全锯齿状，叶面白斑多而大。主、侧蔓均结瓜。第一雌花着生在第18～20节。瓜长弯圆筒形，弯曲颈部为实心，蜡粉多，有浅棱。瓜皮黄褐色，瓜肉金黄色，肉质细面，味甜，品质好。种子千粒重100g。从定植至采收120d。抗病虫性强。耐旱性好。产量30 000～37 500kg/hm²。

23. 蜜本南瓜　广东省汕头市白沙蔬菜原种研究所培育的一代杂种。植株蔓生，生长

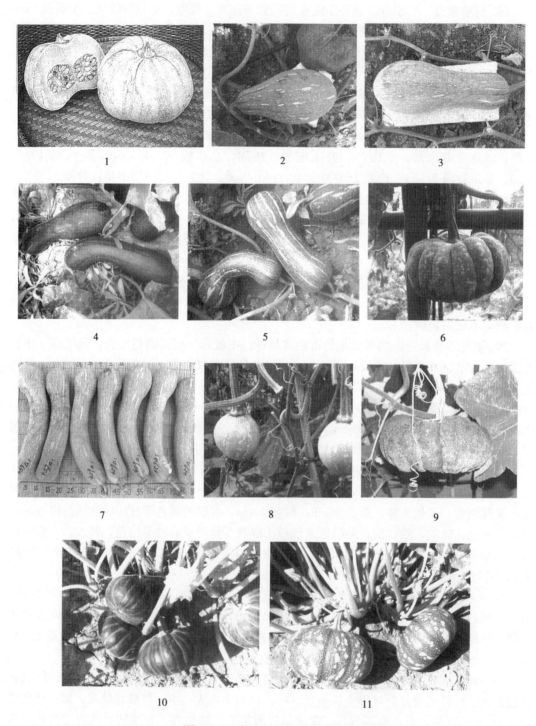

图 17-1   中国南瓜部分种质资源

1. 大粒裸仁南瓜   2. 蜜枣南瓜   3. 蜜本南瓜   4. 牛腿番瓜   5. 增棚南瓜

6. 十八棱北瓜   7. 黄狼南瓜   8. 贵州小青瓜   9. 癞子南瓜   10. 无蔓1号   11. 无蔓4号

势旺盛，分枝性强。叶片钝角掌状形，叶脉交界处有不规则银白色斑纹。茎较粗。第一雌花着生在主蔓第18～22节。瓜棒槌形，瓜顶端膨大，种子少且都集中在瓜膨大处。老熟瓜皮橙黄色，带不规则黄色斑纹和斑点。肉厚，橙红色，果肉味甜、细腻，品质好。单瓜重3kg，产量30 000kg/hm²。

三、印度南瓜（笋瓜）优异种质资源

中国印度南瓜主要优异品种有金瓜（鼎足瓜）、笋瓜、印度大南瓜、白皮笋瓜、黄皮笋瓜、花皮笋瓜、腊梅瓜、白玉瓜等。近年来，从国外引入或者由国内各科研院所培育的优良品种也有很多，这些品种主要是属于早熟、粉质度和甜度好、品质佳，果形中等偏小类型。瓜皮大多为墨绿色、灰绿色和橙红色。这种类型与中国传统种植的晚熟、质地粗、果型大、瓜皮为黄色、白色或花皮色类型的品种在外观和品质上有很大差异，人们通常把这种南瓜称为西洋南瓜或栗面南瓜。

1. 金瓜 又名鼎足瓜或香炉瓜。果形奇异，花痕部很大，显著突出成"脐"，并有"十"字形深沟，成四足状。果面光滑，呈灰绿色或橘红色，"脐"部为灰白色。肉色黄或深黄，味甘，肉厚，极耐贮存。

2. 印度大南瓜 东北、西北各地均有栽培。较晚熟。植株生长健壮，蔓长6～8m，叶肾圆形，绿色。第一雌花在主蔓的14～15节。瓜长纺锤形，或呈葫芦形，颜色多为灰、灰绿，或粉黄色，并间有粉白斑纹或条斑，瓜面光滑。瓜肉粉黄色或淡黄色，质地松软，水分多，微甜，适宜作饲料用。种子大而扁平，多为白色。单瓜重7～10kg，大者达25kg以上，产量45 000～52 500kg/hm²。

3. 白皮笋瓜 北京地区有少量栽培。晚熟。植株生长势旺，在主蔓第10节上着生第一雌花。瓜圆筒形，瓜面有纵棱沟。瓜皮白色，光滑。瓜肉甜面，肉质细嫩，品质较好。单瓜重5kg左右，较耐贮藏。

4. 黄皮笋瓜 北京地区有少量栽培。早熟。植株生长旺盛，主蔓分枝性强，第5～7节着生第一雌花。瓜长椭圆形，瓜皮光滑，嫩瓜皮淡黄色，老熟瓜为白色。单瓜重1～2kg，品质中等。

5. 尖头笋瓜 主要分布在黄河以北地区。晚熟。蔓较短，叶绿色，心脏形。瓜中等大小，短圆锥形，皮厚，瓜面光滑，灰蓝色。肉质致密，深黄色，甜面。

6. 厚皮笋瓜 从欧洲引进，云南省昆明地区栽培较多，因其外皮厚硬而得名。植株生长势强，蔓长5～6m。叶绿色。瓜纺锤形，瓜皮厚、光滑、深绿色，上有黄白色纵条纹。瓜肉色暗黄，质细腻，味甘甜，耐贮藏。单瓜重约2.5kg。

7. 腊梅瓜 山东省济南市地方品种。较早熟。茎蔓性，分枝性强。主蔓第6～10节着生第一雌花。瓜圆筒形，嫩瓜灰绿色，老熟瓜有灰白条纹。瓜表皮有浅棱，无蜡粉，单瓜重6kg左右。较抗病毒病和白粉病。

8. 白玉瓜 又名白笋瓜，北京市地方品种。中早熟，以老熟瓜供食。植株茎粗叶茂，生长势强。叶片心脏形，绿色，叶缘缺刻浅。主蔓第10节上开始着生第一雌花。瓜扁圆球形，单瓜重2.5～3.5kg。嫩瓜乳白色，老熟后转为黄白皮，瓜表面有10条宽纵棱和棱间的线状沟，并附有一薄层白粉。老熟瓜肉质较软，含水分较多，味淡，品质中等。

9. 五星彩瓜　山东省桓台县地方品种。中熟。茎蔓生,分枝性强,主蔓第 12 节以上着生第一雌花。瓜扁圆形,橙红色。瓜表面棱较浅,无蜡粉。单瓜重约 3kg,较抗病毒病、白粉病。

10. 方瓜　山东省昌乐县地方品种。早熟。茎蔓生,分枝性强。雌花出现于主蔓第 6～10 节。瓜扁圆形,黑绿色,瓜表面棱较深,无蜡粉。单瓜重 3kg 左右。不抗病毒病和白粉病。

11. 京绿栗南瓜　北京市农林科学院蔬菜研究中心由国外引入的小型西洋南瓜中选出的自交系选配的一代杂种。植株生长旺盛,坐果能力强,每株可坐果 3～4 个,丰产。极早熟,从播种至采收嫩瓜仅需 50d,到采收老瓜需 85d。瓜扁圆形,嫩瓜表皮光滑,绿色带少量白斑,老瓜皮墨绿色。瓜肉极厚,肉质紧密,既粉又甜,味似板栗。耐寒,遇雨时不易落花落果或裂果烂果,抗病力强,可与瓜类连作。单瓜约重 1.5～2kg,产量 45 000 kg/hm²。

12. 吉祥 1 号南瓜　中国农业科学院蔬菜花卉研究所育成的一代杂种。早熟、长蔓类型。喜光、喜温,但不耐高温。植株生长势较强。瓜扁圆形,瓜皮深绿色带有浅绿色条纹。瓜肉橘黄色,肉质细密,粉质重,口感甜面。瓜型小,单瓜重量 1～1.5kg。第一雌花着生于主蔓第 9～12 节,以后隔 3～4 节再生一雌花,但也有连续数节发生雌花后,隔数节再连发生几个雌花的情况。在主蔓上还可以产生一、二级侧枝,侧枝的第 3～4 节发生第一雌花,以后每隔 5～6 节再发生雌花。适宜在早春露地或大型温室、日光温室及大棚中作长季节栽培。

13. 京红栗南瓜　北京市农林科学院蔬菜研究中心培育的一代杂种。全生育期 80d 左右,果实发育期 28～30d。植株生长势稳、健。叶片中小,叶色浓绿。坐果习性好,第一雌花着生在 7～9 节,此后每隔 2～4 节便连续出现 1～2 朵雌花,易坐果,坐果整齐,单株可结 2～4 个瓜,单瓜重 2kg 左右。瓜厚扁圆形,皮色金黄,瓜面光滑,果脐小,丰满圆整,外观靓丽。瓜肉橙红色,肉质紧细,粉质度极高,水分少。既可作嫩果炒食,又可作老熟果食用,具有板栗风味,品质极佳。极耐贮,老瓜还可供观赏之用。种子棕黄色,千粒重 210g。产量 37 500kg/hm²。

14. 京银栗南瓜　北京市农林科学院蔬菜研究中心育成的优质南瓜一代杂种。早熟。瓜形扁圆、肩较高,瓜皮灰绿色。瓜肉浓黄色且肉厚,粉质,味极甜,适口性非常好。单瓜重约 1.5kg,开花后 28d 左右始收,适宜温室栽培。

15. 锦栗　湖南省农业科学院瓜类研究所育成。全生育期 98d。植株生长势强,始花节位第 6～8 节。瓜扁圆形,瓜皮为深绿底带浅绿色散斑,果肉橙黄色,肉质致密,粉质度高,食味良好。单瓜重 1.5kg,产量 30 000kg/hm²。

16. 银星栗　山西省农业科学院蔬菜研究所育成的一代杂种。极早熟,生育期 82d。植株长势中等,节间短。叶片小、叶色绿、叶柄长。主蔓第 6～7 节着生第一雌花,此后每隔 2～5 节着生一雌花。瓜扁圆形,横径 16～18cm,纵径 8～10cm,老熟瓜皮灰色。瓜肉橘红色,肉厚 2.5～3.0cm,粉质,含糖量 15.9%,口感好,干面、甜、栗子味,含水量 79.1%,加工、鲜食兼用。单瓜重 1.2～1.5kg。产量 30 000～37 500kg/hm²。适宜早熟栽培。

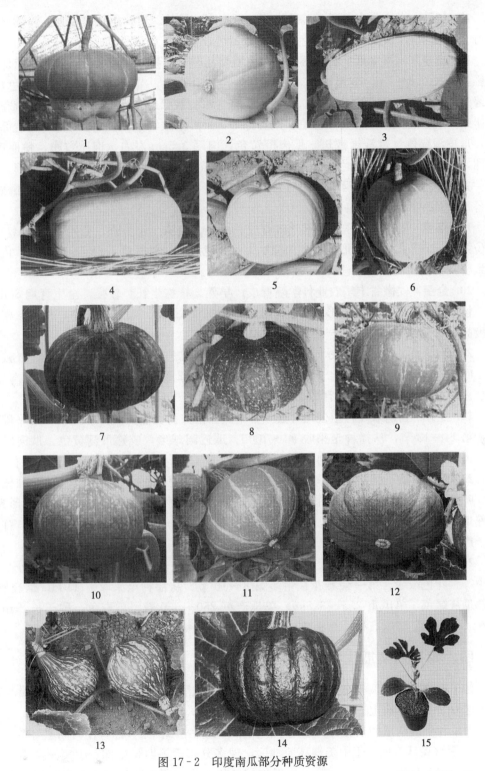

图 17-2 印度南瓜部分种质资源

1. 香炉瓜 2. 巨型南瓜 3. 白皮笋瓜 4. 黄皮笋瓜 5. 白玉瓜 6. 腊梅瓜 7. 京绿栗 8. 吉祥1号
9. 东升南瓜 10. 京红栗 11. 金星 12. 京银栗 13. 尖头笋瓜 14. 京欣砧3号 15. 京欣砧3号嫁接西瓜

17. 红栗　湖南省农业科学院瓜类研究所培育。早熟。植株生长势较强，连续坐果能力好。瓜扁圆形，老熟瓜皮橘红色，果肉金黄色，粉质。从开花至成熟 35d。

18. 短蔓京绿栗南瓜　前期矮生，为密植型品种。早熟，全育期 85～90d。植株生长势强，蔓长 0.8～1m，茎粗可达 1.5cm 左右，茎近圆形，节上易生不定根。叶色深绿，叶缘缺裂较浅，叶面无白色斑点。第一雌花着生节位在第 5～8 节，可连续出现雌花，连续坐果，从开花到瓜成熟 40d 左右。瓜扁圆形，果形指数 0.6，果柄短而粗，花痕部直径小，瓜皮深绿色且带淡绿散斑。瓜肉橙黄色，肉厚 3.5cm 左右，肉质致密，粉质度高，味甜，风味佳。种子淡褐色，千粒重 187g。单瓜重 1.5kg，最大达 3.5kg。对土壤、气候条件要求不严，适应性很强，除适宜各地保护地特早熟栽培和春夏露地栽培外，还适宜华南各地秋延后栽培。

19. 寿星　安徽省丰乐农业科学院育成。早熟。植株生长势强，全生育期 90d。始花节位第 8～10 节。瓜扁球形，瓜皮为绿底带浅绿色散斑，单瓜重 1.6kg，瓜肉橙黄色，肉质致密，粉质度高，品质佳。

20. 金星　安徽省丰乐农业科学院育成。早熟。植株生长势较强，全生育期 80d。始花节位第 8～10 节。瓜扁球形，瓜皮金黄色，单瓜重 1.8kg。瓜肉橙黄色，肉质致密，粉质度高，水分少，品质佳。产量 22 500kg/hm² 左右。

21. 谢花面　黑龙江省农业科学院园艺研究所育成。植株蔓生，长势中等，分枝性中等。叶色深。第一雌花着生于第 6～8 节。成熟瓜扁圆形，墨绿色带白条带。瓜肉甘甜，味佳。单瓜重 1～1.5kg，生育期 90～100d。产量 22 500kg/hm² 左右。

22. 冬升　台湾农友种苗公司育成。早中熟。植株为长蔓类型，易结果。第一雌花着生于第 11～13 节，从播种至采收 90～100d。瓜近圆球形，成熟瓜橘黄色。瓜肉厚，粉质、风味好。耐贮运。开花后 40d 可采收。单瓜重 1.5kg。产量 22 500kg/hm² 左右。

23. 无杈南瓜　黑龙江省桦南县白瓜子集团选育。籽用型。植株长势中等，分枝能力弱。叶色灰绿。第一雌花在第 10 节左右。从播种至采收需 110d 左右。瓜以扁圆形为主，成熟瓜灰绿色。单瓜重 2.5～3.5kg。种子千粒重 350g。子粒长 2cm，宽 1.2cm，雪白色。种子产量 975～1 350kg/hm²。

24. 银辉 1 号　东北农业大学园艺系选育。籽用型。中早熟。植株生长势中等，分枝性中等。叶色浓绿。第一朵雌花在主蔓第 8～10 节。从播种至采收需 110d。瓜扁圆形，成熟瓜灰绿色。单瓜重 2.5～3.5kg。单瓜产籽 250～350 粒，雪白色，种子长 2cm，宽 1.2cm，千粒重 320g。种子产量 900～1 125kg/hm²。

四、嫁接用南瓜优异种质资源

为了提高黄瓜等瓜类作物植株的抗病、抗寒、抗旱性和耐弱光能力，研究人员从南瓜种中选取了一批具有上述特性的品种作为嫁接用砧木，其中最常用的是黑籽南瓜，也有用印度南瓜和中国南瓜的杂交种，或用中国南瓜、美洲南瓜的某些品种作为砧木材料。

1. 黑籽南瓜　原产于中美洲高原地区，现多分布于墨西哥中部、中美洲至南美洲等地；中国则多分布于云、贵一带，一般作饲料用，栽培不太普遍。由于黑籽南瓜根系发达，抗病、抗寒、抗旱，尤其对枯萎病具有较强的免疫力，所以常把它用作黄瓜等瓜类作物的嫁接用砧木。

黑籽南瓜根系强大。茎圆形，分枝性强。叶圆形，深裂，有刺毛。瓜椭圆形，瓜皮硬，绿色，有白色条纹或斑块。瓜肉白色，多纤维。种子黑色，有窄薄边，珠柄痕斜或平，千粒重 250g 左右。对日照条件要求严格，日照在 13h 以上时，不能形成花芽，或有花蕾但不能开花坐果。

2. 灰籽南瓜　原产于墨西哥至美国南部，主要分布于墨西哥、日本等地，其生长势和抗性都很强。

3. 土佐系南瓜　从日本引进的一代杂种，是食用和嫁接兼用型品种。植株蔓生，生长势强，抗病、耐寒。第一雌花着生于第 10 节前后。瓜圆形，但不规则，表面有瘤状，瓜皮墨绿色。瓜肉杏黄色，肉厚，质细，甘面，味甜，适口性好，品质佳，深受广大消费者喜爱。生育期 100d 左右。单瓜约重 1.5～2kg，产量 15 000～30 000kg/hm²。全国各地均可种植，是目前西瓜、甜瓜嫁接用砧木的优良品种之一。

4. 京欣砧 3 号　北京市农林科学院蔬菜研究中心选育的一代杂种，是食用和嫁接兼用型品种。植株前期短蔓，中后期节间逐渐伸长，成为蔓生品种。生产上若提早进行打顶，则可密植。植株生长势强，抗病、耐寒。第一雌花着生于第 8～10 节。瓜厚扁圆形，表面有瘤状和浅棱沟，瓜皮墨绿色。果肉深黄色，肉厚，质细，甘面，味甜，品质佳。种子黄褐色，千粒重 150～160g。生育期 100d 左右。单瓜重 1.5～2kg，产量 30 000～37 500kg/hm²，全国各地均可种植，也是目前西瓜、甜瓜嫁接用砧木的优良品种之一。

除上述品种外，各地还有许多性状优异的地方品种，如山西省交城县的交城南瓜、静乐县的静乐南瓜，浙江省杭州市的糖饼南瓜，云南省昆明市的癫皮南瓜，江苏省的盒子南瓜等。

第六节　南瓜种质资源研究与创新

一、南瓜远缘杂交研究

自 20 世纪初，德国人特鲁德（Drude，1917）开始南瓜种间杂交试验以来，国内外学者一直在持续不断地进行方法和技术的探索，试图寻求打破种间杂交障碍，通过常规种间杂交、体细胞杂交、分子生物等技术实现不同种间的优良品质、抗病虫及抗逆性状的转移。虽然取得了一些进展，但至今尚未获得理想或一致的结果。研究者对南瓜属 5 个栽培种的杂交研究表明，南瓜属的各个种在亲缘关系上较为密切，种间杂交情况比较复杂。部分研究的试验结果见表 17 - 4。

程永安等（2001）通过对 4 个南瓜栽培种的杂交表明，中国南瓜与印度南瓜有较高的亲和性，与灰籽南瓜的亲和性一般，F_1 代几乎不育，而与西葫芦的亲和性最差。灰籽南瓜与中国南瓜、印度南瓜、西葫芦都有一定的亲和性，其中以中国南瓜的亲和性最高。总结前人的研究，美国葫芦科作物专家 Whitaker T. W.（1962）认为，一年生南瓜种中，印度南瓜种、美洲南瓜与中国南瓜种亲缘关系较近，而印度南瓜种与美洲南瓜种亲缘关系较远；中国南瓜与印度南瓜（笋瓜）具有较高的亲和性，两者相互杂交可获得种间杂交

表 17 - 4　南瓜属种间杂交试验结果

试验组合	杂交花数（朵）	杂交坐果数（个）	可育种子数（粒）	F_1存活数（株）	F_1自交可育性	F_1与亲本回交可育性	F_2可育性	试验者	试验年份
C. peop × C. moschata	134	14	57	<10	＋	？	不详	Castetter	1930
C. moschata × C. peop	334	19	0	—	—	—	—	Castetter	1930
C. moschata × C. peop	107	28	15	9	77％	—	50％	Yamane	1953
C. peop × C. maxima	667	78	12	8	极少	—	—	Castetter	1930
C. maxima × C. peop	1 132	99	11	4	不育	可	—	Castetter	1930
C. maxima × C. peop	212	84	—	26	不育	可	—	Weilung	1955
C. moschata × C. maxima	200	43	0～许多	许多	几乎不育	—	—	Castetter	1930
C. moschata × C. maxima	271	45％	很少	少	不育	—	—	Takashima	1953
C. maxima × C. moschata	72	31	0～许多	许多	不育	可	—	Castetter	1930
C. maxima × C. moschata	750	42％	许多	许多	不育	—	—	Takashima	1953
C. peop × C. maxima	10	5	0	0	—	—	—	I. Poostchi	1978
C. moschata × C. peop	26	1	许多	许多	—	—	—	I. Poostchi	1978
C. peop × C. mixta	10	4	许多	少	—	—	—	I. Poostchi	1978

注：资料引自林德佩，2000，——笔者稍作了增加。

种，尤其是以印度南瓜种作为母本更容易杂交；中国南瓜与灰籽南瓜的亲和性一般，F_1代几乎不育，而与美洲南瓜的亲和性最差；灰籽南瓜与美洲南瓜亲缘关系较近；多年生南瓜、黑籽南瓜种与一年生南瓜种亲缘关系较远，但黑籽南瓜与印度南瓜及美洲南瓜又较近。从亲缘关系上分析，5 个南瓜栽培种在进化时间上可能存在一定的顺序性，中国南瓜在一年生南瓜中处于种间杂交关系的中间位置。但需要说明的是，在种间杂交试验中，使用同一个种的不同品种会获得不同的试验结果，这也是认为南瓜属不同种亲缘关系复杂的理由之一。1983 年联合国粮食与农业组织（FAO）在全球报告《葫芦科植物的遗传资源》中，描绘出南瓜栽培种之间的亲缘关系图，见图 17 - 3。

目前，研究者们感兴趣的是通过南瓜属的种间杂交技术，将印度南瓜的优良品质性状和中国南瓜的抗虫性状结合起来，并育成高品质种间杂交种，目前已有不少成功的例子，如 Pearson, O. H. 等（1951）、日本国长岗园艺种苗厂育成的新土佐系列南瓜都属于该种类型。此外，南瓜属中具有特殊抗病虫性的种质资源并不多，仅在少数的野生南瓜种质资源中发现有抗病种质，如 C. ecuadorensis [高抗病毒病——小西葫芦黄花叶病毒（ZYMV）等]，C. okeechobensis [高抗白粉病（Sphaerotheca fuliginea）]，C. martinezii

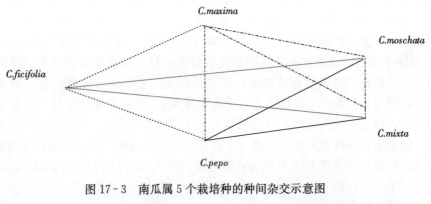

图 17-3 南瓜属 5 个栽培种的种间杂交示意图

······· 坐果,但无种子　　　--------- 存活,但不育

-------- 少数种子成活,F₁ 弱　　　——— F₁ 少数可育,但 F₂ 不育

（高抗白粉病、高抗病毒病），*C. lundelliana*（高抗白粉病）都是很好的抗病种质资源。应用远缘杂交技术已成功地将某些抗病基因转育到了栽培种中。如美国研究者 Whitaker（1959）发现野生种 *C. lundelliana* 南瓜能和 5 个栽培种的任何一个品种杂交，所以它是南瓜属一个很好的桥梁品种。西葫芦和野生抗病品种 *C. martinezii* 不容易杂交，为了将抗病基因转入西葫芦栽培品种中，美国康乃尔大学研究人员（Thomas W. Whitaker，1986）已使用中国南瓜种的 Butternut 品种作为桥梁品种，首先用 *C. martinezii* × *C. moschata* 杂交，然后用得到的 F₁ 代再与西葫芦杂交，成功地获得了抗白粉病和黄瓜花叶病毒病西葫芦材料。同时通过这种方法，也将中国南瓜的高品质性状和抗虫性状转育到了西葫芦品种中。澳大利亚学者（Herrington，M. E.，2002.）通过远缘杂交的方法成功地将 *C. ecuadorensis* 和 *C. moschata* 'Nigerian' 种质的抗病毒病基因转育到了南瓜中，育成了抗小西葫芦黄花叶病毒（ZYMV）、番木瓜环斑病毒—西瓜株系（PRSV-W）和西瓜花叶病毒（WMV）的印度南瓜品种 Redlands Traiblazer 和 Dulong QHI 以及中国南瓜品种 Sunset QHI。

在远缘杂交实验中，F₁ 代或杂交早期 2~3 代常常出现花粉不育或种子发育不良现象，为了保留后代，往往结合回交方法和采用胚挽救技术。Wall J. R.（1954）采用胚培养技术获得了中国南瓜和西葫芦的杂交种。Washek R.（1982）同样也采用该技术获得了西葫芦和 *C. ecuadorensis* 南瓜的杂交后代。Pearson O. H.，et al.（1951）研究认为，使用秋水仙碱加倍远缘杂交后代成双二倍体可以解决花粉不育问题。关于南瓜种间杂交的难易程度和多变现象，Wall and York（1960）研究认为，配子的多样性有助于种间杂交的成功，即杂合的基因型比纯合的基因型更容易杂交。西葫芦中的碟形瓜往往比其他类型的西葫芦更容易和中国南瓜杂交。

二、南瓜细胞学及分子生物学研究

在南瓜植物再生体系构建及其应用方面，从 Schoroeder（1968）开始研究南瓜属植物再生体系至今，国内外在此研究领域已取得了很大进展，分别通过体细胞发生途径

(Biserka J.，1991；Carol G.，1995）和器官发生途径（Ananthakrishnan G.，2003；Krishnan K.，2006）获得了再生植株，并对影响再生率的各种条件进行了大量研究。离体大孢子培养方面，Kwack S. N . & Fujieda K.（1988）等取中国南瓜（*Cucurbita moschata*）离体子房为外植体，在开花期和花后分别取材，结果花期胚珠所获得的再生频率明显高于花后胚珠，这表明在植株生长发育活跃期的外植体分化能力强，再生频率也较高，同时该研究也发现在5℃低温下对子房预处理2d后，可促进胚状体的发生。盛玉萍等（2002）进行了利用组织培养快速繁殖无蔓1号南瓜的研究，通过比较消毒时间、外植体来源、激素组合等因素的作用，建立了适宜生产上应用的无蔓1号南瓜种苗组培快繁技术。结果表明最佳的消毒方法为70%乙醇表面消毒30s，然后 $HgCl_2$ 消毒15min；顶芽的芽诱导率比子叶高；适于试管苗生长的培养基为 2/3MS＋BA 0.5mg/L。1/2MS 对不定根的形成效果最好。

在南瓜基因工程育种方面，目前已有将抗病毒基因转入南瓜的报道。用于南瓜抗病毒基因工程的有效基因主要来源于病毒，南瓜上应用较多的是外壳蛋白基因策略。葫芦科作物几种主要病毒西瓜花叶病毒（WMV）、黄瓜花叶病毒（CMV）、南瓜花叶病毒（SqMV）、西葫芦黄斑花叶病毒（ZYMV）的外壳蛋白基因均有转入葫芦科作物的报道。在美国，一种已知 CMV 致病株系的外壳蛋白（CP）基因已被导入南瓜和甜瓜的商业用品种，这种抗性由显性单基因控制，在康乃尔大学，SqMV-1 的 CP 基因已被导入南瓜，这种基因表现很高的抗性，尤其是 WMV 外壳蛋白基因转入南瓜品系中，这种抗性由单基因控制，不受温度和病毒浓度的影响，因此它为南瓜抗多种病毒提供了较高水平的抗性。另外，美国已把 ZYMV 病毒的 CP 基因转入葫芦科作物。Brent Rowell（1999）等对基因工程方法育成的抗病材料及用传统育种方法育成的抗病或耐病品种与普通的感病品种杂交种进行了比较，用田间病害症状调查和酶联免疫试验（ELISA）鉴定病毒病的影响，结果显示：西瓜花叶病毒（WMV）是最常检测到的、也是引起最多病症的病毒；转基因品种表现出较强的抗病性和较高的产量，大多数转基因品种的抗病性和产量均高于对照品种。酶联免疫试验结果表明：部分转基因品种的植株体内能检测到外壳蛋白，而且与植株的抗性相关。在商品瓜收获之后转基因西葫芦植株表现轻微的病毒侵染症状。Pang S. Z.（2000）等进行了病原介导的抗性途径研究，获得转南瓜花叶病毒（SqMV）外壳蛋白（CP）基因的南瓜品系。用3个独立品系（敏感、可恢复、抗病）的 R_1 植株在温室、网室和大田经接种 SqMV 后进行试验，抗性品系（SqMV-127）几乎所有的植株在温室和大田条件下表现抗病。敏感品系（SqMV-22）表现病症而且扩展到全株。对转 CP 基因植株的外源基因转录情况进行了分析，结果表明抗性品系 SqMV-127 表现 CP 基因转录后沉默，其证据是在抗性植株中，CP 基因的转录水平很高，但积累很少，也没能检测出任何 CP 蛋白。这是抗 SqMV 的转基因南瓜的首例报道。

近年来，国外也有将两种或多种以上 CP 基因转化到葫芦科作物上的报道。Tricolj D. M. 等和 M. Fuchs（1995，1998）等在日内瓦调查了表达 ZYMV 和 WMV 的外壳蛋白基因的转基因南瓜 ZW-20、ZW-20B 的抗性，结果表明上述2个品种对这两种病毒混合接种表现出高水平抗性。对表达 CMV、ZYMV、WMV 的 CP 基因的5个转基因南瓜品系在田间进行测试，结果表明：表达了 CMV、ZYMV、WMV 三种 CP 基因的转基因品系 C2W‐3 表现出最高抗性，没有系统侵染。表达 ZYMV 和 WMV 的 CP 基因品系 ZW‐20 表现出对 ZYMV 和 WMV 的高水平抗性，分别表达 CMV、ZYMV 和 WMV 的单 CP 基因的 3 个品系 C‐14、Z‐33、W‐164 表现与对照相同的症状，但是发病推迟了 2～4 周。可见，同一植株上表达的 CP 基因越多，抗性越强。

在中国也已经把 WMV 的 CP 基因转入甜瓜、西瓜、黄瓜中；把 CWV 的 CP 基因转入南瓜、甜瓜、番茄、辣椒中；把 SqMV 的 CP 基因转入烟草中。但目前中国报道的都是转入单一病毒的 CP 基因实验结果。

在南瓜分子标记应用方面，Stachel（1998）等用 40 个随机引物对 20 个南瓜品系（自交 6 代）进行分析，其中 34 个引物扩增出了 116 条多态带，通过聚类分析，将 20 个材料分成 3 种类型，与传统分类系统基本一致。Gwanama 等（2000）用 16 个随机引物对从赞比亚和马拉维搜集的 31 份中国南瓜材料进行 RAPD 分析，扩增出 39 条多态带，聚类分析将 31 份种质分为 4 组，来自马拉维的材料分为 3 组，赞比亚的材料为 1 组。马拉维样本的遗传距离为 0.32～0.04，赞比亚的为 0.26～0.04。李海真等（2000，2007）利用 RAPD 技术对南瓜属的中国南瓜、美洲南瓜、印度南瓜 3 个种的 23 份国内外育种材料及品种进行了亲缘关系分析，发现 RAPD 技术对 3 个种基因组的分析结果与传统分类学的结果完全相符，同时用 RAPD 技术揭示了南瓜属不同品种（系）的亲缘关系与其地域来源、形态特征基本符合。同时该研究小组以（矮生中国南瓜×长蔓印度南瓜）×长蔓印度南瓜建立的 BC_6 近等基因系为群体，采用 RAPD 技术获得了与中国南瓜矮生基因紧密连锁的分子标记，连锁距离为 2.29cM。李俊丽等（2005）应用 RAPD 技术对 70 份南瓜种质进行遗传多样性分析，系统聚类分析将 70 份南瓜种质分为三大类：中国南瓜、美洲南瓜和印度南瓜，与传统分类学的结果相符。同时在三大类群内又将种质进行细分，第一类分为三组，第二类分为 6 组，第三类分为 5 组，其结果表明与地域来源和形态特征有一定的相关性。主成分分析与系统聚类分析结果基本一致，但系统聚类分析在揭示密切相关的个体间的关系上能提供更丰富的信息。Ferriol 等（2001）对 8 个南瓜种质进行了随机引物分析，发现种间遗传距离显著大于种内，与依照果实性状进行分类的结果一致。

三、南瓜种质资源创新

据（《野菜园艺大百科》）记载，日本早在 20 世纪 40 年代就开始了南瓜种质资源创新的研究，育成了许多品质优良、熟性早的印度南瓜品种和中晚熟、品质好的中国南瓜品种，同时在砧木南瓜研究领域也处于世界前列。欧美国家对观赏南瓜、雕刻用南瓜（大部分为西葫芦种）的研究比较重视，对中国南瓜种的研究（Wessel‐Beaver.L.，1994；Maynard D. N.，1994，1996）大多集中在 Butternut 类型品种上，已育成了短蔓、半短蔓、抗病毒病和白粉病的品种。中国在 20 世纪 80 年代之前，在南瓜种质资源创新研究方面，仅停留在地方品种的常规选择层面。80 年代后，陆续育成了许多以鲜食为主的南瓜品种（郑汉潘，1998；刘宜生，2001；李海真，2006；贾长才，2007；罗伏青，2001；钱奕道，2001），如营养丰富、口感甜面的蜜本南瓜、吉祥 1 号南瓜、京红栗南瓜、短蔓京绿栗南瓜、京蜜栗南瓜、红栗、金星、甜栗等许多优质、丰产一代杂种；育成了片大、多籽的梅亚雪城 1 号、黑龙江无权等以籽用为主的南瓜品种（吉新文，2002）。

最近几年，国内外蔬菜育种工作者一直在围绕如何提高南瓜品质、提高产量和适应性、提高抗病性和抗虫性等关键问题开展相关研究，在种质创新研究方面又取得了一些新的进展。

（一）利用常规杂交选择技术创新南瓜种质

20 世纪 80 年代后期，南瓜种质资源创新有了较大的进展，山西省农业科学院蔬菜研究所先后育成了无蔓 1～4 号南瓜系列新品种，由于它们具有独特的矮生性状，适合密植栽培，容易管理，结果性好，产量高，尤其适合于南方部分省区以嫩南瓜作菜的消费，很快被市场所接受。90 年代后期，湖南省衡阳市蔬菜研究所先后培育出一串铃 1、2、4 号早熟的菜用南瓜，该系列品种抗逆性强、产量高、连续结瓜性能很强、口感粉甜、品质优良、耐贮运。70 年代中期进入市场，直至 90 年代在中国国内市场迅速发展。据不完全统计，该品种种植面积每年高达 6 万多 hm²，且种子销售量和种植面积都以年 10％的速度增长，甚至缅甸、越南、美国等国家也已引进种植。该品种于 1997 年通过广东省农作物品种审定委员会的认定。除上述鲜食南瓜品种外，还有山西省农业科学院蔬菜研究所选育的裸仁南瓜，因其种子无外种皮，而成为优异的种子与瓜肉兼用型中国南瓜新品种。近年来，在印度南瓜的种质创新研究方面，中国的科研水平也有了显著的提高，大部分创新种质源是利用从国外引进的或国内的优质种质资源，采用自交、杂交、回交、多代自交选育的方法育成不少稳定的各具特色的优良自交系，再根据育种目标选配亲本，育成生产中需要的品种，如京绿栗南瓜、银星栗、吉祥 1 号南瓜等。这些研究工作对提高中国南瓜育种和生产水平起到了积极的推动作用。

国外学者（Whitaker T. W.，1959；Munger H. M.，1976；Provvidenti R. and Robinson R. W.，1978）在南瓜的抗病性转育和抗病品种的选育方面做了大量工作。主要采用的方法是通过栽培种和抗病野生种进行多代杂交、回交和自交，后代辅之以胚挽救技术，将抗病或抗虫基因转育到栽培种中，极大地丰富和改良了南瓜的种质资源类型，为南瓜抗病育种开辟了新的途径。例如：Contin M. E.（1978）、Andres T. C.（2000，2002）报道，美国康乃尔大学的研究者采用 *C. lundelliana*（近缘野生种）、*C. martinezii* 分别和 *C. moschata*（栽培种）杂交、回交后获得了抗白粉病的中国南瓜种质资源 Sigol、Sanglo 等株系，其抗性主要为单基因显性遗传，同时有修饰基因起作用。澳大利亚学者通过种间杂交已将 *C. ecuadorensis* 和 *C. moschata* 种的 Nigeria Local 品种的抗番木瓜环斑病毒（PRSV）、小西葫芦黄花叶病毒（ZYMV）、西瓜花叶病毒（WMV）基因转育到了印度南瓜种和中国南瓜种中，育成了 Redlands Trailblazer 、Dulong QHI 和 Sunset QHI。Lebeda A.（1996）通过种间桥梁品种杂交，已把 *C. martinezii* 的抗黄瓜花叶病毒（CMV）抗性基因通过 *C. moschata* 种的 butternut 品种导入到西葫芦种中，抗性为部分显性。研究显示西葫芦品种 Whitaker 抗 ZYMV、CMV、WMV 和白粉病。

（二）利用其他技术进行南瓜种质创新

生物技术与常规选择技术相结合，可创造新的南瓜特异种质，从而提高育种效率和质量。

利用单倍体培养技术获得新种质在南瓜上还未见报道，但据 Lee Y. K.，Abrie A. L. 和 Kwack S. N.（2003，2001，1988）报道已通过诱导南瓜子叶和胚珠在 MS 改良培养基上获得愈伤组织，进而获得体细胞胚胎及再生植株。并对影响再生的各种条件如外植体、激素、基因型和其他因素进行了大量研究，形成了较为成熟的方法。赵建平等（1999）成功地利用组织培养技术获得艾西丝南瓜组培苗。刘栓桃等利用组织培养技术快繁黑籽南瓜种苗获得成功。该技术的建立为通过遗传转化、快速繁殖、品种改良、种间杂交、胚培养等途径创制新种质打下了基础。

张兴国等（1998）报道了采用聚乙二醇和高钙高 pH 法融合技术，将黄瓜子叶原生质体和中国南瓜和黑子南瓜子叶原生质体融合并获得了体细胞杂种愈伤组织。目的在于扩大两个属的遗传背景，创造新的种质。

辐射诱变技术在人工创造新种质中有重要作用，它可加速生物人工进化过程，同时丰富生物的变异类型，并给育种工作提供更多的选择机会。据李秀贞等（1996）报道，利用^{60}Co-γ射线处理小型南瓜小菊干种子后，经过 5 代选育出了 3 个新的优良品系。

南瓜是中国重要的蔬菜作物之一，尽管利用传统的育种方法，获得了一些优良品种，但在种质资源的研究深度和广度上远远落后于其他很多蔬菜作物。今后应加强南瓜分子标记技术、单倍体培养技术和转基因技术的研究，并注意与传统育种技术的结合，使南瓜属作物中每一个种都能建立起多种形式的转基因体系、优化分子标记技术体系，并加快重要经济性状基因的标记和克隆，以促进南瓜种质资源研究水平的进一步提高。

（李海真）

主要参考文献

郭文忠 . 2002. 南瓜的价值及抗逆栽培生理研究进展 . 长江蔬菜 .（9）：30～33

贾长才等 . 2007. 优质南瓜（笋瓜）新品种短蔓京绿栗的选育 . 中国蔬菜 .（5）：31～33

吉新文，吉小平 . 2002. 梅亚雪城 1 号大片籽用南瓜新品种的选育研究 . 中国西瓜甜瓜 .（2）：17～19

林德佩 . 2000. 南瓜植物的起源和分类 . 中国西瓜甜瓜 .（1）：36～38

刘庞沅 . 1997. 南瓜种质资源特性评价系统的建立 . 北京农业科学 . 15（5）：20～22

刘栓桃，赵治中 . 2003. 黑籽南瓜的组织培养与快速繁殖 . 植物生理学通讯 . 40（4）：459

李俊丽，向长萍等 . 2005. 南瓜种质资源遗传多样性的 RAPD 分析 . 园艺学报 . 32（5）：834～839

李丙东，万巧兰译 . 1997. 用生物技术和自然抗性获得对葫芦科蔬菜作物病毒病的抗性 . 中国蔬菜 .（4）：55～57

李海真等 . 2000. 南瓜属三个种的亲缘关系与品种的分子鉴定研究 . 农业生物技术学报 .（2）：161～164

李海真等 . 2007. 与南瓜矮生基因连锁的分子标记 . 农业生物技术学报 . 15（2）：279～282

李海真等 . 2006. 优质丰产早熟南瓜新品种京红栗的选育 . 中国蔬菜 . 2006（1）：27～29

李秀贞，刘光亮等 . 1996. 利用辐射选育南瓜新品种 . 核农学报 . 10（2）：120～122

罗伏青，董亚静，孙小武 . 2001. 南瓜新品种红栗的选育 . 湖南农业大学学报（自然科学版）. 27（4）：

286～288

刘宜生．2003．西葫芦南瓜无公害高效栽培．北京：金盾出版社，86

刘宜生等．2007．关于统一南瓜属栽培种中文名称的建议．中国蔬菜．157（5）：43～44

刘宜生．2007．南瓜的种质资源及制种的关键技术．长江蔬菜．429～31

刘宜生，王长林，崔力琴等．2001．早熟南瓜吉祥1号的选育．中国蔬菜．（1）：24～25

钱奕道，戴祖云等．2001．金星南瓜的选育与推广．中国西瓜甜瓜．（1）：6～7

盛玉萍，王爱勤，何龙飞等．2002．利用组织培养快速繁殖无蔓一号南瓜．广西农业生物科学．21（3）：35～37

薛宝娣，陈永萱，Gonsalves D. 等．1995．转基因的番茄、南瓜和甜瓜植株的抗病性研究．农业生物技术学报．3（2）：58～62

农山渔村文化协会．野菜园艺大百科 • 第6卷．18～19

郑汉潘．1998．白沙蜜本南瓜．长江蔬菜．（1）：21

周俊国，李新峥．2006．南瓜资源果实性状描述和管理研究．中国瓜菜．（6）：1～3

赵建萍，柏新付等．1995．利用组培技术快繁艾西丝南瓜良种．北方园艺．（5）：14～15

张兴国，刘佩瑛．1998．黄瓜和南瓜原生质体融合研究．西南农业大学学报．20（4）：293～297

中国农业百科全书编委会．1990．中国农业百科全书 • 蔬菜卷．北京．农业出版社，225～227

中国疾病控制中心．2002．中国食物成分表2002．北京：北京大学医学出版社，54～57

中国农业科学院蔬菜花卉所主编．2001．中国蔬菜品种志．北京：中国农业出版社

Abrie A. L. ， Van Staden J. . 2001. Development of regeneration protocols for selected cucurbit cultivars. Plant Growth Regulation. 35：263～267

Andres T. C. ， R. W. Robinson. 2002. *Cucurbita ecuadorensis*, an ancient semidomesticate with multiple disease resistance and tolerance to some adverse growing conditions. Cucurbitaceae 95～99

Andres T. C. . 2000. Searching for *Cucurbita* germplasm：collecting more than seeds. Cucurbitaceae 191～198

Biserka J. ， Sibila J. . 1991. Plant development in long‐term embryogenic callus lines of *Cucurbita pepo*. Plant Cell Reports. 9623～9626

Brent Rowell， William Nesmith， John C. Snyder. 1999. Yields and disease resistance of fall‐harvested transgenic and conventional summer squash in Kentucky. Hort Technology. Vol. 9，No. 2，282～288

Carol G. ， Baodi X. ， Dennis G. . 1995. Somatic embryogenesis and regeneration from cotyledon explants of six squash cultivars. Hortscience. 30（6）：1295～1297

Contin M. E. . 1978. Interspecific transfer of powdery mildew resistance in the genus Cucutbita. Ph. D. Thesis. Cornell University，Ithaca，NY. Coyne，D. P. . 1970. Inheritance of mottle‐leaf in *Cucurbita moschata* Poir. HortScience . 5：226～227

Ferriol. M. ， Pico. B. ， Nuez. F. . 2001. Genetic variability in pumpkin（*Cucurbita maxima*）using RAPD markers. （24）：94～96

Fuchs M. ， Gonsalves D. . 1995. Resistance of Transgenic Hybrid Squash ZW‐20 Expressing the Coat Protein Genes of Zucchini Yellow Mosaic Virus and Watermelon Virus 2 to Mixed Infections by Both Potyviruses. Bio Technology . 13：1466～1473

Fuchs M. ， Tricoli D. M. ， Carney K. J. . 1998. Comparative Virus Resistance and Fruit Yield of Transgenic Squash with Single and Multiple Coat Protein Genes. Plant Diseas. 82（12）：1350～1356

Fuchs M. ， Klas F. E. ， McFerson J. R. ， Gonsalves D. . 1998. transgenic melon and squash expressing coat protein genes of aphid‐bornevirus do not assist the spread of an aphid non‐transmissible strain of cucumber mosaic virus in the field, Transgenic research. Vol. 7, No. 6, 449~462

Gwanama C. , Labuscbagne M. T. , botha A. M. . 2000. Analysis of genetic. variation in *Cucurbita. moschata* by random amplified polymorphic DNA [RAPD] marker [J] . Eupbylica . 113: 19~24

Herrington M. E. , Persley D. M. . 2002. breeding virus - resistant *cucurbita* spp. in queensland, Australia. Cucurbitaceae. 25~27

I. Poostchi. 2000. Interspecific fertility relationship in cultivated species of *Cucurbita* in Iran. Cucurbits towards Proceedings of the Ⅵth Eucarpia Meeting on Cucurbit Genetics and Breeding May. 1996: 38~42

Kwack S. N. , Fujieda K. . 1988. Somatic embryogenesis in cultured unfertilized ovules of *Cucurbita moschata*. Journal of the Japanese Society for Horticultural Science. 57: 34~42

Lebeda Λ. , E. krlstkova. 1996. Evaluation of *Cucurbita* spp. germplasms resistance to CMV and WMV - 2. Proceedings of the Ⅳth Eucarpia Meeting on Cucurbit Genetics and Breeding. 306~312

Lee Y K, Chung W Ⅰ, Ezura H. . 2003. Efficient plant regeneration via organogenesis in winter squash (*Cucurbita maxima* Duch.) . Plant Science. 164: 413~418

Maynard D. N. , Linda Wessel - Beaver, Gary W. Elmstrom and Jeffrey K. Brecht. 1994. Improvement of tropical pumpkin *Cucurbita moschata* (Lam.) Poir. . Cucurbitaceae. 79~85

Maynard D. N. . 1996. Performance of tropical pumpkin inbreds and hybrids. Proceedings of the Ⅳth Eucarpia Meeting on Cucurbit Genetics and Breeding. 59~65

Metwally E. I. , Moustafa S. A. , Sawy B. I. , Haroun S. A. , Shalaby T. A. . 1998. Production of haploid plants from in vitro culture of unpollinated ovules ofcucurbiat pepo. Plant Cell. Tissue and organ culture. Vol. 52, No. 3, 117~121

Munger H. M. . 1976. *Cucurbita martinezii* as a source of disease resistance. Veg. Improv. Newsl. 18: 4

Pang S. Z. , Jan F. J. , Tricoli D. M. , Russell P. F. , Carney K. J. , Hu Js. , Fuchs M. . 2000. Resistance to squash mosaic comovirus in transgenic squash plant. sex. pressing coat protein genes. Molecular breeding. Vol. 6, No. 1, 87~93

Pearson O. H. , Hopp R. et. al. . 1951. Notes on species crosses in *Cucurbita*. Proc. Am. Soc. HortScience 57: 310~322

Provvident R. , Robinson R. W. . 1978. Multiple virus resistance in *Cucurbita*. Cucurbit Genet. Coop. Rep, 1: 26~27

Schroeder C. A. . 1968. Adventive embryogenesis in fruit pericarp in vitro. Botany Gazze. 129 （4）: 374~376

Stachel - M. , Csanadi G. , Vollmann J. , Lelley T. . 1998. Genetic diversity in pumpkins (*Cucurbita pepo* L.) as revealed in inbred lines using RAPD markers. （21）: 48~50

Sudhakar - Pandey, Jagdish - Singh, Upadhyay A. K. , Ram D. . 2002. Genetic variability for antioxidants and yield components in pumpkin (*Cucurbita moschata* Duch. ex Poir.) . Vegetable - Science. 29 （2）: 123~126

Tricoli D. M. . 1995. Dio/Technology [J] . （13）: 1458~1465

Wall J. R. , YorkT. L. . 1960. Genetic diversity as an aid to interspecific hybridization in *Phaseolus* and *Cucurbita*. Proc. Am. Soc. Hortic. Sci. 75: 419~420

Wessel - Beaver L. . 1994. Broadening the genetic base of *Cucurbtia* spp. : strategies for evaluation and incorporation of germplasm. Cucurbitaceae. 69~74

Whitaker T. W. . 1959. An interspecific cross in *Cucurbita* （*C. lundelliana* Bailey×*C. moschata* Duch.) . Madrono. 15: 4~13

Whitaker T. W. , Davis G. N. . 1962. Cucurbits，Botany，Cultivation and Utilization，Leonard Hill，London and New York

Whitaker T. W. , Robinson R. W. . 1986. Breeding Vegetable Crops - Squash Breeding. AVI Publishing Co. 209~238

第十八章

西 葫 芦

第一节 概　　述

　　西葫芦学名 *Cucurbita pepo* L.，又称美洲南瓜，别名搅瓜、茭瓜、蔓瓜、白瓜等，属于葫芦科（Cucurbitaceae）南瓜属 5 个栽培种（*C. moschata* D.；*C. maxima* D.；*C. pepo* L.；*C. ficifolia* B.；*C. argyrosperma* Huber）之一。西葫芦区别于其他 4 个南瓜栽培种最明显的植物学性状是，茎和叶具有细刺毛，叶片白斑数量多少、大小随品种而异，果柄硬、有沟、五棱形，梗座不扩展，为一年生草本植物，比其他南瓜栽培种更耐低温。染色体数 2n＝2x＝40。

　　西葫芦以嫩果或成熟果供食用，嫩果含有人体需要的维生素 A、维生素 C、蛋白质、糖、淀粉等多种营养物质，其中每 100g 可食部分含蛋白质 0.8g、脂肪 0.2g、碳水化合物 3.8g、膳食纤维 0.6g、维生素 A 5μg、胡萝卜素 30μg、核黄素 0.03mg，维生素 C 和 E 分别为 6mg 和 0.34mg。此外，还含有较丰富的无机盐，尤以锌和硒的含量突出，每 100g 鲜食部分分别含 0.12mg 和 0.28μg（《中国食物成分表》，2002）。西葫芦可炒食、作馅或作汤；老熟果实较耐贮藏，夏秋季采收可贮存至秋冬季节；有些西葫芦老熟果带皮煮熟，横切后取出籽瓤，用筷子搅动果肉，使果肉成粉丝状，可凉拌供食，清脆香甜，故西葫芦有时也被称为海蜇皮南瓜。西葫芦种子含不饱和脂肪酸达 50% 以上，营养丰富，可加工成各种干香食品。

　　西葫芦最初虽是适应热带气候生长的作物，但随着长期的栽培驯化，已分化出可适应南北两半球温带气候的品种。在南瓜属栽培种中，西葫芦的适应性最强，很多早熟品种生长快，结果早，在中国北方是露地栽培和保护地栽培最早上市的瓜类蔬菜之一。20 世纪 80 年代以前一般多采用露地栽培，90 年代以来，随着保护地生产的发展和栽培技术的不断进步，西葫芦日光温室、大、中、小棚及改良阳畦等栽培形式逐步普及，西葫芦已成为目前全国各地保护地生产中的主要果菜类蔬菜之一，同时也促进了西葫芦的周年供应。据不完全统计，2002—2004 年中国每年西葫芦栽培面积在 30 万 hm² 左右，而且有稳步扩大的趋势。据联合国粮食与农业组织（FAO）2002 年报道，世界南瓜年产量（包括西葫芦）1991—2001 年 10 年间从 1 070 万 t 增加到 1 620 万 t，即产量增加了 51%。同期中国南瓜年产量也从 140 万 t 增加到 370 万 t，增加幅度为 179%，其中西葫芦约占整个南瓜产量的 60%～70%。2001 年中国南瓜年产量占到世界南瓜产量的 23%。

中国各地均有西葫芦地方品种，已被列入《中国蔬菜品种资源目录》（第一册，1992；第二册，1998）的西葫芦种质资源约有 400 份。

第二节　西葫芦的起源与分布

1936 年，中国园艺学家吴耕民依据法国罗典的分类意见，将南瓜的 3 个主要栽培种命名为：中国南瓜、印度南瓜（笋瓜）和美国南瓜（西葫芦）。但事实上，中国、印度和美国都不是南瓜属植物的原始起源地，即它们都不是南瓜植物的起源中心。从大量考古学的发掘来看，西葫芦原产于北美洲南部，故又称美洲南瓜。据美国农业部葫芦科专家 Whitaker T. W. 等的多年研究和联合国粮食与农业组织（FAO）Esquinas-Alcazar J. T.，Gulick P. J.（1962，1983）的全球报告，认为南瓜属植物起源于美洲大陆。直到如今发现的最古老的标本是从墨西哥的 Oaxaca 洞窟挖掘的，有出土于公元前 7000—前 5500 年间地层的数粒种子和一个外果皮残片。据此推算，早在公元前 8500 年，西葫芦就伴随着人类，而栽培它则在公元前 4050 年，此后考古学的发展进一步佐证了西葫芦起源于墨西哥和中南美洲。当前西葫芦的多样性中心主要在墨西哥北部和美国的西南部。自 17 世纪西葫芦传入亚洲后，非常适应这里温带和亚热带的环境，遂分化出许多品种类型。到 19 世纪中叶中国开始栽培。目前，西葫芦在世界各地均有分布，其中欧、美、亚洲栽培最为普遍，特别是英国、法国、德国、意大利、美国和中国等地作为蔬菜和饲料而大面积栽培。据戚春章（1997）报道中国入库保存的西葫芦种质资源有 389 份，主要分布在华北（51.6%）和西北（23.5%），其他地区少有分布，从收集的品种特征特性来看，类型比较少，特别是抗病虫害品种几乎为零。西葫芦的许多品种还作为观赏用南瓜在世界各地栽培，特别是在中国台湾地区这类品种很多，果实的形状、大小、果色、果肉色和风味等有很大的变异。西葫芦中没有种皮的裸仁品种最早是在南俄罗斯和巴尔干地区分化和栽培，20 世纪 60 年代中国甘肃省也发现了这种变异的西葫芦品种，目前国内已作为籽用品种少量种植，主要用于榨取南瓜子油，也作为干果和糕点的添加物食用。

第三节　西葫芦的分类

一、植物学分类

南瓜属包括栽培南瓜及其野生近缘种共有 27 个。其中西葫芦属于葫芦科（Cucurbitaceae）南瓜属 5 个栽培种中的美洲南瓜种（*Cucurbita pepo* L.）。西葫芦是南瓜属植物中多样性最丰富的栽培种。Decker D. S. 等（1988）欧美国家的研究者们根据同功酶变化和果实的形态学特征，一般将西葫芦分为 3 个亚种，它们是 *Cucurbita pepo* ssp. *fraterna*，*Cucurbita pepo* ssp. *ovifera*. 和 *Cucurbita pepo* ssp. *pepo*。C. *pepo* ssp. *fraterna*，是西葫芦类群中最原始的野生种类型，这个类群目前主要分布在墨西哥的东北部。C. *pepo* ssp. *ovifera* 包括 5 个种群（Scallop，Acorn，Crookneck，Straightneck 和 gourds of the Oviform Groups），这个亚种包括了各种各样的观赏装饰用品种和一些食用品种，目前主要分布在美国。*Cucurbita pepo* ssp. *pepo* 亚种中包括 Pumpkin、Cocozelle、Vegetable Marrow、Zucchini Group、gourds of the Spherical 和 Warted Group 等栽培类型。这个亚种包括了大部分的食用品种和几个观赏装饰用品种。

Paris 等国外学者（1986，1989，1996，2000）还根据果实形状、大小、颜色，外果皮硬度、瘤状突起多少和有无，种子形状以及生长习性等性状将西葫芦栽培种分为可食用类群和装饰观赏用类群。可食用类群包括 Acorn、Crookneck、Straightneck、Scallop、Pumpkin、Cocozelle、Vegetable Marrow、Zucchini Group 等西葫芦类型。装饰观赏类群包括大部分的卵形、梨形、搅丝瓜及外果皮有瘤状突起的西葫芦类型。

Katzir. N. 等人用 ISSR 和 SSR 技术分析西葫芦种内亚种间的亲缘关系，也证实了前人同功酶的分析结果（2000）。

中国栽培类型最多的是 Vegetable Marrow（灯泡形）、Zucchini Group（圆柱形）和 Gourds of the Spherical（搅丝瓜类型）。近年来刚刚有少量 Scallop（扇贝形）和 Acorn（橡树果形）类型作为观赏和鲜食兼用品种在中国种植。

根据中国学者的分类，西葫芦中还有珠瓜［*C. pepo* var. *ovifera*（L.）Alef.］和搅瓜（*C. pepo* var. *medullosa* Alef.）两个变种。

珠瓜生长发育近似南瓜，植株生长势强，株型矮生、直立、开放。果实圆球形，果皮深绿光亮，带灰绿斑点。果实生长发育快，生长期短，花后 5～7d 单瓜重可达 300g。一株同时可结 3 个商品瓜，每株坐果数较多，连续结瓜性能好。

搅瓜是西葫芦的又一变种。中国江浙地区、山东、河北省等地均有种植。该变种植株生长势强，有长蔓和短蔓两种类型，叶片小，缺刻深，果实短椭圆形，单瓜重 0.7～1kg。成熟瓜表皮深黄色、浅黄色，也有底色橙黄，间有深褐色纵条纹的。瓜肉较厚，浅黄色，瓜肉组织呈纤维状，多以老瓜供食用，食用方法是将整瓜煮或蒸熟后，横切开，用力搅动瓜肉即成粉丝状或海蜇皮状，可凉拌食用，故称搅瓜。

二、栽培学分类

在中国，由于生产中作为栽培种使用的西葫芦种类较少，加之从国外引进的西葫芦种类也少，故中国学者一般依茎蔓的长短将西葫芦分为 3 个类型，即矮生类型、半蔓生类型和蔓生类型。

（一）矮生类型

瓜蔓和节间较短，较早熟。蔓长 30～60cm。第一雌花着生于第 3～8 节，以后每隔 1～2 节或每节出现雌花。主要品种有花叶西葫芦、站秧西葫芦、一窝猴西葫芦、扇贝西葫芦、曲颈和直颈西葫芦及橡树果形（Acorn）西葫芦等。

（二）半蔓生类型

蔓长在 60～100cm，节间略长，主蔓第一雌花着生在第 8～11 节上，中熟。该类型大部分为一些地方品种。如山东省临沂的花皮西葫芦、半蔓生裸仁西葫芦等。这一类型西葫芦栽培上不多见。但随着西葫芦引蔓上架栽培技术的不断改进，半蔓生类型西葫芦在温室中的种植比例将有所增大。

（三）蔓生类型

植株生长势强，蔓长可达 100～400cm 甚至更长，节间长，主蔓第一雌花一般出现在第 10 节以后，晚熟。蔓生西葫芦抗病、耐热性强于矮生类型，但耐寒力弱。其结果部位分散，成熟期不集中，采收期较长。果肉质嫩，纤维少、品质佳，单果重 2～2.5kg，总产量较高。适宜夏季栽培。主要品种有笨西葫芦、扯秧西葫芦、山西交城蔓生西葫芦等地方品种和欧美国家普遍种植的适宜雕刻的圆形西葫芦，部分橡树果形（Acorn）西葫芦和观赏用西葫芦也属长蔓类型。

第四节　西葫芦的形态特征与生物学特性

一、形态特征

（一）根

西葫芦具有强大的根系，对土壤要求不严格，在不受损伤的情况下，主根可入土深达 2.5m 以上。侧根有很强的分枝能力，横向分布范围可达 1.1～2.1m，垂直分布在 15～20cm 的范围内。由于根群发达，吸收水、肥能力强，具有一定的耐干旱和耐瘠薄的能力，尤其是直播苗这种能力更强。但西葫芦的根系再生能力较弱，受到损伤后恢复较慢。

（二）茎

西葫芦的茎五棱，多刺，深绿色或淡绿色，一般为空心，蔓生、半蔓生或矮生。主蔓有着很强的分枝能力，叶腋易生侧枝，栽培上宜在早期摘除。矮生品种蔓长约 0.3～0.6m，节间很短，叶丛生，适于密植。一般栽培方式下不伸蔓，但在日光温室搭架栽培的情况下，蔓长也可达近 1m。蔓生西葫芦蔓长 1～4m，节间较长。半蔓生类型，蔓长介于矮生和蔓生品种之间，蔓长约 0.6～1.0m，栽培不多。

（三）叶

西葫芦的子叶较大，对其早期生长有很大作用。子叶受到损伤时，可导致植株生长缓慢，雌花和雄花的开放延后，并导致产量降低。西葫芦真叶肥大，叶互生，叶柄直立、中空、粗糙、多刺。叶面有较硬的刺毛，这是西葫芦具有较强抗旱能力的特征。叶片掌状五裂，叶色绿或浅绿，部分品种叶片表面近叶脉处有大小和多少不等的银白色斑块，这些斑块的多少因品种不同而异。

（四）花

西葫芦雌雄同株异花。花单生在叶腋中，花冠鲜黄色，呈筒状。雌花子房下位，着生节位，因品种不同而异。矮生的早熟品种第一雌花着生在第 4～8 节上，也有些极早熟品种第 1～2 节就有雌花发生。蔓生品种约于第 10 节着生第一雌花。但西葫芦的雌、雄花着生均有很强的可塑性，花的性别主要决定于遗传基因，但环境条件也有一定的影响。另外，侧枝上的雌花，越是接近主茎基部的侧枝其第一雌花着生的节位越高；反之，越是靠近上部的侧枝其第一雌花发生得越早，一般在第 1～2 节时就出现。

瓜的采收次数也对西葫芦雌、雄花的发生有着重要影响。多次采收时，雌、雄花的数目发生都多，雄花与雌花的比值也越小，采收间隔时间越长，雄花和雌花的数目都减少，而且出现雄花明显多于雌花的现象。

西葫芦为虫媒异花授粉作物，雌、雄花的寿命短，多在黎明 4～5 时开放，当日中午便凋萎。雌花在开花当天上午 10 时以前接受花粉受精的能力最强，随着温度的升高，授粉受精能力减弱。在天气不良时，需进行人工辅助授粉或用生长素处理，以提高结果率。在冬、春茬温室和大棚栽培时，会出现雄花开放少而晚的现象。西葫芦单性结实能力差，冬季保护地栽培需采取人工授粉或进行生长素处理。

（五）果实

西葫芦果实的形状、大小和颜色，因品种的不同而有差异。果实多为长圆筒形，还有短圆筒形、圆形、灯泡形、木瓜形、碟形、心形（橡树果形）和葫芦形等。果面光滑，少数品种有浅棱，果皮绿色、浅绿色、白色或金黄色等，少数品种还带有深浅不同的绿色或橘黄色条纹。成熟果皮多数为橘黄色，也有白色、浅黄色、黑绿色、金黄（红）色等，无蜡粉。商品瓜的果皮颜色丰富多彩，可根据不同需要进行选择（图 18-1）。

（六）种子

西葫芦种子为浅黄色，披针形，千粒重 150～250g，发芽年限为 4～5 年，少数品种 10 年还可发芽，但发芽率随着贮藏年限的增长而减少。生产使用年限为 2～3 年。

二、生育周期及对环境条件的要求

西葫芦的生育周期可分为发芽期、幼苗期、初花期和结果期，不同时期有不同的生长发育特性，所需的环境条件也不完全相同。西葫芦适宜在温暖的气候条件下生长，对低温和高温的适应能力比黄瓜强，虽然不耐霜冻，但在瓜类蔬菜中是较耐寒、适应性最强者。

（一）温度

西葫芦比较耐低温，但不耐高温，不同生育阶段对温度的要求不同。种子发芽的适温为 25～30℃，温度低于 20℃时，可以发芽，但极为缓慢，而且发芽率明显降低，根系生长也不良；温度在 30～35℃发芽最快，但易徒长，幼芽细长，形成"豆芽"苗，幼苗也不壮；低于 13℃或高于 40℃种子不发芽。开花结果的适温为 22～28℃，低于 15℃受精不良，生长缓慢，8℃以下停止生长，在 32℃以上的高温条件下花器官不能正常发育，40℃以上停止生长。西葫芦比中国南瓜和印度南瓜更耐冷凉而不耐高温，炎热季节的长期高温易使西葫芦发生病毒病。根系生长的最适温度为 25～28℃，而根毛发生的最低温度为

图 18 - 1　西葫芦果实的不同形态
(北京市农林科学院蔬菜研究中心提供)

12℃，最高为 38～40℃。西葫芦不耐霜冻，0℃即会冻死。但苗期耐低温能力明显高于开花结瓜期的植株。

(二) 光照

西葫芦属短日照作物，低温、短日照有利于雌花的分化和提早出现，长日照下有利于茎叶的生长。对短日照条件反应最敏感的时期是 1～2 片真叶展开期，子叶没有对雌花分化的感光性和感温性。矮生类型对日照时数的反应较迟钝，而蔓生类型比较敏感。每天8～10h 的短日照条件可促进雌花的发生，但少于 8h 的日照对未受精的雌花坐果不利。雌花开放时给予 11h 的日照有利于开花结果。因此，在幼苗期每天保证 8～10h 的日照，可以多形成雌花花芽。初花期保证 11h 的光照，可使西葫芦多结瓜，但日照增至 18h 则不坐瓜。另据观察，在同样温度下，短日照要比长日照处理的植株雌花节位低 1～2 节，数量也多；如若在同样短日照条件下，白天的温度在 22～24℃，夜间温度在 10～13℃时，则要比白天 26～30℃，夜间 20℃的雌花节位降低 5～6 节。由此可见，低温、短日照条件有利于雌花的形成，并使雌花增加和节位降低。

就光周期对西葫芦果实发育的影响，不论受精与否，自然光照下的果实比长日照和短日照条件下发育都好。因此，除在雌花性别决定之前需短日照条件之外，在生长发育的其他阶段都以自然光照最有利于植株及果实生长。

在瓜类蔬菜中，西葫芦属喜强光又耐弱光的一类。与黄瓜相比，要求更强的光照。光照充足，植株生长发育良好，第一雌花可提早开放，果实膨大快，而且品质好。光照严重不足，强度弱，日照时数少，植株则会出现生长发育不良，表现为植株徒长，叶色淡，叶片薄，叶柄长而细，常易引起化瓜和烂瓜，致使结果数减少并导致大幅度减产。而光照过强，由于西葫芦自身叶片硕大，蒸腾旺盛，则易引起萎蔫和病毒病的发生。

(三) 水分

西葫芦虽具有发达的根系，较强的吸水和抗旱能力，但叶片硕大，蒸腾作用较强，因此仍要求比较湿润的土壤条件，故需要大量的水分供给。

西葫芦生长发育的不同时期对水分的要求不同，幼苗期应适当控制水分，促进根系生长，结果期需水量大，需要充足的水分供应。

西葫芦要求土壤相对含水量保持在 70％～80％的较高水平，同时又要求保持 45％～55％比较干燥的空气相对湿度。空气湿度过大，雌花开放时易影响正常的授粉受精，从而导致化瓜或僵瓜，还可诱发许多病害。

(四) 土壤与营养

西葫芦根系强大，吸收能力强，适应性也较强，不论在沙土、沙壤土、壤土或黏壤土上都能生长。但作为高产栽培，仍以肥沃疏松、保水、保肥能力强的菜园壤土为宜。种植在瘠薄土壤上的西葫芦结瓜能力差，结果数少，植株极易衰老死亡。西葫芦喜微酸性土壤，pH 以 5.5～6.8 最为适宜。轻度盐碱地通过增施有机肥仍可种植西葫芦并能获得较高产量，但重盐碱地不适宜栽培。

西葫芦吸肥能力强，若氮素化肥使用过多，极易引起茎叶徒长，并使开花坐果能力减弱。故必须讲究氮、磷、钾均衡使用。西葫芦对肥料五要素的吸收量依次是钾、氮、钙、镁、磷。以钾最多，氮次之，磷最少，故必须注意钾肥的施用。通常每生产 1 000kg 西葫芦大约需要氮 3kg、钾 4kg、磷 1kg。由于西葫芦为连续采收嫩瓜，故在生长初期的开花期和结瓜前期应适当供给充足的氮肥，以利于促进茎叶增长，扩大同化面积。

(五) 气体

在常规温度、湿度及光照强度条件下，大气中二氧化碳含量一般在 0.005％～0.20％，西葫芦光合强度随二氧化碳浓度的增加而提高。许多实验表明，二氧化碳浓度晴天以 0.1％～0.2％，阴天以 0.05％～0.1％为合适。超过此浓度会使西葫芦生育失调，甚至产生二氧化碳中毒。如果二氧化碳浓度低于 0.005％，则植株会因光合作用原料不足而饥饿死亡。

由于西葫芦根系较发达，有氧呼吸较旺盛，因而要求土壤透气性好，一般以含氧量在12%～18%为宜，低于1.8%生长将受阻。

氨气、二氧化氮、二氧化硫和一氧化碳等气体与西葫芦的生长发育也有关系。如土壤中施入易挥发性氮肥——氨水、碳酸氢铵等，便会释放氨气，当空气中氨气浓度积累到5mg/L时，西葫芦就会出现受害症状，叶缘组织先变褐，后变成白色，严重时枯死。如施入硝态氮肥，经硝化作用，便会产生二氧化氮，当这种气体在空气中的含量达到2mg/L时，西葫芦叶片也会受到伤害，表现为叶片上出现白色或褐色小斑点，重者叶脉也变为白色，一般近地面叶片受害较重。在温室烧煤加温时，室内常会产生一氧化碳和二氧化硫，这些气体在空气中含量达5mg/L以上时，西葫芦叶片正面和反面就会出现白色或褐色斑点，重者可使叶片枯死。其他有害气体如氯气等，也可使叶片失绿变黄，重者变白枯死。

第五节 西葫芦的种质资源

一、概况

西葫芦在起源地有着非常丰富的种质多样性，但传入中国并被广泛栽培的西葫芦品种和类型并不很丰富。据《中国蔬菜品种资源目录》（第一册，1992；第二册，1998）记载，共有387份西葫芦种质资源被列入。从种质资源的分布情况来看，主要集中在华北，其次为西北，其他地区分布较少。由此可见，华北地区是中国西葫芦的主要分布区域，并以此为中心向其他地区延伸。美国是目前保存南瓜属植物最多的国家，Linda Wessel - Beaver（1994）报道，大约有3 310份品种或品系被分别保存在美国的几大种质资源库，其中保存有西葫芦种质资源1 083份，约占南瓜属种质资源总数的33%，已经利用的西葫芦种质资源有566份，约占保存数的52%。由上述情况可见，中国在西葫芦种质资源的收集、整理、引进和利用方面还存在很大差距，尚有待进一步深入研究。

二、抗病种质资源及其研究

到目前为止，危害西葫芦的世界性病虫害最严重的是蚜虫、病毒病（WMV等）和白粉病 [*Erysiphe cichoracearum* D.C. 和 *Sphaerotheca fuliginea*（Schlecht.）Poll]。据报道，西葫芦的栽培种至今未发现有抗病毒病和白粉病的抗原。Demski 和 Sowell（1970）对300份西葫芦品种进行了西瓜花叶病毒（WMV）的抗性鉴定，结果所有的材料都是感病的。这大概是因为在所鉴定的西葫芦品种中只有两个是来自这个种的起源中心——墨西哥，因而缺少抗性品种。A. Lebeda（1996）等人也曾对279个西葫芦品种进行了抗CMV（黄瓜花叶病毒）和WMV两种病毒病的评价和鉴定研究，结果表明，所有参试品种对上述两种病毒表现为感病，同时显示，与CMV病毒比较，西葫芦对WMV更加易感。Salama 和 Sill（1968）发现 *C. pepo*、*C. maxima* 和 *C. moschata* 对南瓜花叶病毒（SqMV）只有中等水平的抗性。Sowell 和 Corley（1973）所鉴定的292份 *C. pepo* 的引进材料都是易感白粉病的。A. Lebeda，Eva Krìstková（1994，1996）等人分别对7个可食用西葫芦种群共 215 个品种进行了抗白粉病的鉴定研究，结果显示，所有的参试品种对白粉病表现易感，但感病的程度表现出差异，发病最轻的类群为 Acorn 和 Scallop，最感白粉病的西葫芦类群是 Zucchini。通过对西葫芦叶片和茎秆对白粉病感染程度的差异研究，初步确定至少有两个基因参与了西葫芦对白粉病抗性的控制。以上研究进一步佐证了西葫芦种内至今未发现天然抗原的推论。

南瓜属栽培种的抗病性一般都不如黄瓜属（*Cucumis*）。幸运的是，美国的一支考察队在南瓜属大部分种的起源地墨西哥收集了 183 份新的南瓜属种质资源，初步验证有抗白粉病种质存在，这为育种者寻找抗病性和其他优异性状提供了宝贵的种质材料。

由于西葫芦种内至今还没有找到抗白粉病、霜霉病［*Pseudoperonospora cubensis* (Berk. et Curt.) Rostow］和抗各种病毒病的抗原，众多的育种家不得不采用从南瓜属的近缘种或野生种里寻找抗原，通过远缘杂交的途径培育抗病品种。Munger H. M.，Whitaker T. W.，Rhodes A. M.，Vaulx R. D. 等人（1976，1980，1959，1979）利用南瓜属的 *C. ecuadorensis*、*C. Martinezii*、*C. okeechobensis*、*C. lundelliana* 等种的某些株系以及 *C. moschata* D. 种里 Nigerian Local（Provvidenti R，1990）品种高抗病毒病和白粉病的特性，开展了远缘杂交工作，奠定了西葫芦抗病育种的基础。Molly Kyle（1995）报道，早在 1974 年 H. M. Munger 和 M. Contin 等人就开始利用这些抗原进行西葫芦抗性转育工作，已取得很大进展。尽管西葫芦栽培和野生种质中存在的抗病性不像葫芦科其他栽培种和野生种中那么普遍，在南瓜属的一些栽培品种中还是发现了抗病性。Strider 和 Konsler（1965）鉴定了 661 个南瓜引种材料，结果大部分对真菌性黑星病（*Cladosporium cucumerinum*）是感病的，没有一个能够免疫。不过，*C. maxima* 的几个材料和 *C. moschata* 的一个材料被认为是抗病的。据报道这些种和 *C. pepo* 种的其他材料对黑星病有较低水平的抗性。Watterson 等（1971）报道 *C. maxima* 和 *C. pepo*，以及 *C. andrenna* Naud，*C. ficifolia* Bouche，和 *C. lundelliana* 南瓜种对细菌性萎蔫病（*Erwina tracheiphila*）有一定的抗性，试验显示南瓜属对细菌性萎蔫病的抗性比鉴定过的葫芦科其他属更普遍。

三、优异种质资源

西葫芦是南瓜属中种质资源最为丰富的一个种。中国栽培面积最大的是 Vegetable marrow（通常指商品瓜为灯泡形种类）、Cocozelle（通常指花脐部略膨大的圆柱形瓜种类）和 Zucchini（通常指柱状种类）类型，最早引入中国大面积种植的常规品种"阿尔及利亚"就属于 Vegetable marrow 类型。Scallop（飞碟瓜）和 Acorn（橡树果）类型的品种中国引进种植得并不多，而这两种类型的品种主要是以食用成熟果为主，一般来说品质较好，在欧美国家主要供烘焙食用。值得一提的是 2002 年刚刚获得全美选拔赛金奖（All-America Selection，AAS）的 Cornell's Bush Delicate 品种也属于西葫芦种，成熟瓜长圆柱形，瓜面为奶油色带有绿色细条纹，瓜肉厚，橙黄色，含糖量高，质地细腻，口感好，较抗白粉病，是西葫芦中之极品，中国目前还没有报道引入这种优质的种质资源。

20 世纪 90 年代后期国内推广面积最大的西葫芦品种为山西省农业科学院蔬菜研究所育成的早青一代品种，该品种也是中国培育的第一个杂交一代西葫芦品种，具有生长势稳健、早熟、瓜码多、产量高等优点，适合露地和各种保护地种植。进入 21 世纪，国内西葫芦育种成绩斐然，西葫芦育种逐步转向专用品种的选育，北京市农林科学院蔬菜研究中心育成了适合早春保护地及露地种植的京葫1号、京葫2号、京葫3号及适合冬季温室生产的京葫12等京葫系列品种，中国农业科学院蔬菜花卉研究所育成了中葫系列西葫芦品种，另外北京市农林科学院蔬菜研究中心还育成了京香蕉、京珠等香蕉形西葫芦和圆形西葫芦等特色品种。此外，在此期间国外品种也纷纷进入国内市场，法国 Tezier 公司的冬玉西葫芦品种以其耐低温性突出的优点成为中国冬季日光温室的主流品种，美国 Seminis 公司的碧玉、绿宝石等品种以其外观好、产量高等优点突出，在中国已具有一定的栽培面积。中国的一些地方品种如阿尔及利亚花叶、黑龙江小白皮、北京一窝猴、太原大黑皮、敦化大粒籽用西葫芦等都是具有某些突出优点的地方种质资源，它们还在新品种选育过程中发挥了很大作用。下面就上述优异种质资源作一简要介绍。

1. 阿尔及利亚花叶　1964 年引入中国。短蔓品种，早熟。蔓长 30～50cm，株型直立紧凑。叶片中等偏小，叶脉两侧布有许多不规则的银灰色块状斑点，叶柄中等长、中等粗细。茎秆中粗、深绿色，节间短缩。花瓣深黄色，在主蔓第 4～5 节着生第一雌花，雌花多、易坐瓜。瓜筒形，瓜柄端较细。嫩瓜浅绿色带网纹，老熟瓜橘黄色，最大瓜一般长 27～33cm，最粗部位横径 14cm 左右，瓜肉淡黄色，厚 2～2.5cm，瓜重 1.5～2.0kg。种子较小，千粒重 100g 左右。该品种株型紧凑，适宜密植，早熟、结瓜多。但植株生长势较弱，抗病毒病和白粉病能力差，瓜瓤大、瓜肉薄、肉质松，不耐贮存。

2. 黑龙江小白皮　矮生类型，早熟。蔓长 50cm 左右，半匍匐类型。叶片小，叶色绿，叶柄较细、较短。茎秆中粗、浅绿色，节间中长。花瓣淡黄色，较大，在主蔓第 4～5 节着生第一雌花，此后每隔 2～3 片叶又出现雌花、易坐瓜。瓜长筒形，粗细均匀。嫩瓜浅白绿色，老熟瓜白色略显淡黄，瓜长 23～30cm，最粗部位横径 10～12cm，瓜皮表面光滑，瓜肉乳白色，厚 2.0～2.5 cm，瓜重 1.5～2.0kg。种子较小，千粒重 95g 左右。该品种早熟、容易结瓜，但植株生长势较弱，产量低，抗病毒病和白粉病能力差。

3. 太原大黑皮　短蔓品种，中早熟。蔓长 50cm，株型直立紧凑。叶片中等偏大，叶脉两侧布有少量不规则的银灰色块状斑点，叶裂刻不深，叶柄中等长、中等粗细。茎秆中粗、浅绿色，节间较短缩。花瓣深黄或淡黄色，在主蔓第 5～7 节着生第一雌花，雌花多、易坐瓜。瓜长筒形，瓜柄端略细，瓜柄短。嫩瓜油绿色带不明显细网点，老熟瓜皮为深绿色，有 8 条浅纵棱。最大瓜长 40～50cm，最粗部位横径 16cm 左右，瓜肉淡黄色，肉质致密，厚 4.0～4.5cm，瓜重 3.5～5.0kg。种子较大，千粒重 125g 左右。该品种植株生长健壮，瓜体大，肉厚，较耐病毒病和白粉病。

4. 北京一窝猴　短蔓品种，早熟。蔓长 50～60cm，植株半匍匐状。叶片中等大小，叶脉两侧有许多不规则的银灰色块状斑点。节间较短缩。花瓣黄色，在主蔓第 5～6 节着生第一雌花，以后每节均有雌花、易坐瓜。瓜筒形，嫩瓜浅白绿色，老熟瓜淡黄色，瓜长 35～40cm，最粗部位横径 13cm 左右，瓜面平滑，有不明显的纵条棱，瓜肉淡黄色，厚 3.0cm，瓜重 2.5～3.0kg。种子中等大小，千粒重 105g 左右。该品种与异名的懒汉葫芦和一窝蜂西葫芦，性状表现大致相同，似为同一品种。

5. 敦化大粒籽用西葫芦　属长蔓、大瓜种，中晚熟。蔓长 4.0m 左右，生长势中等。第一雌花着生在主蔓第 12 节左右。瓜近圆形，纵茎 12cm，横茎 15cm，瓜肉厚 1.2cm，平均瓜重 1.5kg 左右，瓜皮绿色带网纹，部分微显黄色，瓜面有不明显的纵棱，以收获老瓜和食用瓜子为主要用途。种子较大，千粒重 130g 左右。该品种植株生长健壮，耐热，较耐病毒病和白粉病。结籽多，种子产量 900kg/hm²。

四、特殊种质资源

裸仁西葫芦是 *C. pepo*. L 中的一个突变体，由于种皮细胞壁的加厚和木质化受到抑制，使种皮变得柔软，这类品种主要食用其种子。实际上，所有南瓜的种子都是可食用的，在中国、俄罗斯和墨西哥等国家长期以来就把它们当作一种普通食品。裸仁西葫芦不用去除种皮就可食用和加工，省却了去皮的烦琐，增强了其适食性。裸仁种子中富含的蛋白质和油脂是其果实中最有营养价值的部分。Grebenscikov（1954）认为，"裸籽"性状是由一个单隐性等位基因（n）决定的，但修饰基因也会影响它。目前国内外已经选育出 Lady Godiva、Eat All 和甘肃张掖裸仁西葫芦、裸仁金瓜等众多品种。

1. 张掖裸仁西葫芦　从国外引入的品种中经多代自交选育而成。属蔓生类型，植株生长势强，分枝性中等，叶片大、掌状、深裂，叶缘波状浅锯齿。第一雌花着生在主蔓第 12~15 节。幼瓜皮绿色，老熟后为橘黄色带深绿色纵条，果实圆球形。种皮为半透明薄膜，没有种壳，种子颜色为深绿色。产籽量为 450kg/hm²，并能收获瓜肉 60 000kg/hm²。

2. 裸仁金瓜　由辽宁省熊岳农业职业技术学院育成。中早熟，植株蔓生，蔓长 60~100cm，第一雌花节位在主蔓第 3~7 节。嫩瓜近柱形，浅绿色，肉厚、质嫩，呈白色。老熟瓜橘黄色，皮坚硬，耐储运。生育期 85d 左右，种子无外种皮，种子颜色为深绿色。产籽量为 750kg/hm²。

此外，搅瓜也是中国西葫芦的一个特殊种质资源，前面已有介绍，这里不再重复。

第六节　西葫芦种质资源研究与创新

近十几年来，植物细胞学、细胞遗传学、生物技术及分子生物学取得了长足的进步。虽然西葫芦和其他蔬菜作物相比，在相关方面的研究工作仍然有差距，但已在大孢子培养、胚胎拯救（embryo resue）、原生质体融合、分子标记、DNA 转化和转基因等方面开展了一些工作，为西葫芦的育种和种质创新奠定了基础。

一、花药或大孢子培养

花药或大孢子培养是培育纯合品系、缩短新品种育种周期的一个重要手段。在常规育种中，西葫芦的纯系选育需要多代自交、回交，不仅周期长、费工、费时，而且效率很低。为了克服常规育种的缺陷，促进西葫芦育种材料的选育与种质创新，20 世纪 80 年代，国内外不少学者相继开展了花药或未受精胚离体培养技术研究。90 年代末 E. I. Metwally（1998）等在西葫芦花粉培养实验中发现蔗糖 150g/L 与 2,4 - D 5mg/L 组合时，来源于花粉单倍体、双单倍体植株的诱导频率较高。镜检了其中 20 株的根尖染色体，10 株为二倍体（2n＝2x＝40），另外 10 株为单倍体（2n＝x＝20）。E. S. Kurtar，N. Sari（2002）等利用 γ 射线（0.3kGy/min，25Gy，50Gy）辐射西葫芦花粉，授粉后 21d 进行胚珠离体培养，单倍体胚的诱导率平均 2.5%，其中 70% 能发育成形态正常的单倍体植株，经秋水仙素处理可加倍为二倍体植株。研究同时表明，单倍体胚的诱导率受基因型、胚的发育时期和辐射剂量等因素的影响。

二、胚胎拯救

南瓜属植物已知有 25～27 个种，其中栽培种有 5 个，其余大多为野生种或半野生种，这些野生种是抵抗各种生物性和非生物性胁迫等有益基因的一个重要贮积库。但一些可交配性障碍限制了这类基因从野生种向栽培西葫芦的转移。胚胎败育是其中最常见的一种。胚胎拯救则是克服种间杂交中出现的胚胎败育的一种重要技术。在南瓜胚胎挽救工作方面前人已做了大量的尝试。

Esquinas-Alcazar J. T. 和 Gulick P. J.（1983）列出了南瓜属（*Cucurbita*）部分种间的杂交亲和性（图 18 - 2）。

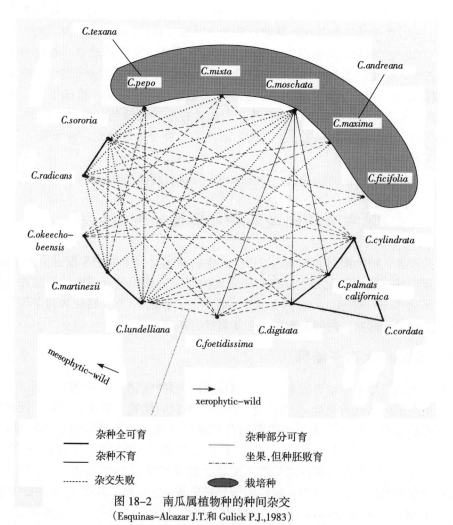

图 18-2　南瓜属植物种的种间杂交
(Esquinas-Alcazar J.T.和 Gulick P.J.,1983)

对野生（半野生）南瓜×栽培西葫芦的杂种实施胚胎拯救，可望培育出一批带有野生种（半野生）矮生、抗病和抗虫等基因，同时带有轮回亲本的优质基因的品系。

三、分子标记

在西葫芦上虽然目前还没有构建饱和遗传图谱，但利用各种分子标记技术和同功酶技术进行西葫芦或南瓜种间亲缘关系和遗传多样性的分析工作已展开。李海真等（2000）、张天明等（2006）在国内分别利用 RAPD 和 AFLP 技术进行了南瓜属 3 个种的亲缘关系与品种的分子鉴定研究。Rebecca Nelson Brown 等人（2002）利用西葫芦和中国南瓜的种间杂交后代获得的 BC_1 作为作图群体，利用 RAPD 技术绘制了南瓜最初的遗传图谱，该图谱包括 68 个 RAPD 标记和 5 个形态标记，分为 28 个连锁群，全长 1954cM，推测该长度可能覆盖了南瓜基因组的 75％。其中有几个质量性状基因，如，控制未成熟果转成黄色的 B 基因、控制叶片银白色斑点有无的 M 基因、控制成熟果外壳颜色的 W 基因都被成功的定位，为西葫芦未来的分子辅助育种打下了基础。Katzir N.，Y. Tadmor，G. Tzuri 等（2000）人利用 ISSR 和 SSR 标记技术，进行了西葫芦种内 28 个品种的遗传亲缘关系研究，将 28 个西葫芦品种分属为两个主要的亚种 C. pepo ssp. ovifera 和 C. pepo ssp. pepo，其中对每个亚种内包括的类群进行了研究，其类群的聚类分析也基本符合前人所进行的栽培学和同功酶分类结果。上述工作，为西葫芦抗病虫基因、矮生基因、商品品质基因以及与杂种优势有关的诸多数量性状基因位点（quantitative trait loci，QTL）的标记和定位奠定了良好的基础。

四、遗传转化

采用农杆菌介导和 DNA 直接导入的遗传转化方法，培育西葫芦抗病毒转基因植株，也取得了进展。研究者利用遗传工程技术将病毒外壳蛋白（CP）基因导入寄主体内从而产生遗传交叉保护（Cenetically cngineered cross protection），已将几种病毒外壳蛋白基因导入寄主并获得了抗同源或异源病毒的植株。Fuchs M.，GonsalVes D.，Tricoli D. M. 等人（1995，1997），以及 Quemada H. D.，Gonsalves D.，Pang S. Z.（2000）等研究者分别报道了借助土壤农杆菌 Ti 质粒介导的叶盘转化法获得了西葫芦的黄瓜花叶病毒外壳蛋白（CMV - CP）、西瓜花叶病毒外壳蛋白（WMV - CP）和小西葫芦黄花花叶病毒（ZYMV - CP）转基因植株，为西葫芦抗病毒育种开辟了新途径。

五、西葫芦种质资源创新

纵观中国 30 多年来的西葫芦育种历程，在 20 世纪 70 年代引进了国外优异的西葫芦材料阿尔及利亚品种，并利用其作为亲本进行了杂交优势育种，使得中国西葫芦育种在 20 世纪 80 年代有一个质的飞跃，但此后的研究进展相对缓慢，与美国、法国等发达国家相比尚有较大差距。

国内外育种工作者在最近几年已经针对西葫芦生产中迫切需要解决的提高外观品质、提高耐低温弱光性、持续结瓜能力和适应性、抗病毒病和白粉病等问题，开展了西葫芦种质创新研究，并取得了阶段性进展。

(一) 利用常规杂交选择技术创新种质

北京市农林科学院蔬菜研究中心 2003 年通过和国外蔬菜种子公司合作已引进 3 份抗 ZYMV、WMV，1 份抗 CMV 的西葫芦种质资源，并利用常规转育方法开展抗性转育，获得了多份遗传背景不同的抗病材料。另外，2002 年在国外引进的种质资源中发现了 1 份抗白粉病种质，通过多代自交分离已获得 3 份抗白粉病中间材料，目前正在进行多亲本转育及组合测配工作。中国农业科学院蔬菜花卉研究所选育的中葫 3 号西葫芦品种、北京市农林科学院蔬菜研究中心选育的"京葫系列"西葫芦品种都是采用这种方法获得了具有符合育种目标的双亲材料（王长林等，2002；李海真等，2005）。在美国，Delicata 西葫芦品种以其品质好在 20 世纪初期受到市场广泛欢迎，但因其产量低、抗性差而种植面积逐年减少，康乃尔大学研究人员（2001）采用常规杂交技术，利用该品种和 Acron 类型品种杂交并进行多代自交选育，育成了 Cornell's Bush Delicata，该品种具有产量高、品质好、货架期长，可储藏 100d 仍保持高品质以及抗白粉病等特点，2002 年获得了全美蔬菜品种优胜奖。国内外学者已利用南瓜属种间杂交辅之以幼胚挽救技术成功培育出一些西葫芦抗病优良种质。Wall（1954）将西葫芦×南瓜的 F_1 未成熟的种子、Hayase（1965）将笋瓜×西葫芦的 F_1 未成熟种子培养成了植株。这些成果的取得为西葫芦跨物种间转育抗病虫基因和其他有益基因开辟了新途径。

(二) 利用杂种优势技术创新种质

目前国内外生产上应用的西葫芦品种绝大多数为一代杂种。国内育成的品种如早青一代、阿太一代、京葫 1 号等京葫系列品种、中葫 1 号等中葫系列品种，比常规品种生长势强、产量高、早熟、外观品质好、抗性和适应性显著提高，对提高中国西葫芦育种和生产水平起到了积极的推动作用。

(三) 利用单倍体培养技术创新种质

利用单倍体技术进行育种可以缩短育种年限，提高选育效果。各国科研工作者在此方面已做了一些探索，Dumas de Vaulx 等（1986）、Kwack S. N. 等（1988）、Shalaby T. A.（1996）、Metwally E. I.（1998）分别采用体外培养西葫芦未授粉胚珠或花粉技术获得了单倍体和双单倍体植株。E. S. Kurtar 等（2002）首次利用 γ 射线（25、50Gy）辐射西葫芦花粉，使精细胞染色体畸变，授粉后诱导卵细胞单性生殖而发育成单倍体，授粉后 28～35d 进行胚珠离体培养，结果显示，所有的点状胚、球形胚、箭头胚和棒状胚都发育形成了单倍体植株，仅有 53.8% 的鱼雷胚和 23.1% 的心形胚发育成单倍体植株，相反，子叶胚和不定形胚全部发育成了二倍体植株。同时发现基因型也是影响单倍体发生率的重要因素。单倍体胚的诱导率平均为 2.5%，其中 70% 能发育成形态正常单倍体植株，经秋水仙素处理可加倍为二倍体植株。

(四) 利用诱变技术创新种质

尹国香等人（2002）采用 N^+ 离子束辐射诱变方法对西葫芦地方品种奇山 2 号进行品

系改良，选出稳定自交系 N2108，并育成一代杂种烟早 1 号，其前期产量较奇山 2 号增产 37.5%，总产增加 21.3%，具有早熟、高产、抗逆性强的特点。

（五）生物技术在种质资源创新中的应用

生物技术与常规育种技术相结合，可为西葫芦育种提供新的途径，并可大幅度提高育种效率和质量。其中组织培养技术、转基因技术和分子标记技术等已在西葫芦种质创新中使用，并显示出其广泛的应用前景。

Biserka J. 等（1991）、Carol G. 等（1995）、Paula. P. 等（1991，1992）分别利用西葫芦胚轴、子叶、幼苗茎尖和胚乳在 MS 改良培养基上获得愈伤组织，诱导出幼胚，于附加 0.05mg/L NAA 和 0.05mg/L Kt 的同一培养基上获得了再生植株。Curuk S.，Ananthakrishnan G. 等（2003）、Krishnan K. 等（2006）分别利用西葫芦带胚轴子叶和子叶通过器官发生途径获得了不定芽和再生植株，并对影响再生的各种条件如外植体、激素、基因型和其他因素进行了大量研究，形成了较为成熟的方法。该技术的建立为种间杂交胚培养、抗性基因转入西葫芦植物体内并进行遗传转化建立了高频的再生体系，同时通过改变外部培养条件可获得大量的变异类型。

Marc F. 等（1998）已将抗 CMV、SqMV 和 WMV 外壳蛋白基因转入到西葫芦中，经检测转基因植物可以明显提高西葫芦抵抗相应病毒的能力，并且增加产量，减少农药的使用，带来了很大的经济价值，现已开始进行商业化生产。国外种子公司已经开展抗其他病毒病、抗除草剂、抗白粉病转基因西葫芦的研究，并取得了阶段性成果。中国转基因西葫芦的研究尚处于空白状态。相信随着西葫芦转基因工作的开展和分子标记辅助育种选择体系的建立和应用，将大大加速西葫芦育种和种质创新进程。

（李海真）

主要参考文献

李海真等 . 2000. 南瓜属三个种的亲缘关系与品种的分子鉴定研究 . 农业生物技术学报 . 8（2）：161～164

李海真，贾长才等 . 2005. 西葫芦新品种京葫 1 号的选育 . 中国蔬菜 .（10）：79～81

戚春章 . 1997. 中国蔬菜种质资源的种类及分布 . 作物品种资源 .（1）：1～5

王长林，刘宜生等 . 2002. 中葫 3 号西葫芦的选育 . 中国蔬菜 .（4）：27～28

尹国香，王全华等 . 2002. 烟台地方西葫芦种质资源创新利用研究 . 莱阳农学院学报 . 19（3）：194～196

张天明，屈冬玉等 . 2006. 南瓜属 4 个栽培种亲缘关系的 AFLP 分析 . 中国蔬菜 .（1）：11～14

中国疾病控制中心 . 2002. 中国食物成分表 2002. 北京：北京大学医学出版社，56～57

Provvidenti R 著，李丙东，万巧兰译 . 1997. 用生物技术和自然抗性获得对葫芦科蔬菜作物病毒病的抗性 . 中国蔬菜 .（4）：55～57

Biserka J.，Sibila. 1991. Plant development in long - term embryogenic callus lines of *Cucurbita peop*. Plant

Cell Reports. 9：623~626

Carol G. ，Baodi X.，Dennis G. . 1995. Somatic embryogenesis and regeneration from cotyledon explants of six squash cultivars. Hortscience. 30（6）：1295~1297

Clough G . H. ，Hamm P. B . . 1995. Coat protein transgenic resistance to watermelon mosaic and zucchini yellows mosaic virus in squash and cantaloupe • ［J］ Plant Disease. 79（11）：1107~1109

Curuk S. ，Ananthakrishnan G.，Singer S. et al. . 2003. Regeneration *in vitro* from the hypocotyls of *Cucumis* species produces almost exclusively diploid shoots，and does not require light. HortScience. 38：105~109

Decker D. S. . 1988. Origin(s)，evolution. and. systematics. in. *Cucurbita. peop* （Cucurbitaceae）. Econ. Bot. 42：4~15

Demski J. W. ，Sowell G. . 1970. Susceptibilityof *Cucurbita peop* and *Citrullus lanatus* introductions towatermelon mosaic virus - 2. PlantDis. Rep. 54：880~881

Dumas de Vaulx R. ，Chambonnet D. . 1986. Obtention of embryos and plants from *in vitro* culture of unfertilized ovules of *Cucurbita peop*. Genetic Manipulation in Plant Breed. 295~297

E. I. Metwally，S. A. Moustafa et al. . 1998. Haploid plantlets derived by anther culture of *Cucurbita peop*. Plant Cell，Tissue and Organ Culture. 52：171~176

E. I. Metwally，S. A. Moustafa et al. . 1998. Production of haploid plants from in vitro culture of unpollinated ovules of *Cucurbita peop*. Plant Cell，Tissue and Organ Culture. 52：117~121

E. S. Kurtar，N. Sari，K. Abak. . 2002. Obtention of haploid embryos and plants through irradiated pollen technique in squash （*Cucurbita peop* L. ） Euphytica. 127：335~344

Esquinas - Alcazar J. T. ，Gulick P. J. . 1983. Genetic Resources of Cucurbitaceac. ，IBPGR，Rome

Fuchs M. ，GonsalVes D. . 1995. Resistance of transgenic hybrid squash ZW - 20 expressing the coat protein genes of zucchini yellow mosaic virus and watermelon mosaic virus 2 to mixed infections by both potyviruses ［J］. Bio - Technology. 13：1466~1473

Fuchs M. ，McFerson J. R. ，Tricoli D. M. et al. . 1997. Cantaloupe line CZW - 30 containing coat protein genes of cucumber mosaic virus，zucchini yellow mosaic virus，and water melon mosaic virus - 2 is resistant to these three viruses in the field ［J］. Molecular Breeding. 3（4）：279~290

Grebenscikov. I. . 1954. Zur Vererbung der Dunschaligheit bei *Cucurbita peop* L. Zuechter 24：162~166

Hayase H. ，Ueda T. . 1965. *Cucurbita* crosses. IX. Hybrid vigor of reciprocal F_1 crosses in *Cucurbita maxima*. Hokkaido Natl. Agric. Stn. ，Res. Bull. 71

Katzir N. ，Tadmor Y. ，Tzuri G. ，Leshzeshen E. ，Mozes - Daube N. ，Danin - Poleg Y. ，Paris H. S. . 2000. Further ISSR and preliminary SSR analysis of relationships among accessions of *Cucurbita pepo*. In：Katzir N，Paris HS （eds） Proc Cucurbitaceae Acta Hort. 510：433~439

Katzir N. ，Leshzeshen E. ，Tzuri G. ，Reis N. ，Danin - Poleg Y. ，Paris H. S. . 1998. Relationships among accessions of *Cucurbita pepo* based on ISSR analysis. In：McCreight JD （ed） Proc Cucurbitaceae '98，ASHS，Alexandria，Virginia. 331~335

Krishnan K. ，Vengedesan G. ，Sima S. et al. . 2006. Adventitious regeneration *in vitro* occurs across a wide spectrum of squash （*Cucurbita pepo* L. ） genotypes. Plant Cell，Tissueband Organ Culture. 85：285~295

Kwack S. N. ，Fujieda K. . 1988. Somatic embryogenesis in cultured unfertilized ovules of *Cucurbita moschata*. J. Jpn. Soc. Hort. Sci. 57：34~42

Lebeda. A. ，Kristkova. E. . 1996. Evaluation of *Cucurbita* spp. germplasms resistance to CMV and WMV -

2. Proc. of the VIth Eucarpia Meeting on Cucurbit Genetics and Breeding. 306～311

Lebeda A. , Kristkova E. . 1994. Field resistance of *Cucurbita* species to powdery mildew (*Erysiphe cichoracearum*) . J. Plant Dis. Protec. 101: 598～603

Lebeda. A. , Kristkova. E. . 1996. Variation in *Cucurbita* spp. for field resistance to powdery mildew. Proc. of the VIth Eucarpia Meeting on Cucurbit Genetics and Breeding. 235～240

Linda Wessel‐Beaver. 1994. Broadening The Genetic Base of Cucurbita spp. : Strategies For Evaluation And Incorporation of Germplasm. Proceedings Cucurbitaceae' 94 Evaluation and Enhancement of Cucurbit Germplasm . 69～74

Marc F. , Dacvid M. T. , Kim J. et al. . 1998. Comparative virus resistance and fruit yield of transgenic squash with single and multiple coat protein genes. Plant Disease. 82: 1350～1356

Molly Jahn. 2002. George Moriarty. Cornell delicata squash, disease‐resistant version of heirloom winter variety. named All‐America Selection Conrnell university home page Oct. 22, 2001

Molly Kyle. 1995. Breeding Cucurbits for Multiple Disease Resistance. G. Lester, J. Dunlap et al. , Cucurbitaceae. 94: 55～59

Munger. H. M. . 1976. *Cucurbita martinezii* as a source of disease resistance. Veg. Improv. Newsl. 18: 4

Paris H. S. . 1986. A proposed subspecific classification for *Cucurbita peop*. Phytologia. 61: 133～138

Paris H. S. . 1989. Historical records, origins, and development of the edible cultivar groups of *Cucurbita peop*. Econ. Bot. 43: 423～443

Paris H. S. . 1996. Summer squash: history, diversity, and distribution. HortTechnology. 6: 6～13

Paris H. S. . 2000. History of the cultivar‐groups of *Cucurbita peop*. in: *J*. J. Janick, ed. Horticul‐tural Reviews 25

Paula P. , Chee. 1991. Somatic embryogenesis and plant regeneration of squash *Cucurbita peop*. L cv . YC60. Plant Cell Reports. 9: 620～622

Paula P. , Chee. 1992. Initiation and maturation of somatic embryos of squash (*Cucurbita peop*. L) . HortScience. 27 (1): 59～60

Provvidenti R. . 1990. Viral diseases and genetic sources of resistance in *Cucurbita* species. pp. 427～435. In: D. M. Bates, R. W. Robinson. Biology and utilization of the Cucurbitaceae. Cornell University Press, Ithaca and London.

Quemada H. D. , Gonsalves D. , Pang S. Z. et al. . 2000. Resistance to squash mosaic comovirus in transgenic squash plants expressing its coat protein genes. [J] Molecular Breeding, 6 (1): 87～93

Rebecca Nelson Brown , James R. Myers. 2002. A Genetic Map of Squash (*Cucurbita* sp.) with Randomly Amplified Polimorphic DNA Markers and Morphological Markers. American Society for Horticultural Science 127: 462～710

Rhodes A. M. . 1959. Species hybridization and interspecific gene transfer in the genus *Cucurbita*. Proc. Am. Soc. Hortic. Sci. 74: 546～552

Salama E. A. , Sill. W. H. . 1968. Resistance to Kansas squash mosaic virus strains among *Cucurbita* species. Trans. Kans. Acad. Sci. 71: 62～68

Shalaby T. A. . 1996. Producing double haploid plants, through ovule and anther culture technique in *Cucurbita pepo* L. M. Sc. Thesis, Fac. Agric. , Tanta Univ, Egypt

Sowell G. , Corley. W. L. . 1973. Resistance of *Cucurbita* plant introductions to powdery mildew. HortScience 8: 492～493

Strider D. L. , Konsler. T. R. . 1965. An evaluation of the *Cucurbita* for scab resistance. Plant Dis. Rep. 49:

388~394

Tricoli D. M. , Carney K. J. , Russell P. F. et al. . 1995. Field evaluation of transgenic squash containing single or multiple virus coat protein gene constructs for resistance to cucumber mosaic virus, watermelon mosaic virus 2, and zucchini yellow mosaic virus. [J] Bio - Technology, 13: 1458 ~1465

Vaulx R. D. De. . 1979. Interspecific cross between *Cucurbita peop* and *C. martinezii.* Cucurbit Gennet. Coop. Rept. 2: 35

WallJ. R. . 1954. Interspecific hybrids of *Cucurbita* obtained by embryo culture. Proc. Am. Soc. Hortic. Sci. 63: 427~430

Watterson J. C. , Williams P. H. , Durbin. R. D. . 1971. Response of cucurbits to *Erwinia tracheiphila.* Plant Dis. Rep. 55: 816~819

Whitaker T. W. , Davis G. N. . 1962. Cucurbits, Botany, Cultivation and Utilization, Leonard Hill, London and New York

Whitaker T. W. , Knight R. J. . 1980. Collecting cultivated and wild cucurbits in Mexico. Econ. Bot. 34: 312~319

Yoshioka K. , hanada K. , Nakazaki Y. et al. . 1992. Successful transfer of the cucumber mosaic virus coat protein gene to *Cucumis melo L.* Japanese Journal of Breeding, 42 (2): 277~285

丝 瓜

第一节 概 述

丝瓜又名天罗、天罗絮、天络、天丝瓜、洗锅罗瓜、线瓜、天吊瓜等,为葫芦科(Cucurbitaceae)丝瓜属(*Luffa*)一年生攀缘性草本植物,染色体数 2n=26,全世界大约有 8 个种,多分布于热带地区。中国栽培的有两个种,分别为普通丝瓜 [*L. cylindrica* (L.) M. J. Roem.]和有棱丝瓜 [*L. acutangula* (L.) Roxb.]。

丝瓜主要以幼嫩的果实供食,其营养丰富,每 100g 鲜果含碳水化合物 4.2g、蛋白质 1.0g、脂肪 0.2g、粗纤维 0.6g、胡萝卜素 90μg、硫胺素 0.02mg、核黄素 0.04mg、尼克酸 0.4mg、维生素 C 5mg、钙 14mg、磷 29mg、钾 115mg、铁 0.4mg(《中国食物成分表》,2002)。丝瓜具有良好的医疗保健功能,其性凉味甘,具有清热化痰、凉血解毒、杀虫、通经络、行血脉、利尿和下乳等功效。

丝瓜具有良好的生态价值。其茎蔓生长迅速,叶片茂盛,花朵清雅美观,是居家夏季优良的荫棚植物,种植后可供观赏、采果、遮阴,一举数得。在栽培上可行间套种,与其他农作物进行立体种植,还可用于夏季食用菌栽培和动物饲养的遮荫,其经济、生态效益十分可观。

丝瓜的商业价值也越来越重要,丝瓜络是人们日常生活和工业生产重要原料,如厨房餐具的清洗、沐浴用品、制作鞋垫和拖鞋以及汽车工业上挡风玻璃磨光材料、滤油材料等。丝瓜络制品已在国外畅销多年,如浙江省宁波市慈溪的丝瓜络,出口到欧美及东南亚一些国家和地区,出口量愈来愈大,受到国外环境保护主义者极力推崇,目前各地生产的丝瓜络还远远不能满足国内外市场的需求。

丝瓜要求较高温度,在热带和亚热带栽培普遍,尤其在东南亚地区有成片种植(以普通丝瓜为主)。中国南北各地均有栽培,山东省以北地区,以春夏一季栽培为主;而山东省以南地区,多为春秋两季栽培;此外,保护地栽培也有了较快的发展。据农业部统计资料,2000 年全国丝瓜栽培面积约 10.7 万 hm²,其中普通丝瓜类型占 72%。另据笔者占有的资料估算,近年来广东省年栽培面积约为 6 667hm²,江苏省年栽培面积在 6 667hm² 以上,山东、浙江、江苏、湖北等省的丝瓜栽培面积已经翻了一番。

丝瓜生产过去多为露地零星栽培、夏秋季供应市场。近年来随着种植业结构的调整，丝瓜生产已向规模化、集约化方向发展，并出现了成片种植的丝瓜生产基地，冬春日光温室、早春大棚、秋延后大棚生产面积也迅速增加，在中国中部和南部地区已经形成了丝瓜周年生产、四季供应的局面。

中国丝瓜种质资源比较丰富，据统计被列入《中国蔬菜品种目录》（第一册，1992；第二册，1998）的丝瓜种质资源共计有 452 份，这些种质资源大多分布在长江流域及其以南地区。

第二节　丝瓜的起源与分布

丝瓜起源于热带亚洲，分布于亚洲、大洋洲、非洲和美洲的热带和亚热带地区（《中国农业百科全书·蔬菜卷》，1990）。据明代《本草纲目》（1578）记载，2 000 年前印度已有栽培。国内学者认为中国丝瓜系由印度传入。唐朝以前的文献未见有丝瓜的记载。宋人杜北山、赵梅应始有歌唱丝瓜的诗作；杜北山《咏丝瓜》云"寂寥篱户入泉声，不见山容亦自清。数日雨晴秋草长，丝瓜沿上瓦墙生。"温革《分门琐碎录》，成书于宋绍兴年间（1131—1162），内有种艺篇"种菜法"云："种丝瓜社日为上。"由此可见，丝瓜并不如明代学者李时珍所述"唐宋以前无闻"，而是在宋代就已传到中国。自明代以来，丝瓜迅速传播。明代《救荒本草》（1408—1411）首先对丝瓜的形态和用途作了阐述，李时珍于 16 世纪在《本草纲目》中对丝瓜形态的描述更为详细（舒迎澜，1998）。

中国丝瓜生产主要集中在中南部地区，如广东、广西、福建、湖南、江苏、浙江省（区）等地，种质资源也大多分布于这些地区。所使用的品种类型，华南地区以有棱丝瓜为主，其他地区以普通丝瓜为主。近年，丝瓜生产逐渐由南方向北推进，在黄淮地区规模化、成片种植的反季节栽培（冬春日光温室、早春大棚）也有所发展，如山东省的日光温室生产和江苏省姜堰、宝应等地的早春大棚生产等。北方地区也开始进行栽培。由于丝瓜为短日照作物，而有棱丝瓜对日照长短的敏感程度强于普通丝瓜，故北方地区栽培所用品种多为从南方引进的普通丝瓜。此外，品种的分布由于丝瓜生产规模和方式的改变，也有了新的发展，一些从地方品种中经提纯复壮和定向培育选出的优良品种如五叶香丝瓜、长沙肉线瓜、夏棠1号等和陆续育成的优良一代杂种如江蔬1号、早杂1号、江蔬肉丝瓜、丰抗等已在生产上广泛应用，而且正在逐步取代原有的一些地方品种。

第三节　丝瓜的分类

一、植物学分类

目前，中国栽培的丝瓜属作物主要有两个种，即普通丝瓜和有棱丝瓜。

（一）普通丝瓜 [*Luffa cylindrica* (L.) M. J. Roem.]

别名圆筒丝瓜、蛮瓜、水瓜（广东）等。生长期较长，果实短棒（短圆柱）形至长棒

（长圆柱）形，表面粗糙，并有数条墨绿色纵纹，无棱。嫩果有密毛，肉细嫩。种子扁平而光滑，有翅状边缘，黑色或白色。印度、日本、东南亚等地的丝瓜多属此种。中国长江流域和长江以北各省区栽培较多，主要品种有南京长丝瓜（蛇形丝瓜）、线丝瓜，香丝瓜，长沙肉丝瓜，台湾米管种和竹竿种以及华南地区的短度水瓜和长度水瓜等。

（二）有棱丝瓜 [*Luffa acutangula*（L.）Roxb.]

别名棱角丝瓜、胜瓜（广东），植株生长势比普通丝瓜强，需肥多，果实短棒（短圆柱）形至长棒（长圆柱）形，果面具9~11条纵棱，墨绿色。种子为短圆形，黑色，较普通丝瓜稍厚，无明显边缘。种瓜纤维发达。主要分布于广东、广西、台湾和福建省（区）等地。主要品种有广东省的青皮丝瓜、乌耳丝瓜、棠东丝瓜和长江流域各地的棱角丝瓜（图19-1）。

图 19-1 丝瓜的两个栽培种

1. 有棱丝瓜 2. 普通丝瓜

二、栽培学分类

（一）按果长分类

丝瓜果实的形状不同品种间差异很大，不同地区的消费习惯对果实形状也有着不同的要求。按果实形状可分为长条形、棒形和短棒形三类。

1. 长条形丝瓜 商品果为细长条形，果长80cm以上。代表性品种有南京蛇形丝瓜、长丝瓜等。

2. 棒形丝瓜 商品果为棒形，果长30~80cm。代表性品种有早丝瓜、半长丝瓜、白玉霜丝瓜、益阳白丝瓜、长沙肉丝瓜、单青丝瓜、夏青丝瓜等。

3. 短棒形丝瓜 商品果为短棒形，果长小于30cm。代表性品种有肉丝瓜、香丝瓜、短丝瓜、糯丝瓜、黑节丝瓜等。

（二）按用途分类

丝瓜按其栽培目的一般可分为菜用丝瓜和络用丝瓜。此外，丝瓜具有很好的药用价值，但由于对不同品种类型丝瓜的药用价值尚缺乏研究，故暂不将药用丝瓜列入栽培学分类。

1. 菜用丝瓜　在栽培中最为常见，其商品瓜品质好。生产上使用的品种多为一些优良的地方品种和一代杂种，如蛇形丝瓜、五叶香丝瓜、坊前肉丝瓜、长沙肉丝瓜、夏棠 1号等以及江蔬 1 号丝瓜、江蔬肉丝瓜、早杂 1 号丝瓜等。

2. 络用丝瓜　为加工、出口丝瓜络的专用丝瓜品种。其丝瓜络的长度、粗度、重量、体积、密度等品质指标多能达到不同加工和出口的要求。其中大型瓜络多供加工后出口用，小型瓜络则多供医药用。目前丝瓜络生产所使用的品种主要是从各地的地方品种中筛选出的长棒型普通丝瓜品种，主要有上海市崇明的青皮双丝、浙江省慈溪的络用丝瓜和安徽省全椒的络用丝瓜等专用优良品种。

第四节　丝瓜的形态特征与生物学特性

一、形态特征

(一) 根

根系发达，吸收能力强，主根入土可达 100cm 以上，但一般分布在 30cm 左右的耕层土壤中，深翻土壤有利于根系的发展。

(二) 茎

茎蔓生，五棱，绿色，主蔓长可达 12m 以上，分枝力强，但分枝上一般不易再发生分枝或发生少量分枝。每节有分歧卷须。普通丝瓜的茎一般粗于有棱丝瓜。

(三) 叶

叶为心脏形或掌状裂叶，品种间差异明显。一般有棱丝瓜叶片较小，为心脏形；普通丝瓜叶片较大，掌状浅裂至深裂，多数 3～7 裂，叶色淡绿色至深绿色。

(四) 花

雌雄异花同株，花冠黄色，雄花序总状，雌花单生，子房下位。但也有品种雌雄同序并能正常结果，如无锡地方品种香丝瓜（潘新法，1995）。不同品种第一雌花节位差异明显。有的品种第一雌花节位很低，如邵阳香丝瓜和沅陵棒头丝瓜为第 4 节，蛇形丝瓜和早丝瓜为第 5 节；有的品种第一雌花节位很高，如青皮长丝瓜、盱眙丝瓜、祁阳黄皮丝瓜等，一般都在 20 节以上。

由于有棱丝瓜和普通丝瓜长期在不同生态条件下驯化，因而形成开花习性的差异，有棱丝瓜一般于下午 4～6 点开花，而普通丝瓜则以早晨开花为主。

(五) 果实

瓠果，棒形或圆筒形，果面有棱或无棱，表面有皱褶。果实形状极具多样性，商品瓜长、横径和果实大小在不同品种间差异明显。如香丝瓜商品瓜长仅为 25cm 左右，横径 4～5cm，单瓜重在 100g 左右；蛇形丝瓜商品瓜长可达 100cm 左右，横径仅为 3cm 左右，单瓜重在 1 000g 左右；而长沙肉丝瓜的横径可达 7cm 以上（图 19 - 2）。商品瓜皮色多为淡绿色至深绿色，但也有皮色为白色或灰白色的品种，如浙江省的白皮丝瓜和广西自治区的竹湾白丝瓜；果面斑纹有或无，斑纹色为黄白、淡绿色至深绿色，有的品种表面附生白色茸毛，如长沙肉丝瓜。老熟瓜皮色褐色或黑褐色，极少数黄白色。外皮下生网状强韧纤维，俗称丝瓜络。

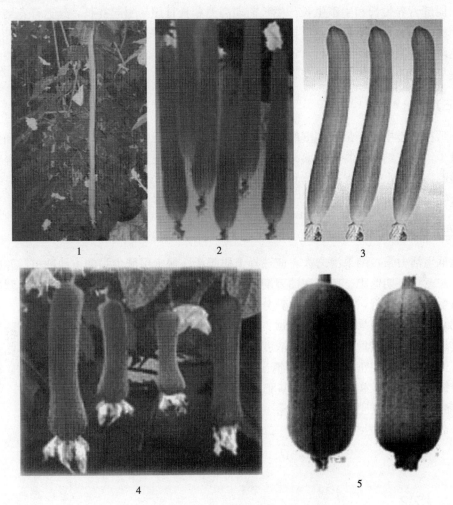

图 19 - 2 不同果形的丝瓜品种
1. 蛇形丝瓜 2. 江蔬 1 号丝瓜 3. 香丝瓜 4. 肉丝瓜 5. 短圆筒类型丝瓜

二、对环境条件的要求

(一) 温度

丝瓜属于要求温度较高的蔬菜，耐热性强，生长适温为 25～30℃，30℃ 以上也能正

常生长。在炎热夏秋季节，只要水肥不缺，开花结果仍能保持旺盛。10℃以下幼苗的生长
会受抑制，5℃以下生长不良，-1℃即受冻害而死亡。种子在 30～35℃时发芽最快。低
温有促进雌花生长发育的作用，故早春大棚栽培时，植株往往先发生雌花，后发生雄花。

（二）光照

丝瓜属短日照作物，在长日照条件下雄花和雌花的着生节位提高。抽蔓期以前需要短
日照和稍高温度，以促进茎叶生长和雌花分化。开花结果期则需要较高温度、长日照和强
光照以促进营养生长和生殖生长。生长前期高温和长日照易引起徒长，延迟开花结果。生
长后期温度低、光照不足，则植株生长势弱，结果少，采收期短。丝瓜一般先发生雄花，
再发生雌花，第一雌花开放后，各节能连续发生雌花，若苗期给予一定的短日照和低温，
则可提早开花，还会先发生雌花。

（三）水分

丝瓜在瓜类中属于最耐潮湿的作物，在短期水淹之后仍能正常生长。幼苗期和抽蔓期
需水量少，开花结果期特别是盛果期，因叶蔓和果实生长量大，故需水量大，应经常保持
土壤湿润，土壤水分以保持土壤相对含水量 90％左右为宜。水分供应须均匀，忌忽干忽
湿，否则会引起瓜条粗细不匀。干燥条件下，果实纤维多且易老。

（四）土壤与营养

丝瓜生活力强，结果潜力大，应选择土质肥沃、保水保肥力强的土地种植，并应施足
基肥，注意结果期追肥。苗期和抽蔓期对肥水需求不多，当进入开花结果期后，营养生长
和生殖生长同时进行，生长量大、养分消耗多，须加大施肥量，才能满足其需求。如盛果
期出现缺肥现象，则果实常出现细颈、弯腰、大肚等畸形果，有时甚至引起落花落果，这
将严重影响产量和质量。丝瓜对高浓度肥料的忍受力较强，也不易发生徒长，因此开花结
果期可追施重肥。在正常田间肥力情况下，一般每公顷施有机肥 15t、碳酸氢铵 450kg、
过磷酸钙 375kg、草木灰 300kg 作基肥。生长期内需要较多的钾和适量的氮与磷，可酌量
施用磷酸二铵等速效肥。丝瓜氮、磷、钾的吸收比例为 2∶1∶2.6。

第五节　丝瓜的种质资源

一、概况

中国地域辽阔，生态环境复杂多样，各地消费习惯不同，丝瓜经过 1 000 多年的引
种、驯化栽培，形成了丰富多样的种质资源。据统计，被列入《中国蔬菜品种目录》第一
册（1992）和第二册（1998）的丝瓜种质资源共有 452 份。

从丝瓜种质资源的地域分布来看，被列入《中国蔬菜品种目录》的 452 份种质资源，
按中国蔬菜栽培分区的数量分布为：①东北单主作区（包括黑龙江、吉林、辽宁省）1
份，约占总数的 0.2％；②华北双主作区（包括北京、天津、河北、山东、河南各省、直

辖市）34份，约占总数的 7.6%；③长江中下游三主作区（包括湖南、湖北、江西、浙江、上海、安徽、江苏各省、直辖市）165份，约占总数的 36.7%；④华南多主作区（包括海南、广东、广西、福建、台湾各省、自治区）117份，约占总数的 26%；⑤西北双主作区（包括山西、陕西、甘肃、宁夏各省、自治区）10份，约占总数的 2.2%；⑥西南三主作区（包括四川、云南、贵州省）114份，约占总数的 25.3%；⑦青藏高原单主作区（包括青海、西藏）0份；⑧蒙新单主作区（包括内蒙古、新疆自治区）4份，约占总数的 0.89%（由吴肇志统计提供）。由上述可见，丝瓜种质资源以长江中下游三主作区最为丰富，其次为华南多主作区和西南三主作区，而青藏、蒙新单主作区则数量较少。又据最新统计，全国收集并进入国家农作物种质资源长期库的丝瓜种质资源已增至 524份（见表1-7）。

从上述所收集的丝瓜种质资源来看，其来源大多局限于大、中城市及县城周围，一些偏远的农村和山区的种质资源则尚未得到充分收集，而这些地区可能还保留着最原始的品种类型。丝瓜种质资源在熟性、丰产性、果实商品性、品质等性状上都极具多样性，目前对这些性状的研究和利用也较多，但对其抗病性、抗逆性及特殊利用价值（如药用）的研究则较少，因此对这些性状尚缺乏全面、系统的认识。

二、优异种质资源

丝瓜生产上常见病害主要有病毒病［CMV（黄瓜花叶病毒）等］、霜霉病（*Pseudoperonospora cubensis*）、蔓枯病（*Mycosphaerella melonis*）和褐斑病（*Cercospora citrullina*）等。目前有关丝瓜种质资源抗病性鉴定筛选的研究报道尚不多见。据湖南省农业科学院蔬菜研究所开展的湖南省丝瓜种质资源的研究，对湖南丝瓜生产上常见的褐斑病抗性较强的品种有衡阳香丝瓜、益阳短白肉丝瓜，对蔓枯病抗性较强的品种有长沙肉丝瓜、益阳长白肉丝瓜、衡阳短棱角丝瓜等。据广东省农业科学院蔬菜研究所的研究，对霜霉病抗性较强的品种有泰国丝瓜、夏棠1号、双青丝瓜等。

丝瓜为喜温作物，据观察各品种在夏秋高温季节均能正常生长，但大多数品种耐寒性较差。在湖南省的地方品种中，稍耐寒的品种有常德棒棒丝瓜、湘潭粉皮丝瓜。在江苏、山东省等地由于保护地生产的发展，人们从一些优良地方品种中筛选出五叶香丝瓜、线丝瓜等耐寒性良好的品种，已用于日光温室或大棚生产。丝瓜各品种均具有较强的耐涝能力，但在长期的栽培过程中，由于生态条件的驯化和人为选择的结果，也产生了一些具一定耐旱能力的品种，如湖南省的衡阳大丝瓜、沅陵棒头丝瓜，浙江省的肉萝儿等均具有适应短期干旱的能力。

此外，从果实品质性状上，有的品种香味较浓，如江浙一带的不同类型香丝瓜等。

现将包括以上这些种质资源在内的，具有早熟、优质、丰产、抗病和抗逆等优异特性的种质资源摘要介绍如下：

（一）普通丝瓜

1. 蛇形丝瓜

（1）南京长丝瓜 又名蛇形丝瓜，江苏省南京市优良地方品种。早熟。商品瓜细长条状，平均果实长 1m 以上，果肉柔嫩，纤维少，品质好，平均单果重 400g 左右。有"木把"和"铁把"两种类型。"木把"种近瓜柄部肥嫩可食，品质好；"铁把"种品质稍差。

（2）马尾丝瓜　又名线丝瓜，云南省个旧、四川省成都和江津市一带栽培较多。果实长 100～150cm，粗 4～6cm，单果重 0.5～1kg。梗端较细，顶端较粗。瓜皮粗糙，瓜面深绿色，具黑色条纹。抗逆性强。肉薄，籽少，易老。

2. 棒形丝瓜

（1）上海香丝瓜　上海市优良地方品种。早熟。商品瓜长 30～35cm，果实棒形略短，肉厚有弹性，果皮淡绿色并有黑色斑点。果实有香味，品质极佳。

（2）五叶香丝瓜　江苏省姜堰市地方品种。早熟。一般从第 5 节起开始坐瓜，商品瓜采收适期为花后 10～12d。果实长 30～35cm，短圆柱形，肉厚，有弹性，果肉有香味，耐运输。适宜作保护地栽培，产量 67 500～75 000kg/ hm²。

（3）坊前肉丝瓜　江苏省无锡市坊前镇从地方品种香丝瓜中选择培育而成。中熟。果实长棒形，果皮青绿色，表面粗糙，长 30～35cm，单果重 192.7g。生育期 140d 左右，供应期可从 5 月下旬延续到 9 月上旬，平均产量 45 750kg/kg。

（4）白玉霜丝瓜　湖北省武汉市地方品种。植株分枝能力强，第 15～20 节着生第一雌花。果实长 60～70cm，粗 5.5cm，单果重 0.25～0.5kg。果皮淡绿色，并有白色斑纹，果面密布皱纹。皮薄，肉乳白色。耐涝、耐热、耐老，但不甚耐旱。品质好。

3. 短棒形丝瓜

（1）长沙肉丝瓜　湖南省长沙市地方品种。早熟。雌花率 50%～70%。果实短圆筒形，长 30.0cm，粗 7.0cm，肉厚 1.6cm，单果重 0.5～1.0 kg。果皮绿色，有 10 条纵向青筋，柱头肥大短缩，果面粗糙。果肉质软，甘甜润口。喜温喜湿，耐热、忌旱。6 月上旬始收，9 月完收，产量 60 000kg/ hm²。

（2）衡阳香丝瓜　湖南省衡阳市地方品种。早熟。雌花率 38%。果实圆筒形，长 29.0cm，粗 6.0cm，单果重 0.4kg。果皮浅绿色，有 10 条左右深绿色纵向条纹，并附生白色茸毛，瓜脐粗大突出。肉白色，松软，甘甜。耐热喜湿。5 月下旬始收，9 月拉秧。产量 37 500kg/ hm²。

（3）肉萝儿　浙江省龙泉市地方品种。极早熟。植株生长势强，分枝能力弱。第一雌花节位 3～6 节，一般从第 6 节起开始坐瓜。果实短棒状，长 25.0cm，粗 4.0cm，单果重 0.15kg。果皮绿色，较粗糙，有 10 条微突起的深绿色细棱。皮薄，纤维少，肉厚，有香味，品质优。抗逆性强，耐高温和低温，较耐旱。从定植至采收结束约 190d，采收期长。产量 45 000kg/ hm² 左右。

（4）青柄白肚　浙江省南部栽培较多。早熟。叶片缺刻不深。果实棒形，长 30cm 左右。果实梗端 6.0cm 左右及花冠附近为淡绿色，其余部分为乳白色，故名白肚。果面光滑而有光泽。肉质细嫩，耐老。

（5）合川丝瓜　又名湖皱丝瓜、胖头丝瓜，为四川省合川县优良地方品种。果实短圆柱形，两端钝圆，长 16～25 cm，粗 5～8cm，单果重 0.3kg。果皮深绿色，具有皱皮的线状及点状突起。果肉厚，味甜，不易老，采收期长。

（二）有棱丝瓜

1. 青皮绿瓜

蔓长 5m，分枝力强。叶片青绿色。主蔓 9～16 节着生第一雌花。果实长棒形，青绿色或黄绿色，具棱 11 条左右，单果重 0.25～0.5kg。肉白色，皮薄肉厚，品质优良。春、夏、秋季均可栽培。

2. 乌耳丝瓜　广州市地方品种。叶色浓绿。主蔓 8～12 节着生第一雌花。果实长棒形，长 40 cm，粗 4.2cm，单果重 0.25kg。瓜皮浓绿色，具 10 棱，棱边深绿色。肉白色，皮稍薄，皱纹较少，品质好。较耐运输。适于春、秋两季栽培。

3. 夏棠 1 号　为华南农业大学园艺系从广州市地方品种棠东丝瓜中经系选而成。适应性强，从 3 月中旬至 8 月上旬均可播种。在早熟性和丰产性上均明显优于棠东丝瓜。果实长 45～60 cm，粗 4.5～5.5cm。长棒形，头尾匀称，果形好。皮色青绿，具棱 10 条，棱色墨绿。瓜条柔软，纤维少，皮薄肉厚，味甜，维生素 C 和总糖含量较高。

4. 夏绿 1 号　为广州市蔬菜研究所从杂交品种夏优丝瓜自交分离后代系选而成。早熟，春、夏、秋季栽培第一雌花节位分别为 7～10 节、20～5 节、14～19 节。侧枝少，以主蔓结果为主，连续结果能力强。商品瓜长 50～60cm，粗 5.0～5.5cm，单果重 0.4kg，产量 30 000kg/hm² 左右。果皮深绿色，棱条墨绿色，瓜条直、匀称，棱沟浅。肉质致密、味甜，口感好，商品瓜水分、蛋白质、还原糖、纤维素含量分别为 94.0%、0.14%、2.72% 和 0.46%。耐贮运、耐热、耐雨水能力强。

5. 绿旺丝瓜　为广州市蔬菜研究所用有棱丝瓜和普通丝瓜杂交、回交后，经系选而成。植株生长旺盛，早中熟，春季栽培主蔓 7～10 节、秋季第 28～35 节着生第一雌花。播种至初收春季栽培 60～70d，可延续采收 70～80d；秋季约 45～50d，可延续采收 30～40d。果实长棒形，长 60 cm，粗 4.5cm，单果重 0.3～0.5kg。果皮绿色，具 10 条棱，棱条墨绿色。商品率高，纤维少，品质好。产量 13 050～22 500kg/ hm²。抗逆性和抗病性较强，较耐旱涝、耐贫瘠，耐霜霉病，耐贮运。适于广东、海南、福建省及广西自治区等地种植。

第六节　丝瓜种质资源研究与创新

一、细胞学研究

近年来，利用现代技术开展了丝瓜种质资源的研究，尤其在利用细胞学和生物技术方法研究有棱丝瓜和普通丝瓜的亲缘关系等方面，为丝瓜种质资源的分类及其深入研究打下了基础。

张赞平等（1996）对两种栽培丝瓜的核型进行了分析研究。结果表明，普通丝瓜品种棒槌丝瓜的核型公式为 $2n＝2x＝26＝20m＋6sm$（2SAT），长沙肉丝瓜的核型公式为 $2n＝2x＝26＝20m$（2SAT）$＋6sm$；有棱丝瓜品种青皮丝瓜的核型公式为 $2n＝2x＝26＝22m$（2SAT）$＋4sm$。从核型分析的结果来看，普通丝瓜和有棱丝瓜的随体数目、位置及核型组成、平均臂比等主要要素都是相当一致的，这充分表明两者之间的亲缘关系很近。两者的主要差别是染色体长度变异范围及 sm 染色体数目。普通丝瓜（长沙肉丝瓜）具 3 对 sm 染色体，最长与最短染色体的比值为 1.789；而有棱丝瓜具 2 对 sm 染色体，最长与最短染色体的比值为 1.462。按 Stebbins 的核型标准，前者属于 2A 型，后者属于是 1A 型，两者都属于比较原始的对称核型，但前者的进化程度要高于后者。核型图见图19-3。

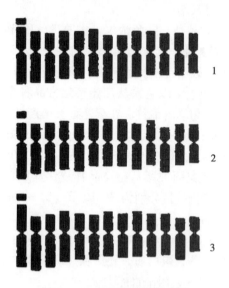

图 19-3 丝瓜的核型模式图

1. 青皮丝瓜（有棱丝瓜）　2. 棒槌丝瓜（普通丝瓜）　3. 长沙肉丝瓜（普通丝瓜）

（张赞平等，1996）

但张长顺（1998）对普通丝瓜的研究结果与张赞平等并不完全一致。研究发现，根据各染色体的形态可分为两种类型，除第 3、4、7、9、13 号染色体是近中部着丝点染色体外，其余的均为中部着丝点染色体，有一对随体在第二对染色体上，但不明显、很难观察到，核型公式为 $2n=2x=26=16m$（2SAT）$+10sm$，染色体长度比为 2.23，无臂比大于 2：1 的染色体，属于 Stebbins 的 1B 型。具体结果见表 19-1。

表 19-1 丝瓜的核型数据

（张长顺，1998）

染色体序号	相对长度（%）长臂＋短臂＝全长	臂比（长/短）	类型
1	6.50＋4.93＝11.43	1.32	M
2	5.31＋4.62＝9.93	1.15	m (SAT)
3	5.82＋2.98＝8.80	1.95	Sm
4	5.20＋2.91＝8.11	1.79	Sm
5	4.62＋3.46＝8.08	1.34	M
6	4.45＋3.42＝7.87	1.30	M
7	4.79＋2.40＝7.19	2.00	Sm
8	4.04＋3.08＝7.12	1.31	M
9	4.45＋2.57＝7.02	1.73	Sm
10	3.90＋2.64＝6.54	1.48	M
11	3.73＋2.71＝6.44	1.38	M
12	3.70＋2.64＝6.34	1.40	M
13	3.42＋1.71＝5.13	2.00	Sm

注：随体长度不计算。

二、分子生物学研究

凌敏华等（1993）从丝瓜汁中分离提纯的丝瓜胰蛋白酶抑制剂是属于南瓜族小分子蛋白酶抑制剂，由29个氨基酸残基组成，在阐明其氨基酸序列基础上进一步分析了其 cDNA 序列及结构基因，建立了丝瓜的 cDNA 基因库，以总 cDNA 为模板利用 PCR 技术体外扩增了2个 TGTI 的 cDNA 片断，合并得到 cDNA 的全序列，其读框编码区由 pre-pro-TGTI-Ⅱ所组成，pre 和 pro 分别推测有21和13个氨基酸残基，由 cDNA 序列推导的氨基酸顺序和测定的氨基酸顺序（TGTI-Ⅱ）完全相同。同样用 PCR 技术以丝瓜总 DNA 为模板阐明了该抑制剂的结构基因，证实在结构基因中不含内含子。

黄绍兴等（1996）对肌动蛋白基因在丝瓜各器官中的表达进行了研究。结果表明，肌动蛋白基因表现出器官特异性表达。肌动蛋白基因在丝瓜幼苗发育过程中表现明显的发育阶段特性。30d 苗茎的 mRNA 水平为8d 苗根、子叶和15d 苗根、下胚轴的4~6倍，同时为开花植株茎和叶片的 mRNA 水平的10~12倍。

高波等（2004）将构建成功的丝瓜 ACC 合成酶 cDNA 重组质粒，转化为大肠杆菌 BL21（DE3），经异丙基硫代半乳糖苷（IPTG）诱导后得到特异性高效表达，表达蛋白以包涵体形式存在。包涵体经洗涤和 Zn^{2+} 螯合柱层析，得到纯化蛋白。SDS-PAGE 显示纯化蛋白分子量为55 000的单一蛋白带。经活性分析，该酶最适 pH 值为8.5，米氏常数（Km）为44.2μmol/L。

三、丝瓜种质资源创新

目前中国丝瓜种质资源的创新主要是通过系统选育和杂交育种途径来实现的，尤其是利用不同种质资源材料优异性状的互补和集成培育创新的新品种。例如，华南农业大学从当地地方品种棠东丝瓜中经多代定向选择选育出适宜广州地区夏季长日照条件下栽培、经济性状和商品性状均符合要求的有棱丝瓜品种夏棠1号；江苏省姜堰市农业局根据当地保护地丝瓜生产的发展，从当地地方品种香丝瓜中经多代定向系统选择，选育出早熟、优质、具香味，且适宜作保护地栽培的新品种五叶香丝瓜；江苏省农业科学院蔬菜研究所从当地地方品种香丝瓜中经多代自交分离，筛选出早熟、优质、具香味且抗病毒病的香丝瓜自交系，并以此为亲本选育出杂交丝瓜新品种江蔬1号，因其具有早熟、优质、抗病毒病强且适宜作保护地栽培的优点，已在江苏省及周边地区大面积推广。

广州市蔬菜研究所利用品质优良的乌耳丝瓜（有棱丝瓜）作母本，以抗性强、高产的普通丝瓜（当地品种）杂交后，再与茅岗丝瓜（有棱丝瓜）进行杂交，所得三交种继续以茅岗丝瓜进行连续两代回交，再经过2代自交选育和4代系统选育，培育出具有普通丝瓜和有棱丝瓜优点的有棱丝瓜新品种绿旺。江苏省农业科学院蔬菜研究所根据性状互补的原则，将不同来源、不同类型的普通丝瓜材料进行杂交并自交分离纯化，选育出一批抗病、优质、丰产的自交系。

（袁希汉）

主要参考文献

何启伟，苏德恕，赵德婉．1997．山东蔬菜．上海：上海科学技术出版社

舒迎澜．1998．主要瓜类蔬菜栽培简史．中国农史．17（3）：94～99

中国农业科学院蔬菜花卉研究所主编．1992．中国蔬菜品种资源目录（第一册）．北京：万国出版社

中国农业科学院蔬菜花卉研究所主编．1998．中国蔬菜品种资源目录（第二册）．北京：气象出版社

中国农业科学院蔬菜花卉研究所主编．2001．中国蔬菜品种志．北京：中国农业出版社

张赞平，侯小改，王进涛．1996．两种栽培丝瓜的核型分析．河南科学．14（增刊）：49～52

张长顺．1998．几种农作物的核型．云南教育学院学报．14（2）：65～67

凌敏华，周祖荫．1993．丝瓜、哈密瓜蛋白酶在丝瓜和黄瓜发育过程中肌动蛋白基因的表达抑制剂的研究．生物化学与生物物理学学报．25（1）：19～24

黄绍兴，刘俊君等．1996．在丝瓜和黄瓜发育过程中肌动蛋白基因的表达．植物学报．38（2）：136～141

高波，曾庆银，陆海等．2004．丝瓜 ACC 合成酶的原核表达、分离纯化及性质鉴定．吉林大学学报（理学版）．42（4）：622～624

瓠　瓜

第一节　概　述

瓠瓜为葫芦科（Cucurbitaceae）葫芦属，一年生攀缘草本植物。学名 ［*Lagenaria siceraria* (Molina) Standl.］，又名瓠子、扁蒲、葫芦、蒲瓜、夜开花等。染色体数 2n＝2x＝22。在亚洲和非洲的热带地区多食用嫩果，西非以嫩苗和嫩叶作菜，成熟果可作容器，也用作嫁接西瓜的砧木防西瓜枯萎病。

瓠瓜营养丰富，其可食率为 90%，每 100g 嫩果中含水分 93g 左右、蛋白质约 0.7g、脂肪 0.1g 及碳水化合物 3.1g、粗纤维 0.8g、灰分 0.4g、钙 16mg、磷 15mg、铁 0.4mg、硫铵素 0.02mg、核黄素 0.01mg、尼克酸 0.4mg、抗坏血酸 11mg 等（《食物成分表》，1991）。瓠瓜肉质细密，口感绵软、鲜嫩，是一种美味食品，另外还有一定的加工价值。据战国和秦汉时期的文献记载，瓠瓜在中国当时的食物生产中具有举足轻重的地位。《管子·立政》（公元前 51—前 3 世纪）中指出："……瓜瓠、荤菜、百果不具备，国之贫也；……瓜瓠、荤菜、百果具备，国之富也。"汉代，《汉书·食货志上》（公元前 1 世纪后期）还强调在边角地种植"瓜瓠果蔬"。东汉《释名》（2 世纪）记载："瓠蓄，皮瓠以为脯，蓄积以待冬月时用之也"。说明中国在汉代时人们已经将瓠制成脯，当作干粮储备。瓠瓜还有广泛的药用价值。明代《本草纲目》（1578）中记载"葫芦气味甘平，主治：消渴恶疮；鼻口中肉烂痛；利水道；消热；除烦。"有"治心热、利小肠、润心肺、治石淋"之功效。而且，不仅果实有食用药用价值，葫芦的叶、蔓、卷须和花"气味甘平"，都可"解毒"；葫芦的种子"主治齿龋或肿或露。齿摇疼痛。"并"瓢可以养豕。犀瓣可以浇烛。其利溥矣。"现代医药学界，利用葫芦及其制品，治疗高血脂、高血压、动脉硬化、糖尿病，并制成高效抗癌新药——"葫芦素"。

瓠瓜在中国栽培历史悠久，早在 2 500 年前即有栽培。瓠瓜喜温，但不同种类对温度要求有所差异。在瓠瓜中，长瓠子的分布较其他类型广泛。中国在长江流域及广东、广西、福建、浙江、云南、贵州等省（自治区）具有丰富的地方品种资源。该地区气候温和，雨量充沛，适宜瓠瓜的生长。目前在湖北、江西、江苏等省瓠瓜已发展为早春和夏秋一年种两季的蔬菜作物。

近年来，瓠瓜栽培有逐渐向山东省、河北省等北方地区扩展的趋势；同时，由于瓠瓜杂种优势育种取得了显著的成效，一代杂种品种病害少、栽培容易、产量高、早熟性好，因此已陆续成为各地早春保护地栽培的重要蔬菜之一。此外，瓠瓜还因其抗逆性强，适于作西瓜和极早熟栽培黄瓜的砧木而被生产者广泛应用。

中国幅员广大，地形多变，气候类型复杂多样，因此中国的瓠瓜与其他蔬菜一样，在长期的自然和人工选择作用下，形成了极其丰富多样的种质资源。据统计，被列入《中国蔬菜品种资源目录》（第一册，1992；第二册，1998）的各种不同类型瓠瓜种质资源共有242 份，其中有 79 份被列入《中国蔬菜品种志》（下卷，2001）。

第二节　瓠瓜的起源与分布

20 世纪 30 年代，苏联著名植物地理学家瓦维洛夫（Н. И. вавилов）认为瓠瓜原产印度。此后，英国学者认为瓠瓜是从非洲传到亚洲的（《人的习惯与旧世界栽培植物的起源》，1954）。1990 年出版的《中国农业百科全书·蔬菜卷》也提到："瓠瓜原产赤道非洲南部低地"。但从后来不断问世的新资料来看，上述这些看法还可作进一步的研究。

中国考古学者罗桂环曾在新石器时代遗址考古发掘中发现过瓠瓜的残果和种子遗存。中国农业出版社 1990 年出版的《中国古代农业科技图谱》中也提到在黄河流域河南省新郑裴李岗距今约 7 000～8 000 年的新石器时代遗址中，曾出土过古葫芦皮。在长江流域距今约 7 000 年的浙江省河姆渡文化遗址中，也曾发现过小葫芦的种子。另外，在张光直的《考古学专题六讲》中提到在湖北省江陵阴湘城的大溪文化遗址，以及长江下游的罗家角、崧泽、水田畈等新石器时代遗址里也发现过葫芦。事实表明，当时人们很可能已利用葫芦来制作器物了。因为在一般的情况下，只有用作器物的老葫芦皮方可能长久保存，而食用的嫩果是不可能留存至今的。另外，从包括上述两处新石器时代遗址出土的古文物来看，大量葫芦形的陶器可能就是根据葫芦的形状仿制的，这也表明当时人们已不仅仅把它当作食物，而且还用它来制作各种器物了。据上述事实中国可能在新石器时代早期就已经有瓠瓜了，但是到目前为止，葫芦的野生种是否在中国有分布还不太清楚。中国古代著作如《名医别录》（6 世纪前期）记载它："生晋地川泽"，但很难考证书中记载的就是野生葫芦。中国葫芦科的植物种类比较多，尽管对葫芦野生种的原产地还有待追寻，但从有关的考古发现以及众多历史、传说和民俗反映的情况看，它确实是最早伴随着中国文明成长的非同寻常的作物之一。已故中国著名植物学家胡先骕认为："葫芦在中国应用得很早，壶字即由葫芦而来，不一定是由非洲传进亚洲的"（《人的习惯与旧世界栽培植物的起源》，1954）。从上述资料与有关葫芦所体现的深厚文化底蕴和西南地区有关人类起源的传说和崇拜习俗，以及《广志》（3 世纪 70 年代前后）记有：朱崖有"苦叶瓠"等情况看，虽然目前人们仍在寻找分布在中国的葫芦野生种，但人们有理由相信，中国水热条件良好、葫芦科等藤本植物众多的西南地区或海南岛等地有可能也是葫芦的起源地之一。

目前，世界上瓠瓜主要分布在印度、中国、斯里兰卡、印度尼西亚、马来西亚、菲律宾，热带非洲、哥伦比亚和巴西等地，瓠瓜也是这些地区的重要蔬菜。中国瓠瓜栽培历史悠久，因其喜温暖气候，其栽培主要分布在长江中下游地区和华南以及西南部分地区，近几年北方也开始引种栽培，并获得了成功。

第三节 瓠瓜的分类

一、植物学分类

瓠瓜为葫芦科（Cucurbitaceae）葫芦属（*Lagenaria*）攀缘草本植物。植株披黏毛，卷须2分叉。叶卵圆形或心形；叶柄顶端有2腺体。花白色，雌雄异花同株，单生；花萼和花冠5裂；雄蕊3，花丝离生，药稍靠合，1枚1室，2枚2室，药室扭曲；花柱短，柱头3、2浅裂。果不开裂，熟时外壳变木质，中空；种子扁平（《上海植物志》，1999）。

据美国种质资源网（http：//www.ars-grin.gov）介绍该属有6个种，分别为：① *Lagenaria abyssinica*（Hook.f.）C.Jeffrey.；②*Lagenaria breviflora*（Benth.）Roberty.；③*Lagenaria rufa*（Gilg）C.Jeffrey.；④*Lagenaria siceraria*（Molina）Standl.；⑤*Lagenaria* spp.；⑥*Lagenaria sphaerica*（Sond.）Naudin.。

据现有文献，中国只有该属的一种栽培种，学名 *Lagenaria siceraria*（Molina）Standl.，染色体数 2n=2x=22。根据果实形状可分为5个变种。

1. 瓠子（var.*clavata* Hara） 果实长，嫩果可食，果皮绿白色，果肉白色，柔嫩多汁。中国普遍栽培。按果形可分为长圆柱形和短圆柱形两类。长圆柱形的果实长42～66cm，最长达1m，横径7～13cm。如南京面条瓠子、湖北孝感瓠子、广州青葫芦、四川长瓠瓜等。短圆柱形瓠子，果实较短，长20～33cm，横径13cm以上，如江苏棒槌瓠子、湖北狗头瓠子等。

2. 长颈葫芦（var.*cougourda* Hara） 果实圆柱形，蒂部圆大，近果柄处较细长，嫩果可食用，老熟后可制成器皿。

3. 大葫芦 [var.*depressa*（Ser.）Hara] 果大扁圆形，横径15cm，主蔓第20节发生第一雌花，重2.5kg，大者达5kg。如湖北晚熟大葫芦、江西圆葫芦、广州细花和花葫芦、舟山扁蒲。嫩瓜可食，老熟后可做瓢用。

4. 细腰葫芦 [var.*gourda*（Ser.）Hara] 果下部大，上部较小，中间缢细，嫩瓜可食，每果重2kg，果皮绿色，肉厚白色，味稍甜，品质好，晚熟。如湖北青皮葫芦，广州大花和青葫芦，厦门葫芦瓠。

5. 观赏葫芦 [var.*microcarpa*（Naud.）Hara] 果实小，长10cm以下，中部缢细，下部大于上部。观赏用，无食用价值，如小葫芦（图20-1）。

二、栽培学分类

按果实形态不同可将瓠瓜分为以下几类：

1. 长圆柱形 果实长42～66cm，最长达1m，横径7～13cm。如孝感瓠子、南京面

图 20-1 不同类型的瓠瓜

1a. 长圆柱形瓠子　1b. 短圆柱形瓠子　2. 长颈葫芦　3. 大葫芦　4. 细腰葫芦　5. 观赏葫芦

条瓠子。

2. 短圆柱形　果实长 20～33cm，横径 13cm 以上。如江苏棒槌瓠子、湖北狗头瓠子。

3. 长颈形　果实圆柱形，蒂部圆大，近果柄处较细长，如长颈葫芦。

4. 扁圆形　果实近圆形，有些扁平，横径 20cm 左右，如大葫芦、细花、花葫芦。

5. 细腰葫芦　果实蒂部大，近果柄部较小，中间缢细。如大花、青葫芦等。

6. 小葫芦　果实小，葫芦形，无食用价值，观赏用。如小葫芦。

此外，瓠瓜各品种在生产栽培中按其用途可分为菜用、观赏用、器皿用，有些既可菜用也可制作成器皿，如长颈葫芦、大葫芦、细腰葫芦等。按其熟性可分早熟、中熟及晚熟3 个类型。早熟品种有线瓠子、三江口瓠子、孝感瓠子、丰都瓠瓜及华瓠杂 1、2、3 号等，中熟品种有细花、青葫芦、云阳葫芦瓜、三河瓠子等，晚熟品种有忠县当当、丰都葫芦、大腿瓠等。按其大小分，可分为大型、中型和小型 3 类，大型种老熟瓜大的可达 8～10kg，小型种小的尚不足 0.1kg。按其嫩瓜皮色分，有深绿、浅绿、白色、白底带青花斑等。按其品质分有柔滑型、硬肉型（硬于黄瓜）等。按其口味分，有淡味型、甜味型、清苦型、剧苦型等。此外根据瓠瓜不同类型、不同品种的植株生长势、抗病性、抗逆性的强弱还有许多种分类方法，在此不一一列举。

第四节 瓠瓜的形态特征与生物学特性

一、形态特征

(一) 根

瓠瓜根系较浅,再生能力弱,侧根发达,横向伸展能力较强,一般可达 3m 左右,部分品种在肥力水平高,通透性好的沙壤土中可伸至 4m 以外。瓠瓜的下胚轴(子叶以下部分根茎)于土壤中能分生不定根,特别是在老根受损时能产生多条侧根,并起到较好的替代作用。不同品种根的垂直伸展能力也有不同,一般长瓠子根系较浅,主要根群垂直分布在 20cm 左右,再生能力弱,伤根后不易恢复生长。而圆葫芦根系较深,达 25cm 以上,抗旱能力较强。但它们的耐涝性都差。

(二) 茎

瓠瓜茎蔓生、分枝能力强,特别是当主茎受损后会很快产生多条侧蔓,当侧蔓顶部受损后,在肥水供应充足的情况下又可在侧蔓上分生孙蔓……。茎蔓横断面呈五棱形,表皮上分生细刺毛。瓠瓜子叶以上的 1～5 叶节节间特别短,是主茎由直立性转向匍匐之前的节位,其中尤以第三至第五节间出现的侧蔓生长优势最强。

瓠瓜茎蔓的节间长度因品种和栽培条件不同而异,但每个节上都有一个花原基,根原基,侧枝原基和苞叶原基;如进行爬地栽培,其接触地面或接近地面的茎节能产生 1～3 条不定根,有很强的吸肥、吸水能力。

(三) 叶

瓠瓜叶面大而薄,单叶互生,心脏形或肾形,不分裂或稍浅裂,叶缘有小齿,叶柄长,顶端具两个腺体,叶面有茸毛。基部几片叶较小,多数品种叶全缘,俗称板叶。以后随蔓的伸展叶面积增大,出现本品种的固有形态,其叶片的大小、叶柄的长度因品种不同而异。

瓠瓜为喜光作物,在弱光照条件下节间和叶柄将迅速伸长。瓠瓜叶片的蒸腾量大,对肥水要求高,如肥水不能满足,会导致畸形瓜增多。

(四) 花

瓠瓜花白色、单生,花梗长;雄花花托漏斗状,长约 2cm,花萼裂片披针形,长 3mm 左右,花冠裂片皱波形,披柔毛或黏毛,长 3～4cm,宽 2～3cm,雄蕊 3 枚,药室不规则折曲;雌花花萼和花冠似雄花。雌雄异花同株,虫媒花,异花授粉。雄花、雌花均在傍晚开始逐渐开放,第二天 8、9 时花冠凋萎,雌蕊、花粉也失去生活力,"夜开花"之称由此而来。其绝大多数品种侧蔓着生雌花早于主蔓,侧蔓除着生雌花外也可着生雄花。不同品种雌花出现的时间、节位、数目、雌雄花比例差异显著。一般雄花的发生早于雌花，其花芽的分化和发育随着瓜蔓的伸展由低节位向高节位顺序推进，有时雌花也可能早于雄花 2～3d 出现，但第一朵雌花由于植株营养面积过小而大多为无效花，没有保留的价值。当瓠瓜开花进入盛花期后，在不整枝情况下会出现 2～3 朵雌花同时开放的现象。

（五）果实

瓠瓜雌花在受精后第二天子房（幼果）开始伸长增粗，但以伸长为主，果柄也相应伸长。雌花在受精后并不是都能发育或发育成理想的商品瓜，这与雌花的质量、受精时植株叶片数、叶面积大小、肥力供应情况、根系的吸收能力以及当时的气候条件密切相关。同时还与开始发育的幼瓜数密切相关，一般能同时正常膨大的幼果数为 2 个，其余的幼瓜都会在受精后 1～2d 内停止发育。

瓠瓜幼瓜发育较快，多数品种开花后 10～15d 即可食用。成熟瓜的瓜形大体可根据雌花子房形态来确定，因此在生产上可充分利用其雌花多的特性，及早去除不符合要求或子房畸形的雌花。

瓠瓜瓜形因品种不同而异，有长圆柱、短圆柱，筒状、棒槌状，直或稍弯曲（瓠子），有圆形、长颈形（葫芦），还有中间缢细、下部和上部膨大（细腰葫芦）或中间缢细、下部大于上部的葫芦形（观赏葫芦）等。瓠瓜嫩瓜瓜面具有白色茸毛，茸毛的疏密与品种有关。果皮有白色、浅绿色、绿色等，且与栽培时的受光量有关，一般背光面颜色较浅，而爬地栽培的着地面多为黄白色。瓠瓜果肉均为白色，单瓜重 0.2～4kg，老熟瓜不堪食用。

（六）种子

瓠瓜坐果后 40d 左右进入老熟期，茸毛渐退，果皮转白色或黄褐色，果实大小基本定型，果壳日趋坚硬；50d 后多数留种瓜种子达到生理成熟，种瓜采摘后需经 1～2 周的堆放后熟，种子才能完全成熟。种子成熟的时间与品种及其果实发育期间气温有密切关系。

瓠瓜种子扁平，但形态差异较大，有卵圆形、纺锤形、尖三角形等。长瓠子类种子外壳有毛，葫芦类种子无毛或稀少且短，多数品种发芽孔上方有两对对称的突出点。种子上毛的多少、有无、种子色泽与种瓜后熟的堆放时间也有关；未充分堆放后熟的长瓠子种子也可能无毛，色浅；堆放时间过长的葫芦类种子也会出现较多的毛。正常种子的种仁（子叶）应为白色。瓠瓜的种子大小因品种等的不同而有较大差异，一般千粒重约 125g 左右（《浙江效益农业百科全书——瓠瓜》，1999）。

二、对环境条件的要求

（一）温度

瓠瓜喜温，不耐低温。种子在 15℃开始发芽，适温 30～35℃。20～25℃的温度对生长和结果最为适宜，15℃以下生长缓慢，10℃以下停止生长，5℃以下开始受寒害。

瓠瓜能适应较高温度，在 35℃ 左右的高温下仍能正常生长，也可以坐果，果实发育良好。但在营养生长时期对温度的反应，因品种类型不同而有差异。圆葫芦较长瓠子耐高温，而长瓠子类型中以长圆柱形瓠瓜品种较短圆柱形耐低温能力强。具体表现在低温下发芽较快，整齐；根系生长快，发根多；株高、茎粗、鲜重、干重受低温影响小（邵美红等，2001）。

（二）光照

瓠瓜属短日照作物，苗期短日照可以使主蔓提早发生雌花。瓠瓜对光照要求较高，在阳光充足的条件下，病害少，生长和结果良好，产量也高；若阴雨连绵，雨水多，光照不足则炭疽病严重，且易化瓜、烂瓜，果实发育也迟缓。

（三）水分

瓠瓜喜水、喜肥，特别是生长前期尤喜湿润的环境，但在开花结果时水分不宜过大，否则易烂瓜，因此雨季要注意排水。

（四）土壤与营养

一般长瓠子不耐贫瘠，以富含腐殖质、保肥保水力强的壤土栽培为适宜。圆葫芦对土壤条件要求不严格，但由于它生长期长，果实较大、产量高，故生长期间仍需要一定量的氮肥，结瓜期要有充足的磷钾肥。

第五节　瓠瓜的种质资源

一、概况

瓠瓜是中国栽培的葫芦科蔬菜中最古老的一种，类型与品种十分丰富。据统计，被列入《中国蔬菜品种资源目录》（第一册，1992；第二册，1998）的瓠瓜种质资源共计有242 份，其中主要分布在华南地区（85 份）及长江中下游地区（79 份），其次为西南（20份）、西北（22 份）和华北（20 份）地区，而蒙新（8 份）、东北（6 份）和青藏地区则少有分布。以往，由于瓠瓜在中国多为零星种植，研究者关注较少，因此，对瓠瓜种质资源尚缺乏系统而有效的鉴定和研究。

二、优异种质资源

（一）瓠子类

1. 杭州长瓠　浙江省杭州市地方品种。早熟，定植至始收 60～70d。植株生长势旺盛，喜温，喜湿，怕高温，不耐干旱，分枝力强，叶心脏形，密生白色茸毛，以侧蔓结果为主，侧蔓第一、二节可发生雌花。瓜呈长棒形，下端稍大，稍弯曲，商品瓜长 40～60cm，横径 4.5～5.5cm，瓜色淡绿，阴面白色，表面密生白色短茸毛，横切面近圆形，瓜肉乳白色。单瓜重 0.5～1.0kg，高产，产量约 37 500kg /hm²。品质好，肉质致密，含水分低，质嫩味微甜。种子腔小，种子卵形、扁平。对病毒病和白粉病抗性较差。适宜于保护地早熟栽培，露地或保护地秋季栽培。

2. 浙蒲 2 号 浙江省农业科学院蔬菜研究所育成的长瓠瓜设施栽培专用新品种。早熟，定植至始收 60～70d，耐低温、耐弱光能力强。分枝性强，叶心脏形，密生白色茸毛，以侧蔓结果为主，侧蔓第一节可发生雌花。瓜呈长棒形，上下端粗细较均匀，商品瓜长 30～40cm，横径 4.5～5.5cm，瓜色绿，表面密生白色短茸毛。横切面近圆形，瓜肉乳白色，商品率高，品质好，肉质致密，含水分低，质嫩味微甜。单瓜重 0.3～0.7kg，前期产量高，高产，产量约 42 000kg/hm²。种子腔小，种子卵形、扁平。适宜于保护地早熟栽培，露地或高山栽培。

3. 夜开花 浙江省宁波市地方品种。植株生长势旺，分枝性强。叶心脏形，茎叶密生白茸毛。以侧蔓结瓜为主，侧蔓第一至三节上能连续发生雌花。瓜呈长棒形，近瓜柄一端较细，下部较大，向一侧稍弯曲，商品瓜长 50～70cm，横径 4.4～5.5cm，瓜皮淡绿，背阴部白色，附生白色短茸毛。瓜横切面近圆形，肉白色，肉质松软，含水分适中，供熟食，品质好。单瓜重 0.3～0.5kg。中早熟，定植至始收 70d 左右。喜光、喜湿，不耐干旱和高温。抗病性较弱，易感白粉病。

4. 孝感瓠子 湖北省孝感市地方品种。瓜长圆形，腰部稍细，先端略膨大，商品瓜长约 70cm，横径 7～8cm，单瓜重 1kg 左右。瓜皮薄、色绿、肉厚、白色、种子少、品质好，为早熟高产良种。

5. 面条瓠子 又名香瓠子，江苏省南京市地方品种。瓜长圆筒形，上下粗细较均匀，柄部稍细，商品瓜长 70～100cm，瓜皮薄，淡绿色、有光泽，肉厚而嫩，白色，种子少。单瓜重 1.5～2.0kg，耐老，品质优，为早熟高产品种。

6. 安吉地蒲 浙江省安吉县地方品种。植株分枝性强。叶心脏状五角形，叶面密生白茸毛，叶缘浅裂，叶色绿。第一朵雌花着生在侧蔓第一、二节上，以侧蔓结瓜为主。瓜呈长圆筒形，商品瓜长 60～70cm，横径 6cm，上下粗细较均匀，但近脐部略粗。瓜皮淡绿色（老瓜棕灰色），表面平滑。瓜肉白色，肉质致密，含水分中等，食味微甜，无苦味，品质佳。单瓜重 0.8～1.0kg。早熟，定植至始收 60d 左右。不耐高温干旱，不耐涝，抗病性中等。

7. 常山蒲瓜 浙江省西部地区地方品种。植株生长势中等，分枝性强。叶心脏形，密生白色茸毛。第一朵雌花着生在侧蔓第三、四节上，以侧蔓结瓜为主。瓜长棍棒形，近脐部较大，商品瓜长约 33cm，横径约 7 cm，瓜皮淡绿色，表面被白色茸毛（老瓜黄色，茸毛常消失）。单瓜重 0.75kg 左右。横切面近圆形，肉白色，肉质致密，含水分中等，味微甜，品质中等。种子长卵形，乳白色。早熟，定植至初收 35d，采收期长达 60 多 d。不耐高温，较耐低温，不耐涝，抗病性强。

8. 长兴扁蒲 别名蒲瓜，浙江省长兴县地方品种。植株生长势中等，分枝性强。以侧蔓结瓜为主，第一朵雌花着生在侧蔓第二、三节上，每隔 2～3 节再现雌花。叶心脏形，浅裂，叶缘波浪形，密生白色茸毛。瓜圆筒形，商品瓜长约 25cm，横径约 9cm，皮青绿色，无花斑，瓜表面平滑，顶部平圆，脐部略凹，表面附生白色茸毛。横切面近圆形，肉白色，厚 2.5cm，质细，含水分多，味微甜，品质好，宜炒食，作汤料亦佳。单瓜重约 1.0kg。种子长纺锤形，淡黄色。早中熟，定植至始收 65d 左右。耐热，耐旱，不耐寒，抗病性强。

9. 早春 1 号长瓠　湖北省咸宁市蔬菜科学技术中心育成。早熟，低温下生长快，前期产量高，瓜皮绿白色，单瓜重约 600g。适宜大棚，早春地膜覆盖及露地秋季栽培。

10. 三江口瓠子　江西省南昌市地方品种。植株分枝力强，第一雌花着生于主蔓第四至第五叶节及侧蔓第一至第二叶节。叶心脏形、浅裂。瓜棒形，商品瓜长 49cm 左右，横径约 7.5cm，外皮淡绿色，具白色茸毛。肉厚 1.5cm 左右，细嫩，味稍甜，品质优良。单瓜重 750g 左右，产量 3 500～4 000kg/hm²。较耐低温，抗病虫能力较强，丰产、适于春季露地栽培。

11. 丰都瓠瓜　产于四川省丰都县三元镇（海拔 720m）。果实长棒形，商品瓜长 42cm，横径 8.1cm，单瓜重 1～1.5kg。嫩瓜绿白色（老瓜黄褐色），果肉白色，质松软，味微甜，是当地夏季早熟瓜菜之一。一般 3～4 月播种，6 月始收嫩瓜。

12. 长瓠子　在长江流域栽培较普遍。果实长圆筒形，长 45～50cm，果皮淡绿色，果肉白色、柔软，品质优良。多以子蔓或孙蔓结果，为早熟品种。

此外，近年还涌现了一批新育成的一代杂种瓠瓜，它们多具有抗病、抗逆、优质、高产、早熟、适于保护地栽培等特点，例如，由华中农业大学育成的华瓠杂 1 号、2 号、3 号，由浙江省绍兴市农业科学研究所选育的长瓠瓜春光 1 号，由台湾省农友种苗公司新育成的永乐、长乐等。

（二）长颈葫芦类

1. 温州长蒲　产于浙江省温州市。植株长势中等，分枝性较强。以侧蔓结瓜为主，第一朵雌花着生在侧蔓第一至第三节上。叶心脏形，长约 19cm，宽约 27cm，深绿色，附生白色茸毛。瓜长棒形，近瓜柄端较细，腹部较大，有的向一侧变弯曲，商品瓜长 40～45cm，横切面圆形，腹部横径 5.5cm 左右，柄端横径约 2cm，皮色浅绿白，表面光滑，披白色短茸毛（老瓜黄色，无斑纹）。肉质柔软，含水分多，味清淡，品质中等。单瓜重 1.6～0.75kg。早熟，定植至始收 40d，采收期约 30d。不耐热，抗病性较强。

2. 丽水花蒲　产于浙江省丽水市。植株生长势中等，分枝性强。以侧蔓结瓜为主，第一朵雌花发生在侧蔓第二至第三节上，每隔 2～3 节再现雌花。叶心脏形，五角浅裂、叶色深绿，叶和叶柄附生白色茸毛。瓜牛腿形，颈小腹大腰略细，商品瓜长约 30cm，横切面近圆形，颈部横径约 6cm，腹部横径约 14cm，瓜皮深绿色，有绿白色块状花斑（老瓜皮褐色），表面光滑，密生白色茸毛。瓜肉白色，肉质致密，味鲜微甜，品质优，宜炒食，作汤料。单瓜重 1kg 左右。早熟定植至初收 60d，采收期 70d。耐热，耐湿，适应性广，抗病性强。

3. 牛腿葫芦　浙江省杭州市及舟山地区地方品种。植株生长势旺，分枝性强。以侧蔓结瓜为主，第一朵雌花发生在侧蔓第一至第三节上，一般每株结 1 个瓜。叶心脏形，缺刻较浅，叶厚，色深绿，密生白色茸毛。瓜自柄部到脐部逐渐粗大，形似牛腿得名。商品瓜长约 40cm，横切面近圆形，最大处横径 12～15cm，瓜皮白色（老瓜黄白色），密生白色茸毛。肉白色，肉质细，含水分中等，味微甜，品质好，炒食和作汤料。单瓜重 1.5～2.0kg。晚熟，定植至始收 70d，采收期 90d。耐高温，耐湿，不耐干旱。

4. 云阳葫芦瓜　产于重庆市云阳县凤鸣乡（海拔 710cm）。果实长把梨形，蒂部圆大，近果柄处细长。果长 28.5cm，果颈细长部分长 13cm，横径 5cm；蒂部膨大部分，横径 13cm，单瓜重 1.5kg 左右。嫩瓜绿白色，果肉白色，质松软，味淡，可熟食或鲜食。老瓜黄白色，多做水瓢或容器。中熟。一般 3～4 月播种，6～7 月始收嫩瓜。

5. 忠县当当　产于重庆市忠县石子乡。果实梨形，嫩瓜绿白色，肉白色，肉质松软，味淡，可熟食或鲜食。老瓜褐色，多作水瓢。晚熟。当地 4 月播种，7 月始收嫩瓜。

6. 长颈葫芦　四川省雅安市地方品种。植株分枝力强，第一雌花着生于主蔓第十三至第十七叶节，此后每隔 3 叶节左右着生一雌花。叶心脏形。瓜上部细长，下部膨大，瓜皮平滑，披有白色茸毛，基部平圆，脐部略凹。肉厚约 4cm，白色，质细软，味微甜。单瓜重约 2kg。耐热，耐涝，抗病性和抗旱性均较强。适于春、夏季露地栽培。

（三）大葫芦类

1. 浙南小圆葫　浙江省地方品种，栽培历史悠久，温州地区栽培多，因而亦名温州圆蒲。该品种植株在葫芦类中生长势较弱，分枝性强，但茎蔓较细，第一朵雌花着生在侧蔓第六至第八节上，以后每隔 6～7 节再现雌花。叶全缘。瓜近圆形，但伴有扁圆形与高圆形，表面光滑，嫩瓜绿色，后期逐渐转乳白色，无花斑杂色。味微甜，品质较好，作汤料或炒食。瓜重 0.5～1.0kg，露地栽培产量可达 45 000kg/hm^2。种子长纺锤形，少毛。中晚熟，耐热性强，耐旱、不耐涝，适宜于夏季栽培。该品种也宜作保护地栽培小型西瓜之砧木，嫁接苗生长势适中，坐果力强，成熟略早。

2. 圆瓠 1 号　湖南省常德市鼎城蔬菜科学研究所育成。极早熟，从第五、六叶开始出现雌花，开花授粉后 10～13d 采收嫩瓜。瓜扁圆形，皮嫩肉细，口感柔软而清爽，单瓜重约 500g。耐高温，适宜于保护地早熟栽培和露地栽培。

3. 圆葫芦　产于山东省济南市。植株生长势中等，分枝性较强，以侧蔓结瓜为主，第一朵雌花着生在侧蔓第七节上，每隔 6～7 节再现雌花。叶心脏形，全缘，叶背上有茸毛，叶色深绿。瓜近圆形，商品瓜长约 20cm，横切面圆形，横径约 19cm，瓜皮绿白色，无花斑杂色，表面平滑，密生白色茸毛。肉白色，质脆嫩，含水分多，味微甜，品质好，宜炒食和作汤料。单瓜重约 2.0kg。种子白色，呈长纺锤形。中晚熟，定植至采收 70d。耐热性强，耐旱，不耐涝。抗病性中等。

4. 日本圆葫 Q63　浙江省于 20 世纪 80 年代末由日本引入。晚熟，植株生长势极旺，主茎和分枝粗壮，主蔓结瓜极少，靠侧蔓结瓜，第一雌花着生于侧蔓第十节前后，但雌花数比其他品种少。叶大而深绿。瓜大，老瓜可达 7～8kg，少数达 10kg 以上，高圆形或有短柄，幼果绿色，后渐转浅绿色。味甜，糖度达 3 度左右，肉质细腻，水分含量较低，适于炒食用或制作果脯。产量 75 000kg/hm^2。耐旱、耐湿、耐高温，抗枯萎病、叶枯病、病毒能力强。出苗后下胚轴短，中心空腔小，子叶厚实，可作西瓜嫁接的优良砧木。该品种在浙江地区亦可于 6～7 月夏播，9 月开始采收嫩瓜。

5. 细花 广东省广州市地方品种。主蔓第二十八至第三十节以后，在侧蔓第一至第三节连续着生雌花。叶片近圆形，绿色，两面均披较多柔毛。瓜扁圆形，长 20~25cm，横径 13cm 左右，瓜皮绿白色。肉质软滑。单瓜重 1~1.5kg。中熟，播种至初收 80d，可延续收获 120d。耐热，要求较高湿度。

（四）细腰葫芦类

1. 腰葫芦 浙江省地方品种。植株生长势旺，分枝性强。主侧蔓均能结瓜，以侧蔓结瓜为主，第一朵雌花着生在侧蔓第三至第五节上。叶深绿色，近圆心脏形。茎叶密生白色茸毛。果实葫芦形，颈小腹大，缩腰。商品瓜长约 20cm，横切面圆形，颈部横径约 8cm，腹部横径约 14cm。瓜皮白绿色，附生白色茸毛。肉白色，肉质细嫩致密，味微甜，品质优，宜炒食。单瓜重 0.5~1.0kg。种子扁平，白色，卵形。中晚熟，定植至初收 60~70d。耐热，耐湿性强，不耐干旱。适应性广，抗病性强。

2. 青腰葫芦 浙江省磐安市地方品种。植株生长势旺，分枝性强。以侧蔓结果为主，第一朵雌花着生在侧蔓第一至第三节上，生长中后期主蔓和侧蔓均能结瓜，结瓜性能好。叶心脏五角形，绿色，全缘，正反面均有白色茸毛。瓜似葫芦，商品瓜长 25~30cm，横切面圆形，下部横径 14~16cm，上部横径 7~9cm，中间狭细，顶部细长，瓜表面，密生短绒毛，并有青白色不规则花斑。肉白色，肉质致密，含水分中等，味微甜，品质好。单瓜重 0.75~1.0kg。耐高温，耐干旱，耐瘠，抗病性强。

3. 白蒲 浙江省衢州市地方品种。植株生长势中等，分枝性强。侧蔓结瓜，第一朵雌花着生在侧蔓第二、三节上。叶心脏形，全缘、绿色，叶和叶柄密生白色茸毛。瓜呈葫芦形，商品瓜长 17~30cm，横切面近圆形，横径 12~17cm，瓜皮白绿色，无花斑，表面光滑，瓜顶平圆，无刺毛。束腰处肉厚 9cm，膨大处 1.6cm，肉白色；肉质致密，酥软，味微甜，含水分中等，品质好，熟食或作汤料均佳。单瓜重 1.2~2kg。老瓜皮色棕黄，无花斑，重约 2kg。中熟，定植至始收 65d。耐热，耐旱、抗病虫害能力强。

4. 浙东小葫芦 浙江省地方品种，栽培历史悠久，全省各地都有种植。该品种植株在葫芦类中生长势较弱，分枝性强，主侧蔓均能结瓜，以侧蔓结瓜为主，第一朵雌花着生于侧蔓第三至第五节上。果实上部小下部大，束颈，幼果初为绿色，后渐转白棕色至白色，无花斑杂色。肉质细嫩，味微甜，品质优，可作汤料或炒食。瓜重 0.5~1.0kg，产量约 37 000kg/hm²。中晚熟，定植至初收 60~70d，露地 4~6 月均能栽种，多在高温季节上市，深受消费者青睐。耐热、耐湿，不耐干旱，适应性广，抗病性强。

（五）观赏小葫芦类

1. 南川小葫芦 产于四川省南川县德隆乡（海拔 1 500m）。果实形似葫芦，即上下部膨大，中间缢缩，下部稍大于上部，果实长 15.8cm，上部直径 6cm，下部直径 9.3cm，单瓜重 340g。嫩瓜浅绿色，果肉白色。肉质松软，微苦，可食用。老瓜黄白色，多作观赏用。早熟。一般 3~4 月播种，6 月始收嫩瓜，7 月收老瓜。

2. 丰都葫芦 产于四川省丰都虎威镇（海拔 500m）。果实呈哑铃状，上下部膨大，中间缢细，下部稍大于上部。果实长 28cm，上部横径 8cm，下部横径 13.5cm，单瓜重 800g。嫩瓜绿白色，果肉白色，质松软，味苦。老瓜黄褐色，当地主要作容器（盛蔬菜种子），兼作观赏，少量食用。晚熟。一般 4 月播种，7 月始收嫩瓜，8～9 月收老瓜。

第六节　瓠瓜种质资源研究与创新

一、瓠瓜种质资源研究

瓠瓜有关细胞学和分子生物学方面的研究相对较少，但在品种鉴定、遗传多样性、再生体系的建立和性别分化等方面取得了一些进展。

瓠瓜主蔓上的"两性期"雄花适于作为潜在雄花芽的外植体，而子蔓上第一至三节内的"两性期"雌花芽适于作为潜在雌花芽的外植体。此外，瓠瓜的性别表现还比较容易受乙烯等激素的控制。因此，瓠瓜被认为是一种用来研究植物开花及植物激素与性别分化关系等问题的模式植物。瓠瓜高效植株再生系统的建立是开展上述基础研究的前提。杨洪全（1995）的研究结果表明：9～10d 苗龄的瓠瓜无菌苗的带叶基（子叶片与子叶柄之间的部分）子叶在含 3.5mg/L ZT 的 MS 培养基上培养 15d 左右，能以较高的频率直接分化出芽；分化培养前对带叶基子叶及仅含子叶叶基的两种外植体纵向切割都能明显提高出芽率，不含子叶叶基的外植体不能分化出芽，决定出芽的外植体的部分是子叶叶基；纵向切割子叶叶基前预培养 9d 以上出芽率能大幅度提高。

对于品种纯度的鉴定，同工酶标记虽然标记的数目相对较少，但由于其是共显性标记，因而非常适用。采用聚丙烯酰胺凝胶电泳分析瓠瓜种子和 1～7d 幼苗及其不同部位的酯酶（EST）、过氧化物酶（POD）、酸性膦酸酯酶（AES）和乙醇酰氢酶（ADH）等同工酶对瓠瓜品种进行的纯度鉴定，结果表明：4 种同工酶谱带的稳定性和品种间的特异性均以 EST 同工酶最强，最适宜用于瓠瓜品种纯度鉴定（王景升，1996）。

RAPD（随机扩增多态性 DNA）技术是分子标记技术的一种。Deena（2001）用了 30 个随机引物并结合主坐标分析对瓠瓜地方品种和商业品种的遗传多样性进行了研究。结果表明 RAPD 标记在瓠瓜古代生物地理学研究上能提供新的有用的信息。同时 RAPD 标记的结果也支持基于形态学研究所得出的瓠瓜起源于非洲的假说。RAPD 标记所获得的最重要的结果是确认了生长于南非的地方瓠瓜经历了一个相对独立和独特的进化史。RAPD 标记对于瓠瓜栽培品种的鉴定也是有效的，表明一些栽培种的进化史受到了基因漂移的影响。由于 RAPD 标记是显性标记不能区分纯合体和杂合体，因此，要想进一步弄清楚基因漂移在过去和现在对栽培种遗传多样性的影响，还需要使用一些诸如 RFLP、SSR 等共显性标记。

瓠瓜适应性广、抗性强，尤其是对西瓜枯萎病免疫。而枯萎病是西瓜的主要病害之一，育种中又缺乏高抗枯萎病的西瓜种质，但瓠瓜和西瓜又存在着远缘杂交障碍，因此，人们想到了将瓠瓜 DNA 直接导入到西瓜中去的方法。肖光辉 2002 年采用 DNA 浸胚法、子房注射法和 DNA 涂抹柱头法，将瓠瓜 DNA 导入西瓜都可获得性状变异。用瓠瓜的总

DNA 浸西瓜干胚，D_1 代获得了 0.32％的变异率；采用 DNA 子房注射法 D_1 代也获得了 0.80％～1.77％的变异率。浸胚法所获得的变异 D_2 代性状变异大，变异类型多，是瓠瓜 DNA 导入西瓜的有效方法。在有些实验中虽然获得了西瓜抗枯萎病的材料，但总的来说将瓠瓜总 DNA 导入西瓜的方法随机性太大，不易获得具有目标性状的材料。而只有在获得目标基因后，再通过转基因的手段将目标基因整合到受体基因组中去，才能实现真正意义上的目标基因的转移。

二、瓠瓜种质资源创新

由于瓠瓜栽培面积较小，对其种质资源的创新利用尚处于起步阶段。

在瓠瓜种质的创新中，目前主要采用系谱选择的方法，即选择遗传性状不同的瓠瓜种质资源，通过人工杂交，后代选择自交纯化的方法，获得优良自交系或品种，创造新的种质。浙江省宁波市农业科学院蔬菜研究所以地方品种"宁波夜开花"为材料，经多代自交选择，培育出了自交系 94 - 04 - 3 - 1，其特点是植株生长势中等，分枝性强，单株坐果数多，连续结果性好；商品瓜表皮绿色、长棒形，长约 50 cm，横径约 4.3 cm，瓜顶部尖圆。以宁波地方品种与国外品种杂交后经多代回交、自交选择育成商品性好、优质的稳定自交系 NC94 - 4 - 09 - 15，该自交系表现为熟性早，生长势强，较耐低温，抗逆性强。瓜长约 50 cm，横径约 4.9 cm，瓜皮绿色，瓜顶部钝圆。浙江省农业科学院蔬菜研究所针对瓠瓜设施栽培中低温、弱光照等主要限制因子，通过室内外耐冷性鉴定及保护酶活性、叶绿素荧光参数等生理指标测定和筛选，定向选择培育出了耐低温、耐弱光的优良自交系，并应用于瓠瓜杂交一代新品种的选育。

广东省农业科学院蔬菜研究所（2001）在大田里发现 3 株瓠瓜雄性不育株，研究表明瓠瓜雄性不育有 3 种类型：一是花药退化型，花药高度退化，大小仅为正常植株花药的 1/3 或更小，内无花粉，为完全雄性不育；二是无花粉型，花药大小接近正常，但无花粉，为完全雄性不育；三是花粉减少型，花药大小正常，且有花粉，但花粉量少，不到正常植株花粉量的 1/2，自交可育，后代出现育性分离。该所正利用上述不育材料进行三系配套研究。

（向长平）

主要参考文献

上海科学院 . 1999. 上海植物志 . 上海：上海科学技术文献出版社

中国农业科学院蔬菜研究所等 . 1987. 中国蔬菜栽培学 . 北京：农业出版社

浙江农业大学等 . 1987. 蔬菜栽培学各论（南方本）. 北京：农业出版社

陈世儒等 . 1993. 蔬菜种子生产原理与实践 . 北京：农业出版社

何忠华等 . 1998. 蔬菜优新品种手册 . 北京：中国农业出版社

安淑苹．1997．几种攀缘蔬菜．北京：经济管理出版社

勃尔基（胡先骕译）．1954．人的习惯与旧世界栽培植物的起源．北京：科学出版社

范双喜等．1999．名优珍稀蔬菜品种实用手册．北京：海洋出版社

苏崇森等．2000．名特优瓜菜新品种及栽培．北京：金盾出版社

苏小俊．2001．丝瓜、冬瓜、瓠瓜优质丰产栽培．北京：科学技术文献出版社

浙江效益农业百科全书编辑委员会．1998．浙江效益农业百科全书——瓠瓜．北京：中国农业科技出版社

腾有德等．1999．三峡库区瓠瓜种质资源考察和鉴定．作物品种资源．（2）：23～26

应振土等．1989．瓠瓜不同变种的性别表现及其控制．科技通报．5（2）：29～31

王景升等．1996．电泳谱带法在作物品种纯度鉴定上的应用研究．沈阳农业大学学报．27（3）：221～225

肖光辉．2002．瓠瓜DNA直接导入西瓜抗枯萎病育种研究进展．中国西瓜甜瓜．（2）：41～44

杨洪全等．1995．瓠瓜的离体培养和植株高效再生．植物生理学通讯．31（4）：263～265

应振土等．1992．硫代硫酸银络合物在培养基中的稳定性及其对瓠瓜诱雄效应．科技通报．8（4）：232～235

应振土等．1991．瓠瓜离体潜在雌花芽性别分化的激素控制．植物学报．33（8）：621～626

谢学民等．1989．瓠瓜幼苗的乙烯释放与ACC、乙烯利的吸收和运转．植物生理学报．15（3）：321～327

李英等．2001．CPPU对瓠瓜单性结实的诱导作用及对细胞分裂和内源激素水平的影响．植物生理学报．27（2）：167～172

李开银等．2003．湖北部分瓠瓜种质资源初步研究及利用．中国蔬菜．（3）：33～34

彭庆务等．2003．瓠瓜的特征特性及育种对策．广东农业科学．（1）：18～19

邵美红等．2001．不同瓠瓜品种耐低温能力初探．种子科技．（2）：97～98

罗桂环．2000．葫芦考略．中国科学院自然科学史研究所

陈文华．1990．中国古代农业科技图谱．北京：农业出版社，53

张光直．1986．考古学六讲．北京：文物出版社，21

彭庆务等．2003．瓠瓜的特征特性及育种对策．广东农业科学．（1）：18～19

Deena Decker-Walters，Jack Staub．Ana Lopez-Sese and Eijiro Nakata．2001．Diversity in landraces and cultivars of bottle gourd (*Lagenaria siceraria*；Cucurbitaceae) as assessed by random amplied polymorphic DNA. Genetic Resources and Crop Evolution．（48）：369～380

Vavilov. N. I..1992. The Phyto-geography basis for plant breeding Origin and Geography of Cultivated Plants. Cambridge

苦　瓜

第一节　概　述

苦瓜（*Momordica charantia* L.），又名癞瓜、锦荔枝、癞葡萄等，属于葫芦科（Cucurbitaceae）苦瓜属（*Momordica*），一年生攀缘性草本植物。染色体数 $2n=2x=22$。

苦瓜外形较特殊，瓜表面有明显的瘤皱，主要以嫩瓜供食，其果肉脆嫩。果实内因含有一种糖甙而具有特殊的苦味，并因此而得名。苦瓜味稍苦而清甘可口，有刺激食欲的作用。成熟瓜一般较少食用，与嫩瓜相比，苦味稍轻，含糖量增加，但肉质变软发绵，风味稍差。此外，苦瓜成熟果实内的血红色瓜瓤味甜清香，少数地区也将其当水果食用；在印度、印度尼西亚、菲律宾等东南亚地区，人们还食用苦瓜的嫩梢、叶和花朵。

苦瓜的营养价值很高，每 100g 嫩瓜中含蛋白质 0.9g、脂肪 0.2g、碳水化合物 2.6～3.5g、粗纤维 1.1g、维生素 A 18～22mg、维生素 B 0.7mg、维生素 C 56～120mg、尼克酸 0.3mg、钙 18～22mg、磷 19～32mg、铁 0.6mg，此外还含有多种氨基酸如谷氨酸、丙氨酸、脯氨酸、瓜氨酸等，以及胡萝卜素、果胶等营养成分（邓俭英等，2005）。苦瓜的维生素 C 含量是蔬菜中含量较高的，其含量是黄瓜的 14 倍、冬瓜的 5 倍、番茄的 7 倍（李方远，2005）。苦瓜中的各种营养物质如维生素 C 含量等会随着果实成熟过程下降，因此以食用嫩瓜为宜。

除营养价值外，苦瓜还有很高的药用价值。中国古时就有关于苦瓜药用的记载，《随息居饮食谱》（王士雄，1861）记叙：苦瓜"青则苦寒涤热，明目清心，熟则养血滋肝，润脾补肾"。苦瓜的根、茎、叶、花、果实和种子均可作药用，具有除邪热，解劳乏，清心明目，益气解热的功效（袁仲等，2005）。现代医学研究证实果实中富含苦瓜甙、苦瓜素，并含有多种氨基酸等，种子中含有大量的苦瓜素。药理试验表明，苦瓜有降低血糖的作用，是糖尿病人理想的食疗蔬菜。苦瓜还具有抗癌作用，苦瓜中的活性成分可以抑制正常细胞的癌变和促进突变细胞的回复过程。鲜苦瓜果实的压榨汁具有较强抗生育活性和一定的增强免疫的作用。苦瓜提取物可抑制艾滋病毒 HIV 的表面活性，很可能成为一种抗艾滋病的新药。此外，苦瓜还有抑菌、防腐、抗虫等活性。鉴于苦瓜的多种特殊功效，苦瓜化学成分的研究由来已久，从本属植物中已经分离得到的化学成分包括三萜、甾类、蛋白质、有机酸、生物碱及糖类等（董英，2005）。

苦瓜具有较强的耐热性，为夏秋供应的主要蔬菜之一。由于苦瓜耐高温、高湿环境，病虫害较少，加之种植容易，经济效益高，因此也十分适宜作为无公害蔬菜生产栽培。苦瓜在长江流域及其以北地区，多在夏季栽培，在华南地区春、夏、秋季均有生产，但以春夏为主。随着人们对苦瓜营养价值和诸多食疗功效的重新认识以及蔬菜设施栽培技术的发展，近年来中国苦瓜生产不但发展迅速，栽培面积逐年扩大，而且已从传统的春夏季栽培、季节性上市，逐步向四季栽培、周年均衡供应转变。

苦瓜一般以炒食为主，也可煮食、焖食、凉拌，还可以加工成泡菜、渍菜或脱水加工成瓜干，以便长期贮藏供应。苦瓜由于其丰富的营养和药用价值，因而越来越受到消费者的青睐，近年其产品还远销我国香港、澳门特区和东南亚等地区，已成为一种高附加值的蔬菜。此外，苦瓜还具有观赏价值，可用于庭院美化，也可作绿廊植物，在观光农业发展中有着良好的应用前景。

中国苦瓜种质资源比较丰富，至 2006 年底已收集 202 份的苦瓜种质资源（参见表 1-7），分别保存于国家农作物种质资源长期库和蔬菜种质资源中期库中。

第二节　苦瓜的起源与分布

苦瓜原产于亚洲热带地区，广泛分布于亚洲热带、亚热带和温带，最早在印度、日本和东南亚栽培（《中国蔬菜品种志》，2001）。苦瓜约于南宋时传入中国，明代初年（公元 14 世纪初）被认为是"救荒"植物之一。至明代中后期（公元 16 世间），一些文献称其为南人常食，是一种恒菜，当时已成为南园圃中的栽培对象，其后分布南北各地（关佩聪，1987）。苦瓜在中国历经几百年的驯化栽培后，至今已形成较为丰富的品种和类型。

中国的苦瓜以长江以南的湖南、四川、福建、江西、广东、广西、海南、台湾等省（自治区）栽培最盛，其中又以湖南省分布最普遍，品种类型多样，种质资源最为丰富。近年来，北方地区的栽培面积迅速扩大，北方各省特别是大城市郊区，通过引种、驯化和育种，也形成了适合当地栽培条件及消费习惯的地方品种。

苦瓜不同品种和类型的分布，与种植和消费习惯有密切的关系，因此各地所分布的品种和类型带有明显的地域性。

第三节　苦瓜的分类

一、植物学分类

据《中国植物志•第七十三卷（1）》（1986）记载，苦瓜属植物约有 80 种，多数种分布于非洲热带地区，少数种类分布在温带地区。中国产 4 种，分别为苦瓜（*Momordica charantia* L.）、凹萼木鳖（*M. subangulata* Bl.）、云南木鳖（*M. dioica* Roxb. ex willd.）、木鳖子 [*M. cochinchinensis* (Lour.) Spreng.]，主要分布于南部和西南部。中国栽培的主要苦瓜品种在植物学分类中均为苦瓜种（*M. charantia* L.）。

1979—1980 年，在对云南省 13 个州（市）31 个市、县的种质资源考察收集中，刘红、戚春章等人发现了 2 份较为特殊的苦瓜种质资源，一份为云南西南部的地方品种云南小苦瓜（*Momordica balsamina* L.），主要分布在德宏州腾冲、瑞丽等县的山区，在当地零星栽培；另一份为野生苦瓜，名为野苦瓜，主要分布在云南省南部与老挝、缅甸接壤的西双版纳到西部的腾冲等地，其果实质地脆嫩，味甜，有苦瓜特有的苦味，可炒食、凉拌（《中国蔬菜品种志》，2001）。

二、栽培学分类

以苦瓜不同的园艺性状为标准，有下列几种分类方法。

（一）依据果色分类

依据商品成熟期苦瓜果皮颜色的不同，可分为绿色、绿白色和白色 3 种类型。一般来说，绿色和浓绿色果皮的苦瓜以华南地区栽培较多，较有名的有"江门大顶"、"湛油"等；绿白色及白色果皮的苦瓜以长江流域及台湾省栽培较多，如"蓝山大白苦瓜"、"扬子洲"和"月华"等。果实绿色与白色受一对核基因控制，绿色对白色为显性。

（二）依据果形分类

依据苦瓜果形的不同，可分为圆锥形、圆筒形和纺锤形 3 类。圆锥形苦瓜果实的近果柄端形状较平，有明显果肩，果顶部位锐尖或钝尖，代表性品种有广西大肉苦瓜（长圆锥形）、江门大顶（短圆锥形）、翠绿大顶（短圆锥形）等；圆筒形苦瓜的果实两端横径与中部横径差异不显著，果顶形状为钝圆，如蓝山大白苦瓜等；纺锤形苦瓜的果实横径大小由中部向两端递减，形似纺锤，主要代表性品种有苏圩苦瓜、四川大白苦瓜等。

（三）依据果实大小分类

依据苦瓜果实的大小，可分为大型苦瓜和小型苦瓜两大类型。大型苦瓜多为圆筒形，两头稍尖，长一般在 16～49cm，横径 5～7cm，每个瓜内的种子较少，并且主要分布在果实的中下部位。在果实成熟时，极易开裂掉出种子。果实表面的瘤状突起细密而美观，果皮的颜色随果实发育而不断变化，一般在幼果期为深绿色、绿白色或白色，到了生理成熟期，均为橙黄色。小型苦瓜多为圆锥形或短纺锤形，一般瓜长在 6～12cm，横径 5cm 左右。果皮颜色有绿白色和白色两种，到成熟期，均为金黄色，果肉较薄，种子发达，苦味较浓，产量不高。就目前的栽培状况来看，在露地种植的多以大型苦瓜为主，而在保护地进行早熟栽培的则多为小型苦瓜。

（四）依据产品熟性分类

依据产品熟性可分为早、中、晚熟三类。张长远（2003）等采用数量分类学的方法，对 24 份华南地区主栽类型长身苦瓜（即圆筒类型品种）的 15 个农艺性状进行了聚类分析，结果表明：24 份种质材料可划分为 5 个品种类群，即早中熟品种群、中晚熟普通品种群、中晚熟大果型品种群、极晚熟品种群和极早熟强雌性类群。

第四节 苦瓜的形态特征与生物学特性

一、形态特征

（一）根

苦瓜的根系比较发达，侧根较多，主要根群一般分布在30～50cm的耕作层内，横向分布的宽度可达1.3m左右。

（二）茎

植株生长旺盛。茎蔓生，具五棱，浓绿色，被茸毛，茎节上着生有叶片、卷须、花芽、侧蔓，卷须单生。主蔓细长，可达3～4m，分枝能力极强，几乎在每个叶腋处都能萌发侧芽并长成子蔓，子蔓上再生二级分枝成孙蔓，孙蔓上还可再继续分枝。

（三）叶

子叶出土，一般不行光合作用。初生真叶对生，盾形，绿色。以后发生的真叶互生，掌状浅裂或深裂，叶面光滑，绿色，叶背浅绿色。叶脉放射状（一般具5条放射叶脉）。最大叶长15～25cm，宽18～24cm，叶柄较长，黄绿色，腹面有沟。

（四）花

苦瓜为单性花，雌雄同株异花。植株一般先发生雄花，后发生雌花，单生。雄花花萼钟形，萼片5片，绿色；花瓣5片，黄色；具长花柄，长10～14cm，横径0.1～0.2cm；柄上着生盾形苞叶，长2.4～2.5cm，宽2.5～3.5cm，绿色。雄蕊3枚，分离，具5个花药，各弯曲近S形，互相联合。上午开花，以8～9时为多。雌花具5瓣，黄色，子房下位，花柄长8～

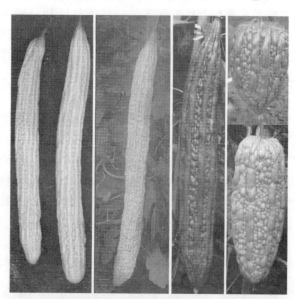

图21-1 不同果形和果色的苦瓜

14cm，横径 0.2～0.3 cm，花柱上也有一苞叶，雌蕊柱头 5～6 裂。主蔓上第一雌花的着生节位高低因品种熟性不同而有明显差异。一般品种在主蔓的 10～18 节着生第一雌花，而后每隔 3～7 节又会出现雌花。一般雄花在主蔓的较低节位形成，雄花的数量也显著多于雌花。

苦瓜的性别表现既受品种本身的遗传基因所控制，又与环境条件（温度、光照等）及化学调控有关。据研究，短日照（8h）、低温作用于苦瓜苗期，可使植株的发育提早，第一雌花节位降低，雌花数增多。在化学调控方面，苗期进行喷施适宜浓度的 GA_3（25～100mg/L）处理有明显的促雌效果；矮壮素 50～200mg/L 处理则有促雄效果，但促雄程度因品种不同而异。外源激素处理对苦瓜植株性别分化的影响可持续 80d 以上（汪俏梅等，1996）。

（五）果实

果实为浆果，其表面有许多明显的不规则的瘤状突起。果实的形状因品种不同差异较大，主要有纺锤形、短圆锥形、长圆锥形及圆筒形等。嫩果的皮色从白色、白绿、浅绿到深绿不等。成熟后转变成橙黄或橙红色。当成熟到一定程度，果实易从顶部开裂，瓜瓤为血红色，里面包裹有种子。一般单瓜内有 20～50 粒种子。

（六）种子

种子盾形，扁平，白色、淡黄色或棕褐色，表面有花纹。种皮较厚，坚硬，吸水发芽困难，播种后出土时间较长。种子千粒重为 150～200g。

二、生物学特性

（一）生育周期

苦瓜的生育周期一般可分为 4 个时期，即发芽期、幼苗期、抽蔓期和开花结果期。发芽期指从种子萌动至第一对真叶展开，约需 5～10d；幼苗期是从第一对真叶长出至第 5 片真叶展开，并开始抽出卷须，约需 7～10d，这时腋芽开始活动；此后即进入抽蔓期，至植株现蕾为抽蔓期结束的标志。苦瓜只有很短的抽蔓期，如环境条件适宜，有时在幼苗期结束前后即开始现蕾；植株现蕾至生长结束为开花结果期，一般为 50～70d。其中现蕾至初花约 15d 左右，初收至末收约 25～45d。

（二）对环境条件的要求

1. 温度 由于苦瓜起源于热带，因此较耐热而不耐寒，要求有较高的生长温度。但是通过长期的驯化栽培，苦瓜对温度表现出较强的适应性，在 10～35℃ 的温度条件下，一般均能生长。苦瓜种子萌发的适温范围为 30～35℃。20℃ 以下发芽缓慢，13℃ 以下发芽困难。苦瓜生长的适宜温度为 25℃，开花结果的适宜温度范围为 20～30℃，以 25℃ 左右为最适宜。在 15～25℃ 的温度范围内，温度越高越有利于苦瓜植株的生长发育，结果早而多，产量高，品质也好。30℃ 以上和 15℃ 以下的温度对苦瓜的生长、结果都不利。但在生长后期，即使温度低于 10℃，仍可继续采收嫩瓜，直到初霜。另外，15℃ 以下的低温和 12h 以下的短日照条件，能促使第一雌花节位降低。

2. 光照 苦瓜是短日照植物，喜光不耐荫。但经过长期的驯化栽培，苦瓜对光照长短的要求已经不太严格，在较长的日照条件下也能开花结果，这也是苦瓜栽培适应性广的原因之一。苦瓜对日照长短的反应主要表现在：第一雌、雄花的发生节位都随着日照时数的减少而逐渐下降。如果以第一雌、雄花的发生作为植株发育的起点，那么不同苦瓜品种的短日效应不同。苦瓜的短日效应表现为植株的生殖生长提前，并促进雌性发育。苦瓜苗期在低温条件下进行短日处理不仅使苦瓜植株的发育提早，形成第一雄花及雌花的节位明显降低，而且还有显著的促雌作用，使雄花数减少，雌花数增多，雌、雄花比值上升；而长日处理的效果恰好相反，不但使植株的发育推迟，并且有促雄作用。苗期的高温处理与低温处理相比，高温处理使苦瓜的生殖生长推迟，并削弱短日的促雌效应。苦瓜苗期的短日低温处理不仅可以使植株的发育提早，并有促雌效果，在生产上有一定的应用价值。

3. 水分 苦瓜喜湿而不耐涝。植株生长期间需要 75%～80% 的空气相对湿度和土壤相对湿度。但不宜积水，否则极易沤根，影响结果，甚至使植株死亡。

4. 土壤与营养 苦瓜对土壤的要求不严格，适应性广，因此在中国南北方各地均可种植，但肥沃疏松、保水保肥能力强的土壤有利于植株健壮生长、提高产量和产品的质量。苦瓜对土壤肥力要求较高，如果有机肥充足，则植株生长旺盛，开花结果多，果实大，品质也好。如果肥水不足，则植株细弱，易发生早衰，叶色黄绿，花少，果实小，苦味增浓，品质明显下降。

第五节　中国的苦瓜种质资源

一、概况

中国苦瓜种质资源较为丰富，20 世纪 50 年代以来，中国大部分省份陆续编写、出版了蔬菜地方品种志，各地均介绍了当地的主要苦瓜品种及其特征特性。其中尤以湖南省苦瓜地方品种资源最为丰富，并有不少名优品种陆续在全国各地大面积推广种植，如株洲长白苦瓜 20 世纪 70 年代初便在湖南省各城市郊区栽培，现已推广至四川、湖北、江西、贵州、福建、北京及天津等地。蓝山大白苦瓜自 20 世纪 80 年代初开始推广以来，已遍及湖南、湖北、四川、江西、贵州等地。薛大煜等（1994）对湖南省现有的 35 份苦瓜地方品种的调查显示，它们分布于全省各地，其中以湘中地区最多，占总数的 31.4%；其次是湘南地区，占 22.9%。湖南省是白色及绿白色苦瓜品种最集中的地区。

"七五"、"八五"（1986—1995）期间，中国先后从 17 个省份收集了 182 份苦瓜种质资源，其种子分别保存在国家种质资源长期库和蔬菜种质资源中期库，其主要农艺性状被分别列入《中国蔬菜品种目录》第一册（1992）和《中国蔬菜品种目录》第二册，（1998）。其中在四川省收集了 33 份地方品种，贵州省收集了 25 份，湖北省 21 份，广西自治区 2 份。在 2001 年出版的《中国蔬菜品种志》中，共收录了中国 18 个省份的 50 份苦瓜地方品种和 1 份尚待鉴定的野苦瓜材料。至 2006 年底，共已收集的苦瓜种质资源

202份，来源于全国18个省份，其中有3份为国外种质，分别引自前苏联、泰国和菲律宾。

二、抗病种质资源

在瓜类蔬菜生产中，苦瓜病虫害的发生相对较轻。与主要蔬菜作物相比，苦瓜的苗期抗病性鉴定、抗病遗传规律等方面的研究基本还是空白。抗病种质的筛选主要依据田间表现。

(一) 抗白粉病〔*Erysiphe cichoracearum* D.C. 和 *Sphaerotheca fuliginea*（Schlecht）Pool〕种质资源

1. 麻子苦瓜 广西桂林市地方品种。第一雌花着生节位在主蔓10节。瓜长纺锤形，长25cm，绿色，瓜面棱瘤多，点状，瓜瘤粗而密，单瓜重250～400g。晚熟，从定植至采收90～100d。耐热能力强，抗白粉病。微苦，品质好，适宜炒食。产量30 000 kg/hm²。

2. 西津苦瓜 广西南宁市郊品种。主侧蔓均可结瓜。主蔓9～10节着生第一雌花。瓜纺锤形，长20～25cm，横径6～8cm，青绿色，瓜面棱瘤呈纵条状，棱瘤较大而稀，单瓜重250～500g。早熟，播种至采收60～65d。较耐热，抗白粉病。肉质致密，苦味少，水分适中，品质好。产量37 500kg/hm²。

3. 广西大肉苦瓜 广西地方品种。第一雌花着生在主蔓8～9节。瓜长圆锥形，淡绿色，瓜长30～35cm，横径10～12cm，肉厚1.0～1.2cm，瓜面有平滑纵条棱瘤，棱瘤小而稀，单瓜重750～1 000g。早熟，从播种至采收60～65d。耐热性强，抗白粉病。味甘微苦，品质佳，适宜炒食。产量45 000 kg/hm²。

4. 苏圩苦瓜 广西邕宁县苏圩镇地方品种。第一雌花节位10～12节。瓜长纺锤形，长35～40cm，横径6～8cm，肉厚0.8～1.0cm，瓜浅绿色，瓜面有平滑纵条瘤线，棱瘤大而稀，单瓜重400～600g。中熟，定植至采收75～80d。耐热性强，抗白粉病。肉质致密，味甘微苦，品质好。产量35 000 kg/hm²。

5. 哈密白皮苦瓜 新疆哈密市地方品种。以主蔓结瓜为主。第一雌花节位13～22节。瓜长纺锤形，瓜长14cm，横径4.6cm，肉厚0.5cm，瓜白色，老瓜橙红色，瓜面棱瘤多，条状，瘤大而密，单瓜重170g。中熟，定植至采收52d。抗白粉病强。肉质致密，口感苦，水分多，品质较好。产量37 500～45 000kg/hm²。

(二) 抗病毒病〔CMV（黄瓜花叶病毒）、WMV（西瓜花叶病毒）〕种质资源

太原长条苦瓜 山西省太原市地方品种。主蔓15～25节着生第一雌花。瓜长纺锤形，长29cm，横径4.5cm，商品瓜白绿色，有光泽。瓜面多棱瘤，中等大小。单瓜重210g。中熟，定植至收获60d左右。较抗病毒病。瓜肉质致密，苦味中等。产量22 500kg/hm²。

(三) 抗蔓枯病（*Ascochyta sitrullina* Smith）种质资源

乌市青皮苦瓜（86-61） 新疆自治区农业科学院园艺研究所引入品种，乌鲁木齐市

郊区已栽培多年。主蔓结瓜，第一雌花节位在 21 节。瓜长圆锥形或纺锤形，商品瓜长 25cm，横径 4.6cm，肉厚 0.5cm，商品瓜绿色，瓜面瘤多，瘤大而密，单瓜重 170g。中熟，播种至采收 85d。抗蔓枯病能力强，耐热。肉质致密，味苦，水分中等，品质好。产量 37 500～45 000kg/hm²。

(四) 抗霜霉病 [*Pseudoperonospora cubensis* (Berkeley et Curtis)] 种质资源

河北小苦瓜 从南方引入，在河北省已栽培多年。主侧蔓均可结瓜，主蔓 15 节着生第一雌花。瓜短纺锤形，浅绿色，长 11cm，横径 6.0cm，肉厚，瓜面棱瘤多，棱瘤尖状，较大且密集，单瓜重 150g。早熟，定植到采收约 40d。抗霜霉病，耐热。肉质致密，口感微苦，品质中等。

三、抗逆种质资源

翠妃 2003—2004 年四川省彭州市从台湾省引进并推广。优质、高产、耐热。该品种植株生长强健。瓜长约 30cm，宽 7～9cm，商品瓜青黑色，单果重 0.6kg。早（中）熟，大田种植期 4～10 月，定植后 50d 左右即可采收，采收期长达 5 个多月，适应性广，结果多。肉厚，果面平滑。产量高达 75 000～82 500kg/ hm²。

四、优异种质资源

具有优良园艺性状、推广面积较大的各地主栽品种有：

1. 黑龙江大白苦瓜 黑龙江省农业科学院园艺研究所 1978 年从湖南引入，经系选而成，1987 年由黑龙江省农作物品种审定委员会审定推广。主侧蔓结瓜，第一雌花着生在主蔓 4～8 节。瓜为长纺锤形，长 18～35cm，横径 4～7cm，肉厚 0.7～1.2cm，商品瓜浅绿白色，瓜面多棱瘤，为条状，棱瘤大而密，单瓜重 100～300g。早熟，从定植到采收 40d 左右。耐热性强，抗病性强。肉质致密，口感苦，品质好。

2. 郑州长白苦瓜 引进品种，在河南省已推广十多年。主侧蔓结瓜，主蔓结瓜较晚，20～23 节开始坐瓜。瓜棍棒形，长 40～45cm，横径 4cm，瓜白绿色，瓜面瘤状突起，且成明显条棱，单瓜重 250～400g。中熟，播种至收获 90d，生育期 150d。耐热，耐旱，抗病，适合越夏栽培。质地脆嫩，味苦，适宜熟食。

3. 汉中长白苦瓜 陕西省汉中市地方品种，栽培历史悠久。主侧蔓结瓜，第一雌花着生在主蔓 13 节。瓜长棒状，长 35～50cm，横径 5.2cm，肉厚 0.8～1cm，瓜绿白色，瓜面棱瘤多，点状，大而且密，单瓜重 350g。中熟，适应性较强。肉质致密，品质好。

4. 株洲长白苦瓜 湖南省株洲市郊地方品种。主、侧蔓结瓜，主蔓 10～12 节着生第一雌花。瓜长棒形，瓜白色微绿，长 60cm 左右，宽 6.2cm，瓜表面有多而密的瘤状突起，单瓜重 500～1 000g，最大可达 2kg。中熟，从定植到初收 55d。适应性较广，耐热、耐湿、较耐寒、抗病能力强。肉质柔软、脆嫩，味微苦而清香，品质好。宜选择肥沃的壤土栽培。产量 60 000～75 000kg/hm²。

5. 蓝山大白苦瓜 湖南省蓝山县地方品种。主、侧蔓结瓜，主蔓 10～12 节着生第一雌花。瓜白色，长圆筒形，长 60cm 左右，宽 7.0～8.0cm，表面有瘤状突起，大而密，单果重 800～1 000g。中熟，从播种到始收 80d。耐肥、耐涝、耐热、抗病力强。肉质柔软，味微苦而清香。宜在肥沃的平原沙质壤土栽培，也可在丘陵黏质旱地栽培。产量 45 000～65 000kg/hm²。

6. 江门大顶 广东省江门市地方品种。主侧蔓均可结瓜。主蔓 8～15 节着生第一雌花，以后每隔 2～6 节着生一雌花。瓜短圆锥形，长 15cm，肩宽 9cm，肉厚 1.2cm，商品瓜青绿色，有光泽，瘤状突起粗，单瓜重 300g。中熟，春季播种至初收 80d，可延续采收 50d；秋季播种至初收 50d，可延续采收 30d。较耐寒，耐肥。味甘微苦，品质优。产量 22 500～30 000kg/hm²。

7. 翠绿大顶 广东省农业科学院蔬菜研究所于 1992 年育成。主蔓结瓜为主，主蔓 7～10 节着生第一雌花，以后连续间隔 1 节着生雌花，雌花较多。瓜短圆锥形，长 14cm，中部横径 6.7cm，肉厚约 0.9cm，商品瓜翠绿色，有光泽，瘤状粗粒突起，单瓜重 300～500g，最重可达 700g。较早熟。播种至初收春季 70～75d，秋季 40～45d。耐寒，适应性广。肉质滑脆，品质优。产量 30 000～37 500kg/hm²。

8. 英引苦瓜 广州市蔬菜科学研究所于 1981 年引种选育而成。主、侧蔓均可结瓜，主蔓结瓜较迟。瓜纺锤形，长 30cm，横径 8cm，肉厚约 1.5cm，瓜黄绿色，瘤状突起多成条状，单瓜重 250g 以上，最大的 1.1kg。中熟，从播种至初收春季 85～90d，秋季 55～60d。抗性强，耐热、耐湿。果肉致密，苦味较少，味甘，品质优良。产量 30 000～37 500 kg/hm²。

9. 四川大白苦瓜 四川省地方品种。第一雌花着生节位 5～6 节，此后每间隔 3～7 节着生一雌花。瓜长纺锤形，两端钝尖，长 30～40cm，横径 4～7cm，肉厚 1.5cm，瓜白色，肉瘤突起不规则，单瓜重 350～400g。中熟，定植至始收 90d。耐涝、抗病。肉质疏松，苦味淡，商品性好，品质优。产量 30 000 kg/hm²。

五、特殊种质资源

1. 云南小苦瓜 植株蔓生，分枝性强，茎细，卷须单生，单株结瓜多，能达数十个。叶掌状，深绿色，叶面光滑。瓜圆球形，横径约 5cm，皮绿色，果面有小而密的瘤，果肉绿色，厚约 0.4cm。嫩瓜味与普通苦瓜相同，质脆，有苦味。有心室 3 个，老熟瓜胎座红色，种子周围包以红色瓜瓤，有甜味，每瓜约有种子 15 粒左右，种子比普通苦瓜小，呈褐色。

2. 野苦瓜 野生于热带雨林及亚热带地区。植株蔓生，茎细，分枝性强。叶片小，心脏形，无缺刻，长 8.5cm，宽 8.5cm，叶片正、背面光滑，叶柄长 6.5cm，具 5 棱。单卷须。雌、雄异花，均为钟状，花瓣 5，黄色，花柄长 7cm，5 棱，无苞叶。瓜椭圆形，长 4.2cm，横径 3.0cm，嫩瓜绿色，有 9 条纵向的瘤状突起，表面光滑，肉厚 0.4cm，白绿色。老熟瓜橘红色，种子周围包以红色瓜瓤。种子黑色，双边，方形，比普通苦瓜籽小。

野苦瓜与普通苦瓜相比，具有以下不同点：野苦瓜叶为心脏形，无深裂，而普通苦瓜叶为掌状深裂；野苦瓜的苦味淡，而普通苦瓜叶片也带苦味；普通苦瓜花柄长有盾形苞叶，而野苦瓜没有。野苦瓜的具体植物学分类尚未见进一步的报道。

第六节　苦瓜种质资源研究与创新

一、苦瓜分子生物学研究

(一) 亲缘关系

中国苦瓜种质资源丰富,品种间性状差异较大,利用分子标记技术分析不同来源及具不同农艺性状苦瓜材料的遗传多样性及亲缘关系等方面的研究已有报道。

张长远等 (2005) 利用 RAPD 技术对来自国内外的 45 份苦瓜栽培品种进行了亲缘关系分析。试验结果将 45 个苦瓜品种分成滑身苦瓜和麻点苦瓜两大类,滑身苦瓜又分为来源于东南亚和来源于国内的 2 组,麻点苦瓜又可分为来源于中国香港和中国内地的 2 组,说明苦瓜品种存在一定的地域性差异,亲缘关系相近的品种被聚到一起。温庆放等 (2005) 对 24 份苦瓜材料进行了 RAPD 分析,聚类分析结果显示 24 份材料可聚成三大类群,但与形态特征的差异不一致。

(二) 杂种一代纯度鉴定

张菊平等 (2002) 采用改良 CTAB 法提取 DNA,并用 60 个随机引物对华南地区苦瓜主栽品种之一的碧绿 3 号及其亲本的基因组 DNA 进行了 RAPD 分析,发现引物 OPQ01 可应用于碧绿 3 号苦瓜种子纯度的检测,其结果与田间的检测结果完全一致;孙妮等 (2005) 利用 RAPD 技术对苦瓜一代杂种顶优苦瓜及其父母本的特异性分析证实引物 OPU19 扩增的 OPU19 - 1600bp 片断可用于区分杂交种与母本的自交种。

(三) 性别分化

植物的性别分化是一种特殊的器官发生现象,雄蕊或雌蕊的发生从广义的角度包括雌、雄性别决定和配子体的分化、发育与成熟的过程。分子水平的研究表明,植物的性别分化就是性决定基因在诱导信号等作用下,发生去阻遏作用,使特异基因选择性地表达,从而实现性别分化程序表达的过程 (寿森炎等,2000)。近年来,苦瓜的性别分化研究也取得了一定的进展。

汪俏梅等 (1998) 研究了苦瓜性别分化的形态与组织化学,发现苦瓜的性别分化首先要经过两性期,然后再分别向雌或雄的方向发育。并认为两性花的发育方向与相应组织中的 RNA 和蛋白质合成能力的强弱有关,由于在苦瓜的性别分化与表达中,雌蕊组织和雄蕊组织的 RNA 和蛋白质合成能力总是一强一弱,从而保证了性别分化的结果是某一性别的单性花。此外,还发现苦瓜的性别分化与某些特异蛋白质有关,其中 11kD 及 30kD 的蛋白质分别是雌花和雄花分化程序表达中的关键蛋白。

(四) 全长 cDNA 克隆

获取具有相关功能的基因全长编码序列是认识基因功能的基本前提之一,其中全长

cDNA 序列的获得是正确注释基因组序列、阐明基因功能和产物的必要条件（陈秀珍，2004）。

谷胱甘肽磷脂氢过氧化物酶（Phospholipid hydroperoxide glutathione peroxidase，PHGPX）能特异地催化磷脂氢过氧化物的还原，保护生物膜免受氧化损伤，是动植物抗氧化酶系统中的重要一员。李文君等首次从苦瓜（Momordica charantia）中克隆了一个全长 927bp 的 PHGPX 的 cDNA。DNA 序列的数据库分析比较表明，该 cDNA 编码 167 个氨基酸，含有动植物 PHGPX 的特征结构，是一个新发现的苦瓜 PHGPX 基因（mocPH-GPX）。RNA 印迹结果显示，该基因在苦瓜幼苗的根中表达相对较弱，茎中的信号较强，但叶中最强。

杨满业等（2004）从苦瓜中分离出了花特异表达基因的 cDNA 片段并获得了全长 cD-NA，命名为 BAG。序列分析表明，该 cDNA 全长 1 001bp，含一个编码 228 个氨基酸的完整开放阅读框，$5'$ 端和 $3'$ 端非翻译区分别为 50、267 个碱基，poly（A）尾巴长 22 个核苷酸，具有典型的植物 MADS box 基因的结构。Southern 杂交分析显示，在基因组中至少有两个拷贝存在。RT PCR 和 Northern 杂交结果证实，该基因在心皮和雄蕊中特异表达。

肖月华等（2005）获得了植物 V 类几丁酶苦瓜同源基因（McChi5）的全长 cDNA 基因。同源性分析表明，McChi5 蛋白与烟草 V 类几丁酶、拟南芥的推测几丁酶和类几丁酶蛋白，以及哺乳动物和细菌的一些几丁酶有序列相似性，并具有第 18 家族糖基水解酶的保守域。Southernblotting（核酸分子杂交）表明，在苦瓜基因组中存在 2 个拷贝的 Mc-Chi5 基因，同时也存在少数同源基因。RNAdotblotting（RNA 斑点杂交）分析表明，McChi5 基因有组成型表达的特性，伤害处理对其表达的影响不明显。

二、苦瓜多种活性成分的提取及其药理作用

除了食用外，苦瓜的种子、叶、藤都有较高的药用价值，加之苦瓜种质资源丰富，其产品价格低廉，毒性低，因此，对其药理作用的研究开展得较为广泛。国内外不少学者从不同地区、不同品种的苦瓜果实、种子中提取出了多种生物活性成分，主要有植物类胰岛素、植物蛋白质、苦瓜凝集素（Momordica charantia lectin，MCL）、苦瓜抑制剂（Momordica charantia inhibitor，MCI）、多种核糖体失活蛋白（ribosome-inactivating protein，RIP）等（孙海燕等，2004）。其中较为引人注目的是一组核糖体失活蛋白，如 MAP30（Momordicaanti-HIV proteinof 30Kda）等。MAP30 是从苦瓜中分离得到的一种分子量为 30 kD 的单链、I 型核糖体失活蛋白，具有抗病毒、抗肿瘤、使病毒 DNA 拓扑失活、抑制病毒整合酶、核糖体失活以及抗菌等多种生物活性。MAP30 的作用具有良好的特异性，只对病毒感染的细胞或肿瘤转化细胞有效，对人正常细胞无毒性。MAP30 这些显著的作用特点，使其有可能发展成为抗病毒、抗肿瘤治疗中最有前景的候选药物（林育泉，2005）。

通过许多学者对苦瓜提取物及其分离出的多种活性成分的研究结果表明：苦瓜的药用价值主要表现在降血糖、抗艾滋病、抗肿瘤、抗生育、抗菌及免疫等作用（许红心，2001）。

有关苦瓜药理作用试验所选用的材料基本都是常规品种，但对其种质间的差异性研究极少。孙海燕（2004）选用不同苦瓜品种的根、叶、果为试验材料，研究了不同材料对一系列细菌和真菌的抑制作用。结果表明：不同品种苦瓜叶、根直接榨汁所得的原液对食品上的常见污染菌——大肠杆菌、枯草芽孢杆菌、金黄色葡萄球菌都有较好的抑制作用。叶原液和根原液的抑菌作用存在品种间的差异。

三、苦瓜种质资源创新

种质创新泛指人们利用各种变异（自然发生的或人工创造的），通过人工选择的方法，根据不同目的而创造的新种、新类型、新材料。种质创新是遗传多样性拓展的重要途径，是种质资源有效利用的前提和关键，是作物遗传育种发展的基础和保证。目前，苦瓜种质资源的创新成效主要表现在经选育的地方品种的直接利用，以及以通过杂交育种等手段创造的优良新种质作为亲本材料，配制培育新的一代杂种。

在一代杂种没有大面积推广之前，中国各地的苦瓜主栽品种基本上是常规品种，因此在生产中占据着重要地位。这些常规种都是在当地地方品种或引进其他地区地方品种的基础上，经系统选育或杂交选育的优良品种。如蓝山大白苦瓜是湖南省蓝山县蔬菜研究所科技人员用蓝山鳝鱼苦瓜与蓝山鲤鱼婆苦瓜进行杂交，再从杂交后代中经连续8年系统选育而成。该品种早熟、耐热、喜湿、喜肥、抗病虫力强，品质极佳，肉质细嫩、柔软，是目前全国主要的优良苦瓜品种之一，已在全国30个省（直辖市、自治区）试种成功，并受到广大农民和消费者的欢迎。

近十多年来，中国从优良地方品种的利用逐步转向了栽培品种的杂优化选育。为了适应市场和生产的需要，各地先后育成了一批不同类型的新品种，实现了适合于不同季节、不同栽培方式（露地和保护地）、不同成熟期（早、中、晚熟栽培）以及适合于鲜食和加工等不同用途的专用品种，从而促进了苦瓜生产的发展。

在鉴定、评价的基础上，筛选、纯化种质资源以获得优良的自交系是配制杂交组合的基础。在相继被选育出的一批综合性状优良的苦瓜一代杂种中，许多都是以系统选育的优良苦瓜地方品种作为亲本。例如，湖南省蔬菜研究所选育的早中熟、高产、耐热、抗病、优质的一代杂种湘苦瓜2号，其母本是从扬子洲白苦瓜中选育的自交系，父本是从株洲长白苦瓜中选育的自交系。湖南省衡阳市蔬菜研究所选育的中早熟，主蔓雌花率高，瓜色油绿、有光泽，高抗病毒病、枯萎病、中抗霜霉病的一代杂种衡杂苦瓜2号，其母本B06是从广东省一个地方品种用双株选择法经5代自交分离选育的自交系，父本B02-5是从湖南省地方品种蓝山苦瓜的变异株经5代自交定向选育而成的优良自交系（肖昌华，2005）。湖南省农业科学院蔬菜研究所选育的春燕苦瓜表现为极早熟，瓜棒形，皮色翠绿，味稍苦，商品性好，早期产量高。其母本是从广东省地方品种江门大顶苦瓜中发现的一个突变株，经7代自交分离，定向选育的自交系。父本是从贵州地方品种独山青皮苦瓜经5代自交定向选育而成的自交系（粟建文，2005）。大肉2号苦瓜是广西自治区农业科学院蔬菜研究中心培育的一代杂种，中熟偏早，产量高，瓜长圆筒形，皮色浅绿，光滑油亮，大直瘤，肉质甘脆，品质佳，较耐白粉病。其母本C10-26是由泰国曼谷苦瓜经7代自交分离选育的优良自交系，父本S5是从广西自治区地方品种苏圩苦瓜经5代自交分离选育的自交系（方锋学，2003）。

　　丰富的种质资源是种质创新的物质基础。苦瓜以其特殊的营养成分和药理作用决定了其潜在的应用价值。尽管目前苦瓜种质资源的创新利用水平还较低，然而随着日新月异的分子生物学技术和现代生物技术的发展，以丰富的苦瓜种质资源及其野生近缘种为材料，在筛选、鉴定、评价的基础上，深入地开展苦瓜优异种质资源创新及优异基因挖掘等研究，不仅将大大提升苦瓜种质资源研究水平，而且也将为苦瓜育种和生产的可持续发展奠定坚实的基础。

（沈　镝）

主要参考文献

邓俭英，方锋学，程亮．2005．苦瓜的药用价值及其利用．中国食物与营养．(1)：48～49

董英，徐斌，陆琪，查青．2005．水提苦瓜多糖的分离纯化及组成性质研究．食品科学．26 (11)：115～119

方锋学，黄如葵，李文嘉等．2005．大肉 2 号苦瓜的选育．中国蔬菜．(2)：21～22

方智远，侯喜林，祝旅．2004．蔬菜学．南京：江苏科学技术出版社

李方远，徐心诚．2005．苦瓜的营养成分与食用价值研究．农业与技术．25 (3)：98～99

林育泉．2005．苦瓜 MAP30 蛋白基因克隆、原核表达及其产物纯化和抗肿瘤活性研究．华南热带农业大学硕士学位论文

寿森炎，汪俏梅．2000．高等植物性别分化研究进展．植物学通讯．17 (6)：528～535

粟建文，袁祖华，李勇奇．2005．苦瓜新品种春燕的选育．长江蔬菜．(2)：41～42

孙海燕．2004．苦瓜中生物活性成分的分析．浙江大学硕士学位论文

孙海燕．2004．苦瓜的核糖体失活蛋白．细胞生物学杂志．26 (3)：247～251

孙妮，胡开林，张长远．2005．RAPD 技术鉴定苦瓜杂种一代的研究．广东农业科学．(1)：40～42

汪俏梅，曾广文．1996．赤霉酸及矮壮素对苦瓜性别表现的影响．浙江农业大学学报．22 (5)：541～546

汪俏梅，曾广文．1998．苦瓜性别分化的特异蛋白质研究．植物学报．40 (3)：241～246

王先远，高兰兴．2000．苦瓜提取物 MAP30 抗病毒的研究进展．氨基酸和生物资源 Amino Acid & Biotic Resources．22 (2)：6～11

温庆放，李大忠，朱海生等．2005．不同来源苦瓜遗传亲缘关系 RAPD 分析．福建农业学报．20 (3)：185～188

肖昌华，旷碧峰，余席茂等．2005．绿苦瓜新品种衡杂苦瓜 2 号的选育．中国蔬菜．(2)：27～28

许红心，倪坚军．2001．苦瓜的药用研究概况．浙江中医学院学报．25 (4)：73～75

薛大煜，黄炎武．1994．湖南省苦瓜地方品种资源研究．作物品种资源．(1)：9～11

杨满业，赵茂俊，徐莺等．2004．苦瓜 MADS 盒基因的克隆和表达研究．北京林业大学学报．26 (4)：30～34

袁仲，侯雪梅．2005．苦瓜的营养价值与保健作用．农产品加工（学刊）．(5)：49～51

张长远，孙妮，胡开林．2005. 苦瓜品种亲缘关系的 RAPD 分析．分子植物育种．3（4）：515～519

张菊平，巩振辉，张长远等．2002. 苦瓜 RAPD 分析体系的优化研究．河南农业大学学报．37（1）：49～53

张菊平，张长远，张树珍．2002. 苦瓜基因组 DNA 提取和 RAPD 分析．广东农业科学．（4）：18～20

张菊平，张兴志，张长远．2004. 碧绿 3 号苦瓜种子纯度的 RAPD 检测研究．种子．23（1）：25～40

中国农学会遗传资源学会．1994. 中国作物遗传资源．北京：中国农业出版社

中国农业科学院蔬菜花卉研究所．2001. 中国蔬菜品种志（下卷）．北京：中国农业出版社

中国农业科学院蔬菜花卉研究所．1998. 中国蔬菜品种资源目录（第二册）．北京：气象出版社

中国农业科学院蔬菜花卉研究所．1992. 中国蔬菜品种资源目录（第一册）．北京：万国出版社

中国农业科学院蔬菜研究所．1987. 中国蔬菜栽培学．北京：农业出版社，607～611

庄东红，欧阳永长，胡忠．2005. 苦瓜 MAP30 基因克隆及其引物设计．汕头大学学报．20（1）：23～27

路安民，张志耘．1986. 葫芦科．中国植物志·七十三卷（1）．北京：科学出版社，84～301

西　瓜

第一节　概　述

西瓜 [*Citrullus lanatus* (Thunb.) Matsum et Nakai]，为葫芦科 (Cucurbitaceae) 西瓜属 (*Citrullus*) 一年生蔓性草本植物。相传从西域传入中原内地，故得其名，别名水瓜或寒瓜。主要以充分成熟果实中的肉质化胎座细胞（即瓜瓤）供食。染色体数为 $2n＝2x＝22$。

据中国预防医学科学院营养与食品卫生研究所分析（《食物成分表》，1991），西瓜果肉中含有大量水分，适量碳水化合物，少量无机盐和维生素等（表 22-1）。西瓜果实中的胡萝卜素含量高于桃和葡萄。此外，西瓜种子中含有较多的脂肪（48%）和蛋白质（38%），并含有维生素 D。

表 22-1　西瓜营养成分分析表

（《食物成分表》，1991）

营养成分	含量（%）	营养成分	每100g可食部分含量（mg）
可食部分	47～71	胡萝卜素（VA）	0.08～0.76
可食部分含水量	91.4～94.5	硫胺素（VB$_1$）	<0.14
干物质	5.5～8.6	核黄素（VB$_2$）	<0.05
碳水化合物	4.5～8.4	钾	47～112
蛋白质	0.3～0.8	钙	<26
脂　肪	<0.5	镁	<22
膳食纤维	<0.5	磷	<14
灰　分	<0.3	钠	<6.6
抗坏血酸（VC）	0.002～0.011	铁	<0.8
尼可酸	0.000 2～0.000 4	锌	<0.44
维生素E	<0.000 18	铜	<0.18

吃西瓜对保持人体健康具有一定作用，古有"天生白虎汤"之称。据李时珍《本草纲目》（1578）记载，吃西瓜可以"消烦止渴，解暑热，疗喉痹，宽中下气，利小水，治血痢，解酒毒，含汁治口疮。"近代医学认为，西瓜中的配糖体有降低血压的作用，所含的少量盐类对肾脏炎有显著疗效，故食用西瓜对高血压、肾脏炎、浮肿、黄疸、膀胱炎等疾

病均有不同程度的辅助疗效。但西瓜性寒，也不宜多吃。传统中医常利用西瓜与其他中药配制成药方治病，其中最突出的是桂林制药厂生产的"桂林西瓜霜"喷剂和含片，目前在国内已广泛使用，对治疗咽喉炎、扁桃体炎、口腔炎、牙痛等均有一定疗效。日本用西瓜汁的加工浓缩液（浓缩至原液的 7%～9%）治疗泌尿系统疾病有较好的疗效。

西瓜汁多、味甜，性凉爽口，是大众化消暑解渴的佳果。其鲜瓜瓤还可榨成鲜汁作饮料或加工成水果罐头，瓜汁可酿造成西瓜酒；其内瓜皮可用来做菜，亦可加工成糖渍西瓜条或果酱。其瓜皮、茎叶经过酸化处理后可用作猪饲料；另有一种饲料专用品种，在国外常用于饲养奶牛。此外，西瓜籽亦可食用和榨油。

西瓜是世界十大水果之一，其总产量与总面积在世界各种水果中均居第五位，而在夏季水果中则首屈一指，是人们日常生活中不可缺少的消暑佳品。但是，随着经济的持续发展、人民生活水平的不断提高，尤其是饮料业的飞速发展，西瓜种植面积有逐渐减少的趋势，其中尤以日本、美国、意大利等一些经济发达国家最为明显。

世界各国的西瓜生产，一般均是在国内最适地区和最佳季节进行露地栽培，较少进行保护地设施栽培，只有日本、以色列等生态条件较差而工业技术又高度发达的国家才进行大面积保护地生产。

当前中国的西瓜生产除了大城市郊区和东部经济发达地区有较大面积的保护地栽培外，其他南北各地尤其是北方地区（西北、华北、东北）和华南地区（海南、广东、广西等地）基本上都为露地栽培。

世界上各西瓜生产大国的栽培品种以常规品种为多，如俄罗斯、乌克兰以及中亚一些国家几乎都用常规品种，美国亦以常规品种为主，部分为一代杂种。中国在 20 世纪 80 年代末已基本实现了主栽品种的一代杂种化；自 90 年代以来，无籽西瓜、嫁接西瓜、袖珍小果型西瓜的栽培又取得了迅速发展，再加上籽用西瓜等，使中国成为世界上颇具特色、优势明显的西瓜种植大国。

中国不是西瓜的起源地，种质资源相对匮乏。据统计，截止 2005 年底，中国已收集编目的西瓜种质资源共有 1 251 份，主要保存在中国农业科学院郑州果树研究所的国家西瓜甜瓜种质资源中期库，并向社会提供利用；进入国家农作物种质资源长期库保存的有 1 195 份。所收集、保存的种质资源主要包括地方品种、外引品种和新选育的品种或品系，现收集的种类除缺须西瓜外包括了西瓜属内 4 个种中的 3 个。西瓜种质资源的研究利用以抗枯萎病种质、雄性不育种质较多，核型分析和分子标记技术研究已较深入。

第二节　西瓜的起源与分布

一、西瓜的起源

西瓜起源于非洲。西蒙兹（N. W. simmonds，1976）在《栽培植物的进化》一书中指出：西瓜作物的野生祖先，一是在非洲南部的卡拉哈里（Kalahari）沙漠；二是在非洲东部苏丹共和国的科尔多凡省。美国惠特克（T. W. Whitaker，1962）指出：早在 1882 年，德·康道尔（De Candolle）就收集到大量标本，证明西瓜原产于热带非洲。利文斯敦

（David Livingston）还目睹了一些野生动物在非洲西瓜原产地啃食野生西瓜的情况。惠特克还进一步证实：原产卡拉哈里的非洲野生西瓜包括 2 个生化类型，一种果实含有葫芦素，具苦味；另一种无苦味，不含葫芦素。后一种野生西瓜被当地布须曼人（Bushman）作为食物和饮水。这种野生西瓜的果肉坚硬，绿瓤，大籽。

根据瓦维洛夫（Н. И. Вавилов，1935）的植物起源中心学说，在西瓜植物的原产地非洲，还应分布着一批野生近缘种。福尔萨（Т. В. Фурса，1972）证明，西瓜植物的 3 个近缘种，全部产在非洲，药西瓜（*Citrullus colocynthis*）产在北非地中海沿岸，缺须西瓜（*C. ecirrhosus*）产在西南非纳米比亚，诺丹西瓜（*C. naudinianus*）产在南非安哥拉到莫桑比克一带。

国际植物遗传资源委员会（IBPGR）1983 年发表的艾斯奎纳斯—阿尔卡扎和古利克（J. T. Esquinas - Alcazar and P. J. Gulick）的"葫芦科的遗传资源"指出：西瓜（*Citrullus lanatus*）起源于非洲，在半沙漠地区发现了西瓜属的野生类型，很可能在古代就引进埃及并延伸到印度栽培。其栽培类型的多样化中心在印度和非洲热带及亚热带地区。

二、西瓜的传播与演化

至于西瓜植物的传播，最早是在邻近其起源地的北非埃及、地中海沿岸的希腊一带。据考古学家对埃及古墓中发掘出来的种子和残存叶片的测定，认为早在 5 000～6 000 年前的古埃及就已经有了栽培西瓜，4 000 多年前的古埃及壁画上绘有包括西瓜茎蔓和果实在内的图案，更证实了这一点。公元前 5 世纪，希腊和意大利等国也开始种植西瓜。到了公元前 4 世纪，随着欧洲军队的远征，西瓜由海路从欧洲传入到南亚印度，然后，又逐渐传

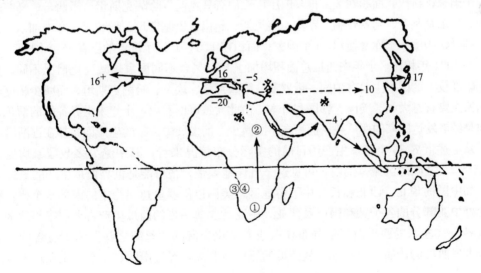

图 22 - 1　西瓜属（种）的原产地及其传播
①西瓜　②药西瓜　③缺须西瓜　④诺丹西瓜
图中：数字为公元世纪数　负数字为公元前世纪数　16⁺为 16 世纪末
箭头表示传播途径　＊为最古栽培地带
（引自《西瓜栽培与育种》，1993）

播到东南亚一带；2 个世纪以后传入到西亚；据推测，以后可能是由陆路从西亚经波斯（伊朗）、西域，翻越帕米尔传入到西域回纥（今新疆）。新疆的陆上丝绸之路很可能是西瓜传入中国内地和东亚的主要途径。中国内地有关西瓜的最早文字记载是在公元 10 世纪，指明西瓜来自新疆。公元 13～14 世纪，随着贸易和经济的进步，西瓜栽培范围迅速扩大。到了公元 16 世纪，欧洲已经有了种植西瓜的文字记载。1492 年哥伦布发现新大陆后，随着移民，将西瓜带到美洲，最初是在密西西比河流域，1664 年在佛罗里达已有了西瓜栽培。日本栽培西瓜的最早文字记载是在江户时代，文献上记载在宽永年间（1624—1643）引入长崎，宽文时期（1661—1672）已在京都郊区种植而食用（西瓜的原产地及其在世界的传播，图 22 - 1）。

三、西瓜的栽培分布

(一) 世界西瓜的分布

据联合国粮农组织（FAO）统计，2004 年世界西瓜总面积为 337.26 万 hm²，主要集中分布在 36 个种植面积在 1 万 hm² 以上的国家内（占世界总面积的 96.2%），这些主产国若按洲际来区分，则以亚洲的面积最大，为 260.0 万 hm²，占 80.2%；其次为欧洲，为 24.2 万 hm²，占 7.4%；再次是美洲（包括中北美洲和南美洲，为 21.8 万 hm²，占 6.7%）和非洲（18.3 万 hm²，占 5.6%）。

若以国家为单位来比较，则以中国的面积最大，约占世界总面积的一半，占亚洲总面积的 3/4；其次面积在 5 万～14 万 hm² 的生产大国有土耳其、俄罗斯、伊朗、巴西、埃及和美国 6 个国家；再次，面积在 2 万～4.9 万 hm² 的有乌克兰、哈萨克斯坦、墨西哥、乌兹别克斯坦、阿尔及利亚、阿塞拜疆、泰国、突尼斯、越南、巴基斯坦、叙利亚、塞内加尔、巴拉圭、韩国、印度和土库曼斯坦 16 个国家；面积在 1 万～1.9 万 hm² 的还有 13 个国家。

与 1994 年相比，十年来西瓜总面积增加了 67.9%，不同国家增减变化情况不同，其中增加幅度较大的国家主要有中国、俄罗斯、阿塞拜疆、埃及、哈萨克斯坦，而减少幅度较大的国家主要有意大利、美国、韩国和日本。由此大致可以看出，十年来世界各国的西瓜发展趋向是经济发达国家的西瓜栽培面积在不断减少，而发展中国家的生产面积却在逐渐增加。

从上述世界 36 个西瓜主产国目前的实际分布情况来看，其中绝大多数国家均处在北纬 15°～45°之间的区域范围内，可见这个气候地理带，很可能是世界西瓜生产的最适宜地区，如中国的华北、西北和长江中下游地区，美国以佛罗里达州为主的南部 6 个州，独联体地处中亚部分的各个共和国以及西亚、中亚、北非一带的西瓜生产古老国家等地区。而全世界 85%左右的西瓜面积是分布在东西方文化交流的"丝绸之路"的沿线各国，这也符合世界西瓜的传播历史进程，从西瓜的原产地非洲，经过南欧、中东、中亚进入到东亚和南亚。

(二) 中国西瓜的分布和栽培区域

1. 中国西瓜的分布状况　根据中国园艺学会西甜瓜专业委员会统计，2004 年全国西瓜总种植面积为 125.3 万 hm²，而 32 个省份间的面积差别很大；其中种植面积超过 6.7

万 hm² 的省份有 9 个，为安徽、河北、黑龙江、湖北、浙江、江苏和江西，面积最大的省份为山东和河南；种植面积在 2 万～5.3 万 hm² 的省份有 8 个，为湖南、山西、陕西、广东、辽宁、吉林、海南、广西，种植面积在 1.7 万 hm² 以下的省份有 12 个，为内蒙古、四川、福建、贵州、甘肃、新疆、云南、上海、北京、宁夏、天津、重庆。青海省与西藏自治区由于海拔高、气温低，除了极少数暖热平原谷地有少量露地栽培外，一般均不能种植，因此无商品生产面积统计；台湾省的面积未取得相应统计数字。具体见表 22 - 2。

表 22 - 2　2004 年全国各地西瓜种植面积表

地区		面积		各省份的西瓜面积（万 hm²）								
		万 hm²	%									
北方	华北地区	64.7	51.6	山东	河南	安徽	河北	江苏	山西	陕西	北京	天津
				19	13	10	9	7	3	2.5	0.7	0.5
	东北地区	15.0	12.0	黑龙江	辽宁	吉林	内蒙古					
				7	4	2	2					
	西北地区	6.5	5.2	甘肃	新疆	宁夏						
				2	2	2.5						
	合　计	86.2	68.8									
南方	长江中下游地区	27.7	22.1	江西	湖北	湖南	浙江	上海				
				8	7	5	7	0.7				
	华南地区	6.6	5.3	广东	海南	广西	福建					
				1.3	2	2	1.3					
	西南地区	4.8	3.8	四川	贵州	云南	重庆					
				1.3	2	1	0.5					
	合　计	39.1	31.2									

注: 1. 安徽、江苏二省气候间跨北南二方，而其西瓜产区主要在皖北、苏北地区，本表统计列入华北区。

2. 内蒙古行政属华北区，跨度大，本表统计列入东北区。

3. 陕西行政属西北区，气候属华北区，本表统计列入华北区。

4. 福建行政属华东区，气候属华南区，本表统计列入华南区。

5. 本表数字由中国园艺学会西甜瓜协会提供；青海省、西藏自治区无栽培，缺台湾省数据。

从表 22 - 2 中可以看出当前中国西瓜生产分布有以下几个特点：第一，南、北方相比，北方地区的面积远远大于南方地区，约占全国的 3/4，这主要是由于北方地区的温光条件好，雨水少，生态条件优越，适于西瓜生长，而南方地区虽然温热资源丰富，但阴雨、多湿，病害多，故稳产水平远不如北方。第二，北方地区尤以华北地区的面积最大，约占北方的 80% 多，占全国的 59%，这主要是由于除了生态条件比较优越外，还因为中国西瓜的传统老产区大部分均集中在本区内，如河南开封、山东德州、安徽阜阳、陕西同州、北京大兴等地。其次这个地区的地理位置适中，交通方便，人口众多，与东部沿海发达地区毗邻，销售市场看好。北方的西北地区虽然是中国西瓜生产的最适地区，但面积最小，仅占全国的 2.5%，主要是因为：①成熟上市季节晚，无法满足内地市场夏季高峰期（6～8 月）的需要；②地处边远，远离市场，自 20 世纪 90 年代以来西瓜长途运输由铁路改为公路后，外销就比较困难；③经销西瓜的效益不及当地特产哈密瓜或其他厚皮甜瓜的效益；因此近年来西瓜主要在区内销售，所以面积远不如厚皮甜瓜，并有逐渐减少的趋势。第三，南方又以长江中下游地区的面积最大，约占南方西瓜的 70% 左右，这主要是因为这个地区也是中国传统的西瓜产区，雨水比其他 2 个地区稍少，生态条件略优，加之区内人口稠密，交通方便，夏季炎热，故对西瓜的需求量也大。

2. 中国西瓜的栽培区域 根据上述中国西瓜的实际分布状况，结合各地现有的西瓜露地栽培技术和品种特点，对照《全国农业气候区划》，可将中国的西瓜栽培区域划分为3个栽培大区，7个栽培区，1个栽培特区（图22-2）。

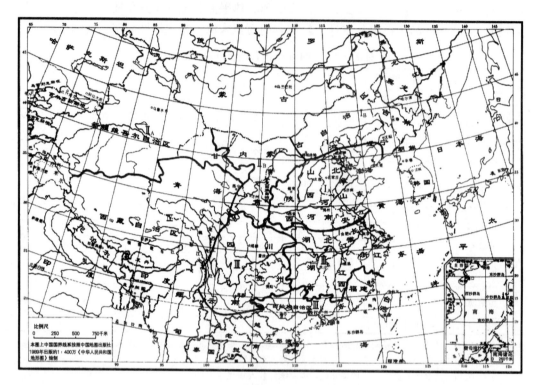

图22-2 中国西瓜的栽培区域图

（引自《中国西瓜甜瓜》，2000）

（1）**北方半干旱栽培大区** 统称北方大区，该区包括淮河以北、西北干燥区以东的华北、东北全部或大部分省（自治区、直辖市），该区又分2个栽培区。

①华北暖温带半干旱栽培区。通称华北区，该区包括冀、鲁、豫、晋、陕、京、津大部和苏北、皖北、辽南、陇东等地。该区内西瓜产量比较高而稳定，质量也好，属于中国西瓜适宜栽培地区，也是当前西瓜面积最大的栽培区，同时由于春季干旱，早春气温回升快，日照充足，故又是目前保护地西瓜栽培面积最大的地区。今后，从合理调整布局，充分发挥区域优势的潜力来看，发展前景十分看好。

②东北温带半干旱栽培区。通称东北区，该区包括黑龙江、吉林和辽宁省大部、内蒙古自治区东部以及冀北、晋北等部分地区。该区西瓜生产的特点：一是生长季节晚，其播种期约比华北区晚15～20d；二是该区尤其是北部的黑龙江等省的土质肥沃，土层深厚，具有较强的耐旱、保墒能力；三是由于地多、人少、土肥，一般瓜田管理比较粗放；四是西瓜成熟上市较晚，若南运外调可发挥地区优势，补充该区以南各栽培区西瓜市场的不足。

（2）**西北干燥栽培大区** 统称西北大区，该区包括新疆、宁夏，甘肃省大部、内蒙古自治区西部以及青海省东部农业区等地。该区又分 2 个栽培区。

①西部灌溉栽培区。该区包括新疆和甘肃河西走廊地区。必须进行多次灌溉，才能确保西瓜正常生育，这是该区西瓜栽培的主要特点。所产之西瓜，产量高、品质好，是中国西瓜生产的最适宜地区，也是籽用西瓜的最大集中产区，同时，因为雨水少、空气干燥，所以又是西瓜种子的天然贮藏库和良种繁育的最佳地区。

②东部干旱栽培区。该区包括甘肃中部地区与兰州市附近、青海省东部农业区、宁夏银川平原以及内蒙古西部的河套地区。由于西瓜旱地栽培比较困难，因此在西瓜生长期必须进行适当补充灌溉。兰州一带农民，在长期生产实践中创造出了独特的砂（石）田栽培，有效地解决了低温缺水影响，在旱地上种出了优质西瓜。

（3）南方多湿栽培大区　通称南方大区，该区包括淮河以南、青藏高原以东的全部南方地区，属亚热带和热带湿润气候。本区又分 3 个栽培区。

①长江中下游梅雨栽培区。该区包括地处长江中下游的上海、浙江、江西、湖北、湖南和淮河以南的江苏、安徽等省以及河南省南部部分地区，陕西省汉中地区等。该区在"梅雨"期通常光照差、气温低、湿度大，不利于西瓜开花坐果，也易于造成植株徒长和感病，但年际有一定差别。该区西瓜栽培的特点是多为深沟高畦种植，全部采用提早育苗等早熟措施，使花期提前以达到"带瓜入梅"和稳产的目的。该区种植西瓜的历史比较悠久，是南方主要的传统西瓜产区，西瓜上市盛期正值伏旱夏季，市场对西瓜的需求量大，同时该区人口稠密，经济发达，具有持续发展的潜力。

②华南热带多作栽培区。通称华南区。该区包括广东、广西、福建、海南、台湾等省（自治区），云南省的西双版纳、元谋、元江等地区亦可纳入该区范围。一般一年种植二季西瓜，由于该区内的雨水较多，病害较重，西瓜生产常受较大威胁，故稳产性较差。地处该区南缘的海南省和台湾省南部地区及滇南西双版纳一带，四季暖热，有天然大温室之称，冬暖干旱，适于种植西瓜，每年 1～4 月内地市场供应的西瓜均为海南生产，同时海南省的南部地区和云南省的西双版纳地区也是中国西瓜加代南育南繁最适宜的地区。

③西南湿润栽培区。通称西南区。该区包括四川、云南、贵州省大部。西瓜生长季节常由于雨水较多，阴雾连绵，光照不足，西瓜产量不很稳定，因此栽培面积较小，且主要分布在生态条件较好的暖热平原谷地一带。

（4）青藏高寒栽培特区　该区包括西藏、青海省大部和四川省西北部。属高原气候。由于海拔高，气温低，无夏季，有效积温不足，因此，除个别低洼暖热谷地外，一般西瓜均不能进行露地栽培，基本上属于中国西瓜栽培的空白地区。只有采用保护地才能种植西瓜。

中国幅员辽阔，各个西瓜栽培区之间在气候条件、栽培技术以及产品销售等方面各具不同的特点和优势，因此，在西瓜产销上，各栽培区之间具有很强的互补性。

第三节　西瓜的分类

一、历史的回顾

1775 年福斯卡乐（Forskal）在《埃及—阿拉伯植物志》（Flora Aegyptiaco‐Arabica）

一书中最早把西瓜定名为 *Citrullus*，但他未能作出属的判断，因此按照国际植物命名法规，不能予以承认。

1794 年桑伯格（Thunberg）最早发表了西瓜的种名 *lanatus*，但他却将其归在苦瓜属（*Momordica*）下，因此也未能予以承认。

1834—1838 年施奈德（Schrader）第一次将西瓜划成属，并给予 *Citrullus* Schrad. 的属名，此名被 1954 年召开的第七届国际植物学大会认为合法而采用至今（《国际植物学命名法规》，附件Ⅲ，1959）。与此同时，施氏还订出了西瓜的种名 *Citrullus vulgaris*，药西瓜的种名 *C. colocynthis*，以及另外两个种的种名 *C. caffer*（非洲野生的卡弗尔西瓜）和 *C. amarus*。

1838—1884 年斯柏齐（Spach）和斯维因弗尔特（Schweinfurt）发表了在埃及绿洲中栽培的药西瓜变种 *C. colocynthis* var. *colocynthoides*。

1866 年植物学家阿列菲尔德（Alefeld.）提出了西瓜种下的分类。但他的分类未被后人使用，原因是他仅简短地记载了一些品种，而未揭示其相互之间的联系。

1901 年伦（Rane）根据西瓜果实的颜色和形状，建立了北美西瓜品种的清楚分类，但所划分的种按现代观点看，应该是品种群。伦的分类也未能予以承认，因为它所用的仅仅是北美范围内的有限材料。

1924 年科尼奥（A. Cogniax）和哈姆斯（Harms）将西瓜属下划分成 4 个种：*C. vulgaris*、*C. colocynthis*、*C. ecirrhosus*、*C. naudinianus*，其中前两种采用了施奈德的分类，后两种是新建议，从而奠定了近代西瓜属分种的基础。

1930 年贝利（Bailey）将普通西瓜种 *C. vulgaris* 之下划分出 2 个变种：毛西瓜变种 var. *lanatus*，和饲用西瓜变种 var. *citroides*。但他却没有划分出食用西瓜，因此是不完全的。1930 年潘加洛（Pangalo）划分出了食用西瓜和饲用西瓜。

1959 年曼斯菲尔德（Mansfeld）发表了西瓜种新的学名 *Cirtullus lanatus*（Thunb.）Mansf.，以代替施奈德的 *C. vulgaris*，同时订正了桑伯格的错误。原因是施奈德的种名 *vulgaris* 不能容纳普通西瓜的野生变种和类型，而桑伯格的 *lanatus* 属名又不正确。从此西瓜种的正确学名沿用至今。与此同时，曼斯菲尔德还在西瓜种下划分出 3 个变种：var. *lanatus*、var. *caffer* 和 var. *citroides*，第一个变种泛指生长在非洲南部的野生西瓜，第二个变种指栽培和食用的甜味卡弗尔西瓜，第三个变种指饲用西瓜。但问题出在第二变种上，因为卡弗尔西瓜产在非洲南部，稍有甜味，多为野生，与食用西瓜在全球的广泛分布、十分多样化的形态、鲜明的色泽、甜美的风味大相径庭。因此，曼氏的分类未能被完全接受。

1969 年日本哈拉（H. Hara）在《分类学》（Taxonomy science）18 卷第 3 期上著文"西瓜种的正确订名人"提出：早在 1920 年日本 Matsum 和 Nakai 就使用了 *C. lanatus* 这个种名，按优先法则，应将 Mansf. 订名人地位用 Matsum 和 Nakai 代替。

1972 年苏联学者福尔萨（Т. В. Фурса）对苏联作物栽培研究所（ВИР）从全世界征集来的 2 400 多份西瓜样本进行了深入研究，在西瓜种 *C. lanatus* 下设立了亚种，即毛西瓜亚种 ssp. *lanatus*、普通西瓜亚种 ssp. *vulgaris*、黏籽西瓜亚种 ssp. *mucosospermus*；在这些亚种下再分别划出 7 个变种，即卡弗尔西瓜变种 var. *caffer*、开普西瓜变

var. *capensis*、饲用西瓜变种 var. *citroides*（以上属毛西瓜亚种），普通西瓜变种 var. *vulgaris*、科尔多凡西瓜变种 var. *cordophanus*（以上属普通西瓜亚种），黏籽西瓜变种 var. *mucosospermus*、塞内加尔西瓜变种 var. *senegalicus*（以上属黏籽西瓜亚种）。此外，还在药西瓜种 *C. colocynthis* 下设立 2 亚种，即野生药西瓜亚种 ssp. *stenotomus* 和淡味药西瓜亚种 ssp. *insipidus*。福尔萨的西瓜分类综合前人的研究成果，掌握了大量第一手的样本资料，实属当今世界最全面的分类系统。

1985 年林德佩等在《新疆甜瓜西瓜志》专著中，将中国特有的籽用西瓜（打瓜）划为一个变种 var. *megalaspermus*，归属于普通西瓜亚种下，使福氏西瓜分类中西瓜属辖 4 个种、5 个亚种、8 个变种。

二、西瓜属内种的检索表

1. 卷须发达，2～5 叉，果皮表面光滑 ·· 2.
   卷须短，单生，刺状，果面瘤状 ···················· 诺丹西瓜 *C. naudinianus*（Sond.）Hook. f.
   2. 茸毛密、软，果实大，无瘤状物················· 西瓜 *C. lanatus*（Thunb.）Matsum et Nakai
      茸毛硬，果皮苦 ··· 3.
      3. 叶片狭窄，深裂，果实圆球形 ···················· 药西瓜 *C. colocynthis*（L.）Schrad.
         叶片宽，有皱褶，果实有棱 ···················· 缺须西瓜 *C. ecirrhosus* Cogn.

三、西瓜属、种和亚种、变种的描述及分布

西瓜属（*Citrullus* Schrad.）为一年生或多年生植物，蔓生。茎分枝，带软或硬的茸毛，卷须分 2～5 叉。叶倒卵形，3 裂，稀有全缘。花单性或两性。萼片与花瓣基部合生。花冠黄色，5 裂，雄蕊 3，成对合生，柱头 3，子房下位，3 室。果实为瓠果，多胚，胎座发达，多汁，为可食部分。果实与果柄不脱落。种子扁卵圆形。染色体数 $2n=2x=22$。起源于非洲，分布在热带、亚热带、温带地区，为野生、半栽培和栽培植物。属下有 4 个种。

（一）西瓜 *Citrullus lanatus*（Thunb.）Matsum et Nakai

含多种类型，包括野生和栽培、食用和饲用种类。该种包括 3 个亚种。

亚种 1. 毛西瓜 ssp. *lanatus* Fursa　特征为植株密生软柔毛，尤其是幼果和嫩枝上，故称 *lanatus*（拉丁语有毛的）。植株蔓长，叶片浅裂，稍大。花冠鲜黄色，花瓣尖。果肉紧实，白色或淡黄色，有时带苦味。种子先端突出，无脐。

该亚种包括非洲南部及西南非洲的野生西瓜和非洲大陆及其以外的栽培饲料西瓜，下分 3 变种。

[变种 1] 卡弗尔西瓜 var. *caffer*（Schrad.）Mansf.　植株生长势旺，密生柔毛。茎粗，有棱。叶片大，宽度达 25cm，浅裂，叶裂片圆，叶片具有特殊臭气。花大，鲜黄色，雌花常两性。果实重达 30kg，通常果形不正。果皮上条纹不明显，呈断续状或斑点状条带。果肉多汁，稍有甜味，可溶性固形物含量 4%～5%。种子大，红色或褐色。

原产博茨瓦纳的卡拉哈里荒漠及其邻近地区，野生的食用西瓜，当地土名称"查马"

(tsamma)。

[变种 2] 开普西瓜 var. *capensis*（Alef.）Fursa　植株蔓长，叶片和果实均较卡弗尔西瓜小。花单性，果实圆球形，浅黄红色，复有花斑条带。果肉硬，白色，常有苦味。种子橄榄色或褐色。

南非（阿扎尼亚）开普省分布较多，并因此得名。野生，为该地田间的常见杂草。

[变种 3] 饲用西瓜 var. *citroides*（Bailey）Mansf.　形态近似卡弗尔西瓜，但较整齐。花常为单性。果实圆筒形或圆球形，有斑点或隐花条带。果肉白色或淡黄色，紧实，果胶质含量高。种子橄榄色，少有红色。

在英国和前苏联等国粗放栽培，大多作牛的饲料。果实可贮藏几个月。

亚种 2. 普通西瓜 ssp. *vulgaris*（Schrad.）Fursa　蔓中等长，圆或有棱，柔毛较稀。叶片灰绿色，无气味，叶裂片中等、深或浅裂。雌花单性或两性，花冠鲜黄色，花瓣圆。果实的形状和颜色十分多样。果肉多汁、甜或淡甜。种子有脐。该亚种包括全世界各地的栽培和半栽培西瓜，尤其是在各大洲亚热带及干旱地区以及东北非、西亚地区栽培最多。

[变种 1] 普通西瓜 var. *vulgaris* Fursa　蔓有棱或圆形，长 2m 以上，柔毛较稀。叶片有裂，个别为突变型全缘。雌花单性或两性。肉色红、橙黄、黄或白色，质地脆或沙，多汁。可溶性固形物含量 8%～10%，个别可达 12% 以上。种子大小和颜色差别很大。广泛栽培在北纬 25°～48° 地区。中国、前苏联栽培面积最大（图 22-3）。

1　　　　　　　　　　　　　　2

图 22-3　普通西瓜
1. 大型西瓜　2. 小型西瓜

福尔萨（T. B. Фурса，1965）曾将在全世界不同生态气候条件下、不同地域的该变种西瓜划分成 8 个生态型。林德佩（1980）又将中国原产及引种栽培的该变种西瓜分成 5 个生态型，即新疆生态型、华北生态型、东亚生态型、俄罗斯生态型、美国生态型。可供各地引种和育种选择原始材料、种质资源和亲本时参考。

[变种 2] 科尔多凡西瓜 var. *cordophanus*（Ter - Avan）Fursa　植株蔓长。叶面粗糙，叶片匍匐地面。雌花两性。果实球形，有或无条纹，黄瓤。可溶性固形物含量 5%～6%。果实贮藏几个月后倒瓤。

该变种是苏丹、古埃及、肯尼亚等地常见的半栽培植物。在干旱的热带稀树草原上，能用作水源。

[变种 3] 籽瓜（新拟）var. *megalaspermus* Lin et Caho.　植株生长势弱。茎圆具棱，细。叶小，叶裂片狭窄，深裂。晚熟。果实圆球形，中、小型果，浅绿皮常覆有 10 余条绿色核桃纹带。淡黄白瓤，味酸，汁多，质地滑柔，食用品质下等，可溶性固形物含量仅 4%。种子大或极大，常为淡黄色底加黑褐色边，千粒重达 250g 以上，种仁肥厚，味美，供食用。单瓜种子数可达 200 余粒，单瓜产籽 65g 左右。

该变种为原产中国西北的栽培植物，耐粗放管理（图 22-4）。

亚种 3. 黏籽西瓜 ssp. *mucosospermus* Fursa　蔓细，长 1.5m，节间长。花单性。果实球形，直径 12～14cm，果实苦，质硬或淡、无味。种子扁平，大如南瓜子并包被在黏囊中，十分独特，并具有多样的种皮结构（图 22-5）。

原产西非的野生和半栽培种。

[变种 1] 黏籽西瓜 var. *mucosospermus* Fursa　蔓细，有棱。叶片浅裂匍匐地面，颜色深绿。果实有或无条纹，果肉很硬，常有苦味，籽大。

野生和半栽培，生长在尼日利亚和加纳。种子富含脂肪和蛋白质，可食用或供榨油。

图 22-4　郑州籽瓜

图 22-5　黏子西瓜的种子

[变种 2] 塞内加尔西瓜 var. *senegalicus* Fursa　叶片直立，有裂。雌花两性花。果实直径达 20cm，有条带。果肉白色或淡红色，可食，但味淡。种子较 var. *mucosospermus* 小，长仅 0.7cm。

（二）药西瓜 Citrullus colocynthis（L.）Schrad.

分布在北非、阿拉伯半岛、以色列、伊朗、阿富汗、印度直到澳大利亚。苏联卡良格登耶夫（H. H. Карягдыleв, 1950）在土库曼共和国的德占河谷也发现有野生药西瓜。该种包括 2 个亚种。

亚种 1. 野生药西瓜 ssp. *stenotomus*（Pang.）Fursa　一年生或多年生，有时具有木质的根。蔓短，叶片小约 10cm，叶色深绿，茸毛硬，裂片深。卷须分 2 叉，充分发育。花单性，花小，长约 2.5cm，花瓣圆，淡黄色。果实小，直径 5～12cm，成熟后干枯，果实成熟时暗黄色，瓤紧实，白色，干燥，味苦，有毒，医药上用来治胃病。种子小，长约 0.5～0.7cm，无脐，褐色。分布在北非—印度一带。

亚种 2. 淡味药西瓜 ssp. *insipidus*（Pang）Fursa　蔓细，较长。叶片直立，茸毛较短。花单性。果实大，直径 18cm，常为不正多角形，成熟时赭红色，带条纹。果肉白色或玫瑰红色。味淡，有时具苦味。种子较大，有时带脐（图 22 - 6）。

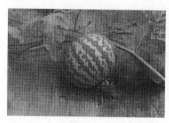

图 22 - 6　药西瓜

分布在北非－西亚的地中海沿岸国家——突尼斯、阿尔及利亚、埃及和约旦。

（三）缺须西瓜 *Citrullus ecirrhosus* Cogn.

多年生植物，具有木质根。蔓长约 3m，圆或有棱，粗，有稀疏而坚硬的茸毛，节间长 13～15cm。叶片小，约 6～8cm，深裂，带圆裂片，叶面有皱，具臭味，半匍匐地面。自然状态下常无卷须，人工栽培下有卷须，分 2 叉。花单性，长约 3.5～4cm，花瓣黄色，圆形。果实直径约 15～17cm，多角形，灰绿色带暗条。果肉白色，紧实，味苦。种子小，宽，深褐色。

为野生植物，产在非洲南部纳米比亚的恩德蒙。

（四）诺丹西瓜 *Citrullus naudinianus*（Sond.）Hook. f.

多年生，雌雄异株，植株具有块状根。蔓细，长 3～4m，几乎光裸。叶片小，约 6～8cm，粗糙，深裂至基部，裂片窄而长。卷须不分叉，退化成刺。花单性，花冠鲜黄色，子房和果实上复短棱刺。果实椭圆形，果面有瘤状物，果小，长 6～12cm，宽 4～8cm，果皮可以像橘子那样剥下，肉可食，味甜酸。种子光滑，白色，长 0.8cm，种皮构造特殊，皮下有多层石细胞，极难发芽（图 22 - 7）。

分布在非洲南部安哥拉、津巴布韦、赞比亚、莫桑比克和南非的德兰士瓦省。为野生植物，高度抗病，栽培西瓜上常见的病害均不感染该种。

图 22 - 7　诺丹西瓜

四、栽培西瓜的生态型

西瓜品种生态型的划分，主要依据的生态因素是地理位置，即依地域的不同而划分成不同的生态型，亦称生态地理型。最早划分西瓜生态型的是苏联作物栽培研究所福尔萨

（T. B. Фурса），1965 年她将苏联作物栽培研究所从全世界采集的 2 000 多份西瓜样本分为 10 个生态地理型：阿富汗、印度、中亚、美国、俄罗斯、东亚、西欧、外高加索、小亚（即西亚，亦称中东）和远东生态地理型。

1980 年林德佩将中国原产及引种栽培的西瓜品种，按地理起源划分成 5 个生态型：新疆、华北、东亚、俄罗斯、美国生态地理型。

1993 年王坚等在《西瓜栽培与育种》一书中将中国现有的西瓜栽培品种，包括地方品种、引进品种及新育成品种，划分成 4 个生态地理型：华北、东亚、美国和新疆—俄罗斯生态地理型。

现据多年的引种、育种实践，以及对中国各地原产地方品种的观察，林德佩建议将中国范围内的西瓜品种划分成 3 个生态地理型，即华北型（包括华北、东北）、华南型（包括华东、西南）、西北型（包括内蒙古自治区）。并介绍国外与中国现有西瓜品种有密切关系的 3 个生态地理型，即日本型、美国型、俄罗斯型（《中国西瓜甜瓜》，2000）。

1. 华北生态地理型　产于中国黄河及其以北的西瓜品种尽属之。包括陕西、河南、山东、山西、河北及东北三省，这是中国西瓜的传统生产区，许多著名的地方品种在此形成，例如，山东省的喇嘛瓜、梨皮、三白瓜；河南省的花狸虎、手巾条、核桃纹、冻瓜；陕西省的同州（铜川）西瓜、黑油皮；北京市的黑崩筋等。

该型地处华北暖温带半干旱和东北温带气候条件下，其西瓜品种的特点是：植株生长势旺，果型大（地方品种果重常达 5～10kg），成熟较晚（中熟或中晚熟），耐旱、不耐湿。果皮中等厚，瓤质沙软，过熟常空心倒瓤，较耐运、不耐贮，果实折光糖含量（亦即可溶性固形物含量，常分中心与边部两处测定，以表示西瓜的甜度，下同。）大多不高（7%～9%），籽粒较大，果形、皮色、瓤色、种皮颜色等十分多样。

该生态型品种除产地外，只适宜往干旱的西北地区引种栽培，不适于在阴雨多湿的南方地区种植。

2. 华南生态地理型　产于中国长江及其以南地区的西瓜品种尽属之。包括华东、华中的浙江、湖北、安徽、江苏、江西及华南、西南各省（自治区）。该型原产地方品种很少，著名的只有上海浜瓜、浙江马铃瓜、江西抚州（临川）西瓜等几种；且地处夏季湿热、多雨的东亚季风区和云贵高原、四川盆地寡照气候条件下，其品种的特点是：植株生长势偏弱，果型大多较小（常不超过 2～4kg），成熟较早（早熟或早中熟），耐阴雨。果皮较薄，瓤质软，不耐贮运，果实折光糖含量不高（6%～9%），籽粒中等大或较小。

该型品种与日本生态地理型实为一类，即东亚型，品种的适应性广，引至全国各地都可种植。

3. 西北生态地理型　产于中国西北的甘肃省以及宁夏、新疆、内蒙古的西瓜品种尽属之。著名的地方品种有新疆的阿克塔吾孜（白皮瓜）、卡拉塔吾孜（黑皮瓜）、精河黑皮冬熟西瓜、阿克苏少籽红等，甘肃兰州的大花皮以及兰州大板和宁夏的红瓜籽等籽瓜品种。

该型地处夏季干热、少雨、日照充足、昼夜温差大的极端大陆性气候条件下，其西瓜品种的特点是：植株生长势旺至极旺，果型大至极大（10～15kg，个别可达 40kg 以上），生育期长（多在 100～120d 以上），坐瓜节位高，成熟晚，耐旱；果皮厚（常达 1.5cm 以上），瓤质粗，耐贮运，果实折光糖含量为 8%～9%，籽粒大。

该型品种与中亚生态地理型为一类，故从乌兹别克斯坦、土库曼斯坦和哈萨克斯坦等国引进俄罗斯的西瓜品种十分成功。该生态地理型品种只适于在产地区域范围内种植，不宜引至华北和南方地区栽培。

4. 日本生态地理型 产于日本及中国台湾省的西瓜品种尽属之。著名的改良育成品种有旭大和、新大和、大和冰淇淋、富研（F_1）等。

由于日本与中国华东及华南生态地理类型相似，因此该型西瓜品种的特点与华南生态地理型相同。苏联福尔萨（T. B. Фурса，1972）把日本型与华南型合称为东亚生态地理型，其经济性状表现为：出苗至成熟的全生育期 83±0.7d，平均果重 3.6±0.06kg，含折光糖 9.0%±0.11%，高糖类型占 34%。

该型品种适应性广，成熟早，经改良后折光糖含量高、品质佳，因而引进中国后被广泛种植并被用作育种材料。当前中国多数主栽品种均有该型品种亲缘，如早花、伊选、京欣 1 号（F_1）、郑杂 5 号（F_1）、早佳（F_1）、新澄（F_1）以及几乎所有的四倍体品种。

5. 美国生态地理型 产于美国东南部及墨西哥湾区和中西部各州的西瓜品种均属之。著名品种有 Charleston Gray（1954，S. Carolina）、Crimson Sweet（1964，Kansas）、Jubilee（1963，Florida）、Sugar baby（1956，Oklahoma）、Klondike R - 7（1937，California）等。

该型地处北美亚热带湿热或干旱，暖温带湿润、干旱、半干旱，阳光充足的气候条件下，其西瓜品种的特点是：植株生长势强，果型大（常达 9～15kg），生育期长，多为晚熟，喜光，喜热，对肥水需求量大，常会因肥水供应不足感染果腐病和出现畸形瓜。果皮坚韧，瓤质脆，不易空心、倒瓤，耐贮运，果实折光糖含量较高（9%～11%），籽中等大或稍大。据福尔萨（T. B. Фурса，1972）报道，其经济性状表现为：出苗至成熟的全生育期 83±0.7d，平均果重 4.2±0.14kg，含折光糖 9.4%±0.8%，高糖类型占 42%。

该型品种大多适应性广，抗病力强，品质较好，果大产量高、耐贮运，在中国南、北各地西瓜产区均得到了广泛应用。尤其是自 20 世纪 80 年代以来，中国育成的一代杂种中晚熟品种中，几乎都有该型品种作为亲本参与，如红优 2 号、金花宝、浙蜜 1 号等。

6. 俄罗斯生态地理型 产于俄罗斯伏尔加河中下游、北高加索，乌克兰草原地带的西瓜品种尽属之。中国引进的品种有苏联 1 号、苏联 2 号、苏联 3 号，以及小红籽、美丽等。

该型地处俄罗斯温带草原半干旱，阳光充足的气候条件下，其西瓜品种的特点是：茎蔓生长势旺，花器的性型常见雄花、两性花同株，可占样本总数的 81%（福尔萨，1972），多中型果，中熟，耐旱不耐湿，喜光，瓤质脆，品质较好，果实折光糖含量较高（9%～10.5%），籽多为小型。据福尔萨（1972）报道，其经济性状表现为：出苗至成熟的全生育期为 86±0.4d，平均单瓜重 3.5±0.06kg，高糖类型占 33%。

该型品种仅适于干旱、半干旱地区，丰产，在中国西北地区的甘肃、新疆、宁夏、内蒙古引种和作为亲本表现较好，育成品种有红优 2 号等。

五、西瓜品种的栽培学分类

目前国内外西瓜生产上的栽培品种很多，类型也十分丰富，生产上按其产品用途和性状的不同，一般可分为如下几类（表 22-3）：

表 22-3 西瓜品种的栽培学分类

据不同用途分类	据有无种子分类	据主要园艺性状分类	据主要商品性状分类
鲜食西瓜	有籽西瓜	小果型特早熟品种	①根据不同皮色可以分为花皮、绿皮、黑皮 3 类。②根据不同果形可以分为圆形或高圆形、短椭圆、长椭圆 3 类。③根据不同肉色可以分为红瓤（包括粉红）、黄瓤（包括橙黄）两类。白瓤现已很少
		中（小）果型早熟品种	
		大（中）果型中晚熟品种	
	无籽西瓜	注：其园艺性状分类与商品性状分类与有籽西瓜基本相同，但没有那么典型	
籽用西瓜	注：籽用西瓜为中国特有，品种很少，主要分黑籽与红籽两类		
饲料西瓜	注：中国生产上无饲料西瓜，仅有国外少数国家在奶牛业上应用，品种很少		

上述表中的无籽西瓜为三倍体无籽品种，其花粉败育无遗传传递能力，故不能用作种质资源利用，但其母本四倍体西瓜为可孕性种质，一般均不作生产品种利用。目前四倍体西瓜的品种不多，类型也比较少，但它是一类独特的种质资源，有它独特的利用价值，多作为三倍体无籽西瓜的母本来利用。

六、中国西瓜栽培品种的演变过程

中国西瓜栽培品种的更新换代，经历了较长的发展演变过程。这个过程大体上可以分为 3 个阶段。

第一阶段是 20 世纪 50 年代和 50 年代以前。这个阶段，各地的西瓜栽培品种均以农家地方品种为主，1949 年前后有少量国外品种引进。

中国的西瓜地方品种主要分布在三大西瓜主产区：华北地区是中国传统的最大的西瓜集中产区，种质资源十分丰富，比较著名的有汴梁西瓜、德州西瓜、同州西瓜、庞各庄西瓜等。其中汴梁西瓜是以河南省开封市（古称汴梁）为中心（包括鲁西南地区）的地方品种群，其代表品种有大、小花狸虎、手巾条、核桃纹、黑油皮、三白、三结义、鸡爪灰、大麻子、冻瓜等。德州西瓜是以山东省德州市为中心的地方品种群，其代表品种有梨皮、喇嘛瓜、桃尖等。庞各庄西瓜是北京市郊区大兴县庞各庄乡为中心的地方品种群，其代表品种有黑崩筋、大花领等。同州西瓜即为陕西省铜川市（古称同州）的西瓜，其代表品种为黑油皮。长江中下游地区是中国南方地区的西瓜主产区，其地方品种主要有浙江省平湖地区的马铃瓜、上海市的浜瓜、江西省临川市（即抚州）的抚州西瓜（主要分大叶与小叶品种）。西北地区是中国生态条件最佳的西瓜主产区，其地方品种主要有甘肃的兰州黑皮、兰州花皮，新疆的精河西瓜（代表品种有阿克塔吾孜）等。

1949 年前后从国外引进的一些西瓜品种，经过各地试种后，其中适应性好的品种逐步发展成为少数地区的主栽品种，其代表品种主要有 20 世纪 40 年代即已引入的日本新大和（即各地的小洋瓜、太和瓜、解放瓜等）、旭大和（即盖平西瓜），还有 50 年代从美国引入的蜜宝（亦称糖婴、台黑等）、灰查理斯顿以及从苏联引入的苏联 3 号、美丽等。

第二阶段是 20 世纪 60~70 年代。这个阶段各地的西瓜栽培品种均以优良常规品种为主，前期部分地区地方品种仍占一定比例，后期一代杂种和三倍体无籽西瓜等新品种开始在少数地区推广。

优良常规品种主要包括从国外引进品种中系选的和国内自育的新品种，其代表品种中有引选品种：华东 24 号、华东 26 号、澄选 1 号、旭大和 6 号等；自育品种：早花、兴城红、郑州 3 号、庆丰、中育 1 号、中育 6 号、龙蜜 100 号、苏蜜 1 号、74-5-1、琼酥、石红 1 号、汴梁 1 号、火洲 1 号等。

第三阶段是从 20 世纪 70 年代末开始至现在。这个阶段各地的西瓜栽培品种已基本实现了一代杂种化，生产上几乎全部都是杂交一代品种（包括三倍体无籽西瓜），只有个别地区仍种植少量优良常规品种，此时，传统的农家地方品种已基本绝迹。这个阶段是中国西瓜品种更新换代发展变化最快、最大的一个时期，先后推广的品种约有 120~150 个之多。

第一阶段与第二阶段的栽培品种，均属常规品种，农民可以自繁自留，所以，当时制种业很不发达，但第三阶段则均为一代杂种（包括三倍体无籽西瓜），农民无法自留种子，因此，专业的制种业应运而生，并迅速得到发展壮大。

此外，西瓜中还有一种特殊类型——籽用西瓜（通称打瓜、籽瓜、捏瓜），为中国所特有，其栽培品种至今一直是以传统的地方品种或其单系系选的品种为主，其代表品种有甘肃省的兰州籽瓜、江西省的吴城大板和信丰红籽瓜以及宁夏自治区的红籽瓜等地方品种；系选品种有兰州大板 1 号、靖远大板 1 号和 2 号、甘肃大板 1 号、甘肃农垦大板 1 号等。

第四节　西瓜的形态特征与生物学特性

一、形态特征

（一）根

西瓜为主根系，主根的垂直长度一般为 1~1.5m，水平生长的侧根，有时可长达 2~3m。主、侧根先端根尖的表皮及各级侧根上着生根毛，大部分根毛均着生在二、三级侧根上。

西瓜的根系主要分布在土壤表面20～30cm的耕作层中，在此范围内，一条主根上可发生20多条一级侧根，并与主根成40°～70°的夹角延伸。根的分枝级数，因品种而异，通常早熟品种形成3～4级侧根，而晚熟品种则可形成4～5级侧根。

西瓜根系的分布因品种、土质以及育苗方式、施肥、灌溉等栽培措施的不同而有很大差异。

西瓜根系在土层深厚、透气良好、地下水位较低的地方，其分布范围以植株为中心可达3m²，深度可达2m，因此可以利用较大土壤容积的水分和养分，这也是其耐旱的特征之一。

在压蔓后或土壤湿润时，在茎节处能形成不定根，不定根长约30～50cm，也能分枝，其作用除固定植株以利防风外，亦能吸收水分和养分，利于扩大根系的吸收范围。

（二）茎

西瓜茎包括子叶节以下的下胚轴和子叶节以上的地上茎。下胚轴的横切面呈圆形或椭圆形，长度不超过5～10cm，维管束数量6束，地上茎的横切面略呈五棱形，维管束数量10束，茎有分枝。西瓜茎苗期呈直立状，5片真叶后开始匍匐地面生长。

西瓜的主茎（蔓）发达，长者可达2～3m，但也有丛生或短蔓型西瓜，其主要特点是节间缩短，主蔓长一般不超过1m。

西瓜茎的分枝性强，在放任生长时，可以形成3～4级侧枝，一般在主蔓基部第2～5个叶腋内最先形成的侧蔓，其生长势接近主蔓，生产上常保留1～3个侧蔓，以形成不同的整枝方式。无杈西瓜的分枝能力弱，除了基部可形成少数侧蔓外，其他部位很少形成侧蔓，故一般不必进行整枝打杈。

在西瓜的主侧蔓上密生着长而软的柔毛（茸毛），有腺或无腺，为多细胞表皮毛。它可减少水分蒸腾，是西瓜在系统发育中对起源地干旱气候条件的一种适应。

西瓜茎具有较大的输导管。食用西瓜较其他种的输导管更大，更利于保证植株的强烈蒸腾和供给果实迅速膨大对水分的需要。

（三）叶

西瓜的子叶肥厚，呈椭圆形，子叶的大小与种子大小直接有关。

西瓜的真叶为单叶，互生，呈五分之二叶序。真叶由叶柄、叶脉和叶片组成，无叶托。成熟叶呈灰绿或深绿色，倒卵形，有裂，少全缘，叶缘具细锯齿，全叶密被茸毛和蜡质；根据裂叶的宽窄和裂刻的深浅，可分为狭裂片和宽圆裂片两型，前者裂片狭长，裂刻深，后者裂片宽圆，裂刻较浅，狭裂型与宽圆型因其程度不同，又可分为若干类型（图22-8）。

西瓜还有甜瓜叶型品种，亦称全缘叶品种。它的叶片几乎没有裂片，从苗期即可与裂叶型品种明显区别，这是一对基因控制的隐性遗传性状，已被用于遗传学研究和一代杂种的幼苗识别。

叶片大小常因不同品种而异，也与其着生位置和整枝有关。幼苗基部的第1～2叶为基生叶，叶形较小，尤以第一真叶最小，近矩形，裂刻不明显，叶片短而宽，以后

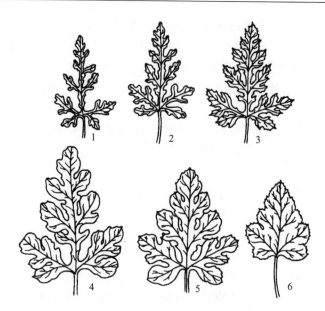

图 22-8 西瓜叶型的变化
1. 裂片狭长 2. 裂片狭 3. 裂片中宽 4、5. 裂片宽 6. 浅裂叶
(引自《中国西瓜甜瓜》，2000)

随着叶位的升高，叶形逐渐增大，裂刻由少到多，在主蔓雌花节前后的叶形最大，其单叶面积可达 $200\sim250cm^2$（南方中小果型品种），是同化功能最强的功能叶。在生长过旺时，叶柄伸长，叶片显得狭而长，故可根据叶柄的长度和叶身的形状，判断植株的生长势。通过整枝可以减少叶片数目、增大叶形、增强叶质，有利于提高同化效能，并延长叶片寿命。

（四）花

西瓜为单花腋生，花单性，有雄花、雌花，间有少数两性花（图 22-9）。性型为雌雄异花同株，少数两性花植株为雄花与两性花同株。

雄花在主蔓上第 4～5 节叶腋开始着生，当雌花形成后，连续数节与雌花相间着生。雌花在主蔓上的着生节位，依品种不同而异，早熟品种从主蔓第 5～7 节上发生第一雌花，中、晚熟品种一般于主蔓第 7～9 节上发生第一雌花；以后每隔 3～6 节再着生一朵雌花，间有连续发生 2 朵雌花的。子蔓上的雌花着生节位较主蔓低。

雄花的花萼管状，5 裂，裂片窄呈披针形；花瓣 5 枚，基部合生，辐状，卵圆形，鲜黄色；雌蕊原基 5 个，其中二对联合，一个单生，呈圆盘状排列，花药呈"S"形折曲。雌花子房下位，呈圆形、卵形或长圆筒形，心皮 3 个愈合成假 3 室，侧膜胎座；雌蕊柱头 3 裂，肾形，子房中心皮和心皮外组织无明显界限，心皮的边缘，首先呈向内、向心弯曲，在腔室之间形成分隔，然后，心皮边缘再呈离心弯曲，每一腔室再被隔开，胚座也是弯曲的，并呈向心延伸。沿着第二次弯曲的心皮边缘之间和胎座与心皮的背部之间具有双表皮层，沿着心皮第一次弯曲的相邻心皮之间，看不出联合的缝线，充满在腔室内的中央组织由胎座发生，成为可食的肉质部分（图 22-10）。每一心皮的边缘各着生 4～6 行纵向排列的倒生胚珠，从子房的基部一直着生到顶部，每行胎座上的胚珠数 150 个左右。在发育过程中，同一胎座上的胚珠发育常不同步。

西瓜子房的大小和形状与品种及栽培条件有关，长果形品种的子房呈长圆筒形，圆果形品种呈圆形；子房的大小也与植株的营养条件有关，主蔓或侧蔓上初期形成的雌花子房较小，第 2～3 雌花的子房较大，子房大而充实时其坐果率可相对提高。

（五）果实

西瓜为瓠果，由果皮、果肉和种子组成。果皮是由子房壁和花托共同发育而成。食用的果肉部分为肥厚的胎座。

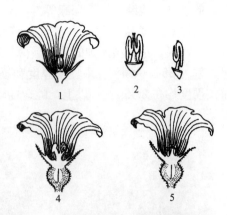

图 22-9　西瓜的雄花、雌花和两性花
1. 雄花纵切　2. 大雄蕊　3. 小雄蕊
4. 雌花纵切　5. 两性花纵切
（引自《中国西瓜甜瓜》，2000）

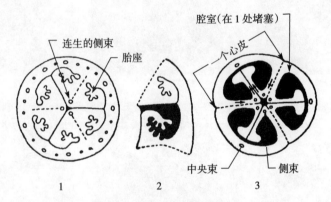

图 22-10　西瓜子房横切面
1. 子房横切面　2. 一个心皮的横切面　3. 子房的心皮排列
（引自《中国西瓜甜瓜》，2000）

果实的大小，依不同品种而异，单果重一般在 2～10kg 之间，大者可达 15～20kg。袖珍小果型品种果实最小，单果重仅 1～2kg；一般早熟品种，单果重约 2.5～3.5kg；中熟品种的单果重约 4～5kg；晚熟品种最大，在 6～7.5kg 以上。

果实的形状多样，主要有圆形与椭圆形二类。根据果形指数（纵径/横径）不同，圆形又可区分为扁圆形（果形指数<1）、圆形（果形指数=1）与高圆形（果形指数=1～1.1），椭圆形又可区分为短椭圆形（果形指数=1.1～1.2）、椭圆形（果形指数=1.2～1.4）与长椭圆形（果形指数>1.4）。

果肉的色泽有乳白、白、粉红、浓粉、红、深红、橙红、浅黄、黄和橙黄色等。

果皮的颜色也十分多样，果皮的底色主要有白（白、绿白）、黄（浅黄、黄、深黄）、绿（浅绿、绿、黄绿、深绿、黑绿）3 种；果皮底色上覆有的带纹主要有条带（狭条带、宽条带）、齿带（狭齿带、宽齿带）、网纹（条带状细网纹、细网纹、不规则网纹），覆有带纹的色泽分浅绿、绿、深绿等。

果皮的厚度品种间差异较大。薄皮类型品种的皮厚不足1cm，可食部分比例高达65%～70%，小果型品种的果皮最薄，仅0.3cm左右。厚皮类型品种的皮厚1.5cm以上，可食率为55%～60%。果皮的厚度和硬度与品种的贮运性能有关，一般黑皮类型品种的果皮硬度均在26kg/cm² 以上，贮运性较好（图22-11）。

图22-11 不同类型的西瓜果实
1. 红灯 2. 华东26号 3. 黑油皮 4. 金瓜 5. 梨皮 6. 兴城红
7. 连小-5 8. 中育5号 9. 平湖马铃

（六）种子

西瓜的种子由种皮和胚组成。种皮坚硬，其内有一层膜状的内种皮。胚由子叶和胚组成，子叶肥大，贮藏大量的养分。

西瓜的种子扁平，种子形状呈宽卵圆形或矩形，具有喙和眼点。种皮表面平滑或有裂纹，有的具有黑色麻点或边缘具黑斑，分为脐点部黑斑、缝合线黑斑和全部具褐色斑点。种皮的色泽变化很大，可分为白、黄褐、褐、深褐、黑、红、淡绿等，不同品种的种皮色泽与深浅均有差异。

西瓜种子的大小差异悬殊。根据对国家西瓜甜瓜种质资源中期库内800份西瓜种质的种子调查表明：大粒种子每粒重达 200mg 以上，而小粒种子只有 10mg 左右，其纵径范围为 4.5～16.7mm，横径为 2.7～12.0mm，厚度为 1.6～3.6mm，种子千粒重多在 20.0～200.0g 之间。根据种子大小可将西瓜品种分为大籽型品种和小籽型品种。中国各地的传统地方品种多数为大籽型品种，种子千粒重在 77～105g 之间；东亚生态地理型品种的种子多数为小籽品种，种子千粒重在 33.5～55g 之间；各地的籽瓜（打瓜）品种的种子最大，千粒重可达 250g 以上。

种胚的饱满程度和种子内贮藏养分的多少与其种子发芽和幼苗初期生长密切相关。小籽型品种的种胚比率较高（55.5％～60.4％），大籽型品种种子的种皮较厚，种胚比率较低（40.9％～51.1％），但大籽种胚的绝对重量较高，因此，其种子的出苗率高、幼苗也较大而粗壮。

二、生物学特性

（一）生育周期

西瓜的生育周期可以分为发芽、幼苗、伸蔓、结瓜 4 个时期，每个时期内又可根据形态发生、生长量大小，并结合生长发育进程再分成若干分期。

1. 种子发芽期 从种子吸水膨胀至胚根长出播种，约需 3～4d，适宜生长温度为 30±2℃。

2. 幼苗期 从播种至瓜苗团棵，约需 25～30d，又可分为出苗期、子叶平展期、真叶露心期、一叶期、两叶期、定植和团棵期（五叶期），适宜生长温度为 20～30℃。

3. 伸蔓期 从瓜蔓伸出 10cm 至结瓜部位雌花开放，约需 45～50d，适宜生长温度为 20～25℃。

4. 结瓜期 从雌花开放至果实成熟采收，约需 30～35d，又可分为坐瓜期（雌花开放至子房退毛）、膨瓜期（子房退毛膨大至果实停止生长）和果实成熟期（果实停止生长至成熟），适宜生长温度为 25～30℃。

（二）对环境条件的要求

西瓜生长最适宜的环境条件是温度较高、昼夜温差较大、光照充足、空气干燥以及土壤通透性好。

1. 温度 西瓜为耐热作物，在其整个生长发育过程中，要求有较高的温度。其适温范围为 10～40℃，最适温度为 25±7℃；耐高温，当温度在 40℃时仍能维持一定的同化效能；但不耐低温，温度在 15℃时生长缓慢，10℃时停止生长，5℃时地上部受寒害。营养生长可以适应较低的温度，幼苗期最适温度为 22～25℃，而结果期则需要有 30～35℃的较高温度。从雌花开放到果实成熟的积温数为 700～1 000℃。

根系生长的最低温度为 8～10℃，最高温度为 38℃，最适温度为 25～30℃，而根毛发生的最低温度为 13～14℃；茎叶生长的最低温度为 10℃；果实生长的最低温度为 15℃；在低温下形成的果实呈扁圆、畸形、皮厚、空心、品质下降。

西瓜最适于大陆性气候条件下栽培，昼夜温差大有利于促进茎叶的健壮生长和果实内的糖分积累。

2. 光照　西瓜为喜光作物，在其生长发育过程中，需要有充足的日照时数和光照强度。

西瓜一般每天需要有10～12h的日照时数；当天气晴朗光照充足时，植株表现为生长健壮、株型紧凑、节间与叶柄较短、茎蔓粗壮、叶片大而肥厚、叶色浓绿、花芽分化早、坐果率高；而在连续阴雨、光照不足条件下，则表现为植株细弱、节间与叶柄较长，叶形狭长，叶薄色淡、保护组织不发达，易感病，易落花落果，果实品质差。

光照强度直接影响西瓜的产量和品质。西瓜在幼苗期的光饱和点为8万lx，在结果期为10万lx。西瓜的光补偿点为4 000lx。

较短的日照时数与较弱的光照强度，不仅影响西瓜的营养生长，而且影响子房大小和授粉受精过程，但光照条件对雌雄花比例的形成关系不大。

此外，光质对西瓜幼苗生长有明显影响，红、橙长波光可使茎蔓伸长加快，节间细长，而蓝、紫短波光则有抑制节间伸长的作用。

3. 水分　西瓜是需水量较多的作物。由于西瓜植株生长迅速，生育期短，叶蔓茂盛，果实硕大，果实含有大量水分、产量高，因此，它的耗水量很大。一株西瓜在其整个生育过程中，一般约需消耗水分高达1 000kg；若水分不足，就会影响其营养生长和果实膨大。

西瓜又是耐旱性很强的作物，其强大的耐旱力，源于其地上部的耐旱生态特征以及拥有强大的根系及其根毛细胞所具有的强大的吸收能力。旱地西瓜的生理特点是叶片含水量高，细胞液浓度低，蛋白质凝固温度高，叶绿素含量高，蒸腾强度小，木质部分流强度大等。

西瓜不同生育期所需的土壤含水量不同，幼苗期的适宜土壤含水量为最大田间持水量的65%，伸蔓期为70%，果实膨大期为75%，水分不足则会影响产量。但西瓜的根系极不耐涝，瓜田受渍涝、土壤水分过高时，往往会由于缺氧而导致根部腐烂，甚至全株窒息死亡，因此，要选择地势较高的地块种植，在多雨地区和多雨季节必须重视田间排涝工作。

西瓜要求空气干燥，适宜的空气相对湿度为50%～60%。较低的空气湿度有利于促进果实成熟和提高果实含糖量；空气湿度过高时，植株生长瘦弱、坐果率低、品质差、易感病；而空气湿度过低时，则会影响营养生长和花粉萌发。

4. 土壤与营养　西瓜根系具有明显的好气性，其生长最适宜的氧气压为18%，只有在物理结构良好的土壤中，才能有足够的氧气供应。西瓜对土壤条件的适应性比较广，在沙土、黏土、酸性红黄壤、沿海盐碱地以及新垦荒地上均可栽培，但最适宜在土层深厚、排水良好、肥沃的沙壤土或沙地上种植。这是因为沙性土壤的通气透水性好，地温较高，昼夜温差大，有利于根系生长，并有利于提早成熟，提高含糖量和改进品质。

西瓜适于在中性土壤中生长，对土壤酸碱度的适应性较广，在pH值5～7范围内均可正常生长，但在酸性强的土壤上生育不良、易发生枯萎病，故在南方酸性较强的水稻茬种植西瓜时，需增施石灰、草木灰等碱性肥料，以中和酸度、改良土壤。西瓜生长对盐碱较为敏感，只有在土壤含盐量 0.5％以下时才能正常生育。

西瓜的生长发育需要较大量的氮、磷、钾元素，因此在其生育过程中的施肥量一般较大。西瓜对氮、磷、钾的吸收量以钾最多，氮次之，磷最少，其比例大致为 3.8：1：4.33,增施钾肥、磷肥与避免偏施氮肥，有利于控制植株徒长和改进果实品质。此外，应根据不同生育时期和不同植株生育状况进行合理施肥；基肥应以有机农家肥和磷肥为主，苗期可少量轻施氮肥，伸蔓期要适当控制氮肥，坐果后则以施用大量速效氮、钾肥为主。

5. 二氧化碳 为了维持西瓜植株较高的光合作用，应使二氧化碳浓度保持在 0.25～0.3ml/L。增施有机肥料和碳素化肥可以提高空气中的二氧化碳浓度；改良土壤，及时排水防涝和加强中耕松土等措施均有利于西瓜对二氧化碳的吸收利用。

在冬季、早春、晚秋季节进行大棚、温室栽培西瓜时，由于棚室内外温差较大，一般不宜放风或只能进行短期放风，因此，棚室长期密闭，从而造成二氧化碳浓度远低于正常水平，故应及时补充二氧化碳，目前比较普遍采用的方法是使用二氧化碳发生剂。

第五节 西瓜的种质资源

一、西瓜种质资源的收集保存状况

中国西瓜种质资源的收集工作始于 1949 年，中国农业科学院果树研究所组织各省（自治区、直辖市）农业科学院开展了西瓜、甜瓜地方品种的调查、收集、整理工作，1963 年汇编了《全国西瓜甜瓜地方品种名录》，收录西瓜、甜瓜地方品种 135 个。1979 年新疆自治区农业厅、新疆生产建设兵团、新疆八一农学院等单位联合在新疆自治区进行了甜瓜、西瓜种质资源调查，收集地方品种 277 份，编写了《新疆甜瓜西瓜志》。

"七五"至"九五"（1986—1995）期间，西瓜种质资源的研究被列入"国家科技攻关项目"，由中国农业科学院郑州果树研究所牵头，先后由全国各有关单位参加，开始了西瓜种质资源的繁种编目入库工作。截止 2005 年底，共完成西瓜种质资源编目 1 084 份，繁种并进入国家农作物种质资源长期库 1 030 份。另外，设在中国农业科学院蔬菜花卉研究所的国家蔬菜种质资源中期库收集并繁种进入国家农作物种质资源长期库的西瓜资源有165 份。总计中国西瓜种质资源共编目 1 251 份，进入国家农作物种质资源长期库1 195份。

2001 年，国家西瓜、甜瓜种质资源中期库正式立项（挂靠中国农业科学院郑州果树研究所），并开始了大规模的西瓜种质资源繁种更新和分发利用工作，每年约向社会有关单位提供 200 余份次。

中国的西瓜种质资源大致可分为三大部分：一是本地的种质资源，包括普通栽培西瓜、籽用西瓜和少量野生西瓜。通过对编目进入国家农作物种质资源长期库的西瓜种质资源的统计表明，全国共计录入西瓜地方种质资源 351 份，约占入库西瓜种质资源总数的29.4％。二是由国外引入的种质资源。通过对编目进入国家农作物种质资源长期库的西瓜种质资源的统计表明，全国共录入的西瓜外引种质资源 485 份，直接或间接来自世界 40多个国家，约占入库西瓜种质资源总数的 40.6%。其中引自美国的最多，有 324 份，占27.1%；其次为日本，有 79 份，占 6.6%；引自前苏联的 17 份，占 1.4%。近年来，随着中国对外贸易和学术活动的频繁开展，国内的引种规模也越来越大，同时中国的西瓜引种方向也呈现出向多样化发展的趋势。如 2003 年北京市农林科学院蔬菜研究中心从美国引进了 1 373 份西瓜种质材料，2005 年国家西瓜、甜瓜种质资源中期库从美国引进了 40份西瓜野生近缘种，包括诺丹西瓜、药西瓜等。总之，西瓜属中的 4 个种，目前，中国西瓜、甜瓜种质资源中期库已收集保存了其中的 3 个。三是新选育的品种和品系。这些种质都是有目的地由优化杂交或分离选育而来，其中一部分为历史上曾在国内西瓜生产中大量推广应用的常规品种，其商品性状比较好，现在多用于杂交育种亲本的选用或选育。通过对编目进入国家农作物种质资源长期库的西瓜种质资源的统计表明，全国共收录该类西瓜种质资源 359 份，约占入库西瓜种质资源总数的 30.0%。

二、抗病种质资源

1. 抗枯萎病　西瓜枯萎病是由真菌半知菌亚门镰孢霉属尖镰孢菌西瓜专化型 [*Fusarium oxysporum* f. *niveum* (E. F. Smith) Snyder et Hansen] 侵染所致的病害，国际上公认有 3 个生理小种，4 类鉴别寄主（表 22 - 4）。

表 22 - 4　西瓜枯萎病专化型生理小种鉴别寄主

鉴别寄主	生理小种（Race）		
	0	1	2
Black Diamond、Sugar Baby	S	S	S
Charleston Gray	R	S	S
Calhoun Gray	R	R	S
PI296341 - FR	R	R	R

注：S=感病，R=抗病。

中国对西瓜种质资源的抗病鉴定和利用起步于 20 世纪 80 年代后期，其时成立的全国西瓜抗病协作组，对西瓜枯萎病集中开展过较系统的研究。其中通过对生理小种的鉴定认为，中国主要存在的是生理小种 0 和 1。对种质资源的抗病鉴定发现，国内缺乏抗病种质而且栽培品种绝大部分是感病品种，所筛选出的抗源主要来自国外，高抗生理小种 1 的种质资源有：Calhoun Gray，Smokylee，Summit，sugarlee；中抗种质资源有：Dixielee，All Sweet，Crimson Sweet，Charleston Gray 等。培育出的抗病品种有西农 8 号，抗病苏红宝，郑抗 1、2、3 号，京抗 2、3 号等。这些研究为克服中国西瓜栽培的重茬障碍，推动西瓜产业的持续发展起到了重要作用。

抗病性遗传研究表明，西瓜枯萎病的遗传规律比较复杂。于利等（1990）采用 Griffing 双列杂交方法 II，对西瓜枯萎病具有不同抗性的 7 个品种后代的抗性表现进行了研究，结果表明，西瓜品种对枯萎病的抗性属数量性状，抗病性由隐性多基因控制，其遗传效应符合"加性—显性"模型，以加性效应为主，且感病对抗病表现部分显性。周凤珍等（1996）研究表明，高抗品种卡红与感病品种都 1 号杂交，F_1 代表现高抗，表明抗性是受单基因控制的显性遗传。而用中抗品种查理斯顿与感病品种都 1 号杂交，F_1 代表现感病，又表明抗性遗传不是受单基因控制的显性遗传。肖光辉等（2000）用感病品种蜜宝作母本，分别与高抗枯萎病材料 D_3-1 和 D_3-2 杂交，F_1 代表现高抗枯萎病，F_2 代及与感病亲本蜜宝回交的 BC_1 代群体抗感分离比例分别符合 3∶1 和 1∶1，说明枯萎病抗性遗传是受单基因或单 DNA 片段控制的显性遗传。因此认为，抗病品种杂交后代的抗病性遗传如何，还须做相应的鉴定。

段会军等（2005）对采集于河北省西瓜种植区 46 个市（县）的西瓜枯萎病菌系进行了致病性测定。根据鉴别寄主对供试菌系的抗感反应，将 46 个西瓜枯萎病菌系划分为 0 号、1 号和 2 号 3 个不同的生理小种，分别包括 8 个、30 个和 8 个菌系，占供试菌系的 17.4%、65.2%和 17.4%；其中 0 号生理小种菌系致病性最弱，仅使品种 Sugar Baby 感病，以冀中和冀南居多；1 号生理小种菌系致病力中等，使鉴别寄主 Sugar Baby 和 Charleston Gray 感病，而使 Calhoun Gray 抗病，主要分布在整个河北省西瓜种植区；2 号生理小种的菌系致病力最强，使 3 个鉴别寄主均能感病，主要分布在冀中和冀北。这说明西瓜枯萎病生理小种 2 已在中国存在，对其相应的抗源 PI296341 等的筛选和利用应引起足够的重视。

2. 抗炭疽病　西瓜炭疽病又叫黑斑病，是由瓜类刺盘孢菌 [*Colletotrichum lagenarium* (Pass) Ell. et Halst] 侵染引起的病害。该菌属半知菌亚门、刺盘子孢属真菌，除危害西瓜外，还可侵害黄瓜和甜瓜。现已发现有 7 个生理小种，但以 1、2、3 生理小种分布普遍。抗源有 PI189225、PI271775、PI271778、PI299379 等。遗传研究表明，西瓜对炭疽病 3 个生理小种的抗性均受单一的显性基因控制。国内对西瓜炭疽病的研究较少，仅做过少量的鉴定方法研究，所筛选利用的抗源均来自国外，如 Black kleckley、Cango、Fairfax、Charleston Gray（查理斯顿）、Garrisonian、Crimson（克伦生）、Jubilee（久比利）、Smokylee、Dixielee、Sugarlee、Au - Jubilant、Au - Producer 等，已培育的抗病品种有黑蜜无籽、红优 2 号、西农 8 号等，这些品种同时对枯萎病有一定抗性。

3. 抗病毒病　西瓜病毒病主要是由小西葫芦黄花叶病毒（Zucchini yellow mosaic virus，ZYMV）、西瓜花叶病毒（Watermelon mosaic virus，WMV）、黄瓜花叶病毒（Cucumber mosaic virus，CMV）、番木瓜环斑病毒—西瓜株系（Papaya ringspot virus - watermelon strain，PRSV - W）和南瓜花叶病毒（Squash mosaic virus，SqMV）侵染引起的病害。其病源多，传播渠道广，对西瓜生产的威胁很大。根据美国信息资源网（GRIN）公布的对 578 份西瓜种质资源的鉴定结果，对西瓜花叶病毒Ⅱ具有抗性的材料有 26 份，其中来自中国上海市的西瓜"绿皮红肉"（PI192937）具有抗性。国内西瓜抗病毒研究开始于 20 世纪 90 年代，主要是西瓜花叶病毒外壳蛋白基因的导入。据黄学森等（2004）报道，已获得同时导入了西瓜花叶病毒（WMV）外壳蛋白（CP）基因、小西葫芦黄化花叶病毒（ZYMV）复制酶（NIb）基因、黄瓜花叶病毒（CMV）复制酶基因的转基因新材料 BH - 1。经温室及大田抗病毒病鉴定表明，该材料抗性达中抗以上水平，是中国第一个通过转基因获得的抗病毒病西瓜新种质。

三、抗逆种质资源

1. 耐冷性　西瓜幼苗在早春提早定植，常会受到低温的不良影响，因此研究低温对西瓜幼苗生长发育的影响十分必要。许勇等（1997）对西瓜幼苗在生长箱中进行了低温处理，处理温度为 0℃、10℃、15℃，光照强度设定为 $100\mu mol/$（$m^2 \cdot s$）和 $200\mu mol/$（$m^2 \cdot s$）。结果表明：不同西瓜品种表现出明显的耐寒性差异，其中野生西瓜种质 PI482322、PI482261、PI482299、PI482308、PI494528、PI494532，表现出较强的耐寒性，供试的栽培品种均表现不耐寒，在低温条件下，真叶呈病毒侵染花叶状，皱缩或黄化、萎蔫，光照强度的提高会明显加重冷害症状。鉴定西瓜幼苗耐冷性的最适条件为 10℃，光强 $100\mu mol/$（$m^2 \cdot s$）或 15℃，光强 $200\mu mol/$（$m^2 \cdot s$）。

许勇等（2000）研究表明：西瓜野生耐冷材料 PI482322 幼苗在偏低温（12±1）℃、光流密度 $140\mu E/$（$m^2 \cdot s$）条件下表现出较强的耐冷性。在低温光照条件下，西瓜幼苗叶片内保护酶 SOD、CAT 的活性均下降，但野生耐冷材料 PI482322 较冷敏品种 97103 的下降幅度小，体内活性氧的积累少，是其表现出耐冷性的主要生理原因。遗传研究表明，野生耐冷材料 PI482322 的耐冷性由一个单显性基因所控制。

2. 耐旱性　杨安平等（1996）采用苗期持续干旱法，以存活率来评价抗旱性，对非洲西瓜种质资源进行抗旱性鉴定研究。结果表明：苗期持续干旱法是鉴定西瓜种质资源苗期抗旱性的一种有效的方法。游离脯氨酸累积量在土壤含水量下降到 8.11% 时，可作为苗期抗旱性鉴定的指标，越抗旱的材料，游离脯氨酸累积量越多。非洲西瓜 91‐003 是一份抗旱性极强的种质材料。

3. 耐盐性　刘文革等（2002、2005）用 NaCl 琼脂固定法对同源的"蜜枚"二倍体、四倍体西瓜做了耐盐试验，测定了不同浓度 NaCl 胁迫下发芽种子成苗率、下胚轴长、根长、侧根数等指标，结果表明，在 90mmol/L 以上浓度时，不同倍性之间耐盐性有明显差异，四倍体可耐受 150mmol/L 浓度的盐分，发芽抑制的 NaCl 溶液浓度高达 210mmol/L 以上；二倍体可耐受 120mmol/L 浓度的盐分，发芽抑制的 NaCl 溶液浓度为的 150mmol/L，四倍体的耐盐性明显高于二倍体。

朱庆松等（2004）对 20 个西瓜品种用 NaCl 溶液浸种后做发芽试验发现，不同二倍体西瓜品种耐盐程度也有差异，发芽抑制浓度低为 150mmol/L，高的达 210mmol/L 以上。

四、特异种质资源

1. 无杈西瓜　最早于 1967 年由新疆生产兵团石河子 141 团徐利元在苏联 2 号西瓜的生产田中发现，原名安无杈，果皮绿白，有深绿色宽条带，果肉粉红。1984 年，新疆生产兵团农六师农业科学研究所黎盛显利用它培育出了无杈西瓜品种无杈早，并审定推广。该品种果实圆、皮色浅绿有网纹，肉色粉，植株除基部 5 节以内有分枝外，在主蔓中、上部基本无分枝，而且主蔓粗短有弯曲，叶片肥大，茎尖生长点在生长后期会停止生长，自封顶。该品种不仅适于密植栽培，而且田间不用整枝打杈，有利于西瓜的产业化大面积栽培。1991 年林德佩等对无杈早进行的遗传研究表明，该无杈性状受一对单基因控制，对正常分枝性状呈隐性，可以通过杂交的方法转育利用。

2. 短蔓西瓜　短蔓西瓜由于瓜蔓短可用来密植栽培，很早就从国外引进利用，主要分两种：一种叫日本短蔓，属于细胞小的类型（$dw_1 dw_1$），由一对隐性基因控制遗传，叶色深绿，丛生，主蔓不明显，早熟，果实发育期仅有 16d；另一种叫美国短蔓，属于细胞少的类型（$dw_2 dw_2$），由一对隐性基因控制遗传，叶色浅绿，有主蔓。两种短蔓基因不等位，相互杂交的后代为长蔓，但都表现为果实小（1~2kg）、坐果难，因此纯短蔓品种直接利用较少，一般都用作亲本材料，用于培育早熟小果形西瓜品种。如中国农业科学院郑州果树研究所用红花×日本短蔓育成的极早熟西瓜新品种端阳 1 号，台湾省育成的宝冠等。另外，日本短蔓（$dw_1 dw_1$）材料用来作杂交亲本（母本）时，由于该短蔓具有下胚轴极短，叶色浓绿的特点，还可用作鉴定杂交纯度的早期标记性状。

近年的研究表明：短蔓西瓜还有一些其他类型。黄河勋等（1995）用其所发现的一个短蔓雄性不育材料分别与日本短蔓（$dw_1 dw_1$）和美国短蔓（$dw_2 dw_2$）杂交，F_1 代全为长蔓，F_2 代除长蔓以外，还有短蔓类型，这说明，短蔓除了 dw_1 和 dw_2 以外，还有第三个基因，这个基因还与一个不育基因连锁。

马国斌等（2004）的研究表明：从美国引进的一份短蔓材料（P1）受两对隐性基因控制，基因型表示为 $dw_1 dw_1 dw_2 dw_2$；一份中蔓材料（P2）受一对隐性基因控制，基因型表示为 $Dw_1 Dw_1 dw_2 dw_2$；自选的一份长蔓材料（P3）不含短蔓基因，基因型表示为 $Dw_1 Dw_1 Dw_2 Dw_2$。通过与优质普通长蔓西瓜 P3 的杂交和后代分离选择，选育出了矮生西瓜新品系 SS17。该品系中蔓，最大蔓长 1m 左右，果实圆形，花皮，单瓜重 2kg 左右，红瓤，易坐果，早熟性好，中心糖为 11~12 度。

3. 板叶西瓜 板叶即全缘叶或称甜瓜叶，因西瓜基本上都是裂叶，故板叶显得尤为珍贵。王云鹤等（1977）最早报道用板叶 1 号（由吉林省白城地区农业科学研究所提供，果实圆形，皮色绿白，粉红肉，种子中等大，色褐有灰色麻点）×苏联 3 号选育出了板叶 2 号（果实圆形，皮色墨绿，桃红肉，种子中等偏小，米黄色）。之后，中国农业学科院果树研究所在早花西瓜品种中发现了板叶突变，选育出了综合性状较好的板叶西瓜新品种中育 3 号（大叶红）。

由于板叶性状具有标记作用，与一般的裂叶西瓜最早在 3~4 片叶时就有明显的区别，可用于杂交种子纯度的早期鉴定。因此，随着西瓜杂交优势育种的推广和普及，板叶品系的选育和利用更加受到重视。黄仕杰等（1985）用蜜宝×中育 3 号培育出了板叶新品种重凯 1 号（果实圆形，皮色墨绿，大红肉），并培育出西瓜杂交一代新品种州优 8 号；崔德祥等（1996）以自选单系 X-4×重凯 1 号选育出了板叶新品系新凯（果实圆形，皮色绿、带网纹，大红肉），遗传研究表明，该板叶性状的遗传受一对基因控制，对裂叶性状呈隐性。天津市种子公司以具板叶性状的品系作母本杂交，培育出了西瓜杂优新品种津丰 1 号；河南省开封市蔬菜研究所以具板叶性状的品系作母本杂交，培育出了西瓜杂优新品种 F35。

4. 具叶片后绿（dg）性状的种质 马双武等（1995）在田间发现了具具叶片后绿（dg）性状的植株，并通过多代自交选育获得了优良后绿品系 96B90。其植株表现为新生组织或器官的颜色由黄白→白绿，并随着老化逐步转为正常绿，比如说，刚出土的子叶颜色由黄白→白绿，随着子叶逐渐长老颜色也逐渐变绿，达到品种的固有绿色，以后，陆续新生的芽尖、嫩叶和幼茎等均如此。这一性状和正常绿植株区别明显，而且，最早在子叶期（播种后 7~10d）就能表现出来，是一个理想的杂种纯度早期鉴定标记性状，很有研究利用价值（图 22 - 12）。进一步研究表明，该后绿性状的遗传受一对隐性基因控制，而且 96B90 品系本身果形圆、墨绿皮、红果肉、品质优，可直接用于杂交育种和杂交转育，并选育可在早期鉴定杂交种纯度的西瓜新品种。近年，用 96B90 作母本杂交，已培育出了西瓜新品种郑果 5506。该技术于 2002 年 10 月获国家技术发明专利。

图 22 - 12　叶片后绿西瓜蔓

第六节　西瓜种质资源研究利用与创新

一、雄性不育种质资源及其研究与利用

西瓜第一个雄性不育基因在 1962 年由 Watts 用辐射法获得，之后西瓜雄性不育系的选育与利用引起了人们的关注。1983 年辽宁省沈阳市农业科学研究所夏锡桐等在引自黑龙江省的龙蜜 100 号西瓜自交后代田中最早发现了雄性不育株，并选育出了西瓜 G17AB 雄性不育两用系；李茜等于 1993 年发现了由 1 对隐性基因控制的短蔓雄性不育材料；王伟等于 1993 年夏在新疆自治区西域种子集团公司西甜瓜研究所试验地中的一份引自美国的品系 Mikylee 中发现有雄性不育株，通过姊妹交将其保存下来，命名为西瓜 S351 - 1 雄性不育系；1997 年张显等在陕西合阳试验田中从美国引入的品系 Sugarlee 西瓜中发现了一株雄性不育株（果实性状类似于 Sugarlee），经过选育，已稳定为一个新的西瓜雄性不育两用系 Se18；吴进一、陈璞华等（1991）以华知 B 为母本，以华知 C 为父本杂交，育出了雄花退化不育系华知 A（辐射易位系）等。根据多年来的研究，大致可将西瓜雄性不育种质分为以下几个类型。

（一）光滑无毛雄性不育（gms）型种质（Watts，1962）

Murdock，B. A.（1991）研究表明，该基因和 G17AB 雄性不育基因（ms）不等位，且位于不同的连锁群上，说明两者是两个决然不同的不育类型。其特点是：不育性状和叶片、瓜蔓表面光滑没有茸毛的性状连锁，且受一对隐性基因控制遗传，不育株和一般植株从幼苗真叶露出就有明显的区别，性状标记作用明显，根据该性状的特点，在其 F_2 代苗期可去除约 3/4 的可育株，可得到纯合的不育系以方便育种利用。

齐立本等（2003）的研究表明，该不育系植株在低节位的雄花不散粉，而在高节位的雄花开始有少量花粉，有望改良成一个可自交保持的不育纯系。但该不育系植株雌雄花萼难以开张，单果胚珠数仅20～30个，繁殖系数很低，这可能影响其在生产和育种上的直接应用。

（二）G17AB 雄性不育（ms）型种质

据资料报道，初步认为可包括王伟等的S351-1、张显等的Se18和谭素英等研究的不育株。该不育型的特点是：①前期生长缓慢，株型稍小。②雄花很小，花蕾仅存2～4mm，开放后花冠直径仅有10～12mm。③雌花先于雄花开放，即在同一株上最先开放的不是雄花而是雌花，第一朵雄花开放在同一蔓上第二朵雌花开放之后。④花瓣颜色浅黄。⑤雄蕊3枚，花丝很短，花药小而瘪，无花粉粒散出。⑥无蜜腺。⑦雌花正常，授以可育二倍体花粉，易坐果并结正常种子；授以可育四倍体花粉，能结具空壳种子的果实。⑧苗期不易识别。该不育型的遗传受一对隐性基因控制。

研究表明，该不育型具有很高的配合力。刘寅安等（1991）研究表明，西瓜G17AB雄性不育两用系所携带的不育性状（ms）可以通过杂交的方法顺利转育，用不育系中的不育株作母本，用要转育的性状植株做父本杂交，F_1全部可育，F_2和与不育株的回交后代中，可育和不育株的分离比例分别为3∶1和1∶1，对其中符合目标性状的不育株进行逐代选择可获得新的不育系，已选育出不同果形、皮色和瓤色的新不育系十几个，且具有很高的杂交配合力，F_1可增产10%～30%。张显等（1995）以G17AB雄性不育两用系中的不育株为母本，Sugarlee为父本杂交，其F_1再与G17AB雄性不育两用系中的不育株回交，选后代中表现抗病、植株生长势强的不育株与Sugarlee杂交得到F_1'，F_1'再与其母本进行回交，选出了新的一系列抗病、高配合力的雄性不育两用系。

谭素英等（2001）的进一步研究表明：①该不育型不育性稳定。不育株在不同气候条件下（主要指温度和光照）进行早留瓜、晚留瓜和不留瓜等不同栽培营养条件处理，以及用赤霉素处理（500、750和1 000mg/L）均不能诱导出雄花。说明该不育型不能通过诱导出雄花自交的方法得到纯合的不育系。②通过一般杂交手段没能把不育性状和目标性状连锁在一起。将该不育系的不育株与5个具有标记作用的矮生、短蔓、黄叶片、全缘叶和无权性状进行杂交，后代中不育株和可育株均有不同程度的分离，但未得到标记性状和不育性状连锁的植株。③通过秋水仙素处理，已成功将不育系诱变成了四倍体不育系，兼具雄性不育性和一般西瓜四倍体器官变大、被二倍体授粉能产生三倍体无籽西瓜种子的特性。

刘海河等（2002）对G17AB雄性不育两用系和张显等（1995）对Se18两用系花药的细胞形态学观察表明：不育株花药发育在孢子母细胞减数分裂前期，小孢子母细胞减数分裂异常，不能形成四分体；药室内壁、中层、绒毡层细胞无明显界限，绒毡层细胞异常、多层、体积小、排列紧密，影响绒毡层细胞与小孢子母细胞之间物质、能量和信息的传递，导致四分体不能正常分离产生4个小孢子，进而不能形成正常的花粉粒而导致败育。

刘海河等（2002）对G17AB雄性不育两用系花药的组织化学研究表明：不育株花

药在整个发育过程中，花粉囊壁组织及花粉母细胞内无明显不溶性多糖的积累。花药组织和绒毡层细胞中蛋白质的含量较低，且随着小孢子母细胞的逐步发育有逐渐降低的趋势，而可育株则保持相对稳定。说明不育基因是通过控制蛋白质合成来影响花药的正常发育的。

（三）短蔓雄性不育型种质

李茜等（1993）的研究表明，该不育性状遗传受一对隐性基因控制，和可育株杂交的F_2代和与不育株回交的后代，可育和不育株分别呈 3：1 和 1：1 比例分离，并且该不育性状和叶片缺刻少的标志性状连锁，后代的不育株可在 2～3 片叶时准确识别，能提高该不育两用系的应用价值（同 gms 不育基因）。黄河勋等（1995）的研究表明，该不育型植株还表现为蔓短（蔓长 1.5m），雄花不开放，或开放后颜色不正常，花药黄中带绿或呈褐色，为雄花败育型。花药涂片表明，雄性败育的情况植株间有差异，小孢子发育到四分体或单核中期阶段开始出现不一致，之后花粉变皱、解体，绒毡层细胞有些发育异常，并出现增生现象。

（四）易位雄性不育型种质

吴进义、陈璞华等（1991）以华知 B 为母本，以华知 C 为父本杂交，育出了雄花退化不育系华知 A（辐射易位系）。该不育系表现稳定，雄花蕾干枯率在 80％以上，开放率在 20％以下，镜检开放雄花的花粉，败育率为 100％；雌花发育开放正常，自交产籽量少，单瓜采种量 30 粒左右。该不育系与 6 个育性正常的单系杂交，F_1 均表现花粉败育，需用其他正常株花粉授粉坐果，果实表现少籽。

1992 年，张显从吴进义、陈璞华处引进了该雄性不育材料，编号为 S29。进一步研究表明：在花器的形态上，不育材料雄花花蕾在伸蔓初期及整个生长期与正常品种或其杂交后代相比基本一致，花药在初期与其他正常品种或其杂交后代一致，但花蕾不开放，且随着时间的推移，逐渐萎缩、退化以至干枯。整个植株的雄花，在开花坐果前期，开始时绝大部分都具有花蕾，后期则普遍枯萎干枯，极个别花蕾虽能开放，但花药不散粉或散出的花粉完全不育。在显微镜下观察其花粉全是不规则的皱缩形颗粒；用此花粉进行自交授粉，授粉后子房不膨大，3～5d 后自动化瓜。S29 不育材料的雌花发育正常，用其他品种的花粉授粉，均能坐果结籽，但单果结籽数很少，平均不超过 50 粒，且伴有不完全种子。S29 不育材料与其他育性正常的单系杂交，F_1 代的花药发育基本正常，表现为部分败育，败育程度因组合不同而有所不同，败育率为 25％～80％，杂交 F_1 代用自身花粉或其他品种的花粉授粉均能正常坐果结瓜。

二、染色体核型分析

染色体是遗传物质的主要载体，染色体数目及形态结构的变异会导致基因数目的增减（重复或缺失）及位置（连锁关系或易位）的变化。因此，染色体水平的资料能揭示出生物遗传变异及进化关系，进而能推断出品种间的进化程度和亲缘关系。一般认为，染色体对称性越高，种质越原始，进化程度越低。

郑素秋（1998）对兴城红（2n＝2x＝22＝20m＋2sm）、加纳花皮（2n＝2x＝22＝18m＋4sm）和蜜枚（2n＝2x＝22＝16m＋6sm）3个西瓜品种的核型分析表明，兴城红品种的带型和核型较为复杂，非对称性程度较高，进化程度也较高，其次为蜜枚，加纳花皮进化程度最低。董连新（1991）对8个西瓜品种核型分析表明，籽瓜（2n＝2x＝22＝18m＋2sm＋2st）、非洲西瓜PI189317（2n＝2x＝22＝22m）和5个栽培西瓜品种（2n＝2x＝22＝20m＋2sm）彼此具有不同的核型，属于不同的品种类型。其中，非洲西瓜PI189317的染色体具有较高的对称性，属西瓜的原始类型，籽瓜的染色体具有较高的非对称性，属西瓜的进化类型，5个栽培品种处于进化中间类型。赵虎基等（2000）对12个西瓜品种进行了核型分析和排序（表22-5），结果表明，品种进化的程度和品种分类的顺序基本相符，这也说明中国西瓜核型分析技术已基本成熟。

表22-5　西瓜种内各品种（系）染色体核型的主要特征

（赵虎基等，2000）

品种	相对长度变幅（%）	最长染色体/最短染色体	平均比	核型公式	核型类型	进化程度（高—低）
三单四	5.97～12.11	2.02	1.44	2n＝2x＝22＝18m＋4sm	2A	1
红优2号	6.79～13.41	1.97	1.47	2n＝2x＝22＝18m＋4sm	2A	2
久比利	6.71～12.11	1.80	1.31	2n＝2x＝22＝20m＋2sm	2A	3
新籽瓜2号	6.42～12.21	1.90	1.27	2n＝2x＝22＝20m＋2sm	1A	4
麻板黑籽瓜	7.09～13.62	1.92	1.22	2n＝2x＝22＝20m＋2sm	1A	5
白籽瓜	7.11～12.00	1.69	1.25	2n＝2x＝22＝20m＋2sm	1A	6
小粒黑籽瓜	7.81～11.74	1.50	1.39	2n＝2x＝22＝20m＋2sm	1A	7
无眉心黑籽瓜	7.88～11.89	1.51	1.32	2n＝2x＝22＝20m＋2sm	1A	8
改良宁夏红籽瓜	6.58～10.85	1.65	1.30	2n＝2x＝22＝22m	1A	9
宁夏红籽瓜	6.91～10.77	1.56	1.32	2n＝2x＝22＝22m	1A	10
广东红籽瓜	7.19～10.55	1.47	1.14	2n＝2x＝22＝22m	1A	11
饲用西瓜	7.67～10.81	1.40	1.28	2n＝2x＝22＝22m	1A	12

三、同工酶技术

同工酶电泳主要是利用聚丙烯酰胺凝胶电泳技术，通过分析作为基因产物的蛋白质和同工酶来鉴定种质基因信息的差异，在20世纪80年代曾经被作为一种生化标记得到大量的研究，期望用它作为分类和品种鉴定及抗病育种的标记。同工酶技术在西瓜上研究较多，但结果差异较大。

（一）种质鉴别与多态性分析

俞宏（1993）用SDS-PAGE系统对西瓜种子进行了多态型多肽（WSPP）研究，结果表明，WSPP为醇溶多肽，提取液中不加丙三醇，电泳胶片中没有WSPP谱带出现。在30份纯系西瓜种子材料中显示了WSPP1、WSPP2、WSPP3，分别集中表现在中国的华北、日本和美国的品种群中。WSPP的含量随西瓜种子发芽时间的延长而逐渐消失，播种后第三天在胶片上已看不到WSPP谱带，试验的西瓜杂交种（人工掺杂）的杂交率与SDS-PAGE鉴定的结果完全吻合。

仇志军等（1994）对 32 个国内外西瓜品种（栽培、半栽培和野生种）的亲缘关系进行了同工酶分析，结果表明：过氧化物同工酶和酯酶同工酶在不同的品种类型、不同部位差异明显；其中以衰老部位和生长活跃部位效果最好，亲缘关系相差愈远同工酶酶谱差异越大，野生品种同工酶谱带数多于栽培品种。

黄河勋等（1995）对其发现的短蔓不育株所做的过氧化物（POD）同工酶电泳对比分析表明：不育株有 3 条酶带，可育株有 2 条酶带，且其中一条比对应的不育株酶带浅。可溶性蛋白质电溶分析表明，不育株有 6 条酶带，有 3 条扩散带；可育株有 5 条酶带，有 3 条扩散带，而且与不育株对应的酶带都较浅。

王景升等（1996）研究了西瓜品种的 EST（酯酶）、POD、AES 和 ADH 4 种同工酶的聚丙烯酰胺凝胶（PAGE）电泳、IEF、SDS-PAGE 和 PAGE 蛋白质电泳，结果表明，4 种同工酶电泳酶谱都无法鉴定西瓜的不同试材。这可能与取样试材的亲缘关系近有关。

马建祥等（2005）用 PAGE 电泳技术，对西瓜雄性不育两用系 DT13（Se18 选系）进行了 POD 同工酶酶谱研究，结果表明：不育株的雄花蕾比可育株多两条活性强的酶带，其他叶片、卷须、雌花蕾酶带基本相同，差异只是部分酶带活性强弱不同。

（二）杂种鉴定

张兴平等（1989）以西瓜的 10 个杂种及其 16 个亲本为试材分析了干种子、发芽期、子叶期的根及子叶的过氧化物酶（POD）同工酶和酯酶（EST）同工酶。结果表明：西瓜 POD 同工酶和酯酶（EST）同工酶谱在不同时期、不同部位不尽相同。西瓜杂种 POD 同工酶谱表现与双亲无差异或差异太大，大多优势不明显或表现杂种劣势。

朱立武等（1992）研究了西瓜 4 个杂交组合（新澄、郑杂 5 号、聚宝 1 号、P2）种子及其萌芽期过氧化物酶（POD）同工酶谱特征。结果表明：4 个杂交一代种子萌芽期幼苗 POD 同工酶谱，F_1 表现为母本型、无差别等状况，无法准确鉴定杂种。

黄永红等（1994）对 6 个西瓜杂交组合（郑杂 5 号、齐红、新澄、庆红宝等）进行了过氧化物同工酶纯度鉴定研究，结果表明在子叶微展时取样鉴别效果最好，可以鉴定杂种纯度，鉴别的标志是"互补酶带"包括质互补的完全互补、偏父互补、偏母互补 3 种形式和量互补的增强型、中间型、缺失型、减弱型四种形式。

陈清华等（1998）对无籽西瓜组合 G1、杂优西瓜组合 G2 及其双亲不同生长期、不同部位的过氧化物酶、酯酶同工酶进行研究的结果表明，G1 母本胚根、第 1 真叶的过氧化物酶同工酶，胚芽、子叶及第 2、第 3 真叶的酯酶同工酶酶谱明显异于子代；G2 母本的胚芽、子叶及第 2 真叶的酯酶同工酶酶谱明显异于子代。

虽然，用同工酶鉴定西瓜杂交种的结果差异较大，但用种子蛋白质聚丙烯酰胺凝胶电泳技术（PAGE）鉴定杂种纯度的结果却比较稳定。黄为平（1996）研究表明：利用种子水溶蛋白等电聚焦丙烯酰胺电泳（PAGE）的方法，可以鉴定京欣 1 号，京抗 2 号、3 号杂交种子纯度。王玺（1996）利用种子蛋白质聚丙烯酰胺凝胶电泳（PAGE）等多种电泳技术对西瓜杂交种进行了纯度鉴定，结果表明干种子蛋白质 PAGE 法在分离胶 T=14%，C=0.35%，pH=5.8；浓缩胶 T=4.0%，C=0.33%，pH=5 的条件下，可将供试西瓜杂交种与其亲本种子明显区分开。

李丽等（2000）对京欣 1 号、金花宝 2 个杂交种的干种子纯度鉴定尝试了大量的同工酶电泳方法，结果在包括 POX、EST、ADH、MDH、ISH、PGM、PGI 等的同工酶电泳图谱中均未找到父母本与一代杂种的鉴别标记。而在种子蛋白质 SDS-PAGE 电泳图谱中找到了一代杂种与父母本的鉴别带，并利用这个鉴别带进行了杂交种纯度鉴定。这种鉴定方法的准确性在田间对照纯度鉴定中得到确认，此方法可用于杂交种商品种子的纯度检测。

聚丙烯酰胺凝胶电泳技术（PAGE），由于程序复杂、所用试剂毒性大等原因，制约了广泛应用。为了找到一种系统简单、无毒性、操作方便的电泳技术，马国斌（2004）对西瓜杂交种西农 8 号和无籽西瓜黑蜜 2 号及其父母本苗期子叶的 3 种同工酶进行了淀粉凝胶电泳分析，结果显示：除乙醇脱氢酶同工酶无酶带显现外，过氧化物酶同工酶和酯酶同工酶酶谱在供试的 3 个杂交种与其父母本间均表现出了差异。黑蜜 2 号以 5d 苗龄子叶、西农 8 号以 12d 苗龄子叶的过氧化物酶同工酶酶谱的差异最为明显，酯酶同工酶酶谱的差异相对较小。鉴定结果与田间表现相吻合。

以上研究表明：用于种子蛋白质电泳技术，鉴定西瓜杂交种子纯度的方法比较稳定可行，其他不同生育期同工酶的变化差异较大，稳定性差。

（三）抗性机理分析

许勇等（2000）研究表明：木质素与 HRGP 含量、POD 与 PAL 活性，随病菌的浸染在抗病品种体内均有不同程度的提高，抗病品种的增加幅度明显高于感病品种。

王守正等（2001）利用过氧化物酶同工酶酶谱鉴定西瓜、黄瓜不同品种的抗枯萎病能力，结果发现，高抗和抗病品种在接菌后过氧化物酶同工酶没有新生酶带出现或出现很少；感病品种在接菌后有新生酶带出现，感病愈重，新生酶带愈多。

王建明等（2001）以抗病品种克伦生、感病品种早花为材料，研究了西瓜苗期感染枯萎病菌后根部细胞内丙二醛（MDA）含量、超氧化物歧化酶（CAT）和过氧化氢酶（SOD）活性的动态变化。结果表明：受枯萎病菌侵染的抗病品种幼苗细胞内 MDA 含量增加的比率低于感病品种；抗病品种 SOD 酶活性下降的比率低于感病品种早花；CAT 酶活性增减的幅度，抗病品种克伦生低于感病品种早花。抗病品种在染病后的短时间内（48h 左右）能使细胞内 MDA、SOD 酶和 CAT 酶的代谢基本恢复到正常状态，其自我调节和恢复正常状态的能力显著大于感病品种。

张显等（2001）研究表明：西瓜幼苗体内多酚氧化酶、过氧化物酶活性与西瓜枯萎病的抗性间不存在显著相关；而抗坏血酸氧化酶活性与西瓜枯萎病抗性之间存在极显著正相关，可作为鉴定和筛选抗病性个体的生化指标。

四、分子标记技术

近年来，随着分子生物学的发展，直接在 DNA 水平上进行基因组差异分析的技术（RAPD、RFLP 等）越来越受到重视。与蛋白质和同工酶分析相比，DNA 分析的方法更能直接反映出研究对象的遗传信息，准确率高，稳定性好，目前，已广泛用于西瓜遗传基础的研究。

(一) 遗传图谱的构建

Hashizume 等 (1996) 利用一个近交系 (H - 7; *C. lanatus*) 和一个野生类型 (SA - 1; *C. lanatus*) 杂交获得的 BC_1 群体构建了一个最初的西瓜分子遗传连锁图谱, 该图谱包括 58 个 RAPD 标记, 1 个同工酶标记, 1 个 RFLP 标记和 2 个形态标记, 分为 11 个连锁群, 全长 524cM。张仁兵等 (2000) 利用 97103×PI296341 杂交的 F_2 群体构建了一个分子遗传图谱, 包括 85 个 RAPD 标记, 3 个 SSR 标记, 3 个同工酶标记, 4 个形态标记及 1 个抗枯萎病生理小种 1 基因, 覆盖基因组长度为 1203.2cM。Hawkins 等 (2001) 利用 F_2 和 F_3 群体构建了两张西瓜连锁图谱, 分别包括 26 和 13 个标记 (同工酶、RAPD、SSR), 分布在 2 个和 5 个连锁群上、覆盖基因组长度分别为 112.9cM 和 139cM。Levi 等 (2001) 利用 BC_1 群体 [(PI296341 - FR×NHM) ×NHM (New Hampshire Midget)] 构建了长达 1 295cM 的遗传连锁图谱, 包括 155 个 RAPD 标记和 1 个 SCAR 标记, 分为 17 个连锁群, 而后 Levi 等又利用一个测交群体构建了包括 141 个 RAPD 标记、27 个 ISSR 标记和 1 个 SCAR 标记的分子遗传图谱, 分为 25 个连锁群, 全长 1 162.2cM。范敏等 (2000) 用可溶性固形物含量高、皮薄、感枯萎病的栽培西瓜自交系 97103 和可溶性固形物含量低、皮厚、抗病的野生西瓜种质 PI296341 杂交所得 F_2 的 118 个单株为作图群体, 构建分子连锁图谱, 定位了影响西瓜果实可溶性固形物含量的 4 个数量性状位点 (QTL), 果皮硬度的 5 个 QTL, 果皮厚度的 2 个 QTL, 单瓜重的 3 个位点, 种子千粒重的 6 个位点。

然而, 利用 BC_1 或 F_2 等非永久群体所构建的分子遗传图谱, 无法继续将其饱和, 难以准确地对其进行重要农艺性状的 QTL 定位, 同时也无法与其他实验室合作进行比较研究。因此, 采用永久群体如重组自交系与 DH (单倍体加倍) 群体进行分子遗传图谱的构建已经成为目前国际上图谱构建的主流方向。由于西瓜花药与小孢子培养比较困难, 利用重组自交系来构建西瓜永久分子遗传图谱可能成为最有效的选择。张仁兵等 (2003) 用可溶性固形物含量高、皮薄、感枯萎病的栽培西瓜自交系 97103 和可溶性固形物含量低、皮厚、抗病的野生西瓜种质 PI296341 杂交所得重组自交系 F_8 的 117 个单株为作图群体, 利用 RAPD 标记技术构建了西瓜分子遗传图谱。该图谱包含 87 个 RAPD 标记、13 个 ISSR 标记和 4 个 SCAR 标记, 分为 15 个连锁群, 包括: 1 个最大的含 31 个标记的连锁群 (277.5cM)、6 个大的含 4~12 个标记的连锁群 (51.7~172.2cM) 和 8 个小的含 2~5 个标记的连锁群 (7.9~46.4cM), 覆盖基因组长度为 1 027.5cM, 两个标记间的平均距离为 11.54cM。该图谱为以后获得饱和的分子遗传图谱、重要农艺性状的 QTL 分析以及图谱克隆抗病基因奠定了坚实的基础。

西瓜是一种基因组小 (约为 $4.3×10^5$kb)、遗传差异狭窄的作物, 以上分子标记主要是采用多态性较低、稳定性较差的 RAPD 标记, 不能满足其分子遗传研究的需要。易克 (2003) 对 97103×PI296341 所获得的 F_8 重组自交系群体, 通过 16 个 SSR 和 5 个 ISSR 引物对该群体进行扩增, 建立了一个包括 38 个 SSR 标记和 10 个 ISSR 标记组成的分子图谱, 该图谱总长 558.1cM, 平均图距为 11.9cM。易克 (2004) 又对 97103×PI296341 所获得的 F_2S_7 重组自交系群体, 通过 AFLP 技术对该群体进行扩增, 建立了一个包括 150

个标记组成的分子图谱，包括 17 个连锁群，覆盖基因组范围 1 240.2cM，两个标记间的平均图距为 8.3cM。该图谱的建立对于西瓜高密度遗传图谱的构建、重要农艺性状的 QTL 定位以及重要基因的图谱克隆均具有重要的参考价值。

（二）遗传多样性及亲缘关系分析

西瓜的遗传背景相对狭窄，栽培种和野生种、种间多态性较高，品种之间多态性较低。Zhang XP 等（1994）对 3 份栽培品种、1 份栽培种的野生类型材料和 1 份栽培种与野生种的杂交种进行 RAPD 检测，53 个引物在 5 份材料中产生的多态性为 62.3%，而在 3 个栽培品种内的多态性带仅为 10.1%，其平均遗传距离为 0.240～0.263cM。韩国的 Lee SL 等（1996）对 39 份西瓜材料进行 RAPD 检测与聚类分析，发现其平均遗传距离的变动范围仅为 0～0.366。赵虎基等（1999）对西瓜的 RAPD 标记多态性研究表明：14 个引物在 12 份材料间共扩增出 114 条带，其中有 81 条具多态性，占总条带的 71.1%。其中一份饲用西瓜、3 份食用西瓜和 8 份籽用西瓜之间带型差异较大，说明亲缘较远；8 个籽瓜之间和 3 个食用西瓜之间带型差异较小，说明亲缘较近。

李严等（2005）利用 SRAP（Sequence-Related Amplified Polymorphism）进行了西瓜杂交种遗传多态性的研究，利用 25 个多态性引物组合对当前生产上推广的 20 个西瓜杂交种进行扩增，从中筛选得到 20 个多态性引物组合，共产生 135 个多态性条带，平均每个引物组合产生 7.11 个多态性条带，显示了较高的多态性。聚类分析将 20 份材料分为 3 大类，Jaccard's 相似系数在 0.29～0.86 之间。

（三）杂种鉴定

欧阳新星等（1999）采用简化了的适合西瓜的 RAPD - PCR 分析程序，对无籽京欣 1 号西瓜种子纯度进行分子鉴定，找到了一个标记 OPP01/564，其只在父本和杂交种上出现，母本中不出现，可用于鉴定该杂交种的品种纯度。

王鸣刚等（2003）以不同西瓜杂交种及亲本自交系为材料，研究利用 RAPD 技术鉴定西瓜杂种的纯度及种质的方法。结果表明：RAPD 技术完全适合于西瓜杂交种纯度的早期鉴定及种质鉴定。引物 OPD16 及 OPA07 适合种内鉴定，而引物 OPA10、OPA13、OPH18 可用于杂种纯度鉴定。其中，引物 OPA10/890（母本缺少）和 OPA13/1140（母本缺少）、OPA13/750（父本缺少）可用来鉴定西农 8 号西瓜杂交种纯度；母本缺少的引物 OPH03/350，OPH04/280 和 OPH18/620 能用来鉴定兰州 P_2 的杂交种纯度。

（四）分子标记辅助选择

许勇等（1998）运用 RAPD 技术进行了西瓜野生材料 PI482322 耐冷性基因的分子标记研究，找到了一个与耐冷基因连锁的分子标记 OPG12/1950，其遗传距离为 6.98cM。许勇等（1999）运用 RAPD 技术，采用混合分组分析（BSA）方法进行了西瓜野生种质 PI296341 抗枯萎病基因分子标记研究。结果表明：西瓜野生种质 PI296341 对枯萎病生理小种 1 的抗性由单显性基因控制，RAPD 标记 OPP01/700 与其抗病基因连锁，其遗传距离为 3.0cM。许勇等（2000）对 RAPD 标记 OPP01/700 进行了克隆、测序，Southern 杂交证明此标记为单拷贝，并转化为 SCAR 标记。上述技术在抗病转育后代中得到了很好的应用，初步建立了西瓜抗枯萎病育种分子标记辅助选择系统。

刘海河等（2004）利用 RAPD 技术对西瓜 G17AB 雄性不育系的不育株和可育株基因组 DNA 进行了比较分析，在 31 套 621 个 RAPD 引物中，有 548 个引物在两者之间获得扩增产物，筛选到了可育株与不育株的特异扩增条带 A12$_{3K}$（分子量约为 3.0kb，序列为 5' - TCGGCGATAG - 3'）片段，经多次重复验证，表现稳定的多态性。用该引物对单个不育株后代育性分离群体进行了 RAPD 分析，确定了 A12$_{3K}$ 与育性基因的遗传距离为 8.1cM。

张显等（2005）应用 RAPD 分子标记技术，采用 BSA 法对西瓜隐性核不育材料 Se18 的不育基因进行了分子标记研究。结果表明：在 220 个引物中，只有引物 S1167（序列为 ACCACCCGCT）、S357（序列为 ACGCCAGTTC）在不育株 DNA 中扩增出了多态性特异片段，而在可育株 DNA 中未扩增出多态性片段。验证结果表明：引物 S1167 在 12 个不育材料中的 138 个不育株全部扩增出特异性片段，可以区分不育株与可育株。对特异性片段进行回收、克隆和测序结果表明，S1167 扩增特异片段有 2 391 个碱基对。

五、西瓜种质资源创新

（一）自然突变

生产和育种过程中，由于自然环境条件下不确定因素的作用，一些西瓜材料常常产生自然的基因突变，表现出特异的性状，颇有研究和利用价值，成为西瓜种质资源创新的一条很有价值的途径。比如国内的无权西瓜、板叶西瓜大叶红、西瓜 G17AB 雄性不育两用系、西瓜子叶失绿致死基因的携带株等都是从自然突变中得到的。

（二）杂交创新

两个或多个具有不同优良性状的种质进行杂交，对分离后代逐代选育出一个综合性状优良的新品种或新种质，这是常规品种选育的主要途径。比较熟悉的一些常规西瓜品种选育如：

小花狸虎×旭大和——早花

早花×华东 24（♀）——龙蜜 100×蜜宝——龙蜜 104、龙蜜 105

早花×红枚（♀）——中育 1 号×庆丰——汴梁 1 号

早花×核桃纹——郑州 2 号×兴城红——郑州 3 号×中育 6 号——石红 1、2 号

庆丰×蜜宝——中育 2 号×手巾条——中育 9 号

手巾条×久比利——中育 5 号×中育 6 号——中育 10 号

20 世纪 80 年代以后，随着杂交一代西瓜的兴起，这种育种方法逐步成为西瓜种质创新的主要途径。

肖光辉等（1998）报道，用常规杂交转育的方法将野生西瓜的抗枯萎病性状转育到栽培西瓜中，后代在病圃中经 7 代自交纯化和抗性选择，选育出了 4 份抗性材料。苗期接种鉴定和疫土自然接种鉴定的结果都表明，选育出的 4 份材料中，对西瓜枯萎病有 2 份高

抗、2 份中抗，对炭疽病的抗性均较强等。

（三）诱变创新

包括化学诱变和物理诱变，主要有以下几个方面：

1. 化学诱变　以秋水仙素诱变西瓜四倍体最为典型，诱变方法不断改进。谭素英等（1993）采用剥去生长点外幼叶、进行秋水仙液滴芽的方法诱变西瓜四倍体，变异株率可提高到 50%～60%。房超等（1996）以幼胚子叶组织为外植体，0.05% 的秋水仙液浓度进行西瓜离体诱导四倍体的诱变，变异株率高达 50%～60%。马国斌等（2002）研究认为：采用西瓜茎尖离体诱导四倍体的有利途径是 8d 左右苗龄的茎尖，诱变培养基应保持较低的细胞分裂素浓度和 0.1% 秋水仙素浓度，处理时间为 24～48h。

2. ^{60}Co γ 照射　黄学森等（1995）用 ^{60}Co γ 照射中育 1 号西瓜种子（剂量 376Gy，剂量率 0.94～1.98Gy/min），获得 1 份轻抗枯萎病和 1 份无权的突变材料。

王恒炜等（2003）利用 ^{60}Co γ 射线辐射处理 118 西瓜干种子，通过 7 代连续系统选择、鉴定，选育出了新突变系 C68-42-10-9-23-73-82。该突变系表现为中晚熟，植株生长势强，抗枯萎病，果实圆形，底色浅绿，上覆中宽深绿条带，果形指数 1.01，平均单果重 6.4kg，粉红瓤，中心含糖量 10.8%，耐贮运，种子大片，为淡红色麻籽，千粒重 98g。

王鸣、马克奇等（1988）对原始易位系旭大和及其他几个优良品系的干种子用 ^{60}Co γ 射线进行重复照射，进一步提高其不育性，并育出一批杂合易位少籽西瓜新品种，其单瓜种子产种量较普通二倍体减少 50%～80%，种子数量最少的单瓜中仅含十余粒至数十粒种子。朝井小太郎、吴进义等（1987、1993）用不同剂量的 ^{60}Co γ 射线辐照二倍体西瓜的干种子、花粉后代，结果各个剂量均可出现染色体易位，并选出易位纯合体，培育出华知 A 雄性败育系和少籽西瓜易红 1 号、5 号等。

3. 质子束辐射　孙逊等（2002）用不同能量（4、6、8mev）和剂量（25、50、100c）的质子束辐照西瓜干种子的诱变研究发现，质子辐照可诱发有丝分裂行为异常，染色体结构变异——产生微核、染色体桥、染色体断片等；随着质子束能量和剂量的提高，染色体畸变细胞率呈增加趋势；质子束还能引起雌花着生节位的降低、果实提早成熟和瓤质改善。同时，选育出了 2 份有价值的突变材料。

4. 太空搭载育种　方晓中（2002）利用卫星搭载诱变技术处理西瓜干种子，通过太空辐射和微重力双重作用所产生的遗传变异，选育新品系、培育新品种。试验表明，太空处理过的种子在当代种植时基本无变化，F_2 代以后开始表现不同程度的返祖、染色体加倍、果个变大、品质提高、抗性增强等变异，在搭载的 5 份材料中，高桥 4 号变异最明显，果个比原来增大了 20%，并培育出了卫星 2 号（高桥 4 号×平 5♀）西瓜杂交新品种。另外，崔艳玲等（2004）培育出了航兴 1～3 号几个西瓜杂交新品种。

（四）生物技术创新

1. 单倍体培养　中国在西瓜单倍体培养方面很早就有成功报道，比如薛光荣等（1988）分别用琼酥和周至红的花药诱导培育成了植株。诱导的关键是选择小孢子发育在单核靠边期时的花蕾（花蕾横径为 5mm 左右，花冠明显突出，花药增大，质地硬实，易于剥离），去分化培养基上花药裂口处必须能分化出致密的愈伤组织。但后来却未见成功的应用报道。

魏瑛（1999）以 MS 为基本培养基附加 NAA、6 - BA 和 KT，对在 4℃ 和 10℃ 低温下处理 24h 和 72h 的西瓜花药组织的影响及花药愈伤组织的形成作了观察。结果发现处理后的花药经过前期的褐变，在 2 个月时开始形成愈伤组织。其中西农 8 号在 4℃ 低温下处理 72h 后的愈伤组织诱导率高达 35.01%，NAA 在花药愈伤组织的形成中起主要作用，而不同基因型材料花药的抗冻性表现出一定差异。

魏跃等（2005）以 10 个西瓜品种杂交后代 F_1 的花药作为研究材料，从基因型与激素作用关系等方面对花药愈伤组织的诱导进行了研究。结果表明：适宜的基因型是花药诱导培养成功的关键因素，不同基因型对激素变化的敏感性不同，最适培养基也不相同。

2. 外源 DNA 的直接导入　根据导入的方法不同可分以下几种：

（1）花粉管导入　李涛等（1996）应用花粉管通道导入技术将黑籽南瓜 DNA 导入受体西瓜早花品种，期望得到早熟、抗寒的西瓜新品系，RAPD 分析表明，变异后代中产生了与早花西瓜差异明显、分子量在 2kb 左右的 DNA 片段 OPY02/2000。

王国萍等（2003）利用西瓜有性生殖过程，通过花粉管通道法直接导入西瓜活体植株的技术，将携带有外源几丁质酶基因的质粒 DNA 涂抹在授粉后的柱头上，使其沿花粉管通道进入到生殖细胞，得到转化处理种子。转化 T_1 代植株经除草剂 Basta 筛选和 PCR 扩增获得转化植株。对 T_3 代株系进行田间自然发病和人工接种鉴定获得 3 个抗枯萎病的株系。结果表明：几丁质酶对镰刀菌引起的西瓜枯萎病有一定的抑制作用。采用的基因为几丁质酶基因（Chi11）来源于水稻，构建在 Ti 质粒载体 pCAMBAR.Chi11 上，宿主菌株 LBA4404，几丁质酶基因片段大小为 111kb，该质粒上还含有一个 Bar（抗除草剂）基因作为转基因植株的筛选标记基因。

肖光辉等（1999）采用 DNA 浸胚法将供体瓠瓜的总 DNA 导入西瓜，D_1 代获得一变异株，变异率为 0.32%。D_2 代变异植株成株期功能叶过氧化物酶同工酶酶带数增加，出现了供体植株的酶带，变异株部分染色体的臂长、臂比、带型与受体相比产生了明显的变异，果实有 22.7% 的皮色由深绿变成白色或白皮绿网纹，接近供体瓠瓜的皮色，果实形状有 31.0% 发生变异；种子的形状和色泽有 33.3% 发生变异。初步认为西瓜的性状变异是供体瓠瓜 DNA 导入的结果，D_3 代在病圃中筛选出的 D_3 - 1、D_3 - 2、D_3 - 3、D_3 - 4 和 D_3 - 5 材料，性状已稳定，并且在病圃中表现出对枯萎病的强抗性，苗期接种鉴定结果表明，D_3 - 1 和 D_3 - 3 高抗枯萎病，D_3 - 3 和 D_3 - 4 中抗枯萎病，D_3 - 5 轻抗枯萎病。

（2）子房注射法　王浩波等（2001）采用子房注射法将南瓜总 DNA 导入西瓜，经病圃田间筛选和 6 代自交纯化已获得 5 份稳定的西瓜抗病种质材料，对枯萎病的田间抗性得到了显著提高，有 3 个株系达到高抗（HR）水平。

（3）基因枪法（微弹轰击法）　任春梅等（2002）以西瓜顶芽为转化受体，采用基因枪轰击的方法将质粒 pBI121 DNA 导入西瓜，旨在建立基因枪介导西瓜遗传转化系统。研究表明：预培养时间与轰击次数对转化率影响显著，而扩散腔类型和甘露醇处理质量浓度对转化率的影响不显著。经 GUS 基因表达产物的检测，Kanr（抗卡那霉素）试管苗的转化率为 33.3%。

3. 基因遗传转化　随着基因克隆技术不断发展，近年来成功克隆的目的基因数目不断增加，促进了西瓜遗传转化的研究。

王春霞等（1997）以 2d 龄的西瓜无菌苗子叶为外植体，通过与根癌脓杆菌共培，建立了西瓜子叶农杆菌介导法的遗传转化系统。所用根癌脓杆菌含有 NPT-Ⅱ 基因和番茄的 ACC 合成酶及其反义基因的质粒。Southern-blot 分析，NPT-Ⅱ 基因已整合到西瓜的基因组，乙烯释放指标表明，转入的正义和反义 ACC 合成酶基因得到不同程度的表达。

王慧中等（2000）研究表明：西瓜子叶外植体能被含双元载体 pBPMWMV 的根瘤农杆菌感染，该质粒载体含有一个 NPT-Ⅱ 基因以供选择 kanr 的转基因西瓜植株以及一个 WMV-2 CP 基因，kanr 西瓜植株经 NPT-Ⅱ 酶活性检测、DNA 分子点杂交及 Southern 杂交试验证明，外源的 WMV-2 CP 基因已导入西瓜细胞。王慧中等（2003）进一步研究表明：通过自交结合 PCR 检测，发现 WMV-2 CP 基因在转化植株自交一代的分离符合3：1 的分离比。经过连续 4 代的选择鉴定，已从 T_7、T_{11} 和 T_{32} 3 个独立转化子的后代中筛选获得 8 个转基因纯合株系，性状表现整齐一致。Western-blot 分析结果表明，RT_{7-1}、R_4T_{11-3} 以及 R_4T_{32-7} 3 个不同来源的株系均能表达产生外壳蛋白。转基因纯合株系 WMV-2 感染后的病毒抗性实验表明，与未转基因对照相比，转基因株系可以推迟发病时间，减轻发病程度。实验筛选获得的转基因株系 R_4T_{32-7} 也表现出对 WMV-2 的高度抗性。

陈崇顺等（2002）利用西瓜枯萎病尖镰孢菌的孢子及细胞壁碎片混合液诱导豇豆幼苗特异几丁质酶的表达，纯化了该特异几丁质酶，测定了其部分氨基酸序列，成功克隆了对西瓜枯萎病菌等病原真菌具高抗作用的特异酶的编码基因，并与 pBI121 重组成功构建了几丁质酶基因植物表达载体，为培育抗枯萎病转基因西瓜迈出了新的一步。

张自忠等（2005）构建了同时含有番茄几丁质酶基因（chi3）和 B-1、3-葡聚糖酶基因（GLu-AC）的双价抗真菌基因植物表达载体，以西瓜子叶块为外植体，采用根癌农杆菌介导法，将 chi3 和 Glu-Ac 同时导入西瓜栽培品种中育 1 号，共获得 46 株抗性再生植株。经 PCR、Southern-blot 和 RT-PCR 检测，表明外源基因已成功整合到西瓜基因组中，并在转录水平方面得到表达。利用尖孢镰刀菌西瓜专化型（Fusarium oxysporum）对转基因植株进行离体叶片抗病性检测，表明转基因植株对枯萎病的抗性均有不同程度的增强。

牛胜鸟等（2005）利用西瓜花叶病毒（WMV）外壳蛋白基因、小西葫芦黄化花叶病毒（ZYMV）复制酶基因、黄瓜花叶病毒（CMV）复制酶基因构建了三价植物表达载体，用根癌农杆菌介导法转化西瓜子叶外植体获得了再生植株。经 PCR 和 Southern-blot 检测，证明目的基因成功地导入了西瓜植株，并能够在后代植株中遗传，转化效率约为 1.7%。在温室和大田对 T_2、T_3 代转基因株系进行了病毒接种实验和抗病性筛选鉴定，转基因西瓜株系表现出感病、抗病、免疫和症状恢复等不同的类型。其中 BH1-7 株系的 T_3 代植株对 ZYMV 和 WMV 的抗病能力普遍达到中等水平以上，并保持了受体西瓜品系原有的优良农艺性状。

（刘君璞　王坚　马双武　王吉明）

主要参考文献

范树隆，王惠章，宋焕如．1998．试论汴梁西瓜的种质资源．中国西瓜甜瓜．(1)：11～14

段会军，张彩英，郭小敏等．2005．河北省西瓜枯萎病菌致病性分化及其 RAMS 分析．菌物学报．24
  (4)：497～504

周凤珍，康国斌．1996．西瓜抗枯萎病品种"卡红"的抗病遗传研究．植物病理学报．26 (3)：261～262

黄学森，牛胜鸟，王锡民等．2004．西瓜转基因抗病毒病新材料 BH-1．中国西瓜甜瓜．(1)：5～7

许勇，张海英，康国斌等．2000．西瓜野生种质幼苗耐冷性的生理生化特性与遗传研究．华北农学报．15
  (2)：67～71

许勇，王永健，张峰等．1997．西瓜幼苗耐低温研究初报．华北农学报．12 (2)：93～96

杨安平，王鸣，安贺选．1996．非洲西瓜种质资源苗期抗旱性研究．中国西瓜甜瓜．(1)：6～9

阎志红，刘文革，石玉宝等．2005．NaCl 胁迫对不同染色体倍性西瓜种子发芽特性的影响．中国农学通
  报．21 (1)：204～206

李茜，黄河勋，张孝祺等．1993．短蔓雄性不育西瓜利用研究初报．广东农业科学．(5)：23～24

马国斌，陈海荣，谢关兴．2004．矮生西瓜的研究与利用．上海农业学报．20 (3)：58～61

崔德祥，范恩普，黄蔚等．1996．全缘叶西瓜新品系新凯的选育与遗传分析．西南农业学报．9 (1)：
  125～127

黄河勋，张孝祺，魏振承等．1995．短蔓雄性不育西瓜的研究．中国西瓜甜瓜．(3)：6～9

刘海河，张彦萍，马德伟．2002．西瓜 G17AB 不育花药的细胞形态学及组织化学研究．华北农学报．17
  (增刊)：88～92

王伟，林德佩，谭敦炎等．1996．S351-1 西瓜雄性不育的研究初报．新疆农业大学学报．19 (1)：15～18

张显，王鸣，张进升等．2003．S29 西瓜雄性不育材料的研究初报．西北农林科技大学学报（自然科学
  版）．31 (2)：115～117

张显，杨建强，张进升等．2005．Se18 西瓜雄性不育材料的植物学特征和遗传特性研究．中国瓜菜．
  (5)：3～6

马建祥，张显，张勇等．2005．西瓜核型雄性不育两用系 POD 同工酶研究．中国瓜菜．(4)：30～32

刘海河，侯喜林，张彦萍．2004．西瓜核雄性不育育性基因的 RAPD 标记．果树学报．21 (5)：491～493

张显，王鸣，张进升等．2005．西瓜隐性核雄性不育基因的 RAPD 标记．园艺学报．32 (3)：438～442

牛胜鸟，黄学森，王锡民等．2005．三价转基因抗病毒西瓜的培育．农业生物技术学报．13 (1)：10～15

张志忠，吴菁华，吕柳新等．2005．双价抗真菌基因表达载体的构建及转基因西瓜的研究．热带亚热带
  植物学报．13 (5)：369～374

陈崇顺，斯琴巴拉．2002．一种新的抗真菌几丁质酶基因的分离及其植物表达载体的构建．广西植物．22
  (4)：357～363

马双武，张莉．1998．西瓜叶片后绿性状遗传的初步研究．中国西瓜甜瓜．(2)：29

马国斌，王鸣．2002．西瓜和甜瓜茎尖离体诱导四倍体．中国西瓜甜瓜．(1)：4～5

房超，林德佩，张兴平等．1996．西瓜多倍体育种新方法—利用组织培养诱导四倍体西瓜．中国西瓜甜
  瓜．(4)：7～9

王鸣，张兴平，张显．1988．用 γ 射线诱发染色体易位培育少籽西瓜的研究．园艺学报．15 (2)：

126～131

朝井小太郎，吴进义，陈瑛华．1987．诱发染色体易位培育少籽西瓜的研究．果树科学．4（2）：31～32

宋道军，陈若雷，尹若春等．2001．离子束介导植物分子超远缘杂交的研究．自然科学进展．11（3）：27～329

尹若春，吴丽芳，郭金华等．2002．低能氮离子注入西瓜胚芽的存活率的初步研究．激光生物学报．11（3）：207～211

朱立武，洪泽．1996．氮离子注入对西瓜种子萌发及同工酶的影响．中国西瓜甜瓜．（4）：12～14

王浩波，高秀武，王凤辰等．2005．N$^+$离子束对萌发西瓜种子和西瓜花粉的诱变效应研究．中国西瓜甜瓜．（1）：4～6

王浩波，高秀武，谷运红等．2003．离子束诱变西瓜体细胞抗镰刀菌酸突变体研究．核技术．26（8）：609～611

李雨润，郝丽珍．1999．CO_2激光对西瓜种子最佳辐射剂量的筛选及其数学模拟．激光生物学报．8（4）：290～292

孙逊，任瑞星，施巾帼等．2002．质子束（H$^+$）处理西瓜种子诱变效应研究．中国西瓜甜瓜．4（1）：1～2

方晓中．2002．西瓜卫星搭载诱变育种初报．中国西瓜甜瓜．（3）：23～25

崔艳玲，路志学，芦金生．2004．航天诱变选育航兴1、2、3号西甜瓜新品种．核农学报．18（4）：326

魏瑛．1999．低温预处理对西瓜花药愈伤组织诱导的影响．甘肃农业科技．（9）：34～36

薛光荣，余文炎，杨振英等．1988．西瓜花粉植株的诱导及其后代初步观察．遗传．10（2）：5～8

魏跃，龚义勤，邓波等．2005．西瓜花药愈伤组织的诱导．湖北农业科学．（5）：93～95

肖光辉，吴德喜，刘建雄等．1999．西瓜种质创新途径及创新种质的抗病性鉴定．作物品种资源．（2）：38～40

王果萍，王景雪，孙毅等．2003．几丁质酶基因导入西瓜植株及其抗病性鉴定研究．植物遗传资源学报．4（2）：104～109

任春梅，董延瑜，洪亚辉等．2000．基因枪介导的西瓜遗传转化研究．湖南农业大学学报（自然科学版）．26（6）：432～434

王慧中，赵培洁，徐吉臣等．2003．转WMV-2外壳蛋白基因西瓜植株的病毒抗性．遗传学报．30（1）：70～75

赵虎基，乐锦华，李红霞等．2000．西瓜种染色体核型与品种（系）间亲缘关系研究．北方园艺．（1）：22～23

马双武，张莉．1999．携带西瓜白化致死基因突变株的发现．中国西瓜甜瓜．（4）：22

马国斌．2004．应用淀粉凝胶电泳鉴定西甜瓜杂交种纯度的研究．种子．30（3）：30～35

李严，张春庆．2005．西瓜杂交种遗传多态性的SRAP标记分析．园艺学报．32（4）：643～647

黄为平，郑晓鹰．1995．西瓜一代杂种及其母本的种子水溶蛋白等电聚焦电泳分析．华北农学报．10（2）：126～127

王玺，张国忠．1996．PAGE法鉴定西瓜杂交种研究初报．沈阳农业大学学报．27（1）：92～94

朱立武，刘童光．1992．杂交西瓜过氧化物酶同工酶分析．安徽农学院学报．19（4）：274～278

王鸣刚，谢放，郭小玲．2003．利用RAPD方法鉴定西瓜杂种纯度的研究．厦门大学学报（自然科学版）．42（1）：112～116

许勇，欧阳新星，张海英等．1999．与西瓜野生种质抗枯萎病基因连锁的RAPD标记．植物学报．Vol.41（9）：952～955

许勇，欧阳新星，张海英等．1998．西瓜野生种质耐冷性基因连锁的RAPD标记．园艺学报．25（4）：

397～398

易克，徐向利，卢向阳等 . 2003. 利用 SSR 和 ISSR 标记技术构建西瓜分子遗传图谱 . 湖南农业大学学报
（自然科学版）. 29（4）：333～337

范敏，许勇，张海英等 . 2000. 西瓜果实性状 QTL 定位及其遗传效应分析 . 遗传学报 . 27（10）：
902～910

易克，许勇，卢向阳等 . 2004. 西瓜重组自交系群体的 AFLP 分子图谱构建，园艺学报 . 31（1）：53～58

张仁兵，易克，许勇等 . 2003. 用重组自交系构建西瓜分子遗传图谱 . 分子植物育种 . 1（4）：481～489

欧阳新星，许勇，张海英等 . 1999. 应用 RAPD 技术快速进行西瓜杂交种纯度鉴定的研究 . 农业生物技
术学报 . 7（1）：23～28

赵虎基，乐锦华，李红霞等 . 1999. 籽用西瓜品种（系）间亲缘关系的分析 . 果树科学 . 16（3）：
235～238

段会军，姬惜珠，张彩英等 . 2005. 几种瓜类枯萎病菌专化型的 AFLP 分析 . 河北农业大学学报 . 28
（5）：71～74

王坚等 . 1982. 西瓜 . 北京：科学出版社

王鸣等 . 1982. 染色体和瓜类育种 . 郑州：河南科技出版社

B. A 鲁宾，孙淑贞译 . 1982. 蔬菜和瓜类生理 . 北京：农业出版社

王坚等 . 1993. 西瓜栽培与育种 . 北京：农业出版社

关佩聪等 . 1994. 瓜类生物学和栽培技术 . 北京：农业出版社

中国农业科学院蔬菜花卉研究所 . 1989. 中国蔬菜栽培学 . 北京：农业出版社

西南农业大学 . 1988. 蔬菜育种学 . 北京：农业出版社

浙江农业大学种子教研室 . 1980. 种子学 . 上海：上海科技出版社

李世奎等 . 1988. 中国农业气候资源和农业气候区划 . 北京：科学出版社

中国预防医学科学院营养与食品卫生研究所 . 1991. 食物成分表 . 北京：人民卫生出版社

周光华等 . 1999. 蔬菜优质高产栽培的理论基础 . 济南：山东科技出版社

中国农业科学院郑州果树研究所等 . 2000. 中国西瓜甜瓜 . 北京：中国农业出版社

Mohr H. C. . 1956. Mode of inheritance of the bushy growth characteristics in watermelon. Proc Assn South-
ern Agr Workers. 53：174

Liu PBW. , Loy J. B. . 1972. Inheritance and morphology of two dwarf mutants in watermelon. J Amer Soc
Hort Sci. 97（6）：745～748

Huang HX. , Zhang Z. , Wei Q. et al. . 1998. Inheritance of male-sterility and dwarfism in watermelon
［Citrullus lanatus（Thunb）Matsum and Nakai］. Scientia Horticulturae. 74（3）：175～181

Watts V. M. . 1962. A marked male-sterile mutant in watermaleon. Pro Amer Soc Hort Sci. 81：498～505

Murdock B. A. , Ferguson N. H. , Rhodes B. B. . 1991. Segregation data suggest male sterility genes gms
and ms in watermelon are not in the same lingkage group. Cucurbit Genet Coop Rept. 14：90～91

Rhodes B. B. . 1991. Late male fertility in a glabrous male-sterile（gms）watermelon line. Cucurbit Genet
Coop Rpt. 14：85～86

Zhang XP. and Wang M. . 1990. A genetic male-sterile（ms）watermelon from China. Cucurbit Genetics Co-
op Rpt. 13：45

Rhodes B. B. . 1986. Genes affecting foliage color in watermelon. J Hered. 77（2）：134～135

Zhang XP. , Rhodes B. B. , Baird W. V. . 1996. Development of Genic Male-sterile Watermelon Lines with
Delayed-green seedling Marker. HortScience. 31（1）：123～126

Martyn R. D. . 1991. Resistance to races 0, 1 and 2 of Fusarium wilt of watermelon in Citrullus sp.

PI296341 -FR. HortScience 26 （3）：429～432

Hashizume T. ，Skimamoto I. ，Harushima Y. et al. . 1996. Construction of a linkage map for watermelon ［*Citrullus lanatus* （Thunb）Matsum & Nakai］ using RAPD. Euphytica. 90 （3）：265～273

Hawkins L. K. ，Dane F. ，Kubisiak T. L. et al. . 2001. Linkage mapping in a watermelon population segregating for fusarium wilt resistance. J. Amer. Soc. Hort. Sci. 126 （3）：344～350

Levi A. ，Thomas C. E. ，Wehner T. C. et al. . 2001a. Low genetic diversity indicates the need to broaden the genetic base of cultivated watermelon. HortScience. 36 （6）：1096～1101

Levi A. ，Thomas C. E. ，Zhang XP. et al. . 2001b. A genetic linkage map for watermelon based on RAPD markers. J. Amer. Soc. Hort. Sci. 126 （6）：730～737

Zhang XP. ，Rhodes B. B. . 1993. RADP molecular markers in watermelon. HortScience. 28 （5）：223

Lee S J. ，Shin J. S. ，Park K. W. et al. . 1996. Detection of genetic diversity using RADP-PCR and analysis in watermelon （C. lanatus）germplasm. Theoretical and Applied Genetics. 92 （6）：719～725

蔬菜作物卷

第二十三章

甜 瓜

第一节 概 述

甜瓜（*Cucumis melo* L.）属于葫芦科，黄瓜属，甜瓜种。中国有厚皮甜瓜（别名哈密瓜、白兰瓜及洋香瓜等）和薄皮甜瓜（别名香瓜、梨瓜及东方甜瓜等）两个亚种。染色体 $2n=2x=24$。

甜瓜主要食用部位为中、内果皮，习惯称果肉，是人民喜食的传统水果，其营养价值名列世界十大著名水果第二位。每 100g 鲜果肉含维生素 A4 200mg、维生素 C（抗坏血酸）13～42mg、叶酸 0.3～11mg（《中国甜瓜》，1990）。还含有对人体健康有益的叶酸、粗纤维及微量元素钙、铁等，以及蔗糖及还原糖等，如新疆自治区甜瓜品种"黑眉毛极甘"，其果实中含蔗糖 6.98%，含还原糖（果糖加葡萄糖）4.62%。

甜瓜除食用果肉外，其瓜籽仁含 27% 脂肪酸油（包括亚油酸、油酸、棕榈酸、硬脂酸及豆蔻酸的甘油酯、卵磷脂等），5.78% 的球蛋白、谷蛋白，另外还含有乳聚糖、树脂等成分。可供榨油和炒瓜子食用。籽仁还可作药用，李时珍（《本草纲目》，1578）谓之："清肺润肠，和中止渴。"

甜瓜是中国古老的园艺作物之一，种植历史悠久。自改革开放以后，栽培面积逐年扩大。据联合国粮农组织（FAO）统计，2004 年全世界甜瓜总面积为 1 318 544hm²，总产量为 27 703 132t。其中中国甜瓜面积为 558 550hm²，占世界面积的 42.3%；甜瓜产量为 14 338 000t，占世界总产量的 51.8%，无论面积和产量都名列世界第一位。

在中国甜瓜生产中，薄皮甜瓜的面积约占一半。厚、薄皮甜瓜栽培区域分界线的起点在黑龙江省黑河地区，向西南到云南省的腾冲县。这条斜线以西，主产厚皮甜瓜，以东主产薄皮甜瓜。但近年来，由于设施栽培的快速发展，东南部厚皮甜瓜的面积也在逐年增加。

中国甜瓜栽培历史约在 4 000 年以上，形成的种质资源十分丰富，近缘种及野生种也有发现。据马双武等报道，2003 年中国农业科学院国家农作物种质资源库现保存有甜瓜种质资源约 1 000 份（不包括各地、各单位所保存的甜瓜种质资源）。

第二节　甜瓜的起源与分布

甜瓜是旧大陆——亚、欧大陆及非洲起源的古老植物，在热带、亚热带和温带地区广泛分布。

一、甜瓜的起源及栽培历史

瑞士学者德·康道尔（De Candolle），早在 1882 年，就记载了从非洲加纳采集到的野生甜瓜标本，包括两种类型：一是生长在尼日尔河畔的野生可食甜瓜。二是生长在沙地上，果实像李子，有香味的卵形野甜瓜。此后 100 年，大量的调查、采集、研究证实：甜瓜植物起源于非洲，它的真正野生类型只出现在非洲撒哈拉沙漠南部的回归线东侧（T. W. Whitaker. 1962）。1993 年，美国农业部的小科克布莱德（Jr. J. H. Kirkbride）出版了《葫芦科黄瓜属的生物系统专论》一书，列举了甜瓜亚属的 25 个种。这些甜瓜及其野生近缘种，几乎都产自非洲，尤其是濒临印度洋的东非一带，如肯尼亚、莫桑比克、南非等地。因此，非洲是甜瓜植物的初生起源中心。

千百年来随着人类的迁徙，对植物的栽培、驯化和农业生产的发展，在亚洲大陆广阔的地域涌现出众多甜瓜的遗传多样性类型。这正如苏联玛里尼娜（Malinina，1977）根据印度拥有大量野生和半栽培甜瓜植物的事实所指出的那样：甜瓜（指甜瓜种内的野生、半栽培和栽培类型）起源于印度次大陆。持相同观点的联合国粮农组织（FAO）专家埃斯基纳斯—阿尔卡萨（J. T. Esquinas-Alcasar，1983）认为：栽培甜瓜独立地发生在东南亚、印度和东亚。

笔者根据对新疆甜瓜种质资源调查（1979—1982）和对中国薄皮甜瓜、梨瓜种质的征集（1988—1991）以及对日本（1986）、乌兹别克斯坦（1990），美国农业部国家种子贮藏库（NSSL，Cororado，1987）、艾奥瓦州引种站（NC-7，Iowa，1988）的甜瓜种质样本的征集和鉴定，认为甜瓜的次生起源中心在印度。在漫长的进化过程中，亚洲大陆的栽培甜瓜类型又可划分为 3 个派生的次生起源中心（《中国西瓜甜瓜》，2000）。①西亚栽培甜瓜次生起源中心，包括现今土耳其、叙利亚及巴勒斯坦，是欧、美麝香甜瓜 muskmelon 等粗皮甜瓜 cantaloupes 以及卡沙巴甜瓜 cassaba 的起源地。②东亚栽培甜瓜次生起源中心，包括现今中国东部沿海地区、朝鲜半岛和日本列岛，是薄皮甜瓜 conomon 的起源地。③中亚栽培甜瓜次生起源中心，包括现今伊朗、阿富汗、乌兹别克斯坦、土库曼斯坦，以及中国新疆，是大果型夏甜瓜（ameri）、冬甜瓜（zard），包括新疆哈密瓜及早熟瓜旦甜瓜（chandalak）等的起源地。

K. Kato 等（2002）在"用分子多态性和形态特征分析揭示东亚和南亚甜瓜的遗传多样性"论文中，采用同工酶、RAPD、CAPS 及 microsatellite 技术，分析了来自印度、中国、朝鲜、日本及缅甸、老挝等国的 114 份野生及栽培甜瓜样本后认为：亚洲甜瓜的遗传变异中心在印度。小籽耐湿类型甜瓜（即薄瓜甜瓜 conomon 和 makuwa）起源于印度中部。经人工选择后引入中国，被称为梨瓜和越瓜。

甜瓜在中国栽培历史悠久。薄皮甜瓜，据《诗经·豳风·七月》中有"七月食瓜，八月断壶"（约公元前 11 世纪至公元前 7 世纪）以及《诗经小雅·信南山》中有"中田有庐，疆场有瓜，是剥是菹，献之皇祖"等记述。上述文字资料说明中国栽培和食用甜瓜已有 3 000 多年的历史。近年中国考古学者发现 4 000 多年前的文化遗址（浙江省吴兴钱山漾），从中挖掘出了甜瓜种子。这将中国薄皮甜瓜的栽培历史又推前了 1 000 多年。

中亚是厚皮甜瓜的次生起源地，据考证中国新疆早在公元 3～4 世纪就盛产厚皮甜瓜。1959 年在新疆自治区吐鲁番高昌故城附近的阿斯塔那古墓群中，曾挖掘出了一座晋墓（262—420），内有半个干缩的甜瓜，其种子与现在栽培种一样。又在一座唐墓中（公元 6～9 世纪）发现两块甜瓜皮，其网纹比现在的黑眉毛品种还要粗深。同年在新疆自治区南疆巴楚县脱库孜沙来附近挖掘出一座南北朝（公元 4～5 世纪）的 A 墓，内有 11 粒厚皮甜瓜种子壳。以上 3 例仅为考古实物，除此以外有文字可考的如《梁书》（约在公元 6 世纪）记载："于田国（今和阗）……西山城有房屋市井、果瓜、蔬菜。"又如长春真人《西游记卷》（1148—1227）上记载有："重九日至回讫昌八剌城（即章八里，在天山北麓，已湮没）……甘瓜如枕许，其香味盖中国"。根据以上历史记载和实物考证，新疆自治区至少在 800～1 700 年前就已普遍种植厚皮甜瓜。

二、甜瓜的分布

甜瓜主要分布在北纬 45°至南纬 30°的相适应地域。凡是热量丰富、光照充分、干旱少雨的地区或季节，均适宜生产优质甜瓜。据联合国粮农组织（FAO）2000 年公布的统计数据，全世界甜瓜栽培面积和产量较多的几个国家如表 23 - 1。

表 23 - 1　2000 年全球甜瓜重要生产国情况

国 别	种植面积（hm²）	单 产（kg/hm²）	总 产（t）	位 次
中 国	384 599	16 624.1	6 393 611	1
土耳其	110 000	16 363.6	1 800 000	2
美 国	55 900	23 628.8	1 320 850	3
西班牙	39 500	25 481	1 006 500	4
印 度	31 300	20 447.3	640 000	—
日 本	14 000	21 428.6	300 000	—
全 球	1 145 590	17 135.9	19 630 696	

可见，栽培甜瓜主要分布在从日本、中国，经伊朗、土耳其至地中海沿岸的埃及、摩洛哥、西班牙、意大利、法国等国家，美洲以美国、墨西哥分布较多，澳大利亚近年发展也很快。

中国的甜瓜主要分布在西北干旱地区的新疆自治区、甘肃省河西走廊和内蒙古自治区西部的巴彦淖尔盟；东北的黑龙江、吉林、辽宁三省也有分布，但以薄皮甜瓜（梨瓜）栽培为主；华北地区、黄淮流域、长江下游近年来由于塑料大棚和日光温室的普及，保护地甜瓜栽培正蓬勃兴起，其中尤以山东省莘县、寿光县，河北省廊坊市以及上海市南汇县的甜瓜集约化栽培最为有名。此外，南方热带、亚热带地区，如海南省乐东和三亚、云南省元江、四川省攀枝花以及台湾省（采用塑料拱棚——隧道棚种植）等地，亦已有多年种植历史。

第三节　甜瓜的分类

据杰弗里（C. Jeffrey，1990）的研究报告：全世界的葫芦科植物分为 2 亚科、8 族、118 属、825 个种。甜瓜植物在分类上属于葫芦科（Cucurbitaceae），葫芦亚科（Cucurbi-toideae），马㼀儿族（Melothrieae），葫芦亚族（Cucumerinae），黄瓜属（*Cucumis*），甜瓜种（*Cucumis. melo*）。

一、甜瓜的分类地位及其近缘植物

小科克布莱德（Jr. J. H. Kirkbride，1993）从全世界征集到 5 880 份黄瓜属种质进行观察和研究，将黄瓜属分为 2 亚属（Subgen.）、2 组（Sect.）、6 系（Ser.），共 32 个种。

甜瓜亚属 subgen. *Melo*（2n＝20～72，共 30 种）

刺果瓜（拟）组 sect. *Aculeatosi*

小果瓜（拟）系 ser. *Myriocarpi*

1. 小果瓜 *Cucumis myriocarpus*. Naud.（2n＝24），含 2 亚种

　　1a. 小果瓜亚种 ssp. *myriocarpus*. 产于博茨瓦纳的莱索托，莫桑比克，南非和赞比亚。

　　1b. 膜果瓜（拟）亚种 subsp. *leptodermis*，产于莱索托和南非。

2. 非洲瓜 *Cucumis africanus* L.（2n＝24），产于非洲安哥拉，博茨瓦纳，纳米比亚，南非。

3. 昆塔瓜（拟）*Cucumis quintanlhae* R. Fernandes & A. Fernandes，产于非洲博茨瓦纳和南非。

4. 七裂瓜（拟）*Cucumis heptadaclylus* Naud.（2n＝48），产于南非：开普省，特兰士瓦和奥兰治自由邦。

5. 卡拉哈里瓜 *Cucumis kalahariensis* Meeuse 产于非洲博茨瓦纳中部及西北部，津巴布韦东北。

西印度瓜系 ser. *Angurioidei*

1. 西印度瓜 *Cucumis anguria* L.（2n＝24），含 2 变种

　　1a. 西印度瓜变种 var. *anguria*

　　1b. 长刺瓜变种 var. *longaculeatus*

　　产于非洲：安哥拉、博茨瓦纳、马拉维、莫桑比克、纳米比亚、南非、塞拉利昂、斯威士兰、坦桑尼亚、扎伊尔［现刚果（金）］、赞比亚、津巴布韦，并引种至美洲大陆热带广泛栽培。

2. 沙氏瓜（拟）*Cucumis sacleuxii* Paillieux & Bois（2n＝24），产于非洲：肯尼亚、马达加斯加、坦桑尼亚、乌干达和扎伊尔。

3. 卡罗琳纳瓜 *Cucumis carolina* Kirkbride. 产于非洲：埃塞俄比亚和肯尼亚。

4. 迪普沙瓜（拟）*Cucumis dipsaceus* Ehrenberg ex. Spach（2n＝24），产于非洲：埃塞俄比亚、肯尼亚、索马里、坦桑尼亚、乌干达，偶尔有引种至热带地区。

5. 普拉非瓜（拟）*Cucumis prophetarum* L.（2n＝24）含 2 亚种：

5a. 普拉非瓜亚种（拟）ssp. *prophetarum*. 产于非洲：埃及、马里、毛里塔尼亚、尼日利亚北部、塞内加尔、索马里及苏丹；西南亚的伊朗、伊拉克、以色列、阿曼、卡塔尔、沙特阿拉伯、南也门、叙利亚、阿联酋、约旦和印度、巴基斯坦东北部。

5b. 多裂瓜亚种（拟）ssp. *dissectus*. 产于非洲：乍得、埃塞俄比亚、肯尼亚、毛里塔尼亚、尼日尔、卢旺达、索马里、坦桑尼亚和乌干达，西南亚的沙特阿拉伯及南、北也门。

6. 毛瘤瓜（拟）*Cucumis pubituberculatus* Thulin. 产于非洲中部，索马里沿岸。

7. 吉赫瓜（拟）*Cucumis zeyheri* Sonder（2n＝24，48）产于非洲的莱索托、莫桑比克、南非、斯威士兰、赞比亚和津巴布韦。

8. 普罗拉瓜（拟）*Cucumis prolatior* Kirkbride. 产于非洲：肯尼亚中部。

9. 显瓜（拟）*Cucumis insignis* C. Jeffrey 产于非洲：埃塞俄比亚。

10. 球形瓜（拟）*Cucumis globosus* C. Jeffrey 产于非洲：坦桑尼亚。

11. 修林瓜 *Cucumis thulinianus* kirbride 产于非洲：索马里（Erigavo 附近）。

12. 桑叶瓜（拟）*Cucumis ficifolius* A. Richard.（2n＝24），产于非洲：埃塞俄比亚、肯尼亚、卢旺达、坦桑尼亚、乌干达及扎伊尔。

13. 皮刺瓜（拟）*Cucumis aculeatus* Cogniaux.（2n＝48），稀疏分布于从南埃塞俄比亚，经肯尼亚、卢旺达、坦桑尼亚、乌干达到东扎伊尔。

14. 泡状瓜（拟）*Cucumis pustulatus* Naudin & Hooker（2n＝24），分布于非洲：乍得、埃塞俄比亚、肯尼亚、尼日尔、尼日利亚、苏丹、坦桑尼亚和乌干达，西南亚：沙特阿拉伯、也门。

15. 麦伍兹瓜 *Cucumis meeusii* C. Jeffrey（2n＝48），分布于非洲：北博茨瓦纳、北纳米比亚，及南非（北开普省）。

16. 杰弗里瓜 *Cucumis jeffreyanus* Thulin. 分布于非洲：埃塞俄比亚、肯尼亚和索马里。

17. 戟形瓜（拟）*Cucumis hastatus* Thulin. 分布于非洲：索马里南部。

18. 硬皮瓜（拟）*Cucumis rigidus* E. Meyer ex Sonder. 分布于非洲：沿奥兰治河的纳米比亚南部及南非西北部。

19. 巴拉顿瓜（拟）*Cucumis baladensis* Thulin. 分布于非洲：索马里。

角瓜系 ser. *Metuliferi*

1. 角瓜（拟）*Cucumis metuliferus* E. Meyer ex Naudin（2n＝24）分布于非洲：安哥拉、博茨瓦纳、埃塞俄比亚、肯尼亚、莫桑比克、纳米比亚、塞内加尔、南非、苏丹、斯威士兰、坦桑尼亚、乌干达、扎伊尔、赞比亚、津巴布韦、喀麦隆、中非共和国、利比里亚；亚洲：南、北也门。

2. 喙状瓜（拟）*Cucumis rostratus* Kirkbride. 分布于非洲：科特迪瓦和尼日利亚。

甜瓜组 sect. *Melo*

硬毛瓜系 ser. *Hirsuti*

1. 硬毛瓜（拟）*Cucumis hirsutus* Sonder in Harvey & Sonder（2n＝24），分布于非洲：安哥拉、博茨瓦纳、布隆迪、刚果、肯尼亚、马拉维、莫桑比克、南非、苏丹、斯威士兰、坦桑尼亚、扎伊尔、赞比亚和津巴布韦。

　　　　　　地生瓜系 ser. *Humi fructosi*

1. 地生瓜（拟）*Cucumis humi fructus* Stent.（2n＝24），分布于非洲：安哥拉，埃塞俄比亚（稀少）、肯尼亚、纳米比亚、南非、扎伊尔、赞比亚、津巴布韦。

　　　　　　甜瓜系 ser. *Melo*

1. 甜瓜 *Cucumis melo* L.（2n＝24），含 2 亚种。

　　1a. 甜瓜亚种 ssp. *melo* 分布于非洲：安哥拉、喀麦隆、中非共和国、埃及、埃塞俄比亚、加纳、几内亚-比绍、肯尼亚、马尔代夫、马里、尼日尔、尼日利亚、南非、苏丹、坦桑尼亚和赞比亚；西南亚：伊朗；亚洲：阿富汗、缅甸、中国、印度、日本和巴基斯坦、马来西亚、新几内亚、澳大利亚。大洋洲：斐济，巴布亚-新几内亚；并引种至全球广泛栽培。

　　1b. 野甜瓜亚种 ssp. *agrestis* 分布于非洲：贝宁、乍得、埃塞俄比亚、加纳、科特迪瓦、马拉维、马尔代夫、莫桑比克、尼日尔、塞内加尔、塞舌尔、索马里、南非、苏丹、坦桑尼亚、乌干达、津巴布韦；西南亚：伊朗、沙特阿拉伯、也门；亚洲：缅甸、中国、印度、日本、朝鲜、尼泊尔、巴基斯坦、斯里兰卡、泰国、马来西亚、印尼、新几内亚、菲律宾；大洋洲：关岛、澳大利亚、新不列颠、巴布亚新几内亚、萨摩亚、所罗门群岛、汤加；经引种后在印度和东亚有栽培，在热带地区以杂草形式出现。

2. 箭头瓜（拟）*Cucumis sagittatus* Peyritsch.（2n＝24），分布于：非洲：安哥拉、纳米比亚、南非。

　　黄瓜亚属 subgen. *Cucumis*（2n＝14　2 种）

　　1. 黄瓜 *Cucumis sativus* L.（2n＝14），分布于亚洲：缅甸、中国（云南省）、印度、斯里兰卡、泰国，并在全球广泛引种栽培。

　　2. 野黄瓜 *Cucumis hystrix* Chakravarty 分布于亚洲：缅甸、中国（云南省）、印度（阿萨姆邦）和泰国。

二、甜瓜分类的历史回顾

　　自从 18 世纪中叶，林奈（Linne，1753）首次定名甜瓜种为 *Cucumis melo* 以来的 200 多年中，甜瓜分类屡经变迁。同年，林奈还定出另一个有香气的观赏性甜瓜种闻瓜 *Cucumis dudaim*。

　　1763 年林奈在《植物种志》第 2 版中，又增添了两个甜瓜种：*C. chate*（野生甜瓜）和 *C. flexuosus*（蛇甜瓜）。

　　1784 年桑伯格（Thunberg）在《Flora Japonica》中将东方甜瓜定名为 *C. conomon*。

　　1805 年威尔德洛（Wildenow）定名短毛甜瓜为：①*C. melo reticulatus*（网纹甜瓜）；②*C. melo cantalupo*（粗皮甜瓜）；③*C. melo maltensis*（马尔他甜瓜）。

　　1832 年雅坎和努赛特（Jacquin & Noisette）又定名了甜瓜种内 3 个类型①*C. melo vulgaris*（普通甜瓜）；②*C. melo. saccharinus*（凤梨甜瓜）；③*C. melo inodorus*（冬甜瓜）。

　　1859 年法国诺丹（Naudin）系统地将甜瓜多个已定名的种和类型合并为 1 个种，种内划分为 10 族（Tribe）。①粗皮甜瓜 *C. melo cantaloupensis*；②网纹甜瓜 *C. melo reticu-*

latus；③凤梨甜瓜 *C. melo saccharinus*；④冬甜瓜 *C. melo inodorus*；⑤蛇甜瓜 *C. melo flexuosus*；⑥酸甜瓜 *C. melo acidulus*；⑦醋泡甜瓜 *C. melo chito*；⑧闻瓜 *C. melo dudaim*；⑨红色甜瓜 *C. melo erythraus*；⑩野甜瓜 *C. melo agrestis*。

诺丹的甜瓜分类，对后人影响很大，至今仍为欧美各国沿用。但惠特克（T. W. Whitaker，1962）也指出，诺丹分类中的 *reticulatus*（网纹甜瓜）和 *saccharinus*（凤梨甜瓜）没有原则上的区别，且 *acidulus*（酸甜瓜）与 *conomon*（薄皮甜瓜）也十分类似，因此，不能认为是很合理的。

1877 年库尔茨（Kurz）将林奈定名的 4 个甜瓜种：*C. melo*，*C. dudaim*，*C. chate* 和 *C. flexuosus* 合并成一个种 *Cucumis melo* L. 其下分两个变种 var. *culta* 和 var. *pubescens*。

1902 年日本 Makino 将中国、朝鲜和日本出产的薄皮甜瓜定名为 *C. melo* var. *conomon*。

1924 年柯尼奥和哈姆斯（Cogniaux & Harms）将库尔茨定名的 var. *pubescens* 更改为 var. *agrestis*。

1930 年潘加洛（Pangalo）首次划分出甜瓜种内分类系统。在普通甜瓜之下划分出野生和栽培类型。其下再按生态地理起源分为起源中亚的 *rigidus* 和起源西亚的 *gracilior*。它不仅体现了从野生到栽培的进化方向，而且按瓦维洛夫的起源中心学说，划分出了甜瓜的生态地理类群。

1937 年潘加洛（Pangalo）再次将他 1930 的分类系统具体化。进一步将甜瓜植物划分成 4 个种：①*C. eu-melo*（真甜瓜）；②*C. flexuosus*（蛇甜瓜）；③*C. microcarpus*（小果甜瓜）；④*C. chinensis*（中国甜瓜）。并首次在 *C. eu-melo* 种下划分出 6 个亚种：①粗皮甜瓜亚种 ssp. *cantalupa*；②阿达纳甜瓜亚种 ssp. *adana*；③卡沙巴甜瓜亚种 ssp. *cassaba*；④瓜旦甜瓜亚种 ssp. *chandalijac*；⑤夏甜瓜亚种 ssp. *ameri*；⑥冬甜瓜亚种 ssp. *zard*。上述 *C. eu-melo* 种下的前 3 个亚种起源于西亚，至今仍在欧美各国广泛栽培，后 3 个亚种起源于中亚，在伊朗、乌兹别克斯坦和中国新疆等地长期栽培。

1953 年格列宾茨霍夫（Igor Grebenscikov）提出将甜瓜植物分为：1 个野生种，2 个野生亚种，1 个栽培种（specioid），4 个栽培亚种（subspecioid），10 个集合变种（convariety）的新建议。

1959 年费洛夫（Filov）按潘加洛（Pangalo）的小种分类法，仍将甜瓜独立成属，属下分为：野甜瓜、欧洲甜瓜、中亚甜瓜、东方甜瓜等 4 组，组下有若干种。实际上，费洛夫代表了众多农学家的观点，即同时按农艺（或园艺）性状进行分类，以便于人类利用。但这一分类却不能被分类学家接受，因为这种小种分类法有悖于植物分类原则。

1962 年怀德克（T. W. Whitaker），按诺丹（Naudin）的分类将甜瓜列为 1 个种 *Cucumis melo* L. 其下分为 7 个变种。①粗皮甜瓜 *C. melo* var. *cantaloupensis*；②网纹甜瓜 *C. melo* var. *reticulatus*；③冬甜瓜 *C. melo* var. *inodorus*；④蛇甜瓜 *C. melo* var. *flexuosus*；⑤东方甜瓜 *C. melo* var. *conomon*；⑥醋泡甜瓜 *C. melo* var. *chito*；⑦闻瓜 *C. melo* var. *dudaim*。怀德克简化的诺丹分类，被欧美各国普遍接受。但它的不足之处如：①没有野生甜瓜的位置；②未将大量的中亚甜瓜包括在内；③没有显示出从野生到栽培进化过程等的存在，使学术界感到不满足。

1964 年茹科夫斯基（P. M. Zhukovsky），在格列宾茨霍夫（Igor Grebenscikov）甜瓜分类的基础上，将甜瓜植物合并成 1 个种 *Cucumis melo* L.，其下列 5 个亚种（ssp.），13 个变种（var.）或集合变种（conv.）。茹科夫斯基从植物分类原则出发，制定甜瓜分类，反映出：①全球甜瓜植物的多样性，包括西方学者忽视的中亚甜瓜，都有了合适的分类位置；②指出了甜瓜植物从野生到高度集约化栽培的进化方向；③划分出的变种，也反映了生态地理起源观点。因此，这是一个比较完善的甜瓜分类。

在国内，1958 年新疆自治区农业科学研究所潘小芳报道了最初的新疆甜瓜分类建议，1985 年林德佩在《新疆甜瓜西瓜志》中，依据茹科夫斯基分类，将中国原产和引进的甜瓜植物定为 1 个种，下分 5 个亚种、10 个变种（或集合变种）。2000 年在《中国西瓜甜瓜》专著中，再次将中国的甜瓜植物定为 1 个种、5 个亚种、8 个变种（详见甜瓜的分类及亚种检索表）。

三、中国甜瓜的分类及亚种检索表

（一）甜瓜种的分类

《中国西瓜甜瓜》（2000）将中国甜瓜种以下划分成 5 个亚种、8 个变种。

种名：甜瓜 *Cucumis melo* L. Sp. pl. 1753. p1011.

亚种 1：野甜瓜 ssp. *agrestis*（Naud.）Greb Die kulturpf 1. 1953. p134（异名：*C. chate* L. 1763；*C. pubescens* Willd. 1805；*C. melo agrestis* Naud. 1859；*C. melo pubescens* kurz 1877；*Melo* sect. *Bubalion* Pang. 1950；*Melo agrestis* Pang 1950）

亚种 2：闻瓜 ssp. *dudaim*（L.）Greb Die Kulturpf 1. 1953. P134. [异名：*C. dudaim* L. 1753；*C. melo dudaim* Naud. 1859；*C. melo erythraeus* Naud. 1859；*C. melo microcarpus*（Alef.）Pang. 1928；*C. microcarpus.* 1930；*Melo Microcarpus* Pang. 1950]

亚种 3：蛇甜瓜 ssp. *flexuosus*（L.）Greb. Die Kulturpf 1. 1953. p134.

（异名：*C. chate* Hasselqa 1757；*C. flexuosus* L. 1763；*C. melo flexuosus* Naud. 1859；*C. melo inodorus* Naud. 1859；*C. melo* var. *flexuosus* Pang. 1928；*C. melo flexuosus* var. *adzhur* Pang. 1950）

亚种 4：薄皮甜瓜 ssp. *conomon*（Thunb.）Greb Die Kulturpf. 1. 1953 P134. [异名：*C. melo acidulus* Naud. 1859；*C. melo* var. *utilissima*（Roxb）Duth et Fll. 1882；*C. melo* var. *conomon* Makino 1902；*C. melo* var. *chinensis* Pang. 1928；*C. chinensis* Pang 1933]

变种 1：越瓜 var. *conomon*（Thunb.）Greb（异名：*C. conomon* Thunb. 1784；*Melo. conomon* Pang. 1950）

变种 2：梨瓜（中国甜瓜）var. *chinensis*（Pang）. Greb.（异名：*Melo chinensis* Pang. 1950；*Melo monoclinus* Pang. 1950）

亚种 5：厚皮甜瓜 ssp. *melo* Pang. [异名：*C. melo reticulatus*（ser.）Naud. 1859；*C. melo cantaloupensis* Naud. 1859；*C. melo saccharinus* Naud. 1859；*C. melo inodorus*（Jacq.）Naud 1859；*C. melo vulgaris*（Jacq.）Pang. 1928；*C. melo*（L.）Pang. 1933；*C. eu-melo* Pang. 1937]

变种 1：阿达纳甜瓜 var. *adana*（Pang.）Greb（异名：*C. eu-melo* ssp. *adana* Pang,

1937；*Melo adana* Pang. 1950）

变种 2：卡沙巴甜瓜 var. *cassaba*（Pang.）Greb（异名：*C. eu-melo* ssp. *cassaba* Pang. 1928；*Melo casaba* Pang. 1950）

变种 3：粗皮甜瓜 var. *cantalupa*（Pang.）Greb（异名：*C. melo cantaloupensis* Naud. 1859；*C. eu-melo* ssp. *cantalupa* Pang. 1937；*Melo cantalupa* Pang. 1950）

变种 4：瓜旦甜瓜 var. *chandalak*（Pang.）Greb（异名：*C. eu-melo* ssp. *chandalak* Pang. 1937；*Melo chandalak* Pang. 1950）

变种 5：夏甜瓜 var. *ameri*（Pang.）Greb（异名：*C. eu-melo* ssp. *ameri* Pang. 1937；*Melo ameri* Pang. 1950）

变种 6：冬甜瓜 var. *zard*（Pang）Greb［异名：*C. melo inodorus*（Jacq.）Naud. 1859；*C. eu-melo* ssp. *zard* pang 1937；*Melo zard* Pang. 1950］

（二）甜瓜亚种检索表

A　叶色深绿，叶面有小网泡 ……………………………………………………………………… B
　　AA　叶色绿较浅，叶面较平整 …………………………………………………………………… C
　B　茎蔓较短、细、有棱、雌花单性或两性、果实圆形或筒形、有时花冠残存 ……………… D
　　BB　茎蔓长、圆、雌花单性、果实细长、变曲、嫩果作蔬菜 ……… 3. 蛇甜瓜亚种 ssp. *flexuosus*
　C　植株纤细、叶、花、果均小、果肉薄、味淡、野生 ………………… 1. 野甜瓜亚种 ssp. *agrestis*
　　CC　植株强旺、叶、花、果均较大、果肉厚 2.5cm 以上、味甜、栽培 ………………………
　　……………………………………………………………………………… 5. 厚皮甜瓜亚种 ssp. *melo*
　D　果皮黄色或红褐色、果熟时香气较浓、供观赏 ………………… 2. 闻瓜亚种 ssp. *dudaim*
　　DD　果皮绿、白或黄色、果肉厚 2.5cm 以下、果实供生食、菜用或加工 ……………………
　　………………………………………………………………………… 4. 薄皮甜瓜亚种 ssp. *conomon*

四、甜瓜亚种及变种的主要特征特性

（一）野甜瓜亚种 ssp. *agrestis*（Naud.）Greb

野生在北非、中亚和西南亚、中国及朝鲜、日本。常见于田间杂草中。植株纤细，花较小，双生或 3 枚聚生；子房密被柔毛和糙硬毛，果实小、长圆形、球形，有香味、不甜、果肉极薄。中国北方俗名：马泡瓜。

（二）闻瓜亚种 ssp. *dudaim*（L.）Greb

原产于西亚、北非。M. Hassib（1938）在埃及记录了大批栽培类型，在中国东南沿海为常见栽培的观赏植物，又据怀特克（1962）报道：在美国路易斯安娜和得克萨斯州已散逸并自然野生。茎蔓细长、茸毛多、叶色深绿，雌雄同株异花。果实小，黄色或红褐色，果径 3～5cm，圆形，成熟时果面有毛，具香味。植株结实力极强。

（三）蛇甜瓜亚种 ssp. *flexuosus*（L.）Greb

原产伊朗、阿富汗和中亚前苏联各共和国，为古老的栽培植物、今已不多见。雌雄同株异花，果实蛇形弯曲、粗 6～9cm，长 1～2m，果皮光滑、果肉疏松，成熟后具难闻的气味，坐果后 5～7d 的嫩果可作菜或盐渍加工。

（四）薄皮甜瓜亚种 ssp. *conomon*（Thunb）Greb

原产中国、朝鲜、日本。为古老的栽培植物，中国东汉时帝都长安就有闻名的东陵瓜。茎蔓细、叶色深绿、叶面不平、有泡状突起。花为雌雄同株异花或雌雄两性同株。果实小、单瓜重 200～500g、椭圆及圆筒形、果皮光滑，果柄短，常有花冠残存。果皮成熟后显黄、白、绿色，果肉厚在 2.5cm 以下。

该亚种按果实含糖量多少、香气物质的有无及能否供生食等又划分为 2 变种：

1. 越瓜变种 var. *conomon*（Thunb.）Greb 原产中国江苏、浙江省一带。雌花性型为单性花。果实长约 30～50cm，果皮绿或白色，味淡，无香气，果实成熟后作蔬菜炒食或盐渍加工。品种有青皮梢瓜、白皮梢瓜等。

2. 梨瓜变种 var. *chinensis*（Pang.）Greb 原产中国，现广泛栽培于中国东北、华北、华东及朝鲜、日本等地。雌花性型为两性花。果实较小，多早熟，味甜，成熟时有香气溢出，故又名"香瓜"，肉质脆（脆瓜）或软绵（面瓜）。果实成熟后作水果生食。品种有：山东省的益都银瓜、甘肃省的兰州金塔寺、上海市的黄金瓜、陕西省的白兔娃、黑龙江省的白沙蜜、河南省的王海瓜以及育成品种：广州蜜瓜、龙甜 2 号、荆农 4 号等。

（五）厚皮甜瓜亚种 ssp. *melo*（Pang.）

原产土耳其和伊朗、阿富汗、土库曼斯坦、乌兹别克斯坦、中国（新疆自治区）等西亚和中亚地区，现广泛分布于全球各地。植株生长势旺、茎蔓粗壮、叶片大、色浅绿、叶面平整。雌花性型除阿达纳甜瓜变种为单性雌花外，其余全为两性花。果实中等大到大型，最大单瓜重达 8～10kg 以上。果实形状、皮色、网纹、条带、肉色十分多样，果肉厚 2.5cm 以上，按生态地理起源和成熟期的不同，又可划分成 6 个变种：

1. 阿达纳甜瓜变种 var. *adana*（Pang.）Greb 原产土耳其，以该国地中海沿岸城市阿达纳命名，现栽培很少，果实形状与蛇甜瓜近似。为严格的雌单性花植物。果实长 50～80cm，长纺锤形、稍弯曲，果面不平、有细棱突起，果皮黄绿色，熟后常开裂，果肉疏松、淡甜、少汁。品种有香蕉等。

2. 卡沙巴甜瓜变种 var. *cassaba*（Pang.）Greb 原产土耳其，卡沙巴是该国西部地名，现广泛分布在欧美各国。雌花性型为两性花。果实近圆形，果皮光滑或有细沟纹，但无网纹，果柄短，花痕处常有乳头突起；果皮黄白—墨绿色，果肉绿白色、成熟后果肉变软，醇香味浓、味甜、品质优良。该变种有时有 5 心室的品种（如中国新疆自治区地方品种伯谢克辛），品种有：白兰瓜（Honey Dew）、金黄（Golden Beauty）、巴伦西亚诺、Santa Claus、Grenshow 等以及改良品种黄河蜜、状元（F_1）等。

3. 粗皮甜瓜变种 var. *cantalupa*（Pang.）Greb 原产土耳其东部凡湖（Van Lake）地区，现广泛分布在欧美各国。雌花为两性花。果实近圆形，果皮表面粗糙，常有粗大网纹突起。果肉橘红色，多早中熟，果实成熟后肉变软，果柄脱离。甜度中等，常有异香

（故名麝香甜瓜 muskmelon）。品种很多，大多数欧美栽培甜瓜品种均属之，如金山、糖球、PMR45、Perlita、Iroquois、SR-91 以及近年来日本育成的改良品种真珠、安浓 1 号和笔者育成的一代杂种西域 1 号、3 号等。

4. 瓜旦甜瓜变种 var. *chandalak*（Pang.）Greb 原产伊朗、阿富汗、土库曼、乌兹别克、中国（新疆自治区），现仍主要分布在这些地域。全为早熟品种（全生育期 70～85d），植株生长势旺，雌花两性，果实圆球形，果面大多有 10 条浅灰纵沟、肉质软、中等甜、有香气，果实成熟后常与果柄脱离。据 Malinina（1985）记述，前苏联有 3 个品种群，中国新疆自治区有 2 个品种群。品种有：其里甘（意早熟）、卡赛其里甘和 Chandalak 等以及改良品种女庄员、黄旦子、河套蜜等。

5. 夏甜瓜变种 var. *ameri*（Pang.）Greb 原产中亚，现仍主要分布在这一地域。全为中熟品种（全生育期 80～120d），植株生长势旺，雌花两性，果实形状多样，以椭圆至卵圆形为主，果实中等大至大型，肉质软或脆，味甜至极甜，可溶性固形物含量最高可达 22%（哈密瓜，红星 4 场，1980），熟后果柄不脱离，采收后大多能短期存放。前苏联中亚共和国有 26 个品种群，在中国新疆自治区有 70 个地方品种，可归并成 6 个品种群：纳西甘、长棒、白皮瓜、可口奇夏瓜、密极甘夏瓜。品种有纳西甘、伯克扎德、金棒子、白皮脆、阿克可口奇、香梨黄、红心脆以及改良品种芙蓉、郁金等。

6. 冬甜瓜变种 var. *zard*（Pang.）Greb 原产中亚，以伊朗著名的 zard 冬甜瓜命名，现仍主要分布在这一地域，全为晚熟种（全生育期 121～150d）。植株生长势旺，雌花两性，果实为大型果，形状以椭圆形为主。成熟瓜果肉硬、脆、贮藏后变醇香、松软、味甘甜。采后大多能存放 30～60d 以上。前苏联中亚共和国有 36 个品种群，中国新疆自治区有可口奇冬瓜和密极甘冬瓜 2 个品种群。品种有：黑眉毛密极甘、青麻皮、炮台红、卡拉克赛、小青皮等。

第四节　甜瓜的形态特征与生物学特性

一、形态特征

（一）茎

甜瓜茎蔓生，茎蔓由主蔓和多级侧蔓组成。茎节上着生有叶片、侧枝、卷须和花（基部 1～5 节常不能形成花原基）。

甜瓜的茎蔓为草质、柔软。横切面略成 5 棱。表皮密生短刺毛。主蔓上长出的一级侧蔓叫子蔓，子蔓上长出的二级侧蔓叫孙蔓。自然生长状态下，主蔓的顶端生长优势弱，基部第 1～3 节长出的子蔓生长势常超过主蔓。人工整枝打杈后，单蔓式的大果型厚皮甜瓜，主蔓长度可达 2～3m 或更长。甜瓜的卷须不分杈，起攀缘、固定作用。

（二）叶

甜瓜的子叶近圆形或阔披针形，含叶绿素，其光合作用产物对苗期生长发育有很大作用。叶为单叶、互生，无托叶。叶形有掌状、5裂状、近圆状和肾状。叶片绿色，薄皮甜瓜叶色偏深，厚皮甜瓜较浅。叶缘锯齿浅，有的无齿，仅为波纹状。叶片厚度约0.4～0.5mm，长宽为15～20cm。薄皮甜瓜叶片较小，且叶表面常有皱。叶柄长约8～15cm。

（三）花

花冠黄色，花瓣基部联合，属合瓣花，子房下位，胚珠多数，有蜜腺，虫媒授粉。

甜瓜花有3种类型：单性雄花、单性雌花、雌雄两性花。以两性花为例，其结构是（由外向内）：萼片5枚；花瓣5枚，基部合生；雄蕊5枚，但两两联合，1枚单生，形成3枚雄蕊；雌蕊3枚，基部靠合。单性雄花的雌蕊退化，仅留雄蕊。单性雌花的雄蕊退化，仅留雌蕊。

由于花器官的结构差异，其组合成的甜瓜植物性型也就不同：①雄花、两性花同株。雄花单性，雌花为两性花，绝大多数栽培甜瓜品种都具有这样的性型。②雌雄异花同株。雄花单性，雌花亦为单性，少数古老品种如香蕉甜瓜等和专门为杂交制种用母本所选育的雌花单性花自交系均属此类性型。③全两性花株。植株上所有的花都是两性花，原始的野生甜瓜如马泡瓜属此类性型。

在长期进化过程中，甜瓜花器官发生变异，也会产生出上述3种以外的性型，如全雌株（美国育成的WI998），雌花、两性花同株（中国保定地方品种变异），以及雌花、雄花、两性花同株和全雄株等。

（四）果实

果实为瓠果，3心皮，3心室（个别品种如伯谢辛为5心皮，5心室），侧膜胎座。果实为子房的花托及果皮共同发育而成，可食部分与西瓜的胎座（瓤）不同，主要为发达的中、内果皮。

甜瓜果实的大小、形状、颜色、条带、肉色、质地、风味、含糖量等因种类、品种的不同，表现出丰富的遗传多样性。

果实大小：从数十克重的闻瓜到数百克重的香瓜、梨瓜，到数千克重的哈密瓜、冬甜瓜。在新疆，单瓜重超过10kg的大甜瓜并不少见。果实形状：从扁圆、圆形到卵圆、椭圆、圆筒，长棒形。果实颜色：从乳白、白、浅黄、黄、橙黄到浅绿、绿、深绿色。网纹条带：网纹从无到有，从稀到密。条带从无到有，棱突也从无到有。肉色：有白、黄、橘红和绿色。质地：有脆、软和溶。风味：有香、麝香和微香。含糖量：可溶性固形物（折光糖）含量从2%～3%到22%，大多数品种为12%～15%。

（五）种子

成熟的种子包含种皮、胚、子叶3部分。甜瓜果实一般含有400～600粒种子。

种子多为扁卵圆形。种皮多具深浅不同的土黄色。种子的大小随种类，品种的不同，差别很大，一般厚皮甜瓜种子较大，长×宽×厚为：10～15mm×4～5mm×1.65mm，千粒重25～80g。薄皮甜瓜种子较小，为5～7.5mm×2.5～3.1mm×1.2～1.3mm，千粒重

8~25g。

二、生长发育周期及对环境条件的要求

甜瓜植物在一个生长季的周期中，经历了发芽、幼苗、伸蔓、开花、结实和成熟等6个生长发育时期。现将甜瓜生育过程中对温度、光照、水分等环境条件的要求分述如下：

（一）温度

甜瓜是喜温作物，据笔者测算，从播种至成熟大致需大于12℃以上的积温为：薄皮甜瓜约2 300℃，厚皮甜瓜约2 600~3 500℃。

甜瓜发芽的起始温度是15℃，适温25~30℃，最高止于42℃。甜瓜苗期适温是：白昼25~30℃，夜晚16~20℃。伸蔓期，需要白昼22~32℃，夜晚10~18℃，昼夜温差10~13℃。开花期，由于花粉萌发授粉需20~43℃的较高温度，因此花期要求的最低温度是18~20℃，适温30~32℃，最高大于40℃。果实发育期适宜的日均温为23~24℃，对原产于亚洲腹地的大果型哈密瓜来说，果实发育期间，昼夜温差以10~15℃为好，最适宜的白昼温度是27~30℃，夜温18℃，这样才有利于形成高糖、优质的果实。

（二）光照

甜瓜是喜光作物，其光饱和点是55 000~60 000lx，仅次于西瓜和番茄。据测定，甜瓜叶片的光合作用强度为17~20mg（CO_2）/（$dm^2 \cdot h$）。

充足的光照是甜瓜正常生长发育的基本条件，苗期最理想的日照时数为10~12h。果实发育期，厚皮大果型甜瓜要求的日照时数更多。

（三）水分

甜瓜比较耐旱，不过栽培上必须满足其对水分的需求，但水分又不能过多，否则将十分不利于其生长发育。

甜瓜喜干燥空气，适宜的空气相对湿度为50%~60%。厚皮甜瓜中的哈密瓜尤其喜欢晴朗的天气和干燥的空气，阴雨天、空气湿度大不仅将削弱其生长势，而且影响其坐果和降低糖含量，并易造成多种病害的滋生。

甜瓜根系不耐涝，大水淹后，很容易产生根系缺氧死亡。因此，必须加强灌溉和排水管理。通常在苗期，土壤相对湿度要保持在最大田间持水量的60%~70%，土壤含水量稍低有利于蹲苗。开花坐瓜期，植株需水量大，土壤相对湿度要保持在田间最大持水量的80%~85%。果实成熟期应逐渐降低土壤相对湿度，将田间持水量降到最大持水量的55%。

（四）土壤与养分

甜瓜喜好土层深厚、通气良好、富含有机质的壤土或沙壤土，但对贫瘠、干燥的荒漠

土，以及盐碱土亦有一定的适应能力。在新疆自治区，凡是在极度干旱的盐渍土壤上，开发改良后都有可能栽培出最优质的甜瓜，例如，吐鲁番—哈密以及南疆的和田—伽师等地区。

甜瓜根系最适宜的土壤酸碱度是 pH6～7，但在 pH8 以下均能良好生长。笔者在新疆自治区哈密市红星二场的盐碱地上，测到红心脆品种甜瓜含可溶性固形物（折光糖）高达21％的记录。甜瓜对养分的要求见表 23-2。

表 23-2 甜瓜的茎、叶、果实对养分的吸收　　　　　　　　　　单位：kg/hm²

肥料元素	叶	茎	果实	合计	土壤施肥量（有效成分）
氮	5.523	1.852	6.864	14.238	21
磷	1.411	0.914	3.735	6.060	6～36*
钾	4.764	6.248	17.845	28.857	23

注：＊表示土壤含量不同时的施肥量。

上表说明，甜瓜不同器官对氮、磷、钾三要素的要求是不同的，需要注意的是甜瓜对磷的要求虽然不多，但由于土壤中可供植物吸收的有效磷含量少，故在施肥时应注意增加磷肥的施用量。

第五节　中国的甜瓜种质资源

中华文明源远流长，国土幅员广大，气候差异悬殊，种质资源丰富，生物多样性十分明显。中国黄淮流域和东南沿海以薄皮甜瓜种质资源为主，西北部的新疆自治区则是厚皮甜瓜（哈密瓜）种质最集中的地区。

一、概况

中国甜瓜种质资源的收集、整理工作始于 20 世纪 50 年代，新疆、甘肃、安徽、江西、陕西、辽宁等省（自治区）在地方品种资源调查中，征集到一批甜瓜种质资源。在此基础上，1963 年由中国农业科学院果树研究所汇编成《全国西瓜甜瓜地方品种名录》，共收录了全国各地的西瓜、甜瓜地方品种 135 个。1979 年由新疆自治区农业厅、建设兵团、农业科学院和农学院等共同调查，收集、整理甜瓜、西瓜地方品种 277 份，其中甜瓜 214份，并于 1985 年编写出版了《新疆甜瓜西瓜志》。

据中国农业科学院郑州果树研究所马双武等（2003）报道，中国国家农作物种质资源长期库已编目入库的甜瓜种质有 1 003 份（表 23-4）。

表 23-4 中国国家农作物种质资源长期库保存的甜瓜种质（2003 年）

来源	中国地方品种	国外引进品种									待定	长期库甜瓜总计
		前苏联	印度	日本	加拿大	伊朗	美国	土耳其	其他	总计		
份数	374	107	83	66	48	45	35	33	35	451	178	1 003
％	37.3	10.6	8.2	6.6	4.7	4.5	3.5	3.3	3.5	44.9	17.7	100

2005 年国家农作物种质资源长期库所保存的甜瓜种质资源已增至 1 244 份（见表 1-

7）；除此以外，据笔者了解中国农业科学院郑州果树研究所农作物种质资源中期库迄今已收集西瓜、甜瓜种质资源 1 500 余份。

二、抗病虫种质资源

最早利用抗病种质资源，进行抗病甜瓜品种选育的是美国。从 20 世纪 20 年代起，为了防治甜瓜作物上普遍发生危害的甜瓜白粉病，美国农业部先后从印度引进了一批野生，或半栽培种甜瓜，如 Calif.525、PI79374、PI115908、PI124111 等，开展甜瓜抗病育种，1936 年育成了第一个抗白粉病甜瓜品种 PMR45。

从 1978 年起，国际葫芦科遗传协会（CGC）在其年报上，每隔 4 年发布一次甜瓜植物的基因目录，披露国际上承认的甜瓜抗病种质资源及其基因信息。现将抗病种质汇总如表 23 - 5。

表 23 - 5　甜瓜抗病虫种质

种质名	产　地 引种地	所抗病虫害种类	抗病虫 基因	报道人
* MR - 1	美国	抗甜瓜叶枯病（*A. cucumerina*）	Ac	C. E. Thomas，1989
* PI414723	印度	耐瓜蚜（*A. gossypii*）	Ag	G. W. Bohn，1973
		抗霜霉病（*P. cubensis*）	Pc - 3	C. Epinat，1989
		抗单丝壳白粉病菌（*S. fuliginea* 小种 1）	Pm - 7	K. Anagnstou 等，2000
		抗单丝壳白粉菌（*S. fuliginea*）	Pm - x	M. Pitrat
		抗西瓜花叶病毒（WMV）	*Wmr*	R. Z. Gilbet 等，1994
		抗西葫芦黄斑花叶病毒（ZYMV）	Zym	M. Pitrat，1984
			Zym - 2	Y. Danin - poleg 等，1994
			Zym - 3	Y. Danin - poleg 等，1994
C922 - 174 - B	美国	抗黄瓜甲虫（Cucumber beetle）	cb	P. E. Nugent 等，1984
PI124112	印度	抗霜霉病（*P. cubensis*）	Pc - 4	D. Kenigsbuch 等，1992
		抗单丝壳白粉病（*S. fuliginea*）	Pm - 4	R. R. Harwood 等，1968
			Pm - 5	R. R. Harwood 等，1968
		抗二叉白粉病菌（*E. cichoracearum*）	Pm - F	C. Epinat 等，1993
			Pm - G	C. Epinat 等，1993
		抗番木瓜环斑病毒（PRSV）	Prv - 2	J. D. McCreight 等，1996
		抗瓜类蚜传黄化病毒（Cucurbit aphid Borne yellow virus）	Cab - 1	C. Dogimont 等，1997
			Cab - 2	C. Dogimont 等，1997
TGR1551		抗瓜类抑制黄化病毒（CYSDV）	Cys	A. I. Lopez - Sese 等，2000
* Doublon	法国	抗甜瓜枯萎病（*F. oxysporum* 小种 0.2）	Fom - 1	G. Risser，1973
* CM17 - 187	法国	抗甜瓜枯萎病（*F. oxysporum* 小种 0.1）	Fom - 2	G. Risser，1973
* Perlita FR	美国	抗甜瓜枯萎病（*F. oxysporum* 小种 0.2）	Fom - 3	F. W. Zink 等，1985
P1378062	美国	抗叶脉间斑驳黄化复合病毒（IMYCV）	Imy	A. A. Hassan 等，1998
PI313970	美国	抗生菜传播黄化病毒（LIYV）	Liy	J. D. McCreight，2000
* PI140471	美国	抗蔓枯病（*M. citrullina*）	Mc	K. Prasad 等，1967
C - 1、C - 8	美国	中抗蔓枯病（*M. citrullina*）	Mc - 2	K. Prasad 等，1967
PI157082	美国	高抗蔓枯病（*M. citrullina*）	Mc - 3	T. L. Zuniga 等，1999
PI511890	美国	高抗蔓枯病（*M. citrullina*）	Mc - 4	T. L. Zuniga 等，1999
Pt81（野甜瓜）	美国	抗甜瓜蔓衰老（Melon vine decline）	Mvd	A. Iglesias 等，2000

（续）

种质名	产　地 引种地	所抗病虫害种类	抗病虫 基因	报道人
Nagata Kin	东亚	抗甜瓜黄化病毒（MYV）	My	J. Esleva 等，1992
				F. Nuez 等，1999
* PI124111	印度	抗霜霉病（P. cubensis）	Pc-1	Y. Cohen 等，1985
			Pc-2	Y. Cohen 等，1985
		抗单丝壳白粉菌（S. fuliginea 小种 1）	Pm-3	R. R. Harwood 等，1968
		抗单丝壳白粉菌（S. fuliginea 小种 2）	Pm-6	D. Kenigsbuch，1989
* PMR-45	美国	抗单丝壳白粉菌（S. fuliginea 小种 1）	Pm-1	I. C. Jagger，1938
PMR-5	美国	抗单丝壳白粉菌（S. fuliginea 小种 1）	Pm-2	G. W. Bohn，1964
		抗二叉白粉菌（E. cichoracearum）	Pm-E	C. Epinat，1993
Nantais oblong	法国	抗二叉白粉菌（E. cichoracearum），感单丝 壳白粉菌（S. fuliginea）	Pm-H	C. Epinat，1993
* WMR29	美国	抗单丝壳白粉菌（S. fuliginea 小种 2）	Pm-x	M. Pitrat，1991
* VA435	美国	抗单丝壳白粉菌（S. fuliginea）	Pm-y	M. Pitrat，1991
Angelov5-4-2-1	以色列	抗霜霉病（P. cubensis）	Pc-5	D. Angelov，2000
* Gulfstream	美国	抗甜瓜坏死斑点病毒（Nectrotic spot virus）	nsv	D. L. Coudriet，1981
* Planter Jumbo	美国		nsv	D. L. Coudriet，1981
* PI180280	美国	抗番木瓜环斑病毒（PRSV）	Prv[1]	M. Pitrat，1983
				R. E. Webb，1979
PI180283	美国	抗番木瓜环斑病毒（PRSV）	Prv[2]	J. F. Kaan，1973
				M. Pitrat，1983
* PI161375	朝鲜	抗蚜传病毒（Virus aphid Transmission）	Vat	M. Pitrat，1980
* Jade	中国台湾	抗黄瓜花叶病毒（CMV）	—	H. M. Munger，1988
* 蜜糖埕	中国	抗枯萎病（F. oxysporum）、霜霉病 （P. cubensis）、黄瓜花叶病毒（CMV）	—	日本野菜试验场，1986
* 金道子	中国	抗疫霉病（P. melonis）	—	中国新疆自治区农业科学 院，1986

　　注：以上资料主要引自国际葫芦科遗传协会（CGC）2002 年年报，法国皮特拉特博士（Dr. M. Pitrat）2002 年编撰的《甜瓜基因目录》（《Gene List for Melon》）；"＊"表示中国已引进或已保存。

三、早熟种质资源

　　笔者认为世界上早熟甜瓜的种质大多集中在中国、朝鲜、日本等地区的薄皮甜瓜亚种中（ssp. conomon）。而厚皮甜瓜亚种中（ssp. melo），只有瓜旦（var. chandalak）变种才拥有少数真正早熟的种质。

　　栽培上习惯把全生育期 70～80d 的甜瓜称早熟品种。但为了扩大利用范围，笔者把全生育期 80～90d 的早中熟甜瓜一并列出，以供应用时参考（表 23-6，图 23-1、23-2、23-3）。值得注意的是同一品种在不同地区种植，其生育期长短表现往往差别很大。例如：从前苏联引进的"女庄员"，在新疆自治区叫"黄旦子"，其早熟类型，全生育期仅 70d，中晚熟类型可达 80～90d，但引进至甘肃省（称铁旦子）、宁夏自治区和内蒙古自治区巴彦淖尔盟（称为河套蜜）后，则生育期长达100～103d。

表23-6　甜瓜早熟和早中熟种质

种质名	分类 （亚种、变种）	产地	全生育期 （播种—成熟） （d）	果实发育期 （坐果—成熟） （d）	皮色	单瓜重（kg）	折光糖含量 （%）
卡赛其里干	厚皮亚种瓜旦变种	新疆（喀什）	70～75	28	黄绿	0.6	8～9
一窝蜂	薄皮亚种梨瓜变种	陕西	75	28	绿	0.25	8
盛开花	薄皮亚种梨瓜变种	陕西	80	28	绿	0.4	8
小花道	薄皮亚种梨瓜变种	内蒙古	80	26	绿皮白条	0.15	12
龙甜1号	薄皮亚种梨瓜变种	黑龙江	75～80	26	绿	0.25	10
黄旦子	厚皮亚种瓜旦变种	新疆（昌吉）	75～85	30	黄	0.75	12
铁把青	薄皮亚种梨瓜变种	黑龙江	84	28	绿	0.3	13
喇嘛黄	薄皮亚种梨瓜变种	黑龙江、吉林、辽宁	85	30	黄	0.4～0.5	12
白沙蜜	薄皮亚种梨瓜变种	河南	85	30	白	0.5	12
华南108	薄皮亚种梨瓜变种	广东	85～90	30	白	0.25	12～13
大香水	薄皮亚种梨瓜变种	黑龙江、吉林、辽宁	80～85	29	黄白绿斑	0.4	10
黄金瓜	薄皮亚种梨瓜变种	江苏、浙江	90	30	黄	0.4	12
金塔寺	薄皮亚种梨瓜变种	兰州	90	30	绿	0.5	10
王海	薄皮亚种梨瓜变种	河南	90	30	绿-黄白	0.5	11
纳西甘	厚皮亚种夏瓜变种	新疆（吐鲁番）	85	35	灰绿	1～2	13～15
米籽瓜	厚皮亚种夏瓜变种	新疆（吐鲁番）	85～90	35～40	灰绿	1.3	14
白皮脆	厚皮亚种夏瓜变种	新疆（阜康）	85～90	35	白	1.5	12.4
伯克扎德	厚皮亚种夏瓜变种	新疆（鄯善）	85～90	40	灰绿	2.5	15

图23-1　黄旦子
（引自《新疆西瓜甜瓜志》，1985）

图23-2　白皮脆
（引自《新疆西瓜甜瓜志》，1985）

图23-3　白沙蜜
（中国农业科学院郑州果树研究所）

四、优质种质资源

中国甜瓜优质种质资源主要集中在薄皮甜瓜亚种和厚皮甜瓜亚种中的中、晚熟类型及变种中（表23-7）。尤其是新疆自治区所拥有的优质哈密瓜品种，如著名的红心脆（原产鄯善地区，原名阿衣斯汗可口奇）等，大多属于厚皮甜瓜亚种中的夏甜瓜变种（ssp. *melo* var. *ameri*）（图23-4、23-5、23-6）。

表23-7　甜瓜优质种质

种质名	分类 （亚种、变种）	产地	全生育期 （播种—果实成熟） （d）	果实发育期（坐果—成熟）（d）	单瓜重 （kg）	皮、肉色	质地	风味	折光糖含量（%）
广州蜜瓜	薄皮、梨瓜	广州	90	32	0.3	黄白皮浅绿肉	脆、较细	良	13
江西梨瓜	薄皮、梨瓜	江西	91	30	0.3	白皮、白肉	脆、多汁	良	13
益都银瓜	薄皮、梨瓜	山东	85～90	33	0.5～1	白皮、白肉	脆、细	良	10～14
十稜黄金瓜	薄皮、梨瓜	上海	92	32	0.4～0.6	黄皮、白肉	脆、多汁	良	10～13
红到边	薄皮、梨瓜	河南	91	30	0.35	绿皮、红肉	软、细	良	＞10
牙瓜	薄皮、梨瓜	吉林	92	30～32	0.5	黄绿皮、白肉	脆、砂	良	12
网纹香	厚皮、夏瓜	新疆（昌吉）	100	45～50	1.5～2	黄绿皮、绿肉	软、粗	良	13～15
红心脆	厚皮、夏瓜	新疆（鄯善）	100～105	45～48	3.0	黄绿皮、橘红	脆、酥	优	14.2
且末加格达	厚皮、夏瓜	新疆（且末）	100	45	3.4	金黄皮、白肉	脆、细	优	16.3
恰尔可洪	厚皮、夏瓜	新疆（岳普湖）	110	50	4.5	黄绿皮、橘红	脆、中粗	良	15
卡拉可口奇	厚皮、夏瓜	新疆（伽师）	105	45～50	4.3	绿皮、橘红肉	脆、中粗	良	16
炮台红	厚皮、夏瓜	新疆（石河子）	110	50	5.4	黄绿皮、橘红	脆、中粗	良	14.2
皇后	厚皮、夏瓜	新疆（吐鲁番）	100～110	45～50	3.6	绿黄皮、橘红	脆、中粗	良	14
黑眉毛蜜极甘	厚皮、冬瓜	新疆（鄯善）	120	60	3.5	黄绿皮、绿肉	软、细	优	14
卡拉可塞	厚皮、冬瓜	新疆（伽师）	120	60	3.6	深绿皮、橘红	脆、中粗	优	13.2

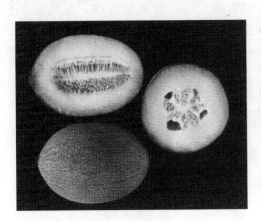

图23-4　网纹香

（引自《新疆西瓜甜瓜志》，1985）

图23-5　红心脆

（引自《新疆西瓜甜瓜志》，1985）

图 23-6 黑眉毛密极甘
(中国农业科学院郑州果树研究所)

五、特殊种质资源

1. 野生甜瓜（托核且木——维吾尔语意为一串串甜瓜） 在新疆自治区鄯善县发现不同果型的野生甜瓜，其植株、叶片、果型都较栽培种小，每株连串结瓜，维吾尔族农民称"托核且木"。果型有 3 种：一种光皮似可口奇甜瓜；第二种果面有条沟似瓜旦子甜瓜；第三种似蜜极甘甜瓜。以上几种野生瓜果小、风味不好，抗性也不强，尚有待于进一步鉴定、评价和研究。

2. 野生薄皮甜瓜马泡瓜（*Cucumis bisexualis* A. M. Lu et G. Ch. Wang） 原产于山东、安徽、江苏等地。其最大的特点是全株花器均为两性花，这种两性花花型在甜瓜植物中是唯一的特例，有一定的利用价值。

3. 红瓜［*Coccinia grandis*（L）Viogt］ 在海南省三亚市农村，多处发现一种蔓生，一年生或多年生，叶片似葫芦科作物的野生攀缘植物，农民称野瓜。雌雄异株，雌株每年 10 月至次年 4 月结出红色鲜艳的长型小果，味甜多汁。果实有两种颜色，一般以鲜艳红色为主，另有少量果实为黄色。红色果实单果重平均为 18.24g，平均纵径 5.08cm，横径 2.4cm，可溶性固形物含量 8.18%。最高 13%。味甜、可食。植株生长健壮，分枝多，播种后当年结果，若主蔓枯死，第二年可再生。叶片掌状五裂，纵径 6.9±1.1cm，横径 9.3±1.3cm。雌花子房下位，早上 8 时左右开放，至次日中午以后萎蔫；雄花早上 8 时开放，当日下午即萎蔫。此外，中国的云南省和印度、泰国等热带地区都有红瓜生长。

红瓜耐热性、抗逆性都较好（但叶片易患白粉病和遭各种咀嚼昆虫危害），未发现有病毒病感染。据泰国报道其嫩尖也可作蔬菜，并对糖尿病有明显疗效。

第六节　甜瓜种质资源研究与创新

一、甜瓜细胞学研究

甜瓜（*Cucumis melo* L.）的细胞学特征主要表现在组成细胞核的染色体数目、大小、每条染色体上着丝点位置、长短臂的比例及随体的有无及分布。

利容千（《中国蔬菜植物核型研究》，1989）以甜瓜品种炮台红为试验材料进行了染色体核型分析，结果见表 23-8。炮台红甜瓜的核型公式是：$2n=2x=24=6m+2sm+16st$。

表 23-8　炮台红甜瓜的核型分析

（利容千，1989）

染色体编号	相对长度（%）（长臂＋短臂＝总长）	臂比	类型
1	8.10＋2.63＝10.73	3.08	st
2	5.67＋4.66＝10.33	1.22	m
3	7.29＋2.23＝9.52	3.27	st
4	7.09＋2.23＝9.32	3.18	st
5	6.68＋2.02＝8.70	3.30	st
6	6.48＋2.02＝8.50	3.20	st
7	6.07＋2.02＝8.09	3.00	st
8	4.66＋3.24＝7.90	1.43	m
9	4.45＋3.04＝7.49	1.46	m
10	5.06＋2.43＝7.49	2.08	sm
11	5.06＋1.62＝6.68	3.12	st
12	4.05＋1.21＝5.26	3.34	st

除上述属于厚皮甜瓜亚种（ssp. *melo*）的炮台红品种外，利容千还发表了属于薄皮甜瓜亚种（ssp. *conomon*）的两个菜用甜瓜地方品种武汉东西湖磙子梢瓜和上海长菜瓜的核型分析结果（表 23-9）。

表 23-9　2个薄皮甜瓜（菜瓜）品种的核型分析

（利容千，1989）

品种名称	染色体编号	相对长度（%）（长臂＋短臂＝总长）	臂比	类型
东西湖磙子梢瓜	1	5.39＋4.65＝10.04	1.15	m
	2	6.28＋3.59＝9.87	1.75	sm
	3	7.18＋2.33＝9.51	3.08	st
	4	6.82＋1.97＝8.79	3.45	st
	5	6.46＋1.97＝8.43	3.27	st*
	6	6.28＋2.15＝8.43	2.92	sm
	7	6.28＋1.97＝8.25	3.18	st
	8	4.49＋3.59＝8.08	1.25	m
	9	6.28＋1.80＝8.08	3.50	st
	10	5.75＋1.80＝7.55	3.20	st
	11	5.03＋1.80＝6.83	2.80	sm
	12	4.65＋1.44＝6.09	3.25	st
品种名称	染色体编号	相对长度（%）（长臂＋短臂＝总长）	臂比	类型
上海长菜瓜	1	5.54＋4.43＝9.97	1.25	m
	2	6.96＋2.22＝9.18	3.14	st
	3	6.65＋2.06＝8.71	3.23	st
	4	6.33＋2.22＝8.55	2.86	sm
	5	6.33＋2.06＝8.39	3.08	st*
	6	6.33＋2.06＝8.39	3.08	st
	7	6.17＋2.06＝8.23	3.00	st
	8	6.33＋1.90＝8.23	3.33	st
	9	5.06＋3.16＝8.22	1.60	m
	10	6.01＋1.90＝7.91	3.17	st
	11	5.06＋2.22＝7.28	2.29	sm
	12	5.06＋1.74＝6.80	2.91	sm

表 23-9 说明：①东西湖磙子梢瓜的核型公式是：$2n=2x=24=4m+6sm+14st$ (2sat)。② 上海长菜瓜与前者相类似，仅着丝点的位置和顺序有所不同，核型亦为 3A 型。

二、甜瓜组织培养研究

目前从甜瓜子叶、真叶、下胚轴、愈伤组织、原生质体等培养物中，都得到过再生植株，已形成了一定的组织培养技术体系，为甜瓜生物技术的应用研究提供了条件。

（一）通过不定芽发生途径获得再生植株

众多的研究结果认为，子叶是进行甜瓜离体再生较好的外植体，较高浓度的细胞分裂素（6-BA）为诱导甜瓜外植体不定芽所必需。陆璐等（2005）以厚皮甜瓜品种绿宝石和薄皮品种甘甜 1 号为材料，研究了 5d 龄无菌苗的子叶外植体，在附加 6-BA 和 IAA 的不同浓度组合培养基上的分化情况，结果表明：2 个品种在不定芽和愈伤组织的分化上存在着较大的差异，绿宝石不定芽诱导率最高达 93.75%；而甘甜 1 号不定芽分化频率均为 100%。另外，随着 IAA 浓度的增大，疏松愈伤组织的分化均有加重的趋势，而提高 6-BA 的浓度，虽然分化进程有所加快，但玻璃化、褐化程度加重。以 6 个厚皮甜瓜品种研究结果表明：在诱导不定芽分化培养基 MS+6-BA 1.0mg/L 上，不同品种的不定芽分化频率差异显著，其中绿宝石品种的不定芽分化频率最高，达到 100%；西域 1 号和黄河蜜次之，分别为 96.67% 和 73.33%；玉金香和黄醉仙较低，分别为 33.33% 和 16.67%；白兰瓜品种最低，为 6.67%。在不定芽伸长培养基 MS+6-BA 0.05mg/L 上，分化完全的不定芽伸长达到 2cm 左右时，切下转接种于 MS+IAA 培养基上可诱导生根，并形成完整再生植株。试验结果还表明，组培环境中光照条件的改变对不定芽分化频率影响较大，外植体置于黑暗处进行 5d 预培养，6 个品种的不定芽分化频率均有所降低，但愈伤组织的生长更加旺盛或不受影响。

潘俊松等（2003）对 8 个甜瓜品种的子叶节进行离体培养，建立了高效的再生体系。其中，启动培养基为 MS+IAA 2.0 mg/L+IAA 1.0 mg/L，诱导培养基为 MS+IAA 0.5mg/L+IAA 0.2mg/L，通过器官发生途径诱导形成了丛生芽，伸长和生根培养基分别为 MS+IAA 0.05 mg/L+IAA 0.02 mg/L 和 1/2MS+NAA 0.2 mg/L。此再生体系每个外植体可获得长度大 1cm 的不定芽 7.2～12.5 个，生根率为 91%，驯化成活率大于 90%。于喜艳等（2002）以厚皮甜瓜伊丽莎白、薄皮甜瓜新玉、白玉的幼龄子叶为材料，设置了 15 种激素组合的诱导芽分化培养基进行甜瓜子叶组织培养试验，结果表明：BA 是甜瓜再生分化的关键物质，以 BA 浓度为 2.0mg/L 时最有利于子叶外植体的再分化，薄皮甜瓜的子叶组培再生能力高达 100%。

用农杆菌介导的甜瓜遗传转化，普遍应用卡那霉素等抗生素类，张智俊等（2003）研究表明：卡那霉素对甜瓜愈伤组织、不定芽分化及生根均有明显的抑制作用，75 mg/L 的卡那霉素可作为今后甜瓜遗传转化筛选转化体和非转化体的临界浓度。200～400 mg/L 浓度范围内的氨苄青霉素，能够很好地抑制农杆菌过度生长造成的污染，但对甜瓜植株再生的影响较小。计巧灵等（2003）针对遗传转化处理后，在外植体上长出的甜瓜不定芽易发生黄化现象，将培养基多添加 Fe 盐后进行培养，黄化不定芽转绿明显，显微、超微结构显示，不定芽叶栅栏细胞内含较多的叶绿体，叶绿体内有丰富的光合片层结构，但光照强度对不定芽转绿作用不明显。

（二）体细胞胚培养

甜瓜通过器官发生的离体再生，在技术上已经成熟，通过体细胞胚胎发生的离体再生研究取得了较大进展，但仍有一些问题有待解决，如胚状体发生的频率、胚状体的质量及基因型的依赖性等。有些胚状体早熟，多数胚状体不正常。Gray 等（1993）测试了 52 个材料，其中只有一个材料体细胞胚发生频率达到 100%，且胚状体在任何发育阶段都会早熟萌发。徐方秀等（1994）以甜瓜金辉的子叶为外植体，在 MS 附加 0.1 mg/L 2,4-D 和 0.5 mg/L BA 的固体培养基上，胚状体发生的频率达到 100%。

尹俊等（2000）建立了一个河套蜜甜瓜体细胞胚再生的方案，河套蜜甜瓜子叶在加有 2,4-D（1 mg/L）、NAA（1 mg/L）、BA（0.5 mg/L）和葡萄糖（3%）的 MS 培养基中，先暗培养 1 周，然后转到光下，第 3 周转移到不加任何激素的 MS 培养基中，继续在 16h 光周期 25℃下培养，得到成熟体胚后，剥离下来转移到新鲜 MS 培养基中继续萌发生长。取在 MS 培养基上生长到 5d 的细嫩子叶，在 MS+6-BA 0.5 mg/L+IAA 1.0 mg/L 的培养基中直接诱导生芽，待再生芽长至 0.4~0.6cm 时，切下转入芽伸长培养基中（MS+6-BA 0.9 mg/L），待芽伸长至 0.8~1.2cm 时，再转入生根诱导（MS+IAA 2 mg/L）中，待植株长至 8~9cm 时，转入沙质土壤中炼苗。整个过程约需 65~75d，单个外植体诱导成芽最多达 31 个，再生植株诱导率可达 62.5%。

Hiroshi Ezura 等（1992，1994，1997）研究发现，在甜瓜不定胚诱导再生植株过程中，会发生染色体数目的变异。何欢乐等（2002）以甜瓜麦籽瓜和青皮绿肉品种为试材，经不定胚诱导再生植株。分别调查了不同时间继代培养后形成再生植株的染色体数目，发现通过诱导不定胚所得到的再生植株中，存在着一定的变异，而且经过不同时间继代培养后，所得到的不定胚再生植株的变异程度不同，随着培养时间的增加，染色体数目的变异率从 3.13% 增加到 30%，变异幅度也从 2n=23~24 增加到 2n=13~48，从而得出结论：不定胚再生植株染色体数目变异程度随着培养时间的增加而增加，培养时间在 1~2 个月内所得到的不定胚再生植株的变异较少。此外，不定胚再生植株的染色体数目变异程度也因品种而异。

（三）花药培养

自 1987 年陶正南等首次通过花药培养，成功诱导出第一株甜瓜再生植株以来，应用花药培养开展甜瓜单倍体育种的研究有了一定进展。从基因型、植株花器官发育状况、花粉不同发育阶段等多个方面对甜瓜花药培养的影响进行了研究。多数研究表明：基因型是影响甜瓜花药培养的首要因素，而小孢子的发育时期是影响甜瓜花药培养的又一重要因子。甜瓜花药培养最佳时期是单核靠边期到双核期的花蕾，直径约 2~5mm。在单核靠边期，甜瓜花粉愈伤组织形成的频率最高，双核期次之。小孢子处于四分体期或过早时期的花药，在诱导培养基上常常不发育，只有处在单核中、后期的小孢子容易形成愈伤组织。从植株花器官发育时期来看，在开花期的前 3 周内花药愈伤组织诱导频率较高，愈伤组织生长迅速、质地紧密、具有良好的分化潜能。董艳荣等（2002）从基因型、花粉发育的生理生态因素、预处理、培养基、各种激素和培养方法等多种影响因素，对甜瓜花药培养愈伤组织的诱导进行了研究。结果发现：影响甜瓜花药培养的关键因子是基因型，不同的甜瓜品种花药培养诱导愈伤组织的能力不同；在 8 个甜瓜品种中，以西域和蜜王愈伤组织的诱导率较高。从生长在日光温室中的植株上采集开花期前 2 周处于单核靠边期的花药，可得到较高的愈伤组织诱导率，在花药培养前期加入活性炭有利于愈伤组织的发生。对甜瓜花药愈伤组织增殖和分化的研究表明：BA 和 IAA 的浓度与比例起关键作用。KT 的作用不明显。愈伤组织增殖时两者的浓度分别为 3.0mg/L 和 0.5mg/L，愈伤组织分化时两者的浓度分别为 4.0mg/L 和 0.5mg/L。

　　总的来看，对甜瓜花药培养研究比较薄弱，很多研究仅局限于对少数几个影响花药培养因素的探讨，缺乏比较系统的花药再生体系研究。因此，有很多问题仍有待于解决，包括：甜瓜花药培养愈伤组织诱导率提高了，但其分化和再生能力并未提高；甜瓜花药培养小孢子的发育途径比较单一，更多的是通过愈伤组织途径，很少有胚状体的形成；愈伤组织中细胞的倍性变化复杂；植株的诱导率很低等问题。

三、甜瓜的基因染色体定位

　　从 1991—2002 的 11 年间，国际上有关甜瓜遗传连锁的论文至少有 8 篇以上，其中法国 M. 皮特拉特（Michel Pitrat）参与了其中 3 篇的研究。2002 年 M. 皮特拉特在国际葫芦科遗传协会（CGC）年报第 25 卷 76～93 页发表的《2002 甜瓜基因目录》中，将近 10 余年来国际上发表的 8 篇重要论文归纳成：用形态性状标志和分子标记（主要是 SSR，微卫星标记）来表示甜瓜植物基因和数量性状位点（QTL）的连锁群及其相互关系（表 23 - 10）。

表 23 - 10　甜瓜植物的基因定位及连锁群

年代	1991**	1996	1997	1998	2000	2001	2002（1）	2002（2）	基因	QTLs
不同作者对连锁群的编号	1*	—	—	—	—	—	—	—	si - 1，yv	
	2	2+	—	—	6	4	V	—	Cm-ACDI，Fn，Pm-w，Vat	fl5.1，fw5.2
		K								
	3							—	Gl. ms - 1，Pa，r	
	4	D	—	—	3	8	II	IV	a，h，mt - 2，pm-x，Zym	cmv2.1，cmv2.2，eth2.1，fl2.1，fs2.1. fs2.2，fw2.1，ovl2.1，ovl2.2，vs2.1，ovs2.2，ovw2.1
	5	5	—	—	11	7	IX	II	A1 - 4，Fom - 1，gf，6 - P gd2，Prv，yv - 2 Aco - 1，Idh，Mpi - 1，Mpi - 2，Pgd - 3 pgm - 2	Cmv9.1，fw9.1，ovl9.1 ovs9.1
	6	6	III	—	I	5	XI	III	Cm-ACSI，Fom - 2，ms - 2，s - 2，yg	eth11.1，fs11.1

（续）

年代	1991**	1996	1997	1998	2000	2001	2002 (1)	2002 (2)	基因	QTLs
不同作者对连锁群的编号	7		7	—	—	3	II	XII	nsv, p, Pm-Y	cmv12.1, cmv12.2, fs12.1, fw12.1, ovs12.1, ovw12.1
	8	—	—	—	—	—	—	—	f, lmi	
	9	—	—	—	—	—	—	—	dl	
	10	—	—	—	—	—	—	—	ms-3	
	11	—	—	—	—	—	—	—	ms-4	
	12	—	—	—	—	—	—	—	ms-5	
	13	—	—	—	—	—	—	—	V	
	—	C	—	—	10	10	IV		Wt-2	fl4.1, fw4.1, ovl4.1
	—	E	—	—	3+8+13 (+17?)	1	VIII		Al-3, CmA-CO2, PH	cmv8.1, fl8.1, fl8.2, fs8.1, fs8.2, ovl8.1, ovs8.1, ovs8.2, ovw8.1
	—	F	—	—		3	VII	VI	spk	fw7.1, ovl7.1, ovs7.1
	—	G	—	—	3+12	6	I	VIII	ech, Cm-ERSI	eth1.1, fl1.1, fs1.1, ovs1.1
	—	J	—	—		2	III	V	CmACS5, Ec, pin	cmv3.1, cmv3.2, eth3.1
	—	—	—	B	—	—	—		Mdh-2, mdh-4, mdh-5, Mdh-6, pep-gl	
	—	A	—	—	4+7	9	X			Ovw10.1
	—	B	—	—	9	12	VI			fl6.1
文献来源	Pitrat. M., 1991	Baudracco-Amas, S, etc., 1996	Wang Y.H., etc., 1997	Staub, J,E, etc., 1998	Brotman, Y,L. etc., 2000	Oliver, J.L, etc., 2001	Perin. C., etc., 2002	Danin-poleg, etc., 2002		

四、分子标记技术在甜瓜上的应用

分子标记是以生物体的遗传物质——DNA 的多态性为基础的遗传标记。目前，广泛应用的分子标记技术主要有 RFLP、RAPD、AFLP、SSR、SCAR、ISSR 等。这些标记已广泛应用于甜瓜遗传育种研究的诸多领域，包括遗传图谱构建、遗传多样性分析、种和品种起源、分类和进化、基因定位、构建品种指纹图谱、品种或杂种纯度的鉴定、辅助育种、追踪遗传物质在杂种后代中的遗传动态，质量和数量性状基因位点分析等多个方面，显示了巨大的应用潜力。

（一）品种亲缘关系分析与分类

长期以来，甜瓜品种亲缘关系分析与分类的依据主要采用形态指标，而形态指标易受环境影响发生变异，进而影响亲缘关系判断与分类地位确定的准确性。对于一些形态指标相近或形态标记很少的品种（类型）则难以区分。应用分子标记技术可以在大范围内对甜瓜的遗传物质进行较全面的比较，包括对 DNA 非编码区域出现变异的检测与鉴定，比传统方法能更全面地反应其遗传多样性，为分类提供分子水平的客观依据。Neuhausen 等（1992）利用 RFLP 技术进行甜瓜种（*Cucumis melo* L.）的遗传多样性研究。在分子水平上对 44 份材料进行分类，但在 muskmelon 与 honeydew 两个类型中的多态性分子标记较少。许勇（1999）利用 RAPD 技术进行了甜瓜的起源和分类研究，结果支持"多源论"，同时分子标记的聚类结果也支持了网纹甜瓜可单独划分为厚皮甜瓜的一个变种的结论。刘万勃等（2002）用 ISSR 和 RAPD 两种分子标记技术对 37 份甜瓜（*Cucumis melo* L.）的遗传多样性进行了研究，根据两种标记的结果，将供试材料分为两大类：野生甜瓜和栽培甜瓜。两种分子标记的分析结果均呈极显著正相关（r=0.62＞r=0.01）。各野生甜瓜种质之间的遗传距离较大，这与其分类地位基本一致。从已有的甜瓜分子标记研究来看，甜瓜品种间的分子标记的多态性高于西瓜，这与甜瓜复杂的遗传基础是一致的。金基石（2001）等用 RAPD 技术对 22 份薄皮甜瓜材料分析结果与这一结果一致。

必须指出，分子标记技术对甜瓜品种亲缘关系分析与分类的准确性和可靠性，依赖于使用材料的代表性和分子标记对基因组探测的深入程度，同时，还必须与形态分析相结合。只有这样才能获得更全面、更科学的结果。

（二）一代杂种纯度的鉴定

用 DNA 标记技术鉴定一代杂种纯度的基本原理，就是以目标品种 DNA 图谱中某一 DNA 特异谱带的出现与否加以判断。即要求选择目标品种的 DNA 图谱中出现而其他品种中不出现的 DNA 谱带作为鉴定其纯度的特异谱带，通过比较 F_1 代与双亲的特征谱带，就可能实现杂种纯度的室内快速鉴定。陆璐等（2005）用 SSR 标记技术对 2 个甜瓜杂交品种（系）东方蜜 1 号和 01-31 及其亲本进行了鉴定，从 23 对 SSR 引物中筛选出 8 对引物能分别在 2 个甜瓜杂交种和其双亲之间扩增出多态性。表现为每个杂交组合的父本和母本分别扩增出一条各自的特征带，而其杂交种则出现双亲的两条特征带，表现为双亲的互补带型，因此可以准确区分真假杂种。其后分别用 SSR 引物 M6 和 M18 对东方蜜 1 号和 01-31 进行了各 100 粒种子的纯度鉴定，所测得的杂交率与田间种植鉴定结果完全相符。表明 SSR 标记技术可以应用于甜瓜一代杂种纯度的室内快速检测。

分子标记技术在作物品种鉴定中的应用研究，无论从理论上或实践上都很有价值。根据各品种指纹图谱的差异程度，可判断品种间亲缘关系的远近。测量品种间遗传距离的远近并进行系谱分析，能指导科学的配制杂交组合，减少育种的盲目性。同时，品种指纹图谱高度的个体特异性，甚至可以检测到基因组中的微小变异，符合品种鉴别技术应具备的环境的稳定性，品种间变异的可识别性，最小的品种内变异及实验结果的可靠性的基本准则，相对于早期的形态学标记鉴定具有简便迅速等优点。此外，对于保护名、优、特种质及育成品种的知识产权和维护育种工作者的权益等均有重要意义。但从总体上来讲，这些研究成果还处于积累阶段，离实际应用还有距离，因此仍有待更深入细致地研究。

（三）甜瓜遗传图谱构建与相关基因的标记与定位

构建甜瓜分子遗传图谱，极大地方便了甜瓜育种研究工作，也为相关基因的分离克隆奠定了基础。目前，利用分子标记已经构建了一些甜瓜品种的遗传图谱，对一些抗病基因或与其紧密连锁的分子标记在相应的图谱中进行了定位。1996 年，Baudracco-Arnas 和 Pitrat 运用 AFLP、RAPD 技术建立了甜瓜遗传图谱。2002 年 Anin-Poleg 等构建了甜瓜 P1414723 的遗传图谱，并将西葫芦黄化花叶病毒 ZYMV 的抗性基因定位于该图谱中。2003 年 Silberstein 等用 RAPD、SSRs、AFLP 技术建立了甜瓜（P1414723）基因连锁图谱，该图谱包含了蚜虫抗性表型、性别性状表型及种皮颜色表型的相关基因的分子标记。Wechter 等（1995）在甜瓜抗病材料 MR‐1 上获得了与抗枯萎病生理小种 1 连锁的 RAPD 标记，并成功地将其转化为 SCAR 标记。2000 年 Wang 等用 MR‐1 和感病品种 AY 杂交建立了 F_2 代分离群体，利用 AFLP 和 RAPD 技术，得到了与甜瓜抗枯萎病生理小种 0 和 1 的抗性基因 Fom‐2 连锁的 15 个分子标记，并将 Fom‐2 基因定位于 MR-1K。Zheng 等（2001）也报道了与甜瓜枯萎病抗性基因 Fom‐2 位点连锁的 3 个 RAPD 标记 E07、G17 和 G596。其中 E07 和 G17 是感病状态连锁标记，而且存在于很多感病品种中。最近，Yael 等（2002）找到与甜瓜抗 ZYMV 病毒基因 Zym‐1 紧密连锁的 SSR 标记 CMAG36，遗传距离为 9.1cM；与甜瓜抗枯萎病生理小种 0 和 2 抗性基因 Fom‐1 连锁的 SSR 标记 CMTC47，遗传距离为 17.0cM。

除了对甜瓜抗病基因标记外，也开展了对其他一些控制甜瓜重要性状基因标记的研究。李秀秀（2004）通过对甜瓜雄花两性花同株与雌雄异花同株材料间杂交后代，及回交后代的花性型分离研究表明：F_2 群体中单性花性状呈现单显性基因控制，按照 3∶1 比例分离，进而证明供试材料雄花两性花同株与雌雄异花同株的基因型分别为 aaGG 和 AAGG，并运用 RAPD 技术，在 F_2 群体中采用混合分组分析法对 A 基因进行了分子标记筛选，找到一个与 A 基因连锁的大小约为 500bp 的 RAPD 标记。

虽然已经在甜瓜上找到了不少和主效基因相连锁的分子标记，这将使通过分子标记辅助技术，选择培育更多的甜瓜新品种成为可能。但实际上绝大多数的研究仍停留在标记鉴定、定位、作图等基础环节上；通过分子标记进行辅助选择、提高育种效率、大规模培育优良品系或品种的期望还远未实现。目前所建立的甜瓜遗传图谱中的部分分子标记在不同的遗传图谱中不能通用，且尚未建立起比较完善的、具有普遍参考意义的甜瓜遗传图谱。

（四）分子标记辅助选择

分子标记辅助选择（marker-assisted selection，MAS）主效基因抗性方法越来越受到重视。MAS 指的是通过选择一个和目标基因紧密连锁的标记物（或者是两个两端区域的标记物）对一个或更多个抗性基因进行选择。标记辅助选择（MAS）不受环境条件的限制，能实现早期选择，可省去接种试验和田间大批量试验，缩短育种周期，从而提高选择的有效性。然而分子标记辅助育种在甜瓜上并没有取得大的发展，究其原因，主要是以往的研究，没有把分子标记鉴定与辅助育种这两个重要环节融为一体，绝大多数的研究者只把工作目标定位在鉴定重要的标记上，而未把标记辅助育种纳入自己的工作目标。因而，他们在设计寻找标记的研究方案时，选材上往往只考虑鉴定标记的可行性，而没有从直接培育新的优良品系，或品种的目标去考虑选择起始亲本，因而在获得标记的时候，只能提供育种的中间种质材料。另一方面，分子标记的鉴定技术及辅助选择技术体系也还有待于进一步提高与完善。对于控制质量性状的单个或少数几个基因的标记鉴定，在技术上是可行的，但由于大多数重要的园艺性状如产量、品质等都属于多基因控制的数量性状，对其进行标记鉴定和准确定位不仅耗资巨大，周期长，而且技术难度也很大，因此仍有待于深入研究。

五、转基因技术在甜瓜上的应用

目前在甜瓜作物上开展遗传转化研究的主要目的是改良品种。1990 年美国 Michigan 州立大学的 Fang 和 Grumer 首次报道了用农杆菌改良株系 LBA4404 成功地将选择标记基因 NPTII 转入甜瓜，随后中国留学新加坡的学者 Dong 及其合作者（1991）、中国学者贾士荣等人（1992）以及西班牙的 Valles 和 Lasa 又先后报道了用根癌农杆菌介导方法将 NPTII 和报告基因（β- Glucuronidase 基因，GUS）转入甜瓜取得成功。此后，用功能基因转化甜瓜的研究全面展开。从研究的总体情况看，通过遗传转化改良甜瓜的园艺性状，主要集中在提高甜瓜的耐贮运性和抗病性两个方面。

（一）提高果实耐贮运性

果实的成熟过程经历了一系列复杂的生理生化变化，包括乙烯的生物合成，淀粉和细胞壁的降解，色素、有机酸及蔗糖的变化等。乙烯作为调节果实成熟与衰老的关键因子，一直受到科学家的极大关注。用转反义基因技术抑制内源乙烯的合成，从而延缓呼吸跃变型果实的后熟进程，提高果实耐贮运性，最先在番茄上获得了成功，被证实是一条切实可行，而且快速培育耐贮运品种的有效途径。由于植物 ACC（1 - Aminocyclopropane-1-Carboxylic acid，1 -氨基环丙烷- 1 -羧酸）合成酶和 ACC 氧化酶被证明为乙烯代谢途径上的限速酶，因此许多反义调控研究集中在两个关键酶上。1993 年，Claudine 等人研究表明，甜瓜 ACC 氧化酶多基因家族有 3 个组成成员。其中 CM - ACO1 是在成熟果实中唯一一个伴随着氧化酶活性高峰出现高水平转录的基因。1995 年，R. Ayub 等构建了由 35S 启动的甜瓜 ACC 氧化酶 cDNA 反义表达载体，在农杆菌介导下转化甜瓜获得了转基因植株。J. C. Pech（1996）进一步研究报道，转化植株经自交后，一部分后代中的 ACC 氧化酶 mRNA 表达量显著降低。1997 年，E. Lasserre 等又获得了 CM - ACO1 基因启动子序列。将它与 GUS 基因串联转化烟草，发现在受到创伤或乙烯刺激后 12～18h，该特异启动子即驱动 GUS 基因表达。但在发育果实中的启动效果如何，未作进一步的报道。

在国内，1997 年尹俊等以内蒙古自治区主要栽培品种河套蜜甜瓜为材料，克隆了一个 ACC 合成酶的 cDNA 片段，该片段长 627bp。李天然等（1999 年）将 ACC 合成酶 cD-NA 反义基因经农杆菌介导转入河套蜜甜瓜中。陆璐等（2000）采用 RT - PCR 方法，分离克隆了哈密瓜 ACC 氧化酶基因 cDNA，并构建了它的反义序列植物表达载体。用该反义基因对 1 个甘肃薄皮甜瓜品种甘甜 1 号，进行根癌农杆菌介导的转化，获得了转基因植株并进入中试。李文彬、陆璐等（2001）以另一个甜瓜主栽品种黄河蜜为材料，分离克隆了该基因特异启动子，其核苷酸序列与 E. Lasserre（1997）报道的相比，有 99.6％同源性。

此外，于喜艳等（2003）用 SMART 技术构建了甜瓜幼果 cDNA 文库，利用 RT - PCR 技术，克隆到了甜瓜果实酸性转化酶基因 cDNA 片段。哈斯阿古拉（2005）以河套蜜甜瓜（*Cucumis melo* L. cv. Helao）成熟果实为材料，得到 ACC 氧化酶基因的 cDNA 片段，长度为 545bp，与已报道的甜瓜 ACC 氧化酶基因的相应 cDNA 片段有 99.5% 的同源性。

近年来，对乙烯信号传导与乙烯受体蛋白的研究成为蔬菜采后乙烯分子生物学研究中的热点之一。通过对乙烯受体蛋白的抑制，进而干扰乙烯对果实成熟的作用，可能成为调节乙烯生理功能的新途径。迄今为止，已从拟南芥中分离出 5 个乙烯受体蛋白基因：ETR1、ETR2、ERS1、ERS2 和 EIN4。将来自拟南芥的 ETR 基因转入番茄后，能明显抑制果实成熟，说明植物对乙烯的识别和反应途径是高度保守的。Kumi 等（1999）根据与拟南芥乙烯信号传导途径基因同源性比较，从甜瓜中也分离到了乙烯受体基因，但目前对其功能及后续传导途径仍不清楚，尚有待进一步研究。

除乙烯外，另一引起果实软化的重要因子是果胶物质降解和细胞分离。20 世纪 60 年代，Hobson 指出多聚半乳糖醛酸酶（PG）与番茄果实软化密切相关。Crooks（1983）研究证明，该酶是一种细胞壁蛋白，它的主要功能是将果实细胞壁中的多聚半乳糖醛酸降解为半乳糖醛酸，使细胞壁结构解体，导致果实软化。

从应用的角度来看，虽然反义 PG 基因对番茄果实软化没有多大影响，但转基因果实的加工性能得到明显改善，能抗裂果和机械损伤，更能抵抗次生的真菌感染。这种果实在成熟后期采收，可以获得更好的果实品质，其果汁可溶性固形物含量较高、黏度较大，对提高番茄加工的效益十分有利。1994 年美国推出了"Flavr Savr™"转反义 PG 基因番茄，1996 年英国也允许将 PG 转基因番茄用于番茄加工，展现出了很好的应用前景。在甜瓜上，Kristen 等（1998）以一个网纹甜瓜品种 Alpha（F_1）的成熟果实为材料，分离出 3 个成熟期高水平表达的 cDNA 克隆，MPG1、MPG2 和 MPG3。核苷酸序列分析结果表明，MPG1 和 MPG2 与从桃的果实和番茄离层中分离出的 PG 基因高度同源，而 MPG3 和来自番茄成熟果实的 PG 基因同源性高。在甜瓜果实成熟过程中，MPG1 的 mRNA 量最为丰富。将该 cDNA 引入米曲霉（*Aspergillus oryzae*），对细菌培养滤液进行的催化活性分析结果显示，MPG1 编码一个内切多聚半乳糖醛酸酶，并且能够降解甜瓜果实细胞壁中的果胶质。该研究结果为在甜瓜植物上开展转 PG 反义基因研究打下了基础。

张丽等（2001）以甜瓜品种河套蜜甜瓜成熟果实 mRNA 为模板，经反转录合成和 PCR 扩增，得到编码多聚半乳糖醛酸酶基因（Polygalacturonase，PG）全长 cDNA，将其克隆于 pUC19 质粒中获得重组质粒 pCMPG。此 cDNA 长 1 183bp，包括一个 393 个氨基酸残基组成的开放阅读框架，与已报道的甜瓜 PG 基因 cDNA 核苷酸序列比较，同源性为 99.3%，相应的氨基酸的同源性为 98.5%。

虽然迄今已有几十例获得甜瓜转化植株的报道，但均未有进入品种选育阶段的进一步报道。可见甜瓜的遗传转化难度很大，国内外至今尚未能将转基因技术应用到甜瓜育种实践中去。以色列甜瓜育种学者 M Galperin（2003）认为，甜瓜转化率低的问题仍具有挑战性。他们用 1 个新特质甜瓜自交系 BU - 21/3 为材料，研究其再生和转化能力，表明这个自交系的再生能力优于以往研究过的基因型。用含有报告基因 M - O 或 MKF 的根癌农杆菌侵染子叶外植体可产生 0.4～1.5 个转基因芽，在转化后的 8～10 周，将转基因植株移入可控温室，发现其表型和育性正常。再生能力的遗传分析表明，它受单个显性位点控制，因此，这种新特质的基因型有望成为甜瓜转基因育种的有效工具。

（二）提高抗病性

1992 年日本学者 Yoshioka 等人首次报道了用根癌农杆菌方法将功能基因黄瓜花叶病毒（CMV）外壳蛋白基因（CMV - CP）转入甜瓜。以后，美国 Michigan 州立大学的 Fang 和 Grumet 将他们克隆的西葫芦黄化花叶病毒（Zucchini Yellow Mosaic Virus）外壳蛋白基因（ZYMV - CP）用农杆菌介导法转入甜瓜，转化植株表现出对西葫芦黄化花叶病毒（ZYMV）的抗性。美国 Cornell 大学 Gonsalves 等（1994）利用根癌农杆菌和基因枪成功地将黄瓜花叶病毒白叶株系的外壳蛋白基因（CMV - WL）转入甜瓜品种，其转基因植株表现出对 CMV - FNY 病毒株系（纽约地区一种危害最严重的株系）的抗性，但不同转基因植株个体间表现出抗性差异。

1995 年薛宝娣等成功地将黄瓜花叶病毒外壳蛋白（CMV - CP）基因导入甜瓜，将表达了 CP 基因的转化植株接种 CMV 病毒后发现，45 株甜瓜 T_1 代转化植株的抗病性主要表现为推迟发病。接种后 9d，未转化的对照植株 100% 发病，而转化植株发病率为 7%，接种 20d 后发病率达 69%，31d 后达 88%。仍有 5 株始终未见发病。50d 后病情指数达 42%，而对照植株达 82%。李仁敬等（1994）也进行了将黄瓜花叶病毒外壳蛋白基因导入新疆甜瓜品种的研究。王慧中等（2000）以甜瓜品种黄金瓜子叶为外植体，通过根癌农杆菌介导法将 WMV - ICP 基因（西瓜花叶病毒 1 号外壳蛋白基因）转化甜瓜，并获得了转化植株。

六、甜瓜种质资源创新

（一）厚皮甜瓜黄叶及单性花

1990 年新疆自治区农业科学院从美国农业部查理斯顿蔬菜实验室（U. S. D. A. Charleston Vegtable Lab.）引进了具有黄子叶标志基因，又是单性花的甜瓜材料 C879J2，用其与芙蓉甜瓜杂交，后经多次回交与多代自交选择，育出一个植株第 1～5 片真叶带部分黄色标志基因（V）且中抗白粉病的芙蓉黄叶单性花材料，正在作为甜瓜杂优砧木的亲本进行利用。

（二）薄皮甜瓜单性花

20 世纪 90 年代中期，安徽丰乐种业公司及中国农业科学院郑州果树研究所从韩国引进并分离出改良十棱黄金瓜单性花材料，并利用其配成厚、薄皮杂优甜瓜新品种丰甜 1 号及郑甜 1 号。其抗性好，适于大田种植，已推广数万公顷，经济效益好。

（三）风味甜瓜

风味甜瓜又名酸甜瓜，酸甜瓜的原始亲本是用早、中、晚熟哈密瓜品种多亲复合杂交育成，再将其两次用高剂量 ^{60}Co γ 射线辐照，在特殊变异群体中选育而成。特点是酸味浓，甜酸可口，具浓香，风味独特，后味好，且抗蔓枯病、霜霉病等病害。笔者 2003 年用其配成风味甜瓜 1 号，其果实糖酸分析结果如表 23-11：

表 23-11 风味甜瓜 1 号每 100g 果实糖酸成分含量

名称	总酸 %	柠檬酸含量 (mg)	果糖 (mg)	葡萄糖 (mg)	可溶性固形物含量 %
酸瓜（亲本）	0.34	153.6	750	995	7.9
风味甜瓜 1 号	1.12	1 115.6	2 770	1 880	15.3
CK 金凤凰	0.1				15

　　风味甜瓜 1 号其风味品质优良，可鲜食用于餐后解油腻或解酒，也可加工用于榨鲜瓜汁作纯天然饮料或制作膨化瓜干。

（吴明珠　林德佩　陆璐）

主要参考文献

中国科学院中国植物志编辑委员会. 1986. 中国植物志（73 卷 1 分册）（葫芦科）. 北京：科学出版社

新疆甜瓜西瓜资源调查组. 1985. 新疆甜瓜西瓜志. 乌鲁木齐：新疆人民出版社

利容千. 1985. 中国蔬菜植物核型研究. 武汉：武汉大学出版社

中国农业科学院郑州果树研究所等. 2000. 中国西瓜甜瓜. 北京：中国农业出版社

林德佩等. 1984. 新疆甜瓜的品种群及其特征特性研究. 中国果树.（1）：32～37

林德佩. 1984. 新疆野生甜瓜研究. 新疆八一农学院学报.（1）：50～52

林德佩. 1989，1990. 甜瓜植物（*Cucumis melo* L.）分类系统的研究. 中国西瓜甜瓜.（2）：1～8，（1）：7～8

Zhukovsky. 1964. 栽培植物及其野生近缘种（俄文）. 列宁格勒：列宁格勒出版社

Zeven A. C. and P. M. Zhukovsky. 1975. Dictionary of cultivated plants and their centres of diversity Pudoc. Wageningen

Esquinas-Alcazer J. T., Gulick P. T.. 1983. Genetics resoures of Cucurbitaceae. FAO. IBPGR. Rome

Kirkbride J. H. Jr.. 1993. Biosystematic monograph of the genus Cucumis (Cucurbitaceae) Parkway

Robinson R. W.. 1997. Cucurbits. Cab International

第二十四章

番　茄

第一节　概　述

番茄（*Lycopersicom esculentum* Miller）又名西红柿、番柿、洋柿子。属于茄科番茄属，草本或半灌木状草本，染色体数为 $2n=24$。番茄在热带自然生长条件下为多年生植物。但是，在温带一般作为一年生作物栽培。番茄具有多种应用价值，可以食用栽培，药用栽培，也可以作为观赏用栽培。番茄营养丰富，果实营养成分为：每 100g 鲜重中含碳水化合物 3.3g、蛋白质 0.9g、膳食纤维 1.9g、钙 4mg、铁 0.2mg、磷 24mg、维生素 C 14mg、维生素 A 63μg、胡萝卜素 375μg（《中国食物成分表》，2004）。最近的医学研究表明番茄果实中的番茄红素具有预防和抑制癌症的作用。番茄红素是胡萝卜素合成过程中的中间产物，普通番茄品种果实中每 100g 鲜重含番茄红素 3.3～9.0mg。加工品种果实中的含量高于鲜食番茄。据报道，增加番茄红素的摄入量，可以降低得前列腺癌的风险。番茄红素还可以减缓动脉硬化和抵御紫外线对皮肤的伤害，具有保护心血管和保护皮肤的作用。番茄可鲜食、熟食，也可进行加工。番茄酱、番茄汁、番茄粉等是主要的番茄加工产品。

番茄是重要的蔬菜作物，世界各国广泛栽培。据联合国粮农组织（FAO）统计，2005 年全世界番茄生产面积 453 万 hm^2，总产量 1.24 亿 t。其中，中国栽培面积 130 万 hm^2。其他栽培面积较大的国家是，印度 54 万 hm^2，土耳其 26 万 hm^2，埃及 19.5 万 hm^2，美国 17 万 hm^2，意大利 14 万 hm^2，伊朗 13 万 hm^2，尼日利亚 12.7 万 hm^2，西班牙 7 万 hm^2，日本 1.3 万 hm^2。

与其他主要蔬菜作物相比，番茄栽培历史较短，但是番茄的种质资源丰富。在 20 世纪中期和后期的相当一段时间中，人们在番茄野生种质资源的收集、保存、有益性状的开发利用以及番茄遗传学、细胞生物学等方面做了大量的研究，获得了许多优异的种质材料并广泛地应用于番茄育种。自 20 世纪 90 年代以来，随着生物技术的不断发展，番茄种质资源的研究热点迅速向分子遗传学、分子生理学、基因工程育种、分子育种等方向拓展。1992 年人们在番茄上获得了第一个植物分子遗传图谱。利用远缘杂交结合分子标记选择技术，获得了一系列以普通番茄为遗传背景的多毛番茄、醋栗番茄、潘娜利番茄的单片染色体片段渐渗系，为在基因水平上进行高效率的种质资源挖掘打下了基础。中国番茄种质资源相对缺乏，相关的研究也开展得较晚。到目前为止中国收集、保存的各种番茄种质资源材料约 2 000 多份。但中国在番茄的远缘杂交技术和利用等方面进行了较多的研究，获得了一定的进展。近年来以分子生物技术为主要手段的番茄种质资源的创新研究在一些重点科研单位和大专院校相继展开，中国番茄种质资源的研究也进入了一个新的发展阶段。

第二节　番茄的起源与分布

番茄原产于南美洲西部的高原地带，即今天的秘鲁、厄瓜多尔和玻利维亚一带。许多野生的和栽培的番茄近缘植物仍能在这些地区找到。番茄野生种可以生长在很少有降雨的沙漠或戈壁环境中，露水和霜是其所需水分的主要来源。这些野生种可以多年生，也可以一年生。现在栽培的番茄是由一种樱桃番茄驯化而来的。这种驯化没有发生在起源地，而是发生在墨西哥。人们推测，最早野生番茄的种子通过鸟类的粪便传播到墨西哥新开垦的农田里。墨西哥人对这些野生番茄进行了驯化栽培，培育出了栽培品种。虽然不知道这种驯化是何时开始的，但至少发生在西班牙人占领墨西哥之前。1521 年西班牙探险者占领了墨西哥城，随后番茄便很快被传播到了欧洲。欧洲最早有关番茄记载的文献是 1544 年 Matthiolus 写的《植物志》。据该书记载，当时在意大利把番茄称为"金苹果"，人们"加入盐、油和胡椒食用"。最早传入欧洲的番茄可能是黄色品种，而且果实较小。虽然在 16 世纪地中海国家已经有人开始使用番茄，但在北欧国家人们在长达一个多世纪的时间里一直把番茄作为观赏植物。在欧洲真正开始作为蔬菜进行大面积商品化生产是在 17 世纪。18 世纪番茄传入美国，到 1850 年美国已经进行大规模商品生产。番茄约于 17 世纪传入中国，后又传入日本。中国成书 17 世纪的《群芳谱》中已有有关"番柿"的记载。不过真正生产栽培开始于 20 世纪 20 年代以后。

与其他作物相比番茄的栽培历史虽然不长，但已经成为世界上最重要的蔬菜之一。番茄生产的不断发展与番茄遗传育种和种质资源开发利用研究的不断深入是同步进行的。在过去的 200 多年的时间内，人们一直在努力选育适合不同生态地区、不同栽培方式、不同消费目的番茄品种，并取得了很大的进展。最早栽培的番茄果实较小，因此，那时的育种目标主要是通过增加单果重来提高产量。20 世纪 20 年代以后的一段时间内，人们把更多的注意力放到了番茄的抗病育种上。不少从事番茄育种的人都是最初学习植物病理的。例如美国佛罗里达大学从 1922 年开始进行番茄育种，当时大部分的番茄育种者都是植物病理学家。为了获得抗病种质资源，人们对番茄的野生种和近缘种进行了广泛的收集和筛选。加利福尼亚大学戴维斯分校的科学家从 20 世纪 40 年代起，对番茄起源地的野生种质资源进行了持续的收集和研究，对多达 42 种病害的抗病基因进行了挖掘。现在番茄育种中所应用的抗病基因绝大部分来自于野生种。可以说，到目前为止世界上很少有其他作物对野生种质资源的开发利用像番茄做得这么好。

由于番茄适应性较强，故其分布范围也较广泛，在北纬 65°至南纬 40°之间的广阔地域，均有番茄分布的踪迹，番茄栽培几乎遍及欧洲、南北美洲、亚洲、非洲、大洋洲各地。中国番茄栽培也十分普遍，全国从南到北，从东到西几乎都有分布。

第三节 番茄的分类

一、植物学分类

番茄属于茄科番茄属。茄科包括 90 个属（余诞年等，1999），主要分为两个亚科，即茄亚科和亚香树亚科。茄亚科又分为几个族，茄族是该亚科中最大的一个族，包括番茄属、茄属在内共 18 个属。番茄属所有种的染色体均为 2n＝2x＝24。番茄属与茄属之间的主要区别在花药形态上。番茄属的种通常有 5 个花药，有些变种有 6 个花药，雄蕊联结在一起形成圆锥形的筒状，圆锥体的顶端由每个花药的顶端延长部分组成，另外，番茄属的种，花药开裂为侧裂，而茄属则为顶端开裂。

番茄属是茄科中的小属，但是分布广泛。对于该属内的种、亚种和变种的分类，不同的学者有不同的观点。Miller（1940）和 Luck Will（1943）将番茄属分为两个亚属 6 个种，苏联勃列日涅夫（1958）把番茄分成 3 个种，目前为大多数人所采用的分类体系是由美国科学家 Charles. M. Rick 1976 年提出的，他将番茄属分为 2 个亚群 9 个种。

Charles. M. Rick 分类法：

Lycopersicon Miller 番茄属

1. *esculentum*-Complex 普通番茄复合体

(1) *L. esculentum* Mill. 普通番茄

L. esculentum Mill. var. *esculentum* 普通番茄

L. esculentum Mill. var. *cerasiforme* (Dun.) Gray 樱桃番茄

(2) *L. pimpinellifolium* (Jusl.) Mill. 醋栗番茄

(3) *L. cheesmanii* Riley 契斯曼尼番茄

L. cheesmanii Riley f. *cheesmanii* 契斯曼尼番茄型

L. cheesmanii f. *minor* (Hook. f.) Mill. 小番茄型

(4) *L. hirsutum* Humb. & Bonpl. 多毛番茄

L. hirsutum Humb. & Bonpl. f. *hirsutum* 有毛型

L. hirsutum f. *glabratum* Mull. 无毛型

(5) *L. pennellii* (Corr) D'Arcy 潘那利番茄

L. pennellii (Corr) D'Arcy var. *pennellii*

L. pennellii var. *puberulum* (Corr) D'Arcy

(6) *L. chmielewskii* Rick, Kes., Fob. & Holle 克梅留斯基番茄

(7) *L. parviflorum* Rick, Kes., Fob. & Holle 小花番茄

2. *peruvianum*-complex 秘鲁番茄复合体

(1) *L. peruvianum* (L) Mill. 秘鲁番茄

L. peruvianum (L) Mill. var. *peruvianum* 秘鲁番茄变种

L. peruvianum var. *humifusum* Mull. 矮生秘鲁番茄变种

(2) *L. chilense* Dun. 智利番茄

二、番茄及其近缘种检索表

下面检索表（引自 TGRC 网站，2007）是 Rick 1990 年发表的检索表的修改版。修改后的检索表增加了一些亚种分类和类似番茄的茄子野生种。

番茄及其近缘种检索表：

1. 成熟果实内部颜色为红色；种子长 1.5mm 或者更长。

 1.1. 果实直径超过 1.5cm；叶缘锯齿状

  1.1.1. 果实直径 3cm 或者更大；2 个或多于 2 个心室 ⋯⋯⋯⋯⋯ 普通番茄（*L . esculentum*）

  1.1.2. 果实直径介于 1.5～2.5cm 之间；2 心室 ⋯⋯⋯⋯⋯⋯⋯⋯⋯⋯⋯
   ⋯⋯⋯⋯⋯⋯⋯⋯ 普通番茄樱桃番茄变种（*L . esculentum* var. *cerasiforme*）

 1.2. 果实直径小于 1.5cm，通常约为 1.0cm；叶缘呈波浪状或全缘 ⋯⋯⋯⋯⋯⋯
  ⋯⋯⋯⋯⋯⋯⋯⋯⋯⋯⋯⋯⋯⋯⋯⋯⋯ 醋栗番茄（*L . pimpinellifolium*）

2. 成熟果实内部颜色为黄色或者橙色；种子长 1.0mm 或更短 ⋯⋯⋯⋯ 契斯曼尼番茄（*L . cheesmanii*）

 2.1. 叶片高度细分（网状叶），节间短，浓密短毛，大花萼⋯⋯⋯⋯⋯⋯⋯⋯⋯⋯
  ⋯⋯⋯⋯⋯⋯⋯⋯⋯⋯⋯⋯⋯ 契斯曼尼小番茄型（*L . cheesmanii* f. *minor*）

3. 成熟果实内部颜色为绿色或白色；种子大小变化大。

 3.1. 两叶合轴分枝

  3.1.1. 花序具小苞叶或者无苞叶

   3.1.1.1. 花较小（花冠直径小于或等于 1.5cm），种子长 1mm 或更短 ⋯⋯⋯
    ⋯⋯⋯⋯⋯⋯⋯⋯⋯⋯⋯⋯⋯⋯⋯ 小花番茄（*L . parviflorum*）

   3.1.1.2. 花较大（花冠直径大于等于 2cm），种子长度大于等于 1.5mm ⋯⋯⋯
    ⋯⋯⋯⋯⋯⋯⋯⋯⋯⋯⋯⋯⋯ 克梅留斯基番茄（*L . chmielewskii*）

  3.1.2. 花序具大苞叶

   3.1.2.1. 花药相互黏连形成筒状，花药侧裂

    3.1.2.1.1. 直立生长，花梗长度超过 15cm，花密生，花药筒顶端无弯曲 ⋯⋯⋯
     ⋯⋯⋯⋯⋯⋯⋯⋯⋯⋯⋯⋯⋯ 智利番茄（*L . chilense*）

    3.1.2.1.2. 匍匐生长，花梗长度短于 15cm，花松散排列，花药筒顶端通常弯曲 ⋯
     ⋯⋯⋯⋯⋯⋯⋯⋯⋯⋯⋯⋯⋯ 秘鲁番茄（*L . peruvianum*）

   3.1.2.2. 花药不相互黏连，顶端开裂⋯⋯⋯⋯⋯⋯⋯ 潘那利番茄（*L . pennellii*）

    3.1.2.2.1. 茎、叶覆盖有光泽的腺毛 ⋯⋯⋯⋯⋯⋯⋯⋯⋯⋯⋯⋯
     ⋯⋯⋯⋯⋯⋯ 潘那利番茄有毛变种（*L . pennellii* var. *puberulum*）。

 3.2. 三叶合轴分枝 ⋯⋯⋯⋯⋯⋯⋯⋯⋯⋯⋯⋯⋯⋯⋯⋯ 多毛番茄（*L . hirsutum*）

  3.2.1. 茎、叶接近无毛，茎柔嫩，花青素的颜色较深⋯⋯⋯⋯⋯⋯⋯⋯⋯⋯⋯
   ⋯⋯⋯⋯⋯⋯⋯⋯⋯⋯⋯⋯ 多毛番茄无毛型（*L . hirsutum* f. *glabratum*）

 3.3. 三叶以上合轴分枝。

  3.3.1 花药白色或乳白色，叶缘多裂。

   3.3.1.1. 茎、叶具软毛，果实紫绿色，直径小于 1cm，成熟时与浆果相似 ⋯⋯⋯
    ⋯⋯⋯⋯⋯⋯⋯⋯⋯⋯⋯⋯⋯ 类番茄茄（*S . lycopersicoides*）。

   3.3.1.2. 茎、叶光滑，类似于多汁植物。果实黄绿色，通常直径大于 1cm，成
    熟时果实质地变为纸质状 ⋯⋯⋯⋯⋯⋯⋯⋯⋯⋯⋯⋯⋯⋯ *S . sitiens*

  3.3.2. 花药黄色，叶全缘，小叶椭圆形到披针形

3.3.2.1. 小叶相对较宽,叶子表面粗糙,通常两对侧生小叶,果实直径2～3cm …
……………………………………………… 核桃叶茄（S. juglandifolium）
3.3.2.2. 小叶相对较窄,叶子表面像天鹅绒样光滑,果实大,通常为多心室………
……………………………………………… 赭黄色花茄（S. ochranthum）

三、栽培番茄与其近缘种的杂交关系

番茄是野生近缘种较多的蔬菜作物之一。这些野生近缘种含有大量的普通栽培种所缺乏的优异性状。因此,通过远缘杂交利用野生种质资源对栽培番茄进行遗传改良一直是国内外蔬菜遗传育种研究的重点。国内外大量的研究表明,栽培番茄与醋栗番茄、多毛番茄、小花番茄、契斯曼尼番茄、克梅留斯基番茄、潘那利番茄杂交,亲和性和后代种子育性较高。相反,与秘鲁番茄、智利番茄以及类番茄茄杂交存在一定障碍,其杂交亲和性及种子育性很低。采用杂交胚离体培养或者通过特殊的桥梁系进行杂交,是目前克服栽培番茄与某些野生近缘种之间存在的杂交障碍的有效手段。

四、栽培学分类

番茄是世界上广泛栽培的蔬菜作物之一。在它的栽培历史中,由于番茄容易发生变异,不同地区均产生了许多新类型和新品种。同时,随着番茄遗传基础理论研究的深入以及育种手段的提高,番茄品种的数目也在逐年增加。按栽培学进行分类,对实际生产和品种选育都有重要意义。在番茄栽培学分类研究方面,曾有哈尔斯德（Halstead,1904）的分类,佩莱（Bailey,1924）的分类,包斯卫尔（Boswell,1933）的分类,休梅克（Shoemaker,1947）的分类,沈德绪、徐正敏（1957）的分类以及熊泽（1965）的分类。但至今仍未有十分完善的分类方法。

综合以上分类方法,参考《植物新品种特异性、一致性和稳定性（番茄）测试指南》,番茄的栽培学分类可总结如下:

(一) 按植株类型分类

1. 无限生长类的标准种（Indeterminate Standard）　主茎一直持续向上生长,生长高度不受限制,故名无限生长。植株节间长,蔓生。多数品种在第7～9节着生第一花序,然后每隔3～5片叶着生一花序。果实采收期长,产量高,多为鲜食番茄,目前国内栽培普遍。如中蔬4号、中杂9号、毛粉802、L402、佳粉15、佳粉17、美味樱桃等。

2. 无限生长类的直立种（Indeterminate Dwarf）　茎无限生长,植株直立,株型矮,茎粗壮,节间短,通常为60～75cm,外形似矮树状,株丛密集。叶密,叶片厚,有褶皱,深绿色,通常每隔3～5片叶着生一花序。成熟期晚,产量低于标准种,国内栽培较少。如红色品种 Dwarf Stone；粉红色品种 Dwarf Champion。

3. 有限生长类的蔓性矮生种（Determinate Bush）　植株矮生,有限生长,生长势弱,通常第6～8节着生第一花序,以后每隔1～2片叶着生一花序。主茎生长2～4花序后顶端变为花序,不再继续生长,故称为有限生长。节间短,成熟早,熟期集中,适宜早熟栽培或生长期较短地区栽培。多为加工类型,中国亦有部分鲜食番茄类型。如红杂15、红杂 20、早粉 2 号、Campbell 1327、合作 903 等。

4. 有限生长类的直立种（Determinate Dwarf） 植株直立，茎有限生长，节间短，茎粗壮，株型矮小，高约 38cm，株丛密集。叶较密，叶片厚，有褶皱，深绿色。主茎着生 2～4 花序后，顶端变为花序，不再继续生长，分枝力弱。如 TinyTim，NDAC 等。

有些品种的株型介于无限生长和有限生长之间，植株蔓生，茎有限生长，主茎生长 5～7 花序后顶端变为花序，不再继续生长。植株主茎高度高于有限生长类型低于无限生长类型。中国俗称其为"高封顶"。

（二）按叶型分类

1. 普通叶品种 植株蔓生、半蔓生或矮生，叶片大小不等，具有不整形的缺刻，叶边缘钝锯齿到尖锯齿。可细分为羽状普通叶、二回羽状复宽叶、二回羽状复细叶。目前栽培品种多为普通叶。如齐研矮粉、美味樱桃、中蔬 4 号等。

2. 薯叶品种 植株蔓生，叶全缘如马铃薯叶，小叶片极少。顶端的小叶特大，主脉只着生少量带叶柄的宽大小叶，第一片或其以上真叶全缘无缺刻。如农大 23 号等。

（三）按果实特性分类

1. 按果实外观颜色分类

（1）红果品种 如中蔬 6 号，Ferline 等。

（2）粉果品种 如中蔬 4 号等。

（3）黄果品种 如黄珍珠，White Beauty 等。

（4）橙黄果品种 如橘黄嘉辰（Jubilee）等。

2. 按果实大小分类

（1）大果型品种 单果重 150g 以上，包括多数栽培品种。如中蔬 4 号、中杂 9 号、宁农 1 号（单果重 300g 以上）等。

（2）中果型品种 单果重 90～150g。如齐研矮粉、农大 23 号等。

（3）小果型品种 单果重低于 90g。如 Roma（60g）、NCX3032（85g）、Hawaii7998（30g）等。

（4）樱桃番茄品种 单果重低于 20 g。如圣女、美味樱桃（13g）等。

（四）按用途分类

1. 鲜食番茄品种 适宜新鲜食用的品种。包括多数栽培品种。如中蔬 4 号、中杂 9 号、佳粉 15、L402 等。

2. 加工番茄品种 适于加工成番茄酱、番茄汁或制成整形罐头、番茄丁的专用品种。如红杂 15、红杂 20、浦红 1 号、罗城 1 号等。

3. 观赏用番茄品种 适合盆栽观赏的品种。多为有限生长，小果类型。如 Tiny Tim 等。

（五）按栽培方式分类

1. 适于露地栽培品种 如中蔬 4 号、中蔬 5 号、强丰、早粉 2 号、L402 等。

2. 适于保护地栽培品种　如 Caruso，FA189、中杂 9 号、佳粉 15 等。

第四节　番茄的形态特征与生物学特性

一、形态特征

(一) 根

生育初期番茄的根垂直生长旺盛，随着生育的进程，逐渐以水平伸长为主。根系扩展范围可达 2.5～3m，深度可达 1m 左右，但大部分根系分布在 0.5m 深的土层内。在条件合适的情况下，茎（尤其是茎基部）容易形成不定根，因此番茄较易进行扦插繁殖。

(二) 茎

番茄的茎比茄子、辣椒柔软，属半蔓生，也有无需支架的直立番茄。典型的番茄茎表面覆盖了许多绒毛和腺毛，茎上着生叶、花和果实。

植株主茎的顶端是顶端分生组织。一般当植株生长出 7～11 片叶片后，主茎的生长点就会变成花芽。然后最上边叶片的腋芽开始生长，替代为新的主茎。当长出 3～5 片叶子后，其生长点又会变成花芽。于是，最上边的叶片的腋芽又开始生长，并又替代为新的主茎。因此，番茄植株生长是典型的合轴分枝。无限生长类型的植株按照上述合轴分枝的方式可以无限度地生长，每隔 3～5 片叶子就有 1 个花穗。对于有限生长类型的植株，茎基部的叶芽非常强壮，当主茎分化出有限的几个花穗后就停止伸长了。从茎的下部不断长出新的侧枝来，植株生长习性类似丛生的灌木。番茄叶片的排列为 2/5 叶序。有研究证明，番茄果穗的输导组织和与该果穗成直角的叶片的输导组织直接相连。

(三) 叶

典型的番茄叶片是具有小叶的不整形羽状复叶，叶片长度在 15～45cm 之间，主小叶从叶柄基部向着先端成对着生，顶端又有一片小叶，着生在短小的叶柄上。小叶为卵形或椭圆形，有深裂或浅裂的不规则锯齿状缺刻。根据小叶的着生位置和数目，典型的番茄叶片形状可以分为羽状复叶、二回羽状复细叶和二回羽状复宽叶。此外，番茄叶片中还有一种类似马铃薯叶片形状的类型，称为薯叶（图 24 - 1），相对于普通叶，薯叶性状为隐性遗传。

从叶片颜色来看，番茄的叶色可粗分为浅绿色、绿色和深绿色等 3 种。

番茄叶的发生部位不同，小叶的数目和形状也不同。最下部的 1～2 片复叶小叶数小，面积也小。第三片叶往上，呈现出典型的番茄叶片特征。第三片复叶有侧生小叶 5～7 片，第四片复叶有 7～9 片。随着叶位上升，小叶数也增加。

番茄叶片或每个小叶都有叶柄支持，叶柄是叶身和茎之间养分和水分的通道，并且具有使叶片变动方向的作用。

沿叶柄方向是一条主叶脉，主叶脉在叶背面形成一个很大的脊，叶脉脉络呈不规则羽

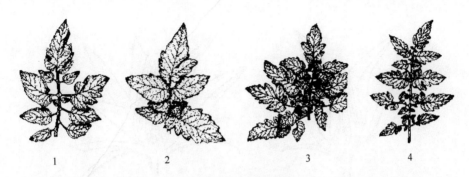

图 24 - 1　番茄叶片形状

1. 羽状普通叶　2. 薯叶　3. 二回羽状复宽叶　4. 二回羽状复细叶

（引自《番茄种质资源描述规范和数据标准》, 2006）

状分布，小叶脉充满在叶肉组织中呈网状脉序。

对番茄小叶片进行组织学观察，可以看到由栅栏组织和海绵组织形成的叶肉组织，上下覆有表皮，表皮细胞不含叶绿体，其中贯以叶脉组织。表皮上开有气孔，气孔主要在叶背面，正面的气孔数较少。栅栏组织位于上表皮细胞下面，为富含叶绿素的圆锥形细长细胞，易于进行气体交换，且光合作用旺盛；海绵组织位于栅栏组织和下表皮之间，由 3 层以上细胞组成，这些细胞液泡很大，叶绿体较少。

（四）花

番茄花为两性花，由花萼、花瓣、雄蕊和雌蕊四部分组成。花萼 5～6 枚，下部连在一起成筒状托住上位子房。花瓣 5～6 枚，下部连在一起紧靠在花萼的基部内侧，随着花瓣开放，花的颜色由浅绿变浅黄、鲜黄直至深黄（或橘黄）。雄蕊一般 5～6 枚，围绕花柱成药筒状，着生在花瓣底部内侧，每个花药由左右两室（花粉囊）组成，内有花粉，每室腹面有一纵缝，花粉成熟后纵缝开裂，散出花粉。花粉粒为球形，直径约 20μm。雌蕊位于雄蕊内侧，花的中央，由子房、花柱和柱头组成（图 24 - 2）。因品种差异或者营养条件的不同，子房心室数从 2～3 室到 20～30 室不等。花柱附着在子房的中心顶部，随着花的开放，花柱伸长，花朵开放时，花柱柱头完成授粉，授粉后约 50h（亦有报道 30h）完成受精。

番茄花的花柄上有一个明显突起的小节，称为离层。花以及以后发育成的果实都容易从离层处脱落。但多数加工番茄品种没有离层。

番茄的花序一般是总状花序。按生长的先后顺序，小花依次排列在花梗上，最早出现的小花最先开放。每个花序上的花数因品种和环境条件的不同而有较大差异，既有一个花序只着生一朵小花的单花番茄，也有一个花序着生几十朵甚至上百朵小花的大型花序，但一般来说，栽培品种每个花序为 3～10 朵小花（樱桃番茄为 15～30 朵）。由于品种、环境与营养条件的不同，番茄总状花序的分枝可以分为花梗单一的单式花序、两个分枝的双歧花序和多个分枝的多歧花序（复花序）3 种。即使是同一植株也有两者或三者混存的情况。野生番茄多为异花授粉作物，柱头外露。而普通番茄为自花授粉作物，柱头包在雄蕊内部。

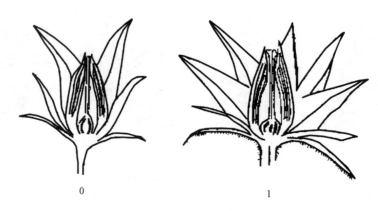

图 24-2 番茄花器官纵切面

0. 正常花 1. 畸形花

（引自《番茄种质资源描述规范和数据标准》，2006）

在番茄长期的人工驯化和育种实践中，发现了很多雄性不育和雌性不育种质。其中又以雄性不育应用较多。综合国内外的研究，番茄雄性不育的表现主要有以下 3 种：功能不育、雄蕊退化和花粉退化。据 TGRC 网站（2007）统计，目前与雄性核不育（ms）有关的基因共计 46 个，其中两个为显性基因；与功能性雄性不育（ps）有关的基因为 ps 和 ps-2 以及无雄蕊基因 sl。目前已知的不育材料尚达不到 100％不育的水平。

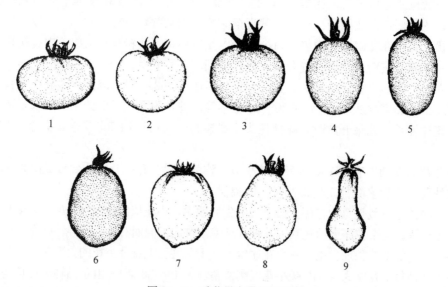

图 24-3 番茄果实纵切面形状

1. 扁平 2. 扁圆 3. 圆 4. 高圆 5. 长圆

6. 卵圆 7. 桃形 8. 梨形 9. 长梨形

（引自《番茄种质资源描述规范和数据标准》，2006）

（五）果实

番茄的果实是由子房发育而成的多汁浆果。由果肉（果皮的壁及外皮）和果心（胎座和包含种子的心室）组成。果皮由子房壁发育而来，分为外果皮、中果皮和内果皮。外果皮相当于果实最外侧的果皮部分，中果皮肉质多浆，是可食用的果肉部分，内果皮是衬着心室腔的部分。外果皮和内果皮是单层组织，中果皮有数层，把整个果实分成若干个心室腔。心室中含有大量的胶囊物及种子。

从外观上看，果实顶部是花柱脱落形成的果脐，果实底部与花萼连接处称为果洼，果洼的周围部分称为果肩。幼果时期，不同品种果肩绿色的深浅有很大差别。有的绿色很重，有的较浅，还有的与果实的其他部位颜色完全一样，没有绿色果肩。番茄果实的外观形状各异，既有圆形、扁圆形、长圆形的，也有梨形、桃形等。成熟果面颜色多样，有红色、粉红色、橘黄、鲜黄等。番茄果实大小变化范围很大。最小的野生番茄不过1~3g，最大的则可超过1kg（图24-3）。

二、生物学特性

（一）生长发育特性

番茄从播种到收获要经过发芽期、幼苗期、开花坐果期和结果期。

1. 发芽期　从种子吸水萌芽开始到第一片真叶显露为发芽期。在这期间要完成种子吸水膨润、胚根伸长、胚芽伸长和子叶展开等过程。番茄种子一般含水量为5%~8%。发芽时，番茄种子的吸水过程大体可以分为两个阶段。第一阶段为快速吸水阶段。在开始的0.5h内，种子可吸收自身干重35%左右的水分，经过2h时后，可吸收相当干重64%的水分。第二阶段为缓慢吸水阶段。在第一阶段吸水的基础上再经过5~6h的时间，吸收干重25%左右的水分。经过7~8h，番茄种子可以共吸收自身干重的92%左右的水分。种子吸水后，开始膨润，原来缩小的细胞中的液泡开始膨大，原生质的水和度开始增加，原来质壁分离的细胞开始恢复正常状态。一些酶类，特别是水解酶类的活性急速增加，种子原来贮藏的大分子的养分在水解酶的作用下，被不断分解成为容易利用的低分子物质。种子吸水后，在25℃条件下经过36~48h就可看到有白色的胚根伸长出来。再经过2~3d，胚根可达4~6cm长，而且在胚根的上部可以看到有侧根发生。发芽开始后4~7d，子叶开始脱离种皮伸出土壤。当子叶见到阳光后，大量的叶绿素逐渐形成，于是开始光合作用，其营养方式也就很快从异养过渡到自养。

2. 幼苗期　从第一片真叶露心到第一花序显蕾。幼苗期是分化和建成茎、叶、根的基础时期，也是大部分花芽分化发育的关键时期。在适宜的温光条件下，幼苗期需要40~50d。但若此期温度较低，则幼苗期可长达60多d。

进入幼苗期不久，植株就开始花芽分化。当幼苗有两片真叶展开时，已经分化出第11片真叶的叶芽和第1花序的第1朵花的花芽。当第4片真叶展开时，第13片叶子的叶芽和第1花序的第3朵花的花芽已分化完毕。到幼苗期结束时（有展开的真叶7~9片），第17到第18片真叶叶芽已经分化结束。这时第1花序和第2花序上的所有花芽基本上已分化终了，第3花序上已分化出4~5个花芽，第4花序上已分化出2~3个花芽，而第5花序的花芽才刚刚开始分化。幼苗期结束时，第一花序第一朵花的花蕾应该达到开花前7~10d大小的程度。花芽分化和发育需要供给碳水化合物、蛋白质、核酸、脂质及相关的植物激素等。这些物质都是直接或间接地来源绿色叶片的光合作用。因此，子叶和真叶的生长状况与花芽分化的早晚和分化的质量有着密切的关系。例如，在子叶完全展开时，将1枚、1.5枚或2枚子叶分别摘除，观察对花芽分化的影响。结果表明，摘除子叶后，幼苗生长减慢，花芽分化显著延迟。子叶摘除的面积越大，这种影响越明显。研究还表明，子叶对幼苗生长和花芽分化的影响作用直到子叶完全展开后20d左右才变得微不足道。由此可见，子叶生长是否健壮直接影响第一花序的花芽分化。因此，在育苗时采取措施防止胚芽戴帽出土，防止虫咬，保证子叶健壮，是番茄早熟丰产栽培的重要措施之一。

3. 开花坐果期 从幼苗期结束到第一花序开花坐果，最大幼果直径达1cm左右。这一时期是植株生育最快的阶段，其特点是继续以根、茎、叶生长为主，逐步过渡到生殖生长与营养生长并行。一方面，根、茎、叶旺盛生长；另一方面上部花序继续分化，下部花序不断发育成熟，陆续进入开花阶段。在适宜的条件下，番茄开花从开始到达盛开状态约需1~2d。一朵花开放时间可持续3~4d，然后花冠脱落。花瓣完全展开时，花药开始开裂，花粉露出，落到柱头上，即完成授粉过程。授粉后20min左右，花粉开始萌发，花粉管不断伸长，穿过柱头组织的细胞间隙，最后到达子房中的胚珠内，并完成受精过程。番茄的花粉管伸长缓慢，从授粉到受精结束约需24~50h。雌蕊受精能力最强的时期是开花前1d起至始花后2d，前后共4d左右。花瓣完全开放的当日，花粉的生活力最强。在常温常湿条件下放置1d后，生活力明显下降，放置3d后，生活力会下降到30%以下。但若将花粉在干燥条件下保存，放置3d后则生活力也不会有明显的变化。

开花坐果期是番茄生产管理的重要时期，这一时期管理的重点就是通过肥、水的调控，使营养生长与生殖生长达到一个比较协调的平衡状态。一般的做法是在一定的时间内不浇水，不追肥，即进行"蹲苗"控制营养生长，促进生殖生长，避免徒长疯秧。需要注意的是，应根据各个品种的特性及环境条件的变化适当地把握调控的程度。

4. 结果期 从第一穗花坐果到拉秧。该期的长短以所留果穗的多少而定。番茄是陆续开花，连续结果，营养生长与生殖生长同时进行的作物。当第一穗果实膨大时，第2、3、4穗花相继坐果、开花、显蕾，同时上部的茎叶仍在持续生长。因此，茎叶与花果之间，花序与花序之间的养分竞争十分激烈。所以，这一时期要保证大量供给水肥，同时要及时打掉侧枝、适时摘心，适当疏果，以保证养分的合理流向。

从开花到果实成熟需要50~60d，在低温弱光季节，时间要更长一些。果实的大小决定于果实的细胞数目和细胞大小。一般说来，果实的细胞数目在开花前或开花期间就已经决定而不再增加了，此后果实的膨大主要是靠细胞体积的不断增大。番茄果实从坐果开始到成熟要经过以下几个时期：

（1）膨大期：从坐果到果实不再增大为止。一般条件下约30~40d。果实完全绿色，没有光泽。这时摘收的果实，不能催熟，没有商品价值。

（2）绿熟期：果实体积不再增加，果皮已有光泽，果色由绿变白或浅绿。这时摘收的果实，可以催熟。

（3）转色期：果实顶部开始出现红色。这时果肉仍然较硬，但摘收后很容易催熟。以长途运输销售为目的栽培，可以在此时期采收。

（4）成熟期：果实表面大部分转红。果实呈现品种固有颜色。商品果实的采收，一般不能迟于这个时期。

（5）完熟期：整个果实完全变红，果肉硬度开始下降，含糖量达到最高值。

（6）过熟期：果肉成水浸状，果面已丧失鲜艳的色泽，果实软化，已无商品价值。

（二）对环境条件的要求

1. 温度 番茄属喜温作物，不耐高温。但在果菜类蔬菜中，还属于比较耐低温的。番茄适宜生长发育的温度范围为 15～33℃。最适温度白天 22～26℃，夜间 15～18℃。温度低于 10℃时，生长缓慢，甚至停止生长。番茄对低温的忍耐程度除与品种有关外，还与是否经过低温锻炼有关。例如经过充分耐寒锻炼的幼苗可以短时间内经受 -3℃ 的低温而不发生冷害。相反，嫩弱的幼苗在 2℃ 时便会发生冷害。根系生长适温范围为 20～25℃。地温低于 13℃ 时，根系功能下降，植株生长缓慢。地温 8℃ 时，根毛停止生长，6℃ 时根系停止生长。番茄对温度条件的反应因生长阶段和发育过程不同而有差异。番茄种子在 20～30℃ 之间经过 6d 发芽率可达 80% 以上。随着温度的升高和降低，发芽速度和发芽率明显下降。在 15℃ 温度下，要经过 20d 发芽率才达到 53%；在 10℃ 条件下经过 40d，发芽率才能达到 70%。如果说低温明显地降低了种子的发芽速度，那么高温则显著地降低了发芽率，使大部分种子丧失发芽能力。在 35℃ 下，发芽率仅有 1.4%；40℃ 下，发芽率在 1% 以下。因此，在播种催芽时，一定要注意播种床的温度。白天温度要稍高些，保持在 25～27℃。夜间温度可低一些，前半夜 14～16℃，后半夜 12～13℃。

番茄花芽分化的早晚、分化的数量和质量直接影响以后果实的数目与质量。温度对花芽分化有着强烈的影响，因此，育苗期的温度管理是番茄高产优质栽培的关键之一。研究表明，在幼苗生育适宜的温度范围内，温度越高，花芽分化开始得越早，但花的着生节位升高。而在相对较低的温度下，花芽分化会晚一些，但花着生节位低，分化的花芽数目也多。但如果温度低于 10℃，则往往会形成畸形花。所以幼苗期晚上最低温度不要长时间低于 10℃。

开花坐果期番茄对温度也十分敏感。花粉萌发、花粉管伸长的最适温度为 25℃ 左右，最低界限温度为 13～15℃，高温界限为 35℃。开花期如遇到低温，花药开裂不良，花粉萌发、花粉管伸长缓慢或停止。这种情况下必须坚持用激素喷花，以防止落花落果。开花期如遇到高温，花柱伸长会出现异常，并使柱头暴露于花药筒之外，形成长柱花。而且高温条件下，花药往往不能正常开裂。最新的试验表明，在高温下，特别是在高夜温条件下，花粉粒比正常的体积小，或者发生收缩，同时活力下降。由高温引起的上述现象最终将导致授粉受精不良而发生落花落果。

番茄果实膨大时需要一定的昼夜温差，并以日间 25～28℃，夜间前半夜 14～17℃，后半夜 12～13℃的温度比较适宜。温度过高或过低，不但果实膨大不良，而且往往着色不好，颜色较浅，进而影响产品的商品价值。

2. 光照 番茄营养生长对光照强度非常敏感。番茄叶片的光合作用饱和点在70 000lx左右。北方冬春季日光温室和大棚内，一般情况下远远达不到上述光照强度。随着光照强度减弱，番茄植株总生物生产量明显降低。如光照下降 45％，番茄植株总干物重减少35％，叶片干物重减少28％，根干物重减少63％。与此相反，植株高度显著增加。因此，弱光条件下，植株容易呈现徒长。

光照不足，花芽分化延迟，着花数目减少，第一雌花节位升高。温度越低，弱光对花芽分化的这种影响越大。有研究表明，当光照强度平均在 20 000lx 以上时，花芽分化的数目不会再因光照强度变化而变化。延长光照时间能增加花芽分化数目。但光照时数超过16h 后，花芽分化延迟，花芽数目减少。

番茄的花芽发育比分化对弱光更敏感。光照不足，花芽发育迟缓，开花延迟。同时心室和萼片的数目减少，花药易形成空孢，出现短丝花药，形成畸形的花蕾，常常在开花之前就脱落。花芽发育的不同阶段对光照强度的敏感程度不同。在显微镜下刚刚能观察到花芽之后的 2 周之内是花芽发育对弱光照最敏感的时期。如果在这个时期将生长在弱光下的幼苗移到正常的光照下 2 周，可以获得与正常光照下十分接近的开花率。反之如果在这个时期将生长在正常光照下的幼苗移到弱光下，其落蕾落花率和全弱光对照区几乎一样。花芽发育过程中光照不足引起落花的主要原因是营养竞争的结果。如果在花芽分化时去掉最上面的新叶，可以在很大程度上减少弱光照引起的落花现象。这也表明花芽发育时期营养生长比生殖生长在光合产物的竞争中占有优势。光照不足首先是向花芽运输的光合产物减少。研究还表明只有那些与花芽同步发育的真叶才表现出较强的营养竞争能力。用生长素和赤霉素同时对花芽进行处理可以明显地减少落花，这是因为激素增加了光合产物向花芽的运输。

番茄受精后48h，幼果中淀粉和还原糖含量急速增加。这时如遇弱光照，也会由于同化产物供应不足而落花。

光照强度通过影响坐果数和单果重而影响产量，在果实膨大期需要充足的日照射量。有研究表明，如果这一时期平均日照射量低于 418.4J/cm²，就容易发生植株徒长，果实膨大不良。在实际栽培中，要注意采取各种措施，增加光照，如合理密植，及时去掉植株下部的老叶，经常清洗大棚、温室的塑料膜等。

虽然番茄属于喜光作物，但不同品种之间对低光照的适应能力不同，有些品种比较耐弱光，在冬、春季保护地栽培表现出较好的丰产性。这些品种一般叶量较少，小叶多，整株通光性好。但露地栽培，尤其是夏季栽培常常由于日照过强而易发生日烧果。这时应选择叶量稍大，生长势强的品种，必要时也可以进行遮阴栽培。

3. 水分 番茄根系发达，茎叶繁茂，蒸发量较大，是需水量较多的作物。但不同生长时期也有差异，一般生长前期需水量较少，中后期需水量较大。适宜的土壤湿度为60％～80％，空气相对湿度为45％～65％。果实膨大期保证充足的水分供给是获得高产的关键之一。

番茄要求比较干燥的气候。如果光照不足，相对湿度过高，根系对养分的吸收能力下降，植株易呈徒长状态，难以形成健壮的花，很容易发生落花落果。

4. 土壤与营养 番茄对土壤要求不严格，适应性较强。除盐碱、黏重及排水不良的低洼地外，一般土壤条件均可栽培。但以土层深厚、排水良好、有机质含量高的土壤最为适宜。番茄喜微酸性土壤。如果土壤过于酸性，可适当施用石灰。

番茄生长期较长，结果多，生物产量高，需要从土壤中吸收大量的营养。每生产1 000kg番茄，需从土壤中吸收氮 $2\sim4$kg、磷 $1\sim1.2$kg、钾 $3\sim5$kg。番茄对氮肥很敏感。氮素过多，植株营养生长过旺，生殖生长延迟。氮素不足，植株矮小，果实膨大缓慢。番茄对磷的吸收量虽然比氮素少，但磷对根系的发育、花芽的分化、果实的膨大及保持叶片具有长期的同化能力等具有重要的作用。番茄对钾的吸收量最大，而且从生育初期一直到果实收获，对钾的吸收都保持在较高的水平。钾对于番茄体内水分、养分和各种有机物质的运输，对于植株的健壮和抗病性，特别是对于果实的膨大都有重要的作用。除了氮、磷、钾外，番茄还需要硫、钙、镁、铁、锰、硼、铜、锌等元素。虽然这些元素吸收量较少，而且一般土壤均可满足需要，但不少研究表明，许多情况下喷施微肥，特别是硼、锌等，可以收到很好的增产效果。

第五节　番茄的种质资源

一、概况

苏联学者瓦维洛夫（Н. И. Вавилов），最早重视植物种质资源的收集和研究工作，其所在的植物研究所收集了来自22个国家约6 000份栽培番茄材料。国际植物遗传资源研究所（International Plant Genetic Resource Research Institute，IPGRI）1987年报道全世界共收集番茄种质32 000份，至1990年已超过40 000份，其中70%为野生番茄。美国农业部（USDA）和亚洲蔬菜研究发展中心（AVRDC）收藏的番茄种质资源均超过6 000份，番茄遗传资源中心（TGRC）和美国国家种子贮藏实验室（NSSL）收集的资源超过3 000多份，荷兰园艺植物学院收集的资源约2 500份。

中国番茄栽培和研究的历史较短，大量种植番茄仅有80年左右的历史。中国1955年开始开展蔬菜品种的调查与整理工作。1963—1966年从苏联、荷兰、意大利等国引入北京10号（引入并经选择后命名）、满丝、罗城1号等品种并推广应用，1977—1984年共观察鉴定了1 000多份材料，1980年入库保存的材料已达500余份。随后，从"六五"到"十五"，番茄新品种选育及育种技术研究被列入国家重点科技攻关项目；同时从"七五"开始，蔬菜种质资源的收集、保存、评价研究也被列入国家重点科研计划。通过上述科研计划的实施，逐渐积累了大量的抗病、抗逆和优异番茄种质资源，并育成了一批多抗、优质、高产番茄新品种。目前，已由国家农作物种质资源库正式登记保存的番茄种质资源就有2 257份（见表1-7）。番茄种质的保存比较简单，在低温（2℃）干燥条件下番茄种子可保存20年以上。

二、抗病种质资源

(一) 抗病毒病资源

1. 抗烟草花叶病毒（TMV）**种质资源**　番茄抗烟草花叶病毒病的基因一共有 3 个，即 Tm-1、Tm-2 和 Tm-2^a。美国最早发现的抗 TMV 番茄材料 P. I. 126445 含抗病基因 Tm-1，Walter（1969）利用该材料育成抗病品种特罗皮克（Tropic）。抗病基因 Tm-2 来源于秘鲁番茄，该基因与黄叶基因 nv（netted viresent）紧密连锁，抗病品种玛拉佩尔（Manapal）带有 Tm-2^{nv} 基因。Tm-2^a 也来源于秘鲁番茄，由秘鲁番茄 P. I. 128650 与普通番茄 *L. esculentum* 杂交后选育获得的 OhioMR-9，OhioMR-12 含有该基因，美国纽约州农业实验站利用该基因育成 FloridaMH-1。Pecaut 证明 Tm-2^a 与 Tm-2^{nv} 基因处于同一基因点上，但其抗病性强于后者。中国先后引入 Manapal、Tm-2^{nv}、OhioMR-9、OhioMR-12、FloridaMH-1、强力米寿、强力铃光、强力寿光及茸毛等材料，还引进了烟草花叶病毒的鉴别寄主 GCR 系统，即 GCR26（+/+）、GCR237（Tm/Tm）、GCR236（Tm-2^{nv}/Tm-2^{nv}）、GCR526（Tm2/Tm2）、GCR267（Tm-2^a/Tm-2^a）、GCR254（Tm/Tm、Tm-2^{nv}/Tm-2^{nv}）。利用这些材料育成了系列抗 TMV 番茄品种，如中国农业科学院蔬菜花卉研究所育成的强丰、中蔬 4 号、中蔬 5 号分别含有 Tm-1、Tm-2、Tm-2^a 基因，佳粉系列、苏抗系列、西粉系列、东农系列、渝抗系列及辽粉杂系列具有 Tm-2^{nv} 基因血统，辽宁省农业科学院应用 Tm-2^a 育成了 L401、L402、L404 等品种。

2. 抗黄瓜花叶病毒（CMV）**种质资源**　番茄黄瓜花叶病毒（CMV）的抗源存在于类番茄茄（*Solanum lycopersicoides*）如 LA1964，秘鲁番茄（*L. peruvianum*）如 LA3900 及 PI 127829，智利番茄（*L. chilense*）如 LA0458，醋栗番茄（*L. pimpinellifolium*）如 LA0753 等野生种质资源中，这些野生种质资源与普通番茄之间存在杂交不亲和、杂种不育、不稔等障碍，因此如何将抗病基因渗入到栽培番茄就成为育种者普遍关注的问题。Rick（1951，1986）、Deverna（1987）、Cheleat（1997）等通过有性途径结合胚培养等手段获得了普通番茄与类番茄茄的有性杂种、倍半二倍体、以番茄为遗传背景的全部 12 个类番茄茄体外源添加系以及与番茄的回交一代。Hendley（1986）、Guri（1991）、Hossain（1994）、Matsumoto（1997）等通过化学融合与电融合方法获得了普通番茄与类番茄茄的体细胞杂种，产生的四倍体和六倍体体细胞杂种花粉育性达 42%～48%，自交、株间杂交以及与番茄回交均能得到有活力的种子。最近 Stoimenova, E. and Sotirova, V. (2004) 得到普通番茄与智利番茄杂交后的 6 代自交系 LCH162、LCH163、LCH164、LCH165、LCH167、LCH168、LCH169。其中 LCH162 和 LCH163 表现抗 CMV，75% 的 LCH162 和 50% 的 LCH163 的植株不含 CMV 病毒，一些 LCH165、LCH166 和 LCH167 植株具有花叶症状，但在所有无症状的植株中均未检测到 CMV 病毒，其余 5 个株系的抗性稍差。尽管上述的结果尚需进一步研究，但对于番茄抗 CMV 的种质资源创新和抗病育种具有重要的意义。

野生番茄与普通番茄的杂交后代对 CMV 的抗性往往低于野生番茄，如来源于智利番茄的 LA0458 与普通番茄杂交后经多代选择获得的番茄材料 LA3912，接种 CMV 表现为耐病，抗病能力比 LA0458 大大减弱。LA3912 与普通番茄的杂交后代其抗病能力就更弱。

由于在普通番茄中没有 CMV 的良好抗源，直接育成抗病番茄品种比较困难，因此国内外育种工作者试图通过间接方法创造 CMV 抗（耐）源材料，主要包括利用茸毛番茄的避蚜特点和利用基因工程方法等。

已有研究表明，CMV 的主要传播媒介为蚜虫，因此育成抗蚜虫的品种就可以在一定程度上达到对 CMV 的防治目的。郑贵彬、张环、柴敏、郁和平等先后从美国、日本引入茸毛番茄材料 Somky Mountain（WO）、LS1371（WOᵐᶻ）等材料，育成佳粉 17、毛粉 802、济南毛粉等番茄，这些品种利用了多茸毛形态的避蚜特性，具有浓密茸毛植株的叶片不仅影响蚜虫的取食部位，其叶片的银灰色泽还起避蚜作用。因此尽管茸毛番茄本身不含抗 CMV 基因，但它的避蚜作用间接提高了抗 CMV 能力。合理地利用这两个基因有助于 CMV 的抗性育种，但需注意的是多茸毛基因为单显性基因，而且显性纯合致死，WOᵐᶻ 与 WO 是同一位点的突变基因，其纯合基因型个体具有正常活性。

利用基因工程方法创造 CMV 抗源材料主要包括导入外壳蛋白质基因、卫星 RNA、反义基因等，具体内容请参见本章第七节。

（二）抗叶霉病（*Cladosporium flulvum*）种质资源

叶霉病是番茄生产中普遍发生的病害，对保护地生产的危害尤为突出，国外从 20 世纪 30 年代开始进行叶霉病生理小种和叶霉病抗病育种研究。叶霉病病菌分化快，在中国已鉴定的生理小种有 10 个，即 1.2、2、1.2.3、2.3、1.2.4、2.4、2.3.4、1.2.3.5、1.2.3.4、1.2.3.4.9，主要是 1.2 和 1.2.3.4。目前已发现的抗病基因有 25 个，已经明确的抗病基因有 Cf-2、Cf-3、Cf-4、Cf-5、Cf-6、Cf-7、Cf-9、Cf-11 等，被育种家利用的在 9 个以上。国际上采用一套含有不同抗性基因的 7 个番茄作为鉴别寄主，即 Money Maker，Leafmould Resister，Vetomold，V121，Ont7516，Ont7717，Ont7719，分别含有 cf0，cf1，cf2，cf3，cf4，cf5 和 cf9 基因。

国外早期育成的抗病品种有 Stirling Castle（cf1），V473（cf1cf2），Bay State、STEP390 等，20 世纪 70～80 年代育成的有 DURO、DOMBO、DOMBITO 和 CARUSO 等。中国自 1984 年起开始叶霉病生理小种和叶霉病抗病育种研究，先后引进包括叶霉病鉴别寄主在内的抗源材料，1990 年育成中国第一个抗叶霉病品种双抗 2 号（cf4），以后育成佳粉 1 号、佳粉 2 号、佳粉 15 号、佳粉 17 号、中杂 7 号、中杂 8 号、中杂 9 号、中杂 11 号、中杂 12 号、中杂 101、中杂 105（图 24-4、24-5）、辽粉杂 1 号、辽粉杂 3 号、苏保 1 号、东农 707、9197、92-30、沈粉 3 号、亚蔬 2 号、霞光、辽源多丽、晋番茄 4 号、毛粉 818、皖粉 3 号、豫番茄 5 号、吉粉 3 号、一串红等无限生长型的抗病品种，以及强选 1 号、毛粉 808、江蔬 1 号、江蔬 3 号等有限生长型抗病品种。

图 24 - 4　抗叶霉病和感病番茄材料的田间表现

图 24 - 5　中杂 105

（三）抗枯萎病（*Fusarium oxysporum* f. sp. *radicis - lycopersici*）种质资源

已发现的枯萎病生理小种有 3 个，即生理小种 1、2、3，中国主要为生理小种 1。抗枯萎病的基因有Ⅰ（抗生理小种 1）、Ⅰ- 2（抗生理小种 1 和 2）以及抗生理小种 3 的基因，分别来源于醋栗番茄（*L. pimpinellifolium*）P. I79532、P. I126915 和秘鲁番茄 P. I126944。TGRC 的抗病材料有 LA2821、LA2823、LA3130、LA3465、LA3471、LA3528、LA3847、LA4025、LA4026 和 LA4286。抗病基因均为单显性基因，其中抗病基因Ⅰ- 2 已经被克隆，因此番茄枯萎病的抗病育种比较容易。早期育成的品种有 PanAmerica（Ⅰ）、Water（Ⅰ- 2）、Florida MH - 1（Ⅰ- 2）、IRB302 - 30（抗生理小种 3）、IRB301 - 31（抗生理小种 3）、IRB301 - 32（抗生理小种 3）等。中国自"六五"开始进行番茄枯萎病抗病育种，育成的抗病品种有强丰、中蔬 4 号、中蔬 5 号、中蔬 6 号、中杂 7 号、中杂 8 号、中杂 9 号（图 24 - 6）、中杂 11 号、中杂 12 号、苏保 1 号、毛 G1 号、毛粉 808、毛粉 818、西粉号、霞粉、皖红 1 号、江蔬 1 号、江蔬 3 号、渝抗 4 号等。

图 24 - 6　中杂 9 号

（四）抗青枯病（*Ralstonia solanacearum*）种质资源

青枯病在热带、亚热带、温带国家及美国南部等高温、高湿地区均有发生，中国广东、广西、江西、湖南、四川等省（自治区）发病较重。青枯病的遗传机制复杂，大多数研究表明抗性由多基因控制，显性基因、不完全显性基因及隐性基因均可能存在。青枯病菌分为 1、2、3 生理小种和Ⅰ、Ⅱ、Ⅲ、Ⅳ、Ⅴ共 5 个生化型，中国主要为青枯病菌生理小种 3 和Ⅲ生化型。国外早期育成的品种有 Venus、Saturn、Neptune、Kewalo、Ls89、

Vc-4、Vc-3、Vc48-1、Vc-9、Vc9-1、Vc-4H、1169 等，中国选育出的抗病品种有丰顺、夏星、粤红玉、粤星、粤宝、红百合、多宝、杂优 3 号、L402、湘引 79-1、湘番茄 1 号、湘番茄 3 号、金丰 1 号、浙杂 806、洪抗 1 号等。

（五）抗根结线虫（*Meloidogyne* sp.）种质资源

侵染番茄的线虫有 19 个属、70 个种，危害中国番茄的主要是南方根结线虫生理小种 1，其次为爪哇根结线虫和花生根结线虫。目前已发现的抗性基因有 8 个，分别为 Mi-1、Mi-2、Mi-3、Mi-4、Mi-5、Mi-6、Mi-7 和 Mi-8，其中 Mi（Mi-1）是唯一在生产上被利用的基因，该基因已被克隆。国外早期育成的抗性品种有 HES4969、HES4846、Pearl、Harbor、Audlial 等。中国番茄攻关课题组于"九五"引进了含 Mi-1 基因材料，进行抗番茄根结线虫育种研究，目前已获得了一些抗病材料，并配制了杂交组合，个别品种已经参加区域试验和生产示范。

（六）抗晚疫病（*Phytophthora infestans*）种质资源

在低温高湿条件下露地和保护地番茄都易遭到晚疫病的侵害。已鉴定的晚疫病生理小种有 5 个，即 T1、T1.2、T1.2.3、T1.4、T1.2.4，抗晚疫病的抗病基因有 ph-1、ph-2 和 ph3，尚未鉴定的抗病基因有 ph4。亚洲蔬菜研究发展中心（AVRDC）对番茄晚疫病生理小种和抗病育种研究较为深入，现有一套鉴别寄主 TS19、TS33、W.Va700、L3708 和 LA1033，分别含有 ph-0、ph-1、ph-1，2、ph-1，2，3 和 ph-1，2，3，4 抗病基因。目前有 18 个省份的植保站和育种单位引入了上述抗病种质资源，这些种质资源的利用将加速番茄晚疫病的抗病育种进程。

（七）抗早疫病（*Alternaria solani*）种质资源

抗病基因来自于多毛番茄、潘那利番茄等。国外早年利用不完全显性基因 Ad 育成了佛洛雷德、满丝等品种。关于抗病基因的遗传特性尚不很清楚，有人认为是加性或上位效应。尽管如此，具有中等抗性的品种还是在生产上被应用。

（八）抗灰霉病（*Botrytis cinerea*）种质资源

灰霉病在保护地番茄生产中危害严重，也是较难控制的病害。到目前还没有找到相应的抗源。据报道 TGRC 的契斯曼尼番茄（*L. cheesmanii*）LA0317 对灰霉病的抗病性较好，中国一些育种单位如中国农业科学院蔬菜花卉研究所引进了该材料并进行了抗病性的转育工作，已获得 LA0317 与普通番茄的杂交和回交后代，现正对这些后代材料进行灰霉病的抗性试验和抗病遗传规律的研究。因为该病原菌一般从正在枯萎的花冠处侵染，所以在灰霉病的防治上可以考虑选育开花后花冠能很快脱落的品种，来减轻灰霉病的发生。

（九）抗黄萎病（*Verticillium vaporariorum*）种质资源

番茄黄萎病近年开始在中国部分地区出现，在秘鲁番茄和樱桃番茄中存在一些抗源，国外育成一些抗（耐）黄萎病的品种：New Yorker（V）、Springset、Pic Red、Jet Star、

Supersonic、Heinz 1350、Heinz 1439、Westover、Royal Flush、Floramerica、Veebrite、Veemore、Veegan、Veeset、Burpee VF Hyb.、Starshot，Earlirouge、Supersteak、Campbell 1327、Fireball（V）、Beefmaster、Better Boy、Bonus、Gardener（V）、Monte Carlo、Nova（Paste）、Crimson Vee（Paste）、Veeroma（Paste）、Veepick（Paste）、Ramapo、Moreton Hyb.、Spring Giant、Basket Vee、Campbell 17、Big Set、Setmore、Small Fry、Terrific、Big Girl、Mainpak、Early Cascade、Jumbo、Wonder Boy、Rutgers 39、Ultra Boy、Ultra Girl、Rushmore、Jetfire 等。国内在抗番茄黄萎病的种质创新和育种等方面的研究较少。

（十）多抗性种质资源

培育多抗番茄品种对于减轻病原菌危害、减少农药用量，提高产量和品质等具有重要意义。国外一些种子公司如先锋、先正达、孟山都、利马格兰、板田和羽田等推广的番茄品种可抗 3～6 种主要病害。中国番茄研究人员经过多年努力育成多抗品种 50 多个，其中"六五"和"七五"育成的品种主要抗 2 种病害，如中蔬 4 号、中杂 4 号、542 粉红番茄、苏抗 8 号、浦红 6 号、中蔬 5 号、中蔬 6 号、浦红 7 号、浦红 8 号、苏抗 9 号、苏抗 10 号、毛粉 802、西粉 3 号、东农 704、88-14、红牡丹等高抗 TMV、中抗 CMV；L402、秋星、丰顺号、夏星、粤红玉等抗青枯病和 TMV。"八五"和"九五"以后育成了抗 TMV、

图 24-7 中杂 8 号

耐 CMV、抗枯萎病的品种有毛 G1 号、西粉 1 号、霞粉、江蔬 1 号；抗 TMV、耐 CMV、抗叶霉病的品种有佳粉 15 号、佳粉 17 号、辽粉杂 1 号、辽粉杂 3 号、江蔬 2 号、江蔬 3 号、东农 707、9197、沈粉 3 号、晋番茄 4 号、92-30、豫番茄 5 号、辽源多丽、霞光、皖粉 3 号等；抗 TMV、耐 CMV、抗青枯病的品种有浙杂 806、金丰 1 号、粤宝、红百合、多宝、粤红玉等；抗 TMV、耐 CMV、叶霉病和枯萎病的品种有中杂 7 号、中杂 8 号（图 24-7）、中杂 9 号、中杂 11 号、中杂 12 号、苏保 1 号、毛粉 808、强选 1 号和毛粉 818 等。

（十一）番茄抗病砧木的应用

利用番茄砧木进行嫁接栽培，可防止番茄病害特别是青枯病、褐色根腐病、枯萎病、根结线虫等土传病害的发生，增强根系对养分的吸收能力，促进接穗生长，提高耐寒性、耐热性、耐盐碱能力和克服连作障碍等。近年，山东省青岛市农业科学研究所育成了高抗青枯病和枯萎病的砧木 121 和 128。日本自 20 世纪 70 年代开始培育番茄砧木，先育成抗青枯病和枯萎病的"BF 兴津 101"，随后育成同时抗黄萎病、褐色根腐病、枯萎病、根结

线虫和根腐枯病 5 种土传病害的砧木耐病新交 1 号、PFN 和 PENT；80 年代育成 LS-89、PFNFR、安克特、结合、加油根等 12 个品种，这些品种除抗以上 5 种病害外还抗 ToMV（Tm^{2a}/Tm^{2a}）、叶霉病、枯萎病生理小种 1.2 等；90 年代育成影武者、加油根 3 号、对话、超级良缘、博士 K，这 5 个砧木同时抗 6～7 种病害，抗根腐病、枯萎病、黄萎病和枯萎病的能力明显提高。

（十二）抗其他病虫害种质资源

番茄其他病虫害的流行不是很严重，因此相关的研究较少，其抗性资源主要存在于野生番茄中，杜永臣於 2000 年对此作了总结（表 24-1）。

表 24-1　野生番茄抗性资源

病虫害	病 原 物	抗病种质资源*
细菌性病害 BACTERIAL		
溃疡病	*Clavibacter michiganense*	chl，hir，per，ppn
细菌性斑疹病	*Pseudomonas syringae* pv. *tomato*	chl，per，ppn
疮痂病	*Xanthomonas campestris* pv. *vesicatoria*	cer，che，chl，hir，per
细菌性髓部坏死病	*Pseudomonas corrugate*	cer，chs，glb
真菌性病害		
炭疽病	*Colletotricbum coccodes*	cer
煤污病	*Pseudocercospora fuligena*	hir
黑斑病	*Alternaria alternata*	chs
褐根腐病	*Pyrenochaeta lcopersici*	chl，per
茎腐病	*Didymella lycopersici*	hir
茎根腐烂病	*Fusarium oxysporum* f. sp. *radicis-lycopersici*	
灰叶斑病	*Stemphyllium* spp.	hir，ppn
灰霉病	*Botrytis cinerea*	Slyc
茎点霉疫病	*Phoma andina*	hir
绵疫病	*Phytophthora. parasitica*	ppn
疫霉根腐病	*Phytophthora. parasitica*	cer
白粉病	*Leveillula taurica*	chl，ppn
白粉病	*Oidium lycopersicum*	chm，hir，par，per，pen
斑枯病	*Septoria lycopersici*	cer，hir，per，ppn
白绢病	*Sclerotium rolfsii*	ppn
斑点病	*Corynespora cassiicola*	ppn
线虫病害		
False root knot nem	*Nacobbus aberrans*	chl，chm，hir
马铃薯白线虫	*Globodera pallida*	hir
Potato eel nematode	*Globodera rostochiensis*	chl，hir，per
南方根结线虫	*Meloidogyne incognita*	per
爪哇根结线虫	*Meloidogyne javanica*	per
甜菜胞囊线虫	*Heterodera schactii*	ppn
病毒性病害		
曲顶病毒病	BCTV	chl，per
巨芽病毒病	BLTVA	chl
马铃薯卷叶病毒病	PLRV	per
番茄斑萎病毒病	TSWV	chl，per，ppn

（续）

病虫害	病　原　物	抗病种质资源*
台湾卷叶病毒病	TTLCV	chl
番茄黄化卷叶病毒病	TYLCV	chs, chl, hir, per, ppn
番茄黄顶病毒病	TYTV	per
马铃薯 Y 病毒	PVY	cer, hir
烟草蚀纹病毒	TEV	pen, ppn, hir
寄生植物		
列当	*Orobanche* spp.	cer, per, ppn
菟丝子	*Cuscuta campestris*	chl, chm, hir

　＊ chl—智利番茄，*L. chilense*；hir—多毛番茄 *typicum* 亚种，*L. hirsutum* f. *typicum*；per—秘鲁番茄，*L. peruvianum*；ppn—醋栗番茄，*L. pimpinellifolium*；cer—樱桃番茄，*L. esculantum*. var. *cerasiforme*；chs—契斯曼番茄，*L. cheesmanii*；glb—多毛番茄无毛型，*L. hirstum* f. *glabratum*；Slyc—类番茄茄 *S. lycopersicoides*；chm—契梅留斯基番茄，*L. chmielewskii*；par—小花番茄，*L. parviflorum*；pen—潘那利番茄，*L. pennellii*。

三、抗逆种质资源

（一）耐低温弱光种质资源

　　中国保护地番茄栽培发展迅速，在保护地的低温弱光条件引起的番茄徒长、花芽分化不良、光合效率低和落花落果现象日益突出，因此耐低温弱光种质的创新已成为中国番茄种质资源和遗传育种的研究重点之一。番茄耐寒种质资源广泛地存在于番茄属和茄属中的类番茄茄（*S. lycopersicoids*）中。类番茄茄的耐寒性最强，个别材料具有抗短期零下低温的能力，较好的材料有 LA2776、LA2386、LA1990、LA2591、LA2730、LA1964 等。耐寒性较强的为野生番茄，如多毛番茄 LA1777、LA1778 和 LA1363、智利番茄 LA1969 和 LA1971、秘鲁番茄和潘那利番茄，特别是生长在高海拔地区的野生番茄在低温下生长良好，种子和花粉在低温下的萌发能力较强。

　　普通番茄的耐寒性较差，但是不同的品种（系）之间存在耐寒性差异，普通番茄 PI‐341988 在低温下的种子萌发能力较快，它的耐寒性不是特别高，但在各种温度下均比一般番茄萌发得快，该性状由单基因控制。其他耐寒性较好的普通番茄材料有：Outdoor Girl、Immuna Prior Beta、UC82B、Koateai、Santiam、PI120256、Oregon Spring 等，中国也育成了一批耐低温材料如：97‐66、97‐69、CR932‐52、CR932‐60、994171P、To68、良丰‐3‐2、必美 4 号 F2‐2‐2、CR9911、CR‐9912、994171、申粉 4 号和合作906 等。

　　耐弱光性种质材料创新及其遗传育种也是保护地番茄研究的重要目标之一，并与耐低温性育种紧密相关。国内外对番茄耐低温弱光性的系统研究较少，因此所报道的有关种质资源也相对较少，一般来讲，适合于早春或秋延后栽培的保护地番茄品种比较耐低温弱光。杜永臣等研究了保护地环境适应性不同番茄基因型在春季低光照强度下生长发育的差异，结果表明适合于保护地栽培的品种中杂 9 号在低温弱光下幼苗的叶干重、地上部干重、叶片干物质率和地上部干物质率随光照水平下降变化较小，而非适应性品种中蔬 6 号的这些指标的变化则非常明显。吴晓雷（1997）得到了类似的研究结果。较耐低温弱光的番茄品种有春雷 2 号、春雷 1 号、中杂 9 号、中杂 8 号、佳粉 15 号、佳粉 17 号、粉都女皇、春粉 2001 和豫艺粉秀等。

（二）耐高温种质资源

番茄在昼温 35℃/夜温 26℃或者连续 4h、40℃的高温干燥或高温多湿气候环境下，常发生生长不良和落花落果现象，加上各种类型的病毒病、青枯病、细菌性斑点病、萎凋病、根结线虫等的危害，导致夏季番茄生产极为困难。因此耐热育种是目前番茄抗逆育种的一个重要内容。亚洲蔬菜研究发展中心（AVRDC）在培育耐热、抗多种病害的番茄育种方面成效显著。该中心从收集的番茄材料中筛选出了 41 个耐热种质，并明确耐热性的遗传是由少数显性主效基因与未知数目的微效基因所控制，而且遗传力高；另外，对耐热性的生理基础也进行了较为深入的研究。目前该中心已有 119 个品种分别在全球 35 个国家命名推广，其中有 8 个品种在我国台湾省推广应用。国内一些研究单位从亚洲蔬菜研究发展中心（AVRDC）、美国、以色列等地引进了耐热番茄品种或材料并进行了耐热性鉴定，结果表明耐热番茄在高温下的种子、花粉萌发力较强。耐热性较好的材料或品种有：CL5915 - 206D4 - 2 - 2 - 0 - 4、CL - 1131、台中亚蔬 4 号、台南选 2 号、台南 3 号、台南亚蔬 6 号、台南亚蔬 11 号，西红柿台南 12 号、CHT1312、1313、1372、1374、1358、552 号、553 号、556 号、591 号、593 号花莲亚蔬 5 号、花莲亚蔬 13 号（CHT1200）、桃园亚蔬 9 号（秋红，FMTT33）以及一些 FMTT 系列和 CL 系列、Saladete、VF36、BL6807、Malintka 101、Nagcarlan、CIAS 161、LHT24、CL1131、Flora544、Heize6035、Ohio 0823、UC82B、Equinox、毛粉 802、95 - 20、95 - 22、Skala、西粉 3 号和粉皇后等。

（三）耐盐种质资源

目前国外已经筛选出一些在种子萌发期，营养生长期和开花期耐盐的番茄材料，如 *L. pennellii*（LA716）和普通番茄材料 PI174263 等。Foolad 等对番茄种子萌发期耐盐的基因进行了定位，并找到了多个与之连锁的 QTL 位点。此外，人们还利用细胞培养和基因工程的方法也得到了一些耐盐的番茄材料，如 Tal 等利用细胞培养的方法在普通番茄与 *L. pennelli*（LA716）或 *L. cheesmanii*（LA1401）的杂种细胞中，经过两步筛选后得到了一些耐盐的植株。Dessalegne 等将草酸氧化酶基因导入到番茄中，经耐盐筛选后得到的转基因番茄在盐逆境条件下的产量明显高于对照。

（四）单性结实种质资源

由于在高低温逆境下单性结实番茄能克服普通番茄的落花落果问题，因此在露地、温室和其他保护地反季节栽培中其生产潜力被许多研究者所重视，特别是可遗传的兼性单性结实种质资源，这些番茄在高低温逆境下产生无种子果实，在适宜环境条件下又能正常坐果产生有种子果实，种质的保存也较容易，因此兼性单性结实番茄品种的选育则可能是解决高、低温逆境下番茄生产问题的有效途径之一。目前，有潜在利用价值的单性结实种质资源见表 24 - 2。

表 24 - 2　有利用潜力的番茄单性结实种质资源

品种或材料	原产地	所含基因	文献出处
Stock 2524	意大利	pat	Soressi，1970
Montfavet 191	法国	pat	Pecaut and Philouze，1978
Severianin	俄罗斯	pat - 2	Philouze and Maisonneuve，1978
PST1	美国	pat - 2	J. W. Scott and George，1983
Santiam	美国	pat - 2	Baggett and Kean，1986
Freda	美国	pat - 2	Costa - J；Catala - S et al.，1991
Oregon Star	美国	pat - 2	James R.；Baggett, N. S. et al.，1995
Oregon pride	美国	pat - 2	James R.；Baggett, N. S. et al.，1995
Rp75/79	德国	pat3	Nuez et al.，1986
		pat4	
Sub Arctic Plenty	加拿大	pat5	Nuez et al.，1986
Carobeta	保加利亚	1 隐性基因	K. Georgiev and Mikhailov，1985
IVT1	荷兰	1 隐性基因	Zijlstra，1985
Oregon T5 - 4	美国	2 个隐性基因	Kean and Baggett，1986
Mutant	保加利亚	sds（pat2）	K. Georgiev et al.，1984
Oregon Cherry	美国	未知	Baggett and Frazier，1978
Oregon11	美国	未知	Baggett and Frazier，1978
PI190256	苏格兰	未知	Johnson and Hall，1954
P - 26，P - 31 etc.	保加利亚	未知	Stoeva et al.，1985

　　另外，利用基因工程也创造出了一些单性结实材料，如 Carmi 等将 rolB 基因连接在子房特异性表达的启动子 TPRP - F1 上，得到了营养生长和果实大小都很正常的单性结实材料 MPB - 12 和 MPB - 13。

　　单性结实的种质资源在育种利用上还存在一些问题，一是由于单性结实基因为隐性基因，在各个世代对含有目的基因的单株进行选择淘汰时存在较大的困难，而且配制杂交组合时两个亲本材料必须均含有单性结实基因。另外单性结实材料或品种的品质、口感、风味等均比正常番茄要差，在高低温胁迫下畸形果也较多。

四、优异、特殊种质资源

　　随着中国番茄生产的发展以及人民生活水平的提高，人们对番茄的需求如果实的不同大小、颜色、形状、硬度、熟性、逐渐趋于多样化，同时对于长货架期，以及富含番茄红素、高可溶性固形物、高维生素等高品质番茄的需求量日益增加，因此对优异番茄种质进行收集、鉴定和创新对于育种具有重要的现实意义。中国自"六五"开始将番茄列为国家重点科技课题，许多单位已积累了一批优异种质资源。

（一）含迟熟基因的耐贮运种质资源

　　普通番茄成熟后容易变软和破裂，因而保鲜、贮藏和运输较困难，每年番茄采收后的损失量为 15％～20％，因此培育品质优良同时又耐贮藏和运输的番茄品种已成为育种家重要的目标之一。一些番茄突变体果实成熟时具有多聚半乳糖醛酸酶含量低和成熟过程无呼吸跃变等特点，因此这类突变体的果实硬度高，可贮藏 2～3 个月，是番茄耐贮藏、运输品种选育的重要种质资源。这些材料主要有：含 Nr（Never-ripe）基因的材料（如

LA1793、89-32）、含 rin（ripening inhibitor）基因的材料（如 IS08、89-53 和以 Flora-Dade、Platense 为遗传背景的近等基因系等）、含 nor（non ripening）基因的材料（如以 Rutgers、Platense 为遗传背景的近等基因系等）和含 alc（Alcobaca）基因的材料（如 LA2833、89-59 和以 Flora-Dade、Platense 为遗传背景的近等基因系等）。中国农业科学院蔬菜花卉研究所、江苏省农业科学院蔬菜研究所、上海市农业科学院园艺研究所等单位已将 rin、nor、alc 等基因应用于耐贮运番茄育种，预计在今后几年内将有相应的品种育成并可望在生产上大面积应用推广（图 24-8、24-9、24-10）。

图 24-8　高硬度粉红色番茄材料　　图 24-9　含 Rin 基因的番茄材料　图 24-10　高硬度红色番茄材料

（二）高可溶性固形物种质资源

高可溶性固形物是番茄重要的品质性状，其含量的高低直接影响番茄的甜度、酸度和风味，对于加工番茄，可溶性固形物含量每增加 1%，就相当总产量增加 25%，因此高含可溶性固形物番茄品种的培育是提高番茄品质的一个重要目标。契梅留斯基番茄（*Lycopersicon chmielewskii*）如 LA1501、奇士曼尼番茄（*L. cheesmanii*）如 LA528、多毛番茄（*L. hirsutum*）、醋栗番茄（*L. pimpinellifolium*）、潘那利番茄（*L. pennelli*）和秘鲁番茄（*L. peruvianum*）等野生种质资源是选育高可溶性固形物的重要材料，如契梅留斯基番茄 *L. chmielewskii* 的可溶性固形物是栽培番茄的 2 倍，其中 LA1501 成熟果实中的蔗糖含量比栽培番茄高 14.8%。野生番茄有积累糖的特点，尤其是契梅留斯基番茄（*L. chmielewskii*）具有积累大量蔗糖的性状，而普通栽培番茄主要积累葡萄糖、果糖和少量蔗糖。研究表明，来源于契梅留斯基番茄（*Lycopersicon chmielewskii*）和奇士曼尼番茄（*L. cheesmanii*）的 sucr 基因也有利于果实中蔗糖的积累。

控制番茄可溶固形物的基因是数量性状 QTL，已从野生番茄中鉴定和定位了 38 个与可溶性固形物有关的 QTL，其中一些 QTL 提高可溶性固形物作用明显，一些明显增加可溶性固形物含量的 QTL 近等基因系或亚近等基因系已被建立。如分别来源于多毛番茄第

1 和第 4 染色体的近等基因系 TA517 和 TA1218 提高可溶性固形物作用明显，特别是 TA1218 没有明显的不良性状，连锁累赘的影响较小，可借助其分子标记将 QTL 导入到栽培番茄中。

（三）高番茄红素和胡萝卜素种质资源

番茄红素和胡萝卜素是构成果实颜色的主要色素。番茄红素是极好的抗氧化剂，对抑制前列腺癌、消化道疾病和心血管疾病等的有一定作用。β-胡萝卜素是维生素 A 的前体，在增强机体免疫力、抵抗疾病、抑制癌变等方面起着重要作用。随着人们生活水平以及对番茄营养价值认识的不断提高，果色鲜艳、富含番茄红素和胡萝卜素等高品质番茄的需求量将越来越大，因而高番茄红素和胡萝卜素的育种也成了番茄育种中的一个重要目标。

一些番茄突变体，其果实番茄红素或胡萝卜素的含量明显增加，这些性状由单基因控制，容易应用于育种过程中，尤其是多个基因的合理组合可大大提高番茄红素和胡萝卜素的含量（图 24-11）。

Del：番茄突变体 Delta 含有一个显性基因-Del，该基因编码番茄红素 ε-环化酶，该基因的表达导致 δ-胡萝卜素的积累，使果实颜色由正常的红色变为橙黄色，在果实的转色期其含量的积累增加到 30 倍，而在野生型番茄中降低到几乎检测不到的水平。

B 和 og：Beta（B）突变含有一个增加果实 β 胡萝卜素的显性基因，old gold（og）是一个中止 β 胡萝卜素合成而增加番茄红素含量的隐性突变基因，B 编码番茄红素-β-环化酶，在果实的转色期，野生型

图 24-11　高色素番茄材料

番茄中 B 的表达水平极低，而在 Beta 突变中其转录水平剧烈增加，Beta 中 β 胡萝卜素占总类胡萝卜素的 45%～50%，如果该基因与修饰基因（M_{OB}）结合其含量可超过 90%。两个隐性等位基因突变 old gold（og）和 old-gold-crimson（og^c）的果实均为深红色，番茄红素含量高，og 和 og^c 与 B 是等位基因，定位于第 6 染色体上。

HP：具有 hphp 基因型的番茄在果实发育阶段番茄红素和 β-胡萝卜素增加，在叶片和绿色果实中叶绿素的含量也很高，该基因被定位于第 2 染色体上。

Dg：在未成熟果实中该基因明显增加叶绿素含量，在成熟果实中该基因使番茄红素的含量比普通类型增加 100%，β-胡萝卜素比普通番茄高 250%，甚至比 hp 还高 50%。

同时在一些野生番茄如契梅留斯基番茄（*Lycopersicon chmielewskii*）、多毛番茄（*L. hirsutum*）、醋栗番茄（*L. pimpinellifolium*）、潘那利番茄（*L. pennelli*）和秘鲁番茄（*L. peruvianum*）等野生番茄中含有增加番茄红素和胡萝卜素的含量的 QTL，因此将增加番茄红素和胡萝卜素含量的 QTL 导入到中国栽培品种骨干亲本中，借助分子育种手

段使 QTL 与 Del、B、og、HP、dg 等基因进行合理组合，则高番茄红素和胡萝卜素育种将取得较大的进展。

(四) 樱桃番茄种质资源

图 24 - 12　美樱 2 号

樱桃番茄分微型（单果重量 10～20g）和小型（单果重量 30～50g）2 种，有红色、粉红色、鲜黄色、橙黄色、绿色等多种颜色，有圆球、长圆、梨形、李形等多种形状。由于樱桃番茄具有独特的颜色、形状以及较好的风味品质，因此，深受消费者喜爱，在日本、美国、澳大利亚、意大利、法国、英国等国有较长的栽培历史，种植面积和需求量均在逐年增加，中国的需求量和种植面积也呈逐年上升的趋势。目前较好的材料或品种有：美味樱桃番茄、美樱 2 号（图 24 - 12）、圣女、串珠、圣果、京丹 1 号、京丹 2 号、沪樱 932、台湾 606、94 - 1、红珍珠、一串红、樱红 1 号、黄金果、金盆 1 号、红月亮、小皇后、黄珍珠、北京樱桃、天正红玛瑙、京丹黄玉、京丹绿宝石、红梨、黄梨等。

第六节　番茄雄性不育利用、细胞学研究与种质创新

一、番茄杂交一代与雄性不育利用

(一) 杂交一代

20 世纪 60 年代以前中国的番茄品种完全由国外引进，在此期间国内番茄栽培面积较小，病虫害轻，因而产量比较高。从 60 年代起番茄病毒病开始在全国流行，南方还伴随青枯病的发生，其结果导致了一些地区番茄产量锐减，个别地区甚至绝收。为抵抗病害的侵袭北方成立了多省联合的抗番茄病毒病抗病育种协作组，南方成立了番茄抗青枯病选育协作组，由此开始番茄抗病育种研究，1983 年番茄抗病育种列入国家"六五"重点攻关课题。从 1960 至"六五"期间中国选育的番茄品种全为常规品种。从"七五"开始，进行了番茄抗多种病害的育种研究，通过"六五"、"七五"、"八五"至今，番茄育种取得了长足的进展，目前育成的番茄品种几乎都是杂交一代品种，这些品种的优点是：高产、品质好、适合于保护地（温室、大棚）或露地栽培，对病害的综合抗性强，有些品种抗 TMV、叶霉病、枯萎病、根结线虫、青枯病等病害中的 2～4 种，对 CMV 也有一定的耐性，最近还育成了一批高产、抗多种病害、果实硬、耐贮藏和运输的番茄杂交种（《中国蔬菜品种志》，2001）。

(二) 雄性不育

利用雄性不育可以降低番茄杂交种子的成本，因此引起了番茄育种者的注意，迄今已

先后报道了 39 个雄性不育基因（ms），均属于细胞核控制的核不育类型，其中 ms-2、ms-3、ms-5、ms-6、ms-7、ms-8、ms-9、ms-10、ms-12、ms-14、ms-15、ms-16、ms-17、ms-26、ms-31、ms-32、ms-33、ms-42 雄性不育基因已定位于相应的染色体上。此外稳定的细胞质雄性不育类型也于 1966 年获得。目前已发现并研究应用的番茄雄性不育，分为功能不育、雄蕊退化、花粉不育和部位不育 4 种类型。

番茄雄性不育的研究虽历史较长，但利用并不普遍。其主要原因：一是缺乏理想的雄性不育材料。如功能性不育的类型，由于花冠畸形、甚至闭锁，人工授粉困难。雄蕊退化和花粉败育的类型，往往表现不稳定。二是番茄种子繁殖系数高，去雄容易，而且利用雄性不育只是省了去雄工序，仍然需要人工授粉。现在国外利用雄性不育配制一代杂种的主要是保加利亚，有 5 个加工用品种是利用雄性不育进行制种。他们所利用的主要是功能不育类型，含 ps-2 基因，为隐性核不育。利用与该基因紧密连锁的苗期绿茎性状，在苗期去掉可育株。另外在韩国，目前正在研究将不育基因转入樱桃番茄中，以解决樱桃番茄去雄难的问题。雄性不育种质资源有：Hybrid stock、Pearson、Earliana、San Marzano、Early Sunta、夫尔贝钦斯基（ВрбЫчанский）、仲贝尔、玛长柱、粤长柱、加里姆长柱、哈研 76B - 3、北京早红 ms、长花柱 854、7703、72 - 1 等。

二、番茄细胞学研究

从 1909 年 Winkler 明确番茄染色体为（2n＝24）至今，番茄细胞学研究取得了长足的进展。通过对普通番茄、多毛番茄和秘鲁番茄的有丝分裂和减数分裂各个时期（特别是减数分裂的粗线期）进行细胞水平的观察，明确了不同类型番茄的 12 对染色体在结构、总长度、臂比、长短、染色质区的配置、染色粒特征、随体大小等方面的差异，根据这些差异特征将番茄染色体分为 12 对，并依染色体从最长至最短的次序分别命名为第 1 染色体、第 2 染色体、第 3 染色体、一直到第 12 染色体。

同时，借助染色体组型分析、杂交育种技术、秋水仙素诱导多倍体、组织培养、原生质体融合等技术的综合运用，获得了番茄的同源多倍体（如同源四倍体）、异源多倍体（倍半二倍体）和非整倍体（单体、缺体、初级三体、次级三体、三级三体和补偿三体）材料，完成了对多倍体和非整倍体番茄的染色体结构、减数分裂特征观察，并利用非整倍体例如初级三体、次级三体、三级三体和端着丝粒三体等经典方法进行基因的染色体定位分析，完成了初步的连锁图谱构建工作，如 ms、r、wf、rv、sf、var、cpt、sp 等就是早期定位的基因。

应用于番茄种质资源创新和育种的较为常用的细胞学技术有胚培养、原生质体融合、花药和小孢子培养等。

（一）胚培养

胚培养技术包括幼胚、胚珠、子房、胚乳、成熟胚培养和试管受精等。在番茄育种和种质创新中主要应用成熟胚培养技术，该技术已较为成熟。番茄雌配子在受精后 25～30d 胚就发育成熟，在无菌条件下将果实剖开，取出种子，去掉种皮后再将成熟胚进行接种培养，即可获得植株。

　　成熟胚培养技术适合于不需要观察番茄果实园艺性状的材料加代，例如重组近交系、近等基因系群体的建立，对骨干亲本的某一性状（如抗病、抗虫、耐盐等）进行改良均可以应用成熟胚培养技术。利用该技术每份材料在1年内可以繁殖3～5代，从而大大加速了育种进程。

　　成熟胚培养技术还可用于克服番茄远缘杂交不育。利用野生番茄中有益的抗病、抗虫、耐寒、耐热、高产、高品质等质量性状基因和数量性状QTL是现代番茄育种的一个重要趋势，但野生番茄与普通番茄杂交时存在杂种不育和不稔等问题，如普通番茄（*L. esculentum*）与秘鲁番茄（*L. peruvianum*）、智利番茄（*L. chilense*）和类番茄茄（*L. lycopersicoids*）杂交时亲和性差，不结籽，其 F_1 代、回交1代均存在不育和不稔现象，利用成熟胚培养则可以解决上述问题。

（二）原生质体融合

　　番茄的原生质体融合研究较早，Melchers（1978）年获得番茄与马铃薯的体细胞杂种，其外形倾向于番茄植株，花和叶具有杂种特点，而且具有较小的畸形果实，但是果实无种子，根部也未形成薯块。之后众多的研究者进行了广泛的研究，并获得了普通番茄与马铃薯、龙葵、茄子、烟草、类番茄茄、秘鲁番茄、潘那利番茄等的体细胞杂种植株（表24-3）。

　　进行番茄原生质体融合的优点在于：①可克服番茄远缘杂交不亲和或不能受精或胚胎早期败育等问题，有助于创造新的物种或类型。体细胞融合能避开常规杂交育种中生殖细胞的受精过程从而避免了上述障碍，在种间实现基因转移，例如，马铃薯和番茄通过细胞融合得到了至今有性杂交未能获得的属间杂种薯番茄和番茄薯。②可向普通番茄转移有益的抗病、抗虫、耐盐、耐寒、耐旱、除莠剂和与番茄品质有关的基因。例如类番茄茄（*S. lycopersicoids* Dun.）的里基茄（*S. ricki* Corr.）含抗灰霉病（*Botrytis cinerea*）、抗CMV、抗番茄疫霉根腐病（*Phytophtora. parasitica*）、抗番茄疮痂病（*Xanthomonas campestris* pv. *Vesicatoria*）、番茄枯萎病（*Fusarium oxysporum* f. sp. *radicislycopersici*）和抗潜叶蝇的基因，此外类番茄茄对环境胁迫的抗性较强，能耐低温和一定程度的霜冻。因此，将类番茄茄的有用基因渗入到栽培番茄中，已成为一项重要的研究内容。Hendley（1986）、Guri（1991）、Hossain（1994）、Matsumoto（1997）等通过化学诱导融合与电场诱导融合方法获得了普通番茄与类番茄茄的体细胞杂种，产生的四倍体和六倍体体细胞杂种其花粉育性达 $42\%\sim48\%$，自交、株间杂交以及与番茄回交均能得到有活力的种子。尽管上述工作尚处于研究阶段，但研究结果对于拓宽番茄的变异范围，对于未来番茄的抗病、抗虫、耐盐、耐寒、耐旱和番茄的品质育种均有重要意义。③可创造细胞质杂种。细胞质雄性不育、抗除草剂等基因存在于细胞质的叶绿体及线粒体上，有性杂交只能进行核遗传物质的重组，而不能进行细胞质的重组，而且有性杂交中雄配子所携带的细胞质极少，难以产生细胞质杂种，而在体细胞杂交中双亲的细胞质都有一定的贡献，因此，通过细胞融合有可能获得细胞核、叶绿体、线粒体基因组的不同组合，这在育种上有重大价值。

表 24-3　番茄原生质体融合情况

供　体	受　体	作　者
S. tuberosum	*L. esculentum*	Melchers 等，1978
L. esculentum	*S. lycopersicoids*	Handley L. W.，1985、1986
		Rick C. M.，1986
		De Verna J. W. 等，1987
		Levi A. 等，1988
		Hossain M. 等，1994
		Chetelat R. T. 等，1997
		Chetelat R. T. 等，1998
		Escalante A. 等，1998
		Chetelat R. T. 等，2000
		Kulawiec 等，2003
L. esculentum	*L. pennellii*	O'Connell M. A.，1985
L. esculentum	*S. rickii*	O'Connell M. A.，1986
L. esculentum	*S. nigrum*	Guri A 等，1988
L. peruvianum	*L. esculentum*	Wijbrandi 等，1990
		Ratushnyak 等，1993
S. tuberosum	*S. melongena*	Wolters 等，1991
L. pennellii	*L. esculentum*	Bonnema 等，1991、1992
L. esculentum	*S. Etuberosa*	Gavrilenko T. A 等，1992
L. esculentum×*L. pennellii*	*S. lycopersicoids*	Mccabe P. F. 等，1993
L. esculentum×*L. pennellii*	*S. melongena*	Samoylov 等，1996
L. esculentum	*N. plumbaginifolia*	Vlahova 等，1997
L. esculentum	*L. peruvianum*	Chen L. Z. 等 1998
L. esculentum	*S. tuberosum*	Gavrilenko T. A. 等，2001
L. pennellii	*S. tuberosum*	S. N. Haider Ali，2001

　　Mutschler，M. A.（1985—1992）进行了利用常规育种手段和胚培养方法创造含有潘那利番茄（*L. pennellii*）LA716 的细胞质，同时含普通番茄 New Yorker（NY）的遗传物质的 cms 系统的尝试，通过｛［（LA716×F_1）×F_1］×F_1｝×New Yorker（10 次）获得含 *L. pennellii*（LA716）细胞质和 99％以上普通番茄 New Yorker 的基因组的近等基因系，它含有潘那利番茄的叶绿体和线粒体及其基因组，其花粉形态和育性均与普通番茄类似，但是未能建立 cms 系统，作者认为需要通过两个亲本的细胞器重组，借助原生质体融合才可能成功获得相应的 cms 系统。后来一些研究者利用原生质体融合方法成功转移了细胞质雄性不育特性、抗除草剂、耐盐等基因。如 Jain，S. M.，E. A. Shahin（1988）利用原生质体融合方法将龙葵（*Solanum nigrum*）中的抗杂草性状阿特拉津（Atrazine）成功地转移到栽培番茄 VF36 中。Andersen（1963）将普通番茄的细胞质导入到潘那利番茄（*L. pennellii*）从而建立了 cms 系统。Hassanpour-Estahbanati（1985）获得普通番茄（*Lycopersicon esculentum*）与烟草（*Nicotiana tabacum.*），秘鲁番茄（*L. peruvianum*）与碧冬茄（*P. hybrida*），普通番茄与潘那利番茄（*L. pennelli*）的细胞质杂种，并初步获得了 cms 系统。

（三）花药和小孢子培养

　　番茄的单倍体培养起始于 1971 年，Sharp 得到了栽培番茄的愈伤组织。Gresshoff 和

Doy（1972）诱导番茄花药的愈伤组织获得了花粉植株，同年 Sharp 创造了番茄花粉的滋养培养技术。此后，Debergh 和 Nitsch（1973）培养离体花粉粒，追踪不定胚生长到子叶胚阶段。Devreux 等（1976 年）获得了 *L. peruvianum* 的花药愈伤组织，但仅仅是从母体组织中再生出二倍体、四倍体的植株。1978 年 Cappadocia 等培养番茄 *L. peruvianum* 的杂种花药从中观察到球状胚。同年 Debergh 等用栽培番茄和 *L. pimpinellifolium* 重复了上述试验并获得了成功。

20 世纪 80 年代，Gulshan 等（1981）成功地从单核早期小孢子花药中诱导出愈伤组织。Krueget-Lebus 等（1983）培养番茄品种 Nadja 和 Piccolo 的小孢子，得到了球形胚。Shamina 和 Yadav（1986）培养离体的单核小孢子得到愈伤和有柄或无炳的胚状体。Khoang 等（1986）报道，从番茄品种 Roma 的花药中再生出单倍体植株，同时还得到二倍体和混倍体的植株。Evans 和 Morrison（1989）也报道利用番茄花药培养产生了单倍体植株。

中国也有研究者开展此方面的工作。高秀云、王纪方等（1979，1980）进行番茄花药培养，经愈伤组织获得了单倍体植株，袁亦楠（1999）以栽培番茄和野生番茄为材料，培养小孢子至球形胚和类心形胚阶段。

番茄的小孢子培养目前尚没有单倍体植株诱导成功的先例，但有以下值得借鉴的经验：①供体植株的生长环境——Debergh（1976）的研究结果表明将栽培番茄和细叶番茄的生长温度控制在 22℃（白天）/20℃（夜间），能将小孢子培养至子叶胚阶段；②小孢子发育所处的时期——一般认为小孢子处于单核末期到双核早期是有效的；③供体植株基因型——Krueger-Lebus（1983）培养栽培番茄的小孢子，发现有的品种没有球状胚出现，袁亦楠（1999）对夏露地番茄的小孢子进行培养，只有薯叶番茄有反应；④培养基及激素——Sharp（1971）用改良的 White 培养基悬浮小孢子，然后在改良的 MS 培养基上培养得到了分裂旺盛的细胞系，Debergh（1973）等采用 Halperin 的大量元素及铁盐、Nitsch 的微量元素及维生素，加入蔗糖（2%），IAA 0.1mg/L 和南洋金花胚发生时花药的提取物，得到有子叶和根的幼苗。在他们的实验中发现，在补加 NAA 和 L-谷氨酰胺的培养基中 10d 后 18% 的花粉出现两个以上的核。

总之，由于番茄游离小孢子培养技术难度大，目前国内外很少有研究者继续深入研究，几乎成了世界性的难题。今后，应该对取材时期、激活处理方法、培养基成分、生长环境下小孢子发育的生理机制等方面进行深入的研究。

第七节　番茄分子生物学研究与种质创新

从 1953 年 Sanger 利用纸层析和纸电泳技术第一次提示了胰岛素一级结构以及 Watson 和 Crick 提出了脱氧核糖酸（DNA）的双螺旋模型以来，以蛋白质和核酸为重要研究对象的分子生物学在短短的几十年内取得了异乎寻常的发展，并由此产生了电泳技术、蛋白质和核酸序列分析技术、Western blot 和 Northern blot 杂交技术、分子标记技术、转基因技术、基因晶片等。研究人员将这些技术先后应用在番茄上，研究涉及光合作用、呼吸作用、糖、脂肪、蛋白质、核酸合成和分解等新陈代谢过程中蛋白质种类、结构和功能；植物学性状、经济性状、抗病性状、抗逆性状等所对应的基因（包括数量性状 QTL）的鉴定、分离和定位以及构建精密分子连锁图谱，少数基因的克隆等，此外还涉及将外源基因导入番茄中以提高抗病性、抗虫性、番茄红素、可溶性固形物含量等工作。

一、番茄的分子标记辅助选择

番茄育种改良的实质就是对高产、抗病、抗逆、高品质等优良基因进行选择，并将其聚合到同一材料的过程。因此，最大限度地发掘和利用种质资源特别是野生种质中的优良基因，并提高目的基因的选择效率，是加快育种进程的关键。但是，番茄的重要园艺性状如产量、果实大小、颜色、硬度、果实中番茄红素、胡萝卜素、可溶性固形物的含量、风味等只有在番茄果实成熟时才能表现出来，而且对多种病害的抗性的评价贯穿在整个生育期中，加之番茄的产量、品质、抗寒性、耐弱光等重要性状均为数量性状，其表现型与基因型之间的关系又不很明确，容易受外界条件变化的干扰，依据其表现型进行的选择常常不能真实地反映基因型。因此对这些性状的评价和筛选不仅难度大，而且周期也长。

为了提高选择效率，研究者已将生物技术与常规育种结合起来。一些重要的番茄质量基因如抗病基因 Tm - 2^a、I、cf2、cf4、cf5、cf9、Cf-ECP3、Mi、Asc、Fr1、Py-1、Pto、Sw-5、Ve 等、与类胡萝卜素合成途径有关的基因如 y，r，B，Del，dg，hp，og^c，M_{OB}等（表 24 - 4）、与番茄光合作用、呼吸作用、糖、脂肪、蛋白质、核酸合成和分解等途径有关的基因等均已获得了与之紧密连锁的分子标记，借助于分子标记，育种家可以在苗期对含有目的基因的单株进行有效的选择，大量淘汰非目的基因的单株，从而提高选择效率和准确性、缩短鉴定时间，从而加速育种进程。随着 Tanksley（1992）的高密度番茄 RFLP 分子遗传图的发表和不断完善，以及 QTL 分析技术的建立，育种家操纵控制产量、品质、抗病性、抗逆性等数量性状位点（QTL）的愿望也在逐步得到实现。借助于 QTL 分析方法，未驯化和野生种质中大量有益的 QTL 得以鉴定和分离，AB-QTL（Advaced backcross QTL）分析方法的应用还实现了 QTL 分析和品种选育的有机结合。

表 24 - 4 用分子标记定位的番茄抗病虫基因

基因	病虫害	病原物	连锁的分子标记	基因所在染色体
Asc	茎枯病	*Alternaria alternata* f. sp. *lycopersici*	TG442，TG134	3
	青枯病	*Ralstonia solanacearum*	TG118，CP18	4
			TG268，GP165	6
Cf-2/5	叶霉病	*Cladosporium flulvum*	TG232，GP79	6
Cf-4/9			TG236，TG301	1
I-1	枯萎病	*Fusarium oxysporum* f. sp. *lycopersici*	TG20，TG128	7
I-2			TG105，TG36	11
I-3			Got-2	7
Lv	白粉病	*Leveillula taurica*	CT211，CT219	12
Meu-1	蚜虫	*Macrosiphum euphorbia*	PEX-1	6

（续）

基因	病虫害	病原物	连锁的分子标记	基因所在染色体
Mi	线虫	*Meloidogyne incognita*	C11.24，C93.1 CAPS	6
Mi-3				12
Ol-1	白粉病	*Odiium lycopersicum*	TG153	6
Pto/prf	细菌性斑疹病	*Pseudomonas syringae* pv. tomato	TG96，CD64	5
Sw-5	斑萎病	Tomato spotted wilt virus (TSWV)	CT71，CT220	9
Sm	灰叶斑病	*Stemphyllium* spp.	T10，TG110	11
Tm-1	烟草花叶病毒病（TMV）	Tobacco mosaic virus (TMV)	RDNA	2
Tm-2			TG207，GP125A，R12	9
Ty-1	番茄叶卷病（TYLCV）	Tomato leaf curl virus (TYLCV)	TG97，TG25	6
Tv-1	白粉虱	*Trialeurodes vaporariorm*	TG142	1
Tv-2			TG296	12
Ve	黄萎病	*Verticillium vaporariorum*		9
Ph-2	晚疫病	*Phytophthora infestans*	CP105，TG233	10
Rx-1	疮痂病	*Xanthomonas*	TG236	1
Rx-2		*campestris* pv. *vesicatoria*	TG157	1
Rx-3			TG351	5
与多糖有关的位点	白粉虱，蚜虫，螨类，棉铃虫，甜菜夜蛾	*Bemisia argentifolii*	CD35，TG204	2
		Macrosiphum euphorbiae	TG621	3
		Liriomyza trifollii	TG549	3
		Heliothis zea	R313A075	4
		Spodoptera exigua	R492A062	10

根据 QTL 研究成果，育种家可以利用与 QTL 紧密连锁的分子标记对目的 QTL 进行高效地选择，实现由常规育种对表现型的选择到直接地选择目的基因的巨大转变。因此 QTL 分析技术一经产生就受到了极大的重视，人们深信该领域研究成果的运用将为作物育种带来重大的变化。

分子标记的种类及其在番茄上的应用：基于 DNA 水平的分子标记广泛分布于基因组中，并具有多态性高、信息量大、重复性和稳定性好、分析效率高等优点，被广泛地用于番茄遗传和育种研究的各个方面，如种质遗传多样性分析、遗传图谱的构建、目标性状基因的标记与定位（包括质量性状和数量性状）、分子标记辅助选择以及品种纯度鉴定等。分子标记主要有以下类型：

1. RFLP（Restriction Fragment Length Polymorphism） Botstein（1980）等首先提出该技术，1986 年 Vallejos，Tanksley 利用该技术获得与番茄 R45s、RBCS1、RBCS2、RBCS3、CAB1，CAB2，CAB3 基因紧密连锁的 RFLP 标记。后来 Lincoln（1987）、Pichersky（1987，1988，1989）、Scharf（1990）、Rottman（1991）等利用 RFLP 方法进行了番茄 E4，E8A，E8B，CAB6，CAB7，CAB8，HSF8，HSF24，HSF30，ACC1，ACC2，ACC3，ACC4，ACC1 等基因的标记研究，并得到了相应的 RFLP 标记。1989 年，Young 和 Tanksley 利用 RFLP 标记分析了随 Tm-2 或 Tm-2ᵃ 进入 *L. esculentum* 的野生种的染色体片段。他们选择了 Tm-2 位点两侧的 RFLP 标记，对 12 个不同育种来源的 Tm-2 和 Tm-2ᵃ 品系进行分析，发现

渗入（introgressed）基因片段最大的几乎包括染色体 9 的整个短臂，图距可达 51cM，最短的只有 4cM 左右。1992 年 Tanksley 以普通番茄和潘那利番茄杂交后代群体为基础发展了近900 个 RFLP 标记，并建立了高密度番茄 RFLP 分子遗传图谱。至今仅美国康乃尔大学公布的茄果类蔬菜作物中的 RFLP 标记已达 2 330 个。

2. RAPD（Random Amplified Polymorphic DNA） Williams 等（1990）基于 PCR原理发明了 RAPD 技术。在番茄中 Weide（1993）等利用含潘那利番茄第 6 染色体的普通番茄渐渗系获得了第 6 染色体的 100 个特异 RAPD 标记，其中 13 个标记定位于形态学标记 yv（yellow viresent）和 tl（thiaminless）之间。Vander（1992），Egashira（2000）等利用 RAPD 方法对普通番茄和各种野生番茄进行了聚类分析，结果对番茄的分类提供了较好的证据。Rom（1995），Villand（1998），李继红（1999），蒲汉丽（2000），高蓝（2001）赵凌侠（2002）等随后利用 RAPD 方法进行了番茄的种质资源分析或品种纯度鉴定工作。Yaghoobi（1998）等用 RAPD 技术对新发现的抗线虫基因 Mi-3 进行了标记。在520 个所用的随即引物中，找到了 2 个连锁标记。其中的 NR14 与 RFLP 标记 TG180 紧密连锁，借此，把 Mi-3 定位于第 12 染色体短臂上。由比等用了 288 个 10 个或 12 个碱基的 RAPD 随机引物，对青枯病抗病基因进行了标记，发现了 4 个连锁标记，有两个标记是与一个高效基因连锁。此外 Ohomori（1995），Motoyoshi（1996），Pillen（1996），Dax E.（1998），田苗英（2000）等先后开展了抗番茄烟草花叶病毒基因 Tm-2，Tm-2[a]的 RAPD 标记工作，并获得相应的 RAPD 标记。

3. SSR（Simple Sequence Repeat） Broun（1996）用 GATA 和 GACA 的重复序列进行番茄作图，结果表明重复序列在番茄基因组中并非随机分布，在着丝粒附近分布较多，作者认为这两种重复序列可以用作检测品种的多态性。Kaemmer（1995）以（GACA）4为探针进行 RFLP 分析，结果表明几乎每个品种都会产生独特而稳定的指纹，因此可广泛用于品种鉴定。栾时雨（1999）也得到类似的结果并建立了 9 个番茄品种的 SSR 标记。目前美国康乃尔大学公布的茄果类作物中的 SSR 标记已达 734 个。

4. AFLP（Amplified Fragment Length Polymorphism） Thomas C. M.（1995）利用番茄与野生种 *Lycopersicon pennellii* 种间杂交 F_2 群体得到了 42 000 条 AFLP 谱带，其中3 个 AFLP 标记（M1，M2，M3）与 Cf-9 基因共分离，这 3 个标记位于 Cf-9 基因的两侧0.4 cM 的区域之内。用这些标记分析含有 Cf-9 基因的质粒，发现 M1 和 M2 标记分别位于 Cf-9 基因左右 15.5kb 的位置。最近，利用 AFLP 或转座子标签技术，在 Cf-4，Cf-9 基因附近发现了一些新的抗性较弱的抗叶霉病基因（Takken et al.，1999）。

5. SCAR（Sequence Characterized Amplified Region） Williamson V M（1994）获得了番茄抗根结线虫基因 Mi 的 SCAR 标记，Chague V.（1996）获得抗斑萎病毒基因 Sw-5的 SCAR 标记。

6. 共显性 SCAR 标记 中国农业科学院蔬菜花卉研究所鲜食番茄课题组利用 SCAR标记的原理和多引物 PCR 技术，建立了一种共显性标记技术（Codominant - SCAR），即在获得与父本、母本基因型一致的显性 SCAR 标记的基础上，同时将父母本的特异引物加入到同一 PCR 反应体系中，得到了能同时鉴定父本、母本及其杂合体基因型的标记方法。该标记是一种十分稳定的分子标记，在应用上具有重复性好、迅速、简便、低成本的特点，适合于样品的大量分析。对于鉴定农作物杂交种子的纯度、新品种审定、保护品种的知识产权等具有较大的实际应用价值。

7. STS（Sequence Tagged Site）　STS 是根据单拷贝的 DNA 片段两端的序列设计一对特异引物，对基因组 DNA 进行扩增而产生的一段长度为几百 bp 的特异片段。由于其采用常规的 PCR 引物长度，其扩增结果稳定可靠。RFLP 标记经过两端测序可以转化为 STS。STS 在基因组中往往仅出现一次，从而能够界定基因组的特异位点（Olson et al.，1989）。利用 STS 进行物理作图可以通过 PCR 或杂交的方法完成，使得物理作图方便快捷。由于 STS 可以作为比较遗传图谱和物理图谱的共同位点，故在基因组研究中具有重要的意义。此后 K. MeKsem（2001）将 10 个 AFLP 标记进行了转化，获得了 6 个 STS 标记。

8. CAPS（Cleaved Amplified Polymorphism Sequence Tagged Sites）　CAPS 同 SCAR、STS 等标记一样，也是一种转化 RFLP、AFLP、RAPD 等标记的方法，CAPS 标记的特异引物经扩增后其产物的电泳谱带并不表现多态性，但用限制性内切酶对 PCR 产物进行消化后经电泳检测就能提示其多态性，CAPS 标记揭示的是特异 PCR 扩增产物 DNA 序列内限制性酶切位点变异的信息，表现为共显性标记。在番茄中已获得抗线虫病基因 Mi、抗 TMV 基因 Tm2^a、抗叶霉病基因 cf5、cf9，抗白粉病基因 Fr1、抗细菌性斑点病 Pto 等基因的 CAPS 标记。目前，美国康乃尔大学公布的茄果类作物中的 CAPS 标记已有 84 个。

9. Multiplex- CAPS（Multiplex Cleaved Amplified Polymorphism Sequence Tagged Sites）　RFLP、AFLP 具有操作复杂、时间长、需要放射性步骤和成本高等缺点，因此在构建分子图谱、分子育种及 QTL 分析时，为了降低成本和提高效率，一些 RFLP 标记、AFLP 标记和 COS 标记被转换为 CAPS 标记。在将 RFLP 和 COS 标记转为 CAPS 标记的过程中，发现一些 CAPS 标记分享同一种限制性内切酶，考虑到 Multiplex-PCR 在同一扩增反应中应用不同引物对能同时扩增相应序列的优点以及多个 CAPS 标记分享同一限制性内切酶的事实，利用 Multiplex-PCR 和 CAPS 原理建立了 Mutiplex-CAPS 技术，该技术将 Multiplex-PCR 和 CAPS 的优点结合起来，可应用于番茄快速的遗传鉴定和分子育种中（王孝宣、杜永臣等，2003）。目前该方法已成功地用于抗番茄叶霉病基因和抗根结线虫基因的分析中。

10. SNP（Single Nucleide Polymorphism）　通过测序，然后与相关基因组中对应区域的核甘酸序列进行比较，由此可以检测核甘酸序列的差异，其中一些差异由单核甘酸的差异引起，这种遗传多态性即为单核甘酸多态性（SNP）标记。K. Meksem et al.（2001）成功地将番茄中的 AFLP 标记转变为 SNP 标记。SNP 标记极为丰富，涵盖整个基因组，应用前景广阔。

总之分子标记技术的发展很快，随着生物技术的发展，将会有更多的技术被开发出来。将分子标记辅助选择技术与番茄的常规育种相结合，可提高目的性状的选择准确度和选择效率，从而加速番茄育种进程。随着番茄基因组计划的实施〔Tomato Genomics Project（♯9872617），（http：//www. nsf. gov/bio/dbi/dbi _ pgr. htm）〕，以及基因芯片技术的发展和不断完善，将为番茄饱和连锁图谱的构建提供大量 DNA 数据信息，并为大量群体的单株进行遗传分析提供了技术。利用番茄基因组的序列信息，可以直接对 DNA 序列进行比较分析，揭示个体间单个核苷酸水平上的多态性，从而发展极为丰富的覆盖整个基因组的 SNP 标记。利用基因芯片技术可以将分子连锁图谱上的所有基于 DNA 序列的分子标记（如 RFLP、RAPD、CAPS、STS、SNP 等）、已克隆基因的探针、EST 等成千上万 DNA 序列固定于一个芯片上。只要将各个群体单株的 DNA 分别与之杂交，借助于自动化分析程序和信息管理系统，就能快速、准确、高通量地进行大量单株的遗传鉴定。随着芯片技术应用于番茄育种材料的遗传分析将有助于质量基因和 QTL 的精细定位和克隆，也有助于现代番茄品种改良技术、分子辅助育种技术和方法的进一步提高。

二、功能基因组研究

番茄功能基因组主要进行基因的鉴定分离、克隆、测序、结构分析、功能分析等研究，其目的在于更为全面深入地认识基因、利用基因和操纵基因以最终服务于人类。在植物中拟南芥、玉米、水稻的全面的测序工作已经完成或趋于完成。番茄基因组计划刚开始实施，预计在今后的几年内会顺利完成，届时将对番茄基因的定位、克隆、结构、功能分析和分子标记辅助育种等产生巨大的促进作用。目前在番茄中已利用依图谱方法克隆、T -DNA 克隆等方法，克隆了以下与番茄育种关系密切的基因：

抗番茄病毒病的基因：Tm、Tm-2；抗叶霉病的基因：Cf-2、Cf-4、Cf-5、Cf-9；抗细菌性斑点病的基因：Pto；抗根结线虫的基因：Mi；与果实颜色和类胡萝卜素代谢有关的基因：Del、B、og、og^c、HP、dg、T。

除质量性状基因外，众多研究者还从秘鲁番茄（*S. arcanum* LA1708）、多毛番茄（*S. habrochaites* LA1777）、小花番茄（*S. neorickii* LA2133）等 20 多个野生番茄中鉴定和分离了 2 000 多个 QTL，其中有 40 个与产量有关，54 个与果实颜色有关，100 多个与可溶性固形物有关，1 000 多个与果实硬度、大小、形状、成熟期、甜度、酸度、黏性等有关，一些主效 QTL 的近等基因系（QTL-NILs）或亚近等基因系（sub-NILs）也被建立。随后，低产 QTL fw2.2 和高可溶性固形物 QTL Brix9-2-5 相继被克隆，从而实现了利用野生番茄种质资源进行番茄遗传育种的一个新的跨越。

第八节　番茄种质资源创新

番茄种质资源是其遗传育种的基础，番茄育种中几乎每次重大突破都是与重要材料的创新与利用相联系的。种质资源越多，研究越深入，就越能加快新品种选育的速度。筛选和创新高产、抗多种病害、高品质、耐高温和低温胁迫、抗旱、耐盐等种质一直是番茄遗传育种研究的重点。番茄种质资源创新最有效的手段是常规育种，此外还有基因工程、诱变育种和原生质体融合等途径。

一、常规育种与多种新技术相结合创新番茄种质

至今，常规育种技术仍然是创新番茄资源最有成效的手段，几乎所有育成的品种和

杂交种，所有的亲本、自交系，以及所有野生番茄中的抗病虫、抗逆、高品质等基因向栽培番茄骨干亲本的渗入几乎都通过常规育种方法实现。利用基因工程、诱变育种、原生质体融合等手段所获得的番茄新种质，也最终需通过常规育种程序来选择和验证。

（一）常规育种与抗病性鉴定技术相结合加速抗病种质的创新

常规育种创新抗病材料突出的例子是 Manapal 番茄的选育、引进及其在育种中的广泛应用。Frazier，W. A.（1946）在夏威夷农业试验场采用秘鲁番茄（*L. peruvianum*）、醋栗番茄（*L. pimpineuifolium*）、多毛番茄（*L. hirsutum*）这 3 个野生番茄复合杂交选育得到 H. E. S. 2603 抗病品系，SOOST，R. K.（1958，1963）根据抗病性的分离比例明确了抗病性由显性基因控制，Clayberg，C. D.（1960）将其定名为 Tm-2，并将其定位于第 9 条染色体上，和 nv（netted viresent）连锁。H. M. Munger（1971）利用回交育种方法连续 9 次回交将抗病基因和 nv 基因导入到了 Manapal 中育成 Manapal Tm-2^{nv}，纯合的 Tm-2^{nv}其植株表现为抗病、矮缩、黄化、生长缓慢。日本引入该抗病材料后，育成强力玲光、强力圣光、强力明光等品种，中国引入该基因后育成不同类型的亲本材料，选育出高抗番茄烟草花叶病毒（TMV）的中蔬、中杂、红杂、苏抗、佳粉、西粉、浦红、浙红、浙粉、东农、渝红等系列品种，解决了中国番茄生产中 TMV 的危害问题，在 20 世纪 90 年代，每年制种 10 万 kg，约占番茄用种量的 50% 以上。随后，中国又引进了抗枯萎病、叶霉病、根结线虫、青枯病、晚疫病等抗性材料，在番茄抗病育种中发挥了重要作用。

（二）常规育种与分子标记辅助选择相结合创新优异种质

国际知名的种子公司如孟山都、先正达、安莎、瑞克斯旺、龙井、农友等已将分子育种作为其育种的重要手段，并将一些番茄重要性状如抗病毒、真菌、抗虫、抗逆、高品质基因等的分子标记引物序列应用于分子标记辅助选择。这些公司利用上述方法已聚合了一批同时含有 3～6 个抗病基因的育种材料。育成的番茄品种可抗 ToMV、叶霉病、枯萎病、根结线虫、黄萎病、细菌性斑点病等 6 种病害。同时，还加强了对番茄重要园艺性状如品质、抗逆性、产量等数量性状的分子标记辅助选择研究。

国内的研究者从"十五"开始，逐步建立了番茄高产，抗病毒病、叶霉病、枯萎病、细菌性斑点病、晚疫病、青枯病、抗根结线虫，高番茄红素、高可溶性固形物等基因的实用分子标记，并利用分子育种手段创新了同时含有 4～5 个抗病基因且园艺性状优良的育种材料。现以中国农业科学院蔬菜花卉研究所对中杂 9 号母本的选育及其抗病性改良为例简述中国抗多种病害番茄育种材料的创新过程（图 24-13）。

1. 中杂 9 号母本的选育 1986 年从荷兰引进杂交种编号为 86-5，经过多代自交分离选择，结合人工接种抗病性鉴定筛选，培育出了同时含有 Tm1、Cf5 和 I-1 基因、复合抗病性强、产量高、品质优良、对低温弱光适应性强的优良自交系 892-43，该自交系即中杂 9 号的母本。

2. 添加抗根结线虫基因 Mi 和叶霉病基因 Cf9 基因 课题组用引进的含 Cf9 和 Mi 基

中杂 9 号母本的选育

86-5 F₁

↓ 自交

87-8 F₂ 11 株系

↓

88g-41-3 F₃ 11 个株系

↓

882-43 F₄ 11 个株系

↓

89g-32-8 F₅ 12 个株系

↓

892-43 F₆（中杂 9 号母本，Tm、Cf5、I-1，叶量中，耐弱光）

┊

中杂 9 号母本的改良——抗根结线虫基因 Mi 和叶霉病基因 Cf9 基因的添加

041-373×381

（含 Cf9 和 Mi 基因）（中杂 9 号母本，Tm1、Cf5、I-1，叶量中，耐弱光）

↓

042-232(F₁)×042-155（中杂 9 号母本，Tm1、Cf5、I-1，叶量中，耐弱光）

┌────────→ 幼苗 ◄── 利用分子标记检测含 Cf9 和 Mi 基因

重复 4 次

└── 含目的基因的单株×051-247

↓（中杂 9 号母本，Tm1、Cf5、I-1，叶量中，耐弱光）

BC₄⊗自交一次，并用相应的标记检测纯合抗病基因

↓

BC₄S₂

↓

07g-2

(以中杂 9 号母本为遗传背景含 Tm1、Cf5、Cf9、Mi 和 I-1 基因)

中杂 9 号母本的改良——抗细菌性斑点病基因 Pto 基因的添加

07g-2×Ⅱ6A-986

（含 Tm1、Cf5、Cf9、Mi、I-1 基因）（含 Pto 基因）

↓

072-15(F₁)×07g-2(含 Tm1、Cf5、Cf9、Mi、I-1 基因)

┌────────→ 幼苗 ◄── 利用分子标记检测含 Pto 基因

重复 4 次

└── 含目的基因的单株×07g-2

↓（含 Tm1、Cf5、Cf9、Mi、I-1 基因）

BC₄⊗自交一次

↓

BC₄S₂

↓

创新出以中杂 9 号母本为遗传背景含 Tm1、Cf5、Cf9、I-1 和 Pto 基因的材料

图 24-13 中杂 9 号母本的选育及其多个抗病基因的添加

因的材料 041-373，将其与中杂 9 号母本杂交，再用中杂 9 号母本为轮回亲本进行连续回交，从回交 2 代开始，每个回交世代的幼苗在定植之前均进行 DNA 提取，再用分子标记检测筛选同时含 Cf9 和 Mi 基因的单株，淘汰其余单株。连续 4 次回交和利用分子标记辅助选择后，再进行 2 次连续自交和利用分子标记辅助选择，结果获得了以中杂 9 号母本为遗传背景的含 Tm1、Cf5、Cf9、Mi 和 I-1 基因的优异种质 07g-2，该材料除具有复合抗病性外，其熟性、丰产性、株型、耐低温弱光性等均与中杂 9 号母本相当。

3. 添加抗细菌性斑点病基因 Pto 基因　课题组再次将引进的含 Pto 基因的材料Ⅱ6A-986，与 07g-2 杂交，再用 07g-2 为轮回亲本进行连续回交，从回交 2 代开始，每个回交世代的幼苗在定植之前均进行 DNA 提取，再用分子标记检测筛选含 Pto 基因的单株，淘汰其余单株。上述工作在顺利进行，有望获得以中杂 9 号母本为背景遗传背景含 Tm1、Cf5、Cf9、Mi、I-1 和 Pto 基因的优异种质。

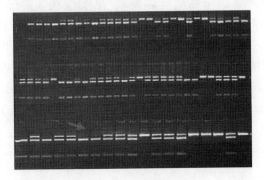

图 24-14　Mi 基因

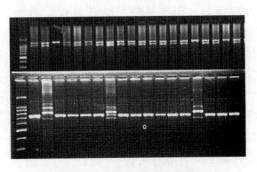

图 24-15　Cf5 和 Cf9 基因

图 24-16　含 Mi 基因抗根结线虫的抗性表现

图 24-17　以 9706 为遗传背景同时含 Mi、Cf5、Cf9 等 6 个抗病基因的新种质

（三）数量性状位点（QTL）技术在种质创新中的研究和应用

1. 产量 QTL　研究发现，在多毛番茄（*L. hirsutum*）、潘那利番茄（*L. pennellii*）、细叶番茄（*L. pimpinellifolium*）、小花番茄（*L. parviflorum*）、奇美留斯基番茄（*L. chmielewskii*）等果实小、产量低的野生番茄中存在增加番茄产量的基因（QTL），目前共鉴定了 40 个与番茄产量（如果实大小、果实直径、果实重量、前期产量、总产量等）

有关的 QTL，克隆了一个具有副作用的 QTL fw2.2，并建立了高产量 QTL 近等基因系或亚近等基因系。例如 TA1229 多毛番茄（*L. hirsutum*）的 1 个近等基因系，含有来自多毛番茄（*L. hirsutum*）第一染色体的长 24cM 的 DNA 片段，已经证明，该外源 DNA 片段为含有增加产量的 QTL，能增加植株重量和果实数量，在植株生长的后期仍能维持其生长效率，维持营养生长与生殖生长之间的转化率。

2. 抗逆性和高品质 QTL

研究者们还利用 *L. chmielewskii*、*L. pennelli*、*L. pimpinellifollium*、*L. cheesmanii*、*L. hirsutum*、*L. parviflorum*、*L. peruvianum* 和 *L. esculentum* 的 RIL、F2、F3、BC1、BC1S1、BC3、BC4S1、NIL 群体，结合 RFLP、AFLP、RAPD 分子标记方法和 QTL 分析等技术绘制了不同的 QTL 连锁图谱，并且分离和定位了近 1 000 个数量性状 QTL。这些 QTL 分别与抗逆性（耐高低温、耐盐、耐涝）、品质（番茄红素、胡萝卜素、可溶性固形物、糖、甜度、酸度、滴定酸、pH、维生素 C、干物质、黏度）、果实性状（果形、外观颜色、内部颜色、果肩色素、硬度、弹性、果实心室数、果实种子数、种子千粒重、果皮厚度）、植株形态（植株鲜量、干重、分枝数、叶片节数、第一花序节位、叶长、开花期等）、风味品质［芳香味浓度、柠檬气味、糖味、橘子果实味、药味、pent‑1‑en‑3‑one, pentanal, pantan‑3‑one, 2‑methylbut‑2‑enal, haxanal, 3‑methylpentan‑1‑ol,（E）‑hex‑2‑enal, Hex‑3‑en‑1‑ol, 2‑（Methylthio）ethnol, 3‑（Methylthio）propanal, 6‑Methylhept‑5‑en‑2‑one, 2‑Isobutylthiazole, 2‑Phenylethanal, Orthomethoxyphenol, Eugenol, Geranlacetone, Beta‑ionone］等有关。

目前 QTL 研究存在的普遍问题是高产量、抗逆性好、高品质等 QTL 的近等基因系中所含有野生番茄的 DNA 片段长度比较长，QTL 与低产量、小果实等不良基因间连锁累赘的影响仍然较大，在育种实践中直接应用这些高产量 QTL 仍有很大的难度。因此将常规育种与分子育种相结合，打破优良 QTL 与不良基因之间的连锁，将高产和高品质 QTL 导入到目前国内栽培品种的高产量骨干亲本中，则番茄产量、抗病性、抗逆性和品质育种将有望取得突破。

（四）远缘杂交创新种质

一些野生种番茄具有普通番茄所缺乏的某些宝贵遗传基因，如多种抗病性、抗逆性（耐寒性、耐盐性），以及具有高可溶性固形物等有价值的性状（吴定华，1999）。因此通过与野生种番茄的远缘杂交也是创新番茄种质的重要方法。近几十年来，国内外的番茄研究者对远缘杂交进行了大量研究，并取得优异成绩。研究者们利用较多的野生番茄主要是秘鲁番茄、多毛番茄、智利番茄和醋栗番茄。表 24‑5 列出了近年所筛选的抗源和育成品系。

远缘杂交所面临的问题主要是杂交不亲和性以及杂种不育性。杂交不亲和是指由于双亲亲缘关系较远，杂交后不能受精结实或者结籽率极低；杂种不育性是指虽然种子健全，但是不能发芽或者发芽后不能发育成正常植株。解决的主要方法有以下几种：①采用不同品种系统的亲本，进行试配；②采用低剂量的射线辐照的无性渐近法和混合授粉法；③采用重复授粉；④采用种胚培养等（吴定华，1999）。

表 24 - 5　利用远缘杂交选育的新品系

抗源	育成国家/地区	品系/品种	品系/品种特性
秘鲁番茄	美国	Anahu、VFN$_8$、HES$_{4857}$	抗番茄根结线虫病
		Improved Bay State、Walthan、V$_{121}$、Moldproof Forcmg、Globeel、Vetomold、Bay State	抗番茄叶霉病
		Double Rich	维生素 C 含量高
	日本	兴津 7 号、兴津 8 号	抗叶霉病
		IRB301 - 30、IRB301 - 31、强力玲光	抗枯萎病
智利番茄	美国	HES5639 - 15、HES2603、63G463、Alwxander、玛娜佩尔 TM - 2^{nv}、玛娜佩尔 TM - 2^a、弗洛雷德、俄亥俄 MR - 9、弗洛里达 MH - 1	抗 TMV
多毛番茄	美国	Vagabond、V - 54	抗叶霉病
		Caro-Red	维生素 A 原高
醋栗番茄	美国	Improved Bay State、Walthan、V$_{121}$、Moldproof Forcmg、Globeel、Vetomold、Bay State	抗番茄叶霉病
		全美洲（Pan American）、Ohio-W-R Globe、Hortus 5、FloridaMH - 1、Walter	抗枯萎病
		Kewalo、BWN - 21	抗青枯病
	保加利亚	保加利亚 10 号、普洛夫迪夫斯卡	维生素 C 含量高
	印度	Pusa Red Plum	抗 TMV

二、基因工程

近年，利用基因工程创新番茄种质取得了较大进展，已经获得抗病毒、抗真菌、抗病虫、抗除草剂、抗冻、耐贮藏、高番茄红素、甜蛋白、雄性不育等转基因番茄种质。

（一）抗病毒 CMV

在栽培番茄中没有良好的 CMV 抗源材料，基因工程技术则是提高番茄抗 CMV 能力的一条快捷途径。将 CMV 病毒的卫星 RNA（satellite RNA）、CP（coat protein）、N（nucleocapsid gene）、无效的病毒复制酶（defective viral replicase）基因导入番茄并使其稳定表达可以达到抗病毒的目的。

Tousch-D（1990）获得转 satRNA 的番茄植株，对植株叶片接种 CMV 时表现致死反应。Asakawa，-Y（1993）获得转 CMV-CP 基因植株，其抗病能力经多代自交后仍能维持。随后 Saito-y（1992），McGarvey，-P. B（1994），Dong-ChunZhi（1995）Stommel，-John-R（1998），Candilo-M-di（2000），Kawabe-K（2002）、Cillo-F（2004）等相继展开了转 CMV 基因工程研究，并获得相应的转卫星 RNA、CP、N、无效的病毒复制酶等基因的番茄植株，一些材料高抗 CMV，接种 CMV 时能诱导相应的基因表达，外源基因在自交多代后能稳定遗传，一些材料对 CMV 和 TMV 具有双重抗性，个别材料对 CMV、TMV、蚜虫和白粉虱等具有多重抗性。如 Gonsalves-D（1995）获得的转基因杂交单株抗 CMV 和 TSWVF；Fuchs，-M（1996）获得的材料抗 TMV 和 CMV；Jiang-GuoYong（1998）获得的材料抗 TMV、CMV 和黑环病毒（black ring nepovirus），对蚜虫和白粉虱也具有一定的抗性。一些抗 CMV 的转基因番茄如 G‐80（Xue，-B，1994）、11527、12263、11791（Andilo-M-di.，2000）、No. 4‐7（Kawabe-K，2002）等已成为较好的育种资源，有的已应用于番茄的抗病育种（表 24‐6）。

TMV：番茄抗 TMV 的基因工程是将 TMV 病毒的外壳蛋白 CP（coat protein）、卫星 RNA（satellite RNA）、N（nucleocapsid gene）基因导入番茄并使其稳定表达来达到抗病毒的目的（表 24‐6）。Powell（1986）年首次获得烟草花叶病毒外壳蛋白 CP 基因的转基因植株，CP 表达量为叶片总量的 $0.02\%\sim0.05\%$。1988 年 Nelson 将该基因导入番茄品种 VF36 中提高了 CP 的表达量，约 0.05%，抗病毒能力大大增强。随后 Virology（1989）、Sanders-P-R（1992）、Motoyoshi-F（1992，1993）、Provvidenti（1995）、Jang，-Suk-Wo（2002）等开展了抗番茄 TMV 的基因工程研究，并获得相应的转 TMV 卫星 RNA、CP、N 等基因的番茄植株，一些材料高抗 TMV，如 Motoyoshi，-F（1993）得到的转基因植株 8804‐150 其 cDNA 外鞘蛋白质含量在叶片中高达 2.5mg/kg 鲜重，抗病性极强，一些优良的抗病材料已应用于抗病育种。

TYLCV：抗 TYLCV（番茄黄化卷叶病毒）的基因工程主要是将该病毒的 CP（coat protein）、外壳蛋白（capsid protein）和经剪切的复制酶 T-Rep 基因导入番茄，并使其表达而获得抗性。Adisak-Chiampiriyakul（1993）、Kunik，-T.（1994，1997），Brunetti，-A（1997），Antignus，-Y（2004）分别获得相应的转基因植株，转基因番茄对 TYLCV 的抗病性较强，一些材料已应用于番茄的抗病毒育种（表 24‐6）。

TSWV：抗 TSWV（番茄斑萎病毒）的基因工程主要是将该病毒的核蛋白基因导入番茄，并使其表达获得抗性。Kim，-J-W（1994），Kim，-J-W（1995），Haan-P-de（1996）Stoeva-P（1999），Hou，-Yu-Ming（2000）；Gubba，-A.（2002）获得了相应的转基因植株，转基因番茄对 TSMV 抗病性较强，有的接近免疫，一些材料已应用于番茄的抗病毒育种。

此外，Sree-Vidya，-C-S（2000）将酸浆斑点病毒的 CP 基因导入番茄，结果提高了转基因番茄对酸浆斑点病毒 PhMV 病毒的抗性，Van-Den-Elzen（1993），Lu-Ruiju（2000）获得转几丁质酶基因的番茄植株，提高了对病毒和真菌的非特异抗性（表 24‐6）。

表 24‐6　番茄抗病毒病害基因工程研究

所抗病毒及作者	年份	基　　因	转基因植株的抗性表现
抗 CMV			
Tousch-D	1990	(CMV) Satellite RNA	接种 CMV 诱导致死反应
SAITO-Y	1992	Satellite RNA (T73-satRNA)	CMV 症状很轻，生长和坐果正常，而对照生长受阻，RNA 分子与 T73-satRNA 一致
Asakawa，-Y.	1993	CMV-cp	抗性维持通过世代传递

（续）

所抗病毒及作者	年份	基　　因	转基因植株的抗性表现
McGarvey，-P. B	1994	CMV 的卫星 RNA	CMV 病毒比对照少 10 倍，其抗性明显，没有的感染症状
Liang，-Xiao-You	1994	CMV-cp，Bt-toxin	抗病毒和抗虫
Xue，-B	1994	CMV-CP〔CMV white leaf (CMV-WL) strain〕	基因工程株系 G-80 高抗 CMV
Gonsalves-D	1995	Nucleocapsid（N）gene	转 TSWV-N 基因植株和转 CMV-CP 基因的植株获得的杂交种表现出对 CMV 和 TSWVF 的双重抗性
Dong-ChunZhi	1995	CMV sat-RNA cDNA.	延迟 CMV 的侵染
Fuchs，-M	1996	CMV-CP（CMV WL 株系）	4 个株系表现高抗 CMV，747 个植株无症状，接种后新长出的叶片用 ELISA 法未检测到 CMV，其产量增加，由于其亲本含有 Tm-2-2 基因，因此转基因植株具有双重抗性
Wang-Zhiyuan	1997	CMV-CP	抗 CMV 能力强，自交 R_1 至 R_5 代其抗性仍能维持
Murphy-J	1997	Capsid protein gene	得到 3 个转基因株系 CMV1，CMV2 和 CMV3，尽管未获得完全的抗性，但抗性比对照植株明显增强
Stommel，-John-R	1998	CMV 的卫星 RNA	卫星 RNA 水平与 CMV 症状严重性呈负相关，其产量与亲本类似
Zhou-XuePing	1998	CMV-CP，TMV-CP	R_1 至 R_4 代表现对 TMV 和 CMV 的双重抗性，同时还表现对青枯病的抗性
Jiang-GuoYong	1998	几丁质基因（Chitinase gene）	不仅表现对 TMV、CMV 和黑环毒素的抗性，而且还抗蚜虫和白粉虱
Tomassoli，-Laura	1999	CMV-CP	23 个抗 CMV 植株，多年多代检测得到的园艺性状和抗病性均好的几个株系
Kaniewski，-Wojciech	1999	(CMV-D CP)，(CMV-PG CP)，(CMV-22 CP CMV-PG CP).	由四个载体产生的植株具有极高的 CMV 抗性
Shi-ManLing	1999	CMV-CP	田间试验转结果转基因植株的自交 2 代和 3 代对 CMV 的保护效果达 65.5％和 76.9％
Gal-On-A	1999	Defective viral replicase	田间试验表明，在接种 CMV 时，转基因番茄未感染 CMV 而且产量正常，而对照的产量降低 50％
Candilo-M-di	2000	satellite RNA CP	以 UC82 为背景的 15 个转基因系表现抗 CMV，在发病严重时，一些株系的产量超过对照 60％，其中 11527，12263 和 11791 是表现最好的系
Tomassoli，-L.	2001	CMV CP 基因	三个抗 CMV 的番茄品种抗性提高的同时，其园艺性状较好
Kawabe-K	2002	cDNA of (CMV) satellite RNA	以 Shugyoku 为受体的转基因株系 No.4-7 花叶症状轻，接种 CMV 时早期出现症状，但随后恢复接种获得了卫星 RNA
Nunome-T	2002	Truncated replicase gene of cucumber mosaic virus	得到以 Shugyoku 为背景的 137 转基因植株，10％单株高抗 CMV，90％表现中抗 CMV 或感病，选出 15 个抗病株系进行 CMV 繁殖试验，3 个株系在接种和正常生长条件下均未检测到 CMV，这些株系可用于 CMV 的抗性育种

（续）

所抗病毒及作者	年份	基　　　因	转基因植株的抗性表现
Cillo-F	2004	CMV Tfn-satRNA	获得抗性，并研究了相关机制
抗 TMV			
Virology-	1989	TMV coat protein	在高温下仍维持高水平抗性
SANDERS-P-R	1992	ToMV CP	获得高抗材料，而且 ToMV-CP 基因比 TMV CP 基因更有效
Motoyoshi-F	1992	Coat-protein	获得对 TMV 病毒特异抗性
Motoyoshi，-F	1993	TMV coat protein gene	cDNA 外鞘蛋白的积累在 8804-150 叶片中约 2.5mg/g 鲜重，抗性极强，已用于田间抗性和安全性评价
Provvidenti，-R	1995	卫星 RNA 和 CP	TT5-007-11 抗 TMV（Tm-2-2），黄萎病和晚疫病
Anan，-Toyomasa	1996	TMV-CP	化学物质成分差异不明显
Whitham，-Steve	1996	N gene	抗 TMV
Jang，-Suk-Woo	1998	TMV-CP	获得 45 个转基因植株，其中 10 个抗性极强
Erickson，-F-L	1999	N gene	对 TMV 抗性提高
Jang，-Suk-Woo	2002	NPT II 和 TMV-CP	进行了 5 代基因鉴定，及 TMV 鉴定，转基因番茄与对照之间园艺性状差异不明显
抗 TYLCV			
Adisak-Chiampiriyakul	1993	TYLCN 外鞘蛋白基因的植株	TYLCV 的症状得以延迟
Kunik，-T.	1994	TYLCV 的衣壳蛋白质（Capsid protein）	转基因植株对病毒有抗性
Brunetti，-A	1997	C1（T-Rep protein）	一些单株表达高水平的 T-Rep 蛋白，并具有对 TYLCV 的抗性
Kunik-T	1997	Capsid protein	一些植株表现对 TYLCV 症状的延迟，重复接种时症状可以恢复
Antignus，-Y	2004	T-Rep（Truncated replication associated protein）of（TYLCV-Is 编码 REP 的前 129 个氨基酸	获得了 TYLCV-Is 小种的特异抗性
抗 TSWV			
Kim，-J-W	1994	(N) gene	表达 TSWV-N 基因的正义和反义 RNA 工程植株可用于番茄抗性育种的遗传工程改良
Ultzen，-Tineke	1995	TSWV nucleoprotein gene	对 TSWV 的抗性提高
Haan-P-de	1996	TSWV 的核蛋白基因 NP	表现对 TSWV 的高水平抗性，田间试验完全不表现症状
Stoeva-P	1999	烟草病毒的核蛋白质基因和 MnSOD 基因	含 MnSOD 的转基因植株对 TSWV 免疫或抗病
Hou，-Yu-Ming	2000	豆类矮化花叶病毒运动蛋白质基因（Bean dwarf mosaic virus）BV1 or BC1	延迟了番茄斑点病毒（ToMoV）的感染时间
Gubba，-A.	2002	Nucleocapsid（N）protein gene	获得了 6 个高抗番茄斑萎病毒（TSMV）的转基因株系，作者认为通过组合自然抗性和转基因抗性可提高单个植株的广谱抗性。通过核苷衣壳 N 蛋白获得广谱抗性
抗其他病毒			
Sree-Vidya，-C-S	2000	酸浆斑点病毒（PhMV）的 CP 基因	成功导入番茄品种 Pusa Ruby，提高了对病毒的抗性
Van-Den-Elzen	1993	Cchitinases and beta-1，3-glucanases	高抗枯萎病，对病毒具有广谱抗性
Lu-Ruiju	2000	水稻几丁质基因（Chitinase gene）	水平抗性

(二) 抗真菌

番茄种质中存在一些抗真菌的良好抗源，一些抗病基因如 cf2、cf4、cf5、cf9、I2、FrI、Hero、Pto 等基因已定位或克隆，并已通过常规育种手段转移到栽培品种中。

抗真菌的基因工程多数是通过导入几丁质酶、葡聚糖酶、植物抗毒素、过氧化物酶、脂肪酸脱饱和酶、PR (Pathogenesis-related proteins)、钙调素、葡萄糖氧化酶、系统素 (systemin) 等基因 (表 24 - 7) 使其表达，从而激活转基因植株由水杨酸 (SA)，乙烯、茉莉酸或机械损伤信号传导的防御途径，使防御基因表达，并提高其对灰霉病、细菌性萎蔫病、细菌性斑点病、白粉病、晚疫病、疮痂病、叶霉病、黄萎病等病害的水平抗性。此外将兔子的防御素基因 (rabbit defensin NP-1，Zhang-Xiu-Hai，2000)、人的乳铁传递蛋白基因 (human lactoferrin HLF，Lee，-Tae-Jin，2001) 导入番茄，也提高了植株对番茄真菌病害的水平抗性，将来这也可能是一条控制番茄真菌病害的途径。

表 24 - 7　番茄抗真菌病害基因工程研究

作　者	年份	基　因	转基因植株的抗性表现
Lagrimini，-L-Mark	1993	过氧化物酶	伤害诱导多酚沉积，抗病性提高
Hain-R	1993	植物抗毒素 (phytoalexin)	接种灰霉病菌后表达高浓度的 resveratrol，表现出抗病性，其 resveratrol 浓度与抗病性呈正相关
Martin，-GreGory-B	1994	Fen	fenthion 不抗细菌性斑点病
Jongedijk，-Erik	1995	几丁质酶和 beta-1，3-葡聚糖酶	转基因株系在接种病菌后可恢复，而对照植株死亡，I 类几丁质酶和 beta-1，3-葡聚糖酶协同抑制真菌在体外生长，从而增强对真菌的抗性
Lee，-H-I	1995	橡胶蛋白基因 (HEV1)	增强转基因植株对角质结合真菌 (chitin-binding fungus) 的抗性
Chandra，-Sreeganga	1996	Pto	番茄叶片中对食草动物的啃食和机械伤害的防御基因的刺激是由一个移动的 18 氨基多肽信号 (称系统素) 来调节的，表明系统素是防御食草动物的啃食的主要信号。类似的由伤害诱导的防御蛋白质在叶细胞中合成，可以防御病原菌的侵袭，octadecanoid 途径对于各种信号激活的防御基因是重要的。以番茄叶片、巨噬细胞和动物肥大细胞间的防御信号途径的相似性来推测，动植物或许由一个共同的祖先进化而来
Thomzik，-J-E	1997	葡萄植物抗毒素	转基因植株受到真菌感染、损伤诱导和紫外照射时表现对晚疫病的抗性，葡萄植物毒素 (phytoalexin trans-resveratrol, the product of stilbene synthase) 在接种真菌侵染后很快可检测到，从而增加了转基因植株对晚疫病的抗性
Li，-Li	1997	Polyphenol oxidase gene	增强水平抗性
Wang-C	1998	Yeast DELTA-9 desaturase gene	增强对白粉病的抗性，不饱和脂肪酸增加，peroxidase 水平提高
Tabaeizadeh，ZAgharbaoui	1999	An acidic endochitinase gene (pcht28)	检测到基因表达和几丁质酶活性对黄萎病的高抗性，可作为遗传育种材料

（续）

作　者	年份	基　因	转基因植株的抗性表现
Tang, -X.; Xie, -M.	1999	Pto	3个转基因植株表现出可用显微镜检测到的细胞死亡、SA积累、并增强了PR基因的表达，细菌生长受抑制，植株还表现出对番茄疮痂病、叶霉病的抗性。结果证明过量表达R基因可刺激防御反应和水平抗性
Veronese-P	1999	PR Pathogenesis-related proteins PR-5, PR-1 and chitinase genes	一直到第3代，PR-5渗透蛋白（osmotin）的表达与增加的灰霉病、白粉病和晚疫病的抗性相关，多个PR基因在同一基因材料中的共同表达具有更强的优势
Fluhr, -Rober	2000	I2	含I2C基因的转基因植株，表现出对枯萎病特别是小种2的高度抗性，是极好的抗病材料
Zhang-Xiu-Hai	2000	Rabbit defensin（NP-1）	转基因植株展示出基因生理水平的表达，并表现对枯萎病的抗性，结果提供了一条抗病原菌的育种途径
Lu-RuiJu	2000	Rice chitinase gene	在 T_1 世代几丁质酶的基因分离比为3∶1
Li, -L.; Howe, -G. A.	2001	系统素前体基因（Prosystemin）prosysB	刺激了经伤害和系统素调控的防御基因的表达，在转基因番茄中prosysB是主要的系统素前体编码转录子，为伤害诱导的信号
Lee, -Tae-Jin	2001;	Human lactoferrin（HLF）	对bacterial wilt的抗性明显增强，lactoferrin基因在分离后代为典型的显性遗传，或许提供了一种控制番茄细菌性病害的新途径
Robison-MM	2001	ACC deaminase.	降低黄萎病症状，通过组织特异的ACC脱氨酶的表达，避免了与病害有关的乙烯利产物的产生，从而获得抗性
Lincoln, -J. E.; Richael, -C.	2002	Antiapoptotic baculovirus p35	阻止了例行的细胞死亡并提高了对病害的水平抗性，含P35基因的植株抗AAL-toxin毒素诱导的死亡，并抗病原菌，直到 T_3 世代抗毒素和抗病原菌特性与P35基因共分离
Li, -L.; Steffens, -J. C	2002	Polyphenol oxidase	抗细菌性斑点病
Yan, -Z.; Reddy, -M. S.	2002	Plant growth-promoting rhizobacteria（PGPR）	植株抗晚疫病，通过bacilli and pseudomonad PGPR strains诱导的保护反应是独立于SA途径，但依赖于乙烯和茉莉酸防御途径
Lee, -T. J.; Coyne, -D. P.	2002	Antibacterial lactoferrin gene	对细菌性萎蔫病具部分抗性
Lu-Ruiju; Huang-Jianhua	2002	Chitinase gene	抗性增加
Achuo, -A-E	2002	Benzothiadiazole（BTH, BION）(R)	通过BTH获得的依赖于SA防御途径的引发了对番茄灰霉病的防御反应
Xing, -Tim	2003	Mitogen-activated protein kinase（MAPK）	过量表达MAPK kinase基因（tMEK2MUT）增强对细菌性斑点病的抗性。PR1b1，beta-1，3-glucanase，和endochitinase通过tMEK2MU上游调节增加beta-1，3-glucanase的量，tMEK2 endochitinase genes的下游在获得抗病性中可能起重要作用
Achuo-EA	2004	NahG	SA起对灰霉病的基础防御作用，在番茄和烟草中，依赖于SA的防御途径对于抵抗不同的病原菌是有效的

(三) 抗虫和除草剂

　　导入番茄中的抗虫基因主要是来源于苏云金芽孢杆菌的 Bt 毒素蛋白质基因，Delannay-X (1989)，Jansens, -S. (1992) 以及 Rhim, -Seong-Lyul (1998) 等进行转 Bt 毒素蛋白质基因研究，结果转基因植株的抗病基因表达获得了对烟草天蛾、棉铃虫等鳞翅目昆虫的杀虫能力，该基因也是目前世界上应用最好和最成功的抗虫基因。此外导入番茄中的抗虫基因还有系统素前体基因 (prosystemin)、胱氨酸蛋白酶抑制基因 (cystatins)、阴离子过氧化物酶、雪莲花凝聚素等基因，这些基因的杀虫效果不如 Bt 基因，但具有广谱性的抗虫能力 (表 24-8)。

　　番茄抗除草剂基因工程研究方面，Grossman, -K (1995) 将反义 ACC 合成酶基因导入番茄，其结果是转基因植株表现出对除草剂二氯喹啉酸 (quinclorac) 的抗性。Feng, -P. C. C.；Ruff, -T. G (1997) 获得转兔肝酯酶钝化酶 cDNA (RLE3) 基因植株，在工程植株中除草剂 thiazopyr 被转化为一元酸，其抗性能力与嘧啶酯酶的表达水平有关。Wang, -Yueju (2001) 获得转 Mn-SOD 基因植株，转基因植株的 MnSOD 水平是对照的几倍，对除草剂巴拉刈 (Methyl viol ogen) 和低温 (6℃) 均有一定的耐性 (表 24-8)。

表 24-8　番茄抗虫和抗除草剂基因工程研究

作　者	年份	基　因	转基因植株的抗性表现
Delannay-X	1989	bt	晶体蛋白对烟草天蛾、棉铃虫、蛲虫幼虫具有很高的毒杀作用
Jansens, -S.	1992	Bt	棉铃虫幼虫对果实危害程度和数量均明显减轻，转基因植株中仅少数幼虫从滋生幼虫的藤蔓向未滋生的藤蔓迁移
Orozco-Cardenas, -Martha-Lucia	1993	正义或反义系统素前 prosystemin	反义番茄的蛋白酶Ⅰ和Ⅱ型抑制子的诱导严重减弱，表明系统素多肽作为一个信号分子，对烟草夜蛾的抗性减弱
Noteborn, -H. P. J. M.	1994	Bt2 gene	增补 10% 的转基因番茄喂养小鼠在体重、食物消耗、器官重量等方面无统计上的差异
Rhim-SeongLyul	1995	Bt 的结晶δ内毒素基因	抗科罗拉多州马铃薯甲虫
Nature-London	1995	bar	抗寄生虫
Atkinson, -H-J	1996	胱氨酸蛋白酶抑制基因 cystatins Oc-I 或 OcI-DELTA-D86	转基因植株用 cystatin 处理时，马铃薯金线虫、马铃薯白线虫和南方根结线虫的雌性线虫在其寄生部位的大小和频率降低，结果证明 cystatins 能影响线虫发育至成熟
Jani, -D.；Meena, -L. S.	1998	阴离子过氧化物酶	高水平特异阴离子过氧化物酶的表达增强了对玉米穗虫，棉铃虫的抗性，与利用核型多角体病毒 (AfMNPV) 的防治作用一致
Rhim, -Seong-Lyul	1998	bt	转基因植株具有杀害鞘翅类昆虫活性，Bt 毒素基因的表达在 R_4 代转基因植株中仍能检测到，转基因植株的 R_4 代的倍数为二倍体，表明毒性基因可以遗传到下一代并表达，提供了一个永久性控制害虫的分子育种手段
Natural-Toxins.	1998	阴离子过氧化物酶	过氧化物酶的过量表达能增加植株对棉铃虫和烟草天蛾的抗性，但是抗性与害虫年龄及植株的组织有关

（续）

作　者	年份	基　因	转基因植株的抗性表现
Mandaokar，-A-D	2000	杀虫剂结晶蛋白质（ICP）	高抗棉铃虫
Grossman，-K	1995	反义 ACC 合成酶	含反义 ACC 合成酶的转基因植株表现对除草剂二氯喹啉酸（quinclorac）的抗性
Feng，-P. C. C.；Ruff，-T. G	1997	兔肝酯酶钝化酶 cDNA（RLE3）	R0 叶片含有基因产物 60-kDa 酯酶，离体和非离体实验均证明可以将 thiazopyr 转化为一元酸，R1 代仍高抗，抗性直接与嘧啶酯酶的表达水平有关
Wang，-Yueju	2001	Mn-SOD	转基因植株的 MnSOD 水平是对照的几倍，并表现出较强的对除草剂巴拉刈（Methyl viologen）和对低温（6℃）的耐性

（四）耐寒、耐高温、耐盐、耐旱、耐涝基因工程

　　番茄耐寒性基因工程主要是导入外源 CBF1 基因（C-repeat/dehydration responsive element binding factor 1）、GR、脱羧酶、热激因子蛋白（AtHsf1b）和抗冻蛋白质（afa3）基因等。Hsieh，-T. H.、Lee，-J. T.（2002）；Lee，-J. T.、Prasad，-V.（2003）、Deng-Xiao-Jian（2004）等将 CBF1 导入番茄并获得工程植株，CBF1 的过量表达可增强番茄对冷胁迫的抗性，同时还能增强对干旱、水分亏缺、盐胁迫的耐性，Lee，-J. T.、Prasad，-V.（2003）的研究结果还表明，转基因植株不仅耐寒性得以提高，在正常条件下其园艺性状与对照相同。Li，-Hsiao-Yuan（2003）将热激因子蛋白基因（AtHsfA1b）导入番茄，含 AtHsfA1b 基因的植株的抗坏血酸过氧化物酶是对照的 2 倍，Hsf 在热激诱导耐寒性时可能起到一种关键作用。Wang-Pruski，-Gefu（2002）的研究结果表明，在 4℃ 时转基因植株的脱羧酶基因表达，其耐寒性提高，表明支链脂肪酸在亚适温度下可能对植株生长起一种保护机制。在抗霜冻方面 Higktower、傅桂荣等将极地比目鱼的抗冻蛋白质（AFP）基因导入番茄，结果检测到 mRNA 和抗冻蛋白质的积累，在转基因组织中还检测到重结晶的抑制现象（表 24 - 9）。

　　耐盐性方面主要是通过导入酵母 HAL1 基因、蛋白酶抑制剂（antisense-prosystemin cDNA）、BADH、液泡 Na^+/H^+ antiport 基因等，并使其表达，增强耐盐性。如 Jia，-G. X.、Zhu，-Z. Q.（2002）获得的工程植株具较高的 mRNA 和 BADH 酶活性，其耐盐性极强，盐浓度达 120mmol/L。

　　此外番茄的耐旱、耐涝、耐热、耐重金属等方面也有不少研究（表 24 - 9）。

表 24 - 9　番茄抗逆基因工程研究

作　者	年份	基　因	转基因植株的抗性表现
HIGHTOWER-R	1992	afa3	检测到 mRNA 和抗冻蛋白质，在转基因组织中还检测到重结晶的抑制现象
Brueggemann，-Wolfgang	1999	GR	在亚适温度下转基因植株通过更好地转化光能为光化学能，避免了活性氧的形成，从而提高了秘鲁番茄较强的耐寒性
Hsieh，-T. H.；Lee，-J. T.	2002	CBF1	增强对低温和氧化胁迫的耐性

（续）

作　者	年份	基　因	转基因植株的抗性表现
Wang-Pruski, -Gefu	2002	Branched chain alpha-oxoacid decarboxylase	在4℃时增强转基因植株产生α和β多肽，耐寒性提高，表明支链脂肪酸在亚适温度下可能对植株生长起一种保护机制
Lee, -J. T.; Prasad, -V.	2003	拟南芥 CBF1	转 ABRC1-CBF1 基因番茄增强对低温、水分亏缺、盐胁迫的耐性，在正常条件下其园艺性状与对照相同
Li, -Hsiao-Yuan	2003	热激因子蛋白 AtHsf1b	含 AtHsfA1b 基因的抗坏血酸过氧化物酶是对照的2倍，Hsf 在热激诱导耐寒性时可能起到一种关键作用，转录调节基因的组成型表达在冷敏感作物中可以用来改良其耐寒性
Deng-Xiao-Jian	2004	拟南芥 CBF1	CBF1 的过量表达增加了转基因番茄对冷害和干旱的耐性
Arrillaga, -I	1998	酵母 HAL2 基因	将 HAL2 基因导入 UC82B 中，由转基因植株及其后代的子叶外植体在盐胁迫下形成愈伤组织的频率较对照高，HAL2 表达水平与耐盐性呈正相关
Gisbert, -Carmina	2000	Yeast HAL1 gene	含4个或1个 HAL1 基因拷贝的转基因后代植株具有较高的耐盐性，胞内 K^+/Na^+ 的比率分析表明在盐胁迫下转基因植株维持较高的 K^+ 水平，表明转基因植物和酵母中控制 HAL1 基因对盐胁迫的正效应机制是类似的
Rus, -A. M.; Estan, -M. T.	2001	酵母 HAL1 基因	增强盐胁迫下 K^+/Na^+ 的选择性，增加了盐胁迫下愈伤组织和叶片中的水分和 K^+ 含量，其作用机制与在酵母中一致
Zhang-Quan	2001	HAL1 gene	具耐盐性
Zhang-HongXia	2001	Vacuolar Na^+/H^+ antiport	在叶片中检测到盐的积累，但在果实中未检测出，转基因番茄的耐盐性提高
Jia, -G. X.; Zhu, -Z. Q.	2002	BADH（Betaine aldehyde dehydrogenase）	植株具较高的 mRNA 和 BADH 酶活性，耐盐性增强，盐浓度达 120mmol/L
Dombrowski, -J. E.	2003	蛋白酶抑制子 Antisense-prosystemin cDNA,	不依赖于系统素前体基因但依赖于茉莉酸途径的蛋白酶抑制子的积累，可用于对盐胁迫的反应
Kuklev-MY	2003	Ds-element	以 Moneymaker 为背景在第4染色体插入的 DS 番茄植株 TDS-10（ch4），在第11染色体上插入 DS 的植株 TDS-14（11），以及在多个位点插入的植株 Mo-628（poly）对干旱和盐的耐性水平较低
Carrera, -E.; Prat, -S.	1998	ABI1	早期的 ABA 信号传导途径可能对伤害和水分胁迫起作用
Cui, -Minggang	2003	SOD 或 APX	将幼苗放置水流5周后，转基因植株生长较好，其鲜重、干重、鲜根重、干根重在水流下明显比对照大，叶片中 APX 或 SOD 的活性是对照的几倍，表明过量表达 SOD 或 APX 基因的植株其耐涝性好
Yuan, -Yan 2003	2003	鼠金属硫因基因	转基因植株的 zn 含量比对照高56%，表明转基因番茄果实具有较强的积累 zn 能力
Grichko, -Varvara-P	2001	ACC 脱氨酶	ACC 脱氨酶基因表达增强了对涝害胁迫的抗性

（续）

作　者	年份	基　因	转基因植株的抗性表现
Kerdnaimongkol, -Kanogwan	1999	反义过氧化氢酶基因（ASTOMCAT1）	将 ASTOMCAT1 基因导入 Ohio 8245A 中并获得植株，结果酶活性降低，H_2O_2 增加 2 倍，植株用 3% 的 H_2O_2 处理 24h 后表现明显的伤害，然后死亡，与对照相比，在 4℃ 的低温下植株也死亡，生理分析表明转基因植株的催化活性受到抑制，从而导致了对氧化胁迫的敏感性
Mishra-SK	2002	HsfA1	HsfA1 作为主要的热调节物质具有独特作用。正常转化的植株（OE）检测到 HsfA1 基因的 10 倍表达，转化该基因的反向序列植株（inverted repeat）表现出基因在转录水平的基因沉默。CS 植株和果实对高温极敏感，因为热胁迫诱导的分子伴侣和 Hsfs 严重降低甚至缺少
Ye-ZhiBiao	1999	反义乙烯利合成酶基因（EFE cDNA）	植株迟熟、高产、品质好适应性强
Hsieh, -T. H.; Lee, -J. T.	2002	拟南芥 CBF1	增强对水分亏缺的抗性

（五）耐贮运

在延迟成熟和耐贮性的基因工程方面，主要是将 ACC 合成酶、ACC 氧化酶和 PG 酶的反义基因导入番茄，以抑制乙烯合成、抑制细胞壁水解酶活性，从而使果实不变软、不出现呼吸高峰。1994 年美国加利福尼亚基因公司育成转 PGcDNA 基因番茄 Flavr Savy，成为首例转基因商品化番茄。叶志彪于 1996 年育成了含 ACC 氧化酶反义基因的基因番茄华番 1 号。中国农业大学利用反义基因技术获得耐储存番茄新品种，中国科学院植物研究所也获得了转基因番茄，贮存时间可延长 1～2 个月，有的可达 80d，1997 年农业部基因工程安全委员会已批准其可进行商业化生产。

（六）其他

在提高品质、雄性不育等基因工程方面，也取得了研究进展。高番茄红素、高胡萝卜素、可溶性固形物（sucr）、甜蛋白质（Monellin）等基因工程植株也先后被获得。从理论上讲，番茄果实细胞中如果积累蔗糖而不是单糖的话，最大蓄积能力可以增加 1 倍，因此已将 invertase 的反义基因转入番茄中，结果转化植株体内的酶活性降低，果实可溶性固性物含量并未见有明显的提高。锡兰莓中含有一种比蔗糖甜 1 000 倍的甜蛋白，Penerrubia 等把这种蛋白的基因置于特殊的启动子下转入到番茄中，试验证明只有在果实成熟度达到 50% 以上时，该基因才在果实中表达，外源乙烯可以促进该基因的表达。最近，国外研究者正在进行通过改变有关酶的活性增加果实中番茄红素和类黄酮含量，以提高果实的营养价值。此外，已将 TA29 特异启动子与核糖核酸酶基因 barnase 连接导入番茄中，获得了具有雄性不育特征的材料。

三、诱变育种

国内外研究者经过几十年的努力，已获得了经自然突变、物理诱变和化学诱变而来的 978 份番茄单基因突变体。这些突变体涵盖了番茄 12 条染色体上的 607 个基因位点，各突变体的遗传背景、基因型和表型特征均被详细记载，并保存在美国加州大学的 CM Rick 番茄遗传资源中心（http：//tgrc. ucdacvis. edu）。至 2005 年 3 月 1 日 EST 数据库中已保存了番茄的 189 735 个 EST 序列（http：//www. ncbi. nlm. nih. gov/ dbEST-summary. html），相应的http：//www. tigr. org/tigr-scripts/tgi/收录了 31 838 个无重复的番茄 EST 序列。番茄大约有 30 000～40 000 个基因，然而至今只明确了数十个番茄基因的突变体与其 DNA 序列之间的对应关系，而众多基因的表现型、DNA 序列及其与 EST 之间的对应关系尚不明确。理想的方法是建立每个基因的敲除突变体来注释基因功能，在拟南芥和玉米中基因敲除已列入其基因组计划。在番茄中获得饱和基因敲除突变体需要的数目是：EMS 和快中子需 1 000 个，低拷贝的插入突变约 100 000 个。

与拟南芥及玉米相比，获得高通量的番茄突变体有如下困难：①番茄果实不如玉米，能放很长时间，种子必须在采收后立即从果胶中提取出来，耗时长。②多数番茄品种的栽培需要较大的面积，而且生长周期长，从种子发芽到成熟至少要 90～110d 的时间，③通过 T-DNA 或其他的基因重组技术是一项耗时很长的工作，并限制了大量突变体的获得。④番茄中没有天然的类似于玉米中转座子引起的大量的插入突变。

为了解决上述问题 J. W. Scott.，B. K. Harbaugh（1989）选育出一个微型番茄 Micro-Tom，该材料的高度仅 10～20cm，从播种至成熟仅 70～90d，每年可繁殖 3～4 代，而且该材料可高密度种植，最多可达 1 357 株/m²。该品种的另一优点是容易进行遗传转化，因此具有较大的诱变应用价值。该材料已利用 EMS、快中子和生物诱变方法获得了相应的诱变群体。

（一）辐射诱变

Chen et al.（1997）通过辐射诱变获得了番茄隐性基因突变体 macrocalyx。Parnis et al.（1997）获得了显性基因突变体 Curl 和 Mouse ear。由于快中子辐射具有致死突变少、效率高、突变谱宽等优点，加上快中子辐射技术的成熟，目前在番茄中应用最多的辐射诱变是快中子诱导的突变，快中子的突变效应在于引起基因的几个至几千个碱基的删除。

J. M. Salmeron 等（1994，1996）利用剂量为 9～17Gy 的快中子轰击番茄并分离到了对细菌产生抗性的突变体 Prf（Pseudomonas resistance and fenthion sensitivity），Prf 基因与 Pto 基因同时存在时才表现出对细菌性斑点病的抗性，有人推断 Pto 及 Prf 编码的产物通过相互作用，接受和传导信号，最后诱导了抗病的过敏性反应。R. David-Schwartz，H. Badani（2001）利用快中子轰击 Micro-Tom 得到了 M_2 群体，并从中分离几个新的突变体，包括对囊丛枝菌根（vesicular-arbuscular mycorrhizal fungi）的抗性突变体。还获得一个类胡萝卜素异构酶基因 Tangerine 的突变体 LA3183，随后该基因通过依图谱法而被克隆，与野生型相比，该基因的基因编码区并未改变，但其 DNA 序列出现了 282bp 的删除。这些结果表明，快中子产生的删除诱变途径对于克隆基因、注释基因功能以及指导育种都有重要的现实意义。

（二）化学诱变

在番茄中应用最为广泛的化学诱变剂是 EMS（磺酸乙基甲烷），EMS 可广泛地诱导点突变。例如 Soressi（1970）用化学诱变剂 EMS 处理种子时发现了一个单性结实基因 pat 的短花药突变体番茄 Stock 2524。以后人们逐步得到了其他的 EMS 突变体番茄。Aashri，Yelkind（1997）利用 EMS 对 Micro-Tom 进行诱变研究，共获得了 9 000 个 M_1 突变株和 20 000 个 M_2 株系，并对突变体的生物学特征进行了观察记载，从中发现了一些改变色素、叶形、开花习性、果实形状的突变体。

Dani Zamir's（2004）利用快中子和 EMS 诱变方法系统地建立了以优良加工番茄品种 M82 为遗传背景的突变群体（http：//soldb. cit. cornell. edu/mutants-web），通过快中子（辐射剂量为 15Gy）和 EMS（利用引起 15% 的种子发芽降低的致死剂量 LD15，浓度 0.5%，处理 12d）诱导方法获得了 6 000 个 EMS 突变株系和 7 000 个快中子突变株系，共计 13 000 个 M_2 株系。这些株系的田间生物学特性被观察记载，并编为 15 个主要目录和 48 个二级目录。15 个主要目录为：种子、植株大小、植株特性、叶形、叶色、开花习性、花穗、花形、花色、果实大小、果形、果色、熟性、育性、对病害和胁迫的反应。已对 3 417 个突变体进行了归类整理，其中多数为 TGRC 已收录的单基因突变体的表现型，其余的 1 000 多个为新的突变体。研究表明多数突变体可归为多个类别，而且一些器官（例如叶）较其他器官容易发生突变。这些数据和图片均可以查询，各突变体株系可以从 SGN 的网站得到（http：//zamir. sgn. cornell. edu/mutants）。

目前该实验室在进一步对获得的突变体各个生育期的表现型进行分类、编码和整理工作，以后的工作重点将利用分子标记、探针杂交、基因芯片等生物技术方法对每个突变体的点突变位置、数目进行相应的序列分析，逐步建立各突变体的表现型与点突变的对应关系，这些工作将花费大量的时间和金钱，但对于基因功能的注释和育种具有重要的指导意义。

最近，高通量的检测 EMS 点突变的方法已被建立并用于番茄的反向遗传学研究。这些方法的原理是利用特异基因的 PCR 引物从诱变群体中扩增目的基因，然后将来源于野生型和突变体的基因的 PCR 产物在高温下变性，再进行退火，如果目的基因发生了碱基删除则突变体的 PCR 产物就会与野生型的 PCR 产物在退火时形成错配的杂合二价体。检测错配的杂合二价体的方法很多，包括定向诱导基因组局部突变技术 TILLING（Targeting induced local lesions）和利用 CelI 酶切结合凝胶电泳的检测方法。该方法主要利用 CelI 酶能够消化所有错配杂合二价体的特性，在电泳前将 PCR 产物消化后，发生碱基删除的 PCR 产物会被其特异消化，从而表现出多态性。利用 EMS 诱变方法和敏感的检测手段，理论上讲任何一个基因均可以从 3 000 个植株中获得 20 个左右的敲除突变体。

（三）生物诱变

番茄中应用最多的插入突变是玉米的 Ac/Ds，J. Yoder，J. Palys（1988）将其应用于番茄，随后众多研究者展开了类似的研究，并利用该方法克隆了一些基因，包括抗番茄叶霉病的基因 Cf9 和 Cf4 基因、矮化基因 Dwarf、控制叶绿体发育的基因 DCL（defective chloroplast and leaves）、一个涉及新陈代谢和发育的基因 FEEBLY、DEM（Defective embryo and meristems）等。Aashri，Yelkind（1997）利用基于 Ac/Ds 的增强子捕获（enhancer trapping）技术和基因陷井技术（gene trapping system）对 Micro‐Tom 进行了基因转化研究，结果表明 Ac/Ds 系统可以诱导 Micro‐Tom 番茄产生的饱和突变群体。

欧盟的研究项目在利用转座子进行番茄作图进行了较大的努力，随着番茄转座子项目 TAGAMAP 的完成，141 个含 T‐DNA 的 Ds 位点被定位于番茄的 12 条染色体上。R. Meissner，V. Chague（2000）获得了 3 000 多个转座子突变株系，这些株系含 6 000～9 000 个插入片段，对该群体进行精细作图将为基因组研究和番茄育种奠定基础。

（四）原生质体融合（参见本章第六节番茄细胞学研究部分）

总之，常规育种、基因工程、诱变育种和细胞工程等是番茄种质资源创新的重要途径。开展提高番茄产量、品质、抗病性、抗逆性等优良新种质的创新不仅可以为进一步克隆这些基因和为基因功能注释奠定基础，还将大大提高育种家操作基因的能力。番茄突变体无论在过去还是在现在均被广泛地用于育种，国外一些种子公司已利用诱变手段来发现新的基因和进行新品种选育，这些公司包括 Exelixis（前 Agritope 公司，采用获得性功能诱变方法，http：//exelixis. com）、Compugen（利用转座子基因敲除法，http：//cgen. com）、TILLIGEN（利用 EMS 技术，http：//tilligen. com）、MAXYGEN（利用快中子技术，http：//www. maxygen. com/maxy）。

（杜永臣　王孝宣　高建昌）

主要参考文献

陈世儒 . 1989. 蔬菜育种学 . 北京：农业出版社，257～259

城岛十三夫等 . 1994. Japen. Soc. HortSci. 63（3）：581～588

杜永臣 . 2001. 我国蔬菜育种近期内的重点研究领域 . 中国蔬菜产业展望 . 北京：中国大地出版社，105～113

杜永臣，严准，王孝宣，李树德 . 1999. 番茄育种研究进展 . 园艺学报 .（26）：161～169

李锡香，朱德蔚，杜永臣 . 2001. 蔬菜作物数量性状基因位点研究进展 . 园艺学报 .（28）：617～626

王孝宣，杜永臣，朱德蔚，Luigi Monti，S. Grandillo . 2003. Multiplex‐CAPS 技术的及其在番茄快速遗传鉴定中的应用 . 园艺学报 . 30（6）：673～677

J. G. Atherton，J. Rudich，郑光华，沈征言译 . 1989. 番茄 . 北京：北京农业大学出版社

農山漁村文化協會 . 1988. トマト . 日本

余诞年，吴定华，陈竹君 . 1999. 番茄遗传学 . 长沙：湖南科学技术出版社，21～49

A. J. Monforte，E. Friedman，D. Zamir，S. D. Tanksley. 2001. Comparison of a set allelic QTL‐NILsfor chromosome 4 of tomato：Deductions about natural variation and implications for germplasm utilization.

Theor Appl Genet. 102：572～590

Andrew H. Paterson, Joseph W. DeVerna et al.. 1990. Fine mapping of quantitative trait loci using selected overlapping recombinant chromosomes, in an interspecies cross of tomato. Genetics. 124：735～742

Anna Chiara Mustilli, rancesca Fenzi, Rosalia Ciliento, Flora Alfano, and Chris Bowler. 1999. Phenotype of the tomato *high pigment* - 2 mutant is caused by a mutation in the tomato homolog of DEETIOLATED1. Plant Cell. 11：145～158

Anne Frary, T. Client Nesbitt, Amy Frary, Silvana Grandillo et al.. 2000. *Fw.* 2. 2 A quantitative trait locus key to the evolution of tomato fruit size. Science. 289：85～88

Antignus Y. , Vunsh R. , Lachman O. , Pearlsman M. , Maslenin L. , Hananya U. , Rosner A.. 2004. Truncated Rep gene originated from tomato yellow leaf curl virus - Israel [Mild] confers strain - specific resistance in transgenic tomato. Annals - of - Applied - Biology. 144：1：39～44

Asakawa Y. , Fukumoto F. , Hamaya E. et al.. 1993. Evaluation of the impact of the release of transgenic tomato plants with TMV resistance on the environment. JARQ, - Japan - Agricultural - Research - Quarterly. 27 (2)：126～136

Bonnema G. , Schipper D. , van Heusden S. , Zabel P. , Lindhout P.. 1997. Tomato chromosome 1：high resolution genetic and physical mapping of the short arm in an interspecific *Lycopersicon esculentum* × *L. peruvianum* cross. Mol Gen Genet. Jan 27, 253 (4)：455～62

Candilo M. , Giordano I. , Pentangelo A. et al.. 2000. New lines of genetically modified tomato：morphological - agronomic characterization. Sementi - Elette. 46 (1)：33～40

Carlo Rosati, Riccardo Aquilani et al.. 2000. Metabolic engineering of Beta - carotene and lycopene content in tomato fruit. The plant journal. 24：413～419

Chung I. S. , Kim C. H. , Kim K. I.. 2000. Production of recombinant rotavirus VP6 from a suspension culture of transgenic tomato (*Lycopersicon esculentum* Mill.) cells. Biotechnol - lett. Dordrecht：Kluwer Academic Publishers. Feb. v. 22 (4) 251～255

Cillo F. , Finetti Sialer M. M. , Papanice M. A. , Gallitelli D.. 2004. Analysis of mechanisms involved in the Cucumber mosaic virus satellite RNA - mediated transgenic resistance in tomato plants. Molecular - Plant - Microbe - Interactions. 17 (1) ：98～108

Claudia Schmidt - Dannert, Daisuke Umeno1 Frances H. Arnold. 2000. Molecular breeding of carotenoid biosynthetic pathways. Nature biotechnology. 18：750～753

Dong ChunZhi, Jiang ChunXiao, Feng LanXiang et al. 1995. Transgenic tomato and pepper plants containing CMV sat - RNA cDNA International symposium on cultivar improvement of horticultural crops. Acta - Horticulturae. 402：78～86

Ernst K. , Kumar A.. 2002. The broad - spectrum potato cyst nematode resistance gene (Hero) from tomato is the only member of a large gene family of NBS - LRR genes with an unusual amino acid repeat in the LRR region. Plant - j. Oxford ：Blackwell Sciences Ltd. July v. 31 (2) 127～136

Fuchs M . , Provvidenti R . , Slightom J. L. , Gonsalves D.. 1996. Evaluation of transgenic tomato plants expressing the coat protein gene of cucumber mosaic virus strain WL under field conditions. Plant - Disease. 80 (3)：270～275

Gal On. A. , Wolf D. , Pilowsky M. , Zelcer A. , Bieche B. J.. 1999. A transgenic tomato F_1 hybrid harbouring a defective viral replicase shows immunity to cucumber mosaic virus in field trials. Acta - Horticulturae. 487：329～333

Gil Ronen, Lea Carmel - Goren , Dani Zamir et al.. 2000. An alternative pathway to Beta - carotene formation in plant chromoplasts discovered by map - based cloning of Beta and old - gold color mutations in tomato. PNAS . 97: 11102~11107

Gil Ronen, Merav Cohen, Dani Zamir and Joseph Hirschberg. 1999. Regulation of carotenoid biosynthesis during tomato fruit development: expression of the gene for lycopene epsilon - cyclase is down - regulated during ripening and is elevated in the mutant Delta. The plant journal. 17: 341~351

Giovanni Giuliano, Riccardo Aquilani and Sridhar Dharmapuri. 2000. Metabolic engineering of plant carotenoids . Trends in plant science. 5: 406~409

Goggin Fiona L. , Shah Gowri, Williamson Valerie M ., Ullman Diane E.. 2004. Instability of Mi - mediated nematode resistance in transgenic tomato plants. Molecular - Breeding. 13 (4): 357~364

Gubba A. , Gonsalves C. , Stevens M. R. , Tricoli D. M. , Gonsalves D.. 2002. Combining transgenic and natural resistance to obtain broad resistance to tospovirus infection in tomato (*Lycopersicon esculentum* Mill) . Mol - breed. Dordrecht ; Boston : Kluwer Academic Publishers, c1995 -. 2002. v. 9 (1): 13~23

H. C. Yen. , B. A. Shelton et al.. 1997. The tomato *high - pigment* (*hp*) locus maps to chromosome 2 and influences plastome copy number and fruit quality. Theor Appl Genet . 95: 1069~1079

Haan P. de. , Ultzen T. , Prins M. , Gielen J. et al.. 1996. Transgenic tomato hybrids resistant to tomato spotted wilt virus infection. Acta - Horticulturae. No. 431: 417~426

Hyyoungshin Park, Sarah S. Kreunen et al.. 2002. Identification of the carotenoid isomerase provides insight into carotenoid biosynthesis, prolamellar body formation and photomorphogenesis. The plant cell. 321~332

I. L. Goldman, I. Paran, D. Zamir. 1995. Quantitative trait locus analysis of recombinant inbred line population derived from a *L. esculentum* ×*L. chees* manii cross. Theor Appl Genet. 90: 925~932

I. Paran, I. Goldman, D. Zamir. 1997. QTL analysis of morphological traits in a tomato recombinant inbred line population. Genome. 40: 242~248

J. P. W. Haanstra, C. Wye. H. Verbakel et al.. 1999. An integrated high - density RFLP - Aflp map of tomato based on two *Lycopersicon esculentum* × *L. pennellii* F₂ populations. Theor Appl Genet. 99: 254~271

Jiang GuoYong, Weng Man Li, Jin De Min et al.. 1998. Characteristics of TCS transgenic tomato. Acta - Horticulturae - Sinica. 25 (4) : 395~396, 4 ref.

Kaniewski Wojciech, Ilardi Vincenza, Tomassoli Laura et al.. 1999. Extreme resistance to cucumber mosaic virus (CMV) in transgenic tomato expressing one or two viral coat proteins. Molecular - Breeding. 5 (2): 111~119

Kunik T. , Gafni Y. , Czosnek H. et al.. 1997. Transgenic tomato plants expressing TYLCV capsid protein are resistant to the virus: the role of the nuclear localization signal (NLS) in the resistance. Acta - Horticulturae. 447: 387~391

Kunik T. , Salomon R. , Zamir D. , Navot N. , Zeidan M. , Michelson I. , Gafni Y. , Czosnek H.. 1994. Transgenic tomato plants expressing the tomato yellow leaf curl virus capsid protein are resistant to the virus. Bio - Technology. 12 (5) : 500~504

Lee T. J. , Coyne D. P. , Clemente T. E. , Mitra A.. 2002. Partial resistance to bacterial wilt in transgenic tomato plants expressing antibacterial Lactoferrin gene. J - Am - Soc - Hortic - Sci. 127 (2) 158~164

Lee Tae Jin, Coyne Dermot P. et al.. 2001. Enhancement of bacterial wilt resistance in transgenic tomato plants expressing non - plant antibacterial lactoferrin gene. Hortscience. 36 (3): 492

Li L. , Steffens J. C. . 2002. Overexpression of polyphenol oxidase in transgenic tomato plants results in enhanced bacterial disease resistance. Planta. Berlin ; New York : Springer - Verlag, 1925 - . 215 (2) 239~247

Li J. X. , Shan L. B. , Zhou J. M. , Tang X. Y. . 2002. Overexpression of Pto induces a salicylate - independent cell death but inhibits necrotic lesions caused by salicylate - deficiency in tomato plants. Molecular - Plant - Microbe - Interactions. 15 (7): 654~661

Lincoln J. E. , Richael C. , Overduin B. , Smith K. , Bostock R. , Gilchrist D. G. . 2002. Expression of the anti apoptotic baculovirus p35 gene in tomato blocks programmed cell death and provides broad - spectrum resistance to disease. Proc - Natl - Acad - Sci - U - S - A. Washington, D. C. : National Academy of Sciences. Nov 12, v. 99 (23) p. 15217~15221

Liu ChunQing, Pan NaiSui, Chen ZhangLiang et al. . 1995. Identification of the CMV resistance of transgenic tomato plants. Acta - Agriculturae - Shanghai. 11 (1) : 73~77

M. Cause, V. Saliba - Colombani, I. Lesschaeve. 2001. Genetic analysis of organoleptic in fresh market tomato. 2. Mapping QTLs for sensory attributes. Theor Appl Genet. 102: 273~283

McGarvey P. B. , Montasser M. S. , Kaper J. M. . 1994. Transgenic tomato plants expressing satellite RNA are tolerant to some strains of cucumber mosaic virus. J - Am - Soc - Hortic - Sci. 119 (3) 642~647

Nancy A. Eckardt. 2002. Tangerine dreams. The plant cell. 14: 289~292

Nunome T. , Fukumoto F. , Terami F. , Hanada K. , Hirai M. . 2002. Development of breeding materials of transgenic tomato plants with a truncated replicase gene of cucumber mosaic virus for resistance to the virus. Breeding - Science. 52 (3) : 219~223, 21 ref.

Panter S. N. , Hammond Kosack K. E. et al. . (2002) . Developmental control of promoter activity is not responsible for mature onset of Cf - 9B - mediated resistance to leaf mold in tomato. Molecular - Plant - Microbe - Interactions. 15 (11) : 1099~1107

Pieter Vos, Guus Simons, Taco Jesse et al. . 1998. The tomato *MI - 1* gene confers resistance to bot root - knot nematodes and potato aphids. Nature Biotechnology. Volume 16 Number 13: 1365~1369.

Provvidenti R . , Gonsalves D. . 1995. Inheritance of resistance to cucumber mosaic virus in a transgenic tomato line expressing the coat protein gene of the white leaf strain. Journal - of - Heredity. 86 (2): 85~88

Roemer S. et al. . 2000. Elevation of the provitamin A content of transgenic tomato plants. Nat. Bio. technol. 18: 666~669

S. D. Tanksley, M. W. Canal, J. P. Prince et al. . 1992. High density molecular linkage maps of tomato and potato genomes. Genetics. 132: 1141~1160

S. D. Tanksley, S. Grandillo, T. M. Fulton et al. . 1996. Advanced backcross QTL analysis in cross between an elite processing line of tomato and its wild relative *L. pimpinellifolium*. Theor Appl Genet. 92: 213~224

S. Grandillo, S. D. Tanksley. 1996. QTL analysis of horticultural traits differentiating the cultivated tomato from the closely related species *Lycopersicon pimepinefollium*. Theor Appl Genet. 92: 935~951

Shen Wen Tao, Zhou Peng, Guo An Ping , Wang Jian wei . 2004. Specific expression of rotavirus outer capsid protein VP7 in transgenic tomato fruits Acta - Botanica - Yunnanica. 26 (2): 207~212

Sree Vidya C. S. , Manoharan M. , Ranjit Kumar C. T. . et al. . 2000. Agrobacterium - mediated transformation of tomato (*Lycopersicon esculentum* var. *pusa* Ruby) with coat - protein gene of Physalis mottle tymovirus. Journal - of - Plant - Physiology. 156 (1): 106~110

Steven D. , Tanksley Susan, R. McCouch. 1997. Seed banks and molecular maps: unlocking genetic potential from the wild. Science. 277: 1063~1066

Stommel John R. [Reprint-author], Tousignant Marie E. et al. . 1998. Viral satellite RNA expression in transgenic tomato confers field tolerance to cucumber mosaic virus. Plant-Disease. 82 (4): 391~396

T. A. Thorup, B. Tanyolac et al. . 2000. Candidate gene analysis of organ pigmentation loci in the *Solanaceae*. PNAS 97: 11192~11197

T. M. Fulton, S. Grandillo, T. beck-Bunn et al. . 2000. Advanced backcross QTL analysis of a *Lycopersicon esculentum*×*Lycopersicon parviflorum cross*. Theor Appl Genet. 100: 1025~1042

Tabaeizadeh Z. , Agharbaoui Z. , Harrak H. , Poysa V. . 1999. Transgenic tomato plants expressing a Lycopersicon chilense chitinase gene demonstrate improved resistance to *Verticillium dahliae* race 2. Plant-cell-rep. Berlin : Springer-Verlag. Dec. v. 19 (2): 197~202

Tal Isaacson, Gil Ronen et al. . 2002. Cloning of tangerine from tomato reveals a carotenoid isomerase essential for the production of Beta-carotene and xanthophylls in plants. The plant cell. 14: 333~342

Turk. R. , Senz, V. , Ozdemir N. , Suzen M. A. . 1994. Changes in the chlorophyll carotenoid and lycopene content of tomatoes in relation to temperature. Acta Horticulture. 368: 856~862

V. Saliba Colombani, M. Causse et al. . 2001. Genetic analysis of organoleptic quality in fresh market tomato. 1. Mapping QTLs for physical and chemical traits. Theor Appl Genet. 102: 259~272

Wang Zhi Yuan, Wu Han Zhang, Xue Bao Di et al. . 1997. Resistance of CMV-CP transgenic tomato to CMV in selfed progenies. Journal-of-Nanjing-Agricultural-University. 20 (1) : 39~42, 5 ref.

Weide R, van Wordragen M. F. , Lankhorst R. K. , Verkert R. et al. . 1993. Integration of the classical and molecular linkage maps of tomato chromosome 6. Genetics. 135 (4): 1175~1186

Y. Eshed, D. Zamir. 1994. Introgressions from *Lycopersicon pennellii* can improve the soluble-solids yield of tomato hybrids. Theor Appl Genet. 88: 891~897

Y. Zhang, J. R. Stommel. 2000. RAPD and AFLP tagging and mapping of Beta (B) and Beta modifier (M_{OB}) , two genes which influence Beta-carotene accumulation in fruit of tomato (*Lycopersicon esculentum* Mill.) . Theor Appl Genet. 100: 368~375

Ye X. et al. . 2000. Engineering the provitamin A (B-carotene) biosynthetic pathway into carotenoid free rice endosperm. Science. 287: 303~305

Yuval Eshed, Dani Zamir. 1995. An introgression line population of *Lycopersicon pennelii* in the cultivated tomato enables the identification and fine mapping of yield-associated QTL. Genetics. 141: 1147~1162

Zhang L. P. , Khan A. , Nino Liu D. , Foolad M. R. . 2002. A molecular linkage map of tomato displaying chromosomal locations of resistance gene analogs based on a *Lycopersicon esculentum* × *Lycopersicon hirsutum* cross. Genome. 45 (1): 133~146

Zhang Xiu Hai, Guo Dian Jing et al. . 2000. The research on the expression of rabbit defensin (NP-1) gene in transgenic tomato. Acta-Genetica-Sinica. 27 (11): 953~958

Zhou Xue Ping, Li De Bao, Liu Yong et al. . 1998. Dual resistant transgenic tomato (*Lycopersicon esculentum*) to TMV and CMV. Journal of Zhejiang Agricultural University. 24 (5) : 553~555

蔬菜作物卷

第二十五章

茄　子

第一节　概　述

　　茄子为茄科（Solanaceae）、茄属（*Solanum*）以幼嫩浆果为食用器官的一年生草本植物，其学名为：*Solanum melongena* L.，古称：伽、酪酥、落苏、昆仑瓜、矮瓜、小菰、紫膨亨等，染色体数 $2n=2x=24$。茄子果实鲜嫩可口，营养丰富，每 100g 紫皮鲜果含膳食纤维 1.3g、蛋白质 1.1g、碳水化合物 3.6g，脂肪 0.2g、胡萝卜素 50mg、硫胺素 0.02mg、核黄素 0.04mg、尼克酸 0.6mg、抗坏血酸 5mg、总维生素 E1.13mg（《食物成分表》，1991）。特别是茄子富含维生素 P，每 100g 紫皮鲜果含维生素 P 720mg（沈尔安，2002），其主要成分是芦丁（芸香苷）等营养物质，能增强人体细胞黏着力，增强毛细管的弹性，促进细胞新陈代谢，提高微血管循环功能，保持机体正常生理功能。维生素 P 含量在蔬菜中以茄子为最高，其中又以黑紫色的卵圆或圆形品种高于长茄；蛋白质含量以圆茄类型的品种为最高，显著高于长茄，卵圆茄为中间类型；可溶性糖含量以黑紫色品种为最高，与紫色茄子相比差异达到显著水平；粗纤维含量以早熟黑紫色品种最低，与其他类型的品种相比差异达到显著水平。总之，黑紫色早熟圆茄子蛋白质、维生素 P 和可溶性糖含量较高，粗纤维含量较低（姚元干等，1992）。茄子中还含有胡卢巴碱、腺嘌呤和水苏碱等。另外，茄子的药用保健效果显著，其性凉、味甘，有清热、解毒、活血、止痛、利尿、消肿和降低胆固醇等功效，现代医学报道，常吃茄子（带皮）对防治高血压、动脉硬化、脑溢血、脑血栓及老年斑等有一定疗效（陈雪寒，2001）。

　　茄子是中国各地种植最为广泛的茄果类蔬菜之一，它产量高，适应性强，结果期长，为夏、秋季节的主要蔬菜。茄子食用方法多种多样，它可炒、可炖、可炸、可蒸、可素、可荤，也可以直接生食。茄子还能酱渍、腌制及干制（晾干）……供长期食用，是一种可周年供应、鲜干兼食、经济实惠的大宗蔬菜，因此深受广大生产者和消费者的欢迎。

　　茄子是世界上第四大蔬菜作物，世界茄子栽培面积 149.87 万 hm^2，年总产量 2 646.55万 t，其中亚洲栽培面积141.62 万 hm^2，占世界茄子栽培总面积的 94.5％。中国是世界上最大的茄子生产国，茄子栽培面积达 73.67 万 hm^2，占世界总面积的 49.16％；

其次是印度为 50 万 hm²，占世界栽培面积的 33.36%（FAO，2000）。中国茄子栽培的历史悠久，茄子种质资源十分丰富，是目前世界上保存茄子种质资源最多的国家，据笔者了解仅中国农业科学院蔬菜花卉研究所的国家蔬菜种质资源中期库，就保存有茄子及其野生近缘种种质资源 1 601 份（2005），其中列入《中国蔬菜品种资源目录》（第一册，1992；第二册，1998）的各种不同类型茄子种质资源共有 1 468 份，作为主要种质资源列入《中国蔬菜品种志》（下册，2001）的有 220 份。

第二节　茄子的起源与分布

茄子在世界大多数地区都有栽培，尤以亚洲、非洲、地中海沿岸、欧洲中南部、中美洲等地种植最为广泛。茄子起源于亚洲东南热带地区，古印度可能是茄子最早的栽培驯化地之一，至今印度仍有茄子的野生种和近缘种（蒋先明等，1990）。印度东部存在的 Solanum iusanus L. 可能是它的原始种之一（斋藤隆，1976）。中国南方热带地区可能也是茄子的栽培驯化起源地，野生近缘种野茄（Solanum undatum Lamarck）在中国南方热带地区广为分布，云南、海南、广东和广西等省（自治区）还有一些茄属植物野生种，这些野生种分布甚广，变异较大，至今仍在山地和原野上呈野生状态存在（王锦秀等，2003）。茄子在中国已有近 2 000 年的栽培历史，据资料，汉代已开始种植、食用茄子，并已载之于文献（曾维华，2002），汉（公元 25—220）王褒《僮约》中记载有"种瓜作瓠，别茄披葱"，其中的"茄"即为茄子。此后，西晋（公元 265—316）嵇含撰写的《南北草木状》中记载有"茄树，交广草木"；贾思勰的《齐民要术》（公元 405—556）中"种瓜第十四"一节中对茄子的留种、藏种、移栽、直播等技术均有记载；《本草拾遗》（公元 713）中，有"隋炀帝改茄曰昆仑紫瓜"的描述，并记载了茄子的很多品种。

根据农业部 2003 年统计资料，全国茄子栽培面积为 70.6 万 hm²（与 FAO 统计略有差异）。主要分布在山东（为 8.1 万 hm²）、河南（6.7 万 hm²）、湖北（5.1 万 hm²）、江苏（4.6 万 hm²）、四川（4.5 万 hm²）、河北（4.4 万 hm²）、广东（3.8 万 hm²）、湖南（3.7 万 hm²）、安徽（3.4 万 hm²）、辽宁（3.2 万 hm²）和江西省（3.0 万 hm²）等地。

茄子在中国长期栽培驯化过程中，随各地生态环境和消费习惯的不同（消费者对茄子品种外观品质等要求存在极强的区域性），形成了众多相对稳定的地方品种类型。因而，相同类型茄子品种的分布范围和栽培面积局限性很大，这也是中国茄子种质资源极为丰富的主要原因之一。从食用习惯和栽培品种类型的地理分布看，通过对《中国蔬菜品种资源目录》（第一册，1992；第二册，1998）记载的各地茄子地方品种果实形状描述的统计分析表明：虽然中国各地茄子地方品种数量分布不均，品种类型地域间差异很大，但区域内各地主栽品种的类型比较相近（表 25-1）。

北京、内蒙古、天津、河北、河南、山东和山西等省份大部分地区，其栽培的茄子地方品种多以圆果形为主，除河南以栽培绿皮茄子品种为主外，这一区域内栽培的主要是紫皮茄子，只是各地消费习惯不同对紫色果皮的色泽深浅要求有所差异。北京市、河北省以黑紫色果皮的扁圆形品种居多；而天津市、山东省、内蒙古自治区则以紫色或紫红色高圆形品种居多；山西的晋北和晋南地区以紫色长茄为主，而晋中、晋西和晋东南地区又以紫色圆茄为主。

表25-1　中国各地栽培茄子不同类型品种数量的分布

（根据《中国蔬菜品种资源目录》统计）

地　区	青熟（商品成熟）果皮颜色					果　　形							合计
	紫	黑紫	紫红	绿	白	圆	扁圆	卵圆	长卵	短棒	长棒	长条	
北　京	2	12			1	6	5				3		15
天　津		6	6	1		8	1	3		1			13
河　北	15	34	42	14	7	51	25	18	8	6	4		112
山　西	14	19	32	8	5	18	12	13	17	5	11	2	78
内蒙古		5	15	2		6		4	9		1	2	22
辽　宁	14	33	6	33	1	9	2	15	10	10	30	21	97
吉　林	21	17	12	8			1	3	10	13	26	5	58
黑龙江	23	30	15	2				1	10	4	49	6	70
上　海	1	2	1	1	1				2		1	3	6
江　苏	6	20	3	5	6			7	8	6	9	10	40
浙　江	1	7	9	4				1	6	2	5	7	21
安　徽	6	7	20	13		12	1	15	7	1	10	6	52
福　建	1	7	8		6				2		7	14	23
台　湾		3	3					1			1	3	6
江　西	1	9		1	1	5	1		8	1	2	2	20
山　东	28	25	43	6	2	24	12	18	35		1	13	104
河　南	3	3	24	56		21	1	38	19		5	1	86
湖　北	4	13	7	6	3	5		4	4	2	9	9	33
湖　南	3	13	26	3	6	4		14	17	6	4	5	50
广　东		3	20	1	3	2		1	1	8		12	27
海　南		8	12					4	1	4	5	5	26
广　西		3	6	1					1		6	3	10
四　川	14	38	76	11	7	6	1	24	39	14	42	20	147
重　庆	1	3	2	1		1		2			4		7
贵　州	5	15	19			6		5	8		3	17	39
云　南	11	26	47	14	8	20	3	18	8	12	36	9	107
西　藏													
陕　西	2	9	12	4			1	5	4		5	1	28
甘　肃		9	8			6	2	4	4	1		3	17
青　海	1			1				2					2
宁　夏	2	4	4		2	4	3	3	2				12
新　疆	1	10	9	1		6	3			6	2	2	21

黑龙江、吉林、辽宁省和内蒙古自治区东部一些地区，主要以黑紫色果皮的长棒形茄子品种为主。近年来随着冬春蔬菜保护地栽培的发展，紫皮茄子在保护地栽培中由于受光强和光质的制约，着色不好，特别是在覆盖绿色塑料棚膜的棚室中着色更差。因此，辽宁省等地在近年早春保护地栽培中，受影响较少的绿色果皮、长棒形茄子品种发展很快。

江苏、浙江、上海、福建、台湾省（市）等地，主要以紫色长果形茄子为主，其中江苏、浙江和上海一带喜欢紫红色长条形茄子。

安徽、湖北、湖南、江西省等地，茄子地方品种类型比较复杂。这一区域内除湖北省以紫色长果型品种为主外，其余大部分地区则多为圆果型的圆形或卵圆形紫红色品种，同时绿色和白色果皮品种也占有一定的数量。

广东、海南省和广西自治区栽培较多的是长果形紫红色果皮茄子，也有部分白色和绿色品种。

陕、甘、宁及新疆和青海等省（区），陕、甘、宁主要为紫色圆形茄子。新疆和青海两地则多数为从内地引进的品种，有紫色长果型和紫色圆果型品种，也有一部分绿色和白色品种。

重庆、四川、云南、贵州、西藏等省（区、市），栽培的地方品种较多，类型多样，既有长果型、也有圆果型品种，长果型品种以长棒形居多，圆果型品种以卵圆形和长卵圆形居多，果皮颜色多数是较浅的紫红色，并有少量的青（蓝）紫色品种。西藏自治区栽培的茄子品种大部分是从四川省引入的，栽培类型和食用习惯和四川省基本相似。

第三节　茄子的分类

常见的茄子分类方法多以植物学及栽培生态品种群进行分类，主要以 Bailey 提出的分类方法为基础，以果形为主要分类依据，并参考植株的形态或成熟期的迟早进行分类，其缺点是忽略了现代育种上极其重要的野生和半野生近缘种茄子的种质资源。

一、植物学分类

（一）Bailey（1927）将茄子分成 3 个变种

1. 圆茄（*Solanum. melongena* var. *esculentum* Nees）　植株生长旺盛，株型高大，茎直立粗壮，叶宽而较厚，果实呈圆形、高圆形、扁圆形和卵圆形。果皮色有黑紫、红紫、绿、白绿、白等颜色。肉质较紧密，单果重量较大，不耐湿热，多为中熟种或晚熟种，北方地区栽培较多。如北京六叶茄、七叶茄、九叶茄，安阳茄、西安大圆茄、昆明圆茄（亦称胭脂茄）、上海大圆茄、济南大红袍、天津大苠茄、贵州大圆茄等（举例品种为笔者所列，下同）。

2. 长茄（*Solanum. melongena* var. *serpentinum* Bailey）　果实长形，果皮较薄，肉质较松软柔嫩。果皮色有黑紫、红紫、绿、白绿、白等颜色。单株结果数较多，单果重小，植株中等，叶较圆茄的小，耐湿热，多数为早熟或中熟种，南方地区栽培较多。如杭州红茄、北京线茄、成都竹丝茄、东北羊角茄、大同焦城茄、南京紫面茄、乐清长白茄、宁波线条茄、成都墨茄、广州早紫茄等。

3. 簇生茄（*Solanum. melongena* var. *depressum* Bailey）　也称矮茄、卵茄，植株矮小，茎叶细小，着果节位低，果小，果实卵形或长卵形，果皮色有黑紫、紫红色或白色，皮厚种子较多，品质较差，抗逆性较强，可在高温下栽培。如北京小圆茄、济南一窝猴、金华白茄、天津中心茄等。

（二）Hara（日本 1940）将茄子分成 7 个变种

1. 簇生茄（*Solanum. melongena* var. *depressum* Bailey.）　植物学形态同于 Bailey

分类的簇生茄。

2. 长茄（*Solanum. melongena* var. *oblongo - cylindricum* Hara.）　植物学形态同于 Bailey 分类的长茄，属长茄类中的中等长茄。

3. 线茄（*Solanum. melongena* var. *anguineum* Hara.）　植物学形态同于 Bailey 分类的长茄，植株高中等，果形细长，属长茄类中的长条茄类。

4. 圆茄（*Solanum. melongena* var. *marunasu* Hara.）　植物学形态同于 Bailey 分类的圆茄。

5. 野茄（*Solanum. melongena* var. *pumilo* Hara.）　茄子的野生和野生近缘种。

6. 荷包茄（*Solanum. melongena* var. *esculentum* Nees.）　原指美洲栽培较多的巨型茄子，植株高大，叶片大，果实巨大。

7. 青茄（*Solanum. melongena* var. *viridescens* Hara.）　特指腌渍加工用绿皮品种类型。

二、栽培学分类

传统的茄子栽培学分类主要依据茄子商品果成熟期进行区分,但中国地域辽阔,各地气候和栽培条件差异很大,因此茄子商品果成熟期分类难于从播种到采收或从定植到采收的日期进行划分,所以通常以主茎子叶节到门茄之间叶片数的多少,划分成早熟、中熟和晚熟品种。

1. 早熟品种　主茎生长至 5～6 片叶时顶芽形成花芽，并发育成门茄的品种。此类品种多数植株矮小，果实相对较小。如北京六叶茄、天津快圆茄、丹东灯泡茄、辽阳五叶茄、安徽青长茄、伊犁小长茄等。

2. 中熟品种　主茎生长至 8～9 片叶时顶芽形成花芽，并发育成门茄的品种。如天津二苠茄、保定短把黑、灵石圆茄、安阳紫圆茄、哈尔滨紫圆茄、安徽白长茄、柳州胭脂茄子等。

3. 晚熟品种　主茎生长至 10 片叶以上时顶芽形成花芽，并发育成门茄的品种。此类品种植株高大，果实较大。如冠县黑圆茄、长春小红袍、南通紫茄、吉安牛角茄、大理长白茄等。

第四节　茄子的形态特征与生物学特性

茄子在原生态状况下是灌木状直立性多年生草本植物，经长时期栽培驯化，生产上作为一年生植物栽培。

一、形态特征

（一）根

茄子的根系由主根和侧根构成，主根垂直伸长粗而强壮，主根上分生侧根，侧根上再分生 2 级、3 级侧根，组成以主根为中心的主根系。茄子根系发达，成株根系可深达 1.3～1.7m，横向伸长 1.0～1.3m，主要根系分布在 30cm 土层中，但木质化较早，不定根发生能力弱。

（二）茎

茄子的茎较粗壮、木质化程度较高，茎上一般密生灰色的星形毛，有些品种的茎上还着生有刺。茎的表皮颜色与商品果实皮色有关，一般而言，紫色果茄子的茎和叶柄呈紫色，绿色和白色果茄子的茎和叶柄为绿色。茄子植株的分枝能力强，属假二叉分枝，主茎在长至一定节数时顶芽变为花芽，从下面两个腋芽抽生出侧芽代替主茎延长生长，形成第一次双叉分枝，侧枝在第二叶或第三叶后，顶端又形成花芽和一对双叉分枝……，其分枝按 N（分枝数）＝2x（分枝级别）的数值向上生长。茄子的株型、株高和开展度因品种类型不同而异，第一分枝与主茎之间的夹角开张度小于 45°的植株为直立型，夹角开张度在 45°～90°之间的为半直立型，夹角开张度大于 90°的为匍匐型，茄子的株高和开展度一般为 60～100cm。

（三）叶

茄子的叶为单叶、互生。叶片一般卵圆形或长卵圆形，叶片顶部锐尖或钝尖，叶的两面偶生刺毛，叶绿色或带有墨绿色，叶形、叶色及是否着刺与品种类型有关。不同品种的叶片其叶缘有较大的区别，根据叶缘形状可分为全缘、锯齿状和波浪状 3 种类型（图 25 - 1）。

（四）花

茄子的花为两性花，包括花萼、花冠、雄蕊和雌蕊 4 部分。花萼基部为筒状钟形，先端为 5～7 深裂，裂片披针形，有刺，不同品种的花萼呈现不同的颜色，常见的有紫黑色、紫绿色、绿色或浅绿色。花冠由 5 片花瓣合瓣组成，多数为蓝紫色、紫色或淡紫色，因品种不同而异。在花瓣内侧一般有 6～8 个雄蕊，雄蕊由花药和药丝组成，着生于花冠的基部，成熟时为黄色，包围着花柱而形成筒状花药，具有左右两个花粉囊，开花时花药顶孔开裂散出花粉。雌蕊位于雄蕊内侧，花柱生长于子房中心的顶部，被花药包围，花柱分长柱花、中柱花和短柱花，长柱花柱头突出于花药筒之外为健全花，短柱花一般不能完成授粉过程（图 25 - 2）。

图 25 - 1　叶缘形状
1. 全缘　2. 锯齿状　3. 波浪状

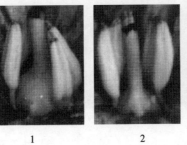

图 25 - 2　茄子花柱形状
1. 长柱花　2. 中柱花　3. 短柱花

（五）果实

茄子的果实为浆果，基部有宿存的花萼。由于品种不同，果实有条形、棒形、卵形、圆形及其他中间形等多种果形（图25-3）。果皮的颜色因品种类型不同有紫黑、紫、紫

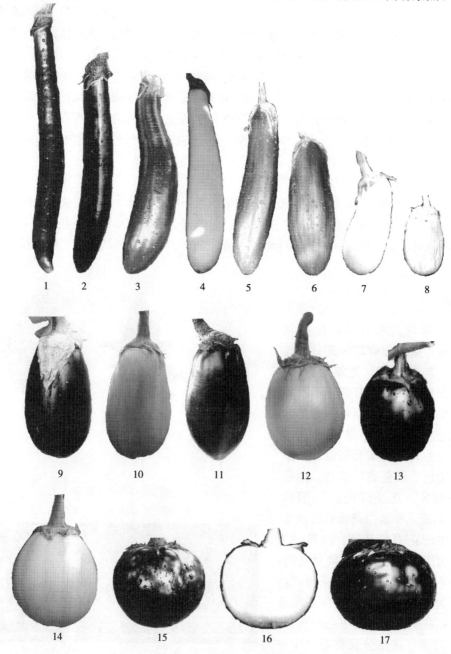

图25-3 栽培种茄子商品果形

1～2. 长条形　3～5. 长棒形　6～8. 短棒形　9～11. 长卵圆形
12～13. 卵圆形　14. 高圆形　15～16. 圆形　17. 扁圆形

红、绿、绿白和白色之分，老熟果果皮为黄褐色。果肉有白和绿白色之分，为海绵状胎座组织，由薄壁细胞组成。果实的大小也因品种类型的不同而异，单果重小至 20g 大到 800g 左右。茄子结果很有规律，每一次分枝结一层果，习惯上称第一层［主茎第一花序（花）所生的果实］为"门茄"，第二层果为"对茄"（第一次假二杈分枝上着生的果实），此后依次称为"四母斗"、"八面风"和"满天星"。

（六）种子

茄子的种子由种皮、胚乳和胚组成。种子的形状近似肾形，不同品种间多少有些差异，侧面形状有圆形脐部明显凹陷和椭圆形脐部凹陷不明显之分。种皮上细纹的明显程度，可以帮助鉴别品种。一般当年种子表面光滑、有光泽，呈黄色；陈年种子或采种时掏洗不干净的种子少光泽，呈淡褐色。单果种子数依品种不同而异，一般为 500～3 000 粒，千粒重 4～5g，常温下保存的种子一般寿命为 2～3 年。

二、对环境条件的要求

（一）温度

茄子为喜温蔬菜，较耐高温，生育适温为 22～30℃，17℃以下生育缓慢，气温降到 7～8℃以下时茎叶就会受害，在 −1～−2℃时冻死。35～40℃时花器将发生生理障碍，并形成畸形果；45℃以上时，茎叶就会发生日烧病，并引起叶片叶脉间坏死。品种间对温度的敏感程度有较大的差异，地方品种中有耐低温及在低温下可以正常结果的种质材料。

（二）光照

茄子对光周期的反应不敏感，其光饱和点大约是 40 000lx，在果菜类中属于光饱和点比较低的作物。弱光下茄子花器官发育不良，易形成短柱花造成过多的落花。果实的着色与光照强弱和光质有很大关系，弱光下果实不能正常着色，不同光质也会影响果实的正常着色。不同基因型的茄子种质，对光强的敏感性不同，通过选育可以获得耐弱光的茄子种质材料。

（三）水分和土壤

茄子对于土质适应性较广，一般从沙质土壤到黏质土壤都能很好地栽培。茄子耐旱性弱，需要充足的土壤水分，过分干旱时，不但植株的生长不良，而且容易出现短花柱花，其果实的发育也受严重影响，易形成无光泽的小僵果。

（四）营养

茄子为喜肥作物，整个生育期间肥料养分的吸收比例是 K∶N∶P∶Ca∶Mg＝10∶6∶2∶8∶1.5，又因品种不同、产量水平不同，其养分的吸收比例也有所不同，但由于其采收的是嫩果，故氮的吸收量对产量的影响尤为明显。茄子在 pH5.8～7.3 的土壤酸碱度条件下生长较为适宜，品种间对土壤中盐碱的耐性有较大的差异。

第五节 茄子的种质资源

中国的茄子栽培历史悠久，分布广泛，品种类型繁多。1964 年有关单位曾编辑整理过全国主要科研教学单位保存的蔬菜品种目录，目录中记录有全国保存的茄子品种 701 份。1986—1995 年国家"七五"和"八五"计划期间，全国先后收集、鉴定、繁殖入库的茄子种质资源共 1 468 份，包括茄子野生近缘种种质资源 80 余份，并对园艺性状、抗病性等进行了初步的鉴定评价。至 2005 年，进入国家农作物种质资源长期库保存的茄子种质资源已增至 1 601 份。

一、抗病、抗虫种质资源

在中国危害茄子的主要病害有黄萎病（*Verticillium dahliae*）、青枯病（*Ralstonia solanacearum*）、绵疫病（*Phytophtora parasitica*）及褐纹病（*Phomopsis vexans*）等，其中青枯病、黄萎病也是茄子生产中两大世界性重要病害，它们能大幅度降低茄子的产量和品质，在中国南方青枯病发生严重时一般可造成减产 30%～100%，同样黄萎病在北方部分地区严重发病所造成的损失也可达 40%～100%。这两种病害都是土传病害，很难根除，迄今为止还没有发现有效的杀菌剂，即使采取化学防治为主的综合防治措施也只能收到 40%的防效。因此，选育抗黄萎病和青枯病的茄子新品种，就成为多年来茄子育种工作者的主要攻关课题之一。危害茄子的主要虫害有茄黄斑螟（*Leucinodes orbonalis*）、蚜虫（*Aphis gossypii*）、螨虫［棉红蜘蛛（二斑叶螨）*Tetranychus urticae*……］等，中国茄子抗虫育种研究相对薄弱，目前国内尚未有关于茄子抗虫种质资源人工鉴定的报道，仅有部分在田间自然条件下观察记录的描述。由上述可见，充分利用现有种质资源，筛选和创新茄子抗病、抗虫育种材料已成为茄子科学研究的一项重要内容。

（一）茄子野生和野生近缘种抗病虫种质资源

国内外的研究表明，在茄子野生和野生近缘种质资源中存在几乎所有危害茄子病、虫的抗性基因，而这些抗性基因恰好是茄子栽培种所最缺乏的（表 25 - 2）。其中 *S. torvum* Sw、*S. Sisymbrifolium* Lam、*S. aethiopicum* L. gr. Gilo 等作为抗源开始用于抗病育种材料创新，*S. torvum* Sw 等作为嫁接栽培的抗病砧木已直接应用于生产实践。

表 25 - 2　茄子野生近缘种植物及其抗病虫害特点

（C. Collonnier 等，2001）

	病虫害	野生种抗源	参考文献
真菌病害	*Phomopsis vexans* 茄子褐纹病	[1]*S. viarum* Dun [2]*S. sisymbriifolium* Lam（蒜芥茄）， [3]*S. aethiopicum* L. gr. *Gilo*（埃塞俄比亚茄） [4]*S. nigrum* L.（龙葵） [5]*S. violaceum* Ort [6]*S. incanum* agg	[1,2,3,4,5]Kalda 等，1977 [3,5]Ahmad, 1987 [6]Rao, 1981
	Fusarium oxysporum 茄子枯萎病	[1]*S. violaceum* Ort [2]*S. incanum* agg [3]*S. mammosum* L.（乳茄） [4]*S. aethiopicum* L. gr. *aculeatum*	[1,2,4]Yamakawa 等，1979 [3]Telek 等，1977
	Fusarium solani 茄子根腐病	[1]*S. aethiopicum* L. gr. *aculeatum* [2]*S. torvum* Sw（水茄）	[1,2]Daunay 等，1991
	Verticillium dahliae, *V. alboatrum* 茄子黄萎病	[1]*S. sisymbrifolium* Lam [2]*S. aculeatissimum* Jacq [3]*S. linnaeanum* Hepper & Jaeger [4]*S. hispidum* Pers [5]*S. torvum* Sw [6]*S. scabrum* Mill	[1]Fassuliotis 等，1972 [1,2]Alconero 等，1988 [3]Pochard 等，1977 [1,3,4]Daunay 等，1991 [5]Mccammon 等，1982 [6]Beyries 等，1979
	Colletotrichum coccids 半知菌亚门真菌病害	*S. linnaeanum* Hepper & Jaeger	Daunay 等，1991
	Phytophtora parasitica 茄子绵疫病	[1]*S. aethiopicum* L. gr. *aculeatum* [2]*S. torvum* Sw	[1,2]Beyries 等，1984
	Cercospora solani 茄子褐色圆星病	*S. macrocarpon* L.	Madalageri 等，1988
细菌病害	*Ralstonia solanacearum* 茄子青枯病	[1]*S. capsicoides* All. [2]*S. sisymbrifolium* Lam [3]*S. sessiliflorum* Dun [4]*S. stramonifolium* Jacq [5]*S. virginianun* L. [6]*S. aethiopicum* L. gr. *aculeatum* [7]*S. grandiflorum* Ruiz & Pavon [8]*S. hispidum* Pers [9]*S. torvum* Sw [10]*S. nigrum* L. [11]*S. americanum* Mill [12]*S. scabrum* Mill	[1,3,4,9,12]Beyries 等，1979 [2,10]Mochizuki 等，1979 [3,9]Messiaen 等，1989 [4]Mochizuki 等，1979 [5,8,9,10]Hebert 等，1985 [6]Sheela 等，1989 [7,11]Daunay 等，1991
线虫病	*Meloidogyne* spp 根结线虫	[1]*S. ciarum* Dun [2]*S. sisymbrifolium* Lam [3]*S. elagnifolium* Cav [4]*S. violaceum* Ort [5]*S. hispidum* Pers [6]*S. torvum* Sw	[1,4]Sonawane 等，1984 [2]Fassuliotis 等，1972 [2]Divito 等，1992 [3]Verma 等，1974 [5,6]Daunay 等，1985 [6]Messiaen 等，1989 [6]Shetty 等，1986

（续）

病虫害		野生种抗源参考文献	
虫 害	*Leucinodes orbonalis* 茄黄斑螟	[1] *S. mammosum* L. [2] *S. viarum* Dun [3] *S. sisymbrifolium* Lam [4] *S. incanum* agg [5] *S. aethiopicum* L. gr. *aculeatum* [6] *S. grandiflorum* Ruiz & Pavon	[1,4,6]Baksh 等，1979 [2,3]Lal 等，1976 [4,5]Chelliah 等，1983 [5]Khan 等，1978
	Aphis gossypii 蚜虫	*S. mammosum* L.	Sambandam 等，1983
	Tetranychus cinnabarinus 棉红蜘蛛（朱砂叶螨）	[1] *S. mammosum* L. [2] *S. sisymbrifolium* Lam [3] *S. pseudocapsicum* L.	[1,2,3]Shalk 等，1975
	Tetranychus urticae 棉红蜘蛛（二斑叶螨）	*S. Macrocarpon* L.	Shaff 等，1982
病 毒	马铃薯 Y 病毒病	*S. linnaeanum* Hepper & Jaeger	Horvath，1984
	茄子花叶病	*S. hispidum* Pers	Rao，1980
其 他	Mycoplasma（little leaf） 茄子丛枝病	[1] *S. hispidum* Pers [2] *S. aethiopicum* L. gr. *aculeatum* [3] *S. viarum* Dun [4] *S. torvum* Sw	[1]Rao，1980 [2]Khan 等，1978 [2]Chakrabarti 等，1974 [3,4]Datar 等，1984

（二）茄子抗青枯病种质资源

茄子青枯病是由青枯拉尔斯东菌（*Ralstonia solanacearum*）侵染的一种细菌性土传病害。对茄子有致病性的病原菌主要是 1 号小种，1 号小种中不同寄主和不同来源的菌株在寄主范围和致病性上还存在较大的差异，可将其分为 37 个菌系，其中大部分的菌系对茄子表现出强致病性。

茄子的一些野生近缘种质材料中带有高抗病基因，如 *S. sisymbriifolium*（蒜芥茄）和 *S. torvum*（水茄）就带有抗青枯病、黄萎病和根结线虫病的基因，但是这些野生种质材料与栽培种杂交后不结果或无籽，无法直接利用。中国一些茄子地方品种具有高抗青枯病的基因，中国农业科学院蔬菜花卉研究所（1999）通过室内抗青枯病接种鉴定，筛选出抗青枯病材料 24 份，其中病情指数为零的有 3 份，高抗材料 16 份（表 25 - 3）。2000 年，封林林对由亚洲蔬菜研究发展中心（AVRDC）引进的茄子种质材料进行了鉴定，鉴定结果有 TS69 等 7 份材料抗青枯病（表 25 - 4）。

表 25 - 3　茄子抗青枯病材料筛选

（连勇等，1999）

材料代码	品种或材料	病情指数	抗性类型
VO6B0093	*S. melongena*	11.7	HR
VO6B0095	*S. melongena*	10.8	HR
VO6B0096	*S. melongena*	42.5	MR
VO6B0099	*S. melongena*	14.7	HR
VO6B0105	*S. melongena*	15.0	HR

续

材料代码	品种或材料	病情指数	抗性类型
VO6B0118	*S. melongena*	4.2	HR
VO6B0131	*S. melongena*	8.3	HR
VO6B0134	*S. melongena*	12.5	HR
VO6B0140	*Not identified*（未确认）	34.2	MR
VO6B0142	*S. melongena*	0	I
VO6B0143	*S. melongena*	0	I
VO6B0147	*S. melongena*	23.3	R
VO6B0149	*S. melongena*	4.2	HR
VO6B0150	*S. melongena*	0	I
VO6B0155	*S. melongena*	4.2	HR
VO6B0180	*S. melongena*	30.7	MR
VO6B0186	*S. melongena*	39.2	MR
TW88	*S. melongena*	1.9	HR
TW207	*S. melongena*	13.3	HR
TW208	*S. melongena*	10.8	HR
TW209	*S. melongena*	8.3	HR
TW210	*S. melongena*	5.9	HR
TW211	*S. melongena*	15.7	HR
TW212	*S. melongena*	11.1	HR
TW214	*S. melongena*	21.7	R
CHQ	*S. aethiopicum*	31.7	MR
XZHQ	*S. melongena*	33.3	MR

注：I=0，0＜HR≤15，15.1≤R≤30，30.1≤MR≤45，45.1≤S≤60，60.1≤HS。

表 25-4 茄子抗青枯病接种鉴定结果

（封林林等，2000）

代号	长势	茎色	花色	果形	果色	花序	果柄刺	病情指数	抗病性
S56B	弱	绿	白	圆	绿白条纹	单	有	3.7	R
TS69	弱	绿	白	圆	绿白条纹	单	无	0.6	R
EG193	正常	紫	紫	长条	紫	多	无	2.7	R
S47A	高大	绿	白	长棒	绿	单	无	3.3	R
EG195	粗壮	绿	紫	卵圆	紫	多	无	6.7	R
TS3	矮粗	绿	紫	卵圆	绿	单	无	8.1	R
EG192	正常	紫	紫	长条	紫	多	有	6.0	R
TS90	正常	紫	紫	圆	绿	单	有	10.0	MR
EG120	正常	紫	紫	长棒	紫	单	有	70.0	S

1. 山东大黑茄（老来黑茄） 山东地方品种，株高 90cm，开展度 92cm，首花节位主茎 7~8 节，茎深紫色。叶卵圆形，深紫色。花紫色。果实扁圆形，黑紫色，果脐中等，单果重 800g 以上。从定植到始收约 70d，耐热和耐涝性强，抗青枯病和红蜘蛛。肉质致密，品质好。单产 50 000kg/hm²。

2. 湘杂 2 号 湖南省蔬菜研究所选育的一代杂种，1996 年通过湖南省农作物品种审定委员会审定。株高 73cm，开展度 79cm，首花节位主茎第 8～9 节，茎深紫色。叶长卵圆形，绿色。果实长条形，紫红色，单果重 156g。耐寒性和耐涝性强，抗绵疫病，抗青枯病能力较强。肉质细嫩，品质较好。单产 50 000kg/hm²。

（三）茄子抗黄萎病种质资源

茄子黄萎病俗称半边疯、黑心病，病原为大丽轮枝菌（*Verticillum dahliae* Kleb），属半知菌亚门轮枝菌属。病菌以菌丝体、拟菌核和厚垣孢子随病残株体在土壤中越冬，可以在土壤中存活多年。国内外研究结果表明，茄子抗黄萎病的种质资源十分匮乏，高抗材料均为野生种，中抗材料仅有个别为栽培种，且商品性状及园艺性状均不理想，抗性转育困难（易金鑫，陈静华，1998）。

中国农业科学院蔬菜花卉研究所（1995）对 1 013 份茄子种质材料进行了黄萎病苗期人工抗性鉴定，结果表明，未见高抗黄萎病材料；仅鉴定出中抗材料 4 份，其中地方栽培种 1 份——长汀本地茄，茄子野生近缘种 3 份——刚果茄、野茄子和观赏茄；耐病材料 33 份，多为长果形品种，其中综合性状好的有许昌紫茄、昆明长茄、紫长茄、睢县紫长茄、青长茄和齐茄 3 号。然而易金鑫（2000）对长汀本地茄人工鉴定结果与上述结果略有差异。林密（2000）对 51 份茄子种质资源材料进行抗黄萎病鉴定，结果表明高抗种质资源仅存在于野生近缘种中。

1. 棒绿茄　辽宁省农业科学院园艺研究所育成，2001 年通过辽宁省专家鉴定。为直立型品种，株高 75cm，开展度 76cm。茎秆和叶脉均为绿色，叶片肥大，叶缘波状。花紫色。果实长棒形，长 20cm，横径 5.5cm，果顶略尖，果皮油绿色，富有光泽。果肉白色，松软细嫩，味甜质优，单果重 250g。抗黄萎病和绵疫病的能力较强。从播种到商品果始收约 112d，属于中早熟品种。

2. 榆次短把黑　山西省地方品种，1988 年通过山西省农作物品种审定委员会认定。株高 93cm，开展度 99cm，首花节位主茎 8～9 节，茎紫色。叶卵圆形，绿色有紫晕。花紫色。果实近圆形，黑紫色，果脐小，单果重 700g，单产 75 000kg/hm²。肉质致密细嫩，品质好。从定植到始收约 63d，较抗黄萎病。

3. 阳泉紫白茄　山西省地方品种。株高 90cm，开展度 107cm，首花节位主茎第 9 节，茎绿紫色。叶卵圆形，绿色。花淡紫色。果实近圆形，白绿色有紫晕果皮，果脐小，单果重 600g。单产 99 000kg/hm²。肉质致密细嫩，品质好。从定植到始收约 64d，较抗黄萎病。

4. 伊犁小长茄　新疆自治区地方品种。株高 96cm，开展度 57cm，首花节位主茎第 5～7 节，茎浅紫色。叶卵圆形，黄绿色。花紫色。果实短棒形，黑紫色果皮，果脐小，单果重 60～100g，单产 40 000kg/hm²。肉质松，品质较好。定植到始收约 54d，耐热性和耐涝性较强，较抗黄萎病，抗虫性强。

5. 西双版纳紫野茄子　云南省西双版纳野生种。株高 132cm，开展度 78cm，首花节位主茎第 11～13 节，茎褐紫色。叶卵圆形，绿色。花浅紫白色。果实圆形，绿色果皮具相间浅绿条纹，果脐小，单果重 26g。肉质松，品质差，具有苦凉味。单产 22 000kg/hm²。从定植到始收 105d，耐热性强，耐涝性强，抗黄萎病，抗虫性强。

此外，还有一代杂种龙杂茄 2 号等。

(四) 茄子抗绵疫病及褐纹病种质资源

茄子绵疫病 (*Phytophthoro parasitica* Dast)，又叫"烂茄子"、"掉蛋"，是露地栽培茄子重要病害之一，而且其为害日益严重，在流行严重年份有的地块几乎全田绝收。阜新紫长茄 002 号是栽培种中高抗绵疫病种质材料，赵国余 (1995) 的研究表明，茄子对绵疫病的抗性是由单一显性基因控制，阜茄 002 带有一个抗绵疫病的显性基因。长茄 1 号茄子品种也高抗绵疫病，冬茄、印度圆茄、安阳大红茄等对绵疫病有一定的抗性。

茄子褐纹病 [*Phomopsis vexans* (Sacc. et Syd) Harter] 在世界上几乎所有栽培茄子的地区都有其大发生的报道，茄子褐纹病是茄子苗期的重要真菌病害。任锡仑等 (1994) 对茄子褐纹病遗传进行了研究，结果表明，各组合世代对褐纹病的抗感反应十分明显，几乎见不到中间类型，证明抗性为质量性状遗传，受简单主效基因控制，无论正反交，F_1 代均表现为抗病，证明抗源抗性为显性，由核基因控制，对 F_2、F_3、BC_1、BC_2 分析，证明由一对显性基因控制其抗病表现。吉林农业大学张汉卿等人 (1984) 培育了茄子抗褐纹病品系 83-02，刘学敏等 (1998) 对其遗传分析表明，83-02 对茄子褐纹病的抗性遗传，同样是由一对显性基因控制的简单遗传。辽茄 3 号则高抗茄子绵疫病和褐纹病。

1. 吉农 3 号 (F_1)　吉林农业大学育成 (母本 83-02 为抗褐纹病抗原材料)，1999年通过吉林省农作物品种审定委员会审定。植株生长势较强，株型较开张，叶绿色，茎紫色。果实长形，长 22～25cm，横径 4.5～5.0cm，果皮紫色有光泽，果肉白色细嫩。第8～9 节着生门茄，单株结果 8～10 个，单果重 100～150g。中晚熟，生育期约 115～120d。抗褐纹病。

2. 辽茄 3 号 (F_1)　辽宁省农业科学院园艺研究所育成，1998 年 6 月通过辽宁省农作物品种审定委员会审定。株高 84.5cm，开展度 52.5cm，属直立型。叶脉、花冠、果皮均为紫色。果实卵圆形，纵径 18cm，横径 9.5cm，有光泽，单果重 250g，品质优良，商品性好。从播种到商品果始收约 112d。较抗黄萎病，抗褐纹病、绵疫病。

(五) 茄子抗虫种质资源

侧多食附线螨 [*Polyphagotarsonemus latus* (Banks)] 又名茶黄螨，茶黄螨和二十八星瓢虫 [*Henosepilachna vigintioctopunctata* (Fabricius)] 为世界性茄子害虫，也是中国全国性的茄子重要害虫，严重危害茄子等蔬菜作物。桂连友等 (1999) 以叶片为害指数作抗性指标，用聚类分析法对 27 个茄子品种进行田间抗侧多食附线螨鉴定，结果表明，不同茄子品种对侧多食附线螨的抗性存在明显差异，相比之下，以丰研 1 号、种都万吨早茄、成都墨茄、渝早茄 2 号等品种抗螨性为最强。对 26 个茄子品种的田间抗性鉴定表明，在田间自然感虫条件下，不同茄子品种对二十八星瓢虫的抗性有一定的差异，湘研 2 号、福红茄王、三月茄、丰研 1 号、七叶茄、8819、新乡糙、西安绿茄、苏崎茄、种都万吨早茄、汉研 1 号长茄等，田间表现抗虫性最强。

二、抗逆种质资源

随着茄子栽培方式的多样化和周年供应需求的扩大，夏秋栽培和保护地栽培面积迅速增加，这就要求茄子新品种具有更强的抗逆性。保护地栽培品种要求具有耐低温、耐弱光、耐密植、抗盐碱等性状，露地夏秋栽培品种则希望能加强抗热、抗旱、耐湿等性状。何明等（2002）的调查研究表明，不同品种间耐弱光程度有很大的差异。易金鑫等（2002）报道茄子耐热性为不完全显性遗传，受两对以上基因控制，符合加性—显性模型，其中加性效应占更主要成分。茄子野生近缘种中 *S. grandiflorum*、*S. mammosum.* 和 *S. khasianum* 具有抗冷害的基因，*S. linnaenum* 有抗盐害基因，*S. maerocaopm* 中有抗旱害基因。在地方品种资源中也不乏很好的抗逆品种，乜兰春等（2004）对茄子 5 个野生材料和 6 个栽培品种进行了抗冷性鉴定，筛选出 3 个抗冷种质材料，西安绿茄、快圆茄和呼杂 34 等的抗冷性显著地强于其他栽培品种。

（一）耐寒及耐低温弱光种质资源

1. 94 - 1 早长茄 山东省济南市农业科学研究所育成，1996 年通过山东省农作物品种审定委员会认定。已作为保护地专用品种在中小拱棚、日光温室中推广应用。植株生长势较强，株型紧凑，茎及叶脉黑紫色，叶狭长，分布较稀，耐低温弱光。6～7 片叶显蕾，每隔 1～2 片叶有 1 花序，每序 1～3 朵花，2 朵花以上的复花序占 50％左右。果实长椭圆形，长 18～22cm，横径 6～8cm，平均单果重 300～400g。果柄、萼片及果皮黑紫色，油亮光滑，无"青头顶"，种子少，果肉致密，品质极佳。

2. 辽茄 7 号（F_1） 辽宁省农业科学院园艺研究所育成，保护地专用品种。植株直立，果实长形，长 20cm，横径 5cm，单果重 120～150g。果皮紫黑色，有光泽，果实肉质紧密，商品性好，品质佳，耐运输。宜密植，耐低温弱光，在低温弱光下果实着色良好，适于保护地越冬栽培和早春早熟栽培。

3. 北京六叶茄 北京市地方品种。株高 70cm，开展度 90cm，首花节位主茎第 6 节，茎紫色。叶卵圆形，绿色。花紫色。果实扁圆形，黑紫色，单果重 250g。从定植到始收约 50d，单产 45 000kg/hm²。肉质致密细嫩，品质好。耐寒性较强。

4. 大茛茄 天津市地方品种。株高 90cm，开展度 95cm，首花节位主茎第 9 节，茎紫色。叶长卵圆形，绿色。花浅紫色。果实近圆形，黑紫色，单果重 750g。从定植到始收约 60d，单产 105 000kg/hm²。肉质致密细嫩，品质好。耐热性和抗病性强，耐贮藏。

5. 渝早茄 1 号（F_1） 重庆市农业科学研究所选育（母本 3 月茄 142 号自交系为耐弱光材料），1996 年通过重庆市农作物品种审定委员会审定。株高 68cm，开展度 78cm，首花节位主茎第 9～11 节。叶卵圆形，深绿色带紫晕。果实棒形，黑紫色，单果重 115g，单产 36 000kg/hm²。肉质细嫩、微甜，品质较好。耐寒性较强，耐弱光。

（二）耐热种质资源

1. 伏龙茄 湖北省武汉市农业科学院育成，1999 年 10 月通过了武汉市科学技术委员会的鉴定。株高 120cm，开展度 90cm，植株生长势强，茎浅紫色，分枝性强。叶卵形，绿色带浅色紫晕，叶面、叶背具茸毛。花浅紫色，多花序、少有单生。始花节位主茎第 9 节。果实粗条形，果端圆，长 35cm，横径 3.5～4.0cm，果色黑紫光亮，果肉白绿色。每株可挂果 16 个以上，平均单果重 160g。耐热性强、耐湿、中晚熟。

2. 龙岩胭脂茄 福建省地方品种。株高 72cm，开展度 65cm，首花节位主茎第 9～11 节，茎绿紫色。叶长卵圆形，绿色带紫晕。果实长棒形，紫红色，单果重 150～200g，单产 37 500kg/hm²。从定植到始收约 90d，肉质松细嫩，无纤维，品质好。耐热性强，中抗绵疫病和病毒病。

3. 西双版纳小紫茄 云南省西双版纳地方品种。株高 120～132cm，开展度 89cm，首花节位主茎第 11～13 节，茎浅紫绿色。叶长卵圆形，绿色。花浅紫色。果实圆形，浅紫色，果脐小，单果重 20g，单产 34 500kg/hm²。肉质紧，品质差。从定植到始收 95d，耐热性强，耐涝性强。

4. 西双版纳野茄子 云南省西双版纳半栽培品种。株高 92cm，开展度 79cm，首花节位主茎第 11～13 节，茎深紫色。叶卵圆形，深绿色。花紫色。果实卵圆形，深紫色，果脐小，单果重 168g，单产 32 000kg/hm²。肉质松，品质极差。从定植到始收 100d，耐热性强，耐涝性强，抗黄萎病，较抗虫。

三、特殊种质资源

随着市场需求的变化，以改善茄子产品外观、风味、营养或特定加工性状为目标的育种，已逐渐受到重视。具有高营养成分含量、可生食、加工和观赏等特殊用途的种质材料是开展这方面工作的基础。辽宁省农业科学院园艺研究所郑帆等（1990）育成的早熟、高产、含高氨基酸紫长茄——辽茄 4 号（H3XZ），就是一个较典型的例子。

（一）高营养含量种质资源

1. 辽茄 4 号 辽宁省农业科学院园艺研究所育成的一代杂种，1990 年通过辽宁省农作物品种审定委员会审定。植株高 52cm，开展度 66cm，首花节位主茎第 6～7 节。果实长棒形，黑紫色，单果重 160g，单产 60 000kg/hm²。肉质细嫩松软，品质好，果实内维生素 C 和 19 种氨基酸含量均高于对照品种紫灯泡，其中苏氨酸高 1.67%，苯丙氨酸高 15.27%，异亮氨酸高 20.1%，缬氨酸高 41.83%，亮氨酸高 55.21%，赖氨酸高 73.08%，蛋氨酸高 76.84%，色氨酸高 151.11%。每 100g 维生素 C 含量 8mg，比对照紫灯泡 6.1mg，高 1.9mg。是一个高氨基酸含量的优质茄子新品种。

2. 苏崎茄 江苏省农业科学院蔬菜研究所选育的一代杂种，亲本为苏州牛角茄及引自日本的长茄，1997 年通过江苏省农作物品种审定委员会审定。株高 100cm，开展度 90cm，茎紫色，叶长卵圆形，绿紫色。果实棒形，黑紫色，单果重 150g，单产 70 000kg/hm²。肉质细嫩微甜，含粗蛋白 1.8%，总可溶性糖 3.1%，干物质 10.0%，均高于一般品种。从定植到始收 60d，耐热。

（二）生食种质资源

1. 冰水茄 天津市地方品种。长卵形果，白色，单果重 250g，肉质细嫩松软，果汁多，味甜不涩，籽少，味似水果、适宜生食。

2. 上海牛奶茄 上海市地方品种。株高 90cm，开展度 90cm，首花节位主茎第 9～12 节，茎紫黑色。叶长卵圆形，绿色带紫晕。花浅紫色。果实弯曲长条形，黑紫色，单果重

$60\sim70$g，单产 60 000kg/hm²。肉质松软，品质好，适宜鲜食。从定植到始收约 40d，耐热性及抗病性均强。

（三）加工用种质资源

1. 十姐妹茄　浙江省海盐县地方品种，小果供酱渍加工用。株高 $35\sim40$cm，分枝多，每花序 $1\sim4$ 朵花，一般结 2 个果。果实小短棒状，单果重 $40\sim50$g，外皮青紫色。酱渍后外观美，风味佳，为优良加工品种。

2. 宁波藤茄　浙江省地方品种。株高 $60\sim80$cm，开展度 55cm，首花节位主茎第 $8\sim11$ 节，茎黑紫色。叶倒卵圆形，绿色带紫晕。花浅紫色。果实长条形，青紫色，单果重 $60\sim100$g，单产 $22\,500\sim30\,000$kg/hm²。肉质柔嫩致密，品质极好，以鲜食为主，兼作加工腌渍用。从定植到始收约 60d，不耐高温干旱，不耐寒，易受绵疫病、灰霉病和红蜘蛛危害。

3. 平湖小白茄　浙江省地方品种。株高 $60\sim65$cm，开展度 65cm，首花节位主茎第 $4\sim5$ 节，茎绿色。叶长卵圆形，绿色。花白色。果实长卵圆形，白色果皮，单果重 17g，单产 $30\,000\sim37\,500$kg/hm²。肉质细嫩致密，品质极好，以腌渍加工用为主。从定植到始收约 60d，耐热性强，抗逆、抗病，高温下连续坐果能力极强。

（四）观赏兼食用种质资源

1. 橘红 1 号　山东省济宁农业学校育成。植株分枝力强，枝叶浓绿。通过修剪，一次栽培可多年观赏食用。花为淡紫色，雄蕊黄色，总状花序，每花序着生 $5\sim10$ 朵小花。果实椭圆形，长 $6\sim10$cm，横径 $3\sim4$cm，绿色，约 2 个月左右转为橘红色，红果挂果期可长达 3 个月以上，一年四季都能连续结果。可按需要在不同时间，采用不同方法栽培，单株结果在 $40\sim100$ 个以上。

2. 宁夏鸡蛋白茄　宁夏自治区地方品种。株高 60cm，开展度 55cm，首花节位主茎第 5 节，茎绿色。叶卵圆形，绿色。花白色。果实长卵圆似鸡蛋形，白色，老熟果金黄色，果皮厚，有光泽，单果重 $10\sim40$g，单产 9 000kg/hm²。从定植到始收约 55d，耐旱、耐瘠薄、抗逆性强。主要用于观赏栽培。

3. 彩茄 1 号　山东省菏泽群策科技园蔬菜基地育成。植株枝叶茂盛，叶色浓绿，花瓣为淡紫色，雄蕊黄色，总状花序，每花序着生 $5\sim10$ 个小花。果实长形，长 $6\sim10$cm，横径 $3\sim4$cm，每花序坐果 $5\sim10$ 个，嫩果浅绿色，约 1 个月左右转为橘红色，单株结果在 100 个以上，挂果期长达 3 个多月。适于作美化居室环境的盆景栽培，也可作庭院绿化观赏栽培。

第六节　茄子种质资源研究与创新

一、组织培养研究

（一）离体组织培养及植株再生

植物组织离体培养和植株再生技术对茄子稀有种质资源的抢救、扩繁和保存具有十分重要的意义。茄子植株的各器官组织几乎都有通过离体培养产生再生植株的报道。影响离体诱导植株再生因素以供体植株的基因型和外源激素状况最为重要，此外，外植体的取材部位以及培养温度、光照、碳源、渗透压等，对离体培养获得再生植株的难易和再生植株形成途径影响也很大。

Rajam（1995）的研究结果表明，茄子离体培养下胚轴易形成不定芽，子叶和真叶易形成体细胞胚，在影响不定芽形成的因素中，基因型的重要性占 57.4%，外植体占 19.8%，基因型和外植体互作占 19.2%，其他占 3.6%。影响体细胞胚发生的因素中，基因型的作用占 71.8%，外植体占 8.9%，基因型和外植体互作占 18.4%，其他因素占 0.9%。

吴耀武等（1981）在 NT 附加 NAA 1mg/L、IAA 1mg/L、KT 0.2mg/L 培养基上，诱导茄子嫩茎段形成大量愈伤组织，并在同样培养基上多次继代仍保持分化植株的能力，认为继代时间间隔不宜超过 1 个月，愈伤组织继代生长，随 2，4 - D 含量的增加（1～10mg/L）而降低，在 NT＋IAA 0.1mg/L＋KT 2mg/L 培养基上可分化出不定苗，在无激素 NT 培养基上形成完整植株。张兰英等（1987）在 MS＋1mg/L 2，4 - D 培养基上诱导茄子子叶形成愈伤组织，愈伤组织在 MS＋0.1～1mg/L 2，4 - D 培养基上形成胚状体，在 MS＋0.1～5mg/L NAA 培养基上可以同时形成胚状体和不定芽，在 MS＋0.1～5mg/L IAA 培养基上容易形成不定芽。Rao（1992）采用 MS＋NAA 8mg/L＋KT 0.1mg/L 培养基培养茄子离体叶片，获得高频率的体细胞胚发生。

(二) 花药和小孢子培养

通过花药培养或小孢子培养可以获得茄子单倍体植株，为育种工作者很快地从杂合体中获得固定纯合品系提供一条重要捷径。单倍体植株也是诱发突变、创新种质的最理想的供体材料。王纪方等（1975）在茄子花药离体培养中，通过胚状体获得了单倍体植株，用秋水仙素加倍的方法获得了纯合二倍体，选育了茄子单倍体 B - 18 品系。黑龙江省农业科学院园艺研究所（1977）用花药培养的方法，育成了茄子新品种龙单 1 号。程继鸿（2000）在弱光胁迫条件下，以七叶茄为供试材料进行花药培养，获得茄子耐弱光细胞变异系再生植株。顾淑荣（1979）以北京七叶茄和九叶茄为材料，用液体浅层静置培养的方法，获得了愈伤组织。Kazumitsu Miyoshi（1996）用直接游离小孢子培养的方法经愈伤组织获得再生植株。连勇等（2001）用直接游离小孢子培养的方法，经愈伤组织得到四倍体杂种植株小孢子的再生植株。

在茄子的花药和小孢子培养中 36℃、8d 的暗培养热激处理，能提高小孢子脱分化和植株再生频率。茄子花药培养获得愈伤组织的形成与 2，4 - D 和 KT 的浓度配比有关，花药愈伤组织的诱导率在一定范围内与 2，4 - D 的浓度成正比，诱导花药形成愈伤组织的 2，4 - D 适宜浓度为 0.25～0.5mg/L，KT 的最适浓度为 1mg/L，花药愈伤组织形成频率受供体植株基因型、供体植株栽培环境、诱导培养基以及培养条件（光照、温度等）等影响。在有 2，4 - D 参与的 KM 培养基上茄子游离小孢子愈伤组织诱导率较高，可达20～65 个愈伤块/花药，但愈伤组织成苗率低，只有 0.1%～2%的愈伤能得到不定芽分化，这是目前限制小孢子培养在育种实践上应用的一个关键障碍。

二、细胞培养及体细胞融合

体细胞悬浮培养技术和原生质体培养技术，在茄子种质资源创新中主要用于抗逆突变体筛选。应用原生质体融合技术获得的种间体细胞杂种，可以克服远缘杂交不育的缺点，它可以同时将野生种茄子中的以细胞核控制和细胞质控制的优良品质、园艺性状及抗性基因同时转入栽培种中（Sihachakr et al.，1994），从而获得抗病（或抗逆等）新种质。

（一）细胞培养及体细胞突变体筛选

茄子体细胞悬浮培养技术，在原生质体培养技术成功前已是成功的实用技术。体细胞突变体筛选是利用体细胞在含有病原毒素培养基上，或在非生物胁迫环境下发生突变形成再生植株，进而筛选茄子抗逆材料。

常用的茄子体细胞抗逆突变体筛选技术方法有，在离体细胞培养基中加入青枯病致病物，筛选抗青枯病的植株；在培养基中加入黄萎病粗毒素，选育茄子抗黄萎病育种材料；在含有 1% NaCl（指重量分数）的培养基上筛选抗盐株系等。

（二）原生质体培养

原生质体培养是体细胞融合的基础，自 K. Saxena（1981）培养叶肉原生质体获得再生株以来，关于这方面的报道较多。目前已从叶肉、茎和叶柄以及细胞悬浮培养物分离得到原生质体，经培养后得到再生植株，酶液种类和酶解时间是获得高质量原生质体的关键。

李耿光等（1988）以子叶为材料，用 1.5% 的纤维素酶、0.4% 的半纤维素酶和 0.4% 的果胶酶的混合液处理 5～6h，得到大量的原生质体。许勇（1990）用 0.75% 的纤维素酶、0.25% 的半纤维素酶、0.25% 的果胶酶和 0.25% 的崩溃酶的混合液酶解 6h，每克子叶可获得 300 万～400 万原生质体。NT、DPD 和 KM 培养基对原生质体的分裂活性较高，在这三种培养基中以 KM 最好。再生培养基以 MS 附加激素 2mg/L ZT 与 0.1mg/L IAA 较好。

（三）体细胞融合

最早进行茄子体细胞融合试验的是 S. Gleddie（1986），他获得了 26 个非整倍体杂种再生株，经检测，杂种株对根结线虫具高度的抗性，也具有抗螨的潜能。到目前已有许多属间体细胞杂交获得了成功的报道（表 25-5）。

近年，应用原生质体融合技术已成功地将茄子抗真菌、细菌、线虫等基因转育到栽培种中（Sihachakr et al.，1994）。中国农业科学院蔬菜花卉研究所（2001）通过原生质体电融合技术，成功地获得了中国茄子地方品种与 *S. torvum* 种间杂交的体细胞杂种植株。

表 25-5　茄子体细胞杂交研究概况

(C. Collonnier 等，2001)

融合亲本	融合类型	结果	报告者
S. melongena（Black Beauty）× *S. siymbrifolium*	PEG	抗线虫和螨类	Gleddie 等，1986
S. melongena（Dourge）× *S. khasianum*	电融合	抗 *Leucinodes orbonalis*（没检测）	Sihachakr 等，1988
Black Beauty × *S. torvum*	PEG	抗黄萎病，部分抗螨类	Guri 等，1988
Black Beauty × *S. nigrum*	PEG	具龙葵 ct-DNA，抗阿特拉津	Guri 等，1988
Dourge × *S. torvum*	电融合		Sihachakr 等，1989
Dourge × *S. nigrum*	电融合	抗黄萎病，抗线虫	SihachakrD 等，1989
S. melongena（Shironasu）× *Nicotiana tabacum*	PEG	抗阿特拉津	Toki 等，1990
S. melongena × *Lycopersicon* spp	PEG	获得种间杂种植株	Guri 等，1991
Dourge × *S. aethiopicum* gr. *aculeatum*	电融合	获得种间杂种植株	Daunay 等，1993
S. melongena × *S. sanitwongsei*	PEG	抗青枯病	Asao 等，1994
Dourge × *S. aethiopicum* gr. *aculeatum*	电融合	抗 *Fusarium wiilt*	Rotino 等，1995
Black Beauty ×（ *L. esculentum* x *L. pennellii* ）	x 射线，PEG	非对称属间杂种，抗卡那霉素	Liu 等，1995
Dourge × *S. torvum*	γ 射线，PEG	非对称杂种，抗黄萎病	Jarl 等，1999

三、外源基因导入

基因工程为茄子育种提供了一个新的方法，通过插入人们所期望性状的基因，使现存的品种得到改良或创新。茄子离体再生系统比较完善，对植株再生途径（即经过体胚或愈伤组织器官化成苗）比较容易控制，茄子对以农杆菌介导的共和载体（cointegrate vector）和双价载体（binary vector）的反应都很好，非常适合于这种技术的应用。自 Guri（1988）成功地将 NptII 基因转入茄子的基因组，获得转基因植株以来，发展较快（表 25-6）。茄子在基因工程上所取得的成就主要体现在两个方面：一是抗 CPB（Colorado Potato Beetle，马铃薯甲虫）；一个是单性结实。

马铃薯甲虫（CPB）是欧洲和北美的一个主要害虫，为得到 CPB 的抗性，将编码鞘翅目昆虫特定毒蛋白的基因导入茄子体内，但其表达量相当低，不能有效控制 CPB，后来，Arpaia（1997）将经诱变得到的基因 CryIIIB 成功导入，表达量较高，经 DAS-ELISA 分析，93 株中的 57 株叶片中有 Cry3B 毒素，在测试的 44 株中有 23 株对 CPB 的幼虫有抗性，而且其自花授粉后代也显示了同样的抗性，转人工合成的基因 Cry1Ab 及 CryIIIA 也获得了相似的结果。

意大利学者 Rotino 等（1997）从金鱼草属的 majus（金鱼草）中分离出了 DefH9-iaaM 基因，它的表达能促使子房中 IAA 含量的增加，从而诱发单性结实。将 DefH9-iaaM 导入茄子，在不利条件（低温或弱光照）下转基因茄子能够单性结实，单性结实果在果色、果肉松紧度、果重和果形与非转基因植株的果无明显差异。在冬季和早春的露地及温室中的栽培表明，转基因茄子比对照杂交种和商业栽培种的丰产性要好得多，夏季栽培也同样如此，其产量增加 5%～30%。

另外，林栖凤（2001）将海滩耐盐植物红树 DNA 经花粉管通道导入茄子，其后代在海滩试种，用海水直接浇灌，筛选出耐盐性转化株，约 90％植株能开花结果，完成生长周期，并对其在盐胁迫下的生长情况、蒸腾速率、光合速率、磷酸烯醇式丙酮酸羧化酶酶活以及叶片气孔的电镜观察等进行了研究。结果表明，通过花粉管通道导入外源红树 DNA 培育的茄子，其耐盐能力明显增强，植株的平均株高和生长情况均优于对照。

表 25 - 6　茄子及其近缘种的遗传转化

(C. Collonnier 等，2001)

	基　因	结　果	报告者
栽培种	Npt II	利用农杆菌双元载体首次遗传转化成功	Guri 等，1988
	Npt II，Luciferase	农杆菌介导	Komari，1989
	Npt II	农杆菌介导	Filippone 等，1989
	Npt II 和 CAT	农杆菌介导	Rtino 等，1990
	Bt	农杆菌介导，毒性蛋白表达量低	Rotino 等，1992
	Npt II	3 个自交世代，Npt II 呈孟德尔遗传	Sunsuri 等，1993
	Npt II 和 GUS	农杆菌介导	Fari 等，1995
	Bt (Cry IIIB)	农杆菌介导，毒性蛋白表达量低	Chen 等，1995
	Bt (Cry IIIB)	抗科罗拉多马铃薯甲虫，毒性蛋白表达	Arpaia 等，1997
	Bt (Cry IIIA)	抗科罗拉多马铃薯甲虫	Hamilton 等，1997
	Bt (Cry IIIA)，GUS	抗科罗拉多马铃薯甲虫	Jelenkovic 等，1998
	Bt (Cry I Ab)	抗茄螟	Kumar 等，1998
	Iaa M，Def H9 r	单性结实转基因植株	Rotino 等，1997
	Mi - 1	4 个品系后代稳定抗根结线虫	Frijters 等，2000
野生近缘种	Npt II，GUS	*S. aethiopicum* L. gr. *aculeatum* 农杆菌介导转化	Rotino 等，1992
	Bt	*S. aethiopicum* L. gr. *aculeatum* 农杆菌介导转化	Rotino 等，1992
	Npt II	*S. aethiopicum* L. gr. *gilo* 农杆菌介导的转化	Blay 等，1996

四、茄子种质资源创新

（一）雄性不育种质资源的创新

Rangasam（1974）报道在茄子与刺天茄（*S. indicum*）种间杂种后代中分离出了花药瓣化状的雄性不育类型。Jasmin 和 Nuttall 曾先后报道栽培种由一对隐性基因控制的雄性不育突变体。中国学者方木壬等（1985）用非洲茄（*Solanum gilo* Raddi）作为细胞质供体亲本，茄子作为轮回回交父本，通过种间杂交及连续 3 代的置换回交和选择，获得了 2 个茄子异质雄性不育系，其中 9334A 为花药瓣化型雄性不育，2518A 为花药退化型雄性不育，两者雄性不育性表现稳定，不育率及不育度均达 100％，而雌性育性正常，用 22 个茄子地方品种分别与两个不育系进行测交试验，结果表明其雄性不育性属胞质型遗传。美国学者 Phatak（1989）报道育成了茄子功能性雄性不育系。刘进生等（1992）从茄子栽培品种佛罗里达高丛林 600 株田间群体中选出了功能雄性不育的单株，此雄性不育性归因于花药顶部花粉孔不能开裂，而花粉是正常可育的，对其遗传性研究表明茄子功能性雄性不育性由单隐性基因控制，并与果皮黑紫色基因紧密连锁。

重庆市农业科学研究所引进 Phatak 育成的茄子花药顶部花粉孔不能开裂型功能性雄性不育系材料 UGA1-MS，以不育源 UGA1-MS 为母本，以优良茄子亲本材料为父本进行杂交，采用回交与系谱选择相结合的方法获得一批稳定的转育不育系 F_{16-5-8}、F_{13-1-7}、F_{12-1-1} 等。它们的园艺性状优良、稳定、整齐度高、配合力强，其不育株率分别都在 98% 以上，不育度分别为 99.6%、97.6%、99.5%，并筛选出配合力强、性状整齐、可供利用的 66-3、D-28、110-2 三个强恢复系，其平均恢复度达 90.35%、92.95%、91.85%，实现了不育系与恢复系的配套。与此同时，利用茄子功能性不育系与恢复系配制了大量组合，经比较观察表明所配组合杂种优势显著，增产潜力大。

（二）单性结实种质资源创新

单性结实是子房在未受精的情况下发育成无籽果实的现象。茄子在 17℃ 以下出现生长缓慢、花芽分化延迟、花粉管不能伸长。而茄子单性结实材料能在最低温度只有 13℃ 的环境下正常开花结果。因此茄子单性结实材料在改良茄子品质、提高产量、培育耐寒品种及保护地专用品种方面具有极大的应用潜力。意大利的 Rotino G. 等（1998）报道了利用生物技术诱变茄子等植物产生单性结实的研究，Collonnier. C. 等（1998）利用茄子野生种与栽培种原生质体的融合后代，分离并获得了茄子单性结实材料。

中国农业科学院蔬菜花卉研究所在进行茄子种质资源耐寒性田间鉴定时，发现了耐寒性强的圆茄单性结实株，经多年连续选育获得单性结实品系 D-10、D-13、D-26，春季露地栽培试验表明，在日平均最低气温 12.6℃ 的自然授粉条件下表现出较高的坐果率，分别为 88.9%、93.9% 和 100%，非单性结实种质材料的对照不能结果。田时炳等（1999）在高代分离材料中获得两份果实长棒状、黑紫色、低温下能单性结实的种质材料，并利用人工去雄的方法对这些种质材料的单性结实性能进行了鉴定，结果表明：低温 15℃ 下其坐果率在 50% 左右；同时该单性结实种质材料在早春栽培中表现出耐弱光、耐寒、低温下坐果率高、熟性极早等优点。遗传分析表明，单性结实性能主要受一对隐性基因控制，属隐性遗传。

（连勇 刘富中 张松林）

主要参考文献

中国农业科学院蔬菜花卉研究所.2001.中国蔬菜品种志（下册）.北京：中国农业科技出版社

中国农业科学院蔬菜花卉研究所.1987.中国蔬菜栽培学.北京：农业出版社

中国农业科学院蔬菜花卉研究所.1992.中国蔬菜品种资源目录（第一册）.北京：万国学术出版社

中国农业科学院蔬菜花卉研究所.1998.中国蔬菜品种资源目录（第二册）.北京：气象出版社

中国预防医学科学院营养与食品卫生科学研究所.1991.食物成分表（全国代表值）.北京：人民卫生出版社

中华人民共和国农业部 . 2001. 中国农业统计资料（2000）. 北京：中国农业出版社

中国农业百科全书编辑部 . 1990. 中国农业百科全书（蔬菜卷）. 北京：农业出版社

日本农山渔村文化协会编（北京农业大学译）. 1985. 蔬菜生物生理学基础 . 北京：农业出版社

山东农学院 . 1979. 蔬菜栽培学各论（北方本）. 北京：农业出版社

李璞编 . 1963. 蔬菜分类学 . 台北：中华书局印行

刘步洲 . 1988. 北方蔬菜 . 北京：北京农业大学出版社

姚元干等 . 1992. 茄子果实中五种主要成分含量分析 . 湖南农业科学 . （4）：25～27

李家文 . 1981. 中国蔬菜作物的来历和变异 . 中国农业科学 . （1）：90～95

谭俊杰 . 1982. 茄果类蔬菜的起源和分类 . 河北农业大学学报 . 5（13）：116～126

王锦秀等 . 2003. 茄子的起源驯化和传播 . 中国植物学会七十周年年会论文摘要汇编（1933—2003）. 519

曾维华 . 2002. 茄子传入我国的时间 . 文史杂志 . （3）：66～67

崔彦玲 . 2000. 茄子的营养与保健 . 蔬菜 . （12）：35

杨张猷 . 2000. 茄子的营养价值 . 药膳食疗研究 . （3）：6

沈尔安 . 2002. 食疗佳蔬说茄子 . 药膳食疗研究 . （9）：18

陈雪寒 . 2001. 佳蔬良药化茄子 . 药膳食疗研究 . （3）：18

袁华玲等 . 1999. 安徽省茄子地方种质资源研究 . 安徽农业科学 . 27（1）：48～50

刘洪炯 . 1997. 陕西省茄子种质资源研究及利用 . 山西农业科学 . 25（3）：24～27

党永华等 . 1997. 陕西茄子品种资源生态分析 . 长江蔬菜 . （5）：25～26

卢淑雯 . 1997. 茄子的形态构造解剖描述 . 北方园艺 . （3）：13～15

肖蕴华 . 1989. 优良的茄子种质材料 . 作物品种资源 . （4）：14

肖蕴华等 . 1995. 茄子种质资源黄萎病抗性鉴定 . 中国蔬菜 . （1）：32～33

易金鑫 . 2000. 亚洲部分茄子品种资源数量分类 . 园艺学报 . 27（5）：345～350

易金鑫等 . 1998. 茄子抗黄萎病育种研究进展 . 中国蔬菜 . （6）：52～55

易金鑫等 . 2000. 茄子种质资源抗黄萎病性评估 . 江苏农业科学 . （6）：54～57

易金鑫等 . 2002. 茄子耐热性遗传表现 . 园艺学报 . 29（6）：529～532

刘进生等 . 1992. 茄子功能性雄性不育的遗传及其与果色基因连锁关系的研究 . 遗传学报 . 19（4）：
　349～354

方木壬等 . 1985. 茄子胞质雄性不育系的选育 . 园艺学报 . 12（4）：261～265

桂连友等 . 1999. 茄子品种对茄二十八星瓢虫田间抗性鉴定 . 湖北农业科学 . （5）：34～35

桂连友等 . 1999. 茄子田间抗螨性鉴定 . 湖北农学院学报 . 19（4）：307～309

井立军等 . 1998. 茄子品质性状遗传研究 . 西北农业学报 . 7（1）：45～48

井立军等 . 1998. 茄子杂种优势研究 . 天津农业科学 . 4（1）：9～12

井立军等 . 2000. 茄子抗黄萎病遗传的初步研究 . 园艺学报 . 27（4）：293～294

封林林等 . 2000. 茄子青枯病抗性材料的鉴定及性状观察 . 长江蔬菜 . （10）：35～37

封林林等 . 2002. 利用 RAPD 分析部分茄子品种的亲缘关系 . 中国蔬菜 . （4）：35～36

封林林等 . 2003. 茄子青枯病抗性的遗传分析 . 园艺学报 . 30（2）：163～166

赵国余 . 1995. 茄子抗绵疫病的遗传 . 北方园艺 . （3）：9～10

任锡仑等 . 1994. 茄子褐纹病抗源 83 - 02 的抗病机制研究——组织解剖学研究 . 种子 . （6）：8～12

刘学敏等 . 1998. 茄子对褐纹病（Phomopsis vexans）的抗性遗传研究 . 吉林农业大学学报 . 20（4）：
　1～7

何明等 . 2002. 茄子耐弱光鉴定指标和耐弱光品种筛选的研究 . 辽宁农业科学 . （2）：6～9

姚春娜等 . 2002. 茄子生物技术研究进展 . 生命科学 . 14（4）：245～247

连勇等．2004．应用原生质体融合技术获得茄子种间体细胞杂种．园艺学报．31（1）：39～42

连勇等．2004．茄子体细胞杂种游离小孢子培养获得再生植株．园艺学报．31（2）：133～235

范适等．2003．茄子体细胞融合与遗传转化研究进展．长江蔬菜．（5）：34～37

李耿光等．1988．茄子子叶原生质体再生可育植株．遗传学报．15（3）：181～184

许勇等．1990．粘毛茄子子叶原生质体的培养及植株再生．植物生理学通讯．（4）：27～30

乜兰春等．2004．茄子抗冷砧木的筛选和嫁接苗抗冷性研究．中国蔬菜．（1）：4～6

柳李旺等．2002．茄子生物技术育种研究进展．安徽农业科学．30（30）：342～345

林密等．1997．茄子育种研究现状及发展趋势．北方园艺．（3）：31～32

林密等．2000．黑龙江省茄子品种资源黄萎病抗性鉴定．北方园艺．（2）：42～43

刘春香等．2001．茄子 F1 代杂种的性状优势研究．山东农业科学．（3）：9～11

李海涛等．2002．茄子对青枯病的抗性遗传研究．辽宁农业科学．（2）：1～5

吴耀武等．1981．茄子茎愈伤组织的产生与植株再生．西北植物研究．1（2）：52～54

张兰英等．1987．两种茄子子叶诱导胚状体和植株再生．植物生理学通讯．（4）：56

林栖凤等．2001．红树 DNA 导入茄子获得耐盐性后代的研究．生物工程进展．21（5）：41～44

胡晓琴等．1998．水稻巯基蛋白酶抑制剂基因导入马铃薯和茄子．园艺学报．25（1）：65～69

赵福宽等．2003．茄子抗冷细胞变异体的 RAPD 分析及自交一代株系的抗冷性鉴定．华北农学报．18（1）：17～20

田时炳等．2001．茄子功能型雄性不育系及恢复系配合力分析．西南农业学报．14（2）：58～61

田时炳等．2003．茄子单性结实的遗传分析．园艺学报．30（4）：413～416

程继鸿等．2000．弱光条件下茄子花药培养再生体系的建立．北京农学院学报．16（2）：22～26

Liu Fuzhong, Lian Yong, Chen Yuhui. 2004. Study on characteristics of parthenocarpic germplasm of Eggplant. IPGRI NewsLetter for Asia. The Pacific and Oceania. No. 45：20～22

C. Collonnier, I. Fock, V. Kashyap, G. L. Rotino, M. C. Daunay, Y. Lian, I. K. Mariska, M. V. Rajam, A. Servaes, G. Ducreux & D. Sihachakr. 2001. Applications of biotechnology in eggplant. Plant Cell Tissue and Organ Culture. 65：91～107

F. Rizza, G. Mennella et al.. 2002. Androgenic dihaploid from somatic hybrids between *Solanum melongena* and *S. aethiopicum* group gilo as a source of resistance to Fusarium oxysprum f. sp. melongenae. Plant Cell Reports. 20：1022～1032

Kazumitsu Miyoshi. 1996. Callus induction and plantlet formation through culture of iolated microspores of eggplant. Plant Cell Reports. 15：391～395

P. K. Saxena, R. Gill et al.. 1981. Plantlet formation from isolated protoplasts of solanum melongena L. Protoplasma. 106：355～359

蔬菜作物卷

第二十六章

辣　椒

第一节　概　述

辣椒属茄科（Solaninae）茄亚族（Solaninae Dunal）辣椒属（*Capsicum*）一年生或多年生植物，草本或灌木、半灌木。中国普遍栽培的多为*Capsicum annuum* L.。又名青椒、菜椒、番椒、海椒、秦椒、辣子、辣茄等。染色体数 $2n=2x=24$。辣椒是中国重要的果菜类蔬菜，在蔬菜生产中占有重要的位置。

辣椒的营养价值较高，含有人体所需的多种维生素、糖类、类胡萝卜素、有机酸等。灯笼形甜椒每 100g 鲜重其可食部分约占 82%，含水分 93.0g、蛋白质 1.0g、脂肪 0.2g、膳食纤维 1.4g、碳水化合物 4.0g、胡萝卜素 340μg、抗坏血酸 72mg、维生素 E0.59mg、钾 142mg、钙 14.0mg、铁 0.8mg 和磷 2mg。每 100g 脱水灯笼形甜椒其可食部分为100%，含水分 10.5g、蛋白质 7.6g、脂肪 0.4g、膳食纤维 8.3g、碳水化合物 68.3g、胡萝卜素 16 910μg、抗坏血酸 846mg、维生素 E6.05mg、钾 1 443mg、钙 130mg、铁7.4mg 和磷 10mg。每 100g 鲜食尖辣椒其可食部分约占 84%，含水分 91.9g、蛋白质1.4g、脂肪 0.3g、膳食纤维 2.1g、碳水化合物 3.7g、胡萝卜素 340μg、抗坏血酸 62mg、维生素 E0.88mg、钾 209mg、钙 15.0mg、铁 0.7mg 和磷 3mg。每 100g 鲜红小辣椒其可食部分约占 80%，含水分 88.8g、蛋白质 1.3g、脂肪 0.4g、碳水化合物 5.7g、胡萝卜素1 390μg、抗坏血酸 144mg、维生素 E0.44mg、钾 222mg、钙 37mg、铁 1.4mg 和磷 95mg（中国预防医学科学院，《食物成分表》，1991）。辣椒辛辣与否取决于辣椒素（$C_{16}H_{27}NO_2$）的含量，辣椒素主要存在于果实内胎座和附近的隔膜中，适度的辛辣味可增进食欲，振奋精神，帮助消化。

辣椒对人体有很强的保健作用，其根、茎、果实均可入药，并具有通经活络，活血化瘀，祛风散寒，消炎镇痛，开胃消食，补肝明目，温中下气，抑菌止痒和防腐驱虫、治疗冻疮疥癣等作用。

辣椒原产南美洲，广泛分布于热带、亚热带、温带地区。据联合国粮农组织统计（FAO，2003），全世界辣椒种植面积 165.4 万 hm²，总产量 2 324.8 万 t。其中亚洲栽培面积最大，其次为非洲。但单位面积产量欧洲名列前茅。世界上种植面积最大国家为中国，种植面积达 60.3 万 hm²，总产量达 1 153.5 万 t，其他依次为印度尼西亚、墨西哥、韩国、土耳其、尼日利亚。总产量高低依次为中国、墨西哥、土耳其、西班牙、美国、尼日利亚；平均单位面积产量高低依次为荷兰、英国、奥地利、西班牙、法国、匈牙利等。辣椒于明朝末年（1640）传入中国，并在中国迅速传播，至今已有 360 多年栽培历史。鲜辣椒和干辣椒是中国重要的外贸出口蔬菜产品之一，经加工制成的辣椒干和辣椒粉远销东南亚各国。

辣椒以其嫩果或成熟果供食，常年供应，四季不断，可炒食、凉拌、作馅或加工晒干、制成辣椒粉、辣椒酱、辣椒油和蜜饯，也可腌制，酱渍和泡菜等。它又是重要的不可缺少的调味品，国内外许多名食佳肴，多以辣味为其主要特点，如闻名中外的四川榨菜，名扬四海的川菜，享誉神州大地的臊子面等。

中国辣椒种质资源丰富，全国各地均有分布，不仅可在露地，还可在保护地进行种植，近年在华南、西南等地大量发展反季节栽培，进一步提高了产品周年均衡供应的水平。地方品种主要分布于长江流域、华北、西南、东北等地区。至 2003 年已登记、进入国家农作物种质资源长期库的辣椒种质资源达 2 100 余份，2005 年增至近 2 200 份。

世界主要发达国家对辣椒种质资源的研究已从园艺性状和抗病性鉴定进入到分子生物学研究。中国目前仍停留在对其主要园艺性状、经济性状和少数病害（烟草花叶病毒和黄瓜花叶病毒、疫病、炭疽病）的鉴定上，与发达国相比还存在着明显的差距。

第二节　辣椒的起源、进化、传播与分布

一、辣椒的起源与进化

辣椒起源于中南美洲热带地区的墨西哥、秘鲁、玻利维亚等地，是一种古老的栽培作物，具有极丰富的野生种和近缘野生种资源。考古学家曾于墨西哥中部拉瓦湛溪谷的考古中发现，在公元前 6500—前 5000 年的遗迹中有 *Capsicum annuum* 的种子，这是一年生辣椒驯化类型的证据；同样在秘鲁沿海地区古代沉积物的遗迹中，找到了大约为公元前 2000 年的一种浆果状辣椒的栽培类型种子（*Capsicum baccatum*）。*Capsicum frutescens* 的起源中心在秘鲁海岸地区，距今已有 3 000 余年的历史（《中国辣椒》，2002）。在古代，人们也已知道辣椒中有甜椒类型，但直到近代才被人们重视，并加以利用。

五个主要的辣椒栽培种起源于三个不同的中心。正如前面所说，墨西哥是 *C. annuum* 的初级起源中心，次级起源中心是危地马拉；亚马孙河流域是 *C. chinense* 和 *C. frutescens* 的初级起源中心；秘鲁和玻利维亚是 *C. pendulum* 和 *C. pubescens* 的初级起源中心（《中国辣椒》，2002）。

Mcleod（1980）用淀粉凝胶电泳对辣椒栽培种和野生种进行了研究，结果表明辣椒的进化具有多元性。这一结果与上述五个栽培种的起源相符合。

据 Pickersgill 等（1981）对白花组栽培种和野生种的 39 个性状及其变异所进行的研究，其三种研究方法（组平均数法、最近距离聚类法、主要成分分析法）的研究结果一致，表明 *Capsicum baccatum* 和 *C. annuum*、*C. chinense*、*C. frutescens* 的复合群体有明

显的区别，*C. baccatum* 的栽培种是起源于自己的野生种。*C. annuum*、*C. chinense*、*C. frutescens* 的野生种形成一个极易区分的复合群体，不但它们的栽培种之间能相互区分开，而且也能同 *C. baccatum* 区分开，尽管它们间存在着一定程度的并行进化关系。这表明，这四个种之间存在着异地进化，并由此发生进一步分化（《中国辣椒》，2002）。

二、辣椒的传播与分布

据历史记载，1492 年，为寻求胡椒而航海西渡的哥伦布，在北美新大陆发现优于胡椒的上等辛香料辣椒，哥伦布于 1493 年将其带回西班牙，传播到南欧，受到人们的欢迎。1548 年辣椒的栽培由地中海地区传播到英国，1558 年已传入中欧，16 世纪中期才在欧洲各地传播开来。1542 年由西班牙人、葡萄牙人将辣椒传到印度。1583—1598 年传入日本，17 世纪许多辣椒品种传入东南亚各国（《中国辣椒》，2002）。

中国约在 1640 年（明朝末年）引进，相传中国的辣椒一是经丝绸之路传入，在甘肃、陕西等地均有栽培，故有"秦椒"之称；二是经由东南亚海道进入，在广东、广西、云南等地广泛栽培，现云南省西双版纳仍有半野生型的"小米辣"。中国最早记载有关辣椒的书见于 1591 年高濂撰写的《遵生八盏》："番椒丛生，白花，果俨似秃笔头，味辣，色红，甚可观"。辣椒一名最早见于清代《汉中俯志》（1813），其中有牛角椒、朝天椒的记述（《中国作物遗传资源》，1994）。

甜椒由中南美热带原产的辣椒，在北美洲经长期人工栽培和自然、人工选择而逐渐进化，其果肉逐渐变厚、辣味慢慢消失、心室数增多、果形变大，从而形成不同于辣椒的甜椒类型。甜椒传入欧洲的时间比辣椒晚，后传入俄国，近代传入中国。

目前，辣椒生产遍及世界各地，辣椒栽培主要分布在中国、印度尼西亚、墨西哥、尼日利亚、土耳其、韩国等。一般的处冷凉地区的国家以生产甜椒为主，地处热带、亚热带的国家则以种植辣椒为主。中国大部分地区属温带气候，全国各地几乎均可种植，主要栽培地区分布在湖南、四川、河南、贵州、江西、陕西、山东、安徽、湖北、江苏、河北等地，近年来反季节栽培发展迅速，尤其是广东、海南、广西、福建等省份已成为秋冬季南菜北运辣椒的重要产区。

第三节　辣椒的分类

一、植物学分类

人们通常习惯以有无辣味或辣味的轻重，将辣椒分为"辛辣椒"、"微辣椒"和"甜椒"。但在植物学上主要按亲缘关系、形态特征等进行分类。

（一）林奈分类

18 世纪中叶（1753 年）林奈（Linnaeus）在《物种》一书中首先将辣椒分为两个种，即一年生椒（*Capsicum annuum* L.）和灌木状辣椒（*Capsicum frutescens* L.）。1767 年林奈又把辣椒分为另外两个种：小樱椒（*C. baccatum* L.）和大椒（*C. grossum* L.）。

(二) 伊利希分类

伊利希 (Irish, 1898) 在林奈分类 (1753) 的基础上又将一年生辣椒分为以下 7 个变种。

Capsicum annuum L.	一年生辣椒
var. *conoides* (Mill.) Irish	朝天椒
var. *fasciculatum* (Sturt.) Irish	簇生椒
var. *acuminatunm* Fingern	线形椒
var. *longum* (D. C.) Sendt.	长形椒
var. *grossum* (L.) Sendt.	圆形椒
var. *abberviatum* Fingern	圆锥椒
var. *cerasiforme* (Mill.) Irish	樱桃椒
Capsicum frutescens L.	灌木状椒

(三) 贝利分类

后来贝利 (Bailey L. H 1923) 认为林奈所划分的一年生椒和灌木状椒应属于同一个种，在热带这个种为多年生的灌木类型，而在温带地区又作一年生蔬菜种植，并采用了 *C. frutescens* L. 为种名，其下分为 5 个变种：

var. *cerasiforme* Irish	樱桃椒
var. *conoides* Irish	圆锥椒
var. *fasciculatum* Sturt.	簇生椒
var. *longum* Sendt.	长形椒
var. *grossum* Sendt.	灯笼椒

由于贝利分类中所涉及的实际上多为一年生辣椒，故目前许多学者也使用 *C. annuum* 这一种名。《中国农业百科全书. 蔬菜卷》 (1991) 中辣椒所用的种名即为：*Capsicum annuum* L. syn. *C. frutescens* L. 。而日本基本上采用 Irish 的分类法。

(四) 斯密斯分类

Smith 和 Heiser 等于 1951—1953 年将辣椒分成 4 个种：

Capsicum pendulum Wild	铃椒
Capsicum frutescens L.	灌木椒
Capsicum annuum L.	一年生椒
Capsicum pubescens Keep.	茸毛椒

(五) 费洛夫分类

20 世纪中叶，苏联作物研究所收集了近 800 份辣椒种质资源，并对其地理分布、生态条件、形态特征和种间杂交的可育性方面进行了较广泛深入的研究，在此基础上，费洛夫 (А. И. ФИЛОВ, 1956) 在对辣椒的进一步分类中，将一年生辣椒分成 4 个亚种 (其中又将甜椒——灯笼椒亚种（ssp. *grossum*）分为 5 个变种……），21 个变种：

1. 甜椒亚种（*C. annuum* ssp. *grossum* Fil.）

var. *pomifera*	番茄形椒
var. *latum*	钟形椒
var. *ovatum*	圆锥椒
var. *cordatum*	保加利亚尖椒
var. *zilindricum*	圆柱椒

2. 大辣椒亚种（ssp. *acerum* Fil.）

var. *proboscideum* M.	象鼻形椒
var. *longum* Sendt.	长椒
var. *breviconoideum* Haz.	锥椒
var. *fuscus* Cordero.	褐色圆锥椒
var. *procerus* Fil.	高秆椒
var. *dactylus* M.	指形椒

3. 小辣椒亚种（ssp. *microcarpum* Fil.）

var. *acuminatum* Fing	长尖椒
var. *brevidactylus* M.	短指椒
var. *reptatum* Fil.	匍匐椒
var. *conoides* Mill.	圆锥椒
var. *cerasiforme* Mill.	樱桃椒
var. *ovare* Haz.	卵形椒
var. *fasciculatum* Sturt.	簇生椒
var. *ornamentale* Haz.	观赏椒

4. 野生辣椒亚种（ssp. *spontaneum* M.）

var. *baccatum* L.	草莓椒
var. *minimum* Mill.	针形椒

（六）加佐布希分类

苏联加佐布希（В. Л. Газебущ，1958）又将辣椒分为 4 个种，29 个变种：

Capsicum angulosum Mill.　　　　　　　秘鲁椒

var. *jazepezucku* Haz.	佳真处卡椒
var. *bicoloratum* Haz.	两色椒
var. *tetragonocarpum* Haz.	四角椒
var. *longipetiolatum* Haz.	长柄椒
var. *cylendropedicellatum* Haz.	筒状椒
var. *macrophyllum* Haz.	大叶椒
var. *mesaphyllum* Haz.	小叶椒

Capsicum conicum Haz.　　　　　　　　哥伦布椒

var. *umbilicatum* Haz.	缠头椒
var. *baccatum* Haz.	浆果椒
var. *medelinse* Haz.	麦哲椒
var. *cereolom* Haz.	蜡烛椒
var. *elongatum* Haz.	长柄椒
var. *brevipellolatum* Haz.	短柄椒
var. *lamprocarpum* Haz.	灯笼椒
var. *vellosoanum* Haz.	天罗隆椒
Capsicum annuum L.	墨西哥椒
var. *fascioculatum* Irish	朝天椒
var. *cerasiforme* Irish	樱桃椒
var. *longum* Sendt.	长椒
var. *breviconcidum* Haz.	短锥椒
var. *grossum* Sendt.	柿子椒
var. *ovoidcum* Fingerh.	阔椭圆椒
var. *conoides* Irish	圆锥椒
var. *ribeiforme* Haz.	红醋栗椒
var. *bukasovu* Haz.	布卡晓夫椒
var. *ornamentele* Haz.	观赏椒
var. *acuminatum* Haz.	长尖椒
var. *chordule* Haz.	小刀形椒
Capsicum pubescens Keep.	茸毛椒
var. *nigroisementum* Haz.	黑子椒
var. *griseonigosemineum* Haz.	灰黑子椒

(七) 国际植物遗传资源委员会（IBPGR）分类

1983 年国际植物遗传资源委员会发表的《辣椒遗传资源》一文中，将辣椒属（*Capsicum*）归纳为栽培种、未被利用的野生种和已被人们所利用的其他辣椒种共 32 个，其中确定了辣椒栽培种有 5 个，分别是：

1. 一年生辣椒（*C. annuum*）　包括各种栽培甜椒和辣椒的大部分品种，是目前栽培最广，生产上最重要的一个种。它原产于中美洲，核型分析表明它起源于墨西哥。该种的野生变种（*C. annuum* var. *minimum*）分布在美国南部至南美洲北部的广大地区；另一野生变种（*C. annuum* var. *glabriusculum*）分布在美国南部、墨西哥、中美洲和南美洲（Pickersgill, 1969）。这个种的特征是花多单生，少簇生，花梗多下垂、少直立，花冠乳白色居多，少紫色，花药蓝色或紫色，萼片平直。成熟果花梗和花萼连接处无环状缢痕，果肉较硬（某些品种较软）。种子浅黄色。染色体数 $2n=2x=24$，具近端着丝点染色体臂 2 对。

2. 灌木状辣椒（*C. frutescens*）　原为野生种，灌木或亚灌木，类似杂草或半驯化植物，广泛分布于美洲热带低凹地区，东南亚也有分布。其特征为花多单生，少有 2 至数朵簇生，花冠乳白色至白色，略呈绿色或黄色，花冠裂片稍外卷，花药蓝色。有些叶节具 2 个或多个花梗，花梗直立。果实纺锤状，长 7～14cm，果肉一般较软，成熟果花梗和花萼之间无环状缢痕。味极辣。种子浅黄色。染色体数 2n＝2x＝24，具近端着丝点染色体臂 1 对。

C. frutescens 抗疫病和黄萎病（Mikova Popova，1981），因此对辣椒抗病育种有重要价值。

3. 中国辣椒（*C. chinense*）　为亚马孙河流域栽培最为广泛的一个种，和 *C. frutescens* 一样，广泛分布于美洲热带地区。该种类似于木本辣椒，每叶节着生花 2 朵至数朵，簇生，少单生，花冠多绿白色，少有乳白色或紫色。花梗直立或斜向。与 *C. frutescens* 区别主要是花萼与花梗之间有缢痕。果肉较硬。种子浅黄色。染色体数 2n＝2x＝24，具近端着丝点染色体臂 1 对。据 Mikova 和 Popova（1981）研究，该种可抗黄萎病。

4. 下垂辣椒（*C. baccatum* var. *pendulum*）　主要产于南美洲，其他地区很少种植。它的栽培种是 *C. baccatum* var. *pendulum*，野生种为 *C. baccatum* var. *baccatum*（Eshbaugh 1970）。野生类型主要集中在玻利维亚及其周围地区。花单生，花冠上有黄色、棕褐色或棕色斑点，并具有显著的萼芽，与一年生辣椒不同。成熟果的花梗和花萼连接处虽有时具不规则皱纹，但无环状缢痕。果肉较硬。种子浅黄色，染色体数 2n＝2x＝24，具近端着丝点染色体臂 1 对。*C. baccatum* 抗 TMV、CMV 和疫病（Mikova 和 Popova，1981）。

5. 柔毛辣椒（*C. pubescens*）　广泛种植于安第斯山区，在美洲中部和墨西哥部分地区也有栽培，是一种具有独特形态的栽培种。目前尚不清楚其祖先，但其和南美洲的一些野生种 *C. eximium*、*C. cardenasii* 和 *C. tovari* 有亲和性。花单生，花冠紫色，少有白色带紫色。成熟果花梗和花萼连接处无环状缢痕。果肉硬，果实黄色或橘黄色，肉较厚。种子浅黑色，多皱纹，染色体数 2n＝2x＝24，具近端着丝点染色体臂 1 对（《中国作物遗传资源》，1994）。

中国在辣椒分类上以采用 Bgiley 的分类为多，同时也采用 Irish 的分类，有时也有学者采用费洛夫分类（《蔬菜栽培学各论（北方本）》，1979）。

美国对 Bailey、Irish、Smith 和 Heiser 的分类法均有采用，但以采用 Smith 和 Heiser 分类较多。

苏联各种不同的分类法均有采用，其中加佐布希（В. Л. Газебущ.，1958）分类法因十分繁琐，其他国家少有采用。

综上所述，虽然 1983 年国际植物遗传资源委员会（IBPGR）讨论过辣椒属（*Capsicum*）统一分类的问题，但实际上仍未能形成统一的分类共识。

（八）中国辣椒的植物学分类

中国辣椒种质资源极为丰富，目前全国所收集的各地地方品种已达 2 000 多份，经初步鉴定结果，确定中国有两个种，即一年生辣椒（*C. annuum* L.）和灌木状辣椒

（*C. frutescens* L.）。

1. 一年生辣椒（*C. annuum*）　　中国各地栽培的辣椒品种绝大部分属一年生辣椒。李佩华（1994）在对中国辣椒的初步研究中，将一年生辣椒以果实的不同形态特征为主要分类依据共将其归属为 6 个变种：

（1）长角椒（*C. annuum* L. var. *longum* Sent. ）　　果形有牛角形、长圆锥、羊角形 3 种。果形指数 3～5，果基花萼多数平展。该变种在中国各地分布最广，栽培面积最大。该变种种质资源较为丰富，湖南、湖北、贵州、云南、江西、山西、河南等省栽培最多。植株高矮不一，株型较开展，分枝性较强。单株结果多，果梗下弯，果实下垂，果实长圆锥形或粗长圆锥形，个别略弯曲，颇似牛角或羊角，故称牛角形或羊角形；按其果的大小、长短又可细分为大牛角（大羊角）、牛角（羊角）、小牛角（小羊角）或长牛角（长羊角）和短牛角（短羊角）形。果面光滑或有浅棱，部分品种有浅皱或多皱。果顶先端渐尖，有时呈小钩状、钝状，少数品种平或略凹。果基部花萼多平展，少有浅下包。纵径 10～27cm，横径 1.7～4.0cm。单果重以 10～40g 居多，最大单果重也有 70～150g，果肉厚 0.15～0.40cm。果实含水量中等，味微辣或辣，宜鲜食或兼加工用。该变种的部分品种具有抗逆、抗病、丰产、适应性强等特性，不仅广泛用于生产，如兖州羊角椒、昭通大牛角椒、宁夏牛角椒、石河子牛角椒、伊利大辣椒、益都辣椒等；而且其中有一部分是重要的育种亲本材料，如湘潭晚、21 号牛角椒、汉川椒、云阳椒、伏地尖、吉林耐湿椒等。

（2）指形椒（*C. annuum* L. var. *dactylus* M. ）　　该变种有长指形、指形、短指形 3 种果形，果形指数在 5 以上，果基部花萼下包或浅下包，果肉薄，为中国辣椒重要种质资源。栽培分布广，主要分布于四川、云南、福建、陕西、河北、山西等省。中国出口外销的干辣椒优良品种大多出自该变种。植株矮至高大，株型较开展，分枝性较强。单株结果率高，果实下垂或直立，果顶先端渐尖，有时呈小钩状或呈钝状（短指形为多）。果实纵径 5～24cm，短指形纵径 5cm 左右，长指形纵径 12cm 以上；横径均较细小，果形指数较高。单果重 3～15g，最大单果重 20～30g。果肉厚 0.10～0.15cm。果实含水量少，辛辣味强，宜加工干制。其代表品种有陕西省的 8819 线椒和 8212 线椒，河北省的望都辣椒、鸡泽辣椒，云南省的邱北辣椒，四川省的西充椒、什邡椒，河南省的永城辣椒，福建省的宁化辣椒，湖南省的攸县玻璃椒等。

（3）灯笼椒（*C. annuum* L. var. *grossum* Sent. ）　　该变种果形有长灯笼、方灯笼、宽锥形和扁圆形 4 种，果形指数 1～2，果大、肉厚、味甜居多，也是重要的辣椒种质资源组成部分。主要分布于华东沿海、华北、东北地区大中城市近郊。植株矮至中等，直立、紧凑。单株结果少，果柄多下弯，少直立。果面光滑有纵沟，浅至深。果顶略凸，平或下凹（浅至深）。果基部梗洼处多内陷，花萼平展。果大，纵径 5～10cm，横径 5～8cm，肉厚 0.3～0.6cm，薄肉型以 0.3cm 左右为多。单果重 40～200g，最大单果重 750g。果肉含水量高，质脆、味甜或微辣，多为鲜食炒菜用。该变种中大部分为甜椒，其抗逆性和抗病性均低于辣椒，适宜夏季较凉爽地区和反季节栽培，且对肥水条件要求较高。其代表品种如上海甜椒、北京茄门、山西省的二猪嘴、吉林省的麻辣三道筋、吉林 3 号，黑龙江省的双富、巴彦、牛心辣椒等。

（4）短锥椒（*C. annuum* L. var. *breviconoideum* Haz. ）　　该变种多分布在江苏省南

京市、安徽省合肥市、云南省昆明市、四川省成都市等地。植株矮至中高。结果多或中等。果实下垂，中小圆锥形或中小圆锥灯笼形。果顶钝尖或有凹陷，果面光滑有纵沟，有的品种有许多较深的横向皱褶似螺旋状，或有凹凸。单果重 6～14g，纵径 6～11cm，横径2.5～6cm，果形指数 2 左右，果肉较薄，约 0.15cm，多汁，质软，味微辣或辣，可鲜食。其早熟性突出，适于早熟栽培或在育种中作早熟亲本。代表品种有江苏省的南京早椒（黑壳、黄壳），安徽省的合肥四叶椒，湖北省的武汉矮脚黄，云南省的昆明皱皮辣，江西省的九江早椒，四川省的二斧头，河南省的漯河一窝蜂，山东省的铃铛皮辣椒等。

（5）樱桃椒（*C. annuum* L. var. *cerasiforme* Irish）　中国云南、贵州、福建省等少部分地区有栽培，主产区为云南省的建水县。植株中等高，结果多，果实直立或斜生，果小，大多为近小圆球形，呈樱桃状，少数为小宽锥形似鸡心，又称鸡心椒。果色有红色、黄色或微紫色。樱桃椒纵径 2.1～2.4cm，横径 2.40～2.65cm，单果重 1.6～10g；鸡心椒纵径 2.85～4.00cm，横径 0.6～1.6cm，单果重 1～3g，肉厚 0.2～0.4cm。果基部花萼平展，果顶平。辛辣味极强，多用于制干椒或切碎腌渍，也可作观赏植物栽培。其代表品种有云南省的樱桃椒，福建省的沙县纽扣椒等。

（6）簇生椒（*C. annuum* L. var. *fasciculatum* Sturt.）　主要分布在四川、湖北、海南、陕西、贵州、河北、河南等省。植株矮或高大，株高 45～90cm，枝条密生，叶狭长，果实簇生，细长，果色鲜红至深红色，每簇果实 2～10 余个，短指形或短锥形。果小，单果重 2～6g，纵径 4.0～7.8cm，横径 0.8～1.40cm，果肉薄，约 0.07～0.10cm，辣味浓。耐热，耐病毒病。宜制干调味用。主要代表品种有四川省的七星椒、湖北省的石首七姐妹、陕西省的安康十姐妹，河北、山东省的天鹰椒、海南省的五彩椒等。

2. 灌木状辣椒（*Capsicum frutescens* L.）　本种主要分布在云南省西双版纳热带地区。主要有：

（1）小米辣　为中国唯一的野生辣椒，在云南省西双版纳较多，在元江和建水县也有零星分布，海南省有少量栽培，主要生长在荒山坡和沟谷及房前屋后的路边。多年生，在当地气候条件下，常年能开花结果，为直立灌木或灌木状草本，株高可达 80～180cm，开展度 94～152cm。茎叶光滑，绿色，叶片小而窄，卵形至卵状披针形。花单生，偶有 2 花着生于同一叶腋处，花小，花冠浅绿白或浅绿黄色。果顶向上，单生，嫩熟果绿色，老熟果红色。果极小，近长纺锤状，类似较大的麦粒，果基部花萼下包。果实纵径 1～2cm，横径 0.4～0.6cm，肉厚 0.1cm，单果重 0.15g，果柄长 1.5～3.0cm。肉质软，辣味强，可鲜食或晒干作调味品，老熟果具有花萼和果柄易分离而自行脱落的原始特性。

（2）大米辣　分布于云南省思茅、景洪、勐腊、个旧等县（市）。多作一年生栽培，茎枝幼嫩时为草质，成长后逐渐木质化。植株生长势强，分枝多，株高 90～110cm，开展度 150～180cm。茎、叶、花形态特征同小米辣。果实在植株上除直立着生外，还有下弯和侧生者，果实较小米辣大，短指形，近似萝卜角状。嫩熟果浅绿黄或浅绿色，老熟果红色，有光泽，果基部花萼下包。果实纵径 4～7cm，横径 0.7～1cm，肉薄，约 0.1cm，胎座小，种子多，单果重 1.0～1.5g。晚熟，结果多，较耐热、耐湿。对病毒病和炭疽病抗性较强。辣味强，老熟果红色，果肉含水少，品质较好，宜制干，也可腌渍。

（3）云南涮辣椒　属稀有辣椒种质资源，为多年生灌木状辣椒一个新的栽培变种（刘红等，1985）。学名 *Capsicum frutescens* L. cv. *Shuanlaense* L. D. Zhou，H. Liu et P. H Li，cv. nov。分布于云南省西部及西南部思茅、潞西、瑞丽等县（市），零星种植于半阴处。夏秋季开花结实，一、二年生，直立，为草本至亚灌木，株高 160cm，开展度 150～170cm，花小，花冠浅绿黄或浅绿白色。果单生下垂，嫩熟果浅绿色，老熟果橘红转鲜红色，有光泽。果实为卵状短圆锥或圆锥小长灯笼形，花萼小，平展或下包，紧扣果肩部。果实纵径 3.7～7.0cm，横径 2.0～3.0cm，3～4 心室，肉厚 0.1～0.2cm，单果重 4.5～7.0g，果内种子少。晚熟。结果期需高温、高湿。耐热。易感病毒病。具特有的辛辣气味，辣味极强，不能直接食用，只能将果切开，在热汤中涮几下，整锅汤即有辛辣味，故有："涮辣"之称。

（4）大树辣　［*Capsicum frutescens* L. f. *pingbianense* P. H. Li，L. D Zhou et H. Liu，f. nov（*C. annuum* L. f. *pingbianense* P. H. Li，L. D. Zhou et H. Liu，f. nov.）］　云南省东南部屏边县地方品种，栽培历史悠久。该变型与原变种的主要区别为多年生高大灌木。四年生株高可达 3m，树干横径 4～6cm，侧枝繁茂，可生长 7～8 年。花冠白色，花冠裂片边缘及基部带浅紫晕。果柄下弯，果实粗指形，花萼浅下包，果顶渐尖或钝尖。嫩熟果深绿色，老熟果深红色，纵径 7.0～12.5cm，横径 1.2～1.5cm，单果重 6g 左右。辛辣味强并具有芳香味，可鲜食或干制，红熟果可作调味品。晚熟。在种植地区轻度感染病毒病。

二、栽培学分类

（一）按果实辣味强弱分类

辣椒辛辣味主要取决于辣椒素（$C_{16}H_{27}NO_2$）的含量，不同品种辣椒素含量差异很大，小米辣每 100g 鲜重含辣椒素 470～767mg，朝天椒（簇生椒）为 219mg，牛角椒为146mg，长角椒菜用品种仅为 11.64mg。按辣味的强弱可将其分成 3 种类型：

1. 甜椒类型　果实内含辣椒素极微，有辣气但不辣，味甜。灯笼椒中的绝大多数肉厚品种均为此类型，主要有茄门、二猪嘴、牟农 1 号、双富、巴彦、世界冠军、农大 40号等。

2. 微辣类型　果实中含辣椒素较少，辛辣味中等或微辣。短锥椒变种的各个品种，长角椒变种中肉厚水多的菜用品种，如湘潭迟班椒、昭通大辣椒、汉川椒、耐湿椒、云阳椒、保加利亚尖椒等，以及灯笼椒中部分肉厚或肉薄品种，如牛心辣、辽椒 1 号、吉林 3号、麻辣三道筋，101 灯笼椒、蜜枣椒、滦河柿子椒等均为此类型。

3. 辛辣类型　果实中含辣椒素多，辣椒素占干重的 0.1%～1.9%，辛辣味强。指形椒、樱桃椒和簇生椒变种的各个品种；还有长角椒变种中的一些辛辣味较强的品种如棋盘红尖椒、伊犁猪大肠，永城钢皮椒都属此类型，云南的涮辣是世界上已知最辣的辣椒。

（二）按产品用途分类

根据辣椒产品的用途可将其分为以下几类：

1. 鲜食菜用 灯笼椒类型有茄门、牟农 1 号、二猪嘴、世界冠军、麻辣三道筋等；大果形长角椒如湘潭迟班椒、伊犁大辣椒、昭通大牛角、保加利亚尖椒等；短锥椒有南京早椒，合肥四叶椒、云南皱皮辣等。

2. 加工干制用 指形椒有陕西省的 8819、8812，河北省的望都辣椒、云南省的邱北辣椒、河南省的永城辣椒；簇生椒如四川省的自贡七星椒、陕西省的安康十姐妹，以及早年引自日本的天鹰椒；长角椒如浙江省的杭州鸡爪椒、四川省的西充椒、什邡椒等。

3. 加工腌渍用

（1）整果腌渍 长角椒中有湖南省的长沙河西牛角椒；灯笼椒有辽宁省的锦州油椒；指形椒有浙江省杭州市的龙游小辣椒以及云南省的西双版纳大米辣等。

（2）剁碎腌渍 长角椒中如湖南省的长沙光皮椒等。

（三）按不同栽培方式分类

根据对不同栽培方式的适应性可将其分为以下几类：

1. 适于早熟保护地栽培 适于保护地栽培、早熟至中早熟、优质、抗病作鲜食菜用的大果型甜椒品种有中椒 7 号 F_1、中椒 5 号 F_1、甜杂 3 号 F_1、农乐 F_1 等品种。另一类为小圆锥灯笼形的早熟、抗病、丰产的辣椒品种如早丰 1 号 F_1、皖椒 1 号 F_1、汴椒 1 号 F_1、苏椒 5 号 F_1 等也都适宜作保护地早熟栽培。

2. 适于露地栽培 鲜食菜用或鲜干兼用品种，如茄门、绿特 F_1、中椒 5 号 F_1、中椒 6 号 F_1、佳农椒 1 号、21 号牛角椒、猪大肠等；适宜加工用的长角形椒、指形椒中的各种品种，如陕西秦椒、邱北辣椒、兖州羊角椒、永城钢皮椒等都适宜露地栽培。

3. 适宜恋秋栽培 中晚熟和晚熟适鲜食菜用或加工品种，如茄门、中椒 4 号 F_1、中椒 8 号 F_1、农大 40 号、湘潭迟班椒、湘研 10 号 F_1、汉川椒、什邡椒、邱北辣椒等均适宜春播越夏恋秋栽培。

4. 适于反季节栽培 近年来，华南等地反季节（秋冬季）露地栽培的辣椒已成为南菜北运蔬菜的重要种类，适宜其栽培的主要品种：甜椒有中椒 5 号 F_1、中椒 7 号 F_1、中椒 11 号 F_1、中椒 12 号 F_1、京甜 3 号 F_1；辣椒有新丰 5 号 F_1、保加利亚尖椒、宁椒 5 号 F_1、茂椒 4 号 F_1、茂丰 5 号 F_1、中椒 6 号 F_1、湘研 13 号 F_1、湘研 16 号 F_1 等。

第四节 辣椒形态特征与生物学特性

一、形态特征

（一）根

辣椒属浅根性作物，在茄果类蔬菜中，根系没有番茄、茄子发达，根量小，入土浅，吸收根少，木栓化程度高，因而受损后其恢复能力弱。采用育苗移栽时，主要根系多集中在 10～15cm 的耕层内。辣椒根的再生能力比番茄、茄子弱，茎基部不易发生不定根。因此在栽培中要注意促使辣椒不断产生新根，发生根毛，扩大吸收面积。

（二）茎

辣椒茎直立，基部木质化程度较高，为深绿、绿、浅绿或黄绿色，具有深绿或紫色纵条纹。株高约 30～150cm，因品种、气候、土壤及栽培条件不同而异。当茎端顶芽分化出花芽后，以双权或三权分枝形式继续生长，分枝形式因品种不同而异。另外在昼夜温差较大，夜温低，营养状况良好，生长较缓慢时，易出现三权分枝，反之则多出现二权分枝。一般情况下，小果型品种植株高大，分枝多，开展度大，如云南省开远小辣椒、大米辣、小米辣等；大果型品种植株稍矮小，分枝少，开展度小。甜椒品种主茎基部各叶节的叶腋均可抽生侧枝，但基部侧枝开花结果较晚，并易影响田间通风透气，故生产上都将门椒以下的侧枝摘除。

根据上述分枝结果习性，又可将辣椒分为无限分枝和有限分枝两种类型：①无限分枝型：当主茎长到 7～15 片叶时，顶芽分化为花芽，由其下 2～3 叶节的腋芽抽生侧枝，腋芽的先端又形成花芽，花芽基部再抽生 2 个新的腋芽；所抽生的 2～3 个侧枝生长势大致相当，花（果实）则着生在分权处，各侧枝又不断依次分枝、着花，只是由于果实发育的影响，所抽生的侧枝数和生长势强弱将有所变化。根据其分枝特点，据笔者多年田间观察结果表明，辣椒向外抽生的腋芽一般多发育成健壮的枝条构成植株的外侧枝；向内抽生的腋芽则多发育成细弱枝，其叶节缩短，枝条纤细而短，因营养不良而不再向上伸长和分枝。这一类型的植株，由于在生长季节可无限地分枝，一般株型高大，绝大多数栽培品种均属此类。②有限分枝型：当主茎生长到一定叶数后，顶芽分化出簇生的多个花芽，由花簇下面的腋芽抽生出侧枝；侧枝的腋芽还可再抽生副侧枝，在侧枝和副侧枝的顶部形成花簇而自行封顶，此后不再分枝。这一类型的植株因分枝有限，通常株型较矮。一般簇生椒均属此类。

（三）叶

辣椒的叶为单叶、互生，卵圆形，披针形或椭圆形，全缘。通常甜椒叶较辣椒叶要宽一些。叶先端渐尖、全缘，叶面光滑，稍具光泽，也有少数品种叶面密生茸毛。叶片的大小和叶色的深浅主要与品种及栽培条件有关。一般叶片肥大，叶色绿或深绿者，果形也大，果面色绿或深绿；而小果形品种叶片则一般较小，且微长。叶片大小受外界环境影响很大，土壤贫瘠、营养不良或植株徒长，则叶片瘦薄，色浅；土壤干旱，则叶片狭小，色浅黄；低温水大，则叶色发黄；反之，土壤水分适宜，特别是氮肥充足，则叶片宽大，叶肉肥厚，色深绿；如果肥料浓度过大，叶片生长受抑制而变得皱缩，则叶面凸凹不平，叶色也转为深绿。

（四）花

辣椒花小，甜椒花较大。完全花，单生、丛生（1～3 朵）或簇生。花冠白色或绿白色，也有少数黄绿色、黄色或紫白色，基部合生，并具蜜腺，花萼5～7裂，基部联合呈钟状萼筒，为宿存萼。雄蕊5～7枚，基部联合，花药长圆形，白色或浅紫、紫、蓝、淡蓝色，极少金黄色或淡黄色，花药成熟散粉时纵裂，雌蕊一枚，子房3～6室或2室。一般品种花药与柱头等长或柱头稍长（长柱头），花柱有紫色或白、黄白、浅绿色。营养不良时也会出现短花柱花，短花柱花因柱头低于花药，花药开裂时大部分花粉不能落在柱头，授粉机会很少，所以通常几乎全部落花。因此，应改善栽培条件，培育健壮植株，尽量减少短花柱花的出现。雌蕊由柱头、花柱和子房3部分组成。柱头上有刺状隆起，便于黏着花粉，一旦授粉条件合适，授粉后8h开始受精，14h达到70%，到受精结束需要约24h以上（花粉发芽、花粉管伸长通过花柱到达子房受精，形成种子）。辣椒花由开花到谢花约需2.5～3d。

辣椒为常异交作物，甜椒的自然异交率为10%左右，辣椒异交率较高约为25%～30%。不同品种留种时，应注意用纱罩隔离；大面积制种时，两品种空间间隔距离应在500m以上。

（五）果实

辣椒的果实为浆果，由子房发育而成，果实下垂或朝天生长。因品种不同果实形状有扁柿形、灯笼形、圆锥形、牛角形、羊角形、指形、樱桃形等多种形状（图26-1-1，图26-1-2）。果顶呈尖、钝尖或钝状。果实有小于稻粒的小米辣，单果重仅0.15g；也有长达30cm以上的长指形椒和单果重在400～700g的大甜椒。果梗（柄或把）部位缩存的萼片呈多角形，果肩有凹陷、平肩、抱肩之分。一般甜椒品种果肩多凹陷，鲜食辣椒品种多平肩，制干辣椒品种多抱肩。果面光滑，常具有纵沟、凹陷和横向皱褶。青熟果（嫩果、商品成熟果）浅绿、绿色或深绿色，少数为黄白、乳黄、黄色或紫黑、绛紫色；成熟果（老熟果、生理成熟果）转为鲜红、暗红、浅黄白、橘红、橙黄、紫红色或紫色。红果果皮中主要含有茄红素、花青素。黄果果皮中则主要含胡萝卜素、叶黄素。一般品种果实成熟时直接由绿转红，也有少数彩色椒可由绿转黄或者由绿转黄后再转红。果皮、果肉厚薄因品种而异，一般0.1～0.8cm，甜椒较厚，辣椒较薄，果皮多与胎座组织分离。胎座不很发达，形成较大的空腔，甜椒种子腔多为3～6心室，而辣椒多为2室，3室（图26-2、3）。

春季保护地或春夏露地栽培的辣椒果实，从开花授粉至商品成熟，早熟品种约需25d，中晚熟品种需30d左右，至生物学成熟则需55～60d；在冬季日光温室内，如植株生长繁茂、叶量大、光照不足，则商品成熟延迟，一般中晚熟品种需70d左右。

辣椒中辣椒素的含量在不同类型的品种之间有很大差异。一般大果形甜椒品种不含或少含辣椒素，味甜或微辣；中果形品种（牛角、羊角、长指形）辣味较浓；小果形干制品种则辣椒素含量最高，辛辣味浓或极浓。果实中辣椒素含量一般为0.3%～0.4%，以胎座与隔膜中最高，其次为种子和种皮。

图 26-1-1 辣椒不同果形与颜色

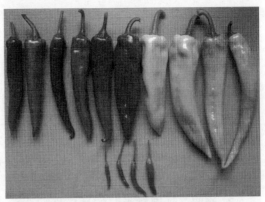

图 26-1-2 辣椒不同果形与颜色

图 26-2 甜椒果实不同心室数（外观）

图 26-3 甜椒果实不同心室数（横剖面）

（六）种子

辣椒种子着生在果实的胎座上，少数着生在种子的隔膜上。成熟种子为短肾形、扁平，多数为浅黄色，少数为棕色、黑色，表面微皱或皱缩，稍有光泽，采种或保存不当时为黄褐色，水洗种子一般为灰白色。种皮较厚，表面有粗糙网纹，不及茄子种皮光滑，不如番茄种子易发芽。其千粒重 4.5～8g。种子寿命 3～7 年，如果种子充分干燥之后，在密闭干燥器内放有变色硅胶情况下（变色硅胶变色后即需更换），常温下可保持寿命 10～20 年，发芽率仍能达 75%～80%，但发芽势略有降低。

二、对环境条件的要求

辣椒属喜温蔬菜，原产于南美洲的热带和亚热带地区，在其物种形成的系统发育和个体发育过程中逐渐形成喜温、怕涝、较耐旱、喜光而又耐弱光的特点。

1. 温度 辣椒喜温，但不耐霜冻，在不同的生长发育阶段，对温度均有不同要求。种子发芽的适宜温度为 25～32℃，需要 4～5d。如果在 55℃ 水温下浸种 10～30min，取出后沥干放在白天 30～32℃，晚上 27～28℃ 恒温箱内催芽，可提早 1～2d 发芽，低于 15℃ 高于 35℃ 以上不易发芽。幼芽要求较高的温度，适宜生长温度白天 25～30℃，夜晚 20～

25℃，地温为17～22℃。在温度低于15℃条件下，植株生长基本停止。但生产上为避免幼苗徒长和节约能源，也可采用低限温度管理，一般白天23～26℃，夜晚18～22℃。随着幼苗长大，对温度的适应性也逐渐增强，定植前进行低温锻炼的幼苗，能在1～2℃低温下不受冷害。开花结果初期的适宜温度白天为20～25℃，夜温为16～20℃，如果低于15℃将影响正常的开花结果，会引起落花落果。盛果期的适温为25～28℃，35℃以上的高温和15℃以下的低温均不利于果实的生长发育。辣椒在成株期对高温和低温有较强的适应能力，华北地区春季露地栽培的辣（甜）椒品种也能安全越夏恋秋至10月上旬拉秧。但不同类型品种之间，对温度要求也有较大差异，一般辣椒（小果型品种）要比甜椒（大果型品种）具有更强的耐热性。

2. 光照 辣椒对光照的适应性较强，不像番茄、黄瓜敏感，只要有适宜的温度和良好的营养条件，都能顺利进行花芽分化，一般在10～12h较短的光照条件下能较早地开花结果。但较其他茄果类、瓜类蔬菜耐弱光。辣椒进行光合作用的光饱和点为30 000lx，补偿点是1 500lx，过强的光照反而抑制植株生长。辣椒对光照的要求在不同生育期也有差异。在黑暗中种子容易发芽，在有光条件下往往发芽不好。幼苗生长期需要良好的光照。开花结果期，需要充足的光照，以利提高花的素质并促使花器良好生长。在光照过强或遇连阴雨天情况下都会引起落花。辣椒在理论上属短日照作物，在生产上可视为中性植物。

3. 水分 辣椒既不很耐旱，又很怕涝。其植株本身需水量虽不大，但由于根系不发达，主根分布浅，需经常浇水，才能正常开花结果。一般大果形甜椒品种对水分要求比小果形辣椒品种更为严格，尤其在开花坐果期和盛果期，如土壤水分不足，极易引起落花落果，并影响果实膨大，使果面皱缩、少光泽、果实弯曲，降低商品品质。土壤水分过多并长时间呈饱和状态时，植株易受渍涝，致使植株萎蔫、死秧或引起疫病流行。此外，空气相对湿度过大或过小时，也易引起病害和落花落果。适宜的空气相对湿度为60%～80%。

4. 气体 辣椒种子在发芽过程中需要充足的氧气，种子在发芽过程中，浸种时间不宜过长，如内种皮吸水过多，催芽时供氧不足，加之播种后床土板结，空气不流通，将会使萌动的种子因缺氧而死亡。据笔者1989年试验表明，浸种时间短有发芽快的趋势，用50℃温水浸种10～30min即可达到浸种目的。辣椒根系在土壤氧气含量高，二氧化碳含量低的条件下，能保持正常的呼吸作用和生长发育；如果土壤中氧气含量少，二氧化碳含量高，则易对辣椒根系产生毒害作用，使根系生长发育受到阻碍。因此，辣椒应该种植在通透性好的优质壤土中。

5. 土壤与营养 辣椒对土壤要求并不严格，但不同类型品种对土壤要求有一定差异。一般大果型的甜椒品种以肥沃、富含有机质、保水保肥力强、排水良好、土层深厚的沙壤土为好；耐旱、耐瘠薄的指形椒则对土壤要求不严。辣椒对土壤的酸碱度反应敏感，一般在pH为6.2～7.2的中性或微酸性土壤上都可以种植辣椒。但在低洼盐碱地上栽培辣椒，则根系发育差，植株生长不良，易感病毒病和其他病害。

辣椒生长需要充足的肥料，对氮、磷、钾三要素肥料要求较高。充足的氮肥，植株生长较高大，分枝多，叶大，开花亦多，结果率高，果大；反之，氮肥不足，植株生长势弱，株丛矮小，分枝较少，叶量不大，花数减少，果实不能充分膨大，并使产量降低。但是，只施氮肥，缺乏磷肥和钾肥，易使植株徒长和容易感染多种病害。充足的磷、钾肥则有利于提早花芽分化，并能促进开花、坐果和果实膨大，使茎秆生长健壮，有利于增强植株的抗病能力。但在不同生育期，辣椒对氮、磷、钾三要素的要求也有区别。幼苗期，由于生长量小，要求肥料的绝对量并不大。但苗期正值花芽分化时期，要求氮、磷、钾肥配合使用。初花期，植株营养生长还很旺盛，此时，若氮肥过多，则易引起植株徒长，进而造成落花落果及降低对病害的抵抗力。进入盛花、坐果期后，果实迅速膨大，则需要大量的氮、磷、钾三要素肥料供花果生长发育。此期若氮肥多，磷、钾肥少，果实辛辣味将降低；反之氮肥少，而磷、钾多时，则辣味就浓。一般恋秋栽培辣椒品种越夏后需较多氮肥，以利于秋季新生枝叶的抽生。此外，不同类型辣椒对肥料要求也不相同，一般大果型甜椒比小果型辣椒类型所需氮肥多。

对塑料大棚等保护地栽培的辣椒品种，增施二氧化碳肥料，能促使植株健壮生长，并增加光合强度。大棚辣椒光合作用一般在二氧化碳浓度增至 650～750ml/L 时即达饱和点，最适宜的二氧化碳浓度将受光照强度、土壤肥力、不同类型品种等因素的影响。

第五节　辣椒的种质资源

一、概况

中国辣椒种质资源较为丰富，经过各地几百年的栽培、驯化和选择，其后代在不同生态条件下，形成了形态各异的辣椒种质资源。20 世纪 60～80 年代在进行全国性蔬菜地方品种整理基础上，又继续进行了广泛搜集、整理、鉴定和评价工作，按 2003 年统计，进入国家农作物种质资源长期库库的辣椒种质资源已达 2 119 份（其中 225 份被列入 2001年出版的《中国蔬菜品种志》），至 2005 年已增至 2 194 份。中国的辣椒主要分布在长江流域、华北、西南、东北地区。据中国农业科学院蔬菜花卉研究所品种资源室 1998 年统计，上述 4 个地区共收集到辣椒资源 1 555 份，占入库总数 73.4%，其中长江流域占31.5%，华北占 18.2%，西南占 14.0%，东北占 9.6%。长江流域的湖北、湖南、江苏、安徽，西南地区的贵州、四川、云南，都有丰富的辣椒品种和类型。另外，河北、山东、陕西也都分布有丰富的地方品种。

二、抗（耐）病种质资源

20 世纪 70 年代初，生产上发生了辣椒病毒病大流行，致使产量大幅度下降，品种退化，品质变劣，栽培面积锐减，严重挫伤了农民的辣椒生产积极性，同时也影响市场供应，因此也引起了科研、生产和营销等有关部门的严重关注。为了解决生产上这一难题，自"六五"计划以来，中国将辣椒抗病育种列入国家重点科技攻关课题。由江苏省农业科学院蔬菜研究所、北京农业大学园艺、中国农业科学院蔬菜花卉研究所等 8 个单位组成了联合攻关组，1983—1995 年在京、津、苏、辽、吉、新、黑、湘八省（区、市）共采集到辣椒病毒标样 4 164 份，用生物学、血清学、电镜学等检测手段，较系统地研究了中国辣椒病毒病毒原种群及其在田间的消长动态，共检测出烟草花叶病毒（TMV）、黄瓜花叶病毒（CMV）、马铃薯 Y 病毒（PVY）、马铃薯 X 病毒（PVX）、烟草蚀纹病毒（TEV）、蚕豆萎蔫病毒（BBWV）、苜蓿花叶病毒（AMV）、烟草脆裂病毒（TRV）等 8 种病原病毒，其中 TRV 是中国首次发现；并明确了 CMV 和 TMV 是发病率最高、分布最广、危害最大的辣椒病毒病的主导毒原，约占总标样的 75％以上，是现阶段辣椒抗病育种的主攻目标。BBWV 在北京、吉林、江苏首次发现，TRV 在江苏首先发现。2004 年中国农业科学院蔬菜花卉研究所病毒组又发现了 3 种新病毒种群：辣椒轻斑驳病毒（PMMOV）、辣椒脉斑驳病毒（PVMV）和辣椒斑驳病毒（PDPMOV）。"七五"、"八五"计划期间又对辣椒疫病和炭疽病的病原和病原菌的生理生化进行了研究，提出了准确、快速、简易的人工接种抗性鉴定的方法；并研究出对 TMV 及疫病复合抗性的鉴定方法；还对 3 000 余份次辣椒种质资源及新组合进行以上 3 种病害的抗性鉴定，已筛选出一批单抗和多抗的优异种质，且育成了一批优质、单抗或多抗、高产、商品性状优良的辣椒品种和一代杂种。

综上所述，当前中国辣椒抗病育种的主要目标是抗病毒病［TMV（烟草花叶病毒）、CMV（黄瓜花叶病毒）等］，其次为抗疫病（*Phytophthora capsici* Leonian）、炭疽病［*Colletotrichum capsici*（Syd.）Bull. et Bisby］以及疮痂病［*Xanthomonas campestris* pv. *visicatoria*（Doidge）Dye］、青枯病（*Pseudomonas solanacearum* E. F. Smith.）、白粉病［*Leveillula taurica*（Lev.）Arn.］和根结线虫（*Meloidogyne incognita* Chitwood）等。同时，抗病育种已由单一抗性选育向复合抗性方向发展。

（一）抗病毒病种质资源

1. 湘潭迟斑椒（湘潭迟牛角椒） 湖南省湘潭市地方品种。株型半直立，植株生长势较强，株高 60～80cm，开展度 80cm，分枝性强。叶色绿，花冠白色，带紫晕，主茎第 11～14 节着生第一果。嫩熟果浅绿色或浅黄绿色，老熟果鲜红色，有光泽；长牛角形，果基部宿存花萼下包，果顶内凹似兔嘴或钝尖，果面光滑有棱沟；纵径 14～17cm，横径 2.5～3.0cm，肉厚 0.25～0.30cm，2～3 心室。辣味淡或中等，单果重 30～40g。每 100g 鲜重含维生素 C 71.9mg、糖 2.3％、干物质 7.07％。晚熟，从定植到嫩果采收约 60d。耐热性强，耐旱、耐肥，经 1993 年苗期人工接种鉴定，抗 CMV，耐 TMV，适应性较广，品质好，产量 30 000～37 500kg/hm²。

2. 云阳椒 河南省南召县地方品种，栽培历史悠久。株高 50～60cm，开展度 50～60cm。主茎第 13～15 节着生第一果，果柄下弯。嫩熟果绿色，老熟果橘红色，果顶钝尖，稍弯曲；果实牛角形，纵径 18～20cm，横径 3～3.5cm。肉厚 0.15cm，单果重 30～40g。中晚熟，定植到始收 70d。耐热性、抗病性较强，经 1993 年苗期人工接种鉴定，抗 CMV、耐 TMV，对疫病和枯萎病抗性较强。可生食、炒食、腌渍。耐贮运。产量 52 500 kg/hm²。

3. 灯笼椒 四川省会理县地方品种。植株生长势强，株高 55cm，开展度 55～74cm。主茎第 12～13 节着生第一花。嫩熟果浅绿，老熟果红色，果面光滑，果肩下包，果顶细小、齐或尖，结果多；果纵径 12.5cm，横径 1.73cm，肉厚 0.15cm。味微辣，单果重 8.6g。经 1993 年苗期接种鉴定，抗或耐 CMV，抗 TMV。

4. Chee Feh　引自泰国。植株生长势强，株高 47.4cm，开展度 50～55cm，主茎第 12～13 节着生第一果。嫩熟果墨绿色，果面光滑，果肩下包，果顶尖。果实羊角形，结果少，纵径 7.35cm，横径 1.36cm，肉厚 0.16cm。味辣，单果重 6.5g。田间抗性好，经 1993 年苗期人工接种鉴定，抗 CMV，耐 TMV。

5. 耐湿椒　江西省地方品种，由江西省蔬菜研究所提纯、系选而成。株高 80cm，开展度 75～80cm。主茎第一果着生在第 12～13 节。果实羊角形，浅绿色，果顶纯尖，结果率高；纵径 9cm，横径 3cm，3～4 心室，肉厚 0.26cm，单果重 16g 左右。辣味中等，品质优良。中熟，耐热、耐湿、较耐旱，抗炭疽病，经 1993 年苗期人工接种鉴定，抗 TMV，耐 CMV。产量 37 500kg/hm²。

6. 黑龙江柿子椒　黑龙江省地方品种。株高 50cm，开展度 40cm 左右。主茎第一果着生在第 8 节，果柄下弯。青熟果绿色，老熟果红色，果面有光泽；果实方灯笼形，花萼平展，梗洼凹下，果面有棱沟，果顶凹下。果实纵径 6～6.5cm，横径 6～7cm，3～4 心室，肉厚 0.25cm，单果重 60～70g。早熟，定植到采收 38d。单株结果多，抗病毒病能力强。味甜，品质较好，适鲜食。果实耐贮运性中等。产量产 25 005kg/hm²。

7. 佳农椒 1 号　黑龙江省佳木斯市农业学校育成。株高 75cm，开展度 55～55cm。主茎第一果着生在第 9～10 节，果柄下弯。青熟果绿色，老熟果深红色，果面有光泽；果实长灯笼，花萼平展，梗洼凹下，果面有皱褶、凹凸，果顶凹下。单果重 250g 左右，果纵径 9～11cm，横径 8～9cm，4 心室，肉厚 0.4～0.5cm。早熟，定植到始收 30～34d。耐热性强，抗病毒能力极强，抗炭疽病能力强。果实味甜质脆，品质好。适鲜食，耐贮性中等。产量 40 000～50 000kg/hm²。

8. 21 号牛角椒　湖南省农业科学院蔬菜研究所选育而成。植株生长势中等，株型较开展，株高 44cm，开展度 65～65cm。第一果着生主茎第 10～12 节，花单生，白色。果实长牛角形，纵径 17.8cm，横径 2.3cm，肉厚 0.23cm，果肩微凸，果顶渐尖，果稍弯，果面有皱褶，青熟果淡绿色，老熟果红色，单果重 23g。中熟，定植至始收 60d 左右。分枝力、结实力、耐热、耐旱力均强。经苗期人工接种鉴定和田间鉴定，较耐病毒病和白绢病。结果早，不歇夏，采收期长。辣味中等，肉质紧，水分少。产量 22 500～30 000 kg/hm²。

此外，对病毒病抗性较强的辣椒品种还有嫩江团结大椒、黑河长发辣椒、哈尔滨铁皮青大辣椒、上海圆椒、双富、图们小辣椒、巴彦大青椒、新疆四平头、极早熟小尖椒、江西乌皮椒、昆明绿壳皱皮辣、金星小辣椒、九椒 3 号、长治尖辣椒、襄汾尖辣椒、平陆耙齿椒、兖州羊角椒、广丰牛角椒、牛角椒 2 号、93 - 109、93 - 111、93 - 114、93 - 118、93 - 121 以及引自印度的 perennial 等。另有引自法国的 83 - 60 甜椒对 CMV 也有部分抗性。

（二）抗疫病种质资源

1. 93 - 100　1993 年引自亚洲蔬菜研究与发展中心（AVRDC）。株高 28cm，开展度 25～27cm，主茎第一果平均着生在 15.1 节。果实小圆锥形，果色绿，果面光滑，果柄弯，果肩平，果顶尖，纵径 2.85cm，横径 1.22cm，肉厚 0.14cm，味辣，2～3 心室，单果重 2.1g。晚熟。在田间表现植株生长势弱，结果少，不抗病毒病，但经苗期人工接种鉴定，高抗疫病。

2. 93‑99 1993 年引自亚洲蔬菜研究与发展中心（AVRDC）。株高 33.4cm，开展度 25～26cm，主茎第一果平均着生在 18.9 节。果实形似樱桃，果色浅绿，果面光滑，果柄下弯，果肩下包，果顶钝尖，纵径 2.36cm，横径 1.88cm，肉厚 0.13cm，2～3 心室，味微辣，单果重 1g。晚熟。抗疫病，田间表现不抗病毒病。

3. 93‑101 1993 年引自亚洲蔬菜研究与发展中心（AVRDC）。株高 45.5cm，开展度 32cm 左右，主茎第一果平均着生在 15.1 节。果实羊角形，果色绿，果面光滑，果柄弯，果肩下包，果顶尖，纵径 7.24cm，横径 1.16cm，肉厚 0.14cm，2～3 心室，味辣，单果重 4g。晚熟。耐疫病，田间病毒病重。

4. 93‑102 1993 年引自亚洲蔬菜研究与发展中心（AVRDC）。株高 20.8cm，开展度 27～30cm，主茎第一果平均着生在 7.4 节。果实羊角形，果色墨绿，果面光滑，果柄下弯，果肩下包，果顶尖，纵径 7.24cm，横径 1.38cm，肉厚 0.1cm，2～3 心室，味辣，单果重 4g。早熟。抗疫病，不抗病毒病。

5. 93‑103 1993 年引自亚洲蔬菜研究与发展中心（AVRDC）。株高 37.1cm，开展度 32.5～34.1cm，主茎第一果着生在 11～12 节。果实短羊角形，果色绿，果面光滑，果柄下弯，果肩平，果顶尖，纵径 7.05cm，横径 1.69cm，肉厚 0.17cm，2 心室，味辣，单果重 7.5g。中熟。抗疫病，不抗病毒病。

此外，对疫病抗性较强的品种还有黑龙江省的克山四道筋、辽宁省的锦州油椒、山东省的兖州羊角椒、江苏省的徐州鹰嘴椒、浙江省的开水县土种辣椒、江西省的皋平小籽辣椒，湖南省的大庸阴辣子、乾州矮树早、郴州鸡心椒，四川省的雅安红尖梅椒、华云牛心辣椒、雷波灯笼海椒、雅安二斧头，云南省的会泽牛心椒、个旧长椒、昆明绿壳皱皮辣、广丰牛角椒，贵州省的独山基场皱椒、贵阳南明关辣椒等以及引自亚洲蔬菜研究与发展中心（AVRDC）的 93‑104、引自印度的 perennial 和引自法国的 200‑79F$_1$、200‑80F$_1$、200‑81F$_1$ 等甜椒一代杂种。

（三）抗炭疽病种质资源

1. 鹤椒 1 号 黑龙江省鹤岗市蔬菜研究所由双富辣椒中系选而成。株高 45～61cm，开展度 55～60cm，主茎 10～12 节着生第一果，果柄向下。青熟果深绿色，老熟果红色，果实长灯笼形，果面具光泽，有棱沟，果顶凹下，纵径 10～12cm，横径 7.1cm，3 心室，肉厚 0.7cm，单果重 130～160g。早熟，定植至采收约 33d。耐热性和抗炭疽病强。果实微辣，品质好。适宜鲜食腌渍用，耐贮性中等。产量 33 750～52 500kg/hm²。

2. 巴彦大青椒 黑龙江省农业科学院园艺研究所 1956 从巴彦县搜集的地方品种中选出。株高 60cm，开展度 40cm。主茎第 8 节着生第一果，果柄向下弯生。青熟果绿色，老熟果深红色，有光泽，果实长灯笼形，花萼平展，梗洼下凹，果顶下凹，呈猪嘴状，单果重 160～300g；果纵径 9～10cm，横径 6～7cm，3～4 心室，肉厚 0.35～0.4cm。中熟，定植至采收约 50d，耐热性强，抗病毒病和炭疽病。味甜，品质好，适宜鲜食，耐贮性强。产量 23 330～26 670kg/hm²。

3. 天津三道筋 天津市郊区地方品种。天津地区小面积栽培。株高 40～50cm，开展度 50cm，侧枝生长势中等，主茎第 9～10 节着生第一果。果实灯笼形，纵径 8cm，横径 7～7.5cm，肉厚 0.4cm，3 心室。嫩熟果深绿色，老熟果红色，单果质量 75g。中熟，从定植到始收约 50d。较耐旱，抗炭疽病能力强。味甜，含水分中等，鲜食用。产量 30 000 kg/hm²。

4. 极早熟小尖椒 黑龙江省克山县地方品种。株高 50cm，开展度 35cm，主茎第 7 节着生第一果，果顶向下着生。青熟果绿色，老熟果红色，有光泽；果实羊角形，花萼平展，果面有棱沟，果顶渐尖，单果重 10～15g；果纵径 7～10cm，横径 2.5～2.8cm，2 心室，肉厚 0.15～0.20cm。极早熟，从定植到采收约 23d。耐热性强，成熟快，抗病毒病、炭疽病。味辣，品质较好，可供鲜食及制干。产量 25 000kg/hm²。

5. 江西乌皮椒 江西省地方品种。株高 50～60cm，开展度 60cm，主茎第 8～10 节着生第一果，果柄下弯。嫩熟果深绿色，老熟果深红色，均有光泽；果实牛角形，花萼平展，梗洼凹陷，果面光滑，果顶钝尖；果纵径 8～10cm，横径 2.5cm，肉厚 0.2cm，3 心室，单果重 20g 左右。中熟，定植到采收 60～70d。耐热、耐旱、稍耐湿。抗病毒病、炭疽病。味微辣，品质佳，供鲜食。较耐贮运。产量 22 500～26 250kg/hm²。

6. 金星小辣椒 黑龙江省农业科学院园艺研究所育成。株高 60cm，开展度 40cm，主茎第一果着生在 6～7 节，果柄向下着生。青熟果深绿色，老熟果深红色，有光泽；果实羊角形，花萼下包或平展，果面有棱沟，果顶渐尖；果纵径 10～15cm，横径 2.5～3.0cm，肉厚 0.2～0.25cm，2～3 心室，单果重 25～30g。早熟，从定植到采收 25d。耐热性强，抗病毒病、炭疽病能力强。味辣，品质好，鲜食和干制兼用。耐贮性强。产量 30 000～35 000kg/hm²。

7. 九椒 3 号 吉林省吉林市农业科学研究所育成。植株生长势较强，株高 46cm，开展度 45～49cm。主茎第 10～12 节着生第一果，果顶向下。嫩熟果深绿色，老熟果红色，有光泽；果实羊角形，果顶钝尖，果面光滑，纵径 13cm，横径 2.5～3.0cm，2～3 心室，肉厚 0.2～0.3cm，单果重 25g。中早熟，从定植到始收 40d。耐热性、抗病毒病和炭疽病能力较强。味辣、品质好，可鲜食，耐贮运。产量 25 000～30 000kg/hm²。

此外，抗炭疽病的同类品种还有黑龙江省的佳农椒 1 号、哈尔滨铁皮青、双富，吉林省九椒 1 号、宁夏自治区的辣面子、西藏自治区的西藏柿子椒，湖北省的钟祥县牛角椒、线形辣椒，新疆自治区的新疆四平头、云南省的昆明绿壳皱皮椒，湖南省的蓝山高里阳辣椒、花垣豇豆辣，四川省的小线椒等。

（四）抗疮痂病种质资源

1. 广丰牛角椒 江西省广丰县地方品种。株高 70cm，开展度 55～60cm，主茎第 12～15 节着生第一果，果柄向下。嫩熟果浅绿色，老熟果鲜红色，均有光泽；果实牛角形，果顶稍弯，花萼平展，梗洼凸起，果面光滑，果顶渐尖；果纵径 13cm，横径 2.7cm，肉厚 0.18cm，3 心室，单果重 20～25g。晚熟，定植至始收 70d。耐热，抗病毒病、疫病和疮痂病。味辣，品质好，供鲜食。产量 22 500kg/hm²。

国内同类品种尚有伏地尖和灯笼椒等。

2. PI 16389（Mirch） 1999 年引自美国农业部种质资源库，原产印度。植株生长势强，株高 96.8cm，开展度 59.9～67.4cm。主茎平均第 28.7 节着生第一果，叶小，果实小指形。晚熟。味辣，在北京地区种植表现结果极少。抗疮痂病，中抗病毒病。

3. PI 163192（Mirch） 1999 年引自美国农业部种质资源库，原产印度。植株生长势强，株高 81cm，开展度 63.7～66.7cm，主茎第 21.4 节着生第一果。叶小，结果性差，果呈小指形，浅绿色，果面不光滑。晚熟。味辣，抗疮痂病，不抗病毒病。

4. PI 322719（C14） 1999 年引自美国农业部种质资源库，原产印度。平均主茎 17.1 节着生第一果。田间病毒病严重，在北京种植未结果。抗疮痂病，不抗病毒病。

此外，还有引自美国的甜椒抗疮痂病抗原 ECW－10R、ECW－20R、ECW－30R 和甜椒一代杂种 Goldcoast F₁ 和 Enterprise F₁，引自亚洲蔬菜研究发展中心（AVRDC）的 Pangalengan－2，引自国外的匈奥 804 等均抗疮痂病 1、2、3 生理小种。

（五）抗白粉病种质资源

1. H3 2003 年引自法国农业科学院阿维尼瓮果树蔬菜改良中心。植株生长势强，株高 180cm 左右，开展度 100～120cm，主茎平均 23.6 节着生第一果。叶小，结果性好，果实呈指形，绿色，果面光滑。晚熟。辣味强。抗白粉病。

2. CIARA 2003 年引自法国农业科学院阿维尼瓮果树蔬菜改良中心。植株生长势较强，株高 49.7cm，开展度 48～46cm。主茎平均第 9 节着生第一果。果实灯笼形，浅绿色，果肩凸，果脐凹，3 心室；果纵径 7.3cm，横径 6.7cm，肉厚 0.43cm，单果重 87g。中早熟。味甜。抗白粉病，但病毒病重。

3. PRIMOR 2003 年引自法国农业科学院阿维尼瓮果树蔬菜改良中心。植株生长势中强，株高 43.8cm，开展度 47.9～46.8cm。主茎第 11～3 节着生第一果。嫩熟果绿色，老熟果红色，果实灯笼形至长灯笼形，果肩平，果顶稍凹，果面光滑，4 心室，胎座中大；果纵径 7.77cm，横径 6.04cm，肉厚 0.41cm，单果重 80g。味甜。抗白粉病。

（六）抗根结线虫种质资源

1. Carolina Wonder 2000 年引自美国农业服务局蔬菜试验室。植株较矮，株高 36cm，开展度 34～41cm，主茎平均第 12.6 节着生第一果。果实灯笼形，果柄斜直，果顶钝尖。青熟果绿色，老熟果鲜红色，节间短。中抗病毒病，抗根结线虫病。

2. Charleston Bell 2000 年引自美国农业服务局蔬菜实验室。植株较矮壮，株高 30.7cm，开展度 37～40cm，主茎平均第 12.8 节着生第一果。叶大。果实灯笼形，果顶钝尖，青熟果绿色，老熟果鲜红色，果柄斜直，结果性好，果实较大，节间短。中抗病毒病，抗根结线虫病。

此外，抗根结线虫病的品种还有 Carolima Cayenne 和 Mississippi Nemaheart 以及 Charleston Hot 等，上述 3 个品种也引自美国农业服务局蔬菜试验室，由 Richard Fery 教授提供。

三、抗逆种质资源

国内对辣椒种质资源抗不良环境研究甚少，但不良环境对辣椒生产危害严重性已引起广泛重视。同时已开始注意收集有关耐热、耐寒、耐涝、耐旱、耐盐碱性的辣椒种质资源，并进一步进行整理、鉴定和评价。

（一）早熟抗寒种质资源

江苏省农业科学院蔬菜研究所钱芝龙等于1992—1993年通过对辣椒苗期耐低温性研究，用不同辣椒品种幼苗在突然低夜温（0～－4℃）下持续9h，以五项耐低温指标测试表明，江西省的84-1、江苏省的南京早椒、一代杂种早丰1号和5-1表现了较强的耐寒性。而茄门、21号牛角椒等耐寒性较弱品种均为中、晚熟品种。具有较强抗寒性的种质有：

1. 伏地尖　湖南省衡阳市郊地方品种。植株矮，株型较开展，株高45cm，开展度50～50cm，主茎8～9节着生第一果。嫩熟果深绿色，老熟果深红色，果实羊角形，稍弯，果基部宿存花萼平展，果肩微凸，果顶渐尖或呈小钩状，果面光滑有浅棱，有光泽；纵径12cm，横径1.8cm，肉厚0.2cm，2～3心室，单果重9～12.3g。辣味浓，肉质较硬，宜炒食，每100g含维生素C116.83mg、还原糖含量1.88%、干物质8.62%。早熟，从定植至始收50d左右。耐寒、耐湿、耐肥力均强，结果集中，早期产量高，抗病毒能力弱。产量11 250～18 750kg/hm²。

2. 南京早椒　江苏省南京市郊地方品种。又分黑壳和黄壳。植株矮，株高30～35cm，开展度50～60cm。株型开展，分枝多，形如伞状，主茎5～9节着生第一果，主茎及分枝均较细，节间短，叶片小，叶色深绿（黑壳），果柄下弯。嫩熟果绿色（黑壳）或浅黄色（黄壳），老熟果红色；果实为不规则长方形，果面光滑有棱和凹陷，果顶凹陷；果纵径6～8cm，横径2.5～3.0cm，肉厚0.15cm，2～3心室，单果重10g左右。味微辣或辣，早期因气温低，辣味淡，中后期气温高，辣味浓。以鲜食为主，中后期红果多用于腌渍。早熟，坐果多，耐低温，不耐热，抗病性较弱。一般产量22 500kg/hm²。

3. 矮脚黄　湖北省武汉市地方品种。株型矮小紧凑，分枝性强，节间短，叶色绿，长卵形。主茎6～7节着生第一果，花单生，下垂、白色。果实灯笼形，顶部细、微凹，果肩凸起，果面凹凸不平，极不规则，嫩熟果浅绿色，老熟果大红色，有光泽；果纵径6cm，横径4cm，单果重16～22g。早熟。抗寒力较强。不耐旱、不耐渍，抗热性差。节间短，结果集中，肉薄，种子多，辣味强，供炒食。产量30 000kg/hm²。

4. 杭州鸡爪椒　浙江省杭州市地方品种。株高35cm，开展度45～50cm，主茎7～9节着生第一果，果顶向下。果实羊角形，纵径5.5～6.0cm，横径1.5cm，肉薄，青熟果深绿色，老熟果红色；果顶渐尖，稍弯，果面略皱，胎座小，单果重5～6g。早熟，定植至采收30～40d。结果多，适宜密植。耐寒、耐热性较强，不耐湿。味辣，果皮软，宜炒食或腌渍。产量18 700～22 500kg/hm²。

5. 玉树尖椒　广东省广州市郊新塘及花都市均有分布。植株直立，株高70～80cm，开展度90～100cm，分枝多，主茎13～15节着生第一果。果实长羊角形，略扁，果柄下

弯，果面有皱褶，肩细，稍弯曲，嫩熟果深绿色，有光泽，老熟果红色；果纵径 15～
18cm，横径 2.2cm，单果重 30g。中早熟。耐寒性强，耐热性中等。植株生长势强，坐果
多。辣味中等，品质优，适宜鲜食。产量 19 500～24 000kg/hm²。

此外，耐寒性较强的品种还有安徽省的四叶椒、山东省的绿扁等。

（二）耐热种质资源

该类型品种能在 7～8 月高温季节正常生长开花结果，适于春播越夏恋秋栽培。

1. 嫩江团结大椒　黑龙江省黑河地区嫩江县地方品种。株高 35cm，开展度 40cm，
主茎第一果着生 9～10 节，果顶向下着生。青熟果深绿色，老熟果深红色，有光泽。果实
扁灯笼形，花萼平展，梗洼凹下，果面有棱沟，果顶凹下；果纵径 6cm，横径 7～8cm，
肉厚 0.25cm，4～5 心室，单果重 50～60g。早熟，从定植到始收约 38d。耐热性强，抗
病毒病能力强。味甜，品质较好，适宜鲜食或腌渍。耐贮性中等。产量
24 000～30 000kg/hm²。

2. 哈尔滨铁皮椒　黑龙江省哈尔滨市地方品种。株高 60cm，开展度 60cm，主茎 7～
8 节着生第一果，果顶向下着生。青熟果深绿色，老熟果深红色，有光泽；果实方灯笼
形，花萼平展，梗洼凹下，果面光滑有棱沟，果顶凹下；果纵径 7～8cm，横径 7～8cm，
肉厚 0.3～0.4cm，4 心室，单果重 130～150g。中早熟，定植到采收 40～45d。耐热性
强，抗病毒病、炭疽病能力强。味甜，品质好，适宜鲜食，也可腌渍，耐贮性强。产量
34 500～39 000kg/hm²。

3. 汉川椒　湖北省汉川县地方品种，栽培历史悠久。株高 80～100cm，开展度 75～
85cm，主茎 13 节着生第一果。青熟果绿色，老熟果鲜红色，圆锥形，纵径 9～12cm，横
径 4～5cm，果肩稍凸起，果顶钝圆，果面光滑有光泽，单果重 40～55g。晚熟。适应性
强，耐肥、耐热性强、抗病毒病能力强。肉较厚，味微辣，品质好，供鲜食或加工腌渍兼
用。产量 24 000～30 000kg/hm²。

4. 兖州羊角椒　山东省兖州市引进，已种植 30 余年。植株较直立，株高 105cm，开
展度 90cm，分枝多，主茎 14～16 节着生第一果，果顶向下。青熟果深绿色，老熟果橘红
色，有光泽；果实羊角形，花萼平展或浅下包，果面光滑，果顶渐尖；果纵径 25～27cm，
横径 3.1～4.5cm，肉厚 0.25cm，3 心室，单果重 30～40g。晚熟。不耐旱，耐热性强，
抗病毒病能力强。含水量中等，肉质较脆，辣味适中，品质好，适宜鲜食菜用，也可腌渍
加工，耐贮性强。产量 75 000kg/hm²。

5. 新野辣椒　河南省新野县地方品种，栽培历史悠久。株高 50～55cm，开展度 55～
60cm，分枝较平展，主茎 11～13 叶着生第一果，果单生下垂。青熟果深绿色，有光泽，
老熟果红色；果实羊角形，花萼浅下包，果实稍扁，果面微皱，果顶尖，稍弯曲；果纵径
16～18cm，横径 3.0～3.5cm，肉厚 0.3cm，单果重 30～35g。中熟，定植到始收约 65d。
耐热，抗病性较强，果肉较厚，耐贮运。辣味中等，供鲜食。产量 30 000kg/hm²。

此外，耐热性强的辣椒品种还有佳农椒 1 号，出世鸟（双皮圆椒）、极早熟小尖椒、
华椒 17 号、金星小辣椒、九椒 3 号、云阳椒、永城钢皮椒、金华白辣椒、21 号牛角椒、
湘潭迟班椒等。

(三) 耐旱种质资源

耐旱种质多为辛辣类型，在较干旱的情况下能正常生长结果。

1. 兰州灯笼椒　甘肃省兰州市地方品种。植株生长势强，株高76～85cm，开展度45～60cm，主茎8～12节着生第一果，果柄下弯。果实方灯笼形，花萼平展，果顶下凹，果面有8～10棱沟，果面光滑有光泽，青熟果绿色，老熟果红色；果纵径7～10cm，横径8～12cm，肉厚0.4cm，单果重125g。晚熟，播种后120d始收。抗旱，抗病力弱。肉质细嫩，水分多，微辣，供鲜食，耐贮运。产量22 500kg/hm²。

2. 华椒17号　华中农业大学园艺系于1984年育成。植株紧凑，株高60～70cm，开展度45～55cm。主茎粗壮，基部分枝力中等。主茎11～13节着生第一果，果柄下弯。青熟果黄绿色，老熟果橘红色，粗牛角形，花萼平展，梗洼平或凹，果面光滑，有时有棱沟，果顶钝尖；果纵径13～15cm，横径3.5～4.0cm，3心室，肉厚0.3cm，单果重40～50g，果内种子少。中熟，定植后50～55d始收。耐热、耐旱、较抗病毒病，易感炭疽病。辣味中等，水分多，质脆，品质好，适宜鲜食。产量45 000kg/hm²。

3. 包尔沁尖辣椒　内蒙古自治区包头市地方品种，栽培历史悠久。株高50～60cm，开展度46cm左右，分枝较多。主茎7～11节着生第一果，果柄下弯。嫩熟果黄绿色，老熟果橘红色；果实短羊角形，花萼平展，果面皱缩；果纵径7～9cm，横径2.5～3.0cm，2～3心室，肉厚0.15～0.20cm，单果重5～10g。中早熟。耐热、抗旱、较耐瘠薄，较抗病毒病和炭疽病。辣味浓，芳香，品质佳，适宜制干。产量干椒2 500kg/hm²。

4. 益都辣椒（益都干辣椒）　山东省青州市地方品种。植株较直立，株高80cm，开展度67cm左右，叶色深绿，主茎12～14节着生第一果，果柄下弯。青熟果深绿色，老熟果深红色，有光泽；果实羊角形，略弯，花萼平展，梗洼平，果面光滑，果顶渐尖；果纵径12cm，横径2.4cm，3心室，肉厚0.2cm，单果重9.5g。中熟，从定植到始收红椒65d。苗期较耐热、抗干旱、较抗病毒病，不耐涝。油分多，味辣，含水分少，品质优，宜干制。干椒产量1 500～2 000kg/hm²。

5. 兰州大羊角　甘肃省兰州市20世纪30年代从宁夏自治区引进。植株生长势强，株高80cm，开展度60cm左右，主茎9～12节着生第一果，果柄下弯。果实长羊角形，花萼平展，果顶渐尖，下凹，果皮皱缩，青熟果绿色，老熟果红色，有光泽；果纵径23cm，横径2.4～3.5cm，肉厚0.25cm，单果重35g。早熟，耐旱。肉质较细，水分中多，味辣，宜鲜食菜用。产量22 500～30 000kg/hm²。

此外，耐旱性较强的品种还有湖州白灯笼椒、出世鸟（双皮圆椒）、赤峰小辣椒、李泽辣椒、西昌大牛角椒、陕西秦椒、甘谷线辣椒、耀县辣椒、邱北椒、昭通大牛角等。

(四) 耐涝种质资源

该类种质在夏季雨涝后具有较快的生长恢复能力，能耐一定程度的雨涝。

1. 海花3号　北京市海淀区植物组织培养技术实验室育成的中国第一个花培甜椒品种。株型紧凑，株高40cm，开展度30cm左右，始花节位第8～9节。果实长灯笼，青熟果深绿色，老熟果红色，果面光滑，花萼平展，果柄下弯，果顶凹陷；果纵径9cm，横径

7cm，3～4 心室，肉厚 0.4cm，单果重 80g，结果多。早熟，从定植到始收 35d 左右。较耐病，耐涝。味甜质脆，适鲜食。产量 37 500～60 000kg/hm²。

2. 93012 Pangalengan‐2　1993 年由亚洲蔬菜研究与发展中心（AVRDC）引进，原产印度尼西亚。植株生长势强，株高 74cm，开展度 56～58cm，主茎 24～25 节着生第一果。果实长指形，果柄下弯，嫩熟果绿色，老熟果鲜红色，果面有皱，果肩下包，果顶尖，2 心室；果纵径 11cm，横径 0.58cm，肉厚 0.1cm，单果重 8g。晚熟。田间表现对病毒病抗性强，经苗期人工接种鉴定抗 CMV，中抗 TMV，耐涝。味辛辣，宜制干。

3. 93016（93‐114）**Pant C‐1**　1993 年引自亚洲蔬菜研究与发展中心（AVRDC），原产印度。植株生长势较强，株高 60cm，开展度 56～54cm，主茎 23～24 节着生第一果，果柄向上。果实小羊角形，果面有皱，青熟果黄绿色，老熟果红色，果顶尖，2～3 心室；果纵径 6cm，横径 1cm，肉厚 0.1cm，单果重 2.5g。晚熟。耐涝。味辣，宜制干和腌渍用。

4. 93017（93‐115）**Salmon**　1993 年引自亚洲蔬菜研究与发展中心（AVRDC），原产塞纳加尔。植株生长势弱，株高 25.3cm，开展度 28.3～29.4cm，主茎 20～21 节着生第一果。果簇生，短圆锥形，果顶向上，果色绿，果面光滑，果肩下包，果顶尖，2～3 心室；果纵径 5.05cm，横径 1.08cm，肉厚 0.1cm，单果重 1.5g。耐涝。味辣，中抗 TMV 和 CMV，田间表现对病毒病抗性较好。宜制干。

四、优异种质资源

（一）早熟优质种质资源

该类型共同特点是早熟、果实灯笼形、肉薄、质脆，品质好。其代表品种有：

1. 中椒 3 号　中国农业科学院蔬菜花卉研究所从日本早熟甜椒一代杂种新甜椒中经系选而成。植株生长势较强，株高 58cm，开展度 46.3cm 左右，叶色深绿，主茎 7～9 节着生第一果。果实灯笼形，果色深绿，早期果面有坑洼，具光泽；果纵径 8.5cm，横径 6.2cm，3～4 心室，肉厚 0.45～0.55cm，胎座小，可食率高达 94.4%，单果重 100～200g。早熟，定植后 30d 始收。味甜质脆，品质尤佳，每 100g 鲜重含维生素 C126mg，干物质含量 7.2%，总糖含量 2.78%。产量 51 000kg/hm²。

2. 齐齐哈尔甜椒　黑龙江省齐齐哈尔市地方品种。植株生长势中等，株型紧凑，株高 50～60cm，开展度 60～70cm，主茎 8 节着生第一果，果柄下弯。果实长灯笼形，果色绿，果面光滑具光泽，有棱沟，中部稍凹；果纵径 9cm，横径 6cm，3～4 心室，肉厚 0.4cm，单果重 50～80g。早熟，定植到始收 55～60d。抗病性较强，抗寒性强。味甜，品质好，适宜鲜销菜用，耐贮运。产量 45 000kg/hm² 左右。

3. 辽椒 1 号　辽宁省农业科学院园艺研究所由地方品种系选而成。株高 55cm，开展度 60cm，主茎第 8 节着生第一果，果柄下弯。青熟果绿色，老熟果深红色，有光泽；果实扁灯笼形，花萼平展，梗洼凹下，果面有多棱沟皱褶，果顶下凹；果纵径 4.5cm，横径 7cm，3～4 心室，肉厚 0.3cm，单果重 125g。早熟，定植至采收约 35d。耐热性中等，抗病毒病、味辣，肉薄，品质好，适宜鲜销菜用，耐贮性中等。产量 30 000kg/hm²。

4. 柿子椒 10 号 辽宁省农业科学院园艺研究所由地方品种整理选育而成。株高 50～60cm，开展度 40～50cm，主茎 9～10 节着生第一果，果柄下弯。嫩熟果绿色，老熟果红色，有光泽，果实近方灯笼形，花萼平展，梗洼凹下，果面皱褶多，果顶下凹；果纵径 6.5cm，横径 5.5cm，3～4 心室，肉厚 0.3cm，单果重 70g。早熟，从定植至采收约 38d。耐热性中等，较抗病。辣味中等，肉薄，品质较好，适宜鲜销菜用。耐贮性中等。产量 37 500kg/hm²。

5. 沈阳朝天椒 辽宁省沈阳市地方品种。株高 55cm，开展度 45cm，叶色绿，花大，白色，主茎 9 节着生第一果，果柄向上。青熟果绿色，老熟果红色，有光泽。果实灯笼形，花萼平展，梗洼凹下，果面有皱褶，果顶平；果纵径 7cm，横径 5cm，3～4 心室，肉厚 0.3cm，单果重 55g。早熟，定植至采收约 38d。耐热性中等，较抗病。味辣、品质好，适宜鲜销菜用，耐贮性中等。产量 30 000kg/hm²。

此外，属于此类品种还有黑龙江省的柿子椒、佳农椒 1 号、鹤椒 1 号，吉林省的通椒 2 号、河北省的承德甜椒、天津市的干八椒、江苏省的泰州小叶椒、福建省的武平菜椒等。

(二)中熟优质种质资源

该类型共同特点是中熟，果实多为灯笼形，味甜或微辣，肉质脆嫩，品质优，代表品种有：

1. 吉农方椒 吉林省农业大学由日本"三房交配"甜椒一代杂种经系选而成。植株生长势较强，株高 50～60cm，开展度 50～55cm，主茎第一果着生在 10～13 节，果柄下弯。嫩熟果深绿色，老熟果红色，果面光滑而有光泽；果实长灯笼形，纵径 10～12cm，横径 7～9cm，3～4 心室，肉厚 0.4cm，单果重 90g 左右。中熟，从播种至始收 115d 左右。耐热性中等，较抗病毒病，对炭疽病有一定抗性。味甜脆、品质好，商品性好，适宜鲜销菜用，耐贮运。产量 22 000～25 000kg/hm²。

2. 101 甜椒 辽宁省农业科学院蔬菜研究所选育。株高 55cm，开展度 50cm，节间较短，茎秆粗壮，分枝力较弱，主茎 11～13 节着生第一果，果柄下弯。嫩熟果浅绿色，老熟果红色，有光泽，长灯笼形，花萼平展，梗洼凹下，果面有皱褶，果顶下凹；果纵径 8.5cm，横径 12cm，3～4 心室，肉厚 0.3cm，单果重 175g。中熟，定植至采收 48d。耐热性中等，不抗日灼病。味甜，品质好，适宜鲜销菜用。耐贮性中等。产量 48 000kg/hm²。

3. 辽椒 3 号 辽宁省农业科学院园艺研究所由地方品种选育而成。株高 50～60cm，开展度 60～70cm，主茎 9 节着生第一果，果柄下弯。嫩熟果绿色，老熟果深红色，有光泽。果实灯笼形，花萼平展，梗洼凹下，多棱沟，果面有不规则凹凸，果顶下凹；果纵径 10cm，横径 8cm，3～4 心室，肉厚 0.42cm，单果重 150g。中熟，定植至采收约 43d。耐热性中等，抗病毒病。味甜，品质好，适宜鲜销菜用，耐贮性强。产量 33 000kg/hm²。

4. 永久甜椒 1972 年由山西省大同市城关镇引入，后经内蒙古农牧学院选育而成。株高 50～59cm，开展度 60～70cm，茎秆粗壮，主茎 9～11 节着生第一果，果柄下弯。嫩熟果绿色，老熟果鲜红色，有光泽；果实灯笼形，梗洼部凹陷；果纵径 8～10cm，横径

6.5～8.2cm，肉厚 0.4～0.5cm，单果重 100g 左右，大果可达 150g 以上。中熟，定植至采收 45～50d。耐热，较抗病毒病及炭疽病。肉脆嫩，味甜，品质好。适宜鲜销菜用，耐贮运。产量 45 000～60 000kg/hm²。

5. 新疆四平头 新疆维吾尔自治区乌鲁木齐市地方品种，栽培历史悠久。株高 46cm，开展度 48cm 左右，主茎 7～8 节着生第一果，果顶向下。嫩熟果浅绿色，老熟果深红色，有光泽；果实方灯笼形，花萼平展，梗洼下凹，果面有棱沟，果顶平；果纵径 7.8cm，横径 7cm，4 心室，肉厚 0.4cm，单果质量 77～95g。中早熟，定植至采收 52d。耐热性中等，抗病毒病、炭疽病中等。果味辣，品质好。适宜鲜销菜用，耐贮性中等。产量 36 000～37 500kg/hm²。

6. 83079 中国农业科学院 1983 年引自法国农业科学院。株高 66cm，开展度 53cm，主茎 10～11 节着生第一果，果柄下弯。嫩果绿色，老熟果红色，果面光滑，有光泽；果实灯笼形，花萼平展，果肩稍凸或凸，果顶凹；果纵径 8～9.6cm，横径 6.5～7.5cm，肉厚 0.44～0.48cm，3～4 心室，单果重 100～130g。中熟。对病毒病有较强抗性。味甜质脆，品质好。适宜鲜食，耐贮运。

此外，属同类的灯笼形甜椒还有上海圆椒、晋青椒 1 号、哈尔滨铁皮青，引自法国的 200316；圆锥形甜椒有国外引入的奥地利 77 - 14 等。属同类辣椒还有 8214、九江羊角椒、保加利亚尖椒、保山大辣椒、九椒 3 号、新民六寸红尖椒、包尔沁小尖椒、益都辣椒、武威猪大肠、永宁面辣子、喀什羊角椒、石河子牛角椒、伊犁牛角椒、21 号牛角椒、贵阳菜椒、永安黄指天椒、宁化牛角椒、河北鸡肠辣椒、望都辣椒、鸡泽辣椒、玉树尖椒等。

(三) 晚熟优质种质资源

该类型共同点是熟性晚，果实灯笼形，味甜质脆，肉厚，品质优良，一般抗病性较差，其代表品种有：

1. 茄门 上海市农业科学院园艺研究所从德国引进。株高 50～60cm，开展度 60～70cm，茎秆粗壮，节间短，叶色深绿，主茎 13～15 节着生第一果，果柄下弯。嫩熟果深绿色，老熟果深红色，果面光滑，有光泽；果实近方灯笼形，花萼平展，梗洼凹陷，果顶凸起；果纵径 7.2cm，横径 7.0cm，肉厚 0.5～0.6cm，3～4 心室，单果重 70～80g。中晚熟，定植至采收约 50d，耐热性及抗病性中等，肉厚、味甜质脆，品质好。适宜鲜销菜用和脱水加工，耐贮运。产量 37 000kg/hm²。

2. 世界冠军 20 世纪 50 年代初由中国农业科学院果树研究所自美国引进。株高 40～45cm，开展度 44cm，主茎 9～10 节着生第一果，果柄下弯。嫩熟果绿色，老熟果深红色，有光泽；果实长灯笼形，果基部比果顶部宽，花萼平展，梗洼下凹，果面有棱沟和皱褶，果顶平；果纵径 7cm，横径 5cm，肉厚 0.4～0.5cm，3 心室，单果重 100～200g。中晚熟，定植至采收约 55d。高温干燥条件下植株生长不良，病毒病严重。果实味甜，品质好，适宜鲜食用，耐贮性中等。

3. 巴彦大青椒 黑龙江省农业科学院园艺研究所从地方品种中选出。株高 60cm，开展度 40cm，主茎 8 节着生第一果，果柄下弯。青熟果绿色，老熟果深红色，果面光滑有光泽，梗洼凹下，果顶下凹，呈猪嘴状；果纵径 9～10cm，横径 6～7cm，3～4 心室，肉厚 0.35~0.40cm，单果重 160~300g。中晚熟，定植至始收约 50d。耐热性较强，较抗病毒病和炭疽病。味甜，品质好。适宜鲜销菜用，耐贮性强。产量 35 000~40 000kg/hm²。

4. 忻县二猪嘴 原为山西省忻县地方品种，后经山西省农业科学院蔬菜研究所系选育成。株高 49cm，开展度 55cm，叶色深绿，主茎 12~14 节着生第一果。果实长灯笼形，纵径 9.4cm，横径 8cm，肉厚 0.6cm；青熟果深绿色，老熟果红色，花萼平展，梗洼及果顶凹下，果顶凹陷呈猪嘴状，果面有纵棱沟和不规则的凹凸，单果重 147g。中晚熟，定植至始收约 64d。较抗病毒病。味甜质脆，品质好，适宜鲜食菜用，耐贮运。产量 42 000 kg/hm²。

此外，属同类的甜椒还有牟农 1 号甜椒、双富大青椒、成都灯笼椒等。

五、特殊种质资源

(一) 耐贮运种质资源

该类型品种主要特点是果实灯笼形或牛角形、羊角形，果大、果肉较厚且耐贮运。
果实灯笼形的代表品种有：

1. 茄门 见晚熟优质种质。

2. 世界冠军 见晚熟优质种质。

3. 牟农 1 号 河南省中牟农业专科学校育成。株高 60~70cm，开展度 50cm，主茎 12~14 节着生第一果。果柄下弯。果实长灯笼形，深绿色，有光泽；果面有 3~4 条棱沟，中部稍凹陷，果面光滑；果纵径 10cm、横径 8cm，肉厚 0.4cm，3~4 心室，单果重 100g。中晚熟，定植到始收 60~70d。耐热、较抗病毒病、疫病。味甜，水分多，质脆，品质佳，耐贮运。产量 40 000~50 000kg/hm²。

4. 冀椒 1 号 河北省农业科学院蔬菜研究所育成。株高 80cm，开展度 70~80cm，叶色绿，花白色，主茎 15 节着生第一果，果柄下弯。青熟果深绿色，老熟果红色，有光泽；果实灯笼形，花萼平展，梗洼凹，果面有 3~4 道棱沟，光滑，果顶凹下；果纵径 7cm，横径 6cm，肉厚 0.5cm，3~4 心室，单果重 150g。中晚熟，从定植到始收约 65d，耐热性和抗病性较强。味甜，品质较好，适宜鲜食菜用，耐贮运。产量 60 000kg/hm²。

此外，属同类耐贮品种还有开原梅花椒、忻县二猪嘴、辽椒 3 号、永久甜椒、明水一窝蜂、晋青椒 1 号、鲁椒 1 号、山东绿扁、齐齐哈尔甜椒、银川圆辣子、兰州灯笼椒、双富大青椒、巴彦大青椒、吉农方椒、哈尔滨铁皮青、太康大椒、承德甜椒、秦皇岛柿子椒、九椒 1 号、吉椒 1 号、九椒 3 号、出世鸟（双皮圆椒）等。

果实牛角形和羊角形的耐贮品种有：

1. 石泉牛角椒 陕西省石泉县地方品种，栽培历史悠久。株高 44cm，开展度 50cm，主茎 10~12 节着生第一果。嫩熟果绿色，老熟果红色，果实羊角形，花萼平展，果顶钝尖；果纵径 7.5cm，横径 2.4cm，肉厚 0.2~0.3cm，单果重 15~20g。中早熟，定植至始收约 60~65d。耐热，耐贮。抗病性强。味辣，品质中等，宜鲜食菜用。产量 15 000 kg/hm²。

2. 保加利亚尖椒 早年自保加利亚引入。植株生长势较强，株高 50~100cm，开展度 45～70cm，主茎 8～12 节着生第一果，果柄下弯。嫩熟果浅绿黄色，果实牛角形，果肩部宿存花萼浅下包，果顶渐尖，弯或稍弯，果肩下有浅褶，果面有浅纵沟；果纵径15～21cm，横径 2.8～3.5cm，肉厚 0.3cm，2～3 心室，单果重 20～55g。中早熟。较耐旱、耐热、抗病，适应性较强。辣味中等，适宜鲜食菜用，耐贮运。产量 22 500～45 000 kg/hm²。

此外，耐贮性强的同类品种还有长青 2 号、兖州羊角椒、新野辣椒、武平菜椒、遵义黄灯笼椒、贵阳菜椒、永安黄指天椒、善后辣椒、新民六寸红尖椒等。

（二）适合加工用种质资源

1. 适合脱水加工品种　该类型共同特点为果实灯笼形，大多味甜、肉厚，品质优，耐贮运。代表品种有茄门、中椒 4 号 F_1、中椒 8 号 F_1、牟农 1 号、银川圆辣子等。

2. 适合腌渍加工品种　用于腌渍加工的品种对果形要求不严，但要求果肉厚，果中等大小、整齐。

（1）锦州油椒　辽宁省锦州市地方品种。株高 65cm，开展度 50cm，主茎 10 节着生第一果，果柄下弯。青熟果绿色，老熟果红色，略有光泽；果实灯笼形，花萼平展，梗洼凹下，果面皱褶，果顶平；果纵径 5cm，横径 7cm，肉厚 0.2cm，3～4 心室，单果重 30g。中熟，定植至始收约 43d。耐热性中等。味辣，品质较好，适宜腌渍。产量20 000 kg/hm²。

（2）山东绿扁　山东农业大学园艺系育成。株高 60cm，茎粗节短，开展度 52cm，主茎 8 节着生第一果，果柄下弯。青熟果深绿色，老熟果橘红色，有光泽；果实扁圆形，花萼平展，梗洼部凹下；果纵径 6.5cm，横径 8.2cm，果顶平，4 心室，肉厚 0.25cm，单果重 55g。中熟，定植至始收约 60d。较抗病毒病，耐低温和高温。味甜，适宜鲜食菜用或腌渍，耐贮性强。产量 45 000kg/hm²。

（3）21 号牛角椒　见本章第五节辣椒种质资源（一）抗病毒病种质。

（4）西昌大牛角　四川省西昌市地方品种。株高 55cm，开展度 45cm，分枝力中等，主茎 9～10 节着生第一果。果实牛角形，花萼浅下包，果面微皱，嫩熟果浅绿色，老熟果鲜红色，胎座较大；果纵径 17cm，横径 2.7cm，单果重 30g。中晚熟，从定植到始收 70～80d。较耐热、耐旱。外形美观，微辣。适宜鲜食和盐渍。产量 30 000～37 500 kg/hm²。

（5）保山大辣椒　云南省保山县地方品种。株高 69cm，开展度 58～53cm，主茎 8～10 节着生第一果，果顶向下。嫩熟果深绿色，老熟果鲜红色，有光泽；果实长牛角形，花萼平展至浅下包，果面光滑，果顶渐尖；果纵径 16cm，横径 2.4cm，3 心室，肉厚 0.25cm，单果重 32g。中熟，定植至始收 82d。耐热中等。味辣，品质较好，耐贮性中等。适宜鲜食菜用或腌渍。产量 14 000kg/hm²。

此外，属同类适宜腌渍的品种还有白灯笼椒、杭州鸡爪椒、善后辣椒、汉川椒、浙江羊角椒、江苏海门椒、江津黄辣丁、兖州羊角椒、喀什羊角椒、李泽辣椒、鸡泽辣椒、贵阳菜椒、昭通大牛角、德江大牛角、昆明绿壳皱皮辣、建水白壳皱皮辣、永安黄指天椒、建水樱桃椒、崇礼尖椒、石河子牛角椒、玉林白辣椒、龙游小辣椒、邱北小椒、遵义黄灯椒、南京早椒、昆明铁角辣椒、云关菜椒等。

3. 适合制辣椒粉品种 该类型要求有较高辣椒红素含量，色泽鲜艳，果肉厚，易于干燥。其代表品种有：

（1）永宁面辣子 宁夏回族自治区永宁县地方品种，栽培历史悠久。株高70cm，开展度35cm，茎秆较细，节间短，主茎7～8节着生第一果，果柄下弯。嫩熟果绿色，老熟果大红色，果实长圆锥形，果顶尖，表面较光滑；果纵径8.1cm，横径2.5cm，肉厚0.2cm，单果重15g。早中熟，定植至始收约90d。耐旱、耐瘠薄。味辣，主要适于加工成辣椒粉，品质佳。干椒产量1 500～22 50kg/hm²。

（2）浙江羊角辣椒 浙江省地方品种。株高70～80cm，开展度65～70cm，主茎11～13节着生第一果，果柄下弯。果实牛角形，青熟果绿色，老熟果红色，有光泽，花萼浅下包，果面稍有棱沟，果顶钝尖；果纵径17cm，横径2.5～3cm，单果重28～30g。晚熟，定植至始收60余d。较耐热。辣味浓，品质好。宜炒食、腌渍、制干、还可作辣酱、辣椒粉的原料。干椒产量3 000～3 750kg/hm²。

（3）成都二金条 四川省成都市地方品种，也是该省对外出口的主要品种。株高60～75cm，开展度75cm，分枝性强，节间短，主茎10～13节着生第一果。果实长指形，青熟果绿色，老熟果鲜红色，有光泽，果顶渐尖细，花萼下包，果面微皱；果纵径12～14cm，横径1.2cm，果皮薄，易于干燥，胎座较小，单果重5～8g。中晚熟。抗逆性中等。质地松细，味辣，香气浓，油分多，为干制辣椒中的优质品种，适宜于多种加工，是四川制辣椒粉、辣椒豆瓣酱的主要品种。干椒产量3 750～4 500kg/hm²，最高可达7 500kg/hm²。

（4）蓉椒1号 四川省成都市第一农业科学研究所经系选育成。株高60～74cm，开展度58cm，分枝力强，节间短，第一果着生于主茎9～12节。果实长指形，青熟果绿色，老熟果鲜红色，有光泽，果顶渐尖微钩，花萼下包，果面微皱，果皮较薄；果纵径15～17cm，横径1～1.2cm，胎座较小，单果重6～8g。中晚熟。较耐热和较抗病。肉细、味辣、香气浓、色泽红亮，种子少，青熟果可作菜用，红椒宜干制。适宜加工作辣椒粉、辣豆瓣酱。干椒产量3 750kg/hm²。

4. 适合加工制干品种 该类种质一般辛辣味强，色泽鲜艳，含水分少，果皮薄，易于干燥，含油量较高。

（1）望都辣椒 河北省望都县地方品种，栽培历史悠久，为外贸出口名优品种。株高65cm，开展度60～65cm，叶色绿，花较小，主茎13～15节着生第一果，果柄下弯。青熟果淡绿色，老熟果深红色，有光泽。果实长指形（线形），花萼下包，梗洼凸出，果面略皱，果顶渐尖有钩；果纵径12～15cm，横径约1.5cm，肉厚0.15cm，2～3心室，单果重10g。中熟，从定植到始收约60d左右。耐热性较强，味极辣，水分少。主要用于制干椒，也可制成系列加工产品，如辣椒油、辣椒酱、辣椒粉、辣椒块等；其中望都辣椒油，配以多种中药材而制成，久负盛名，具有颜色透明、香气扑鼻，风味独特等特点。耐贮性强。干椒产量3 000～3 750kg/hm²。

（2）鸡泽线辣椒 河北省南部鸡泽县地方品种，栽培历史悠久，为外贸出口名优品种。株高75cm，开展度60～65cm，主茎15～17节着生第一果，果顶向下。嫩熟果绿色，老熟果深红色，有光泽；果实长指形，花萼下包，梗洼凸起，果面有皱褶，果顶渐尖；果纵径 13～15cm，横径约 1cm，肉厚 0.1cm，2～3 心室，单果重 7.5g。中熟，从定植到始收 60d（青熟）左右。抗病毒病、炭疽病中等。味辣，皮薄，水少，品质好，含油量较高。可鲜食、熟食、制干、腌渍、作酱兼用。耐贮运。干椒产量 3 000kg/hm² 左右。

（3）益都辣椒（益都干辣椒）　山东省青州市地方品种。栽培历史久远，为外贸出口品种（见本章耐旱种质）。

（4）永城线椒　河南省永城县地方品种，栽培历史悠久，为河南名特产蔬菜。株高 60～70cm，开展度 50～60cm，主茎 12～14 节着生第一果，果柄下弯。青熟果深绿色，老熟果紫红色；果实长指形，果顶细尖，稍弯曲，果面稍皱，胎座小；果纵径 15cm，横径约 1.5cm，肉厚 0.2cm，单果重 8～10g。晚熟，定植到红果收获 120d。耐热、抗病、抗逆性较强，适宜夏秋栽培。辣味浓，油分大，属优良制干椒品种。干椒产量 3 000～4 500kg/hm²。

（5）什邡椒　四川省什邡县地方品种。植株生长势强，株高 75～80cm，开展度约 70cm，分枝性强，主茎 12～13 节着生第一果，果单生下垂。果实长指形，嫩熟果深绿色，老熟果鲜红色，果顶渐尖，花萼下包，果面光滑有浅棱，向下略弯曲；果纵径 15cm，横径约 1.5cm，单果重约 10g。中晚熟。耐热，较抗病毒病。肉质细嫩，辣味强，果皮较薄，适宜制干椒、辣酱和泡菜。干椒产量 3 750kg/hm²。

（6）宁化牛角椒（透明椒）　福建省宁化县地方品种，有 200 多年栽培历史，为福建省主要出口辣椒品种。植株长势强，株高 76～90cm，开展度 70～80cm，主茎 10～13 节着生第一果，果顶向下着生。青熟果绿色，老熟果鲜红色，有光泽。果实长指形，花萼下包，梗洼凹，果顶渐尖，向内弯曲，果面光滑；果纵径 18cm，横径 2cm，2～3 心室，果肉薄。中熟。不耐高温，耐旱不耐涝，不抗病毒病，耐炭疽病。果实水分少，干果率为 23.7％。辣味浓。适宜干制，干椒色艳，皮薄，光滑透明。干椒产量 1 500kg/hm²。

（7）安远红椒　江西省安远县地方品种，栽培历史悠久，为该省外贸出口名优品种。植株生长势较强，株高 76cm，开展度 60～64cm，茎粗 1.5cm，主茎 6～8 节着生第一果。果羊角形微弯，纵径 14cm，横径 1.5～2cm，肉厚 0.3cm，表皮红亮。早熟，生长期 210d 左右。耐热、耐旱，较抗病。辣味浓，品质佳，果皮透明，适宜晒干椒。干椒产量 3 750kg/hm² 左右。

（8）皇椒 1 号（攸县玻璃椒）　湖南省攸县地方品种，皇椒 1 号从攸县玻璃椒提纯而成，为传统的干椒外贸出口优良品种。植株长势较强，株高 88～95cm，开展度 88～93cm，主茎 11～13 节着生第一果。株型紧凑，连续结果性强。果实牛角形，单生，果基部稍弯曲，青熟果淡绿色，红熟果朱红色，果面有光泽；果纵径 16～18cm，横径 1.2～1.4cm，鲜椒肉厚 0.18cm，干椒肉厚 0.02cm，2 心室，胎座小，干制后果皮透明发亮无皱褶，能视其内部种子。微辣，品质优良，果面光滑有弹性，干椒单果重约 6g，干制率高，耐贮运。中晚熟。具有较强耐热性和耐旱性，耐涝性也强，适山区种植。对病毒病、炭疽病都有较强抗性。干椒产量 5 250～6 000kg/hm²。

（9）8212 线椒　陕西省农业科学院从西农 20 号线椒变异群体中经系选而成。株高 70cm，开展度 50cm，主茎 13 节着生第一果，果顶向下。嫩熟果绿色，老熟果深红色，均有光泽。果实长指形，干椒表面皱纹细密，纵径 13cm，横径 1～1.3cm，肉薄，平均单果重约 6g，干椒单果重量 1.1～1.2g。中晚熟。抗炭疽病、病毒病、枯萎病。耐肥性好，耐热性强，耐旱涝。辣度适中，品质好，适于制干。干椒产量 3 750～4 500kg/hm²。

（10）8819 线椒　陕西省农业科学院蔬菜研究所和岐山县农业技术中心、宝鸡市经济作物研究所、陕西省种子管理站、岐山县乌江村合作育成。株高 75cm，开展度 50cm，叶色深绿，花小，主茎 13 节着生第一果。嫩熟果绿色，老熟果深红色，均有光泽，果柄下弯；果实长指形，干燥后果面皱纹细密，纵径 15cm，横径 1.3cm，肉薄，单果重 7.4g，干椒率 19.8%，成品率 85% 以上。早中熟，从出苗到红熟果采收约 180d 左右。耐热性强。高抗炭疽病、病毒病、枯萎病、白星病。辣味适中，品质好，主要用于干制。干椒耐贮性强。干椒产量 4 500kg/hm²。

（11）石线 1 号、石线 2 号　新疆石河子生产建设兵团蔬菜研究所选育。也是新疆外贸出口的主要蔬菜品种之一。

①石线 1 号。株型紧凑，分枝较少，属有限生长类型。株高 35cm，开展度 20cm。主茎 9～12 节着生第一果，一般 2～6 个果簇生。果顶凹进且向下，果实长指形，花萼下包；嫩熟果浅绿色，老熟果枣红色，果面有横皱；果纵径 12～18cm，横径 1.0～1.2cm，肉厚 0.13cm，2 心室，单果重（鲜）5.1～7g。中晚熟，辣味浓。水分少，宜制干。较抗病毒病、炭疽病和疫霉病。耐贮性强。干椒产量 3 750～4 500kg/hm²，高者达 6 300kg/hm²。

②石线 2 号。属无限生长类型，株高 40cm，开展度 18～25cm，主茎 12～13 节着生第一果。嫩熟果浅绿色，老熟果红色，果实长指形，纵径 14～15cm，横径 1.0cm，肉厚 0.1cm，胎座大，干椒枣红色。中晚熟。对病毒病和枯萎病有较强抗性。辣味浓，宜加工干制。干椒产量 4 500kg/hm² 左右。

（12）邵阳朝天椒（七姐妹）　湖南省邵阳地区栽培历史悠久的优良干椒品种，也是湖南省出口的干椒品种之一。植株生长势强，株高 140cm。叶色深绿或墨绿。果实细短锥形，纵径 5cm，横径 0.8～1.0cm，果色深红，每株可结椒 200 个左右，果肉薄，种子多。晚熟。富含辣椒素，果色好，辣味浓。耐干旱，耐炎热，耐瘠薄。果实含水少，适宜制干。以果形整齐，商品性好而畅销港、澳和美、日、东南亚各国。但产量较低，栽培面积不大。

（13）西充辣椒　四川省西充县地方品种。植株直立高大，分枝力强，株高 75cm，开展度 74cm，结果多，花多单生，偶有一节 2 花。嫩熟果绿色，老熟果深红色，有光泽；果实长指形，花萼下包，果顶渐尖，果面多浅皱，胎座小；果纵径 16cm，横径 1.2cm，果皮较薄，单果重 4～6g。中晚熟。耐热、耐旱，耐病毒能力较强。辣味浓，香气浓，干制、制酱、腌渍兼用，品质好。干椒产量 4 500kg/hm²。

（14）邱北辣椒（邱北椒）　云南省丘北县地方品种。干椒多出口外销。株高 47～55cm，开展度 51～75cm，主茎 9～13 节着生第一果，果顶向下、向上或混生。按果实在植株上着生状态及果形粗细分为吊把、冲天辣和芒果辣。嫩熟果绿色，老熟果鲜红色，果实指形，花萼下包，梗洼凸起，果顶渐尖，果面光滑。吊把椒和冲天椒果纵径 8.3～9.4cm，横径 0.8～0.9cm；芒果辣果纵径 6.8～8.0cm，横径 1.1～1.3cm；肉厚 0.1cm，2～3 心室，单果重约 4g。中晚熟，定植至采收约 100d。耐旱、耐瘠薄。抗病毒病中等，不抗炭疽病。辣味浓。干椒香味浓，品质好。种子富含油分，果实水分少，干物质含量高，主要适宜干制，也可腌制。干椒产量 1 500～4 500kg/hm²。

（15）海门椒 江苏省南通市海门县地方品种，为江苏省重要出口品种。株高 55～70cm，开展度 40～50cm，主茎 12～16 节着生第一果，果顶向上。嫩熟果绿色，老熟果深红色，均有光泽；果实短指形，花萼下包，梗洼处凸起，果顶部尖；果纵径 6cm，横径 1cm，2～3 心室，肉厚 0.1cm，单果重 2.5g 左右。中晚熟。抗热性强，易感病毒病，辣味强，适宜制干椒。干椒产量 2 250kg/hm²。

除上述长角椒和指形椒品种外，还有云南省的昭通羊角椒，贵州省的独山皱椒、遵义牛角椒，湖南省的花垣豇豆椒、醴陵椒、贡溪椒、鸡肠子椒，山西省的稷山耙齿椒和广西自治区的南丹皱椒等均为优良外贸出口品种。

（16）自贡七星椒 四川省自贡市地方品种。植株直立，株高 90cm，开展度 70cm，主茎 20 节左右着生第一果，果实簇生直立，每簇 6～10 个果。果实短指形或圆锥形，花萼平展，果顶渐尖；果纵径约 4cm，横径 0.8～1.4cm，肉厚 0.07～0.10cm，单果重 2.5g 左右。晚熟。耐旱，耐热力较强。味极辣，肉质细，芳香，适宜制干。干椒产量 1 500～1 800kg/hm²。

（17）三鹰椒 20 世纪 70 年代由日本引入。植株直立，属有限生长型，株高 53cm，开展度 30cm，分枝力强，顶端开花，果实 4～8 个簇生，朝天，着果紧，不易采收。嫩熟果绿色，老熟果红色，纵径 5cm，横径 0.8～1.0cm，果柄长 4cm。晚熟。辣味强，水分少，适宜制干。干椒产量 1 500kg/hm²。

属同类品种者还有湖北省的石首七姐妹朝天椒、河南省的新乡小冀朝天椒、陕西省的安康十姊妹、河北省的朝天椒等。

（18）云南建水樱桃椒 云南省建水县地方品种。株高 70cm，开展度 60～65cm，主茎 10～12 节着生第一果，果顶向上。嫩熟果绿色，老熟果深红或橘红色，有光泽；多数果实圆球形，似樱桃，花萼下包或平展，梗洼凸起，果顶平圆；果纵径 2.1～2.5cm，横径 2.4～2.7cm，4 心室，肉厚 0.2～0.4cm，单果重 5～10g。胎座大，果实籽多，皮薄，油脂含量高。少数果实呈宽锥形、似鸡心，又称鸡心辣。中熟，定植至始收 76d。耐热性较强，耐瘠薄、耐旱，适应性强。对病毒病和炭疽病抗性中等。味辣，具香味，品质较好，适鲜食、干制、腌渍兼用，耐贮性较强。单产鲜红椒 6 000～9 000kg/hm²。

此外，在云南省的西双版纳热带地区所分布的野生灌木状辣椒也可用于制干。代表品种有：西双版纳小米辣，西双版纳大米辣（曼毫小椒，冲天椒），涮辣椒，大树辣。

5. 适合加工剁碎品种 该类种质一般果肉较厚，肉质较致密，含水量较少，多为微辣类型。

东山光皮椒：湖南省长沙市地方品种。株高 72cm，开展度约 61cm，主茎 14～17 节着生第一果。嫩熟果浅绿色，老熟果鲜红色；果实牛角形，纵径 13cm，横径 2.8cm，肉厚 0.27cm，果肩微凸，果顶钝尖，果面光滑，2～3 心室，单果重 22g。晚熟，生育期 280d 左右。较耐热，不耐旱，适应性较弱。果肉较厚，肉质致密，水分较少，微辣，鲜食极佳，多剁碎腌渍成“剁辣椒”。剁碎加工经盐渍能保持色艳质脆，皮肉不离。单产鲜椒 22 500～30 000kg/hm²。

6. 适合加工制酱品种

（1）桂林天辣椒　广西壮族自治区桂林市地方品种。株高95cm，开展度70～80cm，花小，浅紫色，主茎11节着生第一果，果顶向上。嫩熟果绿色，老熟果红色，均有光泽；果实短锥形，花萼平展或浅下包，梗洼平，果面光滑，果顶钝尖；果纵径4.5cm，横径1.8cm，2心室，肉厚0.2cm，单果重5g。中熟，定植到采收约70d。耐热性强，抗炭疽病。辣味浓，品质好，主要用于制酱。

（2）22号尖椒　山西省农业科学院蔬菜研究所育成。株高49cm，开展度57cm，主茎9～10节着生第一果，果柄向下。青熟果绿色，老熟果红色；果实长指形，萼片下包，果顶尖，果肩下多皱褶；果纵径17cm，横径2.5cm，肉厚0.19cm，单果重19g。中熟，定植至始收约55d。较抗病毒病。辣味强，适宜鲜食和制辣酱。产量45 000 kg/hm²。

此外，此类品种还有什邡椒、成都二金条、西充辣椒、蓉椒1号、遵义虾子朝天椒、鸡泽线辣椒、成椒3号、青腊指天椒、江津黄辣丁、白溪灯笼椒等。

7. 适合加工泡菜品种　主要品种有成都二斧头、成都灯笼椒、什邡椒等。

8. 适合精加工（提炼辣椒红色素等）品种　中国辣椒种质资源丰富，是目前辣椒红色素原料的生产大国，每年生产鲜红椒约100万t。有些品种辣椒经过加工，可提炼出辣椒红色素、辣椒碱、维生素、蛋白质、油脂和多种矿物质。其中辣椒红色素是天然食品添加剂；辣椒碱具有生理活性和持久的强消炎镇痛作用，被广泛用于医药行业。河北省的望都辣椒、鸡泽辣椒，陕西省的秦椒、8212线椒、8819红椒，四川省的大金条、二金条、七星椒、什邡椒、西充椒，福建省的宁化牛角椒，湖南省的攸县玻璃椒、邵阳朝天椒，山东省的益都羊角椒，江西省的安远红椒，河南的永城线椒，日本三鹰椒，新疆自治区的石线1号、石线2号，江苏省的海门椒，云南省的邱北辣椒等均为适宜提取辣椒红素的主要品种。

第六节　分子标记在辣椒种质资源研究上的应用

"七五"以来，中国辣椒常规育种特别是杂种优势利用取得了很大的成功，中椒、湘研、苏椒和甜杂等系列F₁代已成为商品椒生产的主栽品种。然而，和其他作物育种一样，目前辣椒育种的瓶颈是育种材料狭窄的遗传背景。辣椒有丰富的遗传资源，但被育种家利用的材料只是极少数。中国对辣椒种质资源的研究大多限于植物学性状和园艺性状的观察，没有系统地对这些种质资源进行鉴定和分类，更没有有效地利用野生、半野生种质资源的有益基因对现有自交系进行改良或创新。分子标记是20世纪80年代发展起来的遗传分析技术，目前在美、法、以、韩等国已经被广泛用于辣椒种质资源的分类和鉴定。许多重要质量性状的分子标记辅助育种已经达到应用阶段。分子标记连锁遗传图谱为复杂的数量性状的改良和创新提供了蓝图。

一、种质资源的鉴定和分类

用分子标记技术可以快速构建种质资源的指纹图谱，为种质资源的鉴定和分类、优异种质资源的知识产权保护、核心种质库的构建提供更加客观的依据。

（一）辣椒属 *Capsicum frutescens* 和 *C. chinense* 的鉴定

Capsicum frutescens 和 *C. chinense* 形态相似。在辣椒属分类学中一个长期的争论是：*C. frutescens* 和 *C. chinense* 究竟是两个不同的物种还是同一个种里的两个不同类型。通过 RAPD（Random Amplified Polymorphic DNA，随机扩增多态性 DNA）标记分析，美国新墨西哥州立大学的研究者发现 *C. frutescens* 的品系间平均遗传相似系数为 0.85，*C. chinense* 的品系间平均遗传相似系数为 0.80，而 *C. frutescens* 和 *C. chinense* 的平均遗传相似系数仅为 0.38（Baral and Bosland，2004）。根据这一有力的证据，并结合两者形态学性状的差异及杂交后代的育性降低等事实，他们认定 *C. frutescens* 和 *C. chinense* 是辣椒属里两个不同的物种。

（二）栽培辣椒起源中心和次生中心的遗传多样性比较

栽培辣椒（*C. annuum* var. *annuum*）起源于墨西哥，15 世纪被航海家哥伦布带到欧洲，后来传到亚洲和非洲。亚洲、中南欧和非洲被认为是辣椒的次生中心。辣椒在尼泊尔被广泛栽培，当地农民保存了数量繁多的地方品系。RAPD 标记聚类分析表明在遗传相似系数设定为 0.80 时，所有尼泊尔的地方品系均分在同一组，而墨西哥的品系则可以分为 8 个不同的组（Baral and Bosland，2002）。这表明由于洲际迁移，尼泊尔的辣椒群体经过了一个进化的瓶颈而具有很窄的遗传背景。中国湖南、云南、四川和陕西等省也有很多地方品系，是中国辣椒育种的主要遗传材料。尼泊尔的案例应该对中国辣椒种质资源研究有启发作用，即在采集具有中国特色辣椒种质资源的同时，应该更重视辣椒起源中心墨西哥种质资源的收集，因为起源中心有更为丰富的基因库。

二、辣椒分子标记遗传图谱

遗传图谱是遗传育种研究的基础工具，是挖掘种质资源中有益基因特别是数量性状基因的蓝图。在分子标记诞生以前，只有玉米和番茄等极少数作物有较完备的遗传图谱。分子标记的诞生为遗传图谱的构建提供了极大的方便。辣椒分子遗传图谱的建立得益于其和番茄这一模式作物的亲源性。番茄—辣椒的比较遗传学研究表明：虽然辣椒的基因组进化经历了较大的重组，导致辣椒的基因组比番茄大 3～4 倍且基因的排列顺序差别很大，这两种茄科作物却有极其相似的基因内容。所有测试过的番茄 cDNA 探针都能与辣椒基因组 DNA 杂交（Tanksley et al.，1988）。应用这些探针的 RFLP（Restriction Fragment Length Polymorphism，限制性片段长度多态性）标记构成了辣椒分子遗传图谱的骨架。到目前为止研究者已经发表了 10 幅辣椒分子遗传图谱，但最具代表性的是美国康乃尔大学和法国农业科学院发表的两幅图谱。

康乃尔大学图谱（CU‑Map）所用的群体是 *C. annuum* × *C. chinense* 的种间杂交 F_2 代群体。此图谱包括 11 个大连锁群（76.2～192.3 cM）和 2 个小连锁群（19.1 和 12.5 cM），总共覆盖 1 245.7cM 的基因组。Jahn 博士领导的辣椒遗传育种实验室利用来自于番茄的 RFLP 标记探针对番茄和辣椒的基因组作了系统的比较遗传学研究。结果表明两者之间有 18 个同源连锁片段，涵盖了番茄基因组的 98.1％和辣椒基因组的 95％。通过这幅图谱以及马铃薯的图谱，他们确定了造成这 3 个重要茄科作物进化史上分化的染色体重组的类型和次数，并重建了这 3 者共同祖先的理论图谱。这些染色体重组包括 5 次易位、10 次臂内倒位、2 次臂间倒位以及 4 次染色体的分离/缔合。在作图群体的两个亲本之间也存在 3 次染色体重组。CU - MAP 共标定了 677 个包括 RFLP，RAPD，AFLP（Amplified Fragment Length Polymorphism，扩增片段长度多态性）以及同工酶标记，平均每 1.8cM 就有 1 个标记。但是由于标记在染色体上的分布不是均匀的，54％的标记集中在着丝点附近，使得 CU - MAP 的骨架图谱的标记密度是 9cM/标记（Livingstone et al.，1999）。对于辣椒来说这种标记密度已经是理想的了。

　　法国农业科学院图谱（INRA - MAP）所用的 3 个群体都是 *C. annuum* 种内杂交群体，其中有两个 DH（Doubled Haploid，加倍单倍体）群体（HV - H3×Vania 和 PY - Perennial×Yolo Wonder）和一个 F$_2$ 群体（YC - Yolo Wonder×Criollo de Morelos 334）。因为常规育种所应用的种质资源主要来源于 *C. annuum*，种内杂交图谱能更好地用于分析育种实际使用的基因库，能直接提供分子标记为育种服务。例如，这 3 个群体都有一个亲本对 CMV 和疫病有部分抗性，而另外一个亲本则对这两种重要病害高感。HV 和 PY 是 DH 群体，属于永久群体，可以多次重复多年多点观察各种数量性状的遗传。以 Palloix 博士为首的法国农业科学院辣椒育种小组也准备将 YC 群体转化为永久性的 RIL（Recombinant Inbred Lines，重组自交系即单粒传后代）群体，以便于研究疫病抗性这一重要的数量性状（Palloix，个人通讯）。共有 543、630 和 208 个标记位点（包括 RFLP，RAPD，AFLP，PCR，同工酶及形态学标记）被标定在 HV、PY 和 YC 图谱上。通过整合这 3 幅图谱，他们绘出了含有 12 个大连锁群的整合图谱，和辣椒单倍体的染色体数目相吻合，并和 CU - MAP 的研究结果相似，这个整合图谱和番茄图谱之间相互关系非常复杂（Lefebvre et al.，2002）。

　　一批控制园艺性状的基因或数量性状位点（Quantitative trait locus，QTL），如抗病性、熟性、雄不育、辣味、果色、果重和果形指数等，已经被定位在分子标记遗传图谱上（表 26 - 1）。这为通过分子标记辅助选择（Marker - assisted selection，MAS）对多个性状进行种质资源的改良和创新提供了条件。

表 26 - 1　辣椒已定位的基因或数量性状位点

性状	基因/QTL	染色体	连锁标记	文献
CMV 抗性	cmv3.1	3	P11_0.8	Caranta et al.，1997
	cmv8.1	8	TG66	Caranta et al.，1997
	cmv11.1	11	TG105	Ben Chaim et al.，2001
	cmv12.1	12	AG03_2.1	Caranta et al.，1997
PVY 抗性	pvr1		TG56，TG135	Parrella et al.，2002
	pvr2	4	CT31，TG132	Parrella et al.，2002
	Pvr4	10	CD72，CT124	Parrella et al.，2002
	pvr5	4	CT31	Parrella et al.，2002
	pvr6		TG57	Parrella et al.，2002
	Pvr7	10	CT72，CT124	Parrella et al.，2002
TMV 抗性	L	11	TG105	Lefebvre et al.，1995

（续）

性状	基因/QTL	染色体	连锁标记	文献
	L3	11	PMFR11269/283	Sugita et al.，2004
疫病抗性	Phyto. 4. 1	4	CRP171	Thabuis et al.，2003
	Phyto. 5. 1	5	TG123	Thabuis et al.，2003
	Phyto. 5. 2	5	DO4	Quirin et al.，2005
	Phyto. 6. 1	6	A07 _ 0. 5	Thabuis et al.，2003
	Phyto. 11. 1	11	PG263	Thabuis et al.，2003
	Phyto. 12. 1	12	CT138D	Thabuis et al.，2003
根结线虫抗性	Me3		CT135	Lefebvre et al.，2002
	Me4		CT135	Lefebvre et al.，2002
雄不育恢复	Rf	6	E40M55 - 210	Wang et al.，2004
果实辣味	Pun1	2	已克隆	Stewart et al.，2005
成熟果色	y	6	已克隆	Lefebvre et al.，1998
	C1	4	已克隆	
青熟果绿色素含量	gr10.1	10	P14/M60 - 166	Ben Chaim et al.，2001
果重	fw2. 1	2	P11/M54 - 269	
	fw3. 1	3	P13/M47 - 103	
	fw3. 2	3	E41/M49 - 89	
	fw4. 1	4	P14/M47 - 67	
	fw8. 1	8	E33/M49 - 153	
果宽	fd2. 1	2	P11/M54 - 269	
	fd3. 1	3	P14/M59 - 276	
	fd8. 1	8	E49/M51 - 545	
	fd10. 1	10	E38/M49 - 88	
果长	f12. 1	2	C	
	f13. 1	3	P14/M59 - 276	
	f13. 2	3	CT179	
	f16. 1	6	E49/M62 - 222	
果形指数	fs3. 1	3	P14/M59 - 276	
	fs8. 1	8	E49/M51 - 545	
	fs10. 1	10	E38/M49 - 88	
果肉厚度	pt3. 1	3	P14/M59 - 276	
	pt4. 1	4	E49/M49 - 129	
	pt8. 1	8	E49/M51 - 545	
	pt10. 1	10	E38/M49 - 88	
果实硬度	fi9. 1	9	TG83B	
	fi11. 1	11	E49/M59 - 76	
熟性	rd2. 1	2	C	
	rd3. 1	3	P14/M62 - 571，OH2	
	rd7. 1	7	P14/M50 - 88	
	rd8. 1	8	E49/M51 - 545	
	rd8. 2	8	P14/M50 - 114	

三、种质资源改良和创新中的分子辅助筛选

对种质资源中有益基因的利用存在新旧两种模式：表型选择法和基因选择法（Tanksley and McCouch，1997）。表型选择法对于有单基因控制性状的育种是成功的，如辣椒

抗根结线虫育种等。但是由于受性状鉴定的条件限制，表型选择法只能操作数量有限的基因。对于辣椒的大部分重要数量性园艺性状，如产量、抗 CMV、抗疫病、果实性状等，表型选择法有很大的局限性，会漏掉很多有利的基因。基因选择法可以同时选择多个基因位点，可以在苗期进行选择，提高种质资源改良和创新（特别是遗传复杂的数量性状的改良）的效率和针对性。基因选择法需有两个前提条件：一是覆盖度高、密度较高的分子标记遗传图谱；二是标定在此图谱上的需选择的基因和数量性状位点。下面通过 3 个例子说明基因选择法在种质资源改良和创新上的应用。

（一）核质互作雄性不育恢复基因

辣椒质核互作不育（Cytoplasmic Male Sterility，CMS）可以提高杂交制种的效率和纯度，在生产上很有前途。CMS 中育性恢复由主效和微效基因共同控制，且受到环境条件如温度的影响。恢复系在辣椒中可以找到，但在大果形甜椒中则没有。在向大果形甜椒中转育恢复基因的过程中，需要通过和不育系测交才能确定恢复基因的存在。研究表明通过表型选择法来创造大果形甜椒恢复系非常困难。中国农业科学院蔬菜花卉所辣椒育种组利用 21 号牛角椒（rfrf）和湘潭晚（RfRf）的 F_2 群体筛选了和主效恢复基因 Rf 连锁的分子标记（Zhang et al.，2000）。两个 RAPD 标记和 Rf 连锁：OP131400 离这一主效基因仅 0.34cM；OW19800 位于 Rf 的另一侧，遗传距离为 8.12cM。供试的甜椒品种均没有这两个标记，这两个标记可以用于将辣椒的主效育性恢复基因转移到甜椒中去。

和法国农业科学院合作，该课题组将育性恢复作为数量性状定位在以 Perennial（RfRf）×Yolo Wonder（rfrf）双单倍体群体构建的分子标记遗传图谱上（Wang et al.，2004）。主效恢复基因被定位在辣椒 6 号染色体上，并定位了 4 个微效基因。其中一个微效基因被定位在 2 号染色体上，并和控制辣味的基因（Pun1）紧密连锁，这解释了为什么辣椒品系恢复系频率更高。同时发现保持系 Yolo Wonder 也有可提高育性恢复的微效基因，这表明育性恢复有超亲优势。这些结果对于创造高不育度的不育系和高恢复度的恢复系有很大的指导意义。

（二）抗黄瓜花叶病毒（CMV）

CMV 在辣椒上能产生严重的花叶症状、导致叶片变形扭曲和并能损害果实的商品性状，是辣椒最严重的病害之一。CMV 抗性是典型的数量性状，至今没有发现一份材料对 CMV 有完全的抗性。但部分抗性在栽培辣椒的野生品系和近缘野生种中时有发现。这些材料对 CMV 的抗性或耐性机制主要有 3 种：①抑制病毒侵入寄主细胞；②抑制病毒的繁殖；③抑制病毒的移动。另外中国 CMV 抗源材料二荆条中还有另外一种 CMV 耐性机制，即感病后能够恢复（Palloix，个人通讯）。把控制这些抗性机制的基因通过育种叠加在一起是获得高抗品种的必然途径。

Caranta 等将 Perennial 上的抑制病毒侵入的 QTL 定位在 3 号和 12 号染色体上。8 号染色体的 TG66 位点本身不提供抗性，但和 12 号染色体上的 QTL 有上位互作。这 3 个位点共解释 57% 的表型变异（Caranta et al.，1997）。甜椒自交系 Vania 能部分地抑制病毒的长距离移动，这种抗性主要由 12 号染色体上的主效 QTL-cmv12.1 提供。取决于表型鉴定的方法，该 QTL 解释 45%～63.6%的表型变异（Caranta et al.，2002；Parrella et al.，2002）。Palloix 等观察到，Vania 抵抗病毒侵入的能力很低，但却有较高的抑制病毒移动的能力；而 Perennial 正好相反。育种结果表明综合这两种不同抗病机制的 QTL 的材料有很大的超亲优势（Palloix，个人通讯）。

Ben Chaim 等将 Perennial 中另一个抗 CMV 的 QTL-cmv11.1 定位在第 11 号染色体上。该 QTL 和抗 TMV 基因 L 连锁，但处于排斥相，这解释了在 Perennial 中 CMV 抗病性和 TMV 感病性是相关的。Perennial 上，其 3、4、8 号染色体上的抗 CMV 的 QTL 和控制果重的 QTL fw3.2、fw4.1 及 fw8.1 连锁。这样在回交过程中，Perennial 的小果重 QTL 就会随着抗 CMV 的 QTL 一起被导入到轮回亲本中（Ben Chaim et al.，2001）。要打破这种连锁累赘，必须用分子标记精确地定位这些紧密连锁的 QTL 并在较大的回交群体中筛选重组植株。

（三）抗疫病

疫病是辣椒最严重的土传病害，目前国际辣椒育种界公认抗病性最强的材料是来自于墨西哥的小果形地方品种 Criollo de Morelos 334（CM334）。法国农业科学院 Palloix 小组对这份抗源作了细致的研究，确定了 6 个 QTL：Phyto.4.1、Phyto.5.1、Phyto.5.2、Phyto.6.1、Phyto.11.1 和 Phyto.12.1（Thabuis et al.，2003；2004）。其中 Phyto.5.1 和 Phyto.5.2 也存在于其他辣椒品系中如 Perennial 和 H3 等。Phyto5.2 现在可以通过一个紧密连锁的 PCR 标记 D04 来辅助选择（Quirin et al.，2005）。

CM334 现已被各国育种研究机构和种子公司广泛用于抗疫病种质资源的改良或商业育种。Thabuis 等人（2004）利用分子标记比较了不同轮回育种方案在转育 CM334 抗病性时的效率，发现在高选择压力时的抗病 QTL 不易丢掉。经过多年的努力，Palloix 小组已经育成了疫病抗性较强的优异甜椒品种（个人通讯）。这些材料的引进为快速提高中国抗疫病育种的水平提供了机会。

在"七五"至"九五"期间的快速发展以后，中国辣椒育种目前又面临新的瓶颈。这主要是由于辣椒种质资源的收集、鉴定、改良和创新的力度不够，导致育种研究后继乏力。由于辣椒转基因很困难，这使得分子标记辅助育种成为提高育种效率的重要生物技术手段。然而除了核质互作雄不育恢复以外，分子标记技术尚未在中国辣椒遗传研究中发挥其作用。为了加强分子标记技术在辣椒育种和种质资源利用上的研究，人们仍然有很多基础工作要做，包括通过分子标记建立中国辣椒核心种质资源库、建立分子标记遗传图谱、重要性状的分子遗传机理研究、分子标记辅助育种的实用化等。这些工作的实施，需要借鉴美、法、以等国先进的研究成果，需要密切关注其他茄科作物如番茄、马铃薯和烟草基因组学的最新进展，更需要国内从事辣椒种质资源研究、分子生物学研究和育种研究单位的通力合作以及可共享的创新研究体系的建立。

第七节　辣椒种质资源创新

在广泛收集、鉴定辣椒原始种质材料的基础上，经过有性杂交、人工诱变等手段可获得新的变异类型，从中选出所需变异株。目前在辣椒育种中仍以有性杂交为种质创新的主要途径。中国辣椒种质资源相对丰富，但是抗病种质资源仍较缺乏，其中尤以甜椒最为匮缺，远不能满足生产和市场需求，急需要进行种质资源的不断创新。

一、通过杂交选育创新种质

（一）通过抗性转育创新甜椒抗病种质

甜椒 91－126 是经过抗性转育筛选出的抗病毒优良高代自交系。为选育抗病毒的甜椒种质资源，笔者于 1981 年在国内首先进行抗病毒甜椒材料的抗性转育工作，以抗 TMV、中抗 CMV 的辣椒抗源材料二斧头与经济性状优良、抗病性弱的中晚熟甜椒品种 75－7－3－1 进行杂交，1982 年以 75－7－3－1 作回交亲本进行回交，1983 年在回交分离后代中选择抗病性强的单株再与引自法国的大果形、经济性状优良，成株期对 CMV 有部分抗性而田间抗病性强的甜椒自交系 78－1（ME2－C2）进行添加杂交，以达到优良基因重组的目的。此后，又经 7 代系谱选择，并采用苗期人工接种和田间抗病性鉴定相结合的方法进行抗病性筛选，同时进行配合力的测定，于 1991 年筛选出植株生长势强、株型直立，熟性较早、抗 TMV、中抗 CMV、果实为长灯笼形，肉厚、果色深绿、配合力强的优良自交系 91－126。

用同样方法创新的甜椒新品系还有 90－5、90－105、90－109、90－111、90－138、91－136 等 6 份材料。其中 91－126 和 91－136 已作为中椒 11 号和中椒 12 号的亲本应用。

（二）用优良一代杂种后代经定向选择创新种质

从 1979 年开始，笔者从日本引进的极早熟甜椒新一代杂种后代经 5 代系选育成了中椒 3 号。该品种生长势较强，叶色深绿，第一花着生主茎 7.5 节。果大、灯笼形，果色深绿，表面光滑而略有坑洼，经济性状优良，味甜，品质尤佳，肉厚 0.45～0.55cm，3～4 心室，胎座小，种子相对少，可食率达 94.4%。单果重 150～200g，最大可达 350g。耐病毒病。该品种已作为重要亲本投入了应用。除此以外，笔者还用同样方法筛选出早熟新品系 83－171，并从法国甜椒杂交一代中筛选出优质、对病毒病和疫病具有较强抗性的优异自交系 3 个。

河北省农业科学院蔬菜研究所 1978 年从联邦德国引进的晚熟甜椒一代杂种，从其后代分离的 8 个单系中，经系统选择定向培育成中晚熟甜椒品种冀椒 1 号；天津市农业科学院蔬菜研究所从汉川椒×茄门杂交后代中，经 8 代系选于 1985 年育成津椒 8 号；其抗病性和越夏能力均较强。

（三）通过天然杂交创新种质

河南省中牟农校从上海茄门甜椒的天然杂交变异株中经系谱选育育成了牟农 1 号。其突出点为耐病毒病，较抗疫病和炭疽病，耐贮运，且越夏能力强。吉林省吉林市郊区蔬菜良种场从白城良种场引入的四方头中选出优良变异单株进行系谱选育，育成了红旗方椒；吉林农业大学特产园艺系从三道筋品种的自然变异分离群体中经系谱选育育成了吉农甜椒。上述两品种耐病毒病能力均强。

二、通过单倍体培养创新种质

北京市海淀区植物组织培养技术实验室利用从日本引进的平安荣光品种经花药单倍体培育，于 1982 年育成了中国首个花培品种——海花 3 号。该品种早熟，株型紧凑，较矮小，结果集中。果实长灯笼，味甜，3～4 心室。对病毒病有一定抗性，耐涝性强。已在江苏、河北、内蒙古、浙江、河南、陕西、上海、辽宁等地有较大面积推广，并已作为亲本利用。河北省张家口市蔬菜研究所用易县甜椒花药通过 TH 培养基诱导出的单倍体幼苗，经染色体加倍，于 1983 年育成塞花 1 号甜椒。该品种圆锥形，果面光滑，味甜，品质佳，耐炭疽病和疮痂病，在河北省张家口地区有一定推广面积。

三、导入外源抗病基因创新种质

利用含 CMV 卫星 RNA 互补基因的农杆菌，转入甜椒带子叶的叶柄，并获得了 89‑1 甜椒的转基因植株。转基因植株的 R_1 后代，在接种 CMV 强毒株后，与未转入基因植株相比较，表现出 CMV 推迟发病与发病症状减轻的效果（董春枝等，1992）。

四、通过原生质体培养创新种质

A. H. Prakasl 等于 1997 年报道利用辣椒原生质体培养获得了辣椒再生植株，为创造新种质提供了又一条途径。

（郭家珍　毛胜利　黄三文）

主要参考文献

中国农学会遗传资源学会 . 1994. 中国作物遗传资源，北京：中国农业出版社

郭家珍等 . 1992. 辣椒品种与高产栽培 . 北京：中国农业科技出版社

邹学校等 . 2002. 中国辣椒 . 北京：中国农业出版社

庄灿然等 . 1995. 中国干制辣椒，北京：中国农业科技出版社

星川清亲（段传德等译）. 1981. 栽培植物的起源与传播 . 郑州：河南科学技术出版社

瓦维洛夫 H. N.（董玉琛译）. 1982. 主要栽培植物的世界起源中心 . 北京：农业出版社

日本农山渔村文化协会（北京农业大学译）. 1985. 蔬菜生物生理学基础 . 北京：农业出版社

中国农业科学院蔬菜花卉研究所等 . 1984. 中国蔬菜栽培学 . 北京：农业出版社

丁犁平 . 1983. 辣椒杂种优势的利用 . 南京：江苏科学技术出版社

宋世君 . 1984. 甜（辣）椒 . 北京：北京出版社

王志源 . 1991. 辣椒高产栽培 . 北京：金盾出版社

李树德等 . 1995. 中国主要蔬菜抗病育种进展 . 北京：科学出版社

刘红等 . 1985. 茄属新种苦茄，辣椒新变种涮辣和变型大树辣 . 中国园艺学报 . 12（4）：256～258

刘红等 . 1979. 滇东北、东南和南部的辣椒资源 . 北京：中国农业科学院蔬菜花卉研究所科学研究年报

朱德蔚 . 2001. 中国辣椒杂志发刊词 . 中国辣椒 . （1）：3

叶静渊 . 1983. 中国茄果类蔬菜引种栽培史略 . 中国农史 . （2）：37～42

李树宝 . 1985. 湖南省辣椒品种资源简介 . 作物品种资源 . （2）：46～47

中国农业科学院蔬菜花卉所主编 . 2001. 中国蔬菜品种志（下卷）. 北京：中国农业科技出版社

郭家珍等 . 1989. 不同浸种时间对甜椒发芽影响 . 中国蔬菜 . （6）：18～20

中国农业科学院蔬菜花卉研究所 . 1986—1995. 蔬菜种质资源研究论文集 . 1～6

中国农业科学院蔬菜花卉研究所 . 1995. "八五"国家重点科技攻关五个专题验收评价报告 . 71～80

武汉市蔬菜畜牧科学研究所 . 1963. 武汉市主要蔬菜品种志 . 武汉：武汉市科学技术委员会印

FAO. 联合国粮农组织生产年鉴（英）. 2003. 北京：中国对外翻译出版公司，151～152

郭家珍等 . 1993. 中国农业科学院蔬菜花卉研究所辣椒组年度总结

董春枝等 . 1992. 甜（辣）椒导入 CMV 卫星 RNA 互补 DNA 的植株再生 . 园艺学报 . 19（2）：184～186

冯兰香等 . 2004. 3 种辣椒新病毒的发生与血清学鉴定 . 中国蔬菜 . （2）：33～34

Baral J. B. , and Bosland P. W. . 2002. Genetic diversity of a Capsicum germplasm collection from Nepal as determined by randomly amplified polymorphic DNA markers. J. Amer. Soc. Hort. Sci. 127：316～324

Baral J. B. , and Bosland P. W. . 2004. Unraveling the species dilemma in *Capsicum frutescens* and *C. chinense* (Solanaceae)：a multiple evidence approach using morphology, molecular analysis, and sexual compatibility. J. Amer. Soc. Hort. Sci. 129：826～832

Ben Chaim A. , Grube R. C. , Lapidot M. , Jahn M. and Paran I. . 2001. Identification of quantitative trait loci associated with resistance to cucumber mosaic virus in *Capsicum annuum*. Theoretical and applied genetics 102：1213～1220

Ben Chaim A. , Paran I. , Grube R. C. , Jahn M. , Van Wijk R. and Peleman J. . 2001. QTL mapping of fruit - related traits in pepper (*Capsicum annuum*). Theoretical and applied genetics 102：1016～1028

Caranta C. , Palloix A. , Lefebvre V. and Daubeze A. M. . 1997. QTLs for a component of partial resistance to cucumber mosaic virus in pepper：Restriction of virus installation in host - cells. Theoretical and applied genetics 94：431～438

Caranta C. , Pflieger. S. , Lefebvre V. , Daubeze A. M. , Thabuis A. and Palloix A. . 2002. QTLs involved in the restriction of cucumber mosaic virus (CMV) long - distance movement in pepper. Theoretical and applied genetics 104：586～591

Lefebvre V. , Palloix A. , Caranta C. and Pochard E. . 1995. Construction of an intraspecific integrated linkage map of pepper using molecular markers and doubled haploid progenies. Genome 38：112～121

Lefebvre V. , Kuntz M. , Camara B. , and Palloix A. . 1998. The capsanthin - capsorubin synthase gene：a candidate gene for the y locus controlling the red fruit colour in pepper. Plant Mol. Biol. 36：785～789

Lefebvre V. , Pflieger S. , Thabuis A. , Caranta C. , Blattes A. , Chauvet J. C. , Daubeze A. M. and Palloix A. . 2002. Towards the saturation of the pepper linkage map by alignment of three intraspecific maps including known - function genes. Genome 45：839～854

Livingstone K. D. , Lackney V. K. , Blauth J. R. , van Wijk R. and Jahn, M. K. . 1999. Genome mapping in Capsicum and the evolution of genome structure in the Solanaceae. Genetics 152：1183～1202

Parrella G. , Ruffel S. , Moretti A. , Morel C. , Palloix A. and Caranta C. . 2002. Recessive resistance genes against potyviruses are localized in colinear genomic regions of the tomato (*Lycopersicon* spp.) and pepper (*Capsicum* spp.) genomes. Theor Appl Genet 105：855～861

Prakash A. H. , Sankara Rao K, Mudaya Kumar. 1997. Plant regeneration from protoplasts of *Capsicum* annuum L. cv. California Wonder. J. Biosci. Vol. 22 Number3，June pp339～334

Quirin E. A.，Ogundiwin E. A.，Prince J. P.，Mazourek/ M.，Briggs M. O.，Chlanda T. S.，Kim K. T.，Falise M.，Kang B. C. and Jahn M. M. . 2005. Development of sequence characterized amplified region (SCAR) primers for the detection of Phyto. 5. 2, a major QTL for resistance to Phytophthora capsici Leon. in pepper. Theor Appl Genet 110：605～612

Stewart C.，Jr.，Kang B. C.，Liu K.，Mazourek M.，Moore S. L.，Yoo E. Y.，Kim B. D.，Paran I. and Jahn，M. M. . 2005. The Pun1 gene for pungency in pepper encodes a putative acyltransferase. Plant J 42：675～688

Sugita T.，Yamaguchi K.，Sugimura Y.，Nagata R.，Yuji K.，Kinoshita T.，and Todoroki A. . 2004. Development of SCAR markers linked to L³ gene in *Capsicum*. Breeding Science 54：111～115

Tanksley S. D.，and McCouch S. R. . 1997. Seed banks and molecular maps：unlocking genetic potential from the wild. Science 277：1063～1066

Tanksley S. D.，Bernatzky R.，Lapitan N. L. and Prince J. P. . 1988. Conservation of gene repertoire but not gene order in pepper and tomato. Proc. Natl. Acad. Sci. USA 85：6419～6423

Thabuis A.，Palloix A.，Pflieger S.，Daubeze A. M.，Caranta C. and Lefebvre V. . 2003. Comparative mapping of Phytophthora resistance loci in pepper germplasm：evidence for conserved resistance loci across Solanaceae and for a large genetic diversity. Theor Appl Genet 106：1473～1485

Thabuis A.，Lefebvre V.，Bernard G.，Daubeze A. M.，Phaly T.，Pochard E. and Palloix A. . 2004. Phenotypic and molecular evaluation of a recurrent selection program for a polygenic resistance to Phytophthora capsici in pepper. Theor Appl Genet 109：342～351

Wang L H.，Zhang B X.，Lefebvre V.，Huang S W.，Daubeze A. M. and Palloix A. . 2004. QTL analysis of fertility restoration in cytoplasmic male sterile pepper. Theor Appl Genet 109：1058～1063

Zhang B X.，Huang S W.，Yang G M.，and Guo J Z. . 2000. Two RAPD markers linked to a major fertility restorer gene in pepper. Euphytica 113：155～161